大学工科·数学教材系列

高等数学

(上册)

(第三版)

西北工业大学高等数学教材编写组　编

科学出版社
北京

内 容 简 介

本书是在教育大众化的新形势下，根据编者多年的教学实践，并结合“高等数学课程教学基本要求”编写的.

全书分上、下两册.上册共7章，内容包括一元函数的极限与连续、导数与微分、微分中值定理与导数的应用、不定积分、定积分、定积分的应用、向量代数与空间解析几何.上册书后附有数学建模简介、上册部分习题答案与提示、基本初等函数的定义域、值域、主要性质及其图形一览表、极坐标系简介、二阶和三阶行列式简介、几种常用的曲线、积分简表、记号说明.下册共5章，内容包括多元函数微分法及其应用、重积分、曲线积分与曲面积分、无穷级数、微分方程.下册书后附有下册部分习题答案与提示.

书末附有二维码，二维码的内容有两部分：一部分是与本书配套的高等数学多媒体学习系统，另一部分是本书中全部练习题的解答(有解答过程).

本书力求结构严谨、逻辑清晰、叙述详细、通俗易懂.全书有较多的例题，便于自学，同时注意尽量多给出一些应用实例.

本书可供高等院校工科类各专业的学生使用，也可供广大教师、工程技术人员参考.

图书在版编目(CIP)数据

高等数学(上、下册)/西北工业大学高等数学教材编写组编.—3版.—北京：科学出版社，2013

大学工科·数学教材系列

ISBN 978-7-03-038125-5

Ⅰ.①高…　Ⅱ.①西…　Ⅲ.高等数学-高等学校-教材　Ⅳ.O13

中国版本图书馆CIP数据核字(2013)第150311号

责任编辑：王　静/责任校对：包志虹

责任印制：师艳茹/封面设计：陈　敬

科学出版社 出版

北京东黄城根北街16号

邮政编码：100717

http://www.sciencep.com

保定市中画美凯印刷有限公司印刷

科学出版社发行　各地新华书店经销

*

2005年8月第　一　版　　开本：720×1000　B5

2008年7月第　二　版　　印张：45 1/2

2013年7月第　三　版　　字数：918 000

2024年8月第二十二次印刷

定价：79.00元(上、下册)

第三版前言

本书第三版是在第二版的基础上，根据我们近几年的教学实践，按照新形势下教学改革的精神进行修订的. 目的是使新版能更适合当前教与学的需要，成为适应时代要求、符合改革精神又保留原书优点的教材.

为适应高等数学课程教学时数减少的情况，新版首先削减了教材篇幅：根据教学大纲的要求，删除了一些为拓展知识而编写的非大纲要求的内容，以及一些步骤较多、占用篇幅较大的例题，同时还删去了某些章节的可以留待习题课上处理的例题. 新版对部分内容进行了改写，使得定理证明更简单、便于学生接受；使概念更准确；使公式运用起来更方便；语言表述更简洁、清晰，内容更精炼. 新版还将个别内容、个别例题的前后次序进行了调整，使其更符合教学规律. 为有利于培养学生的数学素养和应用数学的能力，新版增加了“数学建模简介”. 本次修定修改较多的部分涉及集合与映射、一元函数概念、导数概念、微分中值定理的证明、曲面的切平面、级数求收敛半径等.

新版还将部分习题打了 * 号. 这些习题有些是属于知识拓展的，有些是计算较繁的，还有些是近似计算题. 学生在做题时应分清主次，先做那些不带 * 号的、跟教学基本要求联系密切的题. 对于那些带 * 号的题，则留给想进一步深造的，或喜爱钻研数学的同学去做.

参加本次修订工作的有肖亚兰、陆全、郭强、林伟四位教师；参加编写高等数学多媒体学习系统的老师有刘华平、肖亚兰、陆全、郑红婵、孟雅琴；参加编写书中练习题解答的老师有郑红婵、周敏、崔学伟、王永忠、温金环、郭千桥. 新版中存在的问题，欢迎广大专家、同行和读者批评指正.

编　者

2013 年 4 月

第一版前言

本书是按照新形势下教材改革的精神,集编者多年的教学经验编写而成的.本书遵循的编写原则是:在教学内容的深度广度上与现行的高等工科院校“高等数学课程教学基本要求”大体相当,渗透现代数学思想,加强应用能力的培养.

在本书的编写过程中,我们做了以下一些改革的尝试:

1. 为更好地与中学数学教学相衔接,上册从一般的集合、映射引入函数概念.

2. 为有利于培养学生的能力和数学素养,渗透了一些现代数学的思想、语言和方法,适当引用了一些数学记号和逻辑符号.

3. 为培养学生的发散思维能力,本书对重要的概念和定理,尽可能地从几何直观或物理的实际背景提出问题,然后经过分析和论证上升到一般的概念和结论,最后归纳出定义和定理.目的在于培养学生的创新意识和创新能力.

4. 注重微积分的应用.本书除了一些经典的几何或物理问题外,还尽可能地举一些来自自然科学、工程技术领域和日常生活的问题作为例题和习题,尤其注意添加了一些经济方面的应用实例,以培养学生用数学方法解决实际问题的意识、兴趣和能力.

5. 对微积分的教学内容做了部分调整,使之更符合人的思维习惯,使教学系统性更强,便于学生消化吸收.

6. 增添了数学模型教学的内容,强调了微积分本身的数学模型特征,目的在于启发应用意识,提高应用能力,促进学生知识、能力和素质的融合.

7. 书中给出了微积分中所涉及的30多位数学家的介绍.

8. 为了控制课时数,有些内容用楷体字印刷,或在标题上加了“*”号,表示这些内容可供学生阅读自学.

本书分上、下两册,上册主要介绍一元函数微积分和向量代数与空间解析几何,下册主要介绍多元函数微积分、级数和微分方程.

本书是在西北工业大学应用数学系和教务处以及很多教师的支持下编写的.参加编写的教师分工如下:第一章、第三章由李云珠老师编写,第二章、第七章由郑红婵老师编写,第四章、第五章、第六章由符丽珍老师编写,第八章、第九章、第十章(下册)由肖亚兰老师编写,第十一章、第十二章(下册)由陆全老师编写,最后由肖亚兰、李云珠老师统纂定稿. 西北工业大学的叶正麟老师担任了本书的主审，西安交通大学的王绵森老师和西北大学的熊必璠老师审阅了原稿，并提出了不少改进意见，在此一并表示衷心的感谢.

限于编者水平，加之时间仓促，错误疏漏之处在所难免，恳请大家谅解.

编　者

2005 年 5 月

目　　录

（上册）

第一章　一元函数的极限与连续

高等数学是一门以函数为主要研究对象，用极限作为基本研究方法的学科，其内容几乎自始至终涉及极限的理论与方法. 本章主要介绍函数、极限、连续等概念及其基本性质和运算法则.

第一节　集合与映射

一、集合与区间

1. 集合的概念

具有特定属性的研究对象的总体称为**集合**(简称**集**)，构成集合的每一个研究对象称为该集合的**元素**.

集合通常用大写的拉丁字母如 $A,B,C,\cdots$ 来表示. 元素则用小写的拉丁字母如 $a,b,x,y,\cdots$ 来表示. 如果 a 是集合 A 的元素，则称 a 属于 A，记作 $a\in A$；如果 a 不是集合 A 的元素，则称 a 不属于 A，记作 $a\notin A$(或 $a\overline{\in}A$). 有限个元素构成的集合称为有限集，无限多个元素构成的集合称为无限集，不含任何元素的集合称为空集，记作 $\varnothing$.

如果集合 A 的每一个元素都是集合 B 的元素，则称 A 是 B 的**子集**(或称 A 包含于 B，或称 B 包含 A)，记作 $A\subseteq B$ 或 $B\supseteq A$；如果 A 是 B 的子集，但 B 却不是 A 的子集，则称 A 是 B 的**真子集**，记作 $A\subset B$ 或 $B\supset A$；如果 A 是 B 的子集，B 也是 A 的子集，则称 A 与 B 相等，记作 $A=B$. **规定**：空集是任何集合的子集.

如果集合 A 是由有限个元素 $a_1,a_2,\cdots,a_n$ 构成的，则集合 A 可以具体地表示成

$$A=\{a_1,a_2,\cdots,a_n\}.$$

如果集合 B 是由无限多个元素构成的，则集合 B 可以具体地表示成

$$B=\{x\mid \text{元素 } x \text{ 具有的属性}\}.$$

为了简便，习惯上常用 $\mathbf{R},\mathbf{R}^+,\mathbf{R}^-,\mathbf{N},\mathbf{Z},\mathbf{Q}$ 及 $\mathbf{C}$ 分别表示实数集、正实数集、负实数集、非负整数集(又称自然数集)、整数集、有理数集和复数集.

2. 集合的运算

由集合 A 与集合 B 的所有元素构成的集合，称为 A 与 B 的**并集**，记作 $A\cup B$；

由既属于集合 A 又属于集合 B 的所有元素构成的集合，称为 A 与 B 的**交集**，记作 $A\cap B$；

由属于集合 A，但不属于集合 B 的所有元素构成的集合，称为 A 与 B 的**差集**，记作 $A\backslash B$；

如果把研究某一问题时所考虑的对象的全体作为集合，则这样的集合称为**全集**，用 I 表示．全集 I 与集合 A 的差集，称为 A 的**余集或补集**，记作 A^{C}．例如，将 $\mathbf{R}$ 作为全集时，则集合 $A=\{x\mid 1\leqslant x<2\}$ 的余集为 $A^{C}=\{x\mid x<1$ 或 $x\geqslant 2\}$；将整数集 $\mathbf{Z}$ 作为全集时，自然数集 $\mathbf{N}$ 的余集为 $\mathbf{N}^{C}=\{k\mid k=-1,-2,-3,\cdots\}$．

由有序对 (a,b) 构成的集合 $\{(a,b)\mid a\in A,b\in B\}$，称为集合 A 与集合 B 直积，记作 $A\times B$．例如，$\mathbf{R}\times\mathbf{R}=\{(x,y)\mid x\in\mathbf{R},y\in\mathbf{R}\}$ 表示 xOy 平面上所有点构成的集合．

集合的并、交、余运算满足以下运算律：

交换律　$A\cup B=B\cup A, A\cap B=B\cap A$．

结合律　$(A\cup B)\cup C=A\cup(B\cup C),(A\cap B)\cap C=A\cap(B\cap C)$．

分配律　$A\cap(B\cup C)=(A\cap B)\cup(A\cap C), A\cup(B\cap C)=(A\cup B)\cap(A\cup C)$．

对偶律　$(A\cup B)^{C}=A^{C}\cap B^{C}$，$(A\cap B)^{C}=A^{C}\cup B^{C}$．

3．区间与邻域

区间与邻域都是常用的实数集．设 $a,b\in\mathbf{R}$，$a<b$，则称

集合 $\{x\mid a<x<b\}$ 为以 a 和 b 为端点的**开区间**，记作 (a,b)．

集合 $\{x\mid a\leqslant x\leqslant b\}$ 为以 a 和 b 为端点的**闭区间**，记作 $[a,b]$．

集合 $\{x\mid a\leqslant x<b\}$ 和 $\{x\mid a<x\leqslant b\}$ 为以 a 和 b 为端点的**半开区间**，分别记作 $[a,b)$ 与 $(a,b]$．

上述四个区间又都称为**有限区间**．

集合 $\{x\mid x>a\}$，$\{x\mid x\geqslant a\}$，$\{x\mid x<b\}$，$\{x\mid x\leqslant b\}$，$\mathbf{R}$ 都称为**无穷区间**，分别记作 $(a,+\infty)$，$[a,+\infty)$，$(-\infty,b)$，$(-\infty,b]$，$(-\infty,+\infty)$．

集合 $\{x\mid |x-a|<\delta, x\in\mathbf{R}\}$ 称为**点 a 的 δ 邻域，点 a 称为邻域的中心，δ 称为邻域的半径**，记作 $U(a,\delta)$．

集合 $\{x\mid 0<|x-a|<\delta, x\in\mathbf{R}\}$ 称为**点 a 的去心 δ 邻域**，记作 $\mathring{U}(a,\delta)$．

在不关心邻域半径 δ 的大小时，$U(a,\delta)$ 可以简记成 $U(a)$，$\mathring{U}(a,\delta)$ 可以简记成 $\mathring{U}(a)$．通常又把开区间 $(a-\delta,a)$ 和 $(a,a+\delta)$ 分别称为**点 a 的左 δ 邻域和点 a 的右 δ 邻域**．

二、映射

1．映射的概念

设 X,Y 是两个非空集合，如果按照某种对应法则 f，对集合 X 中的每一个元

素 x，集合 Y 都有唯一确定的元素 y 和它对应，则这样的对应法则 f 称为从 X 到 Y 的**映射**，记作

$$f: X \to Y,$$

其中 y 称为元素 x（在映射 f 下）的**像**，记作 $f(x)$，即

$$y = f(x),$$

而元素 x 称为元素 y（在映射 f 下）的**原像**；集合 X 称为映射 f 的**定义域**，记作 D_f，即 $D_f = X$；X 中所有元素的像构成的集合，称为集合 X 的像，或映射 f 的**值域**，记作 R_f 或 $f(X)$，即

$$R_f = f(X) = \{f(x) \mid x \in X\}.$$

这里需要注意，定义域 X 中的元素 x 的像 y 是唯一的；但值域 R_f 中的元素 y 的原像 x 却不一定是唯一的，映射 f 下的值域 R_f 是 Y 的一个子集，即 $R_f \subseteq Y$.

例 1　设 $f: \mathbf{R} \to \mathbf{R}$，$x \in \mathbf{R}$，$f(x) = x^2$. x 的像 x^2 是唯一的，因此，f 是一个映射，且 f 的定义域 $D_f = \mathbf{R}$，值域 $R_f = \{y \mid y \geqslant 0\}$，它是 $\mathbf{R}$ 的一个真子集，即 $R_f \subset \mathbf{R}$. 但是对于 R_f 中的元素 y，除 $y=0$ 外，它的原像却不唯一. 如 $y=9$，共有两个原像：$x=3$ 和 $x=-3$.

2. 几类常见的映射

设 f 是从集合 X 到集合 Y 的映射：

$$f: X \to Y.$$

(1) 如果集合 X 的不同元素有不同的像，即 $x_1 \neq x_2$ 时，$f(x_1) \neq f(x_2)$，则称 f 为**单射**.

(2) 如果集合 Y 的每一个元素 y 都是集合 X 的元素 x 的像，即对于每一个 $y \in Y$，都存在 $x \in X$，使得 $y = f(x)$，则称 f 为**满射**.

(3) 如果 f 既是单射，又是满射，则称 f 为**一一映射**（或**双射**）. 在此映射下，集合 X 的元素与集合 Y 的元素是相互唯一决定的.

例 2　设 $f: X = \{1,3,5\} \to Y = \{3,5,7,9,11\}$，$x \in \{1,3,5\}$，$f(x) = 2x+1$，则 f 是一个映射，其定义域为 $\{1,3,5\}$，值域为 $\{3,7,11\} \subset Y$. 由于 X 中的不同元素有不同的像，而 Y 的元素不全是 X 中元素的像，所以 f 是一个单射，但却不是满射.

例 3　设 $f: X = [0,\pi] \to Y = [-1,1]$，$x \in [0,\pi]$，$f(x) = \cos x$，则 f 是一个映射，其定义域为 $[0,\pi]$，值域为 $[-1,1]$. 由于 X 中的不同元素有不同的像，且 Y 的每一个元素都是集合 X 的元素的像，所以 f 既是单射，又是满射，从而是一一映射.

上面例 1 中的映射，既非单射，又非满射.

3. 逆映射与复合映射

(1) 逆映射.

设 $f:X\to Y$ 是一一映射，则按照定义，对于 Y 中的每一个元素，集合 X 都有唯一的元素与其对应，即 $f(x)=y$，这就确定了从集合 Y 到集合 X 的新映射 g，即

$$g:Y\to X.$$

记 $g(y)=x$，称映射 g 为映射 f 的**逆映射**，记作 f^{-1}，即 $f^{-1}=g$，其定义域为 $D_{f^{-1}}=Y$，值域为 $R_{f^{-1}}=X$.

由此可见，只有一一映射才存在逆映射，上述例 3 中的映射具有逆映射

$$f^{-1}:Y=[-1,1]\to X=[0,\pi],$$

记作 $f^{-1}(y)=\arccos y$，其定义域为$[-1,1]$，值域为$[0,\pi]$.

(2) 复合映射.

设有两个映射

$$g:X\to Y_1,\quad f:Y_2\to Y,$$

如果 $Y_1\cap Y_2\neq\varnothing$，对集合 X 中的任意一个元素 x，集合 Y_1 都有唯一的元素 $g(x)$ 和它对应，当 $g(x)\in Y_1\cap Y_2$ 时，通过映射 f，在集合 Y 中又有唯一的元素 y 与 $g(x)$ 对应，于是元素 y 可表示为

$$y=f[g(x)].$$

显然，这个对应法则确定了一个从 X 到 Y 的映射，此映射称为映射 g 和 f 构成的**复合映射**，记作 $f\circ g$，即

$$f\circ g:X\to Y,$$
$$(f\circ g)(x)=f[g(x)],\quad x\in X.$$

由定义可以知道，映射 g 和 f 能构成复合映射的条件是：g 的值域 R_g 与 f 的定义域 D_f 满足 $R_g\cap D_f\neq\varnothing$，否则，不能构成复合映射.

例 4　设有两个映射

$$g:(-\infty,+\infty)\to[0,+\infty),\quad x\in(-\infty,+\infty),\quad g(x)=x^2,$$

$$f:(-\infty,1]\to[0,+\infty),\quad u\in(-\infty,1],\quad f(u)=\sqrt{1-u},$$

由于 g 的值域 $R_g=[0,+\infty)$，f 的定义域 $D_f=(-\infty,1]$，所以 $R_g\cap D_f=[0,1]\neq\varnothing$. 因此，映射 g 和映射 f 能构成复合映射 $f\circ g:[-1,1]\to[0,1]$，即对每个 $x\in[-1,1]$，有

$$(f\circ g)(x)=f[g(x)]=\sqrt{1-x^2},$$

其定义域是 $D_{f\circ g}=[-1,1]$，值域是 $R_{f\circ g}=[0,1]$.

习题 1-1

1. 用区间表示下面的邻域：

(1) $U(0,1)$；　　　　(2) $U\left(1,\frac{1}{3}\right)$；

(3) $\mathring{U}(0,2)$;　　(4) $\mathring{U}\left(1,\frac{1}{3}\right)$.

2. 设 $A=(-\infty,2)\cup(2,+\infty)$, $B=[-5,3]$,写出 $A\cup B, B\cap A, A\backslash B, B\backslash A, A^{C}$ 的表达式.

3. (1) 设映射 $f:X=\left[-\frac{\pi}{4},\frac{\pi}{4}\right]\to\mathbf{R}$, $x\in X$, $f(x)=\tan x$,求集合 X 的像 $f(X)$;

(2) 设映射 $f:[1,+\infty)\to\mathbf{R}$, $x\in[1,+\infty)$, $f(x)=\ln x$,求集合 $[1,+\infty)$ 的像 $f([1,+\infty))$.

4. 讨论下列映射是属于单射、满射、还是一一映射?

(1) $f:\mathbf{R}\to\mathbf{R}$, $x\in\mathbf{R}$, $f(x)=\sin x$;

(2) $f:\mathbf{R}\to[-1,1]$, $x\in\mathbf{R}$, $f(x)=\sin x$;

(3) $f:X=\{0,1,2,3\}\to Y=\left\{-\frac{1}{2},0,\frac{1}{2},1,\frac{3}{2},\frac{5}{2}\right\}$, $x\in X$, $f(x)=\frac{x-1}{2}$;

(4) $f:[-1,1]\to\left[-\frac{\pi}{2},\frac{\pi}{2}\right]$, $x\in[-1,1]$, $f(x)=\arcsin x$.

5. 求下列映射的逆映射:

(1) $f:[0,\pi]\to[-1,1]$, $x\in[0,\pi]$, $f(x)=\cos x$;

(2) $f:\left(-\frac{\pi}{2},\frac{\pi}{2}\right)\to\mathbf{R}$, $x\in\left(-\frac{\pi}{2},\frac{\pi}{2}\right)$, $f(x)=\tan x$.

6. 设两个映射

$$g:\mathbf{R}\to(0,+\infty),\quad x\in\mathbf{R},\quad g(x)=\mathrm{e}^{x},$$
$$f:(0,+\infty)\to\mathbf{R},\quad u\in(0,+\infty),\quad f(u)=\ln u,$$

求这两个映射的复合映射 $f\circ g$.

第二节　一 元 函 数

一、函数的概念及图形

定义 1.1　设数集 $D\subseteq R$,则从 D 到 $\mathbf{R}$ 的映射 f 称为定义在 D 上的一元函数,简称为函数. 记作

$$y=f(x),\quad x\in D,$$

其中 x 称为**自变量**,y 称为**因变量**,D 称为**定义域**,集合

$$f(D)=\{y\mid y=f(x),x\in D\}$$

称为函数 f 的**值域**. 平面点集

$$\{(x,y)\mid y=f(x),x\in D\}$$

表示的图形称为函数 f 的**图形**(或**图像**).

在同一个问题中,若涉及几个不同函数,则为了区别,应该用不同的记号分别表示,如 $y=f(x)$, $y=\varphi(x)$, $y=\psi(x)$, $y=F(x)$等.

函数的构成有两个要素：定义域 D_f 及对应法则 f. 如果两个函数的定义域相同，对应法则也相同，那么这两个函数是相同的函数，否则为不同的函数. 如函数 $y=f(x)$ 与 $u=f(t)$，当 x,t 的变化范围都是非空集 D 时，它们为同一函数，与自变量和因变量用什么符号表示无关. 关于函数定义，还需要说明以下几点：

(1) 严格说来，记号 f 与 $f(x)$ 的含义是有区别的，f 表示自变量 x 与因变量 y 之间的对应关系，称为函数，而 $f(x)$ 表示与 x 对应的函数值，但习惯上称 $f(x)$ 为函数，即把函数和函数值不加区分地使用.

(2) 在函数定义中，每一个 $x\in D$ 对应的函数值 y 总是唯一的，这样定义的函数称为**单值函数**. 如果给定的对应法则，对于每一个 $x\in D$ 总有确定的 y 值与其对应，但这个 y 不是唯一的，则这样定义的函数称为**多值函数**. 高等数学中，对于多值函数，通常是给出一些附加条件，将其化成单值函数，如此得到的单值函数称为该多值函数的**单值分支**.

例 1　圆的方程 $x^2+y^2=a^2$ 确定了变量 x 和 y 之间的对应法则，显然，对每个 $x\in[-a,a]$，只有当 $x=a$ 或 $x=-a$ 时，对应 $y=0$ 一个值，而当 $x\in(-a,a)$ 时，对应的 y 有两个值. 但我们总可以把它分解为两个单值分支：一是上半圆 $x^2+y^2=a^2$，$y\geqslant 0$ 确定了一个单值函数 $y_1=\sqrt{a^2-x^2}$，$x\in[-a,a]$；一是下半圆 $x^2+y^2=a^2$，$y\leqslant 0$ 确定了另一个单值函数 $y_2=-\sqrt{a^2-x^2}$，$x\in[-a,a]$.

(3) 在数学中，通常给定函数的定义域就是使得算式有意义的一切实数组成的集合，称为函数的**自然定义域**. 但对一些有实际背景的函数，需要根据具体含义确定其定义域. 如圆的面积问题，设圆的半径为 r，圆的面积为 A，那么 A 与 r 之间的函数关系是

$$A=A(r)=\pi r^2,\quad r\in[0,+\infty).$$

这时，函数的定义域是 $[0,+\infty)$，而不是自然定义域 $(-\infty,+\infty)$.

(4) 函数对应法则的表达形式是多样的. 可以用表格、图形、解析式(即算式)，甚至用语言来表示. 同时，函数在其定义域的不同部分，对应法则可由不同的解析式给出，这种函数称为**分段函数**.

下面给出几个函数的例子，例中的定义域均指自然定义域.

例 2　设 C 为常数，则 $y=C$ 是**常量函数**，定义域是 $(-\infty,+\infty)$，值域是 $\{C\}$. 其实，将函数写为 $y=C(\sin^2x+\cos^2x)=C$，就看得更为清楚.

例 3　符号函数

$$y=\operatorname{sgn}x=\begin{cases}1, & x>0,\\ 0, & x=0,\\ -1, & x<0\end{cases}$$

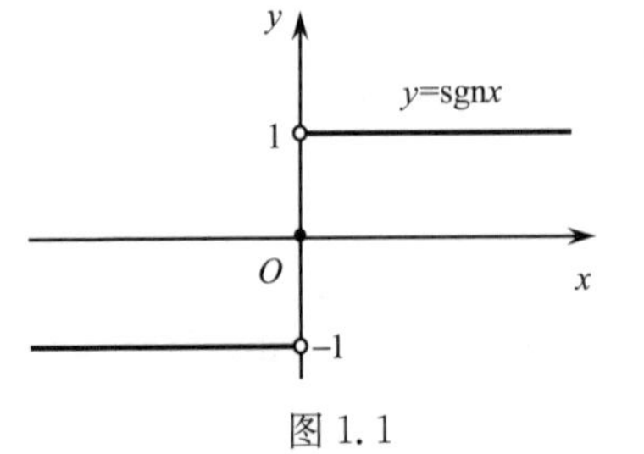

图 1.1

为分段函数,定义域是$(-\infty,+\infty)$,值域是$\{-1,0,1\}$,它的图形如图1.1所示.对任何$x\in\mathbf{R}$,有$x=\operatorname{sgn}x\cdot|x|$或$|x|=x\operatorname{sgn}x$.

例4　取整函数.

对任意的$x\in\mathbf{R}$,用记号$[x]$表示不超过x的最大整数,从而得到定义在$\mathbf{R}$上的函数

$$y=[x],$$

称此函数为**取整函数**.如$[0.3]=0$,$[1.52]=1$,$[-1]=-1$,$[-1.52]=-2$. $y=[x]$的定义域是$\mathbf{R}$,值域是$\mathbf{Z}$,图形如图1.2所示,这是一个**阶梯函数**,也是分段函数.

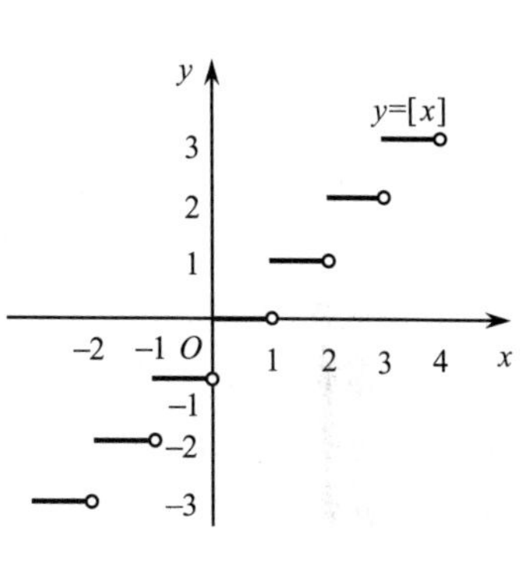

图1.2

例5　数列也是一类函数,它的定义域是全体正整数的集合$\mathbf{N}^*$,可称为**整标函数**.例如,数列$x_n=\dfrac{1}{n}$也可写成函数$f(n)=\dfrac{1}{n}$, $n\in\mathbf{N}^*$,它的图形是平面上的一些孤立点的集合.

例6　狄利克雷(Dirichlet)函数

$$D(x)=\begin{cases}1, & x\text{是有理数},\\ 0, & x\text{是无理数}.\end{cases}$$

这个函数可以用两句语言来描述,即当x为有理数时,$D(x)=1$;当x为无理数时,$D(x)=0$.它的定义域是$(-\infty,+\infty)$,值域是$\{0,1\}$,但是,由于任意两个有理数之间都有无理数,并且任意两个无理数之间也都有有理数,所以它的图形无法描绘.

例7　函数

$$f(x)=\begin{cases}x^2, & x\leqslant 1,\\ 2-x, & 1<x\leqslant 2\end{cases}$$

是一个分段函数,定义域是$(-\infty,2]$,值域是$[0,+\infty)$,图形见图1.3.

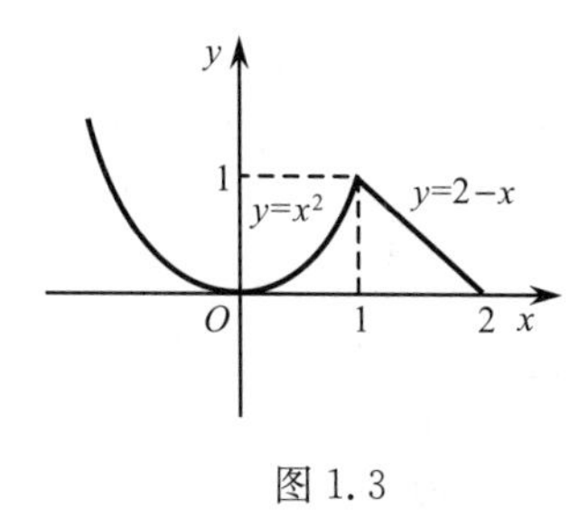

图1.3

当$x\in(-\infty,1]$时,$f(x)=x^2$.

当$x\in(1,2]$时,$f(x)=2-x$.

例如,$-1\in(-\infty,1]$,所以$f(-1)=(-1)^2=1$, $\dfrac{3}{2}\in(1,2]$,所以$f\left(\dfrac{3}{2}\right)=2-\dfrac{3}{2}=\dfrac{1}{2}$.如果要求$f(x-1)$,可将$x$以$x-1$替换,得

$$f(x-1)=\begin{cases}(x-1)^2, & x-1\leqslant 1,\\ 2-(x-1), & 1<x-1\leqslant 2,\end{cases}$$

即

$$f(x-1)=\begin{cases}(x-1)^2, & x\leqslant 2,\\ 3-x, & 2<x\leqslant 3.\end{cases}$$

二、函数可能具有的几种特性

1. 有界性

设函数 $f(x)$ 的定义域为 D，数集 $I\subseteq D$，如果存在正数 M，使对任意的 $x\in I$，都有

$$|f(x)|\leqslant M,$$

则称函数 $f(x)$ 在 I 上**有界**.

如果这样的 M 不存在，则称 $f(x)$ 在 I 上**无界**. 也就是说，若对任意给定的正数 M，总存在 $x_1\in I$，使得 $|f(x_1)|>M$，那么函数 $f(x)$ 在 I 上无界.

如果存在 $M_1\in\mathbf{R}$，使得对任一 $x\in I$，都有 $f(x)\leqslant M_1$，则称 $f(x)$ 在 I 上有上界，M_1 是 $f(x)$ 的一个上界；如果存在 $M_2\in\mathbf{R}$，使得对任一 $x\in I$，都有 $f(x)\geqslant M_2$，则称 $f(x)$ 在 I 上有下界，M_2 是 $f(x)$ 的一个下界. 显然，函数 $f(x)$ 在 I 上有界的充要条件是它既有上界，又有下界.

我们常常讨论函数在其定义域上的有界性.

例如，函数 $y=\sin x$，因为对任一 $x\in(-\infty,+\infty)$ 都有 $-1\leqslant\sin x\leqslant 1$，即 $|\sin x|\leqslant 1$，所以，函数 $y=\sin x$ 在 $(-\infty,+\infty)$ 上既有上界，又有下界，是有界函数.

又如函数 $f(x)=\ln x$ 在 $(0,+\infty)$ 内是无界的，因为不存在一个正数 M，使得 $|\ln x|\leqslant M$ 对于 $(0,+\infty)$ 内的一切 x 都成立. 但是，如果在区间 $[1,2]$ 内，取 $M=\ln 2$，由于对任一 $x\in[1,2]$，都有 $|\ln x|\leqslant\ln 2$，因此，函数 $f(x)=\ln x$ 在区间 $[1,2]$ 内是有界的.

由此可见，在讨论函数的有界性时，必须指明 x 所在的区间. 一个函数可能在它的整个定义域内有界，也可能仅在定义域的部分区间内有界.

2. 奇偶性

设函数 $f(x)$ 的定义域 D 关于原点对称，如果对于任意的 $x\in D$，总有

$$f(x)=f(-x),$$

则称 $f(x)$ 是**偶函数**；如果对于任意的 $x\in D$，总有

$$f(x)=-f(-x),$$

则称 $f(x)$ 是**奇函数**.

偶函数的图形对称于 y 轴，奇函数的图形对称于原点.

例如，对于正整数次幂函数 $f(x)=x^n$，当 n 为偶数时，它是偶函数，当 n 为奇数时，它是奇函数.

又例如，$f(x)=x^4-2x^2$ 是偶函数(图 1.4)，因为 $f(-x)=(-x)^4-2(-x)^2$

$=x^4-2x^2=f(x)$. $f(x)=\dfrac{1}{x}$ 是奇函数(图 1.5),因为 $f(-x)=\dfrac{1}{-x}=-f(x)$. $f(x)=\sin x+1$ 既非偶函数,又非奇函数(图 1.6).

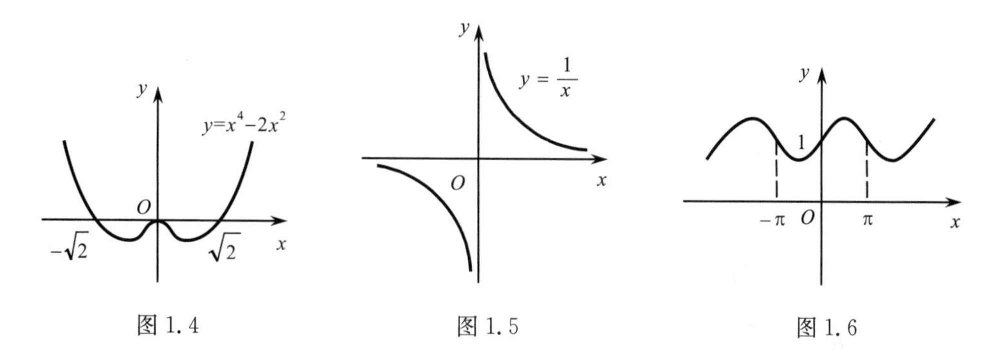

图 1.4　　图 1.5　　图 1.6

可见,函数的奇偶性刻画了这个函数的图形关于原点的中心对称性质或关于 y 轴的轴对称性质. 所以对这种函数,常常只需要考察 $x\geqslant 0$ 时的情形.

3. 单调性

设函数 $f(x)$ 的定义域是 D,区间 $I\subset D$,如果对于任意的 $x_1, x_2\in I$,且 $x_1<x_2$,总有

$$f(x_1)<f(x_2),$$

则称函数 $f(x)$ 在区间 I 上是**单调增加的**;如果总有

$$f(x_1)>f(x_2),$$

则称函数 $f(x)$ 在区间 I 上是**单调减少的**.

单调增加或单调减少的函数都称为**单调函数**.

例如,函数 $f(x)=\mathrm{e}^x$ 在区间 $(-\infty,+\infty)$ 上是单调增加的;函数 $f(x)=\mathrm{e}^{-x}$ 在区间 $(-\infty,+\infty)$ 上是单调减少的(图 1.7);而函数 $f(x)=x^2$ 在区间 $(-\infty,0]$ 上是单调减少的,在区间 $[0,+\infty)$ 上是单调增加的(图 1.8). 由此可见,讨论函数的单调性也必须强调 x 所在的区间.

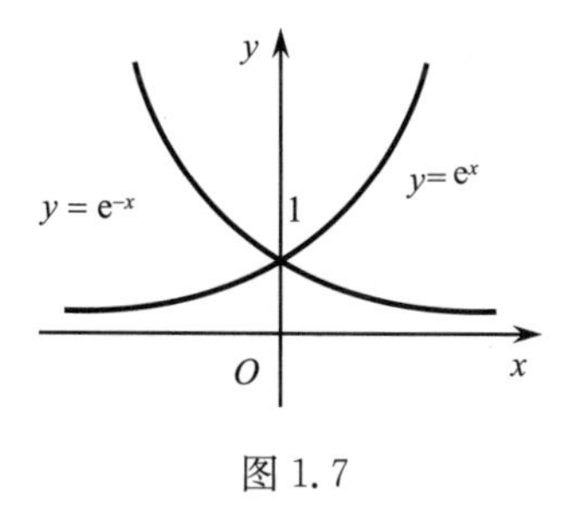

图 1.7

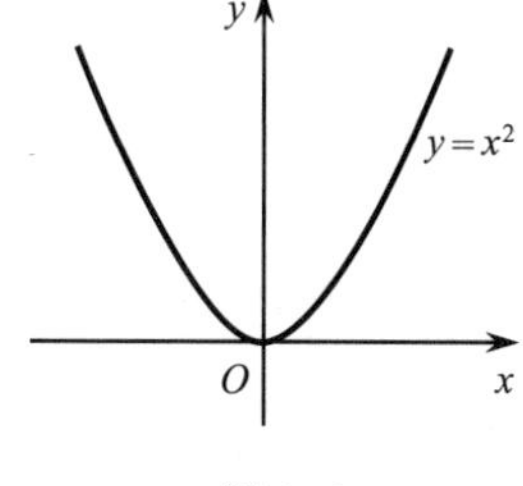

图 1.8

4. 周期性

设函数 $f(x)$ 的定义域为 $D \subset \mathbf{R}$. 如果存在一个正数 T,使对于任意的 $x \in D$,只要 $x+T \in D$,总有

$$f(x+T)=f(x),$$

则称 $f(x)$ 为**周期函数**,T 称为 $f(x)$ 的**周期**,通常所说函数的周期是指**最小正周期**.

大家熟知,函数 $\sin x$, $\cos x$ 是以 2π 为周期的周期函数,函数 $\tan x$, $\cot x$ 是以 π 为周期的周期函数.

对于周期函数,常常只要考察它在一个周期内的状态就可以了.

注意,并不是所有的周期函数都能找到最小正周期,如例 6 中的狄利克雷函数,每一个正有理数都是它的周期,但是没有最小正周期.

三、反函数与复合函数

由一元函数的定义知,一元函数是映射的特例,其差别在于一元函数强调了其原像集合与像集合都是实数集. 同样,一元反函数与一元复合函数也分别是逆映射和复合映射的特例,它们的原像集合与像集合也都是实数集.

1. 反函数

设一元函数 $f:D\to f(D)$ 是一一映射,则它的逆映射 $f^{-1}:f(D)\to D$ 称为函数 $f(x)$ 的**反函数**,记作 $x=f^{-1}(y)$, $y\in f(D)$. 由于改变自变量与因变量的字母并不改变函数的对应关系,而且习惯上用 x 表示自变量,从而把反函数记作

$$y=f^{-1}(x),\quad x\in f(D).$$

例如,函数 $y=\mathrm{e}^x$ 是从定义域 $D=\mathbf{R}$ 到值域 $(0,+\infty)$ 的一一映射,故有反函数 $x=\ln y$, $y\in(0,+\infty)$,互换字母 x 与 y,其反函数可写作 $y=\ln x$, $x\in(0,+\infty)$.

如果函数 $f(x)$ 的定义域为 D,且在区间 $I\subseteq D$ 上为单调函数,则 $f(x)$ 是从 I 到 $f(I)$ 的一一映射,故在 I 上反函数必定存在. 即是说,函数 $f(x)$ 在其单调区间上必定存在反函数.

又如,函数 $y=\sin x$ 在它的整个定义域 $\mathbf{R}$ 上不是单调函数,故不存在反函数,但在它的单调区间 $\left[n\pi-\frac{\pi}{2},n\pi+\frac{\pi}{2}\right]$ $(n\in\mathbf{Z})$ 上,反函数存在. 一般地,把定义在区间 $\left[-\frac{\pi}{2},\frac{\pi}{2}\right]$ 上,正弦函数的反函数称为反正弦函数的主值,记作 $y=\arcsin x$,其定义域是 $[-1,1]$,值域是 $\left[-\frac{\pi}{2},\frac{\pi}{2}\right]$.

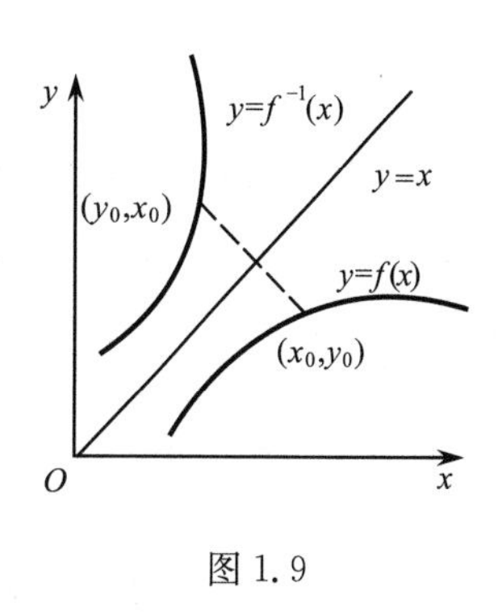

图 1.9

相对于反函数 $y=f^{-1}(x)$ 来说，原来的函数 $y=f(x)$ 称为**直接函数**. 函数 $y=f(x)$ 与它的反函数 $y=f^{-1}(x)$ 的图形在同一坐标平面上是关于直线 $y=x$ 为对称的(图 1.9)，而且反函数的定义域就是直接函数的值域，反函数的值域就是直接函数的定义域.

2. 复合函数

设函数 $y=f(u)$ 的定义域是 D_1，函数 $u=g(x)$ 在集合 D_2 上有定义. 如果 $u=g(x)$ 的值域 $g(D_2)$ 满足 $g(D_2)\cap D_1\neq\varnothing$，则由下式

$$y=f[g(x)]$$

定义的函数称为由函数 $u=g(x)$ 与 $y=f(u)$ 构成的**复合函数**. 此函数的定义域是 D_2 的子集 $D=\{x\mid g(x)\in D_1, x\in D_2\}$，$u$ 称为**中间变量**，常用 $f\circ g$ 表示这个复合函数，即对每个 $x\in D$，有

$$(f\circ g)(x)=f[g(x)].$$

关于复合函数，要注意两点：一、只有在函数 $u=g(x)$ 的值域与函数 $y=f(u)$ 的定义域的交集不是空集时，这两个函数才能构成复合函数. 例如，$y=\arcsin u$ 与 $u=3+x^2$ 就不能构成复合函数，这是因为对任一 $x\in\mathbf{R}$，$u=3+x^2$ 均不在 $y=\arcsin u$ 的定义域$[-1,1]$内；二、复合函数 $y=f[g(x)]$ 的定义域 D 必然含在函数 $u=g(x)$ 的定义域内，也就是说，D 是函数 $u=g(x)$ 的定义域的一个非空子集. 例如，函数 $y=\arcsin(2x+1)$ 在某范围内可看成由 $y=\arcsin u$ 与 $u=2x+1$ 复合而成的复合函数，这时 $u=2x+1$ 的自然定义域是$(-\infty,+\infty)$，但 $y=\arcsin(2x+1)$ 的定义域仅是 $D=\{x\mid -1\leqslant 2x+1\leqslant 1\}$，即 $D=\{x\mid -1\leqslant x\leqslant 0\}$.

四、函数的运算

设函数 $f(x)$，$g(x)$ 的定义域分别为 D_1，D_2，$D=D_1\cap D_2\neq\varnothing$，$\alpha$，$\beta$ 为实数. 则定义两个函数的各种运算如下.

函数的和　$(f+g)(x)=f(x)+g(x),\ x\in D$；

函数的差　$(f-g)(x)=f(x)-g(x),\ x\in D$；

函数的积　$(f\cdot g)(x)=f(x)\cdot g(x),\ x\in D$；

函数的商　$\left(\dfrac{f}{g}\right)(x)=\dfrac{f(x)}{g(x)},\ x\in D$，且 $g(x)\neq 0$.

函数的线性组合　$(\alpha f+\beta g)(x)=\alpha f(x)+\beta g(x),\quad x\in D.$

例 8　设 $f(x)$ 是定义在$(-a,a)$内的任意函数，证明：

(1) $f(x)+f(-x)$ 是偶函数；

(2) $f(x)-f(-x)$ 是奇函数;

(3) $f(x)$ 总可以表示为一个偶函数与一个奇函数之和.

证　(1) 令 $F(x)=f(x)+f(-x)$,因为在对称区间$(-a,a)$内,有

$$F(-x)=f(-x)+f(x)=f(x)+f(-x)=F(x),$$

所以,$F(x)=f(x)+f(-x)$ 是偶函数.

(2) 令 $F(x)=f(x)-f(-x)$,对于任一 $x\in(-a,a)$ 有

$$F(-x)=f(-x)-f(x)=-[f(x)-f(-x)]=-F(x),$$

所以,$F(x)=f(x)-f(-x)$ 是奇函数.

(3) 作以上两个函数的线性组合,可得

$$\begin{aligned}f(x)&=\frac{1}{2}[f(x)+f(-x)]+\frac{1}{2}[f(x)-f(-x)]\\&=\frac{1}{2}\{[f(x)+f(-x)]+[f(x)-f(-x)]\},\end{aligned}$$

即 $f(x)$ 表示成了一个偶函数与一个奇函数之和.

五、基本初等函数

不涉及复合与四则运算的幂函数、指数函数、对数函数、三角函数和反三角函数统称为**基本初等函数**,这五种函数和常数是构成初等函数的“元素”,它们在高等数学中的作用好比建筑中的砖瓦.学习高等数学,首先要熟练掌握基本初等函数的表达式、定义域、值域、主要性质及其图形等.

中学数学中,对这五种函数已有充分的介绍,因此,本教材不再赘述,为便于复习,我们给出了“基本初等函数的定义域、值域、主要性质及其图形一览表”(见附录Ⅰ).

六、初等函数

由常数和基本初等函数经过有限次四则运算和有限次复合所构成的并可用一个算式表示的函数称为**初等函数**.例如

$$y=\sqrt{1+x^2},\quad y=\ln e^x,\quad y=\arcsin\sqrt{x}$$

等都是初等函数.本课程所讨论的函数绝大多数是初等函数.

不符合上述定义的函数称为非初等函数.例如本节例 3 至例 7 中所给分段函数、整标函数等是属于非初等函数.

在初等函数中,有一类工程技术中很有用的函数——**双曲函数与反双曲函数**,定义如下:

双曲正弦函数　$\mathrm{sh}x=\dfrac{e^x-e^{-x}}{2}$,

双曲余弦函数　$\mathrm{ch}x=\dfrac{\mathrm{e}^x+\mathrm{e}^{-x}}{2}$,

双曲正切函数　$\mathrm{th}x=\dfrac{\mathrm{sh}x}{\mathrm{ch}x}=\dfrac{\mathrm{e}^x-\mathrm{e}^{-x}}{\mathrm{e}^x+\mathrm{e}^{-x}}$.

它们的定义域都是$(-\infty,+\infty)$,双曲正弦的值域是$(-\infty,+\infty)$,它是$(-\infty,+\infty)$上的单调增加的奇函数;双曲余弦的值域是$[1,+\infty)$,它是偶函数,并在区间$(-\infty,0]$上单调减少,在区间$[0,+\infty)$上单调增加;双曲正切是$(-\infty,+\infty)$上的单调增加的奇函数,且$-1<\mathrm{th}x<1$.

以上三个双曲函数的图形如图 1.10 与图 1.11 所示.

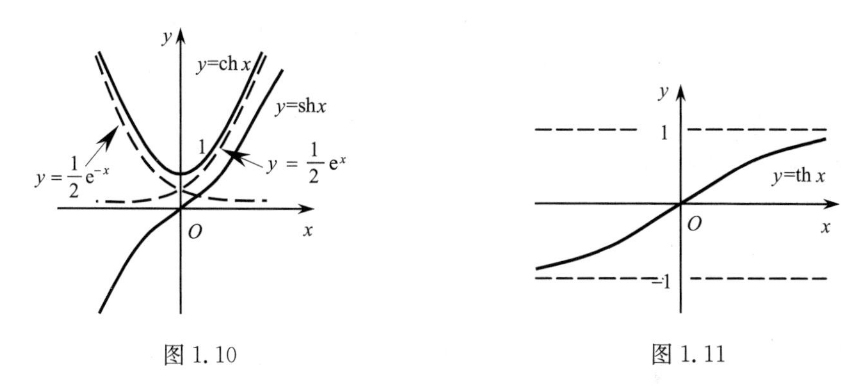

图 1.10　　图 1.11

容易验证,双曲函数具有类似于三角函数的基本公式,例如:

$$\mathrm{sh}(x\pm y)=\mathrm{sh}x\mathrm{ch}y\pm\mathrm{ch}x\mathrm{sh}y,$$
$$\mathrm{ch}(x\pm y)=\mathrm{ch}x\mathrm{ch}y\pm\mathrm{sh}x\mathrm{sh}y,$$
$$\mathrm{sh}2x=2\mathrm{sh}x\mathrm{ch}x,$$
$$\mathrm{ch}2x=\mathrm{ch}^2x+\mathrm{sh}^2x=1+2\mathrm{sh}^2x=2\mathrm{ch}^2x-1,$$
$$\mathrm{ch}^2x-\mathrm{sh}^2x=1.$$

双曲函数的反函数称为**反双曲函数**,$y=\mathrm{sh}x$, $y=\mathrm{ch}x(x\geqslant0)$, $y=\mathrm{th}x$ 的反函数分别为

反双曲正弦函数　$y=\mathrm{arsh}x$,

反双曲余弦函数　$y=\mathrm{arch}x$,

反双曲正切函数　$y=\mathrm{arth}x$.

反双曲函数都可以化为自然对数的形式,推导如下:

设 $y=\mathrm{arsh}x$ 是 $x=\mathrm{sh}y$ 的反函数,则

$$x=\frac{\mathrm{e}^y-\mathrm{e}^{-y}}{2},$$

即

$$\mathrm{e}^{2y}-2x\mathrm{e}^y-1=0,$$

解得

$$e^y = x \pm \sqrt{x^2+1}.$$

由于 $e^y > 0$，故上式中根号前应取正号，于是

$$e^y = x + \sqrt{x^2+1}.$$

从而得到

$$y = \operatorname{arsh}x = \ln(x+\sqrt{x^2+1}).$$

函数 $y=\operatorname{arsh}x$ 的定义域是 $(-\infty,+\infty)$，在整个定义域上是单调增加的奇函数，其图形如图 1.12 所示.

双曲余弦 $y=\operatorname{ch}x$ 在其定义域内不是单调函数，但如果在定义域中的单调区间 $[0,+\infty)$ 内，则它的反函数存在，且可推出反双曲余弦用自然对数表达的形式：

$$y = \operatorname{arch}x = \ln(x+\sqrt{x^2-1}).$$

函数 $y=\operatorname{arch}x$ 的定义域是 $[1,+\infty)$，值域是 $[0,+\infty)$，在定义域上是单调增加的(图 1.13).

类似地，可以推出：

$$y = \operatorname{arth}x = \frac{1}{2}\ln\frac{1+x}{1-x}.$$

这个函数的定义域是 $(-1,1)$，它在此区间上是单调增加的奇函数(图 1.14).

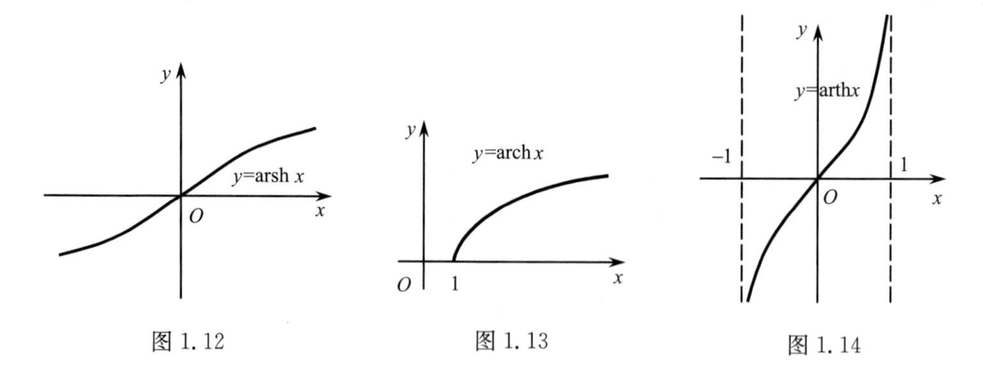

图 1.12　　　图 1.13　　　图 1.14

习题 1-2

1. 求下列函数的定义域：

(1) $y=\dfrac{1}{\sqrt{2x^2+5x-3}}$；　　(2) $y=\sqrt{\sin x-\cos x}$；

(3) $y=\ln(x+1)$；　　(4) $y=e^{\frac{1}{x-1}}$.

2. 下列函数 $f(x)$ 和 $\varphi(x)$ 是否相同，为什么？

(1) $f(x)=\dfrac{x-1}{x^2-1}$，$\varphi(x)=\dfrac{1}{x+1}$；

(2) $f(x)=\ln x^2$, $\varphi(x)=2\ln x$;

(3) $f(x)=1$, $\varphi(x)=\sec^2 x-\tan^2 x$;

(4) $f(x)=\sqrt{x+1}\sqrt{x-1}$, $\varphi(x)=\sqrt{x^2-1}$.

3. 已知 $f(x)=2^x$, $g(x)=x\ln x$,求 $f[g(x)]$, $g[f(x)]$, $f[f(x)]$, $g[g(x)]$.

4. 下列函数是由哪些简单函数复合而成的?

(1) $y=\cos^2(1+2x)$;　　(2) $y=\ln(x+\sqrt{1+x^2})$;

(3) $y=e^{\sin^2 x}$;　　(4) $y=\arcsin\sqrt{x^2+1}$.

5. 求下列函数的反函数及反函数的定义域:

(1) $y=\ln(x+2)+1$;　　(2) $y=\cos^2 x+2$, $x\in\left[0,\frac{\pi}{2}\right]$;

(3) $y=\frac{2^x}{2^x+1}$;　　(4) $y=\sin\frac{x-1}{x+1}\ (x\geqslant 0)$;

(5) $y=\frac{ax+b}{cx+d}\ (ad-bc\neq 0)$;　　*(6) $y=\begin{cases}x, & -\infty<x<1,\\ x^2, & 1\leqslant x\leqslant 4,\\ 2^x, & 4<x<+\infty.\end{cases}$

6. 讨论下列函数的奇偶性:

(1) $y=2x^3-x^2$;　　(2) $y=\sqrt{1-x}+\sqrt{1+x}$;

(3) $y=x\sin\frac{1}{x}$;　　(4) $y=e^{2x}-e^{-2x}+\sin x$.

*7. 证明:

(1) 两个偶函数之和是偶函数,两个奇函数之和是奇函数;

(2) 两个偶函数之积是偶函数,两个奇函数之积是偶函数,偶函数与奇函数之积是奇函数.

*8. 证明:

(1) 两个单调递增(递减)的函数之和是单调递增(递减)的;

(2) 两个单调递增(递减)的正值函数之积是单调递增(递减)的;

(3) 单调递增(递减)函数的反函数也是单调递增(递减)的.

9. 下列函数中,哪些是周期函数?如果是,则求其最小正周期.

(1) $y=\sin^2 x$;　　(2) $y=x\cos x$;

(3) $y=\cos^2 x$;　　(4) $y=\sin\left(\omega x+\frac{\pi}{3}\right)\ (\omega\neq 0)$.

10. 利用 $y=\sin x$ 的图形,作下列函数的图形:

*(1) $y=\sin|x|$;　　(2) $y=\left|\frac{1}{2}\sin x\right|$;

(3) $y=\sin 2x$;　　*(4) $y=3\sin\left(2x+\frac{\pi}{2}\right)$.

11. 作下列函数的图形:

(1) $y=|x^2-1|$;　　(2) $y=|\ln(1-x)|$;

*(3) $y=\mathrm{sgn}(\sin x)$.

12. (1) 设 $f\left(\frac{1}{x}\right)=\sqrt{1+x^2}\ (x>0)$,求 $f(x)$;

*(2) 设 $f\left(\sin\frac{x}{2}\right)=1+\cos x$，求 $f(\cos x)$.

*13. 设 $f(x)=\operatorname{sgn}x=\begin{cases}1, & |x|<1,\\ 0, & |x|=1,\\ -1, & |x|>1\end{cases}$ 及 $g(x)=e^x$，求 $f[g(x)]$ 和 $g[f(x)]$，并作出两个函数的图形.

*14. 证明：

(1) $\operatorname{sh}x+\operatorname{sh}y=2\operatorname{sh}\frac{x+y}{2}\operatorname{ch}\frac{x-y}{2}$；

(2) $\operatorname{sh}x\operatorname{ch}y=\frac{1}{2}[\operatorname{sh}(x+y)+\operatorname{sh}(x-y)]$.

第三节　极限的概念

一、数列的极限

1. 实例分析

极限概念是由于求某些实际问题的精确解答而产生的. 例如，圆面积的推算问题.

我国古代数学家刘徽(公元 3 世纪) 利用割圆术来推算圆的面积. 设一个半径为 R 的圆，作圆的内接正三边形、正六边形、正十二边形、……、正 $3\cdot2^{n-1}$ 边形，等，这些多边形的面积依次用

$$A_1,\ A_2,\ A_3,\ \cdots,\ A_n,\ \cdots$$

表示，它们构成一列有序的数，当 n 越大，内接正多边形的面积就越接近圆的面积，设想让 n 无限增大，即内接正多边形的边数无限增加，那么，内接正多边形将无限贴近圆，从而正多边形的面积 A_n 也会无限趋近于圆的面积，即一个确定的数 A. 用现代数学的语言来说，这一列有序的数，就是数列 $A_1,A_2,\cdots,A_n,\cdots$，圆的面积 A 就是这个数列当 n 趋于无穷大(记为 $n\to\infty$) 时的极限，即

$$A=\lim_{n\to\infty}A_n.$$

这种利用正多边形的面积来逼近圆面积的思想是人类思维的伟大结晶之一，这种极限方法正是高等数学中的一种基本方法.

2. 数列极限的定义

先给出数列的概念.

数列是按一定规律排列的一列数

$$x_1,\ x_2,\ x_3,\ \cdots,\ x_n,\ \cdots$$

简记作数列 $\{x_n\}$，其中 x_n 称为数列的**通项**或**一般项**，数列又可以理解为定义在正整数集合上的函数

$$x_n = f(n) \quad (n = 1,2,3,\cdots),$$

因此,也将数列称为**整标函数**,如

(1) $1,\ \frac{1}{2},\ \frac{1}{3},\ \cdots,\ \frac{1}{n},\ \cdots$;

(2) $\frac{1}{2},\ \frac{2}{3},\ \frac{3}{4},\ \cdots,\ \frac{n}{n+1},\ \cdots$;

(3) $0,\ \frac{3}{2},\ \frac{2}{3},\ \frac{5}{4},\ \frac{4}{5},\ \cdots,\ 1+\frac{(-1)^n}{n},\ \cdots$;

(4) $2,\ 4,\ 8,\ \cdots,\ 2^n,\ \cdots$;

(5) $0,\ 1,\ 0,\ 1,\ \cdots,\ \frac{1+(-1)^n}{2},\ \cdots$

都是数列,它们的通项依次是

$$x_n = \frac{1}{n},\quad x_n = \frac{n}{n+1},\quad x_n = 1+\frac{(-1)^n}{n},\quad x_n = 2^n,\quad x_n = \frac{1+(-1)^n}{2}.$$

画出部分整标函数的图形,如图 1.15 所示.

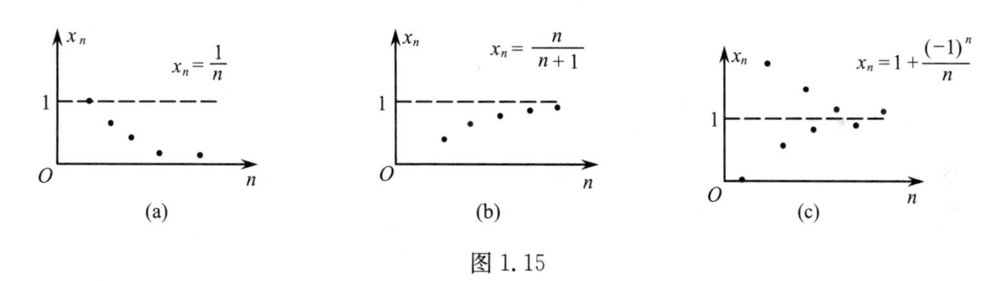

图 1.15

可以看到,随着 n 的逐渐增大,它们有其各自的变化趋势,但总体来说有两种情形:一是通项无限趋近于一个确定的常数(如数列(1) 趋近于 0,数列(2)、(3) 趋近于 1);二是通项不趋近于任何确定的常数(如数列(4)、(5)).

为了便于研究和交流,有必要给出一种统一、规范的数学表达形式,用以刻画 $n\to\infty$ 时数列$\{x_n\}$ 极限的特征.

以数列$\left\{\frac{1}{n}\right\}$为例来讨论当 n 无限增大时,$\frac{1}{n}$ 无限趋近于 0 的特征.

"n 无限增大",就是 n 越来越大,可以任意的大;

"$x_n=\frac{1}{n}$ 无限趋近于 0",就是点 x_n 与点 0 的距离 $|x_n-0|=\frac{1}{n}$ 越来越小,可以任意的小.

这里的"任意大" 和"任意小" 并不是彼此无关的. 随着 n 的不断增大,$|x_n-0|=\frac{1}{n}$ 可以无限地变小,从而 x_n 可无限地趋近于 0.

比如,要使 $|x_n - 0| = \frac{1}{n} < \frac{1}{100}$,只要 $n > 100$,即从数列的第 101 项起,之后的每一项 x_n 与 0 的距离都小于$\frac{1}{100}$;

要使 $|x_n - 0| = \frac{1}{n} < \frac{1}{10000}$,只要 $n > 10000$,即从数列的第 10001 项起,之后的每一项 x_n 与 0 的距离都小于$\frac{1}{10000}$;

……

这就是说,要使 $|x_n - 0| = \frac{1}{n}$ 任意小,只要 n 充分大就可以了,其大的程度由 $|x_n - 0|$ 任意小的程度来确定. 为了刻画小到“任意”的程度,引用希腊字母 ε 来表示任意给定的小的正数(其小的程度没有限制). 这样,数列 $x_n = \frac{1}{n}$,当 n 无限增大时,x_n 无限趋近于 0 的说法就可以用以下统一、规范的数学表达形式描述:

不论给定怎样小的正数 ε,总存在着一个正整数 $N\left(比如取 N = \left[\frac{1}{\varepsilon}\right]\right)$,只要 $n > N$,不等式 $|x_n - 0| < \varepsilon$ 都成立.

这样的描述称为数列极限的 ε-N 定义.

定义 1.2 设有数列$\{x_n\}$,如果存在常数 a,对于任意给定的正数 ε(不论它多么小),总存在正整数 N,使得当 $n > N$ 时,不等式

$$|x_n - a| < \varepsilon$$

都成立,那么就称常数 a 为**数列**$\{x_n\}$ **的极限**,或者称数列$\{x_n\}$ **收敛于** a,记为

$$\lim_{n\to\infty} x_n = a \quad 或 \quad x_n \to a \quad (n \to \infty).$$

否则,称数列$\{x_n\}$ **发散**.

在定义 1.2 中必须注意 ε 的任意性和 N 的存在性. 只有正数 ε 任意地、没有限制地小,不等式 $|x_n - a| < \varepsilon$ 才能表达 x_n 无限趋近于 a 的意思. 也只有 N 的存在,才能使数列$\{x_n\}$从第 $N+1$ 项开始满足 x_n 与 a 无限接近的要求. 我们也往往用 N 的不存在来证明数列$\{x_n\}$不以 a 为极限. 正整数 N 与小的正数 ε 密切相关,一般地,它随 ε 的变化而变化,所以也可以把它记为 $N(\varepsilon)$.

实际上,不等式 $|x_n - a| < \varepsilon$,等价于不等式 $a - \varepsilon < x_n < a + \varepsilon$,它表示数列$\{x_n\}$的项 x_n 在点 a 的 ε 邻域之中. 那么,数列$\{x_n\}$以 a 为极限的几何意义就可解释为:对于任意给定的正数 ε,存在着正整数 N,当 $n > N$ 时,所有的点 x_n 都落在点 a 的 ε(无论多么小)邻域内,只有有限个(至多有 N 个)点落在该邻域之外(图1.16).

为了表达方便,引入记号“$\forall$”表示“对于任意给定的”或“对于每一个”,记号“$\exists$”表示“总存在”. 于是,数列极限$\lim\limits_{n\to\infty} x_n = a$ 的 ε-N 数学定义可表达为

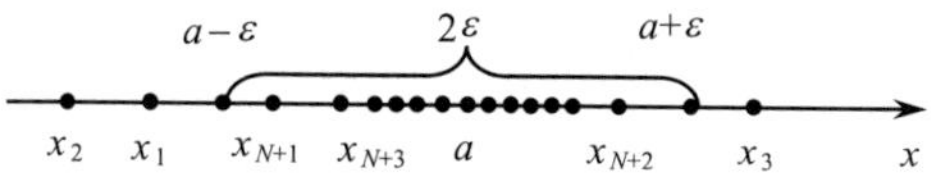

图 1.16

$\forall \varepsilon > 0$，$\exists$正整数 N，当 $n > N$ 时，不等式

$$|x_n - a| < \varepsilon$$

都成立，则$\lim\limits_{n\to\infty} x_n = a$.

下面举例说明极限的概念.

例 1　证明数列 $x_n = \dfrac{n}{n+1}$ 的极限是 1.

证　证明数列的极限是 a，就是对于 $\forall \varepsilon > 0$ 寻求这样的 N(与 ε 有关)，使当 $n > N$ 时，$|x_n - a| < \varepsilon$ 能够成立.

因为 $|x_n - a| = \left|\dfrac{n}{n+1} - 1\right| = \dfrac{1}{n+1}$，所以，$\forall \varepsilon > 0$(不妨设 $\varepsilon < 1$)，要使 $\dfrac{1}{n+1} < \varepsilon$，只要 $n+1 > \dfrac{1}{\varepsilon}$，即只要 $n > \dfrac{1}{\varepsilon} - 1$ 就可以了. 我们取 $N = \left[\dfrac{1}{\varepsilon} - 1\right]$(方括号表示对$\dfrac{1}{\varepsilon} - 1$ 取整)，则当 $n > N$ 时，有 $n > \dfrac{1}{\varepsilon} - 1$，从而有

$$\left|\frac{n}{n+1} - 1\right| = |x_n - 1| = \frac{1}{n+1} < \varepsilon$$

成立，所以，依据定义 1.2，有

$$\lim_{n\to\infty} \frac{n}{n+1} = 1.$$

例 2　设$|q|<1$，证明 $\lim\limits_{n\to\infty} q^n = 0$.

证　令 $x_n = q^n$. 当 $q = 0$ 时，结论显然成立. 以下设 $q \neq 0$.

因为 $|x_n - a| = |q^n - 0| = |q|^n$，所以，$\forall \varepsilon > 0$，要使 $|x_n - a| < \varepsilon$. 只要 $|q|^n < \varepsilon$，为此，在不等式两边同时取对数，得到

$$n\ln|q| < \ln\varepsilon.$$

两边同除以 $\ln|q|$，注意到 $|q| < 1$，因此 $\ln|q| < 0$，从而只要

$$n > \frac{\ln\varepsilon}{\ln|q|}.$$

取 $N = \left[\dfrac{\ln\varepsilon}{\ln|q|}\right]$，则当 $n > N$ 时，有

$$n > \frac{\ln\varepsilon}{\ln|q|},$$

即

$$n\ln|q| < \ln\varepsilon,$$

$$\ln|q|^n < \ln\varepsilon,$$

从而有

$$|q^n - 0| = |q|^n < \varepsilon.$$

于是,根据定义 1.2 知

$$\lim_{n\to\infty} q^n = 0 \quad (|q| < 1).$$

例 3　已知 $x_n = \dfrac{(-1)^n}{(n+1)^2}$,证明数列 $\{x_n\}$ 的极限为 0.

证　因为

$$|x_n - a| = \left|\frac{(-1)^n}{(n+1)^2} - 0\right| = \frac{1}{(n+1)^2},$$

$\forall\varepsilon > 0$,不妨设 $\varepsilon < 1$,要使 $\dfrac{1}{(n+1)^2} < \varepsilon$,可以使 $\dfrac{1}{(n+1)^2} < \dfrac{1}{n+1} < \varepsilon$(为了运算方便,这里利用了适当放大的技巧),只要 $n > \dfrac{1}{\varepsilon} - 1$ 就可以了. 取 $N = \left[\dfrac{1}{\varepsilon} - 1\right]$,则当 $n > N$ 时,有

$$\frac{1}{(n+1)^2} < \frac{1}{n+1} < \varepsilon,$$

即

$$\left|\frac{(-1)^n}{(n+1)^2} - 0\right| = \frac{1}{(n+1)^2} < \varepsilon$$

成立,于是由定义 1.2 知

$$\lim_{n\to\infty} \frac{(-1)^n}{(n+1)^2} = 0.$$

此例说明,证明数列极限时,只需指出 N 的存在,并不一定要求出 N 的最小值,因此,为了计算方便,常常利用放大的技巧,即将 $|x_n - A|$ 适当放大,使 $|x_n - A| < \beta_n$,再从不等式 $\beta_n < \varepsilon$ 中解出 n.

例 4　证明当 $a > 1$ 时,$\lim\limits_{n\to\infty} \sqrt[n]{a} = 1$.

证　注意到 $\sqrt[n]{a} > 1$. $\forall\varepsilon > 0$,为了使

$$|\sqrt[n]{a} - 1| = \sqrt[n]{a} - 1 < \varepsilon,$$

可将 $\sqrt[n]{a} - 1 = \lambda_n > 0$ 适当放大,于是

$$a = (1 + \lambda_n)^n = 1 + n\lambda_n + \cdots + \lambda_n^n > 1 + n\lambda_n > n\lambda_n,$$

$$\lambda_n < \frac{a}{n},$$

因此,只要使$\frac{a}{n} < \varepsilon$,即$n > \frac{a}{\varepsilon}$,取$N = \left[\frac{a}{\varepsilon}\right]$,当$n > N$时,有

$$|\sqrt[n]{a} - 1| = \lambda_n < \frac{a}{n} < \varepsilon.$$

故有

$$\lim_{n\to\infty} \sqrt[n]{a} = 1.$$

二、函数的极限

数列作为整标函数$x_n = f(n)$,它的自变量是取正整数而无限增大的.因此,数列反映的是一种"离散状态"的无限变化过程.但是函数$f(x)$的自变量x是一种"连续状态"的变化,而且自变量的变化过程不同,函数的极限就表现为不同的形式.下面主要研究两种情形:

(1) 自变量x的绝对值$|x|$无限增大(记作$x\to\infty$)时,函数$f(x)$的变化情形;

(2) 自变量x任意地趋近于有限值x_0(记作$x\to x_0$)时,函数$f(x)$的变化情形.

1. $x\to\infty$时函数$f(x)$的极限

将自变量的绝对值无限增大时函数值的变化趋势与数列即整标函数的极限相对照,所不同的仅在于数列$x_n = f(n)$的自变量n取正整数,函数$f(x)$的自变量x在实数范围取值,因此可以依照数列极限的ε-N定义,给出函数$f(x)$当$x\to\infty$时极限的精确定义(或ε-X定义):

定义 1.3 设函数$f(x)$当$|x| > M$(M为某一正数)时有定义,如果存在常数A,对于任意给定的正数ε(不论它多么小),总存在正数X,使得适合$|x| > X$的一切x,所对应的函数值$f(x)$都满足不等式

$$|f(x) - A| < \varepsilon,$$

则称A为**函数$f(x)$当$x\to\infty$时的极限**,记作

$$\lim_{x\to\infty} f(x) = A \quad 或 \quad f(x)\to A \quad (x\to\infty).$$

这种情形下极限的几何意义为:对任意给定的$\varepsilon > 0$,总可以找到$X > 0$,使当x落到$[-X, X]$区间外(即$(-\infty, -X)\cup(X, +\infty)$)时,函数图形就被夹在$y = A - \varepsilon$与$y = A + \varepsilon$两条直线之间(图 1.17).

定义 1.3 中,自变量的变化过程$x\to\infty$是指$|x|$无限增大,其实质同时包含了x沿x轴正方向而$|x|$无限增大(记为$x\to+\infty$)和沿x轴负方向而$|x|$无限增大(记为$x\to-\infty$)两种特殊情形,有时我们只能或只需要考虑其中一种情形,于是又给出了如下定义:

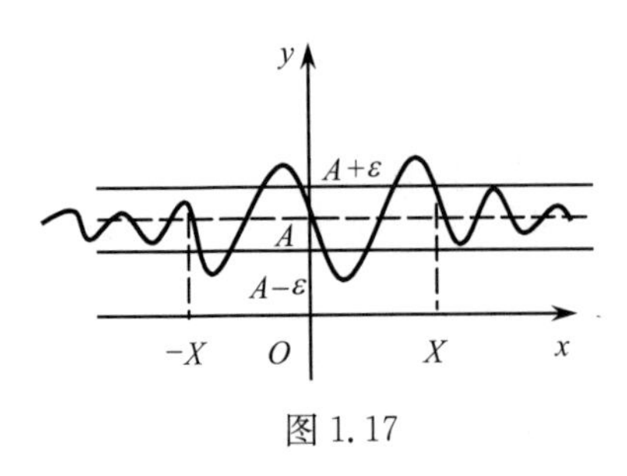

图 1.17

如果存在常数 A，对于任意给定的正数 ε（不论它多么小），总存在正数 X，使得当 $x > X$（或 $x < -X$）时，就有

$$|f(x) - A| < \varepsilon$$

成立，则称 A 为函数 $f(x)$ 当 $x \to +\infty$（或 $x \to -\infty$）时的极限，记作

$$\lim_{x \to +\infty} f(x) = A \quad \text{或} \quad \lim_{x \to -\infty} f(x) = A.$$

例 5　证明 $\lim\limits_{x \to \infty} \dfrac{1}{x} = 0$.

证　因为

$$|f(x) - A| = \left|\frac{1}{x} - 0\right| = \frac{1}{|x|}.$$

$\forall \varepsilon > 0$，要使 $|f(x) - A| < \varepsilon$，只要 $\dfrac{1}{|x|} < \varepsilon$，即 $|x| > \dfrac{1}{\varepsilon}$. 取 $X = \dfrac{1}{\varepsilon}$，当 $|x| > X = \dfrac{1}{\varepsilon}$ 时，有

$$|f(x) - A| = \left|\frac{1}{x} - 0\right| = \frac{1}{|x|} < \varepsilon$$

成立，由极限定义知 $\lim\limits_{x \to \infty} \dfrac{1}{x} = 0$.

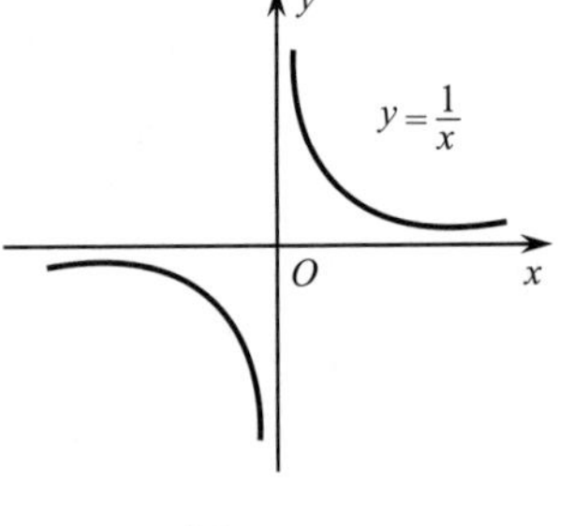

图 1.18

直线 $y = 0$ 是曲线 $y = \dfrac{1}{x}$ 的水平渐近线（图1.18）.

一般地，如果 $\lim\limits_{x \to \infty} f(x) = C$（或者 $\lim\limits_{x \to +\infty} f(x) = C$，或者 $\lim\limits_{x \to -\infty} f(x) = C$），则称直线 $y = C$ 是函数 $y = f(x)$ 的图形的**水平渐近线**.

2. $x \to x_0$ 时函数 $f(x)$ 的极限

设函数 $f(x)$ 在点 x_0 的某个去心邻域内有定义，下面来讨论，当 x 无限趋近于 x_0 时，函数 $f(x)$ 的值无限趋近于某个确定的常数 A，这种函数的极限特征.

如果 $x \to x_0$ 时 $f(x) \to A$，则函数 $f(x)$ 和常数 A 的接近程度与 x 和 x_0 的接近程度有关. 引入任意给定的很小的正数 ε，可以用 $|f(x) - A| < \varepsilon$ 来刻画函数 $f(x)$ 和常数 A 的无限接近程度，引入正数 δ，可以用 $|x - x_0| < \delta$ 来刻画 x 和 x_0 的接近程度. 因此，对于任意给定的 $\varepsilon > 0$，如果总存在 $\delta > 0$（δ 的大小与 ε 的大小有关），使得满足 $0 < |x - x_0| < \delta$ 的所有 x 都能够使 $|f(x) - A| < \varepsilon$ 成立，则 $x \to x_0$ 时 $f(x) \to A$.

由此，可给出下列 ε-δ 函数极限定义：

定义 1.4　设函数 $f(x)$ 在点 x_0 的某个去心邻域内有定义.如果存在常数 A，对于任意给定的正数 ε(不论它多么小)，总存在正数 δ，使得对于适合不等式 $0<|x-x_0|<\delta$ 的一切 x，所对应的函数值 $f(x)$ 都满足不等式

$$|f(x)-A|<\varepsilon,$$

则称 A 为**函数 $f(x)$ 当 $x\to x_0$ 时的极限**，记作

$$\lim_{x\to x_0}f(x)=A \quad 或 \quad f(x)\to A \quad (x\to x_0).$$

定义 1.4 中不等式 $0<|x-x_0|<\delta$ 是表示 x 与 x_0 的接近程度.但 $x\neq x_0$，说明讨论函数 $f(x)$ 当 $x\to x_0$ 时的极限时，其极限存在与否，与函数 $f(x)$ 在 $x=x_0$ 处有无定义，或有定义，但 $f(x_0)$ 取什么值并无关系.

还需注意，定义 1.4 中 ε 的任意性和 δ 的存在性，δ 是随 ε 的变化而变化，所以可把它记作为 $\delta(\varepsilon)$.

利用数学符号"$\forall$"和"$\exists$"，将定义 1.4 简述如下：

$\forall\varepsilon>0$，$\exists\delta>0$，当 $0<|x-x_0|<\delta$ 时，不等式

$$|f(x)-A|<\varepsilon$$

成立，则 $\lim\limits_{x\to x_0}f(x)=A$.

极限 $\lim\limits_{x\to x_0}f(x)=A$ 的几何意义可以解释为：对于任意给定的正数 ε，总存在正数 δ，当 x 落在 x_0 的去心 δ 邻域时，有 $|f(x)-A|<\varepsilon$ 成立，即有 $A-\varepsilon<f(x)<A+\varepsilon$，于是函数 $y=f(x)$ 的图形就全部落在 $y=A-\varepsilon$ 和 $y=A+\varepsilon$ 这两条直线之间(图 1.19).或者说函数 $y=f(x)$ 的图形落入 $x=x_0-\delta$，$x=x_0+\delta$，$y=A-\varepsilon$，$y=A+\varepsilon$ 所构成的矩形之中.

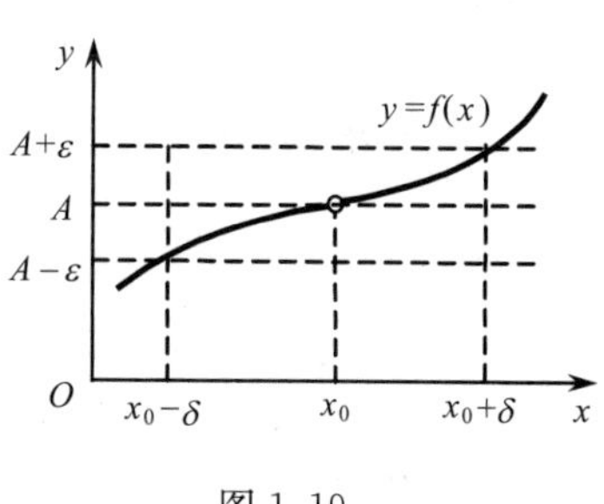

图 1.19

例 6　证明 $\lim\limits_{x\to 3}(3x-1)=8$.

证　由于 $|f(x)-A|=|(3x-1)-8|=3|x-3|$，要使 $|f(x)-A|<\varepsilon$，只要 $3|x-3|<\varepsilon$，即 $|x-3|<\dfrac{\varepsilon}{3}$.所以，$\forall\varepsilon>0$，可取 $\delta=\dfrac{\varepsilon}{3}$，则当 $0<|x-3|<\delta=\dfrac{\varepsilon}{3}$ 时，不等式

$$|f(x)-8|=|(3x-1)-8|<\varepsilon$$

成立，故

$$\lim_{x\to 3}(3x-1)=8.$$

例 7　证明：当 $x_0>0$ 时，$\lim\limits_{x\to x_0}\sqrt{x}=\sqrt{x_0}$.

证　首先,因为函数 $f(x)=\sqrt{x}$,其定义域是 $x\geqslant 0$,为保证 $x\geqslant 0$,需 $|x-x_0|\leqslant x_0$.

$\forall \varepsilon>0$,因为

$$|f(x)-A|=\left|\sqrt{x}-\sqrt{x_0}\right|=\frac{|x-x_0|}{\sqrt{x}+\sqrt{x_0}}<\frac{|x-x_0|}{\sqrt{x_0}},$$

要使 $|f(x)-A|<\varepsilon$,只要 $\dfrac{|x-x_0|}{\sqrt{x_0}}<\varepsilon$,即 $|x-x_0|<\sqrt{x_0}\varepsilon$. 取 $\delta=\min\{x_0,\sqrt{x_0}\varepsilon\}$(此式表示 δ 取 x_0 和 $\sqrt{x_0}\varepsilon$ 中较小的那个数),则当 $0<|x-x_0|<\delta$ 时,不等式 $\left|\sqrt{x}-\sqrt{x_0}\right|<\varepsilon$ 成立,故

$$\lim_{x\to x_0}\sqrt{x}=\sqrt{x_0}.$$

例 8　证明:若 $\lim\limits_{x\to x_0}f(x)=A$,则

$$\lim_{x\to x_0}|f(x)|=|A|.$$

证　由不等式 $||a|-|b||\leqslant|a-b|$ 可得 $||f(x)|-|A||\leqslant|f(x)-A|$. 已知 $\lim\limits_{x\to x_0}f(x)=A$. 即 $\forall\varepsilon>0$, $\exists\delta>0$,使当 $0<|x-x_0|<\delta$ 时,有 $|f(x)-A|<\varepsilon$,从而有 $||f(x)|-|A||\leqslant|f(x)-A|<\varepsilon$ 于是证明了 $\lim\limits_{x\to x_0}|f(x)|=|A|$.

读者可利用极限的 ε-δ 定义,证明常用的一些简单极限,如 $\lim\limits_{x\to x_0}C=C$, 其中 C 是常数; $\lim\limits_{x\to x_0}x=x_0$; $\lim\limits_{x\to\infty}\dfrac{1}{x}=0$; $\lim\limits_{x\to+\infty}\dfrac{1}{x^a}=0\ (a>0)$ 等.

3. 单侧极限

$x\to x_0$ 是指 x 以任意方式趋向于 x_0,包括从 x_0 左侧,或从 x_0 右侧趋向于 x_0. 当我们只能或者只需研究函数在 x_0 某一侧的变化情况时,便引入了所谓的单侧极限:左极限和右极限,定义如下:

设函数 $f(x)$ 在点 x_0 的某个左(右)邻域内有定义. 如果存在常数 A,对于任意给定的正数 ε(无论它多少小),总存在正数 δ,使得对于适合不等式 $-\delta<x-x_0<0$($0<x-x_0<\delta$) 的一切 x,所对应的函数值 $f(x)$ 都满足不等式

$$|f(x)-A|<\varepsilon,$$

则称 A 为**函数 $f(x)$ 在点 x_0 处的左(右)极限**.

左极限记作 $\lim\limits_{x\to x_0^-}f(x)$ 或 $f(x_0^-)$;

右极限记作 $\lim\limits_{x\to x_0^+}f(x)$ 或 $f(x_0^+)$.

根据 $x\to x_0$ 时函数 $f(x)$ 的极限与左、右极限的定义,可以得到如下结论:

函数 $f(x)$ 当 $x\to x_0$ 时,极限存在的充分必要条件是左、右极限均存在且相等,即

$$\lim_{x\to x_0} f(x) = A \Leftrightarrow \lim_{x\to x_0^-} f(x) = \lim_{x\to x_0^+} f(x) = A.$$

因此,当 $f(x_0^-)$ 与 $f(x_0^+)$ 中至少有一个不存在,或者两个都存在但不相等时,就可断言 $\lim\limits_{x\to x_0} f(x)$ 不存在.

例 9　设函数 $f(x) = \begin{cases} 3x-1, & x > 3, \\ x, & x \leqslant 3, \end{cases}$ 求 $\lim\limits_{x\to 3^-} f(x)$ 与 $\lim\limits_{x\to 3^+} f(x)$,并由此判断 $\lim\limits_{x\to 3} f(x)$ 是否存在.

解　由于 $\lim\limits_{x\to 3^-} f(x) = \lim\limits_{x\to 3^-} x = 3$,而

$$\lim_{x\to 3^+} f(x) = \lim_{x\to 3^+}(3x-1) = 8,$$

$\lim\limits_{x\to 3^-} f(x) \neq \lim\limits_{x\to 3^+} f(x)$,所以 $\lim\limits_{x\to 3} f(x)$ 不存在(图 1.20).

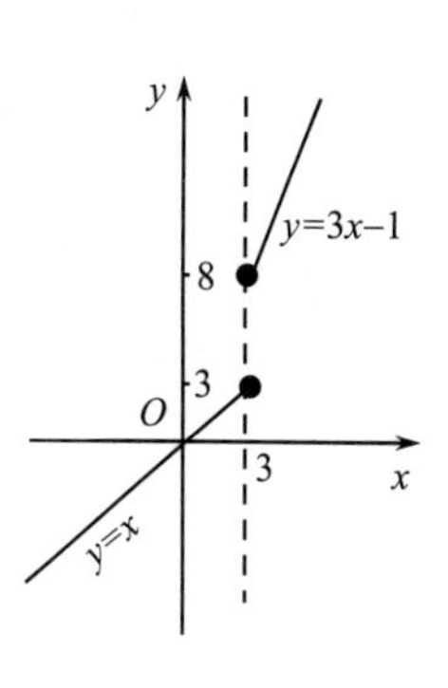

图 1.20

在讨论极限问题时,必须注意自变量的变化趋势,趋向不同,一般来说极限也不同.

习题 1-3

1. 观察下列数列的变化趋势,指出它们是否有极限,若有极限,请写出其极限:

(1) $x_n = (-1)^{n-1}\dfrac{1}{n}$;　(2) $x_n = (-1)^n - \dfrac{1}{n}$;

(3) $x_n = \dfrac{n-1}{n+1}$;　(4) $x_n = \sin\dfrac{n\pi}{2}$;

(5) $x_n = \cos\dfrac{1}{n\pi}$;　(6) $x_n = \ln\dfrac{1}{n}$;

*(7) $0.1, 0.11, 0.111, \cdots, 0.\underbrace{11\cdots1}_{n个}, \cdots$.

2. 用数列极限的定义证明:

(1) $\lim\limits_{n\to\infty}\dfrac{\sqrt{n^2+4}}{n} = 1$;　(2) $\lim\limits_{n\to\infty}\dfrac{1}{n^\alpha} = 0\ (\alpha > 0)$.

3. 设 $\lim\limits_{n\to\infty} x_n = a$,证明 $\lim\limits_{n\to\infty}|x_n| = |a|$,并举例说明反之未必成立.

*4. 设数列 $\{x_n\}$ 有界,又 $\lim\limits_{n\to\infty} y_n = 0$,证明 $\lim\limits_{n\to\infty} x_n y_n = 0$.

5. 用函数极限的定义证明:

(1) $\lim\limits_{x\to -\frac{1}{2}}\dfrac{1-4x^2}{2x+1} = 2$;　(2) $\lim\limits_{x\to+\infty}\dfrac{\sin 2x}{\sqrt{x}} = 0$.

*6. 证明:极限 $\lim\limits_{x\to\infty} f(x) = A$ 存在的充要条件是:极限 $\lim\limits_{x\to-\infty} f(x)$ 和 $\lim\limits_{x\to+\infty} f(x)$ 存在且均为 A.

*7. 证明:$\lim\limits_{x\to x_0} f(x)$ 存在的充分必要条件是 $f(x)$ 在 x_0 处的左、右极限均存在且相等.

第四节　极限的基本性质

本节以定理的形式给出数列极限与函数极限的唯一性、有界性、保号性、保序

性等基本性质，以及数列极限与函数极限的关系.

以下定理，对于数列极限和自变量各种趋势下的函数极限(包括单侧极限)均成立. 不过，数列作为一种特殊的函数 —— 整标函数，它的极限与函数的极限各具有自己的特点. 为了表明它们的异同，在下面讨论极限的性质时，在同一性质中，分别给出不同极限过程下的表述形式，请读者对照比较.

定理 1.1(极限的唯一性) 如果极限$\lim\limits_{n\to\infty}x_n$(或$\lim\limits_{x\to\infty}f(x)$，$\lim\limits_{x\to x_0}f(x)$)存在，那么极限是唯一的.

此性质也可表述为：若$\lim\limits_{n\to\infty}x_n=a$，又$\lim\limits_{n\to\infty}x_n=b$则必有$a=b$.

证 用反证法. 设$a\neq b$，且不妨设$a<b$. 因为$\lim\limits_{n\to\infty}x_n=a$，根据数列极限的定义，对于$\varepsilon=\dfrac{b-a}{2}$，$\exists$ 正整数N_1，当$n>N_1$时，有

$$|x_n-a|<\varepsilon=\frac{b-a}{2}. \tag{1.1}$$

同理，由于$\lim\limits_{n\to\infty}x_n=b$，故 $\exists$ 正整数N_2，当$n>N_2$时，有

$$|x_n-b|<\varepsilon=\frac{b-a}{2}, \tag{1.2}$$

取$N=\max\{N_1,N_2\}$(此式表示N取两个数N_1和N_2中较大的一个)，则当$n>N$时，式(1.1)与式(1.2)同时成立，由此就有$x_n<a+\dfrac{b-a}{2}=\dfrac{a+b}{2}$，同时$x_n>b-\dfrac{b-a}{2}=\dfrac{a+b}{2}$，这是矛盾的. 于是证明了$a=b$，即极限是唯一的.

此性质对于函数极限也是成立的，读者可以自行证明.

定理 1.2(收敛数列的有界性) 如果数列$\{x_n\}$收敛，那么数列$\{x_n\}$一定有界.

所谓数列$\{x_n\}$有界是指存在正数M，使对于一切x_n都有$|x_n|\leqslant M$，那么，此定理就是，如果极限$\lim\limits_{n\to\infty}x_n$存在，则可找到常数$M>0$，使对于一切$x_n$，均有$|x_n|\leqslant M$.

证 设$\lim\limits_{n\to\infty}x_n=a$，由定义可知，对于$\varepsilon=1$，存在正整数$N$，当$n>N$时，有$|x_n-a|<\varepsilon=1$，于是

$$|x_n|=|(x_n-a)+a|\leqslant|x_n-a|+|a|<1+|a|,$$

取$M=\max\{|x_1|,|x_2|,\cdots,|x_N|,1+|a|\}$，则对于一切$n$均有

$$|x_n|\leqslant M,$$

所以，数列$\{x_n\}$有界.

定理 1.2′(函数极限的局部有界性) 如果极限$\lim\limits_{x\to\infty}f(x)$存在，则必存在$X>0$，使得当$x\in(-\infty,-X)\cup(X,+\infty)$时，函数$f(x)$是有界的.

类似地有，如果极限$\lim\limits_{x\to x_0}f(x)$存在，则必存在$\delta>0$，使得当$x\in(x_0-\delta,x_0)\cup$

$(x_0, x_0+\delta)$ 时，函数 $f(x)$ 是有界的.

由此可见，当极限存在时，数列是在整个定义域 $\mathbf{N}^+$ 上有界，而函数仅是在局部范围(如 $|x|>X$ 或 $\mathring{U}(x_0,\delta)$) 内有界，故对函数极限有局部有界性之说.

作为定理 1.2 的逆否定理，有如下推论：

推论　无界数列必发散.

但需注意，有界数列未必收敛，例如数列

$$1,0,1,0,\cdots,$$

$$1,-1,1,-1,\cdots,$$

它们均为有界数列，却均发散. 因此，有界仅是数列具有极限的必要条件，而非充分条件.

定理 1.3(收敛数列的保号性)　(1) 如果 $\lim\limits_{n\to\infty}x_n=a$，且 $a>0$(或 $a<0$)，那么存在正整数 N，当 $n>N$ 时，$x_n>0$(或 $x_n<0$)；

(2) 如果存在正整数 N，当 $n>N$ 时，$x_n\geqslant 0$(或 $x_n\leqslant 0$)，且 $\lim\limits_{n\to\infty}x_n=a$，那么 $a\geqslant 0$(或 $a\leqslant 0$).

证　(1) 若 $a>0$，取 $\varepsilon=a$，因为 $\lim\limits_{n\to\infty}x_n=a$，故$\exists$ 正整数 N，当 $n>N$ 时，有不等式

$$|x_n-a|<\varepsilon=a$$

成立，即 $x_n>a-\varepsilon=a-a=0$.

若 $a<0$，可取 $\varepsilon=|a|$，相应地，$\exists N>0$，当 $n>N$ 时，

$$x_n<a+\varepsilon=a+|a|=a-a=0.$$

(2) 用反证法证明. 设数列$\{x_n\}$ 从第 N_1 项起，即当 $n>N_1$ 时有 $x_n\geqslant 0$. 现假设 $\lim\limits_{n\to\infty}x_n=a<0$，则由结论(1) 知，$\exists$正整数 $N_2>0$，当 $n>N_2$ 时，有 $x_n<0$. 取 $N=\max\{N_1,N_2\}$，当 $n>N$ 时，亦有 $x_n<0$，显然，这与定理所设条件 $x_n\geqslant 0$ 矛盾. 所以必有 $a\geqslant 0$，同理可证 $x_n\leqslant 0$ 时的情形.

定理 1.3′(函数极限的局部保号性)　(1) 如果 $\lim\limits_{x\to x_0}f(x)=A$，且 $A>0$(或 $A<0$)，那么存在 $\delta>0$，当 $x\in(x_0-\delta,x_0)\cup(x_0,x_0+\delta)$ 时，$f(x)>0$(或 $f(x)<0$)；

(2) 如果存在 $\delta>0$，当 $x\in(x_0-\delta,x_0)\cup(x_0,x_0+\delta)$ 时，$f(x)\geqslant 0$(或 $f(x)\leqslant 0$)，且 $\lim\limits_{x\to x_0}f(x)=A$，那么 $A\geqslant 0$(或 $A\leqslant 0$).

证明留给读者作为练习. 应该指出，在(1) 的证明中，不论 $A>0$ 或 $A<0$，只要取 $\varepsilon=\dfrac{|A|}{2}$，便可得到更强的结论：如果 $\lim\limits_{x\to x_0}f(x)=A(A\neq 0)$，那么就存在着 x_0 的某去心邻域 $\mathring{U}(x_0)$，当 $x\in\mathring{U}(x_0)$ 时，就有 $|f(x)|>\dfrac{|A|}{2}$. 读者可以类比写出

$x \to \infty$ 时函数极限的局部保号性.

由定理 1.3 可得如下推论:

推论 (1) 如果$\lim\limits_{n\to\infty} x_n = a$, $\lim\limits_{n\to\infty} y_n = b$,且 $a < b$,则存在正整数 N,当 $n > N$ 时,$x_n < y_n$.

(2) 如果当 n 充分大(即存在正整数 N,当 $n > N$)之后,恒有 $x_n \leqslant y_n$,且$\lim\limits_{n\to\infty} x_n = a$, $\lim\limits_{n\to\infty} y_n = b$,则 $a \leqslant b$.

设 $z_n = x_n - y_n$,利用定理 1.3,此推论即可得证. 对函数极限亦有相应的推论.

注意,当 $f(x) < g(x)$ 时,一般只能推出 $\lim\limits_{\substack{x\to x_0\\(x\to\infty)}} f(x) \leqslant \lim\limits_{\substack{x\to x_0\\(x\to\infty)}} g(x)$ 而不一定能推出 $\lim\limits_{\substack{x\to x_0\\(x\to\infty)}} f(x) < \lim\limits_{\substack{x\to x_0\\(x\to\infty)}} g(x)$. 例如,设 $f(x) = \dfrac{1}{2x}$, $g(x) = \dfrac{1}{x}$,当 $x > 0$ 时,有$f(x) < g(x)$,但是

$$\lim_{x\to+\infty} f(x) = \lim_{x\to+\infty} g(x) = 0.$$

下面介绍收敛数列与其子数列间的关系,为此先介绍子数列的概念. 设数列

$$x_1, x_2, \cdots, x_n, \cdots,$$

如果从中任意抽取无限多项,并按这些项在原数列$\{x_n\}$中的先后顺序排列,这样得到数列

$$x_{n_1}, x_{n_2}, \cdots, x_{n_k}, \cdots,$$

称为原数列$\{x_n\}$的**子数列**(或**子列**).

在子数列$\{x_{n_k}\}$中,一般项 x_{n_k} 是第 k 项,而 x_{n_k} 在原数列$\{x_n\}$中则是第 n_k 项. 显然,$n_k \geqslant k$,且当 $k \to \infty$ 时,$n_k \to \infty$.

例如,数列$\left\{\dfrac{1}{n}\right\}$,它的偶数项组成的子数列是$\left\{\dfrac{1}{2k}\right\}$,它的第 k 项是$x_{n_k} = x_{2k} = \dfrac{1}{2k}$ $(k = 1,2,3,\cdots)$,而$\dfrac{1}{2k}$在原数列中则为第 $2k$ 项.

定理 1.4 (收敛数列与其子数列间的关系) 如果数列$\{x_n\}$收敛于 a,则它的任一子数列也收敛,且极限仍为 a.

证 设数列$\{x_{n_k}\}$是数列$\{x_n\}$的任一子数列. 由于$\lim\limits_{n\to\infty} x_n = a$,故 $\forall \varepsilon > 0$, $\exists$ 正整数 N,当 $n > N$ 时,$|x_n - a| < \varepsilon$ 成立.

取 $K = N$,当 $k > K$ 时,有 $n_k > n_K = n_N \geqslant N$,于是 $|x_{n_k} - a| < \varepsilon$ 成立,由数列极限的定义可知

$$\lim_{k\to\infty} x_{n_k} = a.$$

由定理 1.4 可以得到如下结论:如果数列$\{x_n\}$有两个子数列收敛于不同的极限,或者有一个发散的子数列,那么该数列必发散. 例如,数列

$$1, -1, 1, \cdots, (-1)^{n+1}, \cdots$$

的子数列$\{x_{2k}\}$收敛于-1，而子数列$\{x_{2k-1}\}$收敛于1，故数列$x_n=(-1)^{n+1}(n=1,2,\cdots)$是发散的.

又如，数列

$$1,0,2,0,\cdots,n,0,\cdots$$

的一个子数列$1,2,\cdots,n,\cdots$发散，故原数列发散.

定理1.4′（函数极限与数列极限的关系）　如果极限$\lim\limits_{x\to x_0}f(x)$存在，$\{x_n\}$为函数$f(x)$的定义域内任一收敛于$x_0$的数列，且满足：$x_n\neq x_0(n\in\mathbf{N}^+)$，那么相应的函数值数列$\{f(x_n)\}$必收敛，且$\lim\limits_{n\to\infty}f(x_n)=\lim\limits_{x\to x_0}f(x)$.

证　设$\lim\limits_{x\to x_0}f(x)=A$，则$\forall\varepsilon>0$，$\exists\delta>0$，当$0<|x-x_0|<\delta$时，不等式$|f(x)-A|<\varepsilon$成立.

又因$\lim\limits_{n\to\infty}x_n=x_0$，故对$\delta>0$，$\exists$正整数$N$，当$n>N$时有$|x_n-x_0|<\delta$.

综上所述，且由假设$x_n\neq x_0(n\in\mathbf{N}^+)$，便有$\forall\varepsilon>0$，$\exists$正整数$N$，当$n>N$时，$0<|x_n-x_0|<\delta$，从而不等式$|f(x_n)-A|<\varepsilon$成立. 即$\lim\limits_{n\to\infty}f(x_n)=\lim\limits_{x\to x_0}f(x)=A$.

特别地，如果$\lim\limits_{x\to+\infty}f(x)$存在，那么相应的数列$\{f(n)\}$必收敛，且$\lim\limits_{n\to\infty}f(n)=\lim\limits_{x\to+\infty}f(x)$. 这就给出了求数列极限的一种方法，即可以把它转化为求相应函数的极限. 例如，如果$\lim\limits_{x\to+\infty}\dfrac{1}{x}=0$，则有

$$\lim_{n\to\infty}\frac{1}{n}=0.$$

习题 1-4

1. 证明数列$1,0,1,0,\cdots$的极限不存在.
2. 试证明$x\to x_0$时函数极限的局部有界性定理.

*3. 证明$x\to\infty$时函数极限的局部保号性：若$\lim\limits_{x\to\infty}f(x)=A$，且$A>0$（或$A<0$），则存在$X>0$，当$|x|>X$时，$f(x)>0$（或$f(x)<0$）.

*4. 对于数列$\{x_n\}$，若$x_{2k-1}\to a(k\to\infty)$，$x_{2k}\to a(k\to\infty)$，证明：$x_n\to a(n\to\infty)$.

5. 证明：当$x\to0$时，$\sin\dfrac{\pi}{x}$没有极限.
6. 证明：当$x\to+\infty$时，$\sin\sqrt{x}$没有极限.

第五节　极限的运算法则

一、极限的四则运算法则

四则运算法则对于数列极限和各种函数极限（包括单侧极限）都是成立的. 为

了表述方便起见,本节以 $x \to x_0$ 时函数的极限为代表进行讨论.

定理 1.5（四则运算法则）　设 $\lim\limits_{x \to x_0} f(x) = A$，$\lim\limits_{x \to x_0} g(x) = B$,那么

(1) $\lim\limits_{x \to x_0}[f(x) \pm g(x)] = A \pm B = \lim\limits_{x \to x_0} f(x) \pm \lim\limits_{x \to x_0} g(x)$；

(2) $\lim\limits_{x \to x_0}[f(x)g(x)] = AB = \lim\limits_{x \to x_0} f(x) \cdot \lim\limits_{x \to x_0} g(x)$；

(3) 若 $B \neq 0$,则有

$$\lim_{x \to x_0} \frac{f(x)}{g(x)} = \frac{A}{B} = \frac{\lim\limits_{x \to x_0} f(x)}{\lim\limits_{x \to x_0} g(x)}.$$

证　(1) 这里仅证明和的情形. 由假设 $\lim\limits_{x \to x_0} f(x) = A$，$\lim\limits_{x \to x_0} g(x) = B$ 知:

$\forall \varepsilon > 0$，$\exists \delta_1 > 0$，使得当 $0 < |x - x_0| < \delta_1$ 时,有

$$|f(x) - A| < \frac{\varepsilon}{2},$$

且 $\exists \delta_2 > 0$,使得当 $0 < |x - x_0| < \delta_2$ 时,有

$$|g(x) - B| < \frac{\varepsilon}{2}.$$

取 $\delta = \min\{\delta_1, \delta_2\}$,则当 $0 < |x - x_0| < \delta$ 时,有

$$\begin{aligned} & |[f(x) + g(x)] - (A + B)| \\ = & |[f(x) - A] + [g(x) - B]| \leqslant |f(x) - A| + |g(x) - B| \\ < & \frac{\varepsilon}{2} + \frac{\varepsilon}{2} = \varepsilon, \end{aligned}$$

因此 $\lim\limits_{x \to x_0}[f(x)+g(x)]=A+B$,即 $\lim\limits_{x \to x_0}[f(x)+g(x)]=\lim\limits_{x \to x_0} f(x)+\lim\limits_{x \to x_0} g(x)$.

关于二函数之差的情形,请读者自己证明.

(2) 由于

$$\begin{aligned} & |f(x)g(x) - AB| \\ = & |f(x)g(x) - Bf(x) + Bf(x) - AB| \\ \leqslant & |f(x)| \cdot |g(x) - B| + |B| \cdot |f(x) - A|. \end{aligned}$$

由 $\lim\limits_{x \to x_0} f(x) = A$ 及定理 1.2′ 知,$\forall \varepsilon > 0$，$\exists \delta_1 > 0$ 及 $M > 0$,使得当 $0 < |x - x_0| < \delta_1$ 时,有

$$|f(x)| \leqslant M$$

和

$$|f(x) - A| < \frac{\varepsilon}{2C},$$

其中 $C = \max\{M, |B|\}$.

又由 $\lim\limits_{x \to x_0} g(x) = B$ 知,$\exists \delta_2 > 0$,当 $0 < |x - x_0| < \delta_2$ 时有

$$|g(x)-B|<\frac{\varepsilon}{2C}.$$

取 $\delta=\min\{\delta_1,\delta_2\}$，则当 $0<|x-x_0|<\delta$ 时，有

$$\begin{aligned}&|f(x)\cdot g(x)-AB|\\ \leqslant&|f(x)|\cdot|g(x)-B|+|B|\cdot|f(x)-A|\\ <&M\cdot\frac{\varepsilon}{2C}+|B|\cdot\frac{\varepsilon}{2C}\\ \leqslant&C\cdot\frac{\varepsilon}{2C}+C\cdot\frac{\varepsilon}{2C}=\varepsilon,\end{aligned}$$

因此

$$\lim_{x\to x_0}[f(x)\cdot g(x)]=AB=\lim_{x\to x_0}f(x)\cdot\lim_{x\to x_0}g(x).$$

(3) 由于 $\lim\limits_{x\to x_0}\dfrac{f(x)}{g(x)}=\lim\limits_{x\to x_0}\left[f(x)\cdot\dfrac{1}{g(x)}\right]$. 所以，根据(2)只需证明当 $B\neq0$ 时有 $\lim\limits_{x\to x_0}\dfrac{1}{g(x)}=\dfrac{1}{B}=\dfrac{1}{\lim\limits_{x\to x_0}g(x)}$ 即可.

$$\begin{aligned}\left|\frac{1}{g(x)}-\frac{1}{B}\right|&=\frac{|g(x)-B|}{|g(x)|\cdot|B|}\\ &=\frac{1}{|B|}\cdot\frac{1}{|g(x)|}\cdot|g(x)-B|.\end{aligned}$$

由 $\lim\limits_{x\to x_0}g(x)=B$ 及定理 1.3′ 更强的结论知，$\forall\varepsilon>0$，$\exists\delta>0$，当 $0<|x-x_0|<\delta$ 时，有

$$|g(x)-B|<\frac{|B|^2}{2}\varepsilon,$$

同时，

$$|g(x)|>\frac{|B|}{2},\quad \frac{1}{|g(x)|}<\frac{2}{|B|},$$

所以

$$\begin{aligned}\left|\frac{1}{g(x)}-\frac{1}{B}\right|&=\frac{1}{|B|}\cdot\frac{1}{|g(x)|}\cdot|g(x)-B|\\ &<\frac{1}{|B|}\cdot\frac{2}{|B|}\cdot\frac{|B|^2}{2}\varepsilon=\varepsilon.\end{aligned}$$

于是

$$\lim_{x\to x_0}\frac{1}{g(x)}=\frac{1}{B}=\frac{1}{\lim\limits_{x\to x_0}g(x)}.$$

请读者自己表述数列极限及 $x\to\infty$ 时函数极限的四则运算法则.

综合定理 1.5 中的(1)和(2)，可得推论：

推论　如果 $\lim\limits_{x\to x_0} f(x)=A$，$\lim\limits_{x\to x_0} g(x)=B$，$\lambda,\mu$ 是两个常数，那么

$$\lim_{x\to x_0}[\lambda f(x)+\mu g(x)]=\lambda A+\mu B=\lambda\lim_{x\to x_0} f(x)+\mu\lim_{x\to x_0} g(x).$$

此推论称为极限运算的**线性性质**.

以上运算法则还可推广至有限个函数的情形：设 $\lim\limits_{x\to x_0} f_i(x)=A_i$，$i=1,2,\cdots,n$，那么对 $k_i\in\mathbf{R}$，有

$$\lim_{x\to x_0}[k_1 f_1(x)+k_2 f_2(x)+\cdots+k_n f_n(x)]=k_1A_1+k_2A_2+\cdots+k_nA_n,$$

$$\lim_{x\to x_0}[f_1(x)\cdot f_2(x)\cdot\cdots\cdot f_n(x)]=\lim_{x\to x_0} f_1(x)\cdot\lim_{x\to x_0} f_2(x)\cdot\cdots\cdot\lim_{x\to x_0} f_n(x)=A_1\cdot A_2\cdot\cdots\cdot A_n,$$

$$\lim_{x\to x_0}[f(x)]^n=\lim_{x\to x_0}[\underbrace{f(x)\cdot f(x)\cdot\cdots\cdot f(x)}_{n\text{个}}]=[\lim_{x\to x_0} f(x)]^n=A^n.$$

例 1　求下列函数的极限：

(1) $\lim\limits_{x\to -2} x^3$；　(2) $\lim\limits_{x\to -1}(3x^3-4x^2+2x+5)$.

解　(1) $\lim\limits_{x\to -2} x^3=(\lim\limits_{x\to -2} x)^3=-8$.

(2)
$$\begin{aligned}&\lim_{x\to -1}(3x^3-4x^2+2x+5)\\&=\lim_{x\to -1}(3x^3)-\lim_{x\to -1}(4x^2)+\lim_{x\to -1}(2x)+\lim_{x\to -1}5\\&=3(\lim_{x\to -1}x)^3-4(\lim_{x\to -1}x)^2+2(\lim_{x\to -1}x)+5\\&=3(-1)^3-4(-1)^2+2(-1)+5=-4.\end{aligned}$$

一般地，有结论：

$$\begin{aligned}&\lim_{x\to x_0}(a_0x^n+a_1x^{n-1}+\cdots+a_n)\\&=a_0\lim_{x\to x_0}x^n+a_1\lim_{x\to x_0}x^{n-1}+\cdots+\lim_{x\to x_0}a_n\\&=a_0x_0^n+a_1x_0^{n-1}+\cdots+a_n.\end{aligned}$$

由此可见，求多项式 $f(x)=a_0x^n+a_1x^{n-1}+\cdots+a_n$ 当 $x\to x_0$ 时的极限，只须将 $x=x_0$ 直接代入函数表达式就行了，即 $\lim\limits_{x\to x_0} f(x)=f(x_0)$.

例 2　求下列函数的极限：

(1) $\lim\limits_{x\to 2}\dfrac{5x}{x^2-3}$；　(2) $\lim\limits_{x\to 3}\dfrac{x^2-5x+6}{x^2-9}$.

解　(1) $\lim\limits_{x\to 2}\dfrac{5x}{x^2-3}=\dfrac{\lim\limits_{x\to 2}5x}{\lim\limits_{x\to 2}(x^2-3)}=\dfrac{5(\lim\limits_{x\to 2}x)}{(\lim\limits_{x\to 2}x)^2-\lim\limits_{x\to 2}3}$

$$= \frac{5 \cdot 2}{2^2 - 3} = 10.$$

（2）由于$\lim\limits_{x \to 3}(x^2 - 9) = 0$，不能直接利用极限的除法运算法则. 但是，当 $x \to 3$ 时，$x \neq 3$，$x - 3 \neq 0$，可以约去这个不为零的公因子，故有

$$\lim_{x \to 3} \frac{x^2 - 5x + 6}{x^2 - 9} = \lim_{x \to 3} \frac{(x-2)(x-3)}{(x+3)(x-3)}$$

$$= \lim_{x \to 3} \frac{x-2}{x+3} = \frac{\lim\limits_{x \to 3}(x-2)}{\lim\limits_{x \to 3}(x+3)} = \frac{1}{6}.$$

例 3　求下列各极限：

（1）$\lim\limits_{x \to \infty} \dfrac{2x^2 - 3x + 5}{3x^3 + 5x^2 - 1}$；　　（2）$\lim\limits_{n \to \infty} \dfrac{2n^2 + n - 3}{5n^2 - 2n + 1}$.

解　（1）当 $x \to \infty$ 时，分子与分母的极限均为 ∞. 这种极限形式，也称为 $\dfrac{\infty}{\infty}$ **型未定式极限**，不能直接利用极限的四则运算法则，但由于

$$\frac{2x^2 - 3x + 5}{3x^3 + 5x^2 - 1} = \frac{\dfrac{2}{x} - \dfrac{3}{x^2} + \dfrac{5}{x^3}}{3 + \dfrac{5}{x} - \dfrac{1}{x^3}},$$

所以

$$\lim_{x \to \infty} \frac{2x^2 - 3x + 5}{3x^3 + 5x^2 - 1} = \lim_{x \to \infty} \frac{\dfrac{2}{x} - \dfrac{3}{x^2} + \dfrac{5}{x^3}}{3 + \dfrac{5}{x} - \dfrac{1}{x^3}}$$

$$= \frac{\lim\limits_{x \to \infty}\left(\dfrac{2}{x} - \dfrac{3}{x^2} + \dfrac{5}{x^3}\right)}{\lim\limits_{x \to \infty}\left(3 + \dfrac{5}{x} - \dfrac{1}{x^3}\right)} = \frac{0}{3} = 0.$$

（2）作与（1）类似的变形，得

$$\lim_{n \to \infty} \frac{2n^2 + n - 3}{5n^2 - 2n + 1} = \lim_{n \to \infty} \frac{2 + \dfrac{1}{n} - \dfrac{3}{n^2}}{5 - \dfrac{2}{n} + \dfrac{1}{n^2}}$$

$$= \frac{\lim\limits_{n \to \infty}\left(2 + \dfrac{1}{n} - \dfrac{3}{n^2}\right)}{\lim\limits_{n \to \infty}\left(5 - \dfrac{2}{n} + \dfrac{1}{n^2}\right)} = \frac{2}{5}.$$

一般地，当 a_0，$b_0 \neq 0$ 时

$$\lim_{x\to\infty}\frac{a_0x^n+a_1x^{n-1}+\cdots+a_n}{b_0x^m+b_1x^{m-1}+\cdots+b_m}=\begin{cases}\dfrac{a_0}{b_0}, & n=m,\\ 0, & n<m,\\ \infty, & n>m.\end{cases}$$

二、复合函数的极限运算法则

定理 1.6（复合函数的极限运算法则）　设函数 $y=f(u)$ 及 $u=u(x)$ 构成复合函数 $y=f[u(x)]$，$f[u(x)]$ 在点 x_0 的某去心邻域 $\mathring{U}(x_0)$ 内有定义. 如果

$$\lim_{x\to x_0}u(x)=u_0,\quad \lim_{u\to u_0}f(u)=A,$$

且当 $x\in\mathring{U}(x_0)$ 时，$u=u(x)\neq u_0$，则复合函数 $f[u(x)]$ 当 $x\to x_0$ 时的极限为

$$\lim_{x\to x_0}f[u(x)]=\lim_{u\to u_0}f(u)=A.$$

证　由于 $\lim\limits_{u\to u_0}f(u)=A$，故 $\forall\varepsilon>0$，$\exists\eta>0$，当 $0<|u-u_0|<\eta$ 时，有

$$|f(u)-A|<\varepsilon.$$

又因为 $\lim\limits_{x\to x_0}u(x)=u_0$，故对于上面得到的正数 η，$\exists\delta>0$，当 $0<|x-x_0|<\delta$ 时，有

$$|u(x)-u_0|<\eta.$$

由假设：当 $x\in\mathring{U}(x_0)$ 时，$u\neq u_0$，即当 $0<|x-x_0|<\delta$ 时，有 $0<|u-u_0|<\eta$，从而有

$$|f[u(x)]-A|=|f(u)-A|<\varepsilon.$$

于是证明了

$$\lim_{x\to x_0}f[u(x)]=\lim_{u\to u_0}f(u)=A.$$

在定理 1.6 中，把 $\lim\limits_{x\to x_0}u(x)=u_0$ 换成 $\lim\limits_{x\to x_0}u(x)=\infty$ 或 $\lim\limits_{x\to\infty}u(x)=\infty$，而把 $\lim\limits_{u\to u_0}f(u)=A$ 换成 $\lim\limits_{u\to\infty}f(u)=A$，便可得

$$\lim_{x\to x_0}f[u(x)]=\lim_{u\to\infty}f(u)=A,$$

或者

$$\lim_{x\to\infty}f[u(x)]=\lim_{u\to\infty}f(u)=A.$$

定理 1.6 说明，对复合函数求极限时，可以作变量代换 $u=u(x)$，而得到

$$\lim_{x\to x_0}f[u(x)]\xlongequal{\text{令 }u=u(x)}\lim_{u\to u_0}f(u),$$

这里 $u_0=\lim\limits_{x\to x_0}u(x)$.

例 4　求 $\lim\limits_{x\to 0}\dfrac{\sqrt{1+x}-1}{x}$.

解　当 $x\to 0$ 时,分子与分母均趋于0(这种极限形式称为 $\frac{0}{0}$ **型未定式极限**),定理1.5不能使用,可先作代数恒等变形消去零因子,再利用定理1.5和定理1.6求极限.

$$\lim_{x\to 0}\frac{\sqrt{1+x}-1}{x}=\lim_{x\to 0}\frac{(\sqrt{1+x}-1)(\sqrt{1+x}+1)}{x(\sqrt{1+x}+1)}$$
$$=\lim_{x\to 0}\frac{1}{\sqrt{1+x}+1}$$
$$=\frac{1}{\lim\limits_{x\to 0}(\sqrt{1+x}+1)},$$

而

$$\lim_{x\to 0}\sqrt{1+x}\xlongequal{1+x=u}\lim_{u\to 1}\sqrt{u}=1,$$
$$\lim_{x\to 0}(\sqrt{1+x}+1)=2,$$

所以

$$\lim_{x\to 0}\frac{\sqrt{1+x}-1}{x}=\frac{1}{2}.$$

习题 1-5

1. 只判断下列运算是否正确,并说明理由.

(1)
$$\lim_{n\to\infty}\left(\frac{1}{n}+\frac{1}{n+1}+\cdots+\frac{1}{n+n}\right)$$
$$=\lim_{n\to\infty}\frac{1}{n}+\lim_{n\to\infty}\frac{1}{n+1}+\cdots+\lim_{n\to\infty}\frac{1}{n+n}$$
$$=0+0+\cdots+0=0;$$

(2) $\lim\limits_{x\to+\infty}(\sqrt{x+1}-\sqrt{x-1})=\lim\limits_{x\to+\infty}\sqrt{x+1}-\lim\limits_{x\to+\infty}\sqrt{x-1}=\infty-\infty=0$;

(3) $\lim\limits_{x\to 0}x\sin\frac{1}{x}=\lim\limits_{x\to 0}x\cdot\lim\limits_{x\to 0}\sin\frac{1}{x}=0$.

2. 计算下列各极限:

(1) $\lim\limits_{n\to\infty}\frac{1+2+3+\cdots+(n-1)}{n^2}$;　　(2) $\lim\limits_{n\to\infty}\left(1+\frac{1}{2}+\frac{1}{4}+\cdots+\frac{1}{2^n}\right)$;

(3) $\lim\limits_{n\to\infty}\frac{5n^2+2n+3}{n^3-n+3}$;　　(4) $\lim\limits_{n\to\infty}\left(\frac{1}{1\cdot 2}+\frac{1}{2\cdot 3}+\cdots+\frac{1}{n(n+1)}\right)$;

(5) $\lim\limits_{n\to\infty}(\sqrt{n^2+1}-\sqrt{n^2-2n})$;　　(6) $\lim\limits_{n\to\infty}\frac{(n+1)(2n+1)(3n+1)}{3n^3}$.

3. 计算下列各极限:

(1) $\lim\limits_{x\to 0}\left(1-\frac{2}{x-3}\right)$;　　(2) $\lim\limits_{x\to\infty}\frac{3x^2-7x+1}{5x^2+2x-3}$;

(3) $\lim\limits_{x\to 0}\dfrac{x^2}{1-\sqrt{1+x^2}}$； (4) $\lim\limits_{x\to 1}\dfrac{x^3-1}{x-1}$；

(5) $\lim\limits_{x\to\infty}\left(1+\dfrac{1}{x}\right)\left(2-\dfrac{1}{x^2}\right)$； (6) $\lim\limits_{x\to 1}\dfrac{x^2-1}{2x^2-x-1}$.

4. 计算下列各极限：

(1) $\lim\limits_{h\to 0}\dfrac{(x+h)^2-x^2}{h}$； (2) $\lim\limits_{n\to\infty}\left(1-\dfrac{1}{2^2}\right)\left(1-\dfrac{1}{3^2}\right)\cdots\left(1-\dfrac{1}{n^2}\right)$.

*5. 表述并证明 $x\to\infty$ 时函数极限的四则运算法则.

第六节 极限存在准则与两个重要极限

一般地，利用极限定义来判定极限的存在性常常是困难的，因此有必要讨论判定极限存在性的一些充分条件. 本节介绍判定极限存在的两个准则，并应用它们推得两个重要极限：

$$\lim_{x\to 0}\frac{\sin x}{x}=1 \quad 与 \quad \lim_{x\to\infty}\left(1+\frac{1}{x}\right)^x=\mathrm{e}.$$

这两个重要极限在极限理论与极限运算中有着重要的作用.

一、极限存在的两个准则

准则 Ⅰ（夹逼准则） 如果数列$\{x_n\}$，$\{y_n\}$，$\{z_n\}$满足下列条件：

(1) $y_n\leqslant x_n\leqslant z_n(n=1,2,\cdots)$；

(2) $\lim\limits_{n\to\infty}y_n=a$，$\lim\limits_{n\to\infty}z_n=a$，

则数列$\{x_n\}$的极限存在，且$\lim\limits_{n\to\infty}x_n=a$.

证 因为$\lim\limits_{n\to\infty}y_n=a$，$\lim\limits_{n\to\infty}z_n=a$，故根据数列极限的定义，$\forall\varepsilon>0$，$\exists$ 正整数 N_1 和 N_2，当 $n>N_1$ 时，有

$$|y_n-a|<\varepsilon.$$

当 $n>N_2$ 时，

$$|z_n-a|<\varepsilon,$$

取 $N=\max\{N_1,N_2\}$，则当 $n>N$ 时，以上二不等式同时成立，即

$$a-\varepsilon<y_n<a+\varepsilon \quad 与 \quad a-\varepsilon<z_n<a+\varepsilon$$

同时成立，依据条件，x_n 介于 y_n 与 z_n 之间，所以，当 $n>N$，有

$$a-\varepsilon<y_n\leqslant x_n\leqslant z_n<a+\varepsilon,$$

即

$$|x_n-a|<\varepsilon.$$

这就证明了$\lim\limits_{n\to\infty}x_n=a$.

上述数列极限存在准则可以推广到函数的极限：

准则Ⅰ′　设函数 $f(x),g(x),h(x)$满足：

(1) 当 $x\in \mathring{U}(x_0,\gamma)$ (或$|x|>M$)时，

$$g(x)\leqslant f(x)\leqslant h(x);$$

(2)
$$\lim_{\substack{x\to x_0\\(x\to\infty)}} g(x)=A,\quad \lim_{\substack{x\to x_0\\(x\to\infty)}} h(x)=A,$$

则 $\lim\limits_{\substack{x\to x_0\\(x\to\infty)}} f(x)$存在且等于 A.

例 1　求$\lim\limits_{n\to\infty}\dfrac{n}{\sqrt{n^2+n}}$.

解　由于$\dfrac{n}{\sqrt{(n+1)^2}}<\dfrac{n}{\sqrt{n^2+n}}<\dfrac{n}{\sqrt{n^2}}$,而

$$\lim_{n\to\infty}\frac{n}{\sqrt{(n+1)^2}}=\lim_{n\to\infty}\frac{n}{n+1}=1,\quad \lim_{n\to\infty}\frac{n}{\sqrt{n^2}}=\lim_{n\to\infty}1=1.$$

由夹逼准则可知

$$\lim_{n\to\infty}\frac{n}{\sqrt{n^2+n}}=1.$$

例 2　求$\lim\limits_{n\to\infty}(1+2^n+3^n)^{\frac{1}{n}}$.

解　因$3^n<1+2^n+3^n<3\cdot 3^n$,即

$$3<(1+2^n+3^n)^{\frac{1}{n}}<3\cdot\sqrt[n]{3}.$$

而

$$\lim_{n\to\infty}3=3,\quad \lim_{n\to\infty}3\cdot\sqrt[n]{3}=3\lim_{n\to\infty}\sqrt[n]{3}=3\cdot 1=3,$$

所以$\lim\limits_{n\to\infty}(1+2^n+3^n)^{\frac{1}{n}}=3$.

由此极限可推出一般形式

$$\lim_{n\to\infty}(a_1^n+a_2^n+\cdots+a_m^n)^{\frac{1}{n}}=\max\{a_1,a_2,\cdots,a_m\},$$

其中 $a_i>0\ (i=1,2,\cdots,m)$.

准则Ⅱ（单调有界准则）　单调有界数列必有极限.

如果数列$\{x_n\}$满足

$$x_1\leqslant x_2\leqslant\cdots\leqslant x_n\leqslant\cdots,$$

则称数列$\{x_n\}$是**单调增数列**;如果数列$\{x_n\}$满足

$$x_1\geqslant x_2\geqslant\cdots\geqslant x_n\geqslant\cdots,$$

则称数列$\{x_n\}$是**单调减数列**. 单调增或单调减数列统称为**单调数列**①.

---

①　这里所定义的单调数列是广义的，即在条件中也包括相等的情形. 在以后的讨论中称单调数列就是指这种广义的单调数列.

准则 Ⅱ 包含了以下两个结论：

(1) 若数列$\{x_n\}$是单调增数列且有上界，即存在数 M，使得

$$x_n \leqslant M \quad (n=1,2,\cdots),$$

则$\lim\limits_{n\to\infty}x_n$ 存在且不大于 M；

(2) 若数列$\{x_n\}$是单调减数列且有下界，即存在数 N，使得

$$x_n \geqslant N \quad (n=1,2,\cdots),$$

则$\lim\limits_{n\to\infty}x_n$ 存在且不小于 N.

准则 Ⅱ 的严格证明，需要用到实数理论的知识，所以这里只给出几何解释.

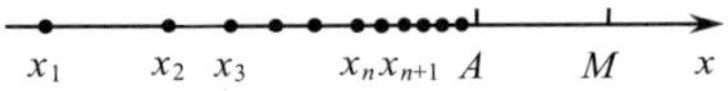

x_1　x_2　x_3　$x_n x_{n+1}$　A　M　x

图 1.21

当数列$\{x_n\}$单调增，且 $x_n\leqslant M$ 时，在数轴上画出对应于数列$\{x_n\}$的点(图 1.21)，则随着 n 的增大，点 x_n 只能沿数轴向右移动，且不超过点 M，故 x_n 只能无限趋近于某个定点 A(点 A 不会在点 M 右侧)，这样点 A 就是数列$\{x_n\}$的极限. 对数列$\{x_n\}$单调减，且 $x_n\geqslant N$ 的情形，可作同样解释.

由本章第四节知道，收敛数列必有界，而有界的数列未必收敛. 准则 Ⅱ 则说明，当数列有界而且单调时必然收敛.

例 3　设 $x_0>0, x_n=\frac{1}{2}\left(x_{n-1}+\frac{a}{x_{n-1}}\right) \quad (n=1,2,\cdots), a>0$. 证明数列$\{x_n\}$的极限存在，并求此极限.

证　因为

$$x_n=\frac{1}{2}\left(x_{n-1}+\frac{a}{x_{n-1}}\right)\geqslant\sqrt{x_{n-1}\cdot\frac{a}{x_{n-1}}}=\sqrt{a},$$

所以数列$\{x_n\}$有下界. 又

$$\begin{aligned}x_n-x_{n-1}&=\frac{1}{2}\left(x_{n-1}+\frac{a}{x_{n-1}}\right)-x_{n-1}\\&=\frac{1}{2}\left(\frac{a}{x_{n-1}}-x_{n-1}\right)=\frac{1}{2}\,\frac{a-x_{n-1}^2}{x_{n-1}}\leqslant 0 \quad (x_{n-1}^2\geqslant a),\end{aligned}$$

故数列$\{x_n\}$单调减. 由极限存在的准则 Ⅱ 知，$\lim\limits_{n\to\infty}x_n$ 存在，设其为 A. 对 $x_n=\frac{1}{2}\left(x_{n-1}+\frac{a}{x_{n-1}}\right)$两边取极限得

$$A=\frac{1}{2}\left(A+\frac{a}{A}\right).$$

解此方程，并依据极限的唯一性舍去负值，得

$$\lim_{n\to\infty}x_n=\sqrt{a}.$$

由此例可以给出求平方根近似值的一个**递推**(或称**迭代**) **方法**.

例如，大家熟悉$\sqrt{2}\approx 1.414213562$. 我们试用递推的方法来求它. 取 $x_1=2$，则

由本题所给递推公式有

$$x_2=\frac{1}{2}\left(x_1+\frac{2}{x_1}\right)=\frac{1}{2}\left(2+\frac{2}{2}\right)=1.5,$$

$$x_3=\frac{1}{2}\left(x_2+\frac{2}{x_2}\right)\approx 1.416666667,$$

$$x_4=\frac{1}{2}\left(x_3+\frac{2}{x_3}\right)\approx 1.414215686.$$

…………

随着 n 的增大 x_n 与 $\sqrt{2}$ 就愈接近，从而可求 $\sqrt{2}$ 的近似值.

二、两个重要极限

1. 利用准则 I′ 证明极限 $\lim\limits_{x\to 0}\frac{\sin x}{x}=1$

在单位圆(图 1.22)中，设圆心角 $\angle AOB=x\left(0<x<\frac{\pi}{2}\right)$，点 A 处圆的切线与 OB 的延长线交于 D，又 $BC\perp OA$，因为

$\triangle AOB$ 的面积 $<$ 扇形 AOB 的面积 $<\triangle AOD$ 的面积，

故得

$$\frac{1}{2}\sin x<\frac{1}{2}x<\frac{1}{2}\tan x\quad\left(x\in\left(0,\frac{\pi}{2}\right)\right),$$

即

$$\sin x<x<\tan x.$$

对此不等式各项除以 $\sin x$，并取倒数，得

$$\cos x<\frac{\sin x}{x}<1,\tag{1.3}$$

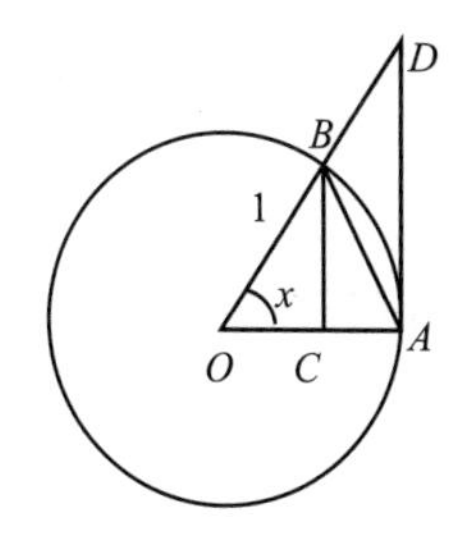

图 1.22

因为 $\cos x$，$\frac{\sin x}{x}$，1 均为偶函数，所以不等式(1.3) 在开区间 $\left(-\frac{\pi}{2},0\right)$ 内也成立.

下面证明 $\lim\limits_{x\to 0}\cos x=1$. 当 $0<|x|<\frac{\pi}{2}$ 时，

$$0<|\cos x-1|=1-\cos x=2\sin^2\frac{x}{2}<\frac{x^2}{2},$$

即

$$0<1-\cos x<\frac{x^2}{2}.\tag{1.4}$$

当 $x\to 0$ 时，$\frac{x^2}{2}\to 0$，由准则 I′ 有 $\lim\limits_{x\to 0}(1-\cos x)=0$，所以 $\lim\limits_{x\to 0}\cos x=1$.

由于 $\lim\limits_{x\to 0}\cos x=1$，$\lim\limits_{x\to 0}1=1$，故由不等式(1.4) 及夹逼准则，推得

$$\lim_{x \to 0} \frac{\sin x}{x} = 1.$$

例 4　求$\lim\limits_{x \to 0} \dfrac{\tan x}{x}$.

解

$$\lim_{x \to 0} \frac{\tan x}{x} = \lim_{x \to 0} \left(\frac{\sin x}{x} \cdot \frac{1}{\cos x} \right)$$

$$= \lim_{x \to 0} \frac{\sin x}{x} \cdot \lim_{x \to 0} \frac{1}{\cos x} = 1.$$

例 5　求$\lim\limits_{x \to 0} \dfrac{1 - \cos x}{x^2}$.

解

$$\lim_{x \to 0} \frac{1 - \cos x}{x^2} = \lim_{x \to 0} \frac{2\sin^2 \frac{x}{2}}{x^2}$$

$$= \frac{1}{2} \lim_{x \to 0} \left(\frac{\sin \frac{x}{2}}{\frac{x}{2}} \right)^2 = \frac{1}{2}.$$

上式倒数第二个等号利用了复合函数的极限运算法则. 实际上，$\dfrac{\sin \frac{x}{2}}{\frac{x}{2}}$ 可看成由$\dfrac{\sin u}{u}$及$u = \dfrac{x}{2}$复合而成. 因$\lim\limits_{x \to 0} \dfrac{x}{2} = 0$，又$\lim\limits_{u \to 0} \dfrac{\sin u}{u} = 1$，故

$$\lim_{x \to 0} \left(\frac{\sin \frac{x}{2}}{\frac{x}{2}} \right)^2 = \left(\lim_{u \to 0} \frac{\sin u}{u} \right)^2 = 1.$$

例 6　求$\lim\limits_{x \to 0} \dfrac{\arctan x}{x}$.

解　令$u = \arctan x$，则$x = \tan u$，当$x \to 0$时，$u \to 0$，由复合函数极限运算法则及例 4 的结果，得

$$\lim_{x \to 0} \frac{\arctan x}{x} = \lim_{u \to 0} \frac{u}{\tan u} = \lim_{u \to 0} \frac{1}{\frac{\tan u}{u}} = 1.$$

同理可求得$\lim\limits_{x \to 0} \dfrac{\arcsin x}{x} = 1$.

例 7　求$\lim\limits_{t \to \infty} \dfrac{t}{2} \sin \dfrac{2\pi}{t}$.

解　令$x = \dfrac{2\pi}{t}$，当$t \to \infty$时，$x \to 0$，于是

$$\lim_{t\to\infty}\frac{t}{2}\sin\frac{2\pi}{t}=\lim_{t\to\infty}\frac{\sin\frac{2\pi}{t}}{\frac{2\pi}{t}}\cdot\pi=\pi\lim_{x\to 0}\frac{\sin x}{x}=\pi.$$

2. 利用准则Ⅱ证明极限$\lim\limits_{x\to\infty}\left(1+\dfrac{1}{x}\right)^x=\mathrm{e}$

先就 x 取正整数 n 趋向 ∞ 的情形,证明数列极限:$\lim\limits_{n\to\infty}\left(1+\dfrac{1}{n}\right)^n$ 存在.

设 $x_n=\left(1+\dfrac{1}{n}\right)^n$,可以证明数列$\{x_n\}$是单调有界的.按牛顿二项展开式,有

$$\begin{aligned}x_n&=\left(1+\frac{1}{n}\right)^n\\&=1+n\cdot\frac{1}{n}+\frac{n(n-1)}{2!}\frac{1}{n^2}+\frac{n(n-1)(n-2)}{3!}\frac{1}{n^3}\\&\quad+\cdots+\frac{n(n-1)\cdots(n-n+1)}{n!}\frac{1}{n^n}\\&=1+1+\frac{1}{2!}\left(1-\frac{1}{n}\right)+\frac{1}{3!}\left(1-\frac{1}{n}\right)\left(1-\frac{2}{n}\right)\\&\quad+\cdots+\frac{1}{n!}\left(1-\frac{1}{n}\right)\left(1-\frac{2}{n}\right)\cdots\left(1-\frac{n-1}{n}\right),\end{aligned}$$

类似地有

$$\begin{aligned}x_{n+1}&=\left(1+\frac{1}{n+1}\right)^{n+1}\\&=1+1+\frac{1}{2!}\left(1-\frac{1}{n+1}\right)+\frac{1}{3!}\left(1-\frac{1}{n+1}\right)\left(1-\frac{2}{n+1}\right)\\&\quad+\cdots+\frac{1}{n!}\left(1-\frac{1}{n+1}\right)\left(1-\frac{2}{n+1}\right)\cdots\left(1-\frac{n-1}{n+1}\right)\\&\quad+\frac{1}{(n+1)!}\left(1-\frac{1}{n+1}\right)\left(1-\frac{2}{n+1}\right)\cdots\left(1-\frac{n}{n+1}\right).\end{aligned}$$

比较 x_n 与 x_{n+1},易见,除前两项外,x_n 的每项均小于 x_{n+1} 的对应项,且 x_{n+1} 还比 x_n 多了最后一项(其值大于零).因此有

$$x_n<x_{n+1},$$

即数列$\{x_n\}$是单调增数列.如果把 x_n 的展开式中各括号用较大的数 1 代替,则

$$\begin{aligned}x_n&<1+1+\frac{1}{2!}+\frac{1}{3!}+\cdots+\frac{1}{n!}\\&<1+1+\frac{1}{2}+\frac{1}{2^2}+\cdots+\frac{1}{2^{n-1}}\\&=1+\frac{1-\frac{1}{2^n}}{1-\frac{1}{2}}=3-\frac{1}{2^{n-1}}<3.\end{aligned}$$

所以数列 $\{x_n\}$ 有上界. 于是，根据准则 Ⅱ 知，数列 $\{x_n\}$ 的极限存在. 此极限通常用字母 e 来表示，即

$$\lim_{n\to\infty}\left(1+\frac{1}{n}\right)^n = \mathrm{e}.$$

可以证明，当 x 取实数而趋向 $+\infty$ 或 $-\infty$ 时，函数 $\left(1+\frac{1}{x}\right)^x$ 的极限都存在且为 e ①，即有

$$\lim_{x\to\infty}\left(1+\frac{1}{x}\right)^x = \mathrm{e}.$$

进一步的理论可以证明 e 是一个无理数，其值是

$$\mathrm{e} = 2.718281828459045\cdots.$$

指数函数 $y=\mathrm{e}^x$ 及自然对数 $y=\ln x$ 中的底 e 就是这个常数.

利用复合函数的极限运算法则还可将上面的重要极限写成另一种形式：

$$\lim_{x\to 0}(1+x)^{\frac{1}{x}} = \mathrm{e}.$$

例 8　求 $\lim\limits_{x\to\infty}\left(1+\frac{2}{x}\right)^x$.

解　令 $t=\frac{x}{2}$，则 $x\to\infty$ 时，$t\to\infty$，并且有

$$\lim_{x\to\infty}\left(1+\frac{2}{x}\right)^x = \lim_{t\to\infty}\left(1+\frac{1}{t}\right)^{2t} = \lim_{t\to\infty}\left[\left(1+\frac{1}{t}\right)^t\right]^2 = \mathrm{e}^2.$$

---

① 当 $x\to+\infty$ 时，记 $[x]=n$. 由于 $n\leqslant x<n+1$，故当 $x\to+\infty$ 时，$n\to\infty$，并有不等式

$$\left(1+\frac{1}{n+1}\right)^n<\left(1+\frac{1}{x}\right)^x<\left(1+\frac{1}{n}\right)^{n+1},$$

而

$$\lim_{x\to+\infty}\left(1+\frac{1}{n+1}\right)^n=\lim_{n\to\infty}\left(1+\frac{1}{n+1}\right)^n=\lim_{n\to\infty}\left[\frac{\left(1+\frac{1}{n+1}\right)^{n+1}}{1+\frac{1}{n+1}}\right]=\frac{\lim\limits_{n\to\infty}\left(1+\frac{1}{n+1}\right)^{n+1}}{\lim\limits_{n\to\infty}\left(1+\frac{1}{n+1}\right)}=\frac{\mathrm{e}}{1}=\mathrm{e};$$

又

$$\begin{aligned}\lim_{x\to+\infty}\left(1+\frac{1}{n}\right)^{n+1}&=\lim_{n\to\infty}\left(1+\frac{1}{n}\right)^{n+1}=\lim_{n\to\infty}\left[\left(1+\frac{1}{n}\right)^n\cdot\left(1+\frac{1}{n}\right)\right]\\&=\lim_{n\to\infty}\left(1+\frac{1}{n}\right)^n\cdot\lim_{n\to\infty}\left(1+\frac{1}{n}\right)=\mathrm{e}\cdot 1=\mathrm{e},\end{aligned}$$

所以由夹逼准则得 $\lim\limits_{x\to+\infty}\left(1+\frac{1}{x}\right)^x=\mathrm{e}$. 当 $x\to-\infty$ 时，令 $x=-t$，则当 $x\to-\infty$ 时，$t\to+\infty$，于是

$$\begin{aligned}\lim_{x\to-\infty}\left(1+\frac{1}{x}\right)^x&=\lim_{t\to+\infty}\left(1-\frac{1}{t}\right)^{-t}=\lim_{t\to+\infty}\left(\frac{t}{t-1}\right)^t\\&=\lim_{t\to+\infty}\left[\left(1+\frac{1}{t-1}\right)^{t-1}\cdot\left(1+\frac{1}{t-1}\right)\right]=\mathrm{e}.\end{aligned}$$

因此，一般地有 $\lim\limits_{x\to\infty}\left(1+\frac{1}{x}\right)^x=\mathrm{e}$.

例 9　求 $\lim\limits_{x\to0}(1-3x)^{\frac{1}{x}}$.

解　$$\lim_{x\to0}(1-3x)^{\frac{1}{x}}=\lim_{x\to0}[1+(-3x)]^{\frac{1}{-3x}(-3)}=\lim_{x\to0}\{[1+(-3x)]^{\frac{1}{-3x}}\}^{-3}$$
$$=\frac{1}{\{\lim\limits_{x\to0}[1+(-3x)]^{\frac{1}{-3x}}\}^{3}}=\frac{1}{\mathrm{e}^{3}}=\mathrm{e}^{-3}.$$

例 10　求 $\lim\limits_{x\to\infty}\left(\frac{1+x}{x}\right)^{kx}$（$k$ 为正整数）.

解　$$\lim_{x\to\infty}\left(\frac{1+x}{x}\right)^{kx}=\lim_{x\to\infty}\left[\left(1+\frac{1}{x}\right)^{x}\right]^{k}=\left[\lim_{x\to\infty}\left(1+\frac{1}{x}\right)^{x}\right]^{k}=\mathrm{e}^{k}.$$

习题 1-6

1. 计算下列极限：

(1) $\lim\limits_{x\to0}\frac{\sin\alpha x}{\tan\beta x}\ (\beta\neq0)$；　(2) $\lim\limits_{x\to0^{+}}\sqrt{x}\cot\sqrt{x}$；

(3) $\lim\limits_{n\to\infty}3^{n}\sin\frac{\pi}{3^{n}}$；　(4) $\lim\limits_{x\to0}\frac{1-\cos2x}{x\sin x}$；

(5) $\lim\limits_{x\to0^{+}}\frac{x}{\sqrt{1-\cos x}}$；　(6) $\lim\limits_{x\to0}\frac{\sin x+2x}{\sin x+x}$.

2. 计算下列极限：

(1) $\lim\limits_{x\to0}(1+ax)^{\frac{b}{x}}\ (a,b>0)$；　(2) $\lim\limits_{x\to\infty}\left(\frac{x-1}{x+1}\right)^{x}$；

(3) $\lim\limits_{x\to0}\sqrt[x]{1-2x}$；　(4) $\lim\limits_{x\to\frac{\pi}{2}}(1+\cos x)^{2\sec x}$；

(5) $\lim\limits_{n\to\infty}\left(1-\frac{1}{n}\right)^{kn}$（$k$ 为正整数）；　(6) $\lim\limits_{n\to\infty}\left(\frac{n+1}{n-1}\right)^{n}$.

3. 利用夹逼准则证明下列极限：

(1) $\lim\limits_{n\to\infty}\left(\frac{1}{\sqrt{n^{2}+1}}+\frac{1}{\sqrt{n^{2}+2}}+\cdots+\frac{1}{\sqrt{n^{2}+n}}\right)=1$；

(2) $\lim\limits_{n\to\infty}\left(\frac{1}{n^{2}+1}+\frac{2}{n^{2}+2}+\cdots+\frac{n}{n^{2}+n}\right)=\frac{1}{2}$；

*(3) $\lim\limits_{n\to\infty}\left(\sin\frac{\pi}{\sqrt{n^{2}+1}}+\sin\frac{\pi}{\sqrt{n^{2}+2}}+\cdots+\sin\frac{\pi}{\sqrt{n^{2}+n}}\right)=\pi$；

(4) $\lim\limits_{x\to0}\sqrt[n]{1+x}=1$.

*4. 利用单调有界准则证明下面数列存在极限，并求其极限值：

(1) $a_{1}=\sqrt{2},a_{2}=\sqrt{2\sqrt{2}},\cdots,a_{n}=\sqrt{2\sqrt{2\cdots\sqrt{2}}}$（$n$ 次复合）；

(2) $x_{1}=1,x_{2}=1+\frac{x_{1}}{x_{1}+1},\cdots,x_{n}=1+\frac{x_{n-1}}{x_{n-1}+1}$.

*5. 记 $(2n-1)!!=1\cdot3\cdot5\cdot7\cdot\cdots\cdot(2n-1)$，$(2n)!!=2\cdot4\cdot6\cdot8\cdot\cdots\cdot(2n)$，设 $x_{n}=\frac{(2n-1)!!}{(2n)!!}$，试证明 $\frac{1}{\sqrt{4n}}\leqslant x_{n}<\frac{1}{\sqrt{2n+1}}$，并求极限 $\lim\limits_{n\to\infty}x_{n}$.

第七节　无穷小与无穷大

一、无穷小的概念与性质

无穷小是在极限理论与应用上扮演着十分重要角色的一种变量，所以有必要对其进行特别讨论.

定义 1.5　如果函数 $f(x)$ 当 $x \to x_0$（或 $x \to \infty$）时的极限为零，那么称函数 $f(x)$ 为当 $x \to x_0$（或 $x \to \infty$）时的**无穷小**.

以零为极限的数列 $\{x_n\}$ 则称为 $n \to \infty$ 时的无穷小.

例如，函数 x^2，$\sin x$，$1-\cos x$ 是 $x \to 0$ 时的无穷小；函数 $x-1$，x^2-1，$\dfrac{x-1}{x}$ 是 $x \to 1$ 时的无穷小；函数 $\dfrac{1}{x}$，$\dfrac{1}{x^2+1}$ 是 $x \to \infty$ 时的无穷小；$\dfrac{1}{n}$，$\dfrac{1}{2^n}$ 则是 $n \to \infty$ 时的无穷小，等等.

注意　无穷小是以零为极限的变量. 不可将无穷小与绝对值很小的常数（如 10^{-5}）混为一谈. 因为非零常数的绝对值不可能小于任意给定的小的正数 ε，但零是可以作为无穷小的唯一常数；无穷小必然是局部有界量；无穷小与自变量的变化过程有关，例如 $\lim\limits_{x \to \infty} \dfrac{1}{x} = 0$，所以 $\dfrac{1}{x}$ 是 $x \to \infty$ 时的无穷小，但因为 $\lim\limits_{x \to 1} \dfrac{1}{x} \neq 0$，所以 $\dfrac{1}{x}$ 不是 $x \to 1$ 时的无穷小.

无穷小之所以重要，是因为无穷小与函数极限有着密切关系.

定理 1.7　在自变量的某一变化过程（$x \to x_0$，$x \to \infty$ 等）中，函数 $f(x)$ 具有极限 A 的充分必要条件是 $f(x) = A + \alpha$，其中 α 是自变量在同一变化过程中的无穷小.

证　仅以 $x \to x_0$ 的情形为例证明，类似可证其他情形.

必要性. 设 $\lim\limits_{x \to x_0} f(x) = A$，欲证 $f(x) = A + \alpha$，其中 α 是 $x \to x_0$ 时的无穷小.

令 $\alpha = f(x) - A$，根据极限的四则运算法则有

$$\lim_{x \to x_0} \alpha = \lim_{x \to x_0} f(x) - \lim_{x \to x_0} A = A - A = 0,$$

即 α 就是 $x \to x_0$ 时的无穷小.

这就证明了 $f(x)$ 等于它的极限 A 与一个无穷小 α 之和.

充分性. 设 $f(x) = A + \alpha$，其中 α 是 $x \to x_0$ 时的无穷小，欲证 $\lim\limits_{x \to x_0} f(x) = A$. 因为 α 是 $x \to x_0$ 时的无穷小，所以 $\lim\limits_{x \to x_0} \alpha = 0$，又 $\lim\limits_{x \to x_0} A = A$. 根据极限的四则运算法则，有

$$\lim_{x \to x_0} f(x) = \lim_{x \to x_0} A + \lim_{x \to x_0} \alpha = A + 0 = A.$$

所以 A 是 $f(x)$ 当 $x \to x_0$ 时的极限.

无穷小具有以下性质：

定理 1.8　有限个无穷小的和仍为无穷小.

证　仅就 $x \to x_0$ 时的情形，证明两个无穷小之和是无穷小.

设 α 与 β 是当 $x \to x_0$ 时的无穷小. 则

$$\lim_{x \to x_0} \alpha = 0, \quad \lim_{x \to x_0} \beta = 0.$$

于是，由极限的四则运算法则有

$$\lim_{x \to x_0} (\alpha + \beta) = 0.$$

这就证明了 $\alpha + \beta$ 是当 $x \to x_0$ 时的无穷小.

对于有限个无穷小之和以及 $x \to \infty$ 时的情形同样可以证明.

定理 1.9　无穷小与有界函数的乘积仍为无穷小.

证　设函数 u 在 x_0 的某去心邻域 $\mathring{U}(x_0, \delta_1)$ 内有界，则 $\exists M > 0$，当 $x \in \mathring{U}(x_0, \delta_1)$，即 $0 < |x - x_0| < \delta_1$ 时，$|u| \leqslant M$，又 α 是当 $x \to x_0$ 时的无穷小，故 $\forall \varepsilon > 0$，$\exists \delta_2 > 0$，当 $0 < |x - x_0| < \delta_2$ 时，有 $|\alpha| < \frac{\varepsilon}{M}$.

取 $\delta = \min\{\delta_1, \delta_2\}$，则当 $0 < |x - x_0| < \delta$ 时，

$$|\alpha| < \frac{\varepsilon}{M} \quad \text{与} \quad |u| \leqslant M$$

同时成立，从而

$$|\alpha u| = |\alpha| |u| < \frac{\varepsilon}{M} \cdot M = \varepsilon,$$

即 αu 是当 $x \to x_0$ 时的无穷小.

推论 1　无穷小与常量的乘积是无穷小.

推论 2　有限个无穷小的乘积仍是无穷小.

定理 1.10　无穷小除以具有非零极限的函数所得的商仍为无穷小.

请读者自己证明.

例 1　求 $\lim\limits_{x \to 0} x^2 \sin \frac{1}{x}$.

解　因为 $\lim\limits_{x \to 0} x^2 = 0$，又 $\left| \sin \frac{1}{x} \right| \leqslant 1$，所以 $\lim\limits_{x \to 0} x^2 \sin \frac{1}{x} = 0$.

二、无穷小的比较

由定理 1.10 知，无穷小与具有非零极限的函数之商是无穷小，但两个无穷小的商，却会出现不同的情况，例如 $\lim\limits_{x \to 0} \frac{x^3}{x^2} = 0$，$\lim\limits_{x \to 0} \frac{x^2}{x^3} = \infty$，$\lim\limits_{x \to 0} \frac{\sin x}{x} = 1$，这些不同

的结果反映了在同一极限过程中出现的几个无穷小趋于零的"快慢"程度不同.在某些问题中,我们往往需要比较它们趋于零的速度,于是产生了无穷小的阶的概念.

定义 1.6 设 α,β 是同一极限过程中的两个无穷小.

(1) 如果 $\lim\frac{\alpha}{\beta}=0$,则称 α 是比 β **高阶的无穷小**,记作 $\alpha=o(\beta)$;

(2) 如果 $\lim\frac{\alpha}{\beta}=\infty$,则称 α 是比 β **低阶的无穷小**;

(3) 如果 $\lim\frac{\alpha}{\beta}=C\neq 0$,则称 α 与 β 是**同阶无穷小**;

(4) 特别,如果 $\lim\frac{\alpha}{\beta}=1$,则称 α 与 β 是**等价无穷小**,记作 $\alpha\sim\beta$;

(5) 如果 $\lim\frac{\alpha}{\beta^k}=C\neq 0,\ k>0$,则称 α 是关于 β 的 **k 阶无穷小**.

例 2 上面所举的几个例子中,因为 $\lim\limits_{x\to 0}\frac{x^3}{x^2}=0$,所以当 $x\to 0$ 时,x^3 是比 x^2 高阶的无穷小,表示 x^3 比 x^2 趋于零来得"快".反之,x^2 是比 x^3 低阶的无穷小,表示 x^2 比 x^3 趋于零来得"慢".因为 $\lim\limits_{x\to 0}\frac{\sin x}{x}=1$,所以当 $x\to 0$ 时,$\sin x$ 与 x 是等价无穷小,表示它们趋于零的"快慢"大致相同.

例 3 因为 $\lim\limits_{x\to 0}\frac{1-\cos x}{x^2}=\frac{1}{2}$,所以当 $x\to 0$ 时,$1-\cos x$ 与 x^2 是同阶无穷小,或者说 $1-\cos x$ 是关于 x 的二阶无穷小.

例 4 证明:当 $x\to 0$ 时,$\sqrt[n]{1+x}-1\sim\frac{1}{n}x$($n$ 为大于 1 的正整数).

证 因为

$$\lim_{x\to 0}\frac{\sqrt[n]{1+x}-1}{\frac{1}{n}x}=\lim_{x\to 0}\frac{(\sqrt[n]{1+x})^n-1}{\frac{1}{n}x\left[\sqrt[n]{(1+x)^{n-1}}+\sqrt[n]{(1+x)^{n-2}}+\cdots+1\right]}$$

$$=\lim_{x\to 0}\frac{n}{\sqrt[n]{(1+x)^{n-1}}+\sqrt[n]{(1+x)^{n-2}}+\cdots+1}=1\ ①,$$

所以,$\sqrt[n]{1+x}-1\sim\frac{1}{n}x\ (x\to 0)$.

实际上,对于任意实数 u,当 $x\to 0$ 时,都有 $(1+x)^u-1\sim ux$.

关于等价无穷小有下列重要性质:

---

① 其中 $\lim\limits_{x\to 0}\sqrt[n]{(1+x)^m}=1(m=n-1,n-2,\cdots,1)$ 用到习题 1-6 中题 3(4) 的结果及定理 1.6.

定理 1.11　如果 $\alpha \sim \alpha'$, $\beta \sim \beta'$,且 $\lim \frac{\alpha'}{\beta'}$ 存在,则

$$\lim \frac{\alpha}{\beta} = \lim \frac{\alpha'}{\beta'}.$$

证　$\lim \frac{\alpha}{\beta} = \lim\left(\frac{\alpha}{\alpha'} \cdot \frac{\alpha'}{\beta'} \cdot \frac{\beta'}{\beta}\right) = \lim \frac{\alpha}{\alpha'} \lim \frac{\alpha'}{\beta'} \lim \frac{\beta'}{\beta} = \lim \frac{\alpha'}{\beta'}.$

定理 1.11 也称为**等价无穷小替换原理**,它表明,求两个无穷小之比($\frac{0}{0}$ 型未定式)的极限时,分子或分母都可用适当的等价无穷小替换,从而使计算简捷. 同时此原理可推广至分子或分母为若干个因子的乘积形式,即对其中的任意一个或几个无穷小因子作等价无穷小替换,而不会改变原式的极限.

定理 1.12　α 与 β 是等价无穷小的充分必要条件是 $\alpha = \beta + o(\beta)$.

证　必要性. 设 $\alpha \sim \beta$,即 $\lim \frac{\alpha}{\beta} = 1$,于是

$$\lim \frac{\alpha - \beta}{\beta} = \lim\left(\frac{\alpha}{\beta} - 1\right) = \lim \frac{\alpha}{\beta} - 1 = 0,$$

因此,$\alpha - \beta = o(\beta)$,即 $\alpha = \beta + o(\beta)$.

充分性. 设 $\alpha = \beta + o(\beta)$,则

$$\lim \frac{\alpha}{\beta} = \lim \frac{\beta + o(\beta)}{\beta} = \lim\left(1 + \frac{o(\beta)}{\beta}\right) = 1.$$

所以,$\alpha \sim \beta$.

定理 1.12 表明,两个不同的但等价的无穷小之间相差一个比自身高阶的无穷小.

例 5　求 $\lim\limits_{x \to 0} \frac{\tan x}{\sin 5x}$.

解　由本章第六节例 4 可知,当 $x \to 0$ 时,$\tan x \sim x$, $\sin 5x \sim 5x$,所以

$$\lim_{x \to 0} \frac{\tan x}{\sin 5x} = \lim_{x \to 0} \frac{x}{5x} = \frac{1}{5}.$$

例 6　求 $\lim\limits_{x \to 0} \frac{x \sin x}{1 - \cos x}$.

解　由第六节例 5 知,$\lim\limits_{x \to 0} \frac{1 - \cos x}{x^2} = \frac{1}{2}$,即 $\lim\limits_{x \to 0} \frac{1 - \cos x}{\frac{1}{2}x^2} = 1$,可见当 $x \to 0$ 时,$1 - \cos x \sim \frac{1}{2}x^2$,又 $\sin x \sim x$,所以

$$\lim_{x \to 0} \frac{x \sin x}{1 - \cos x} = \lim_{x \to 0} \frac{x \cdot x}{\frac{1}{2}x^2} = 2.$$

例 7　求$\lim\limits_{x\to 0}\dfrac{(1+x^2)^{\frac{1}{5}}-1}{\arcsin x^2}$.

解　当 $x\to 0$ 时，$(1+x^2)^{\frac{1}{5}}-1\sim\dfrac{1}{5}x^2$，$\arcsin x^2\sim x^2$，所以

$$\lim_{x\to 0}\frac{(1+x^2)^{\frac{1}{5}}-1}{\arcsin x^2}=\lim_{x\to 0}\frac{\frac{1}{5}x^2}{x^2}=\frac{1}{5}.$$

由以上例题可见，了解一些等价无穷小很有用处. 至此，我们已证明了下面常见的等价无穷小：

$\sin x\sim x$，　$\tan x\sim x$，　$\arcsin x\sim x$，　$\arctan x\sim x$，　$1-\cos x\sim\dfrac{1}{2}x^2$，

$\sqrt[n]{1+x}-1\sim\dfrac{1}{n}x\quad(x\to 0)$.

以后还将再给出一些等价无穷小关系.

三、无穷大

定义 1.7　如果当 $x\to x_0$（或 $x\to\infty$）时，对应的函数值的绝对值 $|f(x)|$ 无限增大，即对任意给定的正数 M（不论它多么大），总存在 $\delta>0$（或 $X>0$），使当 $0<|x-x_0|<\delta$（或 $|x|>X$），必有

$$|f(x)|>M$$

成立，则称函数 $f(x)$ 是当 $x\to x_0(x\to\infty)$ 时的**无穷大**，记为

$$\lim_{x\to x_0}f(x)=\infty\quad\text{或}\quad\lim_{x\to\infty}f(x)=\infty.$$

注意　这里 $\lim\limits_{\substack{x\to x_0\\(x\to\infty)}}f(x)=\infty$ 只是借用了记号“∞”，实际上函数 $f(x)$ 的极限并不存在；无穷大（∞）不是一个数，不可把它与绝对值很大的数混为一谈；无穷大不等同于无界量，无穷大一定是无界量，而无界量不一定是无穷大. 比如，数列：1，0，2，0，…，n，0，… 是无界的，但不是 $n\to\infty$ 时的无穷大.

例 8　证明$\lim\limits_{x\to 1}\dfrac{1}{x-1}=\infty$.

证　设 M 是任意给定的正数，要使$\left|\dfrac{1}{x-1}\right|>M$，只要 $|x-1|<\dfrac{1}{M}$ 即可. 取 $\delta=\dfrac{1}{M}$，则当 $0<|x-1|<\delta$ 时，有

$$\left|\frac{1}{x-1}\right|>M$$

成立，所以

$$\lim_{x\to 1}\frac{1}{x-1}=\infty.$$

此例的几何意义是明显的：直线 $x=1$ 是曲线 $y=\frac{1}{x-1}$ 的铅直渐近线(图 1.23).

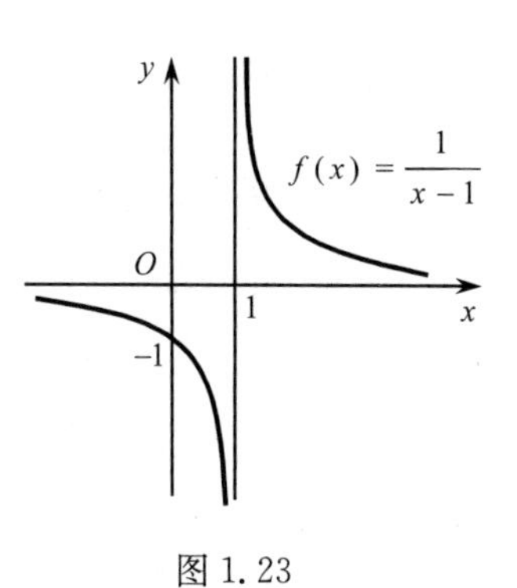

图 1.23

一般地，如果 $\lim\limits_{x\to x_0} f(x)=\infty$ 或 $\lim\limits_{\substack{x\to x_0^+\\(x\to x_0^-)}} f(x)=\infty$，则函数 $y=f(x)$ 的图形有渐近线 $x=x_0$，且称 $x=x_0$ 为**铅直渐近线**.

无穷大与无穷小之间有一种简单的关系，即有以下定理.

定理 1.13　在自变量的某一变化过程中，若 $f(x)$ 为无穷大，则 $\frac{1}{f(x)}$ 为无穷小；反之，若 $f(x)$ 为无穷小且 $f(x)\neq 0$，则 $\frac{1}{f(x)}$ 为无穷大.

证　只证 $x\to x_0$ 时 $f(x)$ 为无穷大，$\frac{1}{f(x)}$ 为无穷小的情形，其他证明留作练习.

设 $\lim\limits_{x\to x_0} f(x)=\infty$，则 $\forall \varepsilon>0$，对于 $M=\frac{1}{\varepsilon}$，由无穷大的定义知，$\exists \delta>0$，当 $0<|x-x_0|<\delta$ 时，有

$$|f(x)|>M=\frac{1}{\varepsilon},$$

即 $\left|\frac{1}{f(x)}\right|<\varepsilon$ 成立，所以 $\lim\limits_{x\to x_0}\frac{1}{f(x)}=0$.

例 9　求 $\lim\limits_{x\to 2}\frac{5x}{x^2-4}$.

解　由于

$$\lim_{x\to 2}\frac{x^2-4}{5x}=\frac{\lim\limits_{x\to 2}(x^2-4)}{\lim\limits_{x\to 2}5x}=0.$$

根据定理 1.13 有 $\lim\limits_{x\to 2}\frac{5x}{x^2-4}=\infty$.

在同一极限过程中的几个无穷大也有趋于 ∞ 的“快慢”程度不同的问题，故有无穷大的阶的概念.

定义 1.8　设 y,z 是同一极限过程中的两个无穷大.

(1) 如果 $\lim\frac{y}{z}=C\neq 0$，则称 y 与 z 是**同阶无穷大**；

(2) 如果 $\lim\frac{y}{z}=1$，则称 y 与 z 是**等价无穷大**；

(3) 如果 $\lim \dfrac{y}{z}=\infty$,则称 y 是比 z **高阶的无穷大**;

(4) 如果 $\lim \dfrac{y}{z^k}=C\neq 0(k>0$ 为常数),则称 y 是 z 的 **k 阶无穷大**.

例如,当 $x\to\infty$ 时,$1+x^2-2x^3$ 是 x 的三阶无穷大,而多项式 $p(x)=a_0x^n+a_1x^{n-1}+\cdots+a_{n-1}x+a_n(a_0\neq 0)$ 是与 a_0x^n 同阶的无穷大,因此,当 $|x|$ 充分大时,$p(x)$ 的正负与 a_0x^n 一致.

习题 1-7

1. 利用等价无穷小替换定理求下列极限:

(1) $\lim\limits_{x\to 0}\dfrac{\tan 5x}{2x}$;　　(2) $\lim\limits_{x\to 0}\dfrac{\sin(x^n)}{(\sin x)^m}(m,n\in\mathbf{N}^*)$;

(3) $\lim\limits_{x\to 0}\dfrac{x(1-\cos x)}{\sin^3 x}$;　　(4) $\lim\limits_{x\to 0}\dfrac{\arcsin 3x}{\sin 2x}$;

(5) $\lim\limits_{x\to\infty}x\arctan\dfrac{1}{x}$;　　(6) $\lim\limits_{x\to 0}\dfrac{(1+x^2)^{\frac{1}{3}}-1}{\cos x-1}$.

2. 当 $x\to 0$ 时,试确定下列无穷小关于 x 的阶数:

(1) $x+\sin x$;　　(2) x^3+10x^2;

(2) $1-\cos 2x^2$;　　(4) $\tan 2x^2$.

3. 当 $x\to 0$ 时,x^k 与 $\tan^2(2x^3)$ 是同阶无穷小,则 k 等于多少?

*4. 当 $m,n\in\mathbf{N}^*$,证明:当 $x\to 0$ 时,

(1) $o(x^m)+o(x^n)=o(x^l)$, $l=\min\{m,n\}$;

(2) $o(x^m)\cdot o(x^n)=o(x^{m+n})$;

(3) 若 α 是 $x\to 0$ 时的无穷小,则 $\alpha x^m=o(x^m)$;

(4) $o(kx^n)=o(x^n)$ $(k\neq 0)$.

*5. 函数 $y=x\sin x$ 在 $(-\infty,+\infty)$ 内是否有界?这个函数是否为 $x\to+\infty$ 时的无穷大?为什么?

第八节　函数的连续性

一、函数连续性的概念

连续与间断(不连续)是对自然界变化过程的渐变与突变现象的描述,是函数的重要性态之一. 例如,气温的变化,当时间的变化很微小时,气温的变化也很小. 这种气温随时间的渐变现象,在函数关系上的反映,就是函数的连续性. 又如火箭发射过程中,从点火到 t_0 时刻前,随着燃料的消耗,火箭的质量逐渐减小,而到 t_0 时刻,第一级火箭燃料耗尽,该级火箭的外壳自行脱落,这时火箭的质量突然减少. 绘出火箭的质量 m 与时间 t 的函数关系图(图 1.24). 可见,在区间 $[0,t_0]$ 上,质量逐

渐减小，质量曲线是连续不断的，而在 t_0 时刻，质量发生突变，曲线出现了间断. 这清晰地表示了连续与间断的物理意义与几何意义.

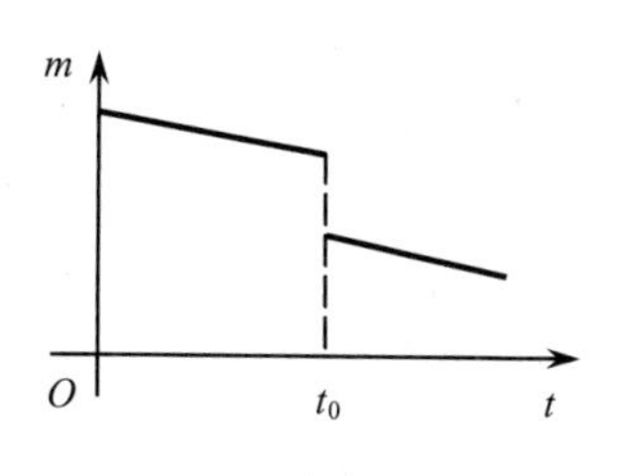

图 1.24

但在实际问题中经常遇到较复杂的函数，仅从几何直观考察它们的这一性态是远远不够的，需要进一步从数量上进行分析、运算与推理.

首先给出函数的增量概念. 设有函数 $y=f(x)$. 如果自变量 x 从 x_0 变化到$x_0+\Delta x$，那么 Δx 称为**自变量的增量**(或**改变量**)，相应地函数 y 从 $f(x_0)$ 变化到 $f(x_0+\Delta x)$，那么 $\Delta y=f(x_0+\Delta x)-f(x_0)$ 称为**函数的增量**(或改变量)(图1.25). 增量 Δx 或 Δy 可以是正的，也可以是负的. 若增量为正，表示变量是增大的，若增量为负，表示变量是减小的. 这里，记号 Δx 或 Δy 是表示增量的一个整体记号，并不是两个量“Δ”与“x”或“Δ”与“y”的乘积关系.

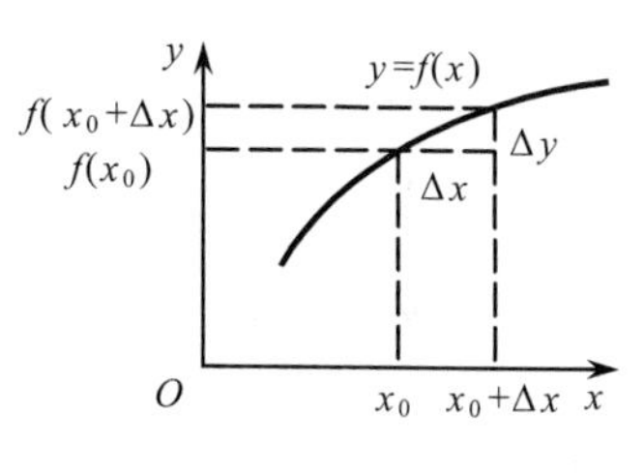

图 1.25

从图 1.25 中易见，若函数在点 x_0 处连续，则当自变量的增量 Δx 很小时，函数的增量 Δy 也很小，用极限来刻画这种现象，就是

$$\lim_{\Delta x\to 0}\Delta y=\lim_{\Delta x\to 0}[f(x_0+\Delta x)-f(x_0)]=0.$$

由此，引入函数在一点连续的定义：

定义 1.9　设函数 $y=f(x)$ 在点 x_0 的某一邻域内有定义，如果当自变量的增量 $\Delta x=x-x_0$ 趋于零时，对应的函数增量 $\Delta y=f(x_0+\Delta x)-f(x_0)$ 也趋于零，即

$$\lim_{\Delta x\to 0}\Delta y=0\quad 或\quad \lim_{\Delta x\to 0}[f(x_0+\Delta x)-f(x_0)]=0,$$

则称**函数 $f(x)$ 在点 x_0 处连续**，并称 x_0 是 $f(x)$ 的**连续点**.

函数 $f(x)$ 在点 x_0 处连续的定义也可用不同的方式来表述. 设 $x=x_0+\Delta x$，则

$$\Delta y=f(x_0+\Delta x)-f(x_0)=f(x)-f(x_0),$$

当 $\Delta x\to 0$ 时有 $x\to x_0$，而 $\Delta y\to 0$ 即 $f(x)\to f(x_0)$. 这样就有以下定义.

定义 1.10　设函数 $y=f(x)$ 在点 x_0 的某一邻域内有定义，如果极限 $\lim\limits_{x\to x_0}f(x)$ 存在，且等于 $f(x_0)$，即

$$\lim_{x\to x_0}f(x)=f(x_0),$$

则称函数 $f(x)$ 在点 x_0 处连续.

还可以用极限的“ε-δ”定义来表述连续.

定义 1.11　设函数 $y=f(x)$ 在点 x_0 的某一邻域内有定义，如果对任意给定的 $\varepsilon>0$，总存在 $\delta>0$，使得对于适合不等式 $|x-x_0|<\delta$ 的一切 x，所对应的函数值 $f(x)$ 都满足

$$|f(x)-f(x_0)|<\varepsilon,$$

则称函数 $f(x)$ 在点 x_0 处连续.

请读者考虑,这里为什么没有 $|x-x_0|>0$ 的限制.

由左极限、右极限的概念,可给出左连续、右连续的概念.

如果 $\lim\limits_{x\to x_0^-}f(x)$ 存在且等于 $f(x_0)$,则称函数 $f(x)$ 在点 x_0 **左连续**,如果 $\lim\limits_{x\to x_0^+}f(x)$ 存在且等于 $f(x_0)$,则称函数 $f(x)$ 在点 x_0 **右连续**.

由此不难推出,函数 $f(x)$ 在点 x_0 处连续的充分必要条件是函数 $f(x)$ 在点 x_0 既左连续又右连续,即满足

$$\lim_{x\to x_0^-}f(x)=\lim_{x\to x_0^+}f(x)=f(x_0)$$

或

$$f(x_0^-)=f(x_0^+)=f(x_0).$$

若函数 $f(x)$ 在开区间 (a,b) 内每一点处都连续,就称 $\boldsymbol{f(x)}$ **在** $\boldsymbol{(a,b)}$ **内连续**,记为 $f\in C(a,b)$. 这里记号 $C(a,b)$ 表示在区间 (a,b) 内连续的函数全体所构成的集合. 若 $f(x)$ 在 (a,b) 内连续,且在点 a 处右连续,在点 b 处左连续,就称 $\boldsymbol{f(x)}$ **在闭区间** $\boldsymbol{[a,b]}$ **上连续**,记为 $f\in C[a,b]$. 若 $f(x)$ 在区间 I 上连续,则称 I 为 $\boldsymbol{f(x)}$ **的连续区间**,称 $f(x)$ 为**区间** $\boldsymbol{I}$ **上的连续函数**.

从几何直观上看,在某区间上的连续函数的图形一般是一条不间断的曲线.

例 1　证明函数 $y=\sin x$ 在区间 $(-\infty,+\infty)$ 内连续.

证　要证函数 $\sin x$ 在 $(-\infty,+\infty)$ 连续,即证明对任意 $x\in(-\infty,\infty)$,都有

$$\lim_{\Delta x\to 0}\Delta y=\lim_{\Delta x\to 0}[\sin(x+\Delta x)-\sin x]=0.$$

由三角函数和差化积公式,有

$$\Delta y=\sin(x+\Delta x)-\sin x=2\sin\frac{\Delta x}{2}\cos\left(x+\frac{\Delta x}{2}\right).$$

因为

$$\left|\sin\frac{\Delta x}{2}\right|\leqslant\frac{|\Delta x|}{2},\quad\left|\cos\left(x+\frac{\Delta x}{2}\right)\right|\leqslant 1,$$

所以 $0\leqslant|\Delta y|\leqslant 2\dfrac{|\Delta x|}{2}=|\Delta x|$. 当 $\Delta x\to 0$ 时,由夹逼准则知 $|\Delta y|\to 0$,从而 $\Delta y\to 0$. 因此 $y=\sin x$ 在 $(-\infty,+\infty)$ 内连续.

类似可证,$y=\cos x$ 在 $(-\infty,+\infty)$ 内连续.

二、函数的间断点及其分类

设函数 $f(x)$ 在点 x_0 的某去心邻域内有定义. 在此前提下,由定义 1.9 可以给出函数 $f(x)$ 在点 x_0 处连续的三个条件:

(1) $f(x)$ 在点 x_0 处有定义；

(2) 当 $x \to x_0$ 时 $f(x)$ 有极限，即 $\lim\limits_{x \to x_0} f(x)$ 存在；

(3) 极限 $\lim\limits_{x \to x_0} f(x)$ 恰好等于 $f(x_0)$，即 $\lim\limits_{x \to x_0} f(x) = f(x_0)$.

这三个条件之一不满足，就说函数 $f(x)$ 在点 x_0 处**不连续**，或称**间断**. 点 x_0 称为 $f(x)$ 的**间断点**. 根据极限 $\lim\limits_{x \to x_0} f(x)$ 存在或不存在的不同情形，给出以下几类间断点的定义：

(1) 极限 $\lim\limits_{x \to x_0} f(x)$ 存在，但不等于 $f(x_0)$ 或者 $f(x)$ 在点 x_0 处没有定义，这种间断点 x_0 称为**可去间断点**.

例 2　讨论函数

$$f(x) = \begin{cases} x^2, & 0 \leqslant x < 1, \\ 2, & x = 1, \\ 2 - x, & 1 < x \leqslant 2 \end{cases}$$

在点 $x = 1$ 处的连续性.

解　由于 $\lim\limits_{x \to 1^-} f(x) = \lim\limits_{x \to 1^-} x^2 = 1$，$\lim\limits_{x \to 1^+} f(x) = \lim\limits_{x \to 1^+} (2 - x) = 1$，所以 $\lim\limits_{x \to 1} f(x) = 1$，而 $f(1) = 2$，$\lim\limits_{x \to 1} f(x) \neq f(1)$，所以 $x = 1$ 是 $f(x)$ 的可去间断点.

若改变函数 $f(x)$ 在 $x = 1$ 处的定义，令 $f(1) = 1$，那么函数

$$f(x) = \begin{cases} x^2, & 0 \leqslant x \leqslant 1, \\ 2 - x, & 1 < x \leqslant 2 \end{cases}$$

在 $x = 1$ 处连续，这样间断点就被去掉了.

例 3　讨论函数 $f(x) = \dfrac{\sin x}{x}$ 在点 $x = 0$ 处的连续性.

解　因为 $f(x)$ 在 $x = 0$ 处无定义，所以 $x = 0$ 是 $f(x)$ 的间断点，但由于 $\lim\limits_{x \to 0} \dfrac{\sin x}{x} = 1$，若补充定义 $f(0) = 1$，则函数 $f(x)$ 成为

$$f(x) = \begin{cases} \dfrac{\sin x}{x}, & x \neq 0, \\ 1, & x = 0. \end{cases}$$

在 $x = 0$ 处就排除了间断点，因此，这类间断点被称为可去间断点.

(2) 左极限 $\lim\limits_{x \to x_0^-} f(x)$ 与右极限 $\lim\limits_{x \to x_0^+} f(x)$ 均存在，但不相等，即

$$\lim_{x \to x_0^-} f(x) \neq \lim_{x \to x_0^+} f(x),$$

这种间断点称为**跳跃间断点**.

例 4　讨论函数

$$f(x)=\begin{cases}\dfrac{1}{1+e^{\frac{1}{x}}}, & x\neq 0,\\ 1, & x=0\end{cases}$$

在 $x=0$ 处的连续性.

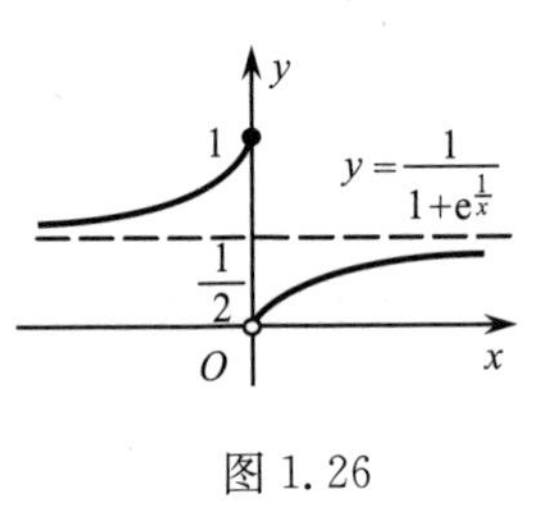

图 1.26

解　$\lim\limits_{x\to 0^-}\dfrac{1}{1+e^{\frac{1}{x}}}=1$，$\lim\limits_{x\to 0^+}\dfrac{1}{1+e^{\frac{1}{x}}}=0$，虽然 $f(0^-)=f(0)=1$，$f(x)$ 在 $x=0$ 处左连续，但由于 $f(0^-)\neq f(0^+)$，$f(x)$ 在 $x=0$ 处间断. 从图 1.26 可见，函数 $f(x)$ 的图形在 $x=0$ 处有一个“跃度”，故称跳跃间断点.

(3) 左极限 $\lim\limits_{x\to x_0^-}f(x)$ 与右极限 $\lim\limits_{x\to x_0^+}f(x)$ 中至少有一个不存在.

例 5　函数 $f(x)=\dfrac{1}{x}$ 在 $x=0$ 处无定义，且 $\lim\limits_{x\to 0}\dfrac{1}{x}=\infty$，故称 $x=0$ 是函数 $f(x)=\dfrac{1}{x}$ 的**无穷间断点**；正切函数 $y=\tan x$ 在 $x=\dfrac{\pi}{2}$ 处无定义，又 $\lim\limits_{x\to\frac{\pi}{2}}\tan x=\infty$，所以 $x=\dfrac{\pi}{2}$ 也是函数 $y=\tan x$ 的无穷间断点.

例 6　函数 $y=\sin\dfrac{1}{x}$ 在 $x=0$ 处无定义，且当 $x\to 0$ 时，函数值在 -1 与 1 之间无限次地变动，从而极限 $\lim\limits_{x\to 0}\sin\dfrac{1}{x}$ 不存在，故称 $x=0$ 是函数 $y=\sin\dfrac{1}{x}$ 的**振荡间断点**(图 1.27).

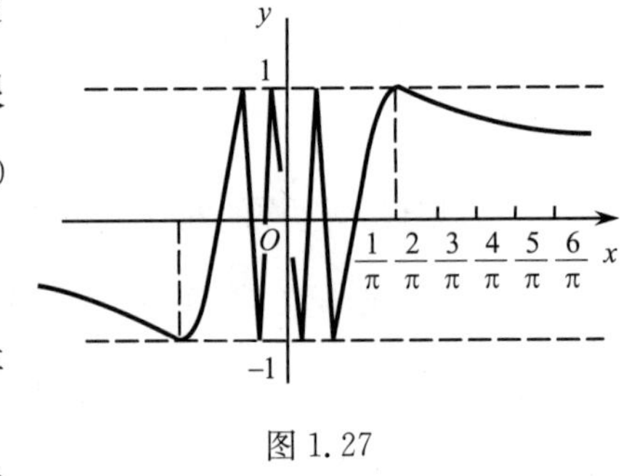

图 1.27

综上所述，可以左极限与右极限是否存在为主要特征将间断点分为两类：

左、右极限均存在的间断点称为第一类间断点(包含可去间断点和跳跃间断点两种情形)；左、右极限中至少有一个不存在的间断点称为第二类间断点. 例如，例 5、例 6 中的无穷间断点和振荡间断点就属于第二类间断点.

三、连续函数的运算法则

1. 函数的和、差、积、商的连续性

由函数在一点连续的定义与极限的四则运算法则，可以得到如下定理：

定理 1.14　设函数 $f(x)$ 与 $g(x)$ 在点 x_0 处连续，则有

(1) 函数 $(f\pm g)(x)$ 在点 x_0 处连续；

(2) 函数$(f\cdot g)(x)$在点x_0处连续；

(3) 函数$\left(\dfrac{f}{g}\right)(x)(g(x_0)\neq 0)$在点$x_0$处连续.

例7　因为函数$\sin x$与$\cos x$都在$(-\infty,+\infty)$内连续,根据定理1.14知,$\tan x=\dfrac{\sin x}{\cos x}$与$\cot x=\dfrac{\cos x}{\sin x}$在各自的定义域内连续.

推论（连续函数的线性法则）　设函数$f(x)$与$g(x)$在点x_0处连续,则对任意实数α,β,函数f与g的线性组合

$$(\alpha f+\beta g)(x)$$

在点x_0处连续.

2. 反函数的连续性

定理1.15　如果函数$y=f(x)$在区间I_x上单调增加(或单调减少)且连续,则它的反函数$x=f^{-1}(y)$在对应区间$I_y=\{y\mid y=f(x),x\in I_x\}$上亦单调增加(或单调减少)且连续

本定理的证明从略.

例8　由于函数$y=\sin x$在区间$\left[-\dfrac{\pi}{2},\dfrac{\pi}{2}\right]$上单调增加且连续,所以它的反函数$y=\arcsin x$在相应的区间$[-1,1]$上亦单调增加且连续.

类似地,函数$y=\arccos x$在区间$[-1,1]$上单调减少且连续;$y=\arctan x$在区间$(-\infty,\infty)$内单调增加且连续;$y=\operatorname{arccot}x$在区间$(-\infty,+\infty)$内单调减少且连续.总之,反三角函数在其定义域内连续.

我们指出(但不详细讨论),指数函数$a^x(a>0,a\neq 1)$在$(-\infty,+\infty)$内是单调的和连续的,其值域为$(0,+\infty)$.那么,根据定理1.15,它的反函数——对数函数$\log_a x(a>0,a\neq 1)$在区间$(0,+\infty)$内单调且连续.

3. 复合函数的连续性

定理1.16　设复合函数$y=f[u(x)]$由函数$y=f(u)$与函数$u=u(x)$复合而成.若$\lim\limits_{x\to x_0}u(x)=u_0$,而函数$y=f(u)$在$u=u_0$处连续,则

$$\lim_{x\to x_0}f[u(x)]=\lim_{u\to u_0}f(u)=f(u_0).$$

证　在定理1.6中,令$A=f(u_0)$(这时$f(u)$在点u_0处连续),并取消"当$x\in U(x_0)$时,$u=u(x)\neq u_0$"的条件,即得该定理.条件$u(x)\neq u_0$可以取消的理由显然是:$\forall\varepsilon>0$,使得$u(x)=u_0$的点,也使$|f[u(x)]-f(u_0)|<\varepsilon$成立.因此定理中就不必附加$u(x)\neq u_0$的条件了.

定理1.16的结论可以写成

$$\lim_{x\to x_0}f[u(x)]=f(u_0)=f[\lim_{x\to x_0}u(x)].$$

此式表明,在定理的条件下,求复合函数$f[u(x)]$的极限时,函数记号f与极限记

号可以交换次序.

例 9　求$\lim\limits_{x\to 0}\ln\cos x$.

解　$\lim\limits_{x\to 0}\ln\cos x=\ln(\lim\limits_{x\to 0}\cos x)=\ln 1=0$.

例 10　求$\lim\limits_{x\to 0}\dfrac{\log_a(1+x)}{x}$.

解　$$\lim_{x\to 0}\frac{\log_a(1+x)}{x}=\lim_{x\to 0}\log_a(1+x)^{\frac{1}{x}}$$

$$=\log_a[\lim_{x\to 0}(1+x)^{\frac{1}{x}}]=\log_a e=\frac{1}{\ln a}.$$

特别地,$\lim\limits_{x\to 0}\dfrac{\ln(1+x)}{x}=1$. 即 $\ln(1+x)\sim x$.

例 11　求$\lim\limits_{x\to 0}\dfrac{a^x-1}{x}$.

解　令 $a^x-1=t$. 则 $x=\log_a(1+t)$, $x\to 0$ 时,$t\to 0$,于是

$$\lim_{x\to 0}\frac{a^x-1}{x}=\lim_{t\to 0}\frac{t}{\log_a(1+t)}=\ln a.$$

特别地,$\lim\limits_{x\to 0}\dfrac{e^x-1}{x}=1$. 即 $e^x-1\sim x$.

例 12　求$\lim\limits_{x\to 0}(1+3x)^{\frac{2}{\tan x}}$.

解　因为

$$(1+3x)^{\frac{2}{\tan x}}=(1+3x)^{\frac{1}{3x}\cdot\frac{x}{\tan x}\cdot 6}=e^{6\cdot\frac{x}{\tan x}\ln(1+3x)^{\frac{1}{3x}}},$$

利用定理 1.16 及极限的运算法则,有

$$\lim_{x\to 0}(1+3x)^{\frac{2}{\tan x}}=e^{\lim\limits_{x\to 0}\left[6\cdot\frac{x}{\tan x}\ln(1+3x)^{\frac{1}{3x}}\right]}=e^6.$$

一般地,对于形如$[f(x)]^{g(x)}$ $(f(x)>0, f(x)\neq 1)$ 的函数(通常称为**幂指函数**),如果

$$\lim_{\substack{x\to x_0\\(x\to\infty)}}f(x)=a>0,\quad \lim_{\substack{x\to x_0\\(x\to\infty)}}g(x)=b,$$

则

$$\lim_{\substack{x\to x_0\\(x\to\infty)}}[f(x)]^{g(x)}=a^b.$$

利用这个结果,例 12 可简化计算如下:

$$\lim_{x\to 0}(1+3x)^{\frac{2}{\tan x}}=\lim_{x\to 0}[(1+3x)^{\frac{1}{3x}}]^{\frac{6x}{\tan x}}.$$

因为

$$\lim_{x\to 0}(1+3x)^{\frac{1}{3x}}=e,\quad \lim_{x\to 0}\frac{6x}{\tan x}=6,$$

所以$\lim\limits_{x\to 0}(1+3x)^{\frac{2}{\tan x}}=e^6$.

定理 1.17　设函数 $u=u(x)$ 在点 $x=x_0$ 处连续，而函数 $y=f(u)$ 在 $u=u_0=u(x_0)$ 处连续，则复合函数 $y=f[u(x)]$ 在点 $x=x_0$ 处连续.

证　要证 $y=f[u(x)]$ 在 $x=x_0$ 处连续，只需证明

$$\lim_{x\to x_0}f[u(x)]=f[u(x_0)].$$

由于 $u=u(x)$ 在 $x=x_0$ 连续，所以$\lim\limits_{x\to x_0}u(x)=u(x_0)=u_0$. 又 $f(u)$ 在 $u=u_0=u(x_0)$ 连续，故有

$$\lim_{u\to u_0}f(u)=f(u_0)=f[u(x_0)].$$

于是

$$\lim_{x\to x_0}f[u(x)]=\lim_{u\to u_0}f(u)=f(u_0)=f[u(x_0)],$$

即 $y=f[u(x)]$ 在点 $x=x_0$ 处连续.

例 13　幂函数 $y=x^\mu$ 的定义域随 μ 的值而异，但无论 μ 为何值，在区间 $(0,+\infty)$ 内幂函数总有定义. 设 $x>0$，则

$$y=x^\mu=e^{\mu\ln x}.$$

因此，幂函数 x^μ 可视为 $y=e^u$ 与 $u=\mu\ln x$ 构成的复合函数，根据定理 1.17，它在 $(0,+\infty)$ 内连续. 对于 μ 取各种不同值的情形，可以证明（证明从略）幂函数在它的定义域内是连续的.

四、初等函数的连续性

通过以上讨论，可以得出一个结论：

基本初等函数在其定义域内连续.

由于初等函数是由基本初等函数和常数经过有限次四则运算和复合运算构成的. 所以由定理 1.14 和定理 1.17 易得出又一个结论：一切初等函数在其定义区间内都是连续的. 所谓**定义区间**，就是包含在定义域内的区间.

由函数在一点连续的定义及初等函数的连续性，可得初等函数求极限的一种方法：若 $f(x)$ 是初等函数，x_0 是其连续点，则

$$\lim_{x\to x_0}f(x)=f(x_0).$$

例 14　求$\lim\limits_{x\to 0}\dfrac{\arcsin x}{\sqrt{1-x^2}}$.

解　函数$\dfrac{\arcsin x}{\sqrt{1-x^2}}$为初等函数，$x=0$ 是它的连续点. 所以有

$$\lim_{x\to 0}\frac{\arcsin x}{\sqrt{1-x^2}}=\left.\frac{\arcsin x}{\sqrt{1-x^2}}\right|_{x=0}=0.$$

例 15　设函数 $f(x)=\begin{cases}e^x, & x<0,\\ a+x, & x\geqslant 0,\end{cases}$ 应当怎样选择 a，使得 $f(x)$ 在 $x=0$ 处连续.

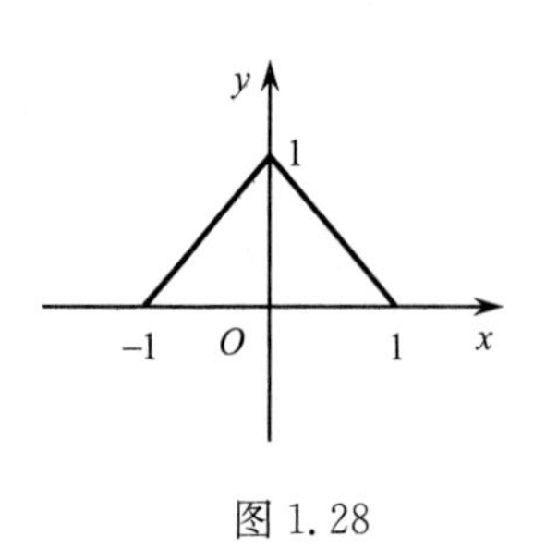

图 1.28

解　$f(0^-)=\lim\limits_{x\to 0^-}e^x=1$. $f(0^+)=\lim\limits_{x\to 0^+}(a+x)=a$. $f(0)=a$，由连续的充要条件 $f(0^-)=f(0^+)=f(0)$ 得 $a=1$. 所以当 $a=1$ 时，$f(x)$ 在 $x=0$ 处连续.

例 16　试构造函数 $S(x)$，使其在区间 $(-1,0]$ 和 $(0,1)$ 上的图形分别是直线段，在 $(-\infty,-1]$ 和 $[1,+\infty)$ 上的图形与 x 轴重合，在 $(-\infty,+\infty)$ 上 $S(x)$ 处处连续，且 $S(0)=1$（函数 $S(x)$ 称为一次 B 样条函数）.

解
$$S(x)=\begin{cases}0, & (-\infty,-1],\\ 1+x, & (-1,0],\\ 1-x, & (0,1),\\ 0, & [1,+\infty),\end{cases}$$

其图形如图 1.28 所示.

习题 1-8

1. 讨论下列函数的连续性，并画出函数的图形：

(1) $f(x)=\begin{cases}x^3+1, & 0\leqslant x<1,\\ 3-x, & 1\leqslant x\leqslant 2;\end{cases}$　　(2) $f(x)=\begin{cases}x-1, & x<0,\\ \sqrt{1-x^2}, & x\geqslant 0.\end{cases}$

2. 指出下列函数的间断点及其类型，如果是可去间断点，则补充或改变函数的定义使之连续：

(1) $y=\sin\dfrac{1}{x}$；　　(2) $y=\dfrac{\arcsin x}{x}$；

(3) $y=\dfrac{x^2-1}{x^2-3x+2}$；　　(4) $f(x)=\begin{cases}x^2+1, & x>0,\\ 2-x, & x\leqslant 0.\end{cases}$

*3. 设函数 $f(x)$ 在点 x_0 处连续，证明它的绝对值 $|f(x)|$ 亦在点 x_0 处连续.

*4. 讨论函数 $f(x)=\lim\limits_{n\to\infty}\dfrac{1-x^{2n}}{1+x^{2n}}x$ 的连续性，若有间断点，判断其类型.

5. 计算下列极限：

(1) $\lim\limits_{x\to 1}\sin(2x-1)$；　　(2) $\lim\limits_{x\to\frac{\pi}{4}}\ln(\tan x)$；

(3) $\lim\limits_{x\to+\infty}(\sqrt{x^2+2}-\sqrt{x^2-x})$；　　(4) $\lim\limits_{x\to 2}\dfrac{\sqrt{x+2}-2}{x-2}$；

(5) $\lim\limits_{x\to 0}\dfrac{x^2\sin\dfrac{1}{x}}{\sin 2x}$；　　(6) $\lim\limits_{x\to+\infty}x\left(\sqrt{1+\dfrac{1}{x}}-1\right)$.

6. 计算下列极限：

(1) $\lim\limits_{x\to 0}\dfrac{\tan 2x}{x}$；　(2) $\lim\limits_{x\to\infty}e^{\frac{2x+1}{x^2}}$；

(3) $\lim\limits_{x\to 0}(1+2\tan^2 x)^{\cot^2 x}$；　(4) $\lim\limits_{x\to\infty}\left(\dfrac{x^2-1}{x^2+1}\right)^{x^2}$；

(5) $\lim\limits_{n\to\infty}n[\ln(1+n)-\ln n]$；　(6) $\lim\limits_{x\to\infty}\left(\dfrac{x-1}{x}\right)^{\cot\frac{1}{x}}$.

7. 设函数

$$f(x)=\begin{cases}\dfrac{\sqrt{1+x}-1}{x}, & x>0,\\ b, & x=0,\\ \dfrac{\arcsin ax}{2x}, & x<0.\end{cases}$$

试求 a,b,使 $f(x)$ 处处连续.

第九节 闭区间上连续函数的性质

闭区间上连续的函数有很多重要性质，它们是高等数学理论与应用研究的基础. 本节将介绍几个定理，它们的物理意义和几何直观是明显的，但需利用实数理论才可给予证明，这已超出本课程的基本要求，因此只给出几何解释.

一、最大值最小值定理

先说明最大值和最小值的概念. 对于在区间 I 上有定义的函数 $f(x)$，如果有 $x_0\in I$，使得对于任一 $x\in I$，都有

$$f(x)\leqslant f(x_0)\quad (f(x)\geqslant f(x_0)),$$

则称 $f(x_0)$ 是函数 $f(x)$ 在区间 I 上的**最大值(最小值)**，并记为

$$f(x_0)=\max_{x\in I}\{f(x)\}\quad (f(x_0)=\min_{x\in I}\{f(x)\}).$$

例如，函数 $y=\dfrac{1}{x}$ 在闭区间[1,2]上有最大值 $f(1)=1$，最小值 $f(2)=\dfrac{1}{2}$，在半开区间(0,1]上，有最小值 $f(1)=1$，却无最大值(图 1.29).

又如，函数 $f(x)=\begin{cases}x+1, & -1\leqslant x<0,\\ 0, & x=0,\\ x-1, & 0<x\leqslant 1\end{cases}$ 在闭区间[-1,1]上有间断点 $x=0$，它在[-1,1]上既无最大值又无最小值(图 1.30).

以上例子说明闭区间和连续两个条件，对函数是否具有最大值和最小值是重要的. 下面给出函数有最值的充分条件：

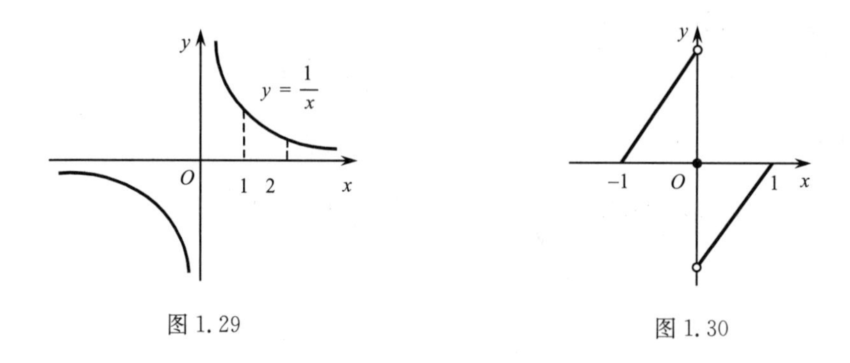

图 1.29　　图 1.30

定理 1.18(最大值和最小值定理)　闭区间上连续的函数在该区间上一定有最大值和最小值.

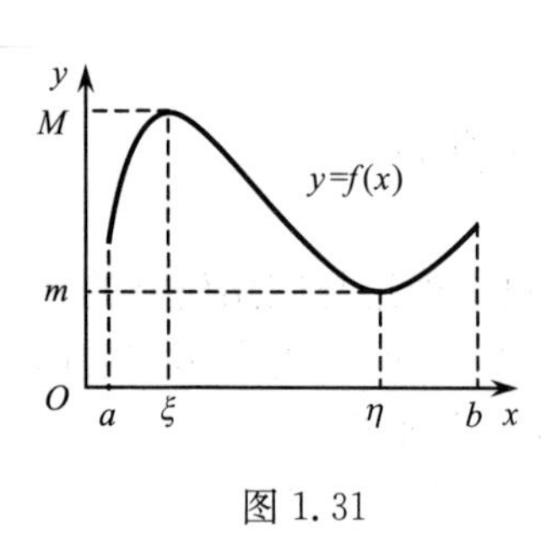

图 1.31

从几何上看,如果闭区间$[a,b]$上的曲线$y=f(x)$是连续曲线,则曲线上至少有一点$(\xi,f(\xi))$,其纵坐标$f(\xi)=M$不小于$[a,b]$上其他点处的纵坐标;且曲线上至少有一点$(\eta,f(\eta))$,其纵坐标$f(\eta)=m$不大于$[a,b]$上其他点处的纵坐标(图 1.31).

从物理上看,如某河流在汛期内流量的变化,总有两个时刻分别达到最大流量和最小流量;又如汽车在某一段行程中,总可以达到最高速度与最低速度.

定理 1.18 的证明从略,但必须指出,若$f(x)$不是闭区间上的连续函数,结论就不一定正确. 同时也必须指出,闭区间上连续的条件只是充分条件,而不是充分必要条件. 例如,函数$y=\sin x$在无穷区间$(-\infty,+\infty)$内仍有最大值 1 和最小值 -1;函数$f(x)=\begin{cases}x-1, & -1\leqslant x<0,\\ x+1, & 0\leqslant x\leqslant 1\end{cases}$在$[-1,1]$上有间断点$x=0$,也仍有最大值与最小值.

推论(有界性定理)　闭区间上连续的函数在该区间上一定有界.

证　设函数$f(x)$在闭区间$[a,b]$上连续,由定理 1.18 知,一定存在最大值M与最小值m,使得对于任一$x\in[a,b]$,都有

$$m\leqslant f(x)\leqslant M.$$

取$K=\max\{|M|,|m|\}$,则对任一$x\in[a,b]$都有

$$|f(x)|\leqslant K.$$

因此函数$f(x)$在$[a,b]$上有界.

二、零点定理与介值定理

如果$f(x_0)=0$,则称x_0为函数$f(x)$的**零点**.

定理 1.19（零点定理）　如果函数 $f(x)$ 在闭区间 $[a,b]$ 上连续，且 $f(a)$ 与 $f(b)$ 异号，则至少有一点 $\xi \in (a,b)$，使得 $f(\xi)=0$.

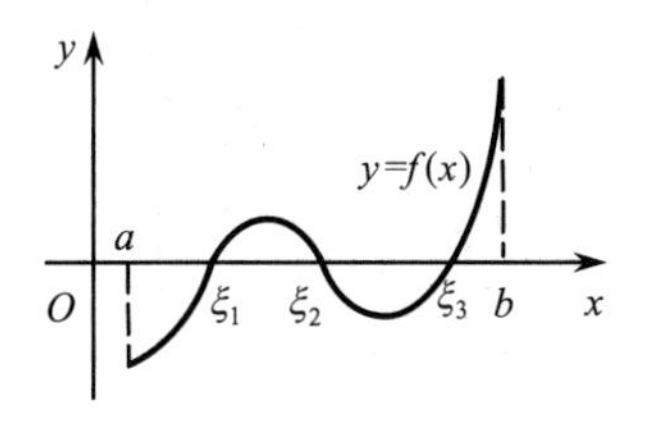

图 1.32

此定理的几何直观是明显的：如果连续曲线 $y=f(x)$ 的两个端点分别在 x 轴的上下两侧，那么这段曲线与 x 轴至少有一个交点(图 1.32).

定理的结论也可以叙述成方程 $f(x)=0$ 在 (a,b) 内至少有一个实根，因此，常利用定理 1.19 来讨论方程是否有实根以及根的大概位置，故零点定理也被称为**根的存在性定理**.

例 1　证明超越方程 $x=e^{x-3}+1$ 在 $(0,4)$ 内至少有一个实根.

证　设 $f(x)=x-e^{x-3}-1$. 易知 $f(x)$ 在 $[0,4]$ 上连续，又 $f(0)=-(e^{-3}+1)<0$，$f(4)=3-e>0$，即 $f(0)$ 与 $f(4)$ 异号，于是，由零点定理知，至少存在一点 $\xi \in (0,4)$，使得

$$f(\xi)=0,$$

即方程 $x=e^{x-3}+1$ 在 $(0,4)$ 内至少有一个实根 ξ.

例 2　证明任一奇数次代数方程至少有一个实根.

证　设奇数次代数方程为

$$a_0x^n+a_1x^{n-1}+\cdots+a_{n-1}x+a_n=0 \quad (a_0\neq 0, n\text{ 为奇数}),$$

记 $f(x)=a_0x^n+a_1x^{n-1}+\cdots+a_{n-1}x+a_n$，且不妨设 $a_0>0$，由于

$$\lim_{x\to-\infty} f(x)=\lim_{x\to-\infty} x^n\left(a_0+\frac{a_1}{x}+\cdots+\frac{a_n}{x^n}\right)=-\infty,$$

故存在 $x_1<0$，使得 $f(x_1)<0$，又

$$\lim_{x\to+\infty} f(x)=\lim_{x\to+\infty} x^n\left(a_0+\frac{a_1}{x}+\cdots+\frac{a_n}{x^n}\right)=+\infty.$$

故存在 $x_2>0$，使得 $f(x_2)>0$.

因为 $f(x)$ 在闭区间 $[x_1,x_2]$ 上连续，由零点定理知，至少存在一点 $\xi\in(x_1,x_2)$，使得 $f(\xi)=0$，即方程至少有一个实根.

定理 1.20（介值定理）　设函数 $f(x)$ 在闭区间 $[a,b]$ 上连续，且 $f(a)\neq f(b)$，则对于 $f(a)$ 和 $f(b)$ 之间的任何数 C $(f(a)<C<f(b)$ 或 $f(b)<C<f(a))$，在 (a,b) 内至少有一点 ξ，使得 $f(\xi)=C$ $(a<\xi<b)$.

证　设 $F(x)=f(x)-C$，则 $F(x)$ 在闭区间 $[a,b]$ 上连续，且由于 C 介于 $f(a)$ 与 $f(b)$ 之间，必有 $F(a)=f(a)-C$ 与 $F(b)=f(b)-C$ 异号，由零点定理知，至少存在一点 $\xi\in(a,b)$，使得 $F(\xi)=0$，即 $f(\xi)=C$.

该定理也可以叙述为，在闭区间 $[a,b]$ 上连续的函数 $f(x)$ 可以取得介于 $f(a)$ 和 $f(b)$ 之间的一切数值.

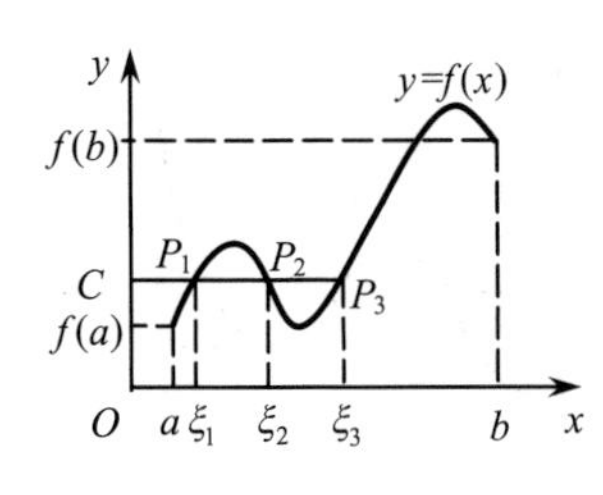

图 1.33

这个定理的几何意义是：在闭区间$[a,b]$上的连续曲线$y=f(x)$与介于$y=f(a)$和$y=f(b)$之间的任意一条直线$y=C$至少有一个交点(图 1.33).

从物理上说，例如气温的变化，从 0℃ 变到 10℃，它必然经过 0℃ 与 10℃ 之间的一切温度.

推论　设$f(x)$在闭区间$[a,b]$上连续，且最大值为M，最小值为m，若$m<C<M$，则必存在$\xi\in(a,b)$，使得$f(\xi)=C$. 也就是说，在闭区间上连续的函数必取得介于最大值M和最小值m之间的一切值.

证　设函数$f(x)$在闭区间$[a,b]$上连续，由定理 1.18，存在$x_1,x_2\in[a,b]$，不妨设$x_1<x_2$，使得

$$f(x_1)=\max_{x\in[a,b]}\{f(x)\}=M,\quad f(x_2)=\min_{x\in[a,b]}\{f(x)\}=m,$$

当$f(x)$不为常数时，$M>m$. 设C是介于M和m之间的任意一个实数，即$m<C<M$，在闭区间$[x_1,x_2]$上应用介值定理，便知至少存在一点$\xi\in(x_1,x_2)\subset(a,b)$，使得$f(\xi)=C$，又当$C=M$时，$\xi=x_1$，当$C=m$时，$\xi=x_2$. 故推论得证.

利用介值定理，我们很容易给出讨论函数在某区间上的符号的一种方法：若函数$f(x)$在闭区间$[a,b]$上(或开区间(a,b)内)连续，且无零点，那么$f(x)$在$[a,b]$上(或(a,b)内)要么大于零，要么小于零.

例 3　若$f(x)$在$[a,b]$上连续，$a<x_1<x_2<\cdots<x_n<b$，试证在$[x_1,x_n]$内至少有一点ξ，使得

$$f(\xi)=\frac{f(x_1)+f(x_2)+\cdots+f(x_n)}{n}.$$

证　由于$f(x)$在$[a,b]$上连续，必在$[x_1,x_n]$上连续，所以$f(x)$在$[x_1,x_n]$上有最大值M和最小值m，而

$$m\leqslant\frac{f(x_1)+f(x_2)+\cdots+f(x_n)}{n}\leqslant M,$$

根据介值定理的推论知，存在$\xi\in[x_1,x_n]$，使得

$$f(\xi)=\frac{f(x_1)+f(x_2)+\cdots+f(x_n)}{n}.$$

习题 1-9

1. 证明方程$x^4-4x-1=0$至少有一个根介于 1 和 2 之间.
2. 证明方程$x+\mathrm{e}^x=0$在区间$(-1,1)$内有唯一的根.

*3. 证明：若$f(x)$在$(-\infty,+\infty)$内连续，且$\lim\limits_{x\to\infty}f(x)$存在，则$f(x)$必在$(-\infty,+\infty)$内有界.

4. 设$f(x)$在开区间(a,b)内连续，且$\lim\limits_{x\to a^+}f(x)=-\infty$，$\lim\limits_{x\to b^-}f(x)=+\infty$，证明$\exists\,\xi\in(a,b)$，

使 $f(\xi)=0$.

* 5. 设 $f(x)$, $g(x)$ 都是闭区间 $[a,b]$ 上的连续函数，并且

$$f(a)>g(a),\quad f(b)<g(b).$$

证明至少存在一点 $\xi\in(a,b)$，使 $f(\xi)=g(\xi)$.

* 6. 设函数 $f(x)$ 在区间 I 上连续，证明：如果函数没有零点，那么函数 $f(x)$ 在区间 I 上要么处处为正，要么处处为负.

第一章总习题

1. 填空题：

(1) 设 $f(x)=\begin{cases}e^{-x}, & x\leqslant 0,\\ \cos x, & x>0,\end{cases}$ 则 $f(-1)=$__________，$f(1-x^2)=$__________；

(2) 设函数 $f(x)=\lg\dfrac{x}{x-2}+\arcsin\dfrac{x}{3}$，则它的定义域是__________；

* (3) 若 $f(x)<g(x)$，且 $\lim\limits_{x\to x_0}f(x)=A$，$\lim\limits_{x\to x_0}g(x)=B$，则 A 和 B 的关系是__________；

(4) 设函数 $f(x)$ 在点 x_0 的某邻域内有定义，则 $f(x)$ 在 $x=x_0$ 处连续的充分必要条件是__________.

2. 下列四个命题中正确的是(　　).

(A) 有界数列必定收敛；　　(B) 无界数列必定发散；

(C) 发散数列必定无界；　　(D) 单调数列必有极限.

3. 设 $\lim\limits_{n\to\infty}x_n=+\infty$，$\lim\limits_{n\to\infty}y_n=y(y\neq 0)$，求 $\lim\limits_{n\to\infty}x_n\sin\dfrac{y_n}{x_n}$.

4. 求下列极限：

(1) $\lim\limits_{x\to a}\dfrac{\sin x-\sin a}{x-a}$；

(2) $\lim\limits_{x\to+\infty}\left(\sqrt{x^2+x-1}-\sqrt{x^2-2x+3}\right)$；

(3) $\lim\limits_{x\to 1}\left(\dfrac{1-x}{1-x^2}\right)^{\frac{1-\sqrt{x}}{1-x}}$；

(4) $\lim\limits_{x\to 0}\dfrac{\sqrt{1+x\sin x}-1}{e^{x^2}-1}$；

(5) $\lim\limits_{x\to 0}(1+3\tan^2x)^{\cot^2x}$；

* (6) $\lim\limits_{n\to\infty}\dfrac{c^n}{n!}\ (c>0)$；

* (7) $\lim\limits_{n\to\infty}(1+a)(1+a^2)\cdots(1+a^{2^n})$，$|a|<1$；

* (8) $\lim\limits_{n\to\infty}\left(\dfrac{1}{2!}+\dfrac{2}{3!}+\cdots+\dfrac{n}{(n+1)!}\right)$.

5. 已知当 $x\to 0$ 时，$(1+ax^2)^{\frac{1}{3}}-1$ 与 $\cos x-1$ 为等价无穷小，求数 a.

6. 确定常数 a 及 b 的值，使下列极限等式成立：

(1) $\lim\limits_{x\to\infty}\left(\dfrac{x+2a}{x-a}\right)^x=8$；

* (2) $\lim\limits_{x\to+\infty}\left(\sqrt{x^2-x+1}-ax-b\right)=0$.

* 7. 已知 $\lim\limits_{x\to 0}\dfrac{\ln\left(1+\dfrac{f(x)}{\sin x}\right)}{2^x-1}=3$，求 $\lim\limits_{x\to 0}\dfrac{f(x)}{x^2}$.

8. 写出下列函数的连续区间与间断点，并指出间断点的类型：

(1) $f(x)=\dfrac{x^2-1}{x-1}e^{\frac{1}{x-1}}$；

*(2) $f(x)=\lim\limits_{n\to\infty}\dfrac{\ln(e^n+x^n)}{n}\ (x>0)$.

9. 设 $f(x)=\begin{cases}\dfrac{\cos x}{x+2}, & x\geqslant 0,\\ \dfrac{\sqrt{a}-\sqrt{a-x}}{x}, & x<0,\end{cases}$ 要使 $f(x)$ 在 $(-\infty,+\infty)$ 内连续，应如何选择数 a？

10. 设常数 $a>0$，$b>0$，证明方程 $x=a\sin x+b$ 至少有一个正根，并且它不超过 $a+b$.

*11. 设函数 $f(x)$ 在 $[0,2a]$ 上连续，且 $f(0)=f(2a)$，证明：在 $[0,a]$ 上至少存在一点 ξ，使 $f(\xi)=f(\xi+a)$.

*12. 设 $\lambda_1,\lambda_2,\cdots,\lambda_n$ 是 n 个正数，并且它们的和等于 1，证明：如果函数 $f(x)$ 在闭区间 $[a,b]$ 上连续，那么对于区间 $[a,b]$ 上的任意 n 个点 $x_1,x_2,\cdots,x_n$，至少有一点 $\xi\in[a,b]$，使得

$$f(\xi)=\sum_{k=1}^{n}\lambda_k f(x_k).$$

第二章　导数与微分

导数与微分是微积分学的重要组成部分，导数反映了函数相对于自变量的变化而变化的快慢程度，微分则反映了自变量的改变与函数的改变之间的关系．两者都是揭示函数特征、性态的有力工具．本章将通过实例引入导数与微分的概念，并在此基础上，系统地介绍导数与微分的计算方法．

第一节　导数的概念

一、实例分析

导数是一类特殊的极限，是对诸多不同领域中具有共同特点的一类极限问题的概括．

1. 变速直线运动中的瞬时速度问题

设有一质点沿直线做变速运动，其位移 s 与时间 t 的函数关系为 $s=s(t)$，求 t_0 时刻质点的瞬时速度．

由于从 t_0 时刻到 t 时刻，质点运行的时间为 $\Delta t=t-t_0$，质点的位移为 $\Delta s=s(t)-s(t_0)$，所以，质点在此过程中的平均速度为

$$\bar{v}=\frac{\Delta s}{\Delta t}=\frac{s(t)-s(t_0)}{t-t_0}.$$

因为质点是在做变速直线运动，所以在时间间隔 Δt 很小时，质点的平均速度 $\bar{v}$ 与 t_0 时刻的瞬时速度很接近，而且时间间隔 Δt 越小，平均速度 $\bar{v}$ 与 t_0 时刻的瞬时速度越接近．因此，质点在 t_0 时刻的瞬时速度为

$$v=\lim_{\Delta t\to 0}\frac{\Delta s}{\Delta t}=\lim_{t\to t_0}\frac{s(t)-s(t_0)}{t-t_0}.$$

2. 曲线的切线问题

曲线上某点处的切线是指，与曲线在这一点处相交，并且在这一点的邻域内与曲线最为接近的直线．因此，求曲线的切线，关键是找出切线的斜率．对此，可以通过曲线的割线斜率来获取．

设 $M(x_0,y_0)$ 位于曲线 C：$y=f(x)$ 上，在曲线 C 上另取一点 $N(x,y)$，作割线 MN，如图 2.1 所示．割线 MN 的斜率为

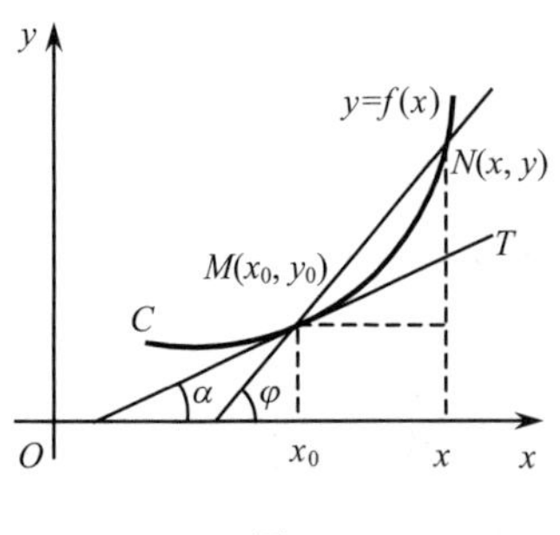

图 2.1

$$\bar{k}=\frac{f(x)-f(x_0)}{x-x_0}.$$

显然，$N(x,y)$点越接近$M(x_0,y_0)$，割线MN便越接近曲线C在$M(x_0,y_0)$点处的切线，即，x越接近x_0，割线MN的斜率便越接近曲线C在$M(x_0,y_0)$点的切线斜率. 因此，曲线C在$M(x_0,y_0)$点的切线斜率为

$$k=\lim_{x\to x_0}\frac{f(x)-f(x_0)}{x-x_0}.$$

上述两个背景截然不同的问题，最终都归为一种求函数$y=f(x)$在其上一点x_0处，函数的增量$\Delta y=f(x)-f(x_0)$与自变量的改变量$\Delta x=x-x_0$的商的极限. 其实，现实中还有许多问题，如电流强度、角速度、比热、边际成本等问题，最终也都归结为这种极限问题，因此，有必要抛去这些问题的实际背景，单纯从数学的角度对这类问题进行研究.

二、导数的概念

定义 2.1　设函数$y=f(x)$在点x_0的某个邻域内有定义，如果在该邻域内，函数的**增量**$\Delta y=f(x)-f(x_0)$与自变量的**改变量**$\Delta x=x-x_0$的比值极限

$$\lim_{x\to x_0}\frac{\Delta y}{\Delta x}=\lim_{x\to x_0}\frac{f(x)-f(x_0)}{x-x_0}\tag{2.1}$$

存在，则称函数$y=f(x)$在x_0点处可导，并且称该极限为函数$y=f(x)$在点x_0处的**导数**，记作$y'|_{x=x_0}$或$\frac{\mathrm{d}y}{\mathrm{d}x}|_{x=x_0}$或$f'(x_0)$或$\frac{\mathrm{d}}{\mathrm{d}x}f(x)|_{x=x_0}$.

若极限(2.1)不存在，则称$y=f(x)$在点x_0处不可导. 如果不可导的原因是$\Delta x\to 0$时，$\frac{\Delta y}{\Delta x}\to\infty$，为方便起见而称函数$y=f(x)$在点$x_0$处的导数为无穷大.

通常称$\frac{\Delta y}{\Delta x}=\frac{f(x)-f(x_0)}{x-x_0}$为函数$y=f(x)$在以$x_0$和$x_0+\Delta x$为端点的区间上的**平均变化率**，称导数$\lim\limits_{x\to x_0}\frac{\Delta y}{\Delta x}=\lim\limits_{x\to x_0}\frac{f(x)-f(x_0)}{x-x_0}$为函数$y=f(x)$在点$x_0$处的**变化率**.

有了上述概念，前面讨论的两个实例，还可以用以下形式表述：

变速直线运动的质点，从t_0时刻到t时刻之间的平均速度$\bar{v}$等于这一时间段上位移函数$s=s(t)$的平均变化率，即

$$\bar{v}=\frac{s(t)-s(t_0)}{t-t_0},$$

在 t_0 时刻的瞬时速度 v 等于位移函数 $s=s(t)$ 在 t_0 点处的导数，又称变化率，即

$$v = s'(t_0).$$

曲线 $y=f(x)$ 上 $M(x_0,y_0)$ 点处的切线斜率 k 等于函数 $y=f(x)$ 在点 x_0 处的导数，即

$$k = f'(x_0).$$

由于函数 $y=f(x)$ 在点 x_0 处的导数 $f'(x_0)$ 是增量比的极限，而极限存在的充分必要条件是左、右极限存在且相等，因此 $f'(x_0)$ 存在即 $f(x)$ 在点 x_0 处可导的充分必要条件是左、右极限

$$\lim_{\Delta x\to 0^-}\frac{\Delta y}{\Delta x} = \lim_{\Delta x\to 0^-}\frac{f(x_0+\Delta x)-f(x_0)}{\Delta x}$$

及

$$\lim_{\Delta x\to 0^+}\frac{\Delta y}{\Delta x} = \lim_{\Delta x\to 0^+}\frac{f(x_0+\Delta x)-f(x_0)}{\Delta x}$$

都存在且相等. 这两个极限分别称为 $f(x)$ 在点 x_0 处的**左导数**和**右导数**(统称单侧导数)，依次记作 $f'_-(x_0)$ 和 $f'_+(x_0)$. 因此，**函数 $f(x)$ 在点 x_0 处可导的充分必要条件是左导数 $f'_-(x_0)$ 和右导数 $f'_+(x_0)$ 都存在且相等.**

例 1　讨论函数 $f(x)=|x|$ 在点 $x=0$ 处的可导性.

解　$\lim\limits_{h\to 0}\dfrac{f(0+h)-f(0)}{h} = \lim\limits_{h\to 0}\dfrac{|h|-0}{h} = \lim\limits_{h\to 0}\dfrac{|h|}{h}$.

当 $h<0$ 时，$|h|=-h$，故 $f'_-(0) = \lim\limits_{h\to 0^-}\dfrac{|h|}{h} = \lim\limits_{h\to 0^-}\dfrac{-h}{h} = -1$；

当 $h>0$ 时，$|h|=h$，故 $f'_+(0) = \lim\limits_{h\to 0^+}\dfrac{|h|}{h} = \lim\limits_{h\to 0^+}\dfrac{h}{h} = 1$.

因此 $\lim\limits_{h\to 0}\dfrac{f(0+h)-f(0)}{h}$ 不存在，即函数 $f(x)=|x|$ 在点 $x=0$ 处不可导.

上面讲的是函数在一点处可导，如果函数 $y=f(x)$ 在开区间 I 内的每点处都可导，则称 $f(x)$ 在开区间 I 内可导. 这时对于区间 I 内的任一个 x，都对应着 $f(x)$ 的一个确定的导数值，因而在区间 I 内确定了一个新的函数，称为函数 $f(x)$ 的**导函数**，记作 y', $f'(x)$, $\dfrac{dy}{dx}$ 或 $\dfrac{df(x)}{dx}$，即

$$f'(x) = \lim_{\Delta x\to 0}\frac{f(x+\Delta x)-f(x)}{\Delta x}.$$

注意在上式中，虽然 x 可以取区间 I 内的任何数值，但在极限过程中，x 是常量，Δx 是变量.

显然，函数 $f(x)$ 在点 x_0 处的导数 $f'(x_0)$ 就是导函数 $f'(x)$ 在点 $x=x_0$ 处的

函数值,即

$$f'(x_0) = f'(x)\big|_{x=x_0}.$$

导函数 $f'(x)$ 常简称为导数.

如果函数 $f(x)$ 在开区间 (a,b) 内可导,且 $f'_+(a)$ 及 $f'_-(b)$ 都存在,则称 $f(x)$ 在闭区间 $[a,b]$ 上可导.

三、导数的几何意义

由实例分析 2 中切线问题的讨论以及导数的定义可知:如果函数 $y=f(x)$ 在点 x_0 处可导,则曲线 $y=f(x)$ 在 $M(x_0,f(x_0))$ 处存在切线,且 $f'(x_0)$ 正好是曲线 $y=f(x)$ 在点 $M(x_0,f(x_0))$ 处的切线的斜率,即

$$f'(x_0)=\tan\alpha,$$

其中 α 是切线的倾角(图 2.2).

当函数在点 x_0 处可导时,根据导数的几何意义及直线的点斜式方程,可知曲线 $y=f(x)$ 在点 $M(x_0,f(x_0))$ 处的切线方程为

$$y-y_0=f'(x_0)(x-x_0),$$

法线(即过切点 M 且与切线垂直的直线)方程为

$$y-y_0=\frac{-1}{f'(x_0)}(x-x_0)\quad (f'(x_0)\neq 0).$$

如果 $y=f(x)$ 在点 x_0 处的导数为无穷大,且 $f(x)$ 在点 x_0 处连续,则曲线 $y=f(x)$ 在点 $M(x_0,y_0)$ 处具有垂直于 x 轴的切线 $x=x_0$(参见本节例 2). 如果 $f(x)$ 在点 x_0 处连续而不可导,也非 $f'(x_0)=\infty$,则它的图形在点 M 处就无切线. 例如,曲线 $y=|x|$(图 2.3) 在原点处就无切线.

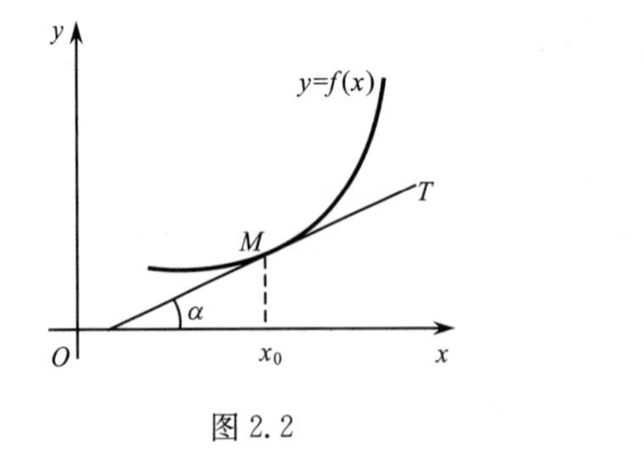

图 2.2

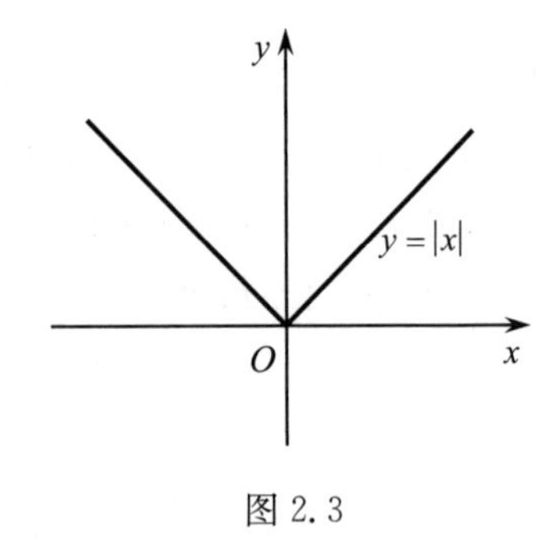

图 2.3

四、可导与连续的关系

设 $y=f(x)$ 在点 x 处可导,即

$$\lim_{\Delta x \to 0} \frac{\Delta y}{\Delta x} = f'(x)$$

存在,则由极限运算法则可得

$$\lim_{\Delta x \to 0} \Delta y = \lim_{\Delta x \to 0} \frac{\Delta y}{\Delta x} \cdot \Delta x = \lim_{\Delta x \to 0} \frac{\Delta y}{\Delta x} \cdot \lim_{\Delta x \to 0} \Delta x = 0.$$

由函数在一点连续的定义知,函数 $y=f(x)$ 在点 x 处连续. 实际上此时若 $f'(x) \neq 0$,则 Δy 与 Δx 是同阶无穷小,若 $f'(x)=0$,则 Δy 是比 Δx 高阶的无穷小. 所以,**如果函数在一点处可导,则函数在该点处一定连续**,反之又如何呢?从例 1 可以看出,函数 $y=|x|$ 在点 $x=0$ 处连续但却不可导,因此**函数在一点处连续不一定在该点处可导**. 这就是说,函数在某点连续是函数在该点可导的必要条件,但不是充分条件. 下面再举一例说明连续性与可导性的关系.

例 2　讨论函数 $y=\sqrt[3]{x}$ 在整个定义域上的连续性及在点 $x=0$ 处的可导性.

解　因为 $y=\sqrt[3]{x}$ 是初等函数,且在$(-\infty,+\infty)$ 上处处有定义,因此该函数在整个定义域上连续,当然也在点 $x=0$ 处连续. 但函数在点 $x=0$ 处有

$$\lim_{h \to 0} \frac{f(0+h)-f(0)}{h} = \lim_{h \to 0} \frac{\sqrt[3]{h}-0}{h} = \lim_{h \to 0} \frac{1}{h^{\frac{2}{3}}} = +\infty,$$

即导数为无穷大(不存在),因此函数 $y=\sqrt[3]{x}$ 在点 $x=0$ 处不可导. 不过从图形(图 2.4) 中可以看出,曲线 $y=\sqrt[3]{x}$ 在原点 O 处具有垂直于 x 轴的切线 $x=0$.

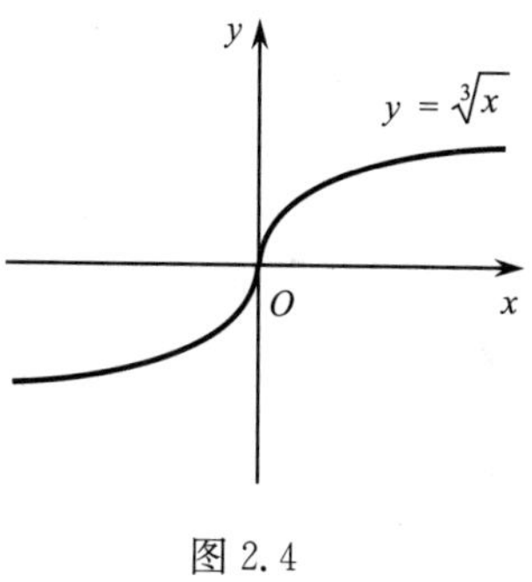

图 2.4

五、求导举例

下面根据导数的定义求一些简单函数的导数.

例 3　求函数 $f(x)=C$(C 为常数)的导数.

解

$$f'(x)=\lim_{h \to 0} \frac{f(x+h)-f(x)}{h} = \lim_{h \to 0} \frac{C-C}{h} = 0,$$

即

$$(C)'=0.$$

这就是说,常数的导数等于零.

例 4　求函数 $f(x)=\sin x$ 的导数.

解　$$f'(x)=\lim_{h \to 0} \frac{f(x+h)-f(x)}{h} = \lim_{h \to 0} \frac{\sin(x+h)-\sin x}{h}$$

$$=\lim_{h\to0}\frac{2\cos\left(x+\frac{h}{2}\right)\sin\frac{h}{2}}{h}=\lim_{h\to0}\left[\cos\left(x+\frac{h}{2}\right)\frac{\sin\frac{h}{2}}{\frac{h}{2}}\right]$$

$$=\cos x,$$

即

$$(\sin x)'=\cos x.$$

这就是说,正弦函数的导数是余弦函数.

用类似的方法可以求得

$$(\cos x)'=-\sin x.$$

这就是说,余弦函数的导数是负的正弦函数.

例 5　求函数 $f(x)=a^x(a>0,a\neq1)$ 的导数.

解　$f'(x)=\lim\limits_{h\to0}\frac{f(x+h)-f(x)}{h}$

$$=\lim_{h\to0}\frac{a^{x+h}-a^x}{h}$$

$$=a^x\lim_{h\to0}\frac{a^h-1}{h}.$$

由于当 $h\to0$ 时,$a^h-1=e^{h\ln a}-1\sim h\ln a$,所以有

$$f'(x)=a^x\lim_{h\to0}\frac{h\ln a}{h}=a^x\ln a,$$

即

$$(a^x)'=a^x\ln a.$$

特殊地,当 $a=e$ 时,有

$$(e^x)'=e^x.$$

上式表明,以 e 为底的指数函数的导数就是它自己,这是以 e 为底的指数函数的一个重要特征.

例 6　求幂函数 $f(x)=x^\mu$(μ 为任意实数)的导数.

解　$f'(x)=\lim\limits_{h\to0}\frac{f(x+h)-f(x)}{h}=\lim\limits_{h\to0}\frac{(x+h)^\mu-x^\mu}{h}$

$$=\lim_{h\to0}x^\mu\frac{\left(1+\frac{h}{x}\right)^\mu-1}{h}.$$

由于当 $h\to0$ 时,$\left(1+\frac{h}{x}\right)^\mu-1\sim\mu\frac{h}{x}$,所以有

$$f'(x)=\lim_{h\to0}x^\mu\frac{\mu\frac{h}{x}}{h}=\mu x^{\mu-1},$$

即

$$(x^{\mu})' = \mu x^{\mu-1}.$$

利用这个公式,可以很方便地求出幂函数的导数,如当 $\mu = \frac{1}{2}$ 时,有

$$(x^{\frac{1}{2}})' = \frac{1}{2}x^{\frac{1}{2}-1} = \frac{1}{2}x^{-\frac{1}{2}},$$

即

$$(\sqrt{x})' = \frac{1}{2\sqrt{x}} \quad (x > 0);$$

当 $\mu = -1$ 时,有

$$(x^{-1})' = (-1)x^{-1-1} = -x^{-2},$$

即

$$\left(\frac{1}{x}\right)' = -\frac{1}{x^2} \quad (x \neq 0).$$

例 7　求函数 $f(x) = \log_a x\,(a > 0, a \neq 1)$ 的导数.

解　$$f'(x) = \lim_{h\to 0}\frac{f(x+h)-f(x)}{h}$$

$$= \lim_{h\to 0}\frac{\log_a(x+h)-\log_a x}{h} = \lim_{h\to 0}\frac{1}{h}\log_a\frac{x+h}{x}$$

$$= \lim_{h\to 0}\frac{1}{h\ln a}\ln\left(1+\frac{h}{x}\right).$$

因为当 $h \to 0$ 时,$\ln\left(1+\frac{h}{x}\right) \sim \frac{h}{x}$,所以有

$$f'(x) = \lim_{h\to 0}\frac{1}{h\ln a}\frac{h}{x} = \frac{1}{x\ln a},$$

即

$$(\log_a x)' = \frac{1}{x\ln a}.$$

特殊地,当 $a = \mathrm{e}$ 时,有

$$(\ln x)' = \frac{1}{x}.$$

例 8　求函数 $f(x) = \begin{cases} x, & x < 0, \\ \mathrm{e}^x, & x \geq 0 \end{cases}$ 的导数.

解

$$f(0^-) = \lim_{x\to 0^-} f(x) = \lim_{x\to 0^-} x = 0,$$

$$f(0^+) = \lim_{x\to 0^+} f(x) = \lim_{x\to 0^+} \mathrm{e}^x = 1.$$

由于函数 $f(x)$ 在点 $x = 0$ 处的左、右极限都存在但不相等,因此函数 $f(x)$ 在点 $x = 0$ 处不连续,从而在点 $x = 0$ 处不可导.

当 $x<0$ 时，$f(x)=x$，从而 $f'(x)=(x)'=1$；

当 $x>0$ 时，$f(x)=e^x$，从而 $f'(x)=(e^x)'=e^x$.

综上所述，可知函数 $f(x)$ 的导数为

$$f'(x)=\begin{cases}1, & x<0,\\ \text{不存在}, & x=0,\\ e^x, & x>0.\end{cases}$$

习题 2-1

*1. 当物体的温度高于周围介质的温度时，物体就不断冷却. 若物体的温度 T 与时间 t 的函数关系为 $T=T(t)$，应怎样确定该物体在时刻 t 的冷却速度？

*2. 设对 1g 质量的物体加热，使它的温度从 0℃ 升高到 t℃，这时物体所吸收的热量为 $q=q(t)$，求物体在温度 t_0℃ 时的比热容（比热容是 1g 物体温度升高 1℃ 所需的热量）.

3. 自由落体的运动规律为 $s=\frac{1}{2}gt^2$，其中 g 是重力加速度，求：

(1) 物体在 3s 到 4s 这一时段的平均速度；

(2) 物体在 3s 时的瞬时速度.

4. 证明 $(\cos x)'=-\sin x$.

5. 设 $f'(x_0)$ 存在，按照导数的定义求下列极限：

(1) $\lim\limits_{\Delta x\to 0}\frac{f(x_0-\Delta x)-f(x_0)}{\Delta x}$；　　(2) $\lim\limits_{h\to 0}\frac{f(x_0+3h)-f(x_0)}{h}$；

*(3) $\lim\limits_{h\to 0}\frac{f(x_0+h)-f(x_0-h)}{h}$；　　(4) $\lim\limits_{n\to\infty}n\left[f\left(x_0+\frac{1}{2n}\right)-f(x_0)\right]$.

6. 设 $f(0)=0$，且 $f'(0)$ 存在，求 $\lim\limits_{x\to 0}\frac{f(x)}{x}$.

7. 求下列函数的导数：

(1) $y=\sqrt[3]{x^2}$；　　(2) $y=x^3\cdot\sqrt[5]{x}$；

(3) $y=\frac{x^2\sqrt[3]{x}}{\sqrt{x^5}}$；　　(4) $y=e^{2x}$.

*8. 如果 $f(x)$ 为偶函数，且 $f'(0)$ 存在，证明 $f'(0)=0$.

9. 求曲线 $y=e^x$ 在点(0,1)处的切线方程.

10. 在抛物线 $y=x^2$ 上取横坐标为 $x_1=1$ 及 $x_2=3$ 的两点，作过这两点的割线，问该抛物线上哪一点的切线平行于这条割线？

11. 讨论下列函数在点 $x=0$ 处的连续性与可导性：

(1) $y=|\sin x|$；　　(2) $y=\begin{cases}x^2\sin\frac{1}{x}, & x\neq 0,\\ 0, & x=0.\end{cases}$

*12. 设函数

$$f(x)=\begin{cases}x^2, & x\leqslant 1,\\ ax+b, & x>1.\end{cases}$$

为了使函数 $f(x)$ 在点 $x=1$ 处连续且可导,常数 a,b 应取什么值?

13. 已知 $f(x)=\begin{cases} x^2, & x\geqslant 0,\\ -x, & x<0,\end{cases}$ 求 $f'_+(0)$ 及 $f'_-(0)$,又 $f'(0)$ 是否存在?

14. 已知 $f(x)=\begin{cases} \sin x, & x<0,\\ x, & x\geqslant 0,\end{cases}$ 求 $f'(x)$.

第二节　导数的运算法则

前面根据导数的定义,求出了一些简单函数的导数.但是,对于比较复杂的函数,仅仅根据定义来求它们的导数计算量往往是很大的,甚至是很困难的.因此有必要讨论导数的基本运算法则,以简化求导的计算.

本节将介绍求导数的几个基本法则,借助于这些法则,就能给出所有基本初等函数的导数公式,从而就能比较方便地求出常见的初等函数的导数.

一、四则运算求导法则

定理 2.1　如果函数 $u=u(x)$ 及 $v=v(x)$ 都在点 x 处具有导数,则它们的和、差、积、商(要求分母不等于零)都在点 x 处具有导数,且有

(1) $[u(x)\pm v(x)]'=u'(x)\pm v'(x)$;

(2) $[u(x)v(x)]'=u'(x)v(x)+u(x)v'(x)$;

(3) $\left[\dfrac{u(x)}{v(x)}\right]'=\dfrac{u'(x)v(x)-u(x)v'(x)}{v^2(x)}\quad(v(x)\neq 0)$.

证　(1)

$$\begin{aligned}&[u(x)\pm v(x)]'\\ =&\lim_{h\to 0}\frac{[u(x+h)\pm v(x+h)]-[u(x)\pm v(x)]}{h}\\ =&\lim_{h\to 0}\left[\frac{u(x+h)-u(x)}{h}\pm\frac{v(x+h)-v(x)}{h}\right]\\ =&u'(x)\pm v'(x).\end{aligned}$$

法则(1)可简单地表示为

$$(u\pm v)'=u'\pm v'.$$

(2)

$$\begin{aligned}[u(x)v(x)]'&=\lim_{h\to 0}\frac{u(x+h)v(x+h)-u(x)v(x)}{h}\\ &=\lim_{h\to 0}\frac{u(x+h)v(x+h)-u(x)v(x+h)+u(x)v(x+h)-u(x)v(x)}{h}\\ &=\lim_{h\to 0}\left[\frac{u(x+h)-u(x)}{h}v(x+h)+u(x)\,\frac{v(x+h)-v(x)}{h}\right]\\ &=u'(x)v(x)+u(x)v'(x),\end{aligned}$$

其中 $\lim\limits_{h\to 0}v(x+h)=v(x)$ 是由于 $v'(x)$ 存在,故 $v(x)$ 在点 x 处连续.

法则(2) 可简单地表示为

$$(uv)' = u'v + uv'.$$

(3) 类似可证,此处略.

法则(3)可简单地表示为

$$\left(\frac{u}{v}\right)' = \frac{u'v - uv'}{v^2}.$$

在法则(2)中,当 $v(x) = C$(C 为常数)时,有

$$[Cu(x)]' = Cu'(x).$$

这就是说,求一常数与一个可导函数的乘积的导数时,常数因子可以提到求导记号外面去.

进一步,设 k_1,k_2 为两个常数,则由法则(1)及(2)可得

$$[k_1u(x) + k_2v(x)]' = k_1u'(x) + k_2v'(x).$$

这个性质称为求导运算的线性性质.

在法则(3)中,当 $u(x) \equiv 1$ 时,有

$$\left(\frac{1}{v(x)}\right)' = -\frac{v'(x)}{[v(x)]^2}.$$

定理 2.1 的(1)及(2)还可推广到任意有限个可导函数的情形,以三个函数为例来说明. 设 $f_i(x)$ $(i = 1,2,3)$ 均可导,$k_i(i = 1,2,3)$ 为三个常数,则有

$$[k_1f_1(x) + k_2f_2(x) + k_3f_3(x)]' = k_1f_1'(x) + k_2f_2'(x) + k_3f_3'(x),$$

$$[f_1(x)f_2(x)f_3(x)]' = f_1'(x)f_2(x)f_3(x) + f_1(x)f_2'(x)f_3(x) + f_1(x)f_2(x)f_3'(x).$$

这就是说,求多个函数乘积的导数时,每次只取其中一个函数求导,其余函数不变,再将所有可能的乘积相加即可.

例 1　设 $y = x^3 - 2\sin x + 3e^x + \frac{\pi}{2}$,求 y'.

解

$$\begin{aligned} y' &= \left(x^3 - 2\sin x + 3e^x + \frac{\pi}{2}\right)' \\ &= (x^3)' - 2(\sin x)' + 3(e^x)' + \left(\frac{\pi}{2}\right)' \\ &= 3x^2 - 2\cos x + 3e^x. \end{aligned}$$

例 2　设 $f(x) = a^x(x^3 + x + 1)$,求 $f'(x)$ 及 $f'(0)$.

解

$$\begin{aligned} f'(x) &= (a^x)'(x^3 + x + 1) + a^x(x^3 + x + 1)' \\ &= a^x\ln a(x^3 + x + 1) + a^x(3x^2 + 1) \\ &= a^x(x^3\ln a + 3x^2 + x\ln a + \ln a + 1), \end{aligned}$$

$$f'(0) = f'(x)\big|_{x=0} = \ln a + 1.$$

例 3　设 $y = \tan x$,求 y'.

解
$$y'=(\tan x)'=\left(\frac{\sin x}{\cos x}\right)'$$
$$=\frac{(\sin x)'\cos x-\sin x(\cos x)'}{\cos^2 x}$$
$$=\frac{\cos^2 x+\sin^2 x}{\cos^2 x}=\frac{1}{\cos^2 x}=\sec^2 x,$$

即
$$(\tan x)'=\sec^2 x.$$

类似可求得
$$(\cot x)'=-\csc^2 x.$$

例 4　设 $y=\sec x$，求 y'.

解　$y'=(\sec x)'=\left(\frac{1}{\cos x}\right)'=-\frac{(\cos x)'}{\cos^2 x}=\frac{\sin x}{\cos^2 x}=\sec x\tan x$，

即
$$(\sec x)'=\sec x\tan x.$$

类似可求得
$$(\csc x)'=-\csc x\cot x.$$

二、反函数的求导法则

在第一章研究反函数的连续性时已经知道，如果直接函数 $x=\varphi(y)$ 在区间 I_y 内单调且连续，则它的反函数 $y=f(x)$ 在对应区间 $I_x=\{x\mid x=\varphi(y),y\in I_y\}$ 内也是单调且连续的. 现在进一步假定 $x=\varphi(y)$ 在区间 I_y 内可导，我们来考虑它的反函数 $y=f(x)$ 在对应区间 I_x 上的可导性，给出反函数求导法则如下：

定理 2.2　如果函数 $x=\varphi(y)$ 在区间 I_y 内单调、可导且 $\varphi'(y)\neq 0$，则它的反函数 $y=f(x)$ 在对应区间 I_x 内也可导，且有
$$f'(x)=\frac{1}{\varphi'(y)}\bigg|_{y=f(x)}.$$

证　任取 $x\in I_x$，给 x 以增量 $\Delta x(\Delta x\neq 0,x+\Delta x\in I_x)$，由 $y=f(x)$ 的单调性可知
$$\Delta y=f(x+\Delta x)-f(x)\neq 0,$$

于是有
$$\frac{\Delta y}{\Delta x}=\frac{1}{\dfrac{\Delta x}{\Delta y}}.$$

因为 $y=f(x)$ 连续，故当 $\Delta x\to 0$ 时，必有 $\Delta y\to 0$，从而
$$f'(x)=\lim_{\Delta x\to 0}\frac{\Delta y}{\Delta x}=\lim_{\Delta y\to 0}\frac{1}{\dfrac{\Delta x}{\Delta y}}=\lim_{\Delta y\to 0}\frac{1}{\dfrac{\varphi(y+\Delta y)-\varphi(y)}{\Delta y}}$$

$$=\frac{1}{\varphi'(y)}=\frac{1}{\varphi'(y)}\bigg|_{y=f(x)}.$$

上述结论可以简单地说成：**反函数的导数等于直接函数导数的倒数.**

下面用上述结论来求反三角函数的导数.

例 5 求反正弦函数 $y=\arcsin x$ 的导数.

解 $y=\arcsin x(-1\leqslant x\leqslant 1)$ 是直接函数 $x=\sin y\left(-\frac{\pi}{2}\leqslant y\leqslant\frac{\pi}{2}\right)$ 的反函数，而函数 $x=\sin y$ 在 $I_y=\left(-\frac{\pi}{2},\frac{\pi}{2}\right)$ 内单调增加、可导，且

$$(\sin y)'=\cos y>0,$$

因此由定理 2.2 知，$y=\arcsin x$ 在对应区间 $I_x=(-1,1)$ 内可导，且有

$$y'=(\arcsin x)'=\frac{1}{(\sin y)'}=\frac{1}{\cos y}.$$

注意到在 $\left(-\frac{\pi}{2},\frac{\pi}{2}\right)$ 内，$\cos y=\sqrt{1-\sin^2 y}=\sqrt{1-x^2}$，从而有

$$(\arcsin x)'=\frac{1}{\sqrt{1-x^2}}.$$

用类似的方法可以求得

$$(\arccos x)'=-\frac{1}{\sqrt{1-x^2}}.$$

例 6 求反正切函数 $y=\arctan x$ 的导数.

解 $y=\arctan x(-\infty<x<+\infty)$ 是直接函数 $x=\tan y\left(-\frac{\pi}{2}<y<\frac{\pi}{2}\right)$ 的反函数，而 $x=\tan y$ 在 $I_y=\left(-\frac{\pi}{2},\frac{\pi}{2}\right)$ 内单调增加、可导，且

$$(\tan y)'=\sec^2 y>0,$$

因此由定理 2.2 知，$y=\arctan x$ 在区间$(-\infty,+\infty)$ 内可导，且有

$$y'=(\arctan x)'=\frac{1}{(\tan y)'}=\frac{1}{\sec^2 y}.$$

注意到在 $\left(-\frac{\pi}{2},\frac{\pi}{2}\right)$ 内，$\sec^2 y=1+\tan^2 y=1+x^2$，从而有

$$(\arctan x)'=\frac{1}{1+x^2}.$$

类似可求得

$$(\text{arccot}\, x)'=-\frac{1}{1+x^2}.$$

反余弦函数及反余切函数的导数公式也可由反正弦函数和反正切函数的导数

公式、三角学中的公式 $\arccos x=\frac{\pi}{2}-\arcsin x$，$\text{arccot}\, x=\frac{\pi}{2}-\arctan x$，以及函数的和差求导法则得到.

三、复合函数求导法则

一个比较复杂的函数，可能是由若干个简单函数通过四则运算及复合运算而构成的，要求这个复杂函数的导数，就必须讨论复合函数的求导法则.

定理 2.3　设函数 $y=f[\varphi(x)]$ 是由函数 $y=f(u)$ 及 $u=\varphi(x)$ 复合而成的复合函数. 如果 $u=\varphi(x)$ 在点 x 处可导，而 $y=f(u)$ 在点 $u=\varphi(x)$ 处可导，则 $y=f[\varphi(x)]$ 在点 x 处可导，且其导数为

$$\frac{\mathrm{d}y}{\mathrm{d}x}=f'(u)\cdot\varphi'(x)=\frac{\mathrm{d}y}{\mathrm{d}u}\cdot\frac{\mathrm{d}u}{\mathrm{d}x}.$$

证　由于 $y=f(u)$ 在点 u 处可导，因此

$$\lim_{\Delta u\to 0}\frac{\Delta y}{\Delta u}=f'(u).$$

由函数极限与无穷小的关系有

$$\frac{\Delta y}{\Delta u}=f'(u)+\alpha\quad(\Delta u\neq 0),$$

上式中 α 是 $\Delta u\to 0$ 时的无穷小量. 用 Δu 乘上式两边，得

$$\Delta y=f'(u)\Delta u+\alpha\cdot\Delta u,\tag{2.2}$$

即式(2.2)当 $\Delta u\neq 0$ 时成立.

由于当 $\Delta x\to 0$ 时，Δu 可能等于零，且 $\Delta u=0$ 时，式(2.2)的左端 $\Delta y=f(u+\Delta u)-f(u)=0$；为使式(2.2)的右端当 $\Delta u=0$ 时有意义，可补充定义 $\alpha|_{\Delta u=0}=0$，则 α 在 $\Delta u=0$ 处连续且式(2.2)对 $\Delta u=0$ 亦成立. 用 Δx 除 式(2.2)两边，得

$$\frac{\Delta y}{\Delta x}=f'(u)\frac{\Delta u}{\Delta x}+\alpha\cdot\frac{\Delta u}{\Delta x},$$

上式两边取极限，得

$$\lim_{\Delta x\to 0}\frac{\Delta y}{\Delta x}=\lim_{\Delta x\to 0}\left[f'(u)\frac{\Delta u}{\Delta x}+\alpha\frac{\Delta u}{\Delta x}\right].$$

由于 $u=\varphi(x)$ 在点 x 处可导(故在点 x 处连续)，因此有

$$\lim_{\Delta x\to 0}\frac{\Delta u}{\Delta x}=\varphi'(x),\quad \lim_{\Delta x\to 0}\Delta u=0,$$

进而有

$$\lim_{\Delta x\to 0}\alpha=\lim_{\Delta u\to 0}\alpha=0,$$

故

$$\lim_{\Delta x\to 0}\frac{\Delta y}{\Delta x}=f'(u)\cdot\varphi'(x),$$

即 $y=f[\varphi(x)]$ 在点 x 处可导,且导数为

$$\frac{\mathrm{d}y}{\mathrm{d}x}=f'(u)\cdot\varphi'(x)=\frac{\mathrm{d}y}{\mathrm{d}u}\frac{\mathrm{d}u}{\mathrm{d}x}.$$

复合函数的求导法则可以推广到多个中间变量的情形. 设复合函数 $y=f\{\varphi[\psi(x)]\}$ 是由三个函数 $y=f(u)$, $u=\varphi(v)$, $v=\psi(x)$ 复合而成,则复合函数 $y=f\{\varphi[\psi(x)]\}$ 的导数为

$$\frac{\mathrm{d}y}{\mathrm{d}x}=\frac{\mathrm{d}y}{\mathrm{d}u}\cdot\frac{\mathrm{d}u}{\mathrm{d}v}\cdot\frac{\mathrm{d}v}{\mathrm{d}x},$$

当然这里假定上式右端所出现的导数在相应点处都存在. 复合函数的求导法则亦称为**链式求导法则**.

例 7 设函数 $y=\ln\cos x$,求$\dfrac{\mathrm{d}y}{\mathrm{d}x}$.

解 $y=\ln\cos x$ 可以看成是由 $y=\ln u$, $u=\cos x$ 复合而成,因此

$$\frac{\mathrm{d}y}{\mathrm{d}x}=\frac{\mathrm{d}y}{\mathrm{d}u}\cdot\frac{\mathrm{d}u}{\mathrm{d}x}=\frac{1}{u}\cdot(-\sin x)=-\frac{\sin x}{\cos x}=-\tan x.$$

例 8 设 $y=\sin(1-3x^2)$,求$\dfrac{\mathrm{d}y}{\mathrm{d}x}$.

解 $y=\sin(1-3x^2)$ 可以看成是由 $y=\sin u$, $u=1-3x^2$ 复合而成,因此

$$\frac{\mathrm{d}y}{\mathrm{d}x}=\frac{\mathrm{d}y}{\mathrm{d}u}\cdot\frac{\mathrm{d}u}{\mathrm{d}x}=\cos u\cdot(-6x)=-6x\cos(1-3x^2).$$

例 9 设 $y=\mathrm{e}^{\sin\frac{1}{x}}$,求$\dfrac{\mathrm{d}y}{\mathrm{d}x}$.

解 $y=\mathrm{e}^{\sin\frac{1}{x}}$ 可以看成是由 $y=\mathrm{e}^u$, $u=\sin v$, $v=\dfrac{1}{x}$ 复合而成,因此

$$\frac{\mathrm{d}y}{\mathrm{d}x}=\frac{\mathrm{d}y}{\mathrm{d}u}\cdot\frac{\mathrm{d}u}{\mathrm{d}v}\cdot\frac{\mathrm{d}v}{\mathrm{d}x}=\mathrm{e}^u\cdot\cos v\cdot\left(-\frac{1}{x^2}\right)=-\frac{1}{x^2}\mathrm{e}^{\sin\frac{1}{x}}\cos\frac{1}{x}.$$

从以上例子可以看出,应用复合函数求导法则时,首先要分析所给函数可看成由哪些函数复合而成,或者说,看所给函数能分解成哪些函数,然后再应用复合函数求导法则求所给函数的导数.

对复合函数的分解比较熟练后,求复合函数的导数就可以不必写出中间变量,而直接写出函数对中间变量求导的结果,再乘上中间变量对自变量的导数.

例 10 已知 $y=\arccos\sqrt{2x}$,求$\dfrac{\mathrm{d}y}{\mathrm{d}x}$.

解
$$\begin{aligned}\frac{\mathrm{d}y}{\mathrm{d}x}&=(\arccos\sqrt{2x})'=-\frac{1}{\sqrt{1-(\sqrt{2x})^2}}(\sqrt{2x})'\\&=-\frac{1}{\sqrt{1-2x}}\cdot\frac{1}{2}(2x)^{-\frac{1}{2}}(2x)'\end{aligned}$$

$$=-\frac{1}{\sqrt{2x-4x^2}}.$$

例 11　求 $y=\ln|x|$ 的导数.

解　当 $x>0$ 时，$(\ln|x|)'=(\ln x)'=\dfrac{1}{x}$.

当 $x<0$ 时，$(\ln|x|)'=(\ln(-x))'=\dfrac{(-x)'}{-x}=\dfrac{-1}{-x}=\dfrac{1}{x}$，因此

$$(\ln|x|)'=\frac{1}{x}.$$

例 12　求 $y=\sin^4(5x^2)$ 的导数$\dfrac{\mathrm{d}y}{\mathrm{d}x}$.

解

$$\begin{aligned}\frac{\mathrm{d}y}{\mathrm{d}x}&=4\sin^3(5x^2)(\sin(5x^2))'=4\sin^3(5x^2)\cdot\cos(5x^2)\cdot(5x^2)'\\&=40x\sin^3(5x^2)\cos(5x^2).\end{aligned}$$

例 13　求双曲函数的导数.

解

$$\begin{aligned}(\mathrm{sh}x)'&=\left(\frac{\mathrm{e}^x-\mathrm{e}^{-x}}{2}\right)'=\frac{1}{2}[(\mathrm{e}^x)'-(\mathrm{e}^{-x})']\\&=\frac{1}{2}[\mathrm{e}^x-\mathrm{e}^{-x}(-x)']=\frac{1}{2}(\mathrm{e}^x+\mathrm{e}^{-x})=\mathrm{ch}x,\end{aligned}$$

$$(\mathrm{ch}x)'=\left(\frac{\mathrm{e}^x+\mathrm{e}^{-x}}{2}\right)'=\frac{1}{2}(\mathrm{e}^x-\mathrm{e}^{-x})=\mathrm{sh}x,$$

$$\begin{aligned}(\mathrm{th}x)'&=\left(\frac{\mathrm{sh}x}{\mathrm{ch}x}\right)'=\frac{(\mathrm{sh}x)'\mathrm{ch}x-\mathrm{sh}x(\mathrm{ch}x)'}{\mathrm{ch}^2x}\\&=\frac{\mathrm{ch}^2x-\mathrm{sh}^2x}{\mathrm{ch}^2x}=\frac{1}{\mathrm{ch}^2x}.\end{aligned}$$

例 14　求反双曲函数的导数.

解

$$\begin{aligned}(\mathrm{arsh}x)'&=\left[\ln(x+\sqrt{1+x^2})\right]'\\&=\frac{1}{x+\sqrt{1+x^2}}(x+\sqrt{1+x^2})'\\&=\frac{1}{x+\sqrt{1+x^2}}\left(1+\frac{1}{2}\cdot\frac{1}{\sqrt{1+x^2}}\cdot 2x\right)\\&=\frac{1}{\sqrt{1+x^2}}.\end{aligned}$$

同理可得

$$(\mathrm{arch}x)'=\left[\ln(x+\sqrt{x^2-1})\right]'=\frac{1}{\sqrt{x^2-1}},\quad x\in(1,+\infty).$$

$$(\mathrm{arth}x)'=\left(\frac{1}{2}\ln\frac{1+x}{1-x}\right)'=\frac{1}{2}\cdot\frac{1-x}{1+x}\cdot\left(\frac{1+x}{1-x}\right)'$$
$$=\frac{1}{2}\cdot\frac{1-x}{1+x}\cdot\frac{2}{(1-x)^2}$$
$$=\frac{1}{1-x^2},\quad x\in(-1,1).$$

例 15　设函数 $f(x)$ 和 $\varphi(x)$ 都可导,求函数 $y=f[\varphi^n(\sin x)]$(其中 n 为正常数)的导数$\frac{\mathrm{d}y}{\mathrm{d}x}$.

解　$y=f[\varphi^n(\sin x)]$ 可以看成是由 $y=f(u)$, $u=v^n$, $v=\varphi(w)$, $w=\sin x$ 复合而成,因此

$$\frac{\mathrm{d}y}{\mathrm{d}x}=f'[\varphi^n(\sin x)]\cdot(\varphi^n(\sin x))'$$
$$=f'[\varphi^n(\sin x)]\cdot n\varphi^{n-1}(\sin x)\cdot(\varphi(\sin x))'$$
$$=f'[\varphi^n(\sin x)]\cdot n\varphi^{n-1}(\sin x)\cdot\varphi'(\sin x)\cdot(\sin x)'$$
$$=f'[\varphi^n(\sin x)]\cdot n\varphi^{n-1}(\sin x)\cdot\varphi'(\sin x)\cdot\cos x.$$

四、导数基本公式　初等函数的导数

到此为止,我们已经推出了所有基本初等函数及双曲函数、反双曲函数的导数公式.现将这些求导公式及运算法则汇集如下,以便运用和查阅.

1. 常数和基本初等函数的导数公式

(1) $(C)'=0$;　　(2) $(x^\mu)'=\mu x^{\mu-1}$;

(3) $(\sin x)'=\cos x$;　　(4) $(\cos x)'=-\sin x$;

(5) $(\tan x)'=\sec^2x$;　　(6) $(\cot x)'=-\csc^2x$;

(7) $(\sec x)'=\sec x\tan x$;　　(8) $(\csc x)'=-\csc x\cot x$;

(9) $(a^x)'=a^x\ln a$;　　(10) $(\mathrm{e}^x)'=\mathrm{e}^x$;

(11) $(\log_a|x|)'=\frac{1}{x\ln a}$;　　(12) $(\ln|x|)'=\frac{1}{x}$;

(13) $(\arcsin x)'=\frac{1}{\sqrt{1-x^2}}$;　　(14) $(\arccos x)'=-\frac{1}{\sqrt{1-x^2}}$;

(15) $(\arctan x)'=\frac{1}{1+x^2}$;　　(16) $(\mathrm{arccot}x)'=-\frac{1}{1+x^2}$.

2. 双曲函数及反双曲函数的导数公式

(1) $(\mathrm{sh}x)'=\mathrm{ch}x$;　　(2) $(\mathrm{ch}x)'=\mathrm{sh}x$;

(3) $(\mathrm{th}x)'=\frac{1}{\mathrm{ch}^2x}$;　　(4) $(\mathrm{arsh}x)'=\frac{1}{\sqrt{1+x^2}}$;

(5) $(\operatorname{arch}x)' = \dfrac{1}{\sqrt{x^2-1}}$;　　(6) $(\operatorname{arth}x)' = \dfrac{1}{1-x^2}$.

3. 函数的和、差、积、商的求导法则

设 $u=u(x)$, $v=v(x)$ 都可导，则有

(1) $(u\pm v)'=u'\pm v'$;　　(2) $(Cu)'=Cu'$(C 是常数)；

(3) $(uv)'=u'v+uv'$;　　(4) $\left(\dfrac{u}{v}\right)'=\dfrac{u'v-uv'}{v^2}(v\neq 0)$.

4. 反函数的求导法则

设 $x=\varphi(y)$ 在区间 I_y 内单调、可导且 $\varphi'(y)\neq 0$，则它的反函数 $y=f(x)$ 在对应的区间 I_x 内也可导，且

$$f'(x)=\frac{1}{\varphi'(y)}\quad 或\quad \frac{\mathrm{d}y}{\mathrm{d}x}=\frac{1}{\dfrac{\mathrm{d}x}{\mathrm{d}y}}.$$

5. 复合函数的求导法则

设 $y=f(u)$, $u=\varphi(x)$，且 $f(u)$ 及 $\varphi(x)$ 都可导，则复合函数 $y=f[\varphi(x)]$ 的导数为

$$\frac{\mathrm{d}y}{\mathrm{d}x}=\frac{\mathrm{d}y}{\mathrm{d}u}\cdot\frac{\mathrm{d}u}{\mathrm{d}x}\quad 或\quad \frac{\mathrm{d}y}{\mathrm{d}x}=f'(u)\varphi'(x).$$

由于初等函数是由常数和基本初等函数经过有限次四则运算和有限次的复合步骤所构成并可用一个式子表示的函数，因此利用以上这些导数公式及求导法则，可以比较方便地求出初等函数的导数，至此可以说一切初等函数的求导问题都已解决. 大量的求导例子说明，基本初等函数的求导公式和上述求导法则，在初等函数的求导运算中起着重要的作用，必须熟练地掌握.

在求初等函数的导数时，有时需要根据函数的具体特点选择适当的方法.

例 16　求下列函数的导数：

(1) $y=\dfrac{2x^3-3x+\sqrt{x}-1}{x\sqrt{x}}$;　　(2) $y=\ln\dfrac{x^4}{\sqrt{x^2+1}}$.

解　(1)

$$y=2x^{\frac{3}{2}}-3x^{-\frac{1}{2}}+x^{-1}-x^{-\frac{3}{2}},$$

$$\begin{aligned} y' &= 2\cdot\frac{3}{2}x^{\frac{1}{2}}-3\cdot\left(-\frac{1}{2}\right)x^{-\frac{3}{2}}-x^{-2}+\frac{3}{2}x^{-\frac{5}{2}} \\ &= 3x^{\frac{1}{2}}+\frac{3}{2}x^{-\frac{3}{2}}-x^{-2}+\frac{3}{2}x^{-\frac{5}{2}}. \end{aligned}$$

本题也可采用商的求导法则去做，但和上述先将函数恒等变形，再分项求导的做法相比无疑要麻烦些.

(2) 利用对数的性质，先将函数化简变形为

$$y=4\ln|x|-\frac{1}{2}\ln(x^2+1),$$

利用本节例 11 的结果,有

$$y' = \frac{4}{x} - \frac{1}{2}\frac{2x}{x^2+1} = \frac{3x^2+4}{x(x^2+1)}.$$

这种方法显然要比直接利用复合函数的求导法则的做法要简单得多,且不易出错.

例 17 求函数 $y = x^{\sin x}(x > 0)$ 的导数.

解 求幂指函数的导数时,不能直接应用幂函数或指数函数的求导公式,可以先将函数恒等变形,再用复合函数求导法则来求导数.

$$y = x^{\sin x} = \mathrm{e}^{\sin x \ln x},$$

$$y' = \mathrm{e}^{\sin x \ln x}(\sin x \ln x)' = x^{\sin x}\left(\cos x \ln x + \frac{\sin x}{x}\right).$$

习题 2-2

*1. 推导余切函数及余割函数的导数公式:

(1) $(\cot x)' = -\csc^2 x$;　　(2) $(\csc x)' = -\csc x \cot x$.

2. 求下列函数的导数:

(1) $y = 2x^3 - \dfrac{3}{x^2} + 7$;　　(2) $y = \ln 2x + 2^x + x$;

(3) $y = 2\csc x + \cot x$;　　(4) $y = \mathrm{e}^x \arccos x$;

(5) $y = x^3 \log_2 x$;　　(6) $y = \dfrac{\ln x}{x}$;

(7) $y = x^2 \ln x \cos x$;　　(8) $y = \dfrac{1+x^2}{1-x^2}$;

(9) $y = x^a a^x \quad (a > 0)$;　　(10) $s = \dfrac{1+\sin t}{1+\cos t}$.

3. 以初速度 v_0 竖直上抛的物体,其上升高度 s 与时间 t 的关系是 $s = v_0 t - \frac{1}{2}gt^2$,求:

(1) 该物体的速度 $v(t)$;

(2) 该物体到达最高点的时刻.

4. 求曲线 $y = x(\ln x - 1)$ 上横坐标为 $x = \mathrm{e}$ 的点处的切线方程和法线方程.

5. 求下列函数的导数:

(1) $y = \mathrm{e}^{-3x^2}$;　　(2) $y = \cos(4-3x^2)$;

(3) $y = \arctan(\mathrm{e}^x)$;　　(4) $y = (\arcsin x)^2$;

(5) $y = a^{\tan x^2}\ (a > 0)$;　　(6) $y = \cos^2(\tan^3 x)$;

(7) $y = 2^{\sin^2 \frac{1}{x}}$;　　(8) $y = \sqrt[x]{x}$.

6. 求下列函数在指定点处的导数值:

(1) $f(\varphi) = \sin 3\varphi + \dfrac{\varphi}{1-\varphi^2}$, $\varphi = 0$;

(2) $y = \dfrac{1}{x}\arcsin 2x$, $x = \dfrac{\sqrt{3}}{4}$;

(3) $y = 3e^{-5x} - 5(1-x)$，$x = -1$.

7. 求下列函数的导数：

(1) $y = \ln(\sec x + \tan x)$；

(2) $y = \ln\tan\frac{x}{2} + \arctan\left(\frac{1}{2}\tan\frac{x}{2}\right)$；

(3) $y = \sin^n x\cos nx$；

(4) $y = \arcsin\sqrt{\frac{1-x}{1+x}}$；

(5) $y = \frac{\sin x^2}{\sin^2 x}$；

(6) $y = \frac{1}{x + \sqrt{1+x^2}}$；

(7) $y = x\arcsin\frac{x}{2} + \sqrt{4-x^2}$；

*(8) $y = \mathrm{sh}\frac{2}{x}\mathrm{ch}3x$；

*(9) $y = \ln\mathrm{ch}x + \frac{1}{2\mathrm{ch}^2 x}$；

*(10) $y = a^{a^x} + x^{a^a} + a^{x^a}$.

8. 设 $f(x)$ 和 $g(x)$ 都可导，求下列函数 y 的导数$\frac{dy}{dx}$：

(1) $y = f(e^x)e^{f(x)}$；

(2) $y = f(\sin^2 x) + f(\cos^2 x)$；

(3) $y = \ln f(\sqrt{x}) + \arctan g(x^2)$；

*(4) $y = \sqrt{f^2(x) + \sqrt{g(x)}}$.

*9. 设 $f(x)$ 在 $(-l,l)$ 内可导，证明：如果 $f(x)$ 是偶函数，则 $f'(x)$ 是奇函数，如果 $f(x)$ 是奇函数，则 $f'(x)$ 是偶函数.

第三节 隐函数和由参数方程所确定的函数的导数

一、隐函数的导数

前面所遇到的函数有这样的特点：因变量 y 可以用自变量 x 的式子来表达：$y = f(x)$，这样的函数称为**显函数**. 但有时变量 x 和 y 之间的对应关系是由一个方程 $F(x,y) = 0$ 所确定的，即在一定的条件下，当 x 在某区间内任取一值时，相应地总有满足方程的唯一的 y 值存在，这时就称方程 $F(x,y) = 0$ 在该区间内确定了一个 y 关于 x 的**隐函数**：$y = f(x)$.

例如，方程 $x^2 + y^2 - 1 = 0$ 在限定 $y > 0$ 的条件下，当变量 x 在区间 $(-1,1)$ 内取值时，变量 y 总有唯一确定的值与之对应，从而方程 $x^2 + y^2 = 1\ (y > 0)$ 在区间 $(-1,1)$ 内就确定了一个隐函数. 此时这个隐函数可以用显式表达为 $y = \sqrt{1-x^2}$. 把一个隐函数化成显函数，称为**隐函数的显化**. 隐函数显化有时比较困难，甚至是不可能的. 例如，方程

$$y^2 - x - 3\sin y = 0$$

在实数集 $\mathbf{R}$ 上确定一个隐函数 $y = y(x)$，但这个隐函数是无法显化(无法从方程中解出 y)的.

在实际问题中，有时需要计算隐函数的导数. 当隐函数易于显化时，可以先显化再按前面的方法求导，但这种方法在隐函数显化比较困难或无法显化时是行不

通的.因此希望有一种方法,不管隐函数能否显化,都能直接由方程求出它所确定的隐函数的导数.下面通过例子来说明这种方法.至于对给定的方程 $F(x,y)=0$,在什么条件下可以确定出一个可导的隐函数的问题,我们将在第八章讨论.

例 1　求由方程 $e^x-e^y-xy=0$ 所确定的隐函数 y 的导数 $\frac{dy}{dx}$.

解　当将方程中的 y 看成是由该方程所确定的隐函数 $y=y(x)$ 时,则在隐函数的定义区间内方程 $e^x-e^y-xy=0$ 就成为恒等式.因此,两边对 x 求导(注意 y 是 x 的函数)也是恒等的,故有

$$\frac{d}{dx}(e^x-e^y-xy)=\frac{d}{dx}(0),$$

即

$$e^x-e^y\frac{dy}{dx}-y-x\frac{dy}{dx}=0,$$

从而可得

$$\frac{dy}{dx}=\frac{e^x-y}{e^y+x}\quad(e^y+x\neq 0).$$

从这个例子的结果可以看出,隐函数导数的表达式中一般同时含有变量 x 和 y,这是与显函数导数的表达式不同之处.

例 2　求由方程 $x\sin(x+y)+e^x=y$ 所确定的隐函数 y 在 $x=0$ 处的导数 $\left.\frac{dy}{dx}\right|_{x=0}$.

解　方程两边分别对 x 求导(注意 y 是 x 的函数),得

$$\sin(x+y)+x\cos(x+y)\left(1+\frac{dy}{dx}\right)+e^x=\frac{dy}{dx},$$

于是

$$\frac{dy}{dx}=\frac{\sin(x+y)+x\cos(x+y)+e^x}{1-x\cos(x+y)}.$$

因为当 $x=0$ 时,由原方程可解得 $y=1$,所以把 $x=0$ 与 $y=1$ 代入上式右端,得

$$\left.\frac{dy}{dx}\right|_{x=0}=\sin 1+1.$$

作为隐函数求导法的运用,我们介绍所谓的**对数求导法**.这种方法是先在 $y=f(x)$ 两边取对数,再对得到的 $\ln y=\ln f(x)$ 采用隐函数求导法,便可求出 y 对 x 的导数.请看下面的例子.

例 3　求 $y=\sqrt{\frac{(x-1)(x-2)}{(x-3)(x-4)}}$ 的导数.

解　先在等式两边取对数,得

$$\ln|y|=\frac{1}{2}[\ln|x-1|+\ln|x-2|-\ln|x-3|-\ln|x-4|],$$

上式两边对 x 求导(注意 y 是 x 的函数),得

$$\frac{1}{y}y'=\frac{1}{2}\left(\frac{1}{x-1}+\frac{1}{x-2}-\frac{1}{x-3}-\frac{1}{x-4}\right),$$

于是

$$\begin{aligned}y'&=\frac{y}{2}\left(\frac{1}{x-1}+\frac{1}{x-2}-\frac{1}{x-3}-\frac{1}{x-4}\right)\\&=\frac{1}{2}\sqrt{\frac{(x-1)(x-2)}{(x-3)(x-4)}}\left(\frac{1}{x-1}+\frac{1}{x-2}-\frac{1}{x-3}-\frac{1}{x-4}\right).\end{aligned}$$

求幂指函数的导数时,除采用第二节例 17 所介绍的方法外,还可采用对数求导法.

例 4　求幂指函数 $y=u^v(u>0)$ 的导数,其中 $u=u(x),v=v(x)$ 都是可导函数.

解　先在两边取对数,得

$$\ln y=v\ln u,$$

上式两边对 x 求导,注意 y,u,v 都是 x 的函数,得

$$\frac{1}{y}y'=v'\ln u+v\frac{1}{u}u'.$$

于是

$$y'=y\left(v'\ln u+\frac{vu'}{u}\right)=u^v\left(v'\ln u+\frac{vu'}{u}\right).$$

由例 3 和例 4 可见,在函数是幂指函数及由多个因子用连乘、连除、乘方、开方表示的情形,采用对数求导法求导数要比用通常的方法求导数简便得多.

二、由参数方程所确定的函数的导数

变量 x,y 之间的函数关系有时还可以由参数方程

$$\begin{cases}x=\varphi(t),\\y=\psi(t)\end{cases}\tag{2.3}$$

间接给出.例如,在解析几何中,圆心在原点,半径为 R 的圆上点的坐标 x,y 之间的关系可以由参数方程

$$\begin{cases}x=R\cos t,\\y=R\sin t\end{cases}\quad(0\leqslant t\leqslant 2\pi)$$

来表示.

一般地,若参数方程(2.3)确定了变量 y 与 x 之间的函数关系,则称此函数关系所表达的函数为**由参数方程(2.3)所确定的函数.**

参数方程有着广泛的应用,比如在力学中常用参数方程表示物体运动的轨迹. 在实际问题中有时需要计算由参数方程(2.3)所确定的函数的导数. 类似于隐函数求导法,可以考虑先从式(2.3)中消去参数 t,把函数显化后再求导,或消去参数 t 后直接采用隐函数求导法来求导. 但消去参数 t 有时会有困难,这一方法不总是可行的. 如同隐函数求导的情形一样,我们希望有一种方法,能直接由方程(2.3)算出它所确定的函数的导数来. 下面讨论由参数方程(2.3)所确定的函数的求导方法.

在式(2.3)中,如果函数 $x=\varphi(t)$ 在某个区间上具有单调且连续的反函数 $t=\varphi^{-1}(x)$,且此反函数能够与函数 $y=\psi(t)$ 构成复合函数,则由参数方程(2.3)所确定的函数就可以看成是由函数 $y=\psi(t)$ 与 $t=\varphi^{-1}(x)$ 复合而成的函数 $y=\psi[\varphi^{-1}(x)]$. 现在,要计算这个复合函数的导数. 为此再假定函数 $x=\varphi(t)$, $y=\psi(t)$ 都可导,且 $\varphi'(t)\neq 0$,则根据复合函数的求导法则及反函数的求导法则,就有

$$\frac{\mathrm{d}y}{\mathrm{d}x}=\frac{\mathrm{d}y}{\mathrm{d}t}\cdot\frac{\mathrm{d}t}{\mathrm{d}x}=\frac{\mathrm{d}y}{\mathrm{d}t}\cdot\frac{1}{\frac{\mathrm{d}x}{\mathrm{d}t}}=\frac{\frac{\mathrm{d}y}{\mathrm{d}t}}{\frac{\mathrm{d}x}{\mathrm{d}t}}, \tag{2.4}$$

即

$$\frac{\mathrm{d}y}{\mathrm{d}x}=\frac{\psi'(t)}{\varphi'(t)}.$$

这就是由参数方程(2.3)所确定的函数的导数公式.

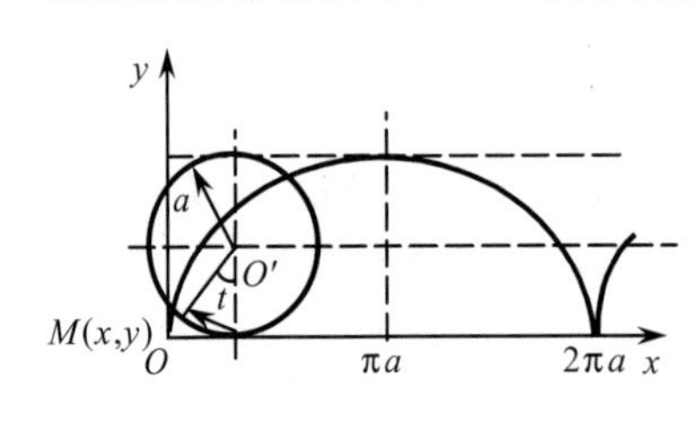

图 2.5

例 5 一个半径为 a 的圆在定直线上滚动时,圆周上任一定点的轨迹称为**摆线**(图 2.5). 计算由摆线的参数方程

$$\begin{cases}x=a(t-\sin t),\\ y=a(1-\cos t)\end{cases}$$

所确定的函数 $y=y(x)$ 的导数$\frac{\mathrm{d}y}{\mathrm{d}x}$.

解 利用式(2.4),有

$$\frac{\mathrm{d}y}{\mathrm{d}x}=\frac{\frac{\mathrm{d}y}{\mathrm{d}t}}{\frac{\mathrm{d}x}{\mathrm{d}t}}=\frac{[a(1-\cos t)]'}{[a(t-\sin t)]'}=\frac{a\sin t}{a(1-\cos t)}$$

$$=\cot\frac{t}{2}\quad (t\neq 2k\pi,\ k\in\mathbf{Z}).$$

例 6 已知抛射体的运动轨迹的参数方程为

$$\begin{cases} x = v_0 t\cos\theta_0, \\ y = v_0 t\sin\theta_0 - \dfrac{1}{2}gt^2, \end{cases}$$

其中 v_0 为抛射体的初速率，θ_0 为抛射角，g 为重力加速度. 求抛射体在时刻 t 的运动速度的大小和方向.

解　先求速度的大小.

由于水平方向的速度大小为$\dfrac{\mathrm{d}x}{\mathrm{d}t} = v_0\cos\theta_0$，铅直方向的速度大小为$\dfrac{\mathrm{d}y}{\mathrm{d}t} = v_0\sin\theta_0 - gt$，所以在时刻 t 抛射体运动速度的大小为

$$\begin{aligned} v &= \sqrt{\left(\frac{\mathrm{d}x}{\mathrm{d}t}\right)^2 + \left(\frac{\mathrm{d}y}{\mathrm{d}t}\right)^2} = \sqrt{(v_0\cos\theta_0)^2 + (v_0\sin\theta_0 - gt)^2} \\ &= \sqrt{v_0^2 - 2v_0\sin\theta_0 gt + g^2t^2}. \end{aligned}$$

再求速度的方向，也就是轨迹的切线方向，可用切线的倾角（设为 $\alpha(t)$）来刻画. 根据导数的几何意义，有

$$\tan\alpha(t) = \frac{\mathrm{d}y}{\mathrm{d}x} = \frac{\dfrac{\mathrm{d}y}{\mathrm{d}t}}{\dfrac{\mathrm{d}x}{\mathrm{d}t}} = \frac{v_0\sin\theta_0 - gt}{v_0\cos\theta_0},$$

由此可求得切线的倾角 $\alpha(t)$. 求得了切线的倾角，也就确定了切线的方向.

例 7　求心形线 $\rho = a(1 + \cos\theta)$（a 为常数，参见附录 Ⅲ）在点$(\rho,\theta) = \left(a, \dfrac{\pi}{2}\right)$处的切线的斜率.

解　根据极坐标与直角坐标的对应关系，可将极坐标方程化为以极角 θ 为参数的参数方程

$$\begin{cases} x = \rho\cos\theta = a(1 + \cos\theta)\cos\theta, \\ y = \rho\sin\theta = a(1 + \cos\theta)\sin\theta. \end{cases}$$

根据由参数方程所确定的函数的求导公式，得

$$\begin{aligned} \frac{\mathrm{d}y}{\mathrm{d}x} &= \frac{\dfrac{\mathrm{d}y}{\mathrm{d}\theta}}{\dfrac{\mathrm{d}x}{\mathrm{d}\theta}} = \frac{-a\sin^2\theta + a(1 + \cos\theta)\cos\theta}{-a\sin\theta\cos\theta - a(1 + \cos\theta)\sin\theta} \\ &= -\frac{\cos\theta + \cos2\theta}{\sin\theta + \sin2\theta}. \end{aligned}$$

由导数的几何意义知，心形线在点 $\left(a, \dfrac{\pi}{2}\right)$ 处的切线的斜率为

$$k = \left.\frac{\mathrm{d}y}{\mathrm{d}x}\right|_{\theta=\frac{\pi}{2}} = -\left.\frac{\cos\theta + \cos2\theta}{\sin\theta + \sin2\theta}\right|_{\theta=\frac{\pi}{2}} = 1.$$

习题 2-3

1. 求由下列方程所确定的隐函数 y 的导数$\frac{dy}{dx}$:

(1) $y = 1 - xe^y$;　　(2) $x^y = y^x$;

*(3) $e^{xy} + \sin(x^2 y) = y^2$;　　(4) $\arctan\frac{x}{y} = \ln\sqrt{x^2 + y^2}$.

2. 用对数求导法求下列函数的导数:

(1) $y = \left(\frac{x}{1+x}\right)^x$;　　*(2) $y = \sqrt[5]{\frac{x-5}{\sqrt[5]{x^2+2}}}$;

(3) $y = \frac{\sqrt{x}\cos x}{(x^2+1)\sqrt[3]{x+2}}$.

3. 设 $\sin(ts) + \ln(s-t) = t$,求$\left.\frac{ds}{dt}\right|_{t=0}$ 的值.

4. 求下列参数方程所确定的函数的导数$\frac{dy}{dx}$:

(1) $\begin{cases} x = t(1-\sin t), \\ y = t\cos t; \end{cases}$　　(2) $\begin{cases} x = \ln(1+t^2), \\ y = 1 - \arctan t. \end{cases}$

5. 求曲线$\begin{cases} x = e^t \sin t, \\ y = e^t \cos t \end{cases}$在 $t = \frac{\pi}{3}$ 对应点处的切线的斜率.

第四节　高 阶 导 数

一、高阶导数的定义

变速直线运动的速度 $v(t)$ 是位移函数 $s(t)$ 对时间 t 的导数,即

$$v = \frac{ds}{dt} \quad 或 \quad v = s',$$

而加速度 a 又是速度 v 对时间 t 的变化率,即速度 v 对时间 t 的导数:

$$a = \frac{dv}{dt} = \frac{d}{dt}\left(\frac{ds}{dt}\right) \quad 或 \quad a = (s')'.$$

这种导数的导数 $\frac{d}{dt}\left(\frac{ds}{dt}\right)$或$(s')'$ 称为 s 对 t 的**二阶导数**,记作

$$\frac{d^2 s}{dt^2} \quad 或 \quad s''(t).$$

因此可以说,变速直线运动的加速度就是位移函数 $s(t)$ 对时间 t 的二阶导数.

一般地,函数 $y = f(x)$ 的导数 $y' = f'(x)$ 仍然是 x 的函数. 如果 $f'(x)$ 仍可导,则称 $f'(x)$ 的导数为函数 $f(x)$ 的**二阶导数**,记作 $f''(x)$ 或$\frac{d^2 f}{dx^2}$,y'' 或$\frac{d^2 y}{dx^2}$,即

$$f''(x)=[f'(x)]'=\lim_{\Delta x\to 0}\frac{f'(x+\Delta x)-f'(x)}{\Delta x} \quad 或 \quad \frac{\mathrm{d}^2 f}{\mathrm{d}x^2}=\frac{\mathrm{d}}{\mathrm{d}x}\left(\frac{\mathrm{d}f}{\mathrm{d}x}\right).$$

相应地,把 $y=f(x)$ 的导数 $f'(x)$ 称为函数 $y=f(x)$ 的**一阶导数**.

类似地,二阶导数的导数,称为**三阶导数**,三阶导数的导数称为**四阶导数**,分别记作 y''',$y^{(4)}$,或$\frac{\mathrm{d}^3 y}{\mathrm{d}x^3}$,$\frac{\mathrm{d}^4 y}{\mathrm{d}x^4}$…… 一般地,$(n-1)$ 阶导数的导数称为 ***n* 阶导数**,即

$$y^{(n)}=\frac{\mathrm{d}^n y}{\mathrm{d}x^n}=f^{(n)}(x)=[f^{(n-1)}(x)]'=\lim_{\Delta x\to 0}\frac{f^{(n-1)}(x+\Delta x)-f^{(n-1)}(x)}{\Delta x}.$$

函数 $y=f(x)$ 具有 n 阶导数,也常说成函数 $f(x)$***n* 阶可导**. 如果函数 $f(x)$ 在点 x 处具有 n 阶导数,则 $f(x)$ 在点 x 的某一邻域内必定具有一切低于 n 阶的导数. 二阶及二阶以上的导数统称为**高阶导数**.

二、求高阶导数举例

根据高阶导数的定义,求高阶导数就是多次接连地求导数. 所以,仍可用前面学过的求导方法来计算高阶导数.

例 1　求 $y=x^n$(n 为正整数) 的 k 阶导数.

解

$$\begin{aligned} y'&=nx^{n-1},\\ y''&=n(n-1)x^{n-2},\\ &\cdots\cdots\\ y^{(n)}&=n!,\\ y^{(n+1)}&=y^{(n+2)}=\cdots=0, \end{aligned}$$

即

$$(x^n)^{(k)}=\begin{cases}\dfrac{n!}{(n-k)!}x^{n-k}, & 1\leqslant k\leqslant n,\\ 0, & k>n.\end{cases}$$

注意,这里 $0!=1$.

例 2　求一般幂函数 $y=x^\mu$(μ 为常数) 的 n 阶导数.

解

$$\begin{aligned} y'&=\mu x^{\mu-1},\\ y''&=\mu(\mu-1)x^{\mu-2},\\ &\cdots\cdots \end{aligned}$$

一般地,有

$$y^{(n)}=\mu(\mu-1)(\mu-2)\cdots(\mu-n+1)x^{\mu-n}.$$

特别地,当 $\mu=-1$ 时,则有

$$\left(\frac{1}{x}\right)^{(n)}=(-1)(-2)\cdots(-n)x^{-1-n}=\frac{(-1)^n n!}{x^{n+1}}.$$

由上式易得

$$\left(\frac{1}{x+a}\right)^{(n)}=\frac{(-1)^n n!}{(x+a)^{n+1}}\quad（其中 a 为常数）,$$

$$\left(\frac{1}{a-x}\right)^{(n)}=\frac{n!}{(a-x)^{n+1}}\quad（其中 a 为常数）.$$

例 3　求 $y=a^x(a>0,a\neq 1)$ 的 n 阶导数.

解

$$y'=a^x\ln a,$$

$$y''=(a^x\ln a)'=a^x(\ln a)^2,$$

…………

一般地，有

$$y^{(n)}=a^x(\ln a)^n.$$

特别地，

$$(e^x)^{(n)}=e^x.$$

例 4　求 $y=\ln(a+x)$（a 为常数）的 n 阶导数.

解　$y'=\frac{1}{a+x}$. 利用例 2 特例的结果，有

$$y^{(n)}=(y')^{n-1}=\left(\frac{1}{a+x}\right)^{(n-1)}=\frac{(-1)^{n-1}(n-1)!}{(a+x)^n},$$

即

$$[\ln(a+x)]^{(n)}=(-1)^{n-1}\frac{(n-1)!}{(a+x)^n}.$$

因为 0! =1，故上面的公式对 $n=1$ 也成立.

例 5　求正弦函数 $y=\sin x$ 的 n 阶导数.

解

$$y'=\cos x=\sin\left(x+\frac{\pi}{2}\right),$$

$$y''=\cos\left(x+\frac{\pi}{2}\right)=\sin\left(x+\frac{\pi}{2}+\frac{\pi}{2}\right)=\sin\left(x+2\cdot\frac{\pi}{2}\right),$$

$$y'''=\cos\left(x+2\cdot\frac{\pi}{2}\right)=\sin\left(x+3\cdot\frac{\pi}{2}\right),$$

…………

一般地，有

$$y^{(n)}=\sin\left(x+n\cdot\frac{\pi}{2}\right),$$

即

$$(\sin x)^{(n)}=\sin\left(x+n\cdot\frac{\pi}{2}\right).$$

类似可得

$$(\cos x)^{(n)}=\cos\left(x+n\cdot\frac{\pi}{2}\right).$$

例 6　求由方程 $x-y+\frac{1}{2}\sin y=0$ 所确定的隐函数 y 的二阶导数$\frac{\mathrm{d}^2y}{\mathrm{d}x^2}$.

解　应用隐函数求导法,得

$$1-\frac{\mathrm{d}y}{\mathrm{d}x}+\frac{1}{2}\cos y\frac{\mathrm{d}y}{\mathrm{d}x}=0,$$

于是

$$\frac{\mathrm{d}y}{\mathrm{d}x}=\frac{2}{2-\cos y}.$$

上式两边再对 x 求导(注意 y 是 x 的函数),有

$$\frac{\mathrm{d}^2y}{\mathrm{d}x^2}=\frac{\mathrm{d}}{\mathrm{d}x}\left(\frac{2}{2-\cos y}\right)=\frac{\mathrm{d}}{\mathrm{d}y}\left(\frac{2}{2-\cos y}\right)\cdot\frac{\mathrm{d}y}{\mathrm{d}x}=\frac{-2\sin y\frac{\mathrm{d}y}{\mathrm{d}x}}{(2-\cos y)^2},$$

将 $\frac{\mathrm{d}y}{\mathrm{d}x}$ 的表达式代入上式,并整理可得

$$\frac{\mathrm{d}^2y}{\mathrm{d}x^2}=\frac{-4\sin y}{(2-\cos y)^3}.$$

例 7　求由星形线的参数方程 $\begin{cases}x=a\cos^3t,\\y=a\sin^3t\end{cases}$ 所确定的函数 $y=y(x)$ 的二阶导数.

解

$$\frac{\mathrm{d}y}{\mathrm{d}x}=\frac{\frac{\mathrm{d}y}{\mathrm{d}t}}{\frac{\mathrm{d}x}{\mathrm{d}t}}=\frac{(a\sin^3t)'}{(a\cos^3t)'}=\frac{3a\sin^2t\cos t}{-3a\cos^2t\sin t}=-\tan t.$$

求 $\frac{\mathrm{d}^2y}{\mathrm{d}x^2}$ 时,由于$\frac{\mathrm{d}y}{\mathrm{d}x}$与 x 的函数关系可用参数方程

$$\begin{cases}x=a\cos^3t,\\\frac{\mathrm{d}y}{\mathrm{d}x}=-\tan t\end{cases}$$

来表示,因此根据由参数方程所确定的函数导数的求法,有

$$\frac{\mathrm{d}^2y}{\mathrm{d}x^2}=\frac{\mathrm{d}}{\mathrm{d}x}\left(\frac{\mathrm{d}y}{\mathrm{d}x}\right)=\frac{\frac{\mathrm{d}}{\mathrm{d}t}(-\tan t)}{\frac{\mathrm{d}x}{\mathrm{d}t}}$$

$$=\frac{\frac{\mathrm{d}}{\mathrm{d}t}(-\tan t)}{\frac{\mathrm{d}}{\mathrm{d}t}(a\cos^3t)}=\frac{-\sec^2t}{-3a\cos^2t\sin t}=\frac{1}{3a}\sec^4t\csc t.$$

一般地,如果参数方程(2.3)中的两个函数 $x=\varphi(t)$,$y=\psi(t)$ 都二阶可导,则可由式(2.4)及商的求导法则计算由参数方程(2.3)所确定的函数的二阶导数

如下：

$$\frac{d^2y}{dx^2}=\frac{d}{dx}\left(\frac{dy}{dx}\right)=\frac{d}{dt}\left(\frac{dy}{dx}\right)\cdot\frac{dt}{dx}=\frac{\frac{d\left(\frac{dy}{dx}\right)}{dt}}{\frac{dx}{dt}}$$

$$=\frac{\frac{d}{dt}\left(\frac{\psi'(t)}{\varphi'(t)}\right)}{\varphi'(t)}=\frac{\psi''(t)\varphi'(t)-\psi'(t)\varphi''(t)}{[\varphi'(t)]^3}.$$

三、高阶导数的运算法则

如果函数 $u=u(x)$ 及 $v=v(x)$ 都在点 x 处具有 n 阶导数，则显然 $u\pm v$，Cu（其中 C 为常数）也在点 x 处具有 n 阶导数，且有线性性质：

$$(u\pm v)^{(n)}=u^{(n)}\pm v^{(n)},$$

$$(Cu)^{(n)}=Cu^{(n)}.$$

但两个函数的乘积 $u(x)v(x)$ 的 n 阶导数并不如此简单. 由

$$(uv)'=u'v+uv'$$

可得

$$(uv)''=u''v+2u'v'+uv'',$$

$$(uv)'''=u'''v+3u''v'+3u'v''+uv'''.$$

用数学归纳法和组合数公式 $C_n^k+C_n^{k-1}=C_{n+1}^k$ 可以证明

$$(uv)^{(n)}=u^{(n)}v+C_n^1u^{(n-1)}v'+C_n^2u^{(n-2)}v''+\cdots+C_n^{n-1}u'v^{(n-1)}+C_n^nuv^{(n)}$$

$$=\sum_{k=0}^{n}C_n^ku^{(n-k)}v^{(k)},$$

其中 $u^{(0)}=u$，$v^{(0)}=v$. 上式称为**莱布尼茨**①**公式**. 莱布尼茨公式与牛顿二项展开式

$$(u+v)^n=u^nv^0+C_n^1u^{n-1}v^1+C_n^2u^{n-2}v^2+\cdots+C_n^nu^0v^n$$

$$=\sum_{k=0}^{n}C_n^ku^{n-k}v^k$$

在形式上十分相似，只需将二项展开式中“$u+v$”换成“uv”，将 k 次幂换成 k 阶导数（零阶导数理解为函数本身）即可，因此可以借助于二项展开式定理来记忆莱布尼茨公式. 下面举例说明高阶导数运算法则的运用.

例 8　求 $y=\frac{x^2+2}{x^2-1}$ 的 n 阶导数.

---

① 莱布尼茨(G. W. Leibniz，1646～1716)，德国数学家.

解
$$y=\frac{x^2+2}{x^2-1}=1+\frac{3}{x^2-1}=1+\frac{3}{(x-1)(x+1)}$$
$$=1+\frac{3}{2}\left(\frac{1}{x-1}-\frac{1}{x+1}\right).$$

根据高阶导数的线性运算法则,得
$$y^{(n)}=0+\frac{3}{2}\left[\left(\frac{1}{x-1}\right)^{(n)}-\left(\frac{1}{x+1}\right)^{(n)}\right]$$
$$=\frac{3}{2}\left[\frac{(-1)^n n!}{(x-1)^{n+1}}-\frac{(-1)^n n!}{(x+1)^{n+1}}\right]$$
$$=\frac{3}{2}(-1)^n n!\left[\frac{1}{(x-1)^{n+1}}-\frac{1}{(x+1)^{n+1}}\right].$$

例 9　已知 $y=e^x x^3$,求 $y^{(15)}$.

解　设 $u=e^x$, $v=x^3$,则有
$$u^{(k)}=e^x\quad (k=1,2,\cdots,15),$$
$$v'=3x^2,\quad v''=6x,\quad v'''=6,\quad v^{(k)}=0\quad (k=4,5,\cdots,15),$$

代入莱布尼茨公式,得
$$y^{(15)}=(e^x x^3)^{(15)}$$
$$=(e^x)^{(15)}x^3+C_{15}^1(e^x)^{(14)}(x^3)'+C_{15}^2(e^x)^{(13)}(x^3)''+C_{15}^3(e^x)^{(12)}(x^3)'''$$
$$=e^x x^3+15e^x\cdot 3x^2+\frac{15\cdot 14}{2!}e^x\cdot 6x+\frac{15\cdot 14\cdot 13}{3!}e^x\cdot 6$$
$$=e^x(x^3+45x^2+630x+2730).$$

例 10　设 $y=(x^2+1)\cos x$,求 $y^{(10)}$.

解　设 $u=\cos x$, $v=x^2+1$,则有
$$u^{(k)}=\cos\left(x+k\cdot\frac{\pi}{2}\right)\quad (k=1,2,\cdots,10),$$
$$v'=2x,\quad v''=2,\quad v^{(k)}=0\quad (k=3,4,\cdots,10),$$
$$y^{(10)}=(\cos x)^{(10)}(x^2+1)+C_{10}^1(\cos x)^{(9)}(x^2+1)'+C_{10}^2(\cos x)^{(8)}(x^2+1)''$$
$$=\cos\left(x+10\cdot\frac{\pi}{2}\right)\cdot(x^2+1)+10\cos\left(x+9\cdot\frac{\pi}{2}\right)\cdot 2x$$
$$+\frac{10\cdot 9}{2!}\cos\left(x+8\cdot\frac{\pi}{2}\right)\cdot 2$$
$$=-(x^2+1)\cos x-20x\sin x+90\cos x$$
$$=-x^2\cos x-20x\sin x+89\cos x.$$

请读者思考一下,如何选择 v 才能达到简化计算的目的?

习题 2-4

1. 求下列函数的二阶导数：

(1) $y = 3x^2 + e^{2x} + \ln x$；　　(2) $y = x\cos x$；

(3) $y = e^{-t}\sin t$；　　(4) $y = (1 + x^2)\arctan x$.

2. 设 $f(x) = (x + 10)^6$，求 $f'''(2)$.

3. 设 $f''(x)$ 存在，求下列函数 y 的二阶导数$\frac{d^2 y}{dx^2}$：

(1) $y = f(e^{-x})$；　　(2) $y = \ln(f(x))$.

*4. 试从$\frac{dx}{dy} = \frac{1}{y'}$导出：

(1) $\frac{d^2 x}{dy^2} = -\frac{y''}{(y')^3}$；　　(2) $\frac{d^3 x}{dy^3} = \frac{3(y'')^2 - y'y'''}{(y')^5}$.

5. 验证函数 $y = e^x \sin x$ 满足关系式 $y'' - 2y' + 2y = 0$.

6. 求下列函数的 n 阶导数的表达式：

(1) $y = \sin^2 x$；　　(2) $y = x\ln x$；

(3) $y = xe^x$；　　(4) $y = \frac{1}{x^2 - a^2}$；

*(5) $y = \ln\frac{1+x}{1-x}$.

7. 求下列函数的指定阶的导数：

(1) $y = e^x \cos x$，求 $y^{(4)}$；　　*(2) $y = x^2 \sin 2x$，求 $y^{(50)}$.

8. 求由下列方程所确定的隐函数 y 的二阶导数$\frac{d^2 y}{dx^2}$：

(1) $y = \tan(x + y)$；　　(2) $xy = e^{x+y}$.

9. 求下列参数方程所确定的函数的二阶导数$\frac{d^2 y}{dx^2}$：

(1) $\begin{cases} x = a\cos t, \\ y = b\sin t; \end{cases}$

(2) $\begin{cases} x = f'(t), \\ y = tf'(t) - f(t), \end{cases}$其中 $f''(t)$ 存在且不为零.

第五节　导数的简单应用

一、几何应用

根据导数的几何意义，用直线的点斜式方程可以写出曲线 $y = f(x)$ 在点 $M(x_0, y_0)$ 处的切线及法线方程.

例 1　求过点(1,0)且与曲线 $y = \frac{1}{x}$ 相切的直线方程.

解　由于点(1,0) 的坐标不满足方程 $y=\frac{1}{x}$,故点不在曲线上. 又 $y'=-\frac{1}{x^2}$,设切点坐标为$\left(x_0,\frac{1}{x_0}\right)$,则切线斜率为 $-\frac{1}{x_0^2}$,曲线在点$\left(x_0,\frac{1}{x_0}\right)$ 处的切线方程为

$$y-\frac{1}{x_0}=-\frac{1}{x_0^2}(x-x_0).$$

由于切线过已知点(1,0),所以点(1,0)的坐标满足上方程,即有

$$-\frac{1}{x_0}=-\frac{1}{x_0^2}(1-x_0),$$

解得 $x_0=\frac{1}{2}$,从而所求切线的方程为

$$y-2=-4\left(x-\frac{1}{2}\right),$$

即

$$4x+y-4=0.$$

例 2　求椭圆 $\frac{x^2}{a^2}+\frac{y^2}{b^2}=1$ 在点 $M\left(\frac{\sqrt{2}}{2}a,\frac{\sqrt{2}}{2}b\right)$处的切线方程.

解　采用隐函数求导法,将方程两边对 x 求导(注意 y 是 x 的函数),得

$$\frac{2x}{a^2}+\frac{2yy'}{b^2}=0,$$

从而

$$y'=-\frac{b^2x}{a^2y}.$$

过点 M 的切线斜率为

$$k=-\frac{b^2x}{a^2y}\bigg|_{\substack{x=\frac{\sqrt{2}}{2}a\\ y=\frac{\sqrt{2}}{2}b}}=-\frac{b}{a},$$

于是所求的切线方程为

$$y-\frac{\sqrt{2}}{2}b=-\frac{b}{a}\left(x-\frac{\sqrt{2}}{2}a\right),$$

即

$$bx+ay-\sqrt{2}ab=0.$$

例 3　求笛卡儿叶形线

$$\begin{cases}x=\dfrac{3at}{1+t^3},\\ y=\dfrac{3at^2}{1+t^3}\end{cases}$$

(参见附录Ⅲ)在 $t=1$ 对应的点处的切线方程及法线方程.

解　当 $t=1$ 时，$x=y=\frac{3}{2}a$，故曲线上对应于 $t=1$ 的点为 $\left(\frac{3}{2}a,\frac{3}{2}a\right)$. 根据由参数方程所确定的函数的求导公式，得

$$\frac{\mathrm{d}y}{\mathrm{d}x}=\frac{\frac{\mathrm{d}y}{\mathrm{d}t}}{\frac{\mathrm{d}x}{\mathrm{d}t}}=\frac{\frac{3at(2-t^3)}{(1+t^3)^2}}{\frac{3a(1-2t^3)}{(1+t^3)^2}}=\frac{t(2-t^3)}{1-2t^3},$$

曲线在对应于 $t=1$ 的点处的切线斜率为

$$k=\left.\frac{\mathrm{d}y}{\mathrm{d}x}\right|_{t=1}=\left.\frac{t(2-t^3)}{1-2t^3}\right|_{t=1}=-1,$$

法线斜率为 $k'=1$，因此所求的切线方程为

$$y-\frac{3}{2}a=-1\left(x-\frac{3}{2}a\right),$$

即

$$x+y-3a=0;$$

法线方程为

$$y-\frac{3}{2}a=x-\frac{3}{2}a,$$

即

$$x-y=0.$$

例 4　求四叶玫瑰线 $\rho=a\sin2\theta$（a 为常数）（参见附录 Ⅲ）在 $\theta=\frac{\pi}{4}$ 对应的点处的切线方程.

解　将极坐标方程化为以极角 θ 为参数的参数方程，得

$$\begin{cases}x=\rho\cos\theta=a\sin2\theta\cos\theta,\\ y=\rho\sin\theta=a\sin2\theta\sin\theta,\end{cases}$$

于是

$$\left.\frac{\mathrm{d}y}{\mathrm{d}x}\right|_{\theta=\frac{\pi}{4}}=\left.\frac{\frac{\mathrm{d}y}{\mathrm{d}\theta}}{\frac{\mathrm{d}x}{\mathrm{d}\theta}}\right|_{\theta=\frac{\pi}{4}}=\left.\frac{2a\cos2\theta\sin\theta+a\sin2\theta\cos\theta}{2a\cos2\theta\cos\theta-a\sin2\theta\sin\theta}\right|_{\theta=\frac{\pi}{4}}=-1.$$

又 $x\left|_{\theta=\frac{\pi}{4}}=y\right|_{\theta=\frac{\pi}{4}}=\frac{\sqrt{2}}{2}a$，因此曲线在点 $\left(\frac{\sqrt{2}}{2}a,\frac{\sqrt{2}}{2}a\right)$ 处的切线方程为

$$y-\frac{\sqrt{2}}{2}a=-\left(x-\frac{\sqrt{2}}{2}a\right),$$

即

$$x+y-\sqrt{2}a=0.$$

例 5　设$\triangle P_1P_2P_3$的三个顶点为$P_i(x_i,y_i)$，$i=1$，2,3,直线段P_1P_2,P_2P_3,P_1P_3的方程分别为

$$L_i(x,y)=a_ix+b_iy+c_i=0\quad(i=1,2,3).$$

令$F(x,y)=(1-\lambda)L_1(x,y)L_2(x,y)+\lambda L_3^2(x,y)$，其中$0<\lambda<1$.证明:曲线$F(x,y)=0$过点$P_1$及$P_3$,且在$P_1$和$P_3$处的切线分别为直线$P_1P_2$和$P_2P_3$(图 2.6).

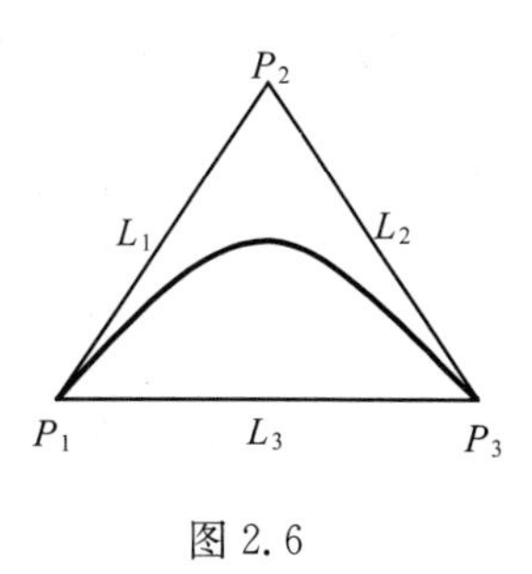

图 2.6

证　根据题意容易验证$F(x_1,y_1)=0$，$F(x_3,y_3)=0$,故曲线$F(x,y)=0$过P_1及P_3两点.根据隐函数求导法,在方程

$$\begin{aligned}F(x,y)=&(1-\lambda)(a_1x+b_1y+c_1)(a_2x+b_2y+c_2)\\&+\lambda(a_3x+b_3y+c_3)^2=0\end{aligned}$$

两端关于x求导,有

$$\begin{aligned}&(1-\lambda)(a_1+b_1y')(a_2x+b_2y+c_2)+(1-\lambda)(a_2+b_2y')(a_1x+b_1y+c_1)\\&\quad+2\lambda(a_3x+b_3y+c_3)(a_3+b_3y')=0,\end{aligned}$$

解得

$$y'=-\frac{(1-\lambda)a_1(a_2x+b_2y+c_2)+(1-\lambda)a_2(a_1x+b_1y+c_1)+2\lambda a_3(a_3x+b_3y+c_3)}{(1-\lambda)b_1(a_2x+b_2y+c_2)+(1-\lambda)b_2(a_1x+b_1y+c_1)+2\lambda b_3(a_3x+b_3y+c_3)},$$

从而

$$y'\Big|_{\substack{x=x_1\\y=y_1}}=-\frac{a_1}{b_1}=k_{P_1P_2},\quad y'\Big|_{\substack{x=x_3\\y=y_3}}=-\frac{a_2}{b_2}=k_{P_2P_3},$$

即曲线$F(x,y)=0$在点$P_1(x_1,y_1)$处的切线的斜率等于直线P_1P_2的斜率,在点$P_3(x_3,y_3)$处的切线的斜率等于直线P_2P_3的斜率,因此命题成立.

二、物理应用

例 6　一物体沿直线运动,由始点经过t秒后所经过的距离$s=\frac{1}{3}t^3-4t^2+16$,问该物体何时速度为零?何时加速度为零?

解　物体的速度$v(t)$、加速度$a(t)$分别是位移函数$s(t)$对时间t的一阶、二阶导数,即有

$$\begin{aligned}v(t)&=s'(t)=t^2-8t,\\a(t)&=s''(t)=v'(t)=2t-8,\end{aligned}$$

分别令$v(t)=0$及$a(t)=0$,可得$t=0$,$t=8$及$t=4$,因此当$t=0$及8秒时,物体的速度为0,当$t=4$秒时,加速度为0.

例 7　飞轮转动的旋转角与时间的平方成正比,已知飞轮转动第一圈经过8秒钟,求运动开始32秒后飞轮的角速度.

解　设t秒时飞轮的旋转角为θ,则$\theta = kt^2$,由题意知$\theta|_{t=8} = 2\pi$,从而$k = \frac{\pi}{32}$,于是$\theta = \frac{\pi}{32}t^2$. 由于角速度$\omega$为旋转角$\theta$关于时间$t$的导数,故有

$$\omega = \frac{\mathrm{d}\theta}{\mathrm{d}t} = \left(\frac{\pi}{32}t^2\right)' = \frac{\pi}{16}t,$$

从而运动开始32秒后飞轮的角速度为

$$\omega|_{t=32} = \frac{\pi}{16}t|_{t=32} = 2\pi \approx 6.28(\text{弧度}/\text{秒}).$$

三、经济应用

在19世纪末和20世纪初,有关函数变化率的思想被一些经济学家用于经济分析中.

设函数$y = f(x)$在区间(a,b)内处处有导数,则在经济科学中把导数$f'(x)$称为**边际函数**,而把某点$x_0 \in (a,b)$处的导数$f'(x_0)$称为边际函数值,或简称为点x_0处的**边际**.

在生产和经营活动中,产品成本、销售后的收益以及利润都是产品数量x的函数,分别记为$C(x)$,$R(x)$和$P(x)$. 假定产品都能售出,则显然有:$P(x) = R(x) - C(x)$. 成本函数$C(x)$关于产量x的导数称为**边际成本**,记为$M_C(x)$;收益函数关于产量x的导数称为**边际收益**,记为$M_R(x)$;利润函数关于产量x的导数称为**边际利润**,记为$M_P(x)$.

经济学对边际成本$M_C(x)$的经济解释是:当产量达到x个产品时,再多生产一个产品所增加的成本. 对边际收益及边际利润也有类似的经济解释.

例8　设生产x件产品的总成本和总收益分别是

$$C(x) = 1800 + 4x + \frac{1}{2}x^2(\text{元}),\quad R(x) = 140x - \frac{1}{2}x^2(\text{元}),$$

求:(1) 生产30件产品时的平均成本及边际成本;

(2) 生产30件产品时的边际收益及边际利润.

解　(1) 平均成本及边际成本分别为

$$\overline{C}(x) = \frac{C(x)}{x} = \frac{1800}{x} + 4 + \frac{1}{2}x,$$

$$M_C(x) = C'(x) = 4 + x,$$

因此生产30件产品时的平均成本及边际成本分别为

$$\overline{C}(30) = \frac{C(30)}{30} = 79(\text{元}/\text{件}),$$

$$M_C(30) = C'(x)|_{x=30} = 34(\text{元}/\text{件}).$$

这说明,生产前30件产品时,均摊在每件产品上的成本为79元,在此基础上

生产第 31 件产品需增加的成本大约为 34 元.

(2) 边际收益及边际利润分别为

$$M_R(x) = R'(x) = 140 - x,$$
$$M_P(x) = P'(x) = M_R(x) - M_C(x) = 136 - 2x,$$

因此生产 30 件产品时的边际收益及边际利润分别为

$$M_R(30) = 110(\text{元} / \text{件}),$$
$$M_P(30) = 76(\text{元} / \text{件}).$$

四、相关变化率

设变量 x 与 y 之间存在某种依赖关系，而 $x = x(t)$ 及 $y = y(t)$ 都是 t 的可导函数，从而它们的变化率$\frac{\mathrm{d}x}{\mathrm{d}t}$ 与$\frac{\mathrm{d}y}{\mathrm{d}t}$ 间也存在一定关系. 这两个相互依赖的变化率称为**相关变化率**. 相关变化率问题就是研究这两个变化率之间的关系，以便从其中一个变化率求出另一变化率.

例 9　一个高度为 10m 的正圆锥通过增加底面半径以改变其形状. 在底面半径为 5m 的时候，试问它要有多快的增长率才能使圆锥体积以 $20\mathrm{m}^3/\mathrm{min}$ 的速率增加?

解　设圆锥的底面半径为 r，体积为 V，则有

$$V = \frac{1}{3}\pi r^2 \times 10 = \frac{10}{3}\pi r^2.$$

上式两边对时间 t 求导，得

$$\frac{\mathrm{d}V}{\mathrm{d}t} = \frac{10}{3}\pi \cdot 2r \frac{\mathrm{d}r}{\mathrm{d}t},$$

从而

$$\frac{\mathrm{d}r}{\mathrm{d}t} = \frac{3}{20\pi r} \frac{\mathrm{d}V}{\mathrm{d}t}.$$

以 $r = 5\mathrm{m}$, $\frac{\mathrm{d}V}{\mathrm{d}t} = 20\ \mathrm{m}^3/\mathrm{min}$ 代入上式，得

$$\frac{\mathrm{d}r}{\mathrm{d}t} = \frac{3}{20\pi \times 5} \times 20 = \frac{3}{5\pi}\ (\mathrm{m/min}).$$

习题 2-5

1. 问 a 为何值时，抛物线 $y = ax^2$ 与曲线 $y = \ln x$ 相切(即两曲线有公切线)，并求出切点及切线的方程.

2. 证明：双曲线 $xy = a^2$ 上任一点处的切线与两坐标轴构成的三角形的面积都等于 $2a^2$.

3. 求星形线 $x^{\frac{2}{3}} + y^{\frac{2}{3}} = a^{\frac{2}{3}}$ 在点$\left(\frac{\sqrt{2}}{4}a, \frac{\sqrt{2}}{4}a\right)$处的切线方程及法线方程.

4. 写出下列曲线在所给参数值对应的点处的切线方程和法线方程.

(1) $\begin{cases} x = \sin t, \\ y = \cos 2t, \end{cases}$ 在 $t = \frac{\pi}{4}$ 处；

(2) $\begin{cases} x = 1 + t^2, \\ y = t^3, \end{cases}$ 在 $t = 2$ 处.

5. 求对数螺线 $\rho = ae^{\theta}$ 在 $\theta = \frac{\pi}{2}$ 对应的点处的切线方程和法线方程.

6. 一球在斜面上向上而滚，在 t 秒之终与开始的距离为 $s = 3t - t^3$ (m)，问其初速度为多少？何时开始下滚？

7. 将一物体从地面以初速度 v_0 (m/s) 铅直上抛，则物体开始上升，到达一高度又下降返回地面，如果忽略空气阻力的影响，试求：

(1) 物体运动过程的瞬时速度；

(2) 上升的最大高度；

(3) 从上升到返回地面所需的时间；

(4) 落到地面时的速度.

8. 设有一细棒，取棒的一端作为原点，棒上任意点的坐标为 x，若分布在区间 $[0, x]$ 上细棒的质量为 $M = \frac{1}{3}\left(\pi\rho\tan^2\frac{\theta}{2}\right)x^3$，其中 ρ, θ 为常数. 求它在 $x = 2$ 处的线密度(对于均匀细棒来说，单位长度细棒的质量称为细棒的**线密度**).

9. 某产品总成本 C 元为产量 x 的函数

$$C = C(x) = 1000 + 40\sqrt{x},$$

求生产 100 单位产品时的边际成本.

10. 某产品的单价 P 元 / 件与需求量 Q 件的关系为

$$P = 10 - \frac{Q}{5},$$

求需求量为 15 件时的边际收益.

11. 一气球从离开观察员 500m 处离地面铅直上升，其速率为 140m/min. 当气球高度为 500m 时，观察员视线的仰角增加率是多少？

12. 溶液自深 18cm，顶直径为 12cm 的正圆锥形漏斗中漏入一直径为 10cm 的圆柱形筒中，开始时漏斗中盛满了溶液. 已知当溶液在漏斗中深为 12cm 时，其表面下降的速率为 1cm/min. 问此时圆柱形筒中溶液表面上升的速率为多少？

13. 一梯子长 10m，上端靠墙，下端着地，梯子顺墙下滑. 当梯子下端离墙 6m 时，假设梯子下端沿着地面离开墙的速率为 2m/s，问此时梯子上端下降的速率是多少？

第六节　函数的微分

一、微分的概念

在实际问题中，有时需要考察由自变量 x 的变化 Δx 而引起的函数 y 的改变量

Δy. 一般地，当 y 与 x 的函数关系比较复杂时，Δy 往往是 Δx 的更为复杂的函数. 因此，自然希望用一个关于 Δx 的简单函数来近似地表示(或逼近)Δy. 那么这个简单函数是什么样的?它满足什么性质?如果 $f(x)$ 是连续函数，则当 $\Delta x \to 0$ 时，$\Delta y \to 0$，即 Δy 是无穷小. 因此，这个 Δx 的简单函数当 $\Delta x \to 0$ 时，也应是无穷小. 满足这个性质的最"简单的函数"是形如 $A\Delta x$ 的线性函数，其中 A 是与 Δx 无关的常数. 同时，作为 Δy 的一个"好"的近似，$A\Delta x$ 应是 Δy 的等价无穷小，换言之，Δy 与 $A\Delta x$ 之差应是关于 Δx 的高阶无穷小.

首先看一个具体的例子.

设一块正方形金属薄片的边长为 $x = x_0$，受温度变化的影响，其边长由 x_0 变到 $x_0 + \Delta x$(图 2.7)，我们来计算薄片面积的改变量 Δy . 显然

$$\Delta y = (x_0 + \Delta x)^2 - x_0^2 = 2x_0\Delta x + (\Delta x)^2.$$

从上式可以看出，Δy 由两部分组成：一部分 $2x_0\Delta x$ 是 Δx 的线性函数，即图 2.7 中带有斜线的两个矩形面积之和，另一部分 $(\Delta x)^2$ 在图中是带有交叉斜线的小正方形的面积，当 $\Delta x \to 0$ 时，$(\Delta x)^2$ 是比 Δx 高阶的无穷小，即 $(\Delta x)^2 = o(\Delta x)$. 因此，当边长改变很微小，即 $|\Delta x|$ 很小时，可以用 $2x_0\Delta x$ 作为面积改变量的近似值.

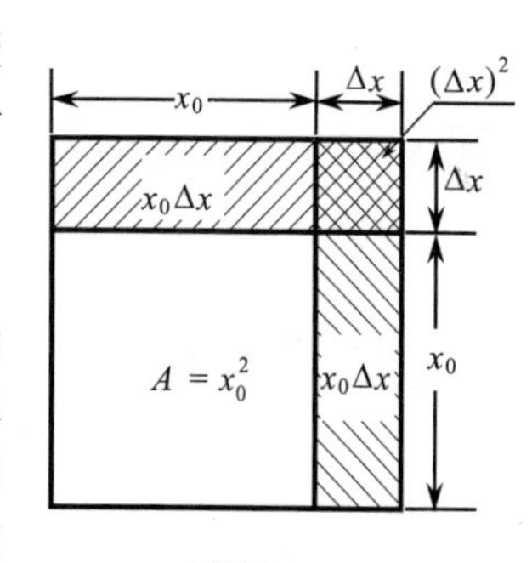

图 2.7

对于一般的函数 $y = f(x)$，我们也希望把 Δy 表示为两项之和，一项为 Δx 的线性函数 $A\Delta x$，另一项为误差项，是 Δx 的高阶无穷小，即把 Δy 表示为

$$\Delta y = A\Delta x + o(\Delta x),$$

其中 A 是不依赖于 Δx 的常数，$o(\Delta x)$ 是 Δy 与 $A\Delta x$ 的差，且当 $\Delta x \to 0$ 时，是比 Δx 高阶的无穷小，则当 $A \neq 0$ 且 $|\Delta x|$ 很小时，可以用 $A\Delta x$ 来近似代替 Δy. 由此引出微分的定义.

定义 2.2　设函数 $y = f(x)$ 在某区间内有定义，x_0 及 $x_0 + \Delta x$ 在这区间内，如果函数的增量 $\Delta y = f(x_0 + \Delta x) - f(x_0)$ 可表示为

$$\Delta y = A\Delta x + o(\Delta x), \tag{2.5}$$

其中 A 是不依赖于 Δx 的常数，则称函数 $y = f(x)$ 在点 x_0 处是**可微**的，并称 $A\Delta x$ 为函数 $y = f(x)$ 在点 x_0 处相应于自变量增量 Δx 的**微分**，记作 $\mathrm{d}y$ ，即

$$\mathrm{d}y = A\Delta x.$$

函数 $f(x)$ 在点 x_0 处可微与函数 $f(x)$ 在点 x_0 处可导有什么关系呢?

定理 2.4　函数 $f(x)$ 在点 x_0 处可微的充分必要条件是函数 $f(x)$ 在点 x_0 处可导，且当 $f(x)$ 在点 x_0 处可微时，其微分是

$$\mathrm{d}y = f'(x_0)\Delta x.$$

证　必要性. 设函数 $y = f(x)$ 在点 x_0 处可微，则按定义有式(2.5)成立.

(2.5) 式两边除以 Δx ，得

$$\frac{\Delta y}{\Delta x}=A+\frac{o(\Delta x)}{\Delta x},$$

令 $\Delta x\to 0$ ，取极限得

$$A=\lim_{\Delta x\to 0}\frac{\Delta y}{\Delta x}=f'(x_0).$$

因此 $f(x)$ 在点 x_0 处可导，且 $A=f'(x_0)$，从而 $\mathrm{d}y=f'(x_0)\Delta x$.

充分性. 设 $y=f(x)$ 在点 x_0 处可导，即

$$\lim_{\Delta x\to 0}\frac{\Delta y}{\Delta x}=f'(x_0),$$

根据函数极限与无穷小量的关系，有

$$\frac{\Delta y}{\Delta x}=f'(x_0)+\alpha,$$

其中 $\lim\limits_{\Delta x\to 0}\alpha=0$. 由此可得

$$\Delta y=f'(x_0)\Delta x+\alpha\Delta x.$$

由于 $\alpha\Delta x=o(\Delta x)$，且 $f'(x_0)$ 不依赖于 Δx，故由微分的定义知，$f(x)$ 在点 x_0 处可微. 因此定理 2.4 成立.

当 $f'(x_0)\neq 0$ 时，有

$$\lim_{\Delta x\to 0}\frac{\Delta y}{\mathrm{d}y}=\lim_{\Delta x\to 0}\frac{\Delta y}{f'(x_0)\Delta x}=\frac{1}{f'(x_0)}\lim_{\Delta x\to 0}\frac{\Delta y}{\Delta x}=1.$$

从而当 $\Delta x\to 0$ 时，Δy 与 $\mathrm{d}y$ 是等价无穷小，于是由等价无穷小的性质知 Δy 可表示为

$$\Delta y=\mathrm{d}y+o(\mathrm{d}y),$$

即 $\mathrm{d}y$ 是 Δy 的主要部分. 又由于 $\mathrm{d}y=f'(x_0)\Delta x$ 是 Δx 的线性函数，所以在 $f'(x_0)\neq 0$ 的条件下，称 $\mathrm{d}y$ 是 Δy 的**线性主部**(当 $\Delta x\to 0$ 时)，此时当 $|\Delta x|$ 很小时，有近似等式

$$\Delta y\approx \mathrm{d}y \quad 或 \quad \Delta y=f(x_0+\Delta x)-f(x_0)\approx f'(x_0)\Delta x, \tag{2.6}$$

且以微分 $\mathrm{d}y=f'(x_0)\Delta x$ 近似代替增量 Δy 时，其误差可表示为 $o(\mathrm{d}y)$.

若函数 $f(x)$ 在区间 I 上每一点处都可微，则称函数在区间 I 上可微. 函数 $f(x)$ 在任意点 x 处的微分称为**函数的微分**，记作 $\mathrm{d}y$ 或 $\mathrm{d}f(x)$ ，即

$$\mathrm{d}y=f'(x)\Delta x.$$

如果 $y=f(x)=x$，则 $f'(x)=1$，从而 $\mathrm{d}y=\mathrm{d}x=\Delta x$ ，即自变量的微分等于自变量的增量. 于是函数的微分又可记作

$$\mathrm{d}y=f'(x)\mathrm{d}x.$$

若以 $\mathrm{d}x$ 除上式两边便得 $\frac{\mathrm{d}y}{\mathrm{d}x}=f'(x)$. 这就是说，函数的微分 $\mathrm{d}y$ 与自变量的微分 $\mathrm{d}x$

之商等于该函数的导数,因此导数也称为“微商”. 以前我们把$\frac{\mathrm{d}y}{\mathrm{d}x}$看成是导数的整体记号,引进微分概念后,$\mathrm{d}y$,$\mathrm{d}x$ 都有了它的含义,现在可以把$\frac{\mathrm{d}y}{\mathrm{d}x}$看成分式了.

例 1　求函数 $y=x^3$ 在 $x=2$ 处当 $\Delta x=0.02$ 时的微分和增量.

解　函数的微分为

$$\mathrm{d}y=(x^3)'\Delta x=3x^2\Delta x,$$

从而函数当 $x=2$, $\Delta x=0.02$ 时的微分为

$$\mathrm{d}y\Big|_{\substack{x=2\\ \Delta x=0.02}}=3\cdot 2^2\cdot 0.02=0.24.$$

函数当 $x=2$, $\Delta x=0.02$ 时的增量为

$$\Delta y=[(x+\Delta x)^3-x^3]\Big|_{\substack{x=2\\ \Delta x=0.02}}=(2+0.02)^3-2^3=0.242408.$$

为了对微分有比较直观的了解,下面说明微分的几何意义. 如图 2.8 所示,对于固定的 x_0 值,曲线 $y=f(x)$ 上有一个确定点 $M(x_0,y_0)$,当自变量 x 有微小增量 Δx 时,就得到曲线上另一点 $N(x_0+\Delta x,y_0+\Delta y)$. 设曲线在点 M 处的切线为 MT,它的倾角为 α,则由图 2.8 可知,$MQ=\Delta x$,$QN=\Delta y$, $QP=MQ\tan\alpha=f'(x_0)\Delta x=\mathrm{d}y$.

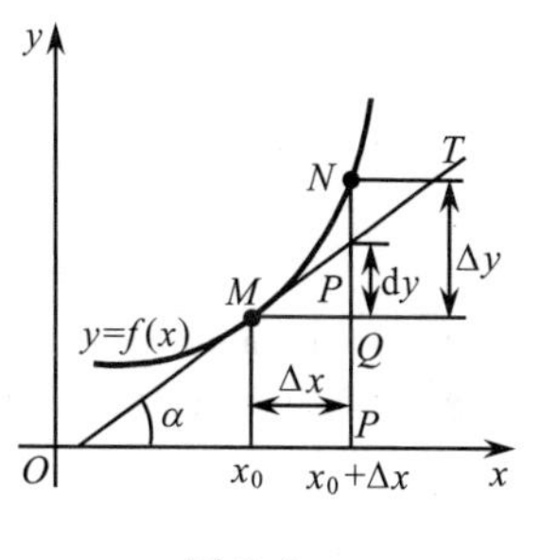

图 2.8

由此可见,对于可微函数 $y=f(x)$ 而言,当自变量从 $x=x_0$ 改变为 $x=x_0+\Delta x$ 时,Δy 是曲线 $y=f(x)$ 上与之对应的点的纵坐标的增量,而 $\mathrm{d}y$ 就是曲线在点$(x_0,f(x_0))$处的切线上对应点的纵坐标的增量,这就是微分的几何意义.

另外,从图 2.8 可以看出,当 $|\Delta x|$ 很小时,$|\Delta y-\mathrm{d}y|$ 比 $|\Delta x|$ 小得多,$\mathrm{d}y$ 是 Δy 很好的近似. 因此在点 M 的附近,可以用切线段近似代替曲线段.

式(2.6)也可以写成

$$f(x_0+\Delta x)\approx f(x_0)+f'(x_0)\Delta x, \tag{2.7}$$

在式(2.7)中令 $x=x_0+\Delta x$,即 $x-x_0=\Delta x$,则有

$$f(x)\approx f(x_0)+f'(x_0)(x-x_0). \tag{2.8}$$

式(2.8)左端是所讨论的函数,它的图形是图 2.8 中的曲线 $y=f(x)$,而式(2.8)右端是关于 x 的一次函数,它的图形是图 2.8 中的直线 MT,即曲线 $f(x)$ 在$(x_0,f(x_0))$处的切线. 所以不论 $f(x)$ 的结构如何复杂,只要 $f'(x_0)$ 存在且不等于零,在 $x=x_0$ 附近,$f(x)$ 总可以用 x 的一次函数 $f(x_0)+f'(x_0)(x-x_0)$ 来近似. 这种方法称为**非线性函数的线性化方法**. 式(2.8) 通常称为函数 $f(x)$ 的**一次近似**或**线性近似**.

二、微分的基本公式及运算法则

从函数微分的表达式 $\mathrm{d}y=f'(x)\mathrm{d}x$ 可以看出，要计算函数的微分，只要计算函数的导数，再乘以自变量的微分即可.

对于涉及和、差、积、商运算的函数，求其微分也是如此，例如

$$\mathrm{d}[u(x)v(x)]=[u'(x)v(x)+u(x)u'(x)]\mathrm{d}x.$$

由于 $\mathrm{d}u(x)=u'(x)\mathrm{d}x$，$\mathrm{d}v(x)=v'(x)\mathrm{d}x$，因此有函数的和、差、积、商的下列微分公式：

$$\mathrm{d}(u\pm v)=\mathrm{d}u\pm\mathrm{d}v,\quad \mathrm{d}(uv)=v\mathrm{d}u+u\mathrm{d}v,$$

$$\mathrm{d}(Cu)=C\mathrm{d}u(C\text{是常数}),\quad \mathrm{d}\left(\frac{u}{v}\right)=\frac{v\mathrm{d}u-u\mathrm{d}v}{v^2}(v\neq 0).$$

对于复合函数 $y=f[\varphi(x)]$，如果 $y=f(u)$ 与 $u=\varphi(x)$ 都是可导函数，则根据微分计算公式，$y=f[\varphi(x)]$ 的微分为

$$\mathrm{d}y=f'[\varphi(x)]\varphi'(x)\mathrm{d}x.$$

由于 $\mathrm{d}\varphi(x)=\varphi'(x)\mathrm{d}x$，所以

$$\mathrm{d}y=f'[\varphi(x)]\mathrm{d}\varphi(x)=f'(u)\mathrm{d}u=f'[\varphi(x)]\varphi'(x)\mathrm{d}x.$$

这表明，不论是以自变量 x 为自变量，还是以中间变量 u 为自变量，复合函数的微分始终等于“导数乘以相应变量的微分”，这种现象称为复合函数的**微分形式不变性**.

例 2　求函数 $y=\arctan e^{2x}$ 的微分.

解
$$\mathrm{d}y=\mathrm{d}(\arctan e^{2x})=\frac{1}{1+e^{4x}}\mathrm{d}(e^{2x})$$
$$=\frac{1}{1+e^{4x}}e^{2x}\mathrm{d}(2x)=\frac{2e^{2x}}{1+e^{4x}}\mathrm{d}x.$$

例 3　求函数 $y=\ln(1+x^2)\sin\dfrac{1}{x}$ 的微分.

解
$$\mathrm{d}y=\mathrm{d}\left(\ln(1+x^2)\sin\frac{1}{x}\right)$$
$$=\sin\frac{1}{x}\mathrm{d}(\ln(1+x^2))+\ln(1+x^2)\mathrm{d}\left(\sin\frac{1}{x}\right)$$
$$=\sin\frac{1}{x}\cdot\frac{1}{1+x^2}\mathrm{d}(1+x^2)+\ln(1+x^2)\cdot\cos\frac{1}{x}\mathrm{d}\left(\frac{1}{x}\right)$$
$$=\left(\sin\frac{1}{x}\cdot\frac{2x}{1+x^2}-\frac{1}{x^2}\ln(1+x^2)\cdot\cos\frac{1}{x}\right)\mathrm{d}x.$$

还可以利用微分的形式不变性求隐函数的微分及导数，举例如下.

例 4　设函数 $f(x)$ 为可微函数，求由方程 $y^2f(x)+xf(y)=x^2$ 所确定的隐

函数 y 的微分 $\mathrm{d}y$ 及导数$\frac{\mathrm{d}y}{\mathrm{d}x}$.

解　方程两边求微分,得

$$\mathrm{d}(y^2 f(x)) + \mathrm{d}(xf(y)) = \mathrm{d}(x^2),$$

即

$$f(x)\mathrm{d}(y^2) + y^2\mathrm{d}f(x) + f(y)\mathrm{d}x + x\mathrm{d}(f(y)) = \mathrm{d}(x^2),$$

即

$$2yf(x)\mathrm{d}y + y^2 f'(x)\mathrm{d}x + f(y)\mathrm{d}x + xf'(y)\mathrm{d}y = 2x\mathrm{d}x,$$

整理可得

$$[2yf(x) + xf'(y)]\mathrm{d}y = [2x - y^2 f'(x) - f(y)]\mathrm{d}x,$$

从而

$$\mathrm{d}y = \frac{2x - y^2 f'(x) - f(y)}{2yf(x) + xf'(y)}\mathrm{d}x,$$

因此

$$\frac{\mathrm{d}y}{\mathrm{d}x} = \frac{2x - y^2 f'(x) - f(y)}{2yf(x) + xf'(y)}.$$

本题也可以采用隐函数求导法先求出 $\frac{\mathrm{d}y}{\mathrm{d}x} = \varphi(x)$,再利用 $\mathrm{d}y = \varphi(x)\mathrm{d}x$ 求得 $\mathrm{d}y$. 但采用隐函数求导法时需分清对之求导的变量是自变量还是中间变量,而采用微分的形式不变性求微分时,则不需加以区分,而统统将其看成自变量.

三、微分的应用

在工程问题中,可以利用式(2.6)及式(2.7)求函数增量或函数值的近似值.

例 5　有一批半径为 1cm 的球,为了提高球面的光洁度,需镀上一层铜,厚度为 0.01cm,估计每只球要用多少 g 的铜(铜的密度是 8.9g/cm^3)?

解　先求出镀层的体积,再乘以密度就得到镀每只球要用铜的质量.

因为镀层的体积等于两个同心球体的体积之差,因此它就是球体体积 $V = \frac{4}{3}\pi R^3$ 在 $R_0 = 1$ 处当 R 取得增量 $\Delta R = 0.01$ 时的增量 ΔV. 根据式(2.6),有

$$\begin{aligned}\Delta V \approx \mathrm{d}V &= V'(R_0)\Delta R = 4\pi R_0^2 \Delta R \\ &= 4 \times 3.14 \times 1^2 \times 0.01 \approx 0.13\ (\mathrm{cm}^3),\end{aligned}$$

故镀每只球需用的铜约为 $0.13 \times 8.9 = 1.157$ (g).

例 6　计算 $\sin 29°$ 的近似值.

解　由于所求的是正弦函数的值,故设 $f(x) = \sin x$. 令 $x_0 = 30° = \frac{\pi}{6}$ 弧度,$f(x_0)$ 与 $f'(x_0)$ 均容易计算. $\Delta x = 29° - 30° = -1° = -\frac{\pi}{180}$ 弧度,绝对值很小. 由

式(2.7)得

$$\sin 29^{\circ} = \sin\left(\frac{\pi}{6} - \frac{\pi}{180}\right) \approx \sin\frac{\pi}{6} + \cos\frac{\pi}{6}\left(-\frac{\pi}{180}\right)$$

$$= \frac{1}{2} - \frac{\sqrt{3}}{2} \cdot \frac{\pi}{180} \approx 0.5000 - 0.0151 = 0.4849.$$

(注:由四位数学用表可查出 $\sin 29^{\circ} = 0.4848$.)

在式(2.8)中令 $x_0 = 0$,可得

$$f(x) \approx f(0) + f'(0)x.$$

在上式中分别令 $f(x)$ 为 $(1+x)^{\alpha}$, $\sin x$, $\tan x$, e^x 及 $\ln(1+x)$,便可得到以下几个在工程上常用的一次近似式(下面各式中都假定 $|x|$ 是较小的数值):

(1) $(1+x)^{\alpha} \approx 1 + \alpha x$,特别地,$\sqrt[n]{1+x} \approx 1 + \frac{1}{n}x$;

(2) $\sin x \approx x$;

(3) $\tan x \approx x$;

(4) $e^x \approx 1 + x$;

(5) $\ln(1+x) \approx x$.

需要说明的是,上述各个一次近似式的精度是比较低的,即误差比较大. 对于精度要求较高的场合,就必须用高次多项式来近似表达函数. 关于这个问题,将在第三章讨论.

在式(2.6)中若令 $\Delta x = 1$,则有

$$\Delta y\big|_{\Delta x=1} = f(x_0+1) - f(x_0) \approx f'(x_0).$$

在经济科学中,产品数量 x 一般都很大,$\Delta x = 1$ 相对 x 则很小,因此经济学中产量 x 的函数 $f(x)$(如成本函数 $C(x)$、收益函数 $R(x)$ 及利润函数 $P(x)$ 等)在产量为 x_0 处的边际很接近该函数在 x_0 处当产量 x 产生一个单位的变化($\Delta x = 1$)时,函数的增量. 这就是经济学家对边际的经济解释(参见本章第五节第三目导数的经济应用)的由来. 进一步,若边际成本 $C'(x_0)$ 较大,则产量在 x_0 水平上增加所需要增添的成本也较大,表明增产潜力较小;若边际成本 $C'(x_0)$ 较小,则产量在 x_0 水平上增加所需要增添的成本也较小,表明增产潜力较大. 对边际收益、边际利润也有类似的分析结果.

下面讨论微分在误差估计中的应用.

在生产实践中,经常要测量各种数据. 但有的数据不易直接测量,这时就通过测量其他有关数据后,根据某种公式算出所要的数据. 由于测量仪器的精度、测量的条件和测量的方法等各种因素的影响,测得的数据往往带有误差,而根据带有误差的数据计算所得的结果也含有误差,这种误差称为**间接测量误差**. 下面讨论如何用微分来估计间接测量误差.

先说明什么是绝对误差及相对误差.如果某个量的精确值为 A,它的近似值为 a,则 $|A-a|$ 称为 a 的**绝对误差**,而绝对误差与 $|a|$ 的比值 $\frac{|A-a|}{|a|}$ 称为 a 的**相对误差**.

在实际工作中,某个量的精确值往往是无法知道的,于是绝对误差和相对误差也就无法求得.但是根据测量仪器的精度等因素,有时能够确定误差在某一个范围内.如果某个量的精确值是 A,测量值是 a,又知道它的误差不超过 δ_A,即

$$|A-a|\leqslant\delta_A,$$

则 δ_A 称为测量 A 的**绝对误差限**,而 $\frac{\delta_A}{|a|}$ 称为测量 A 的**相对误差限**.

例 7　设测得圆钢截面的直径 $D=60.03\text{mm}$,测量 D 的绝对误差限 $\delta_D=0.05\text{mm}$.试估计利用公式 $A=\frac{\pi}{4}D^2$ 来计算圆钢截面积时,面积的间接测量误差.

解　我们把测量 D 时所产生的误差当成自变量 D 的增量 ΔD,则利用公式 $A=\frac{\pi}{4}D^2$ 来计算面积 A 时所产生的间接测量误差就是面积函数 A 的对应增量 ΔA.当 $|\Delta D|$ 很小时,可以利用微分 $\mathrm{d}A$ 近似代替增量 ΔA,即

$$\Delta A\approx\mathrm{d}A=A'(D)\Delta D=\frac{\pi}{2}D\Delta D.$$

由于 D 的绝对误差限为 $\delta_D=0.05\text{mm}$,即

$$|\Delta D|\leqslant\delta_D=0.05,$$

所以

$$|\Delta A|\approx|\mathrm{d}A|=\frac{\pi}{2}D\cdot|\Delta D|\leqslant\frac{\pi}{2}D\cdot\delta_D,$$

由此得出 A 的绝对误差限约为

$$\delta_A=\frac{\pi}{2}D\cdot\delta_D=\frac{\pi}{2}\times60.03\times0.05\approx4.715\ (\text{mm}^2),$$

A 的相对误差限约为

$$\frac{\delta_A}{A}=\frac{\frac{\pi}{2}D\cdot\delta_D}{\frac{\pi}{4}D^2}=\frac{2\delta_D}{D}=2\times\frac{0.05}{60.03}\approx0.17\%.$$

一般地,根据直接测量的 x 值按公式 $y=f(x)$ 计算 y 值时,如果已知测量 x 的绝对误差限是 δ_x,即

$$|\Delta x|\leqslant\delta_x,$$

则当 $y'=f'(x)\neq0$ 时,y 的绝对误差为

$$|\Delta y|\approx|\mathrm{d}y|=|y'|\cdot|\Delta x|\leqslant|y'|\cdot\delta_x,$$

即 y 的绝对误差限约为

$$\delta_y = |\, y' \,| \cdot \delta_x;$$

y 的相对误差限约为

$$\frac{\delta_y}{|\, y \,|} = \left| \frac{y'}{y} \right| \cdot \delta_x.$$

常把绝对误差限与相对误差限简称为绝对误差与相对误差.

习题 2-6

1. 已知 $y = x^3 - x$,计算在 $x = 2$ 处当 Δx 分别等于 1,0.1,0.01 时的 Δy 及 $\mathrm{d}y$.

*2. 设函数 $y = f(x)$ 的图形如图 2.9 所示,试在图 2.9(a)、(b)、(c)、(d) 中分别标出在点 x_0 处的 $\mathrm{d}y$,Δy 及 $\Delta y - \mathrm{d}y$,并说明其正负.

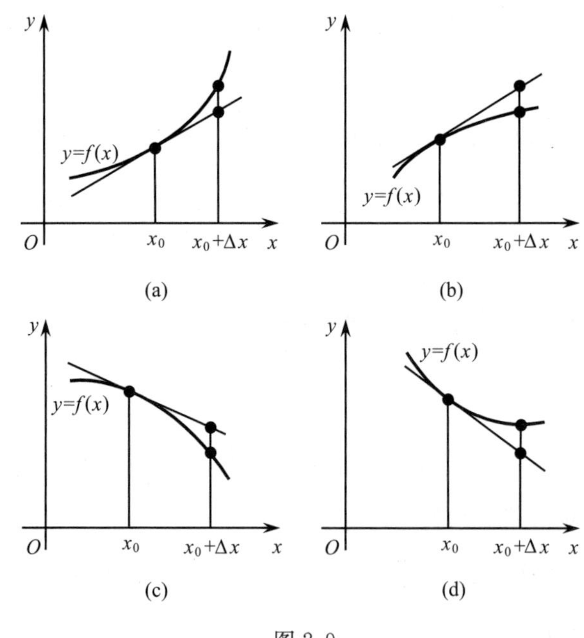

图 2.9

3. 求下列函数的微分:

(1) $y = \dfrac{x}{\sqrt{x^2+1}}$;　　(2) $y = \mathrm{e}^{-x}\cos(3-x)$;

(3) $y = \arctan\dfrac{1+x}{1-x}$;　　(4) $s = A\sin(\omega t + \varphi)$ (A,ω,φ 是常数).

4. 求下列函数在指定点处的微分:

(1) $y = \dfrac{\ln x}{x^2}$, $x = 1$;　　(2) $y = \dfrac{1+\sin^2 x}{\sin 2x}$, $x = \dfrac{\pi}{6}$.

5. 求由方程 $\sin(xy)-\ln\dfrac{x+1}{y}=1$ 所确定的隐函数 y 在点 $x=0$ 处的微分 dy.

6. 利用一阶微分的形式不变性，求下列函数的微分：

(1) $y=\ln(\cos\sqrt{x})$； (2) $y=f\left(\arctan\dfrac{1}{x}\right)$，其中 $f(x)$ 可导.

7. 将适当的函数填入下列括号内，使等式成立：

(1) $d(\quad)=e^{-2x}dx$； (2) $d(\quad)=\sec^2 3x dx$.

8. 求下列导数：

(1) $\dfrac{d(x^6-x^4+x^2)}{d(x^2)}$； (2) $\dfrac{d\sin x}{d\cos x}$.

*9. 证明当 $|x|$ 很小时，下列近似式成立：

(1) $\sqrt[n]{1+x}\approx 1+\dfrac{x}{n}$； (2) $\ln(1+x)\approx x$.

*10. 设圆扇形的圆心角 $\alpha=60°$，半径 $R=100$cm. 如果 R 不变，α 减少 $30'$，问扇形面积大约改变了多少？又如果 α 不变，R 增加 1cm，问扇形面积大约改变了多少？

*11. 计算下列函数值的近似值：

(1) $\tan 136°$； (2) $\sqrt{1.05}$.

*12. 计算球体体积时，要求精确度在 2% 以内，问这时测量直径 D 的相对误差不能超过多少？

*13. 某厂生产如图 2.10 所示的扇形板，半径 $R=200$mm，要求中心角 α 为 55°. 产品检验时，一般用测量弦长 l 的方法来间接测量中心角 α. 如果测量弦长 l 时的误差 $\delta_l=0.1$mm，问由此而引起的中心角测量误差 δ_α 是多少？

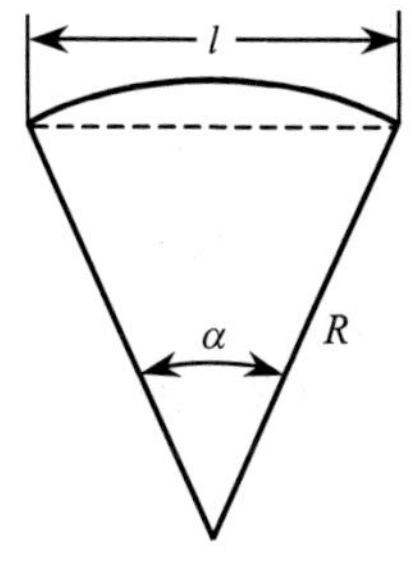

图 2.10

第二章总习题

1. 填空题：

(1) 已知 $f'(3)=2$，则 $\lim\limits_{x\to 0}\dfrac{f(3-x)-f(3)}{2x}=$ __________；

(2) 设 $f(x)=\ln x$，则 $f'(1)=$ __________，$[f(1)]'=$ __________；

(3) 设 $y=\ln(x+\sqrt{1+x^2})$，则 $y'''|_{x=\sqrt{3}}=$ __________；

(4) $f(x)$ 在点 x_0 处可导是 $f(x)$ 在点 x_0 处连续的__________条件，是 $f(x)$ 在点 x_0 处可微的__________条件；

(5) 设方程 $x=y^y$ 确定 y 是 x 的函数，则 $dy=$ __________；

(6) 曲线 $y=x+\sin^2 x$ 在点 $\left(\dfrac{\pi}{2},1+\dfrac{\pi}{2}\right)$ 处的切线方程是__________；

(7) 曲线 $\begin{cases}x=e^t\sin 2t,\\ y=e^t\cos t\end{cases}$ 在点(0,1)处的法线方程为__________；

(8) 设 $f(x)=\begin{cases}x^2+2x+3, & x\leqslant 0,\\ ax+b, & x>0\end{cases}$ 在定义域内处处可微，则 $a=$ __________，b

= ________.

2. 单项选择题：

(1) 函数 $f(x)$ 在点 $x=x_0$ 处的左导数 $f'_-(x_0)$ 与右导数 $f'_+(x_0)$ 存在且相等，是 $f(x)$ 在点$x=x_0$ 处连续的(　　).

(A) 必要非充分条件；　　(B) 充分非必要条件；

(C) 充分必要条件；　　(D) 既非充分条件，也非必要条件.

* (2) 设对于任意的 x 都有 $f(-x)=-f(x)$，且 $f'(-x_0)=-k$，则 $f'(x_0)=$(　　).

(A) k；　(B) $-k$；　(C) $-\dfrac{1}{k}$；　(D) $\dfrac{1}{k}$.

(3) 曲线 $y=x^3-3x$ 上切线平行于 x 轴的点是(　　).

(A) (0.0)；　(B) (1,2)；　(C) (−1,2)；　(D) (0,2).

* (4) 设 $f(x)$ 为可导函数，且满足$\lim\limits_{x\to 0}\dfrac{f(1)-f(1-x)}{2x}=-1$，则曲线 $y=f(x)$ 在点$(1,f(1))$ 处的切线斜率为(　　).

(A) 2；　(B) −1；　(C) $\dfrac{1}{2}$；　(D) −2.

* (5) 设函数 $f(x)$ 在区间$(-\delta,\delta)$ 内有定义，若当 $x\in(-\delta,\delta)$ 时，恒有 $|f(x)|\leqslant x^2$，则 $x=0$ 必是 $f(x)$ 的(　　).

(A) 间断点；　　(B) 连续而不可导点；

(C) 可导点，且 $f'(0)=0$；　　(D) 可导点，但 $f'(0)\neq 0$.

(6) 设函数 $f(x)=\begin{cases}\dfrac{|x^2-1|}{x-1}, & x\neq 1,\\ 2, & x=1,\end{cases}$ 则函数在点 $x=1$ 处(　　).

(A) 不连续；　　(B) 连续但不可导；

(C) 可导，但导函数不连续；　　(D) 可导且导函数连续.

(7) 设 $f(x)=\begin{cases}e^x, & x<0,\\ ax^2+bx+c, & x\geqslant 0,\end{cases}$ 且 $f''(0)$ 存在，则(　　).

(A) $a=\dfrac{1}{2}$, $b=1$, $c=-1$；　　(B) $a=-\dfrac{1}{2}$, $b=c=1$；

(C) $a=\dfrac{1}{2}$, $b=c=1$；　　(D) $a=-\dfrac{1}{2}$, $b=-1$, $c=1$.

* (8) 设 $f(x)$ 在点 $x=a$ 的某邻域内有定义，则 $f(x)$ 在点 $x=a$ 处可导的一个充分条件是(　　).

(A) $\lim\limits_{h\to+\infty} h\left[f\left(a+\dfrac{1}{h}\right)-f(a)\right]$存在；　(B) $\lim\limits_{h\to 0}\dfrac{f(a+2h)-f(a+h)}{h}$ 存在；

(C) $\lim\limits_{h\to 0}\dfrac{f(a+h)-f(a-h)}{2h}$ 存在；　(D) $\lim\limits_{h\to 0}\dfrac{f(a)-f(a-h)}{h}$ 存在.

* 3. 设 $f(x)$ 和 $g(x)$ 是在$(-\infty,+\infty)$ 上有定义的函数，且具有如下性质：

(1) $f(x+y)=f(x)g(y)+f(y)g(x)$；

(2) $f(x)$ 和 $g(x)$ 在点 $x=0$ 处可导，且已知 $f(0)=0$, $g(0)=1$.

证明：$f(x)$ 在$(-\infty,+\infty)$ 上可导.

4. 设 $f(x) = 2^{|a-x|}$,求 $f'(x)$.

5. 求下列函数的导数：

(1) $y = e^{\tan\frac{1}{x}}\sin\frac{1}{x}$； (2) $y = \ln(e^x + \sqrt{1+e^{2x}})$；

(3) $y = \dfrac{(x+5)^2(x-4)^{\frac{1}{3}}}{(x+2)^5(x+4)^{\frac{1}{2}}}$； (4) $y = (1+x^3)^{\cos x^2}$.

*6. 设函数 $\varphi(x)$ 在点 $x=a$ 处连续，且 $\varphi(x) \neq 0$，又设 $f(x) = (x-a)\varphi(x)$，$F(x) = |x-a|\varphi(x)$，试讨论 $f(x)$ 与 $F(x)$ 在点 $x=a$ 处的可导性.

7. 设函数 $y = [f(x^2)]^{\frac{1}{x}}$，其中 f 为可微的正值函数，求 dy.

8. 求下列函数的 n 阶导数：

*(1) $y = x^2\ln(1+x)$，在 $x=0$ 处； (2) $y = \dfrac{x^3}{x^2-3x+2}$.

9. 设函数 $y=y(x)$ 由方程 $e^y + xy = e$ 所确定，求 $y''(0)$.

10. 设函数 $y=y(x)$ 是由方程 $\begin{cases} x = 3t^2+2t+3, \\ e^y\sin t - y + 1 = 0 \end{cases}$ 所确定的隐函数，求 $\left.\dfrac{d^2y}{dx^2}\right|_{t=0}$.

*11. 设某商品平均单位成本 $\overline{C}$ 元 /kg 为月产量 $x$kg 的函数

$$\overline{C} = \overline{C}(x) = \frac{100}{x} + 2.$$

如果每公斤售价 p(单位为元) 与需求量 x 满足

$$x = 800 - 100p,$$

求需求量为 250kg 时的边际成本及边际收益.

*12. 甲船以 6km/h 的速率向东行驶，乙船以 8km/h 的速率向南行驶. 在中午十二点整，乙船位于甲船之北 16km 处，问下午一点整两船相离的速率为多少？

*13. 求 $\sqrt[10]{1000}$ 的近似值.

*14. 已知单摆的振动周期 $T = 2\pi\sqrt{\dfrac{l}{g}}$，其中 $g = 980\text{cm/s}^2$，l 为摆长(单位为 cm). 设原摆长 20cm，为使周期 T 增大 0.05s，摆长约需加长多少？

第三章　微分中值定理与导数的应用

本章将介绍微分中值定理，它是导数应用的理论基础，并借助微分中值定理拓展极限的计算方法，解决之前无法解决的许多实际问题，更加方便地揭示一些函数的性态和特征.

第一节　微分中值定理

导数与微分分别以不同的形式给出了函数 $y=f(x)$ 的增量 $\Delta y=f(x)-f(x_0)$ 和自变量的改变量 $\Delta x=x-x_0$ 与函数的导数 $f'(x_0)$ 之间的关系，即

$$f'(x_0)=\lim_{x\to x_0}\frac{f(x)-f(x_0)}{x-x_0},$$

$$f(x)-f(x_0)=f'(x_0)(x-x_0)+o(|x-x_0|).$$

这表明，一般情况下，$f(x)-f(x_0)\neq f'(x_0)(x-x_0)$，即点 $(x_0,f(x_0))$ 处曲线 $y=f(x)$ 的切线斜率 $f'(x_0)$ 一般不等于经过点 $(x_0,f(x_0))$ 和点 $(x,f(x))$ 的直线斜率 $\dfrac{f(x)-f(x_0)}{x-x_0}$. 那么，曲线 $y=f(x)$ 上会不会存在一点处的切线斜率，等于经过点 $(x_0,f(x_0))$ 和点 $(x,f(x))$ 的直线斜率呢？本节的定理将揭示，在一定的条件下，这样的情况是必然的.

一、罗尔[①]定理

上述问题的特例是：$f(a)=f(b)$ 时，在区间 $[a,b]$ 上是否存在一点，曲线 $y=f(x)$ 上与之对应的点处的切线斜率等于零. 即，在区间 $[a,b]$ 上是否存在一点，曲线 $y=f(x)$ 上与之对应的点处的切线与 x 轴平行. 事实上，有下面的定理.

定理 3.1（罗尔定理）　如果函数 $f(x)$ 在闭区间 $[a,b]$ 上连续，在开区间 (a,b) 内可导，且 $f(a)=f(b)$，则至少存在一点 $\xi\in(a,b)$，使得 $f'(\xi)=0$.

证　由于函数 $f(x)$ 在闭区间 $[a,b]$ 上连续，所以，函数在 $[a,b]$ 内必有最大、最小值点，根据所给条件下函数的图形（图 3.1）推测，导数为零的点应该在函数的最大值点或最小值点处.

---

① 罗尔（M. Rolle，1652～1719），法国数学家.

为此，分以下情况讨论：

(1) 当最大值点和最小值点都在区间$[a,b]$的端点上时.

因为$f(a)=f(b)$，所以在区间$[a,b]$上，$f(x)\equiv C$（常数），因此，在区间(a,b)内$f'(x)\equiv 0$.

(2) 当最大值点和最小值点至少有一个不在区间$[a,b]$的端点上，不妨设最大值点$\xi\in(a,b)$（最小值点不在区间$[a,b]$的端点上时，证明类似）.

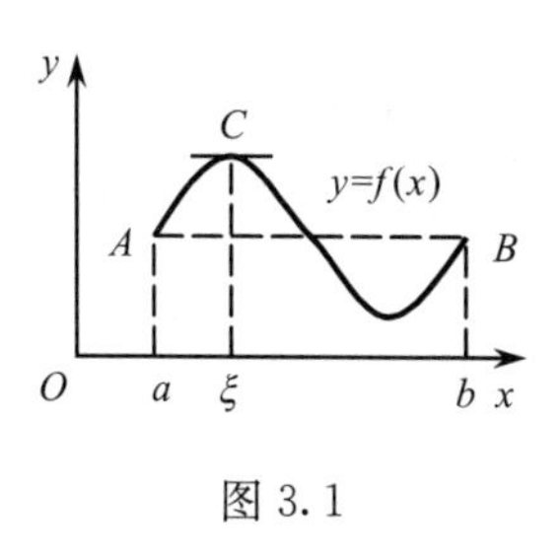

图 3.1

因为$f(x)$在(a,b)内可导，$\xi\in(a,b)$，所以，根据可导的充分必要条件，

$$f'(\xi)=\lim_{x\to\xi^-}\frac{f(x)-f(\xi)}{x-\xi}=\lim_{x\to\xi^+}\frac{f(x)-f(\xi)}{x-\xi}.$$

又因为ξ是$f(x)$在区间$[a,b]$上的最大值点，所以，当$x<\xi$时，

$$\frac{f(x)-f(\xi)}{x-\xi}\geqslant 0,$$

当$x>\xi$时，

$$\frac{f(x)-f(\xi)}{x-\xi}\leqslant 0.$$

根据极限的保号性，$0\leqslant f'(\xi)\leqslant 0$，即$f'(\xi)=0$.

显然，罗尔定理的结论，也可以表述成：方程$f'(x)=0$在开区间内至少有一个实根. 理解这一点对罗尔定理的应用很有益处.

例 1　设$f(x)$在闭区间$[a,b]$上连续，在开区间(a,b)内可导，且$f(a)=-f(b)$，试证明方程$2f(x)+(2x-a-b)f'(x)=0$在(a,b)内至少有一个实根.

证　由于$[(2x-a-b)f(x)]'=2f(x)+(2x-a-b)f'(x)$，如果设

$$F(x)=(2x-a-b)f(x),$$

则由所给条件知，$F(x)$在$[a,b]$上连续，在(a,b)内可导，且

$$F(a)=(a-b)f(a),\quad F(b)=(b-a)f(b).$$

又因为$f(a)=-f(b)$，所以$F(a)=F(b)$. 根据罗尔定理，至少存在一个$\xi\in(a,b)$，使得$F'(\xi)=2f(\xi)+(2\xi-a-b)f'(\xi)=0$，即方程$2f(x)+(2x-a-b)f'(x)=0$在区间$(a,b)$内至少有一个实根.

二、拉格朗日[①]中值定理

对罗尔定理来说，其三个条件缺一不可. 但是，如果除去端点处函数值相等的

① 拉格朗日(Lagrange,1736～1813)，法国数学家.

条件,却可以得到微积分学中的另一个非常重要的中值定理.

定理 3.2（拉格朗日中值定理）　如果函数 $f(x)$ 在闭区间 $[a,b]$ 上连续,在开区间 (a,b) 内可导,则至少存在一点 $\xi\in(a,b)$,使得

$$f(b)-f(a)=f'(\xi)(b-a). \tag{3.1}$$

证　易得,

$$[(f(b)-f(a))x-f(x)(b-a)]'=f(b)-f(a)-f'(x)(b-a).$$

设

$$F(x)=[f(b)-f(a)]x-f(x)(b-a),$$

则由所给条件知,$F(x)$ 在 $[a,b]$ 上连续,在 (a,b) 内可导,且 $F(a)=f(b)a-f(a)b=F(b)$.

因此,根据罗尔定理,至少存在一点 $\xi\in(a,b)$,使得

$$F'(\xi)=f(b)-f(a)-f'(\xi)(b-a)=0,$$

即 $f(b)-f(a)=f'(\xi)(b-a)$.

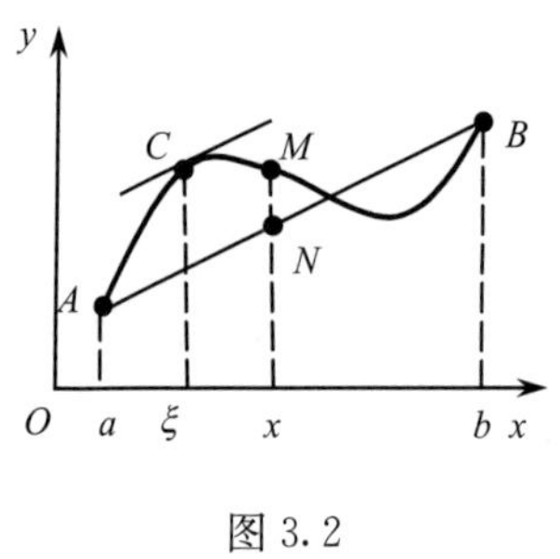

图 3.2

对于上述两个定理应当注意:

(1) 如果 $f(a)=f(b)$,则拉格朗日中值定理的结论同样是:至少存在一点 $\xi\in(a,b)$,使得 $f'(\xi)=0$. 因此,罗尔定理是拉格朗日中值定理的特例.

(2) 从几何上看,罗尔定理和拉格朗日中值定理在各自的条件下都揭示:函数 $y=f(x)$ 表示的曲线上一定至少存在一点 $(\xi,f(\xi))$,使得曲线在这点处的切线与经过点 $(a,f(a))$ 与点 $(b,f(b))$ 的直线平行.

(3) 如果 $f(x)$ 在以 x 和 x_0 为端点的区间上满足拉格朗日中值定理条件,则根据拉格朗日中值定理,在 x 和 x_0 之间一定至少存在一点 ξ,使得

$$f(x)-f(x_0)=f'(\xi)(x-x_0). \tag{3.2}$$

设 $x=x_0+\Delta x$,则 ξ 可以表示成 $\xi=x_0+\theta\Delta x(0<\theta<1)$,这样,式(3.2)又可以表示成

$$f(x_0+\Delta x)-f(x_0)=f'(x_0+\theta\Delta x)\Delta x\quad(0<\theta<1), \tag{3.3}$$

与函数增量的近似表达式

$$f(x_0+\Delta x)-f(x_0)\approx f'(x_0)\Delta x$$

相比,式(3.3)给出了自变量取得有限增量 Δx 时,函数增量 $f(x_0+\Delta x)-f(x_0)$ 的准确表达式,因此,拉格朗日中值定理又称为**有限增量定理**.

如果函数 $f(x)$ 在某区间上恒为常数,那么 $f(x)$ 在该区间上的导数恒为零. 事实上,它的逆命题也是成立的,这就是拉格朗日中值定理的一个推论:

定理3.3　如果函数 $f(x)$ 在区间 I 上可导,且 $f'(x)\equiv 0$,则在该区间上 $f(x)$ 是一个常数.

证　在区间 I 上任取两点 x_1, x_2(不妨设 $x_1<x_2$),显然,$f(x)$ 在 $[x_1,x_2]$ 上连续,在 (x_1,x_2) 内可导,应用公式(3.1)得

$$f(x_2)-f(x_1)=f'(\xi)(x_2-x_1)\quad (x_1<\xi<x_2).$$

由条件知 $f'(\xi)=0$,所以 $f(x_2)-f(x_1)=0$,即

$$f(x_1)=f(x_2).$$

而 x_1,x_2 为 I 上任意两点,于是证明了 $f(x)$ 在区间 I 上是一个常数.

由此推论易得:若函数 $f(x)$, $g(x)$ 在区间 I 上可导,且 $f'(x)=g'(x)$,则在 I 上 $f(x)$ 与 $g(x)$ 最多相差一个常数,即有

$$f(x)=g(x)+C\quad (x\in I),$$

其中 C 为常数.

例2　证明:当 $x>0$ 时,$\dfrac{x}{1+x}<\ln(1+x)<x$.

证　设 $f(x)=\ln(1+x)$,则 $f(x)$ 在区间 $[0,x]$ 上满足定理3.2的条件,故有

$$f(x)-f(0)=f'(\xi)(x-0)\quad (0<\xi<x),$$

即

$$\ln(1+x)=\frac{x}{1+\xi}.$$

因为 $0<\xi<x$,所以 $\dfrac{1}{1+\xi}<1$,即有

$$\frac{x}{1+x}<\frac{x}{1+\xi}<x,$$

从而

$$\frac{x}{1+x}<\ln(1+x)<x\quad (x>0).$$

例3　证明恒等式

$$\arcsin x+\arccos x=\frac{\pi}{2}\quad (|x|\leqslant 1).$$

证　设 $f(x)=\arcsin x+\arccos x$,则

$$f'(x)=\frac{1}{\sqrt{1-x^2}}-\frac{1}{\sqrt{1-x^2}}\equiv 0\quad (|x|<1),$$

于是由定理3.3知

$$f(x)\equiv C\quad (|x|<1).$$

令 $x=0$,可得

$$f(0)=\arcsin 0+\arccos 0=\frac{\pi}{2}=C.$$

事实上，当 $x=\pm 1$ 时，均有 $f(x)=\frac{\pi}{2}$，所以

$$\arcsin x+\arccos x=\frac{\pi}{2}\quad(|x|\leqslant 1).$$

三、柯西[①]中值定理

罗尔定理和拉格朗日中值定理都是针对显函数 $y=f(x)$ 给出的，那么，针对参数型函数，是否也有相应的中值定理呢？因为对于参数型函数 $y=F(t),x=G(t),\frac{\mathrm{d}y}{\mathrm{d}x}=\frac{F'(t)}{G'(t)}(G'(t)\neq 0)$，所以，当函数 $y=F(t)$ 与 $x=G(t)$ 都在闭区间 $[a,b]$ 上连续，都在开区间 (a,b) 内可导时，是否至少存在一点 $\xi\in(a,b)$，使得

$$F(b)-F(a)=\frac{F'(\xi)}{G'(\xi)}[G(b)-G(a)].$$

对此，结论是肯定的，并有以下的证明：

设 $f(x)=[F(b)-F(a)]G(x)-[G(b)-G(a)]F(x)$，则由条件知，$f(x)$ 在闭区间 $[a,b]$ 上连续，在开区间 (a,b) 内可导，且

$$f(a)=F(b)G(a)-G(b)F(a)=f(b).$$

所以，根据罗尔定理，至少存在一点 $\xi\in(a,b)$，使得

$$f'(\xi)=[F(b)-F(a)]G'(\xi)-[G(b)-G(a)]F'(\xi)=0.$$

又由条件知，在开区间 (a,b) 内存在 $\frac{\mathrm{d}y}{\mathrm{d}x}=\frac{F'(t)}{G'(t)}(G'(t)\neq 0)$，所以

$$F(b)-F(a)=\frac{F'(\xi)}{G'(\xi)}[G(b)-G(a)].$$

这其实是证明了微积分中的一个重要定理——柯西中值定理.

定理 3.4（柯西中值定理）　设函数 $F(x)$ 与 $G(x)$ 均在闭区间 $[a,b]$ 上连续，在开区间 (a,b) 内可导，且 $G'(x)\neq 0,x\in(a,b)$，则至少存在一点 $\xi\in(a,b)$，使得

$$\frac{F(b)-F(a)}{G(b)-G(a)}=\frac{F'(\xi)}{G'(\xi)}.\tag{3.4}$$

例 4　如果 $f(x)$ 在区间 $[1,+\infty)$ 上连续，在区间 $(1,+\infty)$ 内可导，试证明至少存在一点 $\xi\in(1,a)$，使得 $f(a)-f(1)=\xi f'(\xi)\ln a$.

证　由条件知，函数 $f(x)$ 与 $\ln x$ 都在闭区间 $[1,a]$ 上连续，在开区间 $(1,a)$ 内可导，且 $(\ln x)'=\frac{1}{x}\neq 0,x\in(1,a)$，所以，根据柯西中值定理，至少存在一点 $\xi\in(1,a)$，使得

---

① 柯西(Cauchy，1789～1857)，法国数学家.

$$\frac{f(a)-f(1)}{\ln a-\ln 1}=\frac{f'(\xi)}{\frac{1}{\xi}},$$

即 $f(a)-f(1)=\xi f'(\xi)\ln a$.

综上，三个中值定理在几何上均表示：当函数在闭区间上连续，在相应的开区间内可导，则在此开区间内至少存在一点，曲线在该点对应的点处其切线平行于区间两端点对应的曲线上两点间的连线. 通常将上述三个中值定理统称为**微分中值定理**.

习题 3-1

*1. 试就下列物理现象理解微分中值定理的意义：

(1) 从地面斜上抛一物体，经过一段时间后，物体又落到地面上，这过程中必有一点的运动方向是水平的；

(2) 汽车在行进中，上午 9 时速度为 40km/h，到 9 时 20 分其速度增至 50km/h，在这 20min 内的某一时刻其加速度恰为 30km/h^2.

2. 利用拉格朗日中值定理证明：

(1) 若函数 $f(x)$ 在区间 (a,b) 内的导数恒为零，则 $f(x)$ 在区间 (a,b) 上是一个常数；

(2) 导数为常数的函数必是线性函数.

3. 不求出函数 $f(x)=x(x-1)(x-2)(x-3)$ 的导数，说明方程 $f'(x)=0$ 有几个实根，并指出它们所在的区间.

4. 设 $\frac{a_0}{n+1}+\frac{a_1}{n}+\cdots+a_n=0$，证明方程 $a_0x^n+a_1x^{n-1}+\cdots+a_n=0$ 在 $(0,1)$ 内至少有一个实根.

5. 证明：方程 $x^3+x-1=0$ 在开区间 $(0,1)$ 内只有一个实根.

*6. 证明：若函数 $f(x)$ 在 $[a,b]$ 连续，在 (a,b) 可导，则在 (a,b) 内至少存在一点 ξ，使得

$$\frac{f(\xi)-f(a)}{b-\xi}=f'(\xi)\quad(a<\xi<b).$$

(提示：利用辅助函数 $\varphi(x)=[f(x)-f(a)](b-x)$.)

7. 证明下列恒等式：

(1) $\arctan x+\arctan\frac{1}{x}=\frac{\pi}{2}\ (x>0)$；

(2) $\arctan x-\frac{1}{2}\arccos\frac{2x}{1+x^2}=\frac{\pi}{4}\ (x\geqslant 1)$.

*8. 若函数 $f(x)$ 在 (a,b) 内具有二阶导数，且 $f(x_1)=f(x_2)=f(x_3)$，其中 $a<x_1<x_2<x_3<b$，证明：在 (x_1,x_3) 内至少有一点 ξ，使得 $f''(\xi)=0$.

9. 证明下列不等式：

(1) 当 $a>b>0$ 时，$\frac{a-b}{a}<\ln\frac{a}{b}<\frac{a-b}{b}$；

(2) 当 $x>1$ 时，$e^x>e\cdot x$；

(3) $|\arctan a-\arctan b|\leqslant|a-b|$.

10. 设函数 $f(x)$ 在$[a,b](a>0)$上连续,在(a,b)内可导,n是自然数,那么至少有一点$\xi\in(a,b)$,使得

$$n\xi^{n-1}[f(b)-f(a)]=(b^n-a^n)f'(\xi).$$

*11. 证明广义罗尔定理:设 $f(x)$ 在$[a,b]$上连续,在(a,b)内 n 阶可导,$f(x)$ 在$[a,b]$内有 $n+1$ 个零点,则 $f^{(n)}(x)$ 在(a,b)内至少有一个零点.

第二节 洛必达法则

在第一章讲述极限时已经知道,当 $x\to a$(或 $x\to\infty$)时,若两个函数 $F(x)$ 与 $G(x)$ 都为无穷小或无穷大,则它们之比的极限 $\lim\limits_{\substack{x\to a\\(x\to\infty)}}\dfrac{F(x)}{G(x)}$ 可能存在,也可能不存在. 通常把这种极限称为$\dfrac{0}{0}$**型未定式或**$\dfrac{\infty}{\infty}$**型未定式**,求这类极限不能直接运用商的极限运算法则. 现在我们介绍解决这类极限问题的一种简便而重要的方法——**洛必达**[①]**法则**.

一、$\dfrac{0}{0}$型未定式极限的洛必达法则

定理 3.5 设

(1) $\lim\limits_{x\to a}F(x)=0,\ \lim\limits_{x\to a}G(x)=0$;

(2) $F(x)$ 与 $G(x)$ 在点 a 的某去心邻域 $\mathring{U}(a)$ 内可导,且 $G'(x)\neq 0$;

(3) $\lim\limits_{x\to a}\dfrac{F'(x)}{G'(x)}$ 存在或为无穷大,

则

$$\lim_{x\to a}\frac{F(x)}{G(x)}=\lim_{x\to a}\frac{F'(x)}{G'(x)}.$$

证 利用柯西中值定理来证明.

因为求极限$\lim\limits_{x\to a}\dfrac{F(x)}{G(x)}$与函数 $F(x)$ 与 $G(x)$ 在 $x=a$ 处的函数值无关,故不妨假设 $F(a)=G(a)=0$,使得$\lim\limits_{x\to a}F(x)=F(a)$. $\lim\limits_{x\to a}G(x)=G(a)$,于是函数 $F(x)$ 与 $G(x)$ 在点 a 处连续. 取 $x\in\mathring{U}(a)$,易知 $F(x)$ 与 $G(x)$ 在以 a 及 x 为端点的闭区间上满足柯西中值定理的三个条件,因此有

$$\frac{F(x)}{G(x)}=\frac{F(x)-F(a)}{G(x)-G(a)}=\frac{F'(\xi)}{G'(\xi)}\quad(\xi\text{ 在 } a \text{ 与 } x \text{ 之间}).$$

---

① 洛必达(L'Hospital,1661 ~ 1704),法国数学家.

令 $x \to a$，对上式两端求极限，并注意到 $x \to a$ 时 $\xi \to a$，所以

$$\lim_{x \to a} \frac{F(x)}{G(x)} = \lim_{x \to a} \frac{F'(x)}{G'(x)}.$$

如果$\lim\limits_{x \to a} \dfrac{F'(x)}{G'(x)}$仍属于$\dfrac{0}{0}$型，且 $F'(x)$ 及 $G'(x)$ 满足定理 3.5 中 $F(x)$ 与 $G(x)$ 所满足的条件，那么可以继续使用洛必达法则，得

$$\lim_{x \to a} \frac{F(x)}{G(x)} = \lim_{x \to a} \frac{F'(x)}{G'(x)} = \lim_{x \to a} \frac{F''(x)}{G''(x)},$$

并可以依次类推.

对于极限过程改换成 $x \to a^+$ 或 $x \to a^-$，甚至 $x \to \infty$ 或 $x \to +\infty$ 或 $x \to -\infty$ 的情形，只要函数 $F(x)$ 与 $G(x)$ 符合定理 3.5 中相应的条件，仍然有

$$\lim \frac{F(x)}{G(x)} = \lim \frac{F'(x)}{G'(x)}.$$

这里略去证明.

例 1　求$\lim\limits_{x \to \frac{\pi}{3}} \dfrac{1 - 2\cos x}{\sin\left(x - \frac{\pi}{3}\right)}$.

解
$$\lim_{x \to \frac{\pi}{3}} \frac{1 - 2\cos x}{\sin\left(x - \frac{\pi}{3}\right)} = \lim_{x \to \frac{\pi}{3}} \frac{2\sin x}{\cos\left(x - \frac{\pi}{3}\right)} \quad \text{（由函数的连续性）}$$

$$= \frac{2\sin\frac{\pi}{3}}{\cos\left(\frac{\pi}{3} - \frac{\pi}{3}\right)} = \sqrt{3}.$$

例 2　求$\lim\limits_{x \to 0} \dfrac{\tan x - \sin x}{x^3}$.

解
$$\lim_{x \to 0} \frac{\tan x - \sin x}{x^3} = \lim_{x \to 0} \frac{\tan x}{x} \cdot \frac{1 - \cos x}{x^2} = \lim_{x \to 0} \frac{\tan x}{x} \cdot \lim_{x \to 0} \frac{1 - \cos x}{x^2}$$

$$= 1 \cdot \lim_{x \to 0} \frac{\sin x}{2x} = \frac{1}{2}.$$

例 3　求$\lim\limits_{x \to +\infty} \dfrac{\frac{\pi}{2} - \arctan x}{\frac{1}{x}}$.

解
$$\lim_{x \to +\infty} \frac{\frac{\pi}{2} - \arctan x}{\frac{1}{x}} = \lim_{x \to +\infty} \frac{-\frac{1}{1 + x^2}}{-\frac{1}{x^2}} = \lim_{x \to +\infty} \frac{x^2}{1 + x^2} = 1.$$

二、$\dfrac{\infty}{\infty}$型未定式极限的洛必达法则

定理 3.6　设：

(1) $\lim\limits_{x\to a}F(x)=\infty$, $\lim\limits_{x\to a}G(x)=\infty$;

(2) $F(x)$ 与 $G(x)$ 在点 a 的某去心邻域 $\mathring{U}(a)$ 内可导,且 $G'(x)\neq 0$;

(3) $\lim\limits_{x\to a}\dfrac{F'(x)}{G'(x)}$ 存在或为无穷大,则

$$\lim_{x\to a}\frac{F(x)}{G(x)}=\lim_{x\to a}\frac{F'(x)}{G'(x)}.$$

此定理证明较繁,略去.同样,定理中的 $x\to a$ 可以改换成 $x\to a^{+}$, $x\to a^{-}$, $x\to\infty$, $x\to+\infty$ 或 $x\to-\infty$,只要将定理条件作相应修改,结论仍然成立.

例 4 求 $\lim\limits_{x\to+\infty}\dfrac{x^n}{\ln x}$.

解
$$\lim_{x\to+\infty}\frac{x^n}{\ln x}=\lim_{x\to+\infty}\frac{nx^{n-1}}{\dfrac{1}{x}}=\lim_{x\to+\infty}nx^n=+\infty.$$

例 5 求 $\lim\limits_{x\to+\infty}\dfrac{x^n}{e^{\lambda x}}$ $(n\in\mathbf{N}^*,\lambda>0)$.

解
$$\lim_{x\to+\infty}\frac{x^n}{e^{\lambda x}}=\lim_{x\to+\infty}\frac{nx^{n-1}}{\lambda e^{\lambda x}}=\lim_{x\to+\infty}\frac{n(n-1)x^{n-2}}{\lambda^2 e^{\lambda x}}$$
$$=\cdots=\lim_{x\to+\infty}\frac{n!}{\lambda^n e^{\lambda x}}=0.$$

以上两例说明,当 $x\to+\infty$ 时,对数函数 $\ln x$、幂函数 x^n 与指数函数 $e^{\lambda x}(\lambda>0)$ 虽然都是无穷大,但它们增大的"速度"很不相同,比较之,从某个时刻起 $e^{\lambda x}$ 增大的速度最快(无论正的常数 λ 多么小),其次是 x^n(无论 n 多么大),$\ln x$ 增大的速度最慢.

应用洛必达法则时需注意几点:

(1) 应用法则时,是通过分子与分母分别求导数来确定未定式的极限,而不是求商的导数;

(2) 在连续使用洛必达法则时,每次使用前都要验证极限是否为 $\dfrac{0}{0}$ 型或 $\dfrac{\infty}{\infty}$ 型未定式,否则可能导致错误.例如,例 1 中 $\lim\limits_{x\to\frac{\pi}{3}}\dfrac{2\sin x}{\cos\left(x-\dfrac{\pi}{3}\right)}$ 已不再是未定式,就不能继续使用洛必达法则了.

(3) 当导数之比的极限 $\lim\dfrac{F'(x)}{G'(x)}$ 不存在,但不为 ∞ 时,不能断言原极限不存在,而应改变方法求极限.

例 6 求 $\lim\limits_{x\to\infty}\dfrac{x+\sin x}{x-\sin x}$.

解　虽然导数之比的极限$\lim\limits_{x\to\infty}\dfrac{1+\cos x}{1-\cos x}$不存在，但

$$\lim_{x\to\infty}\frac{x+\sin x}{x-\sin x}=\lim_{x\to\infty}\frac{1+\dfrac{\sin x}{x}}{1-\dfrac{\sin x}{x}}=1.$$

（4）虽然洛必达法则是求$\dfrac{0}{0}$型和$\dfrac{\infty}{\infty}$型未定式极限的一种很好的方法，但未必一定是有效或最简单的方法. 在很多情况下，要与其他求极限的方法（如等价无穷小替换、极限四则运算法则或重要极限等）综合使用，才能达到运算简捷的目的.

例 7　求$\lim\limits_{x\to+\infty}\dfrac{\sqrt{1+x^2}}{x}$.

解　$$\lim_{x\to+\infty}\frac{\sqrt{1+x^2}}{x}=\lim_{x\to+\infty}\frac{x}{\dfrac{\sqrt{1+x^2}}{1}}=\lim_{x\to+\infty}\frac{x}{\sqrt{1+x^2}}$$

$$=\lim_{x\to+\infty}\frac{\sqrt{1+x^2}}{x}=\cdots$$

运用洛必达法则出现分子分母循环交替，无法得到结果. 这时应改变方法，得

$$\lim_{x\to+\infty}\frac{\sqrt{1+x^2}}{x}=\lim_{x\to+\infty}\sqrt{\frac{1}{x^2}+1}=1.$$

例 8　求$\lim\limits_{x\to0}\dfrac{e^{-\frac{1}{x^2}}}{x^{100}}$.

解　$$\lim_{x\to0}\frac{e^{-\frac{1}{x^2}}}{x^{100}}=\lim_{x\to0}\frac{e^{-\frac{1}{x^2}}\cdot\dfrac{2}{x^3}}{100x^{99}}=\lim_{x\to0}\frac{2e^{-\frac{1}{x^2}}}{100x^{102}}=\cdots$$

这样继续运用洛必达法则会越来越繁，但若令$\dfrac{1}{x^2}=y$，则$x\to0$时，$y\to\infty$，故有

$$\lim_{x\to0}\frac{e^{-\frac{1}{x^2}}}{x^{100}}=\lim_{y\to\infty}\frac{y^{50}}{e^y}=\lim_{y\to\infty}\frac{50y^{49}}{e^y}=\cdots=\lim_{y\to\infty}\frac{50!}{e^y}=0.$$

例 9　求$\lim\limits_{x\to0}\dfrac{\ln(1+x^2)}{\sec x-\cos x}$.

解　先利用等价无穷小替换，再用洛必达法则，这样可使运算简便得多.

$$\lim_{x\to0}\frac{\ln(1+x^2)}{\sec x-\cos x}=\lim_{x\to0}\frac{x^2}{\sec x-\cos x}=\lim_{x\to0}\frac{2x}{\sec x\tan x+\sin x}$$

$$=\lim_{x\to0}\frac{2}{\sec x\dfrac{\tan x}{x}+\dfrac{\sin x}{x}}=\frac{2}{1+1}=1.$$

三、其他未定式的极限

除了 $\frac{0}{0}$ 与 $\frac{\infty}{\infty}$ 型未定式外，还有求 $\lim f(x)g(x)$，$\lim(f(x)-g(x))$，$\lim f(x)^{g(x)}$ 时产生的 $0\cdot\infty$，$\infty-\infty$，0^0，1^∞，∞^0 型的未定式，它们都可转化为 $\frac{0}{0}$ 或 $\frac{\infty}{\infty}$ 型这两种基本的未定式，进而利用洛必达法则或其他方法求其极限.

对 $0\cdot\infty$，$\infty-\infty$ 型未定式，可通过代数恒等变形转化为 $\frac{0}{0}$ 或 $\frac{\infty}{\infty}$ 型未定式.

而对 0^0，1^∞，∞^0 型未定式，可通过取对数的方法化为 $0\cdot\infty$ 型，再转化为 $\frac{0}{0}$ 或 $\frac{\infty}{\infty}$ 型未定式，也就是说，对幂指形式的未定式可利用取对数求极限的方法.

例 10 求 $\lim\limits_{x\to0^+}x^\alpha\ln x\ (\alpha>0)$.

解 此极限属 $0\cdot\infty$ 型未定式.

$$\lim_{x\to0^+}x^\alpha\ln x=\lim_{x\to0^+}\frac{\ln x}{\frac{1}{x^\alpha}}\left(\frac{\infty}{\infty}\text{型}\right)=\lim_{x\to0^+}\frac{\frac{1}{x}}{-\alpha x^{-\alpha-1}}$$

$$=\lim_{x\to0^+}\frac{x^\alpha}{-\alpha}=0.$$

例 11 求 $\lim\limits_{x\to0}\left(\frac{1}{e^x-1}-\frac{1}{x}\right)$.

解 此极限属 $\infty-\infty$ 型未定式，利用通分化为 $\frac{0}{0}$ 型.

$$\lim_{x\to0}\left(\frac{1}{e^x-1}-\frac{1}{x}\right)=\lim_{x\to0}\frac{x-e^x+1}{x(e^x-1)}\quad\left(\frac{0}{0}\text{型}\right)$$

$$=\lim_{x\to0}\frac{1-e^x}{e^x-1+xe^x}=\lim_{x\to0}\frac{-e^x}{xe^x+2e^x}=-\frac{1}{2}.$$

例 12 求 $\lim\limits_{x\to e}(\ln x)^{\frac{1}{1-\ln x}}$.

解 此极限属 1^∞ 型未定式，设 $y=(\ln x)^{\frac{1}{1-\ln x}}$，取对数得

$$\ln y=\frac{1}{1-\ln x}\ln(\ln x),$$

于是

$$\lim_{x\to e}\ln y=\lim_{x\to e}\frac{\ln(\ln x)}{1-\ln x}\quad\left(\frac{0}{0}\text{型}\right)$$

$$=\lim_{x\to e}\frac{\frac{1}{x\ln x}}{-\frac{1}{x}}=-\lim_{x\to e}\frac{1}{\ln x}=-1.$$

所以

$$\lim_{x\to e}(\ln x)^{\frac{1}{1-\ln x}}=\lim_{x\to e}e^{\ln y}=e^{\lim\limits_{x\to e}\ln y}=e^{-1}.$$

这种取对数后再求极限的方法称为**取对数求极限法**.

例 13　求 $\lim\limits_{n\to\infty}(1+n)^{\frac{1}{\sqrt{n}}}$.

解　此极限属 ∞^0 型未定式，但本题为数列极限问题，不可直接对其取对数应用洛必达法则求极限. 而可先将其转化为相应的函数极限问题，再利用数列极限与函数极限的关系给出结果.

$$\lim_{x\to+\infty}(1+x)^{\frac{1}{\sqrt{x}}}=e^{\lim\limits_{x\to+\infty}\frac{1}{\sqrt{x}}\ln(1+x)},$$

因为

$$\lim_{x\to+\infty}\frac{1}{\sqrt{x}}\ln(1+x)=\lim_{x\to+\infty}\frac{\ln(1+x)}{\sqrt{x}}\quad\left(\frac{\infty}{\infty}\text{型}\right)$$

$$=\lim_{x\to+\infty}\frac{\frac{1}{1+x}}{\frac{1}{2\sqrt{x}}}=\lim_{x\to+\infty}\frac{2\sqrt{x}}{1+x}=0,$$

所以

$$\lim_{x\to+\infty}(1+x)^{\frac{1}{\sqrt{x}}}=e^0=1.$$

故

$$\lim_{n\to\infty}(1+n)^{\frac{1}{\sqrt{n}}}=1.$$

习题 3-2

1. 用洛必达法则求下列极限：

(1) $\lim\limits_{x\to0}\frac{e^x-e^{-x}}{\tan x}$；　(2) $\lim\limits_{x\to\frac{\pi}{2}}\frac{\ln\sin x}{(\pi-2x)^2}$；

(3) $\lim\limits_{x\to0}x^2e^{\frac{1}{x^2}}$；　(4) $\lim\limits_{x\to0}\frac{x-\sin x}{x^3}$；

(5) $\lim\limits_{x\to0^+}\frac{\ln\sin ax}{\ln\sin bx}\ (a>0,b>0)$；　(6) $\lim\limits_{x\to1}\left(\frac{2}{x^2-1}-\frac{1}{x-1}\right)$；

(7) $\lim\limits_{x\to0}\frac{(1+x)^{\frac{1}{x}}-e}{x}$；　(8) $\lim\limits_{x\to0}\left(\frac{1}{x}\cot x-\frac{1}{x^2}\right)$；

(9) $\lim\limits_{x\to\frac{\pi}{2}^-}(\cos x)^{\frac{\pi}{2}-x}$；　(10) $\lim\limits_{x\to+\infty}\left(\frac{2}{\pi}\arctan x\right)^x$；

(11) $\lim\limits_{x\to 0}\left(\dfrac{\sin x}{x}\right)^{\frac{1}{x^2}}$；　　(12) $\lim\limits_{x\to 0^+}(\cot x)^{\frac{1}{\ln x}}$；

(13) $\lim\limits_{x\to \infty}\left(1+\dfrac{3}{x}\right)^{2x}$；　　(14) $\lim\limits_{x\to +\infty}(x+\mathrm{e}^x)^{\frac{1}{x}}$.

*2. 验证极限$\lim\limits_{x\to 0}\dfrac{\sin^2 x\sin\dfrac{1}{x}}{x}$存在，但不能用洛必达法则求出.

*3. 设 $f(x)=\begin{cases}\dfrac{g(x)}{x}, & x\neq 0,\\ 0, & x=0,\end{cases}$ 以及 $g(0)=g'(0)=0$, $g''(0)=2$，求 $f'(0)$.

第三节 泰勒公式

用简单的函数近似表达（也称**逼近**）较复杂的函数是一种经常使用的数学方法. 在微分的应用中已经知道，当 $|x|$ 很小时，有如下的近似等式：

$$\sin x\approx x,\quad \mathrm{e}^x\approx 1+x,\quad \ln(1+x)\approx x,\quad \cdots$$

这些都是用一次多项式来近似表达函数的例子，而由此所引起的误差是关于 x 的高阶无穷小 $o(x)$. 一般地，如果 $f(x)$ 在 x_0 处可微，那么在 x_0 邻近就有

$$f(x)=f(x_0)+f'(x_0)(x-x_0)+o(x-x_0),$$

这就是说，当用一次多项式 $f(x_0)+f'(x_0)(x-x_0)$ 近似表达 $f(x)$ 时，其精度不高，产生的误差仅是关于 $(x-x_0)$ 的高阶无穷小，并且不能具体估计出误差的大小. 为了解决这两个问题，我们尝试用更高次的多项式作逼近. 这是因为多项式是一类比较简单的函数，它只涉及加、减、乘三种运算，最适于利用计算机计算. 因此，以多项式取代复杂函数无疑会给研究和计算工作带来很大方便.

泰勒[①]公式提供了用几次多项式逼近函数的一种方法，在理论上和应用中都有重要的作用.

一、带有皮亚诺[②]型余项的泰勒公式

设函数 $f(x)$ 在含 x_0 的开区间 (a,b) 内具有 n 阶导数. 设想用一个关于 $(x-x_0)$ 的 n 次多项式

$$p_n(x)=a_0+a_1(x-x_0)+a_2(x-x_0)^2+\cdots+a_n(x-x_0)^n$$

来逼近函数 $f(x)$，并要求它与 $f(x)$ 之差是比 $(x-x_0)^n$ 高阶的无穷小.

为使 $p_n(x)$ 与 $f(x)$ 在数值与性质方面吻合得更好，要求 $p_n(x)$ 与 $f(x)$ 在 x_0 处的函数值以及它们的直到 n 阶的导数值分别相等.

---

① 泰勒(B. Taylor, 1685 ～ 1731)，英国数学家.

② 皮亚诺(G. Peano, 1858 ～ 1932)，意大利数学家、逻辑学家.

按此要求很容易确定多项式 $p_n(x)$ 的系数，即由

$$p_n(x_0)=f(x_0),\quad p_n'(x_0)=f'(x_0),$$
$$p_n''(x_0)=f''(x_0),\quad \cdots,\quad p_n^{(n)}(x_0)=f^{(n)}(x_0),$$

得

$$a_0=f(x_0),\quad 1\cdot a_1=f'(x_0),$$
$$2!a_2=f''(x_0),\quad \cdots,\quad n!a_n=f^{(n)}(x_0),$$

从而

$$a_0=f(x_0),\quad a_1=f'(x_0),\quad a_2=\frac{f''(x_0)}{2!},\quad \cdots,\quad a_n=\frac{f^{(n)}(x_0)}{n!}.$$

于是

$$\begin{aligned}p_n(x)=&f(x_0)+f'(x_0)(x-x_0)+\frac{f''(x_0)}{2!}(x-x_0)^2\\&+\cdots+\frac{f^{(n)}(x_0)}{n!}(x-x_0)^n.\end{aligned}\tag{3.5}$$

称式(3.5)中的 $p_n(x)$ 为 $f(x)$ 在 x_0 处关于$(x-x_0)$的 n **阶泰勒多项式**.

下面的定理表明，式(3.5) 正是满足所提要求的多项式.

定理 3.7　设函数 $f(x)$ 在点 x_0 的某邻域 $U(x_0,\delta)$ 内具有 n 阶导数，则对于任一 $x\in U(x_0,\delta)$，有

$$\begin{aligned}f(x)=&f(x_0)+f'(x_0)(x-x_0)+\frac{f''(x_0)}{2!}(x-x_0)^2\\&+\cdots+\frac{f^{(n)}(x_0)}{n!}(x-x_0)^n+o((x-x_0)^n).\end{aligned}\tag{3.6}$$

公式(3.6)称为函数 $f(x)$ 在 x_0 处**带有皮亚诺型余项的泰勒公式**. $o((x-x_0)^n)$ 称为**皮亚诺型余项**.

证　要证明公式(3.6)，只需证明 $f(x)-p_n(x)$ 是$(x-x_0)^n$ 的高阶无穷小.

根据高阶无穷小的定义，需证明

$$\lim_{x\to x_0}\frac{f(x)-p_n(x)}{(x-x_0)^n}=0.$$

记 $R_n(x)=f(x)-p_n(x)$. 则有

$$R_n(x_0)=R_n'(x_0)=R_n''(x_0)=\cdots=R_n^{(n)}(x_0)=0.$$

于是应用 $n-1$ 次洛必达法则，可得

$$\begin{aligned}\lim_{x\to x_0}\frac{R_n(x)}{(x-x_0)^n}&=\lim_{x\to x_0}\frac{R_n'(x)}{n(x-x_0)^{n-1}}\\&=\lim_{x\to x_0}\frac{R_n''(x)}{n(n-1)(x-x_0)^{n-2}}=\cdots\\&=\lim_{x\to x_0}\frac{R_n^{(n-1)}(x)}{n!(x-x_0)}=\frac{1}{n!}\lim_{x\to x_0}\frac{R_n^{(n-1)}(x)-R_n^{(n-1)}(x_0)}{x-x_0}\end{aligned}$$

$$= \frac{1}{n!} R_n^{(n)}(x_0) = 0.$$

最后一个等号是根据导数定义得到的.

(请思考:上面的证明过程中为什么不可以应用 n 次洛必达法则?)

二、带有拉格朗日型余项的泰勒公式

前面讨论了在一点附近用多项式逼近函数的问题,并且知道这种近似产生的误差即皮亚诺余项 $o((x-x_0)^n)$ 是比 $(x-x_0)^n$ 高阶的无穷小. 但若想求出误差的具体数值,即给出误差 $|f(x)-p_n(x)|$ 的具体表达式显然是困难的. 为了解决这一问题,给出下面的定理.

定理 3.8 设函数 $f(x)$ 在点 x_0 的某邻域 $U(x_0,\delta)$ 内具有直到 $n+1$ 阶的导数,则对于任一 $x \in U(x_0,\delta)$,有

$$f(x) = f(x_0) + f'(x_0)(x-x_0) + \frac{f''(x_0)}{2!}(x-x_0)^2 + \cdots + \frac{f^{(n)}(x_0)}{n!}(x-x_0)^n + R_n(x),$$

其中

$$R_n(x) = \frac{f^{(n+1)}(\xi)}{(n+1)!}(x-x_0)^{n+1}, \tag{3.7}$$

这里 ξ 是介于 x_0 与 x 之间的某个值.

公式(3.7)称为 $f(x)$ 在 x_0 处**带有拉格朗日型余项的泰勒公式**,其中的 $R_n(x)$ 称为**拉格朗日型余项**. 定理 3.7 和定理 3.8 均称为**泰勒中值定理**.

若记 $\xi = x_0 + \theta(x-x_0)$,其中 $0<\theta<1$,这样,拉格朗日型余项也可写成

$$R_n(x) = \frac{f^{(n+1)}(x_0+\theta(x-x_0))}{(n+1)!}(x-x_0)^{n+1} \quad (0<\theta<1).$$

证 记 $R_n(x) = f(x) - P_n(x)$. 只需证明

$$R_n(x) = \frac{f^{(n+1)}(\xi)}{(n+1)!}(x-x_0)^{n+1}.$$

由假设条件可得

$$R_n(x_0) = R_n'(x_0) = R_n''(x_0) = \cdots = R_n^{(n)}(x_0) = 0,$$

且

$$R_n^{(n+1)}(x) = f^{(n+1)}(x) \quad (因\ P_n^{(n+1)}(x) = 0),$$

对两个函数 $R_n(x)$ 与 $(x-x_0)^{n+1}$ 在以 x_0 及 $x(x\neq x_0)$ 为端点的区间上应用柯西中值定理(两个函数均满足柯西中值定理的条件),得

$$\frac{R_n(x)}{(x-x_0)^{n+1}} = \frac{R_n(x)-R_n(x_0)}{(x-x_0)^{n+1}-0} = \frac{R_n'(\xi_1)}{(n+1)(\xi_1-x_0)^n} \quad (\xi_1\ 介于\ x_0\ 与\ x\ 之间).$$

再对两个函数 $R_n'(x)$ 与 $(n+1)(x-x_0)^n$ 在以 x_0 及 ξ_1 为端点的区间上应用柯西中值定理，得

$$\frac{R_n'(\xi_1)}{(n+1)(\xi_1-x_0)^n}=\frac{R_n'(\xi_1)-R_n'(x_0)}{(n+1)(\xi_1-x_0)^n-0}=\frac{R_n''(\xi_2)}{(n+1)n(\xi_2-x_0)^{n-1}}$$

(ξ_2 介于 x_0 与 ξ_1 之间).

依此类推，应用 $(n+1)$ 次柯西中值定理之后，即得

$$\frac{R_n(x)}{(x-x_0)^{n+1}}=\frac{R_n^{(n+1)}(\xi)}{(n+1)!}=\frac{f^{(n+1)}(\xi)}{(n+1)!}$$

(ξ 介于 x_0 与 ξ_n 之间，从而介于 x_0 与 x 之间)，

即

$$R_n(x)=\frac{f^{(n+1)}(\xi)}{(n+1)!}(x-x_0)^{n+1}\quad(\xi\text{ 介于 } x_0 \text{ 与 } x \text{ 之间}).$$

由定理 3.8 可知，以多项式 $P_n(x)$ 近似表达函数 $f(x)$ 时，其误差为 $|R_n(x)|$. 如果 $f(x)$ 的 $n+1$ 阶导数在 (a,b) 中有界：$|f^{(n+1)}(x)|\leqslant M$，$x,x_0\in(a,b)$，那么有误差估计式：

$$|R_n(x)|\leqslant\frac{M}{(n+1)!}|x-x_0|^{n+1}. \tag{3.8}$$

显然 $\lim\limits_{x\to x_0}\dfrac{R_n(x)}{(x-x_0)^n}=0$，即当 $x\to x_0$ 时，拉格朗日型余项也是比 $(x-x_0)^n$ 高阶的无穷小.

当 $n=0$ 时，泰勒公式变成拉格朗日中值公式：

$$f(x)=f(x_0)+f'(\xi)(x-x_0)\quad(\xi\text{ 介于 } x_0 \text{ 与 } x \text{ 之间}),$$

所以，泰勒中值定理(定理 3.8) 是拉格朗日中值定理的推广.

三、麦克劳林[①]公式

在公式(3.6) 与公式(3.7) 中，$x_0=0$ 的特殊情形是常用的，这种形式的泰勒公式，称为**麦克劳林公式**，即

$$f(x)=f(0)+f'(0)x+\frac{f''(0)}{2!}x^2+\cdots+\frac{f^{(n)}(0)}{n!}x^n+o(x^n) \tag{3.9}$$

和

$$f(x)=f(0)+f'(0)x+\frac{f''(0)}{2!}x^2+\cdots+\frac{f^{(n)}(0)}{n!}x^n+\frac{f^{(n+1)}(\theta x)}{(n+1)!}x^{n+1}\quad(0<\theta<1). \tag{3.10}$$

由此可得近似公式：

---

① 麦克劳林(C. Maclaurin，1698 ~ 1746)，英国数学家.

$$f(x) \approx f(0) + f'(0)x + \cdots + \frac{f^{(n)}(0)}{n!}x^n, \tag{3.11}$$

相应地,误差估计式为

$$|R_n(x)| \leqslant \frac{M}{(n+1)!}|x|^{n+1}.$$

式(3.11)右端的多项式称为 $f(x)$ 的 **n 阶麦克劳林多项式.**

例 1　写出函数 $f(x)=\mathrm{e}^x$ 的带有皮亚诺型余项和拉格朗日型余项的 n 阶麦克劳林公式.

解　因为

$$f'(x)=f''(x)=\cdots=f^{(n)}(x)=\mathrm{e}^x,$$

所以

$$f(0)=f'(0)=f''(0)=\cdots=f^{(n)}(0)=1.$$

又

$$f^{(n+1)}(\theta x)=\mathrm{e}^{\theta x} \quad (0<\theta<1),$$

将这些值代入公式(3.9)和公式(3.10),便得

$$\mathrm{e}^x=1+x+\frac{x^2}{2!}+\cdots+\frac{x^n}{n!}+o(x^n)$$

和

$$\mathrm{e}^x=1+x+\frac{x^2}{2!}+\cdots+\frac{x^n}{n!}+\frac{\mathrm{e}^{\theta x}}{(n+1)!}x^{n+1} \quad (0<\theta<1).$$

从而,e^x 可用 n 次多项式近似表达为

$$\mathrm{e}^x \approx 1+x+\frac{x^2}{2!}+\cdots+\frac{x^n}{n!}.$$

由此产生的误差为

$$|R_n(x)|=\left|\frac{\mathrm{e}^{\theta x}}{(n+1)!}x^{n+1}\right|<\frac{\mathrm{e}^{|x|}}{(n+1)!}|x|^{n+1} \quad (0<\theta<1).$$

例 2　求 $f(x)=\sin x$ 的带有皮亚诺型余项和拉格朗日型余项的 n 阶麦克劳林公式.

解　因为

$$f^{(n)}(x)=(\sin x)^{(n)}=\sin\left(x+\frac{n\pi}{2}\right) \quad (n=0,1,2,\cdots),$$

所以

$$f(0)=0,\quad f'(0)=1,\quad f''(0)=0,\quad f'''(0)=-1,\quad f^{(4)}(0)=0,\quad \cdots$$

它们循环地取 0,1,0,−1,且有

$$f^{(n+1)}(\theta x)=\sin\left[\theta x+\frac{(n+1)\pi}{2}\right],$$

于是按公式(3.9),公式(3.10)得(令 $n=2m$)

$$\sin x=x-\frac{x^3}{3!}+\frac{x^5}{5!}-\cdots+(-1)^{m-1}\frac{x^{2m-1}}{(2m-1)!}+o(x^{2m})$$

和

$$\sin x = x - \frac{x^3}{3!} + \frac{x^5}{5!} - \cdots + (-1)^{m-1}\frac{x^{2m-1}}{(2m-1)!} + R_{2m}(x),$$

其中

$$R_{2m}(x) = \frac{\sin\left[\theta x + (2m+1)\frac{\pi}{2}\right]}{(2m+1)!}x^{2m+1} \quad (0<\theta<1).$$

类似地，还可得到其他常用的带有拉格朗日型余项的麦克劳林公式：

$$\cos x = 1 - \frac{x^2}{2!} + \frac{x^4}{4!} - \cdots + (-1)^m \frac{x^{2m}}{(2m)!} + R_{2m+1}(x),$$

其中

$$R_{2m+1}(x) = \frac{\cos[\theta x + (m+1)\pi]}{(2m+2)!}x^{2m+2} \quad (0<\theta<1);$$

$$\ln(1+x) = x - \frac{1}{2}x^2 + \frac{1}{3}x^3 - \cdots + (-1)^{n-1}\frac{1}{n}x^n + R_n(x),$$

其中

$$R_n(x) = \frac{(-1)^n}{(n+1)(1+\theta x)^{n+1}}x^{n+1} \quad (0<\theta<1);$$

$$(1+x)^\alpha = 1 + \alpha x + \frac{\alpha(\alpha-1)}{2!}x^2 + \cdots + \frac{\alpha(\alpha-1)\cdots(\alpha-n+1)}{n!}x^n + R_n(x),$$

其中

$$R_n(x) = \frac{\alpha(\alpha-1)\cdots(\alpha-n+1)(\alpha-n)}{(n+1)!}(1+\theta x)^{\alpha-n-1}x^{n+1} \quad (0<\theta<1).$$

读者不难自己写出与它们相应的带有皮亚诺型余项的麦克劳林公式.

四、泰勒公式的简单应用举例

泰勒公式在计算数学、统计学等方面都有着广泛的应用.这里仅就以下几个方面说明泰勒公式的简单应用.

1. 函数逼近

以多项式近似表达较复杂函数是函数逼近的重要方法之一.如例 1 中，函数 e^x 可用 n 次多项式近似表达为

$$e^x \approx 1 + x + \frac{x^2}{2!} + \cdots + \frac{x^n}{n!}.$$

如果分别取 $n=1,2,3,4$.利用计算机作出函数 $f(x)=e^x$ 与其麦克劳林多项式 $P_n(x)$ 的图形(图 3.3)，可见 $P_n(x)$ 的图形随着 n 的增大变得与 e^x 的图形越来越贴近.

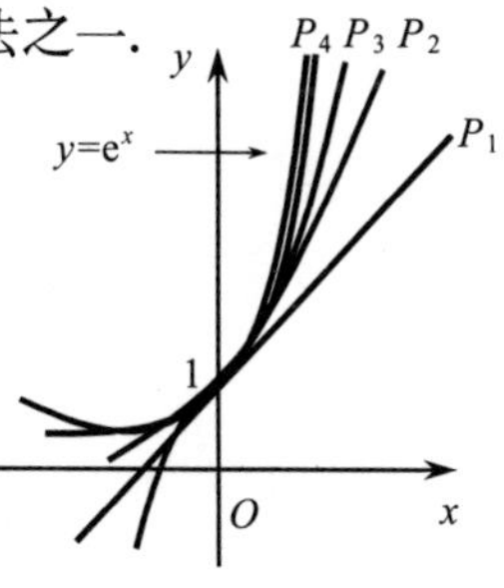

图 3.3

取 $x=1$，还可得无理数 e 的近似式

$$e\approx 1+1+\frac{1}{2!}+\cdots+\frac{1}{n!},$$

其误差

$$|R_n|<\frac{e}{(n+1)!}<\frac{3}{(n+1)!},$$

当 $n=10$ 时，可求得 $e\approx 2.718281$，其误差不超过 10^{-6}.

又如例 2 中，函数 $\sin x$ 可用 n 次多项式近似表达为

$$\sin x\approx x-\frac{x^3}{3!}+\frac{x^5}{5!}-\cdots+(-1)^{m-1}\frac{x^{2m-1}}{(2m-1)!}.$$

如果取 $m=1$，就得到微分应用中的近似公式

$$\sin x\approx x,$$

这时误差为

$$|R_2(x)|=\left|\frac{\sin\left(\theta x+\frac{3\pi}{2}\right)}{3!}x^3\right|\leqslant\frac{|x|^3}{6}\quad(0<\theta<1).$$

再取 $m=2,3$，可以得到 $\sin x$ 的 3 阶与 5 阶麦克劳林多项式

$$\sin x\approx x-\frac{1}{3!}x^3$$

与

$$\sin x\approx x-\frac{1}{3!}x^3+\frac{1}{5!}x^5,$$

其误差分别为 $|R_4(x)|<\frac{|x|^5}{5!}$ 与 $|R_6(x)|<\frac{|x|^7}{7!}$.

利用计算机作出正弦函数及这些麦克劳林多项式 $P_n(x)$ 的图形（图 3.4），可见随着 n 的增大，$\sin x$ 与其麦克劳林多项式 $P_n(x)$ 的图形越来越贴近. 读者还可以进一步通过 Mathematica 软件仔细观察，将会发现在 x 离原点较远时（即在较大范

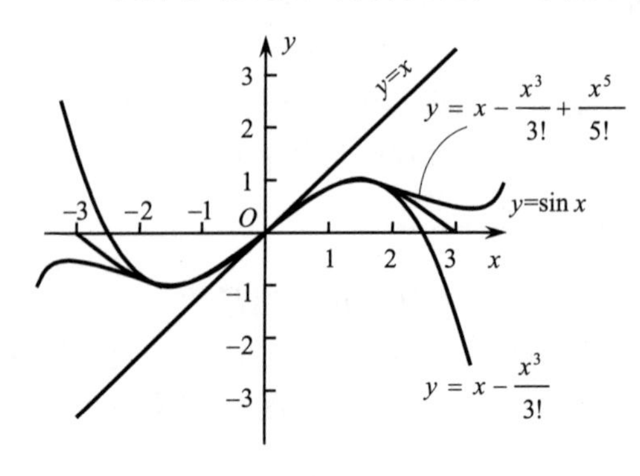

图 3.4

围），选取阶数较高的麦克劳林多项式 $P_n(x)$ 来近似表达 $\sin x$，会使精度较高（即达到较小误差），由此可以理解利用泰勒公式作函数逼近的意义.

以上给出了一些函数的麦克劳林公式，即在 $x_0=0$ 处的泰勒公式. 对于函数在 $x_0(\neq 0)$ 处的泰勒公式，可利用以上所得函数的麦克劳林公式得到.

例 3　求函数 $f(x)=\dfrac{1}{3-x}$ 在 $x_0=1$ 的泰勒公式（带有皮亚诺型余项）.

解　$f(x)=\dfrac{1}{2-(x-1)}=\dfrac{1}{2}\dfrac{1}{1-\dfrac{x-1}{2}}=\dfrac{1}{2}\cdot\left(1-\dfrac{x-1}{2}\right)^{-1}$，

利用函数 $(1+x)^{\alpha}$ 的麦克劳林公式 $\left(\text{这里 } \alpha=-1\text{，并取 } x \text{ 为 } -\dfrac{x-1}{2}\right)$，则有

$$f(x)=\frac{1}{2}\left[1+\frac{x-1}{2}+\left(\frac{x-1}{2}\right)^2+\cdots+\left(\frac{x-1}{2}\right)^n+o\left(\left(\frac{x-1}{2}\right)^n\right)\right],$$

即

$$\frac{1}{3-x}=\frac{1}{2}+\frac{x-1}{2^2}+\frac{(x-1)^2}{2^3}+\cdots+\frac{(x-1)^n}{2^{n+1}}+o((x-1)^n).$$

2. 近似计算

利用泰勒公式作近似计算的关键有两点：一是选取合适的函数的泰勒公式；二是选取合适的点 x_0，使 $|x-x_0|$ 相对较小，以减少误差，至于应该写出几阶的泰勒公式则由精度要求而定.

例 4　求 $\sqrt{37}$ 的近似值，要求精确到小数点后第 5 位.

解　$\sqrt{37}=\sqrt{36+1}=6\left(1+\dfrac{1}{36}\right)^{\frac{1}{2}}$，可选用函数 $6(1+x)^{\frac{1}{2}}$ 的 2 阶麦克劳林公式来求 $6\left(6+\dfrac{1}{36}\right)^{\frac{1}{2}}$ 的近似值. 由于

$$6(1+x)^{\frac{1}{2}}=6\left(1+\frac{1}{2}x-\frac{1}{8}x^2+\frac{1}{16}(1+\theta x)^{-\frac{5}{2}}x^3\right)\quad(0<\theta<1),$$

取 $x=\dfrac{1}{36}$ $(x_0=0)$ 来计算，其误差不会超过

$$6\cdot\frac{1}{16}\cdot\frac{1}{36^3}<0.5\times10^{-5},$$

它保证了小数点后 5 位有效数字的精确性，因此

$$\sqrt{37}\approx 6\left(1+\frac{1}{2}\frac{1}{36}-\frac{1}{8}\frac{1}{36^2}\right)\approx 6.08275.$$

3. 计算极限

常利用带有皮亚诺型余项的麦克劳林公式来计算某些未定式的极限.

例 5　求极限 $\lim\limits_{x\to0}\dfrac{\cos x-\mathrm{e}^{-\frac{x^2}{2}}}{x^4}$.

解　由于分式的分母为 x^4，只需将分子中的 $\cos x$ 和 $e^{-\frac{x^2}{2}}$ 分别用带有皮亚诺型余项的 4 阶麦克劳林公式表示，即

$$\cos x = 1 - \frac{x^2}{2!} + \frac{x^4}{4!} + o(x^4),$$

$$e^{-\frac{x^2}{2}} = 1 - \frac{x^2}{2} + \frac{1}{2!}\frac{x^4}{4} + o(x^4).$$

于是

$$\lim_{x\to0}\frac{\cos x - e^{-\frac{x^2}{2}}}{x^4} = \lim_{x\to0}\frac{\left[1-\frac{x^2}{2!}+\frac{x^4}{4!}+o(x^4)\right]-\left[1-\frac{x^2}{2}+\frac{1}{2!}\frac{x^4}{4}+o(x^4)\right]}{x^4}$$

$$= \lim_{x\to0}\frac{\left(\frac{1}{24}-\frac{1}{8}\right)x^4+o(x^4)}{x^4} = -\frac{1}{12}.$$

习题 3-3

1. 按 $(x+1)$ 的乘幂展开多项式 $f(x)=1+3x+5x^2-2x^3$.

2. 写出下列函数在指定点 x_0 处的带有皮亚诺型余项的 3 阶泰勒公式：

(1) $f(x)=\sqrt{x}$，$x_0=4$；　　(2) $f(x)=\ln x$，$x_0=2$；

(3) $f(x)=\dfrac{1}{\sqrt{1-x}}$，$x_0=0$；　　(4) $f(x)=x\cos 2x$，$x_0=0$.

*3. 写出下列函数的带有拉格朗日型余项的 n 阶麦克劳林展开式：

(1) $f(x)=\ln(1-x)$；　　(2) $f(x)=\sin 2x$；

(3) $f(x)=xe^x$；　　(4) $f(x)=\dfrac{1}{x-1}$.

*4. 设 $f(x)$ 二阶可微，将 $f(x+2h)$ 及 $f(x+h)$ 在点 x 处展开成 2 阶泰勒公式，并证明

$$\lim_{h\to0}\frac{f(x+2h)-2f(x+h)+f(x)}{h^2}=f''(x).$$

*5. 利用三阶泰勒公式求下列各数的近似值，并估计误差：

(1) $\ln 1.2$；　　(2) $\sin 18°$.

*6. 利用带有皮亚诺型余项的麦克劳林公式求下列极限：

(1) $\lim\limits_{x\to0}\dfrac{\sin x - x\cos x}{\sin^3 x}$；　　(2) $\lim\limits_{x\to\infty}\left[x - x^2\ln\left(1+\dfrac{1}{x}\right)\right]$.

第四节　函数的单调性与极值

函数的导数刻画了函数的瞬时变化率，从而描述了函数局部的变化性态. 自本节开始的几节中将以微分中值定理为基础，以导数为工具，进一步研究函数在一个区间上的变化性态.

一、函数单调性的判定法

如果函数 $f(x)$ 在$[a,b]$上单调增加(单调减少),那么它的图形是一条沿 x 轴正向上升(下降)的曲线,而且,如图 3.5,曲线上各点处的切线斜率是非负的(非正的),即 $f'(x) \geqslant 0(f'(x) \leqslant 0)$,这说明函数的单调性与其导数的符号有关.

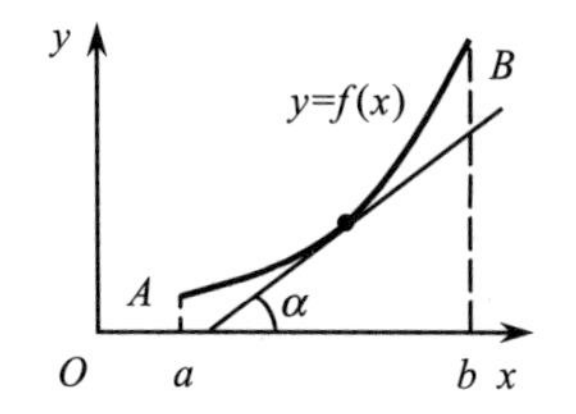

(a) 函数图形上升时切线斜率非负

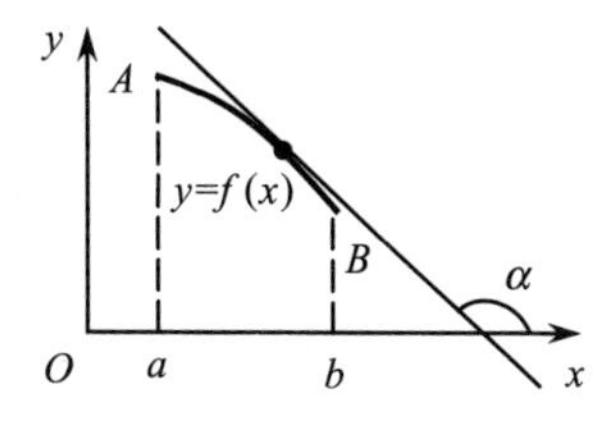

(b) 函数图形下降时切线斜率非正

图 3.5

事实上,确实可以借助于拉格朗日中值定理,给出利用导数的符号来判定函数单调性的方法.

定理 3.9　设函数 $f(x)$ 在闭区间$[a,b]$上连续,在开区间(a,b)内可导.

(1) 若对于任意的 $x \in (a,b)$,$f'(x) > 0$,则 $f(x)$ 在$[a,b]$上单调增加;

(2) 若对于任意的 $x \in (a,b)$,$f'(x) < 0$,则 $f(x)$ 在$[a,b]$上单调减少.

证　任取两点 $x_1, x_2 \in (a,b)$,且不妨设 $x_1 < x_2$,在$[x_1,x_2]$上应用拉格朗日中值定理,得到

$$f(x_2) - f(x_1) = f'(\xi)(x_2 - x_1) \quad (x_1 < \xi < x_2),$$

由假设条件知 $x_2 - x_1 > 0$,如果在(a,b)内 $f'(x) > 0$,那么也有 $f'(\xi) > 0$,于是

$$f(x_2) - f(x_1) = f'(\xi)(x_2 - x_1) > 0,$$

即

$$f(x_1) < f(x_2).$$

这表明函数 $f(x)$ 在$[a,b]$上单调增加. 同理,如果在(a,b)内 $f'(x) < 0$,那么 $f'(\xi) < 0$,于是 $f(x_2) - f(x_1) < 0$,即 $f(x_1) > f(x_2)$,表明函数 $f(x)$ 在$[a,b]$上单调减少.

如果把此判定法中的闭区间推广到其他各种区间(包括无穷区间),其结论仍然成立.

例 1　讨论函数 $f(x) = x^3 + x^2 - 5x - 5$ 的单调性.

解　函数 $f(x)$ 的定义域为$(-\infty, +\infty)$,

$$f'(x) = 3x^2 + 2x - 5 = (3x + 5)(x - 1).$$

令 $f'(x)=0$,得 $x=-\frac{5}{3}$ 和 $x=1$,这两点将定义域分为三个子区间,现以下表列出 $f'(x)$ 在每个子区间的符号及与之相应的函数 $f(x)$ 的单调性(单调增加用记号 ↗ 表示,单调减少用记号 ↘ 表示).

x	$\left(-\infty,-\frac{5}{3}\right)$	$-\frac{5}{3}$	$\left(-\frac{5}{3},1\right)$	1	$(1,+\infty)$
$f'(x)$	+	0	−	0	+
$f(x)$	↗		↘		↗

因此,$f(x)$ 在$\left(-\infty,-\frac{5}{3}\right]$和$[1,+\infty)$ 内单调增加,在$\left[-\frac{5}{3},1\right]$内单调减少. 函数的图形如图 3.6.

例 2　讨论函数 $f(x)=\sqrt[3]{x^2}$ 的单调性.

解　此函数在其定义域$(-\infty,+\infty)$上连续.

当 $x\neq 0$ 时,$f'(x)=\frac{2}{3\sqrt[3]{x}}$;

当 $x=0$ 时,函数 $f(x)$ 的导数不存在. 但在$(-\infty,0)$ 内,$f'(x)<0$,因此函数 $f(x)$ 在$(-\infty,0]$ 上单调减少;在$(0,+\infty)$ 内,$f'(x)>0$,因此 $f(x)$ 在$[0,+\infty)$ 上单调增加. 函数的图形如图 3.7.

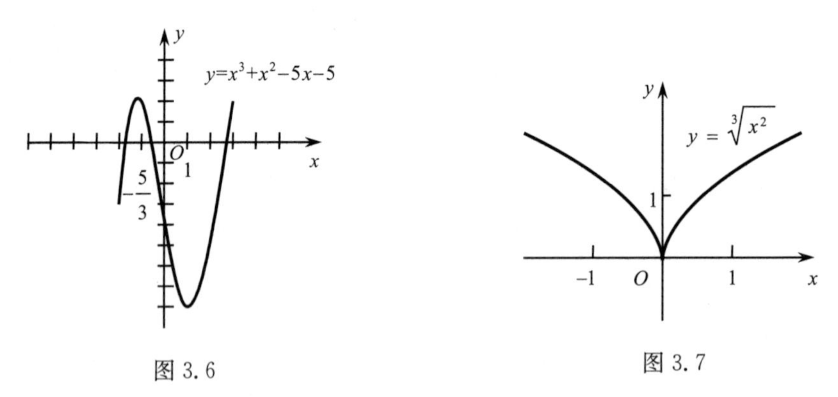

图 3.6　　图 3.7

从例 1 和例 2 可见,有些函数在它的定义域上不是单调的. 但可以用导数为零的点或者导数不存在的点来划分函数的定义域,使函数在各个子区间上单调.

例 3　讨论函数 $y=x^3$ 和 $y=\sqrt[3]{x}$ 在$(-\infty,+\infty)$ 上的单调性.

解　对函数 $y=x^3$, $y'=3x^2$,有 $y'(0)=0$. 对函数 $y=\sqrt[3]{x}$, $y'=\frac{1}{3}x^{-\frac{2}{3}}$,在点 $x=0$ 处导数不存在(是无穷),但这两个函数都在点 $x=0$ 处连续,在其余各点

处均有 $y'>0$，所以它们在 $(-\infty,+\infty)$ 内仍是单调增加的（图 3.8）.

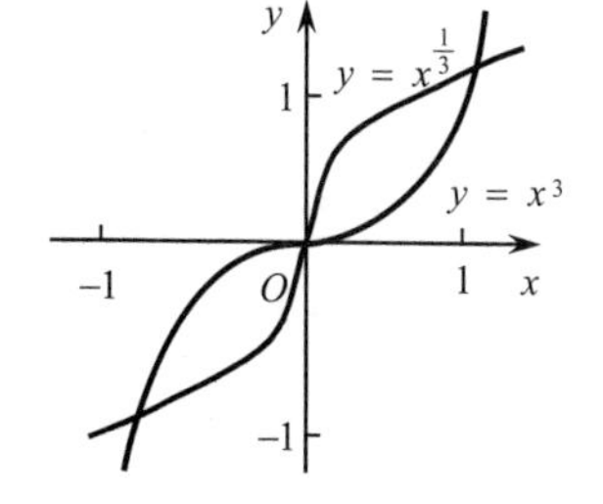

图 3.8

一般地，设函数 $f(x)$ 在某区间上连续，如果 $f'(x)$ 在该区间内的有限个点处为零或不存在，而在其余各点处均为正（或负），则 $f(x)$ 在该区间上仍是单调增加（或单调减少）的.

归纳起来，确定函数 $f(x)$ 的单调区间的步骤如下：

(1) 求出导数 $f'(x)$；

(2) 找出驻点和导数不存在的点，用这些点将函数的定义域分成若干个子区间；

(3) 判断在各个子区间内导数的正负号，并由此确定函数的单调性.

例 4　确定函数 $f(x)=(1-x)x^{\frac{2}{3}}$ 的单调区间.

解　函数 $f(x)$ 在其定义域 $(-\infty,+\infty)$ 上连续.

$$f'(x)=\frac{2}{3}x^{-\frac{1}{3}}(1-x)-x^{\frac{2}{3}}=\frac{2-5x}{3x^{\frac{1}{3}}}\quad(x\neq 0).$$

令 $f'(x)=0$，得 $x=\frac{2}{5}$，又在点 $x=0$ 处导数不存在，点 $x=0$ 和 $x=\frac{2}{5}$ 将定义域分为三个子区间，列下表给出 $f'(x)$ 在每个子区间上的符号进而得到在每个子区间上函数 $f(x)$ 的单调性.

x	$(-\infty,0)$	0	$\left(0,\frac{2}{5}\right)$	$\frac{2}{5}$	$\left(\frac{2}{5},+\infty\right)$
$f'(x)$	$-$	不存在	$+$	0	$-$
$f(x)$	↘	连续	↗		↘

因此，$f(x)$ 在 $(-\infty,0]$ 和 $\left[\frac{2}{5},+\infty\right)$ 内单调减少，在 $\left[0,\frac{2}{5}\right]$ 内单调增加.

例 5　证明：当 $x>1$ 时，$e^x>ex$.

证　只需证明当 $x>1$ 时 $e^x-ex>0$，设 $f(x)=e^x-ex$，则 $f(x)$ 在 $[1,+\infty)$ 内连续，在 $(1,+\infty)$ 内可导，且

$$f'(x)=e^x-e>0,$$

所以，$f(x)$ 在 $[1,+\infty)$ 内单调增加. 又 $f(1)=0$，故当 $x>1$ 时，有

$$f(x)>f(1)=0,$$

即 $e^x-ex>0$，亦即 $e^x>ex$.

二、函数的极值及其求法

从例 1 与图 3.6 可见，点 $x_1=-\frac{5}{3}$ 和 $x_2=1$ 是函数 $f(x)=x^3+x^2-5x-5$ 单

调区间的分界点，点 x_1 处的函数值 $f\left(-\frac{5}{3}\right)$ 比邻近其他点处的函数值都大，点 x_2 处的函数值 $f(1)$ 比邻近其他点处的函数值都小，这种在局部范围内函数值最大和最小的问题，就是要讨论的函数的极值问题.

定义 3.1 设函数 $f(x)$ 在点 x_0 的某邻域 $U(x_0)$ 内有定义，x 是去心邻域 $\mathring{U}(x_0)$ 内任意一点，若有

$$f(x)<f(x_0) \quad (\text{或 } f(x)>f(x_0)),$$

则称 $f(x_0)$ 为函数 $f(x)$ 的**极大值**(或**极小值**).

函数的极大值和极小值统称为函数的**极值**，使函数取得极值的点称为**极值点**.

例如，例 1 中 $f\left(-\frac{5}{3}\right)=\frac{40}{27}$ 和 $f(1)=-8$ 分别是函数 $f(x)=x^3+x^2-5x-5$ 的极大值和极小值，点 $x_1=-\frac{5}{3}$ 与 $x_2=1$ 则是函数 $f(x)$ 的极值点.

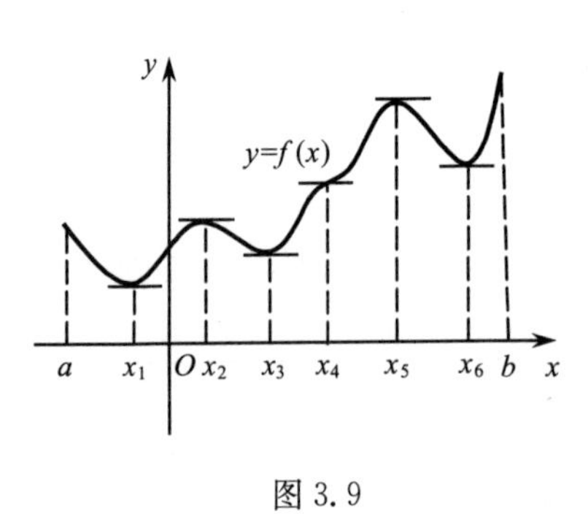

图 3.9

再来考察图 3.9，可以给我们两点启示：(1) 函数的极值是局部性的概念. 如图中 $f(x_2)$，$f(x_5)$ 都是极大值，但都不是区间 $[a,b]$ 上的最大值. $f(x_1)$，$f(x_3)$，$f(x_6)$ 都是极小值，但只有 $f(x_1)$ 同时也是 $[a,b]$ 上的最小值. 而且极大值 $f(x_2)$ 比极小值 $f(x_6)$ 还要小；(2) 函数取得极值之处，如果曲线有切线，曲线的切线是水平的，即极值点处函数的导数为零. 但在点 x_4 处，虽然该点处的切线是水平的，可 $f(x_4)$ 却不是极值.

下面给出函数取得极值的必要条件.

定理 3.10 (必要条件) 若函数 $f(x)$ 在 x_0 处可导，且在 x_0 处取得极值，则必有 $f'(x_0)=0$.

证 参照罗尔定理的证明方法，略.

通常称使导数为零的点为函数的驻点，则定理 3.10 告诉我们，可导函数的极值点必定是它的驻点. 但驻点却不一定是函数的极值点. 例如，函数 $f(x)=x^3$，点 $x_0=0$ 是它的驻点，但是在 $(-\infty,+\infty)$ 内此函数是单调增加的，所以，点 $x_0=0$ 不是它的极值点. 不过我们可以从驻点中去寻找极值点. 此外，从本节例 2 和例 4 中知，函数 $f(x)=\sqrt[3]{x^2}$ 和 $f(x)=(1-x)x^{\frac{2}{3}}$ 在 $x=0$ 处均不可导，但两函数在该点均取得极小值. 因此，函数在不可导点处也可能取得极值. 那么，如何对这些可能的极值点进行判定呢?我们给出以下判定极值的两个充分条件.

定理 3.11 (第一充分条件) 设函数 $f(x)$ 在点 x_0 处连续，且在 x_0 的某去心邻

域 $\mathring{U}(x_0)$ 内可导,对于任意的 $x \in \mathring{U}(x_0)$.

(1) 若当 $x < x_0$ 时 $f'(x) > 0$,当 $x > x_0$ 时 $f'(x) < 0$,则 $f(x)$ 在 x_0 处取得极大值;

(2) 若当 $x < x_0$ 时 $f'(x) < 0$,当 $x > x_0$ 时 $f'(x) > 0$,则 $f(x)$ 在 x_0 处取得极小值;

(3) 若在该去心邻域 $\mathring{U}(x_0)$ 内,$f'(x)$ 的符号保持不变,则 $f(x)$ 在 x_0 处不取得极值.

证 对于情形(1),在 x_0 的左邻域内,由 $f(x)$ 连续,并 $f'(x) > 0$,知函数 $f(x)$ 单调增加,故在 x_0 的左邻域内 $f(x) < f(x_0)$;在 x_0 的右邻域内,由 $f(x)$ 连续并 $f'(x) < 0$,知函数 $f(x)$ 单调减少,故在 x_0 的右邻域内 $f(x) < f(x_0)$,所以有 $f(x) < f(x_0)\,(x \in \mathring{U}(x_0))$,即 $f(x)$ 在 x_0 处取得极大值.

类似地,可证明情形(2) 和(3).

当函数 $f(x)$ 在驻点 x_0 处的二阶导数存在且不为零时,也可利用 $f''(x_0)$ 的符号判定函数的极值.

定理 3.12 (第二充分条件) 设函数 $f(x)$ 在 x_0 处具有二阶导数,且 $f'(x_0) = 0$, $f''(x_0) \neq 0$,则

(1) 当 $f''(x_0) < 0$ 时,$f(x)$ 在 x_0 处取得极大值;

(2) 当 $f''(x_0) > 0$ 时,$f(x)$ 在 x_0 处取得极小值.

证 对于情形(1),由于 $f''(x_0) < 0$,按二阶导数的定义有

$$f''(x_0) = \lim_{x \to x_0} \frac{f'(x) - f'(x_0)}{x - x_0} < 0.$$

根据函数极限的局部保号性,当 x 在 x_0 的足够小的去心邻域 $\mathring{U}(x_0)$ 内时,

$$\frac{f'(x) - f'(x_0)}{x - x_0} < 0.$$

由所设条件知 $f'(x_0) = 0$,所以有

$$\frac{f'(x)}{x - x_0} < 0,$$

这说明 $f'(x)$ 与 $x - x_0$ 异号,故当 $x < x_0$ 时,有 $f'(x) > 0$;当 $x > x_0$ 时,有 $f'(x) < 0$,于是根据定理 3.11 知,$f(x)$ 在 x_0 处取得极大值.

类似地可以证明情形(2).

根据以上三个定理,可归纳出求函数极值的一般步骤如下:

(1) 确定函数的定义域,并求导数 $f'(x)$;

(2) 求出 $f(x)$ 的全部驻点和导数不存在的点;

(3) 列出表格,对(2) 中的每个点进行考察:考察其左右两侧邻域上 $f'(x)$ 的

符号,依据第一充分条件确定极值点;若 $f''(x)$ 存在且其符号易于讨论时,可利用第二充分条件确定极值点;

(4) 求出各极值点处的函数值,得到全部极值.

例 6　求函数 $f(x)=x^{\frac{2}{3}}(x^2-8)$ 的极值.

解　函数 $f(x)$ 在其定义域 $(-\infty,+\infty)$ 上连续,且为偶函数,故可只在 $[0,+\infty)$ 内进行讨论.

$$f'(x)=\frac{2}{3}x^{-\frac{1}{3}}(x^2-8)+x^{\frac{2}{3}}(2x)=\frac{8(x^2-2)}{3x^{\frac{1}{3}}},$$

$x=\pm\sqrt{2}$ 是 $f(x)$ 的驻点,$x=0$ 是 $f(x)$ 的不可导点.下面列表讨论:

x	0	$(0,\sqrt{2})$	$\sqrt{2}$	$(\sqrt{2},+\infty)$
$f'(x)$	不存在	$-$	0	$+$
$f(x)$	极大值	↘	极小值	↗

所以,函数 $f(x)$ 在不可导点 $x=0$ 处取得极大值 $f(0)=0$,在驻点 $x=\pm\sqrt{2}$ 处取得极小值 $f(-\sqrt{2})=f(\sqrt{2})=-4\sqrt[3]{2}$(图 3.10).

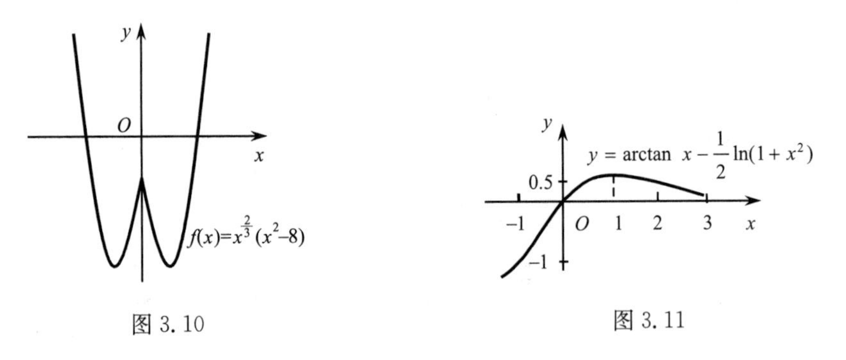

图 3.10　　　　图 3.11

例 7　求函数 $y=\arctan x-\frac{1}{2}\ln(1+x^2)$ 的极值.

解　函数的定义域为 $(-\infty,+\infty)$.

$$y'=\frac{1}{1+x^2}-\frac{x}{1+x^2}=\frac{1-x}{1+x^2}.$$

令 $y'=0$,得驻点 $x=1$.

$$y''=\frac{x^2-2x-1}{(1+x^2)^2},$$

$$y''(1)=-\frac{1}{2}<0,$$

因此，由第二充分条件知函数在 $x=1$ 处取得极大值，极大值为 $y(1)=\frac{\pi-2\ln 2}{4}$（图 3.11）.

习题 3-4

*1. 判断下列命题是否正确：

(1) 若函数 $f(x)$ 在 (a,b) 内可导，且单调增加，则在 (a,b) 内必有 $f'(x)>0$；

(2) 若函数 $f(x)$ 和 $g(x)$ 在 (a,b) 内可导，且 $f'(x)>g'(x)$，则在 (a,b) 内必有 $f(x)>g(x)$；

(3) 若函数 $y=f(x)$ 在点 x_0 处取极大值，则必有 $f'(x_0)=0$；

(4) 若函数 $f(x)$ 在 $[a,b]$ 上连续，在 (a,b) 内可导，且 $f'(x)>0$，$f(a)=0$，则在 (a,b) 内必有 $f(x)>0$.

2. 判定下列函数的单调性：

(1) $f(x)=\arctan x-x$；　　(2) $f(x)=x-\ln(1+x^2)$.

3. 确定下列函数的单调区间：

(1) $y=x^3-6x^2-15x+2$；　　(2) $y=\frac{\ln x}{x}$；

(3) $y=(x-1)(x+1)^3$；　　(4) $y=x+\frac{5}{2x}\ (x>0)$；

(5) $y=\ln(x+\sqrt{1+x^2})$；　　*(6) $y=x+|\sin 2x|$.

4. 利用函数的单调性证明下列不等式：

(1) $\cos x>1-\frac{x^2}{2}\ (x\neq 0)$；

(2) 当 $x>0$ 时，$1+x\ln(x+\sqrt{1+x^2})>\sqrt{1+x^2}$；

(3) 当 $x>0$ 时，$x-\frac{x^2}{2}<\ln(1+x)<x$；

*(4) 当 $x\in\left(0,\frac{\pi}{2}\right)$ 时，$2x<\sin x+\tan x$.

*5. 判别 e^{π} 和 π^{e} 的大小.

6. 求下列函数的极值：

(1) $f(x)=x^3-4x^2-3x$；　　*(2) $f(x)=e^x\cos x,\ x\in[0,2\pi]$；

(3) $f(x)=2x+3\sqrt[3]{x^2}$；　　(4) $f(x)=\begin{cases} e^{-\frac{1}{x^2}}, & x\neq 0,\\ 0, & x=0;\end{cases}$

(5) $f(x)=\frac{1}{x}\ln^2 x$；　　(6) $f(x)=x^{\frac{2}{3}}e^{-x}$.

*7. 若 $f(x)$ 在点 $x=a$ 的某邻域内有定义，且有

$$\lim_{x\to a}\frac{f(x)-f(a)}{(x-a)^2}=1,$$

那么，$f(x)$ 在 $x=a$ 处是否有极值？若有极值，是极大值还是极小值？

8. 证明方程 $x^3+x-1=0$ 有且仅有一个正实根.

*9. 讨论方程 $\ln x=ax(a>0)$ 有几个实根.

*10. 函数 $f(x)$ 对于一切实数 x 满足下列方程：

$$xf''(x)+3x[f'(x)]^2=1-e^{-x}.$$

若 $f(x)$ 在点 $x=C(C\neq 0)$ 处有极值,试证它是极小值.

第五节 曲线的凹凸性与拐点

上节研究了函数的单调性,从几何上看,就是曲线的上升与下降问题.本节将讨论的则是曲线的“弯曲方向”问题 —— 曲线的凹凸性与拐点.

观察图 3.12(a), $\widehat{AB}$ 是一条向上凹的曲线弧,如果在曲线上任取两点,则连接这两点的弦总位于这两点间的曲线弧上方;而图 3.12(b) 中的曲线弧则正好相反, $\widehat{AB}$ 是向上凸的,连接曲线上任意两点的弦总位于对应的曲线弧下方.因此可以用连接曲线上任意两点的弦的中点与曲线上相应点(即具有相同横坐标的点)的位置关系来定义曲线的凹凸性.

定义 3.2 设函数 $f(x)$ 在区间 I 上连续,若对 I 上任意两点 x_1, x_2,恒有

$$f\left(\frac{x_1+x_2}{2}\right)<\frac{f(x_1)+f(x_2)}{2},$$

则称 $f(x)$ 在区间 I 上的**图形是下凸的(或上凹的)**;若恒有

$$f\left(\frac{x_1+x_2}{2}\right)>\frac{f(x_1)+f(x_2)}{2},$$

则称 $f(x)$ 在区间 I 上的**图形是上凸的(或下凹的)**.

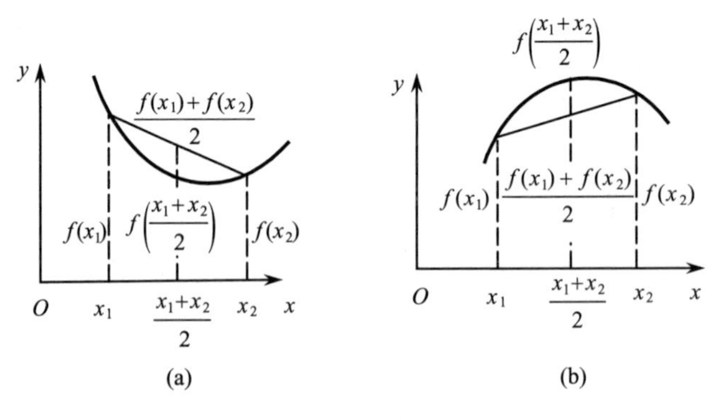

图 3.12

从另一个角度来观察曲线的凹凸性(图3.13),它们又有如下的特征:如果曲线处处有切线的话,凹曲线(图 3.13(a)) 上各点处的切线均在曲线下方,而且切线的

斜率随x增大而增大. 换句话说,下凸曲线对应的函数$f(x)$的导数$f'(x)$是x的单调增函数. 因此,如果$f(x)$二阶可导,则有$f''(x)>0$(或在某点x_0有$f''(x_0)=0$). 对于上凸曲线(图 3.13(b))则正好相反. 于是可以利用二阶导数的符号来判定曲线的凹凸性. 下面给出判定曲线凹凸性的简单法则.

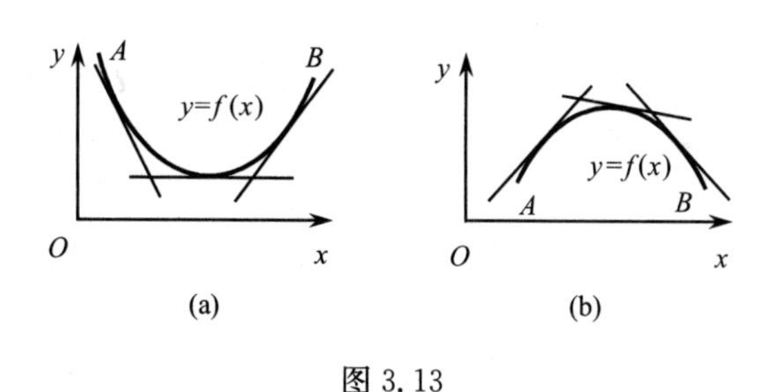

图 3.13

定理 3.13　设函数$f(x)$在$[a,b]$上连续,在(a,b)内二阶可导,那么

(1) 若在(a,b)内$f''(x)>0$,则$f(x)$在$[a,b]$上的图形是下凸的;

(2) 若在(a,b)内$f''(x)<0$,则$f(x)$在$[a,b]$上的图形是上凸的.

证　对于情形(1),在$[a,b]$内任取两点$x_1<x_2$,记$\frac{x_1+x_2}{2}=x_0$,并记$x_0-x_1=x_2-x_0=h$,对函数$f(x)$在$[x_1,x_0]$与$[x_0,x_2]$上分别应用拉格朗日中值定理,得

$$f(x_0)-f(x_1)=f'(\xi_1)(x_0-x_1)=f'(\xi_1)h,\quad \xi_1\in(x_1,x_0),$$
$$f(x_2)-f(x_0)=f'(\xi_2)(x_2-x_0)=f'(\xi_2)h,\quad \xi_2\in(x_0,x_2),$$

两式相减,得

$$f(x_2)+f(x_1)-2f(x_0)=[f'(\xi_2)-f'(\xi_1)]h,$$

对$f'(x)$在区间$[\xi_1,\xi_2]$上再应用拉格朗日中值定理,有

$$[f'(\xi_2)-f'(\xi_1)]h=f''(\xi)(\xi_2-\xi_1)h,\quad \xi\in(\xi_1,\xi_2),$$

由定理条件知$f''(\xi)>0$,又$\xi_2>\xi_1$, $h>0$,所以

$$f(x_2)+f(x_1)-2f(x_0)=f(x_2)+f(x_1)-2f\left(\frac{x_1+x_2}{2}\right)>0,$$

即

$$f\left(\frac{x_1+x_2}{2}\right)<\frac{f(x_1)+f(x_2)}{2}.$$

由定义知$f(x)$在$[a,b]$上的图形是下凸的.

同理可证情形(2).

从证明中可以看出,对于开区间(a,b),无穷区间$[a,+\infty)$, $(a,+\infty)$等,在$f''(x)$存在的条件下,此定理仍成立.

例 1　判定曲线 $y=\mathrm{e}^{-x}$ 的凹凸性.

解　因为 $y'=-\mathrm{e}^{-x}$, $y''=\mathrm{e}^{-x}$,在$(-\infty,+\infty)$内恒有 $y''>0$,所以,在$(-\infty,+\infty)$内曲线 $y=\mathrm{e}^{-x}$ 是下凸的.

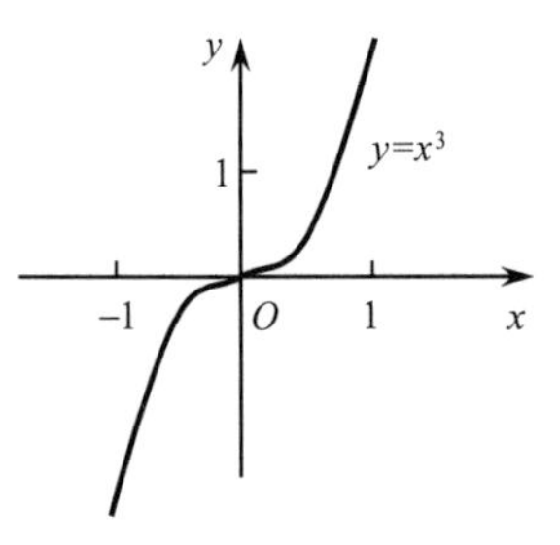

图 3.14

例 2　判定曲线 $y=x^3$ 的凹凸性.

解　因为 $y'=3x^2$, $y''=6x$.

当 $x<0$ 时,$y''<0$,所以,曲线在$(-\infty,0]$内是上凸的;当 $x>0$ 时,$y''>0$,所以,曲线在$[0,+\infty)$内是下凸的(图 3.14).那么,点$(0,0)$为曲线 $y=x^3$ 上下凸曲线与上凸曲线的分界点.这样的点对于研究函数的变化性态也是很重要的,所以一般地给出如下定义:

定义 3.3　设函数 $f(x)$ 在(a,b)内连续,$x_0\in(a,b)$若$(x_0,f(x_0))$是曲线 $y=f(x)$ 的凹凸分界点,则称$(x_0,f(x_0))$为曲线 $y=f(x)$ 的**拐点**.

由于函数 $f(x)$二阶可导时,可用函数的二阶导数 $f''(x)$判断曲线的凹凸性,因此,有下面定理.

定理 3.14　设函数 $f(x)$在 x_0 点连续,在 x_0 点的某个去心邻域 $\mathring{U}(x_0,\delta)$内二阶可导,且在左半邻域$(x_0-\delta,x_0)$上 $f''(x)>0$(或 $f''(x)<0$),在右半邻域$(x_0,x_0+\delta)$上 $f''(x)<0$(或 $f''(x)>0$),则$(x_0,f(x_0))$点是曲线 $y=f(x)$的拐点.

例 3　讨论曲线 $y=\ln(1+x^2)$ 的凹凸性与拐点.

解　$$y'=\frac{2x}{1+x^2},\quad y''=\frac{2(1-x^2)}{(1+x^2)^2}.$$

令 $y''=0$,得点 $x=\pm1$.这两点将函数的定义域分成三个子区间.在$(-\infty,-1)$和$(1,+\infty)$内 $y''<0$,在$(-1,1)$内 $y''>0$,因此,在$(-\infty,-1]$与$[1,+\infty)$内曲线是上凸的,在$[-1,1]$内曲线是下凸的,点$(-1,\ln2)$和$(1,\ln2$ 上$)$是曲线的拐点(图 3.15).

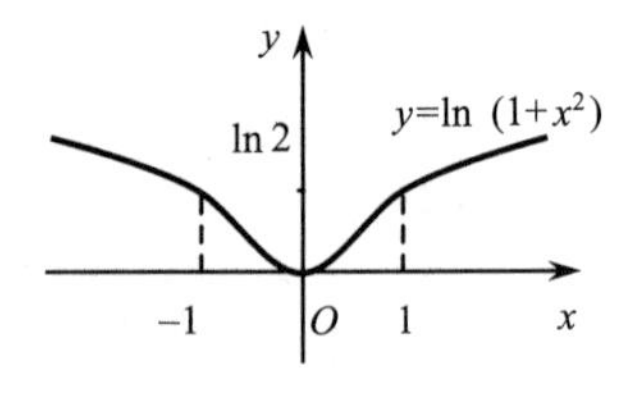

图 3.15

例 4　考察曲线 $y=x^4$ 的凹凸性与拐点.

解　$y'=4x^3$, $y''=12x^2$,令 $y''=0$,得 $x=0$.由于在 $x=0$ 两侧 $y''>0$ 不变号,因此$(0,0)$不是曲线的拐点.在整个$(-\infty,+\infty)$内,曲线是下凸的.

由此例可见,对于二阶可导的函数 $f(x)$, $f''(x_0)=0$ 仅是点$(x_0,f(x_0))$为拐点的必要条件.

此外,函数的二阶导数不存在的点也可能对应着曲线的拐点,请看下例.

例 5　求曲线 $y=(x-2)^{\frac{5}{3}}$ 的凹凸区间与拐点.

解
$$y'=\frac{5}{3}(x-2)^{\frac{2}{3}},\quad y''=\frac{10}{9}\frac{1}{(x-2)^{\frac{1}{3}}}.$$

当 $x=2$ 时,二阶导数不存在.但在 $(-\infty,2)$ 内,$y''<0$,曲线是上凸的,在 $(2,+\infty)$ 内 $y''>0$,曲线是下凸的.故曲线上的点 $(2,0)$ 是拐点.

归纳起来,判定连续曲线 $y=f(x)$ 的凹凸性及求拐点的步骤如下:

(1) 求 $f(x)$ 的二阶导数 $f''(x)$;

(2) 求出所有使 $f''(x)=0$ 的点与 $f''(x)$ 不存在的点;

(3) 用(2)中的点将函数 $f(x)$ 的定义域分为若干个子区间,并列出表格,确定这些区间上 $f''(x)$ 的符号,从而确定曲线的凹凸区间;

(4) 求出拐点.讨论(2)中的各点如 $x=x_0$,若在 x_0 两侧 $f''(x)$ 异号,则点 $(x_0, f(x_0))$ 为拐点,否则不是拐点.

例 6　讨论曲线 $y=(x-1)\sqrt[3]{x^2}$ 的凹凸性,并求拐点.

解　显然该函数在 $(-\infty,+\infty)$ 内连续.当 $x\neq 0$ 时,$y'=\dfrac{5x-2}{3\sqrt[3]{x}}$,$y''=\dfrac{2}{9}\dfrac{5x+1}{x\sqrt[3]{x}}$.

当 $x=0$ 时,导数不存在,二阶导数自然也不存在.当 $x=-\dfrac{1}{5}$ 时,$f''\left(-\dfrac{1}{5}\right)=0$.于是点 $x=-\dfrac{1}{5}$ 与 $x=0$ 将函数的定义域 $(-\infty,+\infty)$ 划分为三个子区间:$\left(-\infty,-\dfrac{1}{5}\right]$,$\left[-\dfrac{1}{5},0\right]$,$[0,+\infty)$.现将每个子区间上二阶导数的符号及对应曲线的凹凸性列表表示如下:

x	$\left(-\infty,-\frac{1}{5}\right)$	$-\frac{1}{5}$	$\left(-\frac{1}{5},0\right)$	0	$(0,+\infty)$
y''	$-$	0	$+$	不存在	$+$
y	上凸曲线	拐点	下凸曲线		下凸曲线

因此,曲线 $y=(x-1)\sqrt[3]{x^2}$ 在 $\left(-\infty,-\dfrac{1}{5}\right]$ 内是上凸的,在 $\left[-\dfrac{1}{5},0\right]$ 与 $[0,+\infty)$ 内均是下凸的.从而点 $\left(-\dfrac{1}{5},-\dfrac{6\sqrt[3]{5}}{25}\right)$ 是曲线的拐点,而点 $(0,0)$ 不是拐点.

常利用曲线的凹凸性证明一些不等式.

例 7　讨论曲线 $y=\ln x$ 的凹凸性,并由此证明不等式

$$\sqrt{ab}\leqslant\frac{a+b}{2}\quad(a>0,b>0).$$

解　因为 $y'=\dfrac{1}{x}$，$y''=-\dfrac{1}{x^2}$，在函数 $y=\ln x$ 的定义域 $(0,+\infty)$ 内，$y''<0$，所以对数曲线 $y=\ln x$ 是上凸曲线.

在 $(0,+\infty)$ 内任取两点 $x_1=a$，$x_2=b$. 根据上凸曲线的定义知

$$\frac{\ln a+\ln b}{2}<\ln\frac{a+b}{2},$$

即

$$\sqrt{ab}<\frac{a+b}{2}.$$

当 $a=b$ 时等式成立，即有

$$\sqrt{ab}\leqslant\frac{a+b}{2}.$$

这是大家熟悉的关于几何平均值与算术平均值的不等式：两个正数的几何平均值不超过它们的算术平均值.

习题 3-5

1. 判定下列曲线的凹凸性：

(1) $y=\operatorname{sh}x$；　　(2) $y=1-x^{\frac{1}{3}}$；

(3) $y=\sqrt{1+x^2}$；　　(4) $y=\dfrac{1}{4}x^2+\sin x$.

2. 求下列函数图形的凹凸区间和拐点：

(1) $y=\mathrm{e}^{-x^2}$；　　(2) $y=\mathrm{e}^{\arctan x}$；

(3) $y=x\mathrm{e}^{-x}$；　　(4) $y=\dfrac{1}{3}x^3-x^2+2$；

(5) $y=x^2+\dfrac{1}{x}$；　　(6) $y=(2x-5)\sqrt[3]{x^2}$.

3. 求下列曲线的拐点：

(1) $x=t^2$，$y=3t+t^3$；　　(2) $x=2a\cot\theta$，$y=2\sin^2\theta$.

4. 试决定 a，b，c，使 $y=x^3+ax^2+bx+c$ 有一拐点 $(1,-1)$，且在 $x=0$ 处有极大值 1.

5. 试决定 $y=k(x^2-3)^2$ 中 k 的值，使曲线的拐点处的法线通过原点.

6. 证明：曲线 $y=\dfrac{x-1}{x^2+1}$ 有三个拐点位于同一直线上.

7. 利用函数图形的凹凸性，证明下列不等式：

(1) $\dfrac{1}{2}(x^n+y^n)>\left(\dfrac{x+y}{2}\right)^n\ (x>0,y>0,\ x\neq y,n>1)$；

(2) $\dfrac{\mathrm{e}^x+\mathrm{e}^y}{2}>\mathrm{e}^{\frac{x+y}{2}}\quad(x\neq y)$.

8. 设 $y=f(x)$ 在点 $x=x_0$ 的某邻域内具有三阶连续导数，如果 $f'(x_0)=0$，$f''(x_0)=0$，

而 $f'''(x_0)\neq 0$,试问点 $x=x_0$ 是否为极值点?又 $(x_0,f(x_0))$ 是否为拐点?为什么?

第六节　函数图形的描绘

至此,我们已经利用导数比较全面地研究了函数图形的主要特征:单调性、极值点、凹凸性、拐点,从而可以确定函数图形的上升和下降区间及函数的极值,确定函数图形的凹凸区间及其分界点.如果进一步搞清函数图形无限远离坐标原点时的变化趋势,再借助于电子计算机和一些数学软件,就能够更方便、更准确地描绘出函数的图形.

下面给出描绘函数图形的一般步骤:

(1) 确定函数 $y=f(x)$ 的定义域以及函数是否具有奇偶性、周期性;

(2) 求出函数 $f(x)$ 的一阶导数 $f'(x)$ 和二阶导数 $f''(x)$,并求出一阶导数和二阶导数在定义域内的全部零点,求出 $f(x)$ 的间断点以及 $f'(x)$ 和 $f''(x)$ 不存在的点;

(3) 用(2)中求出的点把函数的定义域分成几个子区间,并列表判断在这些子区间内 $f'(x)$ 及 $f''(x)$ 的符号,由此确定函数图形的升降和凹凸,极值点和拐点;

(4) 讨论函数的图形有无水平渐近线和铅直渐近线;

(5) 为了把图形描绘得更准确一些,有时还需补充求出曲线上的一些点,如与坐标轴的交点等;

(6) 根据上面的讨论将曲线描绘出来.

例 1　描绘正态分布曲线 $y=\mathrm{e}^{-x^2}$ 的图形.

解　函数的定义域为 $(-\infty,+\infty)$,是偶函数.

$$y'=-2x\mathrm{e}^{-x^2},\quad y''=2(2x^2-1)\mathrm{e}^{-x^2}.$$

由 $y'=0$,得驻点 $x=0$;由 $y''=0$,得 $x=\pm\frac{1}{\sqrt{2}}$.点 $x=0,\ \pm\frac{1}{\sqrt{2}}$ 将 $(-\infty,+\infty)$ 分为四个子区间,每个区间上 y' 和 y'' 的符号及曲线的变化性态列表如下:

x	$\left(-\infty,\frac{-1}{\sqrt{2}}\right)$	$\frac{-1}{\sqrt{2}}$	$\left(\frac{-1}{\sqrt{2}},0\right)$	0	$\left(0,\frac{1}{\sqrt{2}}\right)$	$\frac{1}{\sqrt{2}}$	$\left(\frac{1}{\sqrt{2}},+\infty\right)$
y'	+		+	0	−		−
y''	+	0	−		−	0	+
$y=f(x)$ 的图形	↗	拐点 $\left(\frac{-1}{\sqrt{2}},\mathrm{e}^{-\frac{1}{2}}\right)$	↗	极大值 1	↘	拐点 $\left(\frac{1}{\sqrt{2}},\mathrm{e}^{-\frac{1}{2}}\right)$	↘

又因为 $\lim\limits_{x\to\infty}\mathrm{e}^{-x^2}=0$,所以 $y=0$ 是曲线 $y=\mathrm{e}^{-x^2}$ 的水平渐近线.

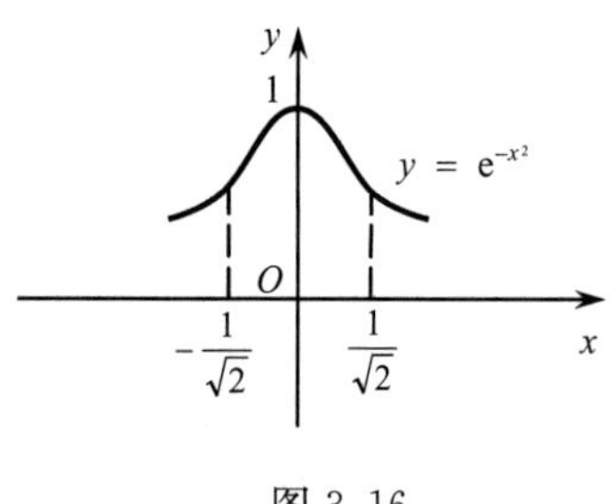

图 3.16

于是可作出函数 $y=e^{-x^2}$ 的图形(图 3.16).

例 2 画出函数 $y=\frac{x^3}{3}-x^2+2$ 的图形.

解 函数的定义域为$(-\infty,+\infty)$.

$$y'=x^2-2x,\quad y''=2x-2.$$

由 $y'=0$ 得驻点 $x=0,2$,由 $y''=0$ 得 $x=1$.

点 $x=0,1,2$ 将定义域分为四个子区间. 每个子区间上的 y' 和 y'' 的符号及曲线的变化性态可列表如下:

x	$(-\infty,0)$	0	$(0,1)$	1	$(1,2)$	2	$(2,+\infty)$
y'	$+$	0	$-$		$-$	0	$+$
y''	$-$		$-$	0	$+$		$+$
$y=f(x)$ 的图形	↗	极大值 2	↘	拐点 $\left(1,\frac{4}{3}\right)$	↘	极小值 $\frac{2}{3}$	↗

曲线无渐近线,描绘出图形如图 3.17 所示.

例 3 描绘函数 $y=\frac{x}{x^2-1}$ 的图形.

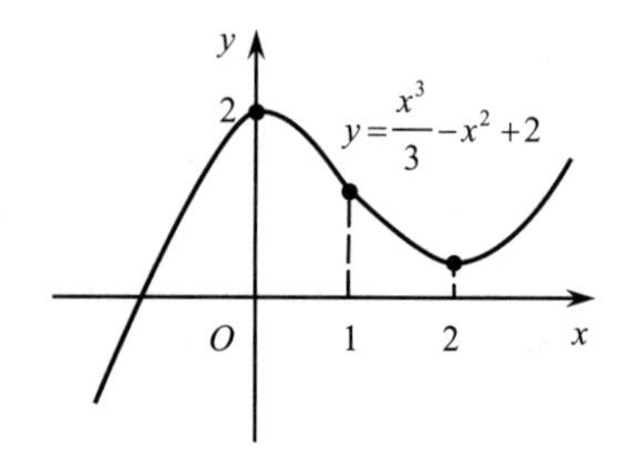

图 3.17

解 函数的定义域为$(-\infty,-1)$, $(-1,1)$, $(1,+\infty)$,函数是奇函数. 曲线关于原点为对称.

$$y'=\frac{-(x^2+1)}{(x^2-1)^2},\quad y''=\frac{2x(x^2+3)}{(x^2-1)^3}.$$

$y'<0$,函数无驻点. 由 $y''=0$ 得 $x=0$.

点 $x=-1,0,1$ 将定义域分为四个子区间,每个子区间上 y' 和 y'' 的符号及曲线的变化性态可列表如下:

x	$(-\infty,-1)$	-1	$(-1,0)$	0	$(0,1)$	1	$(1,+\infty)$
y'	$-$		$-$		$-$		$-$
y''	$-$		$+$	0	$-$		$+$
$y=f(x)$ 的图形	↘	间断	↘	拐点 $(0,0)$	↘	间断	↘

再讨论渐近线:

因为 $\lim\limits_{x\to\infty}\frac{x}{x^2-1}=0$,所以曲线有水平渐近线 $y=0$.

又因 $\lim\limits_{x\to-1}\frac{x}{x^2-1}=\infty$, $\lim\limits_{x\to1}\frac{x}{x^2-1}=\infty$,所以曲线有两条铅直渐近线 $x=-1$

和 $x=1$.

于是可描绘出图形如图 3.18 所示.

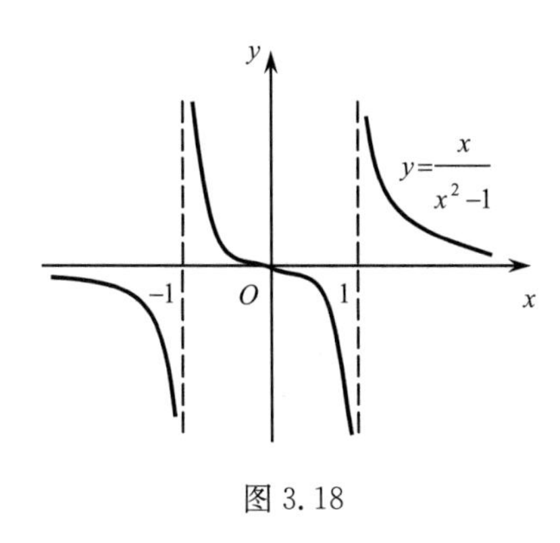

图 3.18

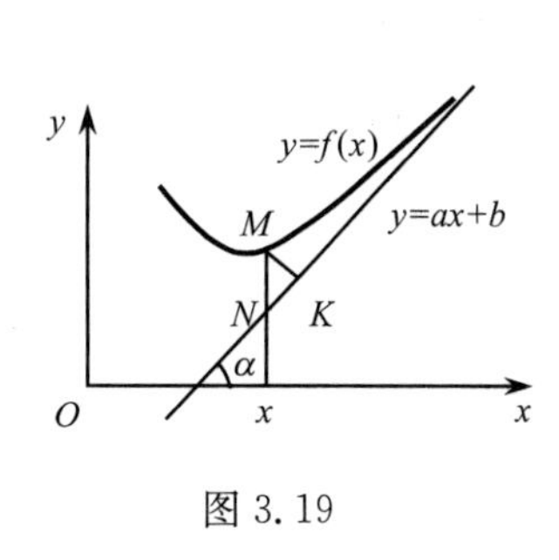

图 3.19

有时还要考察函数图形有无斜渐近线.

假设 $y=f(x)$ 有一条斜渐近线 $y=ax+b$(图 3.19). $|MK|$ 是曲线上任一点 M 与直线 $y=ax+b$ 的距离. 由渐近线的定义知

$$\lim_{x\to+\infty}|MK|=0,$$

作 MN 垂直于 x 轴,则 $|MN|=\frac{|MK|}{\cos\alpha}\left(\alpha\neq\frac{\pi}{2}\right)$,并有

$$\lim_{x\to+\infty}|MN|=\lim_{x\to+\infty}\frac{|MK|}{\cos\alpha}=0.$$

又 $MN=f(x)-(ax+b)$,所以

$$\lim_{x\to+\infty}(f(x)-ax-b)=0. \tag{3.12}$$

于是

$$\lim_{x\to+\infty}\left(\frac{f(x)}{x}-a-\frac{b}{x}\right)=0,$$

即

$$a=\lim_{x\to+\infty}\frac{f(x)}{x}. \tag{3.13}$$

将 a 的值代入式(3.12) 可得

$$b=\lim_{x\to+\infty}[f(x)-ax]. \tag{3.14}$$

故当极限式(3.13),式(3.14) 均存在时,就有斜渐近线 $y=ax+b$.

对于 $x\to-\infty$ 的情形,可作同样讨论.

例 4　求曲线 $y=\frac{x^2}{1+x}$ 的斜渐近线.

解　因为 $\lim\limits_{x\to\infty}\frac{f(x)}{x}=\lim\limits_{x\to\infty}\frac{x}{1+x}=1$. 所以 $a=1$.

又$\lim\limits_{x\to\infty}[f(x)-ax]=\lim\limits_{x\to\infty}\left(\dfrac{x^2}{1+x}-x\right)=-1$，所以 $b=-1$. 故曲线 $y=\dfrac{x^2}{1+x}$ 有斜渐近线 $y=x-1$.

习题 3-6

1. 描绘下列函数的图形：

(1) $y=\dfrac{1}{\sqrt{2\pi}}e^{-\frac{x^2}{2}}$；

(2) $y=1+x^2-\dfrac{x^4}{2}$；

(3) $y=1+\dfrac{36x}{(x+3)^2}$；

(4) $y=\dfrac{\cos x}{\cos 2x}$；

*(5) $y=\dfrac{x^2}{1+x}$.

*2. 已知$\lim\limits_{x\to\infty}\left[\dfrac{x^3}{x^2+x-1}-(ax+b)\right]=0$.

(1) 求常数 a 和 b；

(2) 说明曲线 $y=\dfrac{x^3}{x^2+x-1}$ 与直线 $y=ax+b$ 有何关系.

第七节 曲线的曲率

一、弧的概念及弧的微分

作为曲率的预备知识，先介绍弧的概念.

设曲线的直角坐标方程是 $y=f(x)$，$x\in(a,b)$，且 $f(x)$ 具有连续导数(图 3.20). 点 M_0 是选定的基点，作两点规定：(1) 依 x 增大的方向作为曲线 C 的正向；(2) 对曲线上任一点 $M(x,y)$，规定有向弧段$\overset{\frown}{M_0M}$的值 s（简称**弧 s**）如下：其大小等于该段弧的长度，当有向弧段$\overset{\frown}{M_0M}$ 的方向与曲线的正向一致时 $s>0$，相反时 $s<0$. 因此，弧 s 是 x 的单调增函数 $s(x)$.

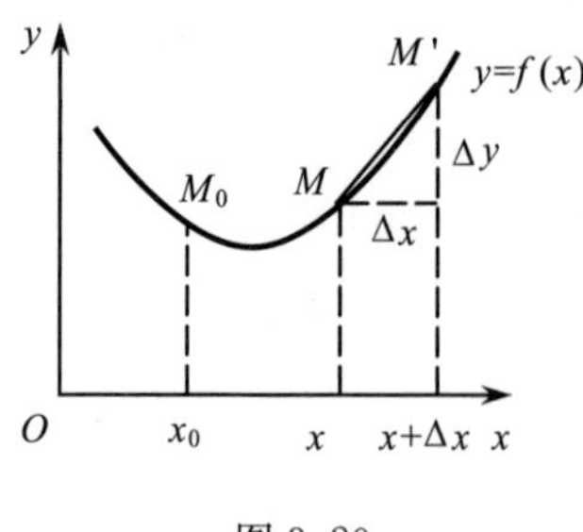

图 3.20

进一步，我们来推出弧 $s(x)$ 的导数及微分公式.

当自变量从 x 变化到 $x+\Delta x$ 时，曲线上对应的点从 $M(x,y)$ 移动到 $M'(x+\Delta x,y+\Delta y)$，弧 s 的增量为 $\Delta s=\overset{\frown}{M_0M'}-\overset{\frown}{M_0M}=\overset{\frown}{MM'}$. 由于弧很短，可用弦长 $|MM'|$ 近似代替弧长，即

$$\lim_{M'\to M}\frac{|\overset{\frown}{MM'}|}{|MM'|}=\lim_{\Delta x\to 0}\frac{|\Delta s|}{|MM'|}=1.$$

又

$$(|MM'|)^2=(\Delta x)^2+(\Delta y)^2,\quad \lim_{\Delta x\to 0}\frac{\Delta y}{\Delta x}=y',$$

所以

$$\lim_{\Delta x\to 0}\left(\frac{\Delta s}{\Delta x}\right)^2=\lim_{\Delta x\to 0}\left(\frac{|\Delta s|}{|MM'|}\right)^2\cdot\frac{|MM'|^2}{(\Delta x)^2}=\lim_{\Delta x\to 0}\frac{(\Delta x)^2+(\Delta y)^2}{(\Delta x)^2}$$

$$=\lim_{\Delta x\to 0}\left[1+\left(\frac{\Delta y}{\Delta x}\right)^2\right]=1+y'^2.$$

即

$$\left(\frac{\mathrm{d}s}{\mathrm{d}x}\right)^2=1+y'^2$$

或

$$\frac{\mathrm{d}s}{\mathrm{d}x}=\pm\sqrt{1+y'^2}.$$

由于 $s(x)$ 是单调增函数，有 $\frac{\mathrm{d}s}{\mathrm{d}x}>0$，于是

$$\frac{\mathrm{d}s}{\mathrm{d}x}=\sqrt{1+y'^2}\quad 或\quad \mathrm{d}s=\sqrt{1+y'^2}\,\mathrm{d}x. \tag{3.15}$$

这就是直角坐标系下的**弧微分公式**.

二、平面曲线曲率的概念

弯曲程度是曲线的又一个重要几何特征. 在许多工程技术中，常常需要研究这个问题. 例如，建筑物的地基梁、机床的转轴，在设计时必须定量研究它们在荷载作用下弯曲变形的程度. 又如车床刀具的选择需要考虑工件表面的弯曲程度，铁路弯道的铺设也需要考虑弯道的弯曲程度，等等. 这些弯曲程度反映到数学中就是曲线的曲率.

首先考察决定曲线弯曲程度的两个因素.

在图 3.21 中，截取长度相等的两段曲线弧 $\widehat{M_1M_2}=\widehat{M_2M_3}$. 可以看到，弧段 $\widehat{M_1M_2}$ 比较平直，当动点沿这段曲线从 M_1 移动到 M_2 时，切线转过的角度 φ_1 不大，而弧段 $\widehat{M_2M_3}$ 弯曲得比较厉害，切线转过的角度 φ_2 就比较大，这说明，曲线的弯曲程度与切线转过的角度成正比.

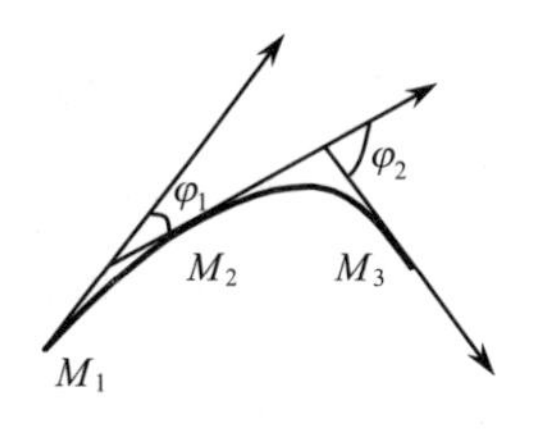

图 3.21

再看图 3.22，两段弧 $\widehat{M_1M_2}$ 与 $\widehat{N_1N_2}$，尽管它们的切线转角 φ 相同，但是弯曲程度却不同，显然，短弧段比长弧段弯曲得厉害些. 这说明切线转角相同时，曲线的弯曲程度与弧段的长度成反比. 因此，通常用单位弧长上切线转角的大小来刻画曲线的弯曲程度.

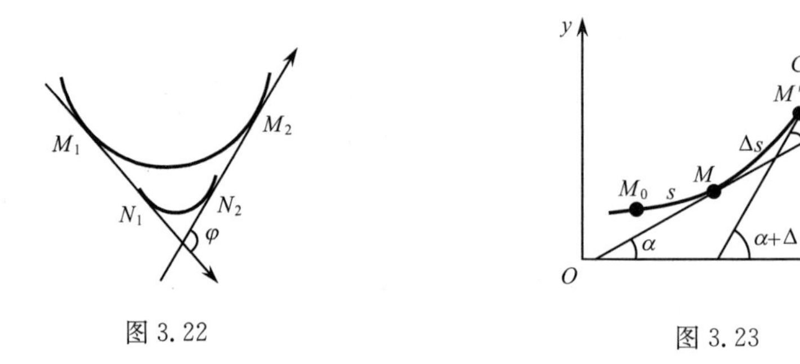

图 3.22　　　　图 3.23

由此引入曲率的概念.

设平面曲线 C 是光滑曲线①,在曲线 C 上选定一点 M_0 作为度量弧的基点,另取两点 M 与 M',弧 $\widehat{M_0M}$ 的长度为 $|s|$,弧 $\widehat{M_0M'}$ 的长度为 $|s+\Delta s|$,点 M 处曲线切线的倾角为 α,而点 M' 处切线的倾角为 $\alpha+\Delta\alpha$(图 3.23),于是弧段 $\widehat{MM'}$ 的长为 $|\Delta s|$,从点 M 到点 M' 切线的转角为 $|\Delta\alpha|$,比值 $\left|\dfrac{\Delta\alpha}{\Delta s}\right|$ 称为弧段 $\widehat{MM'}$ 的**平均曲率**,记为 $\overline{K}$,即

$$\overline{K}=\left|\frac{\Delta\alpha}{\Delta s}\right|.$$

平均曲率仅反映一段曲线 $\widehat{MM'}$ 的平均弯曲程度. 一般来说,曲线在不同点处的弯曲程度是不同的,为了精确刻画曲线在一点的弯曲程度,类似于用平均速度的极限表示瞬时速度,用上述平均曲率的极限来表示曲线在点 M 处的曲率.

如果当 $\Delta s\to 0$ 时(即点 M' 沿曲线趋于点 M 时),平均曲率 $\overline{K}$ 的极限存在,那么称此极限为曲线 C 在点 M 处的**曲率**,并记为 K,即

$$K=\lim_{M'\to M}\left|\frac{\Delta\alpha}{\Delta s}\right|=\lim_{\Delta s\to 0}\left|\frac{\Delta\alpha}{\Delta s}\right|=\left|\frac{\mathrm{d}\alpha}{\mathrm{d}s}\right|. \tag{3.16}$$

式(3.16)表明曲率是切线倾角对弧的变化率(导数)的绝对值,表达式中取绝对值是由于曲率只表示曲线的弯曲程度而与曲线弯曲的方向无关.

对直线而言,直线上任一点处的切线均与直线本身重合,因此,从直线上任意一点移动到另一点时切线的转角 $|\Delta\alpha|=0$,从而 $\left|\dfrac{\Delta\alpha}{\Delta s}\right|=0$,即直线的曲率 $K=0$.

对半径为 R 的圆(图 3.24),在圆上任取两点 M、M',从点 M 到 M' 切线的转角 $|\Delta\alpha|$ 等于圆心角 $\angle MOM'$,因此,圆弧 $\widehat{MM'}$ 的长 $|\Delta s|=R\cdot|\Delta\alpha|$,从而 $\left|\dfrac{\Delta\alpha}{\Delta s}\right|=\dfrac{\Delta\alpha}{R\Delta\alpha}=\dfrac{1}{R}$,于是,圆上点 M 处的曲率 $K=\dfrac{1}{R}$. 这说明圆上任一点处的曲率都等于

① 当曲线上每一点处都具有切线,且切线随切点的移动而连续转动,这样的曲线称为**光滑曲线**.

圆半径的倒数. 也就是说"圆的弯曲程度处处相同，且圆的半径越小，圆弯曲得越厉害".

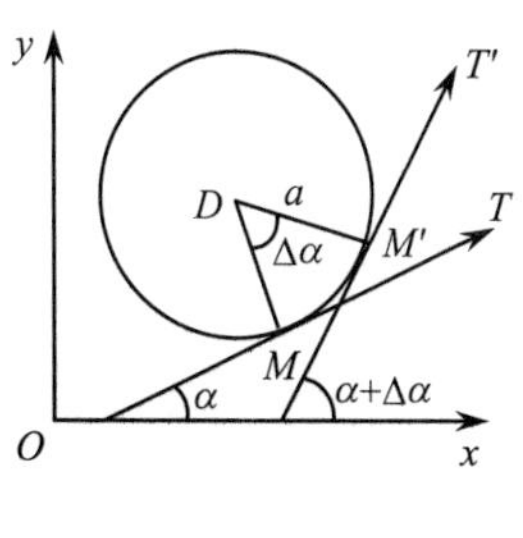

图 3.24

三、曲率的计算公式

下面推导在一般情况下计算曲率的公式.

设曲线方程为 $y=f(x)$，且 $f(x)$ 具有二阶导数.

由导数概念知，曲线在点 $M(x,y)$ 处的切线斜率为

$$y'=\tan\alpha,$$

其中 α 为切线的倾角，所以

$$\alpha=\arctan y',$$

$$\mathrm{d}\alpha=\mathrm{d}(\arctan y')=\frac{1}{1+y'^2}\mathrm{d}y'=\frac{y''}{1+y'^2}\mathrm{d}x,$$

又由式(3.15)知

$$\mathrm{d}s=\sqrt{1+y'^2}\,\mathrm{d}x,$$

从而得曲线在点 $M(x,y)$ 处的曲率公式

$$K=\left|\frac{\mathrm{d}\alpha}{\mathrm{d}s}\right|=\frac{|y''|}{(1+y'^2)^{\frac{3}{2}}}. \tag{3.17}$$

当曲线由参数方程

$$\begin{cases}x=\varphi(t),\\ y=\psi(t)\end{cases}$$

给出时，因为 $\mathrm{d}x=\varphi'(t)\mathrm{d}t$，$\mathrm{d}y=\psi'(t)\mathrm{d}t$，所以得参数方程情形下的弧微分公式为

$$\mathrm{d}s=\sqrt{\varphi'^2(t)+\psi'^2(t)}\,\mathrm{d}t. \tag{3.18}$$

利用由参数方程确定的函数的求导法，求出 $\dfrac{\mathrm{d}y}{\mathrm{d}x}$ 及 $\dfrac{\mathrm{d}^2y}{\mathrm{d}x^2}$，代入式(3.17)便得相应的曲率公式

$$K=\frac{|\varphi'(t)\psi''(t)-\varphi''(t)\psi'(t)|}{[\varphi'^2(t)+\psi'^2(t)]^{\frac{3}{2}}}. \tag{3.19}$$

例 1　求对数曲线 $y=\ln x$ 在点(1,0)处的曲率.

解　因 $y'=\dfrac{1}{x}$，$y''=\dfrac{-1}{x^2}$，因此

$$y'|_{x=1}=1,\quad y''|_{x=1}=-1,$$

于是由公式(3.17)得曲线 $y=\ln x$ 在点(1,0)处的曲率为

$$K=\frac{|-1|}{(1+1)^{\frac{3}{2}}}=\frac{1}{2\sqrt{2}}.$$

例 2　求椭圆

$$\begin{cases} x=a\cos t, \\ y=b\sin t \end{cases} \quad (a>b>0,\ 0\leqslant t<2\pi)$$

上点的曲率的最大值与最小值.

解

$$\frac{dx}{dt}=-a\sin t,\quad \frac{dy}{dt}=b\cos t,$$

$$\frac{d^2x}{dt^2}=-a\cos t,\quad \frac{d^2y}{dt^2}=-b\sin t.$$

代入公式(3.19)得椭圆上任一点处的曲率

$$K=\frac{|(-b\sin t)(-a\sin t)-(b\cos t)(-a\cos t)|}{[(-a\sin t)^2+(b\cos t)^2]^{\frac{3}{2}}}$$

$$=\frac{ab}{[b^2+(a^2-b^2)\sin^2 t]^{\frac{3}{2}}}.$$

因分子 ab 为常数,所以分母最小(大)时,分数的值 K 最大(小). 于是得知,当 $t=0$ 或 π 时,K 达到最大值

$$K_{\max}=\frac{a}{b^2};$$

当 $t=\frac{\pi}{2}$ 或 $\frac{3\pi}{2}$ 时,K 达到最小值

$$K_{\min}=\frac{b}{a^2}.$$

这表明,椭圆在长轴的两个端点处曲率最大(即弯曲程度最大),在短轴的两个端点处曲率最小(即弯曲程度最小).

四、曲率圆、曲率半径与*曲率中心

曲率概念与曲率公式从数量关系上刻画了曲线的弯曲程度,这里引入曲率圆的概念,可以从几何直观上更形象地理解它.

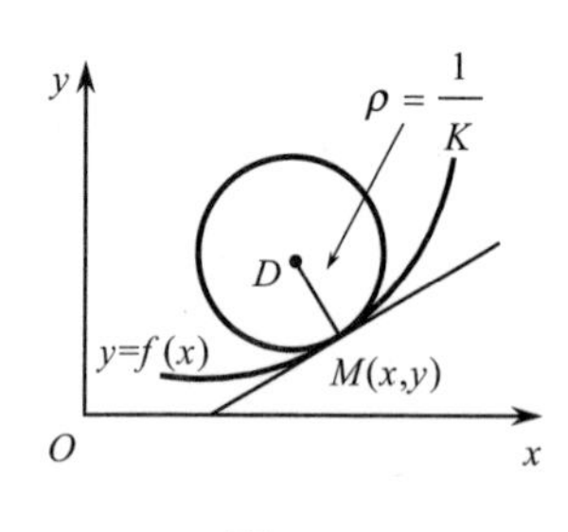

图 3.25

设曲线 $y=f(x)$ 在点 $M(x,y)$ 处的曲率为 $K(K\neq 0)$. 在点 M 处作曲线的法线,并在法线上曲线凹的一侧取点 D,使 $|MD|=\frac{1}{K}=\rho$. 以 D 为圆心、ρ 为半径作圆(图 3.25),这个圆称为曲线在点 M 处的**曲率圆**,圆心 D 称为曲线在点 M 处的**曲率中心**,半径 $\rho=\frac{1}{K}$ 称为曲线在点 M 处的**曲率半径**.

由以上规定知,曲线在点 M 处的曲率半径公式为

$$\rho=\frac{1}{K}=\frac{(1+y'^2)^{\frac{3}{2}}}{|y''|}\quad(K\neq 0),$$

这表明曲率与曲率半径互为倒数，曲率半径越小，曲线在该点处的曲率就越大.

同时可知，曲率圆与曲线在点 M 处有相同的切线和曲率，且在点 M 邻近有相同的凹向. 所以在实际问题中，在点 M 邻近常用曲率圆上的一段圆弧线来近似代替曲线，以使问题简化.

关于曲率中心的计算公式这里不作推导，只给出曲线在点 $M(x,y)$ 处的曲率中心 $D(\alpha,\beta)$ 的坐标为

$$\begin{cases}\alpha=x-\dfrac{y'(1+y'^2)}{y''},\\ \beta=y+\dfrac{1+y'^2}{y''}.\end{cases}\tag{3.20}$$

例 3　设一工件内表面的截线为椭圆 $\dfrac{x^2}{a^2}+\dfrac{y^2}{b^2}=1$ $(a>b>0)$（图 3.26）. 现要磨削其内表面以达到要求的光洁度. 试问选用直径多大的旋转刀具比较合适？

解　在机械加工中，为了在磨削时，工件表面不会被削去过多. 旋转刀具的半径应小于或等于工件表面截线上各点处曲率半径的最小值. 由例 2 已知，椭圆上长轴的两个端点处曲率最大，从而曲率半径最小，这时 $\rho=\dfrac{b^2}{a}$，所以选用的旋转刀具其直径不超过 $2\rho=\dfrac{2b^2}{a}$ 比较合适.

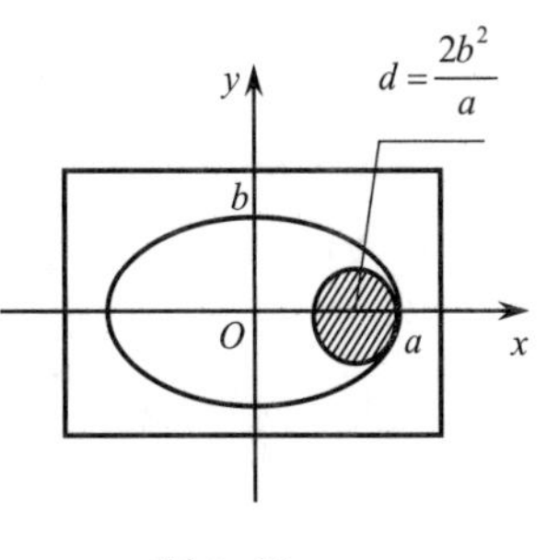

图 3.26

习题 3-7

1. 求双曲线 $xy=4$ 在点 $(2,2)$ 处的曲率.
2. 求曲线 $y=\ln(\sec x)$ 在点 (x,y) 处的曲率及曲率半径.
3. 求曲线 $y=\operatorname{ch}x$ 在点 $(0,1)$ 处的曲率.
4. 求摆线 $\begin{cases}x=t-\sin t,\\ y=1-\cos t\end{cases}$ 在对应 $t=\dfrac{\pi}{2}$ 的点处的曲率.

*5. 求抛物线 $y=ax^2+bx+c$，使它与 $y=\cos x$ 在点 $(0,1)$ 处有相同切线和相同的曲率.

6. 抛物线 $y=4x-x^2$ 上哪一点处的曲率最大？求出该点处的曲率半径.

*7. 一飞机沿抛物线路径 $y=\dfrac{x^2}{10000}$（y 轴铅直向上，单位为 m）做俯冲飞行. 在坐标原点 O 处飞机的速度为 $v=200\text{m/s}$，飞行员体重 $G=70\text{kg}$. 求飞机俯冲至最低点即原点 O 处时座椅对飞行员的反作用力.

*8. 推导：当曲线由极坐标方程 $\rho=\rho(\theta)$ 给出时，弧微分公式为

$$ds=\sqrt{\rho^2(\theta)+\dot{\rho}^2(\theta)}\,d\theta.$$

第八节 最值问题模型

前面已经讨论了函数的极值及其求法，那是一种局部范围内的最大(最小)值问题，现在进一步讨论函数在一个区间上的最大(最小)值问题，统称最值问题. 最值问题在日常生活、生产实践、科学技术及经营活动等方面都有着广泛的应用，例如可以用来研究如何以最小的投入获取最大的产出. 这类问题在数学上往往可以归结为求某一函数(通常称为**目标函数**)的最大值或最小值问题，也称为优化问题.

一、函数在闭区间上的最值

如果函数 $f(x)$ 在闭区间 $[a,b]$ 上连续，除有限个点外可导，且至多在有限个点处导数为零，那么，首先，根据闭区间上连续函数的最值定理可知，$f(x)$ 在 $[a,b]$ 上必定存在着最大值和最小值；其次，最大(最小)值可能在开区间 (a,b) 内取得，也可能在端点处取得. 若最大(或最小)值在开区间内点 x_0 处取得，则最大(或最小)值必定是 $f(x)$ 的一个极大值(或极小值)，且点 x_0 必是 $f(x)$ 的驻点或不可导点.

因此，求连续函数 $f(x)$ 在闭区间 $[a,b]$ 上的最大值和最小值的一般步骤如下：

(1) 求出 $f(x)$ 在 (a,b) 内的全部驻点和不可导点；

(2) 计算(1)中各驻点、不可导点以及两个端点处的函数值；

(3) 比较这些函数值的大小，最大者为 $f(x)$ 在 $[a,b]$ 上的最大值，最小者为 $f(x)$ 在 $[a,b]$ 上的最小值.

特殊地，若 $f(x)$ 在 $[a,b]$ 上是单调函数，那么最大值与最小值分别在区间 $[a,b]$ 的两个端点处取得.

例 1 求函数 $f(x)=x^{\frac{2}{3}}-(x^2-1)^{\frac{1}{3}}$ 在 $[-2,2]$ 上的最大值和最小值.

解

$$f'(x)=\frac{2}{3}\frac{(x^2-1)^{\frac{2}{3}}-x^{\frac{4}{3}}}{x^{\frac{1}{3}}(x^2-1)^{\frac{2}{3}}}.$$

令 $f'(x)=0$，得 $f(x)$ 的驻点为 $x=\pm\frac{1}{\sqrt{2}}$，又 $f(x)$ 的不可导点为 $x=0$ 和 $x=\pm1$，计算这些点及端点处的函数值，得

$$f(0)=1,\quad f(\pm1)=1,$$

$$f\left(\pm\frac{1}{\sqrt{2}}\right)=\sqrt[3]{4},\quad f(\pm2)=\sqrt[3]{4}-\sqrt[3]{3}.$$

比较可知，$f(x)$ 的最大值为 $f\left(\pm\frac{1}{\sqrt{2}}\right)=\sqrt[3]{4}$，最小值为 $f(\pm2)=\sqrt[3]{4}-\sqrt[3]{3}$.

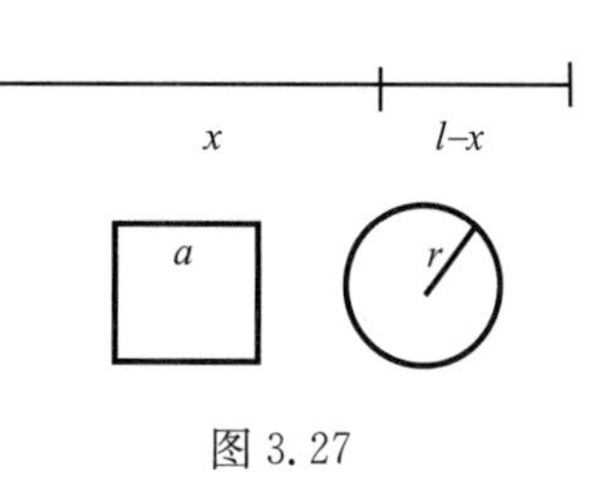

图 3.27

例 2　将一根长为 l 的铁丝截为两段，一段弯成正方形，一段弯成圆，试求如何截法，使得正方形与圆的面积总和最小？又如何截总和最大？

解　设截取一段长为 x 的铁丝弯成正方形，则另一段长为 $l-x$ 的弯成圆形(图3.27). 正方形的边长为 $a=\frac{x}{4}$，圆的半径 $r=\frac{l-x}{2\pi}$. 二者面积之和为

$$S(x)=\left(\frac{x}{4}\right)^2+\pi\left(\frac{l-x}{2\pi}\right)^2\quad(0\leqslant x\leqslant l),$$

令 $S'(x)=\frac{x}{8}-\frac{l-x}{2\pi}=0$，得驻点 $x_0=\frac{4l}{\pi+4}$.

计算下列函数值：

$$S(x_0)=\frac{l^2}{4(4+\pi)},\quad S(0)=\frac{l^2}{4\pi},\quad S(l)=\frac{l^2}{16}.$$

比较之，得 $S(x)$的最大值为 $f(0)=\frac{l^2}{4\pi}$，最小值为 $f\left(\frac{4l}{\pi+4}\right)=\frac{l^2}{4(4+\pi)}$. 说明将这段铁丝整个弯成圆形面积最大.

二、最值问题模型举例

在实际问题中，如果根据问题的性质可以判断目标函数 $f(x)$在其定义区间 I 的内部确有最大值或最小值，而 $f(x)$在 I 内可导且只有唯一的驻点 x_0，那么可以断言 $f(x_0)$必定是 $f(x)$的最大值或最小值，不再需要另行判定.

将实际问题转化为求目标函数的最值问题是解决问题的关键，也是一个难点. 它也是一种数学建模过程. 下面举几个例子.

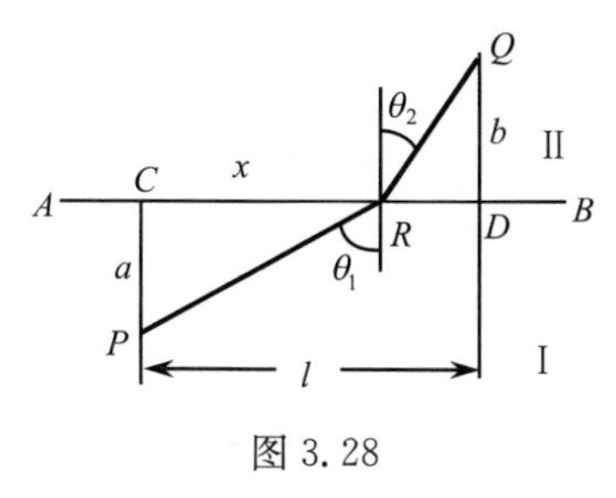

图 3.28

例 3(光的折射定律)　根据费马原理，光线通过不同介质时，应沿所需时间最短的路径行进. 如图 3.28，设 AB 为两种介质的分界面，从介质Ⅰ中的点 P 出发的光线，经分界面折射点 R，到达介质Ⅱ中的点 Q，固定 P,Q 及 AB 的位置，试以此确定 R 的位置.

解　过 P,Q 作 AB 的垂线，垂足分别为 C，D. 设 $PC=a$，$QD=b$，$CD=l$，又设光线在介质Ⅰ，Ⅱ中的速度分别为 v_1，v_2.

今求出决定 R 位置的量 $x=CR$. 光线从 P 到 Q 所需的时间为

$$T(x)=\frac{\sqrt{a^2+x^2}}{v_1}+\frac{\sqrt{b^2+(l-x)^2}}{v_2},\quad x\in[0,l],$$

于是

$$T'(x)=\frac{x}{v_1\sqrt{a^2+x^2}}-\frac{l-x}{v_2\sqrt{b^2+(l-x)^2}},$$

且 $T'(0)<0$，$T'(l)>0$. 计算得 $T'(x)$在$(0,l)$内有唯一零点 x_0，又实际上时间 $T(x)$在$[0,l]$上有最小值，那么，x_0 就是最小值点. 设 $T'(x_0)=0$，那么

$$\frac{x_0}{v_1\sqrt{a^2+x_0^2}}=\frac{l-x_0}{v_2\sqrt{b^2+(l-x_0)^2}},$$

记光线的入射角为 θ_1，折射角为 θ_2，则

$$\sin\theta_1=\frac{x_0}{\sqrt{x^2+x_0^2}},\quad \sin\theta_2=\frac{l-x_0}{\sqrt{b^2+(l-x_0)^2}},$$

代入前一式，即得

$$\frac{v_1}{v_2}=\frac{\sin\theta_1}{\sin\theta_2},$$

这就是光的折射定律.

例 4（经营优化问题） 设总成本 C 是产量 x 的函数，

$$C=C(x).$$

销售产品的总收益 R 也是产量 x 的函数，

$$R=R(x),$$

那么总利润 P 即为二者之差

$$P(x)=R(x)-C(x),$$

$P(x)$常常是经营优化问题的目标函数.

由第二章中关于导数在经济问题上的应用可知，边际成本 $M_C(x)=C'(x)$，边际收益 $M_R(x)=R'(x)$，边际利润 $M_P(x)=P'(x)$. 总利润达到最大值的问题就是 $P(x)$的最大值问题. 因此由 $P'(x)=0$ 可得 $R'(x)=C'(x)$，也就是说，总利润的最大值在边际收益等于边际成本时取得. 我们计算一个具体例子：

某商店每天以批发价每件 3 元购进一批商品销售，根据以往经验知道，当零售价定为每件 4 元时，可销售 400 件，若零售价每降低 0.05 元，则可多销出 40 件. 问每件售价应定为多少及每天购进多少件时，可获最大利润？并求出最大利润值.

解 根据题意，该商店销售量的增加与售价的降低成正比，其数量关系可由下表表示：

售价(元)	4	3.95	3.90	…
销量	400	440	480	…

设销量为 x 件，售价为 z 元/件，由上表可见，z 与 x 是线性函数关系：

$$\frac{x-400}{z-4}=\frac{480-400}{3.9-4},$$

即

$$z=\frac{9}{2}-\frac{x}{800}.$$

设利润为 P,则由题意知问题的目标函数为

$$P=(z-3)x,$$

将 $z=\frac{9}{2}-\frac{x}{800}$ 代入得

$$P=\frac{3}{2}x-\frac{x^2}{800},$$

$$P'=\frac{3}{2}-\frac{x}{400}.$$

令 $P'=0$,解出 $x=600$,再代入 $z=\frac{9}{2}-\frac{x}{800}$ 可得:$z=3.75$ 元. 即定价为 3.75 元/件,销售 600 件时可获最大利润. 最大利润为

$$P|_{x=600}=0.75\times 600=450 \text{ 元}.$$

例 5(相距问题)　在正午时,甲船恰在乙船正南 82 海里处,以速度 $v_1=20$ 海里/小时向正东开出;乙船也正以速度 $v_2=16$ 海里/小时向正南开出(图3.29). 已知两船航向不变,试证:下午二时,两船相距最近.

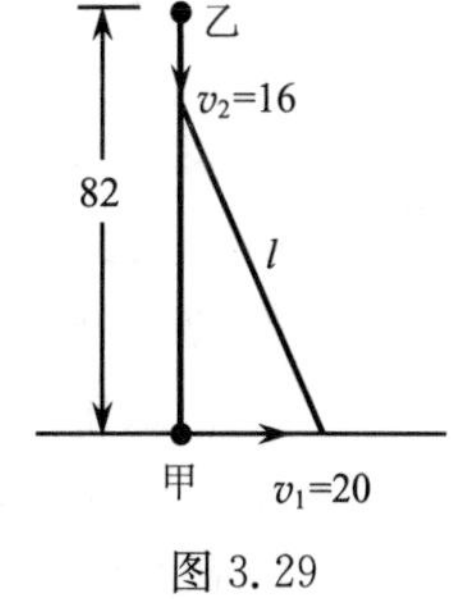

图 3.29

证　设 t 小时后两船相距 l 海里,于是有

$$L=l^2=(20t)^2+(82-16t)^2 \quad (0<t<+\infty),$$

$$\frac{\mathrm{d}L}{\mathrm{d}t}=2\cdot 20^2t+2(82-16t)(-16)$$

$$=1312t-2624.$$

令 $\frac{\mathrm{d}L}{\mathrm{d}t}=0$,得 $t=2$,是唯一驻点. 有时需要进一步知道这唯一驻点是最大值点还是最小值点,由于

$$\left.\frac{\mathrm{d}^2L}{\mathrm{d}t^2}\right|_{t=2}=1312>0.$$

所以 $t=2$ 是 L 的极小值点,即最小值点. 必然也是 l 的最小值点. 于是,当 $t=2$ 即下午二时,两船相距最近.

注意,在求解最值问题时,为了运算简便,常将一个最值问题转化为与之相当的另一个最值问题. 如本例中,将求 l 的最小值问题转化为与之等价的求 $L=l^2$ 的最小值问题.

例 6(拐角通行问题)　一定几何形状的物体在通过一处拐弯时能否顺利通行,常常是较困难的问题. 这类问题有时可简化为一个直杆通过直角弯道的问题. 例如:

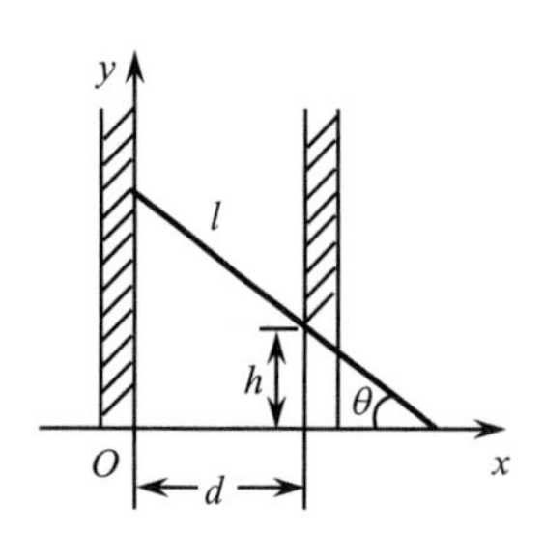

图 3.30

在地面上有一座圆柱形水塔，水塔内部的直径为 d，并在地面处开了一高为 h 的小门，现想把一根长为 $l(l>d)$ 的水管运到水塔内部，求能进入塔内的水管的最大长度.

解　如图 3.30，设长为 l 的水管恰与小门上沿、塔外地面及塔内壁同时接触，容易算出

$$l(\theta)=\frac{d}{\cos\theta}+\frac{h}{\sin\theta},$$

$l(\theta)$ 在 $\left(0,\frac{\pi}{2}\right)$ 上的最值即为能进入塔内水管的最大长度.为此求出

$$l'(\theta)=d\sec\theta\tan\theta-h\csc\theta\cot\theta,$$

令 $l'(\theta)=0$，得

$$\frac{h}{d}=\tan^3\theta \quad (\text{唯一驻点}),$$

结合 l 的表达式可得出

$$l=(d^{\frac{2}{3}}+h^{\frac{2}{3}})^{\frac{3}{2}},$$

这就是能进入塔内的水管的最大长度.

例 7（生物学问题）　到了繁殖季节，大马哈鱼要溯流而上到江河的上游去产卵，而且在这一过程中它始终以某个速度前进，从而保持了最少的能量消耗. 生物学家研究发现，大马哈鱼以速度 v 逆流游了时间 $t(h)$ 后，消耗能量 E 的数学模型 $E(v,t)=cv^3t$，其中 c 为常数. 设水流速度是 4km/h，大马哈鱼游的距离是 200km. 问为使能量消耗最少，它应保持什么样的速度前进呢？

解　问题的实质为求能量消耗 $E(v,t)$ 的最小值. 因为路程较长，所以可假定大马哈鱼是匀速前进的，所花费的时间

$$t=\frac{200}{v-4},$$

代入能量消耗公式得

$$E(v)=\frac{200cv^3}{v-4},$$

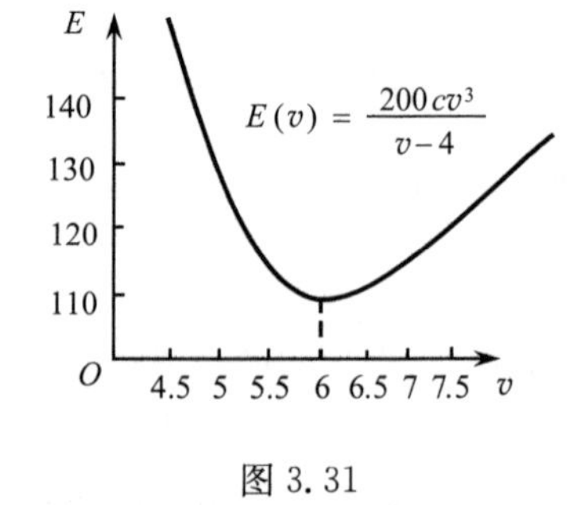

图 3.31

参见图 3.31$\left(\text{取 } c=\frac{1}{200}\right)$.

$$\frac{dE}{dv}=400cv^2\frac{v-6}{(v-4)^2}.$$

令 $\frac{dE}{dv}=0$，得唯一非零驻点 $v=6$，由实际问题知，能量消耗一定有最小值. 所以 $v=6$ 就是最小值点.

因此，为了消耗能量最少，大马哈鱼应以 6km/h 的速度溯流而上，此速度比水流速度快一半. 实际上，大马哈鱼正是以比水流快大约一半的速度游向它们的产卵地的.

习题 3-8

1. 求下列函数在指定区间上的最大值、最小值：

(1) $y=x^3-2x^2+x-1$, $x\in[0,2]$;

(2) $y=\sqrt{x(10-x)}$, $x\in[0,10]$;

(3) $y=x+\sqrt{1-x}$, $x\in[-5,1]$;

(4) $y=|x-2|e^x$, $x\in[0,3]$.

2. 下列函数在指定区间上是否有最大值和最小值？如有，求出它的值，并说明是最大值还是最小值.

(1) $y=x+\dfrac{1}{x^2}$, $x\in(0,+\infty)$;

(2) $y=\dfrac{x}{(x+1)^2}$, $x\in(-\infty,-1)$.

*3. 设正数 x 和 y 满足 $x+y=100$，n 是一个正整数，试证：当 $x=y$ 时，x^n+y^n 达最小值，x^ny^n 达最大值.

4. 试求内接于半径为 R 的球，且体积最大的圆锥体的高.

*5. 把一根直径为 d 的圆木锯成截面为矩形的梁，问矩形截面的高 h 和宽 b 应如何选择才能使梁的抗弯截面模量最大？（矩形梁的抗弯模量为 $w=\dfrac{1}{6}bh^2$.）

*6. 从圆上截取一个中心角为 α 的圆扇形，把它卷成一个圆锥，试问：要使圆锥的容积最大，中心角 α 应如何选取？

7. 铁路线上有 A、B 两城，相距 100km，工厂 C 距 A 城 20km，且 AC 垂直 AB（图 3.32）. 为运输需要，欲在 AB 线上选一点 D 向工厂 C 修一条公路. 已知铁路与公路每 km 货运的运费之比为 3∶5，为使货物从 B 城运到工厂 C 的运费最省，问 D 选在何处.

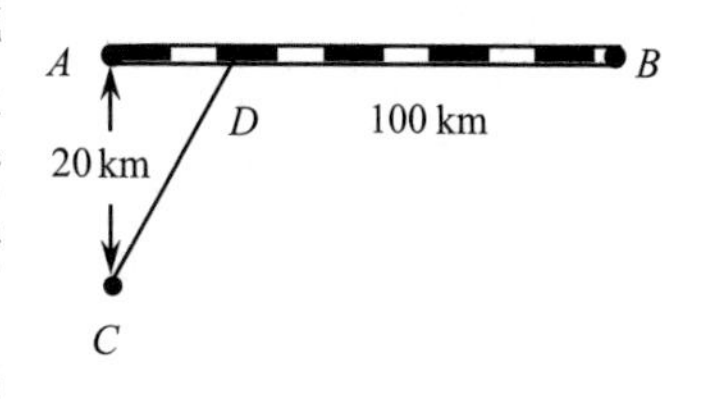

图 3.32

*8. 公园中有一高为 am 的塑像，其底坐高为 bm，为了观赏时视角最大（即看得最清楚），应该站在离底座多远的地方？

*9. 一盏灯挂在一米见方的方桌的正上方（图 3.33），问此灯离桌面多高时，才能使

(1) 桌子四边的中点处照明度最大？

(2) 桌子四个角的照明度最大？

（提示：受光面上的照度与光线入射角的余弦值成正比，与到光源距离的平方成反比.）

*10. 设有一个 T 形通道，现在拟将一批长 6m 的管子由 A 处移到 B 处，移动时，要求管子与地面保持平行，若 A，B 处通道的宽度分别为 2m 和 3m，试问这批管子能否按要求移位

(图3.34)?

11. 某出版社出版一种书,印刷 x 册所需成本为

$$y=25000+5x(\text{元}),$$

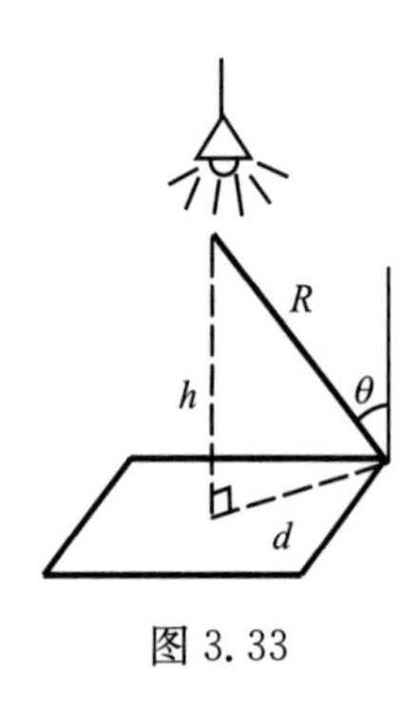

图 3.33

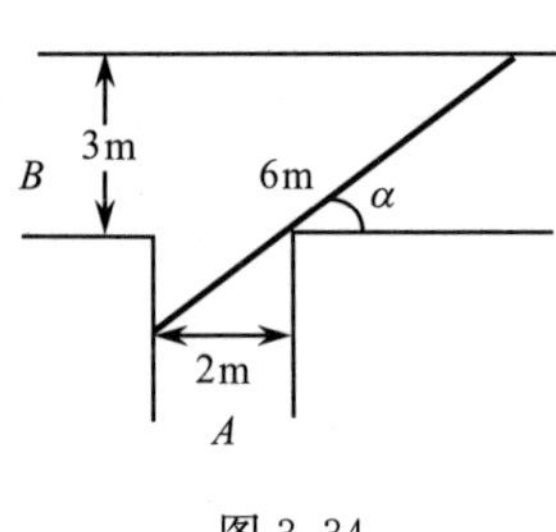

图 3.34

又每册售价 P 与 x 之间满足经验公式

$$\frac{x}{1000}=6\left(1-\frac{P}{30}\right),$$

假设该书全部售出,问价格 P 定为多少时,出版社获利最大?

12. 货车以每小时 $x$km 的常速行驶 130km,按交通法规限制 $50\leqslant x\leqslant 100$. 假设汽油的价格是 2 元/L,而汽车耗油的速率是 $\left(2+\frac{x^2}{360}\right)$L/h,司机的工资是 14 元/h,试问最经济的车速是多少? 这次行车的总费用是多少?

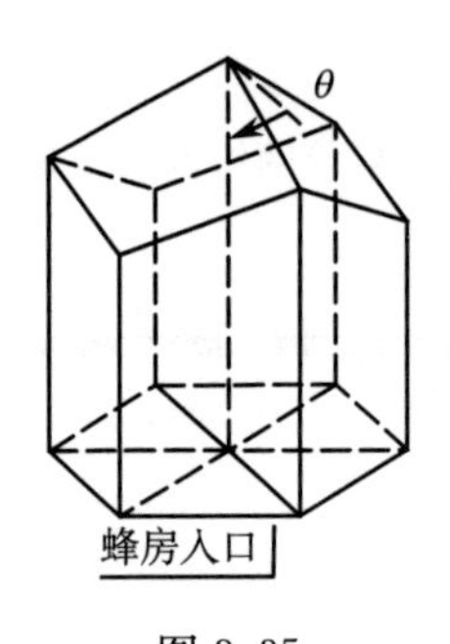

图 3.35

*13. 蜂窝的每个单元是一个直六面柱,入口的一端是正六边形,另一端(底部)则由三个相等的菱形围成一个三面角. 设入口处六边形的边长为 a,直六面柱的高为 h,三面角的顶角为 θ(图3.35),直六面柱的表面积为 S(入口处的六边形面积不计在内),则利用几何知识可求得

$$S=6ah-\frac{3}{2}a^2\cot\theta+\frac{3\sqrt{3}}{2}a^2\csc\theta.$$

试确定 θ 为何值时,表面积 S 最小,并用 a 和 h 表示出 S 的最小面积.(注:实际测量的结果表明,蜜蜂营造的蜂房的 θ 角与上述计算所得的值非常接近,误差极少超过 2°.)

*第九节　方程的近似解

在科学技术中,有许多问题涉及求高次代数方程或其他类型方程的解. 例如,在热传导理论中,要求超越方程 $mx-\tan x=0$ 的根. 但要求得这类方程实根的精确值往往是困难的,因此转而寻求其近似解.

求方程 $f(x)=0$ 的近似解,可分为两个步骤:

第一步,确定根的个数及每个根所在的大致范围.

作出 $y=f(x)$ 的图形,曲线与 x 轴交点的个数即为方程根的个数,或将方程改写为 $f_1(x)=f_2(x)$,分别作出 $y=f_1(x)$ 与 $y=f_2(x)$ 的图形,两条曲线交点的个数亦即方程根的个数. 交点的横坐标就是方程的根,同时这些根所在的大致范围也就可以找到了.

这样的范围是一个区间$[a,b]$,在此区间方程有唯一的实根. 此区间称为方程的根的一个**隔离区间**,简称**隔根区间**. 隔根区间可由下列法则确定:

若 $f(x)$ 在$[a,b]$上连续,在(a,b)内可导,且 $f(a)$ 与 $f(b)$ 异号,$f'(x)$ 在(a,b)内不变号,则区间$[a,b]$为方程 $f(x)=0$ 的隔根区间.

例 1　研究方程 $mx-\tan x=0$ 实根的个数及根的隔离区间.

解　除 $x=0$ 是方程的根外,因 $f(x)=mx-\tan x$ 是奇函数,此方程的每个正根必对应着绝对值相等的一个负根. 故只需要讨论它的正根.

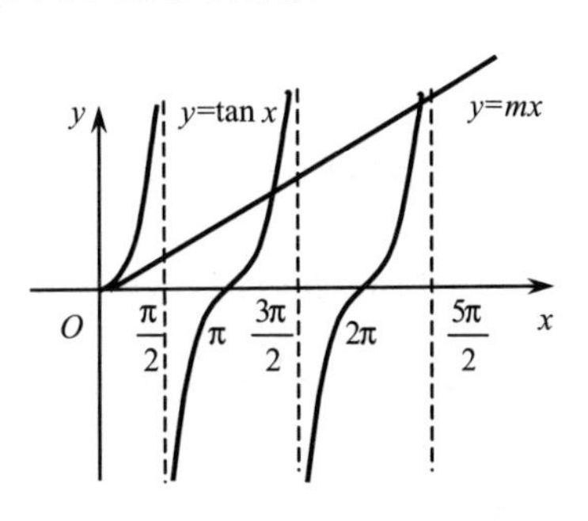

图 3.36

作 $y=mx$ 及 $y=\tan x$ 的图形,其交点的横坐标就是方程的根,由图 3.36 可知所研究的方程有无穷多个根. 其隔根区间是

$$\left(\frac{\pi}{2},\ \frac{3\pi}{2}\right),\quad \left(\frac{3\pi}{2},\ \frac{5\pi}{2}\right),\quad \cdots,\quad \left(k\pi+\frac{\pi}{2},\ k\pi+\frac{3\pi}{2}\right)\quad (k=1,2,\cdots).$$

且当 $m>1$ 时,在$\left(0,\frac{\pi}{2}\right)$内还有一个根.

将隔根区间还可缩小为$\left(\pi,\frac{3\pi}{2}\right)$, $\left(2\pi,\frac{5\pi}{2}\right)$,$\cdots$,$\left(k\pi,k\pi+\frac{\pi}{2}\right)$.

第二步,求实根的近似值.

一般采用**逐步逼近**的方法,就是先以隔根区间的端点作为根的初始近似值,然后逐步改善近似值的精度,直至达到精度要求. 这样的方法有多种,本节主要介绍两种常用的方法——二分法和切线法.

一、二分法

设区间$[a,b]$是方程 $f(x)=0$ 的一个隔根区间,求位于此区间的实根 ξ 的近似值.

取$[a,b]$的中点 $\xi_1=\dfrac{a+b}{2}$,计算 $f(\xi_1)$.

如果 $f(\xi_1)=0$,那么 $\xi=\xi_1$;

如果 $f(\xi_1)$ 与 $f(a)$ 同号,那么取 $a_1=\xi_1$, $b_1=b$,由 $f(a_1)\cdot f(b_1)<0$,即知 $a_1<\xi<b_1$,且 $b_1-a_1=\dfrac{1}{2}(b-a)$;

如果 $f(\xi_1)$ 与 $f(b)$ 同号，那么取 $a_1=a$，$b_1=\xi_1$，也有 $a_1<\xi<b_1$，及 $b_1-a_1=\frac{1}{2}(b-a)$.

总之，当 $\xi\neq\xi_1$ 时，求得 $a_1<\xi<b_1$，且 $b_1-a_1=\frac{1}{2}(b-a)$.

以$[a_1,b_1]$作为新的隔根区间，重复上述做法，当 $\xi\neq\xi_2=\frac{1}{2}(a_1+b_1)$时，可求得 $a_2<\xi<b_2$，且 $b_2-a_2=\frac{1}{2^2}(b-a)$.

如此重复 n 次，可求得 $a_n<\xi<b_n$，且 $b_n-a_n=\frac{1}{2^n}(b-a)$. 由此可知，如果以 a_n 或 b_n 作为 ξ 的近似值，其误差必小于$\frac{1}{2^n}(b-a)$.

例 2　用二分法求方程 $x^3-3x^2+6x-1=0$ 在$(0,1)$内的实根，使误差不超过 0.01.

解　令 $f(x)=x^3-3x^2+6x-1$，在$[0,1]$上有

$$f(0)=-1<0,\quad f(1)=3>0,\quad f'(x)=3x^2-3x+6>0.$$

所以方程 $f(x)=0$ 在区间$(0,1)$内有唯一实根.

计算：

$$\begin{aligned}
\xi_1&=0.5,\quad f(\xi_1)=1.38>0,\\
&a_1=0,\quad b_1=0.5,\\
\xi_2&=0.25,\quad f(\xi_2)=1.33>0,\\
&a_2=0,\quad b_2=0.25,\\
\xi_3&=0.13,\quad f(\xi_3)=-0.27<0,\\
&a_3=0.13,\quad b_3=0.25,\\
\xi_4&=0.19,\quad f(\xi_4)=0.04>0,\\
&a_4=0.13,\quad b_4=0.19,\\
\xi_5&=0.16,\quad f(\xi_5)=-0.11<0,\\
&a_5=0.16,\quad b_5=0.19,\\
\xi_6&=0.18,\quad f(\xi_6)=-0.01<0,
\end{aligned}$$

故

$$a_6=0.18,\quad b_6=0.19,$$

于是

$$0.18<\xi<0.19,$$

即以 0.18 作为根的不足近似值，0.19 作为根的过剩近似值，其误差都不超过 0.01.

二、切线法（牛顿法）

设 $f(x)$在$[a,b]$上二阶可导，且满足：

(1) $f(a)\cdot f(b)<0$；

(2) $f'(x)$与 $f''(x)$均不变号，

那么$[a,b]$为方程 $f(x)=0$ 的一个隔根区间. 在(a,b)内有唯一的实根. 此时，$y=f(x)$在$[a,b]$上的曲线弧$\overset{\frown}{AB}$只能有如图 3.37 所示的四种情形.

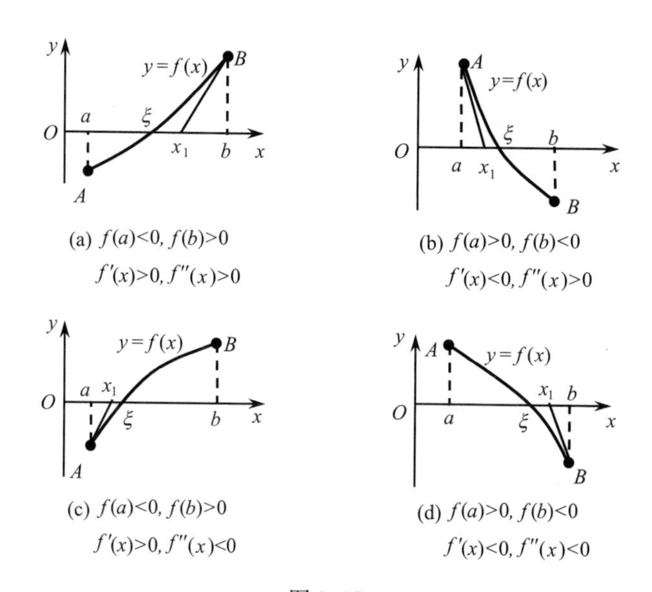

图 3.37

切线法是用曲线弧一端的切线来代替曲线弧，从而求得方程的近似解，也称**牛顿法**. 从图 3.38 可以看出，从函数值与 $f''(x)$同号的一端作切线，所得近似解 x_1 较以 a 或 b 为近似解更接近于方程的根ξ. 若从另一端作切线，与 x 轴的交点可能更远离ξ，甚至超出隔根区间.

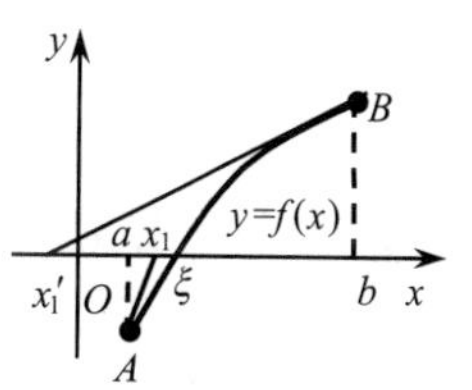

图 3.38

现以图 3.39 的情形为例来讨论. 其中 $f(a)>0$，$f(b)<0$，$f'(x)<0$，$f''(x)>0$. 根据前面的原则，取 $x_0=a$，过端点$(x_0,f(x_0))$作切线，该切线方程为

$$y-f(x_0)=f'(x_0)(x-x_0).$$

令 $y=0$，解得切线与 x 轴交点的横坐标

$$x_1=x_0-\frac{f(x_0)}{f'(x_0)},$$

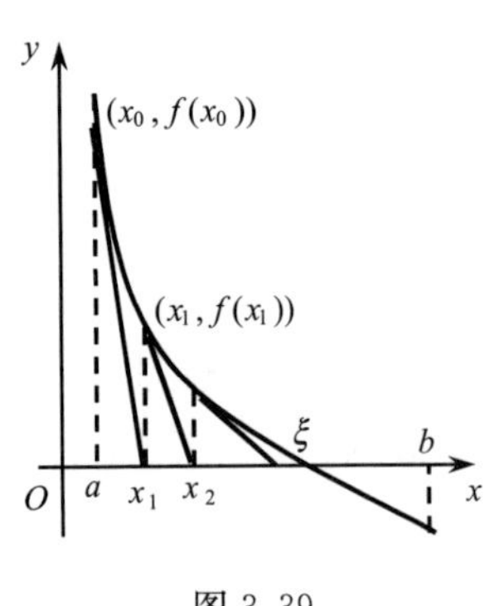

图 3.39

它比 x_0 更接近方程的根 ξ.

如果再过 $(x_1, f(x_1))$ 作切线，进一步求其与 x 轴的交点，可得根的近似值 x_2，

$$x_2 = x_1 - \frac{f(x_1)}{f'(x_1)}.$$

如此继续，过点 $(x_{n-1}, f(x_{n-1}))$ 作切线，得根的近似值为

$$x_n = x_{n-1} - \frac{f(x_{n-1})}{f'(x_{n-1})}. \tag{3.21}$$

例 3　求方程 $x^3-2x^2-3x-5=0$ 在隔根区间 $[3,4]$ 内的实根，使误差不超过 0.01.

解　设 $f(x)=x^3-2x^2-3x-5$，在 $[3,4]$ 上.

$$f(3)=-5<0, \quad f(4)=15>0,$$
$$f'(x)=3x^2-4x-3>0,$$
$$f''(x)=6x-4>0.$$

由于 $f(4)$ 与二阶导数同号，所以取 $x_0=4$，连续应用公式(3.21)，得

$$x_1 = 4-\frac{f(4)}{f'(4)} = 4-\frac{15}{29} = 3.483,$$

$$x_2 = 3.483-\frac{f(3.483)}{f'(3.483)} = 3.483-\frac{2.542}{19.462} = 3.352,$$

$$x_3 = 3.352-\frac{f(3.352)}{f'(3.352)} = 3.352-\frac{0.135}{17.3} = 3.344,$$

$$x_4 = 3.344-\frac{f(3.344)}{f'(3.344)} = 3.344-\frac{-0.003}{17.17} = 3.344.$$

可见，$x_4=x_3=3.344$，计算已不必再继续. 且经计算得 $f(3.344)<0$，$f(3.345)>0$，从而方程的根 ξ 满足

$$3.344<\xi<3.345,$$

于是以 3.344 或 3.345 作为根的近似值，误差都满足要求.

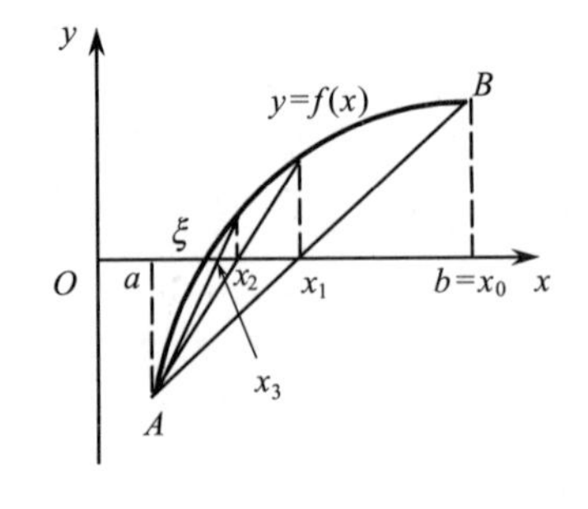

图 3.40

除上述切线法外，还可以用曲线的弦与 x 轴的交点作为根的近似值(图 3.40)，也可建立逐步逼近的公式，称为**弦位法**. 另外还可将切线法与弦位法结合起来，称为**综合法**. 读者可自行研究其计算公式.

习题 3-9

*1. 试证明方程 $x^3+1.1x^2+0.9x-1.4=0$ 在区间$(0,1)$内有唯一实根，并用二分法求此根的近似值，使误差不超过 10^{-3}.

*2. 试证明方程 $x^5+5x+1=0$ 在区间$(-1,0)$内有唯一实根，并用切线法求这个根的近似值，使误差不超过 0.01.

*3. 求方程 $x\ln x=1$ 的近似根，使误差不超过 0.01.

第三章总习题

1. 填空题：

(1) 方程 $x^3+\sqrt{2}x^2+2x+1=0$ 在实数范围实根的个数为________；

(2) 平面曲线 $y=x\ln(1+x)$在区间________是下凸的.

2. 下列题中请选择四个结论中正确的一个：

(1) 设函数 $f(x)$在$[0,1]$上满足 $f''(x)>0$，且 $f'(0)=0$，则 $f'(1)$，$f'(0)$，$f(1)-f(0)$或 $f(0)-f(1)$的大小顺序是(　　).

(A) $f'(1)>f'(0)>f(1)-f(0)$；

(B) $f'(1)>f(1)-f(0)>f'(0)$；

(C) $f(1)-f(0)>f'(1)>f'(0)$；

(D) $f'(1)>f(0)-f(1)>f'(0)$.

(2) 函数 $f(x)$在点 $x=x_0$ 处取极大值，则(　　).

(A) $f'(x_0)=0$；　　　　(B) $f''(x_0)<0$；

(C) $f'(x_0)=0$ 且 $f''(x_0)<0$；　　　　(D) $f'(x_0)=0$ 或不存在.

*(3) 设函数 $f(x)$具有三阶连续导数，且 $f(x)$满足等式 $f''(x)+[f'(x)]^2=x$，又 $f'(0)=0$，则(　　).

(A) $f(0)$是 $f(x)$的极大值；

(B) $f(0)$是 $f(x)$的极小值；

(C) 点$(0,f(0))$是曲线 $y=f(x)$的拐点；

(D) $f(0)$不是 $f(x)$的极值，点$(0,f(0))$也不是曲线 $y=f(x)$的拐点.

*3. 设 $f(x)$在$[0,1]$上连续，在$(0,1)$内可导，且 $f(0)=f(1)=0$，$f\left(\frac{1}{2}\right)=1$，试证至少存在一点 $\xi\in(0,1)$，使 $f'(\xi)=1$.

4. 设 $f(x)$在$[a,b]$上连续，在(a,b)内可导，证明存在 $\xi\in(a,b)$，使得

$$\frac{1}{b-a}[b^nf(b)-a^nf(a)]=n\xi^{n-1}f(\xi)+\xi^nf'(\xi).$$

5. 设 $0<a<b$，函数 $f(x)$在$[a,b]$上连续，在(a,b)内可导，试利用柯西中值定理证明：存在一点 $\xi\in(a,b)$，使得

$$f(b)-f(a)=\xi f'(\xi)\ln\frac{b}{a}.$$

6. 求下列极限：

(1) $\lim\limits_{x\to 1}\left(\dfrac{x}{x-1}-\dfrac{1}{\ln x}\right)$；　　(2) $\lim\limits_{x\to +\infty} x(a^{\frac{1}{x}}-b^{\frac{1}{x}})$ $(a>0,b>0)$；

(3) $\lim\limits_{x\to\infty}\left(\sin\dfrac{2}{x}+\cos\dfrac{1}{x}\right)^{x}$；　　(4) $\lim\limits_{x\to +\infty}\dfrac{\ln\left(1+\dfrac{1}{x}\right)}{\mathrm{arccot}x}$；

(5) $\lim\limits_{x\to\infty}\left(\dfrac{a_1^{\frac{1}{x}}+a_2^{\frac{1}{x}}+\cdots+a_n^{\frac{1}{x}}}{n}\right)^{nx}$，其中 $a_1,a_2,\cdots,a_n>0$.

*7. 在区间 $(-\infty,+\infty)$ 内方程 $|x|^{\frac{1}{4}}+|x|^{\frac{1}{2}}-\cos x=0$ 有几个实根？

*8. 试讨论方程 $x\mathrm{e}^{-x}=a$ $(a>0)$ 有几个实根？

9. 试问 a 为何值时，函数 $f(x)=a\sin x+\dfrac{1}{3}\sin 3x$ 在 $x=\dfrac{\pi}{3}$ 处取得极值？它是极大值还是极小值？并求此值.

10. 单调函数的导数是否必为单调函数？研究下面的例子：

$$f(x)=x+\sin x.$$

11. 问 a，b 为何值时，点 $(1,3)$ 为曲线 $y=ax^3+bx^2$ 的拐点？

12. 求抛物线 $y=ax^2+bx+c$，使它和 $y=\sin x$ 在点 $\left(\dfrac{\pi}{2},1\right)$ 处有共同的切线和相等的曲率.

13. 试证明下列不等式：

*(1) 当 $x<1$ 时，$\mathrm{e}^x\leqslant\dfrac{1}{1-x}$；

(2) 当 $x>1$ 时，$\dfrac{\ln(1+x)}{\ln x}>\dfrac{x}{1+x}$.

*14. 设 $f(x)$ 在 $[a,+\infty)$ 上二阶可导，且 $f(a)>0$，$f'(a)<0$，又当 $x>a$ 时 $f''(x)<0$，证明：方程 $f(x)=0$ 在 $(a,+\infty)$ 内必有且仅有一个实根.

*15. 设 $f(x)$ 在 $[a,b]$ 上连续，在 (a,b) 内可导，且 $f(a)=f(b)=1$，试证明存在 $\xi,\eta\in(a,b)$，使得

$$\mathrm{e}^{\eta-\xi}[f(\eta)+f'(\eta)]=1.$$

第四章　不 定 积 分

不定积分是积分学的一类重要的基本问题,是对导数问题的逆向研究. 不定积分的计算方法,对解决其他各类积分问题将起到不可或缺的作用. 本章将系统地介绍不定积分的概念、性质及其各种计算方法.

第一节　不定积分的概念

一、原函数与不定积分的概念

设某物体的运动规律(即位移函数)由

$$s = s(t)$$

给出,则函数 $s(t)$ 对时间 t 的导数

$$v(t) = s'(t)$$

就是运动物体在时刻 t 的瞬时速度. 这是微分学中所熟悉的问题. 但在物理学中时常会遇到相反的问题:已知物体运动的速度 $v(t)$(即 $s'(t)$),求物体的运动规律 $s(t)$. 这种已知导函数求函数的问题在其他领域中也经常碰到. 因此,这类问题具有普遍意义,在数学上有必要进行深入的研究. 于是引入了原函数与不定积分的概念.

定义 4.1　在区间 I 上,如果存在可导函数 $F(x)$,使得

$$F'(x) = f(x) \quad 或 \quad \mathrm{d}F(x) = f(x)\mathrm{d}x,$$

则称函数 $F(x)$ 为 $f(x)$ 在区间 I 上的**原函数**.

例如,当 $x \in (-\infty, +\infty)$ 时,因为$(x^3)' = 3x^2$,所以 x^3 是 $3x^2$ 在$(-\infty, +\infty)$上的原函数.

当 $x \in (-1,1)$ 时,因为$(\arcsin x)' = \dfrac{1}{\sqrt{1-x^2}}$,所以 $\arcsin x$ 是$\dfrac{1}{\sqrt{1-x^2}}$在区间$(-1,1)$ 上的原函数.

关于原函数,首先要问:$f(x)$ 具备什么条件时才有原函数?这个问题将在第五章中讨论,这里不妨先给出一个结论.

原函数存在定理　如果函数 $f(x)$ 在区间 I 上连续,则在区间 I 上一定存在可导函数 $F(x)$,使得对于任一 $x \in I$,都有

$$F'(x) = f(x).$$

简单地叙述就是:**连续函数必定有原函数.**

因为一切初等函数在其定义区间上都是连续的,所以每个初等函数在其定义区间上都有原函数.

进而要问:若函数 $f(x)$ 在区间 I 上有原函数,那么它的原函数是否唯一?如果不唯一,有多少个?又 $f(x)$ 的任意两个原函数之间有什么关系?

当 $F(x)$ 是 $f(x)$ 在区间 I 上的一个原函数时,有 $F'(x)=f(x)$,于是对任意常数 C,都有

$$[F(x)+C]'=f(x),$$

即 $F(x)+C$ 也是 $f(x)$ 的原函数. 由于 C 为任意常数,可知 $f(x)$ 有无穷多个原函数.

当 $F(x)$ 与 $\Phi(x)$ 均为 $f(x)$ 的原函数时,有

$$F'(x)=f(x),\quad \Phi'(x)=f(x),$$

于是

$$[F(x)-\Phi(x)]'=F'(x)-\Phi'(x)=f(x)-f(x)=0,$$

从而

$$F(x)-\Phi(x)=C_0\quad (C_0\text{ 为某个常数}).$$

这表明 $f(x)$ 的任意两个原函数 $F(x)$ 与 $\Phi(x)$ 之间仅相差一个常数 C_0. 因此当 C 为任意常数时,表达式

$$F(x)+C$$

就可表示 $f(x)$ 的任意一个原函数. 从而函数族

$$\{F(x)+C\mid -\infty<C<+\infty\}$$

就是 $f(x)$ 的全体原函数,称为 $f(x)$ 的原函数族.

基于以上研究,我们给出不定积分的定义:

定义 4.2 在区间 I 上,函数 $f(x)$ 的含有任意常数项的原函数称为 $f(x)$ 在区间 I 上的**不定积分**,记作

$$\int f(x)\mathrm{d}x,$$

其中记号 $\int$ 称为**积分号**, $f(x)$ 称为**被积函数**, $f(x)\mathrm{d}x$ 称为**被积表达式**, x 称为**积分变量**.

由定义 4.2 可知,当 $F(x)$ 是 $f(x)$ 在区间 I 上的一个原函数时,则有

$$\int f(x)\mathrm{d}x=F(x)+C\quad (C\text{ 是任意常数}).$$

这说明,要计算函数 $f(x)$ 的不定积分,只需求出它的一个原函数 $F(x)$,再加上任意常数 C 就可以了.

例 1 求 $\int \cos x\mathrm{d}x$.

解　由于$(\sin x)'=\cos x$,所以$\sin x$是$\cos x$的一个原函数. 因此

$$\int\cos x\mathrm{d}x=\sin x+C.$$

例 2　求$\int\frac{1}{1+x^2}\mathrm{d}x$.

解　由于$(\arctan x)'=\frac{1}{1+x^2}$,所以$\arctan x$是$\frac{1}{1+x^2}$的一个原函数. 因此

$$\int\frac{1}{1+x^2}\mathrm{d}x=\arctan x+C.$$

例 3　求$\int\frac{1}{x}\mathrm{d}x$.

解　由于$x\neq 0$时,$(\ln|x|)'=\frac{1}{x}$,所以$\ln|x|$是$\frac{1}{x}$在其定义区间$(-\infty,0)$及$(0,+\infty)$内的一个原函数. 因此

$$\int\frac{1}{x}\mathrm{d}x=\ln|x|+C.$$

若$F(x)$是$f(x)$的一个原函数,则称$y=F(x)$的图形是$f(x)$的一条**积分曲线**. 因为不定积分

$$\int f(x)\mathrm{d}x=F(x)+C$$

是$f(x)$的全体原函数,所以它对应的图形是**一族**积分曲线,称为**积分曲线族**.

积分曲线族中的曲线$y=F(x)+C$,可由其中某一条,例如曲线$y=F(x)$沿y轴平行移动$|C|$个单位而得到. 当$C>0$时向上移动;当$C<0$时向下移动.

由于$[F(x)+C]'=F'(x)=f(x)$,所以,对于每一条积分曲线,在横坐标相同的点处,其切线的斜率相等,都等于$f(x)$,从而积分曲线上相应点处的切线相互平行(图 4.1).

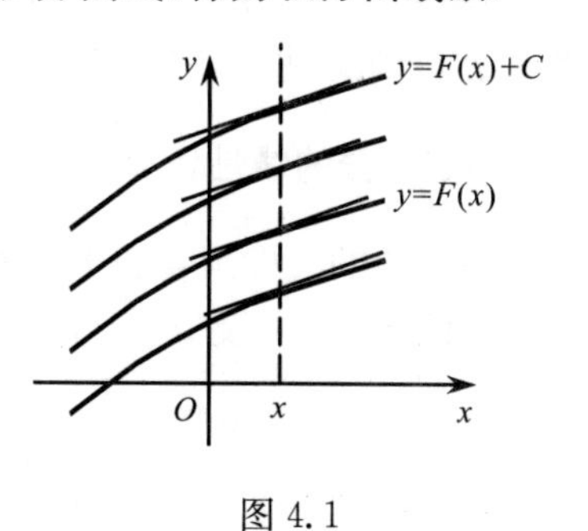

图 4.1

这就是不定积分的几何意义.

当需要从积分曲线族中求出过点(x_0,y_0)的一条积分曲线时,只需要把x_0,y_0代入$y=F(x)+C$中,解出C即可.

例 4　设曲线过点$(0,1)$,且曲线上任一点处的切线斜率等于该点横坐标平方的 3 倍,求此曲线方程.

解　设所求曲线为$y=f(x)$. 依题意,曲线上任一点(x,y)处的切线斜率为

$$\frac{\mathrm{d}y}{\mathrm{d}x}=3x^2,$$

从而

$$y = \int 3x^2 \mathrm{d}x = x^3 + C.$$

由条件 $y(0) = 1$，得 $C = 1$，于是所求曲线为

$$y = x^3 + 1.$$

例 5　设一质点以速度 $v(t) = 2\cos t$ 做直线运动，开始时质点的位移为 s_0，求质点的运动规律.

解　质点的运动规律就是指位移 s 关于时间 t 的函数 $s = s(t)$，依题意有

$$v(t) = \frac{\mathrm{d}s}{\mathrm{d}t} = 2\cos t,$$

从而

$$s(t) = \int 2\cos t \mathrm{d}t = 2\sin t + C,$$

由条件 $s(0) = s_0$，代入上式得 $C = s_0$，于是质点的运动规律为

$$s(t) = 2\sin t + s_0.$$

由不定积分的定义，可以得到下述重要关系式：

(1) $\left(\int f(x)\mathrm{d}x\right)' = f(x)$，或 $\mathrm{d}\left[\int f(x)\mathrm{d}x\right] = f(x)\mathrm{d}x$；

(2) $\int F'(x)\mathrm{d}x = F(x) + C$，或 $\int \mathrm{d}F(x) = F(x) + C$.

由此可见，求不定积分的运算（简称积分运算）与求导运算或微分运算是互逆的，但与通常互逆关系不同的是，若先求导数后求不定积分，则计算结果中应有任意常数 C，而若先求不定积分后求导数，则计算结果中就没有任意常数 C 了.

二、不定积分的线性运算

由函数的线性组合的求导法则，可以得到不定积分的线性运算性质：

若函数 $f(x)$ 及 $g(x)$ 的原函数均存在，且 a,b 为常数，则

$$\int [af(x) + bg(x)]\mathrm{d}x = a\int f(x)\mathrm{d}x + b\int g(x)\mathrm{d}x, \tag{4.1}$$

即函数的线性组合的不定积分等于函数的不定积分的线性组合.

证　利用导数的线性运算性质对式(4.1)的右端求导

$$\begin{aligned}\left[a\int f(x)\mathrm{d}x + b\int g(x)\mathrm{d}x\right]' &= a\left[\int f(x)\mathrm{d}x\right]' + b\left[\int g(x)\mathrm{d}x\right]' \\ &= af(x) + bg(x).\end{aligned}$$

这表明式(4.1)右端是函数 $af(x) + bg(x)$ 的原函数，又式(4.1)右端有两个积分记号，形式上含两个任意常数，但是实际上可以合并成为一个任意常数，因此式(4.1)右端是函数 $af(x) + bg(x)$ 的不定积分.

例 6　求 $\int \left(3\cos x + \frac{8}{1+x^2} - \frac{6}{x}\right)\mathrm{d}x$.

解　由不定积分的线性运算性质，得

$$\int\left(3\cos x+\frac{8}{1+x^2}-\frac{6}{x}\right)\mathrm{d}x=3\int\cos x\mathrm{d}x+8\int\frac{1}{1+x^2}\mathrm{d}x-6\int\frac{1}{x}\mathrm{d}x$$
$$=3\sin x+8\arctan x-6\ln|x|+C.$$

三、基本积分表(Ⅰ)

既然积分运算是微分运算的逆运算，因此由导数公式及不定积分定义可以得到一些基本的不定积分公式. 例如，因为当 $\mu\neq-1$ 时，

$$\left(\frac{x^{\mu+1}}{\mu+1}\right)'=x^{\mu},$$

所以有

$$\int x^{\mu}\mathrm{d}x=\frac{x^{\mu+1}}{\mu+1}+C\quad(\mu\neq-1).$$

类似地可以得到其他积分公式. 将这些基本的不定积分公式列成一个表，称为**基本积分表(Ⅰ)**. 为方便记忆，将导数公式与积分公式同时列入表(Ⅰ)中.

基本积分表(Ⅰ)中所列的 15 个基本积分公式是求不定积分的基础，必须熟记.

利用不定积分的线性运算性质和基本积分表(Ⅰ)，可以计算一些简单函数的不定积分.

例 7　求 $\int\left(x^2\sqrt{x}+\frac{1}{x\sqrt[3]{x}}+\frac{1}{x^2}\right)\mathrm{d}x.$

解

$$\int\left(x^2\sqrt{x}+\frac{1}{x\sqrt[3]{x}}+\frac{1}{x^2}\right)\mathrm{d}x$$
$$=\int\left(x^{\frac{5}{2}}+x^{-\frac{4}{3}}+x^{-2}\right)\mathrm{d}x$$
$$=\int x^{\frac{5}{2}}\mathrm{d}x+\int x^{-\frac{4}{3}}\mathrm{d}x+\int x^{-2}\mathrm{d}x$$
$$=\frac{x^{\frac{5}{2}+1}}{\frac{5}{2}+1}+\frac{x^{-\frac{4}{3}+1}}{-\frac{4}{3}+1}+\frac{x^{-2+1}}{-2+1}+C$$
$$=\frac{2}{7}x^{\frac{7}{2}}-3x^{-\frac{1}{3}}-x^{-1}+C$$
$$=\frac{2}{7}x^{\frac{7}{2}}-\frac{3}{\sqrt[3]{x}}-\frac{1}{x}+C.$$

例 7 表明，当被积函数是用分式或根式表示的幂函数时，应先将它化成 x^{μ} 的形式，然后再应用幂函数的积分公式来计算不定积分.

基本积分表(Ⅰ)

	导数公式: $F'(x)=f(x)$	积分公式: $\int f(x)\mathrm{d}x=F(x)+C$
1	$(C)'=0$	$\int 0\mathrm{d}x=C$
2	$(x^{\mu})'=\mu x^{\mu-1}$	$\int x^{\mu}\mathrm{d}x=\dfrac{x^{\mu+1}}{\mu+1}+C\quad(\mu\neq-1)$
3	$(\ln\mid x\mid)'=\dfrac{1}{x}$	$\int\dfrac{1}{x}\mathrm{d}x=\ln\mid x\mid+C$
4	$(\sin x)'=\cos x$	$\int\cos x\mathrm{d}x=\sin x+C$
5	$(\cos x)'=-\sin x$	$\int\sin x\mathrm{d}x=-\cos x+C$
6	$(a^{x})'=a^{x}\ln a$	$\int a^{x}\mathrm{d}x=\dfrac{a^{x}}{\ln a}+C$
7	$(\mathrm{e}^{x})'=\mathrm{e}^{x}$	$\int\mathrm{e}^{x}\mathrm{d}x=\mathrm{e}^{x}+C$
8	$(\tan x)'=\sec^{2}x$	$\int\sec^{2}x\mathrm{d}x=\tan x+C$
9	$(\cot x)'=-\csc^{2}x$	$\int\csc^{2}x\mathrm{d}x=-\cot x+C$
10	$(\sec x)'=\sec x\tan x$	$\int\sec x\tan x\mathrm{d}x=\sec x+C$
11	$(\csc x)'=-\csc x\cot x$	$\int\csc x\cot x\mathrm{d}x=-\csc x+C$
12	$(\arcsin x)'=\dfrac{1}{\sqrt{1-x^{2}}}$ $(\arccos x)'=-\dfrac{1}{\sqrt{1-x^{2}}}$	$\int\dfrac{1}{\sqrt{1-x^{2}}}\mathrm{d}x=\arcsin x+C$ 或$\int\dfrac{1}{\sqrt{1-x^{2}}}\mathrm{d}x=-\arccos x+C$
13	$(\arctan x)'=\dfrac{1}{1+x^{2}}$ $(\mathrm{arccot}x)'=-\dfrac{1}{1+x^{2}}$	$\int\dfrac{1}{1+x^{2}}\mathrm{d}x=\arctan x+C$ 或$\int\dfrac{1}{1+x^{2}}\mathrm{d}x=-\mathrm{arccot}x+C$
14	$(\mathrm{sh}x)'=\mathrm{ch}x$	$\int\mathrm{ch}x\mathrm{d}x=\mathrm{sh}x+C$
15	$(\mathrm{ch}x)'=\mathrm{sh}x$	$\int\mathrm{sh}x\mathrm{d}x=\mathrm{ch}x+C$

例 8 求$\int\left(\frac{1}{2\sqrt{x}}-\frac{3}{\sqrt{1-x^2}}+2\operatorname{sh}x\right)\mathrm{d}x$.

解
$$\begin{aligned}&\int\left(\frac{1}{2\sqrt{x}}-\frac{3}{\sqrt{1-x^2}}+2\operatorname{sh}x\right)\mathrm{d}x\\&=\frac{1}{2}\int x^{-\frac{1}{2}}\mathrm{d}x-3\int\frac{1}{\sqrt{1-x^2}}\mathrm{d}x+2\int\operatorname{sh}x\mathrm{d}x\\&=\sqrt{x}-3\arcsin x+2\operatorname{ch}x+C.\end{aligned}$$

常利用积分运算与微分运算的互逆关系检验积分结果是否正确:只要对积分结果求导,看它的导数是否等于被积函数,若相等,则积分结果正确,否则积分结果是错误的.如就例 8 的积分结果来看,因为

$$(\sqrt{x}-3\arcsin x+2\operatorname{ch}x+C)'=\frac{1}{2\sqrt{x}}-\frac{3}{\sqrt{1-x^2}}+2\operatorname{sh}x,$$

所以积分结果是正确的.

例 9 求$\int 8^x\mathrm{e}^x\mathrm{d}x$.

解 这个积分虽然在基本公式中查不到,但对被积函数稍加变形,化为指数函数形式,就可以利用基本积分表(Ⅰ)中的公式 6,求出其积分.

$$\int 8^x\mathrm{e}^x\mathrm{d}x=\int(8\mathrm{e})^x\mathrm{d}x=\frac{(8\mathrm{e})^x}{\ln(8\mathrm{e})}+C=\frac{8^x\mathrm{e}^x}{1+3\ln 2}+C.$$

当基本积分表中没有要求类型的积分,有时往往可以先把被积函数进行加项、减项、拆项等代数或三角的恒等变形,或降低幂次等,化为表中所列类型的积分,再逐项计算不定积分.

例 10 求$\int\tan^2x\mathrm{d}x$.

解 先利用三角恒等式变形,然后再求积分.

$$\begin{aligned}\int\tan^2x\mathrm{d}x&=\int(\sec^2x-1)\mathrm{d}x=\int\sec^2x\mathrm{d}x-\int\mathrm{d}x\\&=\tan x-x+C.\end{aligned}$$

例 11 求$\int\frac{1+x+x^2}{x(1+x^2)}\mathrm{d}x$.

解 因为$\frac{1+x+x^2}{x(1+x^2)}=\frac{x}{x(1+x^2)}+\frac{1+x^2}{x(1+x^2)}=\frac{1}{1+x^2}+\frac{1}{x}$,所以

$$\begin{aligned}\int\frac{1+x+x^2}{x(1+x^2)}\mathrm{d}x&=\int\left(\frac{1}{1+x^2}+\frac{1}{x}\right)\mathrm{d}x=\int\frac{1}{1+x^2}\mathrm{d}x+\int\frac{1}{x}\mathrm{d}x\\&=\arctan x+\ln|x|+C.\end{aligned}$$

例 12　求$\int \frac{x^4}{x^2+1}\mathrm{d}x$.

解　$$\int \frac{x^4}{x^2+1}\mathrm{d}x = \int \frac{x^4-1+1}{x^2+1}\mathrm{d}x = \int \frac{(x^2+1)(x^2-1)+1}{x^2+1}\mathrm{d}x$$

$$= \int\left(x^2-1+\frac{1}{1+x^2}\right)\mathrm{d}x = \int x^2\mathrm{d}x - \int \mathrm{d}x + \int \frac{1}{1+x^2}\mathrm{d}x$$

$$= \frac{x^3}{3} - x + \arctan x + C.$$

例 13　求$\int \frac{1}{\sin^2 x\cos^2 x}\mathrm{d}x$.

解　$$\int \frac{1}{\sin^2 x\cos^2 x}\mathrm{d}x = \int \frac{\sin^2 x+\cos^2 x}{\sin^2 x\cos^2 x}\mathrm{d}x = \int\left(\frac{1}{\cos^2 x}+\frac{1}{\sin^2 x}\right)\mathrm{d}x$$

$$= \int \sec^2 x\mathrm{d}x + \int \csc^2 x\mathrm{d}x = \tan x - \cot x + C.$$

例 14　求$\int \sin^2\frac{x}{2}\mathrm{d}x$.

解　$$\int \sin^2\frac{x}{2}\mathrm{d}x = \int \frac{1-\cos x}{2}\mathrm{d}x = \frac{1}{2}\int \mathrm{d}x - \frac{1}{2}\int \cos x\mathrm{d}x$$

$$= \frac{x}{2} - \frac{1}{2}\sin x + C.$$

例 15　已知 $f(x)=\begin{cases}-\sin x, & x\geqslant 0,\\ x, & x<0.\end{cases}$ 求$\int f(x)\mathrm{d}x$.

解　由于在 $x=0$ 处有 $\lim\limits_{x\to 0^-}f(x)=\lim\limits_{x\to 0^+}f(x)=f(0)=0$,所以 $f(x)$ 在$(-\infty,+\infty)$内连续,从而 $f(x)$ 在$(-\infty,+\infty)$上的原函数 $F(x)$ 一定存在,而且是一个连续且可导的函数.

由

$$f(x)=\begin{cases}-\sin x, & x\geqslant 0,\\ x, & x<0,\end{cases}$$

有

$$F(x)=\begin{cases}\cos x+C, & x\geqslant 0,\\ \dfrac{x^2}{2}+C_1, & x<0.\end{cases}$$

根据 $F(x)$ 在 $x=0$ 处的连续性,由 $\lim\limits_{x\to 0^-}F(x)=\lim\limits_{x\to 0^+}F(x)=F(0)$,得 $1+C=C_1$,从而

$$\int f(x)\mathrm{d}x=\begin{cases}\cos x+C, & x\geqslant 0,\\ \dfrac{x^2}{2}+1+C, & x<0.\end{cases}$$

需要指出的是，连续函数一定有原函数，但连续函数的原函数不一定都是初等函数.

习题 4-1

1. 在下列函数中，找出其中 6 个函数是另外 6 个函数的原函数.

$\frac{1}{x^2}$，$\frac{2x}{\sqrt{1+x^2}}$，$2\sqrt{1+x^2}$，$1-\frac{1}{x}$，$4x(1+x^2)$，$3\sqrt[3]{x}$，$4x^3$，$x^{-\frac{2}{3}}$，$\ln(1+x^2)$，$\frac{2x}{1+x^2}$，$1+x^4$，$(1+x^2)^2$.

2. (1) 验证 $\frac{1}{2}e^{2x}$，$e^x\mathrm{sh}x$ 和 $e^x\mathrm{ch}x$ 都是 $\frac{e^x}{\mathrm{ch}x-\mathrm{sh}x}$ 的原函数.

(2) 证明 $(e^x+e^{-x})^2$，$(e^x-e^{-x})^2$ 都是同一个函数的原函数，并指出这个函数来.

3. 求下列不定积分：

(1) $\int 5x^4\,dx$；

(2) $\int\left(\frac{4}{\sqrt{x}}-\frac{x\sqrt{x}}{4}\right)dx$；

(3) $\int\frac{(x^2-3)(x+1)}{x^2}dx$；

(4) $\int\frac{x-9}{\sqrt{x}+3}dx$；

(5) $\int\frac{(1-x)^2}{x}dx$；

(6) $\int\frac{x+1}{\sqrt{x}}dx$；

(7) $\int\sqrt[m]{x^n}\,dx$；

(8) $\int(3-x^2)^2\,dx$；

(9) $\int\frac{dh}{\sqrt{2gh}}$（$g$ 是常数）；

(10) $\int(8^x+x^8)dx$；

(11) $\int e^x\left(2^x+\frac{e^{-x}}{\sqrt{1-x^2}}\right)dx$；

(12) $\int\frac{3\cdot 2^x+4\cdot 3^x}{2^x}dx$；

(13) $\int\frac{e^{2x}-1}{e^x+1}dx$；

(14) $\int(1+\sin x+\cos x)dx$；

(15) $\int\sec x(\sec x-\tan x)dx$；

(16) $\int\csc x(\csc x-\cot x)dx$；

(17) $\int\frac{\cos 2x}{\cos x-\sin x}dx$；

(18) $\int 3^x e^x\,dx$；

(19) $\int\left(\frac{3}{1+x^2}-\frac{8}{\sqrt{1-x^2}}\right)dx$；

(20) $\int\left(2e^x+\frac{5}{x}\right)dx$；

(21) $\int e^x\left(1-\frac{e^{-x}}{\sqrt{x}}\right)dx$；

(22) $\int\cos^2\frac{x}{2}\,dx$；

(23) $\int\left(1-\frac{1}{x^2}\right)\sqrt{x\sqrt{x}}\,dx$；

(24) $\int(a^x+b^x)^2\,dx$；

(25) $\int(a\,\mathrm{ch}x+b\,\mathrm{sh}x)dx$；

(26) $\int\frac{x^2}{1+x^2}dx$.

4. 一曲线通过点 $(e^3,5)$，且在任一点处的切线斜率等于该点横坐标的倒数，求此曲线方程.

5. 已知函数 $f(x)=2x+3$ 的一个原函数为 $F(x)$，且满足 $F(1)=2$，求 $F(x)$.

6. 一物体由静止开始运动，经 7s 后的速度是 $3t^2$(m/s)，问：

(1) 在 3s 后物体离开出发点的距离是多少？

(2) 物体走完 360m 需要多少时间？

第二节　不定积分的换元积分法

利用基本积分表(Ⅰ)和不定积分的线性性质所能计算的不定积分是十分有限的. 例如，简单积分

$$\int \sin 8x \mathrm{d}x$$

已无法直接利用积分表积出. 因为 $-\cos 8x$ 并不是 $\sin 8x$ 的原函数. 既然微分法与积分法互为逆运算，所以可以把复合函数的求导法则反过来用于求不定积分，即利用变量代换的方法来求函数的不定积分. 这种方法称为不定积分的**换元积分法**，换元积分法通常有两类，下面先讲第一类换元积分法.

一、第一类换元积分法(凑微分法)

定理 4.1　设函数 $f(u)$ 具有原函数 $F(u)$，且 $u=\varphi(x)$ 可导，则 $F[\varphi(x)]$ 是 $f[\varphi(x)]\varphi'(x)$ 的原函数，即有换元公式

$$\int f[\varphi(x)]\varphi'(x)\mathrm{d}x = F[\varphi(x)]+C = \left[\int f(u)\mathrm{d}u\right]_{u=\varphi(x)}. \tag{4.2}$$

证　因为 $f(u)$ 具有原函数 $F(u)$，所以

$$F'(u)=f(u),$$

即

$$\int f(u)\mathrm{d}u = F(u)+C.$$

根据复合函数的微分法，有

$$\mathrm{d}F[\varphi(x)] = f[\varphi(x)]\varphi'(x)\mathrm{d}x,$$

从而由不定积分的定义可得

$$\int f[\varphi(x)]\varphi'(x)\mathrm{d}x = F[\varphi(x)]+C = \left[\int f(u)\mathrm{d}u\right]_{u=\varphi(x)},$$

其中记号 $\left[\int f(u)\mathrm{d}u\right]_{u=\varphi(x)}$ 表示先求出不定积分 $\int f(u)\mathrm{d}u$，然后将 $u=\varphi(x)$ 代入积分结果中.

应用第一类换元积分法求不定积分 $\int g(x)\mathrm{d}x$，关键是要将被积函数 $g(x)$ 表示成 $g(x)=f[\varphi(x)]\varphi'(x)$ 的形式，此时 $u=\varphi(x)$ 是复合函数 $f[\varphi(x)]$ 的中间变量，$\varphi'(x)\mathrm{d}x$ 要能凑成 u 的微分即 $\varphi'(x)\mathrm{d}x=\mathrm{d}u$，且 $\int f(u)\mathrm{d}u$ 易求出，从而 $g(x)$ 的

不定积分就转化为 $f(u)$ 的不定积分. 即

$$\begin{aligned}\int g(x)\mathrm{d}x &= \int f[\varphi(x)]\varphi'(x)\mathrm{d}x = \left[\int f(u)\mathrm{d}u\right]_{u=\varphi(x)}\\ &= F(u)+C = F[\varphi(x)]+C.\end{aligned}$$

因此第一类换元积分法通常也称为“凑微分法”. 下面举例说明换元公式的应用.

例 1　求 $\int \sin(3x+2)\mathrm{d}x$.

解　被积函数 $\sin(3x+2)$ 是复合函数:由 $\sin u$ 与 $u=3x+2$ 复合而成. 为了凑出 $\mathrm{d}u$,需要常数因子 3,因此可改变系数凑出这个因子:

$$\sin(3x+2)\mathrm{d}x = \frac{1}{3}\cdot\sin(3x+2)\cdot 3\mathrm{d}x = \frac{1}{3}\sin(3x+2)\cdot\mathrm{d}(3x+2),$$

从而令 $u=3x+2$,便有

$$\begin{aligned}\int\sin(3x+2)\mathrm{d}x &= \int\frac{1}{3}\sin(3x+2)\cdot\mathrm{d}(3x+2)\\ &= \frac{1}{3}\int\sin u\mathrm{d}u = -\frac{1}{3}\cos u + C\\ &= -\frac{1}{3}\cos(3x+2)+C.\end{aligned}$$

一般地,对于积分 $\int f(ax+b)\mathrm{d}x\,(a\neq 0)$,总可作变换 $u=ax+b$,把它化为

$$\begin{aligned}\int f(ax+b)\mathrm{d}x &= \frac{1}{a}\int f(ax+b)\mathrm{d}(ax+b)\\ &= \frac{1}{a}\left[\int f(u)\mathrm{d}u\right]_{u=ax+b}.\end{aligned}$$

例 2　求 $\int\frac{\mathrm{d}x}{a^2+x^2}\,(a\neq 0)$.

解　因为 $\frac{\mathrm{d}x}{a^2+x^2} = \frac{1}{a}\cdot\frac{\mathrm{d}\left(\frac{x}{a}\right)}{1+\left(\frac{x}{a}\right)^2}$,所以令 $u=\frac{x}{a}$,得

$$\int\frac{\mathrm{d}x}{a^2+x^2} = \frac{1}{a}\int\frac{\mathrm{d}u}{1+u^2} = \frac{1}{a}\arctan u + C = \frac{1}{a}\arctan\frac{x}{a}+C.$$

例 3　求 $\int\frac{\mathrm{d}x}{\sqrt{a^2-x^2}}\,(a>0)$.

解　因为 $\frac{\mathrm{d}x}{\sqrt{a^2-x^2}} = \frac{\mathrm{d}\left(\frac{x}{a}\right)}{\sqrt{1-\left(\frac{x}{a}\right)^2}}$,所以令 $u=\frac{x}{a}$,得

$$\int \frac{dx}{\sqrt{a^2-x^2}} = \int \frac{du}{\sqrt{1-u^2}} = \arcsin u + C = \arcsin \frac{x}{a} + C.$$

例 4　求$\int \cos x e^{\sin x} dx$.

解　被积函数中的一个因子为$e^{\sin x} = e^u$，$u = \sin x$,剩下的因子$\cos x$恰巧是中间变量$u = \sin x$的导数,于是有

$$\int \cos x e^{\sin x} dx = \int e^{\sin x} d\sin x = \int e^u du = e^u + C = e^{\sin x} + C.$$

例 5　求$\int \tan x dx$.

解

$$\int \tan x dx = \int \frac{\sin x}{\cos x} dx.$$

因为$-\sin x dx = d\cos x$,所以如果设$u = \cos x$,则$-\sin x dx = d\cos x = du$，因此

$$\int \tan x dx = \int \frac{\sin x}{\cos x} dx = -\int \frac{d\cos x}{\cos x} = -\int \frac{du}{u}$$
$$= -\ln|u| + C = -\ln|\cos x| + C.$$

在对变量代换比较熟练以后,凑微分时可以不写出中间变量u. 如

$$\int \tan x dx = \int \frac{\sin x}{\cos x} dx = -\int \frac{d\cos x}{\cos x} = -\ln|\cos x| + C.$$

类似地可得$\int \cot x dx = \ln|\sin x| + C$.

例 6　求$\int x\sqrt{x^2-1} dx$.

解

$$\int x\sqrt{x^2-1} dx = \frac{1}{2}\int (x^2-1)^{\frac{1}{2}} d(x^2-1) = \frac{1}{3}(x^2-1)^{\frac{3}{2}} + C.$$

例 7　求$\int \frac{12x-16}{3x^2-8x+4} dx$.

解

$$\int \frac{12x-16}{3x^2-8x+4} dx = 2\int \frac{d(3x^2-8x+4)}{3x^2-8x+4}$$
$$= 2\ln|3x^2-8x+4| + C.$$

例 8　求$\int \frac{1}{x}\ln x dx$.

解

$$\int \frac{1}{x}\ln x dx = \int \ln x d\ln x = \frac{\ln^2 x}{2} + C.$$

例 9　求$\int \frac{\cos\sqrt{x}}{\sqrt{x}} dx$.

解

$$\int \frac{\cos\sqrt{x}}{\sqrt{x}} dx = 2\int \cos\sqrt{x} d\sqrt{x} = 2\sin\sqrt{x} + C.$$

例 10　求$\int \frac{1}{e^{-x}+e^{x}}dx$.

解　$$\int \frac{1}{e^{-x}+e^{x}}dx=\int \frac{e^{x}}{1+e^{2x}}dx=\int \frac{de^{x}}{1+(e^{x})^{2}}=\arctan e^{x}+C.$$

例 11　求$\int \frac{dx}{x^{2}-a^{2}}$.

解　$$\begin{aligned}\int \frac{dx}{x^{2}-a^{2}}&=\frac{1}{2a}\int\left(\frac{1}{x-a}-\frac{1}{x+a}\right)dx\\&=\frac{1}{2a}\left[\int \frac{d(x-a)}{x-a}-\int \frac{d(x+a)}{x+a}\right]\\&=\frac{1}{2a}[\ln|x-a|-\ln|x+a|]+C\\&=\frac{1}{2a}\ln\left|\frac{x-a}{x+a}\right|+C.\end{aligned}$$

例 12　求$\int \csc x dx$.

解　利用例 11 的结果,有

$$\begin{aligned}\int \csc x dx&=\int \frac{1}{\sin x}dx=\int \frac{\sin x}{\sin^{2}x}dx=\int \frac{d\cos x}{\cos^{2}x-1}\\&=\frac{1}{2}\ln\left|\frac{\cos x-1}{\cos x+1}\right|+C=\frac{1}{2}\ln\frac{(1-\cos x)^{2}}{\sin^{2}x}+C\\&=\ln\left|\frac{1-\cos x}{\sin x}\right|+C=\ln|\csc x-\cot x|+C.\end{aligned}$$

类似地有

$$\int \sec x dx=\ln|\sec x+\tan x|+C.$$

由以上例题可以看出,“凑微分法”就是在被积表达式中凑出一个变量的微分来,即凑出一个中间变量的微分,并把被积函数化为关于中间变量的较为简单的函数,从而使所给积分转化为基本积分表中已有的积分形式. 这就要求读者对一些常见函数的微分形式比较熟悉. 如 $e^{x}dx=de^{x}$, $\frac{1}{x}dx=d\ln x$, $\cos x dx=d\sin x$, $\frac{1}{\sqrt{x}}dx=2d\sqrt{x}$, $\sec^{2}x dx=d\tan x$, $\csc^{2}x dx=-d\cot x$,等等.

下面再举一些积分的例子,它们的被积函数中含有三角函数,在计算中常常用到一些三角恒等式.

例 13　求$\int \cos^{3}x\sin^{2}x dx$.

解　$$\int \cos^{3}x\sin^{2}x dx=\int (1-\sin^{2}x)\sin^{2}x d\sin x$$

$$= \int \sin^2 x \mathrm{d}\sin x - \int \sin^4 x \mathrm{d}\sin x$$

$$= \frac{1}{3}\sin^3 x - \frac{1}{5}\sin^5 x + C.$$

例 14 求$\int \sin^2 x\cos^2 x\mathrm{d}x$.

解
$$\int \sin^2 x\cos^2 x\mathrm{d}x = \frac{1}{4}\int (\sin 2x)^2 \mathrm{d}x = \frac{1}{4}\int \frac{1-\cos 4x}{2}\mathrm{d}x$$

$$= \frac{1}{8}\int \mathrm{d}x - \frac{1}{8}\int \cos 4x\mathrm{d}x$$

$$= \frac{1}{8}x - \frac{1}{32}\sin 4x + C.$$

例 15 $\int \tan^5 x\sec^3 x\mathrm{d}x$.

解
$$\int \tan^5 x\sec^3 x\mathrm{d}x = \int \tan^4 x\sec^2 x\sec x\tan x\mathrm{d}x$$

$$= \int (\sec^2 x - 1)^2 \sec^2 x\mathrm{d}\sec x$$

$$= \int (\sec^6 x - 2\sec^4 x + \sec^2 x)\mathrm{d}\sec x$$

$$= \frac{1}{7}\sec^7 x - \frac{2}{5}\sec^5 x + \frac{1}{3}\sec^3 x + C.$$

例 16 求$\int \sec^4 x\mathrm{d}x$.

解
$$\int \sec^4 x\mathrm{d}x = \int \sec^2 x\sec^2 x\mathrm{d}x = \int (1+\tan^2 x)\mathrm{d}\tan x$$

$$= \tan x + \frac{1}{3}\tan^3 x + C.$$

例 17 求$\int \sin 5x\cos 3x\mathrm{d}x$.

解 当被积函数为 $\sin ax\cos bx$，$\sin ax\sin bx$ 或 $\cos ax\cos bx$ 的形式时，常用积化和差公式将被积函数化简后再积分.

$$\int \sin 5x\cos 3x\mathrm{d}x = \frac{1}{2}\int (\sin 8x + \sin 2x)\mathrm{d}x$$

$$= \frac{1}{2}\left[\frac{1}{8}\int \sin 8x\mathrm{d}(8x) + \frac{1}{2}\int \sin 2x\mathrm{d}(2x)\right]$$

$$= -\frac{1}{16}\cos 8x - \frac{1}{4}\cos 2x + C.$$

二、第二类换元积分法

上面介绍的第一类换元积分法是通过变量代换 $u=\varphi(x)$，将积分

$\int f[\varphi(x)]\varphi'(x)\mathrm{d}x$ 化为积分$\int f(u)\mathrm{d}u$. 但在实际中还常常会遇到这种情况，积分 $\int f(x)\mathrm{d}x$ 不易积出，但若作适当的变量代换 $x=\psi(t)$，将积分$\int f(x)\mathrm{d}x$ 化为 $\int f[\psi(t)]\psi'(t)\mathrm{d}t$，后者却是容易求出的. 也就是说，将第一类换元积分法的公式反方向使用，这是另一种形式的变量代换，称这种积分法为第二类换元积分法. 换元公式可表达为

$$\int f(x)\mathrm{d}x=\int f[\psi(t)]\psi'(t)\mathrm{d}t.$$

必须注意的是，等式右端的积分求出来后，还应当用 $x=\psi(t)$ 的反函数 $t=\psi^{-1}(x)$ 再代回去，这就要求 $x=\psi(t)$ 的反函数必须存在，为此要求函数 $x=\psi(t)$ 在 t 的某一个区间(这区间和左端积分中 x 的积分区间相对应) 上单调、可导并且 $\psi'(t)\neq 0$.

根据上述分析，有下面的定理.

定理 4.2　设 $x=\psi(t)$ 是单调、可导的函数，其反函数为 $t=\psi^{-1}(x)$，且 $\psi'(t)\neq 0$. 若 $f[\psi(t)]\psi'(t)$ 具有原函数，则有换元公式

$$\int f(x)\mathrm{d}x=\left[\int f[\psi(t)]\psi'(t)\mathrm{d}t\right]_{t=\psi^{-1}(x)}. \tag{4.3}$$

证　设 $f[\psi(t)]\psi'(t)$ 的原函数为 $\Phi(t)$，记 $\Phi[\psi^{-1}(x)]=F(x)$，因为$\dfrac{\mathrm{d}\Phi}{\mathrm{d}t}=f[\psi(t)]\psi'(t)$，利用复合函数及反函数的求导法则，得到

$$F'(x)=\frac{\mathrm{d}\Phi}{\mathrm{d}t}\cdot\frac{\mathrm{d}t}{\mathrm{d}x}=f[\psi(t)]\psi'(t)\cdot\frac{1}{\psi'(t)}=f[\psi(t)]=f(x).$$

故 $F(x)$ 是 $f(x)$ 的一个原函数，从而有

$$\begin{aligned}\int f(x)\mathrm{d}x&=F(x)+C=\Phi[\psi^{-1}(x)]+C=[\Phi(t)+C]_{t=\psi^{-1}(x)}\\&=\left[\int f[\psi(t)]\psi'(t)\mathrm{d}t\right]_{t=\psi^{-1}(x)}.\end{aligned}$$

公式(4.3)得证.

下面举例说明第二类换元积分法的运用.

例 18　求 $\int\sqrt{a^2-x^2}\mathrm{d}x\ (a>0)$.

解　利用 $1-\sin^2 t=\cos^2 t$ 化去根式.

令 $x=a\sin t\ \left(-\dfrac{\pi}{2}<t<\dfrac{\pi}{2}\right)$，则 $\mathrm{d}x=a\cos t\mathrm{d}t$，$\sqrt{a^2-x^2}=\sqrt{a^2-a^2\sin^2 t}=a\cos t$，从而

$$\int\sqrt{a^2-x^2}\mathrm{d}x=\int\sqrt{a^2-a^2\sin^2 t}\,a\cos t\mathrm{d}t=\int a^2\cos^2 t\mathrm{d}t$$

$$= a^2\int \frac{1+\cos 2t}{2}\mathrm{d}t = \frac{a^2}{2}\left(t+\frac{1}{2}\sin 2t\right)+C$$

$$= \frac{a^2}{2}t+\frac{a^2}{2}\sin t\cos t + C.$$

由于 $x = a\sin t \left(-\frac{\pi}{2}<t<\frac{\pi}{2}\right)$，所以

$$t = \arcsin\frac{x}{a},$$

$$\cos t = \sqrt{1-\sin^2 t} = \sqrt{1-\left(\frac{x}{a}\right)^2} = \frac{\sqrt{a^2-x^2}}{a},$$

于是所求积分为

$$\int\sqrt{a^2-x^2}\,\mathrm{d}x = \frac{a^2}{2}\arcsin\frac{x}{a}+\frac{x}{2}\sqrt{a^2-x^2}+C.$$

例 19 求 $\int\frac{\mathrm{d}x}{\sqrt{x^2+a^2}}\ (a>0)$.

解 利用 $1+\tan^2 t = \sec^2 t$ 来化去根式.

令 $x = a\tan t \left(-\frac{\pi}{2}<t<\frac{\pi}{2}\right)$，则 $\mathrm{d}x = a\sec^2 t\mathrm{d}t$，从而

$$\int\frac{\mathrm{d}x}{\sqrt{x^2+a^2}} = \int\frac{a\sec^2 t\mathrm{d}t}{\sqrt{a^2\tan^2 t+a^2}} = \int\frac{a\sec^2 t\mathrm{d}t}{a\sec t} = \int\sec t\mathrm{d}t,$$

利用例 12 的结果，有

$$\int\frac{\mathrm{d}x}{\sqrt{x^2+a^2}} = \ln|\tan t+\sec t|+C.$$

为了把 $\sec t$ 及 $\tan t$ 换成 x 的函数，可以根据 $\tan t = \frac{x}{a}$ 作辅助直角三角形(图 4.2)，

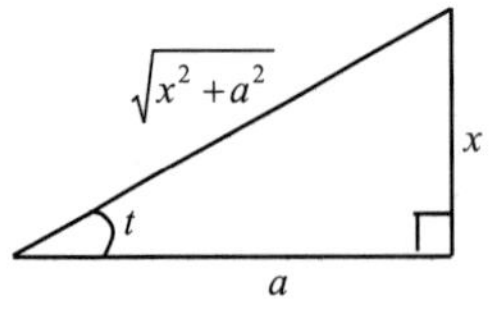

图 4.2

从而有 $\sec t = \frac{\sqrt{x^2+a^2}}{a}$，且 $\sec t+\tan t>0$. 进而得

$$\int\frac{\mathrm{d}x}{\sqrt{x^2+a^2}} = \ln\left|\frac{x}{a}+\frac{\sqrt{x^2+a^2}}{a}\right|+C_1$$

$$= \ln(x+\sqrt{x^2+a^2})+C,$$

其中 $C = C_1-\ln a$.

例 20 求 $\int\frac{\mathrm{d}x}{\sqrt{x^2-a^2}}\ (a>0)$.

解 利用 $\sec^2 t-1 = \tan^2 t$ 来化去根式.

当 $x>a$ 时，令 $x = a\sec t \left(0<t<\frac{\pi}{2}\right)$，则 $\mathrm{d}x = a\tan t\sec t\mathrm{d}t$，从而

$$\int \frac{dx}{\sqrt{x^2-a^2}}=\int \frac{a\tan t\sec t dt}{a\tan t}=\int \sec t dt$$

$$=\ln|\sec t+\tan t|+C_1.$$

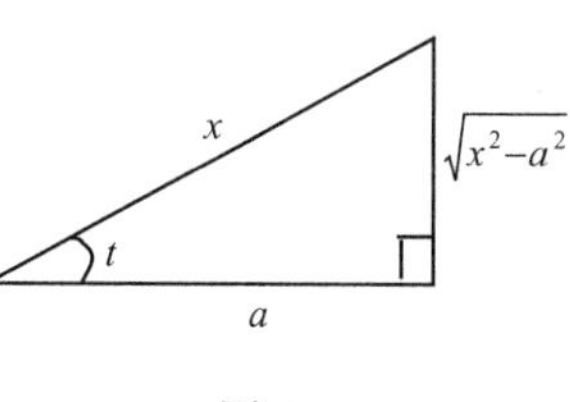

图 4.3

为了要把 $\sec t$ 及 $\tan t$ 换成 x 的函数，可以根据 $\sec t=\frac{x}{a}$ 作辅助直角三角形(图 4.3)，得到

$$\tan t=\frac{\sqrt{x^2-a^2}}{a},$$

从而

$$\int \frac{dx}{\sqrt{x^2-a^2}}=\ln\left(\frac{x}{a}+\frac{\sqrt{x^2-a^2}}{a}\right)+C_1$$

$$=\ln(x+\sqrt{x^2-a^2})+C,$$

其中 $C=C_1-\ln a$.

当 $x<-a$ 时，令 $u=-x$，则 $u>a$，利用上述结果有

$$\int \frac{dx}{\sqrt{x^2-a^2}}=-\int \frac{du}{\sqrt{u^2-a^2}}=-\ln(u+\sqrt{u^2-a^2})+C_1$$

$$=-\ln(-x+\sqrt{x^2-a^2})+C_1$$

$$=\ln\frac{1}{\sqrt{x^2-a^2}-x}+C_1$$

$$=\ln\frac{-x-\sqrt{x^2-a^2}}{a^2}+C_1$$

$$=\ln(-x-\sqrt{x^2-a^2})+C,$$

其中 $C=C_1-2\ln a$.

综合 $x>a$ 及 $x<-a$ 的结果，可统一写成

$$\int \frac{dx}{\sqrt{x^2-a^2}}=\ln\left|x+\sqrt{x^2-a^2}\right|+C.$$

以上三例都是利用三角函数进行变量代换，因此称之为三角代换. 采用三角代换的目的是使二次根式有理化，所以根据被积函数含有二次根式的不同情况可归纳出三角代换的一般规律：

(1) 含根式 $\sqrt{a^2-x^2}$ 的，可作代换 $x=a\sin t$ 或 $x=a\cos t$；

(2) 含根式 $\sqrt{x^2-a^2}$ 的，可作代换 $x=a\sec t$ 或 $x=a\csc t$；

(3) 含根式 $\sqrt{x^2+a^2}$ 的，可作代换 $x=a\tan t$ 或 $x=a\cot t$.

必须指出，如何选择变量代换要根据被积函数的不同情况灵活运用，不可呆板地拘泥于某一种代换.

如求$\int x\sqrt{1-x^2}\mathrm{d}x$ 及$\int \frac{x}{\sqrt{a^2+x^2}}\mathrm{d}x$ 时,就不必用三角代换,只需用凑微分法即可.

$$\int x\sqrt{1-x^2}\mathrm{d}x=-\frac{1}{2}\int(1-x^2)^{\frac{1}{2}}\mathrm{d}(1-x^2)=-\frac{1}{3}(1-x^2)^{\frac{3}{2}}+C.$$

$$\int \frac{x}{\sqrt{a^2+x^2}}\mathrm{d}x=\frac{1}{2}\int(a^2+x^2)^{-\frac{1}{2}}\mathrm{d}(a^2+x^2)=\sqrt{a^2+x^2}+C.$$

再给出一个例子.

例 21　求$\int \frac{\mathrm{d}x}{x\sqrt{x^2-1}}$.

解　本题可利用三角代换求解.

令 $x=\sec t$,则 $\mathrm{d}x=\sec t\cdot\tan t\mathrm{d}t$,于是

$$\int \frac{\mathrm{d}x}{x\sqrt{x^2-1}}=\int \frac{\sec t\cdot\tan t}{\sec t\cdot\tan t}\mathrm{d}t=\int \mathrm{d}t$$

$$=t+C=\arccos\frac{1}{x}+C.$$

也可利用凑微分求解

$$\int \frac{\mathrm{d}x}{x\sqrt{x^2-1}}=\int \frac{\mathrm{d}x}{x^2\sqrt{1-\left(\frac{1}{x}\right)^2}}=-\int \frac{\mathrm{d}\frac{1}{x}}{\sqrt{1-\left(\frac{1}{x}\right)^2}}$$

$$=-\arcsin\frac{1}{x}+C.$$

还可以利用倒代换求解.

令 $x=\frac{1}{t}$,则 $\mathrm{d}x=-\frac{1}{t^2}\mathrm{d}t$,于是

$$\int \frac{\mathrm{d}x}{x\sqrt{x^2-1}}=\int \frac{-\frac{1}{t^2}\mathrm{d}t}{\frac{1}{t}\sqrt{\frac{1}{t^2}-1}}=-\int \frac{\mathrm{d}t}{\sqrt{1-t^2}}$$

$$=-\arcsin t+C=-\arcsin\frac{1}{x}+C.$$

倒代换是第二类换元积分法中常用的一种代换方式,采用这种代换常可消去被积函数的分母中的变量因子 x^m,使积分变得简单.

三、基本积分表(Ⅱ)

在本节例题中,有几个积分结果以后会经常遇到,所以它们通常也被当成公式使用. 这样一来,常用的积分公式除了基本积分表(Ⅰ)中的公式外,再添加下面几

个公式(其中常数 $a>0$).

1. $\int \tan x \mathrm{d}x = -\ln|\cos x| + C$;

2. $\int \cot x \mathrm{d}x = \ln|\sin x| + C$;

3. $\int \sec x \mathrm{d}x = \ln|\sec x + \tan x| + C$;

4. $\int \csc x \mathrm{d}x = \ln|\csc x - \cot x| + C$;

5. $\int \frac{\mathrm{d}x}{a^2+x^2} = \frac{1}{a}\arctan\frac{x}{a} + C$;

6. $\int \frac{\mathrm{d}x}{x^2-a^2} = \frac{1}{2a}\ln\left|\frac{x-a}{x+a}\right| + C$;

7. $\int \frac{\mathrm{d}x}{\sqrt{a^2-x^2}} = \arcsin\frac{x}{a} + C$;

8. $\int \frac{\mathrm{d}x}{\sqrt{x^2+a^2}} = \ln(x+\sqrt{x^2+a^2}) + C$;

9. $\int \frac{\mathrm{d}x}{\sqrt{x^2-a^2}} = \ln\left|x+\sqrt{x^2-a^2}\right| + C$.

例 22　求$\int \frac{\mathrm{d}x}{x^2+2x+4}$.

解　利用基本积分表(Ⅱ)中的公式 5,得

$$\int \frac{\mathrm{d}x}{x^2+2x+4} = \int \frac{\mathrm{d}(x+1)}{(x+1)^2+(\sqrt{3})^2} = \frac{1}{\sqrt{3}}\arctan\frac{x+1}{\sqrt{3}} + C.$$

例 23　求$\int \frac{\mathrm{d}x}{\sqrt{2x^2+3}}$.

解　利用基本积分表(Ⅱ)中的公式 8,得

$$\int \frac{\mathrm{d}x}{\sqrt{2x^2+3}} = \frac{1}{\sqrt{2}}\int \frac{\mathrm{d}(\sqrt{2}x)}{\sqrt{(\sqrt{2}x)^2+(\sqrt{3})^2}}$$
$$= \frac{1}{\sqrt{2}}\ln(\sqrt{2}x+\sqrt{2x^2+3}) + C.$$

例 24　求$\int \frac{\mathrm{d}x}{\sqrt{x-x^2}}$.

解　利用基本积分表(Ⅱ)中的公式 7,得

$$\int \frac{\mathrm{d}x}{\sqrt{x-x^2}} = \int \frac{\mathrm{d}\left(x-\frac{1}{2}\right)}{\sqrt{\left(\frac{1}{2}\right)^2-\left(x-\frac{1}{2}\right)^2}} = \arcsin\frac{x-\frac{1}{2}}{\frac{1}{2}} + C$$

$$= \arcsin(2x-1)+C.$$

习题 4-2

1. 在下列各式等号右端的空白处填入适当的系数,使等式成立(例如: $dx=\frac{1}{3}d(3x+8)$):

(1) $dx=\quad d(-6x+7)$;　　(2) $\frac{dx}{\sqrt{x}}=\quad d(\sqrt{x}+6)$;

(3) $\frac{1}{x^2}dx=\quad d\left(\frac{1}{x}\right)$;　　(4) $\sqrt{x}dx=\quad d(x^{\frac{3}{2}}-5)$;

(5) $xdx=\quad d(3x^2+4)$;　　(6) $x^2dx=\quad d(x^3+7)$;

(7) $x^3dx=\quad d(5x^4-6)$;　　(8) $\sin 2x dx=\quad d(\cos 2x)$;

(9) $\cos\frac{7}{3}xdx=\quad d\left(5-\sin\frac{7}{3}x\right)$;　　(10) $\csc^2 xdx=\quad d(\cot x)$;

(11) $\frac{dx}{x}=\quad d(5-\ln|x|)$;　　(12) $e^{6x}dx=\quad d(e^{6x}-6)$;

(13) $e^{-\frac{x}{5}}dx=\quad d(2+e^{-\frac{x}{5}})$;　　(14) $\frac{dx}{\sqrt{1-x^2}}=\quad d(2-\arcsin x)$;

(15) $\frac{x}{\sqrt{1-x^2}}dx=\quad d(\sqrt{1-x^2})$;　　(16) $\frac{2x}{\sqrt{1+x^2}}dx=\quad d(\sqrt{1+x^2})$;

(17) $\frac{dx}{1+4x^2}=\quad d(\arctan 2x)$;　　(18) $\frac{dx}{\sqrt{1-4x^2}}=\quad d(\arccos 2x+3)$;

(19) $\csc^2 9xdx=\quad d(\cot 9x)$;　　(20) $\sec^2 3xdx=\quad d(\tan 3x)$.

2. 求下列不定积分:

(1) $\int\sqrt{7+4x}dx$;　　(2) $\int\frac{1}{\sqrt[3]{2-3x}}dx$;

(3) $\int\frac{dx}{5x-2}$;　　(4) $\int e^{1-3x}dx$;

(5) $\int \mathrm{sh}(5x-1)dx$;　　(6) $\int \mathrm{ch}\left(1-\frac{1}{2}x\right)dx$;

(7) $\int\frac{1}{\sin^2 8x}dx$;　　(8) $\int\tan(3x-5)dx$;

(9) $\int\frac{xdx}{\sqrt{2x^2+3}}$;　　(10) $\int\frac{x}{1+x^2}dx$;

(11) $\int\frac{x^2}{(4+x^3)^2}dx$;　　(12) $\int\frac{x^2}{\sqrt[3]{x^3+1}}dx$;

(13) $\int 2xe^{-x^2}dx$;　　(14) $\int e^{e^x+x}dx$;

(15) $\int e^x\sin e^x dx$;　　(16) $\int\frac{e^{2x}-1}{e^x}dx$;

(17) $\int\frac{\ln(\ln x)}{x\ln x}dx$;　　(18) $\int\frac{\sqrt{1+\ln x}}{x}dx$;

(19) $\int \frac{\sin\frac{1}{x}}{x^2}\mathrm{d}x$；　(20) $\int\left(1-\frac{1}{x^2}\right)\sin\left(x+\frac{1}{x}\right)\mathrm{d}x$；

(21) $\int \frac{\sec^2\frac{1}{x}}{x^2}\mathrm{d}x$；　(22) $\int \frac{a^{\frac{1}{x}}}{x^2}\mathrm{d}x$；

(23) $\int 10^{-3x+2}\mathrm{d}x$；　(24) $\int \frac{(\arctan x)^2}{1+x^2}\mathrm{d}x$；

(25) $\int\sqrt{\frac{\arcsin x}{1-x^2}}\mathrm{d}x$；　(26) $\int \frac{\mathrm{d}x}{\cos^2 x\sqrt{1+\tan x}}$；

(27) $\int \frac{\mathrm{d}x}{(\arcsin x)^2\sqrt{1-x^2}}$；　(28) $\int \cos^4 x\mathrm{d}x$；

(29) $\int \cos 3x\cos 4x\mathrm{d}x$；　(30) $\int \frac{\mathrm{d}x}{1+(2x-3)^2}$；

(31) $\int \frac{\cos x-\sin x}{\cos x+\sin x}\mathrm{d}x$；　(32) $\int \frac{2x+2}{x^2+2x+2}\mathrm{d}x$；

(33) $\int \frac{\ln\tan x}{\sin x\cos x}\mathrm{d}x$；　(34) $\int \frac{x^2}{1+x^2}\mathrm{d}x$；

(35) $\int \frac{\mathrm{d}x}{9+25x^2}$；　(36) $\int \frac{\sec^2 x}{2+\tan^2 x}\mathrm{d}x$；

(37) $\int \frac{\mathrm{d}x}{x(1+\ln x)}$；　(38) $\int \frac{\arctan\sqrt{x}}{\sqrt{x}(1+x)}\mathrm{d}x$；

(39) $\int \frac{x^2}{\sqrt{4-x^2}}\mathrm{d}x$；　(40) $\int \frac{\mathrm{d}x}{x\sqrt{9-x^2}}$；

(41) $\int \frac{\sqrt{a^2-x^2}}{x^2}\mathrm{d}x\,(a>0)$；　(42) $\int t\sqrt{25-t^2}\mathrm{d}t$；

(43) $\int \frac{\mathrm{d}x}{\sqrt{4x^2+9}}$；　(44) $\int \frac{\mathrm{d}x}{x^2\sqrt{a^2+x^2}}\ (a>0)$；

(45) $\int \frac{\sqrt{x^2-2}}{x}\mathrm{d}x$；　(46) $\int \frac{2x-1}{\sqrt{9x^2-4}}\mathrm{d}x$；

(47) $\int \frac{x}{\sqrt{x^2+2x+2}}\mathrm{d}x$；　(48) $\int \frac{\mathrm{e}^x-1}{\mathrm{e}^x+1}\mathrm{d}x$.

第三节　不定积分的分部积分法

前一节利用复合函数求导法则，得出了十分有用的换元积分法，而对于简单的积分$\int x\mathrm{e}^x\mathrm{d}x$，用换元积分法却无法积出．观察此积分，被积函数为两类基本初等函数的乘积形式，由此启发我们利用两个函数乘积的求导法则，来推出求不定积分的另一种基本方法——**分部积分法**.

设函数 $u=u(x)$ 及 $v=v(x)$ 具有连续导数，根据乘积的微分公式

$$d(uv) = u dv + v du,$$

对等式两端求不定积分,得

$$uv = \int u dv + \int v du,$$

从而

$$\int u dv = uv - \int v du \quad 或 \quad \int uv' dx = uv - \int vu' dx. \tag{4.4}$$

公式(4.4)称为**不定积分的分部积分公式**.

当求$\int u dv$有困难,而求$\int v du$比较容易时,分部积分法就可以发挥作用了.利用分部积分公式,可将求$\int u dv$转化为求$\int v du$.下面通过例子说明哪些类型的不定积分应使用分部积分法和如何运用分部积分公式.

例 1 求$\int xe^x dx$.

解 被积函数是幂函数与指数函数的乘积,用分部积分法求解.

设$u = x$, $dv = e^x dx = de^x$,则$du = dx$, $v = e^x$,由分部积分公式,得

$$\int xe^x dx = \int x de^x = xe^x - \int e^x dx,$$

上式中的新积分$\int e^x dx$比原来的积分$\int xe^x dx$容易,且

$$\int e^x dx = e^x + C_1,$$

将此结果代入上式,得

$$\int xe^x dx = xe^x - e^x + C \quad (C = -C_1).$$

该例如果设$u = e^x$, $dv = x dx = d\left(\frac{x^2}{2}\right)$,则$du = e^x dx$, $v = \frac{x^2}{2}$,得

$$\int xe^x dx = \int e^x d\left(\frac{x^2}{2}\right) = \frac{x^2}{2}e^x - \int \frac{x^2}{2}e^x dx,$$

而上式右端的新积分$\int \frac{x^2}{2}e^x dx$比左端的原积分$\int xe^x dx$更难积出,所以不能这样选择u和dv.

由此可见,运用分部积分法的关键在于恰当地选择u和dv.一般说来,选择u和dv的原则是:

(1) v要容易求得;

(2) 新积分$\int v du$比原积分$\int u dv$要容易积出.

分部积分法运用熟练后,可不必写出设u,dv的步骤.

例 1 的求解过程可表述为

$$\int xe^x dx = \int x de^x = xe^x - \int e^x dx = xe^x - e^x + C.$$

例 2　求 $\int x\cos x dx$.

解　被积函数是幂函数与余弦函数的乘积,用分部积分法.

设 $u = x$, $dv = \cos x dx = d\sin x$,则 $du = dx$, $v = \sin x$,于是

$$\int x\cos x dx = \int x d\sin x = x\sin x - \int \sin x dx,$$

这里 $\int \sin x dx$ 比 $\int x\cos x dx$ 容易积分,且

$$\int \sin x dx = -\cos x + C_1,$$

从而

$$\int x\cos x dx = x\sin x + \cos x + C \quad (C = -C_1).$$

例 3　求 $\int x^2 e^{-x} dx$.

解

$$\begin{aligned}\int x^2 e^{-x} dx &= -\int x^2 de^{-x} = -x^2 e^{-x} + \int e^{-x} dx^2 \\ &= -x^2 e^{-x} + 2\int xe^{-x} dx = -x^2 e^{-x} - 2\int x de^{-x} \\ &= -x^2 e^{-x} - 2xe^{-x} + 2\int e^{-x} dx \\ &= -x^2 e^{-x} - 2xe^{-x} - 2e^{-x} + C.\end{aligned}$$

例 4　求 $\int (x^2+6)\cos x dx$.

解

$$\begin{aligned}\int (x^2+6)\cos x dx &= \int (x^2+6) d\sin x \\ &= (x^2+6)\sin x - \int \sin x d(x^2+6) \\ &= (x^2+6)\sin x - 2\int x\sin x dx \\ &= (x^2+6)\sin x + 2\int x d\cos x \\ &= (x^2+6)\sin x + 2x\cos x - 2\int \cos x dx \\ &= (x^2+6)\sin x + 2x\cos x - 2\sin x + C.\end{aligned}$$

从以上四例可见,当被积函数是幂函数与指数函数或幂函数与正(余) 弦函数的乘积时,可考虑利用分部积分法,且设幂函数为 u,指数函数或三角函数与 dx 的

乘积为 $\mathrm{d}v$，这样每使用一次分部积分法就可以使幂函数的幂次降低一次. 这里假设幂指数是正整数. 使用中还可将幂函数扩大为多项式.

例 5 求$\int x\ln x\mathrm{d}x$.

解 被积函数是幂函数与对数函数的乘积，用分部积分法，并选对数函数为 u.

$$\int x\ln x\mathrm{d}x=\frac{1}{2}\int\ln x\mathrm{d}x^2=\frac{1}{2}x^2\ln x-\frac{1}{2}\int x^2\mathrm{d}\ln x$$
$$=\frac{1}{2}x^2\ln x-\frac{1}{2}\int x\mathrm{d}x=\frac{1}{2}x^2\ln x-\frac{1}{4}x^2+C.$$

例 6 求$\int\arcsin x\mathrm{d}x$.

解 被积函数单独出现反三角函数，用分部积分法，并取反三角函数为 u.

$$\int\arcsin x\mathrm{d}x=x\arcsin x-\int x\mathrm{d}\arcsin x$$
$$=x\arcsin x-\int\frac{x}{\sqrt{1-x^2}}\mathrm{d}x$$
$$=x\arcsin x+\frac{1}{2}\int(1-x^2)^{-\frac{1}{2}}\mathrm{d}(1-x^2)$$
$$=x\arcsin x+\sqrt{1-x^2}+C.$$

例 7 求$\int x\arctan x\mathrm{d}x$.

解 被积函数是幂函数与反三角函数的乘积，用分部积分法，并仍取反三角函数为 u.

$$\int x\arctan x\mathrm{d}x=\frac{1}{2}\int\arctan x\mathrm{d}x^2$$
$$=\frac{x^2}{2}\arctan x-\frac{1}{2}\int x^2\mathrm{d}\arctan x$$
$$=\frac{x^2}{2}\arctan x-\frac{1}{2}\int\frac{x^2}{1+x^2}\mathrm{d}x$$
$$=\frac{x^2}{2}\arctan x-\frac{1}{2}\int\left(1-\frac{1}{1+x^2}\right)\mathrm{d}x$$
$$=\frac{x^2}{2}\arctan x-\frac{x}{2}+\frac{1}{2}\arctan x+C.$$

从以上三例可见，当被积函数是幂函数与对数函数或幂函数与反三角函数的乘积时，仍考虑利用分部积分法，这时应设对数函数或反三角函数为 u，幂函数与 $\mathrm{d}x$ 的乘积为 $\mathrm{d}v$.

例 8 求$\int\mathrm{e}^x\sin x\mathrm{d}x$.

解　当被积函数是指数函数与三角函数的乘积时，用分部积分法，这时选择哪个函数作为 u 都可以.

方法一

$$\begin{aligned}\int e^x \sin x dx &= \int \sin x de^x = e^x \sin x - \int e^x d\sin x \\ &= e^x \sin x - \int e^x \cos x dx \\ &= e^x \sin x - \int \cos x de^x \\ &= e^x \sin x - e^x \cos x + \int e^x d\cos x \\ &= e^x \sin x - e^x \cos x - \int e^x \sin x dx,\end{aligned}$$

移项解得

$$\int e^x \sin x dx = \frac{1}{2} e^x (\sin x - \cos x) + C.$$

方法二

$$\begin{aligned}\int e^x \sin x dx &= -\int e^x d\cos x = -e^x \cos x + \int \cos x e^x dx \\ &= -e^x \cos x + \int e^x d\sin x \\ &= -e^x \cos x + e^x \sin x - \int e^x \sin x dx,\end{aligned}$$

移项解得

$$\int e^x \sin x dx = \frac{1}{2} e^x (\sin x - \cos x) + C.$$

例 8 说明，某些积分在连续使用分部积分公式的过程中，有时会出现与原积分相同的积分，即产生了循环现象. 这时只要把等式看成以原积分为未知量的方程，移项解之，即可得所求积分. 再看下例.

例 9　求 $\int \sec^3 x dx$.

解　$$\begin{aligned}\int \sec^3 x dx &= \int \sec x \cdot \sec^2 x dx = \int \sec x d\tan x \\ &= \sec x \tan x - \int \tan x d\sec x \\ &= \sec x \tan x - \int \tan^2 x \sec x dx \\ &= \sec x \tan x - \int (\sec^2 x - 1) \sec x dx\end{aligned}$$

$$= \sec x \tan x - \int \sec^3 x \mathrm{d}x + \int \sec x \mathrm{d}x$$

$$= \sec x \tan x - \int \sec^3 x \mathrm{d}x + \ln|\sec x + \tan x|,$$

等式右端出现了原积分$\int \sec^3 x \mathrm{d}x$,把等式看成以原积分$\int \sec^3 x \mathrm{d}x$为未知量的方程,移项解之,得

$$\int \sec^3 x \mathrm{d}x = \frac{1}{2}\sec x \tan x + \frac{1}{2}\ln|\sec x + \tan x| + C.$$

例 10 建立$I_n = \int \sec^n x \mathrm{d}x$的递推公式,并由此计算$\int \sec^4 x \mathrm{d}x$.

解 建立递推公式常用分部积分法

$$\begin{aligned} I_n &= \int \sec^n x \mathrm{d}x = \int \sec^{n-2} x \mathrm{d}\tan x \\ &= \sec^{n-2} x \tan x - \int \tan x \mathrm{d}\sec^{n-2} x \\ &= \sec^{n-2} x \tan x - (n-2)\int \sec^{n-2} x \tan^2 x \mathrm{d}x \\ &= \sec^{n-2} x \tan x - (n-2)\int \sec^{n-2} x(\sec^2 x - 1)\mathrm{d}x \\ &= \sec^{n-2} x \tan x - (n-2)\int \sec^n x \mathrm{d}x + (n-2)\int \sec^{n-2} x \mathrm{d}x \\ &= \sec^{n-2} x \tan x - (n-2)I_n + (n-2)I_{n-2}, \end{aligned}$$

移项整理,得递推公式

$$I_n = \frac{1}{n-1}\sec^{n-2} x \tan x + \frac{n-2}{n-1}I_{n-2}.$$

令$n = 4$得

$$\begin{aligned} \int \sec^4 x \mathrm{d}x &= \frac{1}{3}\sec^2 x \tan x + \frac{2}{3}\int \sec^2 x \mathrm{d}x \\ &= \frac{1}{3}\sec^2 x \tan x + \frac{2}{3}\tan x + C. \end{aligned}$$

有些不定积分需要综合运用换元积分法与分部积分法才能求出结果.

例 11 求$\int e^{\sqrt{x}} \mathrm{d}x$.

解 先用换元积分法,再用分部积分法.

令$\sqrt{x} = t$,则$x = t^2$, $\mathrm{d}x = 2t\mathrm{d}t$,于是

$$\begin{aligned} \int e^{\sqrt{x}} \mathrm{d}x &= 2\int t e^t \mathrm{d}t = 2\int t \mathrm{d}e^t = 2te^t - 2\int e^t \mathrm{d}t \\ &= 2te^t - 2e^t + C = 2e^{\sqrt{x}}(\sqrt{x} - 1) + C. \end{aligned}$$

例 12　求$\int \frac{\ln(1+x)}{\sqrt{x}}dx$.

解　先用分部积分法，再用换元积分法.

$$\int \frac{\ln(1+x)}{\sqrt{x}}dx = 2\int \ln(1+x)d\sqrt{x}$$

$$= 2\sqrt{x}\ln(1+x) - 2\int \sqrt{x}d\ln(1+x)$$

$$= 2\sqrt{x}\ln(1+x) - 2\int \frac{\sqrt{x}}{1+x}dx.$$

现用第二类换元法计算$\int \frac{\sqrt{x}}{1+x}dx$.

令$\sqrt{x}=t$，则 $x=t^2$，$dx=2tdt$，于是有

$$\int \frac{\sqrt{x}}{1+x}dx = \int \frac{2t^2}{1+t^2}dt = 2\int \left(1-\frac{1}{1+t^2}\right)dt$$
$$= 2(t-\arctan t)+C$$
$$= 2(\sqrt{x}-\arctan\sqrt{x})+C,$$

从而

$$\int \frac{\ln(1+x)}{\sqrt{x}}dx = 2\sqrt{x}\ln(1+x) - 4\sqrt{x} + 4\arctan\sqrt{x} + C.$$

例 13　已知 $f(x)$ 的一个原函数为$\frac{\sin x}{x}$，求$\int xf'(x)dx$.

解　因为$\frac{\sin x}{x}$是 $f(x)$ 的一个原函数，则

$$\int f(x)dx = \frac{\sin x}{x} + C_1,$$

且

$$f(x) = \left(\frac{\sin x}{x}\right)' = \frac{x\cos x - \sin x}{x^2},$$

从而

$$\int xf'(x)dx = \int xdf(x) = xf(x) - \int f(x)dx$$

$$= x\cdot\frac{x\cos x - \sin x}{x^2} - \frac{\sin x}{x} + C$$

$$= \cos x - \frac{2\sin x}{x} + C \quad (C=-C_1).$$

习题 4-3

求下列不定积分：

1. $\int x\sin x\mathrm{d}x$.
2. $\int \ln x\mathrm{d}x$.
3. $\int\left(\frac{1}{x}+\ln x\right)\mathrm{e}^x\mathrm{d}x$.
4. $\int \ln(x+\sqrt{x^2+1})\mathrm{d}x$.
5. $\int \frac{x}{\sin^2 x}\mathrm{d}x$.
6. $\int x^2\arctan x\mathrm{d}x$.
7. $\int x^2\mathrm{e}^{3x}\mathrm{d}x$.
8. $\int \sin(\ln x)\mathrm{d}x$.
9. $\int \arctan x\mathrm{d}x$.
10. $\int \mathrm{arccot}x\mathrm{d}x$.
11. $\int \arccos x\mathrm{d}x$.
12. $\int \mathrm{e}^{3x}\cos 2x\mathrm{d}x$.
13. $\int (\arcsin x)^2\mathrm{d}x$.
14. $\int \frac{\ln x}{\sqrt{x}}\mathrm{d}x$.
15. $\int \frac{\ln(\ln x)}{x}\mathrm{d}x$.
16. $\int \frac{\ln\sin x}{\cos^2 x}\mathrm{d}x$.
17. $\int \frac{x\cos x}{\sin^3 x}\mathrm{d}x$.
18. $\int \frac{\arcsin x\mathrm{e}^{\arcsin x}}{\sqrt{1-x^2}}\mathrm{d}x$.
19. $\int \frac{x\arcsin x}{\sqrt{1-x^2}}\mathrm{d}x$.
20. $\int \frac{\arctan\mathrm{e}^x}{\mathrm{e}^x}\mathrm{d}x$.
21. $\int \cos^2\sqrt{x}\mathrm{d}x$.
22. $\int \frac{x\arctan x}{\sqrt{1+x^2}}\mathrm{d}x$.
23. $\int xf''(x)\mathrm{d}x$.
24. *$\int \mathrm{e}^{\sqrt[3]{x}}\mathrm{d}x$.
25. $\int \frac{\ln x}{(1-x)^2}\mathrm{d}x$.
26. *$\int \mathrm{e}^x\sin^2 x\mathrm{d}x$.

第四节　有理函数的积分与积分表的使用

前面已介绍了如何利用基本积分表和两种基本积分方法(换元积分法与分部积分法)求解不定积分. 下面讨论被积函数为有理函数及可化为有理函数的函数的不定积分问题.

一、有理函数的不定积分

有理函数是指由两个多项式的商所表示的函数，具有如下形式：

$$\frac{P(x)}{Q(x)}=\frac{a_0x^n+a_1x^{n-1}+\cdots+a_{n-1}x+a_n}{b_0x^m+b_1x^{m-1}+\cdots+b_{m-1}x+b_m},\tag{4.5}$$

其中 m 和 n 均为非负整数；$a_0,a_1,a_2,\cdots,a_n$ 及 $b_0,b_1,b_2,\cdots,b_m$ 均为实数，且 $a_0\neq 0$，

$b_0 \neq 0$. 当 $m \leqslant n$ 时,式(4.5) 称为**有理假分式**;当 $m > n$ 时,式(4.5) 称为**有理真分式**. 同时总假定分子 $P(x)$ 与分母 $Q(x)$ 之间没有公因式.

利用多项式的除法,可将有理假分式化为一个多项式与一个有理真分式之和. 对于多项式的不定积分可直接逐项积分而得,于是只需研究有理真分式的不定积分.

在实数范围内有理真分式总可以化成几个最简分式之和. 所谓最简分式是指下面两种形式的分式:

$$\frac{A}{(x-a)^k}, \quad \frac{Mx+N}{(x^2+px+q)^k},$$

其中 k 为正整数,A,M,N,a,p,q 为常数,且 $p^2-4q<0$,即 x^2+px+q 为二次质因式,在实数范围内不可再分解因式.

根据高等代数有关定理,在实数范围内,多项式 $Q(x)$ 必能分解成一次因式和二次质因式的乘积,即

$$Q(x)=b_0(x-a)^\alpha\cdots(x-b)^\beta(x^2+px+q)^\lambda\cdots(x^2+rx+s)^\mu,$$

其中 $p^2-4q<0,\cdots,r^2-4s<0$,而且有理真分式$\dfrac{P(x)}{Q(x)}$必可以分解成如下形式

$$\begin{aligned}\frac{P(x)}{Q(x)}=&\frac{A_1}{(x-a)^\alpha}+\frac{A_2}{(x-a)^{\alpha-1}}+\cdots+\frac{A_\alpha}{x-a}+\cdots\\&+\frac{B_1}{(x-b)^\beta}+\frac{B_2}{(x-b)^{\beta-1}}+\cdots+\frac{B_\beta}{x-b}\\&+\frac{M_1x+N_1}{(x^2+px+q)^\lambda}+\frac{M_2x+N_2}{(x^2+px+q)^{\lambda-1}}+\cdots+\frac{M_\lambda x+N_\lambda}{x^2+px+q}+\cdots\\&+\frac{R_1x+S_1}{(x^2+rx+s)^\mu}+\frac{R_2x+S_2}{(x^2+rx+s)^{\mu-1}}+\cdots+\frac{R_\mu x+S_\mu}{x^2+rx+s},\end{aligned}$$

其中 $A_i,\cdots,B_i,M_i,N_i,\cdots,R_i$ 及 S_i 等都是常数.

对上式需注意:

(1) 分母 $Q(x)$ 中如果有因式$(x-a)^k$,那么$\dfrac{P(x)}{Q(x)}$分解后应含有 k 个如下最简分式之和

$$\frac{A_1}{(x-a)^k}+\frac{A_2}{(x-a)^{k-1}}+\cdots+\frac{A_k}{x-a},$$

其中 $A_1,A_2,\cdots,A_k$ 均为常数. 特别地,若 $k=1$,则分解后含有一项$\dfrac{A}{x-a}$;

(2) 分母 $Q(x)$ 中如果有因式$(x^2+px+q)^\lambda$,其中 $p^2-4q<0$,则$\dfrac{P(x)}{Q(x)}$分解后应含有 λ 个如下最简分式之和

$$\frac{M_1x+N_1}{(x^2+px+q)^\lambda}+\frac{M_2x+N_2}{(x^2+px+q)^{\lambda-1}}+\cdots+\frac{M_\lambda x+N_\lambda}{x^2+px+q},$$

其中 $M_i,N_i(i=1,2,\cdots,\lambda)$ 均为常数, 特别地, 若 $\lambda=1$, 则分解后含有一

项$\frac{Mx+N}{x^2+px+q}$.

例如,真分式$\frac{x+1}{x^2-3x+2}=\frac{x+1}{(x-1)(x-2)}$可分解成

$$\frac{x+1}{(x-1)(x-2)}=\frac{A}{x-1}+\frac{B}{x-2},$$

其中 A,B 为待定常数,可以用以下方法求出:

方法一(比较系数法) 两端去分母后,得到

$$x+1=A(x-2)+B(x-1)=(A+B)x-(2A+B),$$

比较两端同次幂的系数有

$$\begin{cases}A+B=1,\\ -(2A+B)=1,\end{cases}$$

从而解得 $A=-2,\ B=3$.

方法二(赋值法) 两端去分母后,得

$$x+1=A(x-2)+B(x-1),$$

代入特殊的 x 值,如令 $x=1$,得 $A=-2$;令 $x=2$,得 $B=3$.于是可得

$$\frac{x+1}{x^2-3x+2}=\frac{-2}{x-1}+\frac{3}{x-2}.$$

类似地真分式 $\frac{1}{(1+2x)(1+x^2)}$ 可分解为

$$\frac{1}{(1+2x)(1+x^2)}=\frac{A}{1+2x}+\frac{Bx+C}{1+x^2}$$
$$=\frac{\frac{4}{5}}{1+2x}+\frac{-\frac{2}{5}x+\frac{1}{5}}{1+x^2}.$$

真分式 $\frac{x^2+1}{(x^2-1)(x+1)}$ 可分解为

$$\frac{x^2+1}{(x^2-1)(x+1)}=\frac{x^2+1}{(x-1)(x+1)^2}=\frac{A}{x-1}+\frac{B}{x+1}+\frac{C}{(x+1)^2}$$
$$=\frac{\frac{1}{2}}{x-1}+\frac{\frac{1}{2}}{x+1}+\frac{-1}{(x+1)^2}.$$

那么,这些有理真分式的不定积分就很容易求出.

例 1 求$\int\frac{x+1}{x^2-3x+2}\mathrm{d}x$.

解 利用前面的分解式得

$$\int\frac{x+1}{x^2-3x+2}\mathrm{d}x=\int\left(\frac{-2}{x-1}+\frac{3}{x-2}\right)\mathrm{d}x$$
$$=-2\ln|x-1|+3\ln|x-2|+C.$$

例 2　求 $\int \frac{1}{(1+2x)(1+x^2)}\mathrm{d}x$.

解　利用前面的分解式得

$$\begin{aligned}\int \frac{1}{(1+2x)(1+x^2)}\mathrm{d}x &= \int \left[\frac{\frac{4}{5}}{1+2x} + \frac{-\frac{2}{5}x+\frac{1}{5}}{1+x^2}\right]\mathrm{d}x \\ &= \frac{2}{5}\int \frac{2}{1+2x}\mathrm{d}x - \frac{1}{5}\int \frac{2x}{1+x^2}\mathrm{d}x + \frac{1}{5}\int \frac{1}{1+x^2}\mathrm{d}x \\ &= \frac{2}{5}\int \frac{\mathrm{d}(1+2x)}{1+2x} - \frac{1}{5}\int \frac{\mathrm{d}(1+x^2)}{1+x^2} + \frac{1}{5}\int \frac{\mathrm{d}x}{1+x^2} \\ &= \frac{2}{5}\ln|1+2x| - \frac{1}{5}\ln(1+x^2) + \frac{1}{5}\arctan x + C \\ &= \frac{1}{5}\left[\ln\frac{(1+2x)^2}{1+x^2} + \arctan x\right] + C.\end{aligned}$$

例 3　求 $\int \frac{x^2+1}{(x^2-1)(x+1)}\mathrm{d}x$.

解　同样利用前面的分解式有

$$\begin{aligned}\int \frac{x^2+1}{(x^2-1)(x+1)}\mathrm{d}x &= \int \left[\frac{\frac{1}{2}}{x-1} + \frac{\frac{1}{2}}{x+1} + \frac{-1}{(x+1)^2}\right]\mathrm{d}x \\ &= \frac{1}{2}\ln|x-1| + \frac{1}{2}\ln|x+1| + \frac{1}{x+1} + C \\ &= \frac{1}{2}\ln|x^2-1| + \frac{1}{x+1} + C.\end{aligned}$$

任何有理函数都可以分解成多项式与最简分式之和的形式，分解后的表达式里只出现多项式、$\frac{A}{(x-a)^n}$、$\frac{Mx+N}{(x^2+px+q)^n}$ 这三类函数. 前两类函数的积分很容易求出，下面讨论函数 $\frac{Mx+N}{(x^2+px+q)^n}$ 的积分：

2,2】由于

$$x^2+px+q = \left(x+\frac{p}{2}\right)^2 + q - \frac{p^2}{4},$$

令 $x+\frac{p}{2}=t$，并记 $x^2+px+q=t^2+a^2$，$Mx+N=Mt+b$，其中 $a^2=q-\frac{p^2}{4}$，$b=N-\frac{Mp}{2}$，则有

$$\int \frac{Mx+N}{(x^2+px+q)^n}\mathrm{d}x = \int \frac{Mt}{(t^2+a^2)^n}\mathrm{d}t + \int \frac{b}{(t^2+a^2)^n}\mathrm{d}t. \tag{4.6}$$

当 $n=1$ 时（如例 2 中的第二部分），有

$$\int \frac{Mx+N}{x^2+px+q}\mathrm{d}x = \frac{M}{2}\ln(x^2+px+q)+\frac{b}{a}\arctan\frac{x+\frac{p}{2}}{a}+C;$$

当 $n>1$ 时，式(4.6)右端第一项用凑微分法容易计算，对第二项 $I_n = \int \frac{\mathrm{d}t}{(t^2+a^2)^n}$ 可导出递推公式

$$I_n = \frac{1}{2a^2(n-1)}\left[\frac{t}{(t^2+a^2)^{n-1}}+(2n-3)I_{n-1}\right],$$

且 $I_1 = \frac{1}{a}\arctan\frac{t}{a}+C$(读者可用分部积分法自行推出).

至此，从理论上证明了所有有理函数的积分都可以求出，因而有结论：有理函数的原函数都是初等函数. 也就是说，有理函数是可积的.

还应该指出，在具体积分时，不应拘泥于上述方法，而应根据被积函数的特点，灵活地使用其他更为简便的方法.

例 4　求 $\int \frac{1}{x^3(x^2+1)}\mathrm{d}x$.

解　利用代数恒等变形进行拆项，然后积分.

$$\begin{aligned}\int \frac{1}{x^3(x^2+1)}\mathrm{d}x &= \int \frac{(1+x^2)-x^2}{x^3(x^2+1)}\mathrm{d}x = \int\left[\frac{1}{x^3}-\frac{1+x^2-x^2}{x(x^2+1)}\right]\mathrm{d}x \\ &= \int\left(\frac{1}{x^3}-\frac{1}{x}+\frac{x}{1+x^2}\right)\mathrm{d}x \\ &= -\frac{1}{2x^2}-\ln|x|+\frac{1}{2}\ln(1+x^2)+C.\end{aligned}$$

例 5　求 $\int \frac{x^2+2}{(x-1)^4}\mathrm{d}x$.

解　令 $x-1=t$，把分母简化为 t^4 ，从而便于积分：

$$\begin{aligned}\int \frac{x^2+2}{(x-1)^4}\mathrm{d}x &= \int \frac{(t+1)^2+2}{t^4}\mathrm{d}t \\ &= \int\left(\frac{1}{t^2}+\frac{2}{t^3}+\frac{3}{t^4}\right)\mathrm{d}t \\ &= -\left(\frac{1}{t}+\frac{1}{t^2}+\frac{1}{t^3}\right)+C \\ &= -\left[\frac{1}{x-1}+\frac{1}{(x-1)^2}+\frac{1}{(x-1)^3}\right]+C.\end{aligned}$$

二、可化为有理函数的积分举例

例 6　求 $\int \frac{1+\sin x}{\sin x(1+\cos x)}\mathrm{d}x$.

解　由三角学可知，$\sin x$ 与 $\cos x$ 都可用 $\tan\frac{x}{2}$ 的有理式表示，所以作代换 $u=\tan\frac{x}{2}$，于是

$$\sin x=2\sin\frac{x}{2}\cos\frac{x}{2}=\frac{2\tan\frac{x}{2}}{\sec^2\frac{x}{2}}$$

$$=\frac{2\tan\frac{x}{2}}{1+\tan^2\frac{x}{2}}=\frac{2u}{1+u^2},$$

$$\cos x=\cos^2\frac{x}{2}-\sin^2\frac{x}{2}=\frac{1-\tan^2\frac{x}{2}}{\sec^2\frac{x}{2}}$$

$$=\frac{1-\tan^2\frac{x}{2}}{1+\tan^2\frac{x}{2}}=\frac{1-u^2}{1+u^2},$$

及

$$x=2\arctan u,\quad \mathrm{d}x=\frac{2}{1+u^2}\mathrm{d}u,$$

从而

$$\int\frac{1+\sin x}{\sin x(1+\cos x)}\mathrm{d}x=\int\frac{1+\frac{2u}{1+u^2}}{\frac{2u}{1+u^2}\left(1+\frac{1-u^2}{1+u^2}\right)}\cdot\frac{2}{1+u^2}\mathrm{d}u$$

$$=\frac{1}{2}\int\left(u+2+\frac{1}{u}\right)\mathrm{d}u$$

$$=\frac{1}{2}\left(\frac{u^2}{2}+2u+\ln|u|\right)+C$$

$$=\frac{1}{4}\tan^2\frac{x}{2}+\tan\frac{x}{2}+\frac{1}{2}\ln\left|\tan\frac{x}{2}\right|+C.$$

本例所作的变量代换 $u=\tan\frac{x}{2}$ 对三角函数有理式的积分都适用. 因此常称为**“万能”**代换. 利用这种代换，总可以将三角函数有理式的积分化为有理函数的积分，因此又可得出一个结论：三角函数有理式的原函数是初等函数.

但是，施行万能代换后的积分往往运算较繁，故一般不把这种代换作为首选方法.

例 7　求$\int \frac{dx}{1-\cos x}$.

解　$$\int \frac{dx}{1-\cos x}=\int \frac{dx}{2\sin^2 \frac{x}{2}}=\int \csc^2 \frac{x}{2} d\frac{x}{2}=-\cot \frac{x}{2}+C.$$

例 8　求$\int \frac{\sin x\cos x}{1+\sin x}dx$.

解　$$\begin{aligned}\int \frac{\sin x\cos x}{1+\sin x}dx&=\int \frac{\sin x}{1+\sin x}d\sin x=\int \frac{\sin x+1-1}{1+\sin x}d\sin x\\&=\int d\sin x-\int \frac{d(1+\sin x)}{1+\sin x}\\&=\sin x-\ln(1+\sin x)+C.\end{aligned}$$

例 9　求$\int \frac{dx}{\sqrt{1+e^x}}$.

解　为了消去根式,可设$\sqrt{1+e^x}=t$,于是 $e^x=t^2-1$, $dx=\frac{2t}{t^2-1}dt$,从而

$$\begin{aligned}\int \frac{dx}{\sqrt{1+e^x}}&=\int \frac{\frac{2t}{t^2-1}}{t}dt=2\int \frac{dt}{t^2-1}\\&=\ln\left|\frac{t-1}{t+1}\right|+C=\ln\left|\frac{\sqrt{1+e^x}-1}{\sqrt{1+e^x}+1}\right|+C.\end{aligned}$$

例 10　求$\int \frac{dx}{\sqrt{x}+\sqrt[4]{x}}$.

解　被积函数含有根式$\sqrt{x}$与$\sqrt[4]{x}$,为了能同时消去这两个根式,令$\sqrt[4]{x}=t$,则$x=t^4$, $dx=4t^3dt$,于是有

$$\begin{aligned}\int \frac{dx}{\sqrt{x}+\sqrt[4]{x}}&=\int \frac{4t^3dt}{t^2+t}=4\int \frac{t^2}{t+1}dt\\&=4\int \frac{t^2-1+1}{t+1}dt=4\int\left(t-1+\frac{1}{t+1}\right)dt\\&=4\left(\frac{t^2}{2}-t+\ln|1+t|\right)+C\\&=2\sqrt{x}-4\sqrt[4]{x}+4\ln(1+\sqrt[4]{x})+C.\end{aligned}$$

例 11　求$\int \frac{1}{x}\sqrt{\frac{1+x}{x}}dx$.

解　为了去掉被积函数中的根式,令$\sqrt{\frac{1+x}{x}}=t$,则 $x=\frac{1}{t^2-1}$, $dx=-\frac{2t}{(t^2-1)^2}dt$,于是有

$$\int \frac{1}{x}\sqrt{\frac{1+x}{x}}\mathrm{d}x = \int (t^2-1)t \cdot \frac{-2t}{(t^2-1)^2}\mathrm{d}t = -2\int \frac{t^2}{t^2-1}\mathrm{d}t$$
$$= -2\int \left(1+\frac{1}{t^2-1}\right)\mathrm{d}t = -2t - \ln\left|\frac{t-1}{t+1}\right| + C$$
$$= -2t + 2\ln(t+1) - \ln|t^2-1| + C$$
$$= -2\sqrt{\frac{1+x}{x}} + 2\ln\left[1+\sqrt{\frac{1+x}{x}}\right] + \ln|x| + C.$$

三、积分表的使用

通常称以上介绍的一些积分方法为基本积分法. 鉴于积分计算的重要性及复杂性,为了应用上的方便,人们把常用的积分公式汇集成**积分简表**(见本书末附录Ⅴ:积分简表). 求积分时,可以根据被积函数的类型,直接或经过简单变形后,在表内查得所需要的结果.

例 12　求 $\int \frac{\mathrm{d}x}{5-4\cos x}$.

解　被积函数含有三角函数,在积分表(附录Ⅴ)中查得关于积分 $\int \frac{\mathrm{d}x}{b+c\cos ax}$ 的公式,但是公式有两个,要看 $b^2>c^2$ 或 $b^2<c^2$ 而决定采用哪一个.

本题 $a=1$, $b=5$, $c=-4$ 且 $b^2>c^2$,故用公式(38)

$$\int \frac{\mathrm{d}x}{b+c\cos ax} = \frac{2}{a\sqrt{b^2-c^2}}\arctan\left[\sqrt{\frac{b-c}{b+c}}\tan\frac{ax}{2}\right] + C,$$

于是

$$\int \frac{\mathrm{d}x}{5-4\cos x} = \frac{2}{\sqrt{5^2-(-4)^2}}\arctan\left(\sqrt{\frac{5-(-4)}{5+(-4)}}\tan\frac{x}{2}\right) + C$$
$$= \frac{2}{3}\arctan\left(3\tan\frac{x}{2}\right) + C.$$

例 13　求 $\int \frac{\mathrm{d}x}{x\sqrt{2x-4x^2}}$.

解　此积分不能在表中直接查到,需要先作变量代换,令 $t=2x$,则 $\sqrt{2x-4x^2}=\sqrt{t-t^2}$, $\mathrm{d}x=\frac{1}{2}\mathrm{d}t$,于是

$$\int \frac{\mathrm{d}x}{x\sqrt{2x-4x^2}} = \int \frac{\frac{1}{2}\mathrm{d}t}{\frac{t}{2}\sqrt{t-t^2}} = \int \frac{\mathrm{d}t}{t\sqrt{2\cdot\frac{1}{2}\cdot t - t^2}},$$

在积分表中查到公式(24):

$$\int \frac{\mathrm{d}x}{x\sqrt{2ax-x^2}}=-\frac{1}{a}\sqrt{\frac{2a-x}{x}}+C,$$

于是

$$\int \frac{\mathrm{d}x}{x\sqrt{2x-4x^2}}=\int \frac{\mathrm{d}t}{t\sqrt{2\cdot\frac{1}{2}\cdot t-t^2}}=-\frac{1}{\frac{1}{2}}\sqrt{\frac{2\cdot\frac{1}{2}-t}{t}}+C$$

$$=-2\sqrt{\frac{1-t}{t}}+C=-2\sqrt{\frac{1-2x}{2x}}+C.$$

应该指出，只有掌握了前面所学的基本积分方法，才能灵活、准确地使用积分表，而且求积分时，常常可交叉使用直接计算法与查表计算法.

在本章结束之前还需指出，虽然求不定积分是求导数的逆运算，但是求不定积分远比求导数困难得多. 求不定积分，通常指的是用初等函数来表示该不定积分. 因为初等函数在其定义区间内都是连续的，根据原函数存在定理，初等函数在其定义区间内一定有原函数. 然而某些初等函数的原函数却不是初等函数，我们习惯将这种情形称为该不定积分"积不出来". 例如

$$\int \mathrm{e}^{-x^2}\mathrm{d}x,\quad \int \frac{\sin x}{x}\mathrm{d}x,\quad \int \sin x^2\,\mathrm{d}x,\quad \int \cos x^2\,\mathrm{d}x,\quad \int \frac{\mathrm{d}x}{\ln x},\quad \int \frac{\mathrm{d}x}{\sqrt{1+x^3}},$$

$$\int \frac{\mathrm{d}x}{\sqrt{1+x^4}},\quad \int \sqrt{1-k^2\sin^2 x}\,\mathrm{d}x\quad (0<|k|<1)$$

等这样一些被积函数并不复杂的不定积分都属于"积不出来"的范围. 但这绝不意味着这些被积函数的原函数不存在. 事实上，可以用第五章将要讲到的积分上限函数来表示这些原函数，只不过这些原函数不是初等函数罢了.

最后要提到计算机，日益丰富的符号运算软件可以方便地计算许多不定积分.

习题 4-4

求下列不定积分：

1. $\int \frac{\mathrm{d}x}{3x^2-2x+2}$.
2. $\int \frac{x^5+x^4-8}{x^3-x}\mathrm{d}x$.
3. $\int \frac{\mathrm{d}x}{(x^2+a^2)^2}\ (a>0)$.
4. $\int \frac{\mathrm{d}x}{x^2(1-x)}$.
5. $\int \frac{x+5}{x^2-2x-1}\mathrm{d}x$.
6. $\int \frac{x}{x^3-1}\mathrm{d}x$.
7. $\int \tan^4 x\,\mathrm{d}x$.
8. $\int \frac{\mathrm{d}x}{1+\cos x}$.
9. $\int \frac{\mathrm{d}x}{\sin x+\cos x}$.
10. $\int \frac{\mathrm{d}x}{1+\sin x+\cos x}$.
11. $\int \frac{1}{2+5\cos x}\mathrm{d}x$.
12. $\int \frac{1-\tan x}{1+\tan x}\mathrm{d}x$.

13. $\int \frac{\sqrt{x-1}}{x}dx$.

14. $\int \frac{dx}{1+\sqrt[3]{x+2}}$.

15. $\int \frac{dx}{\sqrt{x}(1+\sqrt[3]{x})}$.

16. $\int \frac{dx}{\sqrt{2x+1}-\sqrt[4]{2x+1}}$.

17. $\int \frac{\sqrt{1+x}}{1+\sqrt{1+x}}dx$.

18. $\int \frac{x}{\sqrt{1+x-x^2}}dx$.

19. $\int \sqrt{\frac{1-x}{1+x}}dx$.

20. $\int \frac{dx}{\sqrt{x(1+x)}}$.

第四章总习题

1. 填空题：

(1) 设$\int xf(x)dx = \arcsin x + C$,则$\int \frac{1}{f(x)}dx =$ __________；

(2) 已知 $f(x)$ 的一个原函数为 $\ln^2 x$,则$\int xf'(x)dx =$ __________；

(3) 设 $f'(\ln x) = 1 + x$,则 $f(x) =$ __________；

(4) $\int \frac{dx}{\sqrt{x(4-x)}} =$ __________；

(5) $\int \frac{\ln x - 1}{x^2}dx =$ __________；

*(6) $\int x^x(\ln x + 1)dx =$ __________.

2. 单项选择题：

(1) 若函数 $f(x)$ 的导数是 $\sin x$,则 $f(x)$ 的一个原函数为(　　).

(A) $3 + \sin x$；　(B) $3x - \sin x + 8$；

(C) $1 + \cos x$；　(D) $1 - \cos x$.

(2) 设$\int f(x)dx = x^2 + C$,则$\int xf(1-x^2)dx =$ (　　).

(A) $-2(x-x^2)^2 + C$；　(B) $2(1-x^2)^2 + C$；

(C) $-\frac{1}{2}(1-x^2)^2 + C$；　(D) $\frac{1}{2}(1-x^2)^2 + C$.

(3) 函数 $\cos\frac{\pi}{2}x$ 的一个原函数是(　　).

(A) $\frac{2}{\pi}\sin\frac{\pi}{2}x$；　(B) $\frac{\pi}{2}\sin\frac{\pi}{2}x$；

(C) $-\frac{2}{\pi}\sin\frac{\pi}{2}x$；　(D) $-\frac{\pi}{2}\sin\frac{\pi}{2}x$.

(4) 在下列等式中,正确的是(　　).

(A) $\int f'(x)dx = f(x)$；　(B) $\int df(x) = f(x)$；

(C) $\frac{d}{dx}\int f(x)dx = f(x)$； (D) $d\left[\int f(x)dx\right] = f(x)$.

(5) 若$\int df(x) = \int dg(x)$，则下列结论中错误的是(　　).

(A) $f'(x) = g'(x)$； (B) $df(x) = dg(x)$；

(C) $d\int f'(x)dx = d\int g'(x)dx$； (D) $f(x) = g(x)$.

3. 求下列不定积分：

(1) $\int \frac{dx}{x(x^6+4)}$； (2) $\int \frac{dx}{x(x^2+1)}$；

(3) $\int \frac{x+3}{x^2-5x+6}dx$； (4) $\int \frac{x^3}{9+x^2}dx$；

(5) $\int \frac{dx}{x^2-x-2}$； (6) $\int \frac{dx}{e^x+e^{-x}}$；

(7) $\int \frac{dx}{e^x-e^{-x}}$； (8) $\int \frac{x}{\sqrt{1+x^2}}\tan\sqrt{1+x^2}dx$；

(9) $\int \frac{dx}{1+\sqrt{1-x^2}}$； (10) $\int \frac{dx}{x+\sqrt{1-x^2}}$；

(11) $\int \frac{dx}{(2x^2+1)\sqrt{x^2+1}}$； (12) $\int \frac{xe^{\arctan x}}{(1+x^2)^{\frac{3}{2}}}dx$；

(13) $\int \frac{x}{x^4+2x^2+5}dx$； (14) $\int \frac{\sqrt{x-1}}{x}dx$；

*(15) $\int x(e^x+\ln^2 x)dx$； (16) $\int \frac{\arctan x}{x^2(1+x^2)}dx$；

(17) $\int \frac{x+\ln(1-x)}{x^2}dx$； *(18) $\int e^{2x}(\tan x+1)^2dx$；

(19) $\int \frac{1}{1+\sin x}dx$； (20) $\int \frac{x^3}{\sqrt{1+x^2}}dx$；

*(21) $\int \frac{xe^x}{\sqrt{e^x-1}}dx$； *(22) $\int \frac{\ln x}{(1+x^2)^{\frac{3}{2}}}dx$.

4. 设 $f(\sin^2 x) = \frac{x}{\sin x}$，求$\int \frac{\sqrt{x}}{\sqrt{1-x}}f(x)dx$.

*5. $f(x)$ 的原函数 $F(x) > 0$，且 $F(0) = 1$，当 $x > 0$ 时有 $f(x)F(x) = \cos 2x$，求 $f(x)$.

*6. 计算 $I = \int \frac{dx}{a^2\sin^2 x + b^2\cos^2 x}$，其中 a,b 是不全为 0 的非负常数.

7. 已知$\frac{\sin x}{x}$是 $f(x)$ 的一个原函数，求$\int x^3 f'(x)dx$.

*8. 设 $f(x^2-1) = \ln\frac{x^2}{x^2-2}$，且 $f[g(x)] = \ln x$，求$\int g(x)dx$.

第五章　定　积　分

本章将讨论一元函数积分学的另一个基本问题——定积分. 我们先从实例出发引进定积分的概念,然后讨论定积分的性质及计算方法.

第一节　定积分的概念及性质

一、实例分析

定积分是一类关于一元函数的特殊和式的极限,是对诸多不同领域中具有共同特点的一类极限的概括.

1. 曲边梯形的面积

设 $y=f(x)$ 在$[a,b]$上连续且 $f(x)\geqslant 0$. 如何计算由曲线 $y=f(x)$,直线 $x=a$, $x=b$ 及 x 轴所围成的**曲边梯形**(图 5.1) 的面积 A 呢?

可以用下面的方法来解决这个问题.

首先,把$[a,b]$划分成许多小区间,相应地将$[a,b]$上的曲边梯形划分成许多窄曲边梯形. 由于曲边梯形的高 $f(x)$ 在$[a,b]$上是连续的,所以在很小的子区间上 $f(x)$ 的变化将是很小的,近似于不变,那么每个窄曲边梯形就可近似地看成**窄矩形**,而且,在每个小区间上,就可用其中某一点处的高来近似代替该小区间上窄曲边梯形的变高,并将所有窄矩形面积之和作为曲边梯形面积的近似值. 把区间$[a,b]$无限细分下去,也就是,使每个小区间的长度都趋于零,所有窄矩形面积之和的极限就可定义为**曲边梯形的面积**.

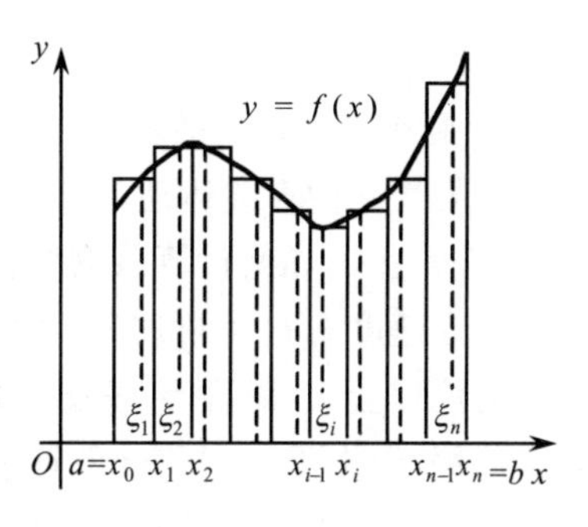

图 5.1

现将上述想法归结为四个步骤叙述如下:

第一步　分割　即把曲边梯形分割成许多窄曲边梯形.

为此在区间$[a,b]$上任意插入 $n-1$ 个分点

$$a=x_0<x_1<x_2<\cdots<x_{i-1}<x_i<x_{i+1}<\cdots<x_{n-1}<x_n=b,$$

把区间$[a,b]$分成 n 个小区间

$$[x_0,x_1],\ [x_1,x_2],\cdots,[x_{i-1},x_i],\cdots,[x_{n-1},x_n],$$

每个小区间的长度依次为

$$\Delta x_1 = x_1 - x_0,\ \Delta x_2 = x_2 - x_1,\cdots,\Delta x_i = x_i - x_{i-1},\cdots,\Delta x_n = x_n - x_{n-1}.$$

用直线 $x = x_i(i = 1,2,\cdots,n-1)$ 把曲边梯形分为 n 个窄曲边梯形. 并记其面积分别为 $\Delta A_i(i = 1,2,\cdots,n)$,则 $A = \sum\limits_{i=1}^{n} \Delta A_i$.

第二步 近似 即以窄矩形的面积近似代替窄曲边梯形的面积.

在每个子区间$[x_{i-1},x_i]$上任取一个点 ξ_i,以$[x_{i-1},x_i]$为底,以 $f(\xi_i)$ 为高,求得第 i 个窄曲边梯形面积的近似值为

$$\Delta A_i \approx f(\xi_i)\Delta x_i \qquad (i = 1,2,\cdots,n).$$

第三步 求和 即以 n 个窄矩形的面积之和作为曲边梯形面积 A 的近似值,有

$$A = \sum_{i=1}^{n} \Delta A_i \approx \sum_{i=1}^{n} f(\xi_i)\Delta x_i.$$

第四步 取极限

记 $\lambda = \max\{\Delta x_1,\Delta x_2,\cdots,\Delta x_n\}$,为保证所有小区间的长度都趋于零,令 $\lambda \to 0$(这时分点数目 n 无限增多,即 $n \to \infty$),取上述和式的极限,就得到所求曲边梯形的面积

$$A = \sum_{i=1}^{n} \Delta A_i = \lim_{\lambda\to 0}\sum_{i=1}^{n} f(\xi_i)\Delta x_i.$$

2. *变速直线运动的路程*

设某物体做直线运动,速度 $v = v(t)$ 在时间间隔$[T_1,T_2]$上是 t 的连续函数,并且 $v(t) \geqslant 0$,如何计算该物体在这段时间内所经过的路程 s 呢?

因为速度 $v(t)$ 是随时间 t 而变化的变量,不是常量,因此不能直接用匀速直线运动的路程公式:**路程** = **速度** × **时间**来计算物体在$[T_1,T_2]$这段时间间隔内所经过的路程. 但由于 $v(t)$ 是 t 的连续函数,故当 t 变化很小时,$v(t)$ 的变化也很小. 因此在一个很短的时间段内,变速运动可以近似地看成匀速运动,基于以上分析,仍可以用求曲边梯形面积的方法来求变速直线运动的路程.

第一步 分割 在时间间隔$[T_1,T_2]$中任意插入 $n-1$ 个分点

$$T_1 = t_0 < t_1 < t_2 < \cdots < t_{i-1} < t_i < t_{i+1} < \cdots < t_{n-1} < t_n = T_2,$$

把$[T_1,T_2]$分成 n 个小时间段

$$[t_0,t_1],\quad [t_1,t_2],\quad \cdots,\quad [t_{i-1},t_i],\quad \cdots,\quad [t_{n-1},t_n],$$

各小时间段的长依次为

$$\Delta t_1 = t_1 - t_0,\quad \Delta t_2 = t_2 - t_1,\quad \cdots,\quad \Delta t_i = t_i - t_{i-1},\quad \cdots,\quad \Delta t_n = t_n - t_{n-1}.$$

在时间段$[t_{i-1},t_i]$内物体经过的路程为 $\Delta s_i(i = 1,2,\cdots,n)$,则 $s = \sum\limits_{i=1}^{n} \Delta s_i$.

第二步　近似　在每个小时间段$[t_{i-1},t_i]$上任取一时刻τ_i，以此时刻的速度$v(\tau_i)$代替$[t_{i-1},t_i]$上各时刻的速度，得到这段时间内物体所经过路程的近似值

$$\Delta s_i \approx v(\tau_i)\Delta t_i \quad (i=1,2,\cdots,n).$$

第三步　求和

$$s=\sum_{i=1}^{n}\Delta s_i \approx \sum_{i=1}^{n} v(\tau_i)\Delta t_i.$$

第四步　取极限　记$\lambda=\max\{\Delta t_1,\Delta t_2,\cdots,\Delta t_n\}$，对上述和式取极限，便得所求路程$s$，

$$s=\sum_{i=1}^{n}\Delta s_i=\lim_{\lambda\to 0}\sum_{i=1}^{n} v(\tau_i)\Delta t_i.$$

二、定积分的定义

从以上两个例子可以看出，所要计算的量，即曲边梯形的面积及变速直线运动的路程的实际意义尽管不同，但是这两个量具有以下共性：首先，这两个量都取决于一个函数及其自变量的变化区间：

曲边梯形的面积A取决于曲边梯形的高度$y=f(x)$及其底边上的点x的变化区间$[a,b]$.

变速直线运动的路程s取决于直线运动的速度$v=v(t)$及时间t的变化区间$[T_1,T_2]$.

其次，计算两个量的方法都可以通过分割、近似、求和、取极限这四个步骤归结为具有相同结构的一种特定和式的极限，如

$$\text{面积}\ A=\lim_{\lambda\to 0}\sum_{i=1}^{n} f(\xi_i)\Delta x_i,$$

$$\text{路程}\ s=\lim_{\lambda\to 0}\sum_{i=1}^{n} v(\tau_i)\Delta t_i.$$

在科学技术中还有很多问题都可归结为求这种特定和式的极限，从而促使人们对它们进行分析、研究. 抛开这些问题的具体意义，抓住它们在数量关系上共同的本质与特性而加以概括，便抽象出定积分的概念.

定义 5.1　设函数$f(x)$在$[a,b]$上有界，在$[a,b]$中任意插入$n-1$个分点

$$a=x_0<x_1<x_2<\cdots<x_{i-1}<x_i<x_{i+1}<\cdots<x_{n-1}<x_n=b,$$

把区间$[a,b]$分成n个小区间

$$[x_0,x_1],\quad [x_1,x_2],\quad \cdots,\quad [x_{i-1},x_i],\quad \cdots,\quad [x_{n-1},x_n],$$

各个小区间的长度依次为

$$\Delta x_1=x_1-x_0,\quad \Delta x_2=x_2-x_1,\quad \cdots,$$

$$\Delta x_i=x_i-x_{i-1},\quad \cdots,\quad \Delta x_n=x_n-x_{n-1}.$$

在每个小区间$[x_{i-1},x_i]$上任取一点$\xi_i(x_{i-1}\leqslant\xi_i\leqslant x_i)$，作函数值$f(\xi_i)$与小区间长度$\Delta x_i$的乘积$f(\xi_i)\Delta x_i(i=1,2,\cdots,n)$，并作和

$$S=\sum_{i=1}^{n}f(\xi_i)\Delta x_i.$$

记$\lambda=\max\{\Delta x_1,\Delta x_2,\cdots,\Delta x_n\}$，如果不论对$[a,b]$怎样分法，也不论在小区间$[x_{i-1},x_i]$上点$\xi_i$怎样取法，只要当$\lambda\to0$时，和$S$的极限$I$总存在，这时称这个极限$I$为函数$f(x)$在区间$[a,b]$上的**定积分**(简称**积分**)，记作$\int_a^b f(x)\mathrm{d}x$，即

$$\int_a^b f(x)\mathrm{d}x=I=\lim_{\lambda\to0}\sum_{i=1}^{n}f(\xi_i)\Delta x_i,$$

其中$f(x)$称为**被积函数**，$f(x)\mathrm{d}x$称为**被积表达式**，x称为**积分变量**，a称为**积分下限**，b称为**积分上限**，$[a,b]$称为**积分区间**.

如果$f(x)$在$[a,b]$上的定积分存在，则称$f(x)$在$[a,b]$上可积.

上面定义的定积分是由黎曼[①]最先以一般形式陈述并作了很多研究，故$\int_a^b f(x)\mathrm{d}x$也称为$f(x)$的**黎曼积分**，$S=\sum_{i=1}^{n}f(\xi_i)\Delta x_i$称为$f(x)$的**黎曼(积分)和**，$f(x)$在$[a,b]$上可积也称为**黎曼可积**. 区间$[a,b]$上全体可积函数之集记为$R[a,b]$，$f\in R[a,b]$即表示$f(x)$在$[a,b]$上可积.

关于定积分的定义，作以下几点说明.

(1) 定积分$\int_a^b f(x)\mathrm{d}x$的定义中，不要求上限b一定大于下限a，但为了计算和应用的方便，补充规定

$a>b$时，$\int_a^b f(x)\mathrm{d}x=-\int_b^a f(x)\mathrm{d}x$；

$a=b$时，$\int_a^a f(x)\mathrm{d}x=0$.

(2) 定积分$\int_a^b f(x)\mathrm{d}x$表示的是一个数，这个数仅取决于积分区间$[a,b]$和被积函数$f(x)$，而与积分变量的记法无关，即

$$\int_a^b f(x)\mathrm{d}x=\int_a^b f(u)\mathrm{d}u=\int_a^b f(t)\mathrm{d}t.$$

(3) 定积分定义中强调了两个任意性：对区间$[a,b]$划分的任意性及在子区间上点ξ_i取法的任意性. 定义中涉及的极限过程$\lambda\to0$，表示对区间$[a,b]$的划分越来越细的过程. 随$\lambda\to0$，必有小区间的个数$n\to\infty$；反之$n\to\infty$，并不能保证$\lambda\to0$. 但在已知$f(x)$可积的情况下，利用定积分的定义直接计算定积分$\int_a^b f(x)\mathrm{d}x$时，往

---

① 黎曼(G. F. B. Riemann，1826～1866)，德国数学家.

往采取对$[a,b]$的特殊分法及对ξ_i的特殊取法，以简化极限的具体计算. 比如常采用对区间$[a,b]$ n等分及取ξ_i为x_{i-1}或x_i(即取ξ_i为小区间的左端点或右端点）的方法来计算定积分.

三、关于函数的可积性

如果$f(x)$在$[a,b]$上的定积分存在，则称$f(x)$在$[a,b]$上可积. 那么，自然地会提出这样一个重要问题：函数$f(x)$在区间$[a,b]$上满足什么条件时，$f(x)$在$[a,b]$上一定可积?

可积性问题是积分理论最基本的问题. 涉及的知识较多，本课程不作深入讨论，而只给出以下两个充分条件. 函数$f(x)$只要满足其中任何一个条件，则$f(x)$在$[a,b]$上一定可积.

(1) 设函数$f(x)$在区间$[a,b]$上连续，则$f(x)$在$[a,b]$上可积.

(2) 设函数$f(x)$在区间$[a,b]$上有界，且只有有限个第一类间断点，则$f(x)$在$[a,b]$上可积.

从几何意义上讲，在$[a,b]$上连续或分段连续的函数，对应的曲边梯形总存在确定的面积(图 5.2).

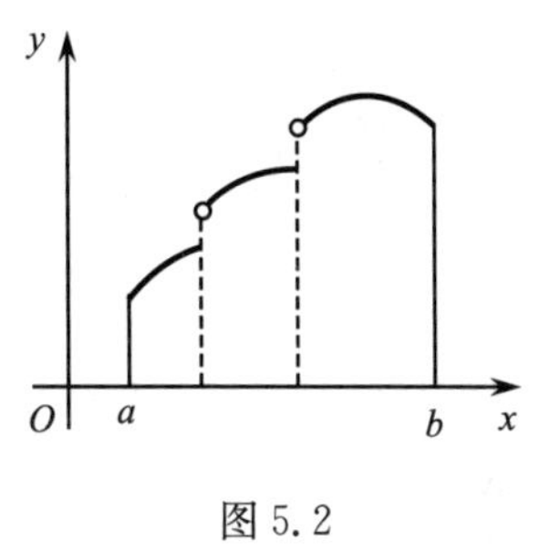

图 5.2

利用定积分的定义，前面所讨论的两个实例可以分别表述如下：

曲线$y=f(x)$ $(f(x)\geqslant 0)$、x轴及两条直线$x=a$，$x=b$所围成的曲边梯形的面积A等于函数$f(x)$在区间$[a,b]$上的定积分，即

$$A=\int_a^b f(x)\mathrm{d}x.$$

物体以变速$v=v(t)$ $(v(t)\geqslant 0)$作直线运动，从时刻$t=T_1$到时刻$t=T_2$，物体所经过的路程s等于函数$v(t)$在区间$[T_1,T_2]$上的定积分，即

$$s=\int_{T_1}^{T_2} v(t)\mathrm{d}t.$$

例 1　利用定义计算定积分$\int_a^b x\mathrm{d}x$ $(a<b)$.

解　$f(x)=x$在$[a,b]$上连续，所以必可积. 为便于计算，不妨将$[a,b]$ n等分，即$\Delta x_i=\dfrac{b-a}{n}$，且取$\xi_i=a+\dfrac{b-a}{n}i$，$i=1,2,\cdots,n$，于是

$$\begin{aligned}\int_a^b x\mathrm{d}x&=\lim_{\lambda\to 0}\sum_{i=1}^{n}f(\xi_i)\Delta x_i=\lim_{n\to\infty}\sum_{i=1}^{n}\left[a+\frac{b-a}{n}i\right]\frac{b-a}{n}\\&=(b-a)\lim_{n\to\infty}\frac{1}{n}\left[na+\frac{b-a}{n}\cdot\frac{n(n+1)}{2}\right]\end{aligned}$$

$$= (b-a)\lim_{n\to\infty}\left[a+\frac{1}{2}(b-a)\left(1+\frac{1}{n}\right)\right]$$
$$= \frac{1}{2}(b-a)(b+a) = \frac{1}{2}(b^2-a^2).$$

四、定积分的几何意义

由以上讨论知，当 $a<b$ 且连续函数 $f(x)\geqslant 0$ 时，定积分$\int_a^b f(x)\mathrm{d}x$ 在几何上表示由曲线 $y=f(x)$，两条直线 $x=a$、$x=b$ 与 x 轴所围成的曲边梯形的面积；当 $a<b$ 且连续函数 $f(x)\leqslant 0$ 时，定积分$\int_a^b f(x)\mathrm{d}x$ 在几何上则表示上述曲边梯形面积的负值；因此就一般情况而言，定积分$\int_a^b f(x)\mathrm{d}x$ 的几何意义是：它是介于 x 轴、曲线 $y=f(x)$ 及两条直线 $x=a$、$x=b$之间的各部分面积的代数和. 即当 $f(x)$ 在 $[a,b]$ 上既取得正值又取得负值时，函数 $y=f(x)$ 的图形某些部分在 x 轴的上方，而其他部分在 x 轴下方，此时 x 轴上方相应的曲边梯形的图形面积减去 x 轴下方相应的曲边梯形的图形面积所得之差就是定积分$\int_a^b f(x)\mathrm{d}x$ 的值，如图 5.3 有

$$\int_a^b f(x)\mathrm{d}x = A_1 - A_2 + A_3.$$

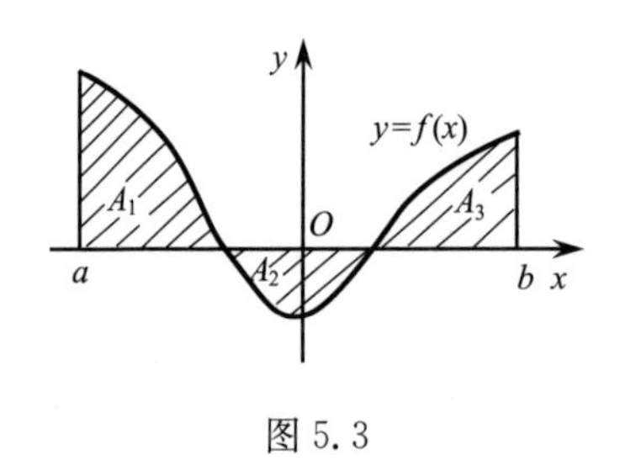

图 5.3

例 2 利用定积分的几何意义求$\int_0^1 \sqrt{1-x^2}\mathrm{d}x$.

解 从几何上看，定积分$\int_0^1 \sqrt{1-x^2}\mathrm{d}x$ 表示的是由 x 轴、y 轴与曲线 $y=\sqrt{1-x^2}$ 所围成的图形的面积，即以原点为圆心，以 1 为半径的圆在第一象限部分的面积，也就是圆面积的$\frac{1}{4}$，从而

$$\int_0^1 \sqrt{1-x^2}\mathrm{d}x = \frac{\pi}{4}.$$

五、定积分的性质

在下面的讨论中，设函数 $f(x)$、$g(x)$ 在所讨论的区间上可积，且各性质中积分上下限的大小，如不特别指明，均不加以限制.

由定积分的定义及极限的运算法则，可推得定积分的下列性质.

性质 1(线性性质) 当 α,β 为常数时，则有 $\alpha f(x)+\beta g(x)\in R[a,b]$，且

$$\int_a^b[\alpha f(x)+\beta g(x)]\mathrm{d}x = \alpha\int_a^b f(x)\mathrm{d}x + \beta\int_a^b g(x)\mathrm{d}x.$$

证　函数 $\alpha f(x)+\beta g(x)$ 在区间 $[a,b]$ 上的积分和为

$$\sum_{i=1}^{n}[\alpha f(\xi_i)+\beta g(\xi_i)]\Delta x_i=\alpha\sum_{i=1}^{n}f(\xi_i)\Delta x_i+\beta\sum_{i=1}^{n}g(\xi_i)\Delta x_i,$$

因为 $f(x)\in R[a,b]$，$g(x)\in R[a,b]$，故

$$\lim_{\lambda\to 0}\alpha\sum_{i=1}^{n}f(\xi_i)\Delta x_i=\alpha\int_a^b f(x)\mathrm{d}x,$$

$$\lim_{\lambda\to 0}\beta\sum_{i=1}^{n}g(\xi_i)\Delta x_i=\beta\int_a^b g(x)\mathrm{d}x,$$

根据极限运算的性质，有

$$\lim_{\lambda\to 0}\sum_{i=1}^{n}[\alpha f(\xi_i)+\beta g(\xi_i)]\Delta x_i=\alpha\lim_{\lambda\to 0}\sum_{i=1}^{n}f(\xi_i)\Delta x_i+\beta\lim_{\lambda\to 0}\sum_{i=1}^{n}g(\xi_i)\Delta x_i,$$

即

$$\int_a^b[\alpha f(x)+\beta g(x)]\mathrm{d}x=\alpha\int_a^b f(x)\mathrm{d}x+\beta\int_a^b g(x)\mathrm{d}x.$$

性质 2（对区间的可加性）　不管 a,b,c 的相对位置如何，总有等式

$$\int_a^b f(x)\mathrm{d}x=\int_a^c f(x)\mathrm{d}x+\int_c^b f(x)\mathrm{d}x.$$

证　(1) 当 $a<c<b$ 时，因为函数 $f(x)$ 在区间 $[a,b]$ 上可积，所以不论对区间 $[a,b]$ 怎样划分，积分和的极限都是不变的. 因此在划分区间时，可选定 $x=c$ 永远为一分点，则 $[a,b]$ 上的积分和等于 $[a,c]$ 上的积分和加 $[c,b]$ 上的积分和，记为

$$\sum_{[a,b]}f(\xi_i)\Delta x_i=\sum_{[a,c]}f(\xi_i)\Delta x_i+\sum_{[c,b]}f(\xi_i)\Delta x_i.$$

令 $\lambda\to 0$，上式两端同时取极限，即得

$$\int_a^b f(x)\mathrm{d}x=\int_a^c f(x)\mathrm{d}x+\int_c^b f(x)\mathrm{d}x.$$

(2) 当 $a<b<c$ 时，利用(1) 有

$$\int_a^c f(x)\mathrm{d}x=\int_a^b f(x)\mathrm{d}x+\int_b^c f(x)\mathrm{d}x,$$

从而由补充规定可得

$$\begin{aligned}\int_a^b f(x)\mathrm{d}x&=\int_a^c f(x)\mathrm{d}x-\int_b^c f(x)\mathrm{d}x\\&=\int_a^c f(x)\mathrm{d}x+\int_c^b f(x)\mathrm{d}x.\end{aligned}$$

同理可证，当 $c<a<b$ 时，仍有 $\int_a^b f(x)\mathrm{d}x=\int_a^c f(x)\mathrm{d}x+\int_c^b f(x)\mathrm{d}x$.

性质 3（度量性质）　$\int_a^b \mathrm{d}x=b-a$.

证　这相当于被积函数 $f(x)\equiv 1$，则

$$\int_a^b \mathrm{d}x = \lim_{\lambda \to 0} \sum_{i=1}^{n} \Delta x_i = \Delta x_1 + \Delta x_2 + \cdots + \Delta x_n = b - a.$$

性质 4（保序性）　设在区间$[a,b]$上，$f(x) \geqslant g(x)$，则 $\int_a^b f(x)\mathrm{d}x \geqslant \int_a^b g(x)\mathrm{d}x$.

证　由于在$[a,b]$上，$f(x) \geqslant g(x)$，$\Delta x_i \geqslant 0$，所以

$$\sum_{i=1}^{n} f(\xi_i)\Delta x_i \geqslant \sum_{i=1}^{n} g(\xi_i)\Delta x_i.$$

由极限的保号性知

$$\lim_{\lambda \to 0} \sum_{i=1}^{n} f(\xi_i)\Delta x_i \geqslant \lim_{\lambda \to 0} \sum_{i=1}^{n} g(\xi_i)\Delta x_i,$$

即 $\int_a^b f(x)\mathrm{d}x \geqslant \int_a^b g(x)\mathrm{d}x$.

推论 1（保号性）　设在区间$[a,b]$上，$f(x) \geqslant 0$，则 $\int_a^b f(x)\mathrm{d}x \geqslant 0$.

推论 2　在区间$[a,b]$上，$\left|\int_a^b f(x)\mathrm{d}x\right| \leqslant \int_a^b |f(x)|\mathrm{d}x$.

性质 5（估值定理）　设在区间$[a,b]$上，$m \leqslant f(x) \leqslant M$，则

$$m(b-a) \leqslant \int_a^b f(x)\mathrm{d}x \leqslant M(b-a).$$

这个性质表明，由被积函数在积分区间上的最大值及最小值，可以估计出积分值的大致范围. 如$\int_2^4 x^2\mathrm{d}x$，被积函数 $f(x) = x^2$ 在积分区间$[2,4]$上是单调增加的，于是有最小值 $m = 2^2 = 4$，最大值 $M = 4^2 = 16$，由性质 5 可得

$$4(4-2) \leqslant \int_2^4 x^2\mathrm{d}x \leqslant 16(4-2),$$

$$8 \leqslant \int_2^4 x^2\mathrm{d}x \leqslant 32.$$

性质 6（定积分中值定理）　设函数 $f(x)$ 在区间$[a,b]$上连续，则在积分区间$[a,b]$上至少有一点 ξ，使得下式成立：

$$\int_a^b f(x)\mathrm{d}x = (b-a)f(\xi) \quad (a \leqslant \xi \leqslant b).$$

这个公式称为**定积分中值定理**.

证　把性质 5 中的不等式各除以 $b-a$，得

$$m \leqslant \frac{1}{b-a}\int_a^b f(x)\mathrm{d}x \leqslant M,$$

这表明，数值$\frac{1}{b-a}\int_a^b f(x)\mathrm{d}x$ 介于函数 $f(x)$ 的最大值 M 与最小值 m 之间. 根据闭

区间上连续函数的介值定理,在$[a,b]$上至少存在一点ξ,使得

$$\frac{1}{b-a}\int_a^b f(x)\mathrm{d}x = f(\xi).$$

从而

$$\int_a^b f(x)\mathrm{d}x = (b-a)f(\xi) \quad (a \leqslant \xi \leqslant b).$$

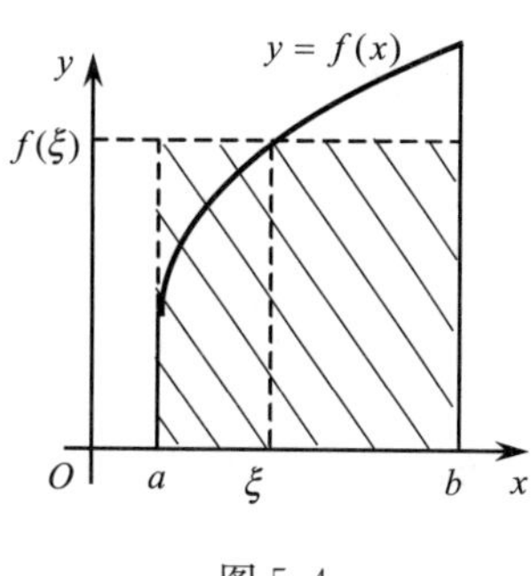

图 5.4

定积分中值定理的几何解释是:在区间$[a,b]$上至少存在一点ξ,使得以区间$[a,b]$为底边,以连续曲线$y=f(x)$(不妨设$f(x)\geqslant 0$)为曲边的曲边梯形的面积等于同一底边而高为$f(\xi)$的矩形面积(图 5.4).

显然,当$b<a$时定积分中值公式

$$\int_a^b f(x)\mathrm{d}x = (b-a)f(\xi) \quad (b \leqslant \xi \leqslant a)$$

仍然成立.

$$f(\xi) = \frac{1}{b-a}\int_a^b f(x)\mathrm{d}x$$

称为**函数$f(x)$在区间$[a,b]$上的平均值**.例如,按图 5.4,$f(\xi)$可看成图中曲边梯形的平均高度.又如物体以变速$v(t)$作直线运动,在时间间隔$[T_1,T_2]$上经过的路程为$\int_{T_1}^{T_2} v(t)\mathrm{d}t$,因此

$$v(\xi) = \frac{1}{T_2-T_1}\int_{T_1}^{T_2} v(t)\mathrm{d}t \quad (T_1 \leqslant \xi \leqslant T_2)$$

便是运动物体在$[T_1,T_2]$这段时间内的平均速度.

例 3　求$\lim\limits_{n\to\infty}\int_0^{\frac{\pi}{4}} \sin^n x\,\mathrm{d}x$.

解　因为在$\left[0,\frac{\pi}{4}\right]$上,$0\leqslant \sin^n x \leqslant \left(\frac{\sqrt{2}}{2}\right)^n$,所以有

$$0 \leqslant \int_0^{\frac{\pi}{4}} \sin^n x\,\mathrm{d}x \leqslant \int_0^{\frac{\pi}{4}} \left(\frac{\sqrt{2}}{2}\right)^n \mathrm{d}x = \left(\frac{\sqrt{2}}{2}\right)^n \cdot \frac{\pi}{4},$$

而$\lim\limits_{n\to\infty}\left(\frac{\sqrt{2}}{2}\right)^n \cdot \frac{\pi}{4} = 0$,故由夹逼准则,得

$$\lim_{n\to\infty}\int_0^{\frac{\pi}{4}} \sin^n x\,\mathrm{d}x = 0.$$

例 4　设$f(x)$是连续函数,且$f(x) = x + 2\int_0^1 f(t)\mathrm{d}t$,求$f(x)$.

解　因为定积分$\int_0^1 f(t)\mathrm{d}t$是个数,不妨设$\int_0^1 f(t)\mathrm{d}t = a$,则

$$f(x)=x+2a,$$

等式两端在 $[0,1]$ 上积分,便得

$$\int_0^1 f(x)\mathrm{d}x=\int_0^1 x\mathrm{d}x+\int_0^1 2a\mathrm{d}x,$$

由于

$$\int_0^1 f(x)\mathrm{d}x=\int_0^1 f(t)\mathrm{d}t=a,\quad \int_0^1 2a\mathrm{d}x=2a,$$

又由例 1 结论,得

$$\int_0^1 x\mathrm{d}x=\frac{1^2-0^2}{2}=\frac{1}{2},$$

从而

$$a=\frac{1}{2}+2a,\quad a=-\frac{1}{2},$$

所以 $f(x)=x-1$.

习题 5-1

1. 利用定积分定义计算由曲线 $y=x^2+1$ 和直线 $x=1,x=3$ 及 x 轴所围成的图形的面积.

*2. 利用定积分定义计算下列定积分:

(1) $\int_0^1 x^2\mathrm{d}x$; (2) $\int_0^1 \mathrm{e}^x\mathrm{d}x$.

3. 利用定积分的几何意义求下列定积分的值:

(1) $\int_0^1 2x\mathrm{d}x$; (2) $\int_0^a \sqrt{a^2-x^2}\mathrm{d}x$;

(3) $\int_{-\pi}^{\pi} \sin x\mathrm{d}x$; (4) $\int_{-a}^a \sqrt{a^2-x^2}\mathrm{d}x$;

(5) $\int_0^1 \sqrt{2x-x^2}\mathrm{d}x$; (6) $\int_0^2 \sqrt{2x-x^2}\mathrm{d}x$.

4. 估计下列各定积分的值:

(1) $\int_1^4 (x^2+1)\mathrm{d}x$; (2) $\int_{\frac{1}{\sqrt{3}}}^{\sqrt{3}} x\arctan x\mathrm{d}x$;

(3) $\int_{\frac{\pi}{4}}^{\frac{5}{4}\pi} (2+\sin^2 x)\mathrm{d}x$; (4) $\int_2^0 \mathrm{e}^{x^2-x}\mathrm{d}x$.

5. 设 $f(x)$ 及 $g(x)$ 在 $[a,b]$ 上连续,证明:

*(1) 若在 $[a,b]$ 上 $f(x)\geqslant 0$ 且 $\int_a^b f(x)\mathrm{d}x=0$,则在 $[a,b]$ 上 $f(x)\equiv 0$;

(2) 若在 $[a,b]$ 上 $f(x)\geqslant 0$ 且 $f(x)\not\equiv 0$,则 $\int_a^b f(x)\mathrm{d}x>0$;

(3) 若在 $[a,b]$ 上 $f(x)\leqslant g(x)$,且 $\int_a^b f(x)\mathrm{d}x=\int_a^b g(x)\mathrm{d}x$,则在 $[a,b]$ 上 $f(x)\equiv g(x)$.

6. 比较下列各对积分的大小:

(1) $\int_0^{\frac{\pi}{4}} \sin^4 x\mathrm{d}x$ 与 $\int_0^{\frac{\pi}{4}} \sin^2 x\mathrm{d}x$；　　(2) $\int_1^{\mathrm{e}} \ln x\mathrm{d}x$ 与 $\int_1^{\mathrm{e}} (\ln x)^2\mathrm{d}x$；

(3) $\int_0^1 x\mathrm{d}x$ 与 $\int_0^1 \ln(1+x)\mathrm{d}x$；　　(4) $\int_{\mathrm{e}}^{2\mathrm{e}} \ln x\mathrm{d}x$ 与 $\int_{\mathrm{e}}^{2\mathrm{e}} (\ln x)^2\mathrm{d}x$；

(5) $\int_0^1 x^2\mathrm{d}x$ 与 $\int_0^1 x^3\mathrm{d}x$；　　(6) $\int_1^3 x^2\mathrm{d}x$ 与 $\int_1^3 x^3\mathrm{d}x$.

7. 证明下列不等式：

(1) $\sqrt{2}\mathrm{e}^{-\frac{1}{2}} < \int_{-\frac{1}{\sqrt{2}}}^{\frac{1}{\sqrt{2}}} \mathrm{e}^{-t^2}\mathrm{d}t < \sqrt{2}$；

*(2) $\frac{1}{2} < \int_{\frac{\pi}{4}}^{\frac{\pi}{2}} \frac{\sin x}{x}\mathrm{d}x < \frac{\sqrt{2}}{2}$；

(3) $3\mathrm{e}^{-4} < \int_{-1}^{2} \mathrm{e}^{-x^2}\mathrm{d}x < 3$；

(4) $\frac{2}{5} < \int_1^2 \frac{x}{1+x^2}\mathrm{d}x < \frac{1}{2}$.

第二节　微积分基本定理

上一节中举过一例，利用定义计算定积分 $\int_a^b x\mathrm{d}x$. 这里被积函数是最简单的一次函数 $f(x)=x$，但直接利用定义计算它的值已经不是一件容易的事. 如果被积函数是其他更复杂的函数，其难度就更大. 因此有必要另外寻求计算定积分的方法.

本节将揭示定积分与微分的内在联系，从而找到计算定积分的简便有效的方法.

为此先对变速直线运动的位移函数 $s(t)$ 与速度函数 $v(t)$ 之间的联系作进一步的考察.

设物体在一直线上运动，在这条直线上取定原点，正向及长度单位，使之成为数轴. 设时刻 t 物体的位移为 $s(t)$，速度为 $v(t)$(为了方便，不妨设 $v(t)\geqslant 0$).

由上一节知，物体在时间间隔 $[T_1,T_2]$ 内经过的路程是速度函数 $v(t)$ 在区间 $[T_1,T_2]$ 上的定积分 $\int_{T_1}^{T_2} v(t)\mathrm{d}t$；而这段路程又可以表示成位移函数 $s(t)$ 在区间 $[T_1,T_2]$ 上的增量 $s(T_2)-s(T_1)$，从而位移函数与速度函数之间存在下述关系：

$$\int_{T_1}^{T_2} v(t)\mathrm{d}t = s(T_2)-s(T_1).$$

又 $s'(t)=v(t)$，即位移函数 $s(t)$ 是速度函数 $v(t)$ 的原函数. 所以上述关系式表明速度函数 $v(t)$ 在区间 $[T_1,T_2]$ 上的定积分等于 $v(t)$ 的原函数 $s(t)$ 在区间 $[T_1,T_2]$ 上的增量.

上述由变速直线运动的路程这个特殊问题中得到的关系式在一定条件下有无

普遍性?回答是肯定的. 本节将证明:如果函数 $f(x)$ 在$[a,b]$ 上连续,则 $f(x)$ 在$[a,b]$ 上的定积分等于 $f(x)$ 的原函数在区间$[a,b]$ 上的增量. 为了得到这个重要结论,先来讨论所谓积分上限的函数.

一、积分上限的函数及其导数

设函数 $f(x)$ 在$[a,b]$上连续,并且设 x 为$[a,b]$上任一点,则 $f(x)$ 在部分区间$[a,x]$ 上可积. 现在就来考察 $f(x)$ 在部分区间$[a,x]$ 上的定积分

$$\int_a^x f(x)\mathrm{d}x.$$

上面的表达式中,x 既表示积分变量,又表示定积分的上限,但两者含意不同. 因为定积分与积分变量的记号无关,所以可以把积分变量改用其他符号,如用 t 表示,则上面的定积分可以写成

$$\int_a^x f(t)\mathrm{d}t.$$

当上限 x 在区间$[a,b]$ 上任意变动时,对于$[a,b]$ 中每个取定的 x 值,定积分 $\int_a^x f(t)\mathrm{d}t$ 都有一个对应值,所以它在$[a,b]$ 上定义了一个函数,记作 $\Phi(x)$:

$$\Phi(x)=\int_a^x f(t)\mathrm{d}t \quad (a\leqslant x\leqslant b).$$

这个函数称为**积分上限函数**或称为**变上限积分**. 它具有下面定理所指出的重要性质.

定理 5.1　设函数 $f(x)$ 在区间$[a,b]$ 上连续,则积分上限函数

$$\Phi(x)=\int_a^x f(t)\mathrm{d}t$$

在$[a,b]$ 上可导,并且它的导数为

$$\Phi'(x)=\frac{\mathrm{d}}{\mathrm{d}x}\int_a^x f(t)\mathrm{d}t=f(x) \quad (a\leqslant x\leqslant b).$$

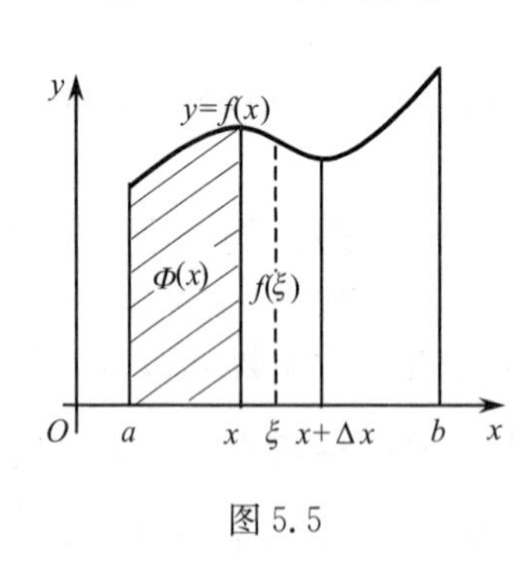

图 5.5

证　若 $x\in(a,b)$,设 x 取得增量 Δx,其绝对值足够地小,使得 $x+\Delta x\in(a,b)$,则 $\Phi(x)$(图 5.5,图中 $\Delta x>0$) 在 $x+\Delta x$ 处的函数值为

$$\Phi(x+\Delta x)=\int_a^{x+\Delta x} f(t)\mathrm{d}t .$$

由此得到函数的增量

$$\begin{aligned}\Delta\Phi&=\Phi(x+\Delta x)-\Phi(x)\\&=\int_a^{x+\Delta x} f(t)\mathrm{d}t-\int_a^x f(t)\mathrm{d}t\end{aligned}$$

$$= \int_{x}^{a} f(t)\mathrm{d}t + \int_{a}^{x+\Delta x} f(t)\mathrm{d}t$$
$$= \int_{x}^{x+\Delta x} f(t)\mathrm{d}t,$$

再应用定积分中值定理，即有等式

$$\Delta\Phi = f(\xi)\Delta x \quad (\xi \text{ 在 } x \text{ 与 } x+\Delta x \text{ 之间}),$$

于是就有

$$\frac{\Delta\Phi}{\Delta x} = f(\xi).$$

因为 $f(x)$ 在 $[a,b]$ 上连续，而 $\Delta x \to 0$ 时，必有 $\xi \to x$，所以 $\lim\limits_{\Delta x\to 0} f(\xi) = f(x)$，从而有

$$\Phi'(x) = \lim_{\Delta x\to 0}\frac{\Delta\Phi}{\Delta x} = \lim_{\Delta x\to 0} f(\xi) = f(x).$$

这就说明，$\Phi(x)$ 在点 x 处可导，且 $\Phi'(x) = f(x)$.

若 x 取 a 或 b，则以上 $\Delta x \to 0$ 分别改为 $\Delta x \to 0^+$ 与 $\Delta x \to 0^-$，就得到 $\Phi'_+(a) = f(a)$ 与 $\Phi'_-(b) = f(b)$.

这个定理指出了一个重要结论：对连续函数 $f(x)$ 取变上限 x 的定积分，然后再求导，其结果还原为 $f(x)$ 本身.

结合原函数的定义，可以得到 $\Phi(x)$ 是连续函数 $f(x)$ 的一个原函数. 因此有如下的原函数存在定理.

定理 5.2　设函数 $f(x)$ 在区间 $[a,b]$ 上连续，则函数

$$\Phi(x) = \int_{a}^{x} f(t)\mathrm{d}t$$

就是 $f(x)$ 在 $[a,b]$ 上的一个原函数.

定理 5.2 具有重要的理论意义与实用价值. 它一方面肯定了连续函数的原函数是存在的，这就证明了上一章第一节中的原函数存在定理；另一方面该定理还初步揭示了积分学中的定积分与原函数之间的联系. 因此，就使得有可能通过原函数来计算定积分.

例 1　$\Phi(x) = \int_{0}^{x} \mathrm{e}^{-t^2}\mathrm{d}t$，求 $\Phi'(x)$.

解　因为 $\Phi(x) = \int_{0}^{x} \mathrm{e}^{-t^2}\mathrm{d}t$，由定理 5.1，得

$$\Phi'(x) = \mathrm{e}^{-x^2}.$$

这说明 $\Phi(x) = \int_{0}^{x} \mathrm{e}^{-t^2}\mathrm{d}t$ 就是 e^{-x^2} 的一个原函数.

这里引入的积分上限的函数 $\Phi(x) = \int_{a}^{x} f(t)\mathrm{d}t$ 是一个连续函数，但不一定是初

等函数. 如$\int_0^x e^{-t^2}\,dt$就不是初等函数. 因此一个初等函数的原函数不一定是初等函数.

根据定理 5.1,还可推出如下有用的结论:

(1) 对变下限的定积分$\int_x^b f(t)\,dt$,有

$$\frac{d}{dx}\int_x^b f(t)\,dt = -f(x).$$

(2) 当积分的上下限均为 x 的可导函数时,有

$$\frac{d}{dx}\int_{g(x)}^{\varphi(x)} f(t)\,dt = f[\varphi(x)]\varphi'(x) - f[g(x)]g'(x).$$

证 (1)
$$\frac{d}{dx}\int_x^b f(t)\,dt = -\frac{d}{dx}\int_b^x f(t)\,dt = -f(x).$$

(2)
$$\begin{aligned}\frac{d}{dx}\int_{g(x)}^{\varphi(x)} f(t)\,dt &= \frac{d}{dx}\left[\int_{g(x)}^{c} f(t)\,dt + \int_c^{\varphi(x)} f(t)\,dt\right]\\ &= -\frac{d}{dx}\int_c^{g(x)} f(t)\,dt + \frac{d}{dx}\int_c^{\varphi(x)} f(t)\,dt\\ &= f[\varphi(x)]\varphi'(x) - f[g(x)]g'(x).\end{aligned}$$

例 2　设 $x>0$ 时,$\Phi(x)=\int_0^{x^2}\sin\sqrt{t}\,dt$,求 $\Phi'(x)$.

解　$\Phi'(x)=\sin\sqrt{x^2}\cdot 2x = 2x\sin x$.

例 3　$\Phi(x)=\int_{x^2}^{x^3}\sin t\,dt$,求 $\Phi'(x)$.

解　$\Phi'(x)=3x^2\sin x^3 - 2x\sin x^2$.

例 4　计算 $\lim\limits_{x\to+\infty}\dfrac{\int_0^x(\arctan t)^2\,dt}{\sqrt{x^2+1}}$.

解　先证明所求极限为$\dfrac{\infty}{\infty}$型的未定式.

由于当 $x>\tan 1$ 时,$\arctan x>1$. 记 $C=\int_0^{\tan 1}(\arctan t)^2\,dt$,因 $C>0$,则当 $x>\tan 1$ 时,有

$$\begin{aligned}\int_0^x(\arctan t)^2\,dt &= \int_0^{\tan 1}(\arctan t)^2\,dt + \int_{\tan 1}^x(\arctan t)^2\,dt\\ &= C+\int_{\tan 1}^x(\arctan t)^2\,dt > C+\int_{\tan 1}^x dt = C+x-\tan 1,\end{aligned}$$

故有 $\lim\limits_{x\to+\infty}\int_0^x(\arctan t)^2\,dt=+\infty$,从而利用洛必达法则,有

$$\lim_{x\to+\infty}\frac{\int_0^x(\arctan t)^2\mathrm{d}t}{\sqrt{x^2+1}}=\lim_{x\to+\infty}\frac{(\arctan x)^2}{\frac{x}{\sqrt{x^2+1}}}$$

$$=\lim_{x\to+\infty}\sqrt{1+\frac{1}{x^2}}\cdot(\arctan x)^2=1\cdot\left(\frac{\pi}{2}\right)^2=\frac{\pi^2}{4}.$$

二、牛顿①-莱布尼茨公式

下面给出利用原函数计算定积分的牛顿-莱布尼茨公式.

定理 5.3　设函数 $f(x)$ 在$[a,b]$上连续,函数 $F(x)$ 是 $f(x)$ 的一个原函数,则有

$$\int_a^b f(x)\mathrm{d}x=F(b)-F(a). \tag{5.1}$$

证　由所设条件及定理 5.2 可知,$F(x)$ 与 $\Phi(x)=\int_a^x f(t)\mathrm{d}t$ 都是函数 $f(x)$ 的原函数,所以它们之间只能相差某一个常数 C(第四章第一节),即

$$\Phi(x)-F(x)=C,$$

即亦

$$\Phi(x)=F(x)+C\quad(a\leqslant x\leqslant b),$$

上式中令 $x=a$,得

$$\Phi(a)=F(a)+C,$$

由于 $\Phi(a)=\int_a^a f(t)\mathrm{d}t=0$,故有

$$C=-F(a),$$

于是 $\Phi(x)=F(x)+C$ 成为

$$\int_a^x f(t)\mathrm{d}t=F(x)-F(a),$$

在上式中令 $x=b$,就得到

$$\int_a^b f(t)\mathrm{d}t=F(b)-F(a),$$

即

$$\int_a^b f(x)\mathrm{d}x=F(b)-F(a).$$

由上节对定积分的补充规定知式(5.1)无论对 $a>b$ 或 $a<b$ 均成立.

为方便起见,通常把 $F(b)-F(a)$ 简记为 $F(x)\Big|_a^b$,或$[F(x)]_a^b$,于是式(5.1)又

① 牛顿(Newton,1642～1727),英国数学家、天文学家、物理学家.

可写成

$$\int_a^b f(x)\mathrm{d}x = F(x)\Big|_a^b = F(b) - F(a).$$

因为公式(5.1)由牛顿和莱布尼茨独立创立,故称为**牛顿-莱布尼茨公式**.它表明:一个连续函数在区间$[a,b]$上的定积分等于它的任一个原函数在该区间上的增量.该公式为定积分的计算提供了一个有效而简便的方法.

牛顿-莱布尼茨定理揭示了微分与积分的本质联系——互为逆运算.两者本来是独立发展的,正是牛顿、莱布尼茨揭示了它们之间的联系,架起了联系微分与定积分的桥梁,使得在一定条件下,一个函数的定积分可通过它的原函数而方便地计算出来,这样也就将求定积分和求不定积分这两个基本问题有机地联系了起来,从而使微分学和积分学构成了一个统一的整体.这条定理当之无愧地称为**微积分基本定理**,公式(5.1)通常也称为**微积分基本公式**.

例 5 计算第一节中的定积分$\int_a^b x\mathrm{d}x$.

解 由于$\frac{x^2}{2}$是x的一个原函数,所以按牛顿-莱布尼茨公式,有

$$\int_a^b x\mathrm{d}x = \frac{x^2}{2}\Big|_a^b = \frac{1}{2}(b^2 - a^2).$$

显然这比按定义计算简便得多.

例 6 计算定积分$\int_0^1 \frac{1}{1+x^2}\mathrm{d}x$.

解 由于$(\arctan x)' = \frac{1}{1+x^2}$,所以$\arctan x$是$\frac{1}{1+x^2}$的一个原函数,从而

$$\int_0^1 \frac{1}{1+x^2}\mathrm{d}x = \arctan x\Big|_0^1 = \arctan 1 - \arctan 0 = \frac{\pi}{4}.$$

例 7 计算定积分$\int_{-1}^3 |x|\mathrm{d}x$.

解 由于$|x| = \begin{cases} -x, & x \leqslant 0, \\ x, & x > 0. \end{cases}$所以

$$\begin{aligned}\int_{-1}^3 |x|\mathrm{d}x &= \int_{-1}^0 (-x)\mathrm{d}x + \int_0^3 x\mathrm{d}x \\ &= -\frac{x^2}{2}\Big|_{-1}^0 + \frac{x^2}{2}\Big|_0^3 \\ &= -\frac{1}{2}(0-1) + \frac{1}{2}(9-0) = 5.\end{aligned}$$

例 8 设$f(x) = \begin{cases} \frac{1}{2}\sin x, & 0 \leqslant x \leqslant \pi, \\ 0, & x < 0 \text{ 或 } x > \pi. \end{cases}$ 求$\Phi(x) = \int_0^x f(t)\mathrm{d}t$在$(-\infty,$

$+\infty)$ 内的表达式.

解 因为被积函数是分段函数,所以通过计算定积分而确定 $\Phi(x)$ 的表达式时也要分段考虑.

当 $x<0$ 时,$\Phi(x)=\int_0^x f(t)\mathrm{d}t=\int_0^x 0\mathrm{d}t=0$;

当 $0\leqslant x\leqslant\pi$ 时,$\Phi(x)=\int_0^x f(t)\mathrm{d}t=\int_0^x \frac{1}{2}\sin t\mathrm{d}t=\frac{1}{2}(1-\cos x)$;

当 $x>\pi$ 时,$\Phi(x)=\int_0^x f(t)\mathrm{d}t=\int_0^\pi \frac{1}{2}\sin t\mathrm{d}t+\int_\pi^x 0\mathrm{d}t=1$.

综上得

$$\Phi(x)=\begin{cases}0, & x<0,\\ \frac{1}{2}(1-\cos x), & 0\leqslant x\leqslant\pi,\\ 1, & x>\pi.\end{cases}$$

当 $f(x)$ 在$[a,b]$上分段连续且只有有限个第一类间断点时,仍可用牛顿-莱布尼茨公式计算$\int_a^b f(x)\mathrm{d}x$. 这时只要用这些间断点将积分区间$[a,b]$分成若干个小区间,在每个小区间上分别利用牛顿-莱布尼茨公式,然后相加即可.

例 9 求极限$\lim\limits_{n\to\infty}\frac{1}{n}\left(\sin\frac{\pi}{n}+\sin\frac{2\pi}{n}+\cdots+\sin\frac{n-1}{n}\pi\right)$.

解 这是一个求和式的极限问题,可以利用定积分的定义化为定积分来进行计算.

从和式$\frac{1}{n}\left(\sin\frac{\pi}{n}+\sin\frac{2\pi}{n}+\cdots+\sin\frac{n-1}{n}\pi\right)$看,如要将其化为积分和,则被积函数应为 $\sin\pi x$,而分点$\frac{1}{n}$和$\frac{n-1}{n}$当$n\to\infty$时分别趋于 0 和 1,所以积分区间为$[0,1]$. 于是将区间$[0,1]$ n 等分,取 ξ_i 为小区间$\left[\frac{i-1}{n},\frac{i}{n}\right]$的左端点$(i=1,2,\cdots,n)$,这样函数 $\sin\pi x$ 相应的积分和正好是上面的和式. 由于 $\sin\pi x$ 在$[0,1]$上连续,故可积,从而就有

$$\begin{aligned}&\lim_{n\to\infty}\frac{1}{n}\left(\sin\frac{\pi}{n}+\sin\frac{2\pi}{n}+\cdots+\sin\frac{n-1}{n}\pi\right)\\ =&\lim_{n\to\infty}\frac{1}{n}\left(\sin\frac{0\pi}{n}+\sin\frac{\pi}{n}+\sin\frac{2\pi}{n}+\cdots+\sin\frac{n-1}{n}\pi\right)\\ =&\lim_{n\to\infty}\sum_{i=0}^{n-1}\frac{1}{n}\sin\frac{i\pi}{n}=\int_0^1\sin\pi x\mathrm{d}x\\ =&-\frac{1}{\pi}\cos\pi x\Big|_0^1=\frac{2}{\pi}.\end{aligned}$$

习题 5-2

1. 求下列函数 $y=y(x)$ 的导数$\frac{dy}{dx}$：

(1) $y=\int_0^x \sin t^2 dt$；

(2) $y=\int_{x^2}^{x^3} \frac{1}{\sqrt{1+t^4}}dt$；

(3) $y=\int_x^{x^2} t^2 e^{-t} dt$；

(4) $y=\int_0^{x^2} \frac{\sin t^2}{1+e^t}dt$；

(5) $y=\int_{\cos x}^{\sin x} e^{t^2} dt$；

(6) $\int_0^y e^t dt+\int_0^x \cos t dt=0$；

(7) $\begin{cases} x=\int_0^t \sin u du, \\ y=\int_0^t \cos u du; \end{cases}$

(8) $\begin{cases} x=\int_0^{t^2} \cos u^2 du, \\ y=\sin t^4; \end{cases}$

(9) $\int_0^y e^t dt+\int_0^{xy} \cos t dt=0$.

2. 求下列极限：

(1) $\lim\limits_{x\to 0}\frac{\int_0^x \ln(1+t)dt}{x^2}$；

(2) $\lim\limits_{x\to 0}\frac{\int_0^x \cos^2 t dt}{x}$；

(3) $\lim\limits_{x\to 0}\frac{\left(\int_0^x e^{t^2} dt\right)^2}{\int_0^x t e^{2t^2} dt}$；

*(4) $\lim\limits_{x\to \infty}\frac{1}{x}\int_0^x (1+t^2)e^{t^2-x^2} dt$.

*3. 设 $f(x)=\sqrt{1-x^2}$，找 $\xi\in(-1,1)$，使$\int_{-1}^1 f(x)dx=2f(\xi)$.

4. 设 $f(x)=\int_0^x t e^{-t^2} dt$，求 $f(x)$ 的极值点与拐点.

5. 设 $f(x)$ 连续，且$\int_0^x f(t)dt=x^2(1+x)$，求 $f(2)$.

6. 计算下列各定积分：

(1) $\int_1^2 \left(x+\frac{1}{x}\right)^2 dx$；

(2) $\int_4^9 \sqrt{x}(1+\sqrt{x})dx$；

(3) $\int_1^{\sqrt{3}} \frac{1+2x^2}{x^2(1+x^2)}dx$；

(4) $\int_{\frac{1}{e}}^{e} \frac{|\ln x|}{x}dx$；

(5) $\int_0^1 \frac{x dx}{\sqrt{1+x^2}}$；

(6) $\int_{\frac{1}{\pi}}^{\frac{2}{\pi}} \frac{\sin\frac{1}{y}}{y^2}dy$；

(7) $\int_{-1}^0 \frac{3x^4+3x^2+1}{1+x^2}dx$；

(8) $\int_0^{\frac{\pi}{4}} \tan^3\theta d\theta$；

(9) $\int_{-(e+1)}^{-2} \frac{1}{x+1}dx$；

(10) $\int_{-\frac{\pi}{2}}^{\frac{\pi}{2}} \sqrt{\cos^3 x-\cos^5 x}dx$；

(11) $\int_0^{\frac{\pi}{2}} |\sin x-\cos x| dx$；

(12) $\int_0^1 \frac{dx}{x^2-x+1}$；

(13) $\int_0^{\pi}\sqrt{1+\cos 2x}\,\mathrm{d}x$；　　(14) $\int_0^{2}|1-x|\,\mathrm{d}x$；

(15) $\int_1^{\mathrm{e}}\frac{\mathrm{d}x}{x^2(1+x^2)}$.

7. 已知 $f(x)=\begin{cases}\tan^2 x, & 0\leqslant x\leqslant\frac{\pi}{4},\\ \sin x\cos^3 x, & \frac{\pi}{4}<x\leqslant\frac{\pi}{2}.\end{cases}$ 计算 $\int_0^{\frac{\pi}{2}}f(x)\mathrm{d}x$.

*8. 设 m、n 为正整数，证明下列各式：

(1) $\int_{-\pi}^{\pi}\sin mx\,\mathrm{d}x=0$；　　(2) $\int_{-\pi}^{\pi}\cos mx\,\mathrm{d}x=0$；

(3) $\int_{-\pi}^{\pi}\sin mx\cos nx\,\mathrm{d}x=0$；　　(4) $\int_{-\pi}^{\pi}\sin mx\sin nx\,\mathrm{d}x=0\ (m\neq n)$；

(5) $\int_{-\pi}^{\pi}\cos mx\cos nx\,\mathrm{d}x=0\ (m\neq n)$；　　(6) $\int_{-\pi}^{\pi}\sin^2 mx\,\mathrm{d}x=\pi$；

(7) $\int_{-\pi}^{\pi}\cos^2 mx\,\mathrm{d}x=\pi$.

*9. 设 $f(x)=\begin{cases}x^2, & x\in[0,1),\\ x, & x\in[1,2].\end{cases}$ 求 $\Phi(x)=\int_0^x f(t)\mathrm{d}t$ 在 $[0,2]$ 上的表达式，并讨论 $\Phi(x)$ 在 $(0,2)$ 内的连续性.

*10. 设 $f(x)$ 在 $[a,b]$ 上连续，在 (a,b) 内可导，且 $f'(x)\leqslant 0$，$F(x)=\frac{1}{x-a}\int_a^x f(t)\mathrm{d}t$. 证明：在 (a,b) 内 $F'(x)\leqslant 0$.

第三节　定积分的换元积分法与分部积分法

牛顿-莱布尼茨公式说明，计算连续函数 $f(x)$ 的定积分 $\int_a^b f(x)\mathrm{d}x$ 的简便方法是把它转化为求 $f(x)$ 的原函数在区间 $[a,b]$ 上的增量. 这表明连续函数的定积分的计算与不定积分有着密切的联系. 相应于不定积分的换元积分法和分部积分法，定积分也有换元积分法与分部积分法. 下面就来讨论定积分的这两种计算方法.

一、定积分的换元积分法

定理 5.4　如果函数 $f(x)$ 在 $[a,b]$ 上连续且函数 $x=\varphi(t)$ 满足下列条件

(1) $\varphi(\alpha)=a$，$\varphi(\beta)=b$；

(2) 在 $[\alpha,\beta]$（或 $[\beta,\alpha]$）上，$\varphi(t)$ 具有连续导数且其值域不越出 $[a,b]$，则有公式

$$\int_a^b f(x)\mathrm{d}x=\int_\alpha^\beta f[\varphi(t)]\varphi'(t)\mathrm{d}t.$$

此公式称为**定积分的换元公式**.

证 由于 $f(x)$ 在$[a,b]$上连续，又根据条件(2)，$\varphi'(t)$ 连续，所以 $f[\varphi(t)]\varphi'(t)$ 在$[\alpha,\beta]$(或$[\beta,\alpha]$)上连续；因而 $f(x)$ 与 $f[\varphi(t)]\varphi'(t)$ 在各自的连续区间上都有原函数，并可应用牛顿-莱布尼茨公式. 假设 $F(x)$ 是 $f(x)$ 的一个原函数，则 $F[\varphi(t)]$ 是 $f[\varphi(t)]\varphi'(t)$ 的一个原函数. 这是因为 $F[\varphi(t)]$ 可看成是由 $F(x)$ 与 $x=\varphi(t)$ 复合而成的函数，由复合函数求导法则可得

$$(F[\varphi(t)])'=\frac{\mathrm{d}F}{\mathrm{d}x}\frac{\mathrm{d}x}{\mathrm{d}t}=f(x)\varphi'(t)=f[\varphi(t)]\varphi'(t),$$

于是

$$\int_a^b f(x)\mathrm{d}x=F(b)-F(a),$$

$$\int_\alpha^\beta f[\varphi(t)]\varphi'(t)\mathrm{d}t=F[\varphi(\beta)]-F[\varphi(\alpha)]=F(b)-F(a),$$

所以，换元公式 $\int_a^b f(x)\mathrm{d}x=\int_\alpha^\beta f[\varphi(t)]\varphi'(t)\mathrm{d}t$ 成立.

定积分 $\int_a^b f(x)\mathrm{d}x$ 中的 $\mathrm{d}x$，本来是整个定积分记号中不可分割的一部分. 但由上述定理知，在一定条件下，它确实可以作为微分记号来对待. 这就是说，应用换元公式时，如果把 $\int_a^b f(x)\mathrm{d}x$ 中的 x 换成 $\varphi(t)$，则 $\mathrm{d}x$ 就换成 $\varphi'(t)\mathrm{d}t$，这正好是 $x=\varphi(t)$ 的微分 $\mathrm{d}x$.

使用换元公式时，有两点必须要注意：

(1) 换元必换限. 即用变量代换 $x=\varphi(t)$ 把原来积分变量 x 代换成新积分变量 t 时，积分限一定要换成相应于新积分变量 t 的积分限；

(2) 求出 $f[\varphi(t)]\varphi'(t)$ 的一个原函数，如 $\Phi(t)$ 后，不必像计算不定积分那样再把 $\Phi(t)$ 还原成原来积分变量 x 的函数，而只要把新积分变量 t 的上、下限分别代入 $\Phi(t)$ 中，然后相减就可以了.

例 1 计算 $\int_0^{\frac{\pi}{2}}\cos^4 x\sin x\mathrm{d}x$.

解 令 $t=\cos x$，则 $\mathrm{d}t=-\sin x\mathrm{d}x$，且当 $x=0$ 时，$t=1$；当 $x=\frac{\pi}{2}$ 时，$t=0$，于是

$$\int_0^{\frac{\pi}{2}}\cos^4 x\sin x\mathrm{d}x=-\int_1^0 t^4\mathrm{d}t=\int_0^1 t^4\mathrm{d}t=\frac{t^5}{5}\bigg|_0^1=\frac{1}{5}.$$

注意，例 1 中如果不明显地写出新变量 t，此时积分变量仍为 x，则定积分的上、下限就不需要变更. 于是有

$$\int_0^{\frac{\pi}{2}}\cos^4 x\sin x\mathrm{d}x=-\int_0^{\frac{\pi}{2}}\cos^4 x\mathrm{d}\cos x=-\frac{\cos^5 x}{5}\bigg|_0^{\frac{\pi}{2}}$$

$$=-\frac{1}{5}(0-1)=\frac{1}{5}.$$

例 2　计算$\int_0^a \sqrt{a^2-x^2}\mathrm{d}x\ (a>0)$.

解　利用换元积分法. 令 $x=a\sin t$，则 $\mathrm{d}x=a\cos t\mathrm{d}t$，且当 $x=0$ 时，$t=0$；当 $x=a$ 时，$t=\frac{\pi}{2}$，于是

$$\int_0^a \sqrt{a^2-x^2}\mathrm{d}x=a^2\int_0^{\frac{\pi}{2}}\cos^2 t\mathrm{d}t=\frac{a^2}{2}\int_0^{\frac{\pi}{2}}(1+\cos 2t)\mathrm{d}t$$
$$=\frac{a^2}{2}\left(\frac{\pi}{2}+\frac{1}{2}\sin 2t\Big|_0^{\frac{\pi}{2}}\right)=\frac{\pi}{4}a^2.$$

实际上，由定积分的几何意义知，$\int_0^a \sqrt{a^2-x^2}\mathrm{d}x$ 表示圆 $x^2+y^2\leqslant a^2$ 位于第一象限部分的面积，即四分之一圆面积，从而

$$\int_0^a \sqrt{a^2-x^2}\mathrm{d}x=\frac{\pi}{4}a^2.$$

从例 1、例 2 可以看出，定积分的换元公式既可以从左向右使用，也可以从右向左使用.

例 3　计算$\int_0^{\pi}\sqrt{\sin^3 x-\sin^5 x}\mathrm{d}x$.

解　由于$\sqrt{\sin^3 x-\sin^5 x}=\sqrt{\sin^3 x(1-\sin^2 x)}=\sin^{\frac{3}{2}}x\,|\cos x|$，在$\left[0,\frac{\pi}{2}\right]$上 $|\cos x|=\cos x$；在$\left[\frac{\pi}{2},\pi\right]$上 $|\cos x|=-\cos x$，所以

$$\int_0^{\pi}\sqrt{\sin^3 x-\sin^5 x}\mathrm{d}x=\int_0^{\frac{\pi}{2}}\sin^{\frac{3}{2}}x\cos x\mathrm{d}x+\int_{\frac{\pi}{2}}^{\pi}\sin^{\frac{3}{2}}x(-\cos x)\mathrm{d}x$$
$$=\int_0^{\frac{\pi}{2}}\sin^{\frac{3}{2}}x\mathrm{d}\sin x-\int_{\frac{\pi}{2}}^{\pi}\sin^{\frac{3}{2}}x\mathrm{d}\sin x$$
$$=\frac{2}{5}\sin^{\frac{5}{2}}x\Big|_0^{\frac{\pi}{2}}-\frac{2}{5}\sin^{\frac{5}{2}}x\Big|_{\frac{\pi}{2}}^{\pi}$$
$$=\frac{2}{5}-\left(-\frac{2}{5}\right)=\frac{4}{5}.$$

例 4　计算$\int_0^4 \frac{x+2}{\sqrt{2x+1}}\mathrm{d}x$.

解　令$\sqrt{2x+1}=t$，则 $x=\frac{t^2-1}{2}$，$\mathrm{d}x=t\mathrm{d}t$，且当 $x=0$ 时，$t=1$；当 $x=4$ 时，$t=3$，于是

$$\int_0^4 \frac{x+2}{\sqrt{2x+1}}\mathrm{d}x = \int_1^3 \frac{\frac{t^2-1}{2}+2}{t}\cdot t\mathrm{d}t = \frac{1}{2}\int_1^3 (t^2+3)\mathrm{d}t$$

$$= \frac{1}{2}\left(\frac{t^3}{3}\bigg|_1^3 + 6\right) = \frac{22}{3}.$$

例 5 已知 $f(x)$ 连续,$\int_0^x tf(x-t)\mathrm{d}t = 1-\cos x$,求$\int_0^{\frac{\pi}{2}} f(x)\mathrm{d}x$ 的值.

解 令 $u = x-t$,则有 $t = x-u$, $\mathrm{d}t = -\mathrm{d}u$,且当 $t = 0$ 时,$u = x$;当 $t = x$ 时,$u = 0$,从而

$$\int_0^x tf(x-t)\mathrm{d}t = \int_x^0 (x-u)f(u)(-\mathrm{d}u)$$

$$= \int_0^x (x-u)f(u)\mathrm{d}u = x\int_0^x f(u)\mathrm{d}u - \int_0^x uf(u)\mathrm{d}u,$$

于是有

$$x\int_0^x f(u)\mathrm{d}u - \int_0^x uf(u)\mathrm{d}u = 1-\cos x,$$

两边对 x 求导,得

$$\int_0^x f(u)\mathrm{d}u + xf(x) - xf(x) = \sin x,$$

$$\int_0^x f(u)\mathrm{d}u = \sin x.$$

在上式中令 $x = \frac{\pi}{2}$,得$\int_0^{\frac{\pi}{2}} f(u)\mathrm{d}u = 1$,即

$$\int_0^{\frac{\pi}{2}} f(x)\mathrm{d}x = 1.$$

例 6 设 $f(x) = \begin{cases} 1+x^2, & x<0, \\ \mathrm{e}^{-x}, & x \geqslant 0. \end{cases}$ 求$\int_1^3 f(x-2)\mathrm{d}x$.

解 先用换元公式把被积函数化成 $f(t)$,再把 $f(t)$ 的表达式代入积分式,要注意 $f(t)$ 是以 $t = 0$ 为分段点的分段函数.

令 $x-2 = t$,则 $\mathrm{d}x = \mathrm{d}t$,且当 $x = 1$ 时,$t = -1$;当 $x = 3$ 时,$t = 1$,于是

$$\int_1^3 f(x-2)\mathrm{d}x = \int_{-1}^1 f(t)\mathrm{d}t = \int_{-1}^0 (1+t^2)\mathrm{d}t + \int_0^1 \mathrm{e}^{-t}\mathrm{d}t$$

$$= 1 + \frac{t^3}{3}\bigg|_{-1}^0 - \mathrm{e}^{-t}\bigg|_0^1 = \frac{7}{3} - \frac{1}{\mathrm{e}}.$$

例 7 若 $f(x)$ 在[0,1]上连续,证明

$$\int_0^{\frac{\pi}{2}} f(\sin x)\mathrm{d}x = \int_0^{\frac{\pi}{2}} f(\cos x)\mathrm{d}x,$$

并由此计算$\int_0^{\frac{\pi}{2}} \frac{\cos x}{\sin x + \cos x}\mathrm{d}x$.

证　设 $x=\frac{\pi}{2}-t$，则 $dx=-dt$，且当 $x=0$ 时，$t=\frac{\pi}{2}$；当 $x=\frac{\pi}{2}$ 时，$t=0$. 于是

$$\int_0^{\frac{\pi}{2}} f(\sin x)dx=\int_{\frac{\pi}{2}}^0 f\left[\sin\left(\frac{\pi}{2}-t\right)\right](-dt)$$

$$=\int_0^{\frac{\pi}{2}} f(\cos t)dt=\int_0^{\frac{\pi}{2}} f(\cos x)dx.$$

利用上式

$$I=\int_0^{\frac{\pi}{2}}\frac{\cos x}{\sin x+\cos x}dx=\int_0^{\frac{\pi}{2}}\frac{\sin t}{\cos t+\sin t}dt=\int_0^{\frac{\pi}{2}}\frac{\sin x}{\sin x+\cos x}dx,$$

从而

$$2I=\int_0^{\frac{\pi}{2}}\frac{\cos x}{\sin x+\cos x}dx+\int_0^{\frac{\pi}{2}}\frac{\sin x}{\sin x+\cos x}dx=\int_0^{\frac{\pi}{2}}dx=\frac{\pi}{2},$$

故

$$I=\int_0^{\frac{\pi}{2}}\frac{\cos x}{\sin x+\cos x}dx=\frac{\pi}{4}.$$

例 8　若 $f(x)$ 在 $[0,1]$ 上连续，证明

$$\int_0^{\pi} xf(\sin x)dx=\frac{\pi}{2}\int_0^{\pi} f(\sin x)dx,$$

并由此计算 $\int_0^{\pi}\frac{x\sin x}{1+\cos^2 x}dx$.

证　设 $x=\pi-t$，则 $dx=-dt$，且当 $x=0$ 时，$t=\pi$；当 $x=\pi$ 时，$t=0$. 于是

$$\int_0^{\pi} xf(\sin x)dx=\int_{\pi}^0(\pi-t)f[\sin(\pi-t)](-dt)$$

$$=\int_0^{\pi}(\pi-t)f(\sin t)dt$$

$$=\pi\int_0^{\pi} f(\sin t)dt-\int_0^{\pi} tf(\sin t)dt$$

$$=\pi\int_0^{\pi} f(\sin x)dx-\int_0^{\pi} xf(\sin x)dx,$$

移项解之，得

$$\int_0^{\pi} xf(\sin x)dx=\frac{\pi}{2}\int_0^{\pi} f(\sin x)dx.$$

因为

$$\int_0^{\pi}\frac{x\sin x}{1+\cos^2 x}dx=\int_0^{\pi}\frac{x\sin x}{2-\sin^2 x}dx,$$

令 $f(\sin x)=\frac{\sin x}{2-\sin^2 x}$，利用上述结论，就有

$$\int_0^\pi \frac{x\sin x}{1+\cos^2 x}dx=\frac{\pi}{2}\int_0^\pi \frac{\sin x}{2-\sin^2 x}dx=\frac{\pi}{2}\int_0^\pi \frac{\sin x}{1+\cos^2 x}dx$$
$$=-\frac{\pi}{2}\int_0^\pi \frac{d\cos x}{1+\cos^2 x}=-\frac{\pi}{2}[\arctan(\cos x)]_0^\pi$$
$$=-\frac{\pi}{2}\left(-\frac{\pi}{4}-\frac{\pi}{4}\right)=\frac{\pi^2}{4}.$$

二、定积分的分部积分法

定理 5.5　如果函数 $u=u(x)$，$v=v(x)$ 在闭区间 $[a,b]$ 上具有连续导数，则有

$$\int_a^b u\,dv=uv\Big|_a^b-\int_a^b v\,du.$$

证　因为 $u=u(x)$，$v=v(x)$ 在区间 $[a,b]$ 上可导，则有

$$(uv)'=u'v+uv',$$

又因 $u'(x)$，$v'(x)$ 在区间 $[a,b]$ 上连续，于是上式两端的定积分都存在，而

$$\int_a^b (uv)'dx=uv\Big|_a^b,$$

从而有

$$uv\Big|_a^b=\int_a^b u'v\,dx+\int_a^b uv'\,dx,$$

即

$$uv\Big|_a^b=\int_a^b v\,du+\int_a^b u\,dv,$$

移项得

$$\int_a^b u\,dv=uv\Big|_a^b-\int_a^b v\,du.$$

这就是**定积分的分部积分公式.**

利用定积分的分部积分公式计算定积分时，u，dv 的选择与不定积分中的情形相同.

例 9　计算 $\int_1^4 \frac{\ln x}{\sqrt{x}}dx$.

解　根据定积分的分部积分公式，得

$$\int_1^4 \frac{\ln x}{\sqrt{x}}dx=2\int_1^4 \ln x\,d\sqrt{x}$$
$$=2\sqrt{x}\ln x\Big|_1^4-2\int_1^4 \sqrt{x}\,d\ln x$$
$$=4\ln 4-2\int_1^4 \sqrt{x}\cdot\frac{1}{x}dx$$

$$= 4\ln 4 - 2\int_1^4 \frac{1}{\sqrt{x}}dx$$

$$= 4\ln 4 - 4\sqrt{x}\Big|_1^4$$

$$= 4(\ln 4 - 1).$$

例 10　计算 $\int_0^{\sqrt{3}} \arctan x dx$.

解　根据定积分的分部积分公式,得

$$\int_0^{\sqrt{3}} \arctan x dx = x\arctan x\Big|_0^{\sqrt{3}} - \int_0^{\sqrt{3}} x d\arctan x$$

$$= \sqrt{3}\arctan\sqrt{3} - \int_0^{\sqrt{3}} \frac{x}{1+x^2}dx$$

$$= \frac{\sqrt{3}}{3}\pi - \frac{1}{2}\ln(1+x^2)\Big|_0^{\sqrt{3}}$$

$$= \frac{\sqrt{3}}{3}\pi - \ln 2.$$

例 11　计算 $\int_0^1 (\arcsin x)^2 dx$.

解　先用换元积分法,再用分部积分法.

令 $\arcsin x = t$,则 $x = \sin t$, $dx = \cos t dt$,且当 $x = 0$ 时,$t = 0$;当 $x = 1$ 时,$t = \frac{\pi}{2}$,于是有

$$\int_0^1 (\arcsin x)^2 dx = \int_0^{\frac{\pi}{2}} t^2 \cos t dt = \int_0^{\frac{\pi}{2}} t^2 d\sin t$$

$$= t^2 \sin t\Big|_0^{\frac{\pi}{2}} - \int_0^{\frac{\pi}{2}} 2t\sin t dt$$

$$= \frac{\pi^2}{4} + 2\int_0^{\frac{\pi}{2}} t d\cos t$$

$$= \frac{\pi^2}{4} + 2t\cos t\Big|_0^{\frac{\pi}{2}} - 2\int_0^{\frac{\pi}{2}} \cos t dt$$

$$= \frac{\pi}{4} - 2\sin t\Big|_0^{\frac{\pi}{2}} = \frac{\pi}{4} - 2.$$

例 12　证明 $I_n = \int_0^{\frac{\pi}{2}} \sin^n x dx = \int_0^{\frac{\pi}{2}} \cos^n x dx$,且

$$I_n = \begin{cases} \dfrac{n-1}{n} \cdot \dfrac{n-3}{n-2} \cdots \dfrac{3}{4} \cdot \dfrac{1}{2} \cdot \dfrac{\pi}{2}, & n \text{ 为正偶数}, \\ \dfrac{n-1}{n} \cdot \dfrac{n-3}{n-2} \cdots \dfrac{4}{5} \cdot \dfrac{2}{3}, & n \text{ 为大于 1 的正奇数}. \end{cases}$$

证 利用例 7 的结论，便有

$$\int_0^{\frac{\pi}{2}} \sin^n x \mathrm{d}x = \int_0^{\frac{\pi}{2}} \cos^n x \mathrm{d}x.$$

下面推导递推公式：

当 $n=0$ 时，$I_0 = \int_0^{\frac{\pi}{2}} \mathrm{d}x = \frac{\pi}{2}$；

当 $n=1$ 时，$I_1 = \int_0^{\frac{\pi}{2}} \sin x \mathrm{d}x = -\cos x \Big|_0^{\frac{\pi}{2}} = 1$；

当 $n \geqslant 2$ 时，用分部积分法，有

$$\begin{aligned} I_n &= \int_0^{\frac{\pi}{2}} \sin^n x \mathrm{d}x = \int_0^{\frac{\pi}{2}} \sin^{n-1} x \sin x \mathrm{d}x = -\int_0^{\frac{\pi}{2}} \sin^{n-1} x \mathrm{d}\cos x \\ &= -\cos x \sin^{n-1} x \Big|_0^{\frac{\pi}{2}} + (n-1)\int_0^{\frac{\pi}{2}} \cos^2 x \sin^{n-2} x \mathrm{d}x \\ &= 0 + (n-1)\int_0^{\frac{\pi}{2}} \sin^{n-2} x (1-\sin^2 x) \mathrm{d}x \\ &= (n-1)\int_0^{\frac{\pi}{2}} \sin^{n-2} x \mathrm{d}x - (n-1)\int_0^{\frac{\pi}{2}} \sin^n x \mathrm{d}x \\ &= (n-1) I_{n-2} - (n-1) I_n, \end{aligned}$$

移项，得到积分 I_n 关于下标的**递推公式**

$$I_n = \frac{n-1}{n} I_{n-2}.$$

重复利用递推公式，再由 $I_0 = \frac{\pi}{2}$，$I_1 = 1$，可得到

(1) 当 n 为正偶数时

$$\begin{aligned} I_n &= \frac{n-1}{n} I_{n-2} = \frac{n-1}{n} \cdot \frac{n-3}{n-2} I_{n-4} = \cdots = \frac{n-1}{n} \cdot \frac{n-3}{n-2} \cdots \frac{3}{4} \cdot \frac{1}{2} \cdot I_0 \\ &= \frac{n-1}{n} \cdot \frac{n-3}{n-2} \cdots \frac{3}{4} \cdot \frac{1}{2} \cdot \frac{\pi}{2}; \end{aligned}$$

(2) 当 n 为大于 1 的正奇数时

$$\begin{aligned} I_n &= \frac{n-1}{n} I_{n-2} = \frac{n-1}{n} \cdot \frac{n-3}{n-2} I_{n-4} = \cdots = \frac{n-1}{n} \cdot \frac{n-3}{n-2} \cdots \frac{4}{5} \cdot \frac{2}{3} \cdot I_1 \\ &= \frac{n-1}{n} \cdot \frac{n-3}{n-2} \cdots \frac{4}{5} \cdot \frac{2}{3}. \end{aligned}$$

例 13 计算 $\int_0^1 (1-x^2)^2 \sqrt{1-x^2} \mathrm{d}x$.

解 令 $x = \sin t$，则 $\mathrm{d}x = \cos t \mathrm{d}t$，且当 $x=0$ 时，$t=0$；当 $x=1$ 时，$t=\frac{\pi}{2}$，于

是有

$$\int_0^1 (1-x^2)^2\sqrt{1-x^2}\,\mathrm{d}x = \int_0^{\frac{\pi}{2}} (1-\sin^2 t)^2\sqrt{1-\sin^2 t}\cos t\,\mathrm{d}t$$

$$= \int_0^{\frac{\pi}{2}} \cos^6 t\,\mathrm{d}t = \frac{5}{6}\cdot\frac{3}{4}\cdot\frac{1}{2}\cdot\frac{\pi}{2} = \frac{5}{32}\pi.$$

三、定积分的几个常用公式

由定积分的换元积分法及分部积分法可以推出一些定积分的常用公式，利用这些公式常会使某些定积分的计算十分简捷.

例 14　设函数 $f(x)$ 在对称区间 $[-a,a]$ 上连续，证明：

(1) $\int_{-a}^{a} f(x)\mathrm{d}x = \int_0^a [f(x)+f(-x)]\mathrm{d}x$；

(2) 当 $f(x)$ 为偶函数时，有 $\int_{-a}^{a} f(x)\mathrm{d}x = 2\int_0^a f(x)\mathrm{d}x$；

(3) 当 $f(x)$ 为奇函数时，有 $\int_{-a}^{a} f(x)\mathrm{d}x = 0$.

证　(1) 根据定积分的性质 2，得

$$\int_{-a}^{a} f(x)\mathrm{d}x = \int_{-a}^{0} f(x)\mathrm{d}x + \int_0^a f(x)\mathrm{d}x,$$

对于 $\int_{-a}^{0} f(x)\mathrm{d}x$，令 $x=-t$，则 $\mathrm{d}x=-\mathrm{d}t$，且当 $x=-a$ 时，$t=a$；当 $x=0$ 时，$t=0$，从而

$$\int_{-a}^{0} f(x)\mathrm{d}x = \int_a^0 f(-t)(-\mathrm{d}t) = \int_0^a f(-x)\mathrm{d}x.$$

于是

$$\int_{-a}^{a} f(x)\mathrm{d}x = \int_0^a f(-x)\mathrm{d}x + \int_0^a f(x)\mathrm{d}x$$

$$= \int_0^a [f(x)+f(-x)]\mathrm{d}x.$$

由(1)易证(2)(3).

例 15　设 $f(x)$ 是以 T 为周期的连续函数，a 为任意常数，n 为自然数，证明：

(1) $\int_a^{a+T} f(x)\mathrm{d}x = \int_0^T f(x)\mathrm{d}x$；

(2) $\int_a^{a+nT} f(x)\mathrm{d}x = n\int_0^T f(x)\mathrm{d}x$.

证　(1) $\int_a^{a+T} f(x)\mathrm{d}x = \int_a^0 f(x)\mathrm{d}x + \int_0^T f(x)\mathrm{d}x + \int_T^{a+T} f(x)\mathrm{d}x$，

对于 $\int_T^{a+T} f(x)\mathrm{d}x$，令 $t=x-T$，则 $\mathrm{d}t=\mathrm{d}x$，且当 $x=T$ 时，则 $t=0$；当 $x=a+T$ 时，则 $t=a$，于是

$$\int_T^{a+T} f(x)\mathrm{d}x = \int_0^a f(t+T)\mathrm{d}t = \int_0^a f(t)\mathrm{d}t = \int_0^a f(x)\mathrm{d}x,$$

从而

$$\int_a^{a+T} f(x)\mathrm{d}x = \int_a^0 f(x)\mathrm{d}x + \int_0^T f(x)\mathrm{d}x + \int_0^a f(x)\mathrm{d}x = \int_0^T f(x)\mathrm{d}x.$$

此性质表明周期函数在任何长度等于一个周期的区间上的定积分值都相等.

(2) $\displaystyle\int_a^{a+nT} f(x)\mathrm{d}x = \int_a^{a+T} f(x)\mathrm{d}x + \int_{a+T}^{a+2T} f(x)\mathrm{d}x + \cdots + \int_{a+(n-1)T}^{a+nT} f(x)\mathrm{d}x,$

从(1)知

$$\int_a^{a+T} f(x)\mathrm{d}x = \int_{a+T}^{a+2T} f(x)\mathrm{d}x = \cdots = \int_{a+(n-1)T}^{a+nT} f(x)\mathrm{d}x = \int_0^T f(x)\mathrm{d}x,$$

从而

$$\int_a^{a+nT} f(x)\mathrm{d}x = n\int_0^T f(x)\mathrm{d}x.$$

下面将定积分的一些常用公式汇集起来,以便读者使用(假定以下公式中的被积函数均可积).

(1) 若 $f(x)$ 为奇函数,则$\displaystyle\int_{-a}^a f(x)\mathrm{d}x = 0$;

若 $f(x)$ 为偶函数,则$\displaystyle\int_{-a}^a f(x)\mathrm{d}x = 2\int_0^a f(x)\mathrm{d}x$;

(2) 若 $f(x) = f(x+T)$,则

$\displaystyle\int_a^{a+T} f(x)\mathrm{d}x = \int_0^T f(x)\mathrm{d}x = \int_{-\frac{T}{2}}^{\frac{T}{2}} f(x)\mathrm{d}x$; $\displaystyle\int_a^{a+nT} f(x)\mathrm{d}x = n\int_0^T f(x)\mathrm{d}x$;

(3) $\displaystyle\int_0^{\frac{\pi}{2}} f(\sin x)\mathrm{d}x = \int_0^{\frac{\pi}{2}} f(\cos x)\mathrm{d}x$;

(4) $\displaystyle\int_0^{\pi} xf(\sin x)\mathrm{d}x = \frac{\pi}{2}\int_0^{\pi} f(\sin x)\mathrm{d}x = \pi\int_0^{\frac{\pi}{2}} f(\sin x)\mathrm{d}x$;

(5) $$\int_0^{\frac{\pi}{2}} \sin^n x\mathrm{d}x = \int_0^{\frac{\pi}{2}} \cos^n x\mathrm{d}x = \begin{cases} \dfrac{n-1}{n}\cdot\dfrac{n-3}{n-2}\cdot\cdots\cdot\dfrac{1}{2}\cdot\dfrac{\pi}{2}, & n\text{ 为偶数}, \\ \dfrac{n-1}{n}\cdot\dfrac{n-3}{n-2}\cdot\cdots\cdot\dfrac{2}{3}, & n\text{ 为大于 1 的奇数}. \end{cases}$$

例 16 计算$\displaystyle\int_{100-\frac{\pi}{2}}^{100+\frac{\pi}{2}} \tan^2 x\cdot\sin^2 2x\mathrm{d}x$.

解 因 $\tan^2 x\cdot\sin^2 2x = \dfrac{\sin^2 x}{\cos^2 x}\cdot 4\sin^2 x\cdot\cos^2 x = 4\sin^4 x$ 的周期为 π,故

$$\int_{100-\frac{\pi}{2}}^{100+\frac{\pi}{2}} \tan^2 x \cdot \sin^2 2x\mathrm{d}x = \int_{-\frac{\pi}{2}}^{\frac{\pi}{2}} 4\sin^4 x\mathrm{d}x = 8\int_0^{\frac{\pi}{2}} \sin^4 x\mathrm{d}x$$

$$= 8 \cdot \frac{3}{4} \cdot \frac{1}{2} \cdot \frac{\pi}{2} = \frac{3}{2}\pi.$$

习题 5-3

1. 计算下列定积分：

(1) $\int_0^{\frac{\pi}{2}} \cos^5 x\sin x\mathrm{d}x$；　(2) $\int_{-2}^{-\sqrt{2}} \frac{\mathrm{d}x}{\sqrt{x^2-1}}$；

(3) $\int_1^4 \frac{\mathrm{d}x}{1+\sqrt{x}}$；　(4) $\int_4^9 \frac{\sqrt{x}}{\sqrt{x}-1}\mathrm{d}x$；

(5) $\int_{-1}^1 \frac{x}{\sqrt{5-4x}}\mathrm{d}x$；　(6) $\int_{-3}^{-1} \frac{\mathrm{d}x}{x^2+4x+5}$；

(7) $\int_1^2 \frac{\mathrm{e}^{\frac{1}{x}}}{x^2}\mathrm{d}x$；　(8) $\int_0^1 \frac{\mathrm{d}x}{\mathrm{e}^x+\mathrm{e}^{-x}}$；

(9) $\int_0^3 \frac{x}{\sqrt{x+1}}\mathrm{d}x$；　(10) $\int_{-1}^1 \frac{\mathrm{d}x}{(1+x^2)^2}$；

(11) $\int_0^{\pi} (1-\sin^3\theta)\mathrm{d}\theta$；　(12) $\int_{-2}^0 \frac{\mathrm{d}x}{x^2+2x+2}$；

(13) $\int_{-\frac{\pi}{2}}^{\frac{\pi}{2}} \cos x\cos 2x\mathrm{d}x$；　(14) $\int_1^{\sqrt{3}} \frac{\mathrm{d}x}{x^2\sqrt{1+x^2}}$；

(15) $\int_1^{\mathrm{e}^2} \frac{\mathrm{d}x}{x\sqrt{1+\ln x}}$；　(16) $\int_{-2}^1 \frac{\mathrm{d}x}{(11+5x)^3}$.

2. 设 $f(x) = \begin{cases} x\mathrm{e}^{-x^2}, & x \geqslant 0, \\ \dfrac{1}{1+\cos x}, & -1 < x < 0. \end{cases}$ 计算 $\int_1^4 f(x-2)\mathrm{d}x$.

3. 利用函数的奇偶性计算下列定积分：

(1) $\int_{-\pi}^{\pi} x^6 \sin x\mathrm{d}x$；　(2) $\int_{-\frac{\pi}{3}}^{\frac{\pi}{3}} \frac{x^3}{1+\cos x}\mathrm{d}x$；

(3) $\int_{-\frac{\pi}{2}}^{\frac{\pi}{2}} \cos^5 x\mathrm{d}x$；　(4) $\int_{-\frac{\pi}{2}}^{\frac{\pi}{2}} \sin^8 x\mathrm{d}x$；

(5) $\int_{-\frac{1}{2}}^{\frac{1}{2}} \frac{x\arcsin x}{\sqrt{1-x^2}}\mathrm{d}x$；　(6) $\int_{-\pi}^{\pi} x\sin x\mathrm{d}x$.

4. 证明：$\int_{-a}^{a} \varphi(x^2)\mathrm{d}x = 2\int_0^a \varphi(x^2)\mathrm{d}x$，其中 $\varphi(u)$ 为连续函数.

5. 设 $f(x)$ 在 $[a,b]$ 上连续，证明

$$\int_a^b f(x)\mathrm{d}x = \int_a^b f(a+b-x)\mathrm{d}x.$$

6. 设 $f(x)$ 在 $[-b,b]$ 上连续，证明

$$\int_{-b}^{b} f(x)\mathrm{d}x = \int_{-b}^{b} f(-x)\mathrm{d}x.$$

7. 证明：$\int_x^1 \frac{\mathrm{d}x}{1+x^2} = \int_1^{\frac{1}{x}} \frac{\mathrm{d}x}{1+x^2}\ (x>0)$.

8. 证明：$\int_0^1 x^m(1-x)^n \mathrm{d}x = \int_0^1 x^n(1-x)^m \mathrm{d}x$.

* 9. 证明：$\int_0^{\pi} \sin^n x \mathrm{d}x = 2\int_0^{\frac{\pi}{2}} \sin^n x \mathrm{d}x$.

* 10. 若 $f(t)$ 是连续函数且为奇函数，证明$\int_0^x f(t)\mathrm{d}t$ 是偶函数；若 $f(t)$ 是连续函数且为偶函数，证明$\int_0^x f(t)\mathrm{d}t$ 是奇函数.

11. 计算下列定积分：

(1) $\int_0^{\frac{1}{2}} \arcsin x \mathrm{d}x$；　(2) $\int_0^1 \mathrm{e}^{\sqrt{x}} \mathrm{d}x$；

(3) $\int_{\frac{1}{\sqrt{2}}}^1 \frac{\sqrt{1-x^2}}{x^2}\mathrm{d}x$；　(4) $\int_0^1 x\mathrm{e}^{2x} \mathrm{d}x$；

(5) $\int_{\frac{1}{\mathrm{e}}}^{\mathrm{e}} |\ln x| \mathrm{d}x$；　(6) $\int_0^{\frac{\pi}{2}} \mathrm{e}^{2x}\cos x \mathrm{d}x$；

(7) $\int_{\frac{\pi}{4}}^{\frac{\pi}{3}} \frac{x}{\sin^2 x}\mathrm{d}x$；　(8) $\int_1^4 \frac{\ln x}{\sqrt{x}}\mathrm{d}x$；

(9) $\int_0^1 x\mathrm{e}^{-x} \mathrm{d}x$；　(10) $\int_0^{\frac{\pi^2}{4}} \cos\sqrt{x}\mathrm{d}x$；

* (11) $\int_0^{\pi} (x\sin x)^2 \mathrm{d}x$；　* (12) $\int_0^1 (1-x^2)^{\frac{m}{2}} \mathrm{d}x$ (m 为自然数)；

* (13) $J_m = \int_0^{\pi} x\sin^m x \mathrm{d}x$ (m 为自然数).

* 12. $f(x)$ 在 $(-\infty, +\infty)$ 上连续，且 $F(x) = \int_0^x (2t-x)f(t)\mathrm{d}t$. 证明：

(1) 若 $f(x)$ 是偶函数，则 $F(x)$ 也是偶函数；

(2) 若 $f(x)$ 单调递减，则 $F(x)$ 也单调递减.

*第四节　定积分的近似计算

计算一个函数 $f(x)$ 的定积分，如果能找到 $f(x)$ 的原函数 $F(x)$，然后用牛顿-莱布尼茨公式

$$\int_a^b f(x)\mathrm{d}x = F(b) - F(a)$$

计算是非常方便的. 但是在实际问题中如果被积函数是下列三种情况：

(1) $f(x)$ 是用图形或表格给出的；

(2) $f(x)$ 虽然是初等函数，但原函数 $F(x)$ 不能用初等函数表示，如积分

$$\int_a^b \mathrm{e}^{-x^2}\mathrm{d}x,\quad \int_a^b \sin x^2 \mathrm{d}x,\quad \int_a^b \frac{\sin x}{x}\mathrm{d}x,\quad \int_a^b \frac{1}{\ln x}\mathrm{d}x$$

等；

(3) $f(x)$ 是初等函数，原函数 $F(x)$ 也可以用初等函数表示，但求解过程不能实现或原函数表达式过于复杂.

此时就不能用或不宜用牛顿-莱布尼茨公式了. 这里我们考虑求解上述问题的一种方法，即定积分的近似计算法.

定积分的定义是定积分近似计算的根据，不过，这里介绍的三种近似计算法都与定积分的几何解释有关.

不妨设 $f(x)\geqslant 0$，且 $f(x)$ 可积，则不论 $\int_a^b f(x)\mathrm{d}x$ 的实际意义如何，在数值上都等于由曲线 $y=f(x)$、直线 $x=a$、$x=b$ 与 x 轴所围成的曲边梯形的面积. 从而定积分的近似计算问题就归结为求曲边梯形面积的近似值. 只要近似地算出相应的曲边梯形的面积，就得到了所给定积分的近似值，这就是下面所讨论的定积分近似计算的基本思想.

下面直接从定积分的定义出发，来推出几种最常用的近似计算方法.

要求定积分 $\int_a^b f(x)\mathrm{d}x$ 的值，可以利用第一节介绍的方法(图 5.6)，把积分区间 $[a,b]$ n 等分，各个小区间的长度为 $\Delta x_i=\frac{b-a}{n}=\Delta x$，分点为 $x_i=a+i\cdot\frac{b-a}{n}$ $(i=0,1,2,\cdots,n)$，各分点处的函数值记为 $y_i=f(x_i)$ $(i=0,1,2,\cdots,n)$，以 Δs_i 表示对应于小区间 $[x_{i-1},x_i]$ 的窄曲边梯形的面积，这时有

$$\int_a^b f(x)\mathrm{d}x=s=\sum_{i=1}^{n}\Delta s_i.$$

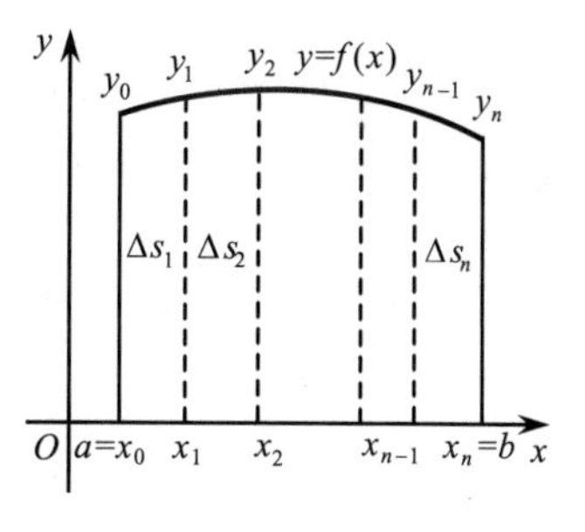

图 5.6

所以对 $\int_a^b f(x)\mathrm{d}x$ 作近似计算的关键，就是对每个窄曲边梯形的面积 Δs_i 作近似计算. 因此采用不同的数学方法，就会得到不同的积分近似计算公式. 定积分近似计算常用的方法有三种，分别介绍如下.

一、矩形法

用矩形面积近似代替窄曲边梯形面积的近似计算方法称为**矩形法**.

对小区间 $[x_{i-1},x_i]$，以左端点处的函数值 $y_{i-1}=f(x_{i-1})$ 为高，底边长 Δx 为宽，得到一个窄矩形，其面积为 $y_{i-1}\Delta x=y_{i-1}\frac{b-a}{n}$(图 5.7 中带阴影的矩形)，用其面积近似代替第 i 个窄曲边梯形的面积 Δs_i，即

$$\Delta s_i \approx y_{i-1}\frac{b-a}{n} \quad (i=1,2,\cdots,n),$$

从而得到

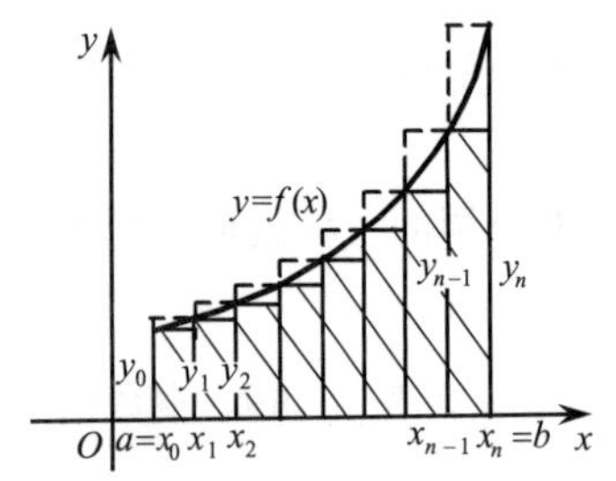

图 5.7

$$s=\sum_{i=1}^{n}\Delta s_i \approx \sum_{i=1}^{n} y_{i-1}\frac{b-a}{n}=\frac{b-a}{n}\sum_{i=1}^{n} y_{i-1},$$

即

$$\int_a^b f(x)\mathrm{d}x \approx \frac{b-a}{n}(y_0+y_1+\cdots+y_{n-1}). \quad (5.2)$$

类似地,以$[x_{i-1},x_i]$的右端点处的函数值$y_i=f(x_i)$为高,所得窄矩形的面积为$y_i\Delta x=y_i\frac{b-a}{n}$(图 5.7 中非阴影部分),又有

$$\int_a^b f(x)\mathrm{d}x \approx \frac{b-a}{n}(y_1+y_2+\cdots+y_n). \quad (5.3)$$

公式(5.2) 与公式(5.3) 都称为**矩形法公式**.

二、梯形法

近似计算时采用梯形面积近似代替窄曲边梯形面积的方法称为**梯形法**.

与矩形法相类似,在小区间$[x_{i-1},x_i]$上,用过$(x_{i-1},0),(x_i,0),(x_i,y_i),(x_{i-1},y_{i-1})$四点的窄直角梯形的面积(图 5.8 中带阴影的部分) 近似代替窄曲边梯形的面积Δs_i,即

$$\Delta s_i \approx \frac{y_{i-1}+y_i}{2}\Delta x=\frac{y_{i-1}+y_i}{2}\cdot\frac{b-a}{n} \quad (i=1,2,\cdots,n).$$

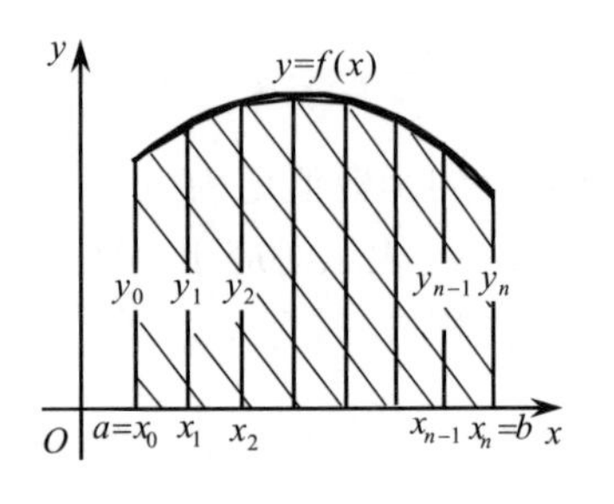

图 5.8

从而可得

$$s=\sum_{i=1}^{n}\Delta s_i \approx \frac{b-a}{n}\sum_{i=1}^{n}\frac{y_{i-1}+y_i}{2},$$

整理得

$$\int_a^b f(x)\mathrm{d}x \approx \frac{b-a}{n}\left[\frac{1}{2}(y_0+y_n)+y_1+y_2+\cdots+y_{n-1}\right]. \quad (5.4)$$

公式(5.4) 称为**梯形法公式**. 其近似程度优于矩形法. 仔细分析一下,它实际上就是两种矩形法公式所得近似值的平均值,其计算量与矩形法公式差不多.

三、抛物线法

近似计算时,用抛物线(二次曲线) 构成的曲边梯形面积近似代替窄曲边梯形面积的方法称为**抛物线法**.

用分点 $a = x_0, x_1, x_2, \cdots, x_n = b$，把区间 $[a,b]$ 分成 n(偶数) 个长度相等的小区间，各分点对应的函数值为 $y_0, y_1, \cdots, y_n$，曲线 $y = f(x)$ 也相应地被分成 n 个小弧段，设曲线上的分点依次为 $M_0, M_1, \cdots, M_n$(图5.9).

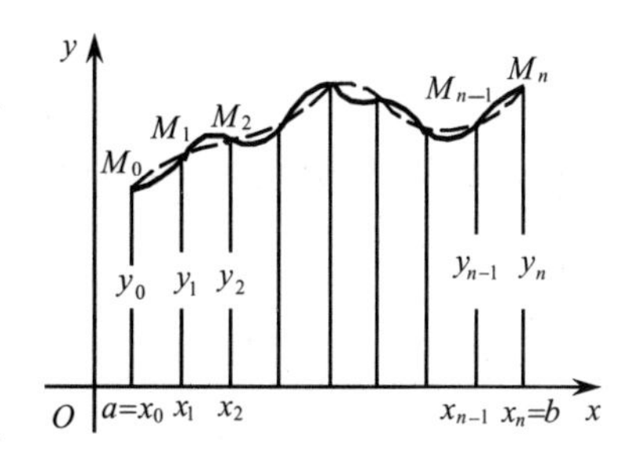

图 5.9

过三点可以确定一条抛物线 $y = px^2 + qx + r$，在每两个相邻的小区间上经过曲线上三个相应的分点作一条抛物线，这样可得到一个曲边梯形. 将这些曲边梯形的面积加起来就可以作为所求定积分的一个近似值. 由于两个相邻区间决定一条抛物线，所以用抛物线法时，必须将区间 $[a,b]$ 分成偶数个小区间.

下面先计算在 $[-h,h]$ 上以过三点 $M_0'(-h, y_0)$，$M_1'(0, y_1)$，$M_2'(h, y_2)$ 的抛物线 $y = px^2 + qx + \gamma$ 为曲边的曲边梯形的面积.

因点 M_0', M_1', M_2' 均在抛物线上，故抛物线方程中的系数 p, q, γ 可由下列方程组所确定：

$$\begin{cases} y_0 = ph^2 - qh + \gamma, \\ y_1 = \gamma, \\ y_2 = ph^2 + qh + \gamma. \end{cases}$$

由此得

$$2ph^2 = y_0 - 2y_1 + y_2 .$$

于是所求面积为

$$\begin{aligned} A &= \int_{-h}^{h} (px^2 + qx + \gamma)\mathrm{d}x = \left[\frac{1}{3}px^3 + \frac{1}{2}qx^2 + \gamma x\right]_{-h}^{h} \\ &= \frac{2}{3}ph^3 + 2rh = \frac{1}{3}h(2ph^2 + 6r) \\ &= \frac{1}{3}h(y_0 - 2y_1 + y_2 + 6y_1) = \frac{1}{3}h(y_0 + 4y_1 + y_2), \end{aligned}$$

这曲边梯形的面积只与 M_0', M_1', M_2' 的纵坐标 y_0, y_1, y_2 及底边所在的区间长度 $2h$ 有关.

由上述结果可得，过 M_0, M_1, M_2 三点；过 M_2, M_3, M_4 三点；…；过 M_{n-2}, M_{n-1}，M_n 三点的抛物线所对应的曲边梯形的面积依次为

$$A_1 = \frac{1}{3}h(y_0 + 4y_1 + y_2),$$

$$A_2 = \frac{1}{3}h(y_2 + 4y_3 + y_4),$$

…………

$$A_{\frac{n}{2}}=\frac{1}{3}h(y_{n-2}+4y_{n-1}+y_n),$$

其中 $h=\frac{b-a}{n}$. 把以上 $\frac{n}{2}$ 个曲边梯形的面积加起来，就得到定积分 $\int_a^b f(x)\mathrm{d}x$ 的近似值：

$$\int_a^b f(x)\mathrm{d}x\approx\frac{b-a}{3n}[(y_0+y_n)+2(y_2+y_4+\cdots+y_{n-2})+4(y_1+y_3+\cdots+y_{n-1})].\tag{5.5}$$

公式(5.5)称为**抛物线法公式**，也称为**辛普森(simpson)公式**.

用以上三种方法求定积分近似值时，一般说来，n 取得越大，近似程度就越好.

习题 5-4

*1. 用三种近似计算法计算 $\int_0^1 \mathrm{e}^{-x^2}\mathrm{d}x$.（取 $n=10$，被积函数值取五位小数.）

*2. 用三种近似计算法计算 $\int_1^2\frac{\mathrm{d}x}{x}$ 以求 ln2 的近似值.（取 $n=10$，被积函数值取四位小数.）

第五节 广义积分

前面所讨论的定积分，其积分区间为有限区间且被积函数在积分区间上有界. 但在实际问题中还会遇到积分区间为无穷区间，或者被积函数在积分区间上无界的积分. 它们已经不属于前面所讲的定积分(称为**常义积分**). 因此有必要对定积分作如下两种推广，从而形成**广义积分**的概念.

一、无穷限的广义积分

定义 5.2 设函数 $f(x)$ 在区间 $[a,+\infty)$ 上连续，取 $b>a$，如果极限

$$\lim_{b\to+\infty}\int_a^b f(x)\mathrm{d}x$$

存在，则称此极限为函数 $f(x)$ 在无穷区间 $[a,+\infty)$ 上的广义积分，记作 $\int_a^{+\infty}f(x)\mathrm{d}x$，即

$$\int_a^{+\infty}f(x)\mathrm{d}x=\lim_{b\to+\infty}\int_a^b f(x)\mathrm{d}x.$$

此时也称广义积分 $\int_a^{+\infty}f(x)\mathrm{d}x$ 收敛；如果上述极限不存在，则称广义积分 $\int_a^{+\infty}f(x)\mathrm{d}x$ 发散，这时 $\int_a^{+\infty}f(x)\mathrm{d}x$ 只是一个记号，不再表示任何数值了.

类似地，设函数 $f(x)$ 在区间$(-\infty,b]$上连续，取 $a<b$，如果极限

$$\lim_{a\to-\infty}\int_a^b f(x)\mathrm{d}x$$

存在，则称此极限为函数 $f(x)$ 在无穷区间$(-\infty,b]$上的广义积分，记作 $\int_{-\infty}^b f(x)\mathrm{d}x$，即

$$\int_{-\infty}^b f(x)\mathrm{d}x=\lim_{a\to-\infty}\int_a^b f(x)\mathrm{d}x.$$

这时也称广义积分 $\int_{-\infty}^b f(x)\mathrm{d}x$ 收敛；如果上述极限不存在，则称广义积分 $\int_{-\infty}^b f(x)\mathrm{d}x$ 发散.

设函数 $f(x)$ 在区间$(-\infty,+\infty)$上连续，如果广义积分

$$\int_{-\infty}^0 f(x)\mathrm{d}x \quad 和 \quad \int_0^{+\infty} f(x)\mathrm{d}x$$

都收敛，则称上述两个广义积分之和为函数 $f(x)$ 在无穷区间$(-\infty,+\infty)$上的广义积分，记作 $\int_{-\infty}^{+\infty} f(x)\mathrm{d}x$，即

$$\begin{aligned}\int_{-\infty}^{+\infty} f(x)\mathrm{d}x&=\int_{-\infty}^0 f(x)\mathrm{d}x+\int_0^{+\infty} f(x)\mathrm{d}x\\&=\lim_{a\to-\infty}\int_a^0 f(x)\mathrm{d}x+\lim_{b\to+\infty}\int_0^b f(x)\mathrm{d}x.\end{aligned}$$

这时也称广义积分 $\int_{-\infty}^{+\infty} f(x)\mathrm{d}x$ 收敛；否则就称广义积分 $\int_{-\infty}^{+\infty} f(x)\mathrm{d}x$ 发散.

上述广义积分统称为无穷限的广义积分.

如果已知 $f(x)$ 的一个原函数 $F(x)$，利用牛顿-莱布尼茨公式

$$\int_a^b f(x)\mathrm{d}x=F(x)\Big|_a^b=F(b)-F(a),$$

可以对以上三种广义积分采用比较简洁的写法：

$$\int_a^{+\infty} f(x)\mathrm{d}x=F(x)\Big|_a^{+\infty}=\lim_{x\to+\infty}F(x)-F(a),$$

$$\int_{-\infty}^b f(x)\mathrm{d}x=F(x)\Big|_{-\infty}^b=F(b)-\lim_{x\to-\infty}F(x),$$

$$\int_{-\infty}^{+\infty} f(x)\mathrm{d}x=F(x)\Big|_{-\infty}^{+\infty}=\lim_{x\to+\infty}F(x)-\lim_{x\to-\infty}F(x).$$

当 $\lim\limits_{x\to+\infty}F(x)$ 不存在时，则广义积分 $\int_a^{+\infty} f(x)\mathrm{d}x$ 发散；当 $\lim\limits_{x\to-\infty}F(x)$ 不存在时，则广义积分 $\int_{-\infty}^b f(x)\mathrm{d}x$ 发散；当 $\lim\limits_{x\to+\infty}F(x)$ 与 $\lim\limits_{x\to-\infty}F(x)$ 中至少有一个不存在时，则广义积分 $\int_{-\infty}^{+\infty} f(x)\mathrm{d}x$ 发散.

例 1 判断下列广义积分的敛散性,若收敛,计算广义积分的值.

(1) $\int_0^{+\infty} x\mathrm{e}^{-2x}\mathrm{d}x$; (2) $\int_{-\infty}^{+\infty}\frac{\mathrm{d}x}{1+x^2}$.

解 (1) $\int_0^{+\infty} x\mathrm{e}^{-2x}\mathrm{d}x = -\frac{1}{2}x\mathrm{e}^{-2x}\Big|_0^{+\infty} + \frac{1}{2}\int_0^{+\infty}\mathrm{e}^{-2x}\mathrm{d}x = -\frac{1}{2}\lim\limits_{x\to+\infty} x\mathrm{e}^{-2x} - \frac{1}{4}\mathrm{e}^{-2x}\Big|_0^{+\infty}$

$$= -\frac{1}{4}\lim_{x\to+\infty}\mathrm{e}^{-2x} + \frac{1}{4} = \frac{1}{4}.$$

(注:用洛必达法则计算 $\lim\limits_{x\to+\infty} x\mathrm{e}^{-2x}=0$.)

(2) $\int_{-\infty}^{+\infty}\frac{1}{1+x^2}\mathrm{d}x = \arctan x\Big|_{-\infty}^{+\infty} = \lim\limits_{b\to+\infty}\arctan b - \lim\limits_{a\to-\infty}\arctan a$

$$= \frac{\pi}{2} - \left(-\frac{\pi}{2}\right) = \pi.$$

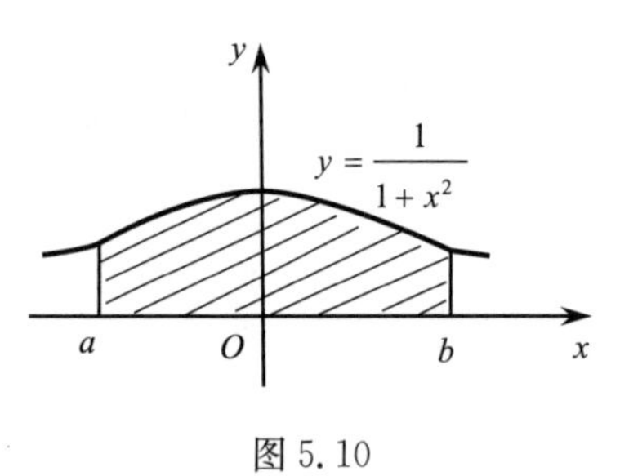

图 5.10

这个广义积分的几何意义是:当 $a\to-\infty$,$b\to+\infty$ 时,虽然图 5.10 中阴影部分向左、右无限延伸,但其面积却有有限值 π,简单地说,它是位于曲线 $y=\frac{1}{1+x^2}$ 的下方,x 轴上方的图形的面积.

例 2 证明广义积分 $\int_a^{+\infty}\frac{\mathrm{d}x}{x^p}$ $(a>0)$ 当 $p>1$ 时收敛,当 $p\leqslant 1$ 时发散.

证 (1) 当 $p=1$ 时,

$$\int_a^{+\infty}\frac{\mathrm{d}x}{x^p} = \int_a^{+\infty}\frac{\mathrm{d}x}{x} = \ln x\Big|_a^{+\infty} = +\infty;$$

(2) 当 $p\neq 1$ 时,

$$\int_a^{+\infty}\frac{\mathrm{d}x}{x^p} = \frac{x^{1-p}}{1-p}\Big|_a^{+\infty} = \begin{cases} +\infty, & p<1, \\ \dfrac{a^{1-p}}{p-1}, & p>1. \end{cases}$$

因此,当 $p>1$ 时,此广义积分收敛,其值为 $\frac{a^{1-p}}{p-1}$;当 $p\leqslant 1$ 时,此广义积分发散.

二、无界函数的广义积分

把定积分推广到被积函数为无界函数的情形.

如果函数 $f(x)$ 在点 a 的任一邻域(左邻域,或右邻域)内都无界,则点 a 称为函数 $f(x)$ 的**瑕点**.

定义 5.3 设函数 $f(x)$ 在 $(a,b]$ 上连续,点 a 为 $f(x)$ 的瑕点. 取 $t>a$,如果极限

$$\lim_{t\to a^+}\int_t^b f(x)\mathrm{d}x$$

存在，则称此极限为函数 $f(x)$ 在 $(a,b]$ 上的广义积分，仍然记作 $\int_a^b f(x)\mathrm{d}x$，即

$$\int_a^b f(x)\mathrm{d}x = \lim_{t\to a^+}\int_t^b f(x)\mathrm{d}x.$$

此时也称广义积分 $\int_a^b f(x)\mathrm{d}x$ 收敛. 如果上述极限不存在，则称广义积分 $\int_a^b f(x)\mathrm{d}x$ 发散.

类似地，设函数 $f(x)$ 在 $[a,b)$ 上连续，点 b 为 $f(x)$ 的瑕点. 取 $t<b$，如果极限

$$\lim_{t\to b^-}\int_a^t f(x)\mathrm{d}x$$

存在，则定义

$$\int_a^b f(x)\mathrm{d}x = \lim_{t\to b^-}\int_a^t f(x)\mathrm{d}x,$$

并称广义积分 $\int_a^b f(x)\mathrm{d}x$ 收敛，否则，称广义积分 $\int_a^b f(x)\mathrm{d}x$ 发散.

设函数 $f(x)$ 在 $[a,b]$ 上除点 $c(a<c<b)$ 外连续，点 c 为 $f(x)$ 的瑕点. 如果两个广义积分

$$\int_a^c f(x)\mathrm{d}x \quad 与 \quad \int_c^b f(x)\mathrm{d}x$$

都收敛，则称广义积分

$$\begin{aligned}\int_a^b f(x)\mathrm{d}x &= \int_a^c f(x)\mathrm{d}x + \int_c^b f(x)\mathrm{d}x \\ &= \lim_{t\to c^-}\int_a^t f(x)\mathrm{d}x + \lim_{t\to c^+}\int_t^b f(x)\mathrm{d}x\end{aligned}$$

收敛，否则，称广义积分 $\int_a^b f(x)\mathrm{d}x$ 发散.

无界函数的广义积分又称为瑕积分.

计算无界函数的广义积分，也可借助于牛顿-莱布尼茨公式.

设 $x=a$ 为 $f(x)$ 的瑕点，在 $(a,b]$ 上 $F'(x)=f(x)$，如果极限 $\lim\limits_{x\to a^+}F(x)$ 存在，则广义积分

$$\int_a^b f(x)\mathrm{d}x = F(b) - \lim_{x\to a^+}F(x),$$

如果 $\lim\limits_{x\to a^+}F(x)$ 不存在，则广义积分 $\int_a^b f(x)\mathrm{d}x$ 发散.

这里仍用记号 $F(x)\Big|_a^b$ 来表示 $F(b)-\lim\limits_{x\to a^+}F(x)$，从而形式上仍有

$$\int_a^b f(x)\mathrm{d}x = F(x)\Big|_a^b.$$

对于 $f(x)$ 在 $[a,b)$ 上连续，b 为瑕点的广义积分仍有类似的计算公式，不再详述.

例 3　计算广义积分：

(1) $\int_0^a \frac{\mathrm{d}x}{\sqrt{a^2-x^2}}\ (a>0)$；　　(2) $\int_0^1 \ln x \mathrm{d}x$.

解　(1) 因为 $\lim\limits_{x\to a^-}\frac{1}{\sqrt{a^2-x^2}}=+\infty$，所以点 $x=a$ 是瑕点，于是

$$\int_0^a \frac{\mathrm{d}x}{\sqrt{a^2-x^2}}=\arcsin\frac{x}{a}\Big|_0^a=\lim_{x\to a^-}\arcsin\frac{x}{a}-0=\frac{\pi}{2}.$$

(2) 因为 $\lim\limits_{x\to 0^+}\ln x=-\infty$，所以点 $x=0$ 是瑕点，于是

$$\int_0^1 \ln x\mathrm{d}x=x\ln x\Big|_0^1-\int_0^1\mathrm{d}x=0-\lim_{x\to 0^+}x\ln x-1$$

$$=-\lim_{x\to 0^+}\frac{\ln x}{\frac{1}{x}}-1=-\lim_{x\to 0^+}\frac{\frac{1}{x}}{-\frac{1}{x^2}}-1=-1.$$

这两个广义积分的几何意义是

$\int_0^a \frac{\mathrm{d}x}{\sqrt{a^2-x^2}}$ 表示位于曲线 $y=\frac{1}{\sqrt{a^2-x^2}}$ 之下，x 轴之上，直线 $x=0$ 与 $x=a$ 之间的开口曲边梯形的面积(图 5.11) 为 $\frac{\pi}{2}$；

$\int_0^1 \ln x\mathrm{d}x$ 表示位于 x 轴之下，曲线 $y=\ln x$ 之上，直线 $x=0$ 与 $x=1$ 之间的图形面积(图 5.12) 为 1.

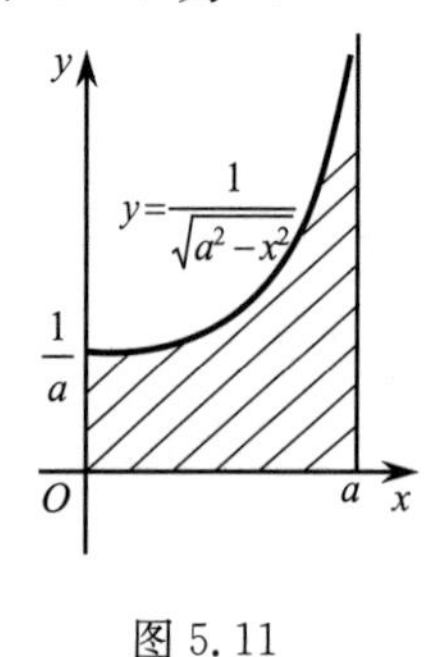

图 5.11

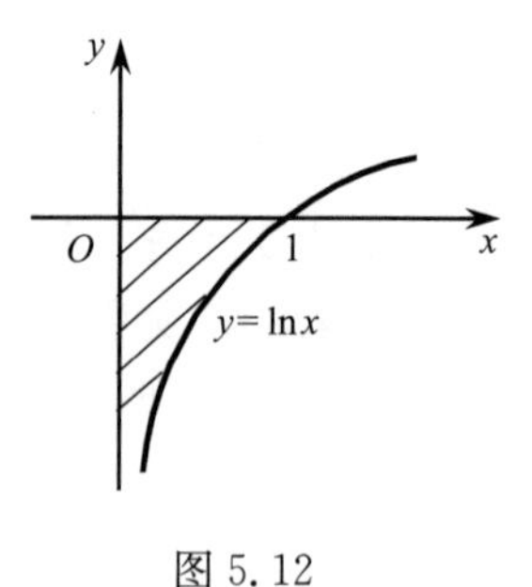

图 5.12

例 4　讨论广义积分 $\int_{-1}^1 \frac{\mathrm{d}x}{x^2}$ 的收敛性.

解　被积函数 $f(x)=\frac{1}{x^2}$ 在积分区间 $[-1,1]$ 上除 $x=0$ 外连续，且 $\lim\limits_{x\to 0}\frac{1}{x^2}=\infty$，

点 $x=0$ 为 $f(x)=\dfrac{1}{x^2}$ 的瑕点. 由于

$$\int_0^1 \frac{1}{x^2}\mathrm{d}x=-\frac{1}{x}\Big|_0^1=-1+\lim_{x\to 0^+}\frac{1}{x}=+\infty,$$

即广义积分 $\int_0^1 \frac{1}{x^2}\mathrm{d}x$ 发散,从而广义积分 $\int_{-1}^1 \frac{1}{x^2}\mathrm{d}x$ 发散.

注意　如果疏忽了 $x=0$ 是被积函数的瑕点,就会得到以下的错误结果:

$$\int_{-1}^1 \frac{\mathrm{d}x}{x^2}=-\frac{1}{x}\Big|_{-1}^1=-(1+1)=-2.$$

例 5　证明广义积分 $\int_0^1 \frac{\mathrm{d}x}{x^p}$,当 $0<p<1$ 时收敛;当 $p\geqslant 1$ 时发散.

证　当 $p=1$ 时,

$$\int_0^1 \frac{1}{x^p}\mathrm{d}x=\int_0^1 \frac{1}{x}\mathrm{d}x=\ln x\Big|_0^1=0-\lim_{x\to 0^+}\ln x=+\infty.$$

当 $p\neq 1$ 时,

$$\int_0^1 \frac{1}{x^p}\mathrm{d}x=\frac{x^{1-p}}{1-p}\Big|_0^1=\frac{1}{1-p}-\lim_{x\to 0^+}\frac{x^{1-p}}{1-p}=\begin{cases}\dfrac{1}{1-p}, & p<1,\\ +\infty, & p>1.\end{cases}$$

故当 $p<1$ 时,$\int_0^1 \frac{\mathrm{d}x}{x^p}$ 收敛于 $\frac{1}{1-p}$,当 $p\geqslant 1$ 时 $\int_0^1 \frac{\mathrm{d}x}{x^p}$ 发散.

*三、Γ 函数

称函数

$$\Gamma(s)=\int_0^{+\infty} \mathrm{e}^{-x}x^{s-1}\mathrm{d}x \quad (s>0)$$

为 Γ 函数.

这是一个广义积分,它有双重广义性. 一方面,积分区间为无穷区间;而另一方面,当 $s-1<0$ 时,$x=0$ 是被积函数的无穷间断点. 为了讨论它的敛散性,有必要把积分分成两部分来讨论. 令

$$\int_0^{+\infty} \mathrm{e}^{-x}x^{s-1}\mathrm{d}x=\int_0^1 \mathrm{e}^{-x}x^{s-1}\mathrm{d}x+\int_1^{+\infty} \mathrm{e}^{-x}x^{s-1}\mathrm{d}x=I_1+I_2.$$

分别讨论 I_1 与 I_2 的敛散性. 先讨论 I_1.

(1) 当 $s\geqslant 1$ 时,I_1 是常义积分;

(2) 当 $0<s<1$ 时,因为

$$\mathrm{e}^{-x}x^{s-1}=\frac{1}{x^{1-s}}\cdot\frac{1}{\mathrm{e}^x}<\frac{1}{x^{1-s}},$$

而 $1-s<1$,根据广义积分的比较审敛法①,I_1 收敛.

再讨论 I_2. 因为

$$\lim_{x\to+\infty} x^2(e^{-x}x^{s-1}) = \lim_{x\to+\infty}\frac{x^{s+1}}{e^x} = 0,$$

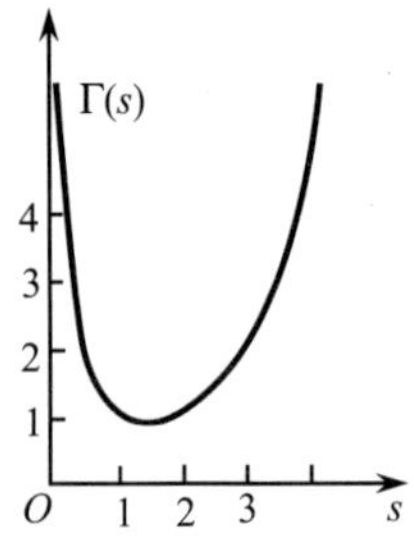

根据广义积分的极限审敛法②,I_2 也收敛.

由以上讨论即得广义积分 $\int_0^{+\infty} e^{-x}x^{s-1}dx$ 当 $s>0$ 时均收敛. Γ 函数的图形如图 5.13 所示.

图 5.13

Γ 函数有下面几个重要性质:

(1) 递推公式:$\Gamma(s+1)=s\Gamma(s)\ (s>0)$.

一般地,对于任何正整数 n,有

$$\Gamma(n+1)=n!,$$

所以可以把 Γ 函数看成是阶乘的推广.

(2) 当 $s\to 0^+$ 时,$\Gamma(s)\to+\infty$.

(3) 余元公式:$\Gamma(s)\Gamma(1-s)=\dfrac{\pi}{\sin\pi s}\ (0<s<1)$.

此公式不作证明.

当 $s=\dfrac{1}{2}$ 时,由余元公式可得

$$\Gamma\left(\frac{1}{2}\right)=\sqrt{\pi}.$$

(4) $\int_0^{+\infty} e^{-u^2}u^t dt = \dfrac{1}{2}\Gamma\left(\dfrac{1+t}{2}\right)\ (t>-1)$.

证　在 $\Gamma(s)=\int_0^{+\infty}e^{-x}x^{s-1}dx$ 中,作代换 $x=u^2$,就有

$$\Gamma(s)=2\int_0^{+\infty}e^{-u^2}u^{2s-1}du. \tag{5.6}$$

再令 $2s-1=t$ 或 $s=\dfrac{1+t}{2}$,即有

$$\int_0^{+\infty}e^{-u^2}u^t dt = \frac{1}{2}\Gamma\left(\frac{1+t}{2}\right)\quad(t>-1).$$

上式左端是应用上常用的积分,它的值可以通过上式用 Γ 函数计算出来.

---

① 广义积分的比较审敛法:设函数 $f(x)$ 在区间 $(a,b]$ 上连续,且 $f(x)\geqslant 0$,$\lim\limits_{x\to a^+}f(x)=+\infty$,如果存在常数 $M>0$ 及 $q<1$,使得 $f(x)\leqslant\dfrac{M}{(x-a)^q}(a<x\leqslant b)$,则广义积分 $\int_a^b f(x)dx$ 收敛.

② 广义积分的极限审敛法:设函数 $f(x)$ 在区间 $[a,+\infty)\ (a>0)$ 上连续,且 $f(x)\geqslant 0$. 如果存在常数 $p>1$,使得 $\lim\limits_{x\to+\infty}x^p f(x)$ 存在,则广义积分 $\int_a^{+\infty}f(x)dx$ 收敛.

在式(5.6)中,令 $s=\frac{1}{2}$ 得

$$\Gamma\left(\frac{1}{2}\right)=2\int_0^{+\infty}\mathrm{e}^{-u^2}\,\mathrm{d}u=\sqrt{\pi},$$

从而

$$\int_0^{+\infty}\mathrm{e}^{-u^2}\,\mathrm{d}u=\frac{\sqrt{\pi}}{2}.$$

上式左端的积分是概率论中常用的积分.

Γ 函数在数学上可用来简化某些广义积分,而且在数学的许多应用学科如概率统计,偏微分方程及其他工程问题的数学模型中,Γ 函数等广义积分形式的函数常被用来求解微分方程或差分方程,所以用广义积分定义的 Γ 函数是一类重要的特殊函数.

习题 5-5

1. 判别下列各广义积分的收敛性,如果收敛,计算广义积分:

(1) $\int_0^{+\infty}\mathrm{e}^{-\sqrt{x}}\,\mathrm{d}x$;

(2) $\int_{-\infty}^0\cos x\,\mathrm{d}x$;

(3) $\int_0^{+\infty}\frac{x}{1+x^2}\,\mathrm{d}x$;

(4) $\int_0^{+\infty}x^2\mathrm{e}^{-x}\,\mathrm{d}x$;

(5) $\int_1^2\frac{x}{\sqrt{x-1}}\,\mathrm{d}x$;

(6) $\int_{-\infty}^{+\infty}\frac{\mathrm{d}x}{x^2+2x+2}$;

(7) $\int_0^1\frac{x\,\mathrm{d}x}{\sqrt{1-x^2}}\,\mathrm{d}x$;

(8) $\int_0^2\frac{\mathrm{d}x}{(1-x)^2}$;

(9) $\int_0^2\frac{x^3}{\sqrt{4-x^2}}\,\mathrm{d}x$;

(10) $\int_0^{+\infty}\frac{\mathrm{d}x}{\sqrt{x(x+1)^3}}$;

(11) $\int_1^{\mathrm{e}}\frac{\mathrm{d}x}{x\sqrt{1-(\ln x)^2}}$;

(12) $\int_0^1\frac{\mathrm{d}x}{\sqrt{x(1-x)}}$.

*2. 当 k 为何值时,广义积分 $\int_2^{+\infty}\frac{\mathrm{d}x}{x(\ln x)^k}$ 收敛?又 k 为何值时,此广义积分发散?又当 k 为何值时,这广义积分取得最小值?

*3. 利用递推公式计算广义积分 $I_n=\int_0^{+\infty}x^n\mathrm{e}^{-x}\,\mathrm{d}x$.

*4. 证明广义积分 $\int_a^b\frac{\mathrm{d}x}{(x-a)^p}$ 当 $p<1$ 时收敛;当 $p\geqslant 1$ 时发散.

第五章总习题

1. 填空题:

(1) 函数 $f(x)$ 在$[a,b]$上有界是 $f(x)$ 在$[a,b]$上可积的________条件,而 $f(x)$ 在$[a,b]$上连续是 $f(x)$ 在$[a,b]$上可积的________条件;

*(2) 设 $f(x)=\ln x-2x^2\int_1^e \frac{f(t)}{t}dt$,则 $f(x)=$ ________;

(3) $f(x)$ 是连续函数,且$\int_0^{x^3-1}f(t)dt=x$,则 $f(7)=$ ________;

(4) $\int_1^{+\infty}\frac{dx}{x(x^2+1)}=$ ________;

(5) $M=\int_{-\frac{\pi}{2}}^{\frac{\pi}{2}}\frac{\sin^3 x}{1+x^2}\cos^4 x dx$, $N=\int_{-\frac{\pi}{2}}^{\frac{\pi}{2}}(\sin^3 x+\cos^4 x)dx$, $p=\int_{-\frac{\pi}{2}}^{\frac{\pi}{2}}(x^2\sin^3 x-\cos^4 x)dx$,则 M, N,P 的大小顺序为________.

2. 单项选择题:

*(1) 设 $F(x)=\int_x^{x+2\pi}e^{\sin t}\sin t dt$,则 $F(x)$ ( ).

(A) 为正常数; (B) 为负常数;

(C) 恒为零; (D) 不为常数.

*(2) 设 $f(x)$ 连续,则$\frac{d}{dx}\int_0^x tf(x^2-t^2)dt=$ ( ).

(A) $xf(x^2)$; (B) $-xf(x^2)$;

(C) $2xf(x^2)$; (D) $-2xf(x^2)$.

*(3) 若函数 $f(x)$ 与 $g(x)$ 在$(-\infty,+\infty)$上皆可导,且 $f(x)<g(x)$,则必有( ).

(A) $f(-x)>g(-x)$; (B) $f'(x)<g'(x)$;

(C) $\lim\limits_{x\to x_0}f(x)<\lim\limits_{x\to x_0}g(x)$; (D) $\int_0^x f(t)dt<\int_0^x g(t)dt$.

*(4) 设 $f(x)$ 是连续函数,$F(x)$ 是 $f(x)$ 的原函数,则( ).

(A) 当 $f(x)$ 是奇函数时,$F(x)$ 必为偶函数;

(B) 当 $f(x)$ 是偶函数时,$F(x)$ 必为奇函数;

(C) 当 $f(x)$ 是周期函数时,$F(x)$ 必为周期函数;

(D) 当 $f(x)$ 是单调增函数时,$F(x)$ 必为单调增函数.

(5) 下列广义积分中收敛的是( ).

(A) $\int_e^{+\infty}\frac{\ln x}{x}dx$; (B) $\int_e^{+\infty}\frac{dx}{x\ln x}$;

(C) $\int_e^{+\infty}\frac{dx}{x(\ln x)^2}$; (D) $\int_e^{+\infty}\frac{dx}{x\sqrt{\ln x}}$.

(6) 设函数 $f(x)=\int_0^{1-\cos x}\sin t^2 dt$, $g(x)=\frac{x^5}{5}+\frac{x^6}{6}$,则当 $x\to 0$ 时,$f(x)$ 是 $g(x)$ 的( ).

(A) 低阶无穷小; (B) 高阶无穷小;

(C) 等价无穷小; (D) 同阶但不等价的无穷小.

3. 已知函数 $f(x)=\int_0^x e^{-\frac{1}{2}t^2}dt$ $(-\infty<x<+\infty)$,试求:

(1) $f'(x)$; (2) $f(x)$ 的单调性;

(3) $f(x)$ 的奇偶性; (4) $y=f(x)$ 图形的拐点;

(5) $y=f(x)$ 图形的凹凸性.

4. 计算下列极限:

(1) $\lim\limits_{n\to\infty}\frac{1}{n}\sum\limits_{i=1}^{n}\sqrt{1+\frac{i}{n}}$；　　(2) $\lim\limits_{n\to\infty}\frac{1^p+2^p+\cdots+n^p}{n^{p+1}}$ $(p>0)$；

*(3) $\lim\limits_{n\to\infty}\ln\frac{\sqrt[n]{n!}}{n}$；　　(4) $\lim\limits_{x\to a}\frac{x\int_a^x f(t)\mathrm{d}t}{x-a}$，其中 $f(x)$ 连续.

5. 下列计算正确吗?请说明理由.

(1) $\int_{-1}^{1}\frac{\mathrm{d}x}{1+x^2}=-\int_{-1}^{1}\frac{\mathrm{d}\left(\frac{1}{x}\right)}{1+\left(\frac{1}{x}\right)^2}=-\arctan\frac{1}{x}\Big|_{-1}^{1}=-\frac{\pi}{2}$；

(2) 因为$\int_{-1}^{1}\frac{\mathrm{d}x}{x^2+x+1}\xlongequal{x=\frac{1}{t}}-\int_{-1}^{1}\frac{\mathrm{d}t}{t^2+t+1}$,所以

$$\int_{-1}^{1}\frac{\mathrm{d}x}{x^2+x+1}=0;$$

(3) $\int_{-\infty}^{+\infty}\frac{x}{1+x^2}\mathrm{d}x=\lim\limits_{A\to+\infty}\int_{-A}^{A}\frac{x}{1+x^2}\mathrm{d}x=0.$

6. 已知$\lim\limits_{x\to\infty}\left(\frac{x-a}{x+a}\right)^x=\int_a^{+\infty}4x^2\mathrm{e}^{-2x}\mathrm{d}x$,求非零常数 a 的值.

*7. 设 $f(x)$，$g(x)$ 在区间$[a,b]$上均连续,证明：

$$\left(\int_a^b f(x)g(x)\mathrm{d}x\right)^2\leqslant\int_a^b f^2(x)\mathrm{d}x\cdot\int_a^b g^2(x)\mathrm{d}x \quad \text{（柯西-施瓦茨不等式）}.$$

*8. 设 $f(x)$ 在区间$[a,b]$上连续,且 $f(x)>0$. 证明：

$$\int_a^b f(x)\mathrm{d}x\cdot\int_a^b\frac{\mathrm{d}x}{f(x)}\geqslant(b-a)^2.$$

9. 设 $f(x)$ 在区间$[a,b]$上连续,且 $f(x)>0$,

$$F(x)=\int_a^x f(t)\mathrm{d}t+\int_b^x\frac{\mathrm{d}t}{f(t)},\quad x\in[a,b].$$

证明：

(1) $F'(x)\geqslant 2$；

(2) 方程 $F(x)=0$ 在区间(a,b)内有且仅有一个根.

*10. 证明积分第一中值定理：

如果 $f(x)$ 在区间$[a,b]$上连续,$g(x)$ 在区间$[a,b]$上连续且不变号,则至少存在一点 $\xi\in[a,b]$,使得

$$\int_a^b f(x)g(x)\mathrm{d}x=f(\xi)\int_a^b g(x)\mathrm{d}x.$$

11. 设 $f(x)$ 为连续函数,证明：

$$\int_0^x f(t)(x-t)\mathrm{d}t=\int_0^x\left(\int_0^t f(u)\mathrm{d}u\right)\mathrm{d}t.$$

*12. 设 $p>0$,证明：

$$\frac{p}{p+1}<\int_0^1\frac{\mathrm{d}x}{1+x^p}<1.$$

13. 已知 $f(\pi)=-3$,且$\int_0^{\pi}[f(x)+f''(x)]\sin x\mathrm{d}x=5$,求 $f(0)$.

*14. 设 $f(x)$ 在闭区间$[0,1]$上连续，在$(0,1)$内可导，且满足 $f(1)=3\int_0^{\frac{1}{3}} \mathrm{e}^{1-x^2} f(x)\mathrm{d}x$. 证明存在 $\xi \in (0,1)$，使得 $f'(\xi)=2\xi f(\xi)$.

*15. 设 $I_1=\int_0^{\frac{\pi}{4}} \frac{\tan x}{x}\mathrm{d}x$, $I_2=\int_0^{\frac{\pi}{4}} \frac{x}{\tan x}\mathrm{d}x$，试比较 I_1, I_2 与 1 三者之间的大小.

*16. 已知函数 $f(x)$ 连续，且$\int_0^x tf(2x-t)\mathrm{d}t=\frac{1}{2}\arctan x^2$, $f(1)=1$，求$\int_1^2 f(x)\mathrm{d}x$.

17. 计算$\int_1^{+\infty} \frac{\mathrm{d}x}{\mathrm{e}^{1+x}+\mathrm{e}^{3-x}}$.

*18. 已知 $f(x)=\begin{cases} x, & 0\leqslant x<1, \\ 2-x, & 1\leqslant x\leqslant 2, \\ 0, & \text{其他}. \end{cases}$ 求 $F(x)=\int_{-\infty}^x f(t)\mathrm{d}t$ 在$(-\infty,+\infty)$内的表达式.

第六章　定积分的应用

本章将讨论定积分在几何、物理、经济方面的一些应用.在讨论前,我们先介绍在物理学和工程科学中普遍采用的元素法,然后应用元素法解决一些实际问题.

第一节　元　素　法

第五章第一节中,介绍了现实中的许多计算问题可以归结为定积分问题:

$$\lim_{\lambda\to 0}\sum_{i=1}^{n} f(\xi_i)\Delta x_i = \int_a^b f(x)\mathrm{d}x.$$

建立这个数学模型,涉及以下过程:

(1) 任意分割区间$[a,b]$:$[x_0,x_1]$,$[x_1,x_2]$,$\cdots$,$[x_{n-1},x_n]$(其中 $x_0=a$,$x_n=b$);

(2) 任意取介点:$\xi_i\in[x_{i-1},x_i]$,记 $\Delta x_i=x_i-x_{i-1}(i=1,2,\cdots,n)$;

(3) 作和取极限:$\lim\limits_{\lambda\to 0}\sum\limits_{i=1}^{n} f(\xi_i)\Delta x_i$,当该和式极限存在唯一时,称 $f(x)$在$[a,b]$上可积,或定积分存在.

但是,当已知 $f(x)$在$[a,b]$上可积时,上述这种构建数学模型的过程是可以大大地简化的. 其原因如下:

(1) 当 $f(x)$在$[a,b]$上可积时,特殊地取 $\Delta x_i\equiv\Delta x$,$\xi_i=x_{i-1}(i=1,2,\cdots,n)$,同样有

$$\lim_{\lambda\to 0}\sum_{i=1}^{n} f(x_{i-1})\Delta x = \int_a^b f(x)\mathrm{d}x.$$

(2) 如果将 x_{i-1}简记成 x,Δx 简记成 $\mathrm{d}x$,即 $x_i=x+\mathrm{d}x$,则和式 $\sum\limits_{i=1}^{n} f(x_{i-1})\Delta x$ 中的一般项 $f(x_{i-1})\Delta x$ 便可简记成 $f(x)\mathrm{d}x$,$\lim\limits_{\lambda\to 0}\sum\limits_{i=1}^{n} f(x_{i-1})\Delta x$ 便可简记成 $\lim\sum f(x)\mathrm{d}x$.

这样,与$\int_a^b f(x)\mathrm{d}x$ 对比,便可得知

被积表达式 $f(x)\mathrm{d}x$ 表示和式 $\sum\limits_{i=1}^{n} f(x_{i-1})\Delta x$ 中的一般项 $f(x_{i-1})\Delta x$;积分号

“$\int_a^b$”表示作和取极限“$\lim\sum$”.

因此，在定积分存在时，建立定积分的模型，只要在区间$[x,x+\mathrm{d}x]\subseteq[a,b]$上找出表示和式中一般项的$f(x)\mathrm{d}x$，称为定积分的**元素**，便得到了定积分的被积表达式，也就得到了定积分的数学模型

$$\int_a^b f(x)\mathrm{d}x.$$

这种获取定积分模型的方法，称为**元素法**(或**微元法**).

第二节 定积分的几何应用

一、平面图形的面积

1. 直角坐标情形

由上一节知道：如果连续函数$f(x)\geqslant 0$，则曲线$y=f(x)$与直线$x=a,x=b$及x轴所围成的平面图形的面积A的**面积元素**为

$$\mathrm{d}A=f(x)\mathrm{d}x.$$

如果$f(x)$在$[a,b]$上有正有负，则它的**面积元素**应是以$|f(x)|$为高、$\mathrm{d}x$为底的矩形面积，即

$$\mathrm{d}A=|f(x)|\mathrm{d}x.$$

于是，总有

$$A=\int_a^b|f(x)|\mathrm{d}x. \tag{6.1}$$

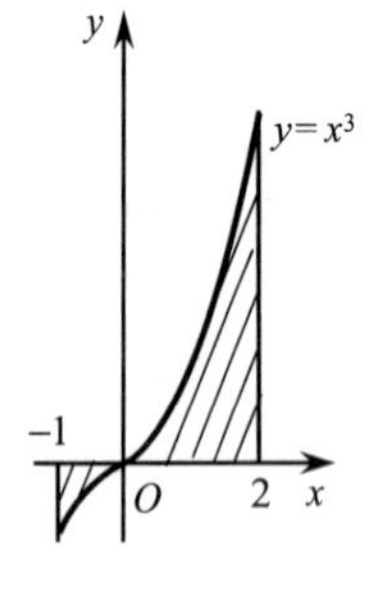

图 6.1

例 1 求由曲线$y=x^3$与直线$x=-1,x=2$及x轴所围成的平面图形的面积.

解 由公式(6.1)得

$$A=\int_{-1}^2|x^3|\mathrm{d}x=\int_{-1}^0(-x^3)\mathrm{d}x+\int_0^2x^3\mathrm{d}x=\frac{17}{4}.$$

也可以先画出$y=x^3$与直线$x=-1,x=2$及x轴所围成的平面图形(图 6.1)，则由定积分的几何意义知

$$A=\int_{-1}^0(-x^3)\mathrm{d}x+\int_0^2x^3\mathrm{d}x=\frac{17}{4}.$$

再讨论由曲线$y=f(x),y=g(x)$与直线$x=a,x=b$所围成的平面图形的面积.

如果$f(x)\geqslant g(x)$，$x\in[a,b]$(图 6.2). 任取一子区间$[x,x+\mathrm{d}x]$，则相应于此小区间图形的面积近似于以$[f(x)-g(x)]$为高，$\mathrm{d}x$为底的矩形面积，从而**面积**

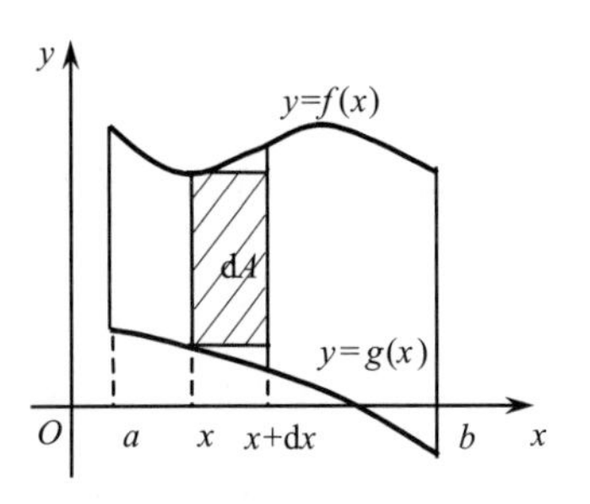

图 6.2

元素

$$dA=[f(x)-g(x)]dx.$$

如果$[f(x)-g(x)]$在$[a,b]$上有正有负，则相应于小区间$[x,x+dx]$的面积的近似值应是$|f(x)-g(x)|dx$，从而**面积元素**

$$dA=|f(x)-g(x)|dx.$$

因此不论什么情况，总有

$$A=\int_a^b|f(x)-g(x)|dx. \qquad (6.2)$$

例 2　求由曲线$y=\sin x$，$y=\cos x$与直线$x=0$，$x=\frac{\pi}{2}$所围成的平面图形的面积.

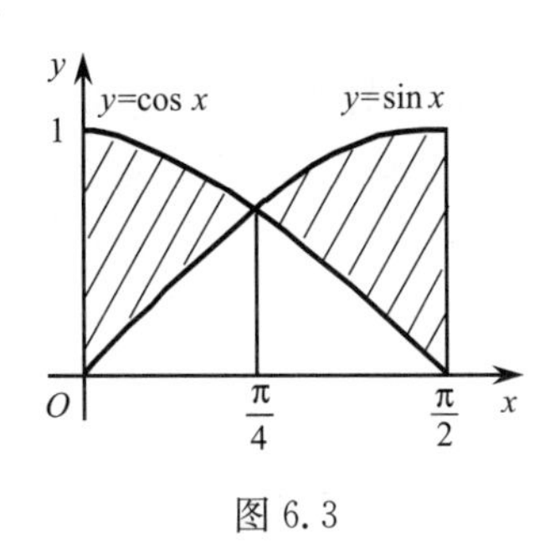

图 6.3

解　这个图形如图 6.3 所示. 由公式(6.2)得

$$A=\int_0^{\frac{\pi}{2}}|\sin x-\cos x|dx.$$

根据正弦函数及余弦函数的性质知，当$x\in\left[0,\frac{\pi}{4}\right]$时，$\sin x\leqslant\cos x$；当$x\in\left[\frac{\pi}{4},\frac{\pi}{2}\right]$时，$\sin x\geqslant\cos x$，所以

$$\begin{aligned}A&=\int_0^{\frac{\pi}{4}}[-(\sin x-\cos x)]dx+\int_{\frac{\pi}{4}}^{\frac{\pi}{2}}(\sin x-\cos x)dx\\&=(\cos x+\sin x)_0^{\frac{\pi}{4}}+(-\cos x-\sin x)_{\frac{\pi}{4}}^{\frac{\pi}{2}}\\&=2(\sqrt{2}-1).\end{aligned}$$

当一个平面图形的面积可以用定积分来表达时，还需要考虑怎样选择积分变量，才能使问题较为简便.

例 3　求由抛物线$y^2=2x$与直线$y=x-4$所围成的平面图形的面积.

解　作出它的草图(图 6.4)，并求抛物线与直线的交点，即解方程组

$$\begin{cases}y^2=2x,\\y=x-4,\end{cases}$$

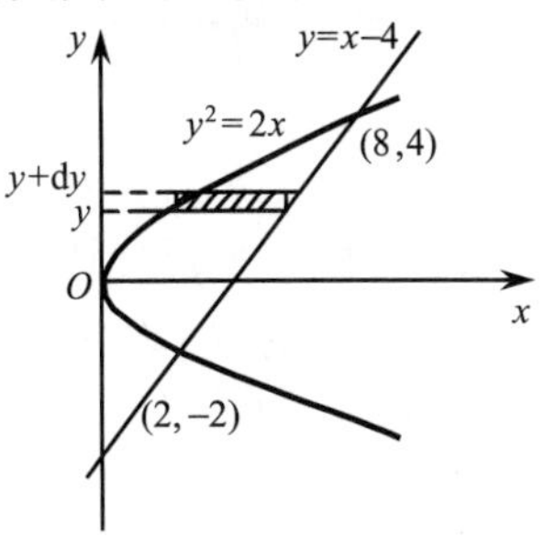

图 6.4

得交点$(2,-2)$和$(8,4)$，从而知道这图形在直线$y=-2$和$y=4$之间.

如果选择y为积分变量，则$y\in[-2,4]$. 相应于$[-2,4]$上任一小区间$[y,y+dy]$的窄条面积近似于高为dy、底为$(y+4)-\frac{1}{2}y^2$的窄矩形的面积，从而得到面积元素

$$dA = \left(y + 4 - \frac{1}{2}y^2\right)dy.$$

以 $\left(y + 4 - \frac{1}{2}y^2\right)dy$ 为被积表达式，在闭区间$[-2,4]$上作定积分，便得所求的面积 A 为

$$A = \int_{-2}^{4}\left(y + 4 - \frac{1}{2}y^2\right)dy = \left(\frac{y^2}{2} + 4y - \frac{y^3}{6}\right)\Bigg|_{-2}^{4} = 18.$$

如果选择 x 为积分变量，则面积的积分表达式就比上式复杂. 读者不妨自己去试试.

2. 参数方程情形

例 4　求椭圆$\frac{x^2}{a^2} + \frac{y^2}{b^2} = 1$所围成的图形的面积.

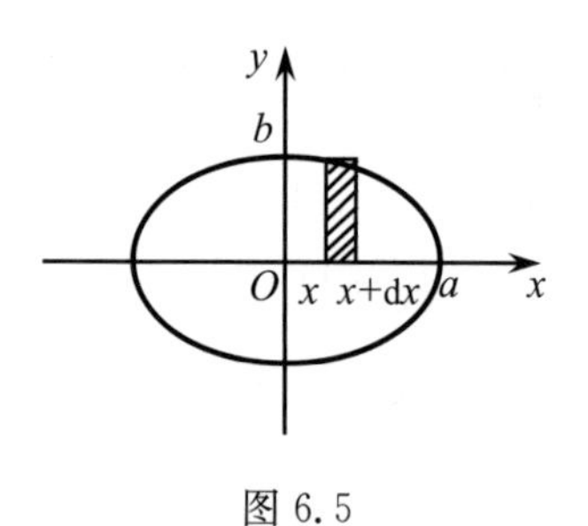

图 6.5

解　因为椭圆关于 x 轴、y 轴都对称(图 6.5)，所以椭圆面积是它在第一象限部分的面积的四倍，即

$$A = 4\int_0^a y\mathrm{d}x.$$

利用椭圆的参数方程

$$\begin{cases} x = a\cos t, \\ y = b\sin t \end{cases} \quad \left(0 \leqslant t \leqslant \frac{\pi}{2}\right),$$

应用定积分的换元积分法，令 $x = a\cos t$，则 $y = b\sin t$，$dx = -a\sin t dt$；当 $x = 0$ 时，$t = \frac{\pi}{2}$；当 $x = a$ 时，$t = 0$，所以

$$\begin{aligned} A &= 4\int_0^a y\mathrm{d}x = 4\int_{\frac{\pi}{2}}^{0} b\sin t(-a\sin t)\mathrm{d}t \\ &= 4ab\int_0^{\frac{\pi}{2}} \sin^2 t\mathrm{d}t = 4ab \cdot \frac{1}{2} \cdot \frac{\pi}{2} = \pi ab. \end{aligned}$$

当 $a = b$ 时，就是所熟悉的圆面积公式 $A = \pi a^2$.

一般地，当曲边梯形的曲边 $y = f(x)$ $(f(x) \geqslant 0,\ x \in [a,b])$ 由参数方程

$$\begin{cases} x = \varphi(t), \\ y = \psi(t) \end{cases}$$

给出时，如果 $x = \varphi(t)$ 适合：$\varphi(\alpha) = a$，$\varphi(\beta) = b$，$\varphi(t)$ 在$[\alpha,\beta]$(或$[\beta,\alpha]$)上具有连续导数，$y = \psi(t)$ 连续，则由曲边梯形的面积公式及定积分的换元公式可知，曲边梯形的面积为

$$A = \int_a^b f(x)\mathrm{d}x = \int_\alpha^\beta \psi(t)\varphi'(t)\mathrm{d}t.$$

3. 极坐标情形

当平面图形的边界曲线以极坐标方程给出比较简单时，可以考虑用极坐标来计算它们的面积.

由曲线 $\rho=\rho(\theta)$ 及射线 $\theta=\alpha$，$\theta=\beta$ 所围成的图形称为**曲边扇形**(图 6.6)，这里 $\rho(\theta)$ 在 $[\alpha,\beta]$ 上连续，且 $\rho(\theta)\geqslant 0$. 现在要计算它的面积.

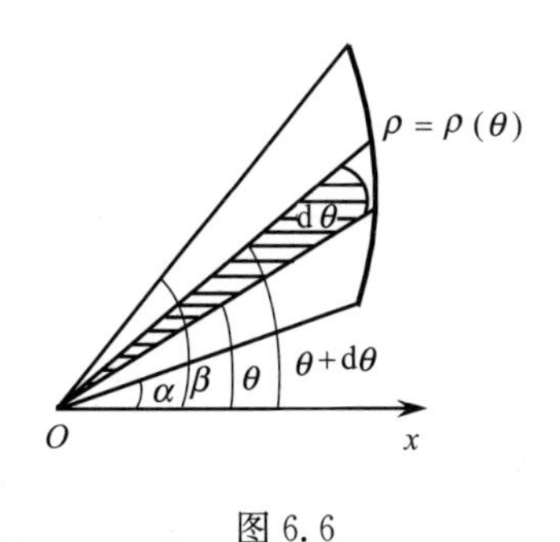

图 6.6

当 θ 在 $[\alpha,\beta]$ 上变动时，极径 $\rho=\rho(\theta)$ 也随之变化，因此所求面积不能直接利用圆扇形面积公式 $A=\dfrac{1}{2}R^2\theta$ 来计算.

取极角 θ 为积分变量，则 $\theta\in[\alpha,\beta]$. 相应于任一小区间 $[\theta,\theta+\mathrm{d}\theta]$ 的窄曲边扇形的面积可用半径为 $\rho=\rho(\theta)$、中心角为 $\mathrm{d}\theta$ 的圆扇形的面积来近似代替，从而得到窄曲边扇形面积的近似值，即曲边扇形的**面积元素**

$$\mathrm{d}A=\frac{1}{2}[\rho(\theta)]^2\mathrm{d}\theta.$$

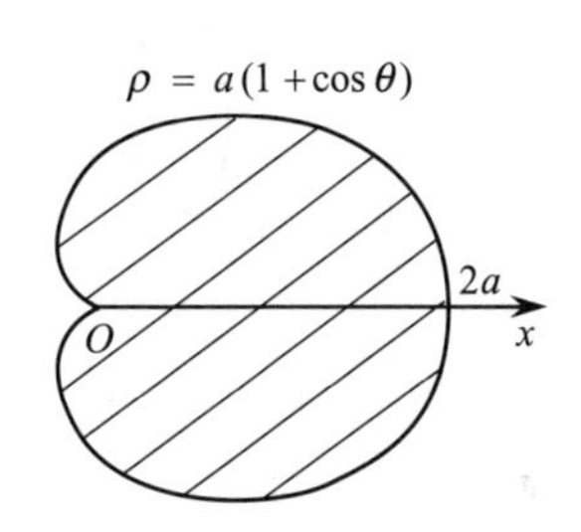

图 6.7

以 $\dfrac{1}{2}[\rho(\theta)]^2\mathrm{d}\theta$ 为被积表达式，在闭区间 $[\alpha,\beta]$ 上作定积分，便得所求曲边扇形的面积为

$$A=\frac{1}{2}\int_{\alpha}^{\beta}[\rho(\theta)]^2\mathrm{d}\theta. \tag{6.3}$$

例 5　计算心形线 $\rho=a(1+\cos\theta)$ $(a>0)$ 所围图形的面积(图 6.7).

解　由对称性，并应用公式(6.3)，得

$$\begin{aligned}A&=2\cdot\frac{1}{2}\cdot\int_0^{\pi}\rho^2(\theta)\mathrm{d}\theta=\int_0^{\pi}a^2(1+\cos\theta)^2\mathrm{d}\theta\\&=a^2\int_0^{\pi}\left[2\cos^2\frac{\theta}{2}\right]^2\mathrm{d}\theta=4a^2\int_0^{\pi}\cos^4\frac{\theta}{2}\mathrm{d}\theta\\&=8a^2\int_0^{\frac{\pi}{2}}\cos^4t\mathrm{d}t=8a^2\cdot\frac{3}{4}\cdot\frac{1}{2}\cdot\frac{\pi}{2}=\frac{3}{2}\pi a^2.\end{aligned}$$

对于由多个曲边扇形拼凑而成的平面图形，可以化为几个曲边扇形分别来计算，举例说明如下：

例 6　求由两条曲线 $\rho=3\cos\theta$ 和 $\rho=1+\cos\theta$ 所围图形的公共部分的面积.

解　作出它的草图(图 6.8)，解方程组

$$\begin{cases}\rho=3\cos\theta,\\\rho=1+\cos\theta,\end{cases}$$

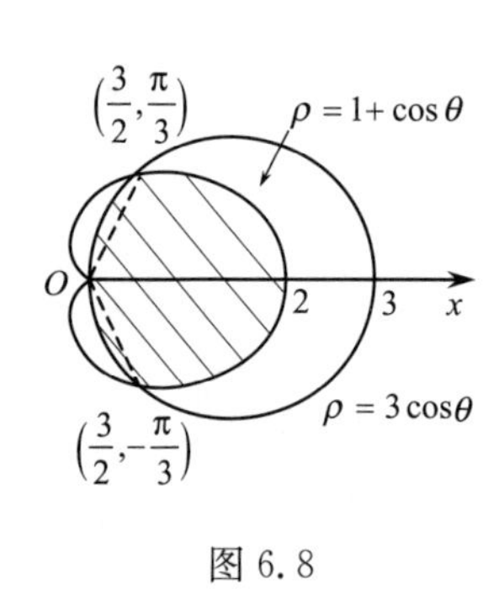

图 6.8

得两曲线的交点为 $\left(\frac{3}{2},\frac{\pi}{3}\right)$，$\left(\frac{3}{2},-\frac{\pi}{3}\right)$. 考虑到图形的对称性，则

$$A=2\int_0^{\frac{\pi}{3}}\frac{1}{2}(1+\cos\theta)^2\mathrm{d}\theta+2\int_{\frac{\pi}{3}}^{\frac{\pi}{2}}\frac{1}{2}(3\cos\theta)^2\mathrm{d}\theta$$
$$=\int_0^{\frac{\pi}{3}}(1+2\cos\theta+\cos^2\theta)\mathrm{d}\theta+\int_{\frac{\pi}{3}}^{\frac{\pi}{2}}9\cos^2\theta\mathrm{d}\theta$$
$$=\left(\frac{3}{2}\theta+2\sin\theta+\frac{1}{4}\sin2\theta\right)_0^{\frac{\pi}{3}}$$
$$+\left(\frac{9}{2}\theta+\frac{9}{4}\sin2\theta\right)_{\frac{\pi}{3}}^{\frac{\pi}{2}}=\frac{5}{4}\pi.$$

二、已知平行截面面积的空间立体体积

设一物体位于平面 $x=a$ 与平面 $x=b$ 之间，过点 x 且垂直于 x 轴的平面截此物体得到的截面面积为 $A(x)$（图 6.9），且 $A(x)$ 为连续函数，求此立体体积.

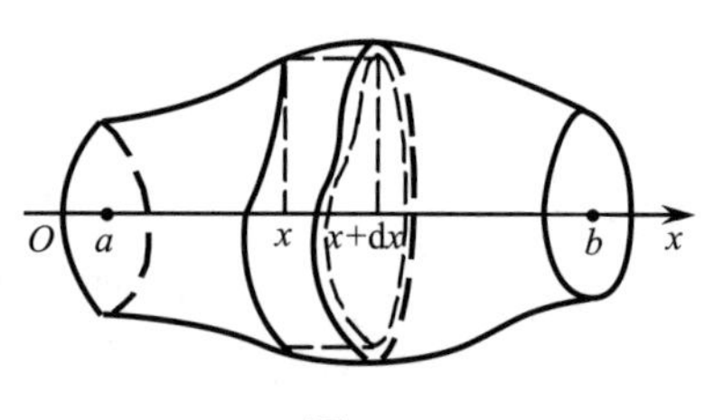

图 6.9

取 x 为积分变量，则 $x\in[a,b]$；立体中相应于 $[a,b]$ 上任一小区间 $[x,x+\mathrm{d}x]$ 的一薄片的体积，近似于底面积为 $A(x)$、高为 $\mathrm{d}x$ 的扁柱体的体积，即**体积元素**

$$\mathrm{d}V=A(x)\mathrm{d}x.$$

以 $A(x)\mathrm{d}x$ 为被积表达式，在 $[a,b]$ 上作定积分，便得所求立体的体积

$$V=\int_a^b A(x)\mathrm{d}x.$$

此公式说明，若两个立体的对应于同一 x 的平行截面的面积恒相等，则两立体的体积必相等. 我国古代数学家就已经知道了这一原理.

例 7　计算底面是半径为 R 的圆，而垂直于底面上一条固定直径的所有截面都是等边三角形的立体体积（图 6.10）.

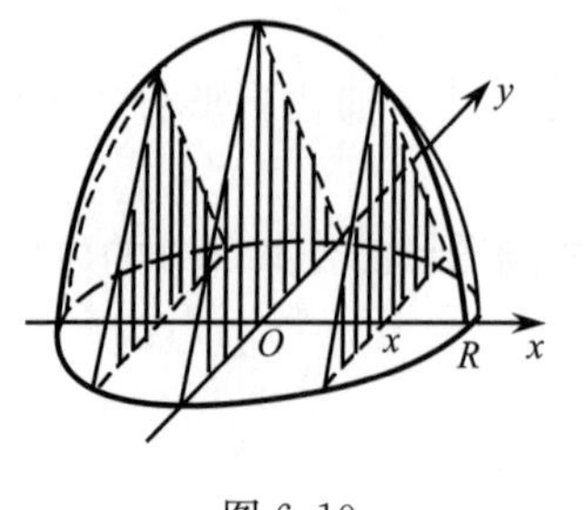

图 6.10

解　如图建立坐标系，则底圆的方程为 $x^2+y^2=R^2$. 对任一 $x(0\leqslant x\leqslant R)$，对应的等边三角形的边长为 $2\sqrt{R^2-x^2}$，高为 $\sqrt{3}\sqrt{R^2-x^2}$，于是截面面积

$$A(x)=\sqrt{3}(R^2-x^2).$$

从而该立体体积为

$$V=\int_{-R}^{R}A(x)\mathrm{d}x=2\int_0^R\sqrt{3}(R^2-x^2)\mathrm{d}x=\frac{4\sqrt{3}}{3}R^3.$$

三、旋转体的体积

平面图形绕着它所在平面内的一条直线旋转一周所成的立体称为**旋转体**，这条直线称为**旋转轴**. 我们所熟悉的圆柱、圆锥、圆台、球体可以分别看成是由矩形绕它的一条边，直角三角形绕它的直角边，直角梯形绕它的直角腰，半圆绕它的直径旋转一周而成的立体，它们都是旋转体.

现在求由连续曲线 $y=f(x)$，直线 $x=a$，$x=b$ 及 x 轴所围成的曲边梯形绕 x 轴旋转一周所成旋转体的体积(图 6.11).

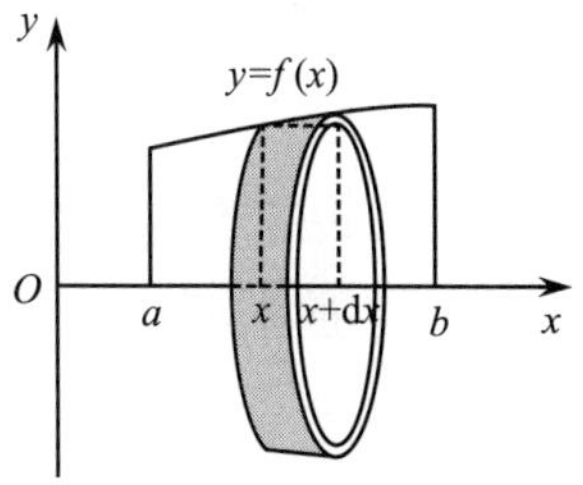

取 x 为积分变量，则 $x\in[a,b]$. 在 $[a,b]$ 上任取一小区间 $[x,x+\mathrm{d}x]$，相应的窄曲边梯形绕 x 轴旋转一周而成的薄片的体积近似于以 $|f(x)|$ 为底半径、$\mathrm{d}x$ 为高的扁圆柱体的体积，从而得到**体积元素**

$$\mathrm{d}V=\pi[f(x)]^2\mathrm{d}x.$$

图 6.11

以 $\pi[f(x)]^2\mathrm{d}x$ 为被积表达式，在闭区间 $[a,b]$ 上作定积分，便得到所求旋转体的体积

$$V=\int_a^b\pi[f(x)]^2\mathrm{d}x.$$

例 8　计算由椭圆 $\dfrac{x^2}{a^2}+\dfrac{y^2}{b^2}=1$ 围成的图形绕 x 轴旋转一周所成的旋转体(称为**旋转椭球体**)的体积.

解　这个旋转椭球体可以看成是由上半椭圆 $y=\dfrac{b}{a}\sqrt{a^2-x^2}$ 与 x 轴围成的图形绕 x 轴旋转一周而成的立体. 所以它的体积

$$V=\int_{-a}^{a}\pi\left[\frac{b}{a}\sqrt{a^2-x^2}\right]^2\mathrm{d}x=\frac{2\pi b^2}{a^2}\int_0^a(a^2-x^2)\mathrm{d}x$$

$$=\frac{2\pi b^2}{a^2}\left[a^2x-\frac{1}{3}x^3\right]_0^a=\frac{4}{3}\pi ab^2.$$

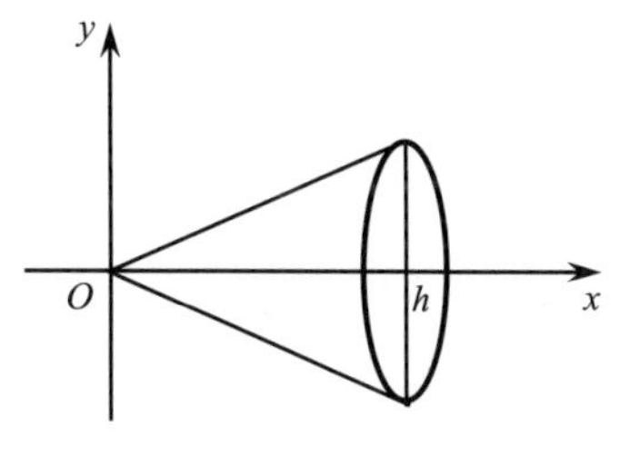

图 6.12

当 $a=b$ 时，旋转椭球体就成为半径为 a 的球体，它的体积为 $\dfrac{4}{3}\pi a^3$.

例 9　求直线 $y=\dfrac{R}{h}x$，直线 $x=h$ 及 x 轴所围成的图形绕 x 轴旋转一周所得的锥体体积(图 6.12).

解　$V=\pi\displaystyle\int_0^h\left(\frac{R}{h}x\right)^2\mathrm{d}x=\frac{1}{3}\pi R^2h.$

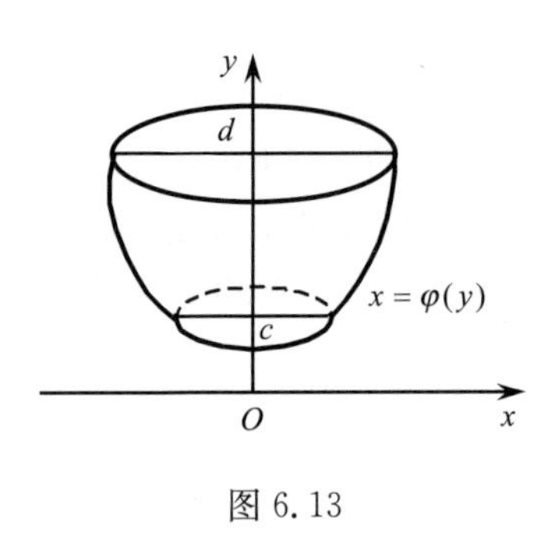

图 6.13

这就是初等数学常见的底半径为R,高为h的圆锥体体积公式.

用类似的方法可以推出:由曲线$x=\varphi(y)$,直线$y=c,y=d(c<d)$与y轴所围成的曲边梯形绕y轴旋转一周而成的旋转体(图6.13)的体积为

$$V=\int_c^d \pi[\varphi(y)]^2 \mathrm{d}y.$$

例 10　计算由正弦曲线弧$y=\sin x$,$x\in[0,\pi]$与x轴围成的图形分别绕x轴、y轴旋转一周所成的旋转体的体积.

解　这个图形绕x轴旋转一周所成的旋转体的体积为

$$V_x=\int_0^\pi \pi\sin^2 x\mathrm{d}x=\frac{\pi}{2}\int_0^\pi(1-\cos 2x)\mathrm{d}x$$
$$=\frac{\pi}{2}\left[x-\frac{1}{2}\sin 2x\right]_0^\pi=\frac{\pi^2}{2}.$$

这个图形绕y轴旋转一周所成的旋转体的体积可以看成平面图形$OABC$与OBC(图6.14)分别绕y轴旋转一周而成的旋转体的体积之差.

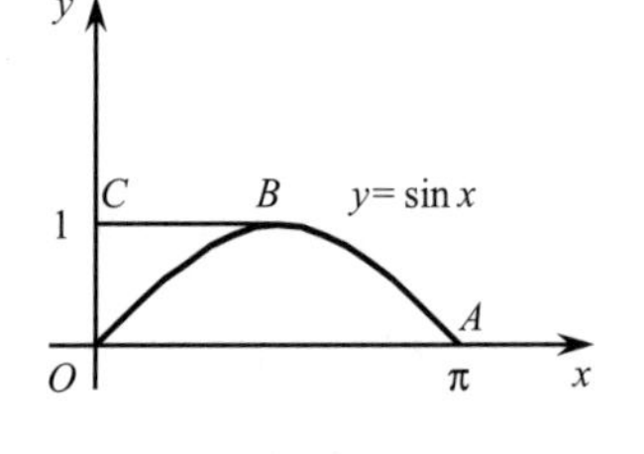

图 6.14

因为弧段$\overset{\frown}{OB}$的方程为$x=\arcsin y(0\leqslant y\leqslant 1)$,弧段$\overset{\frown}{AB}$的方程为$x=\pi-\arcsin y(0\leqslant y\leqslant 1)$,从而所求的体积为

$$V_y=\int_0^1 \pi(\pi-\arcsin y)^2\mathrm{d}y-\int_0^1 \pi(\arcsin y)^2\mathrm{d}y$$
$$=\pi\int_0^1(\pi^2-2\pi\arcsin y)\mathrm{d}y$$
$$=\pi^3-2\pi^2\int_0^1 \arcsin y\mathrm{d}y$$
$$=\pi^3-2\pi^2\left[y\arcsin y\Big|_0^1-\int_0^1\frac{y}{\sqrt{1-y^2}}\mathrm{d}y\right]$$
$$=2\pi^2\int_0^1\frac{y}{\sqrt{1-y^2}}\mathrm{d}y=2\pi^2\left[-\sqrt{1-y^2}\right]_0^1=2\pi^2.$$

四、平面曲线的弧长

1. 弧长的概念

可以利用圆的内接正多边形的周长当边数无限增多时的极限来定义圆的周长.这里用类似的方法来建立平面上连续曲线弧长的概念,从而利用定积分来计算平面曲线的弧长.

设 A、B 是曲线弧的两个端点(图 6.15). 在弧 $\overset{\frown}{AB}$ 上依次任取分点 $A=M_0, M_1, M_2, \cdots, M_{i-1}, M_i, \cdots, M_{n-1}, M_n=B$,并依次连接相邻的分点,得一内接折线. 当分点的数目无限增加且每个小弧段 $\overset{\frown}{M_{i-1}M_i}$ 都缩向一点时,如果折线的长 $\sum_{i=1}^{n}|M_{i-1}M_i|$ 的极限存在,则称此极限为**曲线弧 $\overset{\frown}{AB}$ 的弧长**,并称此曲线弧 $\overset{\frown}{AB}$ 是**可求长**的. 可以证明:光滑曲线弧是可求长的.

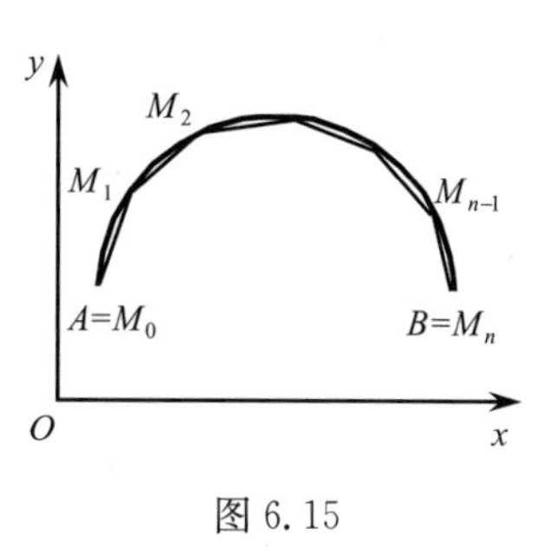

图 6.15

由于光滑曲线弧是可求长的,所以可以利用定积分来计算弧长. 下面利用定积分的元素法推导出平面光滑曲线弧长的计算公式.

2. 平面曲线弧长的计算

(1) 参数方程情形.

当曲线弧由参数方程

$$\begin{cases} x=\varphi(t), \\ y=\psi(t) \end{cases} \quad (\alpha \leqslant t \leqslant \beta)$$

给出,且 $\varphi(t), \psi(t)$ 在 $[\alpha, \beta]$ 上具有连续导数时,取参数 t 为积分变量,则 $t \in [\alpha, \beta]$. 相应于 $[\alpha, \beta]$ 上任一小区间 $[t, t+\mathrm{d}t]$ 的弧段的长度 Δs 近似地等于对应的弦的长度 $\sqrt{(\Delta x)^2+(\Delta y)^2}$,因为

$$\Delta x=\varphi(t+\Delta t)-\varphi(t) \approx \mathrm{d}x=\varphi'(t)\mathrm{d}t,$$
$$\Delta y=\psi(t+\Delta t)-\psi(t) \approx \mathrm{d}y=\psi'(t)\mathrm{d}t,$$

所以 Δs 的近似值(弧微分)即**弧长元素**为

$$\begin{aligned} \mathrm{d}s &= \sqrt{(\mathrm{d}x)^2+(\mathrm{d}y)^2}=\sqrt{\varphi'^2(t)(\mathrm{d}t)^2+\psi'^2(t)(\mathrm{d}t)^2} \\ &= \sqrt{\varphi'^2(t)+\psi'^2(t)}\,\mathrm{d}t. \end{aligned}$$

于是所求弧长为

$$s=\int_{\alpha}^{\beta} \sqrt{\varphi'^2(t)+\psi'^2(t)}\,\mathrm{d}t.$$

(2) 直角坐标情形.

当曲线弧由直角坐标方程

$$y=f(x) \quad (a \leqslant x \leqslant b)$$

给出,且 $f(x)$ 在 $[a, b]$ 上具有一阶连续导数,这时曲线弧可看成参数方程

$$\begin{cases} x=x, \\ y=f(x) \end{cases} \quad (a \leqslant x \leqslant b),$$

故**弧长元素**

$$\mathrm{d}s=\sqrt{1+y'^2(x)}\,\mathrm{d}x,$$

从而所求的弧长

$$s=\int_a^b\sqrt{1+y'^2(x)}\mathrm{d}x.$$

(3) 极坐标情形.

当曲线弧由极坐标方程

$$\rho=\rho(\theta)\quad(\alpha\leqslant\theta\leqslant\beta)$$

给出，且 $\rho(\theta)$ 在$[\alpha,\beta]$上具有连续导数时，则由直角坐标与极坐标的关系可得

$$\begin{cases}x=\rho(\theta)\cos\theta,\\ y=\rho(\theta)\sin\theta\end{cases}\quad(\alpha\leqslant\theta\leqslant\beta),$$

这就是以极角 θ 为参数的曲线弧的参数方程. 于是**弧长元素**为

$$\mathrm{d}s=\sqrt{x'^2(\theta)+y'^2(\theta)}\mathrm{d}\theta=\sqrt{\rho^2(\theta)+\rho'^2(\theta)}\mathrm{d}\theta,$$

从而所求的弧长

$$s=\int_\alpha^\beta\sqrt{\rho^2(\theta)+\rho'^2(\theta)}\mathrm{d}\theta.$$

例 11　求圆 $x^2+y^2=R^2$ 的周长.

解　方法一　由对称性，只需求出第一象限的圆弧长然后 4 倍即可. 这时有

$$y=\sqrt{R^2-x^2}\quad(0\leqslant x\leqslant R),$$

因此圆周长为

$$\begin{aligned}s&=4\int_0^R\sqrt{1+y'^2}\mathrm{d}x=4\int_0^R\sqrt{1+\frac{x^2}{R^2-x^2}}\mathrm{d}x\\&=4R\int_0^R\frac{\mathrm{d}x}{\sqrt{R^2-x^2}}=4R\arcsin\frac{x}{R}\Big|_0^R=2\pi R.\end{aligned}$$

方法二　圆可以用参数方程表示

$$\begin{cases}x=R\cos t,\\ y=R\sin t\end{cases}\quad(0\leqslant t\leqslant 2\pi),$$

于是所求圆周长为

$$\begin{aligned}s&=\int_0^{2\pi}\sqrt{x'^2(t)+y'^2(t)}\mathrm{d}t\\&=\int_0^{2\pi}\sqrt{R^2\sin^2t+R^2\cos^2t}\mathrm{d}t\\&=\int_0^{2\pi}R\mathrm{d}t=2\pi R.\end{aligned}$$

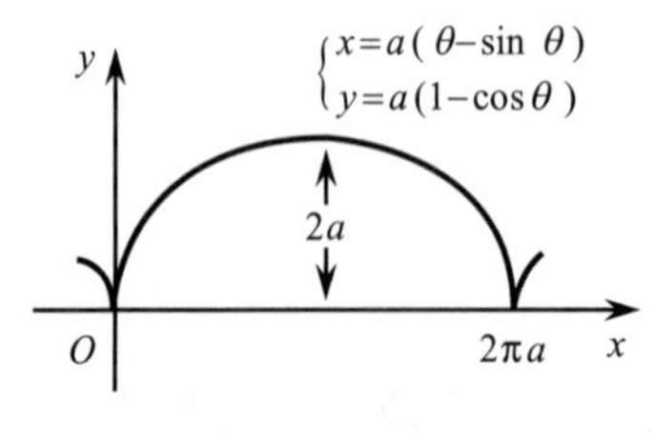

图 6.16

例 12　计算摆线(图 6.16)

$$\begin{cases}x=a(\theta-\sin\theta),\\ y=a(1-\cos\theta)\end{cases}$$

的一拱 $(0\leqslant\theta\leqslant 2\pi)$ 的长度.

解　$s=\int_0^{2\pi}\sqrt{x'^2(\theta)+y'^2(\theta)}\mathrm{d}\theta$

$$=\int_0^{2\pi}\sqrt{a^2(1-\cos\theta)^2+a^2\sin^2\theta}\mathrm{d}\theta$$

$$=\int_0^{2\pi}a\sqrt{2(1-\cos\theta)}\mathrm{d}\theta=2a\int_0^{2\pi}\sin\frac{\theta}{2}\mathrm{d}\theta$$

$$=2a\left[-2\cos\frac{\theta}{2}\right]_0^{2\pi}=8a.$$

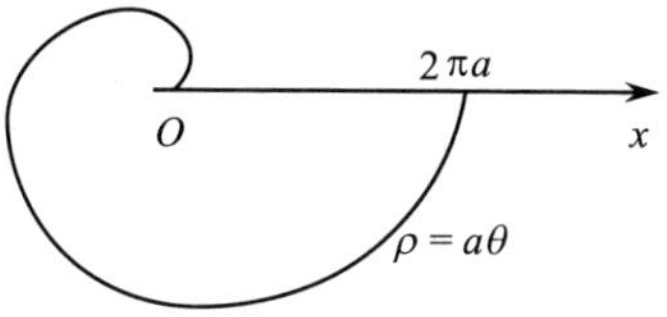

图 6.17

例 13　求阿基米德螺线 $\rho=a\theta(a>0)$ 相应于 θ 从 0 到 2π 一段的弧长(图 6.17).

解　所求弧长为

$$s=\int_0^{2\pi}\sqrt{\rho^2(\theta)+\rho'^2(\theta)}\mathrm{d}\theta=\int_0^{2\pi}\sqrt{a^2\theta^2+a^2}\mathrm{d}\theta$$

$$=a\int_0^{2\pi}\sqrt{1+\theta^2}\mathrm{d}\theta=\frac{a}{2}\left[\theta\sqrt{1+\theta^2}+\ln(\theta+\sqrt{1+\theta^2})\right]_0^{2\pi}$$

$$=\frac{a}{2}\left[2\pi\sqrt{1+4\pi^2}+\ln(2\pi+\sqrt{1+4\pi^2})\right].$$

习题 6-2

1. 写出图 6.18 中各画斜线部分的面积的积分表达式：

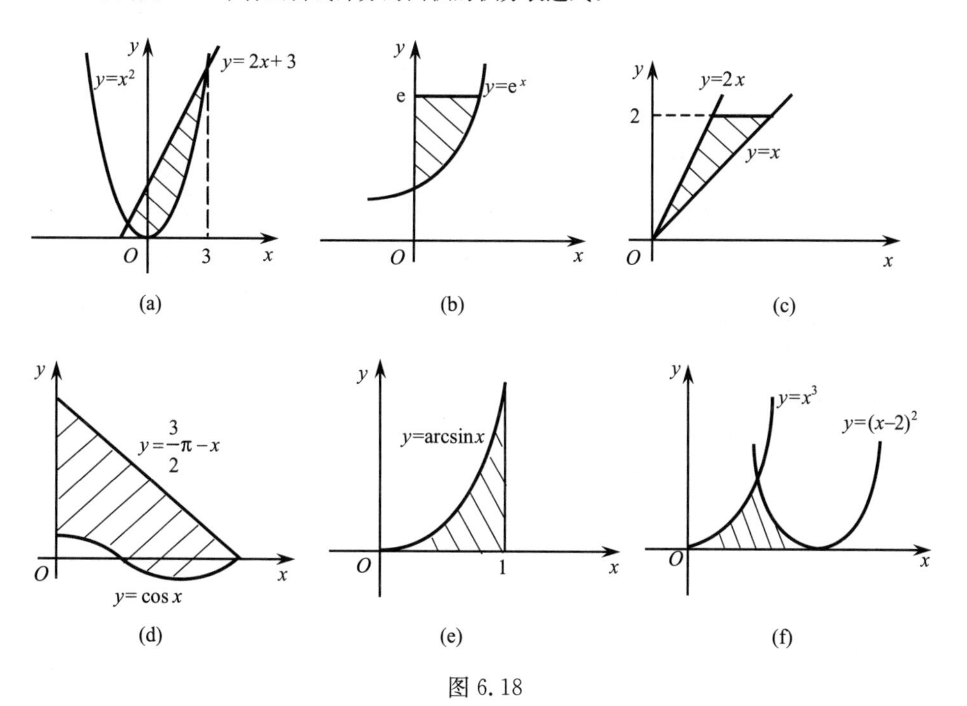

图 6.18

2. 求由下列各曲线所围成的图形的面积：

(1) $y=\frac{1}{x}$ 与直线 $y=x$ 及 $x=2$；

(2) $y^2=x$ 与 $y=x^2$；

(3) $y=6-x^2$ 与直线 $y=3-2x$；

(4) $2y^2=x+4$ 与 $y^2=x$；

(5) $y=\mathrm{e}^x$，$y=\mathrm{e}^{-x}$ 与直线 $x=1$；

(6) $y=\ln x$，y 轴与直线 $y=\ln a$，$y=\ln b$ $(b>a>0)$.

3. 求抛物线 $y=-x^2+4x-3$ 及其在点$(0,-3)$和$(3,0)$处的切线所围成的图形的面积.

4. 求由下列各曲线所围成的图形的面积：

(1) $\rho=2a\cos\theta$；

(2) $x=a\cos^3 t$，$y=a\sin^3 t$；

(3) $\rho=2a(2+\cos\theta)$.

5. 求由摆线 $x=a(t-\sin t)$，$y=a(1-\cos t)$ 的一拱$(0\leqslant t\leqslant 2\pi)$与横轴所围成的图形的面积.

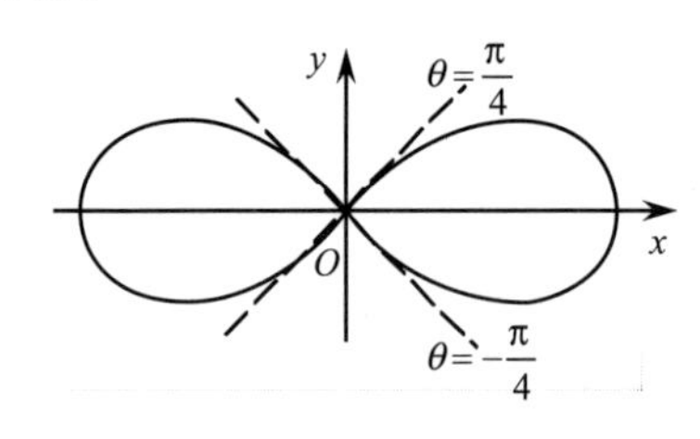

图 6.19

*6. 求双纽线 $\rho^2=a^2\cos 2\theta$(图 6.19)所围成的平面图形的面积.

7. 计算阿基米德螺线 $\rho=a\theta(a>0)$ 上相应于 θ 从 0 变到 2π 的一段弧与极轴所围成的图形的面积.

8. 求下列各曲线所围成图形的公共部分的面积：

(1) $\rho=2$ 与 $\rho=4\cos\theta$；

*(2) $\rho=\sqrt{2}\sin\theta$ 与 $\rho^2=\cos 2\theta$.

*9. 求位于曲线 $y=\mathrm{e}^x$ 下方，该曲线过原点的切线的左方以及 x 轴上方之间的图形的面积.

10. 求由曲线 $y=\frac{1}{x}$，直线 $y=4x$ 及 $x=2$ 所围成的平面图形的面积以及该图形绕 x 轴旋转一周所得旋转体的体积.

11. 求由曲线 $y=\sin x(0\leqslant x\leqslant\pi)$，直线 $y=\frac{1}{2}$ 及 x 轴所围平面图形分别绕 x 轴和 y 轴旋转一周所得旋转体的体积.

12. 求由星形线 $x^{\frac{2}{3}}+y^{\frac{2}{3}}=a^{\frac{2}{3}}$ 所围成的图形绕 x 轴旋转一周所得旋转体的体积.

13. 用积分方法证明图 6.20 中的球缺的体积为

$$V=\pi H^2\left(R-\frac{H}{3}\right).$$

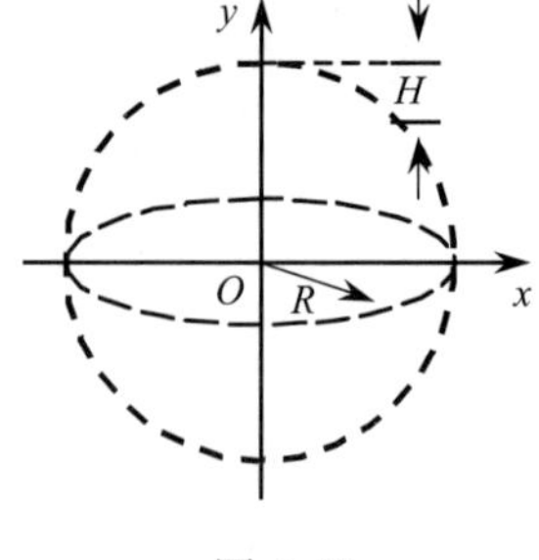

图 6.20

*14. 求圆盘 $x^2+y^2\leqslant a^2$ 绕 $x=-b(b>a>0)$ 旋转一周所成旋转体的体积.

15. 证明：由平面图形 $0\leqslant a\leqslant x\leqslant b$，$0\leqslant y\leqslant f(x)$ 绕 y 轴旋转一周所成的旋转体的体积为

$$V=2\pi\int_a^b xf(x)\mathrm{d}x.$$

*16. 利用两种方法计算由曲线 $y=\sin x(0\leqslant x\leqslant\pi)$ 和 x 轴所围成的图形绕 y 轴旋转一周

所得的旋转体的体积.

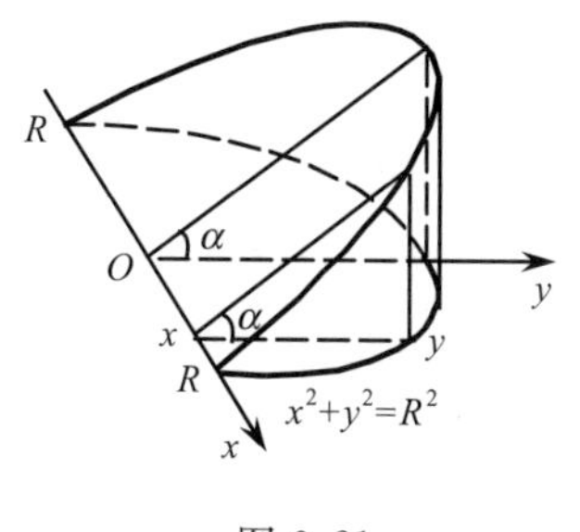

图 6.21

17. 一平面经过半径为 R 的圆柱体的底圆中心,并与底面交成角 α(图 6.21),计算该平面截圆柱体所得立体的体积.

*18. 求以半径为 R 的圆为底、平行且等于底圆直径的线段为顶、高为 h 的正劈锥体(图 6.22)的体积.

19. 计算星形线 $x = a\cos^3 t$, $y = a\sin^3 t$ (图 6.23) 的全长.

20. 在摆线 $x = a(t - \sin t)$, $y = a(1 - \cos t)$ 上求分摆线第一拱成 1∶3 的点的坐标.

21. 求对数曲线 $y = \ln x$ 从 $x = 1$ 到 $x = 2$ 间一段弧的弧长.

*22. 求对数螺线 $\rho = e^{\frac{\theta}{2}}$ 从 $\theta = 1$ 到 $\theta = 2$ 的弧长.

23. 计算曲线 $y = \dfrac{2}{3}x^{\frac{3}{2}}$ 上相应于 x 从 a 到 b 的一段弧的长度.

*24. 两根电线杆之间的电线,由于其本身的重量,下垂成曲线形,此曲线叫悬链线(图 6.24),悬链线的方程为 $y = a\operatorname{ch}\dfrac{x}{a}$($a$ 为常数). 计算悬链线上介于 $x = -b$ 和 $x = b$ 之间一段弧的长度.

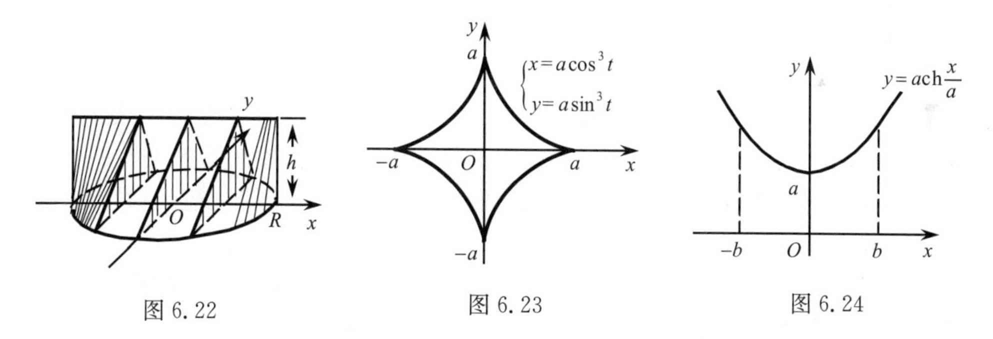

图 6.22　　图 6.23　　图 6.24

第三节　定积分的物理应用

一、物质线段的质量

已知在闭区间$[a,b]$上的物质线段 L,线密度为 $\rho(x)$,且 $\rho(x)$ 是连续函数,求物质线段 L 的质量 M.

取 x 为积分变量,则 $x \in [a,b]$. 相应于$[a,b]$上的任一小区间$[x,x+dx]$上的小线段的质量的近似值为 $\rho(x)dx$,即**质量元素**为

$$dM = \rho(x)dx,$$

从而所求物质线段 L 的质量为

$$M=\int_a^b \rho(x)\mathrm{d}x.$$

例 1　一金属棒长 3m,离棒左端 xm 处的线密度为 $\rho(x)=\dfrac{1}{\sqrt{x+1}}$(kg/m),问 x 为何值时,$[0,x]$ 一段棒的质量为全棒质量的一半.

解　$[0,x]$ 一段棒的质量为

$$M(x)=\int_0^x \rho(x)\mathrm{d}x=\int_0^x \frac{1}{\sqrt{x+1}}\mathrm{d}x=2\sqrt{x+1}\Big|_0^x=2\sqrt{x+1}-2,$$

而全棒的质量为 $M(3)=2$,于是由题意有

$$2\sqrt{x+1}-2=1,$$

从而

$$x=\frac{5}{4}(\mathrm{m}).$$

二、变力沿直线所做的功

由物理学知道,如果物体在沿直线运动的过程中受到常力 F 的作用,并且力 F 的方向与物体运动的方向一致,则物体移动了距离 s 时,力 F 对物体所做的功是 $W=F\cdot s$.

实际上力的大小常常是改变的.例如,用力去压一个弹簧或活塞时,根据胡克定律,弹簧或气缸的反作用力与压力引起的位移成正比.又比如,火箭升空时,由于火箭本身所携带的燃料迅速减少,使火箭的质量不断减少,于是火箭受到的地球引力也在减少.

通常情形下,力的变化(随着位移或时间)是连续的,所以可以用定积分来计算变力沿直线做功问题.下面通过具体例子来说明.

例 2　把一个带电量为 $+q$ 的点电荷放在 r 轴的原点 O 处,它产生一个电场,并对周围的电荷产生作用力.由物理学知道,如果有一个单位正电荷放在这个电场中距离原点 O 为 r 的地方,则电场力对它的作用力的大小为 $F=k\dfrac{q}{r^2}$(k 是常数).当这个单位正电荷在电场中从 $r=a$ 处沿 r 轴移动到 $r=b$(图 6.25)处时,计算电场力 F 对它所做的功 w.

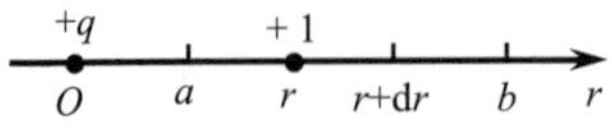

图 6.25

解　在上述移动过程中,电场对这个单位正电荷的作用力是不断变化的.取 r 为积分变量,则 $r\in[a,b]$.在 $[a,b]$ 上任取一小区间 $[r,r+\mathrm{d}r]$.当单位正电荷从 r 移动到 $r+\mathrm{d}r$ 时,电场力对它所做的功近似于 $\dfrac{kq}{r^2}\mathrm{d}r$,从而得**功元素**为

$$\mathrm{d}w = \frac{kq}{r^2}\mathrm{d}r,$$

于是所求的功为

$$w = \int_a^b \frac{kq}{r^2}\mathrm{d}r = kq\left(-\frac{1}{r}\right)_a^b = kq\left(\frac{1}{a} - \frac{1}{b}\right).$$

例 3　内燃机动力的产生可简化为如下的模型：把气缸体看成一个圆柱形容器，在圆柱形容器中盛有一定量的气体，在等温条件下，由于气体的膨胀，把容器中的活塞从一点处推移到另一点处，经过一定的机械装置将活塞的这一直线运动的动力传输出去. 如果活塞的面积为 S，计算活塞从点 a 移动到点 b 的过程中气体压力所做的功.

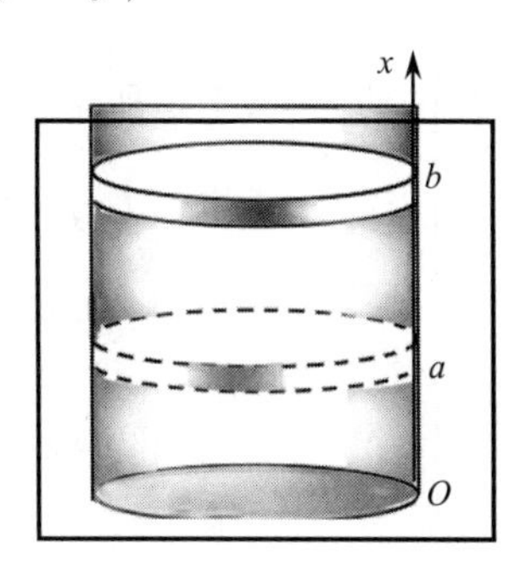

图 6.26

解　建立坐标系如图 6.26 所示. 活塞的位置用坐标 x 来表示. 由物理学知道，一定量的气体在等温条件下，压强 p 与体积 V 的乘积是常数 k，即

$$pV = k \quad 或 \quad p = \frac{k}{V},$$

因为 $V = xS$，所以

$$p = \frac{k}{xS},$$

于是作用在活塞上的力

$$F = p \cdot S = \frac{k}{x}.$$

在气体膨胀过程中，体积 V 是变的，因而 x 也是变的，所以作用在活塞上的力也是变的.

取 x 为积分变量，则 $x \in [a,b]$. 在 $[a,b]$ 上任取一小区间 $[x, x+\mathrm{d}x]$. 当活塞从 x 移动到 $x+\mathrm{d}x$ 时，变力 F 所做的功近似于 $\frac{k}{x}\mathrm{d}x$，从而得**功元素**为

$$\mathrm{d}w = \frac{k}{x}\mathrm{d}x,$$

于是所求的功

$$w = \int_a^b \frac{k}{x}\mathrm{d}x = k\ln x\Big|_a^b = k(\ln b - \ln a).$$

例 4　一个半径为 Rm 的球形贮水箱内盛满了某种液体. 如果把箱内的液体从顶部全部抽出，需要做多少功?

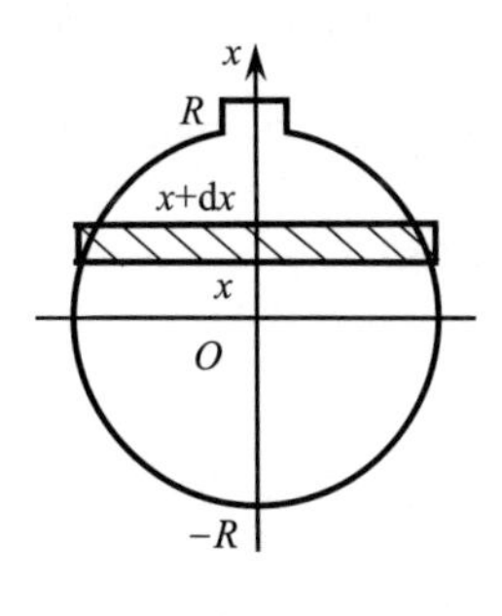

图 6.27

解　作 x 轴如图 6.27 所示，坐标原点位于球心. 取 x 为积分变量，则 $x \in [-R, R]$. 在 $[-R, R]$ 上任取一小区

间$[x,x+\mathrm{d}x]$，相应于该小区间的一薄层液体近似于底面半径为$\sqrt{R^2-x^2}$，高度为$\mathrm{d}x$的圆柱体，故其体积近似为$\pi(R^2-x^2)\mathrm{d}x$. 如果液体的密度为$\mu(\mathrm{kg/m^3})$，则这一层液体的重力近似为$\mu g\pi(R^2-x^2)\mathrm{d}x$，其中$g$为重力加速度，且这层液体离球顶部的距离为$R-x$，故把这层液体从顶部抽出需做的功近似为

$$\mathrm{d}w=\mu g\pi(R^2-x^2)\ (R-x)\mathrm{d}x,$$

这就是**功元素**，于是所求的功为

$$\begin{aligned}w&=\int_{-R}^{R}\mu g\pi(R^2-x^2)(R-x)\mathrm{d}x\\&=\mu g\pi R\int_{-R}^{R}(R^2-x^2)\mathrm{d}x-\mu g\pi\int_{-R}^{R}x(R^2-x^2)\mathrm{d}x\\&=2\mu g\pi R\int_{0}^{R}(R^2-x^2)\mathrm{d}x\\&=\frac{4}{3}\mu g\pi R^4(\mathrm{J}).\end{aligned}$$

三、液体压力

由物理学知道，水深h处的压强为$p=\mu gh$，这里μ是水的密度，g是重力加速度. 如果有一面积为A的平板水平地放置在水深为h处，则平板一侧所受的水压力为$P=pA$. 如果平板铅直放置在水中，则由于水深不同的点处压强p不相等，平板一侧所受的水压力就不能用上述方法计算. 下面我们举例说明它的计算方法.

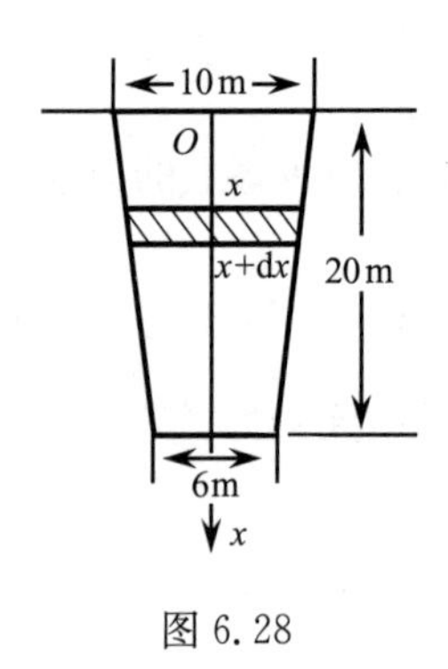

图 6.28

例 5　某水库的闸门形状为等腰梯形，它的两条底边各长10m和6m，高为20m，较长的底边与水面相齐. 计算闸门的一侧所受的水压力.

解　以闸门的长底边的中点为原点，方向铅直向下作x轴(图 6.28). 取x为积分变量，则$x\in[0,20]$. 在$[0,20]$上任取一个小区间$[x,x+\mathrm{d}x]$，闸门上相应于该小区间的窄条各点处所受到的水的压强近似于$xg(\mathrm{kN/m^2})$. 这窄条的长度近似为$10-\frac{x}{5}$，高度为$\mathrm{d}x$，因而这一窄条的一侧所受的水压力近似为

$$\mathrm{d}P=gx\left(10-\frac{x}{5}\right)\mathrm{d}x,$$

这就是**压力元素**. 于是所求的压力为

$$P=\int_{0}^{20}gx\left(10-\frac{x}{5}\right)\mathrm{d}x=g\left[5x^2-\frac{x^3}{15}\right]_{0}^{20}$$

$$= g\left(2000 - \frac{1600}{3}\right) \approx 14373(\text{kN}).$$

四、引力

由物理学知道，质量分别为 m_1, m_2，相距为 r 的两质点间的引力的大小为

$$F = k\frac{m_1 m_2}{r^2},$$

其中 k 为引力系数，引力的方向沿着两质点的连线的方向.

如要计算一根细棒对一个质点的引力，则由于细棒上各点与该质点的距离是变化的，并且各点对该质点的引力的方向也是变化的，因此就不能用上述公式来计算. 下面举例说明用定积分来进行计算的方法.

例 6　设有一根长度为 L，线密度为 μ 的均匀细直棒，在其中垂线上距棒 a 单位处有一质量为 m 的质点 M. 试计算该棒对质点 M 的引力.

解　取坐标系使棒位于 y 轴上，质点 M 位于 x 轴上，棒的中点为原点 O(图 6.29). 取 y 为积分变量，则 $y \in \left[-\frac{L}{2}, \frac{L}{2}\right]$. 在$\left[-\frac{L}{2}, \frac{L}{2}\right]$上任取一小区间$[y, y+\mathrm{d}y]$. 把细直棒上相应于$[y, y+\mathrm{d}y]$的一段近似地看成质点，其质量为 $\mu\mathrm{d}y$，与 M 相距 $r = \sqrt{a^2+y^2}$，因此可以按照两质点间的引力计算公式求出这小段细直棒对质点 M 的引力 ΔF 的大小为

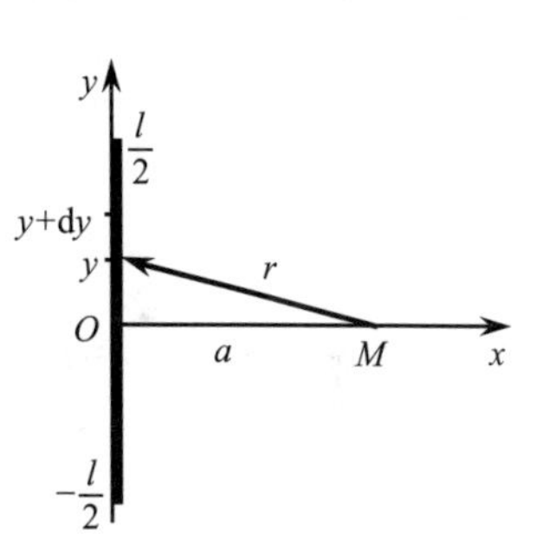

图 6.29

$$\Delta F \approx K\frac{m\mu\mathrm{d}y}{a^2+y^2}.$$

但值得注意的是该引力方向是沿 M 与这段细棒连线的，所以对不同的小区间$[y, y+\mathrm{d}y]$，由于引力方向不同而不具有可加性. 为此可分别求出 ΔF 在水平方向分力 ΔF_x 的近似值和 ΔF 在铅直方向分力 ΔF_y 的近似值，即细直棒对质点 M 的引力在水平方向分力 F_x 的元素和在铅直方向分力 F_y 的元素

$$\mathrm{d}F_x = -k\frac{am\mu\mathrm{d}y}{(a^2+y^2)^{\frac{3}{2}}},$$

$$\mathrm{d}F_y = k\frac{m\mu y\mathrm{d}y}{(a^2+y^2)^{\frac{3}{2}}},$$

于是得引力在水平方向分力为

$$F_x = -\int_{-\frac{L}{2}}^{\frac{L}{2}} \frac{kam\mu}{(a^2+y^2)^{\frac{3}{2}}}\mathrm{d}y = -2kam\mu\int_0^{\frac{L}{2}} \frac{1}{(a^2+y^2)^{\frac{3}{2}}}\mathrm{d}y$$

$$= -\frac{2km\mu L}{a} \cdot \frac{1}{\sqrt{4a^2+L^2}},$$

上式中的负号表示 F_x 指向 x 轴的负向.

引力在铅直方向分力为

$$F_y=\int_{-\frac{L}{2}}^{\frac{L}{2}}\frac{km\mu y}{(a^2+y^2)^{\frac{3}{2}}}\mathrm{d}y=km\mu\int_{-\frac{L}{2}}^{\frac{L}{2}}\frac{y}{(a^2+y^2)^{\frac{3}{2}}}\mathrm{d}y=0.$$

或由对称性得,引力在铅直方向分力为 $F_y=0$.

习题 6-3

1. 一物体按规律 $x=ct^3$ 做直线运动,媒质的阻力与速度的平方成正比.计算该物体由 $x=0$ 移至 $x=a$ 时克服媒质阻力所做的功.

2. 由实验知道,弹簧在拉伸过程中,需要的力 F(单位:N) 与伸长量 S(单位:cm) 成正比,即 $F=KS$(K 是比例常数).计算将弹簧由原长拉伸 6cm 所做的功.

*3. 用铁锤将一铁钉击入木板,设木板对铁钉的阻力与铁钉击入木板的深度成正比,在击第一次时,将铁钉击入木板 1cm.如果铁锤每次打击铁钉所做的功相等,问锤击第二次时,铁钉又击入多少?

4. 设一锥形贮水池,深 15m,口径 20m,盛满水,今以唧筒将水吸尽,问要做多少功?

5. 证明:将质量为 m 的物体从地球表面升高到 h 处所做的功是

$$W=k\frac{mMh}{R(R+h)},$$

其中 k 是引力常数,M 是地球的质量,R 是地球的半径.

*6. 半径为 r 的球沉入水中,球的上部与水面相切,球的比重与水相同,现将球从水中取出,需做多少功?

7. 一底为 8cm、高为 6cm 的等腰三角形片,铅直地沉没在水中,顶在上,底在下且与水面平行,而顶离水面 3cm,试求它每面所受的压力.

*8. 设有一半径为 R,中心角为 φ 的圆弧形细棒,其线密度为常数 μ. 在圆心处有一质量为 m 的质点 M. 试求这细棒对质点 M 的引力.

*9. 设有一长度为 L,线密度为 μ 的均匀细直棒,在与棒的一端垂直距离为 a 单位处有一质量为 m 的质点 M,试求这细棒对质点 M 的引力.

第四节　定积分的经济应用

在第二章中已经知道,在生产和经营活动中,产品成本 $C(x)$,销售后的收益 $R(x)$ 以及利润 $P(x)$ 都是产品数量 x 的函数,它们的导数表示边际经济量,分别为边际成本 $M_C(x)$,边际收益 $M_R(x)$ 以及边际利润 $M_P(x)$. 现在的问题是反过来:已知边际经济量,求总经济量.利用定积分的元素法,可得如下结果:

(1) 已知某产品的总产量 $x(t)$ 的变化率为

$$\frac{\mathrm{d}x(t)}{\mathrm{d}(t)}=f(t),$$

则该产品在时间区间[a,b]内的总产量为

$$x=\int_a^b f(t)\mathrm{d}t = x(t)\Big|_a^b = x(b)-x(a).$$

(2) 已知某产品的总成本 $C(x)$ 的边际成本为

$$M_C(x)=\frac{\mathrm{d}C(x)}{\mathrm{d}x},$$

则该产品从生产产量为 a 到产量为 b 增加的成本为

$$C=\int_a^b M_C(x)\mathrm{d}x = C(x)\Big|_a^b = C(b)-C(a).$$

(3) 已知某产品的总收益 $R(x)$ 的边际收益为

$$M_R(x)=\frac{\mathrm{d}R(x)}{\mathrm{d}x},$$

则该产品的销售量从 a 个单位上升到 b 个单位时,增加的收益为

$$R=\int_a^b M_R(x)\mathrm{d}x = R(x)\Big|_a^b = R(b)-R(a).$$

(4) 已知某产品的总利润 $P(x)$ 的边际利润为

$$M_P(x)=\frac{\mathrm{d}P(x)}{\mathrm{d}x},$$

则产品的销售量从 a 个单位上升到 b 个单位时,增加的利润为

$$P=\int_a^b M_P(x)\mathrm{d}x = P(x)\Big|_a^b = P(b)-P(a).$$

例 1　已知某产品总产量的变化率为

$$\frac{\mathrm{d}x}{\mathrm{d}t}=40+12t-\frac{3}{2}t^2(\text{件}/\text{天}),$$

求从第 2 天到第 10 天生产产品的总量.

解　所求的总产量为

$$\begin{aligned}x&=\int_2^{10}\frac{\mathrm{d}x}{\mathrm{d}t}\mathrm{d}t=\int_2^{10}\left(40+12t-\frac{3}{2}t^2\right)\mathrm{d}t\\&=\left[40t+6t^2-\frac{1}{2}t^3\right]_2^{10}=400\ (\text{件}).\end{aligned}$$

例 2　设某产品的边际收益为 $M_R=75(20-\sqrt{x})$,求当该产品的生产从 225 个单位上升到 400 个单位时增加的收益.

解　增加的收益为

$$\begin{aligned}R&=\int_{225}^{400}M_R\mathrm{d}x=\int_{225}^{400}75(20-\sqrt{x})\mathrm{d}x\\&=75\left[20x-\frac{2}{3}x^{\frac{3}{2}}\right]_{225}^{400}=31250.\end{aligned}$$

在经济管理中,由边际函数求总量函数(即原函数),一般采用不定积分来解

决;而要求总量函数在某个范围内的改变量,则需采用定积分来解决.

例 3　某产品的总成本 $C(x)$ (单位:万元) 的边际成本为 $M_C(x)=1$(单位:万元/百台),总收益 $R(x)$ (单位:万元) 的边际收益 $M_R(x)=5-x$ (单位:万元/百台),其中 x 为产量,固定成本为 1 万元. 问:

(1) 产量等于多少时总利润 $P(x)$ 最大?

(2) 从利润最大时再生产 100 台,总利润增加多少?

解　(1) 按以下四步求解.

① 求总成本函数:

因为 $M_C(x)=1$, 即 $C'(x)=1$,从而

$$C(x)=\int M_C(x)\mathrm{d}x=\int \mathrm{d}x=x+C,$$

又由 $C(x)\big|_{x=0}=1$,可得 $C=1$,于是总成本函数为 $C(x)=x+1$.

② 求总收益函数:

因为边际收益 $M_R(x)=5-x$,即 $R'(x)=5-x$. 则

$$R(x)=\int M_R(x)\mathrm{d}x=\int(5-x)\mathrm{d}x=5x-\frac{x^2}{2}+C,$$

又由 $R(x)\big|_{x=0}=0$, 可得 $C=0$,于是总收益函数为 $R(x)=5x-\dfrac{x^2}{2}$.

③ 求总利润函数:

因为总利润函数=总收益函数-总成本函数,即

$$P(x)=R(x)-C(x),$$

从而总利润函数为

$$P(x)=\left(5x-\frac{x^2}{2}\right)-(x+1)=4x-\frac{x^2}{2}-1.$$

④ 求最大利润:

因为 $P'(x)=4-x$,令 $P'(x)=0$,得 $x=4$(百台).

由于本例是一个实际问题,最大利润是存在的,而驻点又唯一,从而当 $x=4$(百台)时,利润最大,其值为

$$P(4)=4\times4-\frac{4^2}{2}-1=7\ (万元).$$

(2) 从 $x=4$(百台) 增加到 $x=5$ (百台)时,总利润的增加量为

$$P=\int_4^5 M_P(x)\mathrm{d}x=\int_4^5(4-x)\mathrm{d}x=-0.5\ (万元),$$

或者利用已知的总利润函数 $P(x)$,直接可得到总利润的增加量

$$P=P(5)-P(4)=6.5-7=-0.5(万元),$$

即从利润最大时的产量又多生产了 100 台,总利润减少了 0.5 万元.

习题 6-4

*1. 已知某产品产量的变化率为 $f(t)=10t-2$,其中 t 为时间,试求在时间区间[2,4]内该产品的产量.

*2. 已知某产品生产 x 件时,边际收益为 $M_R(x)=200-\frac{x}{100}$,求:

(1) 生产了 80 件时的总收益;

(2) 已经生产了 100 件,如果再生产 100 件时收益将增加多少?

*3. 设某产品售出 x 台时的边际利润为

$$M_P(x)=12.5+\frac{x}{80}(\text{单位:元 / 台}),$$

试求:

(1) 售出 40 台时的总利润;

(2) 售出 60 台时,前 30 台的平均利润和后 30 台的平均利润.

第六章总习题

1. 填空题:

(1) 设在$[a,b]$上 $f(x)>0$, $f'(x)<0$, $f''(x)>0$,且 $s_1=\int_a^b f(x)\mathrm{d}x$, $s_2=f(b)(b-a)$, $s_3=\frac{1}{2}[f(a)+f(b)](b-a)$,则 s_1,s_2,s_3 的大小顺序为__________;

(2) 曲线 $y=-x^3+x^2+2x$ 与 x 轴所围成的图形的面积 $A=$ __________;

(3) 曲线 $y=\cos x\left(-\frac{\pi}{2}\leqslant x\leqslant\frac{\pi}{2}\right)$与 x 轴所围成的图形绕 x 轴旋转一周所成旋转体的体积 $V=$ __________;

(4) 曲线 $y^2=4x$ 及直线 $x=x_0\,(x_0>0)$ 所围平面图形绕 x 轴旋转一周所成旋转体的体积 $V=$ __________;

(5) 曲线 $y=\int_{-\frac{\pi}{2}}^{x}\sqrt{\cos t}\,\mathrm{d}t$ 的全长为__________.

2. 单项选择题:

*(1) 双纽线$(x^2+y^2)^2=x^2-y^2$ 所围成的区域面积可用定积分表示为(　　).

(A) $2\int_0^{\frac{\pi}{4}}\cos 2\theta\mathrm{d}\theta$;　　(B) $4\int_0^{\frac{\pi}{4}}\cos 2\theta\mathrm{d}\theta$;

(C) $2\int_0^{\frac{\pi}{4}}\sqrt{\cos 2\theta}\mathrm{d}\theta$;　　(D) $\frac{1}{2}\int_0^{\frac{\pi}{4}}(\cos 2\theta)^2\mathrm{d}\theta$.

(2) 曲线 $y=\sin^{\frac{3}{2}}x\ (0\leqslant x\leqslant\pi)$ 与 x 轴所围成的图形绕 x 轴旋转一周所得旋转体的体积为(　　).

(A) $\frac{4}{3}$;　　(B) $\frac{4}{3}\pi$;　　(C) $\frac{2}{3}\pi^2$;　　(D) $\frac{2}{3}\pi$.

(3) 曲线 $y=x(x-1)(2-x)$ 与 x 轴所围平面图形的面积可表示为(　　).

(A) $-\int_0^2 x(x-1)(2-x)\mathrm{d}x$;

(B) $\int_0^2 x(x-1)(2-x)\mathrm{d}x$;

(C) $-\int_0^1 x(x-1)(2-x)\mathrm{d}x+\int_1^2 x(x-1)(2-x)\mathrm{d}x$;

(D) $\int_0^1 x(x-1)(2-x)\mathrm{d}x-\int_1^2 x(x-1)(2-x)\mathrm{d}x$.

*(4) 设 $f(x)$, $g(x)$ 在区间$[a,b]$上连续,且 $g(x)<f(x)<m$ (m 为常数),则曲线 $y=g(x)$, $y=f(x)$, $x=a$, $x=b$ 所围平面图形绕直线 $y=m$ 旋转一周所得旋转体的体积为(　　).

(A) $\int_a^b \pi[2m-f(x)+g(x)][f(x)-g(x)]\mathrm{d}x$;

(B) $\int_a^b \pi[m-f(x)+g(x)][f(x)-g(x)]\mathrm{d}x$;

(C) $\int_a^b \pi[m-f(x)-g(x)][f(x)-g(x)]\mathrm{d}x$;

(D) $\int_a^b \pi[2m-f(x)-g(x)][f(x)-g(x)]\mathrm{d}x$.

*3. 求由曲线 $\rho=a\sin\theta$, $\rho=a(\cos\theta+\sin\theta)$ $(a>0)$ 所围平面图形公共部分的面积.

*4. 设抛物线 $y=ax^2+bx+c$ 通过点$(0,0)$,且当 $x\in[0,1]$ 时 $y\geqslant 0$. 试确定 a,b,c 的值,使得抛物线 $y=ax^2+bx+c$ 与直线 $x=1$, $y=0$ 所围平面图形的面积为 $\frac{4}{9}$,且使该图形绕 x 轴旋转一周而成的旋转体的体积最小.

5. 求圆盘 $(x-2)^2+y^2\leqslant 1$ 绕 y 轴旋转一周而成的旋转体的体积.

*6. 设星形线 $x=a\cos^3 t$, $y=a\sin^3 t$ 上每一点处的线密度的大小等于该点到原点距离的立方,在原点 O 处有一单位质点,求星形线在第一象限的弧段对这质点的引力.

7. 过坐标原点作曲线 $y=\ln x$ 的切线,该切线与曲线 $y=\ln x$ 及 x 轴围成平面图形 D.

(1) 求 D 的面积 A;

(2) 求 D 绕直线 $x=\mathrm{e}$ 旋转一周所得旋转体的体积 V.

8. 求曲线 $y=3-|x^2-1|$ 与 x 轴围成的封闭图形绕直线 $y=3$ 旋转一周所得的旋转体的体积.

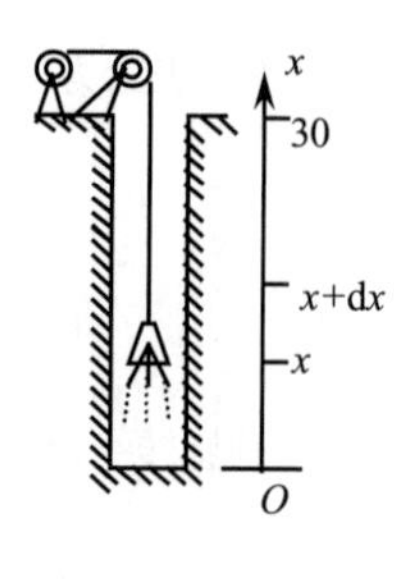

图 6.30

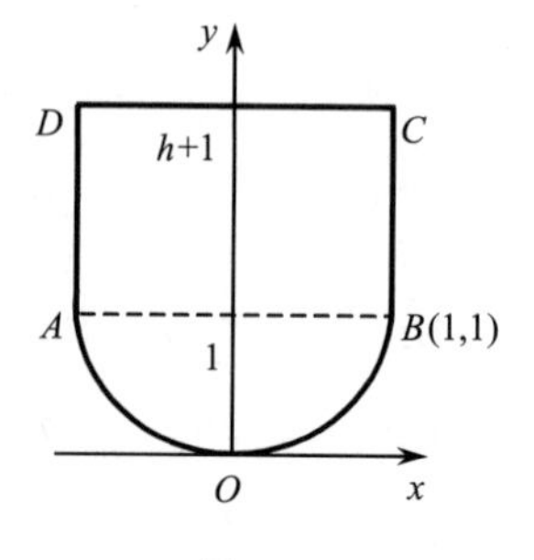

图 6.31

*9. 设曲线 $y = \sin x$ 在 $[0,\pi]$ 上的弧长为 L，试用 L 表示椭圆曲线 $x^2+2y^2=1$ 位于第一象限部分的弧长.

*10. 为清除井底的污泥，用缆绳将抓斗放入井底，抓起污泥后提出井口(图 6.30). 已知井深 30m，抓斗自重 400N，缆绳每米重 50N，抓斗抓起的污泥重 2000N，提升速度为 3m/s，在提升过程中，污泥以 20N/s 的速率从抓斗缝隙中漏掉. 现将抓起污泥的抓斗提升至井口，问克服重力需做多少焦耳的功?(说明(1)$1\text{N}\times 1\text{m}=1\text{J}$;(2) 抓斗的高度及位于井口上方的缆绳长度忽略不计.)

*11. 某闸门的形状与大小如图 6.31 所示，闸门的上部为矩形 $ABCD$，下部由二次抛物线与线段 AB 所围成. 当水面与闸门的上端相平时，欲使闸门矩形部分承受的水压力与闸门下部承受的水压力之比为 5∶4，闸门矩形部分的高 h 应为多少米?

第七章　向量代数与空间解析几何

同平面解析几何一样,通过建立空间坐标系,可以对空间图形进行量化,从而有助于用代数方法研究空间几何图形、空间向量和向量运算(向量代数)、多元方程等问题.本章首先建立三维空间中的直角坐标系,引进向量的概念及其运算,然后利用向量这一工具讨论空间的平面及直线,最后介绍曲面、空间曲线等空间解析几何的基础知识.

第一节　向量及其线性运算

一、空间直角坐标系

为了用代数的方法研究空间图形,需要建立空间的点与有序数组之间的联系,为此先引进空间直角坐标系.

取空间一定点 O,过点 O 作三条具有相同的长度单位,且两两互相垂直的数轴,依次记为 **x 轴**(横轴)、**y 轴**(纵轴)、**z 轴**(竖轴),统称**坐标轴**.它们构成一个空间直角坐标系,称为 **$Oxyz$ 坐标系**(图 7.1).点 O 称为**坐标原点**.通常把 x 轴和 y 轴配置在水平面上,而 z 轴则是铅垂线;并规定它们的正向要遵循右手规则,即以右手握住 z 轴,当右手四指从 x 轴的正向以 $\frac{\pi}{2}$ 角度转向 y 轴的正向时,竖起的大拇指的指向就是 z 轴的正向(图 7.1).

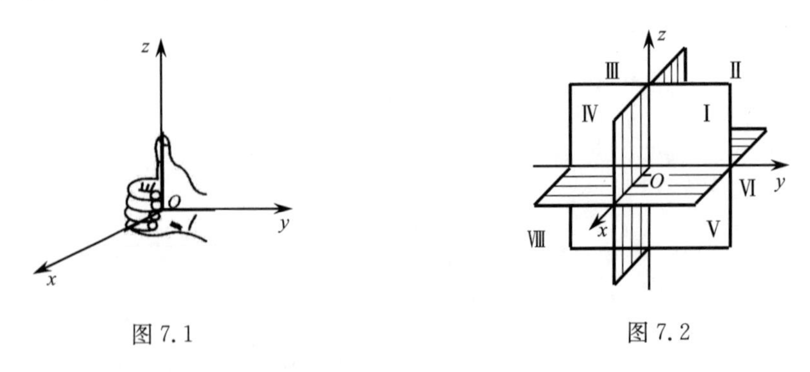

图 7.1　　　　图 7.2

三条坐标轴中的任意两条可以确定一个平面,称为**坐标平面**.由 x 轴和 y 轴确定的坐标面称为 **xOy 面**,另两个由 y 轴、z 轴及由 z 轴、x 轴所确定的坐标面,分别称

为 yOz 面及 zOx 面. 三个坐标面把空间分成八个部分，每一部分称为一个卦限(图 7.2). 含有 x 轴、y 轴及 z 轴正半轴的那个卦限称为**第一卦限**，从第一卦限开始，从 z 轴的正向往下看，xOy 面的上方部分按逆时针方向先后确定的卦限依次称为**第二、第三、第四卦限**；第一卦限的下方是**第五卦限**，从第五卦限开始，xOy 面的下方部分按逆时针方向先后确定的卦限依次称为**第六、第七、第八卦限**，这八个卦限分别用字母 Ⅰ、Ⅱ、Ⅲ、Ⅳ、Ⅴ、Ⅵ、Ⅶ、Ⅷ 表示.

建立了空间直角坐标系 $Oxyz$，就可以建立起有序的三个实数与空间点的一一对应关系.

设 M 为空间的一点，过点 M 分别作与三条坐标轴垂直的平面，分别交 x 轴、y 轴和 z 轴于点 P,Q,R. 点 P,Q,R 分别称为**点 M 在 x 轴、y 轴及 z 轴上的投影**(图 7.3). 设点 P,Q,R 在三条坐标轴上的坐标依次为 x,y,z，于是由空间一点 M 唯一地确定了三个有序数 x,y,z. 反过来，给定三个有序数 x,y,z，可以在 x 轴、y 轴、z 轴上分别取坐标为 x,y,z 的三个点 P,Q,R，然后过点 P,Q,R 分别作垂直于 x 轴、y 轴、z 轴的三个平面，这三个平面必然交于空间一点 M，于是由三个有序数 x,y,z 可唯一确定点 M. 由此可见，空间一点 M 与有序数 x,y,z 之间存在着一一对应关系. 有序数 x,y,z 称为**点 M 的坐标**，依次称 x,y,z 为点 M 的**横坐标、纵坐标、竖坐标**，并记点 M 为 $M(x,y,z)$. 三元有序数组 (x,y,z) 的全体所构成的集合 $\{(x,y,z) \mid x\in \mathbf{R},\ y\in \mathbf{R},\ z\in \mathbf{R}\}$ 称为**三维(实)欧氏空间**，记作 $\mathbf{R}^3$.

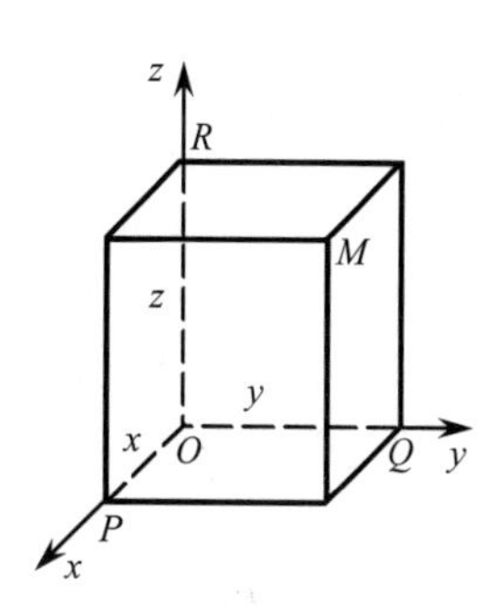

图 7.3

易知坐标轴和坐标面上的点的坐标各有一定的特征：坐标轴上的点的坐标中至少有两个坐标等于 0；坐标面上的点的坐标中至少有一个坐标等于 0. 如 y 轴上的点的坐标为 $(0,y,0)$；xOy 面上的点的坐标为 $(x,y,0)$；原点的坐标为 $(0,0,0)$.

利用一点的坐标可得出该点关于坐标原点、坐标轴、坐标面的对称点的坐标. 例如，点 $M(x,y,z)$ 关于坐标原点的对称点的坐标为 $(-x,-y,-z)$；关于 x 轴的对称点的坐标为 $(x,-y,-z)$；关于 xOy 面的对称点的坐标为 $(x,y,-z)$.

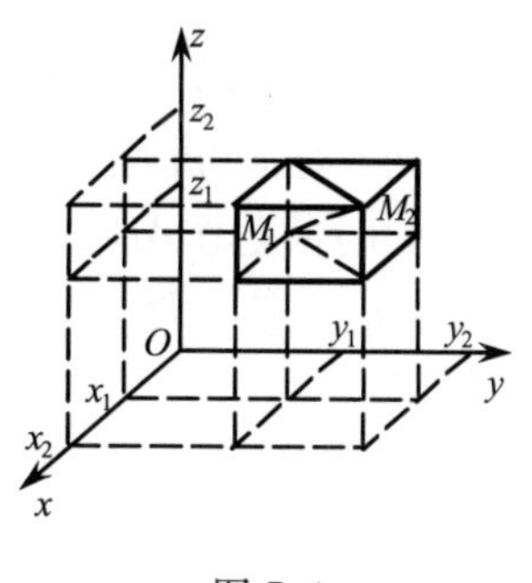

图 7.4

利用空间点的坐标可以表达出空间两点间的距离. 设点 $M_1(x_1,y_1,z_1)$，$M_2(x_2,y_2,z_2)$ 为空间两点，过点 M_1 及 M_2 分别作垂直于三条坐标轴的平面，这六个平面围成一个以 M_1M_2 为对角线的长方体(图7.4). 从图7.4 可以看出，该长方体的各棱长分别为

$$|x_2-x_1|,\quad |y_2-y_1|,\quad |z_2-z_1|,$$

因此点 M_1 与点 M_2 间的距离，即该长方体的对角线的

长度为

$$|M_1M_2|=\sqrt{(x_2-x_1)^2+(y_2-y_1)^2+(z_2-z_1)^2}.$$

特殊地,点 $M(x,y,z)$ 与坐标原点 $O(0,0,0)$ 的距离为

$$d=|OM|=\sqrt{x^2+y^2+z^2}.$$

例 1　已知点 $A(7,-1,12)$,$B(1,7,-12)$,在 z 轴上求一点 C,使 $\angle ACB$ 为直角.

解　因为所求的点在 z 轴上,所以设该点为 $C(0,0,z)$,依题意有

$$|AB|^2=|AC|^2+|BC|^2,$$

即

$$\begin{aligned}&(1-7)^2+(7+1)^2+(-12-12)^2\\=&(0-7)^2+(0+1)^2+(z-12)^2+(0-1)^2+(0-7)^2+(z+12)^2,\end{aligned}$$

解得 $z=\pm 12$,故所求的点为 $C(0,0,\pm 12)$.

例 2　求点 $M(x,y,z)$ 到三条坐标轴的距离.

解　先求点 M 到 x 轴的距离.设点 $P(x,0,0)$ 为点 M 在 x 轴上的投影,则线段 MP 的长即为点 M 到 x 轴的距离.由两点间距离公式有

$$|MP|=\sqrt{(x-x)^2+y^2+z^2}=\sqrt{y^2+z^2}.$$

类似地,设点 $Q(0,y,0)$ 及 $R(0,0,z)$ 分别为点 M 在 y 轴及 z 轴上的投影,则点 M 到 y 轴及 z 轴的距离分别为

$$|MQ|=\sqrt{x^2+z^2},\quad |MR|=\sqrt{x^2+y^2}.$$

二、向量的概念与线性运算

1. 向量的概念

在自然界中,经常会遇到一些量,如长度、时间、体积、质量、温度和功等,在规定了单位以后,就可以由一个数来完全确定,这种只有大小的量称为**数量**(标量).另外还有一些比较复杂的量,如位移、力、速度、力矩和电场强度等,它们不仅有大小,还有方向,这种既有大小,又有方向的量称为**向量**(矢量).

由于具有大小和方向的最简单的几何图形是有向线段,故在数学中常用一个有方向的线段来表示向量.有向线段的长度表示向量的大小,有向线段的方向表示向量的方向.以 A 为起点、B 为终点的有向线段所表示的向量记作$\overrightarrow{AB}$.通常用一个黑体字母来表示向量,如向量 $\boldsymbol{a},\boldsymbol{b},\boldsymbol{c}$ 等,也可用上方加箭头的字母如 $\vec{a}$ 来表示.

以坐标原点 O 为起点,点 M 为终点的向量$\overrightarrow{OM}$称为点 M 对于点 O 的**向径**,常用 $\boldsymbol{r}$ 表示.

如果两个向量 $\boldsymbol{a}$ 与 $\boldsymbol{b}$ 的大小相同,方向一致,则称**向量 $\boldsymbol{a}$ 与 $\boldsymbol{b}$ 相等**,记作 $\boldsymbol{a}=\boldsymbol{b}$.

即如果两个有向线段的大小与方向相同，则不论它们的起点是否相同，就认为它们表示同一向量.本书主要研究与起点无关的向量，并称这种向量为**自由向量**（以后简称**向量**）.

向量的大小称为**向量的模**.向量$\overrightarrow{AB}$，$\boldsymbol{a}$，$\vec{a}$ 的模依次记作 $|\overrightarrow{AB}|$，$|\boldsymbol{a}|$，$|\vec{a}|$.模等于1的向量称为**单位向量**.模等于零的向量称为**零向量**，记作 $\mathbf{0}$ 或 $\vec{0}$.零向量的起点与终点重合，它的方向可以看成是任意的.

两个非零向量如果它们的方向相同或相反，则称这**两个向量平行**.向量 $\boldsymbol{a}$ 与 $\boldsymbol{b}$ 平行，记作 $\boldsymbol{a}/\!/\boldsymbol{b}$.由于零向量的方向可以看成是任意的，因此可以认为零向量与任何向量平行.当两个平行向量的起点放在同一点时，它们的终点与公共起点应在一条直线上，因此两向量平行亦称**两向量共线**.

考虑更多个向量的情形，设有 $n(n\geqslant 3)$ 个向量，当把它们的起点放在同一点时，如果 n 个终点和公共起点在一个平面上，则称这 **n 个向量共面**.

2. 向量的加减法

在物理学中，作用于同一质点的两个不平行力的合力可按平行四边形或三角形法则求得.同样的方法也可用于速度、加速度的合成.由此启发我们规定向量的加法运算如下：

设有两个向量 $\boldsymbol{a}$ 与 $\boldsymbol{b}$，任取一点 A，作$\overrightarrow{AB}=\boldsymbol{a}$，$\overrightarrow{AD}=\boldsymbol{b}$，则以 AB、AD 为邻边的平行四边形 $ABCD$ 的对角线向量$\overrightarrow{AC}$ 称为向量 $\boldsymbol{a}$ 与 $\boldsymbol{b}$ 的和 $\boldsymbol{a}+\boldsymbol{b}$（图7.5）.

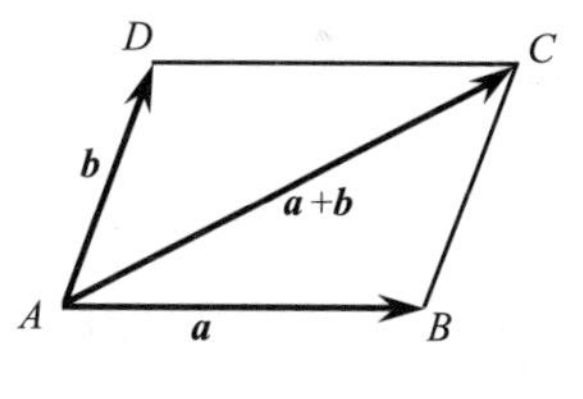

图 7.5

上述作出两向量之和的方法称为向量加法的**平行四边形法则**，但此法则对两个平行向量的加法不适用.从图7.5可以看出，若以向量 $\boldsymbol{a}$ 的终点作为向量 $\boldsymbol{b}$ 的起点，则由 $\boldsymbol{a}$ 的起点到 $\boldsymbol{b}$ 的终点的向量也是 $\boldsymbol{a}$ 与 $\boldsymbol{b}$ 的和向量.这种确定和向量的方法称为向量加法的**三角形法则**（图7.6）.这个法则不仅适用于两个平行向量的加法，还可推广到任意有限个向量相加的情形.若空间三个或三个以上的向量相加，则只要以这些向量中前一向量的终点作为后一向量的起点逐个衔接，那么由最

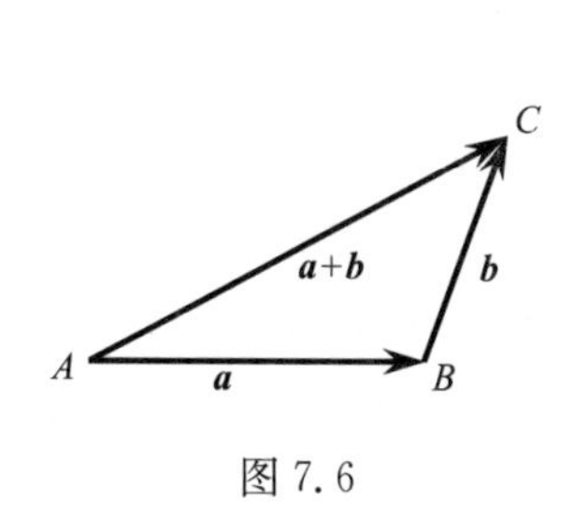

图 7.6

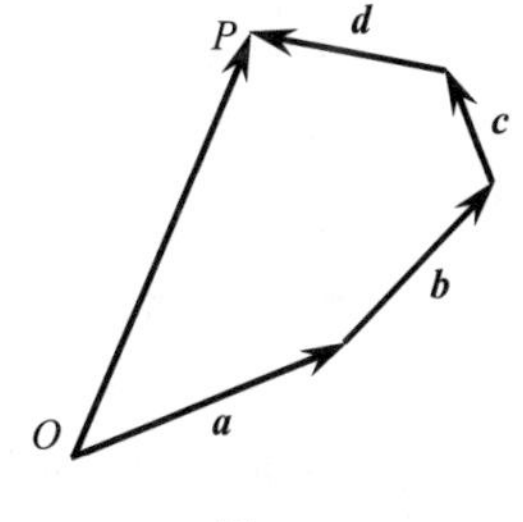

图 7.7

初的一个向量的起点到最后一个向量的终点所形成的向量就是这些向量的和向量，如图 7.7 所示，有

$$\overrightarrow{OP} = \boldsymbol{a} + \boldsymbol{b} + \boldsymbol{c} + \boldsymbol{d}.$$

由向量加法的定义，可知向量的加法符合下列运算规律：

(1) 交换律　$\boldsymbol{a} + \boldsymbol{b} = \boldsymbol{b} + \boldsymbol{a}$；

(2) 结合律　$(\boldsymbol{a} + \boldsymbol{b}) + \boldsymbol{c} = \boldsymbol{a} + (\boldsymbol{b} + \boldsymbol{c})$.

设 $\boldsymbol{a}$ 为一向量，称与 $\boldsymbol{a}$ 的模相同而方向相反的向量为 $\boldsymbol{a}$ 的**负向量**，记作 $-\boldsymbol{a}$. 规定向量 $\boldsymbol{b}$ 与向量 $-\boldsymbol{a}$ 的和为 $\boldsymbol{b}$ 和 $\boldsymbol{a}$ 的差，记作 $\boldsymbol{b} - \boldsymbol{a}$，即

$$\boldsymbol{b} - \boldsymbol{a} = \boldsymbol{b} + (-\boldsymbol{a}),$$

$\boldsymbol{b} - \boldsymbol{a}$ 可按图 7.8(a) 的方法作出. 从图 7.8(a) 可以看出，若把向量 $\boldsymbol{a}$ 和 $\boldsymbol{b}$ 移到同一起点 O，则从 $\boldsymbol{a}$ 的终点 A 指向 $\boldsymbol{b}$ 的终点 B 的向量 $\overrightarrow{AB}$ 便是向量 $\boldsymbol{b}$ 与 $\boldsymbol{a}$ 的差 $\boldsymbol{b} - \boldsymbol{a}$（图 7.8(b)）.

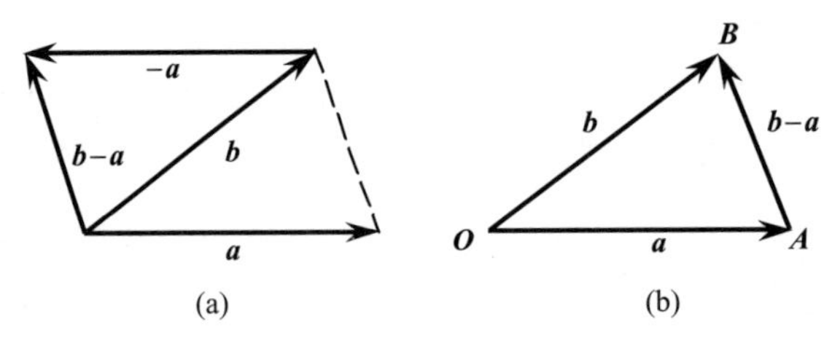

图 7.8

由三角形两边之和大于第三边的原理，有

$$|\boldsymbol{a} + \boldsymbol{b}| \leqslant |\boldsymbol{a}| + |\boldsymbol{b}| \quad 及 \quad |\boldsymbol{a} - \boldsymbol{b}| \leqslant |\boldsymbol{a}| + |\boldsymbol{b}|,$$

其中等号在 $\boldsymbol{a}$ 与 $\boldsymbol{b}$ 共线且方向分别相同及相反时成立.

3. 向量与数的乘法

定义 7.1　向量 $\boldsymbol{a}$ 与实数 λ 的乘法记作 $\lambda\boldsymbol{a}$，规定 $\lambda\boldsymbol{a}$ 是这样的一个向量，它的模为向量 $\boldsymbol{a}$ 的模的 $|\lambda|$ 倍，即 $|\lambda\boldsymbol{a}| = |\lambda||\boldsymbol{a}|$，它的方向当 $\lambda > 0$ 时与 $\boldsymbol{a}$ 相同，当 $\lambda < 0$ 时与 $\boldsymbol{a}$ 相反.

当 $\lambda = 0$ 时，$|\lambda\boldsymbol{a}| = 0$，即 $\lambda\boldsymbol{a}$ 为零向量，这时它的方向是任意的.

特别地，当 $\lambda = -1$ 时，$\lambda\boldsymbol{a}$ 即为 $\boldsymbol{a}$ 的负向量.

可以验证，向量与数的乘积符合下列运算规律：

(1) 结合律　$\lambda(\mu\boldsymbol{a}) = \mu(\lambda\boldsymbol{a}) = (\lambda\mu)\boldsymbol{a}$；

(2) 分配律　$(\lambda + \mu)\boldsymbol{a} = \lambda\boldsymbol{a} + \mu\boldsymbol{a}$，$\lambda(\boldsymbol{a} + \boldsymbol{b}) = \lambda\boldsymbol{a} + \lambda\boldsymbol{b}$.

设 $\boldsymbol{e}_a$ 表示与非零向量 $\boldsymbol{a}$ 同方向的单位向量，由向量与数的乘积的定义可知，$|\boldsymbol{a}|\boldsymbol{e}_a$ 与 $\boldsymbol{a}$ 的方向相同，模也相等，因此有

$$\boldsymbol{a} = |\boldsymbol{a}|\,\boldsymbol{e}_a,$$

从而

$$e_a = \frac{a}{|a|},$$

即任一非零向量 $\boldsymbol{a}$ 都可看成是 $\boldsymbol{a}$ 的模与 $\boldsymbol{e}_a$ 的乘积,任一非零向量除以它的模的结果是一个与原向量方向相同的单位向量.

向量的加减及向量与数相乘统称为向量的**线性运算**.

例 3　用向量的方法证明:对角线互相平分的四边形是平行四边形.

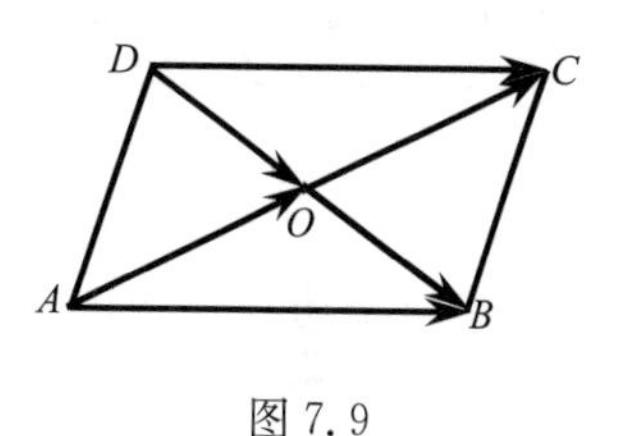

图 7.9

证　设四边形 $ABCD$ 的对角线 AC、BD 交于点 O 且互相平分(图 7.9),由图 7.9 可知,

$$\overrightarrow{AB} = \overrightarrow{AO} + \overrightarrow{OB} = \overrightarrow{OB} + \overrightarrow{AO}$$
$$= \overrightarrow{DO} + \overrightarrow{OC} = \overrightarrow{DC},$$

因此 $|AB| = |DC|$,且 $AB \parallel DC$,因此四边形 $ABCD$ 为平行四边形.

根据向量与数的乘法运算的定义,可得两个向量平行的充要条件如下:

定理 7.1　设向量 $\boldsymbol{a} \neq \boldsymbol{0}$,向量 $\boldsymbol{b} \parallel \boldsymbol{a}$ 的充分必要条件是存在唯一的实数 λ,使 $\boldsymbol{b} = \lambda\boldsymbol{a}$(称**向量 $\boldsymbol{b}$ 可用向量 $\boldsymbol{a}$ 线性表出**).

证　充分性是显然的,下面证明必要性.

设 $\boldsymbol{b} \parallel \boldsymbol{a}$. 当 $\boldsymbol{b}$ 与 $\boldsymbol{a}$ 同向时,取 $\lambda = \dfrac{|\boldsymbol{b}|}{|\boldsymbol{a}|}$;当 $\boldsymbol{b}$ 与 $\boldsymbol{a}$ 反向时,取 $\lambda = -\dfrac{|\boldsymbol{b}|}{|\boldsymbol{a}|}$,则 $\lambda\boldsymbol{a}$ 与 $\boldsymbol{b}$ 同向,且

$$|\lambda\boldsymbol{a}| = |\lambda||\boldsymbol{a}| = \frac{|\boldsymbol{b}|}{|\boldsymbol{a}|}|\boldsymbol{a}| = |\boldsymbol{b}|,$$

因此总有实数 λ,使得 $\boldsymbol{b} = \lambda\boldsymbol{a}$ 成立.

再证实数 λ 的唯一性. 设有实数 λ,μ,使 $\boldsymbol{b} = \lambda\boldsymbol{a}$, $\boldsymbol{b} = \mu\boldsymbol{a}$, 两式相减,得

$$\lambda\boldsymbol{a} - \mu\boldsymbol{a} = (\lambda - \mu)\boldsymbol{a} = \boldsymbol{b} - \boldsymbol{b} = \boldsymbol{0},$$

故

$$|\lambda - \mu||\boldsymbol{a}| = 0.$$

由 $\boldsymbol{a} \neq \boldsymbol{0}$,可得 $|\boldsymbol{a}| \neq 0$,从而 $|\lambda - \mu| = 0$,即 $\lambda = \mu$.

根据定理 7.1,可得如下推论:

推论 7.1　向量 $\boldsymbol{a}$ 与 $\boldsymbol{b}$ 共线的充分必要条件是存在不全为零的两个数 α,β,使 $\alpha\boldsymbol{a} + \beta\boldsymbol{b} = \boldsymbol{0}$(称**向量 $\boldsymbol{a}$,$\boldsymbol{b}$ 线性相关**).

这是因为,当 $\boldsymbol{a}$,$\boldsymbol{b}$ 中至少有一个为非零向量时,不妨设 $\boldsymbol{a} \neq \boldsymbol{0}$,则由定理 7.1 知,存在唯一的实数 λ,使 $\boldsymbol{b} = \lambda\boldsymbol{a}$,即 $\lambda\boldsymbol{a} - 1\boldsymbol{b} = \boldsymbol{0}$,此时可取 $\alpha = \lambda$, $\beta = -1(\neq 0)$,故命题成立. 当 $\boldsymbol{a}$,$\boldsymbol{b}$ 均为零向量时,显然 $\boldsymbol{a}$ 与 $\boldsymbol{b}$ 共线,且对任意一组不全为零的数 α,β,总有 $\alpha\boldsymbol{a} + \beta\boldsymbol{b} = \boldsymbol{0}$,命题仍成立. 综上所述,推论 7.1 对任意两个向量 $\boldsymbol{a}$,$\boldsymbol{b}$ 都是成立的.

根据向量线性运算的定义,还可得到三个向量共面的充要条件如下:

定理 7.2 设向量 $\boldsymbol{a}$ 与 $\boldsymbol{b}$ 不平行(不共线),则向量 $\boldsymbol{c}$ 与 $\boldsymbol{a}$,$\boldsymbol{b}$ 共面的充分必要条件是存在唯一的一对数 λ 和 μ,使 $\boldsymbol{c}=\lambda\boldsymbol{a}+\mu\boldsymbol{b}$(称**向量 $\boldsymbol{c}$ 可用向量 $\boldsymbol{a}$,$\boldsymbol{b}$ 线性表出**).

证 充分性. 设向量 $\boldsymbol{a}$ 与 $\boldsymbol{b}$ 起点重合,且都在平面 π 上,则 $\lambda\boldsymbol{a}$ 与 $\mu\boldsymbol{b}$ 也都在平面 π 上,而向量 $\boldsymbol{c}$ 是以 $\lambda\boldsymbol{a}$ 与 $\mu\boldsymbol{b}$ 为邻边的平行四边形的对角线向量(图 7.10),故 $\boldsymbol{c}$ 在平面 π 上,即三向量 $\boldsymbol{a},\boldsymbol{b},\boldsymbol{c}$ 共面.

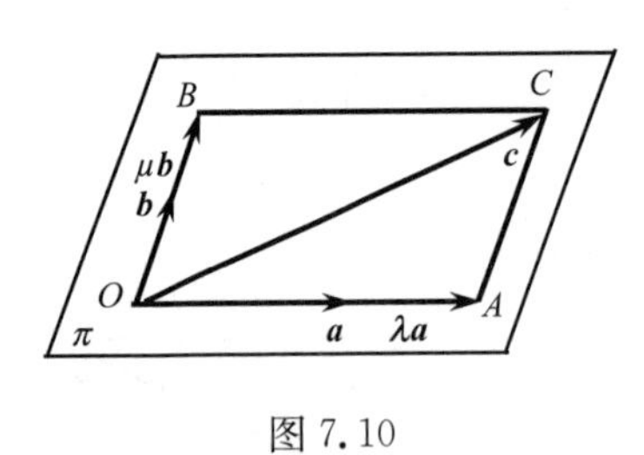

图 7.10

必要性. 设三向量 $\boldsymbol{a},\boldsymbol{b},\boldsymbol{c}$ 在平面 π 上,起点重合于点 O. 过向量 $\boldsymbol{c}$ 的终点 C 分别作 $\boldsymbol{a}$ 与 $\boldsymbol{b}$ 的平行线,与 $\boldsymbol{a},\boldsymbol{b}$ 所在直线依次交于点 A、B,则 $\overrightarrow{OA}\parallel\boldsymbol{a}$, $\overrightarrow{OB}\parallel\boldsymbol{b}$,根据定理 7.1 知,存在唯一的一对数 λ,μ,使 $\overrightarrow{OA}=\lambda\boldsymbol{a}$, $\overrightarrow{OB}=\mu\boldsymbol{b}$,因此有

$$\boldsymbol{c}=\overrightarrow{OC}=\overrightarrow{OA}+\overrightarrow{OB}=\lambda\boldsymbol{a}+\mu\boldsymbol{b}.$$

根据定理 7.2,可得如下推论:

推论 7.2 三向量 $\boldsymbol{a},\boldsymbol{b},\boldsymbol{c}$ 共面的充分必要条件是存在三个不全为零的数 α,β,γ,使 $\alpha\boldsymbol{a}+\beta\boldsymbol{b}+\gamma\boldsymbol{c}=\boldsymbol{0}$(称**三向量 $\boldsymbol{a},\boldsymbol{b},\boldsymbol{c}$ 线性相关**).

这是因为,当 $\boldsymbol{a},\boldsymbol{b},\boldsymbol{c}$ 中有两个向量不共线时,不妨设 $\boldsymbol{a},\boldsymbol{b}$ 不共线,则由定理 7.2 知,存在唯一的一对数 λ,μ,使 $\boldsymbol{c}=\lambda\boldsymbol{a}+\mu\boldsymbol{b}$,即 $\lambda\boldsymbol{a}+\mu\boldsymbol{b}-1\boldsymbol{c}=\boldsymbol{0}$,此时可取 $\alpha=\lambda$, $\beta=\mu$, $\gamma=-1(\neq 0)$,故命题成立. 当 $\boldsymbol{a},\boldsymbol{b},\boldsymbol{c}$ 均共线时,显然它们是共面的,且由 $\boldsymbol{a}$, $\boldsymbol{b}$ 共线及推论 7.1 知,存在不全为零的两个数 α,β,使 $\alpha\boldsymbol{a}+\beta\boldsymbol{b}=\boldsymbol{0}$,即 $\alpha\boldsymbol{a}+\beta\boldsymbol{b}+0\boldsymbol{c}=\boldsymbol{0}$,此时可取 $\gamma=0$,命题仍成立. 综上所述,推论 7.2 对任意三个向量 $\boldsymbol{a},\boldsymbol{b},\boldsymbol{c}$ 都是成立的.

三、向量的坐标

向量的运算仅靠几何方法研究是不够的,为此引进向量的坐标,把向量用有序数组表示出来,从而把向量的运算转化为代数运算.

设在空间直角坐标系中有一向量 $\boldsymbol{a}$,将 $\boldsymbol{a}$ 平行移动,使其起点与坐标原点重合,这时设其终点为 $M(x,y,z)$. 过点 M 作分别垂直于 x 轴、y 轴、z 轴的三张平面,其交点分别为 P,Q,R ,如图 7.11 所示. 由向量加法的三角形法则,有

$$\begin{aligned}\boldsymbol{a}&=\overrightarrow{OM}=\overrightarrow{OP}+\overrightarrow{PM'}+\overrightarrow{M'M}\\&=\overrightarrow{OP}+\overrightarrow{OQ}+\overrightarrow{OR}.\end{aligned}$$

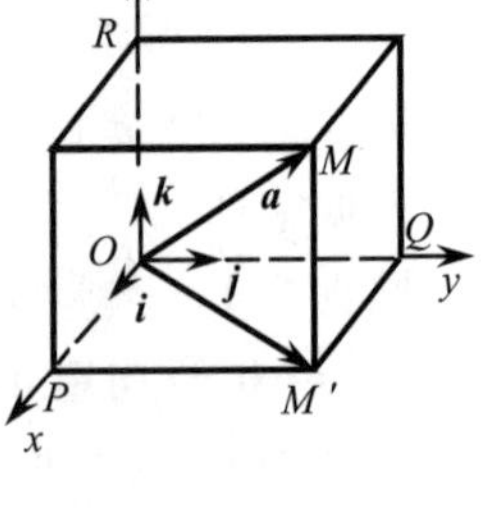

图 7.11

这说明任何一个向量都可以分解成与坐标轴平行的三个向量之和,这三个向量 $\overrightarrow{OP}$、$\overrightarrow{OQ}$、$\overrightarrow{OR}$ 称为**向量 $\boldsymbol{a}$ 沿三个坐标轴方向的分向量**.

设 $\boldsymbol{i},\boldsymbol{j},\boldsymbol{k}$ 分别为与 x 轴、y 轴、z 轴的正向相同的单位向量,称为**基本单位向量**.

根据向量与数的乘法运算可得

$$\overrightarrow{OP}=x\boldsymbol{i},\quad \overrightarrow{OQ}=y\boldsymbol{j},\quad \overrightarrow{OR}=z\boldsymbol{k},$$

从而

$$\boldsymbol{a}=\overrightarrow{OM}=x\boldsymbol{i}+y\boldsymbol{j}+z\boldsymbol{k}.$$

上式称为**向量 $\boldsymbol{a}$ 按基本单位向量的分解式.**

显然,给定向量 $\boldsymbol{a}$,可唯一确定点 M 及 $\overrightarrow{OP},\overrightarrow{OQ},\overrightarrow{OR}$ 三个分向量,进而唯一确定三个有序数 x,y,z. 反之,给定三个有序数 x,y,z,也唯一确定一点 M 及向量 $\boldsymbol{a}$. 于是,空间一向量 $\boldsymbol{a}$ 与有序数 x,y,z 之间存在着一一对应关系. 有序数 x,y,z 称为**向量 $\boldsymbol{a}$ 的坐标**,记为

$$\boldsymbol{a}=(x,y,z).$$

由上面定义可以看出,当向量 $\boldsymbol{a}$ 是以原点为起点的向径 $\overrightarrow{OM}$ 时,向量 $\overrightarrow{OM}$ 与点 M 有着相同的坐标,此时 (x,y,z) 既表示点 M,又表示向径 $\overrightarrow{OM}$. 因此以后在看到记号 (x,y,z) 时,要从上下文去确定它表示的是点,还是向量. 当 (x,y,z) 表示向量时,可对它进行运算;当 (x,y,z) 表示点时,则不能进行运算.

当向量 $\boldsymbol{a}$ 是以 $A(x_1,y_1,z_1)$ 为起点、$B(x_2,y_2,z_2)$ 为终点的向量 $\overrightarrow{AB}$ 时,如图7.12 所示,有

$$\begin{aligned}\boldsymbol{a}&=\overrightarrow{AB}=\overrightarrow{OB}-\overrightarrow{OA}\\&=(x_2\boldsymbol{i}+y_2\boldsymbol{j}+z_2\boldsymbol{k})-(x_1\boldsymbol{i}+y_1\boldsymbol{j}+z_1\boldsymbol{k})\\&=(x_2-x_1)\boldsymbol{i}+(y_2-y_1)\boldsymbol{j}+(z_2-z_1)\boldsymbol{k},\end{aligned}$$

令 $a_x=x_2-x_1,\ a_y=y_2-y_1,\ a_z=z_2-z_1$,则有

$$\boldsymbol{a}=a_x\boldsymbol{i}+a_y\boldsymbol{j}+a_z\boldsymbol{k},$$

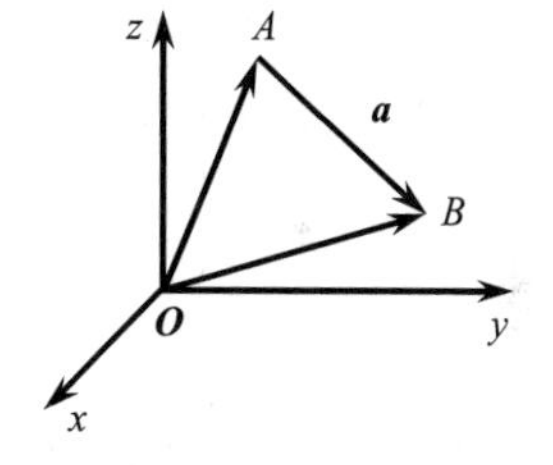

图 7.12

即向量 $\boldsymbol{a}=\overrightarrow{AB}$ 的坐标依次为 a_x,a_y,a_z,恰好等于向量的终点坐标与起点坐标之差. 向量 $a_x\boldsymbol{i},a_y\boldsymbol{j},a_z\boldsymbol{k}$ 分别是向量 $\boldsymbol{a}$ 沿 x 轴、y 轴、z 轴方向的分向量.

由于向量与它的坐标一一对应,所以向量的加减法及向量与数的乘法运算能通过向量坐标的代数运算进行.

设两向量 $\boldsymbol{a}=(a_x,a_y,a_z)$, $\boldsymbol{b}=(b_x,b_y,b_z)$,即

$$\boldsymbol{a}=a_x\boldsymbol{i}+a_y\boldsymbol{j}+a_z\boldsymbol{k},\quad \boldsymbol{b}=b_x\boldsymbol{i}+b_y\boldsymbol{j}+b_z\boldsymbol{k},$$

利用向量加法的交换律与结合律,以及向量与数乘法的结合律与分配律,有

$$\boldsymbol{a}\pm\boldsymbol{b}=(a_x\pm b_x)\boldsymbol{i}+(a_y\pm b_y)\boldsymbol{j}+(a_z\pm b_z)\boldsymbol{k},$$

$$\lambda\boldsymbol{a}=(\lambda a_x)\boldsymbol{i}+(\lambda a_y)\boldsymbol{j}+(\lambda a_z)\boldsymbol{k}\quad(\text{其中 }\lambda\text{ 为实数}),$$

即

$$\boldsymbol{a}\pm\boldsymbol{b}=(a_x\pm b_x,\ a_y\pm b_y,\ a_z\pm b_z),$$

$$\lambda\boldsymbol{a}=(\lambda a_x,\lambda a_y,\lambda a_z).$$

由此可见,对向量进行加、减及数乘运算,只需对向量的各个坐标分别进行相应的数量运算就行了.

设向量 $\boldsymbol{a}=(a_x,a_y,a_z)\neq\boldsymbol{0}$, $\boldsymbol{b}=(b_x,b_y,b_z)$，由定理7.1知，$\boldsymbol{b}\,/\!/\,\boldsymbol{a}$ 相当于 $\boldsymbol{b}=\lambda\boldsymbol{a}$，即

$$(b_x,b_y,b_z)=\lambda(a_x,a_y,a_z),$$

这也就相当于向量 $\boldsymbol{b}$ 与 $\boldsymbol{a}$ 的对应坐标成比例，即

$$\frac{b_x}{a_x}=\frac{b_y}{a_y}=\frac{b_z}{a_z}. \tag{7.1}$$

注意(7.1)式中若有分母为零，则应理解为相应的分子也为零(参见本节例6). 若两向量相等，则两向量的对应坐标相等.

例4 设有向线段 $\overrightarrow{AB}$ 的始点为 $A(x_1,y_1,z_1)$，终点为 $B(x_2,y_2,z_2)$，在直线 AB 上求点 M，使 $\overrightarrow{AM}=\lambda\overrightarrow{MB}(\lambda\neq-1)$.

解 设点 $M(x,y,z)$ 为所求的点，则有

$$\overrightarrow{AM}=(x-x_1,\ y-y_1,\ z-z_1),$$
$$\overrightarrow{MB}=(x_2-x,\ y_2-y,\ z_2-z),$$

由已知条件 $\overrightarrow{AM}=\lambda\overrightarrow{MB}$ 可得

$$(x-x_1,\ y-y_1,\ z-z_1)=\lambda(x_2-x,\ y_2-y,\ z_2-z).$$

因为两向量相等，对应的坐标必相等，所以有

$$x-x_1=\lambda(x_2-x),$$
$$y-y_1=\lambda(y_2-y),$$
$$z-z_1=\lambda(z_2-z),$$

由以上三式可解得

$$x=\frac{x_1+\lambda x_2}{1+\lambda},\quad y=\frac{y_1+\lambda y_2}{1+\lambda},\quad z=\frac{z_1+\lambda z_2}{1+\lambda},$$

因此所求的点为 $M\left(\frac{x_1+\lambda x_2}{1+\lambda},\ \frac{y_1+\lambda y_2}{1+\lambda},\ \frac{z_1+\lambda z_2}{1+\lambda}\right)$.

本例中的点 M 称为有向线段 $\overrightarrow{AB}$ 的**定比分点**. 特别地，当 $\lambda=1$ 时，点 M 是有向线段 $\overrightarrow{AB}$ 的中点，其坐标为

$$x=\frac{x_1+x_2}{2},\quad y=\frac{y_1+y_2}{2},\quad z=\frac{z_1+z_2}{2}.$$

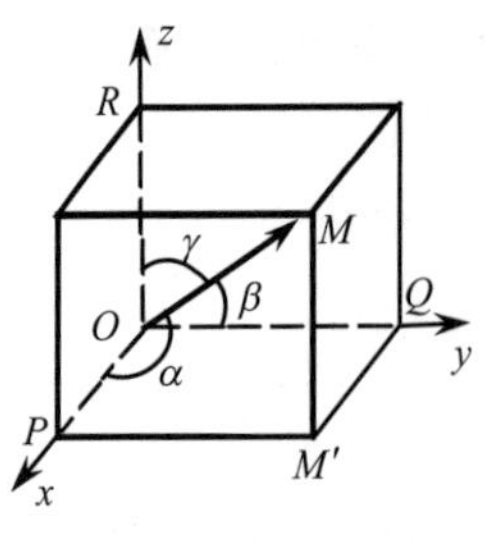

图 7.13

向量的两个要素是它的模和方向. 向量可以用它的坐标来表示，故它的模和方向也可以用它的坐标来表示，下面将给出用向量的坐标表示向量的模与方向的公式.

设 $\boldsymbol{a}=(a_x,a_y,a_z)$. 由于本章讨论的是自由向量，因此不妨将 $\boldsymbol{a}$ 的起点放在坐标原点，那么它的终点 M 的坐标就是 (a_x,a_y,a_z)，如图7.13所示. 向量 $\boldsymbol{a}$ 的模即为坐标

原点 O 到点 M 的距离，因此

$$|\boldsymbol{a}|=|\overrightarrow{OM}|=\sqrt{a_x^2+a_y^2+a_z^2}. \tag{7.2}$$

至于非零向量 $\boldsymbol{a}$ 的方向，可由该向量与三个坐标轴正向的夹角 $\alpha,\beta,\gamma(0\leqslant\alpha\leqslant\pi,$ $0\leqslant\beta\leqslant\pi,\ 0\leqslant\gamma\leqslant\pi)$ 来确定(图 7.13)．α,β,γ 称为向量 $\boldsymbol{a}$ 的**方向角**．显然，给定三个方向角，向量的方向也就确定了．由于 $\triangle OPM,\triangle OQM,\triangle ORM$ 都是直角三角形，因此

$$\begin{cases}\cos\alpha=\dfrac{a_x}{|\boldsymbol{a}|}=\dfrac{a_x}{\sqrt{a_x^2+a_y^2+a_z^2}},\\ \cos\beta=\dfrac{a_y}{|\boldsymbol{a}|}=\dfrac{a_y}{\sqrt{a_x^2+a_y^2+a_z^2}},\\ \cos\gamma=\dfrac{a_z}{|\boldsymbol{a}|}=\dfrac{a_z}{\sqrt{a_x^2+a_y^2+a_z^2}}.\end{cases} \tag{7.3}$$

$\cos\alpha,\ \cos\beta,\ \cos\gamma$ 称为**向量 $\boldsymbol{a}$ 的方向余弦**．显然，知道了向量 $\boldsymbol{a}$ 的方向余弦，也就知道了 $\boldsymbol{a}$ 的方向角，反之亦然．不难得到，向量 $\boldsymbol{a}$ 的方向余弦满足关系式

$$\cos^2\alpha+\cos^2\beta+\cos^2\gamma=1.$$

这就是说，任一向量的方向余弦的平方和等于 1．从而以三个方向余弦为坐标的向量即为与 $\boldsymbol{a}$ 同方向的单位向量，即

$$\boldsymbol{e}_a=(\cos\alpha,\cos\beta,\cos\gamma),$$

因此常用单位向量 $(\cos\alpha,\cos\beta,\cos\gamma)$ 表示向量 $\boldsymbol{a}$ 的方向．

由于向量 $\boldsymbol{i}$ 是与 x 轴正向一致的单位向量，因此它的三个方向角分别为 $\alpha=0$，$\beta=\dfrac{\pi}{2},\ \gamma=\dfrac{\pi}{2}$，从而 $\boldsymbol{i}=(1,0,0)$．类似可知 $\boldsymbol{j}=(0,1,0),\ \boldsymbol{k}=(0,0,1)$．

例 5　已知两点 $M_1(1,3,\sqrt{2})$ 和 $M_2(2,2,0)$，计算向量 $\overrightarrow{M_1M_2}$ 的模、方向余弦和方向角．

解　$\overrightarrow{M_1M_2}=(1,-1,-\sqrt{2})$，由公式(7.2)和公式(7.3)得

$$|\overrightarrow{M_1M_2}|=\sqrt{1^2+(-1)^2+(-\sqrt{2})^2}=2,$$

$$\cos\alpha=\frac{1}{2},\quad\cos\beta=-\frac{1}{2},\quad\cos\gamma=-\frac{\sqrt{2}}{2},$$

$$\alpha=\frac{\pi}{3},\quad\beta=\frac{2}{3}\pi,\quad\gamma=\frac{3}{4}\pi.$$

习题 7-1

1. 在空间直角坐标系中，指出下列各点在哪个卦限？

   $A(2,-2,5)$；　$B(1,3,-7)$；　$C(2,-3,-1)$；　$D(-1,-2,-3)$．

2. 求出 (x,y,z) 关于(1) 各坐标面；(2) 各坐标轴；(3) 坐标原点的对称点的坐标．

3. 指出下列各点在空间直角坐标系中的位置：

$$A(0,3,4);\quad B(6,0,-5);\quad C(0,-2,0);\quad D(0,0,1).$$

4. 设长方体的各棱与坐标轴平行，已知长方体的两个顶点的坐标为$(0,0,0)$，$(1,1,0)$，试写出余下六个顶点的坐标.

5. 在 yOz 面上，求与点 $A(4,-2,-2)$，$B(3,1,2)$，$C(0,5,1)$ 等距离的点.

6. 证明：三点 $A(1,0,-1)$，$B(3,4,5)$，$C(0,-2,-4)$ 共线.

7. 试证明以三点 $A(4,3,1)$，$B(7,1,2)$，$C(5,2,3)$ 为顶点的三角形是一个等腰三角形.

8. 设 $\boldsymbol{r}_1=\boldsymbol{a}+\boldsymbol{b}+2\boldsymbol{c}$，$\boldsymbol{r}_2=-\boldsymbol{a}+3\boldsymbol{b}-\boldsymbol{c}$，试用 $\boldsymbol{a},\boldsymbol{b},\boldsymbol{c}$ 表示 $4\boldsymbol{r}_1-3\boldsymbol{r}_2$.

9. 设有平行四边形 $ABCD$，M 是平行四边形对角线的交点. 若 $\overrightarrow{AB}=\boldsymbol{a}$，$\overrightarrow{AD}=\boldsymbol{b}$，试用 $\boldsymbol{a},\boldsymbol{b}$ 表示向量 $\overrightarrow{MA}$，$\overrightarrow{MB}$，$\overrightarrow{MC}$ 和 $\overrightarrow{MD}$.

10. 用向量的方法证明：连接三角形两边中点的线段（中位线）平行且等于第三边的一半.

11. 已知点 $M_1(2,-1,3)$ 和 $M_2(3,0,1)$，求向量 $\overrightarrow{M_1M_2}$ 的模、方向余弦及与 $\overrightarrow{M_1M_2}$ 方向相同的单位向量.

12. 设向量的方向余弦分别满足(1) $\cos\alpha=0$；(2) $\cos\beta=1$；(3) $\cos\alpha=\cos\beta=0$，问这些向量与坐标轴或坐标面的关系如何？

13. 设向径 $\overrightarrow{OA}$ 与 x 轴、y 轴正向的夹角依次为 $\frac{\pi}{3}$，$\frac{\pi}{4}$，且 $|\overrightarrow{OA}|=6$，求点 A 的坐标.

14. 已知作用于一质点的三个力为 $\boldsymbol{F}_1=\boldsymbol{i}-2\boldsymbol{k}$，$\boldsymbol{F}_2=2\boldsymbol{i}-3\boldsymbol{j}+4\boldsymbol{k}$，$\boldsymbol{F}_3=\boldsymbol{j}+\boldsymbol{k}$，求合力 $\boldsymbol{F}$ 的大小及方向余弦.

15. 设 $\boldsymbol{m}=8\boldsymbol{i}+5\boldsymbol{j}+8\boldsymbol{k}$，$\boldsymbol{n}=2\boldsymbol{i}-4\boldsymbol{j}+7\boldsymbol{k}$，$\boldsymbol{p}=\boldsymbol{i}+\boldsymbol{j}-\boldsymbol{k}$，求向量 $\boldsymbol{a}=\boldsymbol{m}-2\boldsymbol{n}+3\boldsymbol{p}$ 沿 x 轴及 y 轴方向的分向量.

16. 若线段 AB 被点 $C(2,0,2)$ 和 $D(5,-2,0)$ 三等分，试求向量 $\overrightarrow{AB}$、点 A 及点 B 的坐标.

第二节 向量的乘法运算

一、两向量的数量积

先定义两向量的夹角. 设有两个非零向量 $\boldsymbol{a},\boldsymbol{b}$，任取空间一点 O，作 $\overrightarrow{OA}=\boldsymbol{a}$，$\overrightarrow{OB}=\boldsymbol{b}$，规定不超过 π 的 $\angle AOB$（设 $\varphi=\angle AOB$，$0\leqslant\varphi\leqslant\pi$）称为**向量 $\boldsymbol{a}$ 与 $\boldsymbol{b}$ 的夹角**（图 7.14），记作 $(\widehat{\boldsymbol{a},\boldsymbol{b}})$ 或 $(\widehat{\boldsymbol{b},\boldsymbol{a}})$，即 $(\widehat{\boldsymbol{a},\boldsymbol{b}})=\varphi$. 如果向量 $\boldsymbol{a}$ 与 $\boldsymbol{b}$ 中有一个是零向量，规定它们的夹角可以在 0 与 π 之间任意取值. 如果向量 $\boldsymbol{a}$ 与 $\boldsymbol{b}$ 的夹角为 $\frac{\pi}{2}$，则称 **$\boldsymbol{a}$ 与 $\boldsymbol{b}$ 垂直**，记作 $\boldsymbol{a}\perp\boldsymbol{b}$.

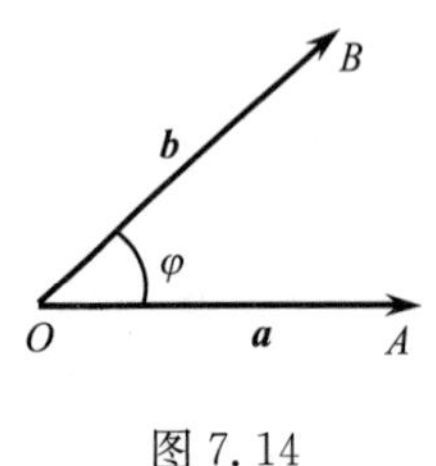

图 7.14

由物理学知识可知，一个物体在常力 $\boldsymbol{F}$（大小和方向均不变的力）的作用下沿直线从点 M_1 移动到点 M_2，则力 $\boldsymbol{F}$ 所做的功为

$$W=|\boldsymbol{F}|\cdot|\overrightarrow{M_1M_2}|\cdot\cos\theta,$$

其中 θ 为力 $\boldsymbol{F}$ 与位移向量 $\overrightarrow{M_1M_2}$ 之间的夹角(图7.15). 这里功 W 是由力向量 $\boldsymbol{F}$ 与位移向量 $\overrightarrow{M_1M_2}$ 按上式确定的一个数量. 两个向量的这种运算在物理学、力学等许多问题中常常遇到. 为此引入两个向量的数量积概念.

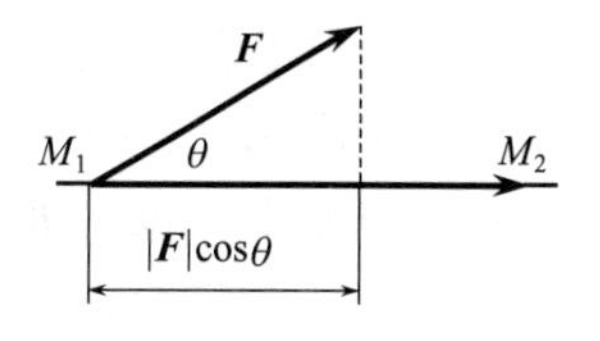

图 7.15

定义 7.2　两个向量 $\boldsymbol{a}$ 和 $\boldsymbol{b}$ 的模与它们夹角余弦的乘积称为两个向量 $\boldsymbol{a}$ 与 $\boldsymbol{b}$ 的**数量积**. 数量积也称**点积**或**内积**. 记作 $\boldsymbol{a}\cdot\boldsymbol{b}$，即

$$\boldsymbol{a}\cdot\boldsymbol{b}=|\boldsymbol{a}||\boldsymbol{b}|\cos(\widehat{\boldsymbol{a},\boldsymbol{b}}). \tag{7.4}$$

根据这个定义，上述力 $\boldsymbol{F}$ 所做的功 W 是力向量 $\boldsymbol{F}$ 与位移向量 $\overrightarrow{M_1M_2}$ 的数量积，即

$$W=\boldsymbol{F}\cdot\overrightarrow{M_1M_2}.$$

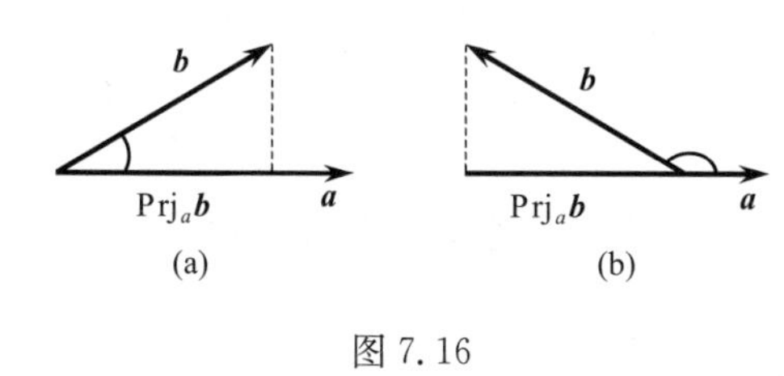

图 7.16

式(7.4)中的因子 $|\boldsymbol{b}|\cos(\widehat{\boldsymbol{a},\boldsymbol{b}})$ 当 $\boldsymbol{a}\neq\boldsymbol{0}$ 时称为**向量 $\boldsymbol{b}$ 在向量 $\boldsymbol{a}$ 上的投影**(图 7.16)，记作 $\mathrm{Prj}_a\boldsymbol{b}$，即

$$\mathrm{Prj}_a\boldsymbol{b}=|\boldsymbol{b}|\cos(\widehat{\boldsymbol{a},\boldsymbol{b}})=\frac{\boldsymbol{a}\cdot\boldsymbol{b}}{|\boldsymbol{a}|}=\boldsymbol{e}_a\cdot\boldsymbol{b},$$

因此 $\boldsymbol{b}$ 在 $\boldsymbol{a}$ 上的投影就是 $\boldsymbol{b}$ 与 $\boldsymbol{e}_a$ 的数量积. 类似地，当 $\boldsymbol{b}\neq\boldsymbol{0}$ 时，$|\boldsymbol{a}|\cos(\widehat{\boldsymbol{a},\boldsymbol{b}})$ 称为向量 $\boldsymbol{a}$ 在向量 $\boldsymbol{b}$ 上的投影，记作 $\mathrm{Prj}_b\boldsymbol{a}$. 两向量的数量积也可以用投影表示为

$$\boldsymbol{a}\cdot\boldsymbol{b}=|\boldsymbol{b}|\,\mathrm{Prj}_b\boldsymbol{a}=|\boldsymbol{a}|\,\mathrm{Prj}_a\boldsymbol{b}.$$

这就是说，两向量的数量积等于其中一个向量的模和另外一个向量在这个向量上投影的乘积.

由数量积的定义可以推出：

(1) $\boldsymbol{a}\cdot\boldsymbol{a}=|\boldsymbol{a}|^2$，即 $|\boldsymbol{a}|=\sqrt{\boldsymbol{a}\cdot\boldsymbol{a}}$.

这是因为夹角 $(\widehat{\boldsymbol{a},\boldsymbol{a}})=0$，所以

$$\boldsymbol{a}\cdot\boldsymbol{a}=|\boldsymbol{a}|^2\cos 0=|\boldsymbol{a}|^2.$$

通常将 $\boldsymbol{a}\cdot\boldsymbol{a}$ 记为 $\boldsymbol{a}^2$，即有 $\boldsymbol{a}^2=\boldsymbol{a}\cdot\boldsymbol{a}=|\boldsymbol{a}|^2$.

(2) 向量 $\boldsymbol{a}\perp\boldsymbol{b}$ 的充要条件是 $\boldsymbol{a}\cdot\boldsymbol{b}=0$.

这是因为当 $\boldsymbol{a}$ 与 $\boldsymbol{b}$ 中有一个为 $\boldsymbol{0}$ 时，由于 $\boldsymbol{0}$ 的方向是任意的，结论显然成立；当 $\boldsymbol{a}$ 与 $\boldsymbol{b}$ 均不为 $\boldsymbol{0}$ 时，按定义，$\boldsymbol{a}\perp\boldsymbol{b}$ 的充要条件是它们的夹角 $(\widehat{\boldsymbol{a},\boldsymbol{b}})=\frac{\pi}{2}$，即 $\boldsymbol{a}\cdot\boldsymbol{b}=|\boldsymbol{a}||\boldsymbol{b}|\cos\frac{\pi}{2}=0$.

由此可知对基本单位向量 $\boldsymbol{i},\boldsymbol{j},\boldsymbol{k}$ 有

$$\boldsymbol{i}\cdot\boldsymbol{i}=1,\quad \boldsymbol{j}\cdot\boldsymbol{j}=1,\quad \boldsymbol{k}\cdot\boldsymbol{k}=1,$$
$$\boldsymbol{i}\cdot\boldsymbol{j}=0,\quad \boldsymbol{j}\cdot\boldsymbol{k}=0,\quad \boldsymbol{k}\cdot\boldsymbol{i}=0.$$

容易验证数量积满足下面的运算规律：

(1) 交换律　$\boldsymbol{a}\cdot\boldsymbol{b}=\boldsymbol{b}\cdot\boldsymbol{a}$；

(2) 分配律　$(\boldsymbol{a}+\boldsymbol{b})\cdot\boldsymbol{c}=\boldsymbol{a}\cdot\boldsymbol{c}+\boldsymbol{b}\cdot\boldsymbol{c}$；

(3) 结合律　$(\lambda\boldsymbol{a})\cdot\boldsymbol{b}=\lambda(\boldsymbol{a}\cdot\boldsymbol{b})$，其中 λ 为任一实数.

下面给出数量积的坐标表示式.

设 $\boldsymbol{a}=a_x\boldsymbol{i}+a_y\boldsymbol{j}+a_z\boldsymbol{k}$，$\boldsymbol{b}=b_x\boldsymbol{i}+b_y\boldsymbol{j}+b_z\boldsymbol{k}$，根据数量积的运算规律，有

$$\begin{aligned}\boldsymbol{a}\cdot\boldsymbol{b}&=(a_x\boldsymbol{i}+a_y\boldsymbol{j}+a_z\boldsymbol{k})\cdot(b_x\boldsymbol{i}+b_y\boldsymbol{j}+b_z\boldsymbol{k})\\&=a_x\boldsymbol{i}\cdot(b_x\boldsymbol{i}+b_y\boldsymbol{j}+b_z\boldsymbol{k})+a_y\boldsymbol{j}\cdot(b_x\boldsymbol{i}+b_y\boldsymbol{j}+b_z\boldsymbol{k})\\&\quad+a_z\boldsymbol{k}\cdot(b_x\boldsymbol{i}+b_y\boldsymbol{j}+b_z\boldsymbol{k})\\&=a_xb_x\boldsymbol{i}\cdot\boldsymbol{i}+a_xb_y\boldsymbol{i}\cdot\boldsymbol{j}+a_xb_z\boldsymbol{i}\cdot\boldsymbol{k}+a_yb_x\boldsymbol{j}\cdot\boldsymbol{i}+a_yb_y\boldsymbol{j}\cdot\boldsymbol{j}\\&\quad+a_yb_z\boldsymbol{j}\cdot\boldsymbol{k}+a_zb_x\boldsymbol{k}\cdot\boldsymbol{i}+a_zb_y\boldsymbol{k}\cdot\boldsymbol{j}+a_zb_z\boldsymbol{k}\cdot\boldsymbol{k}\\&=a_xb_x+a_yb_y+a_zb_z.\end{aligned}\tag{7.5}$$

式(7.5)称为**数量积的坐标表示式.**

由式(7.5)及数量积的定义可得两个非零向量夹角余弦的坐标表示式为

$$\cos(\widehat{\boldsymbol{a},\boldsymbol{b}})=\frac{\boldsymbol{a}\cdot\boldsymbol{b}}{|\boldsymbol{a}||\boldsymbol{b}|}=\frac{a_xb_x+a_yb_y+a_zb_z}{\sqrt{a_x^2+a_y^2+a_z^2}\sqrt{b_x^2+b_y^2+b_z^2}}.$$

例 1　证明平行四边形两条对角线的平方和等于各边的平方和.

证　设平行四边形 $ABCD$ 如图 7.17 所示. 记 $\overrightarrow{AB}=\boldsymbol{a}$，$\overrightarrow{AD}=\boldsymbol{b}$，于是

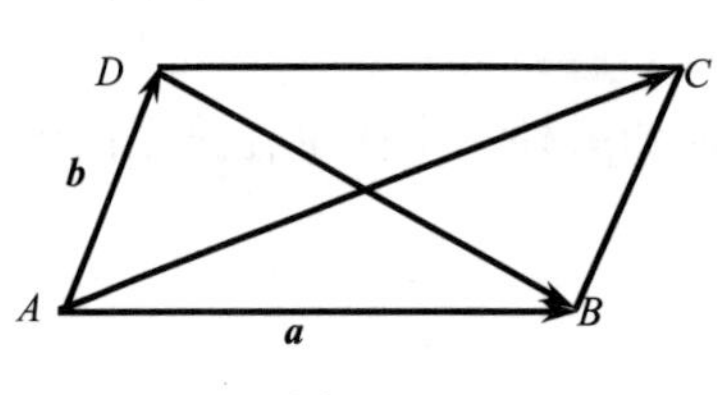

图 7.17

$$\begin{aligned}|\overrightarrow{AC}|^2&=\overrightarrow{AC}\cdot\overrightarrow{AC}=(\boldsymbol{a}+\boldsymbol{b})\cdot(\boldsymbol{a}+\boldsymbol{b})\\&=\boldsymbol{a}\cdot\boldsymbol{a}+2\boldsymbol{a}\cdot\boldsymbol{b}+\boldsymbol{b}\cdot\boldsymbol{b}\\&=|\boldsymbol{a}|^2+2\boldsymbol{a}\cdot\boldsymbol{b}+|\boldsymbol{b}|^2,\end{aligned}$$

$$\begin{aligned}|\overrightarrow{DB}|^2&=\overrightarrow{DB}\cdot\overrightarrow{DB}=(\boldsymbol{a}-\boldsymbol{b})\cdot(\boldsymbol{a}-\boldsymbol{b})\\&=|\boldsymbol{a}|^2-2\boldsymbol{a}\cdot\boldsymbol{b}+|\boldsymbol{b}|^2,\end{aligned}$$

以上两式相加，可得

$$\begin{aligned}|\overrightarrow{AC}|^2+|\overrightarrow{DB}|^2&=2(|\boldsymbol{a}|^2+|\boldsymbol{b}|^2)\\&=|\overrightarrow{AB}|^2+|\overrightarrow{BC}|^2+|\overrightarrow{CD}|^2+|\overrightarrow{DA}|^2.\end{aligned}$$

例 2　设力 $\boldsymbol{F}=-2\boldsymbol{i}+\boldsymbol{j}+2\boldsymbol{k}$ 作用在一质点上，质点由点 $A(1,1,1)$ 沿直线移动到点 $B(0,0,5)$. 求：(1) 力 $\boldsymbol{F}$ 所做的功；(2) 力 $\boldsymbol{F}$ 与位移向量 $\overrightarrow{AB}$ 的夹角(力的单位为牛顿，位移的单位为米).

解　(1) $\overrightarrow{AB}=(-1,-1,4)$，力 $\boldsymbol{F}$ 所做的功为

$$W=\boldsymbol{F}\cdot\overrightarrow{AB}=(-2,1,2)\cdot(-1,-1,4)=9(\text{焦耳}).$$

(2) $|\boldsymbol{F}|=\sqrt{(-2)^2+1^2+2^2}=3$，

$$|\overrightarrow{AB}|=\sqrt{(-1)^2+(-1)^2+4^2}=3\sqrt{2},$$

$$\cos(\widehat{\boldsymbol{F},\overrightarrow{AB}})=\frac{\boldsymbol{F}\cdot\overrightarrow{AB}}{|\boldsymbol{F}||\overrightarrow{AB}|}=\frac{9}{3\times3\sqrt{2}}=\frac{\sqrt{2}}{2},$$

因此力 $\boldsymbol{F}$ 与位移向量$\overrightarrow{AB}$ 的夹角为$\frac{\pi}{4}$.

例 3　设 $\boldsymbol{a}=a_x\boldsymbol{i}+a_y\boldsymbol{j}+a_z\boldsymbol{k}$，求 $\mathrm{Prj}_{\boldsymbol{i}}\boldsymbol{a}$，$\mathrm{Prj}_{\boldsymbol{j}}\boldsymbol{a}$ 及 $\mathrm{Prj}_{\boldsymbol{k}}\boldsymbol{a}$.

解　因为 $\boldsymbol{i}=(1,0,0)$，$\boldsymbol{j}=(0,1,0)$，$\boldsymbol{k}=(0,0,1)$，设α,β,γ分别为向量$\boldsymbol{a}$ 的三个方向角，则有

$$\mathrm{Prj}_{\boldsymbol{i}}\boldsymbol{a}=|\boldsymbol{a}|\cos\alpha=\boldsymbol{a}\cdot\boldsymbol{i}=a_x,$$
$$\mathrm{Prj}_{\boldsymbol{j}}\boldsymbol{a}=|\boldsymbol{a}|\cos\beta=\boldsymbol{a}\cdot\boldsymbol{j}=a_y,$$
$$\mathrm{Prj}_{\boldsymbol{k}}\boldsymbol{a}=|\boldsymbol{a}|\cos\gamma=\boldsymbol{a}\cdot\boldsymbol{k}=a_z.$$

这表明，向量 $\boldsymbol{a}$ 的坐标a_x,a_y,a_z 等于向量的模与其方向余弦的乘积(也等于向量与基本单位向量的数量积)，也正是向量 $\boldsymbol{a}$ 在坐标轴上的投影.

二、两向量的向量积

在研究物体转动问题时，不但要考虑这物体所受的力，还要分析这些力所产生的力矩. 下面就举一个简单的例子来说明表达力矩的方法.

设 O 为一根杠杆 L 的支点，力 $\boldsymbol{F}$ 作用于这杠杆上 P 处，$\boldsymbol{F}$ 与$\overrightarrow{OP}$ 的夹角为θ(图7.18(a)). 力学中规定，力 $\boldsymbol{F}$ 作用的效果可以用一个向量 $\boldsymbol{M}$ 表示，$\boldsymbol{M}$ 即是作用于 P 点的力 $\boldsymbol{F}$ 对支点 O 的力矩，它的模为

$$|\boldsymbol{M}|=|\overrightarrow{OQ}||\boldsymbol{F}|=|\overrightarrow{OP}||\boldsymbol{F}|\sin\theta,$$

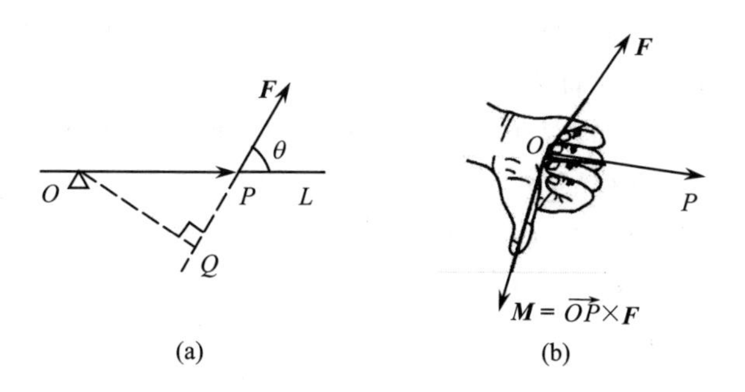

图 7.18

方向垂直于 $\overrightarrow{OP}$ 与 $\boldsymbol{F}$ 所决定的平面，指向按右手规则来确定，即当右手的四个手指从$\overrightarrow{OP}$ 以不超过 π 的角转向 $\boldsymbol{F}$ 握拳时，大拇指的指向就是向量 $\boldsymbol{M}$ 的指向(图7.18(b)).

这种由两个已知向量按上面的规则来确定另一个向量的情况，在力学及其他学科中还会遇到，为此引入两个向量的向量积的概念.

定义 7.3　两个向量 $\boldsymbol{a}$ 与 $\boldsymbol{b}$ 的**向量积**是一个向量 $\boldsymbol{c}$，记作 $\boldsymbol{c}=\boldsymbol{a}\times\boldsymbol{b}$，它的模为 $|\boldsymbol{c}|=|\boldsymbol{a}||\boldsymbol{b}|\sin\theta$，其中 θ 为向量$\boldsymbol{a}$ 与 $\boldsymbol{b}$ 的夹角；它的方向垂直于 $\boldsymbol{a}$ 和 $\boldsymbol{b}$ 所决定的

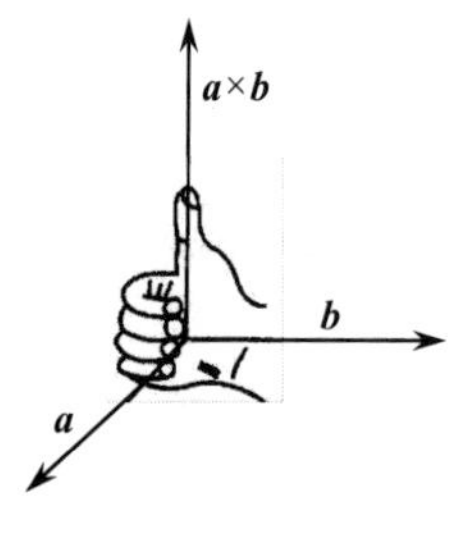

图 7.19

平面(即 $\boldsymbol{c}$ 既垂直于 $\boldsymbol{a}$,又垂直于 $\boldsymbol{b}$),且 $\boldsymbol{c}$ 的指向是按右手规则从 $\boldsymbol{a}$ 转向 $\boldsymbol{b}$ 来确定(图 7.19). 向量积也称**叉积**或**外积**.

由定义可知,向量积 $\boldsymbol{a}\times\boldsymbol{b}$ 的模等于以 $\boldsymbol{a}$,$\boldsymbol{b}$ 为邻边的平行四边形的面积. 根据这个定义,上述力矩 $\boldsymbol{M}$ 是向量$\overrightarrow{OP}$ 与 $\boldsymbol{F}$ 的向量积,即

$$\boldsymbol{M}=\overrightarrow{OP}\times\boldsymbol{F}.$$

由向量积的定义可以推出:

(1) $\boldsymbol{a}\times\boldsymbol{a}=\boldsymbol{0}$.

这是因为夹角 $(\widehat{\boldsymbol{a},\boldsymbol{a}})=0$,所以 $|\boldsymbol{a}\times\boldsymbol{a}|=|\boldsymbol{a}|^2\sin 0=0$,而模为 0 的向量即为零向量.

(2) **向量 $\boldsymbol{a}\parallel\boldsymbol{b}$ 的充要条件是 $\boldsymbol{a}\times\boldsymbol{b}=\boldsymbol{0}$.**

这是因为当 $\boldsymbol{a}$ 与 $\boldsymbol{b}$ 中有一个为 $\boldsymbol{0}$ 时,结论显然成立;当 $\boldsymbol{a}$ 与 $\boldsymbol{b}$ 均不为 $\boldsymbol{0}$ 时,按定义,$\boldsymbol{a}\times\boldsymbol{b}=\boldsymbol{0}$ 等价于 $|\boldsymbol{a}\times\boldsymbol{b}|=0$,即 $|\boldsymbol{a}||\boldsymbol{b}|\sin\theta=0$,而 $|\boldsymbol{a}|\neq 0$, $|\boldsymbol{b}|\neq 0$,故 $\sin\theta=0$,即 $\theta=0$ 或 π,因此 $\boldsymbol{a}\parallel\boldsymbol{b}$.

可以验证向量积满足下面的运算规律:

(1) 反交换律　$\boldsymbol{a}\times\boldsymbol{b}=-\boldsymbol{b}\times\boldsymbol{a}$;

(2) 分配律　$(\boldsymbol{a}+\boldsymbol{b})\times\boldsymbol{c}=\boldsymbol{a}\times\boldsymbol{c}+\boldsymbol{b}\times\boldsymbol{c}$,

$\boldsymbol{c}\times(\boldsymbol{a}+\boldsymbol{b})=\boldsymbol{c}\times\boldsymbol{a}+\boldsymbol{c}\times\boldsymbol{b}$;

(3) 结合律　$(\lambda\boldsymbol{a})\times\boldsymbol{b}=\boldsymbol{a}\times(\lambda\boldsymbol{b})=\lambda(\boldsymbol{a}\times\boldsymbol{b})$,其中 λ 为实数.

下面推导向量积的坐标表达式.

设 $\boldsymbol{a}=a_x\boldsymbol{i}+a_y\boldsymbol{j}+a_z\boldsymbol{k}$, $\boldsymbol{b}=b_x\boldsymbol{i}+b_y\boldsymbol{j}+b_z\boldsymbol{k}$,根据向量积的运算规律,有

$$\begin{aligned}\boldsymbol{a}\times\boldsymbol{b}&=(a_x\boldsymbol{i}+a_y\boldsymbol{j}+a_z\boldsymbol{k})\times(b_x\boldsymbol{i}+b_y\boldsymbol{j}+b_z\boldsymbol{k})\\&=a_x\boldsymbol{i}\times(b_x\boldsymbol{i}+b_y\boldsymbol{j}+b_z\boldsymbol{k})+a_y\boldsymbol{j}\times(b_x\boldsymbol{i}+b_y\boldsymbol{j}+b_z\boldsymbol{k})\\&\quad+a_z\boldsymbol{k}\times(b_x\boldsymbol{i}+b_y\boldsymbol{j}+b_z\boldsymbol{k})\\&=a_xb_x(\boldsymbol{i}\times\boldsymbol{i})+a_xb_y(\boldsymbol{i}\times\boldsymbol{j})+a_xb_z(\boldsymbol{i}\times\boldsymbol{k})\\&\quad+a_yb_x(\boldsymbol{j}\times\boldsymbol{i})+a_yb_y(\boldsymbol{j}\times\boldsymbol{j})+a_yb_z(\boldsymbol{j}\times\boldsymbol{k})\\&\quad+a_zb_x(\boldsymbol{k}\times\boldsymbol{i})+a_zb_y(\boldsymbol{k}\times\boldsymbol{j})+a_zb_z(\boldsymbol{k}\times\boldsymbol{k}).\end{aligned}$$

由于 $\boldsymbol{i}\times\boldsymbol{i}=\boldsymbol{j}\times\boldsymbol{j}=\boldsymbol{k}\times\boldsymbol{k}=\boldsymbol{0}$, $\boldsymbol{i}\times\boldsymbol{j}=\boldsymbol{k}$, $\boldsymbol{j}\times\boldsymbol{k}=\boldsymbol{i}$, $\boldsymbol{k}\times\boldsymbol{i}=\boldsymbol{j}$, $\boldsymbol{j}\times\boldsymbol{i}=-\boldsymbol{k}$, $\boldsymbol{k}\times\boldsymbol{j}=-\boldsymbol{i}$, $\boldsymbol{i}\times\boldsymbol{k}=-\boldsymbol{j}$,所以有

$$\begin{aligned}\boldsymbol{a}\times\boldsymbol{b}=&(a_yb_z-a_zb_y)\boldsymbol{i}+(a_zb_x-a_xb_z)\boldsymbol{j}\\&+(a_xb_y-a_yb_x)\boldsymbol{k}.\end{aligned}$$

为便于记忆 $\boldsymbol{a}\times\boldsymbol{b}$ 的坐标,将上式写成三阶行列式的形式:

$$\boldsymbol{a}\times\boldsymbol{b}=\begin{vmatrix}\boldsymbol{i}&\boldsymbol{j}&\boldsymbol{k}\\a_x&a_y&a_z\\b_x&b_y&b_z\end{vmatrix},\tag{7.6}$$

式(7.6)常称为**向量积的坐标表示式**.

例 4　设 $\boldsymbol{a}=(0,-2,1)$, $\boldsymbol{b}=(2,-1,1)$,求 $\boldsymbol{a}\times\boldsymbol{b}$.

解

$$\boldsymbol{a}\times\boldsymbol{b}=\begin{vmatrix}\boldsymbol{i} & \boldsymbol{j} & \boldsymbol{k}\\ 0 & -2 & 1\\ 2 & -1 & 1\end{vmatrix}=-\boldsymbol{i}+2\boldsymbol{j}+4\boldsymbol{k},$$

即 $\boldsymbol{a}\times\boldsymbol{b}=(-1,2,4)$.

例 5　求同时垂直于向量 $\boldsymbol{a}=(3,4,-2)$ 和 z 轴的单位向量.

解　由向量积的定义可知,$\boldsymbol{c}=\boldsymbol{a}\times\boldsymbol{k}$ 同时垂直于 $\boldsymbol{a}$ 和 $\boldsymbol{k}$,而

$$\boldsymbol{c}=\boldsymbol{a}\times\boldsymbol{k}=\begin{vmatrix}\boldsymbol{i} & \boldsymbol{j} & \boldsymbol{k}\\ 3 & 4 & -2\\ 0 & 0 & 1\end{vmatrix}=4\boldsymbol{i}-3\boldsymbol{j},$$

因此所求的单位向量可取为

$$\pm\boldsymbol{e}_c=\pm\frac{\boldsymbol{c}}{|\boldsymbol{c}|}=\pm\frac{1}{5}(4,-3,0).$$

*三、向量的混合积

设 $\boldsymbol{a},\boldsymbol{b},\boldsymbol{c}$ 是三个向量,如果先作两个向量 $\boldsymbol{a}$ 和 $\boldsymbol{b}$ 的向量积 $\boldsymbol{a}\times\boldsymbol{b}$,再把得到的向量与第三个向量 $\boldsymbol{c}$ 作数量积,这样得到的数量 $(\boldsymbol{a}\times\boldsymbol{b})\cdot\boldsymbol{c}$ 称为向量 $\boldsymbol{a},\boldsymbol{b},\boldsymbol{c}$ 的**混合积**,记作 $[\boldsymbol{a}\,\boldsymbol{b}\,\boldsymbol{c}]$.

下面推导三向量的混合积的坐标表示式.

设 $\boldsymbol{a}=(a_x,a_y,a_z)$, $\boldsymbol{b}=(b_x,b_y,b_z)$, $\boldsymbol{c}=(c_x,c_y,c_z)$,因为

$$\begin{aligned}\boldsymbol{a}\times\boldsymbol{b}&=\begin{vmatrix}\boldsymbol{i} & \boldsymbol{j} & \boldsymbol{k}\\ a_x & a_y & a_z\\ b_x & b_y & b_z\end{vmatrix}\\ &=(a_yb_z-a_zb_y)\boldsymbol{i}+(a_zb_x-a_xb_z)\boldsymbol{j}+(a_xb_y-a_yb_x)\boldsymbol{k},\end{aligned}$$

再按两向量的数量积的坐标表示式,有

$$(\boldsymbol{a}\times\boldsymbol{b})\cdot\boldsymbol{c}=(a_yb_z-a_zb_y)c_x+(a_zb_x-a_xb_z)c_y+(a_xb_y-a_yb_x)c_z.$$

为便于记忆,写成三阶行列式的形式为

$$[\boldsymbol{a}\,\boldsymbol{b}\,\boldsymbol{c}]=(\boldsymbol{a}\times\boldsymbol{b})\cdot\boldsymbol{c}=\begin{vmatrix}a_x & a_y & a_z\\ b_x & b_y & b_z\\ c_x & c_y & c_z\end{vmatrix}.$$

三向量的混合积有下述几何意义:

向量的混合积 $[\boldsymbol{a}\,\boldsymbol{b}\,\boldsymbol{c}]$ 是这样的一个数,它的绝对值表示以向量 $\boldsymbol{a},\boldsymbol{b},\boldsymbol{c}$ 为棱的平行六面体的体积. 如果向量 $\boldsymbol{a},\boldsymbol{b},\boldsymbol{c}$ 组成右手系(即 $\boldsymbol{c}$ 的指向按右手规则从 $\boldsymbol{a}$ 转向 $\boldsymbol{b}$

来确定),那么混合积的符号是正的;如果 $\boldsymbol{a},\boldsymbol{b},\boldsymbol{c}$ 组成左手系(即 $\boldsymbol{c}$ 的指向按左手规则从 $\boldsymbol{a}$ 转向 $\boldsymbol{b}$ 来确定),那么混合积的符号是负的.

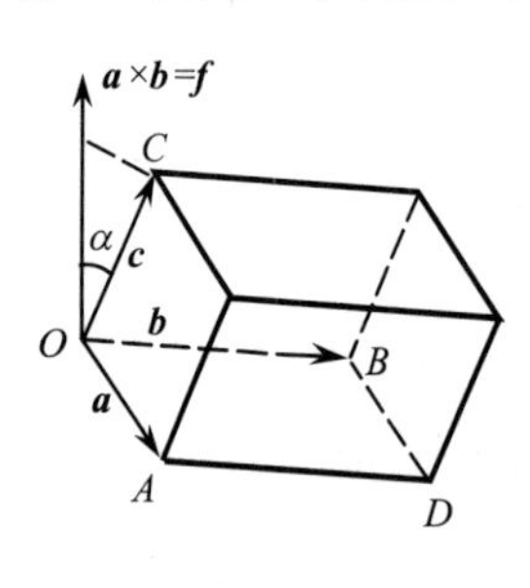

图 7.20

这是因为,如果任取空间一点 O 作三向量 $\overrightarrow{OA}=\boldsymbol{a}$, $\overrightarrow{OB}=\boldsymbol{b}$, $\overrightarrow{OC}=\boldsymbol{c}$, 并作以 $\boldsymbol{a}$、$\boldsymbol{b}$、$\boldsymbol{c}$ 为棱的平行六面体(图 7.20),则由向量积的定义,向量积 $\boldsymbol{a}\times\boldsymbol{b}=\boldsymbol{f}$ 是一个向量,它的模在数值上等于该平行六面体的底面的面积,即平行四边形 $OADB$ 的面积,它的方向垂直于这平行六面体的底面,且当 $\boldsymbol{a},\boldsymbol{b},\boldsymbol{c}$ 组成右手系时,向量 $\boldsymbol{f}$ 与向量 $\boldsymbol{c}$ 朝着底面的同侧;当 $\boldsymbol{a},\boldsymbol{b},\boldsymbol{c}$ 组成左手系时,向量 $\boldsymbol{f}$ 与向量 $\boldsymbol{c}$ 朝着底面的异侧. 现设 $\boldsymbol{f}$ 与 $\boldsymbol{c}$ 的夹角为 α ,则有

$$[\boldsymbol{a}\,\boldsymbol{b}\,\boldsymbol{c}]=(\boldsymbol{a}\times\boldsymbol{b})\cdot\boldsymbol{c}=|\boldsymbol{a}\times\boldsymbol{b}||\boldsymbol{c}|\cos\alpha,$$

且当 $\boldsymbol{a},\boldsymbol{b},\boldsymbol{c}$ 组成右手系时,α 为锐角,从而$[\boldsymbol{a}\,\boldsymbol{b}\,\boldsymbol{c}]$为正;当 $\boldsymbol{a},\boldsymbol{b},\boldsymbol{c}$ 组成左手系时,α 为钝角,从而$[\boldsymbol{a}\,\boldsymbol{b}\,\boldsymbol{c}]$为负. 当 α 为锐角时,$|\boldsymbol{c}|\cos\alpha$ 恰为该平行六面体的高,因此此时$[\boldsymbol{a}\,\boldsymbol{b}\,\boldsymbol{c}]$恰好为该平行六面体的体积.

当$[\boldsymbol{a}\,\boldsymbol{b}\,\boldsymbol{c}]=0$ 时,平行六面体的体积为零,即该六面体的三条棱落在同一个平面上,也就是说三向量 $\boldsymbol{a},\boldsymbol{b},\boldsymbol{c}$ 共面,反之显然也成立. 由此可得三向量共面的又一充分必要条件:

三向量 $\boldsymbol{a},\boldsymbol{b},\boldsymbol{c}$ 共面的充要条件是三向量的混合积为零,即

$$(\boldsymbol{a}\times\boldsymbol{b})\cdot\boldsymbol{c}=0,$$

或

$$\begin{vmatrix} a_x & a_y & a_z \\ b_x & b_y & b_z \\ c_x & c_y & c_z \end{vmatrix}=0.$$

例 6 判断四个点 $A(1,0,1)$,$B(4,4,6)$,$C(2,2,3)$,$D(-1,1,2)$ 是否在同一平面上.

解 $\overrightarrow{AB}=(3,4,5)$, $\overrightarrow{AC}=(1,2,2)$, $\overrightarrow{AD}=(-2,1,1)$,这三个向量的混合积为

$$[\overrightarrow{AB}\,\overrightarrow{AC}\,\overrightarrow{AD}]=\begin{vmatrix} 3 & 4 & 5 \\ 1 & 2 & 2 \\ -2 & 1 & 1 \end{vmatrix}=5\neq 0,$$

因此四个点 A,B,C,D 不在同一平面上.

四、向量间的位置关系

首先讨论两个向量的位置关系. 由于本章讨论的向量都是自由向量,因此所有向量都可以通过平行移动而具有相同的起点,从而任意两个向量一定是共面的. 由

于零向量方向的任意性，可以认为零向量与任意向量平行、垂直，因此只需要讨论任意两个非零向量的位置关系.

设向量 $\boldsymbol{a}=(a_x,a_y,a_z)$ 与 $\boldsymbol{b}=(b_x,b_y,b_z)$ 为任意两个非零向量. 一般地，它们的夹角 $\varphi(0\leqslant\varphi\leqslant\pi)$ 的正弦及余弦分别满足下面两式：

$$\cos\varphi=\frac{\boldsymbol{a}\cdot\boldsymbol{b}}{|\boldsymbol{a}||\boldsymbol{b}|}=\frac{a_xb_x+a_yb_y+a_zb_z}{\sqrt{a_x^2+a_y^2+a_z^2}\sqrt{b_x^2+b_y^2+b_z^2}},$$

$$\sin\varphi=\frac{|\boldsymbol{a}\times\boldsymbol{b}|}{|\boldsymbol{a}||\boldsymbol{b}|}.$$

特别地，当 $\varphi=0$ 或 π 时，两向量互相平行，当 $\varphi=\frac{\pi}{2}$ 时，两向量互相垂直.

1. 两向量平行

根据前面的知识可知，两向量 $\boldsymbol{a},\boldsymbol{b}$ 平行可分别用向量与数的乘法运算、用坐标、用叉积来表达，有如下的三个等价命题：

$\boldsymbol{a}\parallel\boldsymbol{b}$ 的充要条件是存在两个非零实数 α,β，使 $\alpha\boldsymbol{a}+\beta\boldsymbol{b}=\boldsymbol{0}$.

$\boldsymbol{a}\parallel\boldsymbol{b}$ 的充要条件是 $\frac{a_x}{b_x}=\frac{a_y}{b_y}=\frac{a_z}{b_z}$；

这里分母为 0 时，分子也应理解为 0.

$\boldsymbol{a}\parallel\boldsymbol{b}$ 的充要条件是 $\boldsymbol{a}\times\boldsymbol{b}=\boldsymbol{0}$.

2. 两向量垂直

两向量垂直可分别用坐标及数量积表达，有如下的两个等价命题：

$\boldsymbol{a}\perp\boldsymbol{b}$ 的充要条件是 $a_xb_x+a_yb_y+a_zb_z=0$；

$\boldsymbol{a}\perp\boldsymbol{b}$ 的充要条件是 $\boldsymbol{a}\cdot\boldsymbol{b}=0$.

对于多于两个向量的情形，有时候需要讨论这些向量是否共面. 特别地，对三个向量的情形，若其中有零向量，则此三向量一定是共面的，因此只需讨论任意三个非零向量的位置关系.

3. 三向量共面

设向量 $\boldsymbol{a}=(a_x,a_y,a_z)$，$\boldsymbol{b}=(b_x,b_y,b_z)$ 及 $\boldsymbol{c}=(c_x,c_y,c_z)$ 为任意三个非零向量，则三向量 $\boldsymbol{a},\boldsymbol{b},\boldsymbol{c}$ 共面可分别用向量与数的乘法运算、用混合积、用坐标表达，有如下的三个等价命题：

$\boldsymbol{a},\boldsymbol{b},\boldsymbol{c}$ 共面的充要条件是存在不全为零的实数 α,β,γ，使 $\alpha\boldsymbol{a}+\beta\boldsymbol{b}+\gamma\boldsymbol{c}=\boldsymbol{0}$；

$\boldsymbol{a},\boldsymbol{b},\boldsymbol{c}$ 共面的充要条件是 $[\boldsymbol{a}\,\boldsymbol{b}\,\boldsymbol{c}]=(\boldsymbol{a}\times\boldsymbol{b})\cdot\boldsymbol{c}=0$；

$\boldsymbol{a},\boldsymbol{b},\boldsymbol{c}$ 共面的充要条件是

$$\begin{vmatrix}a_x & a_y & a_z\\ b_x & b_y & b_z\\ c_x & c_y & c_z\end{vmatrix}=0.$$

例 7　若三个向量 $\overrightarrow{OA},\overrightarrow{OB},\overrightarrow{OC}$ 满足

$$\overrightarrow{OB}\times\overrightarrow{OC}+\overrightarrow{OC}\times\overrightarrow{OA}+\overrightarrow{OA}\times\overrightarrow{OB}=\mathbf{0},$$

证明:(1) 三点 A,B,C 共线;

(2) 三个已知向量共面.

证　(1) 因为

$$\begin{aligned}\overrightarrow{CB}\times\overrightarrow{CA}&=(\overrightarrow{OB}-\overrightarrow{OC})\times(\overrightarrow{OA}-\overrightarrow{OC})\\&=\overrightarrow{OB}\times\overrightarrow{OA}-\overrightarrow{OC}\times\overrightarrow{OA}-\overrightarrow{OB}\times\overrightarrow{OC}\\&=-(\overrightarrow{OB}\times\overrightarrow{OC}+\overrightarrow{OC}\times\overrightarrow{OA}+\overrightarrow{OA}\times\overrightarrow{OB})=\mathbf{0},\end{aligned}$$

因此三点 A,B,C 共线.

(2) 已知等式两边分别与向量$\overrightarrow{OA}$ 作数量积,有

$$(\overrightarrow{OB}\times\overrightarrow{OC}+\overrightarrow{OC}\times\overrightarrow{OA}+\overrightarrow{OA}\times\overrightarrow{OB})\cdot\overrightarrow{OA}=\mathbf{0}\cdot\overrightarrow{OA}=0,$$

化简得

$$(\overrightarrow{OB}\times\overrightarrow{OC})\cdot\overrightarrow{OA}=0,$$

因此三个已知向量共面.

习题 7-2

1. 已知 $\boldsymbol{a}=\boldsymbol{i}+\boldsymbol{j},\ \boldsymbol{b}=\boldsymbol{i}+\boldsymbol{k}$,求 $\boldsymbol{a}\cdot\boldsymbol{b}$,$\cos(\widehat{\boldsymbol{a},\boldsymbol{b}})$ 及 $\mathrm{Prj}_{\boldsymbol{b}}\boldsymbol{a}$.

2. 已知 $|\boldsymbol{a}|=5,\ |\boldsymbol{b}|=2$ 及$(\widehat{\boldsymbol{a},\boldsymbol{b}})=\dfrac{\pi}{3}$,求向量 $\boldsymbol{r}=2\boldsymbol{a}-3\boldsymbol{b}$ 的模.

3. 已知 $\boldsymbol{a}+\boldsymbol{b}+\boldsymbol{c}=\mathbf{0}$,求证 $\boldsymbol{a}\times\boldsymbol{b}=\boldsymbol{b}\times\boldsymbol{c}=\boldsymbol{c}\times\boldsymbol{a}$.

4. 已知三点 $M(1,1,1)$,$A(2,2,1)$ 和 $B(2,1,2)$,求 $\angle AMB$.

5. 求与向量 $\boldsymbol{a}=(5,6,8)$ 及 $\boldsymbol{b}=(-1,4,1)$ 同时垂直的单位向量.

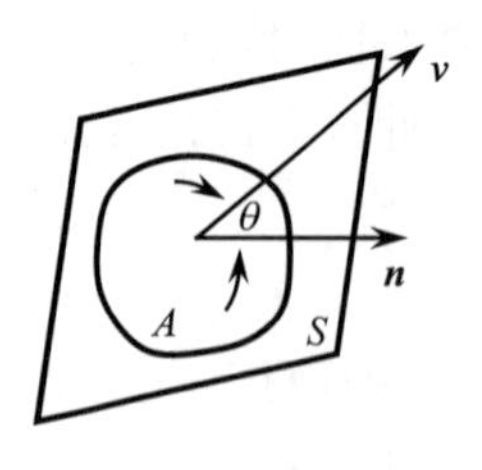

图 7.21

6. 设液体流过平面 S 上面积为 A 的一个区域,液体在这区域上各点处的流速均为常向量 $\boldsymbol{v}$. 设 $\boldsymbol{n}$ 为垂直于 S 的单位向量(图 7.21),计算单位时间内经过这区域流向 $\boldsymbol{n}$ 所指一方的液体的质量(已知液体的密度为常数 ρ).

7. 已知 $\boldsymbol{a}=2\boldsymbol{m}+3\boldsymbol{n},\ \boldsymbol{b}=3\boldsymbol{m}-\boldsymbol{n}$,其中 $\boldsymbol{m}$、$\boldsymbol{n}$ 是两个互相垂直的单位向量,求:(1) $\boldsymbol{a}\cdot\boldsymbol{b}$;(2) $|\boldsymbol{a}\times\boldsymbol{b}|$.

8. 设 $\boldsymbol{a}=2\boldsymbol{i}-\boldsymbol{j}+2\boldsymbol{k}$ 与 $\boldsymbol{b}$ 平行,且 $\boldsymbol{a}\cdot\boldsymbol{b}=-36$,求 $\boldsymbol{b}$.

9. 已知 $|\boldsymbol{a}|=2\sqrt{2},\ |\boldsymbol{b}|=3,\ (\widehat{\boldsymbol{a},\boldsymbol{b}})=\dfrac{\pi}{4}$,试求以向量 $\boldsymbol{c}=5\boldsymbol{a}+2\boldsymbol{b}$ 和 $\boldsymbol{d}=\boldsymbol{a}-3\boldsymbol{b}$ 为邻边的平行四边形的面积.

10. 在 xOy 平面上求一个垂直于向量 $\boldsymbol{a}=(5,-3,4)$ 且与 $\boldsymbol{a}$ 等长的向量 $\boldsymbol{b}$.

11. 已知四面体 $ABCD$ 的顶点坐标为 $A(0,0,0)$,$B(0,1,3)$,$C(1,0,2)$,$D(2,2,0)$,求它的体积.

12. 证明:$A(1,1,1)$,$B(4,5,6)$,$C(2,3,3)$ 和 $D(10,15,17)$ 四点在一个平面上.

13. 试用向量的方法证明:直径所对的圆周角是直角.

14. 应用向量证明不等式

$$|a_1b_1+a_2b_2+a_3b_3|\leqslant\sqrt{a_1^2+a_2^2+a_3^2}\sqrt{b_1^2+b_2^2+b_3^2},$$

其中 $a_i,b_i(i=1,2,3)$ 为任意实数,并指出等号成立的条件.

第三节　平面及其方程

本节和下一节将以向量为工具,在空间直角坐标系中讨论最简单而又十分重要的几何图形——平面和直线.

一、平面的点法式方程

设有三元方程 $F(x,y,z)=0$,使得平面 π 上任意一点的坐标 (x,y,z) 满足该方程;反之,满足该方程的点 (x,y,z) 也都在平面 π 上,则称方程 $F(x,y,z)=0$ 为平面 π 的方程,而平面 π 就称为方程 $F(x,y,z)=0$ 的图形.

由立体几何的知识知道,过空间一点,可以作而且只能作一个平面垂直于一条已知直线.因此,如果已知平面上的一点及垂直于该平面的一个非零向量,则这个平面的位置也就完全确定了.垂直于一平面的非零向量称为该平面的**法向量**.显然一个平面的法向量有无穷多个,它们之间相互平行,且法向量与平面上任一向量垂直.下面根据这个几何条件来建立平面的方程.

设点 $M_0(x_0,y_0,z_0)$ 是平面 π 上的一个定点,向量 $\boldsymbol{n}=(A,B,C)$ 是平面 π 的一个法向量,点 $M(x,y,z)$ 是平面 π 上任一点(图 7.22).因为向量 $\overrightarrow{M_0M}=(x-x_0,y-y_0,z-z_0)$ 在平面 π 上,故 $\boldsymbol{n}\perp\overrightarrow{M_0M}$,从而它们的数量积为 0,即

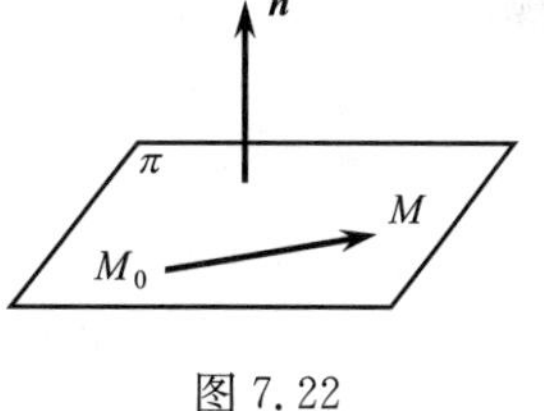

图 7.22

$$\boldsymbol{n}\cdot\overrightarrow{M_0M}=A(x-x_0)+B(y-y_0)+C(z-z_0)=0.\tag{7.7}$$

式(7.7)是平面 π 上任一点 M 的坐标 x,y,z 所满足的方程.反过来,若一点 M 的坐标 x,y,z 满足式(7.7),则 $\boldsymbol{n}\perp\overrightarrow{M_0M}$,所以 $M(x,y,z)$ 在平面 π 上.

由此可知,式(7.7)所表示的以 x,y,z 为变量的三元一次方程就是平面 π 的方程,平面 π 是方程(7.7)的图形.由于方程(7.7)是由平面上一点 $M_0(x_0,y_0,z_0)$ 及它的法向量 $\boldsymbol{n}=(A,B,C)$ 所确定的,因此方程(7.7)称为**平面的点法式方程**.

例 1　求过三点 $M_1(1,-1,-2)$,$M_2(-1,2,0)$ 和 $M_3(1,3,1)$ 的平面方程.

解　先找出平面的法向量 $\boldsymbol{n}$.由于 $\boldsymbol{n}$ 与向量 $\overrightarrow{M_1M_2}$ 和 $\overrightarrow{M_1M_3}$ 都垂直,而 $\overrightarrow{M_1M_2}=(-2,3,2)$,$\overrightarrow{M_1M_3}=(0,4,3)$,所以可取它们的向量积为法向量 $\boldsymbol{n}$,即

$$\boldsymbol{n}=\overrightarrow{M_1M_2}\times\overrightarrow{M_1M_3}=\begin{vmatrix}\boldsymbol{i}&\boldsymbol{j}&\boldsymbol{k}\\-2&3&2\\0&4&3\end{vmatrix}=\boldsymbol{i}+6\boldsymbol{j}-8\boldsymbol{k},$$

故所求平面的点法式方程为

$$(x-1)+6(y+1)-8(z+2)=0,$$

即

$$x+6y-8z-11=0.$$

二、平面的一般方程

在式(7.7)中令 $D=-Ax_0-By_0-Cz_0$，则 式(7.7)便可写成

$$Ax+By+Cz+D=0. \tag{7.8}$$

因为空间任一平面都可由平面上的一点及它的法向量来确定，所以任何平面都可用式(7.8)来表示.

反之，设有三元一次方程(7.8)，其中 A,B,C 不全为零，可以求出一组满足方程(7.8) 的数 x_0，y_0，z_0，即

$$Ax_0+By_0+Cz_0+D=0,$$

用式(7.8)减去上式，得

$$A(x-x_0)+B(y-y_0)+C(z-z_0)=0.$$

由式(7.7)知，此方程是以 $\boldsymbol{n}=(A,B,C)$ 为法向量，过点 $M_0(x_0,y_0,z_0)$ 的平面的方程. 又因为方程(7.7) 与方程(7.8) 同解，因此方程(7.8) 当 A,B,C 不全为零时，总表示一个法向量为 $\boldsymbol{n}=(A,B,C)$ 的平面. 方程(7.8) 称为**平面的一般方程**. 例如，方程 $x-3y+4z-5=0$ 表示一个平面，它的一个法向量为 $\boldsymbol{n}=(1,-3,4)$.

当方程(7.8) 中的系数 A,B,C 及常数 D 中有一个或几个为零时，它所表示的平面在空间直角坐标系中有特殊的位置，例如：

当 $D=0$ 时，方程(7.8) 成为 $Ax+By+Cz=0$，它表示通过原点的平面.

当 A,B,C 中只有一个为零时，方程表示平行于坐标轴的平面. 比如 $A=0$ 时，方程成为 $By+Cz+D=0$，法向量 $\boldsymbol{n}=(0,B,C)$ 与 x 轴垂直，所以该平面平行于 x 轴(或与 yOz 面垂直). 同样，当 $B=0$ 或 $C=0$ 时，式(7.8) 成为 $Ax+Cz+D=0$ 或 $Ax+By+D=0$，它们分别表示平行于 y 轴或 z 轴的平面.

当 A,B,C 中恰有两个数为零时，方程表示平行于坐标面的平面. 例如，当 $A=B=0$ 时，式(7.8) 成为 $Cz+D=0$ 或 $z=-\dfrac{D}{C}$，法向量 $\boldsymbol{n}=(0,0,C)$，故法向量与 x 轴、y 轴都垂直，即与 xOy 面垂直，所以该平面与 xOy 面平行. 同样，当 $B=C=0$ 或 $A=C=0$ 时，式(7.8) 成为 $Ax+D=0$ 或 $By+D=0$，它们分别表示平行于 yOz 面或 zOx 面的平面. 特别地，如果此时又有 $D=0$，则方程表示坐标面. 例如当 $A=B=D=0$ 时，方程成为 $z=0$，它表示 xOy 面.

例 2　求过 x 轴和点 $M(4,1,-2)$ 的平面的方程.

解　方法一　因为平面过 x 轴，故原点 O 在平面上，故可设平面的一般方程为

$$By + Cz = 0.$$

又因为点 $M(4,1,-2)$ 在平面上，于是有

$$B - 2C = 0,$$

即 $B=2C$.

将 $B = 2C$ 代入方程 $By + Cz = 0$ 中并消去 B，便得所求平面的方程为

$$2y + z = 0.$$

方法二　因为平面过 x 轴，故原点 O 在平面上，从而向量 $\overrightarrow{OM} = (4,1,-2)$ 在平面上，因为平面过 x 轴，因此平面的法向量 $\boldsymbol{n}$ 既与 $\overrightarrow{OM}$ 垂直，又与 $\boldsymbol{i}$ 垂直，可取

$$\boldsymbol{n} = \overrightarrow{OM} \times \boldsymbol{i} = \begin{vmatrix} \boldsymbol{i} & \boldsymbol{j} & \boldsymbol{k} \\ 4 & 1 & -2 \\ 1 & 0 & 0 \end{vmatrix} = -2\boldsymbol{j} - \boldsymbol{k},$$

所求平面的点法式方程为

$$-2(y-1) - (z+2) = 0,$$

化简得

$$2y + z = 0.$$

三、平面的截距式方程

设一平面与 x,y,z 轴的交点依次为 $P(a,0,0)$，$Q(0,b,0)$，$R(0,0,c)$ $(abc \neq 0)$（图 7.23）. 下面建立它的方程.

设平面的一般方程为

$$Ax + By + Cz + D = 0.$$

因为 P,Q,R 三点都在平面上，故它们的坐标都满足该方程，即有

$$\begin{cases} Aa + D = 0, \\ Bb + D = 0, \\ Cc + D = 0. \end{cases}$$

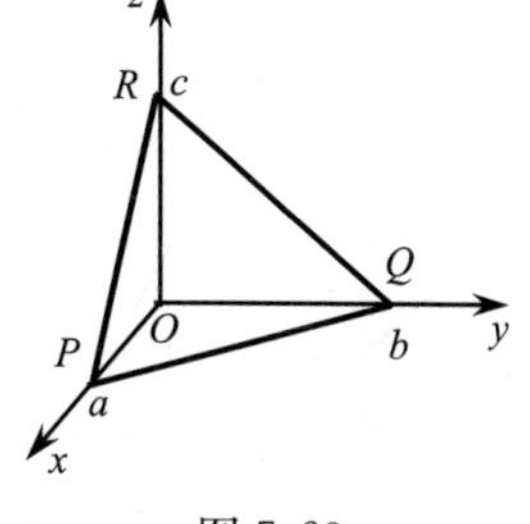

图 7.23

解此方程组，得

$$A = -\frac{D}{a}, \quad B = -\frac{D}{b}, \quad C = -\frac{D}{c}.$$

将上面三式代入平面的一般方程中，有

$$-\frac{D}{a}x - \frac{D}{b}y - \frac{D}{c}z + D = 0,$$

由于平面不通过原点，故 $D \neq 0$，上面方程两边同除以 D，得平面的方程为

$$\frac{x}{a} + \frac{y}{b} + \frac{z}{c} = 1. \tag{7.9}$$

式(7.9)称为**平面的截距式方程**，而 a,b,c 依次称为平面在 x,y,z 轴上的**截距**.

例 3 求过点 $A(6,3,0)$，且在三个坐标轴上的截距之比为 $a:b:c=1:3:2$ 的平面的方程.

解 设所求的平面方程为

$$\frac{x}{k}+\frac{y}{3k}+\frac{z}{2k}=1.$$

由于平面过点 $A(6,3,0)$，因此有

$$\frac{6}{k}+\frac{3}{3k}+\frac{0}{2k}=1,$$

即 $k=7$. 从而所求平面的截距式方程为

$$\frac{x}{7}+\frac{y}{21}+\frac{z}{14}=1,$$

化为一般方程为

$$6x+2y+3z-42=0.$$

下面研究两平面的位置关系.

四、两平面的夹角

两平面的法向量的夹角(通常指锐角)称为**两平面的夹角**.

设平面 π_1 和 π_2 的法向量依次为 $\boldsymbol{n}_1=(A_1,B_1,C_1)$ 和 $\boldsymbol{n}_2=(A_2,B_2,C_2)$，则平面 π_1 和 π_2 的夹角 θ(图 7.24) 应是 $(\widehat{\boldsymbol{n}_1,\boldsymbol{n}_2})$ 和 $(\widehat{-\boldsymbol{n}_1,\boldsymbol{n}_2})=\pi-(\widehat{\boldsymbol{n}_1,\boldsymbol{n}_2})$ 两者中的锐角，因此 $\cos\theta=|\cos(\widehat{\boldsymbol{n}_1,\boldsymbol{n}_2})|$，即

$$\cos\theta=\frac{|\boldsymbol{n}_1\cdot\boldsymbol{n}_2|}{|\boldsymbol{n}_1||\boldsymbol{n}_2|}=\frac{|A_1A_2+B_1B_2+C_1C_2|}{\sqrt{A_1^2+B_1^2+C_1^2}\sqrt{A_2^2+B_2^2+C_2^2}}.$$

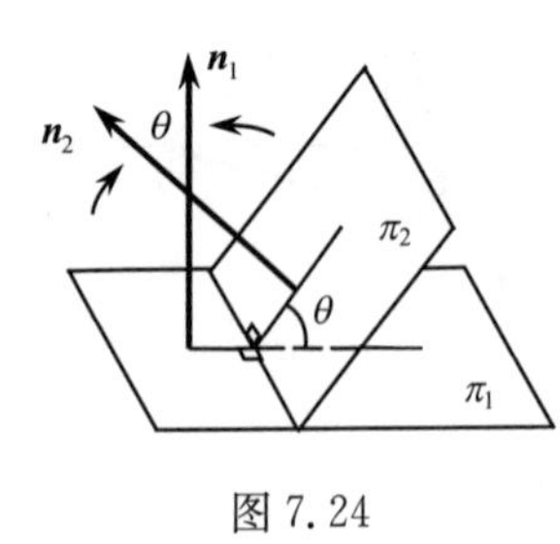

图 7.24

由于两个平面互相垂直或平行相当于它们的法向量互相垂直或平行，因此由两向量垂直或平行的充要条件立即可得：

平面 π_1 与 π_2 互相垂直的充要条件是 $A_1A_2+B_1B_2+C_1C_2=0$；

平面 π_1 与 π_2 互相平行的充要条件是 $\dfrac{A_1}{A_2}=\dfrac{B_1}{B_2}=\dfrac{C_1}{C_2}$.

例 4 设平面 $x+\lambda y+2z-4=0$ 和 $2x+y+z+3=0$ 的夹角为 $\dfrac{\pi}{3}$，试求常数 λ.

解 由两平面夹角余弦的计算公式，得

$$\frac{1}{2}=\cos\frac{\pi}{3}=\frac{|1\times2+\lambda\times1+2\times1|}{\sqrt{1+\lambda^2+4}\sqrt{4+1+1}},$$

去掉根式并化简可得

$$\lambda^2-16\lambda-17=0,$$

因此 $\lambda=-1$ 或 17.

五、点到平面的距离

设 $P_0(x_0,y_0,z_0)$ 是平面 $Ax+By+Cz+D=0$ 外一点，下面求点 P_0 到平面的距离.

在平面上任取一点 $P_1(x_1,y_1,z_1)$，过 P_1 作平面的法向量 $\boldsymbol{n}=(A,B,C)$ 及向量 $\overrightarrow{P_1P_0}$（图 7.25）. 记 $\theta=(\widehat{\boldsymbol{n},\overrightarrow{P_1P_0}})$，则由图 7.25 知，点 P_0 到平面的距离为

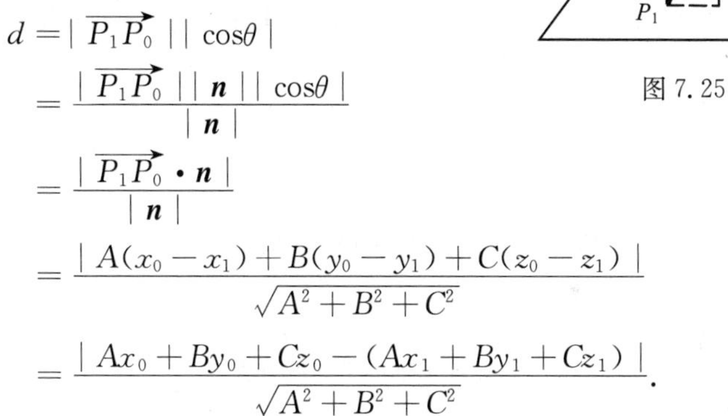

图 7.25

$$\begin{aligned}d&=|\overrightarrow{P_1P_0}||\cos\theta|\\&=\frac{|\overrightarrow{P_1P_0}||\boldsymbol{n}||\cos\theta|}{|\boldsymbol{n}|}\\&=\frac{|\overrightarrow{P_1P_0}\cdot\boldsymbol{n}|}{|\boldsymbol{n}|}\\&=\frac{|A(x_0-x_1)+B(y_0-y_1)+C(z_0-z_1)|}{\sqrt{A^2+B^2+C^2}}\\&=\frac{|Ax_0+By_0+Cz_0-(Ax_1+By_1+Cz_1)|}{\sqrt{A^2+B^2+C^2}}.\end{aligned}$$

因为点 P_1 在平面上，所以有

$$Ax_1+By_1+Cz_1+D=0,$$

从而 $-(Ax_1+By_1+Cz_1)=D$，代入 d 的表达式中，得

$$d=\frac{|Ax_0+By_0+Cz_0+D|}{\sqrt{A^2+B^2+C^2}}.\tag{7.10}$$

式(7.10)称为**点到平面的距离公式.**

特别地，原点 $O(0,0,0)$ 到平面 $Ax+By+Cz+D=0$ 的距离为

$$d=\frac{|D|}{\sqrt{A^2+B^2+C^2}}.$$

例 5　求两平行平面 π_1：$Ax+By+Cz+D_1=0$ 和 π_2：$Ax+By+Cz+D_2=0$ 之间的距离.

解　两平行平面之间的距离可看成是一个平面上任一点到另一平面的距离.

设 $P_0(x_0,y_0,z_0)$ 是平面 π_2：$Ax+By+Cz+D_2=$ 上的任一点，则有

$$Ax_0+By_0+Cz_0+D_2=0,$$

即

$$Ax_0+By_0+Cz_0=-D_2.$$

点 P_0 到平面 π_1：$Ax+By+Cz+D_1=0$ 的距离为

$$d=\frac{|Ax_0+By_0+Cz_0+D_1|}{\sqrt{A^2+B^2+C^2}}=\frac{|D_1-D_2|}{\sqrt{A^2+B^2+C^2}},$$

此即两平行平面 π_1 与 π_2 之间的距离.

习题 7-3

1. 求过点 $(2,-3,0)$ 且与向量 $(1,-2,3)$ 垂直的平面的方程.
2. 从原点向一平面引垂线,垂足为 (a,b,c),求此平面的方程.
3. 求过点 $M_1(2,-1,2)$ 和 $M_2(4,1,3)$ 且与 x 轴平行的平面的方程.
4. 证明通过不在同一条直线上的三点 $M_i(x_i,y_i,z_i)$，$i=1,2,3$ 的平面的方程为

$$\begin{vmatrix} x-x_1 & y-y_1 & z-z_1 \\ x_2-x_1 & y_2-y_1 & z_2-z_1 \\ x_3-x_1 & y_3-y_1 & z_3-z_1 \end{vmatrix}=0.$$

5. 指出下列各平面的特殊位置,并画出各平面的图形：

(1) $3z-2=0$；　(2) $2x+5y-z=0$；

(3) $x-2y=0$；　(4) $y+4z+1=0$.

6. 求过点 $M_0(1,2,-2)$ 且包含 y 轴的平面的方程.
7. 一平面过点 $A(1,2,-2)$ 及 $B(2,-1,-1)$,且在 z 轴上的截距为 2,求它的方程.
8. 一平面通过两点 $M_1(1,1,1)$ 和 $M_2(0,1,-1)$ 且垂直于平面 $x+y+z=0$,求它的方程.
9. 求平行于平面 $x+y+z=1$ 且到坐标原点的距离为 3 的平面的方程 .
10. 求过点 $(1,-2,1)$ 且垂直于两已知平面 π_1：$x-y+z-1=0$ 及 π_2：$2x+y+z+1=0$ 的平面的方程.

*11. 一平面过 z 轴且与平面 $2x+y-\sqrt{5}z=0$ 的夹角为 $\frac{\pi}{3}$,求它的方程.

12. 求与平面 $x+y-2z-1=0$ 和 $x+y-2z+3=0$ 等距离的平面的方程.

*13. 求与平面 $x+6y+z=0$ 平行,且与坐标平面所围成的四面体体积为 6 的平面的方程.

第四节　空间直线及其方程

一、空间直线的点向式方程

由立体几何的知识知道，过空间一点可以作而且只能作一条直线平行于已知直线. 因此,如果已知直线上一点及平行于该直线的一个非零向量,则这条直线的位置也就完全确定了. 与一条已知直线平行的非零向量称为该直线的**方向向量**. 显然一条直线的方向向量有无穷多个,它们之间相互平行. 下面我们根据这个几何条

件来建立直线的方程.

设点 $M_0(x_0,y_0,z_0)$ 是直线 L 上的一个定点,向量 $\boldsymbol{s}=(m,n,p)$ 是直线 L 的一个方向向量,点 $M(x,y,z)$ 是直线 L 上的任一点(图 7.26). 因为向量 $\overrightarrow{M_0M}=(x-x_0,y-y_0,z-z_0)$ 在直线 L 上,故 $\boldsymbol{s}\parallel\overrightarrow{M_0M}$,从而它们的对应坐标成比例,即

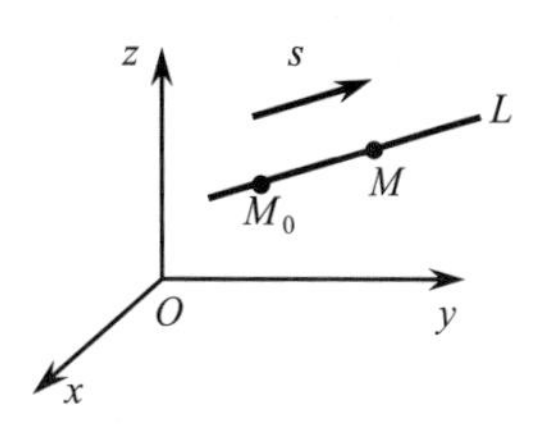

图 7.26

$$\frac{x-x_0}{m}=\frac{y-y_0}{n}=\frac{z-z_0}{p}. \tag{7.11}$$

这表明直线 L 上任一点 M 的坐标 x,y,z 均满足方程组(7.11). 反过来,若一点 M 的坐标 x,y,z 满足方程组(7.11),则 $\overrightarrow{M_0M}\parallel\boldsymbol{s}$,由于点 M_0 在直线 L 上,因此 $M(x,y,z)$ 在直线 L 上. 由此可知,方程组(7.11) 就是直线 L 的方程,直线 L 是方程组(7.11) 的图形. 由于方程组(7.11) 是由直线上一点 $M_0(x_0,y_0,z_0)$ 及它的方向向量 $\boldsymbol{s}=(m,n,p)$ 所确定的,因此方程组(7.11) 称为**直线的点向式方程**,也称为**直线的对称式方程**(当式(7.11) 中的 m,n,p 中有一个或两个为零时,应理解为相应的分子也为零).

直线的任一方向向量 $\boldsymbol{s}$ 的坐标 m,n,p 称为这直线的一组**方向数**,而向量 $\boldsymbol{s}$ 的方向余弦称为该直线的**方向余弦**.

例 1　求过点 $A(2,-1,1)$ 和 $B(3,-1,6)$ 的直线方程.

解　向量 $\overrightarrow{AB}=(1,0,5)$ 是所求直线的一个方向向量,因此所求直线的点向式方程为

$$\frac{x-2}{1}=\frac{y+1}{0}=\frac{z-1}{5}.$$

二、空间直线的一般方程

如果两平面不平行,则必相交于一条直线,因此空间任一直线 L 都可以看成是两个不平行平面 π_1: $A_1x+B_1y+C_1z+D_1=0$ 及 π_2: $A_2x+B_2y+C_2z+D_2=0$(A_1,B_1,C_1 与 A_2,B_2,C_2 不成比例) 的交线(图 7.27),因此直线 L 上的任一点 $M(x,y,z)$ 的坐标应同时满足这两个平面的方程,即应满足方程组

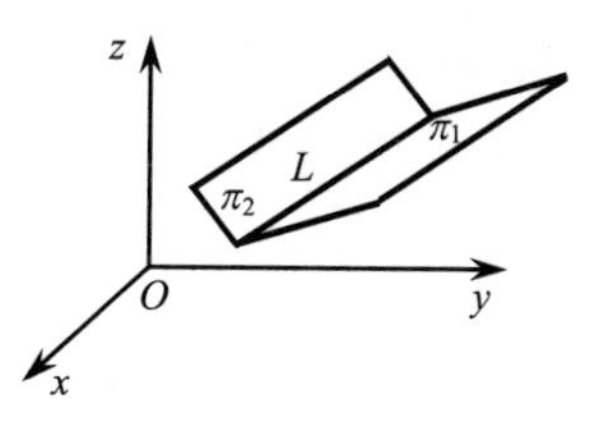

图 7.27

$$\begin{cases}A_1x+B_1y+C_1z+D_1=0,\\A_2x+B_2y+C_2z+D_2=0.\end{cases} \tag{7.12}$$

反之,若一点 $M(x,y,z)$ 的坐标满足式(7.12),则点 M 既在平面 π_1 上,又在平面 π_2 上,所以 M 必在这两个平面的交线 L 上. 因此式(7.12) 称为空间**直线的一般方程**,也称为空间直线的**隐式方程**或**交面式方程**. 显然通过空间一直线 L 的平面有无数

多个,我们称这无数多个平面为**过直线 L 的平面束**,因此只要在这无数多个平面中任意选取两个不平行的平面,把它们的方程联立起来,就可得到直线 L 的一般方程. 如方程组 $\begin{cases} y=0, \\ z=0 \end{cases}$ 和方程组 $\begin{cases} y=0, \\ y+z=0 \end{cases}$ 都表示 x 轴所在的直线方程. 这也就是说,对于给定的空间直线,其一般方程的表示法不是唯一的.

利用直线的一般方程(7.12),可得过直线 L 的平面束的方程,利用它来解题有时会带来方便. 下面介绍这一知识.

设直线 L 由一般方程(7.12)所确定,其中系数 A_1,B_1,C_1 与 A_2,B_2,C_2 不成比例,作带有参数 μ、λ 的方程:

$$\mu(A_1x+B_1y+C_1z+D_1)+\lambda(A_2x+B_2y+C_2z+D_2)=0, \tag{7.13}$$

其中实数 μ,λ 不同时为零,则方程(7.13)可写成

$$(\mu A_1+\lambda A_2)x+(\mu B_1+\lambda B_2)y+(\mu C_1+\lambda C_2)z+(\mu D_1+\lambda D_2)=0.$$

因为 A_1,B_1,C_1 与 A_2,B_2,C_2 不成比例,所以对于任何不全为零的实数 μ 和 λ,方程(7.13)的系数 $\mu A_1+\lambda A_2,\mu B_1+\lambda B_2,\mu C_1+\lambda C_2$ 不全为零,从而方程(7.13)表示一个平面. 若任一点 $M(x,y,z)$ 在直线 L 上,则点的坐标必同时满足式(7.12)中的两个方程,因而也满足方程(7.13),故方程(7.13)表示通过直线 L 的平面,且对应于不同的参数 μ 和 λ 的取值,方程(7.13)表示通过直线 L 的不同的平面. 反之,通过直线 L 的任何平面都包含在方程(7.13)所表示的一族平面内. 方程(7.13)称为通过直线 L 的**双参数平面束方程**.

以上介绍的方程(7.13)虽然可表示通过已知直线 L 的任一平面,但由于引入了两个参数,解题时的计算量较大,因此在解题时为方便起见,常采用单参数平面束方程.

在双参数平面束方程(7.13)中,若参数 $\mu\neq 0$,则方程(7.13)等价于方程

$$(A_1x+B_1y+C_1z+D_1)+\lambda(A_2x+B_2y+C_2z+D_2)=0, \tag{7.14}$$

其中 λ 为任意取定的实数. 方程(7.14)表示通过已知直线 L 的除平面 $A_2x+B_2y+C_2z+D_2=0$(对应于参数 $\mu=0$)外的所有平面,称为**单参数平面束方程**. 应用单参数平面束方程来解题时,要注意验证方程(7.14)中漏掉的方程 $A_2x+B_2y+C_2z+D_2=0$ 是否为所求平面的方程,请看下面的例子.

例 2 求过直线 $\begin{cases} x+5y+z=0, \\ x-z+4=0, \end{cases}$ 且与平面 $x-4y-8z+12=0$ 交成 $\frac{\pi}{4}$ 角的平面方程.

解 过已知直线的单参数平面束方程为

$$x+5y+z+\lambda(x-z+4)=0,$$

即

$$(1+\lambda)x+5y+(1-\lambda)z+4\lambda=0,$$

其法向量为 $\boldsymbol{n}=(1+\lambda,5,1-\lambda)$.

设已知平面的法向量为 $\boldsymbol{n}_0=(1,-4,-8)$，则根据题意知 $|\cos(\widehat{\boldsymbol{n},\boldsymbol{n}_0})|=\cos\frac{\pi}{4}=\frac{\sqrt{2}}{2}$，即有

$$\frac{|\boldsymbol{n}\cdot\boldsymbol{n}_0|}{|\boldsymbol{n}||\boldsymbol{n}_0|}=\frac{|1+\lambda-20-8+8\lambda|}{\sqrt{(1+\lambda)^2+5^2+(1-\lambda)^2}\sqrt{1^2+(-4)^2+(-8)^2}}$$

$$=\frac{|\lambda-3|}{\sqrt{2\lambda^2+27}}=\frac{\sqrt{2}}{2}.$$

解此方程可得

$$\lambda=-\frac{3}{4},$$

从而所求平面的方程为

$$\left(1-\frac{3}{4}\right)x+5y+\left(1+\frac{3}{4}\right)z-4\times\frac{3}{4}=0,$$

即

$$x+20y+7z-12=0.$$

又因为平面 $x-z+4=0$ 的法向量 $\boldsymbol{n}_1=(1,0,-1)$ 与已知平面的法向量 $\boldsymbol{n}_0$ 的夹角余弦的绝对值为

$$|\cos(\widehat{\boldsymbol{n}_1,\boldsymbol{n}_0})|=\frac{|\boldsymbol{n}_1\cdot\boldsymbol{n}_0|}{|\boldsymbol{n}_1||\boldsymbol{n}_0|}=\frac{1+8}{\sqrt{2}\sqrt{81}}=\frac{\sqrt{2}}{2},$$

因此方程 $x-z+4=0$ 也是所求平面的方程.

三、空间直线的参数方程

下面求过点 $M_0(x_0,y_0,z_0)$，并以 $\boldsymbol{s}=(m,n,p)$ 为方向向量的直线 L 的参数方程.

在直线的点向式方程(7.11)中，若记其比值为 t，即

$$\frac{x-x_0}{m}=\frac{y-y_0}{n}=\frac{z-z_0}{p}=t,$$

则可得

$$\begin{cases}x=x_0+mt,\\ y=y_0+nt,\\ z=z_0+pt.\end{cases}\tag{7.15}$$

这样，空间直线上动点 $M(x,y,z)$ 的坐标就都表达为变量 t 的函数，当 t 取遍所有实数时，由式(7.15)所确定的点 $M(x,y,z)$ 就描出了过点 $M_0(x_0,y_0,z_0)$、以 $\boldsymbol{s}(m,n,p)$ 为方向向量的直线. 因此式(7.15)称为**直线 L 的参数方程**，t 称为参数.

由上面的过程可知,直线的点向式方程与参数方程的互相转化是十分方便的.类似地,直线的点向式方程(或参数方程)转化为一般方程也是方便的,比如可将式(7.11)写成

$$\begin{cases}\dfrac{x-x_0}{m}=\dfrac{y-y_0}{n},\\[2mm]\dfrac{y-y_0}{n}=\dfrac{z-z_0}{p},\end{cases}$$

便可得到直线的一般方程了.下面将通过例子说明将直线的一般方程转化为点向式方程或参数方程的方法.

例 3 用点向式方程及参数方程表示直线

$$\begin{cases}x+y+z-1=0,\\2x-y+3z+6=0.\end{cases}$$

解 先找出直线上的一点 $M_0(x_0,y_0,z_0)$. 例如,可以取 $x_0=1$,代入方程组得

$$\begin{cases}y+z=0,\\-y+3z+8=0.\end{cases}$$

解这个二元一次方程组,得 $y_0=2$, $z_0=-2$,则点$(1,2,-2)$即为直线上的一点.

下面再找出这直线的方向向量 $\boldsymbol{s}$. 由于两平面的交线与这两个平面的法向量 $\boldsymbol{n}_1=(1,1,1)$、$\boldsymbol{n}_2=(2,-1,3)$ 都垂直,因此可取直线的方向向量为

$$\boldsymbol{s}=\boldsymbol{n}_1\times\boldsymbol{n}_2=\begin{vmatrix}\boldsymbol{i}&\boldsymbol{j}&\boldsymbol{k}\\1&1&1\\2&-1&3\end{vmatrix}=4\boldsymbol{i}-\boldsymbol{j}-3\boldsymbol{k},$$

因此所给直线的点向式方程为

$$\frac{x-1}{4}=\frac{y-2}{-1}=\frac{z+2}{-3}.$$

令

$$\frac{x-1}{4}=\frac{y-2}{-1}=\frac{z+2}{-3}=t,$$

可得直线的参数方程为

$$\begin{cases}x=1+4t,\\y=2-t,\\z=-2-3t.\end{cases}$$

四、直线、平面间的位置关系

1. 直线与直线的位置关系

由立体几何的知识知道,空间两条直线可以是异面直线,也可以是共面直线,共面的情形下两条直线可以重合、平行或相交. 规定两直线的方向向量的夹角(通

常指锐角)为**两直线的夹角**.

设直线 L_1 和 L_2 的方向向量依次为 $\boldsymbol{s}_1=(m_1,n_1,p_1)$ 和 $\boldsymbol{s}_2=(m_2,n_2,p_2)$,那么 L_1 和 L_2 的夹角 φ 应是 $(\widehat{\boldsymbol{s}_1,\boldsymbol{s}_2})$ 和 $(-\widehat{\boldsymbol{s}_1,\boldsymbol{s}_2})=\pi-(\widehat{\boldsymbol{s}_1,\boldsymbol{s}_2})$ 两者中的锐角,因此 $\cos\varphi=|\cos(\widehat{\boldsymbol{s}_1,\boldsymbol{s}_2})|$,即

$$\cos\varphi=\frac{|\boldsymbol{s}_1\cdot\boldsymbol{s}_2|}{|\boldsymbol{s}_1||\boldsymbol{s}_2|}=\frac{|m_1m_2+n_1n_2+p_1p_2|}{\sqrt{m_1^2+n_1^2+p_1^2}\sqrt{m_2^2+n_2^2+p_2^2}}.$$

由于两条直线互相垂直或平行相当于它们的方向向量互相垂直或平行,因此由两向量垂直或平行的充要条件立即可得:

直线 L_1 和 L_2 互相垂直的充要条件是 $m_1m_2+n_1n_2+p_1p_2=0$;

两直线 L_1 和 L_2 互相平行的充要条件是 $\dfrac{m_1}{m_2}=\dfrac{n_1}{n_2}=\dfrac{p_1}{p_2}$.

例 4　求直线 L_1: $x-1=\dfrac{y-2}{-4}=z-1$ 与 L_2: $\begin{cases}x+y+2=0,\\y-2z+2=0\end{cases}$ 的夹角.

解　直线 L_1 的方向向量为 $\boldsymbol{s}_1=(1,-4,1)$,直线 L_2 的方向向量为

$$\boldsymbol{s}_2=\begin{vmatrix}\boldsymbol{i}&\boldsymbol{j}&\boldsymbol{k}\\1&1&0\\0&1&-2\end{vmatrix}=-2\boldsymbol{i}+2\boldsymbol{j}+\boldsymbol{k},$$

则两直线的夹角余弦为

$$\cos\varphi=\frac{|\boldsymbol{s}_1\cdot\boldsymbol{s}_2|}{|\boldsymbol{s}_1||\boldsymbol{s}_2|}=\frac{|-2\times1-2\times4+1\times1|}{\sqrt{4+4+1}\sqrt{1+16+1}}=\frac{1}{\sqrt{2}},$$

所以 $\varphi=\dfrac{\pi}{4}$.

2. 直线与平面的位置关系

由立体几何的知识知道,空间一条直线和一个平面(假设直线不在平面上)可以相交,也可以平行. 规定直线 L 和它在平面 π 上的投影直线[①] l 的夹角 $\varphi\left(0\leqslant\varphi\leqslant\dfrac{\pi}{2}\right)$ 称为**直线与平面的夹角**(图 7.28). 显然当直线与平面垂直时,直线与平面的夹角为 $\dfrac{\pi}{2}$,当直线与平面平行时,直线与平面的夹角为 0.

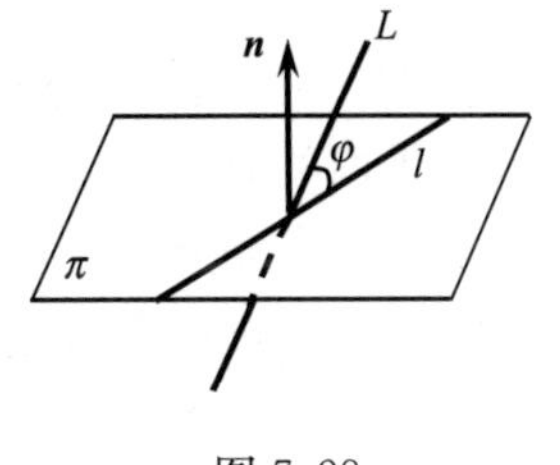

图 7.28

设直线 L 的方向向量为 $\boldsymbol{s}=(m,n,p)$,平面 π 的法

① 过直线 L 且垂直于平面 π 的平面 π_1 与平面 π 的交线称为直线 L 在平面 π 上的投影直线,简称投影.

向量为 $\boldsymbol{n}=(A,B,C)$，那么直线与平面的夹角 $\varphi=\left|\frac{\pi}{2}-(\widehat{\boldsymbol{s},\boldsymbol{n}})\right|$，因此 $\sin\varphi=|\cos(\widehat{\boldsymbol{s},\boldsymbol{n}})|$，即

$$\sin\varphi=\frac{|\boldsymbol{s}\cdot\boldsymbol{n}|}{|\boldsymbol{s}||\boldsymbol{n}|}=\frac{|Am+Bn+Cp|}{\sqrt{A^2+B^2+C^2}\sqrt{m^2+n^2+p^2}}.$$

由于直线与平面互相垂直相当于直线的方向向量与平面的法向量互相平行，直线与平面互相平行相当于直线的方向向量与平面的法向量互相垂直. 因此由两向量垂直或平行的充要条件立即可得：

直线 L 与平面 π 互相垂直的充要条件是 $\frac{A}{m}=\frac{B}{n}=\frac{C}{p}$；

直线 L 与平面 π 互相平行的充要条件是 $Am+Bn+Cp=0$.

例 5 求直线 $\frac{x-1}{1}=\frac{y-1}{1}=\frac{z-1}{2}$ 与平面 $2x+y-z+1=0$ 的交点及夹角.

解 已知直线的参数方程为

$$x=1+t,\quad y=1+t,\quad z=1+2t,$$

代入平面方程得

$$2(1+t)+(1+t)-(1+2t)+1=0.$$

解上述方程，得 $t=-3$. 把 $t=-3$ 代入直线的参数方程，得所求交点为 $(-2,-2,-5)$.

又直线的方向向量为 $\boldsymbol{s}=(1,1,2)$，平面的法向量为 $\boldsymbol{n}=(2,1,-1)$，因此直线与平面夹角的正弦为

$$\sin\varphi=\frac{|\boldsymbol{s}\cdot\boldsymbol{n}|}{|\boldsymbol{s}||\boldsymbol{n}|}=\frac{|2\times1+1\times1-2\times1|}{\sqrt{1+1+4}\sqrt{4+1+1}}=\frac{1}{6},$$

故直线与平面的夹角为 $\varphi=\arcsin\frac{1}{6}$.

从例 5 可以看出，求直线与平面的交点时，可以先写出直线的参数方程，再将其代入平面的方程确定交点对应的参数，从而可求得交点的坐标.

例 6 求原点关于平面 $6x+2y-9z+121=0$ 的对称点的坐标.

解 先求过原点且垂直于已知平面的直线 L 的方程，L 的方向向量可取为平面的法向量，故 L 的方程为 $\frac{x}{6}=\frac{y}{2}=\frac{z}{-9}$，即 $\begin{cases}x=6t,\\ y=2t,\\ z=-9t.\end{cases}$ 再求直线 L 与已知平面的交点 M_0. 将 L 的参数方程代入已知平面方程，可得 $t=-1$，因此交点为 $M_0(-6,-2,9)$.

设原点关于已知平面的对称点为 $M(x,y,z)$，则 M_0 为线段 OM 的中点，故

$$-6=\frac{x+0}{2},\quad -2=\frac{y+0}{2},\quad 9=\frac{z+0}{2},$$

即 $x=-12$，$y=-4$，$z=18$,故所求的对称点为 $M(-12,-4,18)$.

习题 7-4

1. 求过点 $(1,-1,2)$ 且与平面 $x+2y-z=0$ 垂直的直线的方程.

2. 求过点 $(-1,-3,2)$ 且平行两平面 $3x-y+5z+2=0$ 及 $x+2y-3z+4=0$ 的直线的方程.

3. 用点向式方程及参数方程表示直线

$$\begin{cases}x+y+z+1=0,\\2x-y+3z+4=0.\end{cases}$$

4. 求过点 $(2,0,-3)$ 且与直线 $\begin{cases}x-2y+4z-7=0,\\3x+5y-2z+1=0\end{cases}$ 垂直的平面的方程.

5. 求过点 $(3,1,-2)$ 且通过直线 $\dfrac{x-4}{5}=\dfrac{y+3}{2}=\dfrac{z}{1}$ 的平面的方程.

6. 确定下列直线与直线的位置关系：

(1) $\dfrac{x}{-1}=\dfrac{y}{1}=\dfrac{z+2}{-1}$ 与 $\begin{cases}2x-y+2z-4=0,\\x-y+2z-3=0;\end{cases}$

(2) $\dfrac{x+14}{3}=\dfrac{y}{1}=\dfrac{z+21}{5}$ 与 $\begin{cases}x=\dfrac{1}{3}-9t,\\y=1-3t,\\z=-\dfrac{1}{3}-15t;\end{cases}$

(3) $\begin{cases}3x+z-4=0,\\y+2z-9=0\end{cases}$ 与 $\begin{cases}6x-y+1=0,\\y+2z-9=0.\end{cases}$

7. 下列直线与平面是否垂直?是否平行?若不平行,求出它们的夹角.

(1) $\dfrac{x+3}{-2}=\dfrac{y+4}{-7}=\dfrac{z}{3}$ 与 $4x-2y-2z-3=0$;

(2) $\dfrac{x}{3}=\dfrac{y}{-2}=\dfrac{z}{7}$ 与 $6x-4y+14z+1=0$;

(3) $\dfrac{x+2}{3}=\dfrac{y-3}{1}=\dfrac{z-4}{-4}$ 与 $x+y+z-5=0$;

(4) $\begin{cases}x+y-z-1=0,\\x-y+2z+1=0\end{cases}$ 与 $3x-2y+z=0$.

8. B 和 D 为何值时,直线 $\begin{cases}x+By-2z+D=0,\\x+3y-6z-27=0\end{cases}$ 过点 $(0,13,2)$ 且垂直于 x 轴?

*9. 求直线 $\begin{cases}x+y-z-1=0,\\x-y+z+1=0\end{cases}$ 在平面 $x+y+z=0$ 上的投影直线的方程.

10. 求点 $(-1,2,0)$ 在平面 $x+2y-z+1=0$ 上的投影.

11. 求点 $A(0,-1,1)$ 到直线 $\begin{cases} y+1=0, \\ x+2z-7=0 \end{cases}$ 的距离.

*12. 设 M_0 是直线 L 外一点,M 是直线 L 上任意一点,且直线的方向向量为 $\boldsymbol{s}$,试证:点 M_0 到直线 L 的距离为

$$d=\frac{|\overrightarrow{M_0M}\times \boldsymbol{s}|}{|\boldsymbol{s}|}.$$

*13. 求过点(2,1,3)且与直线 $\frac{x+1}{3}=\frac{y-1}{2}=\frac{z}{-1}$ 垂直相交的直线的方程.

*14. 在平面 $x+y+z=0$ 上求与两直线 L_1:$\begin{cases} x+y-1=0, \\ x-y+z+1=0 \end{cases}$ 和 L_2:$\begin{cases} 2x-y+z-1=0, \\ x+y-z+1=0 \end{cases}$ 都相交的直线的方程.

第五节　曲面及其方程

一、曲面方程的概念

正如平面解析几何中把平面曲线当成动点的轨迹一样，在空间解析几何中也可以把曲面看成是动点的几何轨迹.

空间直角坐标系中曲面上的动点 $M(x,y,z)$ 的坐标一般不是无章可循的,而可能是满足一定条件的.这个条件一般可以写成一个三元方程 $F(x,y,z)=0$.例如平面上动点 $M(x,y,z)$ 的坐标满足 $Ax+By+Cz+D=0$.由第三节我们知道,$Ax+By+Cz+D=0$(A、B、C不同时为零)表示一个平面,称为平面的一般方程.本节将平面方程的概念推广到一般曲面方程的情形.

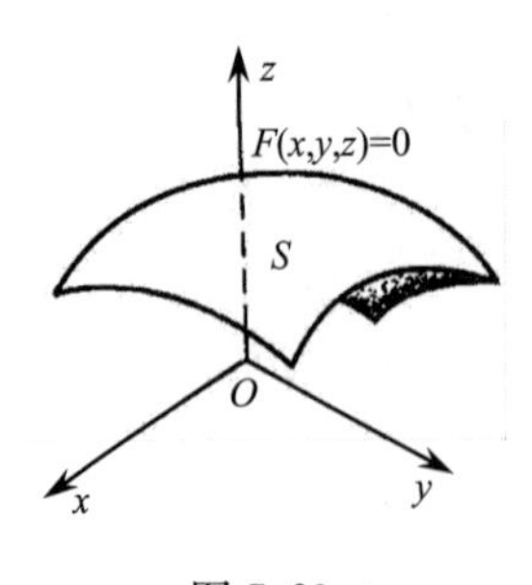

图 7.29

如果曲面 S 与三元方程 $F(x,y,z)=0$ 有下述关系:

(1) 曲面 S 上任一点的坐标 x,y,z 都满足此方程;

(2) 满足此方程的点 (x,y,z) 一定在曲面 S 上,即不在曲面 S 上的点的坐标都不满足此方程,那么就把方程 $F(x,y,z)=0$ 称为曲面 S 的方程,而曲面 S 就称为方程 $F(x,y,z)=0$ 的图形(图 7.29).

本节对曲面的讨论只限于一些常见的曲面,并围绕下列两个基本问题进行:

(1) 已知一曲面作为满足一定条件的动点的几何轨迹时,建立这曲面的方程;

(2) 已知一个方程,研究这方程所表示的曲面的形状.

二、几种常见的曲面及其方程

1. 球面

到空间一定点 M_0 的距离为定值 R 的所有动点的轨迹称为**球面**. 定点 M_0 称为**球心**,定值 R 称为**半径**.

设球心为 $M_0(x_0,y_0,z_0)$,点 $M(x,y,z)$ 是球面上任一点(图 7.30),则有

$$(x-x_0)^2+(y-y_0)^2+(z-z_0)^2=R^2. \tag{7.16}$$

这就是球面上的点的坐标所满足的方程. 而不在球面上的点的坐标都不满足这个方程,所以方程(7.16)就是以 $M_0(x_0,y_0,z_0)$ 为球心、R 为半径的球面的方程.

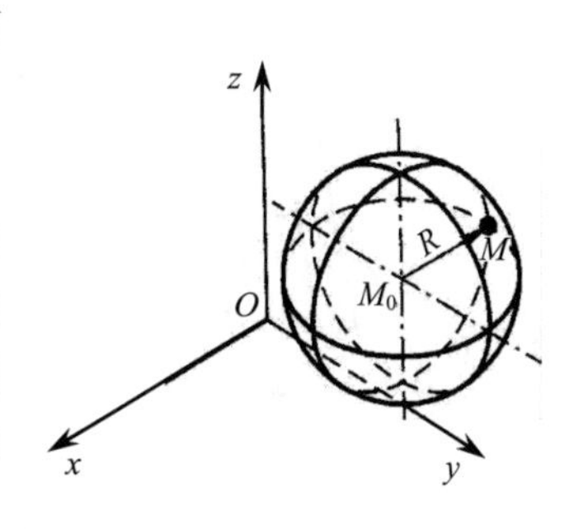

图 7.30

特别地,如果球心在原点,即 $x_0=y_0=z_0=0$,则球面的方程为

$$x^2+y^2+z^2=R^2.$$

例 1　方程 $x^2+y^2+z^2-4x+6y=0$ 表示什么曲面?

解　通过配方,原方程可改写成

$$(x-2)^2+(y+3)^2+z^2=13.$$

与式(7.16)比较,可知原方程表示以点 $M_0(2,-3,0)$ 为球心、半径为$\sqrt{13}$ 的球面.

一般地,设有三元二次方程

$$Ax^2+Ay^2+Az^2+Dx+Ey+Fz+G=0,$$

这个方程的特点是缺 xy,yz,zx 交叉项,而且平方项 x^2,y^2,z^2 的系数相同,则当

$$\left(\frac{D}{2A}\right)^2+\left(\frac{E}{2A}\right)^2+\left(\frac{F}{2A}\right)^2-\frac{G}{A}>0$$

时,将方程变形为

$$\left(x+\frac{D}{2A}\right)^2+\left(y+\frac{E}{2A}\right)^2+\left(z+\frac{F}{2A}\right)^2=\left(\frac{D}{2A}\right)^2+\left(\frac{E}{2A}\right)^2+\left(\frac{F}{2A}\right)^2-\frac{G}{A},$$

由式(7.16)可知,原方程表示一个球心在 $\left(-\frac{D}{2A},-\frac{E}{2A},-\frac{F}{2A}\right)$、半径为 $\sqrt{\left(\frac{D}{2A}\right)^2+\left(\frac{E}{2A}\right)^2+\left(\frac{F}{2A}\right)^2-\frac{G}{A}}$ 的球面.

2. 柱面

平行于定直线并沿定曲线 C 移动的直线 L 所形成的轨迹称为**柱面**(图 7.31). 定曲线 C 称为**柱面的准线**,动直线 L 称为**柱面的母线**.

显然，柱面被定直线(代表着母线的方向)和它的准线完全确定. 但对于一个柱面,它的准线并不唯一. 为简单起见,本节只讨论母线平行于坐标轴,准线为平面曲线的柱面. 下面建立以 xOy 面上的曲线 C:$F(x,y)=0$ 为准线,母线平行于 z 轴的柱面方程(图 7.32).

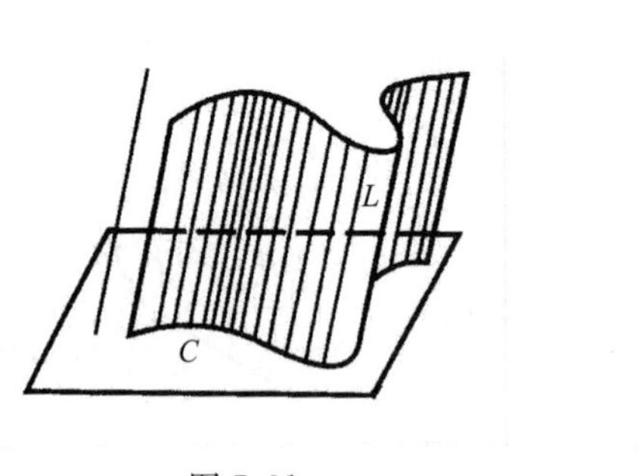

图 7.31

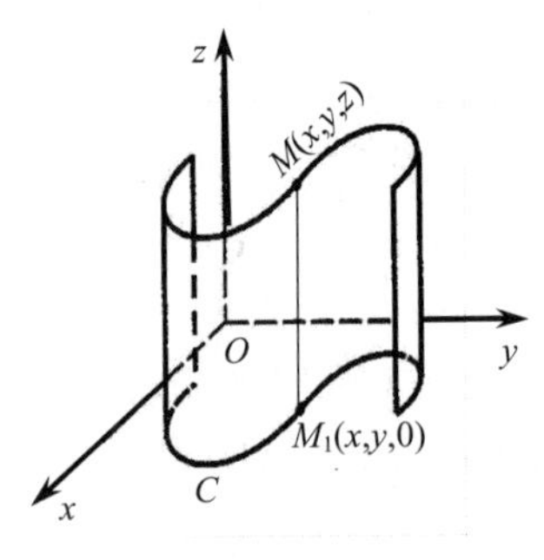

图 7.32

设 $M(x,y,z)$ 为柱面上任一点,过 M 的母线(垂直于 xOy 面)交 xOy 面于点 $M_1(x,y,0)$,由柱面的定义知 M_1 必在准线 C 上,所以有 $F(x,y)=0$. 这就是柱面上的点 $M(x,y,z)$ 的坐标满足的方程. 反之,过不在柱面上的点作垂直于 xOy 面的直线与 xOy 面的交点必不在曲线 C 上,也就是说不在柱面上的点的坐标(这里指 x、y 坐标)不满足方程 $F(x,y)=0$. 因此不含变量 z 的方程 $F(x,y)=0$ 就是母线平行于 z 轴、准线为 xOy 面上曲线 C 的柱面的方程.

类似地,不含变量 y 的方程 $G(x,z)=0$ 在空间表示母线平行于 y 轴、准线为 zOx 面上的曲线的柱面;不含变量 x 的方程 $H(y,z)=0$ 在空间表示母线平行于 x 轴、准线为 yOz 面上的曲线的柱面. 因此,一般地,若三元方程中有一个变量不出现,它就表示柱面,其母线平行于不出现的那个变量所对应的轴.

例如,方程 $\dfrac{x^2}{a^2}+\dfrac{y^2}{b^2}=1$, $\dfrac{x^2}{a^2}-\dfrac{y^2}{b^2}=1$, $x^2=ay(a>0)$ 分别表示母线平行于 z 轴的**椭圆柱面**、**双曲柱面**、**抛物柱面**(图 7.33),称为**二次柱面**.

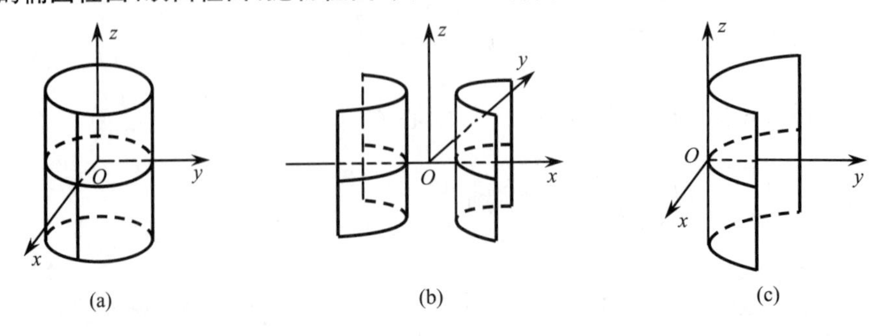

(a)　　(b)　　(c)

图 7.33

又如方程 $x-z=0$ 表示母线平行于 y 轴的柱面,实际上它是过 y 轴的平面(图 7.34).

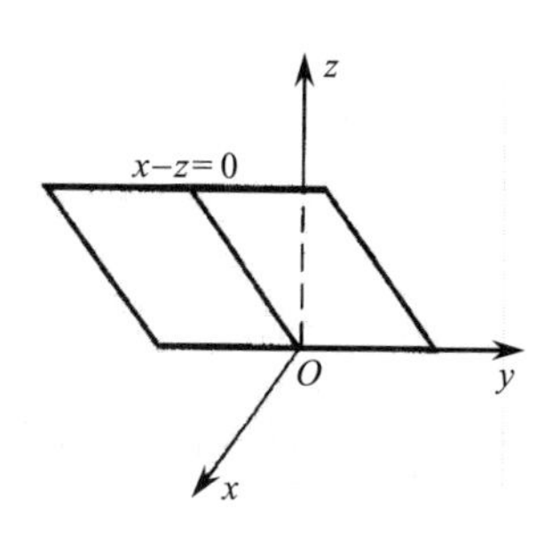

图 7.34

3. *旋转曲面*

由一条平面曲线 C 绕其所在平面上的一条定直线 L 旋转一周所生成的曲面称为**旋转曲面**. 曲线 C 称为**旋转曲面的母线**,定直线 L 称为**旋转曲面的轴**.

本节主要讨论母线是坐标面上的平面曲线,旋转轴是该坐标面上的一条坐标轴的旋转曲面. 下面建立 yOz 面上的曲线 C：$f(y,z)=0$ 绕 z 轴旋转所生成的旋转曲面(图7.35) 的方程.

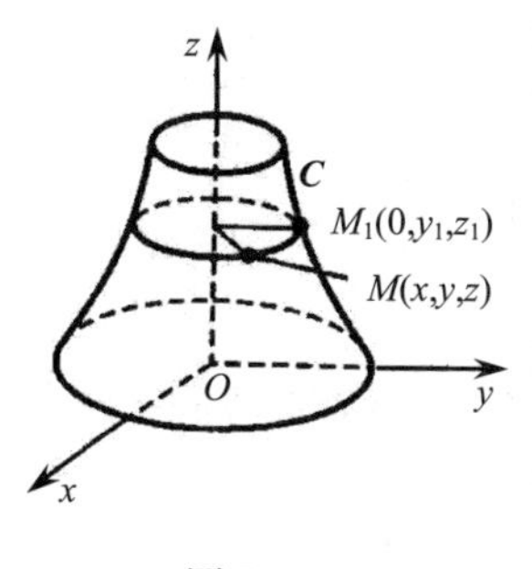

图 7.35

设 $M(x,y,z)$ 为旋转曲面上任一点,过点 M 作平面垂直于 z 轴,交曲线 C 于点 $M_1(0,y_1,z_1)$,则点 M 可以由点 M_1 绕 z 轴旋转得到,因此 $z=z_1$;且点 M 到 z 轴的距离与点 M_1 到 z 轴的距离相等,即有

$$\sqrt{x^2+y^2}=|y_1|,\quad y_1=\pm\sqrt{x^2+y^2}.$$

由于点 $M_1(0,y_1,z_1)$ 在曲线 C 上,故有 $f(y_1,z_1)=0$,因此点 $M(x,y,z)$ 的坐标满足方程

$$f(\pm\sqrt{x^2+y^2},\ z)=0. \qquad (7.17)$$

反之,若点 $M(x,y,z)$ 不在此旋转曲面上,则其坐标 x,y,z 不满足方程(7.17),因此方程(7.17) 就是 yOz 面上曲线 C 绕 z 轴旋转所生成的旋转曲面的方程.

由此可知,在曲线 C 的方程 $f(y,z)=0$ 中将 y 改写成 $\pm\sqrt{x^2+y^2}$ 而保持 z 不变,便得曲线 C 绕 z 轴旋转所生成的旋转曲面的方程.

同理,曲线 C 绕 y 轴旋转所生成的旋转曲面的方程为

$$f(y,\ \pm\sqrt{x^2+z^2})=0.$$

一般地,求坐标平面上的曲线绕此坐标面内的一条坐标轴旋转所生成的旋转曲面的方程时,只要保持此平面曲线方程中与旋转轴同名的坐标不变,而以另外两个坐标平方和的平方根代替该方程中的另一坐标,便得该旋转曲面的方程.

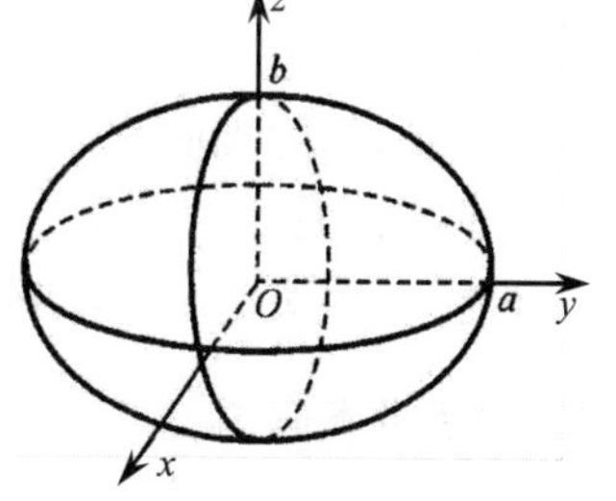

图 7.36

例如, yOz 面上的椭圆 $\dfrac{y^2}{a^2}+\dfrac{z^2}{b^2}=1$ 绕 z 轴旋转一周所生成的旋转曲面(图 7.36,称为**旋转椭球面**)的方程为 $\dfrac{x^2+y^2}{a^2}+\dfrac{z^2}{b^2}=1$; zOx 面上的双曲线 $\dfrac{x^2}{a^2}-$

$\frac{z^2}{b^2}=1$ 绕 z 轴旋转一周所生成的旋转曲面(图 7.37,称为**旋转单叶双曲面**)的方程为 $\frac{x^2+y^2}{a^2}-\frac{z^2}{c^2}=1$,绕 x 轴旋转一周所生成的旋转曲面(图 7.38,称为**旋转双叶双曲面**)的方程为 $\frac{x^2}{a^2}-\frac{y^2+z^2}{c^2}=1$;$xOy$ 面上的抛物线 $x=ay^2(a>0)$ 绕 x 轴旋转一周所生成的旋转曲面(图 7.39,称为**旋转抛物面**)的方程为 $x=a(y^2+z^2)$.

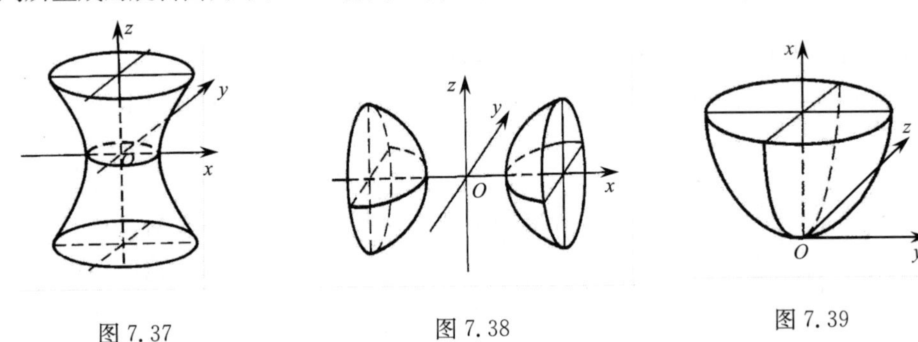

图 7.37　　图 7.38　　图 7.39

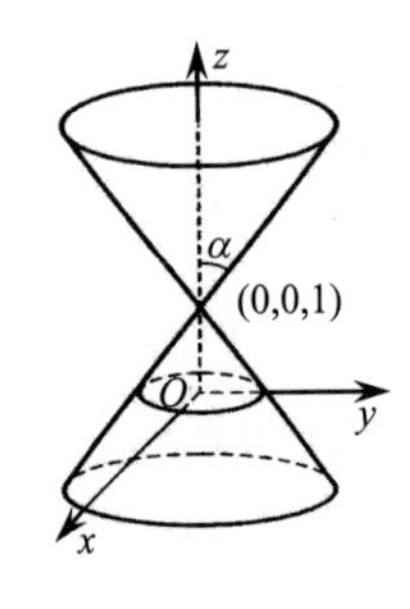

图 7.40

例 2　直线 L 绕另一条与 L 相交的直线旋转一周所生成的旋转曲面称为**圆锥面**. 两直线的交点称为圆锥面的**顶点**,两直线的夹角 $\alpha\left(0<\alpha<\frac{\pi}{2}\right)$ 称为圆锥面的**半顶角**. 试建立顶点在点(0,0,1)、旋转轴为 z 轴、半顶角为 α 的圆锥面(图 7.40)的方程.

解　在 yOz 坐标面上,直线 L 的方程为

$$z-1=y\cot\alpha,$$

因为旋转轴为 z 轴,故得圆锥面的方程为

$$z-1=\pm\sqrt{x^2+y^2}\cot\alpha,$$

两边平方可得

$$(z-1)^2=a^2(x^2+y^2),$$

其中 $a=\cot\alpha$.

特别地,当圆锥面的顶点在坐标原点时,方程为 $z^2=a^2(x^2+y^2)$. 可见,顶点在原点的圆锥面的方程为一个关于 x,y,z 的二次齐次方程(每一项的次数都是二次). 反之,一个关于 x,y,z 的二次齐次方程表示顶点在原点的锥面.

* 三、曲面的参数方程

在空间解析几何中,除了用三元方程 $F(x,y,z)=0$ 表示曲面(称为曲面的隐

式表示）外，有时还要用参数方程表示曲面. 先看两个例子.

在球面上（如地球上）一点的位置可以用“经度”、“纬度”来表示. 具体地说，设球面的球心在坐标原点，半径为 R，$M(x,y,z)$ 是球面上任一点. 过 M 作 xOy 面的垂线，垂足为 $M'(x,y,0)$. 设 φ 是向径$\overrightarrow{OM}$ 与 z 轴正向的夹角，θ 是从 z 轴正向来看自 x 轴按逆时针方向转到有向线段$\overrightarrow{OM'}$ 的转角. 由图 7.41 可以看出，$|\overrightarrow{OM'}|=R\sin\varphi$，$|\overrightarrow{MM'}|=R|\cos\varphi|$，因此点 M 的坐标与 φ、θ 有如下关系：

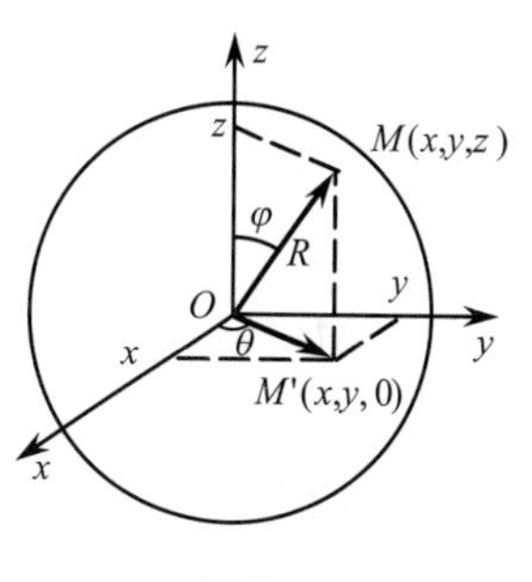

图 7.41

$$\begin{cases}x=R\sin\varphi\cos\theta,\\ y=R\sin\varphi\sin\theta,\\ z=R\cos\varphi\end{cases}\quad(0\leqslant\varphi\leqslant\pi,\ 0\leqslant\theta\leqslant 2\pi).\tag{7.18}$$

反之，任取一组数 $\varphi,\theta(0\leqslant\varphi\leqslant\pi,\ 0\leqslant\theta\leqslant 2\pi)$，由式(7.18) 可以确定点 M 的坐标 x,y,z，且有

$$\begin{aligned}&(x-0)^2+(y-0)^2+(z-0)^2\\ =&R^2\sin^2\varphi\cos^2\theta+R^2\sin^2\varphi\sin^2\theta+R^2\cos^2\varphi=R^2,\end{aligned}$$

因此点 $M(x,y,z)$ 到原点的距离为 R，即 M 在球面上. 故式(7.18) 是球面上的点的坐标所满足的方程，称为**球面的参数方程**，其中 φ,θ 称为参数. 上述 φ 和 θ 的实际意义就是球面上的纬度和经度.

给定一点 M_0 和不共线的两个向量 $\boldsymbol{v}_1$，$\boldsymbol{v}_2$，可以唯一确定一个平面 π. 下面将根据这个几何条件来建立平面 π 的参数方程.

设点 M 为平面 π 上任一点，则 $M\in\pi$ 的充要条件是$\overrightarrow{M_0M}$，$\boldsymbol{v}_1$，$\boldsymbol{v}_2$ 共面，由定理 7.2 知，存在唯一一对实数 u，v，使得

$$\overrightarrow{M_0M}=u\boldsymbol{v}_1+v\boldsymbol{v}_2.$$

设点 M_0，M 对于坐标原点 O 的向径分别为 $\boldsymbol{r}_0$，$\boldsymbol{r}$，则有$\overrightarrow{M_0M}=\boldsymbol{r}-\boldsymbol{r}_0$，从而可得

$$\boldsymbol{r}=\boldsymbol{r}_0+u\boldsymbol{v}_1+v\boldsymbol{v}_2,\tag{7.19}$$

称为**平面的向量式参数方程**，其中 u,v 为任意参变量. 设 $\boldsymbol{r}_0=(x_0,y_0,z_0)$，$\boldsymbol{r}=(x,y,z)$，$\boldsymbol{v}_1=(X_1,Y_1,Z_1)$，$\boldsymbol{v}_2=(X_2,Y_2,Z_2)$，则将式(7.19)用坐标写出可得

$$\begin{cases}x=x_0+uX_1+vX_2,\\ y=y_0+uY_1+vY_2,\\ z=z_0+uZ_1+vZ_2,\end{cases}\tag{7.20}$$

称为**平面的坐标式参数方程**，简称为**平面的参数方程**，其中 u,v 称为参数.

下面把上述表示球面及平面的方法加以推广，给出曲面的参数方程的定义.

一般地，如果曲面 S 与方程组

$$\begin{cases} x = x(u,v), \\ y = y(u,v), \\ z = z(u,v) \end{cases} \tag{7.21}$$

有如下关系：

若点 $M(x,y,z) \in S$，则必有确定的一组数 u,v（各自在参数区间内取值），使得方程组(7.21) 成立；反之，若对任意一组数 u,v，由方程组(7.21) 所确定的一组数 x,y,z 总使得点$M(x,y,z) \in S$，那么，方程组(7.21) 就称为**曲面S的参数方程**，方程中的 u,v 称为参数. 从计算机图形学的角度看，曲面用参数方程表示有时更有利于在计算机上显示和分析曲面.

习题 7-5

1. 建立以点(1,3,−2) 为球心，且通过坐标原点的球面方程.

2. 求与坐标原点 O 及点(2,3,4) 的距离之比为 1∶2 的点的全体所组成的曲面的方程，它表示怎样的曲面？

3. 画出下列方程所表示的曲面：

(1) $x^2 - ax + y^2 = 0$；　　(2) $x^2 - y^2 = 1$；

(3) $\frac{x^2}{9} + \frac{z^2}{4} = 1$；　　(4) $z = -y^2 + 1$；

(5) $x - y = 0$.

4. 指出下列方程在平面解析几何和在空间解析几何中分别表示什么图形：

(1) $y = 2$；　　(2) $y = 3x + 1$；

(3) $2x^2 + y^2 = 1$；　　(4) $x^2 = 2y$.

5. 写出下列曲线绕指定轴旋转所生成的旋转曲面的方程，并指出是什么曲面：

(1) xOy 面上的圆$(x-a)^2 + y^2 = a^2$ 绕 x 轴；

(2) xOy 面上的双曲线$\frac{x^2}{a^2} - \frac{y^2}{b^2} = 1$ 绕 y 轴；

(3) yOz 面上的抛物线 $y = z^2$ 绕 y 轴；

(4) xOz 面上的直线 $z = \sqrt{3}x$ 绕 z 轴.

6. 说明下列旋转曲面是怎样形成的：

(1) $\frac{x^2}{4} + y^2 + z^2 = 1$；　　(2) $x^2 - \frac{y^2}{4} + z^2 = 1$；

(3) $x^2 - y^2 - z^2 = 1$；　　(4) $(z-a)^2 = x^2 + y^2$.

7. 画出下列方程所表示的曲面：

(1) $x^2 + y^2 + 2z^2 = 1$；　　(2) $\frac{z}{2} = \frac{x^2}{3} + \frac{y^2}{3}$；

(3) $x^2 + y^2 - \frac{z^2}{3} = 1$；　　(4) $1 - z = \sqrt{x^2 + y^2}$.

*8. 试写出下列曲面的参数方程：

(1) $x^2+y^2=ax(a>0)$；　　(2) $x^2+y^2=z^2$；

(3) $\frac{x^2}{4}+y^2+z^2=1$.

第六节　空间曲线及其方程

一、空间曲线的一般方程

正如空间直线可以看成是两个平面的交线一样，空间曲线也可以看成是两个曲面的交线. 设两个曲面 S_1 和 S_2 的方程分别为

$$F(x,y,z)=0,\quad G(x,y,z)=0,$$

它们的交线为 C(图 7.42). 因为曲线 C 上的任何点的坐标应同时满足这两个曲面的方程，所以应当满足方程组

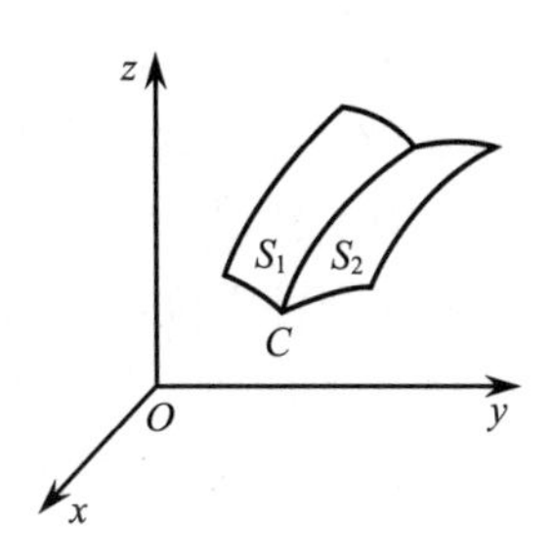

图 7.42

$$\begin{cases} F(x,y,z)=0, \\ G(x,y,z)=0. \end{cases} \tag{7.22}$$

反之，若点 $M(x,y,z)$ 的坐标满足方程组(7.22)，则点 M 既在曲面 S_1 上，又在曲面 S_2 上，所以在它们的交线 C 上. 因此，方程组(7.22) 就是曲线 C 的方程，称为**空间曲线 C 的一般方程**，也称为**空间曲线的隐式方程或交面式方程**. 显然一条空间曲线的一般方程是不唯一的.

例 1　方程组 $\begin{cases} x^2+y^2=1, \\ 2x+3y+z=6 \end{cases}$ 表示怎样的曲线？

解　方程组中的第一个方程表示母线平行于 z 轴的圆柱面，其准线是 xOy 面上以原点为圆心，半径为 1 的圆. 方程组中的第二个方程表示在 x 轴、y 轴、z 轴上的截距分别为 3,2,6 的平面. 因此方程组表示上述平面与圆柱面相交而成的空间闭曲线，如图 7.43 所示.

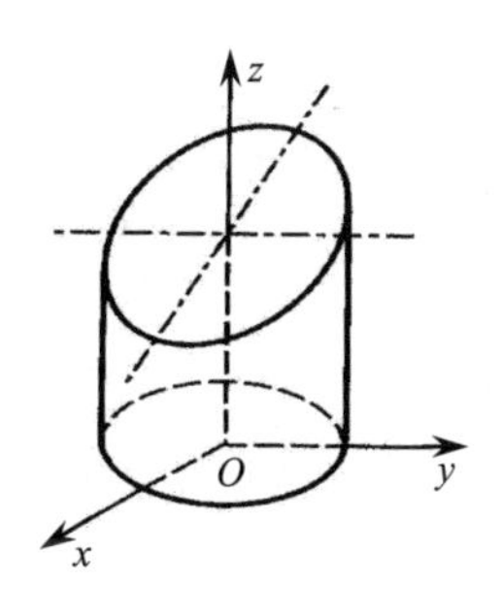

图 7.43

例 2　方程组 $\begin{cases} z=\sqrt{4-x^2-y^2}, \\ x^2-2x+y^2=0 \end{cases}$ 表示怎样的曲线？

解　方程组中的第一个方程表示球心在原点 O，半径为 2 的上半球面. 方程组中的第二个方程表示母线平行于 z 轴的柱面，它的准线是 xOy 面上以点(1,0) 为圆心，半径为 1 的单位圆周. 因此方程组表示上述半球面

与圆柱面的交线,如图7.44 所示.该曲线称为维维安尼[①]曲线.

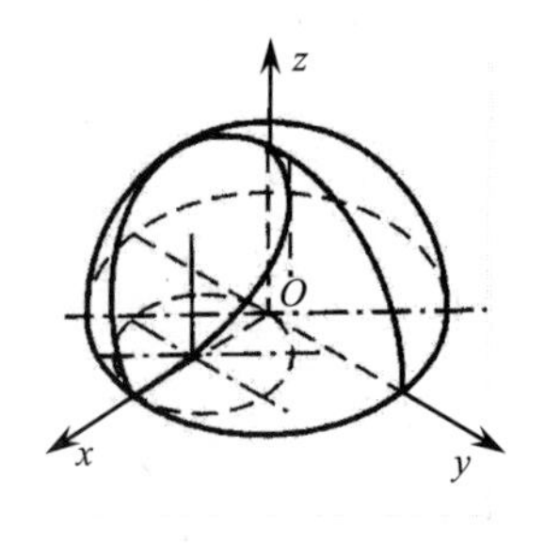

图 7.44

二、空间曲线的参数方程

空间曲线 C 除了可以用一般方程表示外,也可以用参数方程来表示,只要将 C 上动点的坐标 x,y,z 表示为参数 t 的函数:

$$\begin{cases}x = x(t),\\ y = y(t), \quad t \in I,\\ z = z(t),\end{cases} \tag{7.23}$$

当给定 $t = t_1 \in I$ 时,就得到 C 上的一个点 (x_1, y_1, z_1);随着参数 t 的变动便可得到曲线上的全部点.方程组(7.23)称为**空间曲线的参数方程**.

例 3 设一动点 M 在圆柱面 $x^2 + y^2 = a^2$ 上以角速率 w 绕 z 轴旋转,同时又以线速率 v 沿平行于 z 轴的正方向上升(其中 w, v 都是常数),则点 M 的几何轨迹称为**圆柱螺旋线**,试建立其参数方程.

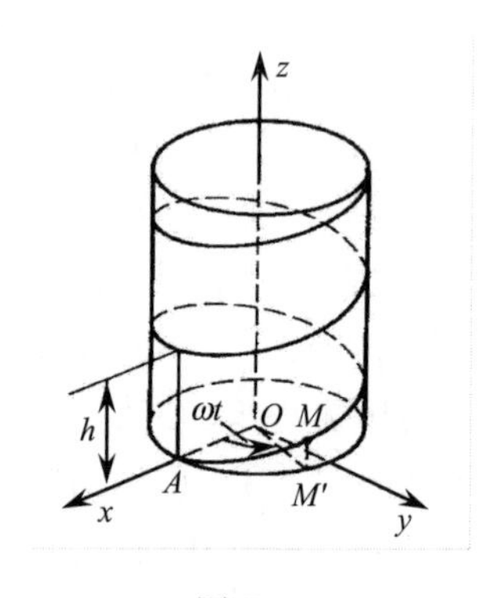

图 7.45

解 取时间 t 为参数.设 $t = 0$ 时动点位于点 $A(a,0,0)$ 处,经过时间 t,动点运动到点 $M(x,y,z)$ 处,如图 7.45 所示.记 M 在 xOy 面上的投影为 $M'(x, y, 0)$.由于动点在圆柱面上以角速率 w 绕 z 轴旋转,因此经过时间 t 动点转过的角度为 $\angle AOM'$;又动点同时以线速率 v 沿平行于 z 轴的正向上升,故经过时间 t,动点上升的高度为线段 MM' 的长.由于 $\angle AOM' = wt$, $|MM'| = vt$,因此经过时间 t,动点 M 的坐标分别为

$$x = |OM'|\cos\angle AOM' = a\cos wt,$$
$$y = |OM'|\sin\angle AOM' = a\sin wt,$$
$$z = |MM'| = vt,$$

从而圆柱螺旋线的参数方程为

$$\begin{cases}x = a\cos wt,\\ y = a\sin wt,\\ z = vt.\end{cases}$$

如果令 $\theta = wt$ 为参数,并记 $b = \dfrac{v}{w}$,则圆柱螺旋线的参数方程可改写为

① 维维安尼(V. Viviani, 1622 ~ 1703),意大利数学家.

$$\begin{cases} x = a\cos\theta, \\ y = a\sin\theta, \\ z = b\theta. \end{cases}$$

圆柱螺旋线是实践中常见的曲线. 例如,螺栓的螺纹就是圆柱螺旋线. 由圆柱螺旋线的参数方程可以看出,当 θ 从 θ_0 变到 $\theta_0+\alpha$ 时,z 由 $b\theta_0$ 升高到 $b\theta_0+b\alpha$,即点 M 上升的高度 $b\alpha$ 与转过的角度 α 成正比. 特别地,当点 M 绕 z 轴旋转一周,即 $\alpha=2\pi$ 时,M 点上升的高度为定值 $2\pi b$,这个高度 $2\pi b$ 在工程技术上称为**螺距**.

三、空间曲线在坐标面上的投影

以空间曲线 C 为准线,母线垂直于坐标面的柱面称为曲线 C 关于该坐标面的**投影柱面**,投影柱面与该坐标面的交线称为空间曲线 C 在该坐标面上的**投影曲线**,简称**投影**.

设空间曲线 C 的一般方程由 式(7.22)给出,即为

$$\begin{cases} F(x,y,z)=0, \\ G(x,y,z)=0, \end{cases}$$

先求曲线 C 在 xOy 面上的投影. 为此考察由上方程组消去变量 z 后所得的方程

$$H(x,y)=0. \tag{7.24}$$

由于方程(7.24)是由方程组(7.22)消去 z 后所得的结果,因此当点 $M(x,y,z)$ 在曲线 C 上时,其坐标 x,y 必定满足方程(7.24),这说明曲线 C 上的所有点都在由方程(7.24) 所表示的曲面上. 由上节知道,方程(7.24) 表示一个母线平行于 z 轴的柱面,因此这柱面必定包含曲线 C. 从而方程(7.24) 所表示的柱面必定包含曲线 C 关于 xOy 面的投影柱面,而方程

$$\begin{cases} H(x,y)=0, \\ z=0 \end{cases}$$

所表示的曲线必定包含空间曲线 C 在 xOy 面上的投影.

类似地,消去方程组(7.22) 中的变量 x 或 y,得 $R(y,z)=0$ 或 $T(x,z)=0$,它们所表示的柱面必定包含曲线 C 关于 yOz 面或 zOx 面的投影柱面,它们分别与 $x=0$ 或 $y=0$ 联立,就可得到包含曲线 C 在 yOz 面或 zOx 面上的投影的曲线的方程:

$$\begin{cases} R(y,z)=0, \\ x=0 \end{cases} \quad \text{或} \quad \begin{cases} T(x,z)=0, \\ y=0. \end{cases}$$

例 4　求曲线 C: $\begin{cases} z=x^2+y^2, \\ 2x+2y-z=0 \end{cases}$ 在 xOy 面上的投影曲线(图 7.46) 的方程.

解　从曲线 C 的方程中消去 z,得 $x^2+y^2-2x-2y=0$,即

$$(x-1)^2+(y-1)^2=2.$$

容易看出,这就是曲线 C 关于 xOy 面的投影柱面的方程,于是曲线 C 在 xOy 面上

的投影曲线的方程为

$$\begin{cases}(x-1)^2+(y-1)^2=2,\\ z=0.\end{cases}$$

这是 xOy 面上圆心在点$(1,1)$，半径为$\sqrt{2}$ 的圆.

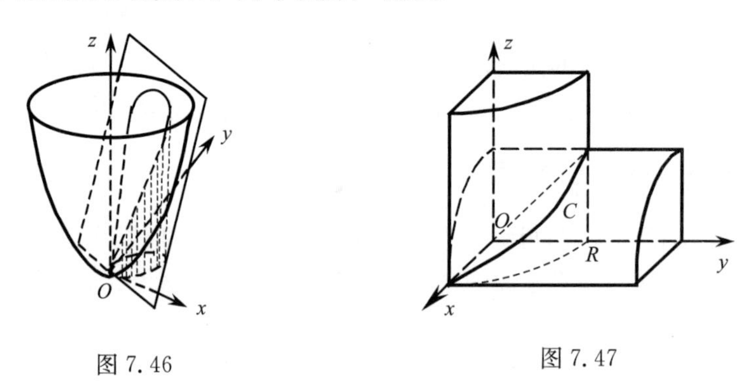

图 7.46　　　　图 7.47

例 5　求圆柱面 $x^2+y^2=R^2$ 及 $x^2+z^2=R^2$ 在第一卦限内的交线 C(图7.47)在 xOy 面及 yOz 面上的投影.

解　曲线 C 的一般方程为

$$\begin{cases}x^2+y^2=R^2,\\ x^2+z^2=R^2\end{cases}\quad (x\geqslant 0,y\geqslant 0,z\geqslant 0).$$

先求曲线 C 在 xOy 面上的投影. 由于曲线 C 的第一个方程中不含 z，因此它所表示的柱面必定包含曲线 C 关于 xOy 面的投影柱面，从而曲线$\begin{cases}x^2+y^2=R^2,\\ z=0\end{cases}$必定包含曲线 C 在 xOy 面上的投影. 实际上，曲线 C 在 xOy 面上的投影是 xOy 面上的四分之一圆周：$x^2+y^2=R^2(x\geqslant 0,y\geqslant 0)$，如图 7.47 所示.

再求曲线 C 在 yOz 面上的投影. 从曲线 C 的方程中消去 x 可得方程 $y^2-z^2=0$，它所表示的柱面(实际上是两个相交平面) 必定包含曲线 C 关于 yOz 面的投影柱面，从而曲线$\begin{cases}y^2-z^2=0,\\ x=0\end{cases}$必定包含曲线 C 在 yOz 面上的投影. 实际上，曲线 C 在 yOz 面上的投影是 yOz 面上的一条直线段：$y=z(0\leqslant z\leqslant R)$，如图 7.47 所示.

在重积分和曲面积分的计算中，往往需要确定一个立体或曲面在坐标面上的投影. 所谓一个立体或曲面在坐标面上的投影，是指立体或曲面上所有点在该坐标面上的投影点所组成的点集. 掌握本节提出的求空间曲线在坐标面上的投影的方法，将有助于确定一个立体或曲面在坐标面上的投影.

例如，求上半球面 $z=\sqrt{2-x^2-y^2}$ 和锥面 $z=\sqrt{x^2+y^2}$ 所围成的立体(图

7.48）在 xOy 面上的投影时，易于发现该立体在 xOy 面的投影实际上就是上半球面和锥面的交线 $C:\begin{cases}z=\sqrt{2-x^2-y^2},\\z=\sqrt{x^2+y^2}\end{cases}$ 在 xOy 面上的投影所围成的 xOy 面上的一部分. 采用本节的方法，可知交线 C 在 xOy 面的投影为 $\begin{cases}x^2+y^2=1,\\z=0,\end{cases}$ 从而所求的立体在 xOy 面上的投影为 xOy 面上的一个圆域：$x^2+y^2\leqslant 1$.

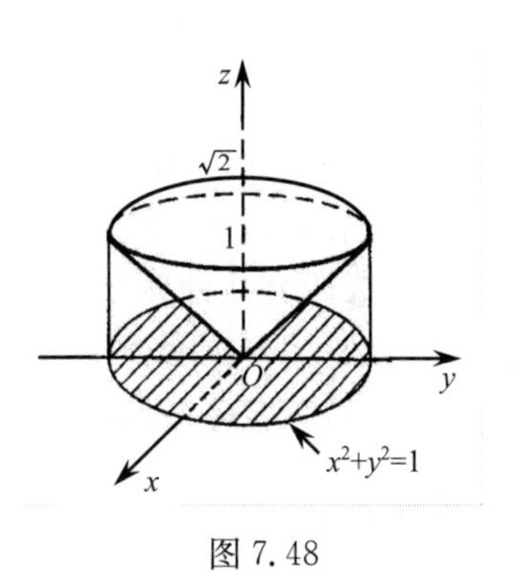

图 7.48

习题 7-6

1. 画出下列曲线的图形：

(1) $\begin{cases}z=\sqrt{5-x^2-y^2},\\x^2+y^2=4;\end{cases}$　　(2) $\begin{cases}z=\sqrt{x^2+y^2},\\z=1;\end{cases}$

(3) $\begin{cases}z=x^2+y^2,\\y=3;\end{cases}$　　(4) $\begin{cases}x^2+y^2+z^2=1,\\y=x.\end{cases}$

2. 指出下列方程组在平面解析几何与空间解析几何中分别表示什么图形：

(1) $\begin{cases}y=x+1,\\y=2x-1;\end{cases}$　　(2) $\begin{cases}x^2+2y^2=1,\\x=1.\end{cases}$

3. 求通过曲线 $\begin{cases}2x^2+y^2+2z^2=12,\\z^2=x^2+y^2\end{cases}$ 且母线分别平行于 x 轴及 z 轴的柱面的方程.

4. 将下列曲线的一般方程化为参数方程：

(1) $\begin{cases}x^2+y^2+z^2=4,\\y-x=0;\end{cases}$　　(2) $\begin{cases}z=x^2+y^2,\\2x-4y-z=0.\end{cases}$

5. 求两球面 $x^2+y^2+z^2=1$ 和 $x^2+(y-1)^2+(z-1)^2=1$ 的交线在 xOy 面上的投影的方程.

6. 求曲线 $C:\begin{cases}x^2+y^2+z^2=64,\\x^2+y^2=8y\end{cases}$ 在 xOy 面及 yOz 面上的投影的方程.

*7. 求上半球面 $z=\sqrt{a^2-x^2-y^2}$，圆柱面 $x^2+y^2=ax(a>0)$ 及平面 $z=0$ 所围成的立体在 xOy 面和 zOx 面上的投影.

8. 求两曲面 $3(x^2+y^2)=16z$ 和 $z=\sqrt{25-x^2-y^2}$ 的交线在 xOy 面上的投影曲线的方程，并画出两曲面所围的立体的图形.

第七节　二 次 曲 面

与平面解析几何中规定的二次曲线相类似，三元二次方程

$$F(x,y,z)=a_{11}x^2+a_{22}y^2+a_{33}z^2+2a_{12}xy+2a_{13}xz \\ +2a_{23}yz+2a_{14}x+2a_{24}y+2a_{34}z+a_{44}=0 \qquad (7.25)$$

所表示的曲面(其中 $a_{11},a_{22},a_{33},a_{12},a_{13},a_{23}$ 不全为零) 称为**二次曲面**.

二次曲面有较广泛的应用,且适当选择坐标系后所得的标准方程简单. 下面将用截痕法来研究几种典型的二次曲面的标准方程所表示的二次曲面的形状. 所谓**截痕法**,就是用坐标面或平行于坐标面的平面去截曲面,考察它们的交线(即截痕)的形状,然后综合分析,从而了解曲面全貌的方法.

一、椭球面

方程

$$\frac{x^2}{a^2}+\frac{y^2}{b^2}+\frac{z^2}{c^2}=1 \quad (a>0,b>0,c>0)$$

所表示的曲面称为**椭球面**, a,b,c 称为**椭球面的半轴**. 下面根据所给的方程,用截痕法来考察椭球面的形状.

由方程可知

$$\frac{x^2}{a^2}\leqslant 1, \quad \frac{y^2}{b^2}\leqslant 1, \quad \frac{z^2}{c^2}\leqslant 1,$$

即

$$|x|\leqslant a, \quad |y|\leqslant b, \quad |z|\leqslant c,$$

这说明椭球面包含在六个平面 $x=\pm a$, $y=\pm b$, $z=\pm c$ 所围成的长方体内,坐标原点是椭球面的中心.

为了弄清楚这一曲面的形状,先求出它与三个坐标面的交线

$$\begin{cases}\dfrac{x^2}{a^2}+\dfrac{y^2}{b^2}=1,\\ z=0,\end{cases} \quad \begin{cases}\dfrac{y^2}{b^2}+\dfrac{z^2}{c^2}=1,\\ x=0,\end{cases} \quad \begin{cases}\dfrac{x^2}{a^2}+\dfrac{z^2}{c^2}=1,\\ y=0,\end{cases}$$

这些交线都是椭圆.

再看这曲面与平行于 xOy 面的平面 $z=z_1(0<|z_1|\leqslant c)$ 的交线

$$\begin{cases}\dfrac{x^2}{a^2}+\dfrac{y^2}{b^2}=1-\dfrac{z_1^2}{c^2},\\ z=z_1,\end{cases}$$

这是平面 $z=z_1$ 上的椭圆,它的两个半轴分别等于 $\sqrt{a^2\left(1-\dfrac{z_1^2}{c^2}\right)}$ 和 $\sqrt{b^2\left(1-\dfrac{z_1^2}{c^2}\right)}$. 当 z_1 变动时,这种椭圆的中心都在 z 轴上,且当 $|z_1|$ 由 0 逐渐增大到 c 时,椭圆截面由大变小,最后缩成一点 $(0,0,\pm c)$. 同样,用平行于 yOz 面及 zOx 面的平面去截这个曲面,截痕都是椭圆,且有类似的结果. 综合上述分析结果,可知椭球面的形状如图 7.49 所示.

如果椭球面有两个半轴相等，如 $a=b$，则椭球面 $\frac{x^2}{a^2}+\frac{y^2}{a^2}+\frac{z^2}{c^2}=1$ 可以看成是由 yOz 面上的椭圆 $\frac{y^2}{a^2}+\frac{z^2}{c^2}=1$ 绕 z 轴旋转而成的旋转椭球面；如果三个半轴都相等，即 $a=b=c$，则椭球面方程可写成 $x^2+y^2+z^2=a^2$，这表示球心在原点、半径为 a 的球面. 因此，球面是椭球面的一种特殊情形.

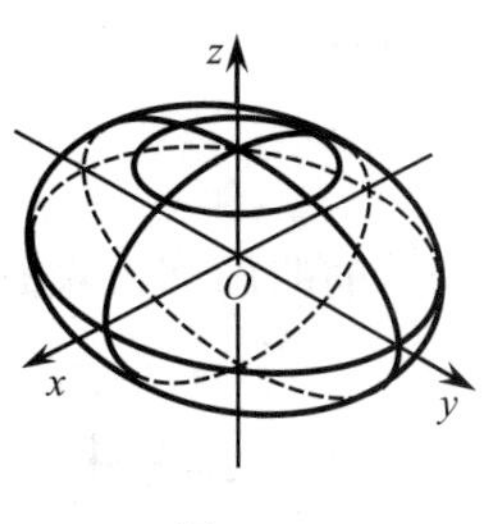

图 7.49

二、抛物面

抛物面分为椭圆抛物面与双曲抛物面两种. 方程

$$\frac{x^2}{a^2}+\frac{y^2}{b^2}=z$$

所表示的曲面称为**椭圆抛物面**.

用 xOy 面($z=0$)去截曲面，截痕为坐标原点. 用平面 $z=z_1$($z_1>0$)去截这曲面，截痕为中心在 z 轴上的椭圆

$$\begin{cases}\frac{x^2}{a^2}+\frac{y^2}{b^2}=z_1,\\ z=z_1.\end{cases}$$

平面 $z=z_1$($z_1<0$)与这曲面不相交. 原点称为**椭圆抛物面的顶点**.

用 zOx 面($y=0$)去截这曲面，截痕为抛物线

$$\begin{cases}x^2=a^2z,\\ y=0,\end{cases}$$

它的对称轴与 z 轴重合. 用平行于 zOx 面的平面 $y=y_1$ 去截曲面，截痕为抛物线

$$\begin{cases}x^2=a^2\left(z-\frac{y_1^2}{b^2}\right),\\ y=y_1,\end{cases}$$

它的轴平行于 z 轴，顶点为 $\left(0,y_1,\frac{y_1^2}{b^2}\right)$.

同理可知，用 yOz 面及平行于 yOz 面的平面去截这曲面，截痕也为抛物线，且也有类似的结果. 综合以上分析结果，可知椭圆抛物面的形状如图 7.50 所示.

当 $a=b$ 时，椭圆抛物面成为旋转抛物面 $z=\frac{1}{a^2}(x^2+y^2)$，它可看成是由 yOz 面上的抛物线 $z=\frac{1}{a^2}y^2$ 绕 z 轴旋转而成.

方程

$$\frac{x^2}{a^2}-\frac{y^2}{b^2}=z$$

所表示的曲面称为**双曲抛物面**.

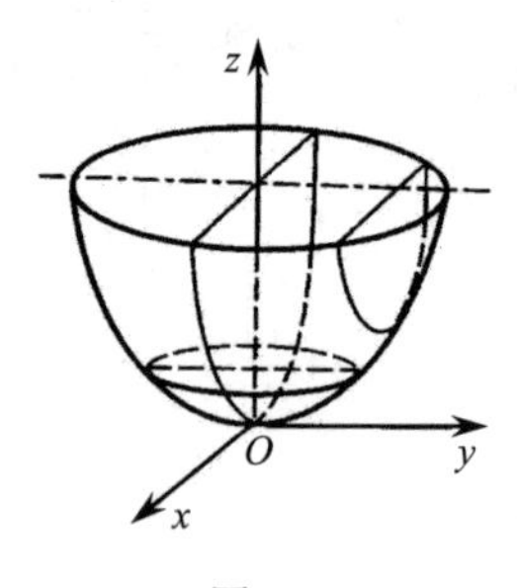

图 7.50

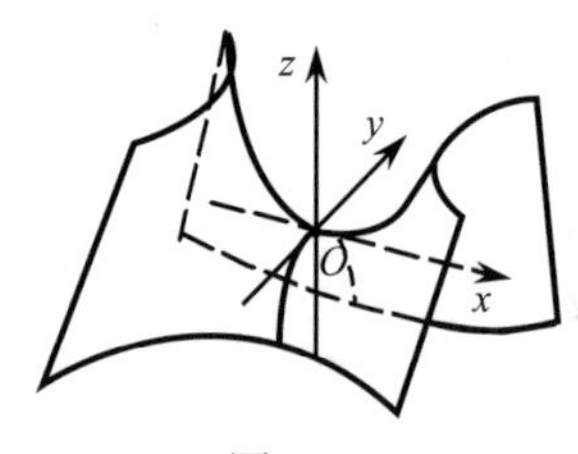

图 7.51

利用截痕法可知,该曲面与 xOy 面的交线是两条相交于原点的直线,与平行 xOy 面的平面的交线是实轴平行于x 轴的双曲线;与 yOz 面的交线是顶点在原点、开口向下的抛物线,与平行于 yOz 面的平面的交线也是开口向下的抛物线;与 zOx 面及平行于 zOx 面的平面的交线均是开口向上的抛物线. 从而可知双曲抛物面的形状如图 7.51 所示. 因其形状与马鞍相似,故也称**鞍形曲面**.

三、双曲面

双曲面分为单叶双曲面与双叶双曲面两种. 方程

$$\frac{x^2}{a^2}+\frac{y^2}{b^2}-\frac{z^2}{c^2}=1,\quad \frac{x^2}{a^2}+\frac{y^2}{b^2}-\frac{z^2}{c^2}=-1$$

所表示的曲面分别称为**单叶双曲面**和**双叶双曲面**.

利用截痕法可知,双曲面与 xOy 面及平行于 xOy 面的平面的交线是椭圆(双叶双曲面只与平面 $z=z_1(|z_1|\geqslant c)$ 相交);与 zOx 曲面、yOz 面及平行于它们的平面的交线是双曲线(单叶双曲面的情形,除与 $y=\pm b$ 及 $x=\pm a$ 的交线分别是一对相交直线外). 从而可知单叶双曲面的形状如图 7.52 所示,双叶双曲面的形状则如图 7.53 所示.

当 $a=b$ 时,双曲面便成为旋转双曲面,它可看成是由 yOz 面上的双曲线$\frac{y^2}{a^2}-\frac{z^2}{c^2}=\pm 1$ 绕 z 轴旋转而成.

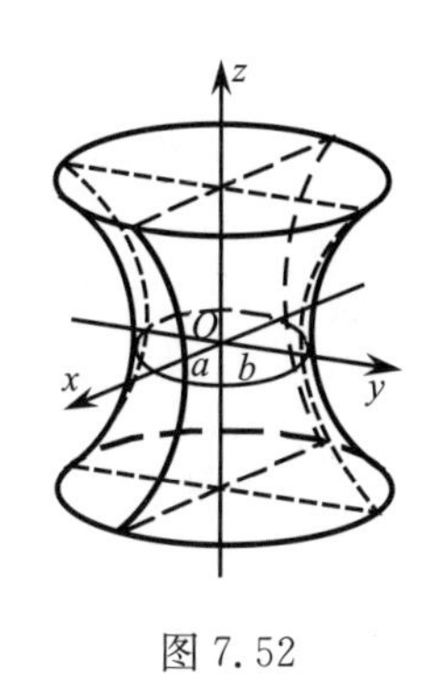

图 7.52

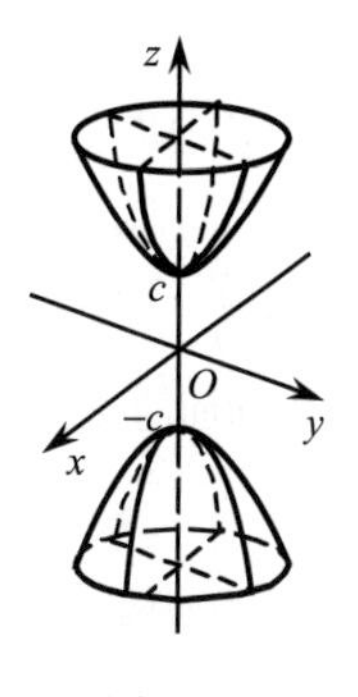

图 7.53

四、椭圆锥面

方程

$$\frac{x^2}{a^2}+\frac{y^2}{b^2}=\frac{z^2}{c^2}$$

所表示的曲面称为**椭圆锥面**.

利用截痕法可知，该曲面与 xOy 面交于原点，与平行于 xOy 面的平面的交线为椭圆；与 zOx 面及 yOz 面分别交于一对过原点的相交直线；与平行于 zOx 面及 yOz 面的平面的交线都是双曲线. 从而可知椭圆锥面的形状如图 7.54 所示.

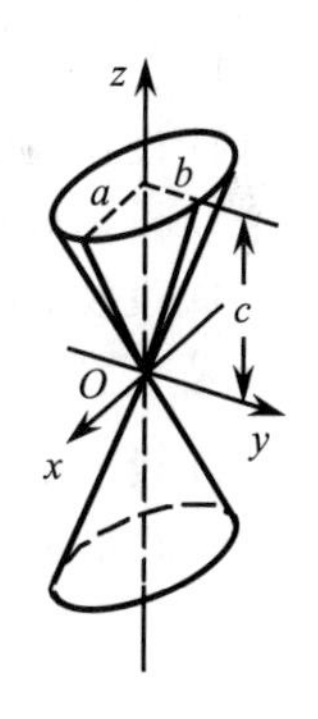

图 7.54

当 $a=b$ 时，椭圆锥面成为圆锥面，它可以看成是由 yOz 面上的直线 $\frac{y}{a}=\frac{z}{c}$ 绕 z 轴旋转而成.

除以上讨论的几种二次曲面外，还有一种典型的二次曲面，它是以平面上的二次曲线，如椭圆、双曲线、抛物线等为准线的柱面，即二次柱面，它的形状已经讨论过了，这里不再赘述.

本节讨论的是比较简单的二次方程所表示的二次曲面的形状，至于一般三元二次方程(7.27)所表示的二次曲面，可以通过坐标系旋转和坐标平移，消去 xy，yz，xz 的混合乘积项，在新的坐标系中就可以归结为标准方程. 这方面的详细内容将在线性代数的二次型部分中讨论.

习题 7-7

1. 指出下列曲面的名称，并作图：

(1) $\frac{x^2}{9}+\frac{y^2}{4}+z^2=1$；　　(2) $\frac{z}{3}=\frac{x^2}{4}+\frac{y^2}{9}$；

(3) $4x^2-4y^2+z^2=1$；　　(4) $z^2=16x^2+y^2$；

(5) $y^2 - 4z^2 = 9$.

2. 求曲线$\begin{cases} y^2 + z^2 - 2x = 0, \\ z = 3 \end{cases}$在 xOy 面上的投影曲线的方程，并指出原曲线是什么曲线.

* 3. 设椭球面$\frac{x^2}{a^2} + \frac{y^2}{b^2} + \frac{z^2}{c^2} = 1$的中心到从中心按单位向量 $\boldsymbol{e} = (\cos\alpha, \cos\beta, \cos\gamma)$ 所确定的方向引出的直线与椭球面的交点的距离为 p，试证明：

$$\frac{\cos\alpha^2}{a^2} + \frac{\cos\beta^2}{b^2} + \frac{\cos\gamma^2}{c^2} = \frac{1}{p^2}.$$

4. 画出下列各曲面所围成的立体的图形：

(1) $x = 0$, $y = 0$, $z = 0$, $x = 2$, $y = 1$, $3x + 4y + 2z - 12 = 0$;

* (2) $z = x^2 + y^2$, $x = 0$, $y = 0$, $z = 0$, $x + y = 1$;

(3) $z = 0$, $z = 3$, $x - y = 0$, $x - \sqrt{3}y = 0$, $x^2 + y^2 = 1$(在第一卦限内)；

(4) $z = \sqrt{x^2 + y^2}$, $z = 2 - x^2 - y^2$.

第七章总习题

1. 填空题：

(1) 点 $M(-1,3,-3)$ 位于第________卦限，关于 x 轴对称点的坐标为________；

(2) 设 $\boldsymbol{a} = (2,1,2)$, $\boldsymbol{b} = (4,-1,10)$, $\boldsymbol{c} = \boldsymbol{b} - \lambda\boldsymbol{a}$，且 $\boldsymbol{a} \perp \boldsymbol{c}$，则 $\lambda =$ ________；

(3) 设 $\boldsymbol{a},\boldsymbol{b},\boldsymbol{c}$ 都是单位向量，且满足 $\boldsymbol{a} + \boldsymbol{b} + \boldsymbol{c} = \boldsymbol{0}$，则 $\boldsymbol{a} \cdot \boldsymbol{b} + \boldsymbol{b} \cdot \boldsymbol{c} + \boldsymbol{c} \cdot \boldsymbol{a} =$ ________；

(4) 设数 $\lambda_1, \lambda_2, \lambda_3$ 不全为 0，使 $\lambda_1\boldsymbol{a} + \lambda_2\boldsymbol{b} + \lambda_3\boldsymbol{c} = \boldsymbol{0}$，则$[\boldsymbol{a}\,\boldsymbol{b}\,\boldsymbol{c}] =$ ________，从而三个向量 $\boldsymbol{a},\boldsymbol{b},\boldsymbol{c}$ 是________的；

(5) 设 $|\boldsymbol{a}| = 3$, $|\boldsymbol{b}| = 2$, $\mathrm{Prj}_{\boldsymbol{a}}\boldsymbol{b} = -1$，则$(\widehat{\boldsymbol{a},\boldsymbol{b}}) =$ ________；

(6) 设平面 $Ax + By + z + D = 0$ 通过原点，且与平面 $6x - 2z + 5 = 0$ 平行，则 $A =$ ________, $B =$ ________, $D =$ ________；

(7) 设直线$\frac{x-1}{m} = \frac{y+2}{2} = \lambda(z-1)$ 与平面 $-3x + 6y + 3z + 25 = 0$ 垂直，则 $m =$ ________, $\lambda =$ ________；

(8) 直线$\begin{cases} x = 1, \\ y = 0 \end{cases}$绕 z 轴旋转一周所形成的旋转曲面的方程为________.

2. 单项选择题：

(1) 下列各组角中，可以作为向量的方向角的是(　　).

(A) $\frac{\pi}{3}, \frac{\pi}{4}, \frac{2}{3}\pi$;　　(B) $-\frac{\pi}{3}, \frac{\pi}{4}, \frac{\pi}{3}$;

(C) $\frac{\pi}{6}, \pi, \frac{\pi}{6}$;　　(D) $\frac{2}{3}\pi, \frac{\pi}{3}, \frac{\pi}{3}$.

(2) 若 $\boldsymbol{a},\boldsymbol{b}$ 为共线的单位向量，则它们的数量积 $\boldsymbol{a} \cdot \boldsymbol{b} =$ (　　).

(A) 1;　　(B) -1;　　(C) 0;　　(D) $\cos(\widehat{\boldsymbol{a},\boldsymbol{b}})$.

(3) 设向量 $\boldsymbol{a} = (-1,1,2)$, $\boldsymbol{b} = (3,0,4)$，则 $\mathrm{Prj}_{\boldsymbol{b}}\boldsymbol{a} =$ (　　).

(A) $\frac{5}{\sqrt{6}}$；　(B) $-\frac{5}{\sqrt{6}}$；　(C) 1；　(D) -1.

(4) 设三个非零向量 $\boldsymbol{a},\boldsymbol{b},\boldsymbol{c}$ 满足 $\boldsymbol{a}\times\boldsymbol{b}=\boldsymbol{a}\times\boldsymbol{c}$,则(　　).

(A) $\boldsymbol{b}=\boldsymbol{c}$；　(B) $\boldsymbol{a}\parallel(\boldsymbol{b}-\boldsymbol{c})$；　(C) $\boldsymbol{a}\perp(\boldsymbol{b}-\boldsymbol{c})$；　(D) $|\boldsymbol{b}|=|\boldsymbol{c}|$.

(5) 设平面 $Ax+By+Cz+D=0$ 过 x 轴,则(　　).

(A) $A=0$；　(B) $B=0,\ C=0$；

(C) $A=0,\ D=0$；　(D) $D=0$.

(6) 直线 $\begin{cases}x+2y=1,\\2y+z=1\end{cases}$ 与直线 $\frac{x}{1}=\frac{y-1}{0}=\frac{z-1}{-1}$ 的关系是(　　).

(A) 平行；　(B) 重合；　(C) 垂直；　(D) 既不平行也不垂直.

(7) 曲面 $z=2x^2+4y^2$ 称为(　　).

(A) 椭球面；　(B) 圆锥面；

(C) 旋转抛物面；　(D) 椭圆抛物面.

(8) 方程 $4x^2-y^2+4z^2=-3$ 表示(　　).

(A) 球面；　(B) 双曲抛物面；

(C) 单叶双曲面；　(D) 双叶双曲面.

3. 设平行四边形 $ABCD$ 的对角线 AC 和 BD 交于点 O, $\overrightarrow{AB}=(2,-2,1)$, $\overrightarrow{AD}=(2,2,5)$,求 $\triangle OBC$ 的面积.

4. 已知 $\triangle ABC$ 的顶点依次为 $A(3,2,-1)$, $B(5,-4,7)$, $C(-1,1,2)$,求从点 C 向 AB 边所引中线的长度.

5. 以向量 $\boldsymbol{a}$ 与 $\boldsymbol{b}$ 为边作三角形,试用 $\boldsymbol{a},\boldsymbol{b}$ 表示 $\boldsymbol{a}$ 边上的高向量.

6. 试用向量的方法证明:任意三角形的三条中线可以构成一个三角形.

7. 设向量 $\boldsymbol{a}=(2,-3,1)$, $\boldsymbol{b}=(1,-2,3)$, $\boldsymbol{c}=(2,1,2)$,求同时垂直于 $\boldsymbol{a}$ 和 $\boldsymbol{b}$,且在向量 $\boldsymbol{c}$ 上的投影为 14 的向量 $\boldsymbol{d}$.

*8. 设 $\boldsymbol{a}=3\boldsymbol{m}-\boldsymbol{n}$, $\boldsymbol{b}=\boldsymbol{m}-2\boldsymbol{n}$,其中 $\boldsymbol{m},\boldsymbol{n}$ 是单位向量,且 $(\widehat{\boldsymbol{m},\boldsymbol{n}})=\frac{\pi}{3}$,求 $|\boldsymbol{a}|$, $|\boldsymbol{b}|$ 及 $\sin(\widehat{\boldsymbol{a},\boldsymbol{b}})$.

9. 证明向量 $(\boldsymbol{b}\cdot\boldsymbol{c})\boldsymbol{a}-(\boldsymbol{a}\cdot\boldsymbol{c})\boldsymbol{b}$ 与向量 $\boldsymbol{c}$ 垂直.

10. 设 $|\boldsymbol{a}|=\sqrt{3}$, $|\boldsymbol{b}|=1$, $(\widehat{\boldsymbol{a},\boldsymbol{b}})=\frac{\pi}{6}$,计算:

(1) $\boldsymbol{a}+\boldsymbol{b}$ 与 $\boldsymbol{a}-\boldsymbol{b}$ 之间的夹角；

(2) $\boldsymbol{a}+2\boldsymbol{b}$ 与 $\boldsymbol{a}-3\boldsymbol{b}$ 为邻边的平行四边形的面积.

*11. 设 $\boldsymbol{a}=(2,-1,-2)$, $\boldsymbol{b}=(1,1,z)$,问 z 为何值时 $(\widehat{\boldsymbol{a},\boldsymbol{b}})$ 最小?并求出此最小值.

12. 设 $\boldsymbol{a}+3\boldsymbol{b}\perp 7\boldsymbol{a}-5\boldsymbol{b}$, $\boldsymbol{a}-4\boldsymbol{b}\perp 7\boldsymbol{a}-2\boldsymbol{b}$,求 $(\widehat{\boldsymbol{a},\boldsymbol{b}})$.

13. 设向量 $\boldsymbol{a}=(-1,3,2)$, $\boldsymbol{b}=(2,-3,-4)$, $\boldsymbol{c}=(-3,12,6)$,证明三向量 $\boldsymbol{a},\boldsymbol{b},\boldsymbol{c}$ 共面,并用 $\boldsymbol{a},\boldsymbol{b}$ 表示 $\boldsymbol{c}$.

14. 求过点 $M_1(1,1,1)$ 和 $M_2(0,1,-1)$,且与平面 π: $x-2y+3z-1=0$ 垂直的平面的方程.

15. 求一平面,使它平分由两个相交平面 $x-3y+2z-5=0$ 和 $3x-2y-z+3=0$ 构成的二面角.

*16. 求过点 $A(-1,0,4)$,且平行于平面 $3x-4y+z-10=0$,又与直线 $\frac{x+1}{1}=\frac{y-3}{1}=\frac{z}{2}$ 相交的直线的方程.

17. 已知动点 $M(x,y,z)$ 到 xOy 面的距离与点 M 到点 $(1,-1,2)$ 的距离相等,求点 M 的轨迹的方程,它表示什么曲面?

18. 指出下列方程所表示的曲面名称,如果是旋转曲面,说明它们是怎样形成的:

(1) $x^2+2y^2+3z^2=9$;　　(2) $x^2+y^2+z^2=2z$;

(3) $2z=3x^2+y^2$;　　(4) $z=1-\sqrt{x^2+y^2}$;

(5) $x^2-2y^2=1-z^2$;　　(6) $z=2x^2$.

19. 求曲线 $\begin{cases} z=2-x^2-y^2, \\ z=(x-1)^2+(y-1)^2 \end{cases}$ 在 xOy 面上的投影曲线的方程.

*20. 求由旋转抛物面 $z=x^2+y^2$ 及平面 $z=4$ 所围的立体在三个坐标面上的投影.

21. 画出下列各曲面所围立体的图形:

(1) 旋转抛物面 $z=6-x^2-y^2$ 及圆锥面 $z=\sqrt{x^2+y^2}$;

(2) 抛物柱面 $2y^2=x$,平面 $z=0$ 及 $\frac{x}{4}+\frac{y}{2}+\frac{z}{2}=1$;

(3) 旋转抛物面 $x^2+y^2=z$,柱面 $y^2=x$,平面 $z=0$ 及 $x=1$;

(4) 上半球面 $z=\sqrt{2-x^2-y^2}$ 及旋转抛物面 $z=x^2+y^2$.

*数学建模简介

随着电子计算机的出现和不断完善，数学的应用已远远超越物理、力学领域，而逐步深入到经济、生态、医学、人口、交通、社会等更为复杂的非物理问题. 许多以定性方法为基础的学科正在走上定量化的道路，数学模型这个词汇也就越来越多地出现了. 例如，气象工作者时刻离不开根据气象站、气象卫星汇集的气压、云层、雨量、风速等资料建立的数学模型，以便准确地预报天气. 企业的经营者需要根据产品的需求状况、生产条件和成本、储存、运输费用等信息而建立的数学模型来合理安排生产和销售，以获取更大的利润. 城市的领导者则需要包括人口、经济、交通、环境等大系统的数学模型，为城市发展的决策提供科学的依据. 甚至于在人们的日常生活中，也希望用一个数学模型，来优化家庭理财、出游安排等. 因此，我们有必要在这里向读者简单介绍一点关于数学建模的知识.

那么，什么是**数学模型**呢?数学模型是一种抽象的模拟，它用数学符号、数学式子、程序、图形等刻画客观事物的本质属性与内在联系，也就是对现实问题做出一些必要的简化假设，运用适当的数学工具，得到的一个数学结构，简称模型. 例如，万有引力定律是牛顿运用微积分对天体运行这一宇宙现象刻画的，在科学发展史上最成功的数学模型范例.

建立数学模型简称**数学建模**. 对于广大科学技术人员和应用数学工作者来说，建立数学模型是沟通摆在面前的实际问题与所掌握的数学工具之间联系的一座必不可少的桥梁. 建立数学模型一般要经过以下几步：

(1) 了解问题的实际背景，明确建模目的，掌握必要的数据资料.

(2) 抓住主要矛盾，对所要解决的问题作必要的简化，提出几条合理的假设. 在提出假设时，如果考虑因素过多，过于繁复，会使模型过于复杂而无法求解，考虑因素过少，过于简单，又会使模型过于粗糙而得不出多少有用的结果，这就需要修改假设重新建模. 一个较理想的模型往往要经过反复修改才能得到.

(3) 在所假设的基础上，利用适当的数学工具(越简单越好) 刻画各变量之间的关系，建立相应的数学结构，即建立数学模型.

(4) 对所建立的数学模型进行求解.

(5) 分析和检验其解，以验证模型的正确性.

建模的一般过程可概括为：

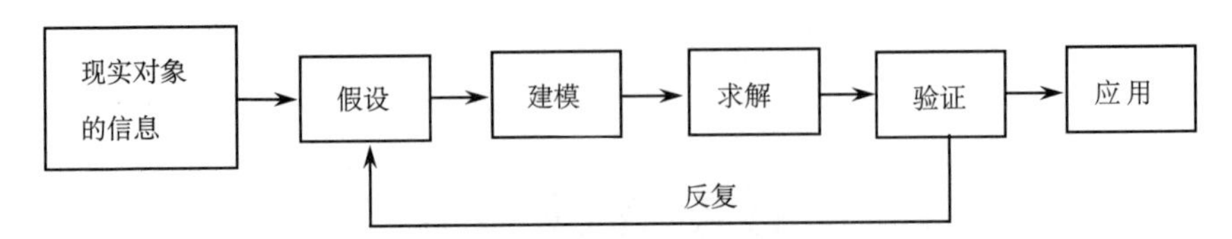

关于数学模型的分类,从不同角度去刻画可以有不同的分法. 常见的如以下几种.

根据模型的应用领域分,有人口模型、交通模型、生态模型、经济模型 ……

根据建模的目的分,有描述模型、分析模型、预报模型、优化模型、决策模型、控制模型等.

根据模型中变量的特征分,有连续模型与离散模型、线性模型与非线性模型、静态模型与动态模型等.

根据建模的数学方法分,有初等数学模型、几何模型、微分方程模型、图论模型等.

根据对模型结构的了解程度分,把研究对象比喻成一只箱子里的机关,按对它们的机理较为清楚、很不清楚、或介于二者之间的情形分为白箱模型、黑箱模型和灰箱模型.

通常,一个较成功的模型不仅应当解释已知现象,还应当能预言一些未知现象,并能被实践所证明. 因而数学建模不是容易的事,它需要相当丰富的知识、经验和各方面的能力,特别需要丰富的想象力和洞察力. 著名科学家爱因斯坦曾说过:"想象力比知识更重要,因为知识是有限的,而想象力概括着世界的一切,推动着进步,并且是知识的源泉". 因此,数学建模是能力和知识的综合运用.

鉴于初学者对高等数学及其他学科的了解程度有限,还只能涉及数学建模的很少部分. 现代微积分是研究变量和函数的一门数学. 现实世界中许多变量之间有重要的相互依赖关系,这种关系反映了事物发展的根本规律性,而描述这些规律性的最重要的手段,就是函数关系. 从客观事物中抽象出函数关系的过程,事实上就是建立数学模型的过程. 在本课程的学习中将可能涉及微分法建模、微分方程建模等方法中的一些简单问题. 所以,微积分与数学建模有着密切的关系. 读者在集中注意力学习数学问题求解方法的同时,应注意培养自己的想象力和洞察力,增强数学建模的意识,学习建立一些简单的数学模型.

一、函数关系模型

例 1　有一半径为 a 的半球形碗,在碗内放入一根质量均匀,长度为 $l(2a < l < 4a)$ 的细杆. 试建立细杆的中心所在位置的函数.

解　设细杆位于碗的对称面内,那么可将问题简化在平面坐标系中,如图 1 所示,$G(x,y)$ 为细杆的中心. 由于细杆在不同位置时,它与 y 轴的夹角不同,以此角作为自变量较为方便,故设细杆与 y 轴交角为 θ,易知

$$x=|CG|=|GB|\sin\theta,$$
$$y=a-|CB|=a-|GB|\cos\theta,$$

而

$$|GB|=|AB|-|AG|=2a\cos\theta-\frac{l}{2},$$

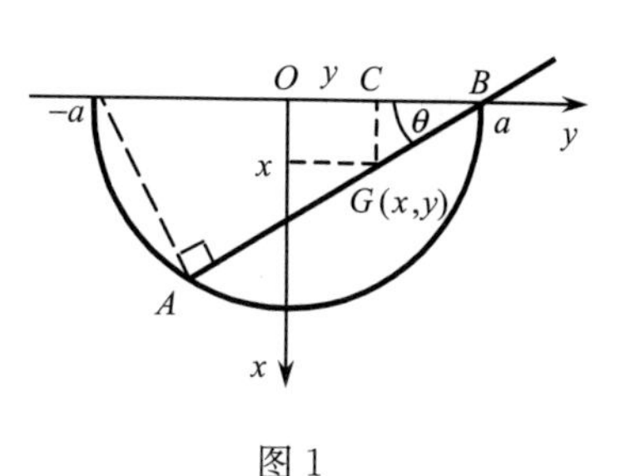

图 1

代入上式便得细杆中心的位置函数为

$$\begin{cases}x=\left(2a\cos\theta-\dfrac{l}{2}\right)\sin\theta,\\ y=a-\left(2a\cos\theta-\dfrac{l}{2}\right)\cos\theta\end{cases}\quad\left(0<\theta<\frac{\pi}{2}\right).$$

例 2（复利问题） 某人欲在明年初提取 10 万元，采用每月等量存入的零存整取方式，且存款利率为年息 5%，按月记复利，不足 1 月不记利息，问从今年 1 月份开始，每月应存入多少钱?

解 复利是把上期利息加入本金后一起计算利息的算法，称为复式计息.

（1）首先搞清复利的计算方法.

设月初存入 u 元，月利率按 $a\%$ 计算，则第 2 个月月初账户上的金额为 $u(1+a\%)$ 元，第 3 个月月初账户上的金额为 $[u(1+a\%)](1+a\%)=u(1+a\%)^2$ 元，易见第 $k+1$ 个月月初账户上的金额为 $u(1+a\%)^k$ 元.

设该客户在第 i 月初存入银行 u_i 元 $(i=1,2,\cdots,k)$，则到第 $k+1$ 个月月初账户上的金额为

$$u_1(1+a\%)^k+u_2(1+a\%)^{k-1}+\cdots+u_k(1+a\%)$$
$$=\sum_{i=1}^{k}u_i(1+a\%)^{k-i+1}.$$

（2）若每月等量存入 u 元，12 个月后要提取 N 元，则

$$\sum_{i=1}^{12}u(1+a\%)^{12-i+1}=u\sum_{i=1}^{12}(1+a\%)^{12-i+1}=N,$$

其中

$$\sum_{i=1}^{12}(1+a\%)^{12-i+1}=(1+a\%)^{12}+(1+a\%)^{11}+\cdots+(1+a\%)$$
$$=\sum_{i=1}^{12}(1+a\%)^i=\frac{(1+a\%)[1-(1+a\%)^{12}]}{1-(1+a\%)}$$
$$=-\frac{(1+a\%)[1-(1+a\%)^{12}]}{a\%}.$$

这样

$$u=\frac{N}{\sum\limits_{i=1}^{12}(1+a\%)^{12-i+1}}=\frac{N\cdot a\%}{(1+a\%)[(1+a\%)^{12}-1]}.$$

本例中，$N=100000$ 元，$a=\frac{5}{12}$，因此，每月应存入的钱数为

$$u=\frac{100000\cdot\frac{5}{12}\%}{\left(1+\frac{5}{12}\%\right)\left[\left(1+\frac{5}{12}\%\right)^{12}-1\right]}=8110.28(\text{元}).$$

二、最优值问题

求函数的最优值问题是生活中最常见的问题. 例如，当前非常多的手机套餐的选择、旅行社提供的各种优惠方案的选择、不同的商品折扣等，均是针对不同的消费群体所做的各具特色的方案，需要通过分析所提供的消费的合理性及适用性，从中作出选择. 下面通过手机套餐和易拉罐设计两个实例说明问题的求解方式，并按照通常数学建模的步骤——问题分析、模型假设、模型建立、模型求解、分析扩展来完成.

例 3(手机的优惠套餐)　以 2006 年的北京移动全球通的“畅听 99”套餐为例来说明.

模型假设：只考虑本地的主叫市话而不考虑长途通话时间，即此卡只用于拨打本地市话.

月基本费（元/月）	优惠本地主叫时长(分钟)	超出套餐部分本地主叫资费(元/分钟)	本地被叫资费（元/分钟）	17951 国内长途资费(元/分钟)
99	280	0.35	0	0.1
139	560	0.25	0	0.1
199	1000	0.2	0	0.1
299	2000	0.15	0	0.1

模型建立：设本地主叫市话通话费时间为 x 分钟，每月最多通话 3000 分钟，那么每种套餐的本地通话月费用 z 为

99 元套餐：

$$z_1=\begin{cases}99, & x\in(0,280],\\ 99+0.35(x-280), & x\in(280,3000).\end{cases}$$

139 元套餐：

$$z_2=\begin{cases}139, & x\in(0,560],\\ 139+0.25(x-560), & x\in(560,3000).\end{cases}$$

199 元套餐：

$$z_3=\begin{cases}199, & x\in(0,1000],\\ 199+0.2(x-1000), & x\in(1000,3000).\end{cases}$$

299 元套餐：

$$z_4=\begin{cases}299, & x\in(0,2000],\\ 299+0.15(x-2000), & x\in(2000,3000).\end{cases}$$

模型求解：采用 Matlab 软件，画出四种套餐对应的函数图形（图 2），从图形上可以得到问题的最优解.

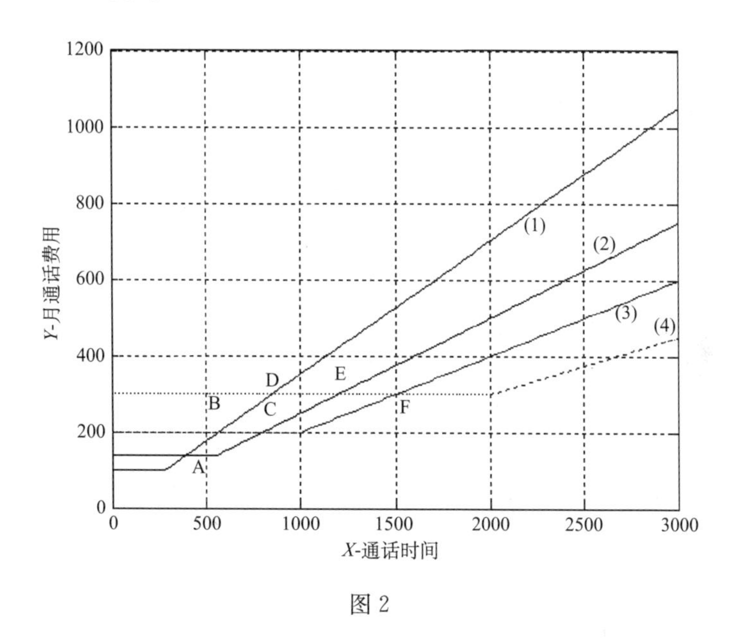

图 2

模型分析：

通过图像观察并筛选出 A,C,F 三个分界点，分析得到如下结果：

1）本地月通话时间少于 394 分钟的顾客群体选用“畅听 99 套餐”的月基本费为 99 元的套餐较为实惠；

2）本地月通话时间在[394，800]内的顾客群体选用“畅听 99 套餐”的月基本费为 139 元的套餐较为实惠；

3）本地月通话时间在（800，1500）内的顾客群体选用“畅听 99 套餐”的月基本费为 199 元的套餐较为实惠；

4）本地月通话时间大于 1500 分钟的顾客群体选用“畅听 99 套餐”的月基本费为 299 元的套餐较为实惠.

模型的扩展：

如果移动公司聘请你们帮助设计一个全球通手机的资费方案，你们会考虑哪些因素？根据你们的研究结果和北京等地的实际情况，比较现有“套餐”方案运营商的收入降低不超过 10%的条件下，用数学建模方法设计一个你们认为合理的“套餐”方案.

例 4（易拉罐的最优设计） 很容易就会发现销量很大的饮料（如容量为 355 毫升的可口可乐、青岛啤酒等）的饮料罐（即易拉罐）的形状和尺寸几乎都是一样的. 这绝非偶然，一定是在某种意义下的最优设计. 当然，对于单个的易拉罐来说，这种最优设计可以节省的钱可能是很有限的，但是如果是生产几亿，甚至几十亿个易拉罐的话，可以节约的钱就很可观了. 因此关于易拉罐的设计问题也是很多厂家需要研究的问题.

易拉罐的最优设计涉及很多方面的问题：怎样的制造过程可以降低材料耗损(减少边角料等)、节约能源、用更少的部件来制作、改换材料以减轻重量或更为廉价、变更形状更便于制造和灌装、甚至换一种加工次序等，其目的就是既要满足用户的需求又要降低成本.

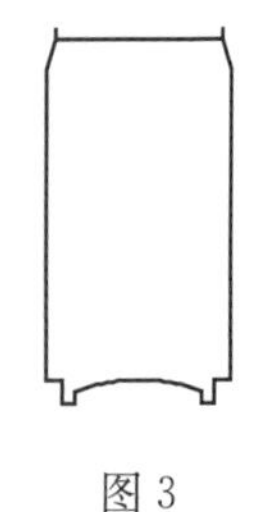
图 3

易拉罐都是铝制的，罐的形状和尺寸有一个演变过程，现在用的两片罐的纵断面形状大致如下(图 3)：

这种罐的制作过程大致如下：先做成一个直圆柱(正圆柱)的杯子，再利用铝的延展性，在加热条件下，把罐的侧边拉到一定的高度，略为收口等，便于和较厚的同质圆片焊接，内外涂层，灌装、测试、打包、外运等. 在美国，这种形状易拉罐各部分(以千分之一英寸为单位)的厚度大致如下：底部厚：8～11，侧壁厚：4，颈部厚：6，顶盖厚：9. 据说在其他地方生产的易拉罐，各部分的厚度可以略有变化.

在此分两种情况来考虑.

第一种情形：(1)假设易拉罐的形状是圆柱形的. (2)不考虑材料的厚度.

根据如下的纵断面的形状((图 4)罐高为 H，底面直径 $2R$)，可以计算出易拉罐所用材料的总体积(目标函数). 罐内的体积已知(大于 355cm^3)为约束条件之一. 还应该有其他的约束条件. 例如，顶盖有拉环，从而顶盖的直径也是有限制的，要能够用手握住，因此，罐的直径是有限制的，等等.

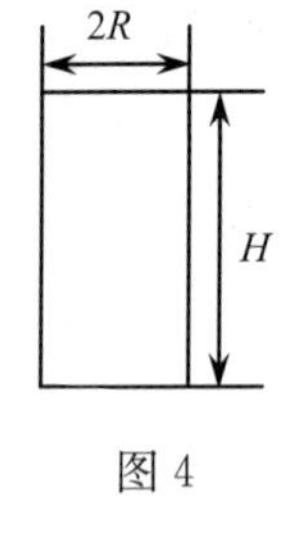

图 4

要使用料最少，就要使表面积最小，而体积仍保持为 355cm^3. 故，目标函数为

$$\min S = 2\pi RH + 2\pi R^2.$$

约束条件为 $V_0 = \pi HR^2 = 355$.

转化条件极值为无条件极值，可得 $S(R) = 2V_0/R + 2\pi R^2$，令

$$S'(R) = -\frac{2V_0}{R^2} + 4\pi R = 0.$$

得到

$$R = \sqrt[3]{\frac{V_0}{2\pi}},\quad H = \sqrt[3]{\frac{4V_0}{\pi}},\quad H : R = 2 : 1.$$

所以，高与半径之比为 2，这种模型的建立有一定的合理性.

第二种情形：(1)假设易拉罐的形状是圆柱形的. (2)考虑材料的厚度. 事实上，为了加强罐体的抗压能力和稳定性，顶盖和底部的厚度(h_1，h_2)要大于侧壁的厚度

h,那么在考虑材料的厚度的情况下,再来分析高度与半径之比.

取顶盖的厚度为 $h_1=k_1h$,下底的厚度 $h_2=k_2h(k_1>1,k_2>1)$,则

顶盖材料体积为 $V_1=\pi(R+h)^2h_1=\pi(R+h)^2k_1h$;

下底材料体积为 $V_2=\pi(R+h)^2h_2=\pi(R+h)^2k_2h$;

侧面材料体积为 $V_3=\pi[(R+h)^2-R^2]H$;

所用材料总体积为 $V=V_1+V_2+V_3$,约束条件 $V_0=\pi R^2H$,求 $\min V$.

由于 $h\ll R$,所以,对总材料体积作简化,即把 h^2,h^3 项省略,则

$$V\approx 2\pi hRH+\pi R^2(k_1+k_2)h=\frac{2hV_0}{R}+\pi R^2(k_1+k_2)h.$$

令 $V'(R)=-\frac{2hV_0}{R^2}+2\pi R(k_1+k_2)h=0$,得到极值点为 $R=\sqrt[3]{\frac{V_0}{\pi(k_1+k_2)}}$,$H=\sqrt[3]{\frac{(k_1+k_2)^2V_0}{\pi}}$,$H:R=(k_1+k_2):1$.

分析:可以看到,当第二种情形中的 $k_1=k_2=1$ 时,就成为第一种情形.说明当材质一致时,材料用量最少和容器表面积最小是一致的.

扩展:如果自己来设计易拉罐外形时,当考虑到各种因素时,你会如何来设想它的外形,以达到最佳的合理要求.

三、最短距问题

例 5 “武汉国际抢渡长江挑战赛”是武汉城市的一张名片,从 2002 年开始定于每年的 5 月 1 日进行.由于水情、水性的不可预测性,这种竞赛更富有挑战性和观赏性.2002 年 5 月 1 日,抢渡的起点设在武昌汉阳门码头,终点设在汉阳南岸咀,江面宽约 1160m.据报载,当日的平均水温 16.8℃,江水的平均流速为 1.89m/s,第一名的成绩为 848s.参赛的国内外选手共 186 人(其中专业人员将近一半),仅 34 人到达终点.除了气象条件外,大部分选手由于路线选择错误,被滚滚的江水冲到下游,而未能准确到达终点.

假设竞渡区域的两岸为平行直线,它们之间的垂直距离为 1160m,从武昌汉阳门的正对岸到汉阳南岸咀的距离为 1000m(图 5).

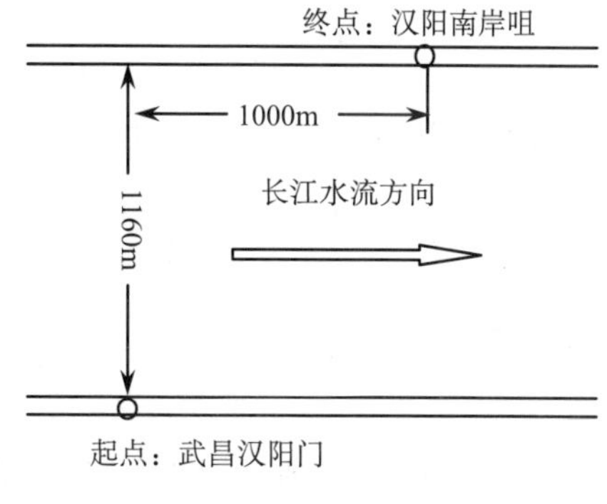

图 5

假定在竞渡过程中游泳者的速度大小和方向不变,且竞渡区域每点的流速均为 1.89m/s.试说明应该沿着怎样的路线前进的,所用的时间最少.如果游泳者始终以和岸边垂直的方向游,他(她)们能否到达终点?

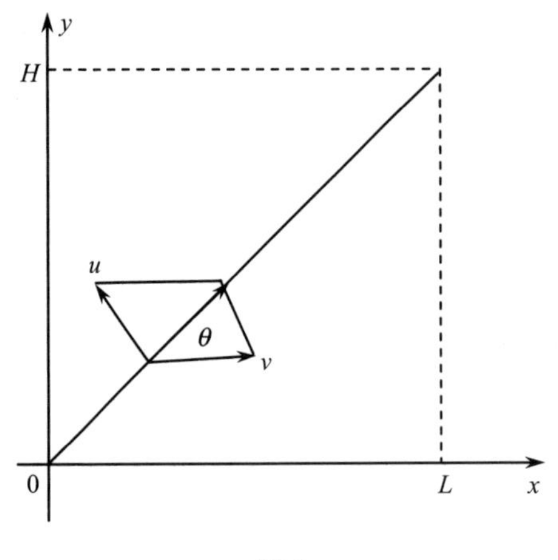

图 6

设竞渡在平面区域进行，参赛者在静水中游泳的速度大小为 u，且参赛者可看成质点沿游泳路线 $(x(t), y(t))$ 以速度 $\boldsymbol{u}(t)=(u\cos\theta(t), u\sin\theta(t))$ 前进，其中游速大小 u 不变，$\theta(t)$ 为游泳者和 x 轴正向间的夹角. 要求参赛者在流速 $\boldsymbol{v}(t)=(v,0)$ 给定的条件下控制 $\theta(t)$ 找到适当的路线以最短的时间 T 从起点 $(0,0)$ 游到终点 (L, H)(图 6). 这是一个最优控制问题.

可以证明，若 $\theta(t)$ 为连续函数，则 $\theta(t)$ 等于常数时上述问题有最优解.

设游泳者的速度大小和方向均不随时间变化，即令 $\boldsymbol{u}(t)=(u\cos\theta, u\sin\theta)$，而流速 $\boldsymbol{v}(t)=(v,0)$，其中 u 和 v 为常数，θ 为常数。于是游泳者的路线 $(x(t), y(t))$ 满足

$$\begin{cases}\dfrac{\mathrm{d}x}{\mathrm{d}t}=u\cos\theta+v, & x(0)=0, x(T)=L,\\[2ex] \dfrac{\mathrm{d}y}{\mathrm{d}t}=u\sin\theta, & y(0)=0, y(T)=H,\end{cases}\tag{1}$$

T 是到达终点的时刻.

令 $z=\cos\theta$，如果式 (1) 有解，则

$$\begin{cases}x(t)=(uz+v)t, & L=T(uz+v),\\ y(t)=u\sqrt{1-z^2}\,t, & H=Tu\sqrt{1-z^2},\end{cases}\tag{2}$$

即游泳者的路径一定是连接起、终点的直线，且

$$T=\frac{L}{uz+v}=\frac{H}{u\sqrt{1-z^2}}=\sqrt{\frac{H^2+L^2}{u^2+2uzv+v^2}}.\tag{3}$$

若已知 L, H, v, T，由式(3)可得

$$z=\frac{L-vT}{\sqrt{H^2+(L-vT)^2}},\quad u=\frac{L-vT}{zT}.\tag{4}$$

由式(3)消去 T 得到

$$Lu\sqrt{1-z^2}=H(uz+v).\tag{5}$$

给定 L, H, u, v 的值，z 满足二次方程

$$(H^2+L^2)u^2z^2+2H^2uvz+H^2v^2-L^2u^2=0.\tag{6}$$

式(6)的解为

$$z = z_{1,2} = \frac{-H^2 v \pm L\sqrt{(H^2+L^2)u^2 - H^2 v^2}}{(H^2+L^2)u}. \tag{7}$$

方程有实根的条件为

$$u \geqslant v\frac{H}{\sqrt{H^2+L^2}}. \tag{8}$$

为使式(3)表示的 T 最小,由于当 L, u, v 给定时,$\frac{\mathrm{d}T}{\mathrm{d}z}<0$,所以式(7) 中 z 取较大的根,即取正号.将式(7)的 z_1代入式(3)即得 T,或可用已知量表示为

$$T = \frac{\sqrt{(H^2+L^2)u^2 - H^2 v^2} - Lv}{u^2 - v^2}. \tag{9}$$

以 $H = 1160$ m, $L = 1000$ m, $v= 1.89$ m/s 和第一名成绩 $T=848$ s 代入式(4),得 $z= -0.641$,即 $\theta=117.5°$,$u=1.54$ m/s.

以 $H = 1160$ m, $L = 1000$ m, $v= 1.89$ m/s 和 $u=1.5$ m/s 代入式(7),式(3),得 $z= -0.527$,即 $\theta=122°$,$T=910$s,即 15min10s.

游泳者始终以和岸边垂直的方向(y 轴正向)游,即 $z = 0$,由式(3)得 $T = L/v\approx529$s,$u= H/T\approx2.19$ m/s.游泳者速度不可能这么快,因此永远游不到终点,被冲到终点的下游去了.

注:男子 1500m 自由泳世界记录为 14min41s66,其平均速度为 1.7 m/s.式(8)给出了能够成功到达终点的选手的速度,对于 2002 年的数据,$H = 1160$ m,$L = 1000$ m,$v= 1.89$ m/s,需要 $u >1.43$ m/s.

四、重积分的应用

例 6 在我们讲过的重积分的计算中,一般所给的积分区域都是特殊的形状,如圆柱、球、锥体等,但许多实际问题不是这样的,如一个发生了偏转和倾斜的储油罐的变位识别与罐容表标定问题(2010 年全国高教社杯大学生数学建模竞赛 A 题).赛题以加油站的地下储油罐的油位来计量进出油量,主要原因是许多储油罐在使用一段时间后,由于地基变形等原因,使罐体的位置发生纵向倾斜和横向偏转等变化导致罐内油位的高度与储油量的对应关系发生了变化.为了简化,在此只研究纵向倾斜情况下的高度与储油量的对应关系.

图 7 是一种典型的储油罐尺寸及形状示意图,其主体为圆柱体,两端为球冠体.图 8 是其罐体纵向倾斜变位的示意图.

我们用数学建模方法研究解决储油罐的变位识别与罐容表标定的问题.为了掌握罐体变位后对罐容表的影响,利用如图 9 的小椭圆型储油罐(两端平头的椭圆柱体),分别对罐体无变位和倾斜角为 $\alpha=4.1°$的纵向变位两种情况做了实验,实验

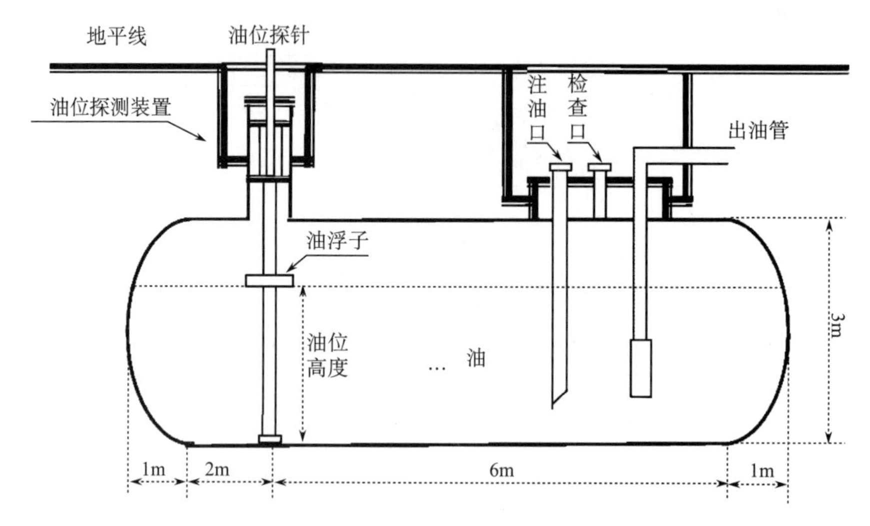

图 7　储油罐正面示意图

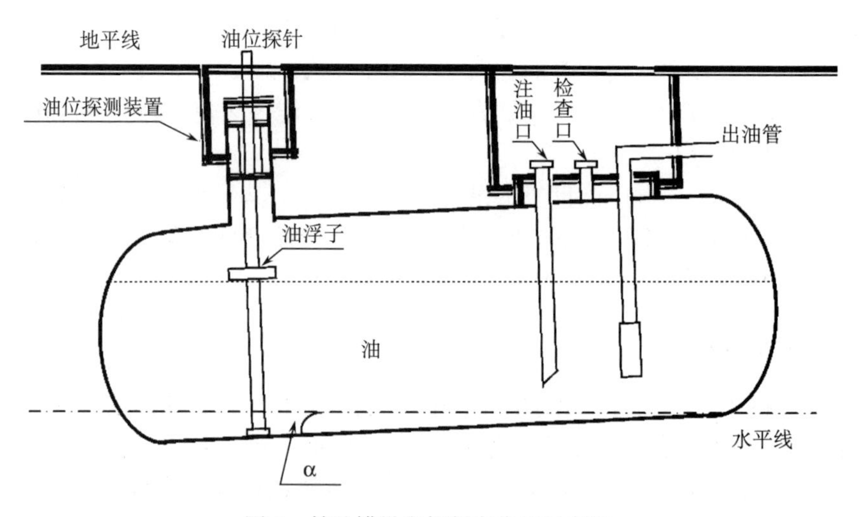

图 8　储油罐纵向倾斜变位后示意图

数据如附件 1 所示. 请建立数学模型研究罐体变位后对罐容表的影响,并给出罐体变位后油位高度间隔为 1cm 的罐容表标定值.

问题分析:该问题是来自加油站设备研究生产企业的一个实际课题,在此只考虑一部分问题:为了了解罐体变位对罐容表的影响,对于小椭圆形储油罐(实验罐),在已知变位参数的情况下,检测出油位高度与油量的对应数值,要求建模分析罐容表的变化规律,并给出修正的罐容表.

具体而言,分为以下几个问题来完成.

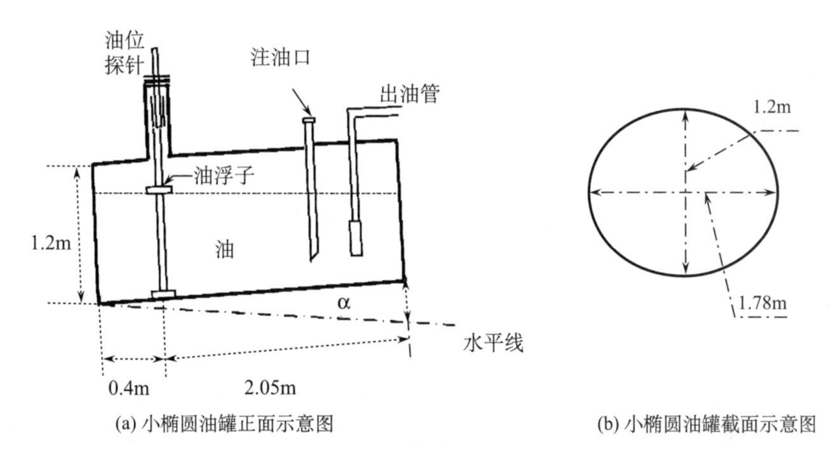

图 9　小椭圆型油罐形状及尺寸示意图

(1) 对于小椭圆形实验罐,要给出它在无变位情形下油位高度与储油量的计算公式(模型).

(2) 对于小椭圆形实验罐,要给出它在纵向倾斜变位情形下油位高度与储油量计算的修正模型这里需要考虑罐体两端有油/无油的不同情况.

(3) 对于(2)得到的实验罐在纵向倾斜变位情形下油位高度与储油量的模型,将变位参数 $\alpha=4.1^\circ$代入计算,得出修正后的油位高度间隔为 1cm 的罐容表标定值.并与原标定值比较,分析罐体变位的影响.

解题思路:

(1) 对于小椭圆形实验罐,给出它在无变位情形下油位高度与储油量的计算公式(模型).

根据 h 的值计算储油体积 V,先要求出椭球柱体的铅直截面面积 S,则其体积 $V=Sl$,其中 l 为储油罐纵向长度.在铅直截面上建立平面直角坐标系如图 10 所示.

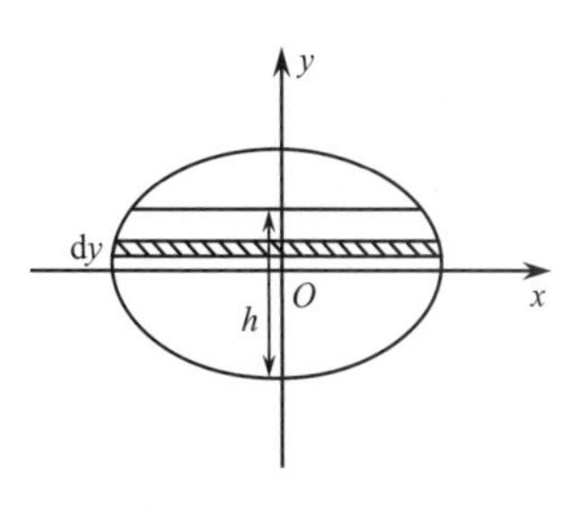

图 10　椭球柱体铅直截面上积分示意图

椭圆满足的曲线方程为

$$\frac{x^2}{a^2}+\frac{y^2}{b^2}=1.$$

截面面积为

$$S=\int_{-b}^{h-b}\mathrm{d}S=2a\int_{-b}^{h-b}\sqrt{1-\frac{y^2}{b^2}}\,\mathrm{d}y,$$

S 是一个与 h 有关的函数,记为 $S(h)$.即

$$S(h)=ab\left[\left(\frac{h}{b}-1\right)\sqrt{\frac{2h}{b}-\left(\frac{h}{b}\right)^2}+\arcsin\left(\frac{h}{b}-1\right)+\frac{\pi}{2}\right].$$

为了计算方便,简化运算,以$\frac{h}{b}$为自变量,得到下式

$$F\left(\frac{h}{b}\right)=\left[\left(\frac{h}{b}-1\right)\sqrt{\frac{2h}{b}-\left(\frac{h}{b}\right)^2}+\arcsin\left(\frac{h}{b}-1\right)+\frac{\pi}{2}\right],$$

则储油体积计算公式如下

$$V(h)=ablF\left(\frac{h}{b}\right).$$

将实验罐的实际参数代入计算,容易得到实验罐无变位情形的正常罐容表.

(2) 对于小椭圆形实验罐,给出它在纵向倾斜变位情形下油位高度与储油量计算的修正模型.

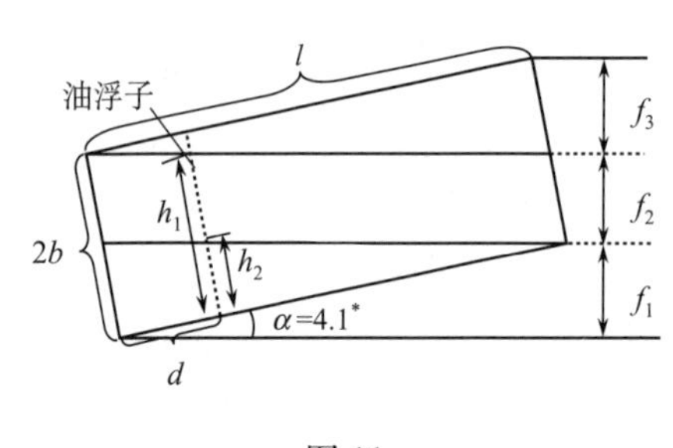

图 11

此时储油体积形状不再是一个椭球柱体,各个横截面面积都不相等,油浮子测量的高度也会发生偏差,是如图中的h_i.此时罐油表是按照储油罐没有倾斜时,算出的储油量会发生偏差,下面计算储油罐倾斜后罐油容量.

经过分析,因为倾斜后储油罐中油的横截面不同,所以应进行分段考虑,示意图如图 11 所示.

当液面分别位于 f_1, f_2, f_3 段内时,几何体形状不同,会导致函数关系不同,应该分开进行考虑,可以写出体积 V 的分段表达式如下:

$$V(h)=\begin{cases}f_1(h), & h_{\min}<h<h_2,\\ f_2(h), & h_2<h<h_1,\\ f_3(h), & h_1<h<h_{\max},\end{cases}$$

其中 $h_{\min}$表示油浮子能够测量到的最低高度(以整个储油罐相对于水平面的最低点高度为 0),$h_{\max}$为倾斜储油罐的最高点,h_1, h_2 如图 11 所示.

为了确定 h_1 和 h_2. 根据几何关系求得

$$h_1=2b-d\tan\alpha=1.1713(\mathrm{m}),$$

$$h_2=(l-d)\tan\alpha=0.1469(\mathrm{m}).$$

f_1 段内的函数关系.

在油罐上建立空间直角坐标系,进行积分运算. 以椭球柱体的中心轴线所在直线为 y 轴,油浮子所在直线与轴线交点为坐标原点,建立空间直角坐标系如图 12 所示.

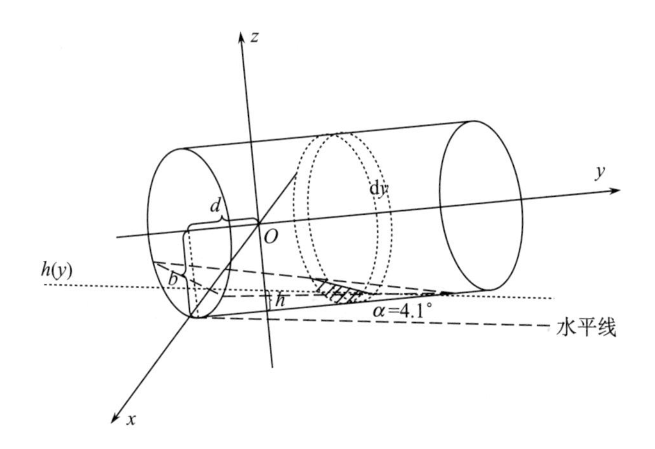

图 12 油量在 f_1 段内倾斜储油罐的坐标图

首先计算铅直截面面积 S 随 y 的函数关系 $S(y)$，截面是椭圆的一部分，

$$S(y)=\int_{-b}^{h(y)}2x\mathrm{d}z=2a\int_{-b}^{h(y)}\sqrt{1-\frac{z^2}{b^2}}\mathrm{d}z,$$

从而得到总体积：

$$V=\int_{-d}^{h/\tan\alpha}\mathrm{d}V_2=\int_{-d}^{h/\tan\alpha}\left(2a\int_{-b}^{h(y)}\sqrt{1-\frac{z^2}{b^2}}\mathrm{d}z\right)\mathrm{d}y$$

$$=2a\int_{-d}^{h/\tan\alpha}\mathrm{d}y\int_{-b}^{h(y)}\sqrt{1-\frac{z^2}{b^2}}\mathrm{d}z.$$

油面满足的直线方程为

$$h(y)=-y\tan\alpha+h-b.$$

求得结果如下：

$$V(h)=\frac{\pi ab}{2}\left(l-\frac{b}{\tan\alpha}\right)-\frac{ab^2}{\tan\alpha}\left(\frac{1}{3}M_1^3-M_1-N_1\arcsin N_1\right),$$

其中

$$N_1=\frac{h-b+d\tan\alpha}{b},\quad M_1=\sqrt{1-N_1^2}.$$

将 $h=h_2=0.1469\mathrm{m}, a=0.89\mathrm{m}, b=0.6\mathrm{m}, d=0.4\mathrm{m}, l=2.45\mathrm{m}, \alpha=4.1°$代入上述表达式中，可以计算液面到达临界高度 h_2 时油罐内储油量为

$$V(h_2)=151.69\mathrm{L}.$$

罐体倾斜变位进油时油罐内初始油量为 215L，因此初始油位不会位于 f_1 段内.

f_2 段内的函数关系.

同上建立相同的坐标系,不同的是油罐内液面高度区间不同,如图 13 所示.

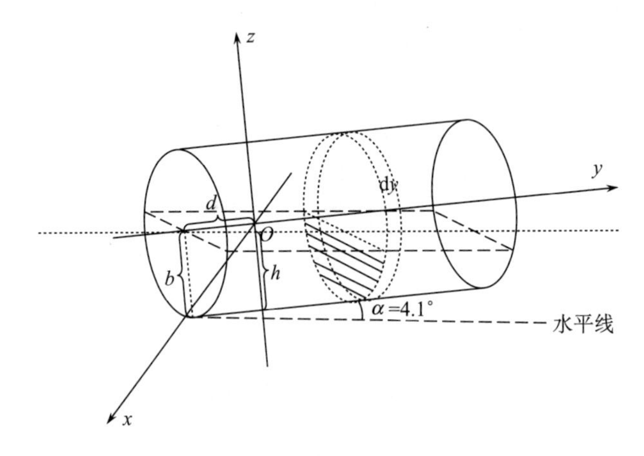

图 13 油量在 f_2 段内倾斜储油罐的坐标图

同理可以推出体积 V_2 的积分表达式如下(与 1 不同的是上限变为 $l-d$):

$$V_2 = 2a\int_{-d}^{l-d}\mathrm{d}y\int_{-b}^{h(y)}\sqrt{1-\frac{z^2}{b^2}}\mathrm{d}z.$$

计算出结果:

$$V_2(h) = \frac{\pi}{2}abl - \frac{ab^2}{\tan\alpha}\left(\frac{1}{3}M_1^3 - \frac{1}{3}M_2^3 + N_2\arcsin N_2 - N_1\arcsin N_1 + M_2 - M_1\right),$$

其中

$$N_1 = \frac{h-b+d\tan\alpha}{b},\quad N_2 = \frac{h-b+(d-l)\tan\alpha}{b},$$

$$M_1 = \sqrt{1-N_1^2},\quad M_2 = \sqrt{1-N_2^2}.$$

将 $h=h_1=1.1713\text{m}, a=0.89\text{m}, b=0.6\text{m}, d=0.4\text{m}, l=2.45\text{m}, \alpha=4.1°$代入上述表达式中,可以计算液面到达临界高度 h_1 时油罐内储油量为

$$V_2(h_1) = 3958.83\text{L}.$$

根据题目提供的数据可知,油罐最终油量为 3514.74L<3958.83L,因此最终油位高度没有达到临界高度 h_1. 根据以上分析,可以得到以下结论:纵向倾斜情况下实验采集数据对应的油位高度全部位于区间段 f_2 内. 所以,下面没有必要再计算 f_3 段内的函数关系.

习 题

1. 设一正圆锥体高为 H,底半径为 R. 现有一正圆柱体内接于该圆锥体,已知正圆柱体的底

半径为 r. 试将该圆柱体的高 h 与体积 V 表示成 r 的函数.

2. 有一长 1m 的细杆(记作 OAB),OA 段长 0.5m,其线密度(单位长度细杆的质量)为 2kg/m;AB 段长 0.5m,其线密度为 3kg/m. 设 P 是细杆上任意一点,OP 长为 x,质量为 m,求 $m=f(x)$ 的表达式.

3. 邮局规定国内的平信,每 20g 付邮资 0.80 元,不足 20g 按 20g 计算,信件重量不得超过 2kg,试确定邮资 y 与重量 x 的关系.

4. 有一身高为 a(m) 的人在距路灯杆 b(m) 处沿直线以 c(m/s) 朝远离灯杆的方向匀速行走,假设路灯高为 h(m)$(h>a)$,求人影的影长 s 与时间 t 的关系.

5. 已知水渠的横断面为等腰梯形,斜角 $\varphi=40°$(图 14). 当过水断面 $ABCD$ 的面积为定值 S_0 时,求湿周 $L(L=AB+BC+CD)$ 与水深 h 之间的函数关系式,并指明其定义域.

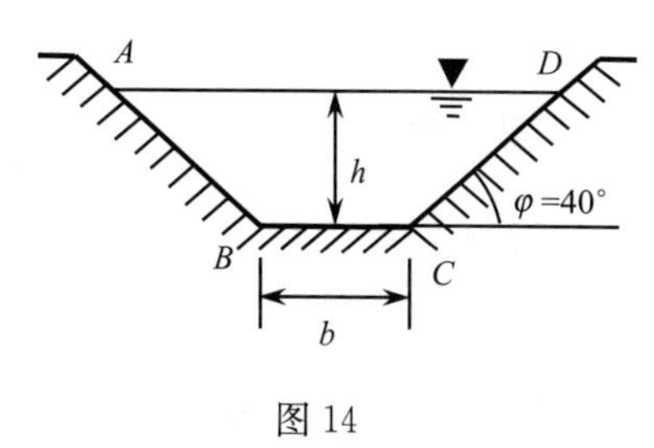

图 14

6. 已知一物体与地面的摩擦系数是 μ,重量是 P. 设有一与水平方向成 α 角的拉力 F,使物体从静止开始移动(图 15),求物体开始移动时拉力 F 与角 α 之间的函数关系式.

7. 当一模型火箭发射时,推进器燃烧数秒,使火箭向上加速,当燃烧结束后,火箭再向上升了一会,便向地面自由下落. 当火箭开始下降一段短时间后,火箭张开一个降落伞,降落伞使得火箭下降速度减慢,以免着陆破裂. 图 16 所示为此火箭飞行时的速度数据.

试利用此图回答下列问题:

(1) 当推进器停止燃烧时,火箭上升的速度是多少?

(2) 推进器燃烧了多久?

(3) 火箭什么时候达到最高点?此时速度是多少?

(4) 降落伞何时张开?当时火箭的下降速度是多少?

(5) 在张开降落伞之前,火箭下降了多长时间?

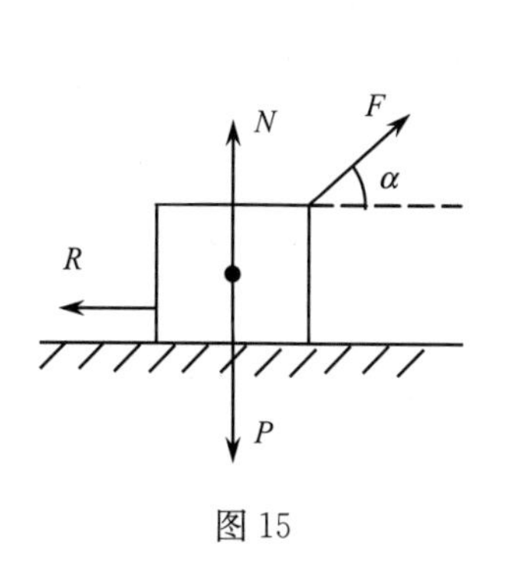

图 15

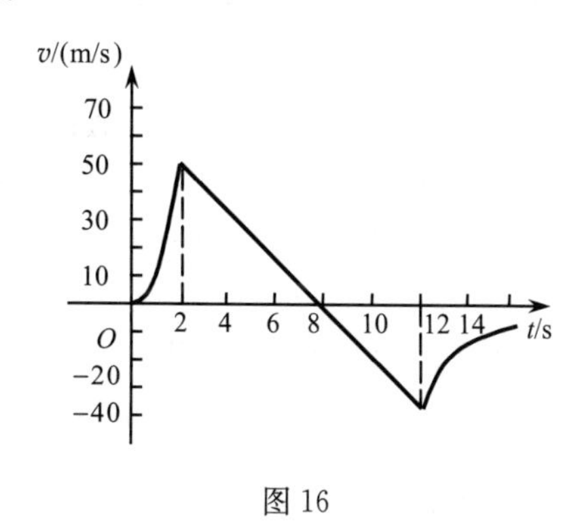

图 16

8. 假设质点以初速度 $v_0=600$m/s 沿与水平面成 $\theta=45°$ 角的方向射出,试画出质点运动轨迹的图形,并求质点的射程及最大升高的高度(设 $g\approx 10$ m/s^2,空气阻力忽略不计).

上册部分习题答案与提示

第一章

习题 1-1

1. (1) $(-1,1)$;　　(2) $\left(\frac{2}{3},\frac{4}{3}\right)$;

   (3) $(-2,0)\cup(0,2)$;　　(4) $\left(\frac{2}{3},1\right)\cup\left(1,\frac{4}{3}\right)$.

2. $A\cup B=\mathbf{R}$; $A\cap B=\{x\mid -5\leqslant x<2,\ 2<x\leqslant 3\}$;
   $A\backslash B=\{x\mid -\infty<x<-5,\ 3<x<+\infty\}$;
   $B\backslash A=\{x\mid x=2\}$; $A^C=\{x\mid x=2\}$.

3. (1) $f(X)=[-1,1]$;　　(2) $f([1,+\infty))=[0,+\infty)$.

4. (1) 既非单射,也非满射;　　(2) 满射,但非单射;

   (3) 单射,但非满射;　　(4) 一一映射.

5. (1) $f^{-1}:[-1,1]\to[0,\pi]$, $x\in[-1,1]$, $f^{-1}(x)=\arccos x$;

   (2) $f^{-1}:\mathbf{R}\to\left(-\frac{\pi}{2},\frac{\pi}{2}\right)$, $x\in\mathbf{R}$, $f^{-1}(x)=\arctan x$.

6. $f\circ g:\mathbf{R}\to\mathbf{R}$, $x\in\mathbf{R}$, $f[g(x)]=x$.

习题 1-2

1. (1) $(-\infty,-3)\cup\left(\frac{1}{2},+\infty\right)$;　　(2) $\left[\frac{\pi}{4}+2k\pi,\frac{5}{4}\pi+2k\pi\right]$,$k$ 为整数;

   (3) $(-1,+\infty)$;　　(4) $(-\infty,1)\cup(1,+\infty)$.

2. (1) 否;　(2) 否;　(3) 否;　(4) 否.

3. $f[g(x)]=2^{x\ln x}$; $g[f(x)]=(\ln 2)x2^x$; $f[f(x)]=2^{2^x}$; $g[g(x)]=x\ln x\ln(x\ln x)$.

4. (1) $y=u^2$, $u=\cos v$, $v=1+2x$;　　(2) $y=\ln u$, $u=x+\sqrt{v}$, $v=1+x^2$;

   (3) $y=e^u$, $u=v^2$, $v=\sin x$;　　(4) $y=\arcsin u$, $u=v^{\frac{1}{2}}$, $v=x^2+1$.

5. (1) $y=e^{x-1}-2$, $x\in\mathbf{R}$;　　(2) $y=\arccos\sqrt{x-2}$, $x\in[2,3]$;

   (3) $y=\log_2\frac{x}{1-x}$, $x\in(0,1)$;　　(4) $y=\frac{1+\arcsin x}{1-\arcsin x}$, $x\in[-\sin 1,\sin 1)$;

   (5) $y=\frac{-dx+b}{cx-a}$, $x\in\left(-\infty,\frac{a}{c}\right)\cup\left(\frac{a}{c},+\infty\right)$,$c\neq 0$;$y=\frac{d}{a}x-\frac{b}{a}$,$x\in\mathbf{R}$,$c=0$;

   (6) $y=\begin{cases}x, & -\infty<x<1,\\ \sqrt{x}, & 1\leqslant x\leqslant 16,\\ \log_2 x, & 16<x<+\infty.\end{cases}$

6. (1) 非奇非偶；　(2) 偶；　(3) 偶；　(4) 奇.

9. (1) 是，$T=\pi$；　(2) 非；　(3) 是，$T=\pi$；　(4) 是，$T=\dfrac{2\pi}{\omega}$.

12. (1) $f(x)=\dfrac{\sqrt{x^2+1}}{x}$；　*(2) $f(\cos x)=2\sin^2 x$.

*13. $f[g(x)]=\begin{cases}1, & x<0,\\ 0, & x=0,\\ -1, & x>0;\end{cases}$　$g[f(x)]=\begin{cases}\mathrm{e}, & |x|<1,\\ 1, & |x|=1,\\ \dfrac{1}{\mathrm{e}}, & |x|>1.\end{cases}$

习题 1-3

1. (1) 0；(2) 不存在；(3) 1；(4) 不存在；(5) 1；(6) $-\infty$；*(7) $\dfrac{1}{9}$.

习题 1-5

1. (1) 不正确；　(2) 不正确；　(3) 不正确.

2. (1) $\dfrac{1}{2}$；　(2) 2；　(3) 0；　(4) 1；　(5) 1；　(6) 2.

3. (1) $\dfrac{5}{3}$；　(2) $\dfrac{3}{5}$；　(3) -2；　(4) 3；　(5) 2；　(6) $\dfrac{2}{3}$.

4. (1) $2x$；　(2) $\dfrac{1}{2}$.

习题 1-6

1. (1) $\dfrac{\alpha}{\beta}$；　(2) 1；　(3) π；　(4) 2；　(5) $\sqrt{2}$；　(6) $\dfrac{3}{2}$.

2. (1) e^{ab}；　(2) e^{-2}；　(3) e^{-2}；　(4) e^{2}；　(5) e^{-k}；　(6) e^{2}.

3. (4) 提示：当 $x>0$ 时，$1<\sqrt[n]{1+x}<1+x$，当 $-1<x<0$ 时，$1+x<\sqrt[n]{1+x}<1$.

*4. (1) 2；　(2) $\dfrac{1+\sqrt{5}}{2}$.

*5. 提示：$x_n=\dfrac{1}{2}\cdot\dfrac{3}{4}\cdot\cdots\cdot\dfrac{2n-1}{2n}<\dfrac{2}{3}\cdot\dfrac{4}{5}\cdot\cdots\cdot\dfrac{2n}{2n+1}=\dfrac{1}{x_n}\cdot\dfrac{1}{2n+1}$，又

$$x_n=\frac{3}{2}\cdot\frac{5}{4}\cdot\cdots\cdot\frac{2n-1}{2n-2}\cdot\frac{1}{2n}>\frac{4}{3}\cdot\frac{6}{5}\cdot\cdots\cdot\frac{2n}{2n-1}\cdot\frac{1}{2n}=\frac{1}{x_n}\cdot\frac{1}{4n}.$$

习题 1-7

1. (1) $\dfrac{5}{2}$；　(2) $\begin{cases}0, & n>m,\\ 1, & n=m,\\ \infty, & n<m;\end{cases}$

(3) $\dfrac{1}{2}$；　(4) $\dfrac{3}{2}$；　(5) 1；　(6) $-\dfrac{2}{3}$.

2. (1) 1；　(2) 2；　(3) 4；　(4) 2.

3. $k=6$.

*5. 无界，但不是无穷大.

习题 1-8

1. (1) 连续；　(2) $x=0$ 是跳跃间断点.

2. (1) $x=0$ 是振荡间断点；

　(2) $x=0$ 是可去间断点，定义 $y(0)=1$，则连续；

　(3) $x=1$ 是可去间断点，定义 $y(1)=-2$，则连续，$x=2$ 是无穷间断点；

　(4) $x=0$ 是跳跃间断点.

*4. $f(x)=\begin{cases} x, & |x|<1, \\ 0, & |x|=1, \\ -x, & |x|>1. \end{cases}$ $x=\pm 1$ 均是跳跃间断点.

5. (1) $\sin 1$；　(2) 0；　(3) $\frac{1}{2}$；　(4) $\frac{1}{4}$；　(5) 0；　(6) $\frac{1}{2}$.

6. (1) 2；　(2) 1；　(3) e^2；　(4) e^{-2}；　(5) 1；　(6) e^{-1}.

7. $a=1$, $b=\frac{1}{2}$.

第一章总习题

1. (1) $f(-1)=e$, $f(1-x^2)=\begin{cases} e^{x^2-1}, & |x|\geqslant 1, \\ \cos(1-x^2), & |x|<1; \end{cases}$

　(2) $[-3,0)\cup(2,3]$；　*(3) $A\leqslant B$；　(4) $f(x_0^-)=f(x_0^+)=f(x_0)$.

2. (B).

3. y.

4. (1) $\cos a$；　(2) $\frac{3}{2}$；　(3) $\frac{1}{\sqrt{2}}$；　(4) $\frac{1}{2}$；　(5) e^3；

　*(6) 0；　*(7) $\frac{1}{1-a}$；

　*(8) 1$\left(提示：\frac{n}{(n+1)!}=\frac{1}{n!}-\frac{1}{(n+1)!}\right)$.

5. $-\frac{3}{2}$.

6. (1) $\ln 2$；　*(2) $a=1$, $b=-\frac{1}{2}$.

*7. $3\ln 2$.

8. (1) 连续区间为$(-\infty,1)\cup(1,+\infty)$，$x=1$ 是第二类间断点；

　*(2) 连续区间为$(0,+\infty)$ $\left(f(x)=\begin{cases} 1, & 0<x\leqslant e, \\ \ln x, & x>e \end{cases}\right)$.

9. 1.

第二章

习题 2-1

*1. $\frac{dT}{dt}$.

*2. $\left.\dfrac{\mathrm{d}q}{\mathrm{d}t}\right|_{t=t_0}$.

3. (1) 34.3 m/s; (2) 29.4 m/s.

5. (1) $-f'(x_0)$; (2) $3f'(x_0)$; *(3) $2f'(x_0)$; (4) $\dfrac{1}{2}f'(x_0)$.

6. $f'(0)$.

7. (1) $\dfrac{2}{3}x^{-\frac{1}{3}}$; (2) $\dfrac{16}{5}x^{\frac{11}{5}}$; (3) $-\dfrac{1}{6}x^{-\frac{7}{6}}$; (4) $2\mathrm{e}^{2x}$.

9. $x-y+1=0$.

10. $(2,4)$.

11. (1) 在 $x=0$ 处连续但不可导; (2) 在 $x=0$ 处连续且可导.

12. $a=2$, $b=-1$.

13. $f'_+(0)=0$, $f'_-(0)=-1$, $f'(0)$ 不存在.

14. $f'(x)=\begin{cases}\cos x, & x<0,\\ 1, & x\geqslant 0.\end{cases}$

习题 2-2

2. (1) $6x^2+\dfrac{6}{x^3}$; (2) $\dfrac{1}{x}+2^x\ln 2+1$;

(3) $-2\csc x\cot x-\csc^2 x$; (4) $\mathrm{e}^x\left(\arccos x-\dfrac{1}{\sqrt{1-x^2}}\right)$;

(5) $3x^2\log_2 x+\dfrac{x^2}{\ln 2}$; (6) $\dfrac{1-\ln x}{x^2}$;

(7) $2x\ln x\cos x+x\cos x-x^2\ln x\sin x$; (8) $\dfrac{4x}{(1-x^2)^2}$;

(9) $a^x x^{a-1}(x\ln a+a)$; (10) $\dfrac{1+\sin t+\cos t}{(1+\cos t)^2}$.

3. (1) $v(t)=v_0-gt$; (2) $t=\dfrac{v_0}{g}$.

4. 切线方程为 $y=x-\mathrm{e}$, 法线方程为 $y=\mathrm{e}-x$.

5. (1) $-6x\mathrm{e}^{-3x^2}$; (2) $6x\sin(4-3x^2)$;

(3) $\dfrac{\mathrm{e}^x}{1+\mathrm{e}^{2x}}$; (4) $\dfrac{2\arcsin x}{\sqrt{1-x^2}}$;

(5) $2\ln a\cdot x\sec^2 x^2 a^{\tan x^2}$; (6) $-3\tan^2 x\sec^2 x\sin(2\tan^3 x)$;

(7) $-\dfrac{\ln 2}{x^2}2^{\sin^2\frac{1}{x}}\cdot\sin\dfrac{2}{x}$; (8) $\dfrac{1-\ln x}{x^2}\sqrt[x]{x}$.

6. (1) 4; (2) $\dfrac{16}{9}(3\sqrt{3}-\pi)$; (3) $5(1-3\mathrm{e}^5)$.

7. (1) $\sec x$; (2) $\csc x+\dfrac{1}{1+3\cos^2\dfrac{x}{2}}$;

(3) $n\sin^{n-1}x\cos(n+1)x$; (4) $-\dfrac{1}{(1+x)\sqrt{2x(1-x)}}$;

(5) $\dfrac{2x\cos x^2\sin x-2\sin x^2\cos x}{\sin^3 x}$； (6) $-\dfrac{1}{\sqrt{1+x^2}(x+\sqrt{1+x^2})}$；

(7) $\arcsin\dfrac{x}{2}$； *(8) $-\dfrac{2}{x^2}\mathrm{ch}\dfrac{2}{x}\mathrm{ch}3x+3\mathrm{sh}\dfrac{2}{x}\mathrm{sh}3x$；

*(9) $\mathrm{th}^3 x$； *(10) $\ln^2 a a^x a^{a^x}+a^a x^{a^a-1}+a\ln a\cdot x^{a-1}a^{x^a}$.

8. (1) $f'(\mathrm{e}^x)\mathrm{e}^{f(x)+x}+f(\mathrm{e}^x)\mathrm{e}^{f(x)}f'(x)$； (2) $\sin 2x[f'(\sin^2 x)-f'(\cos^2 x)]$；

(3) $\dfrac{f'(\sqrt{x})}{2f(\sqrt{x})\sqrt{x}}+\dfrac{2xg'(x^2)}{1+g^2(x^2)}$； (4) $\dfrac{4ff'\sqrt{g}+g'}{4\sqrt{f^2+\sqrt{g}}\sqrt{g}}$.

习题 2-3

1. (1) $-\dfrac{\mathrm{e}^y}{1+x\mathrm{e}^y}$； (2) $\dfrac{y(x\ln y-y)}{x(y\ln x-x)}$；

*(3) $-\dfrac{y\mathrm{e}^{xy}+2xy\cos(x^2y)}{x\mathrm{e}^{xy}+x^2\cos(x^2y)-2y}$； (4) $\dfrac{y-x}{y+x}$.

2. (1) $\left(\dfrac{x}{1+x}\right)^x\left(\ln\dfrac{x}{1+x}+\dfrac{1}{1+x}\right)$； *(2) $\dfrac{1}{5}\sqrt[5]{\dfrac{(x-5)}{\sqrt[5]{x+2}}}\left[\dfrac{1}{x-5}-\dfrac{2x}{5(x^2+2)}\right]$；

(3) $\dfrac{\sqrt{x}\cos x}{(x^2+1)\sqrt[3]{x+2}}\left[\dfrac{1}{2x}-\dfrac{2x}{x^2+1}-\dfrac{1}{3(x+2)}-\tan x\right]$.

3. 1.

4. (1) $\dfrac{\mathrm{d}y}{\mathrm{d}x}=\dfrac{\cos t-t\sin t}{1-\sin t-t\cos t}$； (2) $\dfrac{\mathrm{d}y}{\mathrm{d}x}=-\dfrac{1}{2t}$.

5. $\sqrt{3}-2$.

习题 2-4

1. (1) $6+4\mathrm{e}^{2x}-\dfrac{1}{x^2}$； (2) $-2\sin x-x\cos x$；

(3) $-2\mathrm{e}^{-t}\cos t$； (4) $2\arctan x+\dfrac{2x}{1+x^2}$.

2. 207360.

3. (1) $\mathrm{e}^{-x}f'(\mathrm{e}^{-x})+\mathrm{e}^{-2x}f''(\mathrm{e}^{-x})$； (2) $\dfrac{f''(x)f(x)-[f'(x)]^2}{f^2(x)}$.

6. (1) $2^{n-1}\sin\left[2x+(n-1)\dfrac{\pi}{2}\right]$； (2) $(-1)^n\dfrac{(n-2)!}{x^{n-1}}(n\geqslant 2)$；

(3) $\mathrm{e}^x(x+n)$； (4) $\dfrac{(-1)^n n!}{2a}\left[\dfrac{1}{(x-a)^{n+1}}-\dfrac{1}{(x+a)^{n+1}}\right]$；

*(5) $(-1)^{n-1}(n-1)!\left[\dfrac{1}{(x+1)^n}-\dfrac{1}{(x-1)^n}\right]$.

7. (1) $-4\mathrm{e}^x\cos x$；

(2) $2^{50}\left(-x^2\sin 2x+50x\cos 2x+\dfrac{1225}{2}\sin 2x\right)$.

8. (1) $-2\csc^2(x+y)\cot^3(x+y)$； (2) $-\dfrac{y[(x-1)^2+(y-1)^2]}{x^2(y-1)^3}$.

9. (1) $-\dfrac{b}{a^2\sin^3 t}$； (2) $\dfrac{1}{f''(t)}$.

习题 2-5

1. $a=\frac{1}{2\mathrm{e}}$,切点$\left(\sqrt{\mathrm{e}},\frac{1}{2}\right)$,切线方程为$\frac{1}{\sqrt{\mathrm{e}}}x-y-\frac{1}{2}=0$.

3. 切线方程为 $x+y-\frac{\sqrt{2}}{2}a=0$,法线方程为 $x-y=0$.

4. (1) 切线方程为 $2\sqrt{2}x+y-2=0$,法线方程为$\sqrt{2}x-4y-1=0$;
 (2) 切线方程为 $3x-y-7=0$,法线方程为 $x+3y-29=0$.

5. 切线方程为 $x+y-a\mathrm{e}^{\frac{\pi}{2}}=0$,法线方程为 $x-y+a\mathrm{e}^{\frac{\pi}{2}}=0$.

6. 3m/s, 1s.

7. 提示:取地面上的起抛点为坐标原点,铅直向上为坐标轴正向.
 (1) v_0-gt(m/s); (2) $\frac{v_0^2}{2g}$m; (3) $\frac{2v_0}{g}$s; (4) $-v_0$m/s.

8. $4\pi\rho\tan^2\frac{\theta}{2}$.

9. 2 元 / 单位.

10. 4 元 / 件.

11. 0.14rad(弧度)/min.

12. 0.64cm/min.

13. 1.5m/s.

习题 2-6

1. 当 $\Delta x=1$ 时,$\Delta y=18$,$\mathrm{d}y=11$;当 $\Delta x=0.1$ 时,$\Delta y=1.161$,$\mathrm{d}y=1.1$;
 当 $\Delta x=0.01$ 时,$\Delta y=0.110601$,$\mathrm{d}y=0.11$.

*2. (a) $\Delta y>0$, $\mathrm{d}y>0$, $\Delta y-\mathrm{d}y>0$;
 (b) $\Delta y>0$, $\mathrm{d}y>0$, $\Delta y-\mathrm{d}y<0$;
 (c) $\Delta y<0$, $\mathrm{d}y<0$, $\Delta y-\mathrm{d}y<0$;
 (d) $\Delta y<0$, $\mathrm{d}y<0$, $\Delta y-\mathrm{d}y>0$.

3. (1) $(x^2+1)^{-\frac{3}{2}}\mathrm{d}x$; (2) $\mathrm{e}^{-x}[\sin(3-x)-\cos(3-x)]\mathrm{d}x$;
 (3) $\frac{1}{1+x^2}\mathrm{d}x$; (4) $A\omega\cos(\omega t+\varphi)\mathrm{d}t$.

4. (1) $\mathrm{d}x$; (2) $-\frac{2}{3}\mathrm{d}x$.

5. $\mathrm{e}(1-\mathrm{e})\mathrm{d}x$.

6. (1) $-\frac{\tan\sqrt{x}}{2\sqrt{x}}\mathrm{d}x$; (2) $f'\left(\arctan\frac{1}{x}\right)\frac{-1}{x^2+1}\mathrm{d}x$.

7. (1) $-\frac{1}{2}\mathrm{e}^{-2x}+C$; (2) $\frac{1}{3}\tan 3x+C$.

8. (1) $3x^4-2x^2+1$; (2) $-\cot x$.

*10. 约减少 $43.63\mathrm{cm}^2$;约增加 $104.72\mathrm{cm}^2$.

*11. (1) -0.96509; (2) 1.025.

* 12. $\frac{2}{3}\%$.

* 13. 提示:先求出中心角 α 与弦长 l 的函数关系式. $\delta_a = 0.00056\text{rad} = 1'55''$.

第二章总习题

1. (1) -1; (2) $1,0$; (3) $\frac{5}{32}$; (4) 充分,充分必要; (5) $\frac{\mathrm{d}x}{x(1+\ln y)}$;
   (6) $y = x+1$; (7) $2x+y-1=0$; (8) $a=2,\ b=3$.

2. (1) B; *(2) B; (3) C; *(4) D; *(5) C; (6) A; (7) C; *(8) D.

4. $f'(x) = \begin{cases} -2^{a-x}\ln 2, & x < a, \\ \text{不存在}, & x = a, \\ 2^{x-a}\ln 2, & x > a. \end{cases}$

5. (1) $-\frac{1}{x^2}\mathrm{e}^{\tan\frac{1}{x}}\left(\tan\frac{1}{x}\sec\frac{1}{x} + \cos\frac{1}{x}\right)$;

   (2) $\frac{\mathrm{e}^x}{\sqrt{1+\mathrm{e}^{2x}}}$;

   (3) $\frac{(x+5)^2(x-4)^{\frac{1}{3}}}{(x+2)^5(x+4)^{\frac{1}{2}}}\left(\frac{2}{x+5} + \frac{1}{3(x-4)} - \frac{5}{x+2} - \frac{1}{2(x+4)}\right)$;

   (4) $(1+x^3)^{\cos x^2}\left(\frac{3x^2\cos x^2}{1+x^3} - 2x\sin x^2\ln|1+x^3|\right)$.

* 6. $f(x)$ 在点 $x=a$ 处可导;当 $\varphi(a)\neq 0$ 时,$F(x)$ 在点 $x=0$ 处不可导;
   当 $\varphi(a)=0$ 时,$F(x)$ 在点 $x=a$ 处可导,且 $F'(a)=0$.

7. $[f(x^2)]^{\frac{1}{x}}\left[\frac{2f'(x^2)}{f(x^2)} - \frac{1}{x^2}\ln f(x^2)\right]\mathrm{d}x$.

8. *(1) $y^{(n)}(0) = \begin{cases} \frac{(-1)^{n-1}n!}{n-2}, & n \geqslant 3, \\ 0, & n = 1,2; \end{cases}$

   (2) $y^{(n)} = \begin{cases} (-1)^n n!\left[\frac{8}{(x-2)^{n+1}} - \frac{1}{(x-1)^{n+1}}\right], & n \geqslant 2, \\ 1 - \frac{8}{(x-2)^2} + \frac{1}{(x-1)^2}, & n = 1. \end{cases}$

9. $\frac{1}{\mathrm{e}^2}$.

10. $\frac{1}{4}(2\mathrm{e}^2 - 3\mathrm{e})$.

* 11. 边际成本为 2 元 /kg,边际收益为 3 元 /kg.

* 12. -2.8km/h.

* 13. 1.9953.

* 14. 约需加长 2.23cm.

第三章

习题 3-1

3. 3 个. 分别在(0,1),(1,2),(2,3).

习题 3-2

1. (1) 2;　(2) $-\frac{1}{8}$;　(3) $+\infty$;　(4) $\frac{1}{6}$;　(5) 1;　(6) $-\frac{1}{2}$;

(7) $-\frac{e}{2}$;　(8) $-\frac{1}{3}$;　(9) 1;　(10) $e^{-\frac{2}{\pi}}$;　(11) $e^{-\frac{1}{6}}$;

(12) e^{-1};　(13) e^{6};　(14) e.

*2. 0.

*3. 1.(注意:只能使用一次洛必达法则.)

习题 3-3

1. $f(x)=5-13(x+1)+11(x+1)^2-2(x+1)^3$.

2. (1) $\sqrt{x}=2+\frac{1}{4}(x-4)-\frac{1}{64}(x-4)^2+\frac{1}{512}(x-4)^3+o((x-4)^3)$;

(2) $\ln x=\ln 2+\frac{1}{2}(x-2)-\frac{1}{8}(x-2)^2+\frac{1}{24}(x-2)^3+o((x-2)^3)$;

(3) $\frac{1}{\sqrt{1-x}}=1+\frac{1}{2}x+\frac{3}{8}x^2+\frac{5}{16}x^3+o(x^3)$;

(4) $x\cos 2x=x-2x^3+o(x^3)$.

*3. (1) $\ln(1-x)=-x-\frac{1}{2}x^2-\frac{1}{3}x^3-\cdots$

$$-\frac{1}{n}x^n-\frac{x^{n+1}}{(n+1)(1-\theta x)^{n+1}}\quad(0<\theta<1);$$

(2) $\sin 2x=2x-\frac{2^3x^3}{3!}+\frac{2^5x^5}{5!}-\cdots+(-1)^{m-1}\frac{2^{2m-1}x^{2m-1}}{(2m-1)!}$

$$+2^{2m+1}\frac{\sin\left[2\theta x+(2m+1)\frac{\pi}{2}\right]}{(2m+1)!}x^{2m+1}\quad(0<\theta<1);$$

(3) $xe^x=x+x^2+\frac{1}{2!}x^3+\cdots+\frac{1}{(n-1)!}x^n+\frac{(\theta x+n+1)e^{\theta x}}{(n+1)!}x^{n+1}\quad(0<\theta<1)$;

(4) $\frac{1}{x-1}=-1-x-x^2-\cdots-x^n-\frac{1}{(1-\theta x)^{n+2}}x^{n+1}\quad(0<\theta<1)$.

*5. (1) $\ln 1.2\approx 0.1827$,$|R_3|<4\times 10^{-4}$;

(2) $\sin 18^\circ\approx 0.3090$,$|R_3|<4\times 10^{-4}$.

*6. (1) $\frac{1}{3}$;　(2) $\frac{1}{2}$.

习题 3-4

*1. (1) 不正确;　(2) 不正确;　(3) 不正确;　(4) 正确.

2. (1) 单调减少;　(2) 单调增加.

3. (1) 单调增区间$(-\infty,-1]$,$[5,+\infty)$,单调减区间$[-1,5]$;

(2) 单调增区间$(0,e]$,单调减区间$[e,+\infty)$;

(3) 单调减区间$\left(-\infty,\frac{1}{2}\right]$,单调增区间$\left[\frac{1}{2},+\infty\right)$;

(4) 单调减区间$\left(0,\sqrt{\frac{5}{2}}\right]$,单调增区间$\left[\sqrt{\frac{5}{2}},+\infty\right)$;

(5) 单调增区间$(-\infty,+\infty)$；

(6) 单调增区间$\left[\frac{k\pi}{2},\frac{k\pi}{2}+\frac{\pi}{3}\right]$,单调减区间$\left[\frac{k\pi}{2}+\frac{\pi}{3},\frac{k\pi}{2}+\frac{\pi}{2}\right]$,$k=0,\pm1,\pm2,\cdots$.

*5. $e^{\pi}>\pi^{e}$(提示:可设 $f(x)=x\ln\pi-\pi\ln x$).

6. (1) 极大值 $f\left(-\frac{1}{3}\right)=\frac{14}{27}$,极小值 $f(3)=-18$;

*(2) 极大值 $f\left(\frac{\pi}{4}\right)=\frac{1}{\sqrt{2}}e^{\frac{\pi}{4}}$,极小值 $f\left(\frac{5\pi}{4}\right)=-\frac{1}{\sqrt{2}}e^{\frac{5}{4}\pi}$;

(3) 极大值 $f(-1)=1$,极小值 $f(0)=0$;

(4) 极小值 $f(0)=0$;

(5) 极大值 $f(e^2)=4e^{-2}$,极小值 $f(1)=0$;

(6) 极大值 $f\left(\frac{2}{3}\right)=\left(\frac{2}{3}\right)^{\frac{2}{3}}e^{-\frac{2}{3}}$,极小值 $f(0)=0$.

*7. $f(x)$ 在 $x=a$ 处有极小值.

*9. $a>\frac{1}{e}$ 时没有实根;$0<a<\frac{1}{e}$ 时有两个实根;$a=\frac{1}{e}$ 时有唯一实根 $x=e$.

*10. $f(C)$ 为极小值.

习题 3-5

1. (1) 在$(-\infty,0]$内是上凸的,在$[0,+\infty)$内是下凸的;

(2) 在$(-\infty,0]$内是上凸的,在$[0,+\infty)$内是下凸的;

(3) 在$(-\infty,+\infty)$内是下凸的;

(4) 在$\left[2k\pi,2k\pi+\frac{\pi}{6}\right]\cup\left[2k\pi+\frac{5}{6}\pi,2k\pi+2\pi\right]$内是下凸的,在$\left[2k\pi+\frac{\pi}{6},2k\pi+\frac{5}{6}\pi\right]$内是上凸的.

2. (1) 在$\left(-\infty,-\frac{1}{\sqrt{2}}\right]\cup\left[\frac{1}{\sqrt{2}},+\infty\right)$内是下凸的,在$\left[-\frac{1}{\sqrt{2}},\frac{1}{\sqrt{2}}\right]$内是上凸的,拐点$\left(-\frac{1}{\sqrt{2}},\frac{1}{\sqrt{e}}\right)$和$\left(\frac{1}{\sqrt{2}},\frac{1}{\sqrt{e}}\right)$;

(2) 在$\left(-\infty,\frac{1}{2}\right]$内是下凸的,在$\left[\frac{1}{2},+\infty\right)$内是上凸的,拐点$\left(\frac{1}{2},e^{\arctan\frac{1}{2}}\right)$;

(3) 在$(-\infty,2]$内是上凸的,在$[2,+\infty)$内是下凸的,拐点$\left(2,\frac{2}{e^2}\right)$;

(4) 在$(-\infty,1]$内是上凸的,在$[1,+\infty)$内是下凸的,拐点$\left(1,\frac{4}{3}\right)$;

(5) 在$(-\infty,-1]\cup(0,+\infty)$内是下凸的,在$[-1,0)$内是上凸的,拐点$(-1,0)$;

(6) 在$\left(-\infty,-\frac{1}{2}\right]$内是上凸的,在$\left[-\frac{1}{2},+\infty\right)$内是下凸的,拐点$\left(-\frac{1}{2},-3\sqrt[3]{2}\right)$.

3. (1) 拐点$(1,4)$与$(1,-4)$; (2) 拐点$\left(\frac{2\sqrt{3}}{3}a,\frac{3}{2}\right)$与$\left(-\frac{2\sqrt{3}}{3}a,\frac{3}{2}\right)$.

4. $a=-3$, $b=0$, $c=1$, $y=x^3-3x^2+1$.

5. $k=\pm\frac{\sqrt{2}}{8}$.

8. $x=x_0$ 不是极值点，$(x_0,f(x_0))$ 为拐点.

（提示：利用三阶导数定义 $f'''(x_0)=\lim\limits_{x\to x_0}\dfrac{f''(x)-f''(x_0)}{x-x_0}$ 判定 x_0 两侧 $f''(x)$ 的符号.）

习题 3-6

1. (1) 定义域为 $(-\infty,+\infty)$，偶函数；在 $(-\infty,0]$ 内单调增加，在 $[0,+\infty)$ 内单调减少；在 $(-\infty,-1]$ 与 $[1,+\infty)$ 内是下凸的，在 $[-1,1]$ 内是上凸的；

拐点 $\left(-1,\dfrac{1}{\sqrt{2\pi e}}\right)$ 和 $\left(1,\dfrac{1}{\sqrt{2\pi e}}\right)$；极大值 $f(0)=\dfrac{1}{\sqrt{2\pi}}$；水平渐近线 $y=0$.

(2) 定义域 $(-\infty,+\infty)$，偶函数；

在 $(-\infty,-1]$ 及 $[0,1]$ 单调增加，在 $[-1,0]$ 与 $[1,+\infty)$ 单调减少；

在 $\left(-\infty,-\dfrac{1}{\sqrt{3}}\right]$ 与 $\left[\dfrac{1}{\sqrt{3}},+\infty\right)$ 内是上凸的，在 $\left[-\dfrac{1}{\sqrt{3}},\dfrac{1}{\sqrt{3}}\right]$ 内是下凸的；

拐点 $\left(-\dfrac{1}{\sqrt{3}},\dfrac{23}{18}\right)$ 与 $\left(\dfrac{1}{\sqrt{3}},\dfrac{23}{18}\right)$；极大值 $y(\pm1)=\dfrac{3}{2}$，极小值 $y(0)=1$.

(3) 定义域 $(-\infty,-3)$，$(-3,+\infty)$；

在 $(-\infty,-3)$ 与 $[3,+\infty)$ 内单调减少，在 $(-3,3]$ 内单调增加；

在 $(-\infty,-3)$ 与 $(-3,6]$ 内是上凸的，在 $[6,+\infty)$ 内是下凸的；

拐点 $\left(6,\dfrac{11}{3}\right)$；极大值 $y(3)=4$；水平渐近线 $y=1$，铅直渐近线 $x=-3$.

(4) 定义域为 $x\neq\left(\dfrac{k}{2}+\dfrac{1}{4}\right)\pi(k=0,\pm1,\pm2,\cdots)$；周期为 2π；图形对称于 y 轴；

在 $[0,\pi]$ 部分：在 $\left[0,\dfrac{\pi}{4}\right)$，$\left(\dfrac{\pi}{4},\dfrac{3\pi}{4}\right)$，$\left(\dfrac{3\pi}{4},\pi\right]$ 内单调增加；

在 $\left[0,\dfrac{\pi}{4}\right)$ 内是下凸的，在 $\left(\dfrac{\pi}{4},\dfrac{\pi}{2}\right]$ 内是上凸的，

在 $\left[\dfrac{\pi}{2},\dfrac{3\pi}{4}\right)$ 内是下凸的，在 $\left(\dfrac{3\pi}{4},\pi\right]$ 内是上凸的；

拐点 $\left(\dfrac{\pi}{2},0\right)$；极小值 $y(0)=1$，极大值 $y(\pi)=-1$；铅直渐近线 $x=\dfrac{\pi}{4}$，$x=\dfrac{3\pi}{4}$.

*(5) 定义域为 $(-\infty,-1)\cup(-1,+\infty)$；

在 $(-\infty,-2]$ 和 $[0,+\infty)$ 内单调增加，在 $[-2,-1)$ 和 $(-1,0]$ 内单调减少；

在 $(-\infty,-1)$ 内是上凸的，在 $(-1,+\infty)$ 内是下凸的；

极大值 $y(-2)=-4$，极小值 $y(0)=0$；铅直渐近线 $x=-1$，斜渐近线 $y=x-1$.

*2. (1) $a=1$, $b=-1$；

(2) 直线 $y=x-1$ 是曲线 $y=\dfrac{x^3}{x^2+x-1}$ 的斜渐近线.

习题 3-7

1. $k=\dfrac{1}{4}\sqrt{2}$.

2. $k=|\cos x|$, $\rho=|\sec x|$.

3. $k=1$.

4. $k=\frac{\sqrt{2}}{4}$, $\rho=2\sqrt{2}$.

*5. $a=\pm\frac{1}{2}$, $b=0$, $c=1$.

6. 顶点处曲率最大. 曲率半径 $\rho=\frac{1}{2}$.

*7. 约1246N(提示:沿曲线运动的物体所受的向心力为 $F=\frac{mv^2}{\rho}$,这里 m 为物体的质量,v 为它的速度,ρ 为运动轨迹的曲率半径).

习题 3-8

1. (1) 最大值 $y(2)=1$,最小值 $y(0)=y(1)=-1$;
   (2) 最大值 $y(5)=5$,最小值 $y(0)=y(10)=0$;
   (3) 最大值 $y\left(\frac{3}{4}\right)=1.25$,最小值 $y(-5)=-5+\sqrt{6}$;
   (4) 最大值 $y(3)=e^3$,最小值 $y(2)=0$.

2. (1) 有最小值 $y(\sqrt[3]{2})=\frac{3}{2}\sqrt[3]{2}$;　(2) 没有最大、最小值.

4. $\frac{4}{3}R$.

*5. $h=\sqrt{\frac{2}{3}}d$, $b=\sqrt{\frac{1}{3}}d$, $d:h:b=\sqrt{3}:\sqrt{2}:1$.

*6. $\alpha=\frac{2\sqrt{6}}{3}\pi$.

7. $AD=15\text{km}$ 时,总运费最省.

8. 设游人水平视线距地面 c 米($c<b$),塑像底座比 c 高出 h 米,则游人应站在离底座脚 $\sqrt{(a+h)h}$ 米处视角最大.

*9. (1) $\frac{\sqrt{2}}{4}\text{m}$;　(2) $\frac{1}{2}\text{m}$.

*10. 可以. (提示:$f(\alpha)=\left(6-\frac{2}{\cos\alpha}\right)\sin\alpha$,求 $f(\alpha)$ 的最大值.)

11. 定价 17.5 元 / 册. (提示:边际收入等于边际成本时总获利最大.)

12. 57 km/h,总费用为 82.2 元.

*13. $\theta\approx 55°$, $s=6a\left(h+\frac{1}{2\sqrt{2}}a\right)$.

习题 3-9

*1. $0.670<\xi<0.671$.

*2. $-0.20<\xi<-0.19$.

*3. $1.76<\xi<1.77$.

第三章总习题

1. (1) 1;　(2) $(-1,+\infty)$.

2. (1) (B);　(2) (D);　*(3) (C).

*3. 提示:设 $F(x)=f(x)-x$, $F(0)=0$, $F(1)=-1<0$,又 $F\left(\frac{1}{2}\right)=\frac{1}{2}>0$.

故存在 $\eta\in\left(\frac{1}{2},1\right)$,使 $F(\eta)=0$.

6. (1) $\frac{1}{2}$; (2) $\ln\frac{a}{b}$; (3) e^2; (4) 1; (5) $a_1a_2\cdots a_n$.

*7. 有且仅有两个实根(提示:$f(x)=|x|^{\frac{1}{4}}+|x|^{\frac{1}{2}}-\cos x$ 为偶函数).

*8. 当 $0<a<\frac{1}{e}$ 时有两个实根;当 $a=\frac{1}{e}$ 时有唯一实根;当 $a>\frac{1}{e}$ 时无实根.

9. $a=2$, $f\left(\frac{\pi}{3}\right)=\sqrt{3}$ 为极大值.

10. 不一定. $f(x)=x+\sin x$ 在 $(-\infty,+\infty)$ 内单调,但 $f'(x)$ 在 $(-\infty,+\infty)$ 内不单调.

11. $a=-\frac{3}{2}$, $b=\frac{9}{2}$.

12. $a=\pm\frac{1}{2}$, $b=\mp\frac{\pi}{2}$, $c=1\pm\frac{\pi^2}{8}$, 这时

$$y=\frac{1}{2}x^2-\frac{\pi}{2}x+\left(1+\frac{\pi^2}{8}\right)\text{或 }y=-\frac{1}{2}x^2+\frac{\pi}{2}x+\left(1-\frac{\pi^2}{8}\right).$$

13. (2) 提示:可证 $(1+x)\ln(1+x)-x\ln x>0$.

*14. 提示:将 $f(x)$ 在 $x=a$ 处展为一阶泰勒公式.

*15. 提示:可对 $F(x)=e^x f(x)$ 及 $\varphi(x)=e^x$ 分别在 $[a,b]$ 上利用拉格朗日中值定理.

第四章

习题 4-1

1. $2\sqrt{1+x^2}$ 是 $\frac{2x}{\sqrt{1+x^2}}$ 的原函数; $1-x^{-1}$ 是 $\frac{1}{x^2}$ 的原函数;

$(1+x^2)^2$ 是 $4x(1+x^2)$ 的原函数; $3\sqrt[3]{x}$ 是 $x^{-\frac{2}{3}}$ 的原函数;

$1+x^4$ 是 $4x^3$ 的原函数; $\ln(1+x^2)$ 是 $\frac{2x}{1+x^2}$ 的原函数.

2. (2) $2(e^{2x}-e^{-2x})$.

3. (1) x^5+C; (2) $8\sqrt{x}-\frac{1}{10}x^{\frac{5}{2}}+C$;

(3) $\frac{x^2}{2}+x-3\ln|x|+\frac{3}{x}+C$; (4) $\frac{2}{3}x^{\frac{3}{2}}-3x+C$;

(5) $\ln|x|-2x+\frac{x^2}{2}+C$; (6) $\frac{2}{3}x^{\frac{3}{2}}+2\sqrt{x}+C$;

(7) $\frac{m}{m+n}x^{\frac{m+n}{m}}+C$; (8) $9x-2x^3+\frac{x^5}{5}+C$;

(9) $\sqrt{\frac{2h}{g}}+C$; (10) $\frac{8^x}{\ln 8}+\frac{x^9}{9}+C$;

(11) $\frac{2^x e^x}{1+\ln 2}+\arcsin x+C$; (12) $3x+\frac{4\cdot 3^x}{2^x(\ln 3-\ln 2)}+C$;

(13) $e^x - x + C$；

(14) $x - \cos x + \sin x + C$；

(15) $\tan x - \sec x + C$；

(16) $-\cot x + \csc x + C$；

(17) $\sin x - \cos x + C$；

(18) $\frac{3^x e^x}{1+\ln 3} + C$；

(19) $3\arctan x - 8\arcsin x + C$；

(20) $2e^x + 5\ln|x| + C$；

(21) $e^x - 2\sqrt{x} + C$；

(22) $\frac{x}{2} + \frac{\sin x}{2} + C$；

(23) $\frac{4}{7}x^{\frac{7}{4}} + 4x^{-\frac{1}{4}} + C$；

(24) $\frac{a^{2x}}{2\ln a} + \frac{b^{2x}}{2\ln b} + 2\frac{(ab)^x}{\ln(ab)} + C$；

(25) $a\operatorname{sh}x + b\operatorname{ch}x + C$；

(26) $x - \arctan x + C$.

4. $y = \ln x + 2$.

5. $F(x) = x^2 + 3x - 2$.

6. (1) 27m；　(2) $\sqrt[3]{360} \approx 7.11$s.

习题 4-2

1. (1) $-\frac{1}{6}$；　(2) 2；　(3) -1；　(4) $\frac{2}{3}$；　(5) $\frac{1}{6}$；　(6) $\frac{1}{3}$；

(7) $\frac{1}{20}$；　(8) $-\frac{1}{2}$；　(9) $-\frac{3}{7}$；　(10) -1；　(11) -1；

(12) $\frac{1}{6}$；　(13) -5；　(14) -1；　(15) -1；　(16) 2；　(17) $\frac{1}{2}$；

(18) $-\frac{1}{2}$；　(19) $-\frac{1}{9}$；　(20) $\frac{1}{3}$.

2. (1) $\frac{1}{6}(7+4x)^{\frac{3}{2}} + C$；

(2) $-\frac{1}{2}(2-3x)^{\frac{2}{3}} + C$；

(3) $\frac{1}{5}\ln|5x-2| + C$；

(4) $-\frac{1}{3}e^{1-3x} + C$；

(5) $\frac{1}{5}\operatorname{ch}(5x-1) + C$；

(6) $-2\operatorname{sh}\left(1-\frac{1}{2}x\right) + C$；

(7) $-\frac{1}{8}\cot 8x + C$；

(8) $-\frac{1}{3}\ln|\cos(3x-5)| + C$；

(9) $\frac{1}{2}\sqrt{2x^2+3} + C$；

(10) $\frac{1}{2}\ln(1+x^2) + C$；

(11) $-\frac{1}{3(4+x^3)} + C$；

(12) $\frac{1}{2}(x^3+1)^{\frac{2}{3}} + C$；

(13) $-e^{-x^2} + C$；

(14) $e^{e^x} + C$；

(15) $-\cos e^x + C$；

(16) $e^x + e^{-x} + C$；

(17) $\frac{(\ln\ln x)^2}{2} + C$；

(18) $\frac{2}{3}(1+\ln x)^{\frac{3}{2}} + C$；

(19) $\cos\frac{1}{x} + C$；

(20) $-\cos\left(x+\frac{1}{x}\right) + C$；

(21) $-\tan\frac{1}{x} + C$；

(22) $-\frac{a^{\frac{1}{x}}}{\ln a} + C$；

(23) $-\frac{10^{-3x+2}}{3\ln 10}+C$；

(24) $\frac{1}{3}(\arctan x)^3+C$；

(25) $\frac{2}{3}(\arcsin x)^{\frac{3}{2}}+C$；

(26) $2\sqrt{1+\tan x}+C$；

(27) $-\frac{1}{\arcsin x}+C$；

(28) $\frac{3}{8}x+\frac{1}{4}\sin 2x+\frac{1}{32}\sin 4x+C$；

(29) $\frac{1}{14}\sin 7x+\frac{1}{2}\sin x+C$；

(30) $\frac{1}{2}\arctan(2x-3)+C$；

(31) $\ln|\cos x+\sin x|+C$；

(32) $\ln(x^2+2x+2)+C$；

(33) $\frac{1}{2}[\ln\tan x]^2+C$；

(34) $x-\arctan x+C$；

(35) $\frac{1}{15}\arctan\frac{5}{3}x+C$；

(36) $\frac{1}{\sqrt{2}}\arctan\frac{\tan x}{\sqrt{2}}+C$；

(37) $\ln|1+\ln x|+C$；

(38) $(\arctan\sqrt{x})^2+C$；

(39) $2\arcsin\frac{x}{2}-\frac{x}{2}\sqrt{4-x^2}+C$；

(40) $\frac{1}{3}\ln\left|\frac{x}{3+\sqrt{9-x^2}}\right|+C$；

(41) $-\frac{\sqrt{a^2-x^2}}{x}-\arcsin\frac{x}{a}+C$；

(42) $-\frac{1}{3}(25-t^2)^{\frac{3}{2}}+C$；

(43) $\frac{1}{2}\ln(2x+\sqrt{4x^2+9})+C$；

(44) $-\frac{\sqrt{a^2+x^2}}{a^2x}+C$；

(45) $\sqrt{x^2-2}-\arctan\sqrt{\frac{x^2-2}{2}}+C$；

(46) $\frac{2}{9}\sqrt{9x^2-4}-\frac{1}{3}\ln|3x+\sqrt{9x^2-4}|+C$；

(47) $\sqrt{x^2+2x+2}-\ln|x+1+\sqrt{x^2+2x+2}|+C$；

(48) $2\ln(1+e^x)-x+C$.

习题 4-3

1. $-x\cos x+\sin x+C$；

2. $x\ln x-x+C$；

3. $e^x\ln x+C$；

4. $x\ln(x+\sqrt{x^2+1})-\sqrt{x^2+1}+C$；

5. $-x\cot x+\ln|\sin x|+C$；

6. $\frac{x^3}{3}\arctan x-\frac{x^2}{6}+\frac{1}{6}\ln(1+x^2)+C$；

7. $\frac{e^{3x}}{3}\left(x^2-\frac{2}{3}x+\frac{2}{9}\right)+C$；

8. $\frac{x}{2}[\sin(\ln x)-\cos(\ln x)]+C$；

9. $x\arctan x-\frac{1}{2}\ln(1+x^2)+C$；

10. $x\,\mathrm{arccot}\,x+\frac{1}{2}\ln(1+x^2)+C$；

11. $x\arccos x-\sqrt{1-x^2}+C$；

12. $\frac{e^{3x}}{13}[3\cos 2x+2\sin 2x]+C$；

13. $x(\arcsin x)^2+2\sqrt{1-x^2}\arcsin x-2x+C$；

14. $2\sqrt{x}\ln x-4\sqrt{x}+C$；

15. $\ln x[\ln(\ln x)-1]+C$；

16. $\tan x\ln\sin x-x+C$；

17. $-\frac{1}{2}[x\cot^2x+\cot x+x]+C$；

18. $e^{\arcsin x}(\arcsin x-1)+C$；

19. $-\sqrt{1-x^2}\arctan x+x+C$；

20. $-e^{-x}\arctan e^x+x-\frac{1}{2}\ln(1+e^{2x})+C$；

21. $\frac{x}{2}+\frac{\sqrt{x}}{2}\sin 2\sqrt{x}+\frac{1}{4}\cos 2\sqrt{x}+C$；

22. $\sqrt{1+x^2}\arctan x-\ln(x+\sqrt{1+x^2})+C$；

23. $xf'(x)-f(x)+C$；

24. $3(x^{\frac{2}{3}}-2x^{\frac{1}{3}}+2)e^{\sqrt[3]{x}}+C$；

25. $\frac{\ln x}{1-x}+\ln\frac{|1-x|}{x}+C$；

26. $\frac{1}{2}e^x-\frac{1}{5}e^x\sin 2x-\frac{1}{10}e^x\cos 2x+C$.

习题 4-4

1. $\frac{1}{\sqrt{5}}\arctan\frac{3x-1}{\sqrt{5}}+C$；

2. $\frac{1}{3}x^3+\frac{1}{2}x^2+x+8\ln|x|-4\ln|x+1|-3\ln|x-1|+C$；

3. $\frac{1}{2a^3}\left[\arctan\frac{x}{a}+\frac{ax}{x^2+a^2}\right]+C$；

4. $-\frac{1}{x}-\ln\left|\frac{1-x}{x}\right|+C$；

5. $\frac{1}{2}\ln|x^2-2x-1|+\frac{3}{\sqrt{2}}\ln\left|\frac{(x-1)-\sqrt{2}}{(x-1)+\sqrt{2}}\right|+C$；

6. $\frac{1}{3}\ln|x-1|-\frac{1}{6}\ln(x^2+x+1)+\frac{\sqrt{3}}{3}\arctan\frac{2x+1}{\sqrt{3}}+C$；

7. $\frac{1}{3}\tan^3 x-\tan x+x+C$；

8. $\tan\frac{x}{2}+C$；

9. $\frac{\sqrt{2}}{2}\ln\left|\frac{\tan\frac{x}{2}-1+\sqrt{2}}{\tan\frac{x}{2}-1-\sqrt{2}}\right|+C$；

10. $\ln\left|1+\tan\frac{x}{2}\right|+C$；

11. $\frac{1}{\sqrt{21}}\ln\left|\frac{\sqrt{3}\tan\frac{x}{2}+\sqrt{7}}{\sqrt{3}\tan\frac{x}{2}-\sqrt{7}}\right|+C$；

12. $\ln|\sin x+\cos x|+C$；

13. $2(\sqrt{x-1}-\arctan\sqrt{x-1})+C$；

14. $\frac{3}{2}(x+2)^{\frac{2}{3}}-3(x+2)^{\frac{1}{3}}+3\ln\left|1+\sqrt[3]{x+2}\right|+C$；

15. $6(\sqrt[6]{x}-\arctan\sqrt[6]{x})+C$；

16. $\sqrt{2x+1}+2\sqrt[4]{2x+1}+2\ln\left|\sqrt[4]{2x+1}-1\right|+C$；

17. $x-2\sqrt{1+x}+2\ln(\sqrt{1+x}+1)+C$；

18. $-\sqrt{1+x-x^2}+\frac{1}{2}\arcsin\frac{2x-1}{\sqrt{5}}+C$；

19. $\arcsin x+\sqrt{1-x^2}+C$；

20. $\ln\left|x+\frac{1}{2}+\sqrt{x^2+x}\right|+C$.

第四章总习题

1. (1) $-\frac{1}{3}\sqrt{(1-x^2)^3}+C$；　(2) $2\ln x-\ln^2 x+C$；

(3) $x+e^x+C$；　(4) $\arcsin\frac{x-2}{2}+C$；

(5) $-\frac{\ln x}{x}+C$；　*(6) x^x+C.

2. (1) B；　(2) C；　(3) A；　(4) C；　(5) D.

3. (1) $\frac{1}{4}\ln|x|-\frac{1}{24}\ln(x^6+4)+C$；　(2) $\ln|x|-\frac{1}{2}\ln(x^2+1)+C$；

(3) $6\ln|x-3|-5\ln|x-2|+C$；　(4) $\frac{x^2}{2}-\frac{9}{2}\ln(9+x^2)+C$；

(5) $\frac{1}{3}\ln\left|\frac{x-2}{x+1}\right|+C$；　(6) $\arctan e^x+C$；

(7) $\frac{1}{2}\ln\frac{|e^x-1|}{e^x+1}+C$；　(8) $-\ln|\cos\sqrt{1+x^2}|+C$；

(9) $\arcsin x-\frac{x}{1+\sqrt{1-x^2}}+C$；

(10) $\frac{1}{2}(\arcsin x+\ln|x+\sqrt{1-x^2}|)+C$；

(11) $\arctan\frac{x}{\sqrt{1+x^2}}+C$；　(12) $\frac{(x-1)e^{\arctan x}}{2\sqrt{1+x^2}}+C$；

(13) $\frac{1}{4}\arctan\frac{x^2+1}{2}+C$；　(14) $2\sqrt{x-1}-2\arctan\sqrt{x-1}+C$；

*(15) $xe^x-e^x+\frac{x^2}{2}\ln^2 x-\frac{x^2}{2}\ln x+\frac{1}{4}x^2+C$；

(16) $-\frac{\arctan x}{x}-\frac{1}{2}(\arctan x)^2+\frac{1}{2}\ln\frac{x^2}{1+x^2}+C$；

(17) $\left(1-\frac{1}{x}\right)\ln(1-x)+C$；　*(18) $e^{2x}\tan x+C$；

(19) $\tan x-\sec x+C$；　(20) $\frac{1}{3}(1+x^2)^{\frac{3}{2}}-(1+x^2)^{\frac{1}{2}}+C$；

*(21) $2x\sqrt{e^x-1}-4\sqrt{e^x-1}+4\arctan\sqrt{e^x-1}+C$；

*(22) $\frac{x\ln x}{\sqrt{1+x^2}}-\ln(x+\sqrt{1+x^2})+C$.

4. $-2\sqrt{1-x}\arcsin\sqrt{x}+2\sqrt{x}+C$.

*5. $\dfrac{\cos 2x}{\sqrt{1+\sin 2x}}$.

*6. (1) 当 $a\neq 0$，$b\neq 0$ 时 $I=\dfrac{1}{ab}\arctan\left(\dfrac{a}{b}\tan x\right)+C$；

(2) 当 $a=0$，$b\neq 0$ 时 $I=\dfrac{1}{b^2}\tan x+C$；

(3) 当 $a\neq 0$，$b=0$ 时 $I=-\dfrac{1}{a^2}\cot x+C$.

7. $x^2\cos x-4x\sin x-6\cos x+C$.

*8. $x+2\ln|x-1|+C$.

第五章

习题 5-1

1. $\dfrac{32}{3}$.

*2. (1) $\dfrac{1}{3}$；　(2) $e-1$.

3. (1) 1；　(2) $\dfrac{\pi}{4}a^2$；　(3) 0；　(4) $\dfrac{\pi}{2}a^2$；　(5) $\dfrac{\pi}{4}$；　(6) $\dfrac{\pi}{2}$.

4. (1) $6\leqslant\int_1^4(x^2+1)dx\leqslant 51$；　(2) $\dfrac{\pi}{9}\leqslant\int_{\frac{1}{\sqrt{3}}}^{\sqrt{3}}x\arctan x dx\leqslant\dfrac{2}{3}\pi$；

(3) $2\pi\leqslant\int_{\frac{\pi}{4}}^{\frac{5}{4}\pi}(2+\sin^2 x)dx\leqslant 3\pi$；　(4) $-2e^2\leqslant\int_2^0 e^{x^2-x}dx\leqslant -2e^{-\frac{1}{4}}$.

6. (1) $\int_0^{\frac{\pi}{4}}\sin^2 x dx$ 较大；　(2) $\int_1^e \ln x dx$ 较大；

(3) $\int_0^1 x dx$ 较大；　(4) $\int_e^{2e}(\ln x)^2 dx$ 较大；

(5) $\int_0^1 x^2 dx$ 较大；　(6) $\int_1^3 x^3 dx$ 较大.

习题 5-2

1. (1) $\sin x^2$；　(2) $\dfrac{3x^2}{\sqrt{1+x^{12}}}-\dfrac{2x}{\sqrt{1+x^8}}$；　(3) $2x^5e^{-x^2}-x^2e^{-x}$；

(4) $\dfrac{2x\sin x^4}{1+e^{x^2}}$；　(5) $\cos x e^{\sin^2 x}+\sin x e^{\cos^2 x}$；　(6) $\dfrac{\cos x}{\sin x-1}$；

(7) $\cot t$；　(8) $2t^2$；　(9) $\dfrac{-y\cos(xy)}{e^y+x\cos(xy)}$.

2. (1) $\dfrac{1}{2}$；　(2) 1；　(3) 2；　*(4) $\dfrac{1}{2}$.

*3. $\pm\sqrt{1-\dfrac{\pi^2}{16}}$.

4. $x=0$；$\left(\dfrac{\sqrt{2}}{2},-\dfrac{1}{2}e^{-\frac{1}{2}}\right)$，$\left(-\dfrac{\sqrt{2}}{2},-\dfrac{1}{2}e^{-\frac{1}{2}}\right)$.

5. 16.

6. (1) $\frac{29}{6}$; (2) $\frac{271}{6}$; (3) $1-\frac{\sqrt{3}}{3}+\frac{\pi}{12}$; (4) 1; (5) $\sqrt{2}-1$;

(6) 1; (7) $1+\frac{\pi}{4}$; (8) $\frac{1}{2}(1-\ln 2)$; (9) -1; (10) $\frac{4}{5}$;

(11) $2(\sqrt{2}-1)$; (12) $\frac{2}{9}\sqrt{3}\pi$; (13) $2\sqrt{2}$; (14) 1;

(15) $1-\frac{1}{e}+\arctan e+\frac{\pi}{4}$.

7. $\frac{17}{16}-\frac{\pi}{4}$.

*9. $\Phi(x)=\begin{cases}\frac{1}{3}x^3, & x\in[0,1),\\ \frac{1}{2}x^2-\frac{1}{6}, & x\in[1,2],\end{cases}$ $\Phi(x)$ 在 $(0,2)$ 内连续.

习题 5-3

1. (1) $\frac{1}{6}$; (2) $\ln\frac{2+\sqrt{3}}{1+\sqrt{2}}$; (3) $2+2\ln\frac{2}{3}$; (4) $7+2\ln 2$;

(5) $\frac{1}{6}$; (6) $\frac{\pi}{2}$; (7) $e-\sqrt{e}$; (8) $\arctan e-\frac{\pi}{4}$; (9) $\frac{8}{3}$;

(10) $\frac{\pi}{4}+\frac{1}{2}$; (11) $\pi-\frac{4}{3}$; (12) $\frac{\pi}{2}$; (13) $\frac{2}{3}$;

(14) $\sqrt{2}-\frac{2}{3}\sqrt{3}$; (15) $2(\sqrt{3}-1)$; (16) $\frac{51}{512}$.

2. $\tan\frac{1}{2}-\frac{1}{2}e^{-4}+\frac{1}{2}$.

3. (1) 0; (2) 0; (3) $\frac{16}{15}$; (4) $\frac{35}{128}\pi$; (5) $1-\frac{\sqrt{3}}{6}\pi$; (6) 2π.

11. (1) $\frac{\pi}{12}+\frac{\sqrt{3}}{2}-1$; (2) 2; (3) $1-\frac{\pi}{4}$; (4) $\frac{1}{4}(e^2+1)$;

(5) $2\left(1-\frac{1}{e}\right)$; (6) $\frac{1}{5}(e^{\pi}-2)$; (7) $\left(\frac{1}{4}-\frac{\sqrt{3}}{9}\right)\pi+\frac{1}{2}\ln\frac{3}{2}$;

(8) $4(\ln 4-1)$; (9) $1-\frac{2}{e}$; (10) $\pi-2$; *(11) $\frac{\pi^3}{6}-\frac{\pi}{4}$;

*(12) $\begin{cases}\frac{1\cdot 3\cdot 5\cdot\cdots\cdot m}{2\cdot 4\cdot 6\cdot\cdots\cdot(m+1)}\cdot\frac{\pi}{2}, & m\text{ 为奇数},\\ \frac{2\cdot 4\cdot 6\cdot\cdots\cdot m}{1\cdot 3\cdot 5\cdot\cdots\cdot(m+1)}, & m\text{ 为偶数};\end{cases}$

*(13) $J_m=\begin{cases}\frac{1\cdot 3\cdot 5\cdot\cdots\cdot(m-1)}{2\cdot 4\cdot 6\cdot\cdots\cdot m}\cdot\frac{\pi^2}{2}, & m\text{ 为偶数},\\ \frac{2\cdot 4\cdot 6\cdot\cdots\cdot(m-1)}{1\cdot 3\cdot 5\cdot\cdots\cdot m}\pi, & m\text{ 为大于 1 的奇数},\end{cases}$

$J_1=\pi$.

习题 5-4

*1. (1) 0.77782, 0.71461; (2) 0.74621; (3) 0.74683.

*2. (1) 0.7188, 0.6688; (2) 0.6938; (3) 0.6931.

习题 5-5

1. (1) 2; (2) 发散; (3) 发散; (4) 2; (5) $\frac{8}{3}$; (6) π;

 (7) 1; (8) 发散; (9) $\frac{16}{3}$; (10) 2; (11) $\frac{\pi}{2}$; (12) π.

*2. 当 $k>1$ 时收敛于$\frac{1}{(k-1)(\ln 2)^{k-1}}$;当 $k\leqslant 1$ 时发散;当 $k=1-\frac{1}{\ln\ln 2}$ 时取得最小值.

*3. $n!$

第五章总习题

1. (1) 必要,充分; *(2) $\ln x-\frac{x^2}{e^2}$; (3) $\frac{1}{12}$; (4) $\frac{1}{2}\ln 2$; (5) $P<M<N$.

2. *(1) A; *(2) A; *(3) C; *(4) A; (5) C; (6) B.

3. (1) $e^{-\frac{1}{2}x^2}$; (2) 单调增; (3) 奇函数; (4) (0,0);

 (5) 凸区间$(0,+\infty)$,凹区间$(-\infty,0)$.

4. (1) $\frac{2}{3}(2\sqrt{2}-1)$; (2) $\frac{1}{p+1}$; *(3) -1; (4) $af(a)$.

6. $a=-1$.

*7. 提示:对任意实数 t,

$$\int_a^b f^2(x)\mathrm{d}x+2t\int_a^b f(x)g(x)\mathrm{d}x+t^2\int_a^b g^2(x)\mathrm{d}x\geqslant 0.$$

*8. 提示:利用柯西-施瓦茨不等式.

*12. 提示:$1-x^p<\frac{1}{1+x^p}<1$.

13. 8.

*15. $1>I_1>I_2$.

*16. $\frac{3}{4}$.

17. $\frac{\pi}{4}e^{-2}$.

*18. $F(x)=\begin{cases}0, & x<0,\\ \frac{x^2}{2}, & 0\leqslant x<1,\\ 2x-\frac{x^2}{2}-1, & 1\leqslant x<2,\\ 1, & x\geqslant 2.\end{cases}$

第六章

习题 6-2

1. (a) $A=\int_{-1}^{3}(2x+3-x^2)\mathrm{d}x$；　(b) $A=\int_{0}^{1}(\mathrm{e}-\mathrm{e}^x)\mathrm{d}x$；

(c) $A=\int_{0}^{1}(2x-x)\mathrm{d}x+\int_{1}^{2}(2-x)\mathrm{d}x$ 或 $A=\int_{0}^{2}\left(y-\frac{y}{2}\right)\mathrm{d}y$；

(d) $A=\int_{0}^{\frac{3}{2}\pi}\left(\frac{3}{2}\pi-x-\cos x\right)\mathrm{d}x$；

(e) $A=\int_{0}^{1}\arcsin x\mathrm{d}x$ 或 $A=\int_{0}^{\frac{\pi}{2}}(1-\sin y)\mathrm{d}y$；

(f) $A=\int_{0}^{1}x^3\mathrm{d}x+\int_{1}^{2}(x-2)^2\mathrm{d}x$ 或 $A=\int_{0}^{1}(2-\sqrt{y}-\sqrt[3]{y})\mathrm{d}y$.

2. (1) $\frac{3}{2}-\ln 2$；　(2) $\frac{1}{3}$；　(3) $\frac{32}{3}$；　(4) $\frac{32}{3}$；　(5) $\mathrm{e}+\mathrm{e}^{-1}-2$；　(6) $b-a$.

3. $\frac{9}{4}$.

4. (1) πa^2；　(2) $\frac{3}{8}\pi a^2$；　(3) $18\pi a^2$.

5. $3\pi a^2$.

*6. a^2.

7. $\frac{4}{3}a^2\pi^3$.

8. (1) $2\left(\frac{4}{3}\pi-\sqrt{3}\right)$；　*(2) $\frac{\pi}{6}+\frac{1}{2}-\frac{\sqrt{3}}{2}$.

*9. $\frac{\mathrm{e}}{2}$.

10. $\frac{15}{2}-2\ln 2$；$\frac{81}{2}\pi$.

11. $\frac{\pi^2}{3}-\frac{\sqrt{3}}{4}\pi$；$\frac{1}{3}\pi^3+(2-\sqrt{3})\pi^2$.

12. $\frac{32}{105}\pi a^3$.

*14. $2\pi^2a^2b$.

*16. $2\pi^2$.

17. $\frac{2}{3}R^3\tan\alpha$.

*18. $\frac{1}{2}\pi R^2h$.

19. $6a$.

20. $\left(\left(\frac{2\pi}{3}-\frac{\sqrt{3}}{2}\right)a,\frac{3}{2}a\right)$.

21. $\sqrt{5}-\sqrt{2}-\ln\frac{1+\sqrt{5}}{2}+\ln(1+\sqrt{2})$.

*22. $\sqrt{5}(\mathrm{e}-\sqrt{\mathrm{e}})$.

23. $\frac{2}{3}[(1+b)^{\frac{3}{2}}-(1+a)^{\frac{3}{2}}]$.

*24. $2a\operatorname{sh}\frac{b}{a}$.

习题 6-3

1. $\frac{27}{7}kc^{\frac{2}{3}}a^{\frac{7}{3}}$(其中 k 为比例常数).

2. 0.18kJ.

*3. $\sqrt{2}-1$(cm).

4. 57697.5 kJ.

*6. $\frac{4}{3}\pi r^4 g$.

7. 1.65N.

*8. 引力的大小为$\frac{2Gm\mu}{R}\sin\frac{\varphi}{2}$,方向为 M 指向圆弧的中点.

*9. 取 y 轴通过细直棒,$F_y=Gm\mu\left(\frac{1}{a}-\frac{1}{\sqrt{a^2+L^2}}\right)$, $F_x=-\frac{Gm\mu L}{a\sqrt{a^2+L^2}}$.

习题 6-4

*1. 56.

*2. (1) 15968;　(2) 19850.

*3. (1) 510 元;　(2) 12.6875 元, 13.0625 元.

第六章总习题

1. (1) $s_2<s_1<s_3$;　(2) $\frac{37}{12}$;　(3) $\frac{\pi^2}{2}$;　(4) $2\pi x_0^2$;　(5) 4.

2. *(1) A;　(2) B;　(3) C;　*(4) D.

*3. $\frac{\pi-1}{4}a^2$.

*4. $a=-\frac{5}{3}$, $b=2$, $c=0$.

5. $4\pi^2$.

*6. $F_x=F_y=\frac{3}{5}ka^2$,k 为引力系数.

7. (1) $\frac{1}{2}\mathrm{e}-1$;　(2) $\frac{\pi}{6}(5\mathrm{e}^2-12\mathrm{e}+3)$.

8. $\frac{448}{15}\pi$.

*9. $s=\frac{\sqrt{2}}{4}L$.

*10. 91500 J.

*11. $h=2$ m.

第七章

习题 7-1

1. A：Ⅳ，B：Ⅴ，C：Ⅷ，D：Ⅶ.

2. (1) $(x,y,-z)$，$(-x,y,z)$，$(x,-y,z)$；
   (2) $(x,-y,-z)$，$(-x,y,-z)$，$(-x,-y,z)$；
   (3) $(-x,-y,-z)$.

3. A 在 yOz 面上，B 在 zOx 面上，C 在 y 轴上，D 在 z 轴上.

4. $(1,0,0)$，$(0,1,0)$，$(0,0,1)$，$(1,0,1)$，$(1,1,1)$，$(0,1,1)$
   或 $(1,0,0)$，$(0,1,0)$，$(0,0,-1)$，$(1,0,-1)$，$(1,1,-1)$，$(0,1,-1)$.

5. $(0,1,-2)$.

8. $7\boldsymbol{a}-5\boldsymbol{b}+11\boldsymbol{c}$.

9. $\overrightarrow{MA}=-\frac{1}{2}(\boldsymbol{a}+\boldsymbol{b})$，$\overrightarrow{MC}=\frac{1}{2}(\boldsymbol{a}+\boldsymbol{b})$，$\overrightarrow{MB}=\frac{1}{2}(\boldsymbol{a}-\boldsymbol{b})$，$\overrightarrow{MD}=\frac{1}{2}(\boldsymbol{b}-\boldsymbol{a})$.

11. 模：$\sqrt{6}$；方向余弦：$\frac{1}{\sqrt{6}},\frac{1}{\sqrt{6}},-\frac{2}{\sqrt{6}}$；单位向量：$\left(\frac{1}{\sqrt{6}},\frac{1}{\sqrt{6}},-\frac{2}{\sqrt{6}}\right)$.

12. (1) 垂直于 x 轴，平行于 yOz 面；
    (2) 垂直于 zOx 面，且指向与 y 轴正向一致；
    (3) 平行于 z 轴，垂直于 xOy 面.

13. $(3,3\sqrt{2},\pm 3)$.

14. 大小：$\sqrt{22}$；方向余弦：$\frac{3}{\sqrt{22}}$，$\frac{-2}{\sqrt{22}}$，$\frac{3}{\sqrt{22}}$.

15. $7\boldsymbol{i}$，$16\boldsymbol{j}$.

16. $\overrightarrow{AB}=(9,-6,-6)$；$A(-1,2,4)$；$B(8,-4,-2)$.

习题 7-2

1. $\boldsymbol{a}\cdot\boldsymbol{b}=1$；$\cos(\widehat{\boldsymbol{a},\boldsymbol{b}})=\frac{1}{2}$，$\mathrm{Prj}_{\boldsymbol{b}}\boldsymbol{a}=\frac{\sqrt{2}}{2}$.

2. $\sqrt{76}$.

4. $\frac{\pi}{3}$.

5. $\pm\left(\frac{2}{3},\frac{1}{3},-\frac{2}{3}\right)$.

6. $\rho A\boldsymbol{v}\cdot\boldsymbol{n}$.

7. (1) 3； (2) 11.

8. $(-8,4,-8)$.

9. 102.

10. $\pm\frac{1}{\sqrt{17}}(15,25,0)$.

11. $\frac{5}{3}$.

习题 7-3

1. $x-2y+3z-8=0$.
2. $a(x-a)+b(y-b)+c(z-c)=0$.
3. $y-2z+5=0$.
5. (1) 平行于 xOy 面；　(2) 过原点；　(3) 过 z 轴；　(4) 平行于 x 轴.
6. $2x+z=0$.
7. $2x+y+z-2=0$.
8. $2x-y-z=0$.
9. $x+y+z=\pm 3\sqrt{3}$.
10. $2x-y-3z-1=0$.

*11. $x+3y=0$ 或 $3x-y=0$.

12. $x+y-2z+1=0$.

*13. $x+6y+z=\pm 6$.

习题 7-4

1. $\frac{x-1}{1}=\frac{y+1}{2}=\frac{z-2}{-1}$.
2. $\frac{x+1}{-1}=\frac{y+3}{2}=\frac{z-2}{1}$.
3. $\frac{x-1}{4}=\frac{y}{-1}=\frac{z+2}{-3}$；　$\begin{cases}x=1+4t,\\ y=-t,\\ z=-2-3t.\end{cases}$
4. $16x-14y-11z-65=0$.
5. $8x-9y-22z-59=0$.
6. (1) 垂直；　(2) 平行；　(3) 重合.
7. (1) 平行；　(2) 垂直；　(3) 直线在平面上；　(4) 相交，夹角为$\frac{\pi}{6}$.
8. $B=1,\ D=-9$.

*9. $\begin{cases}y-z-1=0,\\ x+y+z=0.\end{cases}$

10. $\left(-\frac{5}{3},\frac{2}{3},\frac{2}{3}\right)$.

11. $\sqrt{5}$.

*13. $\frac{x-2}{2}=\frac{y-1}{-1}=\frac{z-3}{4}$.

*14. $\frac{x-0}{-1}=\frac{y+\frac{1}{2}}{-2}=\frac{z-\frac{1}{2}}{3}$.

习题 7-5

1. $x^2+y^2+z^2-2x-6y+4z=0$.

2. $\left(x+\dfrac{2}{3}\right)^2+(y+1)^2+\left(z+\dfrac{4}{3}\right)^2=\dfrac{116}{9}$,

   表示球心在$\left(-\dfrac{2}{3},-1,-\dfrac{4}{3}\right)$,半径为$\dfrac{2}{3}\sqrt{29}$的球面.

4. (1) 直线,平面； (2) 直线,平面；
   (3) 椭圆,椭圆柱面； (4) 抛物线,抛物柱面.

5. (1) $(x-a)^2+y^2+z^2=a^2$,球面；
   (2) $\dfrac{x^2}{a^2}-\dfrac{y^2}{b^2}+\dfrac{z^2}{a^2}=1$,旋转单叶双曲面；
   (3) $y=x^2+z^2$,旋转抛物面；
   (4) $z^2=3(x^2+y^2)$,圆锥面.

6. (1) 由 xOy 面上的椭圆$\dfrac{x^2}{4}+y^2=1$$\left(或 zOx 面上的椭圆\dfrac{x^2}{4}+z^2=1\right)$绕 x 轴旋转一周而成；
   (2) 由 xOy 面上的双曲线$x^2-\dfrac{y^2}{4}=1$$\left(或 yOz 面上的双曲线 z^2-\dfrac{y^2}{4}=1\right)$绕 y 轴旋转一周而成；
   (3) 由 xOy 面上的双曲线$x^2-y^2=1$(或 zOx 面上的双曲线 $x^2-z^2=1$) 绕 x 轴旋转一周而成；
   (4) 由 yOz 面上的直线 $z=a+y$(或 zOx 面上的直线 $z=a+x$) 绕 z 轴旋转一周而成.

*8. (1) $\begin{cases} x=\dfrac{a}{2}+\dfrac{a}{2}\cos u, \\ y=\dfrac{a}{2}\sin u, \\ z=v, \end{cases}$ $u\in[0,2\pi],\ v\in(-\infty,+\infty)$；

   (2) $\begin{cases} x=v\cos u, \\ y=v\sin u, \\ z=v, \end{cases}$ $u\in[0,2\pi],\ v\in(-\infty,+\infty)$；

   (3) $\begin{cases} x=2\sin u\cos v, \\ y=\sin u\sin v, \\ z=\cos u, \end{cases}$ $u\in[0,\pi],\ v\in[0,2\pi]$.

习题 7-6

2. (1) 点,直线； (2) 点,直线.

3. 母线平行于 x 轴的柱面方程:$4z^2-y^2=12$；
   母线平行于 z 轴的柱面方程:$4x^2+3y^2=12$.

4. (1) $\begin{cases} x=\sqrt{2}\cos t, \\ y=\sqrt{2}\cos t, \\ z=2\sin t \end{cases}$ $(0\leqslant t\leqslant 2\pi)$； (2) $\begin{cases} x=1+\sqrt{5}\cos t, \\ y=-2+\sqrt{5}\sin t, \\ z=10+2\sqrt{5}\cos t-4\sqrt{2}\sin t \end{cases}$ $(0\leqslant t\leqslant 2\pi)$.

5. $\begin{cases} x^2 + 2y^2 - 2y = 0, \\ z = 0. \end{cases}$

6. 曲线在 xOy 面上的投影的方程：$\begin{cases} x^2 + y^2 = 8y, \\ z = 0; \end{cases}$

曲线在 yOz 面上的投影的方程：$\begin{cases} z^2 + 8y = 64, \\ x = 0 \end{cases}$ $(0 \leqslant y \leqslant 8)$.

*7. 立体在 xOy 面上的投影：$x^2 + y^2 \leqslant ax$；

立体在 zOx 面上的投影：$x^2 + z^2 \leqslant a^2$，$x \geqslant 0, z \geqslant 0$.

8. $\begin{cases} x^2 + y^2 = 16, \\ z = 0. \end{cases}$

习题 7-7

1. (1) 椭球面； (2) 椭圆抛物面； (3) 单叶双曲面； (4) 椭圆锥面； (5) 双曲柱面.

2. 投影曲线的方程为$\begin{cases} y^2 = 2x - 9, \\ z = 0; \end{cases}$原曲线是位于平面 $z = 3$ 上的抛物线.

3. 提示：交点的坐标为$(p\cos\alpha, p\cos\beta, p\cos\gamma)$.

第七章总习题

1. (1) 六，$(-1, -3, 3)$； (2) 3； (3) $-\frac{3}{2}$；(4) 0，共面； (5) $\frac{2}{3}\pi$；

(6) $A = -3$，$B = 0$，$D = 0$； (7) $m = -1$，$\lambda = 1$； (8) $x^2 + y^2 = 1$.

2. (1) A； (2) D； (3) C； (4) B； (5) C； (6) C； (7) D； (8) D.

3. $\sqrt{17}$.

4. $\sqrt{30}$.

5. $\pm\left(\boldsymbol{b} - \frac{\boldsymbol{a} \cdot \boldsymbol{b}}{|\boldsymbol{a}|^2}\boldsymbol{a}\right)$.

7. $(14, 10, 2)$.

*8. $|\boldsymbol{a}| = \sqrt{7}$，$|\boldsymbol{b}| = \sqrt{3}$，$\sin(\widehat{\boldsymbol{a}, \boldsymbol{b}}) = \frac{5\sqrt{7}}{14}$.

10. (1) $\arccos\frac{2}{\sqrt{7}}$； (2) $\frac{5}{2}\sqrt{3}$.

*11. $z = -4$，最小值为$\frac{\pi}{4}$.

12. $\frac{\pi}{3}$.

13. $\boldsymbol{c} = 5\boldsymbol{a} + \boldsymbol{b}$.

14. $4x - y - 2z - 1 = 0$.

15. $4x - 5y + z - 2 = 0$ 或 $2x + y - 3z + 8 = 0$.

*16. $\frac{x+1}{16} = \frac{y}{19} = \frac{z-4}{28}$.

17. $4(z-1) = (x-1)^2 + (y+1)^2$，表示旋转抛物面.

18. (1) 椭球面；

(2) 球面,可以看成是由圆$\begin{cases}x^2+(z-1)^2=1,\\ y=0\end{cases}$或$\begin{cases}y^2+(z-1)^2=1,\\ x=0\end{cases}$绕 z 轴旋转一周而成;

(3) 椭圆抛物面;

(4) 顶点在(0,0,1) 的下半圆锥面,可以看成是由直线$\begin{cases}z=1-x,\\ y=0\end{cases}$或$\begin{cases}z=1-y,\\ x=0\end{cases}$绕 z 轴旋转一周而成;

(5) 旋转单叶双曲面,可以看成是由双曲线$\begin{cases}x^2-2y^2=1,\\ z=0\end{cases}$或$\begin{cases}z^2-2y^2=1,\\ x=0\end{cases}$绕 y 轴旋转一周而成;

(6) 母线平行于 y 轴的抛物柱面.

19. $\begin{cases}x^2+y^2=x+y,\\ z=0.\end{cases}$

*20. 立体在 xOy 面上的投影:$\begin{cases}x^2+y^2\leqslant 4,\\ z=0;\end{cases}$在 zOx 面上的投影:$\begin{cases}x^2\leqslant z\leqslant 4,\\ y=0;\end{cases}$

在 yOz 面上的投影:$\begin{cases}y^2\leqslant z\leqslant 4,\\ x=0.\end{cases}$

习题

1. $h=\dfrac{H}{R}(R-r)$, $V=\pi\dfrac{H}{R}(R-r)r^2$.

2. $m=f(x)=\begin{cases}2x, & 0\leqslant x\leqslant 0.5,\\ 1+3(x-0.5), & 0.5<x\leqslant 1.\end{cases}$

3. $f(x)=\begin{cases}0.80, & 0<x\leqslant 20,\\ 1.60, & 20<x\leqslant 40,\\ 2.40, & 40<x\leqslant 60,\\ \cdots, & \cdots\\ 80.00, & 1980<x\leqslant 2000.\end{cases}$

4. $s=\dfrac{a(ct+b)}{h-a}$.

5. $L=\dfrac{s_0}{h}+\dfrac{2-\cos 40^\circ}{\sin 40^\circ}h$, $h\in(0,\sqrt{s_0}\tan 40^\circ)$.

6. $F=\dfrac{\mu P}{\cos\alpha+\mu\sin\alpha}$.

7. (1) 50 m/s; (2) 2 s; (3) 8 s,0; (4) 12 s, −40 m/s; (5) 4 s.

8. 射程 36000 m,最大升高 9000m.

(提示:由 $x=\left(v_0\cos\dfrac{\pi}{4}\right)t$, $y=\left(v_0\sin\dfrac{\pi}{4}\right)t-\dfrac{1}{2}gt^2$ 消去 t 得函数关系式.)

附录 I　基本初等函数的定义域、值域、主要性质及其图形一览表

类别	表达式	定义域	值域	有界性	奇偶性	单调性	周期性	常见图形
幂函数	$y=x^{\mu}$	随 μ 而变化，但总在 $(0,\infty)$ 内有定义	随 μ 而异	无界		随 μ 而异		$y=x^2$，$y=\sqrt{x}$，1，O，x，y；$y=x^3$，O，x，y；$y=\frac{1}{x}$，O，x，y
指数函数	$y=a^x$ $(a>0,a\neq1)$	$(-\infty,+\infty)$	$(0,+\infty)$	无界		$y=e^x$ ↗ $y=e^{-x}$ ↘		$y=a^{-x}$，$y=a^x$，$(a>1)$，O，x，y
对数函数	$y=\log_a x$ $(a>0,a\neq1)$	$(0,+\infty)$	$(-\infty,+\infty)$	无界	与指数函数关于 $y=x$ 对称	$a>1$ 时 ↗ $a<1$ 时 ↘		$y=a^x$，$y=\log_a x$，$y=x$，1，O，x，y，$(a>1)$；$y=a^x$，$y=\log_a x$，$y=x$，O，x，y，$(a<1)$

续表

类别		表达式	定义域	值域	有界性	奇偶性	单调性	周期性	常见图形
三角函数	正弦	$y=\sin x$	$(-\infty,+\infty)$	$[-1,1]$	$\lvert\sin x\rvert\leqslant 1$	奇函数		$T=2\pi$	$y=\sin x$; $y=\cos x$; $y=\tan x$; $y=\cot x$ (y, x, O, 1, −1, −π/2, π/2, −π, π)
	余弦	$y=\cos x$	$(-\infty,+\infty)$	$[-1,1]$	$\lvert\cos x\rvert\leqslant 1$	偶函数		$T=2\pi$	
	正切	$y=\tan x$	$x\neq(2n+1)\frac{\pi}{2}$, $x\in\mathbf{R}$ $n\in\mathbf{Z}$	$(-\infty,+\infty)$	无界	奇函数	$x\in\left(-\frac{\pi}{2},\frac{\pi}{2}\right)$ ↗	$T=\pi$	
	余切	$y=\cot x$	$x\neq n\pi$, $x\in\mathbf{R}$ $n\in\mathbf{Z}$	$(-\infty,+\infty)$	无界	奇函数	$x\in(0,\pi)$ ↘	$T=\pi$	
	正割 余割	$y=\sec x$ $y=\csc x$	当$x\in\left(0,\frac{\pi}{2}\right)$时	$(1,+\infty)$	无界	偶函数 奇函数		$T=2\pi$	
反三角函数	反正弦	$y=\arcsin x$	$[-1,1]$	$\left[-\frac{\pi}{2},\frac{\pi}{2}\right]$	$\lvert\arcsin x\rvert\leqslant\frac{\pi}{2}$		↗		$y=\arcsin x$; $y=\arccos x$; $y=\arctan x$; $y=\operatorname{arccot} x$ (y, x, O, 1, −1, π/2, −π/2, π)
	反余弦	$y=\arccos x$	$[-1,1]$	$[0,\pi]$	$0\leqslant\arccos x\leqslant\pi$		↘		
	反正切	$y=\arctan x$	$(-\infty,+\infty)$	$\left(-\frac{\pi}{2},\frac{\pi}{2}\right)$	$\lvert\arctan x\rvert<\frac{\pi}{2}$		↗		
	反余切	$y=\operatorname{arccot} x$	$(-\infty,+\infty)$	$(0,\pi)$	$0<\operatorname{arccot} x<\pi$		↘		

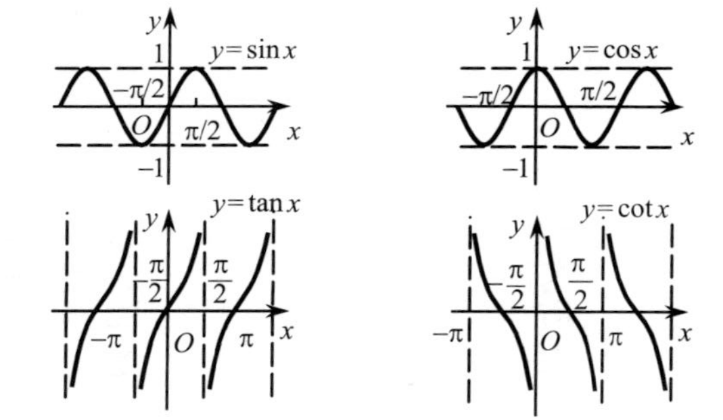

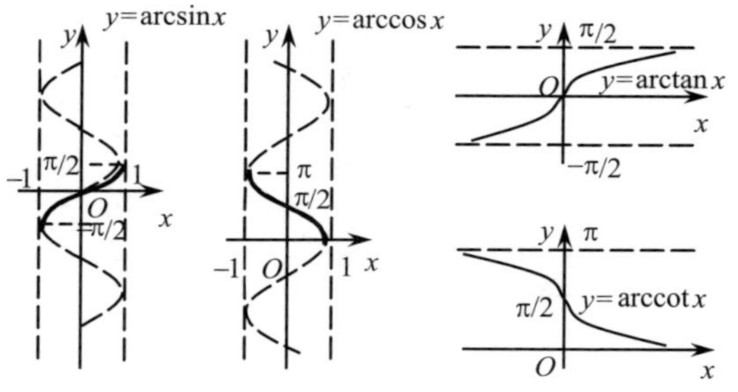

附录Ⅱ　极坐标系简介

平面直角坐标系的建立使平面上的点与二元有序数组之间建立了一一对应的关系，于是就可以用代数的方法来研究几何问题. 这里介绍的极坐标系给出了平面上的点与另一种二元有序数组之间的对应关系.

一、极坐标系

在平面内取定一点 O，从点 O 引一条射线 Ox，再规定一个长度单位和角的正方向(通常取逆时针方向)，这样建立的坐标系称为极坐标系(图 1). 其中 O 叫**极点**，Ox 叫**极轴**. 设 P 是平面内一点，连结线段 OP，极点 O 和点 P 的距离 $|OP|$ 称为 P 点的**极径**，用 ρ 表示；以极轴 Ox 为始边，以射线 OP 为终边的角 $\angle xOP$，称为点 P 的**极角**，通常用 θ 表示. 这样，点 P 的位置就可以用有序数组 (ρ,θ) 来确定. 有序数组 (ρ,θ) 叫做点 P 的**极坐标**，记作 $P(\rho,\theta)$. 当点 P 在极点时，它的极坐标 $\rho=0$，这时极角 θ 可以取任意值.

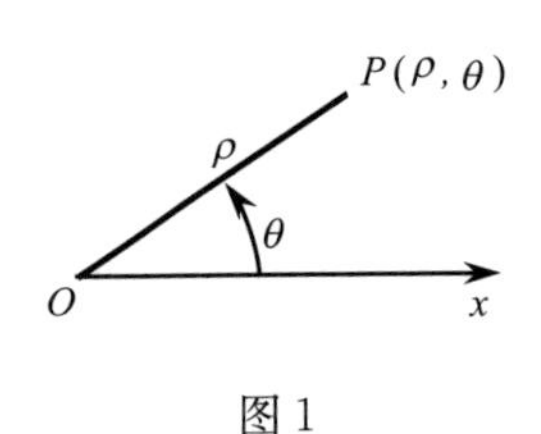

图 1

极角 θ 的值一般是以弧度为单位的量数，可以取任意实数；点 P 的极径 ρ 表示点 P 与极点 O 的距离 $|OP|$，因此 $\rho\geqslant 0$①.

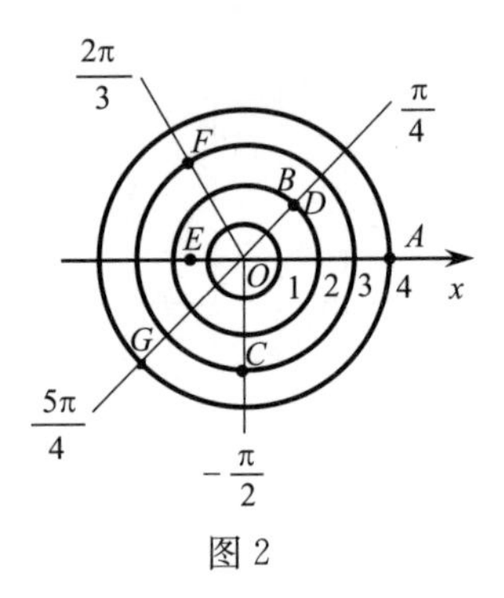

图 2

例 1　在极坐标系中

(1) 作出下列各点

$A(4,0)$， $B\left(2,\frac{\pi}{4}\right)$， $C\left(3,-\frac{\pi}{2}\right)$， $D\left(2,\frac{9}{4}\pi\right)$；

(2) 写出 E,F,G 各点的极坐标(图 2) $=$ $(\rho>0,0\leqslant\theta<2\pi)$.

解　(1) A,B,C,D 4 点的位置如图 2 所示，显然 B 点与 D 点重合，即 $\left(2,\frac{\pi}{4}\right)$ 与 $\left(2,\frac{9}{4}\pi\right)$ 表示同一个点.

(2) 由图 2 可知 E,F,G 各点的坐标为

---

① 必要时，允许 $\rho<0$，这时规定它的对应点 P 的位置在 θ 角终边的反向延长线上，且 $|OP|=|\rho|$. 当所建立的坐标系规定 ρ、θ 可以取一切实数时，便称为广义极坐标系. 高等数学课程中规定极径 $\rho\geqslant 0$.

$$E(1.5,\pi),\quad F\left(3,\frac{2\pi}{3}\right),\quad G\left(4,\frac{5\pi}{4}\right).$$

由以上的讨论可知,如果一个点的极坐标为(ρ,θ),那么$(\rho,\theta+2n\pi)(n\in\mathbf{Z})$都可以作为它的极坐标.但是,如果限定$\rho>0$,$0\leqslant\theta<2\pi$或$-\pi\leqslant\theta<\pi$,那么除极点外,平面上的点和极坐标就可以一一对应了.

二、曲线的极坐标方程

在极坐标系中,平面内的一条曲线可以用含有ρ,θ这两个变量的方程$\varphi(\rho,\theta)=0$来表示,这种方程称为曲线的**极坐标方程**.

在极坐标系中,由于平面内一点$P(\rho,\theta)$又可以表示为$P(\rho,\theta+2n\pi)(n\in\mathbf{Z})$,所以极坐标系中曲线和方程的定义为:设有方程$\varphi(\rho,\theta)=0$和曲线$C$,如果

(1) 曲线C上任意一点的所有极坐标中,至少有一对坐标适合方程$\varphi(\rho,\theta)=0$;

(2) 坐标适合方程$\varphi(\rho,\theta)=0$的点都在曲线C上.则方程$\varphi(\rho,\theta)=0$称为曲线C的方程;曲线C称为方程$\varphi(\rho,\theta)=0$的曲线.

在极坐标系内,曲线上一点的所有坐标不一定都适合方程.例如,点$P\left(\frac{\pi}{4},\frac{\pi}{4}\right)$适合等速螺线方程$\rho=\theta$,但点$P$的其他坐标$\left(\frac{\pi}{4},\frac{\pi}{4}+2n\pi\right)(n\in\mathbf{Z}$,且$n\neq0)$都不适合方程$\rho=\theta$.因此,一条曲线可与多个方程对应.例如,方程$\theta=\alpha$和$\theta=\alpha+2n\pi(n\in\mathbf{Z})$表示同一条射线.但它们之间不可以互化,即曲线和它的方程不是一一对应的.

求曲线的极坐标方程的方法和步骤,与求直角坐标方程完全类似,就是把曲线看成适合某种条件的点的集合或轨迹,将已知条件用曲线上点的极坐标ρ,θ的关系式$\varphi(\rho,\theta)=0$表示出来,并证明所得的方程是曲线的极坐标方程①.

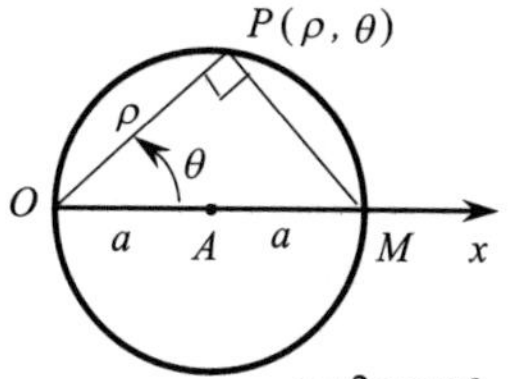

例 2　求圆心在点$A(a,0)$,半径是a的圆的极坐标方程.

图 3

解　如图3所示,由已知条件知道圆经过极点O.设圆和极轴的另一交点是M,则

$$|OM|=2a.$$

设$P(\rho,\theta)$是圆上任意一点.因为OM是直径,所以$\triangle OPM$是直角三角形,

$$|OP|=|OM|\cos\theta,$$

即

$$\rho=2a\cos\theta,$$

---

① 由于证明过程较繁,这里不证.

这就是所求圆的极坐标方程.

类似地讨论可知,极坐标方程 $\rho = 2a\sin\theta$, $\rho = -2a\sin\theta$, $\rho = -2a\cos\theta (a > 0)$ 都表示圆,它们的图形如图 4 所示.

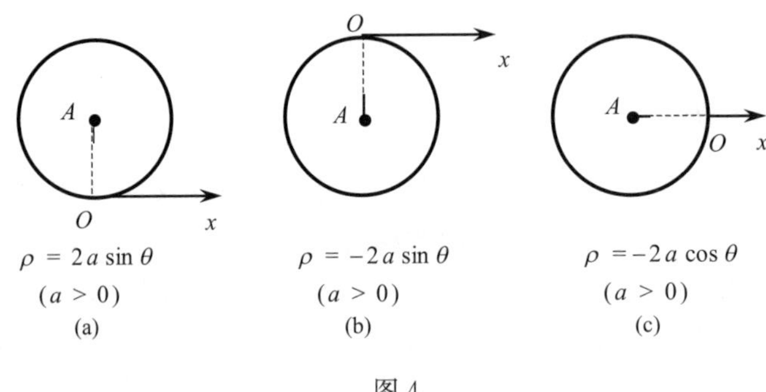

图 4

例 3　直径为 a 的圆上有一定点 O,过 O 作直线交圆于 Q,在直线 OQ 上取一点 P,使 $|QP| = a$,求点 Q 在圆上移动时,点 P 的轨迹的极坐标方程.

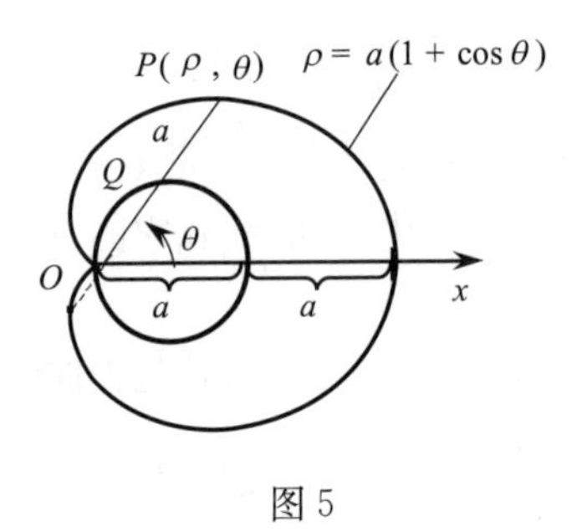

图 5

解　如图 5 所示,以定点 O 为极点,过点 O 和圆心的射线 Ox 为极轴,建立极坐标系.设点 P 的极坐标为 (ρ,θ),OP 与圆的交点 Q 的极坐标为 (ρ_1,θ).

当 P 在 OQ 的延长线上(或在 QO 的延长线上)时,因为 Q 在圆上,所以

$$\rho_1 = a\cos\theta$$

$$(\text{或 } \rho_1 = a\cos(\theta - \pi) = -a\cos\theta).$$

而

$$|OP| = |OQ| + |QP|$$

$$(\text{或 } |OP| = |QP| - |OQ|),$$

$$|OP| = \rho, \quad |QP| = a,$$

所以

$$\rho = a + \rho_1 \quad (\text{或 } \rho = a - \rho_1),$$

不论 P 在 OQ 的延长线上,还是 QO 的延长线上,都有

$$\rho = a + a\cos\theta,$$

即

$$\rho = a(1 + \cos\theta).$$

这就是点 P 的轨迹的极坐标方程. 曲线 $\rho = a(1 + \cos\theta)$ 称为心形线或心脏线. $\rho = a(1 - \cos\theta)$, $\rho = a(1 \pm \sin\theta)$ 的图形也都是心形线(见附录 Ⅲ),只不过朝向不同罢了.要画出这些极坐标方程的图形,可以用描点法. 一般是先把原方程化成

$\rho=f(\theta)$ 的形式，在变量允许的范围内，给 θ 以一系列的值，求出 ρ 的对应值，得到足够数目适合于这方程的坐标(ρ,θ)，再描点画图.

例 4　画出方程 $\rho^2=a^2\cos2\theta$ 的图形.

解　由于 $\cos2\theta$ 是偶函数，所以当 θ 取绝对值相同的正数与负数时，其函数值 $\cos2\theta=\cos(-2\theta)$，从而 ρ 值相等，故画出的图形关于极轴对称.

取 $\theta\in[0,\pi]$，由 $\rho^2=a^2\cos2\theta$ 知，$\cos2\theta\geqslant0$，所以 $0\leqslant2\theta\leqslant\frac{\pi}{2}$，即 $0\leqslant\theta\leqslant\frac{\pi}{4}$；或$\frac{3\pi}{2}\leqslant2\theta\leqslant2\pi$，即 $\frac{3\pi}{4}\leqslant\theta\leqslant\pi$. 在 θ 的取值范围内，给 θ 足够数目的值，并按式子：$\rho=a\sqrt{\cos2\theta}$ 求出对应的 ρ 值. 再描点作图，可得 $\rho^2=a^2\cos2\theta$ 的图形如图 6 所示. 这条曲线叫双纽线.

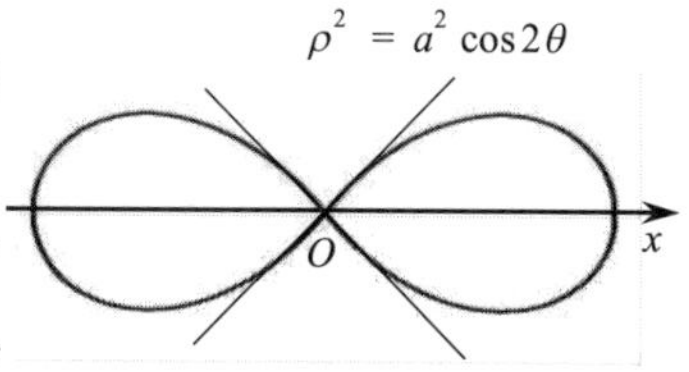

图 6

三、极坐标与直角坐标的关系

极坐标系和直角坐标系是两种不同的坐标系，但作为同一个点的两种坐标表示法，它们之间是有联系的.

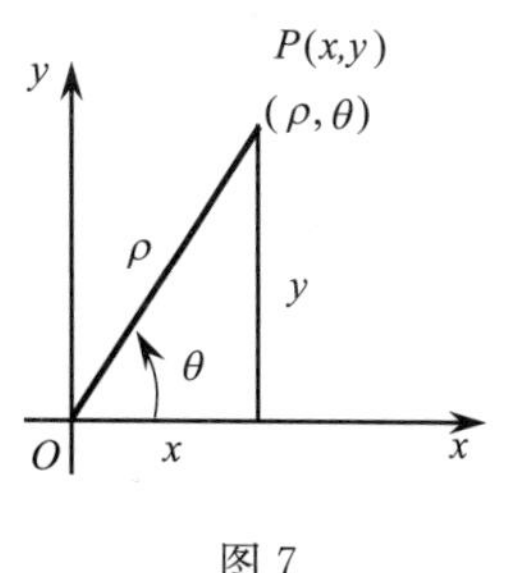

图 7

如图 7 所示，把直角坐标系的原点作为极点，x 轴的正半轴作为极轴，在两种坐标系中取相同的长度单位. 设 P 是平面内的任一点，它的直角坐标为(x,y)，极坐标为(ρ,θ). 我们不难得出它们有如下的关系：

$$\begin{cases}x=\rho\cos\theta,\\ y=\rho\sin\theta.\end{cases}\tag{1}$$

由式(1)，易将一个点的极坐标化为直角坐标. 如果要将点的直角坐标化为极坐标，式(1)可变形为

$$\begin{cases}\rho^2=x^2+y^2,\\ \tan\theta=\dfrac{y}{x}\quad(x\neq0).\end{cases}\tag{2}$$

一般情况下，由式(2)求 ρ,θ 的值时，ρ 取正值，θ 取最小正值，即 $\theta\in[0,2\pi)$.

利用上面关系，可以把曲线方程由直角坐标化成极坐标，或由极坐标化成直角坐标. 例如，直线 $x=5$ 可以化成 $\rho\cos\theta=5$，即 $\rho=\frac{5}{\cos\theta}$. 直线 $x-\sqrt{3}y=0$ 可化成 $\theta=\frac{\pi}{6}$. $\rho^2=a^2\sin2\theta$ 可化成$(x^2+y^2)^2=2a^2xy$.

高等数学中常用到的一些极坐标方程及其图形在附录Ⅳ中给出.

附录Ⅲ　二阶和三阶行列式简介

给出二元线性方程组

$$\begin{cases} a_{11}x_1 + a_{12}x_2 = b_1, \\ a_{21}x_1 + a_{22}x_2 = b_2, \end{cases} \tag{1}$$

求这方程组的解.

用大家熟知的消元法,分别消去方程组(1)中的 x_2 及 x_1 ,得

$$\begin{cases} (a_{11}a_{22} - a_{12}a_{21})x_1 = b_1a_{22} - a_{12}b_2, \\ (a_{11}a_{22} - a_{12}a_{21})x_2 = a_{11}b_2 - b_1a_{21}. \end{cases} \tag{2}$$

下面引入二阶行列式,然后利用二阶行列式来进一步讨论上述问题.

设已知四个数排成正方形表

$$\begin{pmatrix} a_{11} & a_{12} \\ a_{21} & a_{22} \end{pmatrix},$$

则数 $a_{11}a_{22} - a_{12}a_{21}$ 称为对应于这个表的**二阶行列式**,用记号

$$\begin{vmatrix} a_{11} & a_{12} \\ a_{21} & a_{22} \end{vmatrix} \tag{3}$$

表示,因此

$$\begin{vmatrix} a_{11} & a_{12} \\ a_{21} & a_{22} \end{vmatrix} = a_{11}a_{22} - a_{12}a_{21}.$$

数 $a_{11}, a_{12}, a_{21}, a_{22}$ 称为行列式(3) 的**元素**,横排称为**行**,竖排称为**列**. 元素 a_{ij} 中的第一个指标i 和第二个指标j,依次表示元素 a_{ij} 所处的行数和列数. 例如,元素 a_{21} 在行列式(3)中位于第二行和第一列.

现在,方程组(2)可利用行列式来表示. 设

$$D = \begin{vmatrix} a_{11} & a_{12} \\ a_{21} & a_{22} \end{vmatrix} = a_{11}a_{22} - a_{12}a_{21},$$

$$D_1 = \begin{vmatrix} b_1 & a_{12} \\ b_2 & a_{22} \end{vmatrix} = b_1a_{22} - a_{12}b_2,$$

$$D_2 = \begin{vmatrix} a_{11} & b_1 \\ a_{21} & b_2 \end{vmatrix} = a_{11}b_2 - b_1a_{21},$$

则方程组(2)可写成

$$\begin{cases} Dx_1 = D_1, \\ Dx_2 = D_2. \end{cases} \tag{2'}$$

D 就是方程组(1) 中 x_1 及 x_2 的系数构成的行列式,因此称为**系数行列式**,而 D_1 和 D_2 分别是用方程组(1) 右端的常数代替 D 的第一列和第二列而形成的.

若 $D \neq 0$,则方程组(2)的解为

$$x_1 = \frac{D_1}{D}, \quad x_2 = \frac{D_2}{D}. \tag{4}$$

把解(4)中 x_1 及 x_2 的值代入方程组(1),便可证实 x_1 及 x_2 的这对值也是方程组(1) 的解. 另一方面,(2) 是由(1) 导出的,因此方程组(1) 的解一定是方程组(2) 的解. 现在方程组(2) 只有一组解(4),所以解(4) 是方程组(1) 的唯一解. 由此得出结论:

在 $D \neq 0$ 的条件下,方程组(1)有唯一的解

$$x_1 = \frac{D_1}{D}, \quad x_2 = \frac{D_2}{D}.$$

例 1　解方程组

$$\begin{cases} 2x + 3y = 8, \\ x - 2y = -3. \end{cases}$$

解

$$D = \begin{vmatrix} 2 & 3 \\ 1 & -2 \end{vmatrix} = 2 \times (-2) - 3 \times 1 = -7,$$

$$D_1 = \begin{vmatrix} 8 & 3 \\ -3 & -2 \end{vmatrix} = 8 \times (-2) - 3 \times (-3) = -7,$$

$$D_2 = \begin{vmatrix} 2 & 8 \\ 1 & -3 \end{vmatrix} = 2 \times (-3) - 8 \times 1 = -14.$$

因 $D = -7 \neq 0$,故所给方程组有唯一解

$$x = \frac{D_1}{D} = \frac{-7}{-7} = 1, \quad y = \frac{D_2}{D} = \frac{-14}{-7} = 2.$$

下面介绍三阶行列式概念.

设已知九个数排成正方形表

$$\begin{pmatrix} a_{11} & a_{12} & a_{13} \\ a_{21} & a_{22} & a_{23} \\ a_{31} & a_{32} & a_{33} \end{pmatrix},$$

则数 $a_{11}a_{22}a_{33} + a_{12}a_{23}a_{31} + a_{13}a_{21}a_{32} - a_{13}a_{22}a_{31} - a_{12}a_{21}a_{33} - a_{11}a_{23}a_{32}$ 称为对应于这个表的三阶行列式,用记号

$$\begin{vmatrix} a_{11} & a_{12} & a_{13} \\ a_{21} & a_{22} & a_{23} \\ a_{31} & a_{32} & a_{33} \end{vmatrix}$$

表示,因此

$$\begin{vmatrix} a_{11} & a_{12} & a_{13} \\ a_{21} & a_{22} & a_{23} \\ a_{31} & a_{32} & a_{33} \end{vmatrix} = a_{11}a_{22}a_{33} + a_{12}a_{23}a_{31} + a_{13}a_{21}a_{32} - a_{13}a_{22}a_{31} - a_{12}a_{21}a_{33} - a_{11}a_{23}a_{32}. \tag{5}$$

关于三阶行列式的元素、行、列等概念,与二阶行列式的相应概念类似,不再重复.

式(5)右端相当复杂,可以借助下列图形得出它的计算法则(通常称为对角线法则):

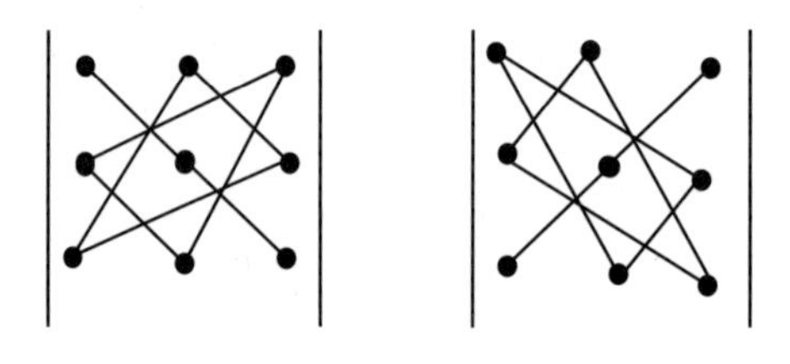

+　　　　　　　−

行列式中从左上角到右下角的直线称为**主对角线**,从右上角到左下角的直线称为**次对角线**.主对角线上元素的乘积,以及位于主对角线的平行线上的元素与对角上的元素的乘积,前面都取正号.次对角线上元素的乘积,以及位于次对角线的平行线上的元素与对角上的元素的乘积,前面都取负号.

例 2

$$\begin{aligned}\begin{vmatrix} 2 & 1 & 2 \\ -4 & 3 & 1 \\ 2 & 3 & 5 \end{vmatrix} &= 2\times3\times5+1\times1\times2+2\times(-4)\times3 \\ &\quad -2\times3\times2-1\times(-4)\times5-2\times1\times3 \\ &= 30+2-24-12+20-6=10.\end{aligned}$$

利用交换律及结合律,可把式(5)改写如下:

$$\begin{vmatrix} a_{11} & a_{12} & a_{13} \\ a_{21} & a_{22} & a_{23} \\ a_{31} & a_{32} & a_{33} \end{vmatrix} = a_{11}(a_{22}a_{33}-a_{23}a_{32}) - a_{12}(a_{21}a_{33}-a_{23}a_{31}) + a_{13}(a_{21}a_{32}-a_{22}a_{31}).$$

把上式右端三个括号中的式子表示为二阶行列式,则有

$$\begin{vmatrix} a_{11} & a_{12} & a_{13} \\ a_{21} & a_{22} & a_{23} \\ a_{31} & a_{32} & a_{33} \end{vmatrix} = a_{11}\begin{vmatrix} a_{22} & a_{23} \\ a_{32} & a_{33} \end{vmatrix} - a_{12}\begin{vmatrix} a_{21} & a_{23} \\ a_{31} & a_{33} \end{vmatrix} + a_{13}\begin{vmatrix} a_{21} & a_{22} \\ a_{31} & a_{32} \end{vmatrix}.$$

上式称为三阶行列式按第一行的**展开式**.

例 3　将例 2 中的行列式按第一行展开并计算它的值.

解
$$\begin{vmatrix} 2 & 1 & 2 \\ -4 & 3 & 1 \\ 2 & 3 & 5 \end{vmatrix} = 2\begin{vmatrix} 3 & 1 \\ 3 & 5 \end{vmatrix} - \begin{vmatrix} -4 & 1 \\ 2 & 5 \end{vmatrix} + 2\begin{vmatrix} -4 & 3 \\ 2 & 3 \end{vmatrix}$$
$$= 2\times 12 - (-22) + 2\times(-18) = 24 + 22 - 36 = 10.$$

习　题

1. 利用二阶行列式解下列方程组：

(1) $\begin{cases} 5x - y = 2, \\ 3x + 2y = 9; \end{cases}$　　(2) $\begin{cases} 3x + 4y = 2, \\ 2x + 3y = 7. \end{cases}$

2. 利用对角线法则，计算下列各行列式：

(1) $\begin{vmatrix} 2 & 0 & 1 \\ 1 & -4 & -1 \\ -1 & 8 & 3 \end{vmatrix}$；　　(2) $\begin{vmatrix} 4 & -2 & 4 \\ 10 & 2 & 12 \\ 1 & 2 & 2 \end{vmatrix}$；

(3) $\begin{vmatrix} 3 & 4 & 2 \\ 7 & 5 & 1 \\ 3 & 2 & 4 \end{vmatrix}$；　　(4) $\begin{vmatrix} 1 & 1 & 1 \\ 1 & 1+a & 1 \\ 1 & 1 & 1+b \end{vmatrix}$.

3. 将下列行列式按第一行展开并计算它们的值：

(1) $\begin{vmatrix} 1 & 2 & 3 \\ 3 & 1 & 2 \\ 2 & 3 & 1 \end{vmatrix}$；　　(2) $\begin{vmatrix} -1 & 2 & 2 \\ 2 & -1 & 2 \\ 2 & 2 & -1 \end{vmatrix}$.

4. 证明等式：

$$\begin{vmatrix} a_{11} & a_{12} & a_{13} \\ a_{21} & a_{22} & a_{23} \\ a_{31} & a_{32} & a_{33} \end{vmatrix} = -a_{21}\begin{vmatrix} a_{12} & a_{13} \\ a_{32} & a_{33} \end{vmatrix} + a_{22}\begin{vmatrix} a_{11} & a_{13} \\ a_{31} & a_{33} \end{vmatrix} - a_{23}\begin{vmatrix} a_{11} & a_{12} \\ a_{31} & a_{32} \end{vmatrix}.$$

（注：上面这个等式称为三阶行列式按第二行的展开式.）

习题答案

1. (1) $x = 1, y = 3$；　(2) $x = -22, y = 17$.
2. (1) -4；　(2) 8；　(3) -48；　(4) ab.
3. (1) 18；　(2) 27.

附录Ⅳ　几种常用的曲线

(1) 三次抛物线

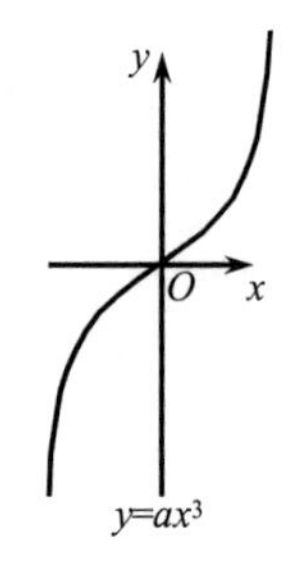

(2) 半立方抛物线

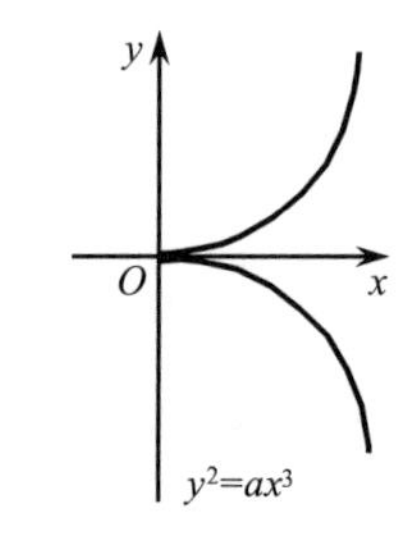

(3) 概率曲线

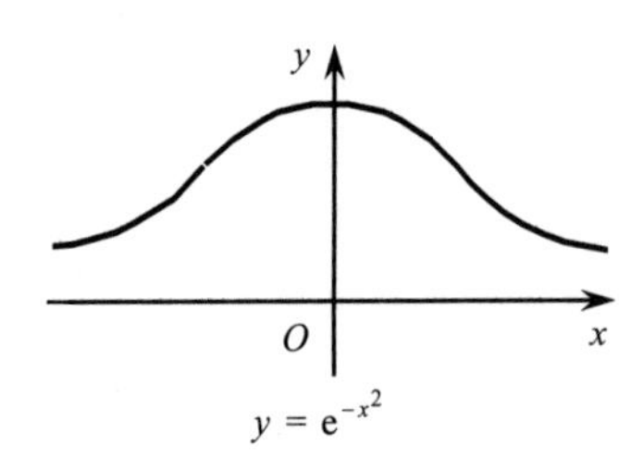

(4) 笛卡儿叶形线

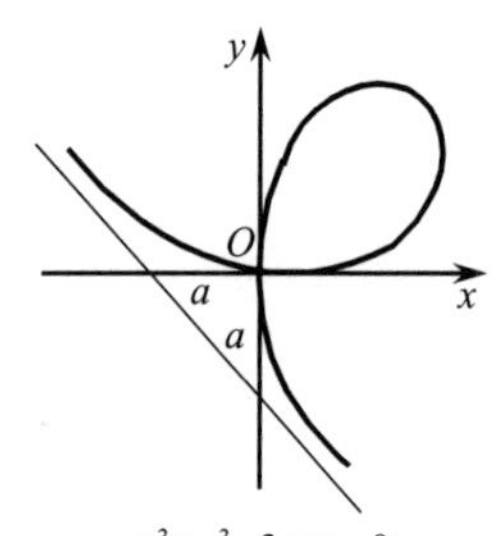

$x^3+y^3-3axy=0,$

$x=\dfrac{3at}{1+t^3},\ y=\dfrac{3at^2}{1+t^3}$

(5) 星形线(内摆线的一种)

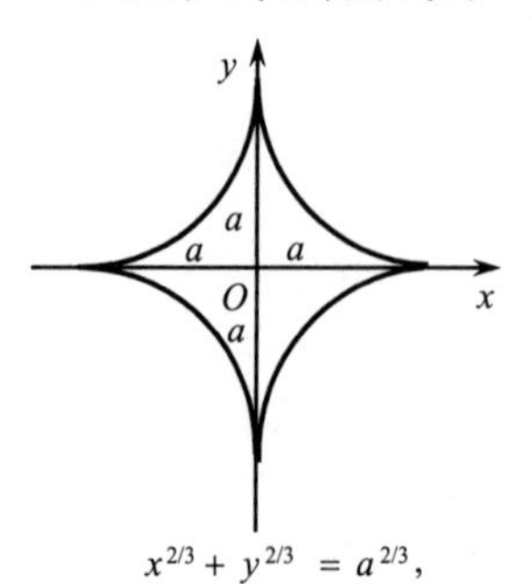

$x^{2/3}+y^{2/3}=a^{2/3},$

$\begin{cases} x=a\cos^3\theta, \\ y=a\sin^3\theta \end{cases}$

(6) 摆线

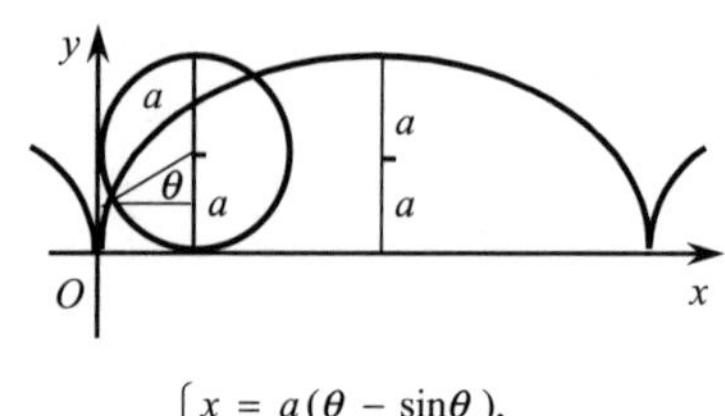

$\begin{cases} x=a(\theta-\sin\theta), \\ y=a(1-\cos\theta) \end{cases}$

（7）心形线（外摆线的一种）

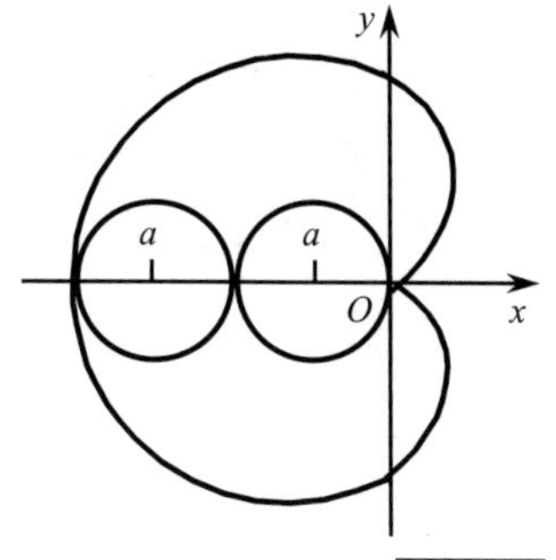

$x^2+y^2+ax=a\sqrt{x^2+y^2}$，

$\rho=a(1-\cos\theta)$

（8）阿基米德螺线

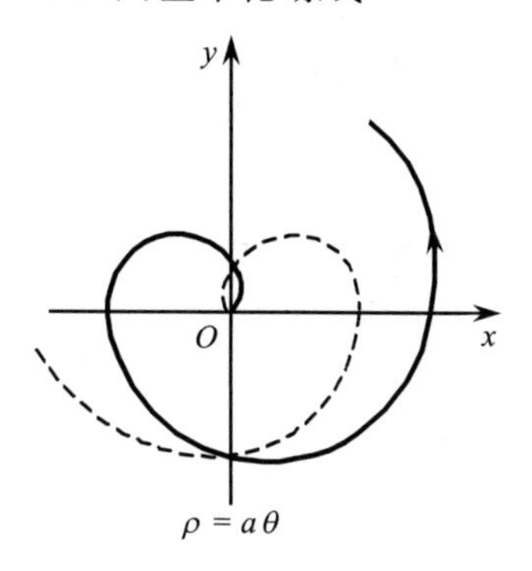

$\rho=a\theta$

（9）心形线

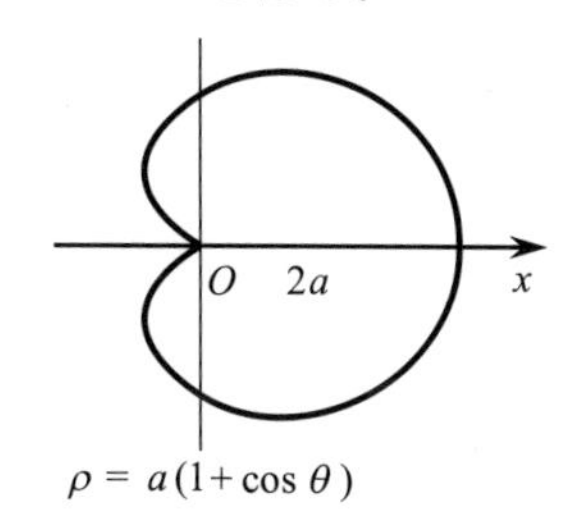

$\rho=a(1+\cos\theta)$

（10）心形线

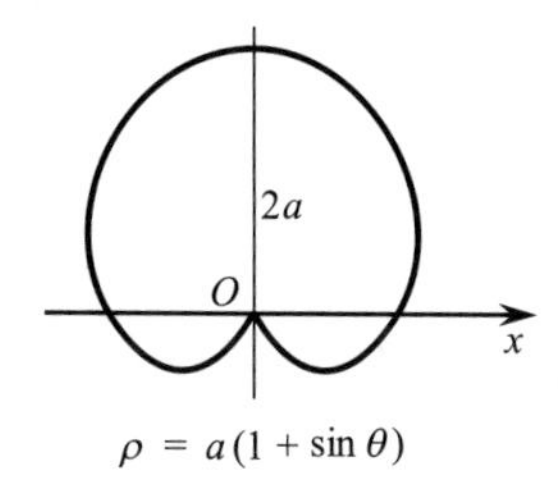

$\rho=a(1+\sin\theta)$

（11）心形线

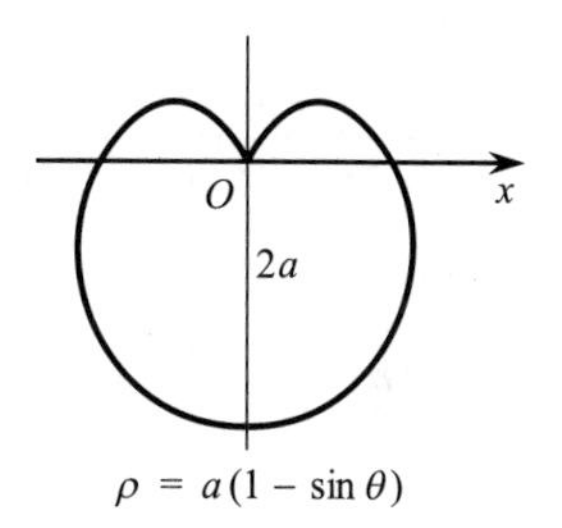

$\rho=a(1-\sin\theta)$

（12）对数螺线

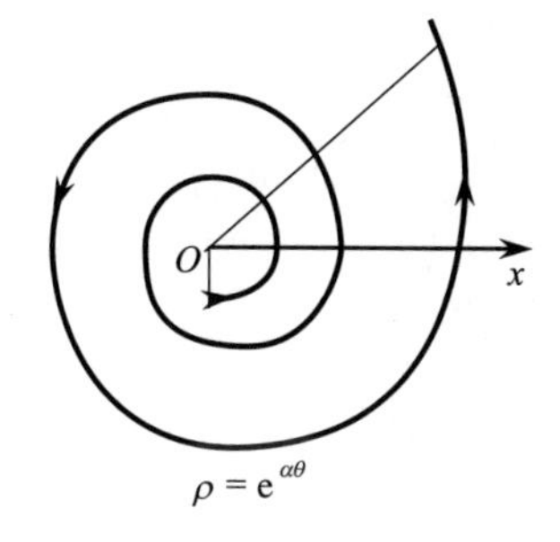

$\rho=\mathrm{e}^{a\theta}$

（13）双曲螺线

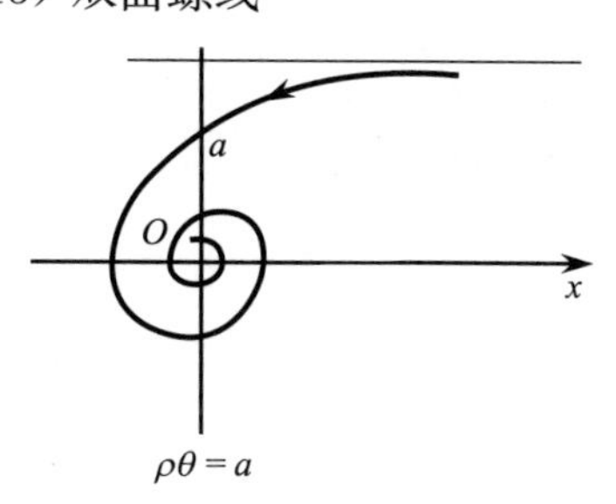

$\rho\theta=a$

(14) 伯努利双纽线

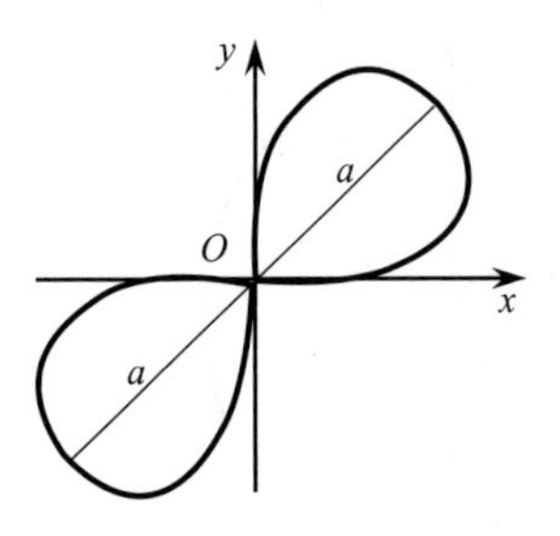

$(x^2+y^2)^2=2a^2xy$,

$\rho^2=a^2\sin 2\theta$

(15) 伯努利双纽线

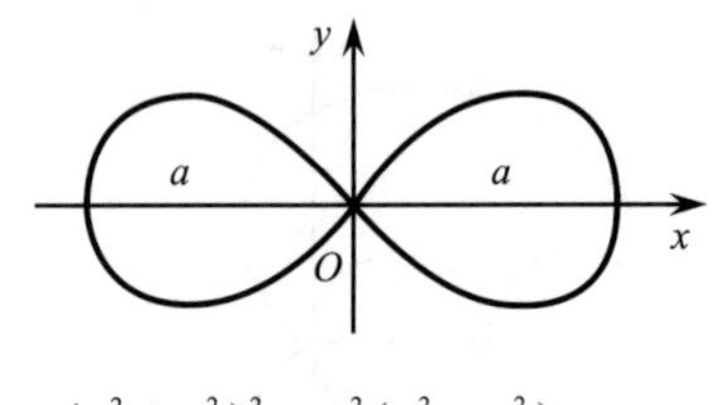

$(x^2+y^2)^2=a^2(x^2-y^2)$,

$\rho^2=a^2\cos 2\theta$

(16) 三叶玫瑰线

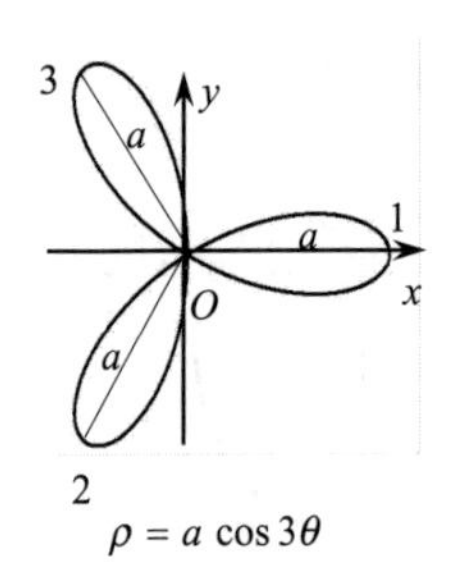

$\rho=a\cos 3\theta$

(17) 三叶玫瑰线

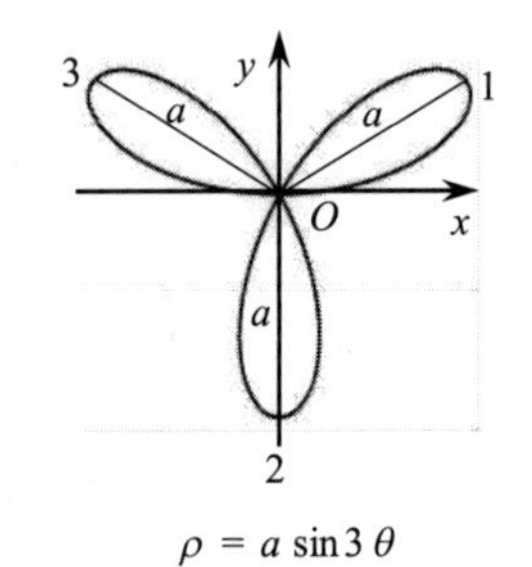

$\rho=a\sin 3\theta$

(18) 四叶玫瑰线

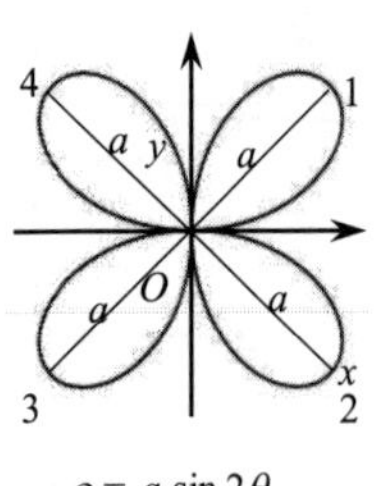

$\rho=a\sin 2\theta$

(19) 四叶玫瑰线

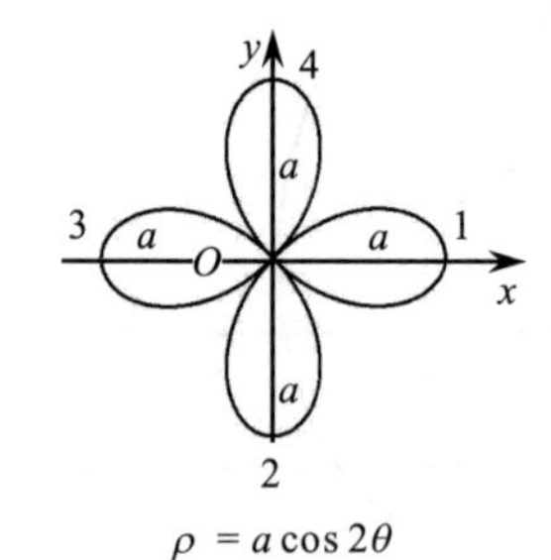

$\rho=a\cos 2\theta$

附录Ⅴ　积 分 简 表

1. $\int x(ax+b)^n \mathrm{d}x = \frac{(ax+b)^{n+1}}{a^2}\left(\frac{ax+b}{n+2}-\frac{b}{n+1}\right)+C \ (n\neq -1, -2).$

2. $\int x(ax+b)^{-1}\mathrm{d}x = \frac{x}{a}-\frac{b}{a^2}\ln|ax+b|+C.$

3. $\int x(ax+b)^{-2}\mathrm{d}x = \frac{1}{a^2}\left(\ln|ax+b|-\frac{a}{ax+b}\right)+C.$

4. $\int \frac{\mathrm{d}x}{x\sqrt{ax+b}} = \begin{cases} \frac{1}{\sqrt{b}}\ln\left|\frac{\sqrt{ax+b}-\sqrt{b}}{\sqrt{ax+b}+\sqrt{b}}\right|+C, & b>0, \\ \frac{2}{\sqrt{-b}}\arctan\sqrt{\frac{ax+b}{-b}}+C, & b<0. \end{cases}$

5. $\int \frac{\sqrt{ax+b}}{x}\mathrm{d}x = 2\sqrt{ax+b}+b\int\frac{\mathrm{d}x}{x\sqrt{ax+b}}.$

6. $\int \frac{\sqrt{ax+b}}{x^2}\mathrm{d}x = -\frac{\sqrt{ax+b}}{x}+\frac{a}{2}\int\frac{\mathrm{d}x}{x\sqrt{ax+b}}.$

7. $\int \frac{\mathrm{d}x}{x^2\sqrt{ax+b}} = -\frac{\sqrt{ax+b}}{bx}-\frac{b}{2a}\int\frac{\mathrm{d}x}{x\sqrt{ax+b}}.$

8. $\int \frac{\mathrm{d}x}{a^2+x^2} = \frac{1}{a}\arctan\frac{x}{a}+C.$

9. $\int \frac{\mathrm{d}x}{(a^2+x^2)^2} = \frac{x}{2a^2(a^2+x^2)}+\frac{1}{2a^3}\arctan\frac{x}{a}+C.$

10. $\int \frac{\mathrm{d}x}{a^2-x^2} = \frac{1}{2a}\ln\left|\frac{x+a}{x-a}\right|+C.$

11. $\int \frac{\mathrm{d}x}{(a^2-x^2)^2} = \frac{x}{2a^2(a^2-x^2)}+\frac{1}{4a^3}\ln\left|\frac{x+a}{x-a}\right|+C.$

12. $\int \frac{\mathrm{d}x}{\sqrt{a^2-x^2}} = \arcsin\frac{x}{a}+C.$

13. $\int \frac{\mathrm{d}x}{\sqrt{x^2\pm a^2}} = \ln|x+\sqrt{x^2\pm a^2}|+C.$

14. $\int \sqrt{a^2-x^2}\mathrm{d}x = \frac{x}{2}\sqrt{a^2-x^2}+\frac{a^2}{2}\arcsin\frac{x}{a}+C.$

15. $\int \sqrt{x^2\pm a^2}\mathrm{d}x = \frac{x}{2}\sqrt{x^2\pm a^2}\pm\frac{a^2}{2}\ln|x+\sqrt{x^2\pm a^2}|+C.$

16. $\int (x^2\pm a)^{\frac{3}{2}}\mathrm{d}x = \frac{x}{8}(2x^2\pm 5a^2)\sqrt{x^2\pm a^2}+\frac{3a^4}{8}\ln|x+\sqrt{x^2\pm a^2}|+C.$

17. $\int \frac{dx}{(x^2 \pm a^2)^{\frac{3}{2}}} = \pm \frac{x}{a^2 \sqrt{x^2 \pm a^2}} + C.$

18. $\int \frac{dx}{\sqrt{2ax - x^2}} = \arcsin \frac{x-a}{a} + C.$

19. $\int \sqrt{2ax - x^2} dx = \frac{x-a}{2} \sqrt{2ax - x^2} + \frac{a^2}{2} \arcsin \frac{x-a}{a} + C.$

20. $\int x \sqrt{2ax - x^2} dx = \frac{(x+a)(2x-3a) \sqrt{2ax - x^2}}{6} + \frac{a^3}{2} \arcsin \frac{x-a}{a} + C.$

21. $\int \frac{\sqrt{2ax - x^2}}{x} dx = \sqrt{2ax - x^2} + a\arcsin \frac{x-a}{a} + C.$

22. $\int \frac{\sqrt{2ax - x^2}}{x^2} dx = -2\sqrt{\frac{2a-x}{x}} - \arcsin \frac{x-a}{a} + C.$

23. $\int \frac{x dx}{\sqrt{2ax - x^2}} = a\arcsin \frac{x-a}{a} - \sqrt{2ax - x^2} + C.$

24. $\int \frac{dx}{x \sqrt{2ax - x^2}} = -\frac{1}{a}\sqrt{\frac{2a-x}{x}} + C.$

25. $\int \sqrt{\frac{a+x}{b+x}} dx = \sqrt{(a+x)(b+x)} + (a-b)\ln(\sqrt{a+x} + \sqrt{b+x}) + C.$

26. $\int \sqrt{\frac{a-x}{b+x}} dx = \sqrt{(a-x)(b+x)} + (a+b)\arcsin\sqrt{\frac{x+b}{a+b}} + C.$

27. $\int \frac{dx}{\sqrt{(x-a)(b-x)}} = 2\arcsin\sqrt{\frac{x-a}{b-a}} + C.$

28. $\int \frac{dx}{a^4 + x^4} = \frac{1}{4\sqrt{2}a^3} \ln \left| \frac{x^2 + \sqrt{2}ax + a^2}{x^2 - \sqrt{2}ax + a^2} \right| + C.$

29. $\int \frac{dx}{a^4 - x^4} = \frac{1}{4a^3}\left(\ln \left| \frac{x+a}{x-a} \right| + 2\arctan \frac{x}{a} \right) + C.$

30. $\int \sin ax dx = -\frac{1}{a}\cos ax + C$，$\int \cos ax dx = \frac{1}{a}\sin ax + C.$

31. $\int \sin^2 ax dx = \frac{x}{2} - \frac{\sin 2ax}{4a} + C$，$\int \cos^2 ax = \frac{x}{2} + \frac{\sin 2ax}{4a} + C.$

32. $\int \sin^n ax dx = \frac{-\sin^{n-1} ax \cos ax}{na} + \frac{n-1}{n}\int \sin^{n-2} ax dx.$

33. $\int \cos^n ax dx = \frac{\cos^{n-1} ax \sin ax}{na} + \frac{n-1}{n}\int \cos^{n-2} ax dx.$

34. $$\begin{aligned}\int \sin^n ax \cos^m ax dx &= -\frac{\sin^{n-1} ax \cos^{m+1} ax}{a(m+n)} + \frac{n-1}{m+n}\int \sin^{n-2} ax \cos^m ax dx \\ &= \frac{\sin^{n+1} ax \cos^{m-1} ax}{a(m+n)} + \frac{m-1}{m+n}\int \sin^n ax \cos^{m-2} ax dx \ (n \neq -m).\end{aligned}$$

35. $\int \frac{dx}{1+\sin ax} = -\frac{1}{a}\tan\left(\frac{\pi}{4} - \frac{ax}{2} \right) + C.$

36. $\int \frac{\mathrm{d}x}{b+c\sin ax}$

$$=\begin{cases}-\frac{2}{a\sqrt{b^2-c^2}}\arctan\left[\sqrt{\frac{b-c}{b+c}}\tan\left(\frac{\pi}{4}-\frac{ax}{2}\right)\right]+C, & b^2>c^2, \\ -\frac{1}{a\sqrt{c^2-b^2}}\ln\left|\frac{c+b\sin ax+\sqrt{c^2-b^2}\cos ax}{b+c\sin ax}\right|+C, & b^2<c^2.\end{cases}$$

37. $\int \frac{\mathrm{d}x}{1+\cos ax}=\frac{1}{a}\tan\frac{ax}{2}+C.$

38. $\int \frac{\mathrm{d}x}{b+c\cos ax}$

$$=\begin{cases}\frac{2}{a\sqrt{b^2-c^2}}\arctan\left[\sqrt{\frac{b-c}{b+c}}\tan\frac{ax}{2}\right]+C, & b^2>c^2, \\ \frac{1}{a\sqrt{c^2-b^2}}\ln\left|\frac{c+b\cos ax+\sqrt{c^2-b^2}\sin ax}{b+c\cos ax}\right|+C, & b^2<c^2.\end{cases}$$

39. $\int \tan ax\,\mathrm{d}x=-\frac{1}{a}\ln|\cos ax|+C$, $\int \tan^2 ax\,\mathrm{d}x=\frac{1}{a}\tan ax-x+C.$

40. $\int \tan^n ax\,\mathrm{d}x=\frac{\tan^{n-1}ax}{a(n-1)}-\int \tan^{n-2}ax\,\mathrm{d}x, n\neq 1.$

41. $\int \sec ax\,\mathrm{d}x=\frac{1}{a}\ln|\sec ax+\tan ax|+C$, $\int \sec^2 ax\,\mathrm{d}x=\frac{1}{a}\tan ax+C.$

42. $\int \sec^n ax\,\mathrm{d}x=\frac{\sec^{n-2}ax\tan ax}{a(n-1)}+\frac{n-2}{n-1}\int \sec^{n-2}ax\,\mathrm{d}x(n\neq 1).$

43. $\int \arcsin ax\,\mathrm{d}x=x\arcsin ax+\frac{1}{a}\sqrt{1-a^2x^2}+C.$

44. $\int \arccos ax\,\mathrm{d}x=x\arccos ax-\frac{1}{a}\sqrt{1-a^2x^2}+C.$

45. $\int \arctan ax\,\mathrm{d}x=x\arctan ax-\frac{1}{2a}\ln|1+a^2x^2|+C.$

46. $\int \mathrm{arccot}\, ax\,\mathrm{d}x=x\,\mathrm{arccot}\, ax+\frac{1}{2a}\ln|1+a^2x^2|+C.$

47. $\int \mathrm{e}^{ax}\mathrm{d}x=\frac{1}{a}\mathrm{e}^{ax}+C, \int b^{ax}\mathrm{d}x=\frac{b^{ax}}{a\ln b}+C\ (b>0, b\neq 1).$

48. $\int \mathrm{e}^{ax}\sin bx\,\mathrm{d}x=\frac{\mathrm{e}^{ax}}{a^2+b^2}(a\sin bx-b\cos bx)+C.$

49. $\int \mathrm{e}^{ax}\cos bx\,\mathrm{d}x=\frac{\mathrm{e}^{ax}}{a^2+b^2}(a\cos bx+b\sin bx)+C.$

50. $\int x^n\ln ax\,\mathrm{d}x=\frac{1}{n+1}x^{n+1}\ln ax-\frac{x^{n+1}}{(n+1)^2}+C\ (n\neq -1).$

51. $\int_{-\pi}^{\pi}\sin mx\cos nx\,\mathrm{d}x=0.$

52. $\int_{-\pi}^{\pi}\sin mx\sin nx\,dx=\begin{cases}0, & m\neq n,\\ \pi, & m=n\neq 0.\end{cases}$

$\int_{-\pi}^{\pi}\cos mx\cos nx\,dx=\begin{cases}0, & m\neq n,\\ \pi, & m=n.\end{cases}$

53. $\int_{0}^{\pi}\sin mx\sin nx\,dx=\begin{cases}0, & m\neq n,\\ \dfrac{\pi}{2}, & m=n\neq 0.\end{cases}$

$\int_{0}^{\pi}\cos mx\cos nx\,dx=\begin{cases}0, & m\neq n,\\ \dfrac{\pi}{2}, & m=n.\end{cases}$

54. $\int_{0}^{\frac{\pi}{2}}\sin^n x\,dx=\int_{0}^{\frac{\pi}{2}}\cos^n x\,dx=\begin{cases}\dfrac{1\cdot 3\cdot 5\cdot\cdots\cdot(n-1)}{2\cdot 4\cdot 6\cdot\cdots\cdot n}\cdot\dfrac{\pi}{2}, & n\geqslant 2\text{ 是偶数},\\ \dfrac{2\cdot 4\cdot 6\cdot\cdots\cdot(n-1)}{1\cdot 3\cdot 5\cdot\cdots\cdot n}, & n\geqslant 3\text{ 是奇数}.\end{cases}$

55. $\int_{0}^{+\infty}x^{n-1}e^{-x}\,dx=\Gamma(n)=(n-1)!$（$n$ 是正整数）.

56. $\int_{0}^{+\infty}e^{-ax^2}\,dx=\frac{1}{2}\sqrt{\frac{\pi}{a}}\ (a>0)$.

附录Ⅵ　记 号 说 明

本书使用了一些集合记号和逻辑符号，还对函数在某集合上具有某种性质采用了一些简化记号，为帮助读者使用，现集中说明如下：

一、集合记号

1. $\mathbf{N}$：非负整数集；$\mathbf{Z}$：整数集；$\mathbf{Q}$：有理数集；$\mathbf{R}$：实数集；$\mathbf{C}$：复数集.

右上角添加了上标“$*$”、“$+$”、“$-$”的表示数集的字母分别表示该数集的几个特定子集. 以实数集 $\mathbf{R}$ 为例. $\mathbf{R}^*$：表示排除了零的实数集；$\mathbf{R}^+$：表示正实数集；$\mathbf{R}^-$：表示负实数集. 其他数集情况相似，可以类推.

D_f 表示映射 f 的定义域，R_f 表示映射 f 的值域.

2. 以 $U(a,\delta)$ 表示以点 a 为中心，δ 为半径的邻域；以 $\mathring{U}(a,\delta)$ 表示以点 a 为中心，δ 为半径的去心邻域. 以 $U(a)$ 表示点 a 的邻域；$(a-\delta,a)$ 表示点 a 的左 δ 邻域；$(a,a+\delta)$ 表示点 a 的右 δ 邻域.

3. $A\subseteq B$ 表示 A 是 B 的子集，$A\subset B$ 表示 A 是 B 的真子集；$A\cup B$，$A\cap B$，A^C，$A\backslash B$ 分别表示集合 A 与集合 B 的并集，交集，余集（或补集）和差集. $A\times B=\{(x,y)\mid x\in A,\ y\in B\}$ 称为 A 与 B 的直积. 或笛卡儿(Descartes)乘积.

4. $\mathbf{R}^n=\mathbf{R}\times\mathbf{R}\times\cdots\times\mathbf{R}=\{(x_1,x_2,\cdots,x_n)\mid x_i\in\mathbf{R},\ i=1,2,\cdots,n\}$ 表示 n 元有序实数组的全体所构成的集合. $\boldsymbol{O}=(0,0,\cdots,0)$ 称为 $\mathbf{R}^n$ 中的坐标原点或 n 维零向量. $\boldsymbol{x}=(x_1,x_2,\cdots,x_n)$ 称为 $\mathbf{R}^n$ 中的元素.

二、逻辑符号

$\forall$：表示“对于任意给定的”，“对所有的”

$\exists$：表示“总存在”，“总有”

$\Rightarrow$：表示“可推得”，“蕴含”

$\Leftrightarrow$：表示“等价于”，“可互相推得”

三、表示函数性质和函数运算的记号

1. $f\circ g$ 表示由 g 和 f 构成的复合映射：$(f\circ g)(x)=f[g(x)]$.

2. 函数运算：

$(f\pm g)(x)=f(x)\pm g(x)$，

$(f\cdot g)(x)=f(x)\cdot g(x)$，$\left(\dfrac{f}{g}\right)(x)=\dfrac{f(x)}{g(x)}$，$x\in(D\backslash\{x\mid g(x)=0\})$.

3. 极限：$f(x^+)$，$f(x^-)$ 分别表示函数 $f(x)$ 在点 x 的右极限和左极限.

4. 函数性质记号：

$B(I)$ 表示区间 I 上的全体有界函数之集合；

$C(I)$ 表示区间 I 上的全体连续函数之集合；

$C^{(1)}(I)$ 表示区间 I 上的全体可导函数之集合；

$C^{(n)}(I)$ 表示区间 I 上的全体 n 阶可导函数之集合；

$C^{(n)}(D)$ 表示在区域 D 上有 n 阶连续偏导数的多元函数之集合；

$R(I)$ 表示在有界闭区域 $I\subset\mathbf{R}^n$ 上黎曼可积的全体函数的集合.

于是，记号 $f\in B(I)$，$f\in C(I)$，$f\in C^{(1)}(I)$，$f\in C^{(n)}(I)$ 分别表示函数 f 在区间 I 上有界，在区间 I 上连续，在区间 I 上可导，在区间 I 上 n 阶可导. $f\in C^{(n)}(D)$ 表示 f 的 n 阶偏导数在区域 D 内连续，或称 f 是区域 D 上的 $C^{(n)}$ 类函数.

上面记号中的区间 I 可分别代之以各种具体的区间，从而使记号具有各种相应的含义，例如：

记号 $f\in B[a,b]$，$f\in C(a,b)$，$f\in C^{(1)}(U(a,\delta))$ 分别表示函数 f 在区间 $[a,b]$ 上有界，f 在区间 (a,b) 上连续和 f 在点 a 的 δ 邻域内可导.

又例如可用 $f\in C[a,b]\cap C^{(1)}(a,b)$ 表示 f 在闭区间 $[a,b]$ 上连续，在开区间 (a,b) 上可导.

5. 广义积分：$\int_a^{+\infty}f(x)\mathrm{d}x=F(x)\Big|_a^{+\infty}$，其中 $F(+\infty)=\lim\limits_{x\to+\infty}F(x)$，其余类推.

对于下限为瑕点的广义积分来说，有记号：$\int_a^b f(x)\mathrm{d}x=\lim\limits_{t\to a^+}\int_t^b f(x)\mathrm{d}x$.

高等数学同步学习软件

大学工科·数学教材系列

高等数学

（下册）

（第三版）

西北工业大学高等数学教材编写组　编

科学出版社
北京

内 容 简 介

本书是在教育大众化的新形势下，根据编者多年的教学实践，并结合“高等数学课程教学基本要求”编写的.

全书分上、下两册.上册共 7 章，内容包括一元函数的极限与连续、导数与微分、微分中值定理与导数的应用、不定积分、定积分、定积分的应用、向量代数与空间解析几何.上册书后附有数学建模简介、上册部分习题答案与提示、基本初等函数的定义域、值域、主要性质及其图形一览表、极坐标系简介、二阶和三阶行列式简介、几种常用的曲线、积分简表、记号说明.下册共 5 章，内容包括多元函数微分法及其应用、重积分、曲线积分与曲面积分、无穷级数、微分方程.下册书后附有下册部分习题答案与提示.

书末附有二维码，二维码的内容有两部分：一部分是与本书配套的高等数学多媒体学习系统，另一部分是本书中全部练习题的解答(有解答过程).

本书力求结构严谨、逻辑清晰、叙述详细、通俗易懂.全书有较多的例题，便于自学，同时注意尽量多给出一些应用实例.

本书可供高等院校工科类各专业的学生使用，也可供广大教师、工程技术人员参考.

图书在版编目(CIP)数据

高等数学(上、下册)/西北工业大学高等数学教材编写组编.—3 版.—北京：科学出版社，2013

大学工科・数学教材系列

ISBN 978-7-03-038125-5

Ⅰ.①高… Ⅱ.①西… Ⅲ.高等数学-高等学校-教材 Ⅳ.O13

中国版本图书馆 CIP 数据核字(2013)第 150311 号

责任编辑：王 静/责任校对：郭瑞芝

责任印制：师艳茹/封面设计：陈 敬

科学出版社 出版

北京东黄城根北街16号

邮政编码：100717

http://www.sciencep.com

保定市中画美凯印刷有限公司印刷

科学出版社发行 各地新华书店经销

*

2005 年 8 月第 一 版 开本：720×1000 B5

2008 年 7 月第 二 版 印张：45 1/2

2013 年 7 月第 三 版 字数：918 000

2024 年 8 月第二十二次印刷

定价：79.00 元(上、下册)

(如有印装质量问题，我社负责调换)

第三版前言

本书第三版是在第二版的基础上，根据我们近几年的教学实践，按照新形势下教学改革的精神进行修订的. 目的是使新版能更适合当前教与学的需要，成为适应时代要求、符合改革精神又保留原书优点的教材.

为适应高等数学课程教学时数减少的情况，新版首先削减了教材篇幅：根据教学大纲的要求，删除了一些为拓展知识而编写的非大纲要求的内容，以及一些步骤较多、占用篇幅较大的例题，同时还删去了某些章节的可以留待习题课上处理的例题. 新版对部分内容进行了改写，使得定理证明更简单、便于学生接受；使概念更准确；使公式运用起来更方便；语言表述更简洁、清晰，内容更精炼. 新版还将个别内容、个别例题的前后次序进行了调整，使其更符合教学规律. 为有利于培养学生的数学素养和应用数学的能力，新版增加了“数学建模简介”. 本次修定修改较多的部分涉及集合与映射、一元函数概念、导数概念、微分中值定理的证明、曲面的切平面、级数求收敛半径等.

新版还将部分习题打了 * 号. 这些习题有些是属于知识拓展的，有些是计算较繁的，还有些是近似计算题. 学生在做题时应分清主次，先做那些不带 * 号的、跟教学基本要求联系密切的题. 对于那些带 * 号的题，则留给想进一步深造的，或喜爱钻研数学的同学去做.

参加本次修订工作的有肖亚兰、陆全、郭强、林伟四位教师；参加编写高等数学多媒体学习系统的老师有刘华平、肖亚兰、陆全、郑红婵、孟雅琴；参加编写书中练习题解答的老师有郑红婵、周敏、崔学伟、王永忠、温金环、郭千桥. 新版中存在的问题，欢迎广大专家、同行和读者批评指正.

编　者

2013 年 4 月

第一版前言

本书是按照新形势下教材改革的精神，集编者多年的教学经验编写而成的.本书遵循的编写原则是：在教学内容的深度广度上与现行的高等工科院校“高等数学课程教学基本要求”大体相当，渗透现代数学思想，加强应用能力的培养.

在本书的编写过程中，我们做了以下一些改革的尝试：

1. 为更好地与中学数学教学相衔接，上册从一般的集合、映射引入函数概念.

2. 为有利于培养学生的能力和数学素养，渗透了一些现代数学的思想、语言和方法，适当引用了一些数学记号和逻辑符号.

3. 为培养学生的发散思维能力，本书对重要的概念和定理，尽可能地从几何直观或物理的实际背景提出问题，然后经过分析和论证上升到一般的概念和结论，最后归纳出定义和定理.目的在于培养学生的创新意识和创新能力.

4. 注重微积分的应用.本书除了一些经典的几何或物理问题外，还尽可能地举一些来自自然科学、工程技术领域和日常生活的问题作为例题和习题，尤其注意添加了一些经济方面的应用实例，以培养学生用数学方法解决实际问题的意识、兴趣和能力.

5. 对微积分的教学内容做了部分调整，使之更符合人的思维习惯，使教学系统性更强，便于学生消化吸收.

6. 增添了数学模型教学的内容，强调了微积分本身的数学模型特征，目的在于启发应用意识，提高应用能力，促进学生知识、能力和素质的融合.

7. 书中给出了微积分中所涉及的30多位数学家的介绍.

8. 为了控制课时数，有些内容用楷体字印刷，或在标题上加了“*”号，表示这些内容可供学生阅读自学.

本书分上、下两册，上册主要介绍一元函数微积分和向量代数与空间解析几何，下册主要介绍多元函数微积分、级数和微分方程.

本书是在西北工业大学应用数学系和教务处以及很多教师的支持下编写的.参加编写的教师分工如下：第一章、第三章由李云珠老师编写，第二章、第七章由郑红婵老师编写，第四章、第五章、第六章由符丽珍老师编写，第八章、第九章、第十章(下册)由肖亚兰老师编写，第十一章、第十二章(下册)由陆全老师编写，最后由肖亚兰、李云珠老师统纂定稿. 西北工业大学的叶正麟老师担任了本书的主审，西安交通大学的王绵森老师和西北大学的熊必璠老师审阅了原稿，并提出了不少改进意见，在此一并表示衷心的感谢.

限于编者水平，加之时间仓促，错误疏漏之处在所难免，恳请大家谅解.

编　者

2005 年 5 月

目　　录

（下册）

第八章　多元函数微分法及其应用

此前所讨论的函数都是只依赖于一个自变量的函数，即一元函数.但很多实际问题都与多个因素有关系，反映到数学上，就是某个变量依赖于多个变量的情形，因此要研究多元函数.

多元函数微分学是一元函数微分学的推广和发展，它们既有许多类似之处，又有不少本质差别.本章着重讨论二元函数，因为从一元函数发展到二元函数，许多方法和结论有着很大的不同，但是从二元函数到三元函数或者更多元函数却可以类推.

第一节　多元函数的极限与连续

一、平面点集　n 维空间

研究一元函数的概念、理论与方法离不开 $\mathbf{R}^1$ 中的点集概念，如邻域、开区间、闭区间等概念；类似地，要讨论多元函数，首先需要将上述一些概念加以推广.我们先将有关概念从 $\mathbf{R}^1$ 推广到 $\mathbf{R}^2$ 中，然后引入 n 维空间，以便推广到一般的 $\mathbf{R}^n$ 中.

1. 平面点集

坐标平面上具有某种属性的点组成的集合，称为平面点集，记作

$$E=\{(x,y)\mid(x,y)\text{具有的属性}\}.$$

例如，平面上以 $(1,0)$ 点为圆心的单位圆内所有点的集合是

$$E_1=\{(x,y)\mid(x-1)^2+y^2<1\}.$$

现在引入 $\mathbf{R}^2$ 中邻域的概念.

设 $P_0(x_0,y_0)$ 是 xOy 面上的一个点，δ 是一个正数，所有与点 P_0 的距离小于 δ 的点 $P(x,y)$ 的集合，称为点 P_0 的 δ 邻域，记作 $U(P_0,\delta)$，即

$$U(P_0,\delta)=\{(x,y)\mid\sqrt{(x-x_0)^2+(y-y_0)^2}<\delta\}$$

或

$$U(P_0,\delta)=\{P\mid|PP_0|<\delta\}.$$

从几何上看，$U(P_0,\delta)$ 就是 xOy 面上以点 $P_0(x_0,y_0)$ 为中心，以正数 δ 为半径的圆内部的点 $P(x,y)$ 的集合.在不强调半径 δ 时，可用 $U(P_0)$ 表示点 P_0 的某个邻域.

点 P_0 的去心 δ 邻域,记作 $\mathring{U}(P_0,\delta)$,即

$$\mathring{U}(P_0,\delta)=\{P \mid 0<|PP_0|<\delta\}.$$

在不强调半径 δ 时,可写作 $\mathring{U}(P_0)$.

设 E 为平面点集,相对于 E,平面上的点可以分为三类:

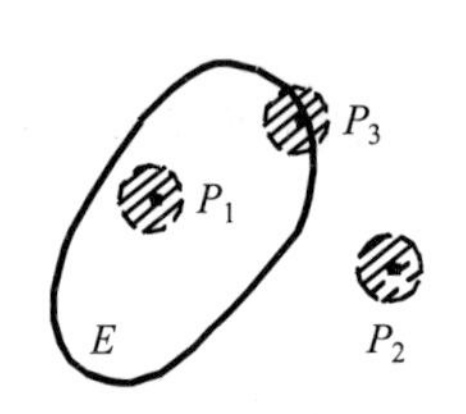

图 8.1

(1) **内点**:如果存在点 P 的某个邻域 $U(P)$,使得 $U(P)\subset E$,则称点 P 为 E 的内点(如图 8.1 中,P_1 为 E 的内点);

(2) **外点**:如果存在点 P 的某个邻域 $U(P)$,使得 $U(P)\cap E=\varnothing$,则称点 P 为 E 的外点(如图 8.1 中,P_2 为 E 的外点);

(3) **边界点**:如果点 P 的任一邻域内既有属于 E 的点,又有不属于 E 的点,则称点 P 为 E 的边界点(如图 8.1 中,P_3 为 E 的边界点).

E 的边界点的全体,称为 E 的**边界**,记作 ∂E.

E 的内点必属于 E;E 的外点必定不属于 E;而 E 的边界点则可能属于 E,也可能不属于 E.

如果对于任意给定的正数 δ,点 P 的去心邻域 $\mathring{U}(P,\delta)$ 中总有 E 中的点,则称点 P 为 E 的**聚点**.

由聚点的定义可知,点集 E 的聚点 P 本身,可以属于 E,也可以不属于 E.

例如,设点集

$$E=\{(x,y) \mid 1\leqslant x^2+y^2<3\},$$

则满足 $1<x^2+y^2<3$ 的一切点 (x,y) 都是 E 的内点;满足 $x^2+y^2=1$ 的点 (x,y) 都是 E 的边界点,它们都属于 E;满足 $x^2+y^2=3$ 的一切点 (x,y) 也是 E 的边界点,但它们不属于 E;满足 $1\leqslant x^2+y^2\leqslant 3$ 的一切点 (x,y) 都是 E 的聚点.

如果点集 E 中的点都是内点,则称 E 为**开集**.

如果点集 E 关于 $\mathbf{R}^2$ 的余集 E^C 为开集,则称 E 为**闭集**.

如果点集 E 中的任意两点都可以用完全属于 E 的折线连接起来,则称 E 为**连通集**.

例如,集合 $\{(x,y) \mid 1<x^2+y^2<3\}$ 是开集;集合 $\{(x,y) \mid 1\leqslant x^2+y^2\leqslant 3\}$ 是闭集;集合 $\{(x,y) \mid 1\leqslant x^2+y^2<3\}$ 既非开集,也非闭集;但这三个集合都是连通集.

连通的开集称为**区域**或**开区域**.

开区域连同它的边界一起所构成的点集称为**闭区域**.

例如,集合 $\{(x,y) \mid 1<x^2+y^2<3\}$ 是区域,而集合 $\{(x,y) \mid 1\leqslant x^2+y^2\leqslant 3\}$ 是闭区域.

设 O 是坐标原点,对于平面点集 E,如果存在某一正数 r,使得

$$E \subset U(O,r),$$

则称 E 为**有界点集**;否则称 E 为**无界点集**.

例如,集合 $\{(x,y) \mid 1 \leqslant x^2 + y^2 \leqslant 3\}$ 是有界闭区域,集合 $\{(x,y) \mid x \geqslant 0\}$ 是无界闭区域.

2. n 维空间

设 n 为取定的一个自然数,将 n 元有序实数组 $(x_1, x_2, \cdots, x_n)$ 的全体所构成的集合用 $\mathbf{R}^n$ 来表示,即

$$\mathbf{R}^n = \mathbf{R} \times \mathbf{R} \times \cdots \times \mathbf{R} = \{(x_1, x_2, \cdots, x_n) \mid x_i \in \mathbf{R},\ i = 1,2,\cdots,n\}.$$

为了方便,$\mathbf{R}^n$ 中的元素 $(x_1, x_2, \cdots, x_n)$ 有时也用单个字母 $\boldsymbol{x}$ 来记,即 $\boldsymbol{x} = (x_1, x_2, \cdots, x_n)$. 当所有的 $x_i (i = 1,2,\cdots,n)$ 都为零时,称这样的元素为 $\mathbf{R}^n$ 中的**零元**,记为 $\mathbf{0}$. 在解析几何中,通过建立直角坐标系,$\mathbf{R}^2$(或 $\mathbf{R}^3$)中的元素分别与平面(或空间)中的点或向径成一一对应,故而 $\mathbf{R}^n$ 中的元素 $\boldsymbol{x} = (x_1, x_2, \cdots, x_n)$ 也称为 $\mathbf{R}^n$ 中的一个**点**或一个 ***n* 维向量**(实际为向径). 与此相适应,称 $x_i (i = 1,2,\cdots,n)$ 为 $\mathbf{R}^n$ 中点 $\boldsymbol{x}$ 的第 i 个**坐标**或 n 维向量 $\boldsymbol{x}$ 的第 i 个**坐标**. 特别地,$\mathbf{R}^n$ 中的零元 $\mathbf{0}$ 称为 $\mathbf{R}^n$ 中的**坐标原点**或 ***n* 维零向量**.

研究一元函数 $f(x)$ 的性质,离不开对自变量 x 所处状态、变化方式及变化过程的描述. 同样,为了研究多元函数的性质,也应当在 $\mathbf{R}^n$ 中的元素之间建立联系,在 $\mathbf{R}^n$ 中引入线性运算及距离概念.

设 $\boldsymbol{x} = (x_1, x_2, \cdots, x_n)$, $\boldsymbol{y} = (y_1, y_2, \cdots, y_n)$ 为 $\mathbf{R}^n$ 中任意两个元素,$\lambda \in \mathbf{R}$,规定

$$\boldsymbol{x} + \boldsymbol{y} = (x_1 + y_1, x_2 + y_2, \cdots, x_n + y_n),$$
$$\lambda \boldsymbol{x} = (\lambda x_1, \lambda x_2, \cdots, \lambda x_n).$$

这样定义了线性运算的集合 $\mathbf{R}^n$ 称为 ***n* 维(实)空间**.

$\mathbf{R}^n$ 中点 $\boldsymbol{x} = (x_1, x_2, \cdots, x_n)$ 和点 $\boldsymbol{y} = (y_1, y_2, \cdots, y_n)$ 间的距离,记作 $P(\boldsymbol{x}, \boldsymbol{y})$,规定为

$$P(\boldsymbol{x}, \boldsymbol{y}) = \sqrt{(x_1 - y_1)^2 + (x_2 - y_2)^2 + \cdots + (x_n - y_n)^2}.$$

显然,n 等于 2 或 3 时,$P(\boldsymbol{x}, \boldsymbol{y})$ 与直角坐标系下平面或空间中两点间的距离表示相一致.

$\mathbf{R}^n$ 中元素 $\boldsymbol{x}$ 与零元 $\mathbf{0}$ 之间的距离 $P(\boldsymbol{x}, \mathbf{0})$ 称为**向量 $\boldsymbol{x}$ 的模**,记作 $\|\boldsymbol{x}\|$(在 $\mathbf{R}^2$ 和 $\mathbf{R}^3$ 中通常将 $\|\boldsymbol{x}\|$ 记成 $|\boldsymbol{x}|$),即

$$\|\boldsymbol{x}\| = \sqrt{x_1^2 + x_2^2 + \cdots + x_n^2}.$$

采用这一记号,结合向量的线性运算,便得

$$\|\boldsymbol{x} - \boldsymbol{y}\| = \sqrt{(x_1 - y_1)^2 + (x_2 - y_2)^2 + \cdots + (x_n - y_n)^2} = P(\boldsymbol{x}, \boldsymbol{y}).$$

$\mathbf{R}^n$ 中定义了距离后，就可以进一步定义 $\mathbf{R}^n$ 中点的极限：

设 $\boldsymbol{x}=(x_1,x_2,\cdots,x_n)$，$\boldsymbol{a}=(a_1,a_2,\cdots,a_n)\in\mathbf{R}^n$ 为一定点. 如果

$$\|\boldsymbol{x}-\boldsymbol{a}\|\to 0,$$

则称点 $\boldsymbol{x}$ 在 $\mathbf{R}^n$ 中趋于点 $\boldsymbol{a}$，记作 $\boldsymbol{x}\to\boldsymbol{a}$.

显然，$\boldsymbol{x}\to\boldsymbol{a}$ 的充要条件是 $\boldsymbol{x}$ 的 n 个坐标同时满足

$$x_1\to a_1,\quad x_2\to a_2,\quad \cdots,\quad x_n\to a_n.$$

在 $\mathbf{R}^n$ 中引入了线性运算和距离之后，前面讨论过的带有明显几何背景的平面点集的一系列概念，就可以方便地推广到 $n(n\geqslant 3)$ 维空间中来. 例如，设 δ 为某一正数，则 $\mathbf{R}^n$ 中的点集

$$U(\boldsymbol{a},\delta)=\{\boldsymbol{x}\mid P(\boldsymbol{x},\boldsymbol{a})<\delta,\boldsymbol{x}\in\mathbf{R}^n,\boldsymbol{a}\in\mathbf{R}^n\}$$

就定义为 $\mathbf{R}^n$ 中点 $\boldsymbol{a}$ 的 δ 邻域. 以邻域为基础，可以定义点集的内点、外点、边界点和聚点，进而定义开集、闭集、区域等一系列概念，这里不再赘述.

二、n 元函数　$\mathbf{R}^n\to\mathbf{R}^m$ 的映射

1. n 元函数

在本章开始时已经提到，在许多实际问题中常遇到一个变量依赖于多个变量的情形，可以把它们归结为多元函数. 例如，圆锥体的体积 V 与底半径 r 及高 h 有关，所以 V 是两个变量 r 和 h 的函数

$$V=\frac{1}{3}\pi r^2 h\quad (r>0,h>0).$$

又如三角形的面积 S 与三角形的两边 b 和 c 以及这两边的夹角 A 之间有关系式

$$S=\frac{1}{2}bc\sin A\quad (b>0,c>0,0<A<\pi),$$

即面积 S 是三个变量 b,c 和 A 的函数.

一般地，可以定义 n 元函数如下：

定义 8.1　设 D 是 $\mathbf{R}^n$ 的一个非空子集，从 D 到实数集 $\mathbf{R}$ 的映射 f 称为定义在 D 上的一个 n 元(实值) 函数，记作

$$f: D\subset\mathbf{R}^n\to\mathbf{R}$$

或

$$y=f(\boldsymbol{x})=f(x_1,x_2,\cdots,x_n),\ \boldsymbol{x}\in D,$$

其中 $x_1,x_2,\cdots,x_n$ 称为**自变量**，y 称为因变量，D 称为函数 f 的**定义域**，$f(D)=\{f(\boldsymbol{x})\mid \boldsymbol{x}\in D\}$ 称为函数 f 的**值域**，并且称 $\mathbf{R}^{n+1}$ 的子集

$$\{(x_1,x_2,\cdots,x_n,y)\mid y=f(x_1,x_2,\cdots,x_n),(x_1,x_2,\cdots,x_n)\in D\}$$

为函数 $y=f(x_1,x_2,\cdots,x_n)$(在 D 上) 的**图形**(**或图像**).

当 $n=1,2,3$ 时分别称 f 为一元函数，二元函数，三元函数，记作

$$y=f(x),\quad x\in D\subset\mathbf{R}^1;$$
$$z=f(x,y),\quad (x,y)\in D\subset\mathbf{R}^2;$$
$$u=f(x,y,z),\quad (x,y,z)\in D\subset\mathbf{R}^3.$$

二元函数的定义域是平面上的点集，或区域，如

$$z=f_1(x,y)=\sqrt{1-x^2-y^2}$$

的定义域是平面闭区域 $D=\{(x,y)\mid x^2+y^2\leqslant 1\}$.

三元函数的定义域是三维空间中的点集，或空间域，例如

$$u=f_2(x,y,z)=\sqrt{1-x^2-y^2-z^2}+\sqrt{z^2-x^2-y^2}+\sqrt{z}$$

的定义域 $D=\{(x,y,z)\mid\sqrt{x^2+y^2}\leqslant z\leqslant\sqrt{1-x^2-y^2}\}$ 是由圆锥面 $z=\sqrt{x^2+y^2}$ 与上半球面 $z=\sqrt{1-x^2-y^2}$ 所围成的球锥体(图 8.2).

当 $n\geqslant 2$ 时，n 元函数统称为多元函数. 关于多元函数的定义域，与一元函数相类似，作如下约定：在一般地讨论用解析式表达的多元函数 $u=f(\boldsymbol{x})$ 时，就以使这个解析式有意义的点 $\boldsymbol{x}$ 所组成的集合为这个多元函数的自然定义域. 因而，对这类函数，它的定义域不再特别标出.

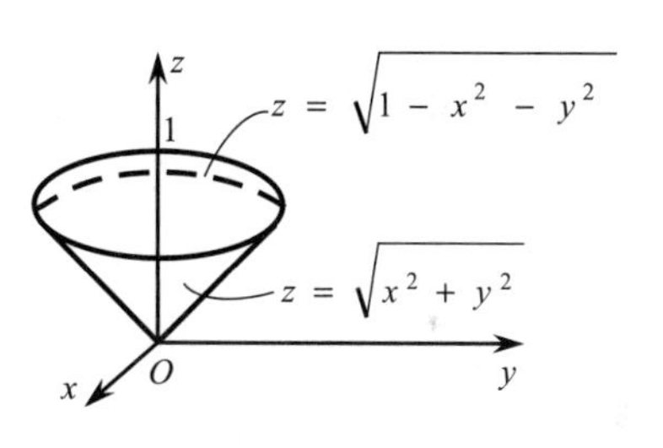

图 8.2

2. $\mathbf{R}^n\to\mathbf{R}^m$ 的映射

例 1　设 Ω 表示球形域：

$$\Omega=\{(x,y,z)\mid x^2+y^2+z^2\leqslant 1\},$$

在 Ω 的外部有一个质量是 m_0 的质点 $M_0(x_0,y_0,z_0)$，质量为 m 的质点 $M(x,y,z)$ 在区域 Ω 里移动，则质点 M_0 对质点 M 的引力 F 可由万有引力公式表示为

$$\begin{aligned}\boldsymbol{F}(x,y,z)&=G\frac{m_0m}{|\overrightarrow{MM_0}|^2}\frac{\overrightarrow{MM_0}}{|\overrightarrow{MM_0}|}\\&=G\frac{m_0m}{[(x-x_0)^2+(y-y_0)^2+(z-z_0)^2]^{\frac{3}{2}}}(x_0-x,y_0-y,z_0-z).\\&=(F_x,F_y,F_z),\quad (x,y,z)\in\Omega,\end{aligned}$$

其中

$$F_x=G\frac{m_0m(x_0-x)}{[(x-x_0)^2+(y-y_0)^2+(z-z_0)^2]^{\frac{3}{2}}},$$

$$F_y=G\frac{m_0m(y_0-y)}{[(x-x_0)^2+(y-y_0)^2+(z-z_0)^2]^{\frac{3}{2}}},$$

$$F_z = G\frac{m_0 m(z_0 - z)}{[(x-x_0)^2+(y-y_0)^2+(z-z_0)^2]^{\frac{3}{2}}}.$$

这里的函数 $\boldsymbol{F}(x,y,z)$ 是一个定义在 $\Omega \subset \mathbf{R}^3$ 上的向量值函数. 物理中像这样的例子还有很多,下面给出这类向量值函数的定义.

定义 8.2 设 D 是 $\mathbf{R}^n$ 的一个非空子集,从 D 到 m 维空间 $\mathbf{R}^m$ 的映射 $\boldsymbol{f}$ 称为定义在 D 上的一个 **n 元向量值函数**,记作

$$\boldsymbol{f}: D \subset \mathbf{R}^n \to \mathbf{R}^m$$

或

$$(y_1, y_2, \cdots, y_m) = \boldsymbol{f}(x_1, x_2, \cdots, x_n).$$

当 $m=1$ 时,它就是前面讲到的 n 元函数.

下面看一些向量值函数的几何或物理意义,其中 x,y,z,t 表示自变量,u,v,w 表示函数值(向量值函数的坐标).

$\mathbf{R}^1 \to \mathbf{R}^3$: 即 $\begin{cases} u = u(t), \\ v = v(t), \\ w = w(t), \end{cases}$ 可以表示空间曲线的方程或空间中质点随时间运动的轨迹.

$\mathbf{R}^2 \to \mathbf{R}^2$: 即 $\begin{cases} u = u(x,y), \\ v = v(x,y), \end{cases}$ 可以表示平面坐标变换,或表示平面上的一族曲线(如固定 $y=c$,即 $u=u(x,c)$, $v=v(x,c)$,就得到一条平面曲线).

$\mathbf{R}^2 \to \mathbf{R}^3$: 即 $\begin{cases} u = u(x,y), \\ v = v(x,y), \\ w = w(x,y), \end{cases}$ 可以表示一张曲面或一族空间曲线.

$\mathbf{R}^3 \to \mathbf{R}^3$: 即 $\begin{cases} u = u(x,y,z), \\ v = v(x,y,z), \\ w = w(x,y,z), \end{cases}$ 可以表示空间坐标变换,或一族曲面.

例如,圆柱螺线的参数方程

$$\begin{cases} x = a\cos\omega t, \\ y = a\sin\omega t, \qquad (t \geqslant 0), \\ z = vt \end{cases}$$

其中 a,ω,v 为正的常数. 这是 $\mathbf{R}^1 \to \mathbf{R}^3$ 的一个映射,它把 $t(t \geqslant 0)$ 映射为 $\mathbf{R}^3$ 中的点 (x,y,z).

球面参数方程

$$\begin{cases} x = R\sin\varphi\cos\theta, & 0 \leqslant \varphi \leqslant \pi, \\ y = R\sin\varphi\sin\theta, & 0 \leqslant \theta \leqslant 2\pi, \\ z = R\cos\varphi, \end{cases}$$

是 $\mathbf{R}^2 \to \mathbf{R}^3$ 的一个映射.

一般地,$\Omega \subset \mathbf{R}^n$ 到 $\mathbf{R}^m$ 的映射

$$\boldsymbol{f}:(x_1,x_2,\cdots,x_n) \to (y_1,y_2,\cdots,y_m),$$

其像向量$(y_1,y_2,\cdots,y_m)$中的每个坐标 $y_j(j=1,2,\cdots,m)$ 都是原向量$(x_1,x_2,\cdots,x_n)$的函数,即

$$\begin{cases} y_1 = f_1(x_1,x_2,\cdots,x_n), \\ y_2 = f_2(x_1,x_2,\cdots,x_n), \\ \cdots\cdots\cdots\cdots \\ y_m = f_m(x_1,x_2,\cdots,x_n), \end{cases}$$

因此,映射 $\boldsymbol{f}$ 又可以用 m 个联立的 Ω 到 $\mathbf{R}^1$ 的函数

$$f_j:\Omega \to \mathbf{R}^1, \quad j=1,2,\cdots,m$$

来表示.

三、多元函数的极限

首先讨论二元函数 $z=f(x,y)$ 的极限问题. 与一元函数的极限概念相仿,如果在点 $P(x,y) \to P_0(x_0,y_0)$ 的过程中,即当

$$|PP_0| = \sqrt{(x-x_0)^2+(y-y_0)^2} \to 0$$

时,对应的函数值 $f(x,y)$ 无限接近于一个确定的常数 A,则 A 是函数 $z=f(x,y)$ 当 $x \to x_0$, $y \to y_0$ 时的极限. 下面用"ε-δ"语言描述这个极限概念.

定义 8.3　设二元函数 $f(P)=f(x,y)$ 的定义域为 D,$P_0(x_0,y_0)$ 是 D 的聚点,如果存在常数 A,使得对于任意给定的正数 ε,总存在正数 δ,只要点 $P(x,y) \in D \cap \mathring{U}(P_0,\delta)$,就有

$$|f(P)-A| = |f(x,y)-A| < \varepsilon,$$

则称 A 为函数 $f(x,y)$ 当 $P(x,y)$(在 D 上)趋于 $P_0(x_0,y_0)$ 时的**极限**,记作

$$\lim_{(x,y)\to(x_0,y_0)} f(x,y) = A \quad 或 \quad f(x,y) \to A \quad ((x,y) \to (x_0,y_0)).$$

也记作

$$\lim_{P \to P_0} f(P) = A \quad 或 \quad f(P) \to A \quad (P \to P_0).$$

为了区别于一元函数的极限,称二元函数的极限为**二重极限**.

例 2　证明 $\lim\limits_{(x,y)\to(0,0)} \dfrac{x^2+y^2}{xy}\sin xy = 0(xy \neq 0)$.

证　因为 $\left|\dfrac{\sin xy}{xy}\right| \leqslant \left|\dfrac{xy}{xy}\right| = 1$,所以

$$\left|\frac{x^2+y^2}{xy}\sin xy\right| = |x^2+y^2| \cdot \left|\frac{\sin xy}{xy}\right| \leqslant x^2+y^2,$$

故对于任意给定的正数 ε,取 $\delta=\sqrt{\varepsilon}$,则当

$$0<\sqrt{(x-0)^2+(y-0)^2}<\delta$$

时,就有

$$\left|\frac{x^2+y^2}{xy}\sin xy-0\right|<\varepsilon$$

成立,从而得到

$$\lim_{(x,y)\to(0,0)}\frac{x^2+y^2}{xy}\sin xy=0.$$

应当注意,多元函数的极限有多种,对于二元函数来说,按照二重极限的定义,必须当动点 $P(x,y)$ 在 D 上以任意的方式趋于定点 $P_0(x_0,y_0)$ 时,$f(x,y)$ 都无限接近于 A,才有

$$\lim_{(x,y)\to(x_0,y_0)}f(x,y)=A.$$

如果 $P(x,y)$ 在 D 上以某种特殊方式趋于 $P_0(x_0,y_0)$ 时,$f(x,y)$ 趋于常数 A,那么还不能断定 $f(x,y)$ 存在极限. 但是,如果当 $P(x,y)$ 在 D 上以不同方式趋于 $P_0(x_0,y_0)$ 时,$f(x,y)$ 趋于不同的常数,那么便能断定 $f(x,y)$ 的极限不存在.

例 3　考查函数 $f(x,y)=\dfrac{x^2y}{x^4+y^2}$ 当 $(x,y)\to(0,0)$ 时极限是否存在.

解　这个函数在原点的任何去心邻域内有定义. 显然,当点 (x,y) 沿着 x 轴或 y 轴趋于 $(0,0)$ 点时,$f(x,y)\to0$. 并且当点 (x,y) 沿直线 $y=kx$(k 为任意非零常数)趋于 $(0,0)$ 点时,

$$\lim_{\substack{(x,y)\to(0,0)\\ y=kx}}f(x,y)=\lim_{x\to0}\frac{kx^3}{x^4+k^2x^2}=\lim_{x\to0}\frac{kx}{x^2+k^2}=0,$$

这表明,点 (x,y) 沿任意直线趋于 $(0,0)$ 点时,$f(x,y)$ 都趋于常数 0,然而,这还不能断言 $f(x,y)$ 以 0 为极限. 事实上,当点 (x,y) 沿抛物线 $y=kx^2$ 趋于 $(0,0)$ 点时,

$$\lim_{\substack{(x,y)\to(0,0)\\ y=kx^2}}f(x,y)=\lim_{x\to0}\frac{kx^4}{x^4+k^2x^4}=\frac{k}{1+k^2},$$

显然它是随着 k 的值的不同而改变的,所以极限 $\lim\limits_{(x,y)\to(0,0)}f(x,y)$ 是不存在的.

以上关于二元函数的极限概念,可相应地推广到 n 元函数 $u=f(P)$ 即 $u=f(x_1,x_2,\cdots,x_n)$ 上去.

多元函数极限的定义与一元函数极限的定义有着完全相同的形式,这使得有关一元函数的极限运算法则都可以平行地推广到多元函数上来,但求二元函数的极限却通常比求一元函数的极限困难得多,不过,对有些二元函数的极限,可通过变量代换把它化为一元函数的极限,或者利用夹逼定理等方法求出.

例 4　求函数 $\dfrac{\sin(x^2+y^2)}{x^2+y^2}$ 当 $(x,y)\to(0,0)$ 时的极限.

解　令 $\rho^2=x^2+y^2$,则 $(x,y)\to(0,0)\Leftrightarrow\rho\to0$.

$$\lim_{(x,y)\to(0,0)} \frac{\sin(x^2+y^2)}{x^2+y^2} = \lim_{\rho\to 0} \frac{\sin\rho^2}{\rho^2} = 1.$$

例 5　证明 $\lim\limits_{(x,y)\to(0,0)} \dfrac{x^2y}{x^2+y^2} = 0$.

证　因为 $|y| \leqslant \sqrt{x^2+y^2}$ 及 $\dfrac{x^2}{x^2+y^2} \leqslant 1$，所以

$$0 \leqslant \left|\frac{x^2y}{x^2+y^2}\right| = \frac{x^2}{x^2+y^2}|y| \leqslant \sqrt{x^2+y^2} \to 0 \quad ((x,y)\to(0,0)),$$

从而由夹逼准则得到

$$\lim_{(x,y)\to(0,0)} \frac{x^2y}{x^2+y^2} = 0.$$

例 6　求 $\lim\limits_{(x,y)\to(1,0)} \dfrac{\ln(1+xy)}{y}$.

解　令 $f(x,y) = \dfrac{\ln(1+xy)}{y}$，则函数 $f(x,y)$ 的定义域 $D = \{(x,y) \mid y \neq 0, xy > -1\}$，$P_0(1,0)$ 为 D 的聚点.

由乘积的极限运算法则得

$$\lim_{(x,y)\to(1,0)} \frac{\ln(1+xy)}{y} = \lim_{(x,y)\to(1,0)} \left[\frac{\ln(1+xy)}{xy} \cdot x\right]$$

$$= \lim_{xy\to 0} \frac{\ln(1+xy)}{xy} \cdot \lim_{x\to 1} x = 1 \cdot 1 = 1.$$

四、多元函数的连续性

有了多元函数的极限概念，就可以定义多元函数连续的概念.

定义 8.4　设二元函数 $f(P) = f(x,y)$ 的定义域为 D，$P_0(x_0,y_0)$ 为 D 的聚点，且 $P_0 \in D$. 如果

$$\lim_{(x,y)\to(x_0,y_0)} f(x,y) = f(x_0,y_0),$$

则称函数 $f(x,y)$ 在点 $P_0(x_0,y_0)$ 处连续；如果 $f(x,y)$ 在 D 的每一点处都连续，则称函数 $f(x,y)$ 在 D 上连续，或称 $f(x,y)$ 是 D 上的连续函数，记作

$$f(x,y) \in C(D).$$

仿此可以定义 n 元函数的连续性.

定义 8.5　设函数 $f(x,y)$ 的定义域为 D，$P_0(x_0,y_0)$ 是 D 的聚点. 如果函数 $f(x,y)$ 在点 $P_0(x_0,y_0)$ 不连续，则称 $P_0(x_0,y_0)$ 为函数 $f(x,y)$ 的间断点.

例如，函数

$$f(x,y) = \begin{cases} \dfrac{x^2y}{x^4+y^2}, & x^2+y^2 \neq 0, \\ 0, & x^2+y^2 = 0. \end{cases}$$

其定义域 $D=\mathbf{R}^2$，$O(0,0)$ 是 D 的聚点，由例 3 知 $f(x,y)$ 当 $(x,y)\to(0,0)$ 时的极限不存在，所以点 $O(0,0)$ 是该函数的一个间断点.

又如函数

$$f(x,y)=\sin\frac{1}{x+y},$$

其定义域为

$$D=\{(x,y)\mid x+y\neq 0\},$$

直线 $x+y=0$ 上的点都是 D 的聚点，而 $f(x,y)$ 在该直线上没有定义，所以 $f(x,y)$ 在直线上各点都不连续，即直线 $x+y=0$ 上各点都是该函数的间断点.

前面已经指出：一元函数中关于极限的运算法则，对于多元函数仍然适用. 利用多元函数的极限运算法则可以证明，多元连续函数的和、差、积、商（在分母不为零处）仍是连续函数，多元连续函数的复合函数也是连续函数.

与一元初等函数相类似，多元初等函数是指可用一个式子表示的多元函数，这个式子是由常数及具有不同自变量的一元基本初等函数经过有限次的四则运算和复合运算得到的. 例如 $\cos xy^2$，$\ln(x^2+y)$，$\dfrac{x+y}{xy}$ 等都是多元初等函数.

与一元初等函数相类似，一切多元初等函数在其定义区域内是连续的. 所谓**定义区域**是指包含在定义域内的区域或闭区域.

也正因为如此，在求多元初等函数 $f(P)$ 在点 P_0 的极限时，如果点 P_0 在函数的定义区域内，则极限值就是函数 $f(P)$ 在点 P_0 的函数值，即

$$\lim_{P\to P_0}f(P)=f(P_0).$$

例如，设 $f(x,y)=\dfrac{\sqrt{xy^2+1}+3}{x^2+y^3}$，则

$$\lim_{(x,y)\to(1,0)}f(x,y)=f(1,0)=4.$$

与闭区间上一元连续函数的性质相类似，在有界闭区域上连续的多元函数具有如下性质.

性质 1（有界性与最大值最小值定理）　在有界闭区域 D 上连续的多元函数必定在 D 上有界，且能取得它在 D 上的最大值和最小值.

性质 2（介值定理）　在有界闭区域 D 上连续的多元函数必取得介于它在 D 上的最大值和最小值之间的任何值.

习题 8-1

1. 判定下列平面点集中哪些是开集、闭集、区域、有界集、无界集？并分别指出它们的聚点所成的点集（称为导集）和边界.

(1) $\{(x,y)\mid x\neq 0,y\neq 0\}$；　　(2) $\{(x,y)\mid x>y^2-1\}$；

(3) $\{(x,y) \mid 1 \leqslant x^2 + y^2 < 5\}$；

(4) $\{(x,y) \mid (x-1)^2 + y^2 \geqslant 1\} \cap \{(x,y) \mid (x-2)^2 + y^2 \leqslant 4\}$.

2. 写出下列函数表示式：

(1) 将圆锥体的体积 V 表示为圆锥体斜高 l 和高 h 的函数；

(2) 长、宽、高为 x,y,z，内接于半径为 1 的球面的长方体，将其体积 V 表示为 x,y 的函数；

(3) 内接于椭球面$\frac{x^2}{a^2}+\frac{y^2}{b^2}+\frac{z^2}{c^2}=1$且长、宽、高分别为 $2x,2y,2z$ 的长方体，将其体积 V 表示为 x,y 的函数.

3. 求下列函数的定义域，并画出定义域的图形：

(1) $z=\ln(1-|x|-|y|)$；　(2) $z=\dfrac{\sqrt{4-x^2-y^2}}{x-y}$；

(3) $z=\sqrt{1-y^2}$；　(4) $u=\arcsin\dfrac{z}{\sqrt{x^2+y^2}}$.

4. 已知 $f(x,y)=x^y+y^x$，求 $f(xy,x+y)$.

5. 已知 $f(x+y,\frac{y}{x})=x^2-y^2$，求 $f(x,y)$.

6. 试证函数 $F(x,y)=\ln x \cdot \ln y$ 满足关系式

$$F(xy,uv)=F(x,u)+F(x,v)+F(y,u)+F(y,v).$$

7. 如果 n 元函数 $f(x_1,x_2,\cdots,x_n)$ 对任何实数 t 满足

$$f(tx_1,tx_2,\cdots,tx_n)=t^k f(x_1,x_2,\cdots,x_n),$$

就称 f 是 $x_1,x_2,\cdots,x_n$ 的 k 次齐次函数.下列函数是否是 k 次齐次函数，$k=$?

(1) $f(x,y,z)=\dfrac{x^3+y^3+z^3}{xyz}$；　(2) $f(x,y,z)=\sqrt{x^3+y^3+z^3}+xyz$.

8. 求下列各极限：

(1) $\lim\limits_{(x,y)\to(1,0)}\dfrac{1-xy}{x^2+y^2}$；　(2) $\lim\limits_{(x,y)\to(0,0)}\dfrac{\arcsin(x^2+y^2)}{x^2+y^2}$；

(3) $\lim\limits_{(x,y)\to(0,0)}\dfrac{\sqrt{xy+1}-1}{xy}$；　(4) $\lim\limits_{(x,y)\to(2,0)}\dfrac{\sin(xy)}{y}$；

(5) $\lim\limits_{(x,y)\to(0,0)}\dfrac{x^3+y^3}{x^2+y^2}$；　(6) $\lim\limits_{(x,y)\to(0,0)}(x^2+y^2)\sin\dfrac{1}{\sqrt{x^2+y^2}}$.

9. 证明下列极限不存在：

(1) $\lim\limits_{(x,y)\to(0,0)}\dfrac{xy}{x+y}$；　(2) $\lim\limits_{(x,y)\to(0,0)}\dfrac{x-y}{x+y}$；

(3) $\lim\limits_{(x,y)\to(0,0)}\dfrac{x^2y^2}{x^2y^2+(x-y)^2}$.

10. 下列函数在何处是间断的?

(1) $f(x,y)=\dfrac{x-y^2}{x^3+y^3}$；　(2) $f(x,y)=\ln(1-x^2-y^2)$.

11. 设函数 $f(x,y)$ 在点 $P(x_0,y_0)$ 处连续，且 $f(x_0,y_0)>0$(或 $f(x_0,y_0)<0$)，证明：在点 P 的某个邻域内，$f(x,y)>0$(或 $f(x,y)<0$).

第二节 多元函数的偏导数

一、偏导数的概念

一元函数 $y=f(x)$ 的导数刻画了函数对于自变量的变化率. 对于多元函数，如 $u=f(x,y,z)$，由于自变量个数的增多，函数关系因而变得复杂，但是可以考虑函数对于其中一个自变量的变化率. 例如，可以将函数 $u=f(x,y,z)$ 中的自变量 y 与 z 固定为 y_0 与 z_0，而只考虑函数对自变量 x 的变化率. 这时，函数 $f(x,y_0,z_0)$ 就相当于一个一元函数. 因而，其变化率也相应变得简单. 为了区别于一元函数的导数概念，称多元函数对于某一个自变量的变化率为偏导数. 下面以二元函数为例，引入偏导数的概念如下.

定义 8.6 设函数 $z=f(x,y)$ 在点(x_0,y_0)的某邻域内有定义，当 y 固定在 y_0，而 x 在 x_0 处取得增量 Δx 时，函数相应地取得增量 $f(x_0+\Delta x,y_0)-f(x_0,y_0)$，如果极限

$$\lim_{\Delta x\to 0}\frac{f(x_0+\Delta x,y_0)-f(x_0,y_0)}{\Delta x}$$

存在，则称此极限为函数 $z=f(x,y)$ 在点(x_0,y_0)**对 x 的偏导数**，记作

$$\left.\frac{\partial z}{\partial x}\right|_{\substack{x=x_0\\ y=y_0}},\quad \left.\frac{\partial f}{\partial x}\right|_{\substack{x=x_0\\ y=y_0}},\quad \left.z_x\right|_{\substack{x=x_0\\ y=y_0}}\quad 或\quad f_x(x_0,y_0),$$

即

$$f_x(x_0,y_0)=\lim_{\Delta x\to 0}\frac{f(x_0+\Delta x,y_0)-f(x_0,y_0)}{\Delta x}. \tag{8.1}$$

类似地，如果极限

$$\lim_{\Delta y\to 0}\frac{f(x_0,y_0+\Delta y)-f(x_0,y_0)}{\Delta y}$$

存在，则称此极限为函数 $z=f(x,y)$ 在点(x_0,y_0)**对 y 的偏导数**，记作

$$\left.\frac{\partial z}{\partial y}\right|_{\substack{x=x_0\\ y=y_0}},\quad \left.\frac{\partial f}{\partial y}\right|_{\substack{x=x_0\\ y=y_0}},\quad \left.z_y\right|_{\substack{x=x_0\\ y=y_0}}\quad 或\quad f_y(x_0,y_0),$$

即

$$f_y(x_0,y_0)=\lim_{\Delta y\to 0}\frac{f(x_0,y_0+\Delta y)-f(x_0,y_0)}{\Delta y}. \tag{8.2}$$

如果函数 $z=f(x,y)$ 在某平面区域 D 内每一点(x,y)处对 x 的偏导数都存在，则这个偏导数就是 x,y 的函数，称它为函数 $z=f(x,y)$ **对自变量 x 的偏导函数**，记作

$$\frac{\partial z}{\partial x},\quad \frac{\partial f}{\partial x},\quad z_x\quad 或\quad f_x(x,y).$$

在不致发生混淆的地方也把偏导函数简称为偏导数.

需要说明的是,一元函数的导数记号$\frac{\mathrm{d}y}{\mathrm{d}x}$可看成函数的微分 $\mathrm{d}y$ 与自变量的微分 $\mathrm{d}x$ 之商,而偏导数的记号$\frac{\partial z}{\partial x}$是一个整体记号.

类似地可以定义函数 $z=f(x,y)$ 对自变量 y 的偏导函数

$$\frac{\partial z}{\partial y},\quad \frac{\partial f}{\partial y},\quad z_y \quad 或 \quad f_y(x,y).$$

由此看出,函数 $f(x,y)$ 在点(x_0,y_0)处对 x 的偏导数 $f_x(x_0,y_0)$ 及对 y 的偏导数 $f_y(x_0,y_0)$ 就分别是偏导函数 $f_x(x,y)$ 及 $f_y(x,y)$ 在点(x_0,y_0)处的值.

二、偏导数的计算

从偏导数的定义可以看出,计算二元函数的偏导数并不需要新的方法.因为这里只有一个自变量在变动,另一个自变量是看作固定的,所以仍然是一元函数的微分法问题.例如,当计算 $f(x,y)$ 对 x 的偏导数$\frac{\partial f}{\partial x}$时,只要把 y 暂时看成常量而对 x 求导数;当求$\frac{\partial f}{\partial y}$时,只要把 x 暂时看成常量而对 y 求导数.这样,一元函数的求导公式和求导法则都可移用到多元函数偏导数的计算上来,所用的方法仍然是一元函数的求导法.

偏导数的概念容易推广到三元以及三元以上的函数中去.例如,三元函数 $u=f(x,y,z)$ 在点(x,y,z)处对自变量 x 的偏导数就是

$$f_x(x,y,z)=\lim_{\Delta x\to 0}\frac{f(x+\Delta x,y,z)-f(x,y,z)}{\Delta x},$$

其中点(x,y,z)是函数 $u=f(x,y,z)$ 定义域的内点.

例 1　求 $z=x^2y+y^2$ 在点$(2,3)$处的偏导数.

解　把 y 看成常量,对 x 求导得

$$\frac{\partial z}{\partial x}=2xy;$$

把 x 看成常量,对 y 求导得

$$\frac{\partial z}{\partial y}=x^2+2y.$$

将点$(2,3)$代入上面的结果,就得

$$\left.\frac{\partial z}{\partial x}\right|_{\substack{x=2\\y=3}}=2\cdot 2\cdot 3=12,\quad \left.\frac{\partial z}{\partial y}\right|_{\substack{x=2\\y=3}}=2^2+2\cdot 3=10.$$

例 2　设 $z=x^y(x>0,x\neq 1)$,试证

$$\frac{x}{y}\frac{\partial z}{\partial x}+\frac{1}{\ln x}\frac{\partial z}{\partial y}=2z.$$

证　因为

$$\frac{\partial z}{\partial x}=yx^{y-1},\quad \frac{\partial z}{\partial y}=x^y\ln x,$$

所以

$$\frac{x}{y}\frac{\partial z}{\partial x}+\frac{1}{\ln x}\frac{\partial z}{\partial y}=\frac{x}{y}\cdot yx^{y-1}+\frac{1}{\ln x}\cdot x^y\ln x=x^y+x^y=2z.$$

例 3　求函数 $u=\mathrm{e}^{xy}\cos yz$ 的偏导数.

解

$$u_x=y\mathrm{e}^{xy}\cos yz,$$

$$u_y=x\mathrm{e}^{xy}\cos yz-z\mathrm{e}^{xy}\sin yz=\mathrm{e}^{xy}(x\cos yz-z\sin yz),$$

$$u_z=-y\mathrm{e}^{xy}\sin yz.$$

二元函数 $z=f(x,y)$ 在点 (x_0,y_0) 的偏导数有下述几何意义.

函数 $z=f(x,y)$ 的图形是 $\mathbf{R}^3$ 中一张曲面，该曲面被平面 $y=y_0$ 所截，得一曲线

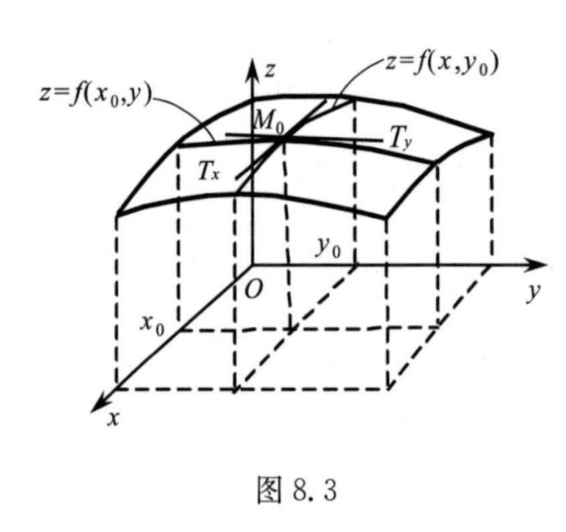

图 8.3

$$C:\begin{cases}z=f(x,y_0),\\ y=y_0.\end{cases}$$

$M_0(x_0,y_0,f(x_0,y_0))$ 为曲线 C 上的点. 偏导数 $f_x(x_0,y_0)$ 就是一元函数 $f(x,y_0)$ 在点 x_0 的导数，由导数的几何意义知，$\frac{\mathrm{d}}{\mathrm{d}x}f(x,y_0)\big|_{x=x_0}$ 表示 $y=y_0$ 平面上的曲线 $z=f(x,y_0)$ 在点 M_0 处的切线 M_0T_x 对 x 轴的斜率(图8.3). 因此偏导数 $f_x(x_0,y_0)$ 在几何上表示曲线 $\begin{cases}z=f(x,y),\\ y=y_0\end{cases}$ 在点 $M_0(x_0,y_0,f(x_0,y_0))$ 处的切线对 x 轴的斜率；偏导数 $f_y(x_0,y_0)$ 在几何上表示曲线 $\begin{cases}z=f(x,y),\\ x=x_0\end{cases}$ 在点 $M_0(x_0,y_0,f(x_0,y_0))$ 处的切线对 y 轴的斜率.

值得注意的是，一元函数在某点可导则在该点必连续. 但对多元函数来说，即使其在某点处关于所有自变量的偏导数都存在，也不能保证函数在该点连续. 以二元函数 $z=f(x,y)$ 为例，偏导数是否存在仅与函数在直线 $y=y_0$ 及 $x=x_0$ 上的点处的取值有关(图 8.4)，但在点 (x_0,y_0) 的任意小的邻域内总有不在直线 $y=y_0$ 和 $x=x_0$ 上的点，改变函数在这些点上的值对函数 $f(x,y)$ 在点 (x_0,y_0) 的偏导数没有任何影响，但却可以影响到函数在点 (x_0,y_0)

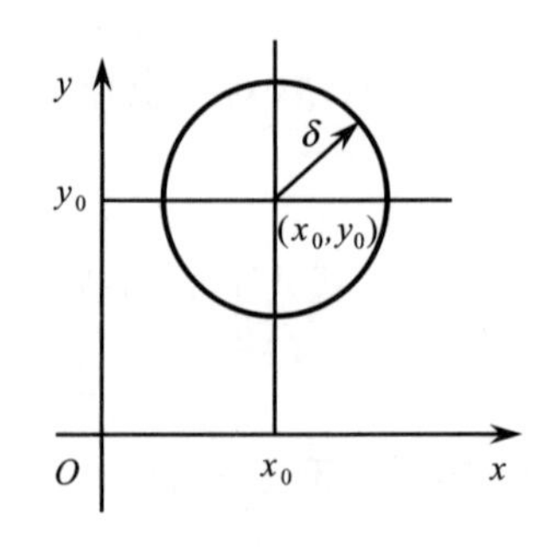

图 8.4

是否连续.当然,当 $f(x,y)$ 在点 (x_0,y_0) 的两个偏导数存在时,作为一元函数的 $f(x,y_0)$ 与 $f(x_0,y)$ 分别在点 x_0 与 y_0 处是连续的.

例 4 设 $f(x,y)=\begin{cases}\dfrac{x^2y}{x^4+y^2}, & x^2+y^2\neq 0,\\ 0, & x^2+y^2=0,\end{cases}$ 求 $f(x,y)$ 的偏导数.

解 当 $(x,y)\neq(0,0)$ 时,有

$$f_x(x,y)=\frac{2xy(x^4+y^2)-x^2y\cdot 4x^3}{(x^4+y^2)^2}=\frac{2xy(y^2-x^4)}{(x^4+y^2)^2},$$

$$f_y(x,y)=\frac{x^2(x^4+y^2)-x^2y\cdot 2y}{(x^4+y^2)^2}=\frac{x^2(x^4-y^2)}{(x^4+y^2)^2}.$$

当 $(x,y)=(0,0)$ 时,由偏导数的定义得

$$f_x(0,0)=\lim_{\Delta x\to 0}\frac{f(\Delta x,0)-f(0,0)}{\Delta x}=\lim_{\Delta x\to 0}\frac{0}{\Delta x}=0,$$

$$f_y(0,0)=\lim_{\Delta y\to 0}\frac{f(0,\Delta y)-f(0,0)}{\Delta y}=\lim_{\Delta y\to 0}\frac{0}{\Delta y}=0.$$

于是

$$f_x(x,y)=\begin{cases}\dfrac{2xy(y^2-x^4)}{(x^4+y^2)^2}, & x^2+y^2\neq 0,\\ 0, & x^2+y^2=0,\end{cases}$$

$$f_y(x,y)=\begin{cases}\dfrac{x^2(x^4-y^2)}{(x^4+y^2)^2}, & x^2+y^2\neq 0,\\ 0, & x^2+y^2=0.\end{cases}$$

由以上计算可知,函数 $f(x,y)$ 在 $(0,0)$ 点的两个偏导数都存在,但由第一节例 3 可知函数 $f(x,y)$ 在点 $(0,0)$ 处是不连续的.

三、高阶偏导数

设函数 $z=f(x,y)$ 在区域 D 内具有偏导数 $\dfrac{\partial z}{\partial x}=f_x(x,y)$ 和 $\dfrac{\partial z}{\partial y}=f_y(x,y)$, 一般来说, $f_x(x,y)$ 与 $f_y(x,y)$ 仍然是 x,y 的函数.如果这两个函数的偏导数也存在,则称它们为函数 $z=f(x,y)$ 的**二阶偏导数**.按照对变量求导次序的不同,有下列四个二阶偏导数,分别记作:

$$\frac{\partial}{\partial x}\left(\frac{\partial z}{\partial x}\right)=\frac{\partial^2 z}{\partial x^2}=z_{xx}(x,y)=f_{xx}(x,y),$$

$$\frac{\partial}{\partial y}\left(\frac{\partial z}{\partial x}\right)=\frac{\partial^2 z}{\partial x\partial y}=z_{xy}=f_{xy}(x,y),$$

$$\frac{\partial}{\partial x}\left(\frac{\partial z}{\partial y}\right)=\frac{\partial^2 z}{\partial y\partial x}=z_{yx}=f_{yx}(x,y),$$

$$\frac{\partial}{\partial y}\left(\frac{\partial z}{\partial y}\right)=\frac{\partial^2 z}{\partial y^2}=z_{yy}=f_{yy}(x,y),$$

其中偏导数$\frac{\partial^2 z}{\partial x\partial y}$和$\frac{\partial^2 z}{\partial y\partial x}$称为函数$z=f(x,y)$的二阶**混合偏导数**. 仿此可定义多元函数的三阶、四阶以及更高阶的偏导数,并可仿此引入相应的记号. 二阶以及二阶以上的偏导数统称为**高阶偏导数**.

例 5　求函数$z=xy^3+e^{xy}$的四个二阶偏导数.

解

$$\frac{\partial z}{\partial x}=y^3+ye^{xy},\quad \frac{\partial z}{\partial y}=3xy^2+xe^{xy},$$

$$\frac{\partial^2 z}{\partial x^2}=y^2e^{xy},\quad \frac{\partial^2 z}{\partial x\partial y}=3y^2+(1+xy)e^{xy},$$

$$\frac{\partial^2 z}{\partial y^2}=6xy+x^2e^{xy},\quad \frac{\partial^2 z}{\partial y\partial x}=3y^2+(1+xy)e^{xy}.$$

在例 5 中,$\frac{\partial^2 z}{\partial x\partial y}=\frac{\partial^2 z}{\partial y\partial x}$,但这个等式并不是对所有具有二阶混合偏导数的函数都成立.

例 6　设$f(x,y)=\begin{cases}xy\dfrac{x^2-y^2}{x^2+y^2}, & (x,y)\neq(0,0),\\ 0, & (x,y)=(0,0),\end{cases}$求$f_{xy}(0,0)$和$f_{yx}(0,0)$.

解　当$(x,y)\neq(0,0)$时,有

$$\begin{aligned}f_x(x,y)&=y\frac{x^2-y^2}{x^2+y^2}+xy\frac{2x(x^2+y^2)-(x^2-y^2)\cdot 2x}{(x^2+y^2)^2}\\&=y\frac{x^2-y^2}{x^2+y^2}+\frac{4x^2y^3}{(x^2+y^2)^2},\end{aligned}$$

$$f_y(x,y)=x\frac{x^2-y^2}{x^2+y^2}-\frac{4x^3y^2}{(x^2+y^2)^2}.$$

当$(x,y)=(0,0)$时,按定义得

$$f_x(0,0)=\lim_{\Delta x\to 0}\frac{f(\Delta x,0)-f(0,0)}{\Delta x}=\lim_{\Delta x\to 0}\frac{0}{\Delta x}=0,$$

$$f_y(0,0)=\lim_{\Delta y\to 0}\frac{f(0,\Delta y)-f(0,0)}{\Delta y}=\lim_{\Delta y\to 0}\frac{0}{\Delta y}=0.$$

所以

$$f_x(x,y)=\begin{cases}y\dfrac{x^2-y^2}{x^2+y^2}+\dfrac{4x^2y^3}{(x^2+y^2)^2}, & (x,y)\neq(0,0),\\ 0, & (x,y)=(0,0).\end{cases}$$

$$f_y(x,y)=\begin{cases}x\dfrac{x^2-y^2}{x^2+y^2}-\dfrac{4x^3y^2}{(x^2+y^2)^2}, & (x,y)\neq(0,0),\\ 0, & (x,y)=(0,0).\end{cases}$$

于是

$$f_{xy}(0,0)=\lim_{\Delta y\to 0}\frac{f_x(0,\Delta y)-f_x(0,0)}{\Delta y}=\lim_{\Delta y\to 0}\frac{-(\Delta y)^3}{(\Delta y)^3}=-1,$$

$$f_{yx}(0,0)=\lim_{\Delta x\to 0}\frac{f_y(\Delta x,0)-f_y(0,0)}{\Delta x}=\lim_{\Delta x\to 0}\frac{(\Delta x)^3}{(\Delta x)^3}=1.$$

例 6 中混合偏导数 $f_{xy}(0,0)\neq f_{yx}(0,0)$. 这说明混合偏导数与求偏导数的次序有关. 下面的定理可保证二阶混合偏导数相等.

定理 8.1　如果函数 $z=f(x,y)$ 的两个二阶混合偏导数 $\frac{\partial^2 z}{\partial x\partial y}$ 与 $\frac{\partial^2 z}{\partial y\partial x}$ 在区域 D 内连续，那么在该区域内

$$\frac{\partial^2 z}{\partial x\partial y}=\frac{\partial^2 z}{\partial y\partial x}.$$

换句话说，二阶混合偏导数在连续的条件下与求导的次序无关. 这个定理的证明从略.

对于二元以上的函数，对于更为高阶的混合偏导数，也有类似的结论成立，即高阶混合偏导数在偏导数连续的条件下与求导次序无关.

多元函数的偏导数常常用于建立某些**偏微分方程**. 所谓偏微分方程就是含有未知函数的偏导数的等式，它是描述自然现象、反映自然规律的一种重要手段. 例如，方程

$$\frac{\partial^2 z}{\partial y^2}=a^2\frac{\partial^2 z}{\partial x^2}$$

(a 是常数) 称为**波动方程**，它可用来描述各类波的运动. 又如方程

$$\frac{\partial^2 u}{\partial x^2}+\frac{\partial^2 u}{\partial y^2}+\frac{\partial^2 u}{\partial z^2}=0$$

称为**拉普拉斯(Laplace)方程**，满足这一方程的 $C^{(2)}$ 类函数①称为**调和函数**，它在热传导、流体运动等问题中有着重要的应用.

例 7　验证函数 $u=\frac{1}{\sqrt{x^2+y^2+z^2}}$ 满足拉普拉斯方程:

$$\frac{\partial^2 u}{\partial x^2}+\frac{\partial^2 u}{\partial y^2}+\frac{\partial^2 u}{\partial z^2}=0,$$

即，此函数是拉普拉斯方程的一个解.

证

$$\frac{\partial u}{\partial x}=\frac{-\frac{2x}{2\sqrt{x^2+y^2+z^2}}}{x^2+y^2+z^2}=-\frac{x}{(x^2+y^2+z^2)^{\frac{3}{2}}},$$

① $C^{(2)}$ 类函数指有连续二阶偏导数的函数，详见上册附录 Ⅵ.

$$\frac{\partial^2 u}{\partial x^2}=-\frac{(x^2+y^2+z^2)^{\frac{3}{2}}-x\cdot\frac{3}{2}(x^2+y^2+z^2)^{\frac{1}{2}}\cdot 2x}{(x^2+y^2+z^2)^3}$$

$$=\frac{2x^2-y^2-z^2}{(x^2+y^2+z^2)^{\frac{5}{2}}},$$

由于函数关于自变量具有对称性,所以

$$\frac{\partial^2 u}{\partial y^2}=\frac{2y^2-x^2-z^2}{(x^2+y^2+z^2)^{\frac{5}{2}}},$$

$$\frac{\partial^2 u}{\partial z^2}=\frac{2z^2-x^2-y^2}{(x^2+y^2+z^2)^{\frac{5}{2}}},$$

因此

$$\frac{\partial^2 u}{\partial x^2}+\frac{\partial^2 u}{\partial y^2}+\frac{\partial^2 u}{\partial z^2}=\frac{2(x^2+y^2+z^2)-2x^2-2y^2-2z^2}{(x^2+y^2+z^2)^{\frac{5}{2}}}=0.$$

习题 8-2

1. 求下列函数的偏导数:

(1) $z=ax^2y+bxy^2$;　　(2) $z=\tan^2(x^2+y^2)$;

(3) $z=\dfrac{x}{y}+\dfrac{y}{x}$;　　(4) $z=\arctan\dfrac{x}{y^2}$;

(5) $z=\ln(x+\sqrt{x^2-y^2})$;　　(6) $z=xe^{-y}+ye^{-x}$;

(7) $u=\ln(x+2^{yz})$;　　(8) $z=(1+xy)^y$.

2. 求下列函数在指定点处的一阶偏导数:

(1) $f(x,y)=x+(y-1)\arcsin\sqrt{\dfrac{x}{y}}$ 在点$(x,1)$ 对 x 的偏导数 $f_x(x,1)$;

(2) $f(x,y)=x^2e^y+(x-1)\arctan\dfrac{y}{x}$ 在点$(1,0)$ 的两个偏导数 $f_x(1,0)$ 与 $f_y(1,0)$.

3. 求曲线$\begin{cases}z=\dfrac{1}{4}(x^2+y^2),\\ y=2\end{cases}$在点 $M_0(2,2,2)$ 处的切线关于 x 轴的倾角.

4. 设

$$f(x,y)=\begin{cases}(x^2+y^2)\sin\dfrac{1}{\sqrt{x^2+y^2}}, & x^2+y^2\neq 0,\\ 0, & x^2+y^2=0,\end{cases}$$

试证函数 $f(x,y)$ 在点$(0,0)$ 处连续且偏导数存在,并求出 $f_x(0,0)$ 及 $f_y(0,0)$ 的值.

5. 求下列函数的所有二阶偏导数:

(1) $z=\cos^2(ax-by)$;　　(2) $z=e^{-\alpha x}\sin\beta y$;

(3) $z=xe^{-xy}$;　　(4) $z=y^x$.

6. 求下列函数的指定的高阶偏导数:

(1) $z=x\ln(xy)$, z_{xxy}, z_{xyy};

(2) $u = x^a y^b z^c$，$\dfrac{\partial^6 u}{\partial x \partial y^2 \partial z^3}$；

(3) $f(x,y,z) = xy^2 + yz^2 + zx^2$，$f_{xx}(1,0,2)$ 及 $f_{yz}(0,-1,0)$.

7. 验证函数 $z = \mathrm{e}^{-kn^2 t}\sin nx$ 满足热传导方程 $z_t = kz_{xx}$.

8. 验证函数 $u = \sin(x - at) + \ln(x + at)$ 满足波动方程 $u_{tt} = a^2 u_{xx}$.

9. 验证函数 $u = \arctan\dfrac{x}{y}$ 满足拉普拉斯方程 $u_{xx} + u_{yy} = 0$.

第三节　多元函数的全微分

一、全微分的概念

对于一元函数 $y = f(x)$，如果自变量 x 有增量 Δx，则对应地函数在点 x 有增量：

$$\Delta y = f(x + \Delta x) - f(x),$$

并且当函数 $f(x)$ 在点 x 可导时，有

$$\Delta y = f(x + \Delta x) - f(x) = f'(x)\Delta x + o(\Delta x) = \mathrm{d}y + o(\Delta x).$$

对于二元函数 $z = f(x,y)$，如果固定自变量 y，仅自变量 x 取得增量 Δx，则函数 $f(x,y)$ 有增量

$$\Delta_x z = f(x + \Delta x, y) - f(x,y),$$

称 $\Delta_x z$ 为函数 $z = f(x,y)$ 在点 (x,y) 处对 x 的**偏增量**，并且当函数 $f(x,y)$ 在点 (x,y) 关于 x 的偏导数存在时，有

$$\Delta_x z = f(x + \Delta x, y) - f(x,y) = f_x(x,y)\Delta x + o(\Delta x).$$

上式右端第一项 $f_x(x,y)\Delta x$ 称为函数 $z = f(x,y)$ 在点 (x,y) 处对 x 的**偏微分**.

类似地可定义函数 $z = f(x,y)$ 在点 (x,y) 处对 y 的**偏增量**与**偏微分**. 偏增量与偏微分问题实质是一元函数的增量与微分问题.

但在许多实际问题中，还要研究 x 和 y 都取得增量时函数 $f(x,y)$ 所获得的增量，即所谓全增量问题.

设函数 $z = f(x,y)$ 在点 $P(x,y)$ 的某邻域内有定义，$P'(x + \Delta x, y + \Delta y)$ 为这邻域内的任意一点，则称这两点的函数值之差 $f(x+\Delta x, y+\Delta y) - f(x,y)$ 为函数 $z = f(x,y)$ 在点 $P(x,y)$ 对应于自变量增量 $\Delta x, \Delta y$ 的**全增量**，记作 Δz，即

$$\Delta z = f(x + \Delta x, y + \Delta y) - f(x,y). \tag{8.3}$$

一般说来，计算全增量 Δz 比较复杂. 与一元函数的情形一样，希望用自变量的增量 $\Delta x, \Delta y$ 的线性函数来近似代替函数的全增量 Δz，从而引入如下定义.

定义 8.7　如果函数 $z = f(x,y)$ 在点 (x,y) 的全增量

$$\Delta z = f(x + \Delta x, y + \Delta y) - f(x,y)$$

可表示为

$$\Delta z = A\Delta x + B\Delta y + o(\rho), \tag{8.4}$$

其中 A,B 不依赖于 $\Delta x,\Delta y$ 而仅与 x,y 有关，$\rho=\sqrt{(\Delta x)^2+(\Delta y)^2}$，则称函数 $z=f(x,y)$ 在点 (x,y) **可微分**，而称 $A\Delta x+B\Delta y$ 为函数 $z=f(x,y)$ 在点 (x,y) 的**全微分**，记作 $\mathrm{d}z$，即

$$\mathrm{d}z = A\Delta x + B\Delta y.$$

因此，$f(x,y)$ 在点 (x,y) 处可微的充要条件是，存在 Δx 与 Δy 的线性函数 $A\Delta x+B\Delta y$，使

$$\lim_{\rho\to 0}\frac{f(x+\Delta x,y+\Delta y)-f(x,y)-(A\Delta x+B\Delta y)}{\rho}=0.$$

习惯上，自变量的增量 Δx 与 Δy 常写成 $\mathrm{d}x$ 与 $\mathrm{d}y$，并分别称为自变量 x,y 的微分，所以 $\mathrm{d}z$ 也常写成

$$\mathrm{d}z = A\mathrm{d}x + B\mathrm{d}y.$$

当函数 $z=f(x,y)$ 在某平面区域 D 内处处可微分时，称 $z=f(x,y)$ **在 D 内可微分**.

二、偏导数与全微分的关系

从多元函数可微的定义，容易得到下述结果.

定理 8.2（多元函数可微的必要条件）　若函数 $z=f(x,y)$ 在点 (x,y) 可微，则

(1) $f(x,y)$ 在点 (x,y) 连续；

(2) $f(x,y)$ 在点 (x,y) 的两个偏导数 $f_x(x,y)$ 与 $f_y(x,y)$ 存在，且有 $A=f_x(x,y)$，$B=f_y(x,y)$，即 $z=f(x,y)$ 在点 (x,y) 的全微分为

$$\mathrm{d}z = f_x(x,y)\mathrm{d}x + f_y(x,y)\mathrm{d}y.$$

证　由假设，在式(8.4)中令 $\rho\to 0$，得

$$\lim_{\rho\to 0}\Delta z = 0,$$

也即

$$\lim_{\rho\to 0} f(x+\Delta x,y+\Delta y) = f(x,y),$$

所以 $f(x,y)$ 在点 (x,y) 处连续.

又因为函数 $f(x,y)$ 可微，所以对于点 (x,y) 的邻域内的任一点 $(x+\Delta x,y+\Delta y)$，式(8.4)成立，特别当 $\Delta y=0$ 时，就有 $\rho=|\Delta x|$，而式(8.4)就成为

$$f(x+\Delta x,y)-f(x,y) = A\Delta x + o(|\Delta x|),$$

于是

$$\lim_{\Delta x\to 0}\frac{f(x+\Delta x,y)-f(x,y)}{\Delta x} = A + \lim_{\Delta x\to 0}\frac{o(|\Delta x|)}{\Delta x} = A,$$

从而偏导数 $f_x(x,y)$ 存在，且 $f_x(x,y)=A$. 同理可证 $f_y(x,y)=B$，于是有

$$\mathrm{d}z = A\mathrm{d}x + B\mathrm{d}y = f_x(x,y)\mathrm{d}x + f_y(x,y)\mathrm{d}y.$$

上述定理说明，函数的偏导数存在是函数可微的必要条件. 但它是不是函数可微的充分条件呢?答案是否定的. 例如，函数

$$z = f(x,y) = \begin{cases} \dfrac{xy}{\sqrt{x^2+y^2}}, & (x,y) \neq (0,0), \\ 0, & (x,y) = (0,0). \end{cases}$$

由偏导数的定义易知函数在点 $(0,0)$ 处的两个偏导数存在，且

$$f_x(0,0) = 0, \quad f_y(0,0) = 0.$$

但函数在 $(0,0)$ 点却不可微. 事实上

$$\frac{\Delta z - [f_x(0,0)\Delta x + f_y(0,0)\Delta y]}{\rho}$$

$$= \frac{\Delta z}{\rho} = \frac{f(\Delta x,\Delta y) - f(0,0)}{\rho} = \frac{\Delta x \Delta y}{(\Delta x)^2 + (\Delta y)^2},$$

如果考虑点 $(\Delta x,\Delta y)$ 沿着直线 $y=x$ 趋于 $(0,0)$，则

$$\frac{\Delta x \Delta y}{(\Delta x)^2 + (\Delta y)^2} = \frac{(\Delta x)^2}{(\Delta x)^2 + (\Delta x)^2} = \frac{1}{2},$$

它不能随 $\rho \to 0$ 而趋于 0，这表示 $\rho \to 0$ 时

$$\Delta z - [f_x(0,0)\Delta x + f_y(0,0)\Delta y]$$

并不是较 ρ 高阶的无穷小，因此函数在点 $(0,0)$ 处不可微. 这表明多元函数在一点可微与在该点偏导数存在是不等价的. 在这一点上，多元函数与一元函数是不相同的，必须注意这一点.

但是，如果把条件加强为偏导数连续，那么函数就一定可微了，这就是下面的定理.

定理 8.3（多元函数可微的充分条件）　如果函数 $z=f(x,y)$ 在点 (x,y) 的某邻域内偏导数存在，且偏导函数 $f_x(x,y)$ 和 $f_y(x,y)$ 都在点 (x,y) 连续，则函数 $f(x,y)$ 在点 (x,y) 可微.

证　函数 $z=f(x,y)$ 在点 (x,y) 处的全增量可写为

$$\begin{aligned}\Delta z &= f(x+\Delta x, y+\Delta y) - f(x,y) \\ &= [f(x+\Delta x, y+\Delta y) - f(x, y+\Delta y)] + [f(x, y+\Delta y) - f(x,y)].\end{aligned}$$

上式中第一个方括弧内的式子可看成一元函数 $f(x, y+\Delta y)$ 在区间 $[x, x+\Delta x]$（或 $[x+\Delta x, x]$）上的改变量. 于是，应用拉格朗日中值定理，得到

$$\begin{aligned}&f(x+\Delta x, y+\Delta y) - f(x, y+\Delta y) \\ &= f_x(x+\theta_1\Delta x, y+\Delta y)\Delta x \ (0<\theta_1<1). \\ &= f_x(x,y)\Delta x + [f_x(x+\theta_1\Delta x, y+\Delta y) - f_x(x,y)]\Delta x \\ &= f_x(x,y)\Delta x + \alpha\Delta x,\end{aligned}$$

其中 $\alpha = f_x(x+\theta_1\Delta x, y+\Delta y) - f_x(x,y)$ 为 $\Delta x, \Delta y$ 的函数,且由 $f_x(x,y)$ 在点 (x,y) 连续知当 $\Delta x \to 0$, $\Delta y \to 0$ 时,有 $\alpha \to 0$.

同理可证第二个方括弧内的式子可写为

$$f(x,y+\Delta y) - f(x,y) = f_y(x,y)\Delta y + \beta\Delta y,$$

其中 β 为 Δy 的函数,且当 $\Delta y \to 0$ 时,$\beta \to 0$.

于是

$$\Delta z = f_x(x,y)\Delta x + f_y(x,y)\Delta y + \alpha\Delta x + \beta\Delta y. \tag{8.5}$$

容易看出

$$\left|\frac{\alpha\Delta x + \beta\Delta y}{\rho}\right| \leqslant |\alpha| \left|\frac{\Delta x}{\rho}\right| + |\beta| \left|\frac{\Delta y}{\rho}\right| \leqslant |\alpha| + |\beta| \to 0 \quad (\rho \to 0),$$

即 $\alpha\Delta x + \beta\Delta y = o(\rho)(\rho \to 0)$. 所以

$$\Delta z = f_x(x,y)\Delta x + f_y(x,y)\Delta y + o(\rho),$$

即 $z = f(x,y)$ 在点 (x,y) 是可微的.

以上关于二元函数全微分的定义及可微的必要条件和充分条件可以完全类似地推广到三元和三元以上的多元函数中去. 例如,若三元函数 $u = f(x,y,z)$ 在点 (x,y,z) 处的全增量

$$\Delta u = f(x+\Delta x, y+\Delta y, z+\Delta z) - f(x,y,z)$$

可以表示为

$$\Delta u = A\Delta x + B\Delta y + C\Delta z + o(\rho),$$

其中 A,B,C 是不依赖于 $\Delta x,\Delta y,\Delta z$ 的三个常数(但一般与点 (x,y,z) 有关),$\rho = \sqrt{(\Delta x)^2 + (\Delta y)^2 + (\Delta z)^2}$, 则称函数 $u = f(x,y,z)$ 在点 (x,y,z) 可微, 并称 $A\Delta x + B\Delta y + C\Delta z$ 为函数 $u = f(x,y,z)$ 在点 (x,y,z) 的全微分,记作 $\mathrm{d}u$,即

$$\mathrm{d}u = A\Delta x + B\Delta y + C\Delta z = A\mathrm{d}x + B\mathrm{d}y + C\mathrm{d}z.$$

应当指出,定理 8.3 的条件是充分条件,而非必要条件. 也就是说,函数可微时,偏导数却未必连续. 请看下例.

例 1 设 $f(x,y) = \begin{cases} xy\sin\dfrac{1}{x^2+y^2}, & x^2+y^2 \neq 0, \\ 0, & x^2+y^2 = 0, \end{cases}$ 试证明:

(1) $f(x,y)$ 在点 $(0,0)$ 处可微;(2) $f_x(x,y)$ 在点 $(0,0)$ 处不连续.

证 (1) 由偏导数定义知 $f_x(0,0) = 0$, $f_y(0,0) = 0$,又

$$\begin{aligned} &\Delta z - [f_x(0,0)\Delta x + f_y(0,0)\Delta y] \\ &= \Delta z = f(\Delta x, \Delta y) - f(0,0) \\ &= (\Delta x)(\Delta y)\sin\frac{1}{(\Delta x)^2 + (\Delta y)^2}, \end{aligned}$$

而

$$0\leqslant\left|\frac{(\Delta x)(\Delta y)\sin\dfrac{1}{(\Delta x)^2+(\Delta y)^2}}{\sqrt{(\Delta x)^2+(\Delta y)^2}}\right|\leqslant\frac{|(\Delta x)(\Delta y)|}{\sqrt{(\Delta x)^2+(\Delta y)^2}}$$

$$\leqslant\frac{1}{2}\sqrt{(\Delta x)^2+(\Delta y)^2}\to 0\quad(\rho\to 0),$$

因此函数 $f(x,y)$ 在点(0,0) 处可微.

(2) 当 $x^2+y^2\neq 0$ 时,有

$$f_x(x,y)=y\sin\frac{1}{x^2+y^2}-\frac{2x^2y}{(x^2+y^2)^2}\cos\frac{1}{x^2+y^2}.$$

故

$$f_x(x,y)=\begin{cases}y\sin\dfrac{1}{x^2+y^2}-\dfrac{2x^2y}{(x^2+y^2)^2}\cos\dfrac{1}{x^2+y^2}, & x^2+y^2\neq 0,\\ 0, & x^2+y^2=0.\end{cases}$$

当点(x,y) 沿直线 $y=x$ 趋于点(0,0) 时,

$$\lim_{\substack{(x,y)\to(0,0)\\ y=x}}f_x(x,y)=\lim_{x\to 0}\left[x\sin\frac{1}{2x^2}-\frac{1}{2x}\cos\frac{1}{2x^2}\right],$$

由于极限$\lim\limits_{x\to 0}x\sin\dfrac{1}{2x^2}=0$,极限$\lim\limits_{x\to 0}\dfrac{1}{2x}\cos\dfrac{1}{2x^2}$不存在,从而极限$\lim\limits_{(x,y)\to(0,0)}f_x(x,y)$不存在,因此函数 $f_x(x,y)$ 在点(0,0) 处不连续.

例 2　求函数 $z=\sin(x^2+y^2)$ 的全微分.

解　因为 $z_x=2x\cos(x^2+y^2)$, $z_y=2y\cos(x^2+y^2)$,所以

$$\begin{aligned}dz&=2x\cos(x^2+y^2)dx+2y\cos(x^2+y^2)dy\\&=2\cos(x^2+y^2)(xdx+ydy).\end{aligned}$$

例 3　求函数 $z=x^2y^3$ 在点(1,2) 的全微分.

解　因为 $z_x=2xy^3$,$z_y=3x^2y^2$,在点(1,2) 处,$z_x=16$, $z_y=12$,所以

$$dz\big|_{\substack{x=1\\y=2}}=16dx+12dy.$$

例 4　求函数 $u=\left(\dfrac{x}{y}\right)^z$ 的全微分.

解　因为

$$u_x=z\left(\frac{x}{y}\right)^{z-1}\cdot\frac{1}{y}=\frac{z}{y}\left(\frac{x}{y}\right)^{z-1},$$

$$u_y=z\left(\frac{x}{y}\right)^{z-1}\cdot\left(-\frac{x}{y^2}\right)=-\frac{z}{y}\left(\frac{x}{y}\right)^z,$$

$$u_z=\left(\frac{x}{y}\right)^z\ln\frac{x}{y},$$

所以

$$du=\frac{z}{y}\left(\frac{x}{y}\right)^{z-1}dx-\frac{z}{y}\left(\frac{x}{y}\right)^z dy+\left(\frac{x}{y}\right)^z\ln\frac{x}{y}dz.$$

习题 8-3

1. 求下列函数的全微分：

(1) $z=\dfrac{x-y}{x+y}$； (2) $z=\arctan e^{xy}$；

(3) $u=\ln\sqrt{x^2+y^2+z^2}$； (4) $u=x^{yz}$.

2. 求下列函数在给定点的全微分：

(1) $z=x^4+y^4-4x^2y^2$，$(0,0)$，$(1,1)$；

(2) $z=x\sin(x+y)$，$(0,0)$，$\left(\dfrac{\pi}{4},\dfrac{\pi}{4}\right)$.

3. 求函数 $z=\dfrac{y}{x}$，当 $x=2$，$y=1$，$\Delta x=0.1$，$\Delta y=-0.2$ 时的全增量与全微分.

4. 证明函数 $f(x,y)=\sqrt{|xy|}$ 在$(0,0)$点连续，$f_x(0,0)$ 及 $f_y(0,0)$ 存在，但函数在$(0,0)$点不可微.

5. 设 $f(x,y)=\begin{cases}\dfrac{xy}{x^2+y^2}, & (x,y)\neq(0,0),\\ 0, & (x,y)=(0,0),\end{cases}$ 试问 $f(x,y)$ 在点$(0,0)$处是否可微?

第四节 多元复合函数的求导法则

一、多元复合函数求导的链式法则

如果函数 $u=\varphi(x)$ 在点 x 可导，函数 $y=f(u)$ 在对应点 u 可导，则复合函数 $y=f[\varphi(x)]$ 在点 x 可导，且有

$$\frac{\mathrm{d}y}{\mathrm{d}x}=\frac{\mathrm{d}y}{\mathrm{d}u}\cdot\frac{\mathrm{d}u}{\mathrm{d}x}.$$

这一法则称为一元复合函数的链式求导法则. 现在将这一法则推广到多元复合函数.

链式法则在不同的复合情形下有不同的表达形式，为了便于掌握，将其归纳为三种情形加以讨论.

1. 中间变量均为一元函数的情形

定理 8.4 如果函数 $u=\varphi(t)$ 及 $v=\psi(t)$ 都在点 t 可导，函数 $z=f(u,v)$ 在对应点(u,v)具有连续偏导数，则复合函数 $z=f[\varphi(t),\psi(t)]$ 在点 t 可导，且有

$$\frac{\mathrm{d}z}{\mathrm{d}t}=\frac{\partial z}{\partial u}\frac{\mathrm{d}u}{\mathrm{d}t}+\frac{\partial z}{\partial v}\frac{\mathrm{d}v}{\mathrm{d}t}. \tag{8.6}$$

证 设 t 获得增量 Δt，相应地使函数 $u=\varphi(t)$，$v=\psi(t)$ 获得增量 $\Delta u,\Delta v$，从而函数 $z=f(u,v)$ 获得增量 Δz. 由假定，函数 $z=f(u,v)$ 在点(u,v)具有连续偏导数，从而在点(u,v)可微，于是由式(8.5)有

$$\Delta z=\frac{\partial z}{\partial u}\Delta u+\frac{\partial z}{\partial v}\Delta v+\alpha\Delta u+\beta\Delta v,$$

这里,当 $\Delta u\to 0$, $\Delta v\to 0$ 时,$\alpha\to 0$, $\beta\to 0$.

将上式两边同除以 Δt,得

$$\frac{\Delta z}{\Delta t}=\frac{\partial z}{\partial u}\frac{\Delta u}{\Delta t}+\frac{\partial z}{\partial v}\frac{\Delta v}{\Delta t}+\alpha\frac{\Delta u}{\Delta t}+\beta\frac{\Delta v}{\Delta t}.$$

由于 $u=\varphi(t)$, $v=\psi(t)$ 都在点 t 可导,所以当 $\Delta t\to 0$ 时,$\frac{\Delta u}{\Delta t}\to\frac{\mathrm{d}u}{\mathrm{d}t}$, $\frac{\Delta v}{\Delta t}\to\frac{\mathrm{d}v}{\mathrm{d}t}$,又由于 $\Delta t\to 0$ 时,$\Delta u\to 0$, $\Delta v\to 0$,于是 $\alpha\frac{\Delta u}{\Delta t}+\beta\frac{\Delta v}{\Delta t}\to 0$,从而

$$\frac{\mathrm{d}z}{\mathrm{d}t}=\lim_{\Delta t\to 0}\frac{\Delta z}{\Delta t}=\frac{\partial z}{\partial u}\frac{\mathrm{d}u}{\mathrm{d}t}+\frac{\partial z}{\partial v}\frac{\mathrm{d}v}{\mathrm{d}t}.$$

这就证明了复合函数 $z=f[\varphi(t),\psi(t)]$ 在点 t 可导,且其导数可用公式(8.6)计算.

公式(8.6)可以推广到中间变量为3个或3个以上的函数中去. 例如,由 $z=f(u,v,w)$, $u=\varphi(t)$, $v=\psi(t)$, $w=w(t)$ 复合而成的复合函数

$$z=f[\varphi(t),\psi(t),w(t)],$$

在与定理8.4相似的条件下,该函数在点 t 可导,且其导数可用下面的公式计算:

$$\frac{\mathrm{d}z}{\mathrm{d}t}=\frac{\partial z}{\partial u}\frac{\mathrm{d}u}{\mathrm{d}t}+\frac{\partial z}{\partial v}\frac{\mathrm{d}v}{\mathrm{d}t}+\frac{\partial z}{\partial w}\frac{\mathrm{d}w}{\mathrm{d}t}.\tag{8.7}$$

公式(8.6)及公式(8.7)中的导数 $\frac{\mathrm{d}z}{\mathrm{d}t}$ 称为**全导数**.

例1　设 $z=\mathrm{e}^{2u-v}$,其中 $u=x^2$, $v=\sin x$,求 $\frac{\mathrm{d}z}{\mathrm{d}x}$.

解　$\frac{\partial z}{\partial u}=2\mathrm{e}^{2u-v}$,　$\frac{\partial z}{\partial v}=-\mathrm{e}^{2u-v}$,　$\frac{\mathrm{d}u}{\mathrm{d}x}=2x$,　$\frac{\mathrm{d}v}{\mathrm{d}x}=\cos x$,

所以

$$\frac{\mathrm{d}z}{\mathrm{d}x}=\frac{\partial z}{\partial u}\frac{\mathrm{d}u}{\mathrm{d}x}+\frac{\partial z}{\partial v}\frac{\mathrm{d}v}{\mathrm{d}x}=2\mathrm{e}^{2u-v}\cdot 2x-\mathrm{e}^{2u-v}\cdot\cos x$$
$$=\mathrm{e}^{2u-v}(4x-\cos x)=\mathrm{e}^{2x^2-\sin x}(4x-\cos x).$$

例2　设 $y=[f(x)]^{\varphi(x)}$,其中 $f(x)>0$,求 $\frac{\mathrm{d}y}{\mathrm{d}x}$.

解　幂指函数的导数在一元函数中是用对数求导法处理的. 现在用多元复合函数求导法则求,计算会更加简便.

令 $u=f(x)$, $v=\varphi(x)$,则 $y=[f(x)]^{\varphi(x)}$ 可看作由 $y=u^v$, $u=f(x)$, $v=\varphi(x)$ 复合而成. 所以

$$\frac{\mathrm{d}y}{\mathrm{d}x}=\frac{\partial y}{\partial u}\frac{\mathrm{d}u}{\mathrm{d}x}+\frac{\partial y}{\partial v}\frac{\mathrm{d}v}{\mathrm{d}x}=vu^{v-1}f'(x)+u^v(\ln u)\varphi'(x)$$

$$= [f(x)]^{\varphi(x)}\left[\frac{\varphi(x)}{f(x)}f'(x)+\varphi'(x)\ln f(x)\right].$$

2. 中间变量均为多元函数的情形

定理 8.5　如果函数 $u=\varphi(x,y)$ 及 $v=\psi(x,y)$ 都在点(x,y) 具有对 x 及对 y 的偏导数,函数 $z=f(u,v)$ 在对应点(u,v) 具有连续偏导数,则复合函数 $z=f[\varphi(x,y),\psi(x,y)]$ 在点(x,y) 的两个偏导数存在,且有

$$\frac{\partial z}{\partial x}=\frac{\partial z}{\partial u}\frac{\partial u}{\partial x}+\frac{\partial z}{\partial v}\frac{\partial v}{\partial x},$$

$$\frac{\partial z}{\partial y}=\frac{\partial z}{\partial u}\frac{\partial u}{\partial y}+\frac{\partial z}{\partial v}\frac{\partial v}{\partial y}. \tag{8.8}$$

式(8.8)可以直接从式(8.6)推得.事实上,由于求$\frac{\partial z}{\partial x}$时是将$y$看作常量,因此中间变量 u 及 v 仍可看成一元函数而应用定理 8.4.只不过由于 $z=f[\varphi(x,y),\psi(x,y)]$ 及 $u=\varphi(x,y)$ 和 $v=\psi(x,y)$ 都是 x,y 的二元函数,所以应将式(8.6)中的 d 改写成 ∂,并将其中的 t 换成 x 或 y,这样就得到了式(8.8).

定理 8.5 可以推广到中间变量为三元或三元以上的函数的复合函数中去.

例 3　设 $z=u^2v-uv^2$, $u=x\sin y$, $v=x\cos y$,求$\frac{\partial z}{\partial x}$和$\frac{\partial z}{\partial y}$.

解

$$\frac{\partial z}{\partial x}=\frac{\partial z}{\partial u}\frac{\partial u}{\partial x}+\frac{\partial z}{\partial v}\frac{\partial v}{\partial x}=(2uv-v^2)\sin y+(u^2-2uv)\cos y$$

$$=\frac{3x^2}{2}(\sin y-\cos y)\sin 2y,$$

$$\frac{\partial z}{\partial y}=\frac{\partial z}{\partial u}\frac{\partial u}{\partial y}+\frac{\partial z}{\partial v}\frac{\partial v}{\partial y}=(2uv-v^2)x\cos y+(u^2-2uv)(-x\sin y)$$

$$=x^3(\sin y+\cos y)\left(\frac{3}{2}\sin 2y-1\right).$$

例 4　设 $z=f(xy,x^2-y^2)$,且 f 具有连续的偏导数,求$\frac{\partial z}{\partial x}$, $\frac{\partial z}{\partial y}$.

解　令 $u=xy$, $v=x^2-y^2$,则

$$\frac{\partial z}{\partial x}=\frac{\partial f}{\partial u}\frac{\partial u}{\partial x}+\frac{\partial f}{\partial v}\frac{\partial v}{\partial x}=y\frac{\partial f}{\partial u}+2x\frac{\partial f}{\partial v},$$

$$\frac{\partial z}{\partial y}=\frac{\partial f}{\partial u}\frac{\partial u}{\partial y}+\frac{\partial f}{\partial v}\frac{\partial v}{\partial y}=x\frac{\partial f}{\partial u}-2y\frac{\partial f}{\partial v}.$$

例 5　设 $w=f(x+y+z,xyz)$,f 具有二阶连续偏导数,求$\frac{\partial w}{\partial x}$及$\frac{\partial^2 w}{\partial x\partial z}$.

解　令 $u=x+y+z$, $v=xyz$,则 $w=f(u,v)$.

为表达简便起见,引入以下记号:

$$f_1'=\frac{\partial f(u,v)}{\partial u},\quad f_{12}''=\frac{\partial^2 f(u,v)}{\partial u\partial v},$$

这里下标 1 表示对第一个变量 u 求偏导数，下标 2 表示对第二个变量 v 求偏导数. 同理有 f_2'，f_{11}''，f_{22}'' 等.

因所给函数由 $w=f(u,v)$，$u=x+y+z$ 及 $v=xyz$ 复合而成，根据复合函数求导法则，有

$$\frac{\partial w}{\partial x}=\frac{\partial f}{\partial u}\frac{\partial u}{\partial x}+\frac{\partial f}{\partial v}\frac{\partial v}{\partial x}=f_1'+yzf_2',$$

$$\frac{\partial^2 w}{\partial x\partial z}=\frac{\partial}{\partial z}(f_1'+yzf_2')=\frac{\partial f_1'}{\partial z}+yf_2'+yz\frac{\partial f_2'}{\partial z}.$$

求 $\frac{\partial f_1'}{\partial z}$ 及 $\frac{\partial f_2'}{\partial z}$ 时，应注意 f_1' 与 f_2' 仍旧是复合函数，复合关系与 f 一样，因此

$$\frac{\partial f_1'}{\partial z}=\frac{\partial f_1'}{\partial u}\frac{\partial u}{\partial z}+\frac{\partial f_1'}{\partial v}\frac{\partial v}{\partial z}=f_{11}''+xyf_{12}'',$$

$$\frac{\partial f_2'}{\partial z}=\frac{\partial f_2'}{\partial u}\frac{\partial u}{\partial z}+\frac{\partial f_2'}{\partial v}\frac{\partial v}{\partial z}=f_{21}''+xyf_{22}'',$$

于是

$$\begin{aligned}\frac{\partial^2 w}{\partial x\partial z}&=f_{11}''+xyf_{12}''+yf_2'+yzf_{21}''+xy^2zf_{22}''\\&=f_{11}''+y(x+z)f_{12}''+xy^2zf_{22}''+yf_2'.\end{aligned}$$

3. 中间变量既有一元函数，又有多元函数的情形

定理 8.6　如果函数 $u=\varphi(x,y)$ 在点 (x,y) 具有对 x 及对 y 的偏导数，函数 $v=\psi(y)$ 在点 y 可导，函数 $z=f(u,v)$ 在对应点 (u,v) 具有连续偏导数，则复合函数 $z=f[\varphi(x,y),\psi(y)]$ 在点 (x,y) 的两个偏导数存在，且有

$$\begin{aligned}\frac{\partial z}{\partial x}&=\frac{\partial z}{\partial u}\frac{\partial u}{\partial x},\\\frac{\partial z}{\partial y}&=\frac{\partial z}{\partial u}\frac{\partial u}{\partial y}+\frac{\partial z}{\partial v}\frac{\mathrm{d}v}{\mathrm{d}y}.\end{aligned}\tag{8.9}$$

情形 3 实际上是情形 2 的一种特例，即在情形 2 中，如果变量 v 与 x 无关，则 $\frac{\partial v}{\partial x}=0$；在求 v 对 y 的导数时，由于 v 是 y 的一元函数，故将公式(8.8)中的 $\frac{\partial v}{\partial y}$ 写为 $\frac{\mathrm{d}v}{\mathrm{d}y}$，便得到公式(8.9).

在情形 3 中常常会出现某些变量“一身兼两职”的情况：即该变量既是中间变量，又是自变量的情形. 例如，设 $z=f(u,x,y)$ 具有连续偏导数，而 $u=\varphi(x,y)$ 具有偏导数，则复合函数 $z=f[\varphi(x,y),x,y]$ 具有对 x 和 y 的偏导数. 按照公式(8.9)可得其计算公式为

$$\frac{\partial z}{\partial x}=\frac{\partial f}{\partial u}\frac{\partial u}{\partial x}+\frac{\partial f}{\partial x},$$

$$\frac{\partial z}{\partial y}=\frac{\partial f}{\partial u}\frac{\partial u}{\partial y}+\frac{\partial f}{\partial y}.$$

注意　这里等式两端的$\frac{\partial z}{\partial x}$与$\frac{\partial f}{\partial x}$是不同的. 左端的$\frac{\partial z}{\partial x}$是把复合函数$z=f[\varphi(x,y),x,y]$中的自变量$y$看作常数而对自变量$x$的偏导数，右端的$\frac{\partial f}{\partial x}$是把未经复合的函数$z=f(u,x,y)$中的中间变量$u$和$y$都看作常数而对中间变量$x$的偏导数. $\frac{\partial z}{\partial y}$与$\frac{\partial f}{\partial y}$也有类似的区别. 这里，变量$x$和$y$既是中间变量，又是自变量.

例 6　设$u=xf\left(y,\frac{y}{x}\right)$，$f$具有二阶连续偏导数，求$\frac{\partial^2 u}{\partial x\partial y}$.

解　令$v=\frac{y}{x}$，则函数u是由$u=xf(y,v)$与$v=\frac{y}{x}$复合而成的，所以这里的变量x和y既是复合函数的自变量，又是中间变量.

$$\frac{\partial u}{\partial x}=f\left(y,\frac{y}{x}\right)+xf'_2\cdot\left(-\frac{y}{x^2}\right)=f-\frac{y}{x}f'_2,$$

$$\begin{aligned}\frac{\partial^2 u}{\partial x\partial y}&=\frac{\partial f}{\partial y}-\frac{1}{x}f'_2-\frac{y}{x}\frac{\partial f'_2}{\partial y}\\&=f'_1+f'_2\cdot\frac{1}{x}-\frac{1}{x}f'_2-\frac{y}{x}\left(f''_{21}+f''_{22}\cdot\frac{1}{x}\right)\\&=f'_1-\frac{y}{x^2}(xf''_{21}+f''_{22}).\end{aligned}$$

本节把多元复合函数求导法则归结成三种情形，只是为了学习时方便. 其实，如果把一元函数看成是多元函数的特殊情况，则 1，3 两种情形都可归结为情形 2，公式(8.6)和(8.9)可作为公式(8.8)的特例.

本章第二节介绍过偏微分方程的概念，求满足偏微分方程的多元函数，称为求偏微分方程的解. 求解时，若对自变量作适当的变换，常常可使方程简化，便于求解；或者将方程从直角坐标系下的形式变为其他坐标系下的形式，从而便于讨论.

例 7　在自变量变换$u=x$，$v=x^2-y^2$下，求方程

$$y\frac{\partial z}{\partial x}+x\frac{\partial z}{\partial y}=0$$

的解z.

解　将z看成由$z=z(u,v)$，$u=x$，$v=x^2-y^2$复合而成的复合函数，则

$$\frac{\partial z}{\partial x}=\frac{\partial z}{\partial u}\frac{\mathrm{d}u}{\mathrm{d}x}+\frac{\partial z}{\partial v}\frac{\partial v}{\partial x}=\frac{\partial z}{\partial u}+2x\frac{\partial z}{\partial v},$$

$$\frac{\partial z}{\partial y}=\frac{\partial z}{\partial v}\frac{\partial v}{\partial y}=-2y\frac{\partial z}{\partial v}.$$

代入原方程，得

$$y\left(\frac{\partial z}{\partial u}+2x\frac{\partial z}{\partial v}\right)+x\left(-2y\frac{\partial z}{\partial v}\right)=0,$$

化简得

$$\frac{\partial z}{\partial u}=0.$$

这表明，函数 z 不依赖于变量 u，只依赖于变量 v，因此 $z=f(v)$. 其中 f 是任意的可微一元函数，从而原方程的解为 $z=f(x^2-y^2)$.

例 8　设函数 z 有连续的二阶偏导数，引入新的自变量 u 和 v，设 $u=xy$，$v=\frac{x}{y}$，变换下面的方程

$$x^2\frac{\partial^2 z}{\partial x^2}-y^2\frac{\partial^2 z}{\partial y^2}=0.$$

解　题目要求将方程中 z 对 x，y 的偏导数用 z 对 u，v 的偏导数来表示.

由 $u=xy$，$v=\frac{x}{y}$，有

$$\frac{\partial u}{\partial x}=y,\quad \frac{\partial v}{\partial x}=\frac{1}{y},\quad \frac{\partial u}{\partial y}=x,\quad \frac{\partial v}{\partial y}=-\frac{x}{y^2}.$$

所以

$$\frac{\partial z}{\partial x}=\frac{\partial z}{\partial u}\frac{\partial u}{\partial x}+\frac{\partial z}{\partial v}\frac{\partial v}{\partial x}=y\frac{\partial z}{\partial u}+\frac{1}{y}\frac{\partial z}{\partial v},$$

$$\begin{aligned}\frac{\partial^2 z}{\partial x^2}&=y\left(\frac{\partial^2 z}{\partial u^2}\frac{\partial u}{\partial x}+\frac{\partial^2 z}{\partial u\partial v}\frac{\partial v}{\partial x}\right)+\frac{1}{y}\left(\frac{\partial^2 z}{\partial v\partial u}\frac{\partial u}{\partial x}+\frac{\partial^2 z}{\partial v^2}\frac{\partial v}{\partial x}\right)\\&=y^2\frac{\partial^2 z}{\partial u^2}+2\frac{\partial^2 z}{\partial u\partial v}+\frac{1}{y^2}\frac{\partial^2 z}{\partial v^2}.\end{aligned}$$

$$\frac{\partial z}{\partial y}=\frac{\partial z}{\partial u}\frac{\partial u}{\partial y}+\frac{\partial z}{\partial v}\frac{\partial v}{\partial y}=x\frac{\partial z}{\partial u}-\frac{x}{y^2}\frac{\partial z}{\partial v},$$

$$\begin{aligned}\frac{\partial^2 z}{\partial y^2}&=x\left(\frac{\partial^2 z}{\partial u^2}\frac{\partial u}{\partial y}+\frac{\partial^2 z}{\partial u\partial v}\frac{\partial v}{\partial y}\right)+\frac{2x}{y^3}\frac{\partial z}{\partial v}-\frac{x}{y^2}\left(\frac{\partial^2 z}{\partial v\partial u}\frac{\partial u}{\partial y}+\frac{\partial^2 z}{\partial v^2}\frac{\partial v}{\partial y}\right)\\&=x^2\frac{\partial^2 z}{\partial u^2}-\frac{2x^2}{y^2}\frac{\partial^2 z}{\partial u\partial v}+\frac{x^2}{y^4}\frac{\partial^2 z}{\partial v^2}+\frac{2x}{y^3}\frac{\partial z}{\partial v},\end{aligned}$$

代入所给方程并化简得

$$\frac{\partial^2 z}{\partial u\partial v}=\frac{1}{2u}\frac{\partial z}{\partial v}.$$

二、一阶全微分的形式不变性

第三节中引进的全微分也称为一阶全微分. 一元函数具有一阶微分的形式不变性，对于多元函数来说，一阶全微分也具有这个性质. 所谓**一阶全微分的形式不变性**是指：

对于可微函数 $z=f(u,v)$，不管 u，v 是中间变量还是自变量，总有

$$dz=\frac{\partial z}{\partial u}du+\frac{\partial z}{\partial v}dv. \tag{8.10}$$

利用复合函数微分法容易证明这一点.

事实上,当 u,v 是自变量时,式(8.10) 显然是成立的. 现在假设 u,v 是 x,y 的函数 $u=\varphi(x,y)$, $v=\psi(x,y)$,且这两个函数具有连续偏导数,则复合函数

$$z=f[\varphi(x,y),\psi(x,y)]$$

的全微分为

$$dz=\frac{\partial z}{\partial x}dx+\frac{\partial z}{\partial y}dy.$$

但根据复合函数的链式求导法则,有

$$\frac{\partial z}{\partial x}=\frac{\partial z}{\partial u}\frac{\partial u}{\partial x}+\frac{\partial z}{\partial v}\frac{\partial v}{\partial x},\quad \frac{\partial z}{\partial y}=\frac{\partial z}{\partial u}\frac{\partial u}{\partial y}+\frac{\partial z}{\partial v}\frac{\partial v}{\partial y},$$

代入上式得

$$\begin{aligned}dz&=\left(\frac{\partial z}{\partial u}\frac{\partial u}{\partial x}+\frac{\partial z}{\partial v}\frac{\partial v}{\partial x}\right)dx+\left(\frac{\partial z}{\partial u}\frac{\partial u}{\partial y}+\frac{\partial z}{\partial v}\frac{\partial v}{\partial y}\right)dy\\&=\frac{\partial z}{\partial u}\left(\frac{\partial u}{\partial x}dx+\frac{\partial u}{\partial y}dy\right)+\frac{\partial z}{\partial v}\left(\frac{\partial v}{\partial x}dx+\frac{\partial v}{\partial y}dy\right)\\&=\frac{\partial z}{\partial u}du+\frac{\partial z}{\partial v}dv.\end{aligned}$$

这个性质还说明,如果把一个函数的全微分表示为下面的形式

$$dz=P(u,v)du+Q(u,v)dv,$$

那么 du 的系数就是函数 z 关于变量 u 的偏导数:

$$\frac{\partial z}{\partial u}=P(u,v);$$

dv 的系数就是函数 z 关于变量 v 的偏导数:

$$\frac{\partial z}{\partial v}=Q(u,v).$$

例 9 利用一阶全微分的形式不变性求函数 $z=f\left(\frac{x}{y},\frac{y}{x}\right)$的偏导数.

解 令 $u=\frac{x}{y}$, $v=\frac{y}{x}$,则 $z=f(u,v)$,

$$\begin{aligned}dz&=\frac{\partial f}{\partial u}du+\frac{\partial f}{\partial v}dv=\frac{\partial f}{\partial u}d\left(\frac{x}{y}\right)+\frac{\partial f}{\partial v}d\left(\frac{y}{x}\right)\\&=\frac{\partial f}{\partial u}\left(\frac{1}{y}dx-\frac{x}{y^2}dy\right)+\frac{\partial f}{\partial v}\left(-\frac{y}{x^2}dx+\frac{1}{x}dy\right)\\&=\left(\frac{1}{y}\frac{\partial f}{\partial u}-\frac{y}{x^2}\frac{\partial f}{\partial v}\right)dx+\left(-\frac{x}{y^2}\frac{\partial f}{\partial u}+\frac{1}{x}\frac{\partial f}{\partial v}\right)dy\\&=\left(\frac{1}{y}f'_1-\frac{y}{x^2}f'_2\right)dx+\left(-\frac{x}{y^2}f'_1+\frac{1}{x}f'_2\right)dy.\end{aligned}$$

于是

$$\frac{\partial z}{\partial x}=\frac{1}{y}f_1'-\frac{y}{x^2}f_2',\quad \frac{\partial z}{\partial y}=-\frac{x}{y^2}f_1'+\frac{1}{x}f_2'.$$

例 10　设 $u=\mathrm{e}^{x^2+y^2+z^2}$，$z=x^2\sin y$，求$\frac{\partial u}{\partial x}$，$\frac{\partial u}{\partial y}$.

解　根据一阶全微分的形式不变性，

$$\begin{aligned}\mathrm{d}u&=\mathrm{e}^{x^2+y^2+z^2}\mathrm{d}(x^2+y^2+z^2)\\&=\mathrm{e}^{x^2+y^2+z^2}[2x\mathrm{d}x+2y\mathrm{d}y+2z\mathrm{d}z]\\&=\mathrm{e}^{x^2+y^2+z^2}[2x\mathrm{d}x+2y\mathrm{d}y+2z(2x\sin y\mathrm{d}x+x^2\cos y\mathrm{d}y)]\\&=\mathrm{e}^{x^2+y^2+z^2}[(2x+4xz\sin y)\mathrm{d}x+(2y+2x^2z\cos y)\mathrm{d}y],\end{aligned}$$

故

$$\frac{\partial u}{\partial x}=\mathrm{e}^{x^2+y^2+z^2}(2x+4xz\sin y),$$

$$\frac{\partial u}{\partial y}=\mathrm{e}^{x^2+y^2+z^2}(2y+2x^2z\cos y).$$

习题 8-4

1. 求下列函数的全导数：

(1) $z=\frac{v}{u}$，$u=\ln x$，$v=\mathrm{e}^x$；

(2) $z=\arcsin(x-y)$，$x=3t$，$y=t^3$；

(3) $u=xy+yz$，$y=\mathrm{e}^x$，$z=\sin x$；

(4) $u=\mathrm{e}^{2x}(y+z)$，$x=2t$，$y=\sin t$，$z=2\cos t$.

2. 求下列函数的一阶偏导数：

(1) $z=u\mathrm{e}^{\frac{u}{v}}$，$u=x^2+y^2$，$v=xy$；

(2) $z=x^2\ln y$，$x=\frac{s}{t}$，$y=3s-2t$；

(3) $z=x\arctan(xy)$，$x=t^2$，$y=s\mathrm{e}^t$.

3. 设 f 具有一阶连续偏导数，求下列复合函数的偏导数：

(1) $z=f(x^2-y^2,\mathrm{e}^{xy})$；　(2) $z=f(x,x+y,x-y)$；

(3) $z=xy+\frac{y}{x}f(xy)$；　(4) $u=f(x,xy,xyz)$.

4. 设 f 具有二阶连续偏导数，求下列函数的指定的偏导数：

(1) $z=f(ax,by)$，$\frac{\partial^2 z}{\partial x^2}$，$\frac{\partial^2 z}{\partial x\partial y}$；　(2) $u=f(x^2+y^2+z^2)$，$\frac{\partial^2 u}{\partial x^2}$，$\frac{\partial^3 u}{\partial x\partial y\partial z}$；

(3) $u=f(xy^2,yz^2)$，$\frac{\partial^2 u}{\partial y^2}$，$\frac{\partial^2 u}{\partial y\partial z}$；　(4) $z=f(x\ln x,2x-y)$，$\frac{\partial^2 z}{\partial x^2}$，$\frac{\partial^2 z}{\partial x\partial y}$.

5. 证明函数 $u=\varphi(x-ct)+\psi(x+ct)$ 满足弦振动方程：

$$c^2 \frac{\partial^2 u}{\partial x^2} = \frac{\partial^2 u}{\partial t^2}.$$

6. 若 $f(u,v)$ 的二阶偏导数连续，且满足拉普拉斯方程：

$$\Delta f = \frac{\partial^2 f}{\partial u^2} + \frac{\partial^2 f}{\partial v^2} = 0.$$

证明函数 $z = f(x^2 - y^2, 2xy)$ 也满足拉普拉斯方程：

$$\Delta z = \frac{\partial^2 z}{\partial x^2} + \frac{\partial^2 z}{\partial y^2} = 0.$$

7. 作自变量变换：$u = x,\ v = xy$，求方程

$$x\frac{\partial z}{\partial x} - y\frac{\partial z}{\partial y} = 0$$

的解.

8. 用一阶全微分形式不变性求下列复合函数的全微分：

(1) $z = f(t),\ t = x + y$;　　　　(2) $z = \sin(2x + e^y)$.

第五节　隐函数的微分法

一元函数的解析表达式有两种：显式表示和隐式表示. 并且在一元函数微分学中曾指出，求由方程

$$F(x,y) = 0$$

所确定的隐函数 $y = f(x)$ 的导数时，可以把 y 看成中间变量，用复合函数求导法，方程两边对 x 求导而得到. 但是，一个方程 $F(x,y) = 0$ 能否确定一个隐函数，这个隐函数是否可导?这就是本节要解决的问题. 本节将介绍隐函数存在定理，并根据多元复合函数的求导法则导出隐函数求导公式，进一步推广到多元隐函数和由方程组确定的隐函数中去.

一、由一个方程确定的隐函数的微分法

定理 8.7(隐函数存在定理 1)　设函数 $F(x,y)$ 在点 (x_0,y_0) 的某邻域内具有连续偏导数，且 $F(x_0,y_0) = 0,\ F_y(x_0,y_0) \neq 0$，则方程 $F(x,y) = 0$ 在点 (x_0,y_0) 的某邻域内能唯一确定一个具有连续导数的函数 $y = f(x)$，它满足条件 $y_0 = f(x_0)$，且有

$$\frac{dy}{dx} = -\frac{F_x}{F_y}. \tag{8.11}$$

本书对这个定理不加证明，而仅就公式(8.11)作如下推导.

根据定理前半部分的结论，设方程 $F(x,y) = 0$ 在点 (x_0,y_0) 的某邻域内确定了一个具有连续导数的隐函数 $y = f(x)$，则对于 $f(x)$ 定义域中点 x_0 的相应邻域内的所有 x，有

$$F[x,f(x)]\equiv 0.$$

其左端可以看成是一个 x 的复合函数，求这个函数的全导数，由于恒等式两端求导后仍然恒等，即得

$$\frac{\partial F}{\partial x}+\frac{\partial F}{\partial y}\cdot\frac{\mathrm{d}y}{\mathrm{d}x}=0.$$

由于 F_y 连续，且 $F_y(x_0,y_0)\neq 0$，所以存在点 (x_0,y_0) 的某个邻域，在这个邻域内 $F_y(x,y)\neq 0$，于是得

$$\frac{\mathrm{d}y}{\mathrm{d}x}=-\frac{F_x}{F_y}.$$

如果 $F(x,y)$ 的二阶偏导数也都连续，注意到 $-\dfrac{F_x}{F_y}$ 中的 y 仍然是 x 的函数，因而可得到二阶导数公式

$$\begin{aligned}\frac{\mathrm{d}^2y}{\mathrm{d}x^2}&=\frac{\partial}{\partial x}\left(-\frac{F_x}{F_y}\right)+\frac{\partial}{\partial y}\left(-\frac{F_x}{F_y}\right)\cdot\frac{\mathrm{d}y}{\mathrm{d}x}\\&=-\frac{F_{xx}F_y-F_xF_{yx}}{F_y^2}-\frac{F_{xy}F_y-F_xF_{yy}}{F_y^2}\cdot\left(-\frac{F_x}{F_y}\right)\\&=-\frac{F_{xx}F_y^2-2F_{xy}F_xF_y+F_{yy}F_x^2}{F_y^3}.\end{aligned}$$

例 1　验证 Kepler 方程 $y-x-\varepsilon\sin y=0\ (0<\varepsilon<1)$ 在点 $(0,0)$ 的某邻域内能唯一确定一个有连续导数、当 $x=0$ 时 $y=0$ 的隐函数 $y=f(x)$，并求 $f'(0)$ 和 $f''(0)$ 的值.

解　设 $F(x,y)=y-x-\varepsilon\sin y$，则 $F_x=-1$，$F_y=1-\varepsilon\cos y$，$F(0,0)=0$，$F_y(0,0)=1-\varepsilon\neq 0$. 因此由定理 8.7 可知，方程 $y-x-\varepsilon\sin y=0$ 在点 $(0,0)$ 的某邻域内能唯一确定一个有连续导数、当 $x=0$ 时，$y=0$ 的函数 $y=f(x)$.

下面求这函数的一阶及二阶导数.

$$\frac{\mathrm{d}y}{\mathrm{d}x}=-\frac{F_x}{F_y}=\frac{1}{1-\varepsilon\cos y},$$

$$\begin{aligned}\frac{\mathrm{d}^2y}{\mathrm{d}x^2}&=\frac{\mathrm{d}}{\mathrm{d}x}\left(\frac{1}{1-\varepsilon\cos y}\right)=\frac{-\varepsilon\sin y\cdot y'}{(1-\varepsilon\cos y)^2}\\&=\frac{-\varepsilon\sin y}{(1-\varepsilon\cos y)^3},\end{aligned}$$

所以 $f'(0)=\dfrac{1}{1-\varepsilon}$，$f''(0)=0$.

在一定条件下，一个二元方程 $F(x,y)=0$ 可以确定一个一元隐函数 $y=f(x)$；那么一个三元方程

$$F(x,y,z)=0$$

就有可能确定一个二元隐函数. 关于这一点，有下面的定理.

定理 8.8(隐函数存在定理 2)　设函数 $F(x,y,z)$ 在点 (x_0,y_0,z_0) 的某一邻域内具有连续偏导数，且 $F(x_0,y_0,z_0)=0$，$F_z(x_0,y_0,z_0)\neq 0$，则方程 $F(x,y,z)=0$ 在点 (x_0,y_0,z_0) 的某一邻域内能唯一确定一个具有连续偏导数的函数 $z=f(x,y)$，它满足条件 $z_0=f(x_0,y_0)$，并有

$$\frac{\partial z}{\partial x}=-\frac{F_x}{F_z},\quad \frac{\partial z}{\partial y}=-\frac{F_y}{F_z}. \tag{8.12}$$

本书对这个定理不加证明，而仅就公式(8.12)作如下推导.

由方程 $F(x,y,z)=0$ 确定了具有连续偏导数的二元函数 $z=f(x,y)$，那么在恒等式

$$F[x,y,f(x,y)]\equiv 0$$

的两端分别对 x 和对 y 求偏导数，由链式求导法则得

$$\frac{\partial F}{\partial x}+\frac{\partial F}{\partial z}\cdot\frac{\partial z}{\partial x}=0,\quad \frac{\partial F}{\partial y}+\frac{\partial F}{\partial z}\cdot\frac{\partial z}{\partial y}=0.$$

因为 F_z 连续且 $F_z(x_0,y_0,z_0)\neq 0$，所以存在点 (x_0,y_0,z_0) 的某个邻域，在该邻域内 $F_z\neq 0$，于是得

$$\frac{\partial z}{\partial x}=-\frac{F_x}{F_z},\quad \frac{\partial z}{\partial y}=-\frac{F_y}{F_z}.$$

例 2　设 $z^3-3xyz=1$，求 $\frac{\partial z}{\partial x}$，$\frac{\partial z}{\partial y}$ 及 $\frac{\partial^2 z}{\partial x\partial y}$.

解　设 $F(x,y,z)=z^3-3xyz-1$，则

$$F_x=-3yz,\quad F_y=-3xz,\quad F_z=3(z^2-xy),$$

从而，当 $z^2-xy\neq 0$ 时，有

$$\frac{\partial z}{\partial x}=-\frac{F_x}{F_z}=-\frac{-3yz}{3(z^2-xy)}=\frac{yz}{z^2-xy},$$

同理，$\frac{\partial z}{\partial y}=\frac{xz}{z^2-xy}$.

$$\begin{aligned}\frac{\partial^2 z}{\partial x\partial y}&=\frac{\partial}{\partial y}\left(\frac{yz}{z^2-xy}\right)=\frac{\left(z+y\frac{\partial z}{\partial y}\right)(z^2-xy)-yz\left(2z\frac{\partial z}{\partial y}-x\right)}{(z^2-xy)^2}\\&=\frac{\left(z+\frac{xyz}{z^2-xy}\right)(z^2-xy)-yz\left(\frac{2xz^2}{z^2-xy}-x\right)}{(z^2-xy)^2}\\&=\frac{z(z^4-2xyz^2-x^2y^2)}{(z^2-xy)^3}.\end{aligned}$$

例 3　设 $F(x-y,y-z)=0$，求 $\frac{\partial z}{\partial x}$，$\frac{\partial z}{\partial y}$，其中 F 具有连续偏导数.

解　方法一　$F_x=F_1'$，$F_y=-F_1'+F_2'$，$F_z=-F_2'$，所以，当 $F_2'\neq 0$ 时，

$$\frac{\partial z}{\partial x}=-\frac{F_x}{F_z}=-\frac{F_1'}{-F_2'}=\frac{F_1'}{F_2'},$$

$$\frac{\partial z}{\partial y}=-\frac{F_y}{F_z}=-\frac{-F_1'+F_2'}{-F_2'}=\frac{F_2'-F_1'}{F_2'}.$$

方法二　对方程两边求全微分，由一阶全微分形式不变性，有

$$F_1'\mathrm{d}(x-y)+F_2'\mathrm{d}(y-z)=0,$$

即

$$F_1'\mathrm{d}x+(F_2'-F_1')\mathrm{d}y-F_2'\mathrm{d}z=0.$$

当 $F_2'\neq 0$ 时，有

$$\mathrm{d}z=\frac{F_1'}{F_2'}\mathrm{d}x+\frac{F_2'-F_1'}{F_2'}\mathrm{d}y,$$

因此

$$\frac{\partial z}{\partial x}=\frac{F_1'}{F_2'},\quad \frac{\partial z}{\partial y}=\frac{F_2'-F_1'}{F_2'}.$$

二、由方程组确定的隐函数的微分法

下面将隐函数求导方法推广到方程组的情形. 例如，对方程组

$$\begin{cases}F(x,y,u,v)=0,\\G(x,y,u,v)=0\end{cases}$$

来说，四个变量 x,y,u,v 中通常只能有两个变量独立变化，因此方程组就有可能确定两个二元函数，比如 $u=u(x,y)$，$v=v(x,y)$. 关于这样的二元函数是否存在，它们的性质如何，有下面的定理.

定理 8.9（隐函数存在定理 3）　设函数 $F(x,y,u,v)$、$G(x,y,u,v)$ 在点(x_0,y_0,u_0,v_0)的某邻域内具有连续的偏导数，又 $F(x_0,y_0,u_0,v_0)=0$，$G(x_0,y_0,u_0,v_0)=0$，且偏导数所组成的函数行列式（或称雅可比(Jacobi)式）

$$J=\frac{\partial(F,G)}{\partial(u,v)}=\begin{vmatrix}\dfrac{\partial F}{\partial u} & \dfrac{\partial F}{\partial v}\\[2mm] \dfrac{\partial G}{\partial u} & \dfrac{\partial G}{\partial v}\end{vmatrix}$$

在点(x_0,y_0,u_0,v_0)不等于零，则方程组$\begin{cases}F(x,y,u,v)=0,\\G(x,y,u,v)=0\end{cases}$在点$(x_0,y_0,u_0,v_0)$的某一邻域内能唯一确定一对具有连续偏导数的函数 $u=u(x,y)$，$v=v(x,y)$，它们满足条件 $u_0=u(x_0,y_0)$，$v_0=v(x_0,y_0)$，并有

$$\frac{\partial u}{\partial x}=-\frac{1}{J}\frac{\partial(F,G)}{\partial(x,v)}=-\frac{\begin{vmatrix}F_x & F_v\\G_x & G_v\end{vmatrix}}{\begin{vmatrix}F_u & F_v\\G_u & G_v\end{vmatrix}},$$

$$\frac{\partial v}{\partial x}=-\frac{1}{J}\frac{\partial(F,G)}{\partial(u,x)}=-\frac{\begin{vmatrix}F_u & F_x\\ G_u & G_x\end{vmatrix}}{\begin{vmatrix}F_u & F_v\\ G_u & G_v\end{vmatrix}},$$

$$\frac{\partial u}{\partial y}=-\frac{1}{J}\frac{\partial(F,G)}{\partial(y,v)}=-\frac{\begin{vmatrix}F_y & F_v\\ G_y & G_v\end{vmatrix}}{\begin{vmatrix}F_u & F_v\\ G_u & G_v\end{vmatrix}},$$

$$\frac{\partial v}{\partial y}=-\frac{1}{J}\frac{\partial(F,G)}{\partial(u,y)}=-\frac{\begin{vmatrix}F_u & F_y\\ G_u & G_y\end{vmatrix}}{\begin{vmatrix}F_u & F_v\\ G_u & G_v\end{vmatrix}}. \tag{8.13}$$

本书对这个定理不加证明，而仅就公式(8.13)作如下推导.

由于

$$\begin{cases}F[x,y,u(x,y),v(x,y)]\equiv 0,\\ G[x,y,u(x,y),v(x,y)]\equiv 0.\end{cases}$$

将恒等式两边分别对 x 求偏导数，应用复合函数的链式求导法则得到

$$\begin{cases}F_x+F_u\dfrac{\partial u}{\partial x}+F_v\dfrac{\partial v}{\partial x}=0,\\ G_x+G_u\dfrac{\partial u}{\partial x}+G_v\dfrac{\partial v}{\partial x}=0.\end{cases}$$

这是关于$\dfrac{\partial u}{\partial x}$, $\dfrac{\partial v}{\partial x}$ 的线性方程组，由定理条件知在点(x_0,y_0,u_0,v_0)的某邻域内，系数行列式

$$J=\begin{vmatrix}F_u & F_v\\ G_u & G_v\end{vmatrix}\neq 0,$$

从而可解出$\dfrac{\partial u}{\partial x}$, $\dfrac{\partial v}{\partial x}$,得

$$\frac{\partial u}{\partial x}=-\frac{1}{J}\frac{\partial(F,G)}{\partial(x,v)},\quad \frac{\partial v}{\partial x}=-\frac{1}{J}\frac{\partial(F,G)}{\partial(u,x)}.$$

同理可得

$$\frac{\partial u}{\partial y}=-\frac{1}{J}\frac{\partial(F,G)}{\partial(y,v)},\quad \frac{\partial v}{\partial y}=-\frac{1}{J}\frac{\partial(F,G)}{\partial(u,y)}.$$

还可以类似地写出其他一些隐函数存在定理，这里就不再叙述了. 除了定理的条件和结论外，还要求掌握相应的隐函数求导公式的推导和应用. 例如，方程组

$$\begin{cases}F(x,y,z)=0,\\ G(x,y,z)=0\end{cases}$$

在满足相应的隐函数存在定理的条件下，可确定 y, z 都是 x 的函数. 下面求 $\frac{\mathrm{d}y}{\mathrm{d}x}$ 与 $\frac{\mathrm{d}z}{\mathrm{d}x}$.

对方程组

$$\begin{cases}F[x, y(x), z(x)] \equiv 0,\\ G[x, y(x), z(x)] \equiv 0\end{cases}$$

的每个恒等式两边关于 x 求导数，根据链式求导法则可得

$$\begin{cases}F_x + F_y \dfrac{\mathrm{d}y}{\mathrm{d}x} + F_z \dfrac{\mathrm{d}z}{\mathrm{d}x} = 0,\\[2ex] G_x + G_y \dfrac{\mathrm{d}y}{\mathrm{d}x} + G_z \dfrac{\mathrm{d}z}{\mathrm{d}x} = 0.\end{cases}$$

这是关于 $\frac{\mathrm{d}y}{\mathrm{d}x}$, $\frac{\mathrm{d}z}{\mathrm{d}x}$ 的线性方程组，若其系数行列式

$$J = \frac{\partial(F,G)}{\partial(y,z)} = \begin{vmatrix} F_y & F_z \\ G_y & G_z \end{vmatrix} \neq 0,$$

那么就可以解得

$$\begin{aligned}\frac{\mathrm{d}y}{\mathrm{d}x} &= -\frac{1}{J}\frac{\partial(F,G)}{\partial(x,z)} = -\frac{1}{J}\begin{vmatrix} F_x & F_z \\ G_x & G_z \end{vmatrix},\\ \frac{\mathrm{d}z}{\mathrm{d}x} &= -\frac{1}{J}\frac{\partial(F,G)}{\partial(y,x)} = -\frac{1}{J}\begin{vmatrix} F_y & F_x \\ G_y & G_x \end{vmatrix}.\end{aligned} \tag{8.14}$$

例 4　设 $\begin{cases}x^2 + y^2 - uv = 0,\\ xy - u^2 + v^2 = 0,\end{cases}$ 求 $\frac{\partial u}{\partial x}$, $\frac{\partial v}{\partial x}$, $\frac{\partial u}{\partial y}$, $\frac{\partial v}{\partial y}$.

解　对于具体的题目来说，可以利用公式(8.13)求解，但也可依照推导公式(8.13)的方法来求解. 下面用后一种方法来做.

设方程组确定 u, v 是 x, y 的隐函数，在方程组两边分别对 x 求偏导数，得

$$\begin{cases}2x - v\dfrac{\partial u}{\partial x} - u\dfrac{\partial v}{\partial x} = 0,\\[2ex] y - 2u\dfrac{\partial u}{\partial x} + 2v\dfrac{\partial v}{\partial x} = 0.\end{cases}$$

当系数行列式 $2(u^2 + v^2) \neq 0$ 时，解此方程组可得

$$\frac{\partial u}{\partial x} = \frac{4xv + yu}{2(u^2 + v^2)}, \quad \frac{\partial v}{\partial x} = \frac{4xu - yv}{2(u^2 + v^2)}.$$

类似地在所给方程的两边对 y 求偏导数，用同样的方法可得

$$\frac{\partial u}{\partial y} = \frac{4yv + xu}{2(u^2 + v^2)}, \quad \frac{\partial v}{\partial y} = \frac{4yu - xv}{2(u^2 + v^2)}.$$

例 5　设 $u = f(x, y, z)$，而 z 是由方程 $\varphi(x^2, \mathrm{e}^y, z) = 0$ 所确定的 x, y 的函数，

其中 f,φ 都具有一阶连续偏导数，且 $\varphi'_3 \neq 0$，试求$\dfrac{\partial u}{\partial x}$.

解
$$\frac{\partial u}{\partial x}=f'_1+f'_3\cdot\frac{\partial z}{\partial x}.$$

对方程 $\varphi(x^2,e^y,z)=0$ 两边同时关于 x 求偏导数得
$$\varphi'_1\cdot 2x+\varphi'_3\cdot\frac{\partial z}{\partial x}=0.$$

解得$\dfrac{\partial z}{\partial x}=-2x\dfrac{\varphi'_1}{\varphi'_3}$，代入$\dfrac{\partial u}{\partial x}$的表达式中可得
$$\frac{\partial u}{\partial x}=f'_1-\frac{2x\varphi'_1f'_3}{\varphi'_3}.$$

例 6　设 $u=f(x,y)$ 具有一阶连续偏导数，把表达式
$$\left(\frac{\partial u}{\partial x}\right)^2+\left(\frac{\partial u}{\partial y}\right)^2$$
转换为极坐标系中的形式.

解　根据直角坐标与极坐标的关系
$$u=f(x\ ,\ y)=f(r\cos\theta\ ,\ r\sin\theta)$$
分别以 r 和 θ 为自变量求偏导
$$\frac{\partial u}{\partial r}=\frac{\partial u}{\partial x}\cos\theta+\frac{\partial u}{\partial y}\sin\theta,\quad \frac{\partial u}{\partial \theta}=-\frac{\partial u}{\partial x}r\sin\theta+\frac{\partial u}{\partial y}r\cos\theta,$$
解二元一次线性方程组得
$$\frac{\partial u}{\partial x}=\frac{\partial u}{\partial r}\cos\theta-\frac{\partial u}{\partial \theta}\frac{\sin\theta}{r},\quad \frac{\partial u}{\partial y}=\frac{\partial u}{\partial r}\sin\theta-\frac{\partial u}{\partial \theta}\frac{\cos\theta}{r},$$
因此
$$\left(\frac{\partial u}{\partial x}\right)^2+\left(\frac{\partial u}{\partial y}\right)^2=\left(\frac{\partial u}{\partial r}\right)^2+\left(\frac{\partial u}{\partial \theta}\right)^2\frac{1}{r^2}.$$

习题 8-5

1. 求下列方程所确定的隐函数 $y=y(x)$ 的一阶导数：

(1) $xy-\ln y=a$；　　(2) $\ln\sqrt{x^2+y^2}=\arctan\dfrac{y}{x}$.

2. 求下列方程所确定的隐函数 $z=z(x,y)$ 的一阶偏导数：

(1) $e^{-(x+y+z)}=x+y+z$；(2) $\dfrac{x}{z}=\ln\dfrac{z}{y}$.

3. 设 f 可微，且方程 $y+z=xf(y^2-z^2)$ 确定了 $z=z(x,y)$，计算 $x\dfrac{\partial z}{\partial x}+z\dfrac{\partial z}{\partial y}$.

4. 设方程 $f(ax-cz,ay-bz)=0$ 确定 $z=z(x,y)$，证明
$$c\frac{\partial z}{\partial x}+b\frac{\partial z}{\partial y}=a.$$

*5. 设 $x=x(y,z)$，$y=y(z,x)$，$z=z(x,y)$ 都是由方程 $F(x,y,z)=0$ 所确定的函数，且都具有连续偏导数，证明：

$$\frac{\partial x}{\partial y}\cdot\frac{\partial y}{\partial z}\cdot\frac{\partial z}{\partial x}=-1.$$

6. 求下列方程所确定的隐函数的指定偏导数：

(1) $e^z-xyz=0$，$\dfrac{\partial^2 z}{\partial x^2}$；　(2) $xy+yz+zx=1$，$\dfrac{\partial^2 z}{\partial x\partial y}$；

(3) $z+\ln z-\int_y^x e^{-t^2}\,dt=0$，$\dfrac{\partial^2 z}{\partial x\partial y}$.

7. 求由方程 $f(x-y,y-z,z-x)=0$ 所确定的函数 $z=z(x,y)$ 的全微分 dz.

8. 求由下列方程组所确定的隐函数的导数或偏导数：

(1) $\begin{cases}x+y+z=2,\\ x^2+y^2=\dfrac{1}{2}z^2,\end{cases}$ 求 $\dfrac{dx}{dz}$，$\dfrac{dy}{dz}$；

(2) 设 $u(x,y)=e^{3x-y}$，$x^2+y=t^2$，$x-y=t+2$，求 $\left.\dfrac{du}{dt}\right|_{t=0}$；

(3) $\begin{cases}xu-yv=0,\\ yu+xv=1,\end{cases}$ 求 $\dfrac{\partial u}{\partial x}$，$\dfrac{\partial u}{\partial y}$，$\dfrac{\partial v}{\partial x}$，$\dfrac{\partial v}{\partial y}$；

(4) $\begin{cases}xy^2-uv=1,\\ x^2+y^2-u+v=0,\end{cases}$ 求 $\left.\dfrac{\partial u}{\partial x}\right|_{\substack{x=1\\y=1}}$，$\left.\dfrac{\partial v}{\partial x}\right|_{\substack{x=1\\y=1}}$.

9. 设 $u+v=x+y$，$\dfrac{\sin u}{\sin v}=\dfrac{x}{y}$，求 du，dv.

10. 设 $x=u+v$，$y=u^2+v^2$，$z=u^3+v^3$ 确定了 z 是 x,y 的函数，求 $\dfrac{\partial z}{\partial x}$，$\dfrac{\partial z}{\partial y}$.

11. 设 $u=xy^2z^3$，而 $z=z(x,y)$ 是由方程 $x^2+y^2+z^2=3xyz$ 所确定的隐函数，求 $\left.\dfrac{\partial u}{\partial x}\right|_{(1,1,1)}$.

第六节　多元函数微分学的应用

像一元函数微分学一样，多元函数微分学在几何学、近似计算、物理学、优化问题以及经济学等方面有着广泛的应用，本节讨论多元函数微分学在几何、近似计算等方面的应用.

一、几何应用

1. 空间曲线的切线与法平面

设空间曲线 Γ 的参数方程为

$$\begin{cases}x=\varphi(t),\\ y=\psi(t),\\ z=\omega(t)\end{cases}\quad(\alpha\leqslant t\leqslant\beta).$$

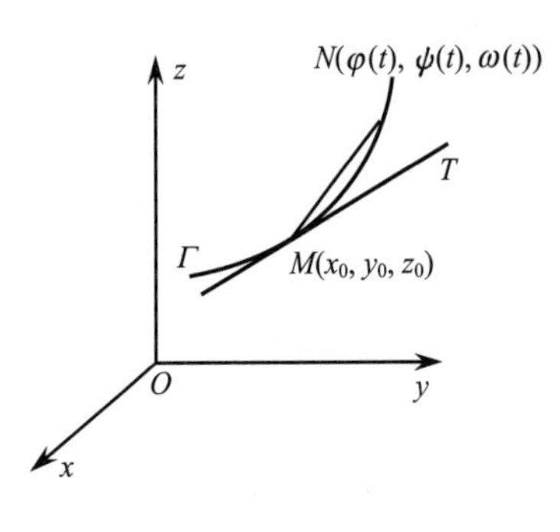

图 8.5

$M(x_0,y_0,z_0)$ 为曲线 Γ 上对应于 $t=t_0$ 的一点，即 $M(x_0,y_0,z_0)=M(\varphi(t_0),\psi(t_0),\omega(t_0))$. 同获取平面曲线的切线一样，空间曲线 Γ 在 M 点处的切线，也可以通过 Γ 的割线 MN 的极限来获取，即，点 $N(\varphi(t),\ \psi(t),\ \omega(t))$ 沿曲线 Γ 趋向于点 $M(\varphi(t_0),\ \psi(t_0),\ \omega(t_0))$ 时，也即 $t\to t_0$ 时，得到的割线 MN 的极限位置便是所要求的切线，如图 8.5 所示. 因此可以按下面步骤获取切线方程：

设 $P(x,y,z)$ 为割线 MN 上的任意一点，则割线 MN 的方程为

$$\frac{x-x_0}{\varphi(t)-\varphi(t_0)}=\frac{y-y_0}{\psi(t)-\psi(t_0)}=\frac{z-z_0}{\omega(t)-\omega(t_0)},$$

也可以表示成

$$\frac{x-x_0}{\dfrac{\varphi(t)-\varphi(t_0)}{t-t_0}}=\frac{y-y_0}{\dfrac{\psi(t)-\psi(t_0)}{t-t_0}}=\frac{z-z_0}{\dfrac{\omega(t)-\omega(t_0)}{t-t_0}}.$$

令 $t\to t_0$，根据导数定义，便得到切线方程

$$\frac{x-x_0}{\varphi'(t_0)}=\frac{y-y_0}{\psi'(t_0)}=\frac{z-z_0}{\omega'(t_0)}. \tag{8.15}$$

这表明，曲线 Γ 在点 $M(x_0,\ y_0,\ z_0)$ 处切线的方向向量为

$$\boldsymbol{T}=(\varphi'(t_0),\ \psi'(t_0),\ \omega'(t_0)), \tag{8.16}$$

称其为曲线 Γ 在点 $M(x_0,\ y_0,\ z_0)$ 处的切向量.

通过点 $M(x_0,y_0,z_0)$ 并且与切线垂直的平面称为曲线 Γ 在点 $M(x_0,y_0,z_0)$ 处的**法平面**，**法平面方程**为

$$\varphi'(t_0)(x-x_0)+\psi'(t_0)(y-y_0)+\omega'(t_0)(z-z_0)=0. \tag{8.17}$$

例 1　求圆柱螺旋线 $x=\cos t,\ y=\sin t,\ z=2t$ 在 $t=\dfrac{\pi}{2}$ 对应的点处的切线方程和法平面方程.

解　由于 $x'_t=-\sin t,\ y'_t=\cos t,\ z'_t=2$，所以当 $t=\dfrac{\pi}{2}$ 时，曲线的切向量为

$$\boldsymbol{T}=(-1,0,2).$$

而当 $t=\dfrac{\pi}{2}$ 时，曲线上对应的点为 $(0,1,\pi)$，所以曲线在 $t=\dfrac{\pi}{2}$ 对应的点处的切线方程为

$$\frac{x}{-1}=\frac{y-1}{0}=\frac{z-\pi}{2}.$$

法平面方程为

$$-1\cdot(x-0)+0\cdot(y-1)+2\cdot(z-\pi)=0,$$

即

$$x-2z+2\pi=0.$$

如果空间曲线 Γ 的方程为

$$\begin{cases} y=\varphi(x), \\ z=\psi(x). \end{cases}$$

可取 x 为参数,得到参数方程

$$\begin{cases} x=x, \\ y=\varphi(x), \\ z=\psi(x). \end{cases}$$

如果 $\varphi(x),\psi(x)$ 在 $x=x_0$ 处都可导,则向量 $\boldsymbol{T}=(1,\varphi'(x_0),\psi'(x_0))$ 就是曲线 Γ 在点 $M(x_0,y_0,z_0)=(x_0,\varphi(x_0),\psi(x_0))$ 处的切向量,而曲线 Γ 在点 $M(x_0,y_0,z_0)$ 处的切线方程为

$$\frac{x-x_0}{1}=\frac{y-y_0}{\varphi'(x_0)}=\frac{z-z_0}{\psi'(x_0)}.$$

在点 $M(x_0,y_0,z_0)$ 处的法平面方程为

$$(x-x_0)+\varphi'(x_0)(y-y_0)+\psi'(x_0)(z-z_0)=0.$$

如果空间曲线 Γ 由方程组

$$\begin{cases} F(x,y,z)=0, \\ G(x,y,z)=0 \end{cases}$$

给出,$M(x_0,y_0,z_0)$ 是曲线 Γ 上的一点. 当 F, G 都具有连续偏导数,且

$$\left.\frac{\partial(F,G)}{\partial(y,z)}\right|_{(x_0,y_0,z_0)}=\begin{vmatrix} F_y & F_z \\ G_y & G_z \end{vmatrix}_{(x_0,y_0,z_0)}\neq 0,$$

则根据隐函数存在定理,方程组在点 $M(x_0,y_0,z_0)$ 的某邻域内就唯一确定了一对有连续导数的隐函数 $y=\varphi(x)$, $z=\psi(x)$,且

$$\varphi'(x)=\frac{\begin{vmatrix} F_z & F_x \\ G_z & G_x \end{vmatrix}}{\begin{vmatrix} F_y & F_z \\ G_y & G_z \end{vmatrix}},\quad \psi'(x)=\frac{\begin{vmatrix} F_x & F_y \\ G_x & G_y \end{vmatrix}}{\begin{vmatrix} F_y & F_z \\ G_y & G_z \end{vmatrix}}.$$

于是 $\boldsymbol{T}=(1,\varphi'(x_0),\psi'(x_0))$ 是曲线 Γ 在点 M 处的一个切向量,这里

$$\varphi'(x_0)=\frac{\begin{vmatrix} F_z & F_x \\ G_z & G_x \end{vmatrix}_M}{\begin{vmatrix} F_y & F_z \\ G_y & G_z \end{vmatrix}_M},\quad \psi'(x_0)=\frac{\begin{vmatrix} F_x & F_y \\ G_x & G_y \end{vmatrix}_M}{\begin{vmatrix} F_y & F_z \\ G_y & G_z \end{vmatrix}_M},$$

其中带下标 M 的行列式表示行列式在点 $M(x_0,y_0,z_0)$ 处的值.

把切向量 $\boldsymbol{T}$ 乘以 $\begin{vmatrix} F_y & F_z \\ G_y & G_z \end{vmatrix}_M$，可得到曲线 Γ 在点 M 处的另一个切向量

$$\boldsymbol{T}_1=\left(\begin{vmatrix} F_y & F_z \\ G_y & G_z \end{vmatrix}_M,\ \begin{vmatrix} F_z & F_x \\ G_z & G_x \end{vmatrix}_M,\ \begin{vmatrix} F_x & F_y \\ G_x & G_y \end{vmatrix}_M\right), \tag{8.18}$$

因此，曲线 Γ 在点 $M(x_0,y_0,z_0)$ 处的切线方程为

$$\frac{x-x_0}{\begin{vmatrix} F_y & F_z \\ G_y & G_z \end{vmatrix}_M}=\frac{y-y_0}{\begin{vmatrix} F_z & F_x \\ G_z & G_x \end{vmatrix}_M}=\frac{z-z_0}{\begin{vmatrix} F_x & F_y \\ G_x & G_y \end{vmatrix}_M}. \tag{8.19}$$

曲线 Γ 在点 $M(x_0,y_0,z_0)$ 处的法平面方程为

$$\begin{vmatrix} F_y & F_z \\ G_y & G_z \end{vmatrix}_M(x-x_0)+\begin{vmatrix} F_z & F_x \\ G_z & G_x \end{vmatrix}_M(y-y_0)+\begin{vmatrix} F_x & F_y \\ G_x & G_y \end{vmatrix}_M(z-z_0)=0. \tag{8.20}$$

如果

$$\begin{vmatrix} F_y & F_z \\ G_y & G_z \end{vmatrix}_M=0,$$

而

$$\begin{vmatrix} F_z & F_x \\ G_z & G_x \end{vmatrix}_M,\quad \begin{vmatrix} F_x & F_y \\ G_x & G_y \end{vmatrix}_M$$

中至少有一个不等于零，可得到同样的结果.

例 2　求两柱面的交线

$$\begin{cases} x^2+y^2=1, \\ x^2+z^2=1 \end{cases}$$

上点 $P_0\left(\frac{1}{\sqrt{2}},\frac{1}{\sqrt{2}},\frac{1}{\sqrt{2}}\right)$ 处的切线方程和法平面方程(图 8.6).

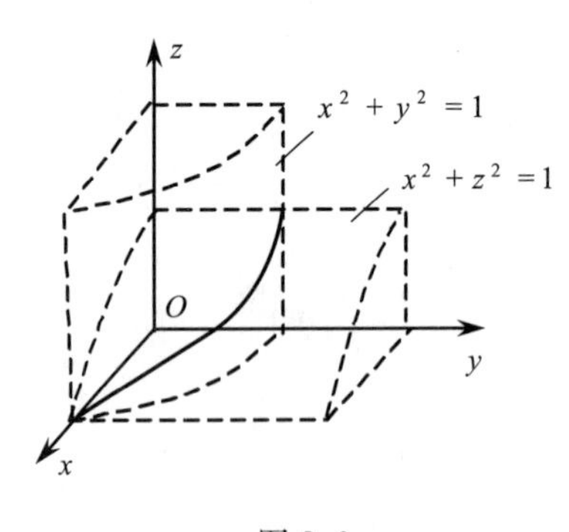

图 8.6

解　本题可以直接利用公式来解，但下面依照推导公式的方法求解.

将所给方程的两边对 x 求导得

$$\begin{cases} 2x+2y\dfrac{\mathrm{d}y}{\mathrm{d}x}=0, \\ 2x+2z\dfrac{\mathrm{d}z}{\mathrm{d}x}=0. \end{cases}$$

由此解得 $\frac{\mathrm{d}y}{\mathrm{d}x}=-\frac{x}{y}$，$\frac{\mathrm{d}z}{\mathrm{d}x}=-\frac{x}{z}$. 于是得到 P_0 处的切向量

$$\boldsymbol{T}=\left(1,-\frac{x}{y},-\frac{x}{z}\right)\bigg|_{P_0}=(1,-1,-1).$$

故所求切线方程为

$$\frac{x-\frac{1}{\sqrt{2}}}{1}=\frac{y-\frac{1}{\sqrt{2}}}{-1}=\frac{z-\frac{1}{\sqrt{2}}}{-1}.$$

法平面方程为

$$\left(x-\frac{1}{\sqrt{2}}\right)-\left(y-\frac{1}{\sqrt{2}}\right)-\left(z-\frac{1}{\sqrt{2}}\right)=0,$$

即

$$x-y-z+\frac{1}{\sqrt{2}}=0.$$

在结束这一问题之前指出，当空间曲线Γ由参数方程$x=\varphi(t)$，$y=\psi(t)$，$z=\omega(t)$给出时，如果$\varphi'(t)$，$\psi'(t)$，$\omega'(t)$连续且不同时为零，那么从几何上看就是曲线Γ为光滑曲线. 如果空间曲线Γ由一般方程$F(x,y,z)=0$，$G(x,y,z)=0$给出，则Γ为光滑曲线的条件是F、G有连续偏导数，且$\frac{\partial(F,G)}{\partial(y,z)}$，$\frac{\partial(F,G)}{\partial(z,x)}$，$\frac{\partial(F,G)}{\partial(x,y)}$不同时为零.

2. 曲面的切平面与法线

设函数$F(x,y,z)$在点$M(x_0,y_0,z_0)$的某个邻域内可微，$M(x_0,y_0,z_0)$是曲面$F(x,y,z)=0$上的一点，T_1是曲面上的曲线$\begin{cases}F(x,y,z)=0,\\x=x_0\end{cases}$在点$M(x_0,y_0,z_0)$处的切线；$T_2$是曲面上的曲线$\begin{cases}F(x,y,z)=0,\\y=y_0\end{cases}$在点$M(x_0,y_0,z_0)$处的切线. 称由直线$T_1$和直线$T_2$确定的平面为曲面$F(x,y,z)=0$在点$M(x_0,y_0,z_0)$处的切平面(图8.7).

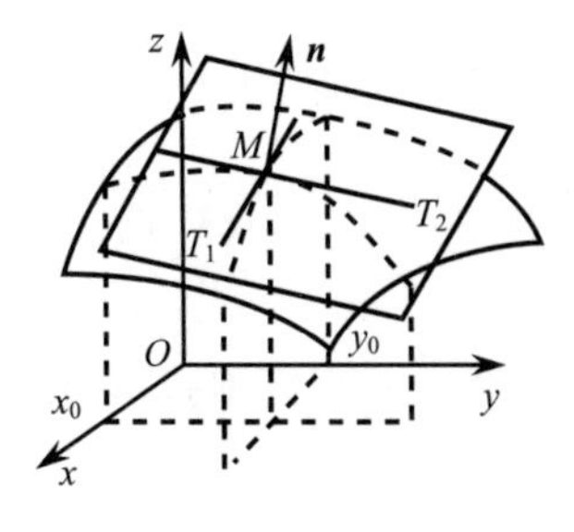

图 8.7

由于T_1的方向向量为$\boldsymbol{a}=\left(0,1,-\frac{F_y}{F_z}\right)_M$；$T_2$的方向向量为$\boldsymbol{b}=\left(1,0,-\frac{F_x}{F_z}\right)_M$. 所以曲面$F(x,y,z)=0$在点$M(x_0,y_0,z_0)$处切平面的法向量为

$$\boldsymbol{n}=\boldsymbol{a}\times\boldsymbol{b}=\begin{vmatrix}\boldsymbol{i}&\boldsymbol{j}&\boldsymbol{k}\\0&1&-\frac{F_y}{F_z}\\1&0&-\frac{F_x}{F_z}\end{vmatrix}=-\frac{1}{F_z}(F_x\boldsymbol{i}+F_y\boldsymbol{j}+F_z\boldsymbol{k}).$$

因此，曲面 $F(x,y,z)=0$ 在点 $M(x_0,y_0,z_0)$ 处切平面为

$$F_x(x_0,y_0,z_0)(x-x_0)+F_y(x_0,y_0,z_0)(y-y_0)+F_z(x_0,y_0,z_0)(z-z_0)=0. \tag{8.21}$$

称向量

$$\boldsymbol{n}=\pm(F_x(x_0,y_0,z_0),F_y(x_0,y_0,z_0),F_z(x_0,y_0,z_0)) \tag{8.22}$$

为曲面 $F(x,y,z)=0$ 在点 $M(x_0,y_0,z_0)$ 处的法向量.

通过曲面 $F(x,y,z)=0$ 上的点 $M(x_0,y_0,z_0)$，且垂直于曲面在该点处的切平面的直线，称为曲面 $F(x,y,z)=0$ 在点 $M(x_0,y_0,z_0)$ 处的法线，因此，法线方程为

$$\frac{x-x_0}{F_x(x_0,y_0,z_0)}=\frac{y-y_0}{F_y(x_0,y_0,z_0)}=\frac{z-z_0}{F_z(x_0,y_0,z_0)}. \tag{8.23}$$

可以证明，曲面 $F(x,y,z)=0$ 上任何一条经过点 $M(x_0,y_0,z_0)$，且在该点可微的曲线

$$\Gamma:\begin{cases}x=\varphi(t),\\ y=\psi(t),\\ z=\omega(t)\end{cases}$$

在点 $M(x_0,y_0,z_0)$ 处的切向量 $\boldsymbol{T}=(\varphi'(t_0),\psi'(t_0),\omega'(t_0))$，都与曲面 $F(x,y,z)=0$ 在点 $M(x_0,y_0,z_0)$ 处的法向量垂直.

因为，曲线 Γ 在曲面 $F(x,y,z)=0$ 上，所以

$$F(\varphi(t),\psi(t),\omega(t))=0.$$

按照隐函数求导得

$$F_x\varphi'(t)+F_y\psi'(t)+F_z\omega'(t)=0.$$

因此

$$F_x(x_0,y_0,z_0)\varphi'(t_0)+F_y(x_0,y_0,z_0)\psi'(t_0)+F_z(x_0,y_0,z_0)\omega'(t_0)=0,$$

即

$$(F_x(x_0,y_0,z_0),F_y(x_0,y_0,z_0),F_z(x_0,y_0,z_0))\cdot(\varphi'(t_0),\psi'(t_0),\omega'(t_0))=0,$$

所以，$\boldsymbol{T}\perp\boldsymbol{n}$.

例 3 求椭圆抛物面 $z=2x^2+y^2$ 在点 $(1,1,3)$ 处的切平面方程及法线方程.

解 设 $f(x,y)=2x^2+y^2$，则

$$f_x(x,y)=4x,\quad f_y(x,y)=2y,$$

在点 $(1,1)$ 处，$f_x(1,1)=4$，$f_y(1,1)=2$，故法向量 $\boldsymbol{n}=(4,2,-1)$. 从而切平面方程为

$$4(x-1)+2(y-1)-(z-3)=0,$$

即

$$4x+2y-z-3=0.$$

法线方程为

$$\frac{x-1}{4}=\frac{y-1}{2}=\frac{z-3}{-1}.$$

我们引入了曲面 $F(x,y,z)=0$ 在点 M 处的法向量 $\boldsymbol{n}=(F_x,F_y,F_z)_M$ 之后，本节前面部分曾导出的空间曲线 Γ：

$$\begin{cases}F(x,y,z)=0,\\G(x,y,z)=0\end{cases}$$

上点 M 处的切向量 $\boldsymbol{T}_1$ 便可表为

$$\boldsymbol{T}_1=\left(\begin{vmatrix}F_y & F_z\\G_y & G_z\end{vmatrix}_M,\ \begin{vmatrix}F_z & F_x\\G_z & G_x\end{vmatrix}_M,\ \begin{vmatrix}F_x & F_y\\G_x & G_y\end{vmatrix}_M\right)=\begin{vmatrix}\boldsymbol{i} & \boldsymbol{j} & \boldsymbol{k}\\F_x & F_y & F_z\\G_x & G_y & G_z\end{vmatrix}_M=\boldsymbol{n}_1\times\boldsymbol{n}_2,$$

其中 $\boldsymbol{n}_1$, $\boldsymbol{n}_2$ 分别是曲面 $F(x,y,z)=0$ 与 $G(x,y,z)=0$ 在点 M 处的法向量.

例 4　求椭球面 $\frac{x^2}{a^2}+\frac{y^2}{b^2}+\frac{z^2}{c^2}=1$ 上点 $M\left(\frac{a}{\sqrt{3}},\frac{b}{\sqrt{3}},\frac{c}{\sqrt{3}}\right)$ 处的切平面及法线方程.

解　设 $F(x,y,z)=\frac{x^2}{a^2}+\frac{y^2}{b^2}+\frac{z^2}{c^2}-1$，则

$$\boldsymbol{n}=(F_x,F_y,F_z)=\left(\frac{2x}{a^2},\frac{2y}{b^2},\frac{2z}{c^2}\right),$$

$$\boldsymbol{n}\mid_M=\frac{2}{\sqrt{3}}\left(\frac{1}{a},\frac{1}{b},\frac{1}{c}\right).$$

所以椭球面在点 M 处的切平面方程为

$$\frac{1}{a}\left(x-\frac{a}{\sqrt{3}}\right)+\frac{1}{b}\left(y-\frac{b}{\sqrt{3}}\right)+\frac{1}{c}\left(z-\frac{c}{\sqrt{3}}\right)=0,$$

即

$$\frac{x}{a}+\frac{y}{b}+\frac{z}{c}=\sqrt{3}.$$

法线方程为

$$\frac{x-\frac{a}{\sqrt{3}}}{\frac{1}{a}}=\frac{y-\frac{b}{\sqrt{3}}}{\frac{1}{b}}=\frac{z-\frac{c}{\sqrt{3}}}{\frac{1}{c}}.$$

下面讨论当曲面 Σ 由参数方程给出时它的切平面方程和法线方程的求法.

设曲面 Σ 的方程为

$$\begin{cases}x=x(u,v),\\y=y(u,v),\quad(u,v\text{ 为参数}),\\z=z(u,v)\end{cases}$$

并设 Σ 上点 $M(x_0,y_0,z_0)$ 对应于参数 (u_0,v_0)，即 $x_0=x(u_0,v_0)$，$y_0=y(u_0,v_0)$，$z_0=z(u_0,v_0)$. 在曲面 Σ 上过点 M 作两条曲线 L_1 及 L_2：

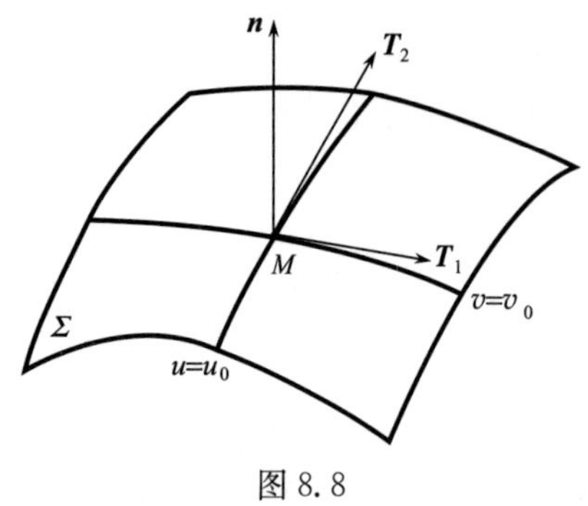

图 8.8

$$L_1:\begin{cases}x=x(u,v_0),\\y=y(u,v_0),\\z=z(u,v_0),\end{cases}\quad L_2:\begin{cases}x=x(u_0,v),\\y=y(u_0,v),\\z=z(u_0,v).\end{cases}$$

这两条曲线在点 M 处的切向量分别是

$$\boldsymbol{T}_1=(x_u(u_0,v_0),y_u(u_0,v_0),z_u(u_0,v_0)),$$

$$\boldsymbol{T}_2=(x_v(u_0,v_0),y_v(u_0,v_0),z_v(u_0,v_0)),$$

曲面 Σ 上点 M 处的切平面的法向量 $\boldsymbol{n}$ 同时垂直于 $\boldsymbol{T}_1$ 与 $\boldsymbol{T}_2$(图 8.8),因此可取作

$$\boldsymbol{n}=\boldsymbol{T}_1\times\boldsymbol{T}_2=\begin{vmatrix}\boldsymbol{i}&\boldsymbol{j}&\boldsymbol{k}\\x_u&y_u&z_u\\x_v&y_v&z_v\end{vmatrix}_{(u_0,v_0)}.\tag{8.24}$$

于是得到曲面 Σ 在点 M 处的切平面方程为

$$\boldsymbol{T}_1\times\boldsymbol{T}_2\cdot(x-x_0,y-y_0,z-z_0)=0,$$

即

$$\begin{vmatrix}x-x_0&y-y_0&z-z_0\\x_u(u_0,v_0)&y_u(u_0,v_0)&z_u(u_0,v_0)\\x_v(u_0,v_0)&y_v(u_0,v_0)&z_v(u_0,v_0)\end{vmatrix}=0.\tag{8.25}$$

例 5 求螺旋面

$$\begin{cases}x=u\cos v,\\y=u\sin v,\\z=v\end{cases}\quad(u\geqslant 0,v\in\mathbf{R})$$

在点 $P(1,0,0)$ 处的切平面方程及法线方程.

解 点 P 对应于 $(u_0,v_0)=(1,0)$,又

$$(x_u,y_u,z_u)=(\cos v,\sin v,0),$$

$$(x_v,y_v,z_v)=(-u\sin v,u\cos v,1),$$

于是

$$\boldsymbol{n}=\begin{vmatrix}\boldsymbol{i}&\boldsymbol{j}&\boldsymbol{k}\\\cos v&\sin v&0\\-u\sin v&u\cos v&1\end{vmatrix}_{(1,0)}=\begin{vmatrix}\boldsymbol{i}&\boldsymbol{j}&\boldsymbol{k}\\1&0&0\\0&1&1\end{vmatrix}=-\boldsymbol{j}+\boldsymbol{k}.$$

故所求切平面方程为

$$0\cdot(x-1)-y+z=0,$$

即 $y=z$.

法线方程为

$$\frac{x-1}{0}=\frac{y}{-1}=\frac{z}{1}.$$

当曲面 Σ 由方程 $F(x,y,z)=0$ 给出时，如果偏导数 F_x,F_y,F_z 连续且不同时为零，那么从几何上看就是，曲面 Σ 上每点处都存在切平面和法线，并且法线随着切点的移动而连续转动，这样的曲面称为**光滑曲面**.

最后分析一下二元函数可微的几何意义.

设二元函数 $z=f(x,y)$ 在点 (x_0,y_0) 可微，则在点 (x_0,y_0) 的某邻域内有

$$f(x,y)-f(x_0,y_0)\approx f_x(x_0,y_0)(x-x_0)+f_y(x_0,y_0)(y-y_0),$$

即

$$f(x,y)\approx f(x_0,y_0)+f_x(x_0,y_0)(x-x_0)+f_y(x_0,y_0)(y-y_0).$$

记上式的右端为

$$z=f(x_0,y_0)+f_x(x_0,y_0)(x-x_0)+f_y(x_0,y_0)(y-y_0),$$

即

$$f_x(x_0,y_0)(x-x_0)+f_y(x_0,y_0)(y-y_0)-[z-f(x_0,y_0)]=0,$$

它表示通过点 $(x_0,y_0,f(x_0,y_0))$ 并以 $(f_x(x_0,y_0),f_y(x_0,y_0),-1)$ 为法向量的平面. 这说明如果 $z=f(x,y)$ 在点 (x_0,y_0) 可微，则曲面 $z=f(x,y)$ 在点 $(x_0,y_0,f(x_0,y_0))$ 近旁的一小部分可以用平面来近似，而这个平面就是曲面在该点的切平面.

*二、全微分在近似计算中的应用

对一元函数 $y=f(x)$，可以利用其微分对函数作近似计算和误差估计. 推广到二元函数，当二元函数 $z=f(x,y)$ 在点 (x,y) 的两个偏导数 $f_x(x,y)$，$f_y(x,y)$ 连续，并且 $|\Delta x|$，$|\Delta y|$ 都较小时，也有近似等式

$$\Delta z\approx \mathrm{d}z=f_x(x,y)\Delta y+f_y(x,y)\Delta y \tag{8.26}$$

或

$$f(x+\Delta x,y+\Delta y)\approx f(x,y)+f_x(x,y)\Delta x+f_y(x,y)\Delta y. \tag{8.27}$$

用这两个式子即可对二元函数 $z=f(x,y)$ 进行误差估计和近似计算.

1. 利用近似公式作计算

例 6　一直角三角形的斜边长为 1.9m，一个锐角为 31°，求这个锐角所对直角边边长的近似值.

解　设所求直角边的边长为 z_0，则 $z_0=1.9\sin 31°$. 设二元函数

$$z=f(x,y)=x\sin y,$$

其中 x 表示斜边长，y 表示锐角的弧度数，并取

$$x=2,\quad y=30°=\frac{\pi}{6},\quad \Delta x=-0.1,\quad \Delta y=1°=\frac{\pi}{180},$$

因为

$$f_x(x,y)=\sin y,\quad f_y(x,y)=x\cos y.$$

故由式(8.27)有

$$\begin{aligned}z_0&=f\left(2-0.1,\frac{\pi}{6}+\frac{\pi}{180}\right)\\&\approx f\left(2,\frac{\pi}{6}\right)+f_x\left(2,\frac{\pi}{6}\right)\times(-0.1)+f_y\left(2,\frac{\pi}{6}\right)\times\frac{\pi}{180}\\&=2\sin\frac{\pi}{6}+\sin\frac{\pi}{6}\times(-0.1)+2\cos\frac{\pi}{6}\times\frac{\pi}{180}\\&=1-0.1\times\frac{1}{2}+2\times\frac{\sqrt{3}}{2}\times\frac{\pi}{180}\\&=0.95+\frac{\sqrt{3}}{180}\pi\approx 0.98(\mathrm{m}).\end{aligned}$$

例 7　有一圆柱体,受压后发生形变,它的底半径由 20cm 增大到 20.05cm,高度由 100cm 减少到 99cm.求此圆柱体体积变化的近似值.

解　设圆柱体的底半径、高和体积依次为 r,h 和 V,则有

$$V=\pi r^2h.$$

记 r,h,V 的增量依次为 $\Delta r,\Delta h,\Delta V$,则由公式(8.26)得

$$\begin{aligned}\Delta V\approx \mathrm{d}V&=\frac{\partial V}{\partial r}\Delta r+\frac{\partial V}{\partial h}\Delta h\\&=2\pi rh\Delta r+\pi r^2\Delta h.\end{aligned}$$

将 $r=20$, $h=100$, $\Delta r=0.05$, $\Delta h=-1$ 代入,得

$$\begin{aligned}\Delta V&\approx 2\pi\times 20\times 100\times 0.05+\pi\times 20^2\times(-1)\\&=-200\pi(\mathrm{cm}^3).\end{aligned}$$

即:此圆柱体受压后体积大约减少了 $200\pi\mathrm{cm}^3$.

2. 利用近似公式作误差估计

第二章第六节曾就一元函数给出过绝对误差限和相对误差限概念,对二元函数 $z=f(x,y)$,可以类似地定义上述概念.

设测量 x,y 时有误差 $\Delta x,\Delta y$, $|\Delta x|\leqslant\delta_x$, $|\Delta y|\leqslant\delta_y$,则由近似公式(8.26)知

$$\begin{aligned}|\Delta z|&\approx|\mathrm{d}z|=|f_x(x_0,y_0)\Delta x+f_y(x_0,y_0)\Delta y|\\&\leqslant|f_x(x_0,y_0)|\delta_x+|f_y(x_0,y_0)|\delta_y=\delta_z,\end{aligned}\tag{8.28}$$

$$\left|\frac{\Delta z}{z}\right|\leqslant\frac{|f_x(x_0,y_0)|\delta_x+|f_y(x_0,y_0)|\delta_y}{|f(x_0,y_0)|}=\frac{\delta_z}{|f(x_0,y_0)|},\tag{8.29}$$

其中 δ_z, $\dfrac{\delta_z}{|z|}$ 分别称为近似值 $f(x_0,y_0)$ 的**绝对误差限与相对误差限**.

例 8　一直流电路的电阻 R 由公式 $R=\dfrac{U}{I}$ 来计算.今测得电压 $U=32\pm0.32$(单位:V),电流 $I=8\pm0.04$(单位:A),求 R 的近似值并估计误差.

解　由公式(8.28)，有

$$|\Delta R| \approx |dR| = \left|\frac{\partial R}{\partial U}\Delta U + \frac{\partial R}{\partial I}\Delta I\right|$$
$$\leqslant \left|\frac{\partial R}{\partial U}\right||\Delta U| + \left|\frac{\partial R}{\partial I}\right||\Delta I|$$
$$= \frac{1}{|I|}|\Delta U| + \left|\frac{U}{I^2}\right||\Delta I|,$$

将 $U=32$，$I=8$，$|\Delta U|\leqslant 0.32$，$|\Delta I|\leqslant 0.04$ 代入，得

$$|\Delta R| \leqslant \frac{1}{8}\times 0.32 + \frac{32}{64}\times 0.04 = 0.06,$$

故 R 的绝对误差限约为 $\delta_R = 0.06$(单位:Ω)，R 的值约为

$$R \approx \frac{32}{8} \pm 0.06 = 4 \pm 0.06\ (\text{单位:}\Omega).$$

R 的相对误差限约为

$$\left|\frac{\delta_R}{R}\right| \approx \frac{0.06}{4} = 1.5\%.$$

习题 8-6

1. 求下列曲线在给定点的切线和法平面方程：

(1) $x=a\sin^2 t$, $y=b\sin t\cos t$, $z=c\cos^2 t$, $t=\frac{\pi}{4}$ 处；

(2) $y=x$, $z=x^2$，点(1,1,1)处；

(3) $\begin{cases} x^2+y^2+z^2=6, \\ x+y+z=0, \end{cases}$ 点(1,−2,1)处.

2. 求下列曲面在给定点处的切平面和法线方程：

(1) $z=8x+xy-x^2-5$，点(2,−3,1)处；

(2) $xy=z^2$，点(x_0,y_0,z_0)处.

3. 求曲线 $x=t$, $y=t^2$, $z=t^3$ 上的点 M_0，使该点的切线平行于平面 $x+2y+z=4$.

4. 求椭球面 $x^2+2y^2+3z^2=21$ 的平行于平面 $x+4y+6z=0$ 的切平面.

5. 在椭球面$\frac{x^2}{a^2}+\frac{y^2}{b^2}+\frac{z^2}{c^2}=1$ 上求点 M_0，使该点的法线与坐标轴成等角.

*6. 证明：与锥面 $z^2=x^2+y^2$ 相切的平面通过坐标原点.

*7. 证明：曲面$\sqrt{x}+\sqrt{y}+\sqrt{z}=\sqrt{a}\,(a>0)$ 上任何点处的切平面在各坐标轴上的截距之和为常数.

*8. 利用全微分求下述各数的近似值：

(1) $(1.04)^{2.02}$；　　(2) $\sin 29^\circ \tan 46^\circ$.

*9. 设圆锥体的底半径 R 由 30cm 增加到 30.1cm，高 H 由 60cm 减少到 59.5cm，试求圆锥体体积变化的近似值.

*10. 一扇形的中心角为 60°，半径为 20m，如果将中心角增加 1°，为了使扇形面积保持不变，

应将扇形半径减少多少 m(计算到小数点后三位)?

*11. 设有直角三角形,测得其两直角边的长分别为 7 ± 0.1cm 和 24 ± 0.1cm. 试求利用上述二值来计算斜边长度时的绝对误差.

第七节　方向导数与梯度

本节讨论多元函数微分学在物理方面的应用. 本节将介绍两个有很强物理背景的概念:方向导数与梯度. 它们在测量、热学、电学以及力学等领域有着广泛的应用.

一、方向导数

函数 $z=f(x,y)$ 在点 (x_0,y_0) 处的两个偏导数 $f_x(x_0,y_0)$ 和 $f_y(x_0,y_0)$ 分别刻画了函数 $f(x,y)$ 在该点处沿 x 轴和 y 轴方向的变化率. 然而在许多问题中还要讨论函数值在一点处沿任一方向的变化率. 比如讨论热量在空间流动的问题时,就需要确定温度在各个方向上的变化率. 这就是方向导数.

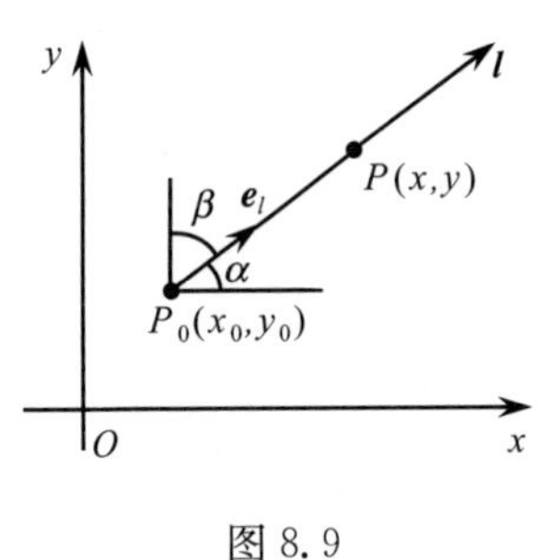

图 8.9

定义 8.8　设函数 $z=f(x,y)$ 在点 $P_0(x_0,y_0)$ 的某个邻域 $U(P_0)$ 内有定义,$\boldsymbol{l}$ 是 xOy 平面上以 $P_0(x_0,y_0)$ 为始点的一条射线,$\boldsymbol{e}_l=(\cos\alpha,\cos\beta)$ 是与 $\boldsymbol{l}$ 同方向的单位向量,射线 $\boldsymbol{l}$ 的参数方程为

$$\begin{cases} x=x_0+\rho\cos\alpha, \\ y=y_0+\rho\cos\beta \end{cases} \quad (\rho \geqslant 0),$$

$P(x_0+\rho\cos\alpha, y_0+\rho\cos\beta)$ 为 $\boldsymbol{l}$ 上另一点,且 $P \in U(P_0)$(图 8.9). 如果函数增量 $\Delta z=f(P)-f(P_0)=f(x_0+\rho\cos\alpha,y_0+\rho\cos\beta)-f(x_0,y_0)$ 与 P 到 P_0 的距离 $|PP_0|=\rho$ 的比值

$$\frac{\Delta z}{|PP_0|}=\frac{f(x_0+\rho\cos\alpha,y_0+\rho\cos\beta)-f(x_0,y_0)}{\rho}$$

当 P 沿着 $\boldsymbol{l}$ 趋于 P_0 时的极限存在,即 $\rho\to 0^+$ 时的极限

$$\lim_{\substack{P\to P_0\\(P\in l)}}\frac{\Delta z}{|PP_0|}=\lim_{\rho\to 0^+}\frac{f(x_0+\rho\cos\alpha,y_0+\rho\cos\beta)-f(x_0,y_0)}{\rho}$$

存在,则称此极限为函数 $z=f(x,y)$ 在点 P_0 处沿方向 $\boldsymbol{e}_l$ 的**方向导数**,记作 $\left.\frac{\partial f}{\partial l}\right|_{(x_0,y_0)}$,即

$$\left.\frac{\partial f}{\partial l}\right|_{(x_0,y_0)}=\lim_{\rho\to 0^+}\frac{f(x_0+\rho\cos\alpha,y_0+\rho\cos\beta)-f(x_0,y_0)}{\rho}.$$

设 $\overrightarrow{P_0P}$ 在 x 轴和 y 轴上的投影分别是 $\Delta x,\Delta y$,则 $\Delta x=|\overrightarrow{P_0P}|\cos\alpha=\rho\cos\alpha$, $\Delta y=|\overrightarrow{P_0P}|\cos\beta=\rho\cos\beta$,于是便可得到方向导数的另一等价定义:

$$\left.\frac{\partial f}{\partial l}\right|_{(x_0,y_0)} = \lim_{\rho\to 0^+}\frac{f(x_0+\Delta x,y_0+\Delta y)-f(x_0,y_0)}{\rho},$$

这里 $\rho=|\overrightarrow{P_0P}|=\sqrt{(\Delta x)^2+(\Delta y)^2}$.

从方向导数的定义可知,方向导数$\left.\frac{\partial f}{\partial l}\right|_{(x_0,y_0)}$就是函数 $f(x,y)$ 在点 $P_0(x_0,y_0)$ 处沿方向 $\boldsymbol{e}_l$ 的变化率.需要注意的是,即使 $\boldsymbol{e}_l$ 与 x 轴或 y 轴平行,方向导数与偏导数的概念也是不同的.因为在方向导数的定义中,分母 $\rho>0$,而在偏导数定义中,分母 $\Delta x,\Delta y$ 可正可负.可以证明,当函数 $f(x,y)$ 在点 $P_0(x_0,y_0)$ 的偏导数存在时,则它在该点沿 x 轴正方向、负方向和沿 y 轴正方向、负方向的方向导数分别存在.例如,考察函数沿 x 轴正方向的方向导数,即射线 $\boldsymbol{l}$ 平行于 x 轴且与 x 轴同向.此时,$\alpha=0$, $\beta=\frac{\pi}{2}$,故

$$\begin{aligned}\left.\frac{\partial f}{\partial l}\right|_{(x_0,y_0)} &= \lim_{\rho\to 0^+}\frac{f\left(x_0+\rho\cos 0,y_0+\rho\cos\frac{\pi}{2}\right)-f(x_0,y_0)}{\rho}\\ &= \lim_{\rho\to 0^+}\frac{f(x_0+\rho,y_0)-f(x_0,y_0)}{\rho}=f_x(x_0,y_0).\end{aligned}$$

而沿 x 轴负方向,即射线 $\boldsymbol{l}$ 平行于 x 轴且与 x 轴反向,因为 $\alpha=\pi$, $\beta=\frac{\pi}{2}$,故

$$\begin{aligned}\left.\frac{\partial f}{\partial l}\right|_{(x_0,y_0)} &= \lim_{\rho\to 0^+}\frac{f\left(x_0+\rho\cos\pi,y_0+\rho\cos\frac{\pi}{2}\right)-f(x_0,y_0)}{\rho}\\ &= \lim_{\rho\to 0^+}\frac{f(x_0-\rho,y_0)-f(x_0,y_0)}{\rho}=-f_x(x_0,y_0).\end{aligned}$$

但反之,若函数在点 $P_0(x_0,y_0)$ 沿 x 轴正方向与负方向(或 y 轴正方向与负方向)的方向导数都存在,函数在该点的偏导数却未必存在.例如,函数 $z=\sqrt{x^2+y^2}$ 在(0,0)点就是这样.读者可自己推出为什么.

关于方向导数的存在性及计算,还有下面的定理.

定理 8.10　如果函数 $f(x,y)$ 在点 $P_0(x_0,y_0)$ 可微,则函数在该点沿任一方向 $\boldsymbol{e}_l$ 的方向导数存在,且有

$$\left.\frac{\partial f}{\partial l}\right|_{(x_0,y_0)} = f_x(x_0,y_0)\cos\alpha+f_y(x_0,y_0)\cos\beta, \tag{8.30}$$

其中 $\cos\alpha$, $\cos\beta$ 是方向 $\boldsymbol{e}_l$ 的方向余弦.

证　由假设,$f(x,y)$ 在点(x_0,y_0)可微,故有

$$\begin{aligned}&f(x_0+\Delta x,y_0+\Delta y)-f(x_0,y_0)\\ &=f_x(x_0,y_0)\Delta x+f_y(x_0,y_0)\Delta y+o(\sqrt{(\Delta x)^2+(\Delta y)^2}).\end{aligned}$$

今令点$(x_0+\Delta x,y_0+\Delta y)$在以$(x_0,y_0)$为始点的射线 $\boldsymbol{l}$ 上,所以有 $\Delta x=$

$\rho\cos\alpha$, $\Delta y=\rho\cos\beta$, $\sqrt{(\Delta x)^2+(\Delta y)^2}=\rho$. 从而

$$\begin{aligned}&\lim_{\rho\to0^+}\frac{f(x_0+\rho\cos\alpha,y_0+\rho\cos\beta)-f(x_0,y_0)}{\rho}\\=&\lim_{\rho\to0^+}\frac{f_x(x_0,y_0)\rho\cos\alpha+f_y(x_0,y_0)\rho\cos\beta+o(\rho)}{\rho}\\=&f_x(x_0,y_0)\cos\alpha+f_y(x_0,y_0)\cos\beta.\end{aligned}$$

这就证明了方向导数存在,且其值为

$$\left.\frac{\partial f}{\partial l}\right|_{(x_0,y_0)}=f_x(x_0,y_0)\cos\alpha+f_y(x_0,y_0)\cos\beta.$$

对于三元函数 $u=f(x,y,z)$,可类似地定义它在点 $P_0(x_0,y_0,z_0)$ 处沿方向 $\boldsymbol{e}_l$ 的方向导数$\left.\frac{\partial u}{\partial l}\right|_{(x_0,y_0,z_0)}$,并且当 $u=f(x,y,z)$ 在点 P_0 可微时,有计算公式:

$$\left.\frac{\partial u}{\partial l}\right|_{(x_0,y_0,z_0)}=f_x(x_0,y_0,z_0)\cos\alpha+f_y(x_0,y_0,z_0)\cos\beta+f_z(x_0,y_0,z_0)\cos\gamma,\tag{8.31}$$

其中 $\cos\alpha$, $\cos\beta$, $\cos\gamma$ 是 $\boldsymbol{l}$ 的方向余弦.

例 1　求函数 $f(x,y)=\sin(x+2y)$ 在点(0,0)沿从点 $O(0,0)$ 到点 $P(1,2)$ 的方向的方向导数.

解　$\boldsymbol{l}=\overrightarrow{OP}=(1,2)$, $\boldsymbol{e}_l=\left(\frac{1}{\sqrt5},\frac{2}{\sqrt5}\right)$. 由于函数 $f(x,y)$ 可微,所以

$$\left.\frac{\partial f}{\partial l}\right|_{(0,0)}=f_x(0,0)\frac{1}{\sqrt5}+f_y(0,0)\frac{2}{\sqrt5}=1\cdot\frac{1}{\sqrt5}+2\cdot\frac{2}{\sqrt5}=\sqrt5.$$

例 2　求函数 $u=\ln(x+y^2+z^3)$ 在点 $M_0(0,-1,2)$ 处沿方向 $\boldsymbol{l}=(3,-1,-1)$ 的方向导数.

解　$$\frac{\partial u}{\partial x}=\frac{1}{x+y^2+z^3},\quad\frac{\partial u}{\partial y}=\frac{2y}{x+y^2+z^3},\quad\frac{\partial u}{\partial z}=\frac{3z^2}{x+y^2+z^3}.$$

在点 $M_0(0,-1,2)$ 处,

$$\frac{\partial u}{\partial x}=\frac{1}{9},\quad\frac{\partial u}{\partial y}=\frac{-2}{9},\quad\frac{\partial u}{\partial z}=\frac{12}{9}.$$

又因 $|\boldsymbol{l}|=\sqrt{3^2+(-1)^2+(-1)^2}=\sqrt{11}$,故 $\boldsymbol{e}_l=\left(\frac{3}{\sqrt{11}},\frac{-1}{\sqrt{11}},\frac{-1}{\sqrt{11}}\right)$,即

$$\cos\alpha=\frac{3}{\sqrt{11}},\quad\cos\beta=\frac{-1}{\sqrt{11}},\quad\cos\gamma=\frac{-1}{\sqrt{11}}.$$

于是由公式(8.37)得

$$\left.\frac{\partial u}{\partial l}\right|_{(0,-1,2)}=\frac{1}{9}\cdot\frac{3}{\sqrt{11}}-\frac{2}{9}\cdot\left(-\frac{1}{\sqrt{11}}\right)+\frac{12}{9}\cdot\left(-\frac{1}{\sqrt{11}}\right)=-\frac{7}{9\sqrt{11}}.$$

由$\left.\frac{\partial u}{\partial l}\right|_{M_0}<0$可知函数$u=\ln(x+y^2+z^3)$在点$M_0(0,-1,2)$处沿方向$\boldsymbol{l}=(3,-1,-1)$,函数值是减少的.

由方向导数定义看出,方向导数本质上是以ρ为自变量的一元函数在$\rho=0$点处的右导数.因为,若令$\varphi(\rho)=f(x_0+\rho\cos\alpha,y_0+\rho\cos\beta)$,则

$$\lim_{\rho\to0^+}\frac{f(x_0+\rho\cos\alpha,y_0+\rho\cos\beta)-f(x_0,y_0)}{\rho}=\lim_{\rho\to0^+}\frac{\varphi(\rho)-\varphi(0)}{\rho}.$$

因而$\left.\frac{\partial f}{\partial l}\right|_{(x_0,y_0)}=\varphi'_+(0)$.这一关系,可以给方向导数的计算提供另一种方法.

例 3　求$f(x,y)=xy$在点$(1,2)$处沿$\boldsymbol{l}=\left(\frac{1}{2},\frac{\sqrt{3}}{2}\right)$方向的方向导数.

解　这里$(x_0,y_0)=(1,2)$,$\cos\alpha=\frac{1}{2}$,$\cos\beta=\frac{\sqrt{3}}{2}$,故设

$$\varphi(\rho)=f\left(1+\frac{\rho}{2},2+\frac{\sqrt{3}}{2}\rho\right)=\left(1+\frac{\rho}{2}\right)\left(2+\frac{\sqrt{3}}{2}\rho\right),$$

则

$$\varphi'(\rho)=1+\frac{\sqrt{3}}{2}+\frac{\sqrt{3}}{2}\rho.$$

从而

$$\left.\frac{\partial f}{\partial l}\right|_{(1,2)}=\varphi'_+(0)=1+\frac{\sqrt{3}}{2}.$$

二、梯度

如上所述,函数在一点处沿某方向$\boldsymbol{l}$的方向导数刻画了函数在该点处沿方向$\boldsymbol{l}$的变化率,当它为正数时,表示沿此方向函数值增加;当它为负数时,表示沿此方向函数值减少.然而在许多问题里,往往还需要知道函数值在该点究竟沿哪一个方向增加最快,也就是增长率最大,并且需要知道最大增长率是多少.梯度概念正是从研究这样的问题中抽象出来的.

定义 8.9　设函数$z=f(x,y)$在点$P_0(x_0,y_0)$处具有连续的偏导数,称向量

$$f_x(x_0,y_0)\boldsymbol{i}+f_y(x_0,y_0)\boldsymbol{j}$$

为函数$z=f(x,y)$在点(x_0,y_0)处的**梯度(gradient)**,记作$\mathbf{grad}f(x_0,y_0)$,即

$$\mathbf{grad}f(x_0,y_0)=f_x(x_0,y_0)\boldsymbol{i}+f_y(x_0,y_0)\boldsymbol{j}.$$

记$\boldsymbol{e}_l=(\cos\alpha,\cos\beta)$是与方向$\boldsymbol{l}$同方向的单位向量,则

$$\begin{aligned}\left.\frac{\partial f}{\partial l}\right|_{(x_0,y_0)}&=f_x(x_0,y_0)\cos\alpha+f_y(x_0,y_0)\cos\beta\\&=\mathbf{grad}f(x_0,y_0)\cdot\boldsymbol{e}_l=|\mathbf{grad}f(x_0,y_0)|\cos\theta,\end{aligned}$$

其中 θ 为向量 $\mathbf{grad}f(x_0,y_0)$ 与向量 $\boldsymbol{e}_l$ 之间的夹角. $|\mathbf{grad}f(x_0,y_0)|=\sqrt{f_x^2(x_0,y_0)+f_y^2(x_0,y_0)}$ 是梯度的模.

上式给出了函数在一点的梯度与函数在这点的方向导数间的关系：

方向导数$\frac{\partial f}{\partial l}$就是梯度向量在射线 $\boldsymbol{l}$ 上的投影. 当 $\theta=0$，即 $\boldsymbol{e}_l$ 的方向是梯度方向时，方向导数$\left.\frac{\partial f}{\partial l}\right|_{(x_0,y_0)}$的值最大，这个最大值就是梯度的模 $|\mathbf{grad}f(x_0,y_0)|$；当 $\theta=\pi$，即 $\boldsymbol{e}_l$ 的方向与梯度的方向相反时，方向导数$\left.\frac{\partial f}{\partial l}\right|_{(x_0,y_0)}$的值最小，最小值等于 $-|\mathbf{grad}f(x_0,y_0)|$；当 $\theta=\frac{\pi}{2}$ 或 $\theta=\frac{3\pi}{2}$，即 $\boldsymbol{e}_l$ 的方向与梯度的方向垂直时，方向导数$\left.\frac{\partial f}{\partial l}\right|_{(x_0,y_0)}$的值为零.

换一句话说，函数在一点的梯度是个向量，它的方向是函数在这点的方向导数取得最大值的方向，也即函数值增加最快的方向，它的模就等于函数在该点的方向导数的最大值.

在空间解析几何中，曲线方程

$$L:\begin{cases}z=f(x,y),\\ z=C\end{cases}$$

表示曲面 $z=f(x,y)$ 被平面 $z=C$(C为常数) 所截得的曲线，L 在 xOy 面上的投影是一条平面曲线

$$L^*:f(x,y)=C$$

(图 8.10). 由于 $z=f(x,y)$ 在 L^* 上所有点处的函数值都是 C，所以称平面曲线 L^* 为函数 $z=f(x,y)$ 的**等值线**或**等量线**. 如地图上的等高线，天气预报图中的等温线都是等值线.

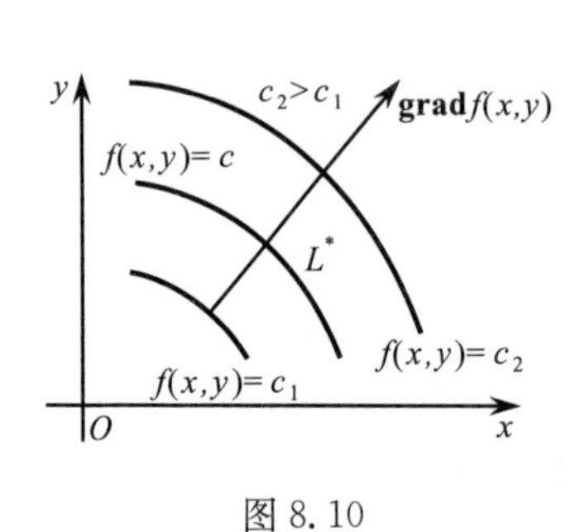

图 8.10

方程 $f(x,y)=C$ 两边同时求全微分，得

$$\frac{\partial f}{\partial x}\mathrm{d}x+\frac{\partial f}{\partial y}\mathrm{d}y=0,$$

可改写为

$$\left(\frac{\partial f}{\partial x},\frac{\partial f}{\partial y}\right)\cdot(\mathrm{d}x,\mathrm{d}y)=(\mathbf{grad}f)\cdot(\mathrm{d}x\boldsymbol{i}+\mathrm{d}y\boldsymbol{j})=0.$$

另外，曲线 $f(x,y)=C$ 在点(x,y) 处的切线方程为

$$Y-y=\frac{\mathrm{d}y}{\mathrm{d}x}(X-x),$$

即

$$\frac{X-x}{\mathrm{d}x}=\frac{Y-y}{\mathrm{d}y}.$$

由此得切线的方向向量为 $\mathrm{d}x\boldsymbol{i}+\mathrm{d}y\boldsymbol{j}$，且可知，函数 $z=f(x,y)$ 在点(x,y) 的梯度 $\mathbf{grad}f$ 垂直于等值线 $f(x,y)=C$ 在点(x,y) 处的切线，因此梯度是等值线上点(x,y) 处的法向量. 故梯度与等值线、方向导数有如下关系：函数 $z=f(x,y)$ 在点(x,y) 处的梯度的方向与过点(x,y) 的等值线 $f(x,y)=C$ 在该点的法向量的一个方向相同，且从数值较低的等值线指向数值较高的等值线（图 8.11），而梯度的模就是函数沿这个法线方向的方向导数.

若三元函数 $u=f(x,y,z)$ 在点 $P_0(x_0,y_0,z_0)$ 处具有连续偏导数，则向量

$$f_x(x_0,y_0,z_0)\boldsymbol{i}+f_y(x_0,y_0,z_0)\boldsymbol{j}+f_z(x_0,y_0,z_0)\boldsymbol{k}$$

就称为函数 $u=f(x,y,z)$ 在点 $P_0(x_0,y_0,z_0)$ 处的**梯度**，记作 $\mathbf{grad}f(x_0,y_0,z_0)$. 如果 $u=f(x,y,z)$ 在点 $P_0(x_0,y_0,z_0)$ 可微，则 $u=f(x,y,z)$ 在点 $P_0(x_0,y_0,z_0)$ 处沿方向 $\boldsymbol{l}$ 的方向导数

$$\left.\frac{\partial f}{\partial l}\right|_{(x_0,y_0,z_0)}=(\mathbf{grad}f(x_0,y_0,z_0))\cdot\boldsymbol{e}_l,$$

并且三元函数的梯度也是这样一个向量：它的方向与函数在该点取得最大方向导数的方向一致，而它的模为方向导数的最大值.

如果称曲面

$$f(x,y,z)=C$$

为函数 $f(x,y,z)$ 的**等量面**，则函数 $f(x,y,z)$ 在点 $P_0(x_0,y_0,z_0)$ 的梯度是这样一个向量，它的方向与过点 P_0 的等量面 $f(x,y,z)=C$ 在这点的法向量的一个方向相同，且从数值较低的等量面指向数值较高的等量面，而梯度的模等于函数沿该法线方向的方向导数.

例 4　设点电荷 q 位于坐标原点，则空间任一点 $M(x,y,z)$ 到它的距离为 $r=\sqrt{x^2+y^2+z^2}$. 从物理学知道，点电荷 q 产生的静电场在点 M 处的电位为

$$V=\frac{q}{4\pi\varepsilon r}=\frac{q}{4\pi\varepsilon}\cdot\frac{1}{r}.$$

求电位 V 的梯度.

解
$$\frac{\partial V}{\partial x}=\frac{q}{4\pi\varepsilon}\frac{\partial}{\partial x}\left(\frac{1}{r}\right)=\frac{q}{4\pi\varepsilon}\left(-\frac{1}{r^2}\right)\frac{\partial r}{\partial x}=\frac{-qx}{4\pi\varepsilon r^3}.$$

同理，

$$\frac{\partial V}{\partial y}=\frac{-qy}{4\pi\varepsilon r^3},\quad \frac{\partial V}{\partial z}=\frac{-qz}{4\pi\varepsilon r^3}.$$

于是

$$\mathbf{grad}V=\left(-\frac{qx}{4\pi\varepsilon r^3},-\frac{qy}{4\pi\varepsilon r^3},-\frac{qz}{4\pi\varepsilon r^3}\right)$$

$$=-\frac{q}{4\pi\varepsilon r^3}(x,y,z)=-\frac{q}{4\pi\varepsilon r^2}\frac{\boldsymbol{r}}{r}.$$

从物理学知,除去负号,右端正是点电荷 q 在点 $M(x,y,z)$ 处的电场强度 $\boldsymbol{E}$,因此

$$\boldsymbol{E}=-\,\mathbf{grad}V.$$

可见,梯度的概念有很强的物理背景.

下面简单地介绍数量场与向量场的概念.

函数的梯度除了与方向导数相联系外,它还经常出现在其他一些问题中.例如,上一节讨论的曲面 $F(x,y,z)=0$ 在点 M 处的法向量 $\boldsymbol{n}=(F_x,F_y,F_z)_M$ 恰是函数 $F(x,y,z)$ 在点 M 处的梯度;平面曲线 $F(x,y)=0$ 在点 (x_0,y_0) 的一个法向量恰好是二元函数 $F(x,y)$ 在点 (x_0,y_0) 的梯度.其他如物理学中对场的分析研究也与梯度有联系.所谓**场**是指在空间某个区域上的各点都对应着某个物理量的一个确定的数量或向量,则称这空间域确定了该物理量的一个**场**.如果这个物理量是数量,就称这个场为**数量场**,如果这个物理量是向量,就称这个场为**向量场**.例如温度场,电位场是数量场;速度场,力场是向量场.

分布在场中各点处的量,一般是该点 M 和时间 t 的函数:$f(M,t)$,$\boldsymbol{F}(M,t)$,这样的场称为**不定常场(或不稳定场)**,若该量与时间 t 无关,仅由点 M 确定:$f(M)$,$\boldsymbol{F}(M)$,称这样的场为**定常场(或稳定场)**.

由场的概念知,由数量值函数 $f(M)$ 产生的向量值函数 $\mathbf{grad}f(M)$ 称为数量场 $f(M)$ 的**梯度场**.反之,当一个向量场 $\boldsymbol{F}(M)$ 是某个数量值函数的梯度场,即 $\boldsymbol{F}(M)=\mathbf{grad}f(M)$ 时,称这个向量场 $\boldsymbol{F}(M)$ 为**势场**,而称该数量值函数 $f(M)$ 为势场 $\boldsymbol{F}(M)$ 的**势**.必须注意,任意一个向量场不一定是势场,因为它不一定是某个数量值函数的梯度场.

例 5　求由数量场 $u=\dfrac{m}{r}$ 所确定的梯度场,其中 $m>0$ 是常数,$r=\sqrt{x^2+y^2+z^2}$ 为原点 O 与点 $M(x,y,z)$ 间的距离.

解　因为对任一点 $M(x,y,z)$,有

$$\frac{\partial u}{\partial x}=\frac{\partial}{\partial x}\left(\frac{m}{r}\right)=-\frac{m}{r^2}\frac{\partial r}{\partial x}=-\frac{mx}{r^3},$$

同理,

$$\frac{\partial u}{\partial y}=-\frac{my}{r^3},\quad \frac{\partial u}{\partial z}=-\frac{mz}{r^3},$$

所以,所求梯度场为

$$\mathbf{grad}u=\mathbf{grad}\,\frac{m}{r}=-\frac{m}{r^2}\left(\frac{x}{r},\frac{y}{r},\frac{z}{r}\right).$$

又因为 $\boldsymbol{e}_r=\left(\dfrac{x}{r},\dfrac{y}{r},\dfrac{z}{r}\right)$ 是与向量 $\overrightarrow{OM}$ 同方向的单位向量,所以

$$\mathbf{grad}\,\frac{m}{r}=-\frac{m}{r^2}\boldsymbol{e}_r.$$

等式右端在力学中表示位于原点O处而质量为m的质点对位于点$M(x,y,z)$处质量为1的质点的引力，引力的大小与两质点质量的乘积成正比，与它们距离的平方成反比，引力的方向由点M指向原点. 我们称这个数量场$u=\frac{m}{r}$为**引力势**，称其梯度场$\mathbf{grad}\,\frac{m}{r}$为引力场.

习题 8-7

1. 求下列函数在指定点M_0处沿指定方向$\boldsymbol{l}$的方向导数：

(1) $z=\cos(x+y)$, $M_0\left(0,\frac{\pi}{2}\right)$, $\boldsymbol{l}=(3,-4)$；

(2) $u=xyz$, $M_0(1,1,1)$, $\boldsymbol{l}=(1,1,1)$.

2. 求函数$z=\ln(x+y)$在抛物线$y^2=4x$上点$(1,2)$处，沿着这抛物线在该点处与x轴正向夹角为锐角的切线方向的方向导数.

*3. 设$f(x,y)$具有一阶连续的偏导数，已给四个点$A(1,3)$,$B(3,3)$,$C(1,7)$,$D(6,15)$，若$f(x,y)$在点A处沿$\overrightarrow{AB}$方向的方向导数等于3，而沿$\overrightarrow{AC}$方向的方向导数等于26，求$f(x,y)$在点A处沿$\overrightarrow{AD}$方向的方向导数.

*4. 设$z=f(x,y)=\sqrt[3]{xy}$，证明：函数f在原点$O(0,0)$连续，且$f_x(0,0)$与$f_y(0,0)$都存在，但f在原点沿着向量$\boldsymbol{l}=(a,b)$方向的方向导数不存在(其中a,b为任意非零常数).

5. 求函数$u=x^2+y^2+z^2$在曲线$x=t$, $y=t^2$, $z=t^3$上点$(1,1,1)$处，沿曲线在该点的切线正方向(对应于t增大的方向)的方向导数.

*6. 求函数$u=x+y+z$在球面$x^2+y^2+z^2=1$上点(x_0,y_0,z_0)处，沿球面在该点的外法线方向的方向导数.

7. 求函数$u=x^3+y^3+z^3-3xyz$的梯度. 并问在何点处其梯度：(1) 垂直于z轴；(2) 平行于z轴；(3) 等于零向量.

8. 已知$u=x^2+y^2+z^2-xy+yz$，点$P_0=(1,1,1)$. 求u在点P_0处的方向导数$\frac{\partial u}{\partial l}$的最大值、最小值，并指出相应的方向$\boldsymbol{l}$；再指出沿什么方向，其方向导数为零.

*9. 设一金属球体内各点处的温度与该点离球心的距离成反比，证明：球体内任意(异于球心的)一点处沿着指向球心的方向温度上升得最快.

*10. 设$u(x,y)$, $v(x,y)$都具有一阶连续偏导数，证明：

(1) $\mathbf{grad}(u+v)=\mathbf{grad}\,u+\mathbf{grad}\,v$；

(2) $\mathbf{grad}(uv)=v\,\mathbf{grad}\,u+u\,\mathbf{grad}\,v$；

(3) $\mathbf{grad}\left(\frac{u}{v}\right)=\frac{v\,\mathbf{grad}\,u-u\,\mathbf{grad}\,v}{v^2}$；

(4) $\mathbf{grad}\,f(u)=f'(u)\,\mathbf{grad}\,u$(设$f'(u)$连续).

*第八节　二元函数的泰勒公式

同一元函数一样，在一定的条件下，多元函数也可以用泰勒公式表示. 不过，多元函数的泰勒公式远比一元函数的泰勒公式要复杂得多，但是，它却有着更为广泛的应用.

定理 8.11　如果函数 $f(x,y)$ 在点 (x_0,y_0) 具有 $n+1$ 阶连续偏导数，则在 (x_0,y_0) 的某一邻域内 有

$$
\begin{aligned}
& f(x_0+h,y_0+k) \\
= & f(x_0,y_0)+\left(h\frac{\partial}{\partial x}+k\frac{\partial}{\partial y}\right)f(x_0,y_0) \\
& +\frac{1}{2!}\left(h\frac{\partial}{\partial x}+k\frac{\partial}{\partial y}\right)^2 f(x_0,y_0)+\cdots \\
& +\frac{1}{n!}\left(h\frac{\partial}{\partial x}+k\frac{\partial}{\partial y}\right)^n f(x_0,y_0) \\
& +\frac{1}{(n+1)!}\left(h\frac{\partial}{\partial x}+k\frac{\partial}{\partial y}\right)^{n+1} f(x_0+\theta h,y_0+\theta k),
\end{aligned}
\tag{8.32}
$$

其中余项

$$
\frac{1}{(n+1)!}\left(h\frac{\partial}{\partial x}+k\frac{\partial}{\partial y}\right)^{n+1} f(x_0+\theta h,y_0+\theta k)\quad(0<\theta<1)
$$

称为拉格朗日型余项.

证　作辅助函数

$$
\varphi(t)=f(x_0+th,y_0+tk),
$$

显然 $\varphi(1)=f(x_0+h,y_0+k)$，$\varphi(0)=f(x_0,y_0)$.

已知如果一元函数 $\varphi(t)$ 在 $t=0$ 处具有 $n+1$ 阶连续导数，则有

$$
\begin{aligned}
\varphi(t)= & \varphi(0)+t\varphi'(0)+\frac{t^2}{2!}\varphi''(0)+\cdots \\
& +\frac{t^n}{n!}\varphi^{(n)}(0)+\frac{t^{n+1}}{(n+1)!}\varphi^{(n+1)}(\theta t)\quad(0<\theta<1).
\end{aligned}
$$

特别地，设 $t=1$，有

$$
\begin{aligned}
\varphi(1)= & \varphi(0)+\varphi'(0)+\frac{1}{2!}\varphi''(0)+\cdots \\
& +\frac{1}{n!}\varphi^{(n)}(0)+\frac{1}{(n+1)!}\varphi^{(n+1)}(\theta)\quad(0<\theta<1),
\end{aligned}
\tag{8.33}
$$

应用复合函数求导的链式法则可得

$$
\varphi'(t)=\left(h\frac{\partial}{\partial x}+k\frac{\partial}{\partial y}\right)f(x_0+th,y_0+tk),
$$

$$\varphi''(t)=\left(h\frac{\partial}{\partial x}+k\frac{\partial}{\partial y}\right)^2 f(x_0+th,y_0+tk),$$

…………

$$\varphi^{(n)}(t)=\left(h\frac{\partial}{\partial x}+k\frac{\partial}{\partial y}\right)^n f(x_0+th,y_0+tk).$$

代入上面公式(8.33)中即得

$$\begin{aligned}f(x_0+h,y_0+k)=&f(x_0,y_0)+\left(h\frac{\partial}{\partial x}+k\frac{\partial}{\partial y}\right)f(x_0,y_0)\\&+\frac{1}{2!}\left(h\frac{\partial}{\partial x}+k\frac{\partial}{\partial y}\right)^2 f(x_0,y_0)+\cdots\\&+\frac{1}{n!}\left(h\frac{\partial}{\partial x}+k\frac{\partial}{\partial y}\right)^n f(x_0,y_0)\\&+\frac{1}{(n+1)!}\left(h\frac{\partial}{\partial x}+k\frac{\partial}{\partial y}\right)^{n+1} f(x_0+\theta h,y_0+\theta k)\quad(0<\theta<1).\end{aligned}$$

由二元函数的泰勒公式可知，当以公式(8.32)的右端h及k的n次多项式近似表达函数$f(x_0+h,y_0+k)$时，其误差为余项的绝对值，记作$|R_n|$. 又由假设，函数的$n+1$阶偏导数都连续，所以$|R_n|$在点(x_0,y_0)的某一邻域内有界，即$\exists M>0$，使

$$\begin{aligned}|R_n|&\leqslant\frac{M}{(n+1)!}(|h|+|k|)^{n+1}\\&=\frac{M}{(n+1)!}(\sqrt{h^2+k^2})^{n+1}\left(\frac{|h|+|k|}{\sqrt{h^2+k^2}}\right)^{n+1}\\&\leqslant\frac{(\sqrt{2})^{n+1}}{(n+1)!}M(\sqrt{h^2+k^2})^{n+1}\\&=\frac{(\sqrt{2})^{n+1}}{(n+1)!}M\rho^{n+1},\end{aligned}$$

其中$\rho=\sqrt{h^2+k^2}$.

显然，$|R_n|$是当$\rho\to 0$时比ρ^n高阶的无穷小，因此，二元泰勒公式中的余项R_n也可以记作$o[(\sqrt{h^2+k^2})^n]$，并称其为**皮亚诺型余项**.

当$n=0$时，公式(8.32)成为

$$f(x_0+h,y_0+k)=f(x_0,y_0)+hf_x(x_0+\theta h,y_0+\theta k)+kf_y(x_0+\theta h,y_0+\theta k).\tag{8.34}$$

公式(8.34)称为**二元函数的拉格朗日中值公式**. 由公式(8.34)可推得下述结论：

如果函数$f(x,y)$的偏导数$f_x(x,y)$，$f_y(x,y)$在某一区域内恒等于零，则函数$f(x,y)$在该区域内恒为一常数.

在公式(8.32)中，如果取$x_0=0$，$y_0=0$，则可以得到$f(x,y)$的n阶麦克劳

林公式

$$
\begin{aligned}
f(x,y) = & f(0,0) + \left(x\frac{\partial}{\partial x} + y\frac{\partial}{\partial y}\right)f(0,0) \\
& + \frac{1}{2!}\left(x\frac{\partial}{\partial x} + y\frac{\partial}{\partial y}\right)^2 f(0,0) + \cdots \\
& + \frac{1}{n!}\left(x\frac{\partial}{\partial x} + y\frac{\partial}{\partial y}\right)^n f(0,0) \\
& + \frac{1}{(n+1)!}\left(x\frac{\partial}{\partial x} + y\frac{\partial}{\partial y}\right)^{n+1} f(\theta x,\theta y) \quad (0<\theta<1). \qquad (8.35)
\end{aligned}
$$

例　求函数 $f(x,y) = \ln(1+x+y)$ 的三阶麦克劳林公式.

解　因为

$$
\begin{aligned}
& \frac{\partial f}{\partial x} = \frac{\partial f}{\partial y} = \frac{1}{1+x+y}, \\
& \frac{\partial^2 f}{\partial x^2} = \frac{\partial^2 f}{\partial x\partial y} = \frac{\partial^2 f}{\partial y\partial x} = \frac{\partial^2 f}{\partial y^2} = -\frac{1}{(1+x+y)^2}, \\
& \frac{\partial^3 f}{\partial x^p \partial y^{3-p}} = \frac{2!}{(1+x+y)^3} \quad (p=0,1,2,3), \\
& \frac{\partial^4 f}{\partial x^p \partial y^{4-p}} = -\frac{3!}{(1+x+y)^4} \quad (p=0,1,2,3,4),
\end{aligned}
$$

所以

$$
\begin{aligned}
& \left(x\frac{\partial}{\partial x} + y\frac{\partial}{\partial y}\right)f(0,0) \\
= & x\frac{\partial f(0,0)}{\partial x} + y\frac{\partial f(0,0)}{\partial y} = x+y, \\
& \left(x\frac{\partial}{\partial x} + y\frac{\partial}{\partial y}\right)^2 f(0,0) \\
= & x^2\frac{\partial^2 f(0,0)}{\partial x^2} + 2xy\frac{\partial^2 f(0,0)}{\partial x\partial y} + y^2\frac{\partial^2 f(0,0)}{\partial y^2} \\
= & -(x+y)^2, \\
& \left(x\frac{\partial}{\partial x} + y\frac{\partial}{\partial y}\right)^3 f(0,0) \\
= & x^3\frac{\partial^3 f(0,0)}{\partial x^3} + 3x^2y\frac{\partial^3 f(0,0)}{\partial x^2\partial y} + 3xy^2\frac{\partial^3 f(0,0)}{\partial x\partial y^2} + y^3\frac{\partial^3 f(0,0)}{\partial y^3} \\
= & 2(x+y)^3.
\end{aligned}
$$

又 $f(0,0)=0$，故

$$
\ln(1+x+y) = x+y-\frac{1}{2}(x+y)^2 + \frac{1}{3}(x+y)^3 + R_3,
$$

其中

$$R_3=\frac{1}{4!}\left(x\frac{\partial}{\partial x}+y\frac{\partial}{\partial y}\right)^4 f(\theta x,\theta y)=-\frac{1}{4}\frac{(x+y)^4}{(1+\theta x+\theta y)^4}\quad(0<\theta<1).$$

* 习题 8-8

1. 将函数 $f(x,y)=2x^2-xy-y^2-6x-3y+5$ 在点 $(1,-2)$ 展成泰勒公式.
2. 将函数 $f(x,y)=e^{x+y}$ 在点 $(1,-1)$ 展成泰勒公式.
3. 求函数 $f(x,y)=e^x\ln(1+y)$ 的三阶麦克劳林公式.

第九节　多元函数的极值与最优化问题

在现代管理学、经济学以及许多其他科学技术研究领域中,经常会遇到求多元函数的最大值或最小值问题,它们统称为**最值问题**,又称为**最优化问题**,属于**运筹学**的范畴. 需要求其最值的函数称为**目标函数**,其自变量又称为**决策变量**.

与一元函数类似,多元函数的最值也与极值密切相关,为此,先介绍二元函数的极值概念及其求解方法,在此基础上,再介绍一些简单的多元函数的最值问题.

一、多元函数的无条件极值

多元函数的极值刻画了多元函数的一个局部性质.

定义 8.10　设函数 $z=f(x,y)$ 的定义域为 D, $P_0(x_0,y_0)$ 为 D 的内点. 若存在 P_0 的某个邻域 $U(P_0)\subset D$,使得对于该邻域内异于 P_0 的任何点 (x,y) 都有

$$f(x,y)<f(x_0,y_0),$$

则称 $f(x_0,y_0)$ 为函数 $f(x,y)$ 的**极大值**,点 (x_0,y_0) 称为函数 $f(x,y)$ 的**极大值点**;若对于该邻域内异于 P_0 的任何点 (x,y),都有

$$f(x,y)>f(x_0,y_0),$$

则称 $f(x_0,y_0)$ 为函数 $f(x,y)$ 的**极小值**,点 (x_0,y_0) 称为函数 $f(x,y)$ 的**极小值点**. 极大值、极小值统称为**极值**. 使函数取得极值的点称为**极值点**.

举例来说,函数 $z=\sqrt{x^2+y^2}$ 在点 $(0,0)$ 有极小值 0,它同时是函数的最小值;函数 $z=1-(x^2+y^2)$ 在点 $(0,0)$ 有极大值 1,它也同时是函数的最大值;而函数 $z=xy$ 在点 $(0,0)$ 处既不取得极大值也不取得极小值. 因为在点 $(0,0)$ 处的函数值为零,而在点 $(0,0)$ 的任一邻域内,总有使函数值为正的点,也有使函数值为负的点.

以上关于二元函数的极值概念很容易推广到 n 元函数中去.

对于可导的一元函数 $y=f(x)$,在点 x_0 处取得极值的必要条件是 $f'(x_0)=0$,对多元函数也有类似的结论.

定理 8.12(函数取得极值的必要条件)　如果函数 $z=f(x,y)$ 在点 (x_0,y_0) 取得极值,并且在点 (x_0,y_0) 处具有偏导数,则有

$$f_x(x_0,y_0)=0,\quad f_y(x_0,y_0)=0.$$

证　下面利用一元函数取得极值的必要条件来证明.不妨设 $z=f(x,y)$ 在点 (x_0,y_0) 取得极大值.若固定 $y=y_0$,则得到的一元函数 $f(x,y_0)$ 在点 x_0 处取得极大值,并且 $f(x,y_0)$ 在点 x_0 有导数 $f_x(x_0,y_0)$,于是由一元函数取得极值的必要条件知,此时必有

$$f_x(x_0,y_0)=0.$$

类似可证

$$f_y(x_0,y_0)=0.$$

从几何上看,该定理说明,若曲面 $z=f(x,y)$ 上与函数极值对应的点 (x_0,y_0,z_0)(其中 $z_0=f(x_0,y_0)$)处有切平面,则切平面的方程为

$$0(x-x_0)+0(y-y_0)-(z-z_0)=0,$$

即 $z=z_0$.这是一个平行于 xOy 面的平面.

仿照一元函数,称能使 $f_x(x_0,y_0)=0$ 与 $f_y(x_0,y_0)=0$ 成立的点 (x_0,y_0) 为函数 $z=f(x,y)$ 的**驻点**.定理 8.13 说明,在一阶偏导数存在的条件下,函数的极值点一定是驻点.但是,函数的驻点却未必是极值点.例如,函数 $z=xy$ 有驻点 $(0,0)$,但 $(0,0)$ 点却不是函数的极值点.这说明,函数 $f(x,y)$ 的驻点仅是 $f(x,y)$ 的可疑极值点.除此之外,偏导数 $f_x(x,y)$ 或 $f_y(x,y)$ 不存在的点也是函数 $f(x,y)$ 的可疑极值点.

怎样判定一个驻点是否是极值点呢?下面的定理回答了这个问题.

定理 8.13(函数取得极值的充分条件)　设函数 $z=f(x,y)$ 在点 (x_0,y_0) 的某邻域内具有二阶连续偏导数,(x_0,y_0) 是 $f(x,y)$ 的驻点,即

$$f_x(x_0,y_0)=0,\quad f_y(x_0,y_0)=0.$$

记 $f_{xx}(x_0,y_0)=A$, $f_{xy}(x_0,y_0)=B$, $f_{yy}(x_0,y_0)=C$,则

(1) 当 $AC-B^2>0$ 时,$f(x_0,y_0)$ 是极值,且当 $A>0$ 时,$f(x_0,y_0)$ 是极小值,当 $A<0$ 时,$f(x_0,y_0)$ 是极大值;

(2) 当 $AC-B^2<0$ 时,$f(x_0,y_0)$ 不是极值;

(3) 当 $AC-B^2=0$ 时,$f(x_0,y_0)$ 是否为极值还需另作讨论.

定理证明从略.

利用上面两个定理,对于具有二阶连续偏导数的二元函数 $z=f(x,y)$,求其极值的步骤如下:

第一步　解方程组

$$\begin{cases}f_x(x,y)=0,\\ f_y(x,y)=0.\end{cases}$$

求出一切实数解,从而得到所有的驻点.

第二步　求 $f(x,y)$ 的二阶偏导数,并求出每一个驻点处 A、B、C 的值.

第三步　定出每一个驻点处 $AC-B^2$ 的符号，并按定理 8.13 的结论判定 $f(x_0,y_0)$ 是否为极值以及是极大值还是极小值.

例 1　求函数 $f(x,y)=x^3+y^3-3(x^2+y^2)$ 的极值.

解　解方程组

$$\begin{cases} f_x(x,y)=3x^2-6x=0, \\ f_y(x,y)=3y^2-6y=0. \end{cases}$$

求得四个驻点 $(0,0)$，$(0,2)$，$(2,0)$，$(2,2)$. 又

$$f_{xx}(x,y)=6x-6,\quad f_{xy}(x,y)=0,\quad f_{yy}=6y-6.$$

所以

(x,y)	$(0,0)$	$(0,2)$	$(2,0)$	$(2,2)$
A	-6	-6	6	6
$AC-B^2$	36	-36	-36	36

因此 $f(0,0)=0$ 是极大值，$f(2,2)=-8$ 是极小值，而 $f(0,2)$，$f(2,0)$ 不是函数的极值.

二、多元函数的最值

与一元函数相类似，可以利用函数的极值来求多元函数的最大值和最小值，为了简化问题的讨论，设函数 $z=f(x,y)$ 在平面点集 D 上可微且只有有限个驻点.

如果 $f(x,y)$ 在 D 上存在最大值、最小值，如何去寻找它们呢?通常遇到的有两种情形：

(1) D 是一个平面有界闭区域. 由于 $f(x,y)$ 在 D 上连续，故 $f(x,y)$ 在 D 上必定能取得最大值与最小值，并且函数的最值既可能在 D 的内部取得，也可能在 D 的边界取得. 如果最值在 D 的内部取得，那么这个最值显然也是函数的极值，而最值点则是函数的驻点. 因此，只需求出这些驻点处的函数值，比较它们的大小，最大者(最小者) 为函数的最大值(最小值)；如果不能确定最值在 D 的内部取得，则首先求出 $f(x,y)$ 在 D 的内部所有驻点处的函数值，然后将这些值与 $f(x,y)$ 在 D 的边界上的最值加以比较，其中最大的就是最大值，最小的就是最小值. 采用这一做法时的主要困难在于计算或分析估计 $f(x,y)$ 在 D 的边界上的最值.

(2) D 是平面上的一个区域或无界闭区域，但函数 $f(x,y)$ 具有实际问题的背景，并且根据问题的性质，知道函数一定有最值，且在 D 的内部取得. 那么当 $f(x,y)$ 在 D 的内部只有一个驻点时，该驻点处的函数值就是函数 $f(x,y)$ 在 D 上的最值. 以上根据问题的实际意义加以限制，简化函数最值求解过程的思想称为**实际推断原理**，它是用数学模型解决实际问题时的重要手段.

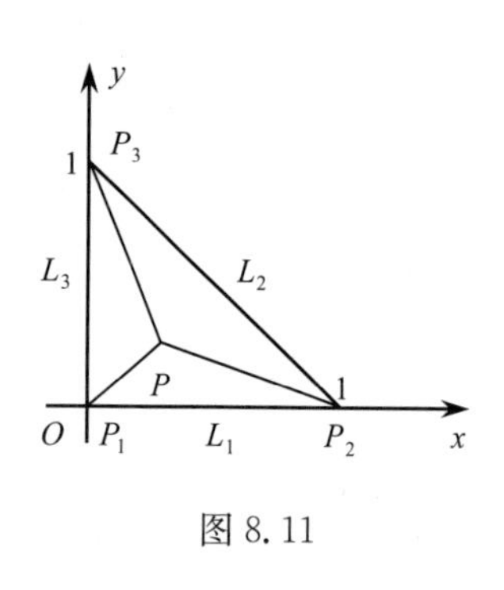

图 8.11

例 2 在平面直角坐标系中已知三点 $P_1(0,0)$, $P_2(1,0)$, $P_3(0,1)$,试在 $\triangle P_1P_2P_3$ 所围的闭区域 D 上求点 $P(x,y)$,使它到点 P_1,P_2,P_3 的距离平方之和为最大和最小(图 8.11).

解 目标函数为点 P 到点 P_1,P_2,P_3 的距离平方之和

$$u = f(x,y) = x^2 + y^2 + (x-1)^2 + y^2 + x^2 + (y-1)^2 = 3x^2 + 3y^2 - 2x - 2y + 2,$$

$$D = \{(x,y) \mid x \geqslant 0, y \geqslant 0, x + y \leqslant 1\}.$$

解方程组

$$\begin{cases} f_x(x,y) = 6x - 2 = 0, \\ f_y(x,y) = 6y - 2 = 0, \end{cases}$$

得 D 内部唯一的可疑极值点 $\left(\frac{1}{3},\frac{1}{3}\right)$, $f\left(\frac{1}{3},\frac{1}{3}\right) = \frac{4}{3}$.

再考虑 $f(x,y)$ 在 D 的边界上的取值情况. 如图 8.11 所示,D 的边界由三条线段 L_1,L_2,L_3 组成. 在 L_1 上,

$$f(x,y)\Big|_{L_1} = f(x,0) = 3x^2 - 2x + 2 = 3\left(x - \frac{1}{3}\right)^2 + \frac{5}{3} \quad (0 \leqslant x \leqslant 1),$$

故在 L_1 上 f 的最大值是 $f(1,0) = 3$,最小值是 $f\left(\frac{1}{3},0\right) = \frac{5}{3}$.

在 L_2 上,

$$f(x,y)\Big|_{L_2} = f(x,1-x) = 6x^2 - 6x + 3 = 6\left(x - \frac{1}{2}\right)^2 + \frac{3}{2} \quad (0 \leqslant x \leqslant 1),$$

故在 L_2 上 f 的最大值是 $f(0,1) = f(1,0) = 3$,最小值是 $f\left(\frac{1}{2},\frac{1}{2}\right) = \frac{3}{2}$.

在 L_3 上,

$$f(x,y)\Big|_{L_3} = f(0,y) = 3y^2 - 2y + 2 = 3\left(y - \frac{1}{3}\right)^2 + \frac{5}{3} \quad (0 \leqslant y \leqslant 1),$$

故在 L_3 上 f 的最大值是 $f(0,1) = 3$,最小值是 $f\left(0,\frac{1}{3}\right) = \frac{5}{3}$.

比较上述各点处的函数值可知,函数的最大值是 $f(0,1) = f(1,0) = 3$,最小值是 $f\left(\frac{1}{3},\frac{1}{3}\right) = \frac{4}{3}$.

例 3 某工厂要用铁板做成一个体积为 2m^3 的有盖长方体水箱. 问当长、宽、高各取怎样的尺寸时,才能使用料最省.

解　设水箱的长为 xm，宽为 ym，则其高应为$\frac{2}{xy}$m，此水箱所用材料的面积 A 为

$$A = 2\left(xy + y \cdot \frac{2}{xy} + x \cdot \frac{2}{xy}\right),$$

即

$$A = 2\left(xy + \frac{2}{x} + \frac{2}{y}\right) \quad (0 < x < 2, 0 < y < 2).$$

可见材料面积 A 是 x 和 y 的二元函数，这就是目标函数，下面求使这函数取得最小值的点(x,y). 解方程组

$$\begin{cases} A_x = 2\left(y - \dfrac{2}{x^2}\right) = 0, \\ A_y = 2\left(x - \dfrac{2}{y^2}\right) = 0. \end{cases}$$

求得唯一驻点 $x = \sqrt[3]{2}$，$y = \sqrt[3]{2}$. 根据题意，水箱所用材料面积的最小值一定存在，并且一定在 $D = \{(x,y) \mid 0 < x < 2, 0 < y < 2\}$ 内部取得，而函数在 D 内只有一个驻点$(\sqrt[3]{2},\sqrt[3]{2})$，故可断定 $x = \sqrt[3]{2}, y = \sqrt[3]{2}$ 时，A 取得最小值. 也就是当水箱的长、宽、高同为$\sqrt[3]{2}$m 时，水箱所用的材料最省.

从这个例子可看出，在体积一定的长方体中，以正方体的表面积为最小.

三、多元函数的条件极值 —— 拉格朗日乘数法

以上讨论的极值问题中，目标函数的自变量在其定义区域中各自独立地变化着，因而称此类极值为**无条件极值**. 但在实际问题中，有时会遇到对目标函数的自变量设有附加条件的极值问题. 例如，本节例 3，实际上是求体积为 2，而表面积最小的长方体的长、宽、高. 如果设长方体的长、宽、高分别为 x,y,z，则表面积 $A = 2(xy + yz + zx)$，又因为要求长方体的体积为 2，所以自变量 x，y，z 还必须满足附加条件 $xyz = 2$. 像这种对自变量有附加条件的极值称为**条件极值**. 有时，条件极值可以化为无条件极值. 例 3 中，由条件 $xyz = 2$ 中解出 z，将 z 表为 xy 的函数

$$z = \frac{2}{xy},$$

再把它代入 $A = 2(xy + yz + zx)$ 中，于是问题就化为求

$$A = 2\left(xy + \frac{2}{x} + \frac{2}{y}\right)$$

的无条件极值.

但在很多情形下，将条件极值化为无条件极值并不这样简单，因为从约束条件中求解隐函数的做法并非总是可行的. 因此我们要寻求一种直接求解条件极值的

方法 —— 拉格朗日乘数法.

为简单起见,讨论二元函数

$$z = f(x,y) \quad (目标函数)$$

在约束条件

$$\varphi(x,y) = 0 \quad (约束方程)$$

下的极值问题.

首先讨论函数取得极值的必要条件,设函数 z 在点(x_0,y_0)取得极值,则应有

$$\varphi(x_0,y_0) = 0. \tag{8.36}$$

又若函数 $f(x,y)$ 及 $\varphi(x,y)$ 都在点(x_0,y_0)的某邻域内具有一阶连续的偏导数,并且 $\varphi_y(x_0,y_0) \neq 0$,则根据隐函数存在定理1可知,方程 $\varphi(x,y)=0$ 确定了一个具有连续导数的函数 $y=y(x)$,把它代入目标函数后就得到

$$z = f[x,y(x)].$$

由于函数 $f(x,y)$ 在(x_0,y_0)处取得条件极值,就相当于一元复合函数 $f[x,y(x)]$ 在 x_0 处取得了极值,由一元可导函数取得极值的必要条件知,必有

$$\left.\frac{\mathrm{d}z}{\mathrm{d}x}\right|_{x=x_0} = f_x(x_0,y_0) + f_y(x_0,y_0)\left.\frac{\mathrm{d}y}{\mathrm{d}x}\right|_{x=x_0} = 0,$$

而由隐函数求导公式,有

$$\left.\frac{\mathrm{d}y}{\mathrm{d}x}\right|_{x=x_0} = -\frac{\varphi_x(x_0,y_0)}{\varphi_y(x_0,y_0)},$$

将其代入上式得

$$f_x(x_0,y_0) - \frac{f_y(x_0,y_0)\cdot\varphi_x(x_0,y_0)}{\varphi_y(x_0,y_0)} = 0. \tag{8.37}$$

式(8.36)和式(8.37)就是函数 $z=f(x,y)$ 在点(x_0,y_0)取得条件极值的必要条件.

若记

$$\lambda = -\frac{f_y(x_0,y_0)}{\varphi_y(x_0,y_0)},$$

则上述必要条件就可写成

$$\begin{cases} f_x(x_0,y_0) + \lambda\varphi_x(x_0,y_0) = 0, \\ f_y(x_0,y_0) + \lambda\varphi_y(x_0,y_0) = 0, \\ \varphi(x_0,y_0) = 0. \end{cases} \tag{8.38}$$

根据以上分析的结果,拉格朗日引进了函数

$$L(x,y,\lambda) = f(x,y) + \lambda\varphi(x,y),$$

称为**拉格朗日函数**,其中参数 λ 称为**拉格朗日乘子**. 从式(8.38)不难看出(x_0,y_0)适合方程组 $L_x=0$, $L_y=0$, $L_\lambda=0$,即 $x=x_0$, $y=y_0$ 是拉格朗日函数 $L(x,y,\lambda)$ 的驻点的坐标. 于是就有了如下结论.

拉格朗日乘数法　设函数 $f(x,y)$ 与 $\varphi(x,y)$ 具有连续的偏导数,要找函数

$z=f(x,y)$ 在约束条件 $\varphi(x,y)=0$ 下的可疑极值点,可以先作拉格朗日函数

$$L(x,y,\lambda)=f(x,y)+\lambda\varphi(x,y),$$

如果 $x=x_0$, $y=y_0$ 是方程组 $L_x=0$, $L_y=0$, $L_\lambda=0$,即

$$\begin{cases} f_x(x,y)+\lambda\varphi_x(x,y)=0, \\ f_y(x,y)+\lambda\varphi_y(x,y)=0, \\ \varphi(x,y)=0 \end{cases}$$

的解,那么点(x_0,y_0)是目标函数 $f(x,y)$ 在约束条件 $\varphi(x,y)=0$ 下的可疑极值点.

上述拉格朗日乘数法还可以推广到自变量多于两个及约束条件多于一个的情形.例如,要求函数

$$u=f(x,y,z)$$

在约束条件

$$\varphi_1(x,y,z)=0,\quad \varphi_2(x,y,z)=0$$

下的极值,可构造拉格朗日函数

$$L(x,y,z,\lambda_1,\lambda_2)=f(x,y,z)+\lambda_1\varphi_1(x,y,z)+\lambda_2\varphi_2(x,y,z),$$

其中 λ_1,λ_2 均为参数.然后令拉格朗日函数 L 的所有偏导数等于零,所得方程组的解中 x,y,z 的值就确定了函数 u 的可疑极值点.

对于实际问题,当拉格朗日函数有唯一驻点,并且实际问题存在最大(小)值时,该驻点就是最大(小)值点.

例 4　在椭球面$\frac{x^2}{a^2}+\frac{y^2}{b^2}+\frac{z^2}{c^2}=1$内嵌入长方体,求长方体的最大体积.

解　设内接长方体在第一卦限内的顶点为(x,y,z),则问题就是在约束条件

$$\varphi(x,y,z)=\frac{x^2}{a^2}+\frac{y^2}{b^2}+\frac{z^2}{c^2}-1=0$$

下,求函数

$$V=8xyz\quad(0<x<a,0<y<b,0<z<c)$$

的最大值.作拉格朗日函数

$$L(x,y,z,\lambda)=xyz+\lambda\left(\frac{x^2}{a^2}+\frac{y^2}{b^2}+\frac{z^2}{c^2}-1\right),$$

求其对 x,y,z,λ 的偏导数,并使之为零,得到

$$\begin{cases} yz+\dfrac{2\lambda}{a^2}x=0, \\ xz+\dfrac{2\lambda}{b^2}y=0, \\ xy+\dfrac{2\lambda}{c^2}z=0, \\ \dfrac{x^2}{a^2}+\dfrac{y^2}{b^2}+\dfrac{z^2}{c^2}-1=0, \end{cases}\tag{8.39}$$

因为 x,y,z 都不等于零，所以由式(8.39) 可得

$$y^2=\frac{b^2}{a^2}x^2,\quad z^2=\frac{c^2}{a^2}x^2.$$

将这两个式子代入约束条件之中，可解得

$$x=\frac{a}{\sqrt{3}},$$

从而 $y=\frac{b}{\sqrt{3}},\ z=\frac{c}{\sqrt{3}}$. 即顶点为$\left(\frac{a}{\sqrt{3}},\frac{b}{\sqrt{3}},\frac{c}{\sqrt{3}}\right)$. 这是唯一的驻点，问题本身一定存在最大值，所以最大值就在这个驻点处取得. 也就是说，嵌入的长方体在第一卦限的顶点坐标为$\left(\frac{a}{\sqrt{3}},\frac{b}{\sqrt{3}},\frac{c}{\sqrt{3}}\right)$时，长方体体积最大，最大体积为

$$V=8\cdot\frac{a}{\sqrt{3}}\cdot\frac{b}{\sqrt{3}}\cdot\frac{c}{\sqrt{3}}=\frac{8\sqrt{3}}{9}abc.$$

例 5 设有一单位正电荷，位于直角坐标系的原点处. 另有一单位负电荷，在椭圆

$$\begin{cases}z=x^2+y^2,\\x+y+z=1\end{cases}$$

上移动. 问两电荷间的引力何时最大，何时最小.

解 由物理学知，当负电荷位于点(x,y,z) 处时，两电荷间的引力大小为

$$f=\frac{k}{x^2+y^2+z^2}\quad(k\text{ 为常数}).$$

于是问题化为求函数 f 满足约束条件 $x^2+y^2-z=0$ 和 $x+y+z-1=0$ 的最大值和最小值. 为简单起见，我们考虑函数 $g=\frac{k}{f}=x^2+y^2+z^2$. f 的最大(小) 值显然就是 g 的最小(大) 值. 于是问题又化为求函数

$$g=x^2+y^2+z^2$$

满足约束条件 $x^2+y^2-z=0$ 和 $x+y+z-1=0$ 的最小值和最大值. 作拉格朗日函数

$$L(x,y,z,\lambda_1,\lambda_2)=x^2+y^2+z^2+\lambda_1(x^2+y^2-z)+\lambda_2(x+y+z-1),$$

解方程组

$$\begin{cases}L_x=2x+2\lambda_1x+\lambda_2=0,\\L_y=2y+2\lambda_1y+\lambda_2=0,\\L_z=2z-\lambda_1+\lambda_2=0,\\L_{\lambda_1}=x^2+y^2-z=0,\\L_{\lambda_2}=x+y+z-1=0.\end{cases}$$

由前三个方程得 $x = y$，代入后两个方程，解出

$$x = y = \frac{-1 \pm \sqrt{3}}{2}, \quad z = 2 \mp \sqrt{3},$$

即函数 g 有两个驻点

$$M_1\left(\frac{-1+\sqrt{3}}{2}, \frac{-1+\sqrt{3}}{2}, 2-\sqrt{3}\right),$$

$$M_2\left(\frac{-1-\sqrt{3}}{2}, \frac{-1-\sqrt{3}}{2}, 2+\sqrt{3}\right).$$

且 $g(M_1) = 9 - 5\sqrt{3}$，$g(M_2) = 9 + 5\sqrt{3}$.

从几何上看，函数 g 的最大值和最小值显然是存在的（$(x^2+y^2+z^2)$ 表示椭圆上的点 (x,y,z) 到原点的距离的平方），因此，g 在点 M_1，M_2 处分别达到最小值和最大值，从而函数 f 在点 M_1，M_2 处分别达到最大值和最小值. 即两电荷间的引力当负电荷位于点 $M_1\left(\frac{-1+\sqrt{3}}{2}, \frac{-1+\sqrt{3}}{2}, 2-\sqrt{3}\right)$ 时为最大，当负电荷位于点 $M_2\left(\frac{-1-\sqrt{3}}{2}, \frac{-1-\sqrt{3}}{2}, 2+\sqrt{3}\right)$ 时为最小.

下面的问题涉及经济学中的一个最优价格模型.

在生产和销售商品过程中，商品销售量、生产成本与销售价格是相互影响的. 厂家要选择合理的销售价格，才能获得最大利润，这个价格称为最优价格. 下面的例题就讨论怎样确定电视机的最优价格.

例 6　设某电视机厂生产一台电视机的成本为 c，每台电视机的销售价格为 p，销售量为 x. 假设该厂的生产处于平衡状态，即电视机的生产量等于销售量. 根据市场预测，销售量 x 与销售价格 p 之间有下面的关系：

$$x = M\mathrm{e}^{-ap} \quad (M > 0, a > 0),$$

其中 M 为市场最大需求量，a 是价格系数. 同时，生产部门根据对生产环节的分析，对每台电视机的生产成本 c 有如下测算：

$$c = c_0 - k\ln x \quad (k > 0, x > 1),$$

其中 c_0 是只生产一台电视机时的成本，k 是规模系数.

根据上述条件，应如何确定电视机的售价 p，才能使厂家获得最大利润？

解　设厂家获得的利润为 u，每台电视机售价为 p，生产成本为 c，电视机的销售量为 x，则

$$u = (p - c)x.$$

于是问题化为求利润函数 $u = (p-c)x$ 在约束条件 $x - M\mathrm{e}^{-ap} = 0$ 和 $c - c_0 + k\ln x = 0$ 下的极值问题.

作拉格朗日函数

$$L(x,p,c,\lambda_1,\lambda_2)=(p-c)x+\lambda_1(x-Me^{-ap})+\lambda_2(c-c_0+k\ln x).$$

解方程组

$$\begin{cases}L_x=p-c+\lambda_1+\dfrac{\lambda_2 k}{x}=0,\\ L_p=x+aM\lambda_1 e^{-ap}=0,\\ L_c=-x+\lambda_2=0,\\ L_{\lambda_1}=x-Me^{-ap}=0,\\ L_{\lambda_2}=c-c_0+k\ln x=0.\end{cases}$$

由后两个方程得

$$c=c_0-k(\ln M-ap).$$

由 $x=Me^{-ap}$ 及 $L_p=0$ 得 $\lambda_1 a=-1$，即 $\lambda_1=-\dfrac{1}{a}$.

由 $L_c=0$ 得 $x=\lambda_2$，即$\dfrac{\lambda_2}{x}=1$.

将 $c=c_0-k(\ln M-ap)$，$\lambda_1=-\dfrac{1}{a}$，$\dfrac{\lambda_2}{x}=1$ 代入 $L_x=0$，得

$$p-c_0+k(\ln M-ap)-\frac{1}{a}+k=0,$$

由此得

$$p=\frac{c_0-k\ln M+\dfrac{1}{a}-k}{1-ak}.$$

因为由问题本身可知最优价格必定存在，所以这个 p 就是电视机的最优价格. 只要确定了规模系数 k，价格系数 a，电视机的最优价格问题就解决了.

上面讨论了函数取得(无约束或有约束）极值的条件. 从理论上讲，已经可以用来寻找函数的极值与最值. 但是在实践中还会遇到许多困难. 例如，为了获取目标函数或拉格朗日函数的驻点，需要求解一个方程组. 这种方程组一般是非线性的，求解非线性方程组并没有一个普遍适用的方法，在已列举的几个例子中可以看到，它依赖于我们的经验和直觉，这显然是不能令人满意的. 为此，需要在理论的基础上进一步建立起可以操作的数值计算的方法，目前，这方面的算法已经有很多，并且能够在计算机上实现. 这些算法在非线性优化的书籍中有着详细的介绍.

习题 8-9

1. 求下列函数的极值：

(1) $f(x,y)=(6x-x^2)(4y-y^2)$；

(2) $f(x,y)=e^{2x}(x+y^2+2y)$.

2. 求下列函数在给定约束条件下的极值：

(1) $z=x^2+y^2$，$\frac{x}{a}+\frac{y}{b}=1$；

(2) $u=x-2y+2z$，$x^2+y^2+z^2=1$；

(3) $u=x^2+y^2+z^2$，$x+y-z=1$，$x+y+z=0$.

*3. 求下列函数在指定区域上的最值：

(1) $f(x,y)=x^2+2xy+3y^2$，D是以点$A(-1,1)$，$B(2,1)$，$C(-1,2)$为顶点的三角形闭区域；

(2) $f(x,y)=x^2-y^2$，D是椭圆$x^2+4y^2=4$所围闭区域.

4. 从斜边之长为l的一切直角三角形中，求有最大周界的直角三角形.

5. 在椭圆$\frac{x^2}{4}+y^2=1$上求两点，使它们到直线$x+y=4$的距离最短和最长.

*6. 将周长为$2p$的矩形绕它的一边旋转得一圆柱体，问矩形的边长各为多少时，所得圆柱体的体积为最大.

7. 求旋转抛物面$z=x^2+y^2$与平面$x+y-z=1$之间的最短距离.

8. 求内接于半径为a的球且有最大体积的长方体.

9. 求原点到曲面$z^2=xy+x-y+4$的最短距离.

*10. 有一宽为24cm的长方形铁板，把它两边折起来做成一断面为等腰梯形的水槽. 问怎样折法才能使断面的面积最大?

11. 某公司生产中使用A、B两种原料，已知A和B两种原料分别使用x单位和y单位可产出z单位产品，这里

$$z=8xy+32x+40y-4x^2-6y^2,$$

且A原料每单位价值10元，B原料每单位价值4元，产品售价每单位40元，求该公司最大利润.

第八章总习题

1. 填空题：

(1) 设$z=x+y^2+f(x+y)$，且当$y=0$时，$z=x^2$，则函数$f(x)=$________，$z=$________；

(2) 由方程$xyz+\sqrt{x^2+y^2+z^2}=\sqrt{2}$所确定的函数$z=z(x,y)$，在点$(1,0,-1)$处的全微分$\mathrm{d}z=$________；

*(3) 由曲线$\begin{cases}3x^2+2y^2=12,\\ z=0\end{cases}$绕$y$轴旋转一周得到的旋转面在点$(0,\sqrt{3},\sqrt{2})$处的指向外侧的单位法向量为________.

2. 单项选择题：

(1) 考虑二元函数$f(x,y)$的下面4条性质：

① $f(x,y)$在点(x_0,y_0)处连续；

② $f(x,y)$在点(x_0,y_0)处的两个偏导数连续；

③ $f(x,y)$在点(x_0,y_0)处可微；

④ $f(x,y)$ 在点(x_0,y_0)处的两个偏导数存在.

若用"$P\Rightarrow Q$"表示可由性质 P 推出性质 Q,则有(　　).

(A) ②⇒③⇒①;　　　(B) ③⇒②⇒①;

(C) ③⇒④⇒①;　　　(D) ③⇒①⇒④.

*(2) 设函数 $f(x,y)$ 在点(0,0)的某邻域内有定义,且 $f_x(0,0)=3$, $f_y(0,0)=-1$,则有(　　).

(A) $dz|_{(0,0)}=3dx-dy$;

(B) 曲面 $z=f(x,y)$ 在点$(0,0,f(0,0))$的一个法向量为$(3,-1,1)$;

(C) 曲线$\begin{cases}z=f(x,y),\\y=0\end{cases}$在点$(0,0,f(0,0))$的一个切向量为$(1,0,3)$;

(D) 曲线$\begin{cases}z=f(x,y),\\y=0\end{cases}$在点$(0,0,f(0,0))$的一个切向量为$(3,0,1)$.

*3. 设

$$f(x,y)=\begin{cases}\dfrac{\sqrt{|xy|}}{x^2+y^2}\sin(x^2+y^2), & x^2+y^2\neq 0,\\ 0, & x^2+y^2=0.\end{cases}$$

问:(1) $f(x,y)$ 在点(0,0)处是否连续?

(2) $f(x,y)$ 在点(0,0)处是否可微?

4. 验证函数 $z=\sin(x-ay)$ 满足波动方程$\dfrac{\partial^2 z}{\partial y^2}=a^2\dfrac{\partial^2 z}{\partial x^2}$.

*5. 设

$$f(x,y)=\begin{cases}\dfrac{x^3y}{x^2+y^2}, & (x,y)\neq(0,0),\\ 0, & (x,y)=(0,0).\end{cases}$$

求 $f_{xy}(0,0)$ 和 $f_{yx}(0,0)$.

6. 设 $f(x,y)$ 具有连续的一阶偏导数,且 $f(x,x^2)=1$, $f_x(x,x^2)=x$,求 $f_y(x,x^2)$.

*7. 若可微函数 $z=f(x,y)$ 满足方程 $x\dfrac{\partial z}{\partial x}+y\dfrac{\partial z}{\partial y}=0$,证明 $f(x,y)$ 在极坐标系里只是 θ 的函数.

*8. 可微函数 $f(x,y,z)$ 又是 n 次齐次函数,即它满足关系式:

$$f(tx,ty,tz)=t^n f(x,y,z).$$

试证 $f(x,y,z)$ 满足方程 $xf_x(x,y,z)+yf_y(x,y,z)+zf_z(x,y,z)=nf(x,y,z)$.

9. 设 $z=f(u,x,y)$, $u=xe^y$,其中 f 具有连续的二阶偏导数,求$\dfrac{\partial^2 z}{\partial x\partial y}$.

10. 设 $y=f(x,t)$,而 t 是由 $F(x,y,t)=0$ 所确定的 x,y 的函数,其中 f, F 都具有一阶连续偏导数. 试证明

$$\frac{dy}{dx}=\frac{f_xF_t-f_tF_x}{f_tF_y+F_t}.$$

11. 设 $f(x,y)=\int_0^{xy}e^{-t^2}dt$,求$\dfrac{x}{y}\dfrac{\partial^2 f}{\partial x^2}-2\dfrac{\partial^2 f}{\partial x\partial y}+\dfrac{y}{x}\dfrac{\partial^2 f}{\partial y^2}$.

*12. 证明:在锥面 $z^2=x^2+y^2$ 上的曲线 L:$x=ae^t\cos t$,$y=ae^t\sin t$,$z=ae^t$ 上任一点处的切线与锥面的母线的夹角为一常数.

13. 证明:曲面 $xyz=a^3$ 上任一点的切平面与坐标平面围成的四面体的体积一定.

14. 求函数 $z=1-\left(\frac{x^2}{a^2}+\frac{y^2}{b^2}\right)$ 在点 $\left(\frac{a}{\sqrt{2}},\frac{b}{\sqrt{2}}\right)$ 处沿曲线 $\frac{x^2}{a^2}+\frac{y^2}{b^2}=1$ 在这点的内法线方向的方向导数.

*15. 设某金属板上的电压分布为 $V=50-2x^2-4y^2$,在点 $(1,-2)$ 处,问:

(1) 沿哪个方向电压升高得最快?

(2) 沿哪个方向电压下降得最快?

(3) 最快上升及最快下降的速率各为多少?

(4) 沿哪个方向电压变化得最慢?

*16. 设 $P(x_1,y_1)$ 是椭圆 $\frac{x^2}{a^2}+\frac{y^2}{b^2}=1$ 外的一点,若 $Q(x_2,y_2)$ 是椭圆上离 P 最近的一点,证明:PQ 是椭圆的法线.

*17. 将一椭圆抛物形木块

$$\frac{x^2}{a^2}+\frac{y^2}{b^2}\leqslant\frac{z}{h}\quad(0\leqslant z\leqslant h)$$

截成一个具有最大体积的长方体,求此长方体的体积.

第九章　重　积　分

重积分是多元函数积分学的一部分，它是定积分的思想和理论在多元函数情形的一种直接推广. 本章将介绍二重积分和三重积分的概念、性质、计算方法及简单应用.

第一节　重积分的概念与性质

第五章从计算曲边梯形的面积问题入手，引入了定积分的概念. 与此类似，这里将从计算曲顶柱体的体积问题入手，引入二重积分的概念. 而三重积分的概念将作为二重积分概念的推广被引入.

一、实例分析

1. 曲顶柱体的体积

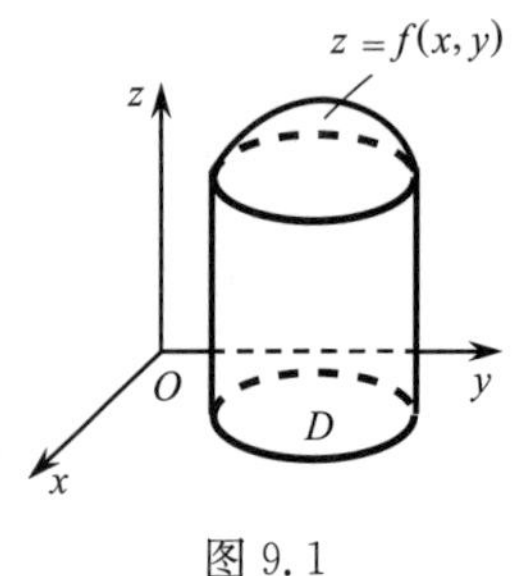

图 9.1

所谓曲顶柱体(图 9.1)是指这样一个立体，它的底是 xOy 平面上的有界闭区域 D，侧面是以 D 的边界曲线为准线而母线平行于 z 轴的柱面的一部分，它的顶是曲面 $z=f(x,y)$，$(x,y)\in D$，$f(x,y)\geqslant 0$ 且在 D 上连续.

如何定义以及计算这个曲顶柱体的体积呢?

初等几何里给出了平顶柱体的体积计算公式：

$$\text{体积} = \text{高} \times \text{底面积}.$$

而曲顶柱体在区域 D 上每一点 (x,y) 处的高 $f(x,y)$ 是变化的，所以其体积不能用平顶柱体的体积公式来计算. 回顾求曲边梯形的面积时也碰到过类似的“变高”问题，那里处理问题的思路和方法可以用来解决现在的问题：将曲顶柱体分成许多细曲顶柱体，而细曲顶柱体的体积之和近似为相应细平顶柱体体积之和，再运用极限方法确定原曲顶柱体的体积. 具体步骤如下。

第一步　分割　把闭区域 D 任意分割成 n 个小闭区域 $\Delta D_i\ (i=1,2,\cdots,n)$，其面积记作 $\Delta\sigma_i$. 以每个小闭区域的边界曲线为准线，作母线平行于 z 轴的柱面，这些柱面把曲顶柱体分为 n 个细的曲顶柱体，以 ΔD_i 为底的细曲顶柱体的体积记为 $\Delta V_i\ (i=1,2,\cdots,n)$. 则曲顶柱体的体积 $V=\sum\limits_{i=1}^{n}\Delta V_i$.

第二步　近似　任取点 $P_i(\xi_i,\eta_i)\in\Delta D_i$，以 $f(\xi_i,\eta_i)$ 为高作 ΔD_i 上的一个细平顶柱体(图9.2)．则由 $f(x,y)$ 在 D 上的连续性可知该细平顶柱体的体积是 ΔD_i 上对应的细曲顶柱体体积 ΔV_i 的近似值，即

$$\Delta V_i\approx f(\xi_i,\eta_i)\Delta\sigma_i,\quad i=1,2,\cdots,n.$$

第三步　求和　这 n 个细平顶柱体体积之和是曲顶柱体体积 V 的近似值，即

$$V=\sum_{i=1}^{n}\Delta V_i\approx\sum_{i=1}^{n}f(\xi_i,\eta_i)\Delta\sigma_i.\quad(9.1)$$

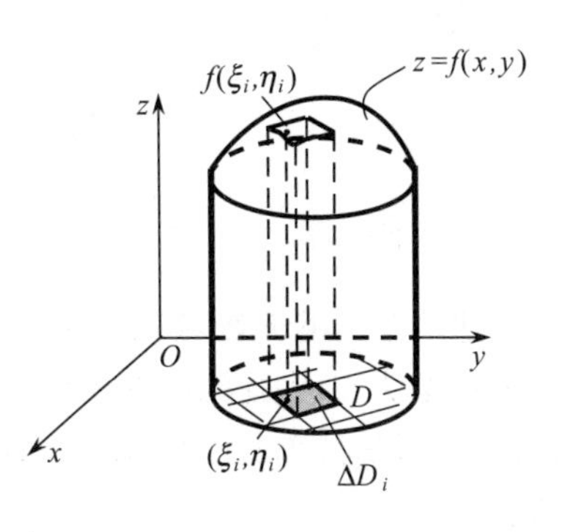

图 9.2

第四步　取极限　显然，当对闭区域 D 的分割无限变细，即当各个小闭区域 ΔD_i 的直径(ΔD_i 中任意两点间距离的最大值)中的最大值 λ 趋于零时，和式(9.1)的极限便可定义为曲顶柱体的体积，即

$$V=\lim_{\lambda\to 0}\sum_{i=1}^{n}f(\xi_i,\eta_i)\Delta\sigma_i.\tag{9.2}$$

式(9.2)同时给出了曲顶柱体体积的求法．

2. 平面薄板的质量

现在考察质量分布非均匀的平面薄板的质量问题．

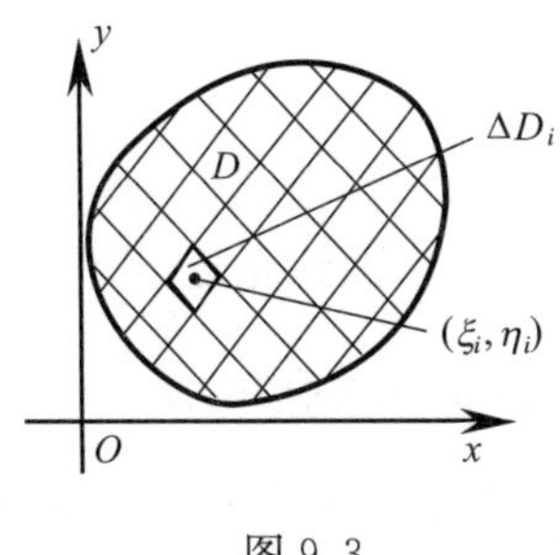

图 9.3

设有一质量分布不均匀的平面薄板 D(图 9.3)，各点 (x,y) 的面密度是非负连续函数 $\mu(x,y)$．由于密度不是常数，不能直接用密度乘面积的公式计算它的总质量．但质量具有可加性，所以仍可将上面处理曲顶柱体体积的方法用于本问题：将薄板分割成许多微小薄板，每个小薄板足够小，以至可看作质量均匀分布，它们的质量之和即为薄板质量的近似值，再运用极限方法即可确定原薄板的质量，具体步骤如下：

把薄板 D 任意分割成 n 小块 ΔD_i，其面积记为 $\Delta\sigma_i(i=1,2,\cdots,n)$，当 ΔD_i 的直径很小时，ΔD_i 中各点面密度变化不大，可以近似看作常数．在 ΔD_i 中任取一点 $P_i(\xi_i,\eta_i)$，将该点处面密度 $\mu(\xi_i,\eta_i)$ 作为这个常数，于是 ΔD_i 的质量

$$\Delta M_i\approx\mu(\xi_i,\eta_i)\Delta\sigma_i\quad(i=1,2,\cdots,n).$$

平面薄板的总质量

$$M=\sum_{i=1}^{n}\Delta M_i\approx\sum_{i=1}^{n}\mu(\xi_i,\eta_i)\Delta\sigma_i.\tag{9.3}$$

当所有小闭区域 ΔD_i 的直径中的最大值 λ 趋于零时，式(9.3)右端的近似值将无限

趋近于总质量 M,即

$$M = \sum_{i=1}^{n} \Delta M_i = \lim_{\lambda \to 0} \sum_{i=1}^{n} \mu(\xi_i, \eta_i) \Delta \sigma_i. \tag{9.4}$$

二、重积分的概念

上述两个问题的领域完全不同,一个是几何问题,一个是物理问题,但在数学上都可归结为二元函数在平面闭区域 D 上作成的一个和式的极限. 在实际问题中,有很多量的计算都会归结为上述特定和式的极限,因此我们抽象出下述二重积分的定义.

1. 二重积分的定义

定义 9.1 设 $f(x,y)$ 是有界闭区域 D 上的有界函数. 将闭区域 D 任意分割成 n 个小闭区域

$$\Delta D_1, \quad \Delta D_2, \quad \cdots, \quad \Delta D_n,$$

并用 $\Delta \sigma_i$ 表示第 i 个小闭区域 ΔD_i 的面积. 在 ΔD_i 上任取一点 (ξ_i, η_i),作乘积 $f(\xi_i, \eta_i) \Delta \sigma_i (i = 1, 2, \cdots, n)$,并作和 $\sum\limits_{i=1}^{n} f(\xi_i, \eta_i) \Delta \sigma_i$. 如果当各小闭区域的直径中的最大值 λ 趋于零时,和式的极限总存在,则称此极限为函数 $f(x,y)$ 在闭区域 D 上的**二重积分**,记作 $\iint\limits_D f(x,y) \mathrm{d}\sigma$,即

$$\iint\limits_D f(x,y) \mathrm{d}\sigma = \lim_{\lambda \to 0} \sum_{i=1}^{n} f(\xi_i, \eta_i) \Delta \sigma_i, \tag{9.5}$$

其中 $f(x,y)$ 称为**被积函数**,$f(x,y)\mathrm{d}\sigma$ 称为**被积表达式**,$\mathrm{d}\sigma$ 称为**面积元素**,x 与 y 称为**积分变量**,D 称为**积分区域**,$\sum\limits_{i=1}^{n} f(\xi_i, \eta_i) \Delta \sigma_i$ 称为**积分和**(也称**黎曼和**).

在二重积分的定义中对闭区域 D 的分割是任意的,如果在直角坐标系中用平行于坐标轴的直线网来分割 D,那么除了包含边界点的一些小闭区域外①,其余的小闭区域都是矩形闭区域. 设矩形闭区域 ΔD_i 的边长为 Δx_j 和 Δy_k,则 $\Delta \sigma_i = \Delta x_j \cdot \Delta y_k$. 因此在直角坐标系中,有时也把面积元素 $\mathrm{d}\sigma$ 记作 $\mathrm{d}x\mathrm{d}y$,而把二重积分记作

$$\iint\limits_D f(x,y) \mathrm{d}x\mathrm{d}y,$$

其中 $\mathrm{d}x\mathrm{d}y$ 称为直角坐标系中的面积元素.

把二重积分与定积分作比较,它们都是黎曼和的极限,所不同的是定积分中被积函数是定义在有界闭区间(即 $\mathbf{R}^1$ 中的有界闭区域)上的一元函数,而二重积分的

---

① 求和的极限时,这些小闭区域所对应的项的和的极限为零,因此这些小闭区域可以略去不计.

被积函数是定义在平面有界闭区域(即 $\mathbf{R}^2$ 中的有界闭区域) 上的二元函数. 因此,定积分与二重积分可以统一表示为

$$\int_J f(\boldsymbol{x})\mathrm{d}I = \lim_{\lambda\to 0}\sum_{i=1}^{n} f(\boldsymbol{x}_i)\Delta I_i \quad (\boldsymbol{x},\boldsymbol{x}_i \in J \subset \mathbf{R}^m,\ m\in\mathbf{N}^*),\tag{9.6}$$

其中,当 J 是闭区间时,$f(\boldsymbol{x})$ 是定义在该闭区间上的有界函数 $f(x)$,ΔI_i 表示子区间的长度,$\boldsymbol{x}_i$ 是子区间上的点 ξ_i,λ 表示最大的子区间长度;当 J 是平面有界闭区域时,$f(\boldsymbol{x})$ 是定义在该闭区域上的有界函数 $f(x,y)$,ΔI_i 表示平面子区域的面积,$\boldsymbol{x}_i$ 是平面子区域中的点 (ξ_i,η_i),λ 表示子区域直径的最大值.

2. 三重积分的定义

黎曼和的极限可以很自然地推广到定义于不同类型的几何形体上的多元函数中来,于是便可得到三重积分的定义以及下一章将要介绍的第一类曲线积分和第一类曲面积分的定义.

当式(9.6) 中的 $m=3$,即 J 是 $\mathbf{R}^3$ 中的有界闭区域 Ω,$f(\boldsymbol{x})$ 是定义在 Ω 上的有界函数 $f(x,y,z)$ 时,便得到三重积分的定义.

定义 9.2　设 $f(x,y,z)$ 是 $\mathbf{R}^3$ 中的有界闭区域 Ω 上的有界函数. 将 Ω 任意分成 n 个小闭区域

$$\Delta\Omega_1,\quad \Delta\Omega_2,\quad \cdots,\quad \Delta\Omega_n,$$

并用 ΔV_i 表示第 i 个小闭区域 Δ 式 Ω_i 的体积. 在每个 $\Delta\Omega_i$ 上任取一点 (ξ_i,η_i,ζ_i),作乘积 $f(\xi_i,\eta_i,\zeta_i)\Delta V_i(i=1,2,\cdots,n)$,并作和 $\sum\limits_{i=1}^{n} f(\xi_i,\eta_i,\zeta_i)\Delta V_i$. 如果当各小闭区域直径中的最大值 λ 趋于零时,和式的极限总存在,则称此极限为函数 $f(x,y,z)$ 在闭区域 Ω 上的**三重积分**,记作 $\iiint\limits_{\Omega} f(x,y,z)\mathrm{d}v$,即

$$\iiint\limits_{\Omega} f(x,y,z)\mathrm{d}v = \lim_{\lambda\to 0}\sum_{i=1}^{n} f(\xi_i,\eta_i,\zeta_i)\Delta V_i,\tag{9.7}$$

其中 $f(x,y,z)$ 称为**被积函数**,$f(x,y,z)\mathrm{d}v$ 称为**被积表达式**,$\mathrm{d}v$ 称为**体积元素**,x,y,z 称为**积分变量**,Ω 称为**积分区域**.

一般地,式(9.6) 定义了 m 重积分.

若式(9.6) 中和式的极限存在,则称 $f(\boldsymbol{x})$ 在 J 上**黎曼可积**,简称 $f(\boldsymbol{x})$ 在 J 上可积. 这里不加证明地指出,$f(\boldsymbol{x})$ 在 J 上可积的充分条件是 $f(\boldsymbol{x})$ 在有界闭区域 $J\in\mathbf{R}^m$ 上连续.

由二重积分的定义可知,当被积函数 $f(x,y)\geqslant 0$ 且连续时,二重积分 $\iint\limits_{D} f(x,y)\mathrm{d}\sigma$ 表示以区域 D 为底,以 $z=f(x,y)$ 为顶的曲顶柱体的体积. 当 $f(x,y)$ 有正有负时,二重积分 $\iint\limits_{D} f(x,y)\mathrm{d}\sigma$ 表示区域 D 上在 xOy 坐标平面上方的曲顶柱体体积

与 xOy 坐标平面下方的曲顶柱体体积之差. 特殊地,当 $f(x,y)\equiv 1$ 时,在数值上有

$$\iint_D \mathrm{d}\sigma = A \quad (A\text{ 表示区域 }D\text{ 的面积}).$$

物理中,当连续函数 $f(x,y)\geqslant 0$ 时,二重积分 $\iint_D f(x,y)\mathrm{d}\sigma$ 表示占有平面闭区域 D 并以 $f(x,y)$ 为面密度的平面薄板的质量. 而对于三重积分 $\iiint_\Omega f(x,y,z)\mathrm{d}v$,如果连续函数 $f(x,y,z)\geqslant 0$ 表示空间物体 Ω 的体密度,则三重积分就表示该空间物体的质量. 特殊地,当 $f(x,y,z)\equiv 1$ 时,在数值上,

$$\iiint_\Omega \mathrm{d}v = V \quad (V\text{ 表示空间区域 }\Omega\text{ 的体积}).$$

三、重积分的性质

比较定积分定义与定义(9.6),便可知道重积分有着与定积分类似的性质. 用 $R(J)$ 表示在有界闭区域 $J\in\mathbf{R}^n$ 上黎曼可积的全体函数的集合,则积分 $\int_J f(\boldsymbol{x})\mathrm{d}I$ 是 $R(J)\to\mathbf{R}^1$ 的一个映射,具有如下一些性质.

性质 1 (线性性质) 若 $f,g\in R(J)$,则 $\forall\alpha,\beta\in\mathbf{R}^1$,有

$$\int_J(\alpha f(\boldsymbol{x})+\beta g(\boldsymbol{x}))\mathrm{d}I=\alpha\int_J f(\boldsymbol{x})\mathrm{d}I+\beta\int_J g(\boldsymbol{x})\mathrm{d}I,$$

即黎曼可积函数的线性组合是黎曼可积的,其积分是各函数积分的线性组合.

性质 2 (关于积分区域的可加性) 设 $J=J_1\cup J_2$,J_1,J_2 都是有界闭区域,没有公共内点,又 $f\in R(J_1)$, $f\in R(J_2)$,则 $f\in R(J)$,且

$$\int_J f(\boldsymbol{x})\mathrm{d}I=\int_{J_1}f(\boldsymbol{x})\mathrm{d}I+\int_{J_2}f(\boldsymbol{x})\mathrm{d}I.$$

性质 3 (度量性质) $\displaystyle\int_J \mathrm{d}I=V(J)$,

其中 $V(J)$ 在二重积分中表示平面区域 J 的面积,在三重积分中表示空间区域 J 的体积.

性质 4 (保序性) 若 $f,g\in R(J)$,且 $\forall x\in J$,$f(x)\geqslant g(x)$,则 $\int_J f(x)\mathrm{d}I\geqslant\int_J g(x)\mathrm{d}I$.

推论 1 (保号性) 若 $f\in R(J)$,又 $\forall x\in J$,$f(x)\geqslant 0$,则 $\int_J f(x)\mathrm{d}I\geqslant 0$.

推论 2 若 $f\in R(J)$,$|f|\in R(J)$,则 $\left|\int_J f(x)\mathrm{d}I\right|\leqslant\int_J|f(x)|\mathrm{d}I$.

性质 5 (估值性质) 若 $f\in R(J)$,m 与 M 分别是 f 在有界闭区域 J 上的最

小值和最大值,则

$$mV(J)\leqslant\int_J f(x)\mathrm{d}I\leqslant MV(J).$$

性质 6(中值性质) 若 f 在在有界闭区域 J 上连续,则至少存在一点 $x^*\in J$,使得

$$\int_J f(x)\mathrm{d}I=f(x^*)V(J).$$

下面给出中值性质的证明. 其余性质可由读者自己利用积分的定义加以证明.

证 显然 $V(J)\neq 0$. 把性质 4 中不等式改写为

$$m\leqslant\frac{1}{V(J)}\int_J f(\boldsymbol{x})\mathrm{d}I\leqslant M.$$

这就是说,常数 $\frac{1}{V(J)}\int_J f(\boldsymbol{x})\mathrm{d}I$ 介于函数 $f(\boldsymbol{x})$ 在有界闭区域 J 上的最大值 M 与最小值 m 之间. 根据有界闭区域上连续函数的介值定理,在 J 上至少存在一点 $\boldsymbol{x}^*$,使得

$$f(\boldsymbol{x}^*)=\frac{1}{V(J)}\int_J f(\boldsymbol{x})\mathrm{d}I,$$

即

$$\int_J f(\boldsymbol{x})\mathrm{d}I=f(\boldsymbol{x}^*)V(J).$$

习题 9-1

1. 设有一平面薄板(不计其厚度),占有 xOy 面上的闭区域 D,薄板上分布有面密度为 $\mu=\mu(x,y)$ 的电荷,且 $\mu(x,y)$ 在 D 上连续,试用二重积分表达该板上的全部电荷 Q.

2. 设平面闭区域 $D=\{(x,y)\mid x^2+y^2\leqslant R^2\}$,试利用二重积分的几何意义求

$$\iint_D\sqrt{R^2-x^2-y^2}\,\mathrm{d}\sigma.$$

3. 比较下列各组积分的大小:

(1) $\iint_D\ln(x+y)\mathrm{d}\sigma$ 与 $\iint_D[\ln(x+y)]^2\mathrm{d}\sigma$,其中 $D=\{(x,y)\mid 0\leqslant x\leqslant 1,3\leqslant y\leqslant 5\}$;

(2) $\iiint_\Omega(x+y+z)\mathrm{d}v$ 与 $\iiint_\Omega(x+y+z)^2\mathrm{d}v$,其中 Ω 是由平面 $x+y+z=1$ 与三个坐标面围成的四面体.

4. 估计下列积分的值:

(1) $I=\iint_D\mathrm{e}^{x+y}\mathrm{d}\sigma$,其中 D 为矩形域:$D=\{(x,y)\mid 0\leqslant x\leqslant 1,0\leqslant y\leqslant 1\}$;

(2) $I=\iint_D(4x^2+y^2+9)\mathrm{d}\sigma$,其中 $D=\{(x,y)\mid x^2+y^2\leqslant 4\}$;

(3) $I=\iint_D\frac{1}{\ln(4+x+y)}\mathrm{d}\sigma$,其中 $D=\{(x,y)\mid 0\leqslant x\leqslant 4,0\leqslant y\leqslant 8\}$;

(4) $I=\iint\limits_{D}\sqrt{4+xy}\,\mathrm{d}\sigma$,其中 $D=\{(x,y)\mid 0\leqslant x\leqslant 2,0\leqslant y\leqslant 2\}$.

第二节 二重积分的计算

计算重积分的基本方法是将重积分化为累次积分,通过依次计算几个定积分,求得重积分的值.本节所讨论的二重积分的计算,就是把二重积分化为二次积分来计算.

一、直角坐标系下二重积分的计算

假设积分区域的边界为分段光滑曲线,并可分解为如图 9.4 或图 9.5 所示的两种类型的平面区域之并.

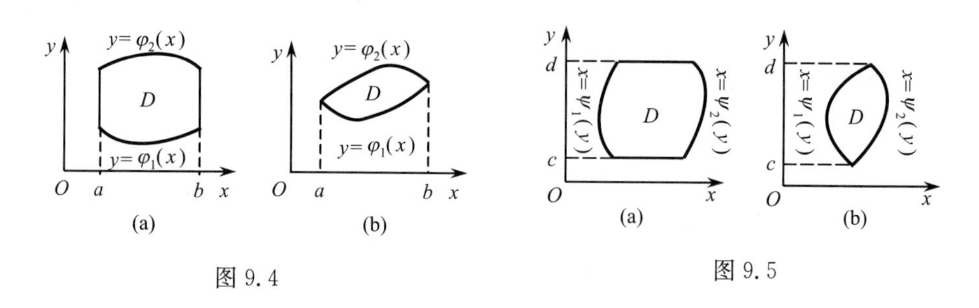

图 9.4　　　　图 9.5

图 9.4 所示的区域 D 具有如下的特点:穿过 D 内部且平行于 y 轴的直线与 D 的边界相交不多于两点,我们把这样的区域称为 X 型区域. X 型区域 D 可表示为

$$D=\{(x,y)\mid \varphi_1(x)\leqslant y\leqslant \varphi_2(x),\ a\leqslant x\leqslant b\},$$

其中函数 $\varphi_1(x),\varphi_2(x)$ 在区间$[a,b]$上连续.

同理,图 9.5 所示的区域 D 被称为 Y 型区域,Y 型区域 D 可表示为

$$D=\{(x,y)\mid \psi_1(y)\leqslant x\leqslant \psi_2(y),\ c\leqslant y\leqslant d\},$$

其中函数 $\psi_1(y),\psi_2(y)$ 在区间$[c,d]$上连续.

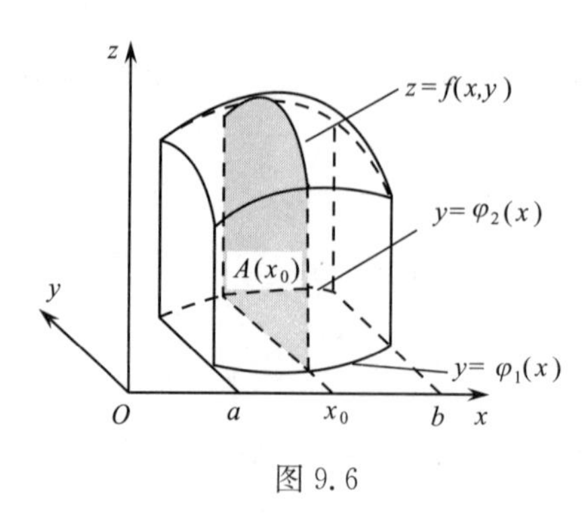

图 9.6

按照二重积分的几何意义,当 $f(x,y)\geqslant 0$ 时,$\iint\limits_{D}f(x,y)\mathrm{d}\sigma$ 表示区域 D 上以曲面 $z=f(x,y)$ 为顶的曲顶柱体的体积.因此只要求出曲顶柱体的体积,便得到了二重积分的值.下面用第六章中计算“平行截面面积为已知的立体的体积”的方法,来计算这个曲顶柱体的体积.先就 D 为 X 型区域的情形进行讨论(图 9.6).

先求截面面积.为此,在区间$[a,b]$上任意取定一点x_0,过$(x_0,0,0)$作平行于yOz面的平面$x=x_0$,该平面截曲顶柱体得到的截面是该平面上一个以区间$[\varphi_1(x_0),\varphi_2(x_0)]$为底,以曲线$z=f(x_0,y)$为曲边的曲边梯形(图9.6中阴影部分),所以这截面的面积为

$$A(x_0)=\int_{\varphi_1(x_0)}^{\varphi_2(x_0)}f(x_0,y)\mathrm{d}y.$$

一般地,过区间$[a,b]$上任一点x且平行于yOz面的平面截曲顶柱体所得截面的面积为

$$A(x)=\int_{\varphi_1(x)}^{\varphi_2(x)}f(x,y)\mathrm{d}y.$$

于是,应用平行截面面积为已知的立体体积的计算公式,得曲顶柱体的体积为

$$V=\int_a^b A(x)\mathrm{d}x=\int_a^b\left[\int_{\varphi_1(x)}^{\varphi_2(x)}f(x,y)\mathrm{d}y\right]\mathrm{d}x.$$

这个体积就是所求的二重积分的值,即

$$\iint_D f(x,y)\mathrm{d}\sigma=\int_a^b\left[\int_{\varphi_1(x)}^{\varphi_2(x)}f(x,y)\mathrm{d}y\right]\mathrm{d}x. \tag{9.8}$$

上式右端的积分称为先对y、后对x的二次积分.就是说,先把x看作常数,把$f(x,y)$只看作y的函数,并计算$f(x,y)$在积分区间$[\varphi_1(x),\varphi_2(x)]$上的定积分;然后把算得的结果(是$x$的函数)再对$x$在区间$[a,b]$上计算定积分.这个先对$y$、后对$x$的二次积分通常写作

$$\int_a^b\mathrm{d}x\int_{\varphi_1(x)}^{\varphi_2(x)}f(x,y)\mathrm{d}y.$$

因此,等式(9.8)也写成

$$\iint_D f(x,y)\mathrm{d}\sigma=\int_a^b\mathrm{d}x\int_{\varphi_1(x)}^{\varphi_2(x)}f(x,y)\mathrm{d}y, \tag{9.8$'$}$$

这就是把二重积分化为先对y、后对x的二次积分公式.

以上讨论中假定$f(x,y)\geqslant 0$,并用几何的方法说明公式(9.8′)成立.这里不加证明地给出,对于在X型区域D上可积的任意函数$f(x,y)$,均有

$$\iint_D f(x,y)\mathrm{d}\sigma=\int_a^b\mathrm{d}x\int_{\varphi_1(x)}^{\varphi_2(x)}f(x,y)\mathrm{d}y.$$

类似地,如果积分区域D为Y型区域

$$D=\{(x,y)\mid\psi_1(y)\leqslant x\leqslant\psi_2(y),c\leqslant y\leqslant d\},$$

则$f(x,y)$在D上的二重积分可化为先对x、后对y的二次积分来计算:

$$\iint_D f(x,y)\mathrm{d}\sigma=\int_c^d\mathrm{d}y\int_{\psi_1(y)}^{\psi_2(y)}f(x,y)\mathrm{d}x. \tag{9.9}$$

根据以上讨论,二重积分的计算可以归结为依次计算两个一元函数的定积分,但究竟将二重积分表示为哪种顺序的二次积分则要根据被积函数的形式和积分区

域 D 的形状来决定.

当积分区域 D 既是 X 型,又是 Y 型时,应本着计算简单原则决定应采用的顺序.

当积分区域 D 既不是 X 型,也不是 Y 型时,可用平行于坐标轴的直线将其分割成几个 X 型或 Y 型区域的并,然后利用积分关于区域的可加性,分别计算出相应的积分再求和即可.

此外,在直角坐标系下,通常用 $\mathrm{d}x\mathrm{d}y$ 表示面积元素 $\mathrm{d}\sigma$,即 $\mathrm{d}\sigma=\mathrm{d}x\mathrm{d}y$. 它相当于 D 中的小矩形区域:闭区间 $[x,x+\mathrm{d}x]$ 与 $[y,y+\mathrm{d}y]$ 的直积 $[x,x+\mathrm{d}x]\times[y,y+\mathrm{d}y]$.

面积元素 $\mathrm{d}\sigma=\mathrm{d}x\mathrm{d}y$ 是正值,所以化成二次积分时,都规定"下限"小于"上限".

例 1　化二重积分 $\iint\limits_D f(x,y)\mathrm{d}\sigma$ 为二次积分(两种次序),其中积分区域 D 是由直线 $y=x$ 及抛物线 $y^2=4x$ 所围成的闭区域.

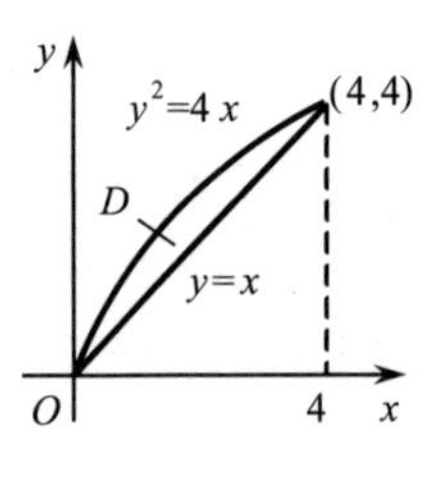

图 9.7

解　首先画出积分区域 D 的草图(图 9.7),D 是 X 型的. 显然,D 上的点的横坐标的变化范围是区间 $[0,4]$. 在 $(0,4)$ 内任取一点 x,过该点作 y 轴的平行线. 该平行线上位于 D 内的点的纵坐标满足 $x\leqslant y\leqslant 2\sqrt{x}$,所以区域 D 可表示为

$$x\leqslant y\leqslant 2\sqrt{x},\quad 0\leqslant x\leqslant 4.$$

因此,利用公式(9.8′)得

$$\iint\limits_D f(x,y)\mathrm{d}\sigma=\int_0^4\mathrm{d}x\int_x^{2\sqrt{x}}f(x,y)\mathrm{d}y.$$

区域 D 又是 Y 型的. 可表示为

$$\frac{y^2}{4}\leqslant x\leqslant y,\quad 0\leqslant y\leqslant 4.$$

因此,利用公式(9.9)得

$$\iint\limits_D f(x,y)\mathrm{d}\sigma=\int_0^4\mathrm{d}y\int_{\frac{y^2}{4}}^{y}f(x,y)\mathrm{d}x.$$

需要说明的是,当我们熟练以后,便可以根据积分区域的图形直接写出二次积分,而不必写出区域 D 的不等式表示.

例 2　计算二重积分 $\iint\limits_D \mathrm{e}^{x^2}\mathrm{d}\sigma$. 其中 D 是由直线 $y=x$,$x=1$ 和 x 轴围成的三角形闭区域.

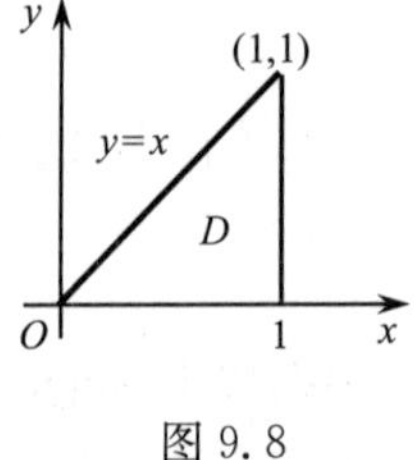

图 9.8

解　画出积分区域如图 9.8 所示. D 既是 X 型,又是 Y 型. 若将积分区域看作 Y 型的:

$$y \leqslant x \leqslant 1, \quad 0 \leqslant y \leqslant 1,$$

则

$$\iint_D e^{x^2} d\sigma = \int_0^1 dy \int_y^1 e^{x^2} dx.$$

由于$\int e^{x^2} dx$不是初等函数,所以此积分无法求出,计算失败.

若将 D 看作 X 型的:

$$0 \leqslant y \leqslant x, \quad 0 \leqslant x \leqslant 1,$$

则

$$\iint_D e^{x^2} d\sigma = \int_0^1 dx \int_0^x e^{x^2} dy = \int_0^1 x e^{x^2} dx = \frac{1}{2}(e-1).$$

例 3　计算$\iint_D xy\,d\sigma$,其中 D 由抛物线 $x = y^2$ 与直线 $x - y - 2 = 0$ 所围成.

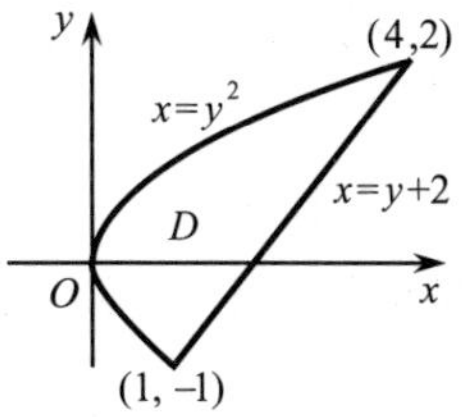

解　画出积分区域 D 如图 9.9 所示. D 既是 X 型的,又是 Y 型的. 先将 D 看作 Y 型区域,则 D 可表示为

$$y^2 \leqslant x \leqslant y+2, \quad -1 \leqslant y \leqslant 2.$$

图 9.9

于是

$$\iint_D xy\,d\sigma = \int_{-1}^2 dy \int_{y^2}^{y+2} xy\,dx = \int_{-1}^2 \left(\frac{x^2}{2}y\right)\Bigg|_{y^2}^{y+2} dy$$

$$= \int_{-1}^2 \frac{1}{2}(4y + 4y^2 + y^3 - y^5) dy$$

$$= \frac{1}{2}\left(2y^2 + \frac{4}{3}y^3 + \frac{1}{4}y^4 - \frac{1}{6}y^6\right)\Bigg|_{-1}^2 = \frac{45}{8} = 5\frac{5}{8}.$$

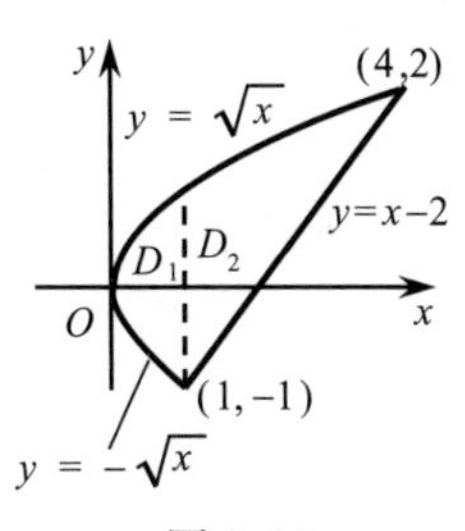

图 9.10

若将 D 看作 X 型区域,则由于 D 的下方边界由两段曲线 $y = -\sqrt{x}$ 和 $y = x - 2$ 构成,所以必须用经过交点 $(1,-1)$ 且平行于 y 轴的直线 $x = 1$ 将 D 分割为 D_1 和 D_2 两部分(图 9.10), D_1 与 D_2 可分别表示为

$$D_1 = \{(x,y) \mid -\sqrt{x} \leqslant y \leqslant \sqrt{x}, 0 \leqslant x \leqslant 1\},$$

$$D_2 = \{(x,y) \mid x - 2 \leqslant y \leqslant \sqrt{x}, 1 \leqslant x \leqslant 4\}.$$

于是,根据二重积分关于积分区域的可加性,就有

$$\iint_D xy\,d\sigma = \iint_{D_1} xy\,d\sigma + \iint_{D_2} xy\,d\sigma = \int_0^1 dx \int_{-\sqrt{x}}^{\sqrt{x}} xy\,dy + \int_1^4 dx \int_{x-2}^{\sqrt{x}} xy\,dy.$$

由此可见,若将 D 看作 X 型区域,则二重积分的计算就比较麻烦.

以上几个例题说明,积分次序的选择与二重积分计算的繁简程度有着极为密切的关系. 如果选择不当,将增大计算难度,甚至于无法计算. 所以,如果按某种次序的二次积分计算很麻烦，或者原函数不是初等函数，那就需要考虑更换积分次序了. 积分换序的一般步骤是：

(1) 由所给的二次积分的积分限，写出积分区域的不等式表达式；

(2) 根据不等式表达式，画出积分区域 D；

(3) 将积分区域 D 按另一种次序用不等式表示出来；

(4) 按(3) 中的区域 D 的表示法将二重积分化为二次积分.

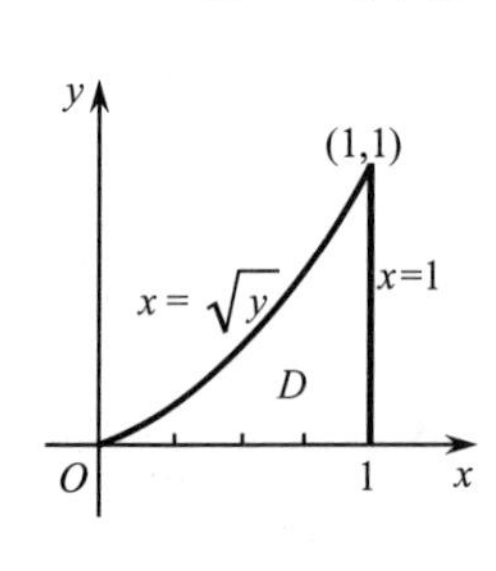

图 9.11

例 4 计算 $I=\int_0^1 dy\int_{\sqrt{y}}^1 e^{\frac{y}{x}}dx$.

解 由于积分 $\int e^{\frac{y}{x}}dx$ 无法求出，故考虑交换积分次序. 根据所给二次积分，可写出积分区域 D 的不等式表达式：

$$\sqrt{y}\leqslant x\leqslant 1,\quad 0\leqslant y\leqslant 1.$$

其边界曲线为

$$x=\sqrt{y},\quad x=1,\quad y=0.$$

于是可作出 D 的图形如图 9.11 所示. 再将 D 按另一种次序表示为

$$0\leqslant y\leqslant x^2,\quad 0\leqslant x\leqslant 1.$$

于是

$$I=\int_0^1 dx\int_0^{x^2} e^{\frac{y}{x}}dy=\int_0^1\left[xe^{\frac{y}{x}}\right]\Big|_0^{x^2}dx$$

$$=\int_0^1(xe^x-x)dx=\left(xe^x-e^x-\frac{1}{2}x^2\right)\Big|_0^1=\frac{1}{2}.$$

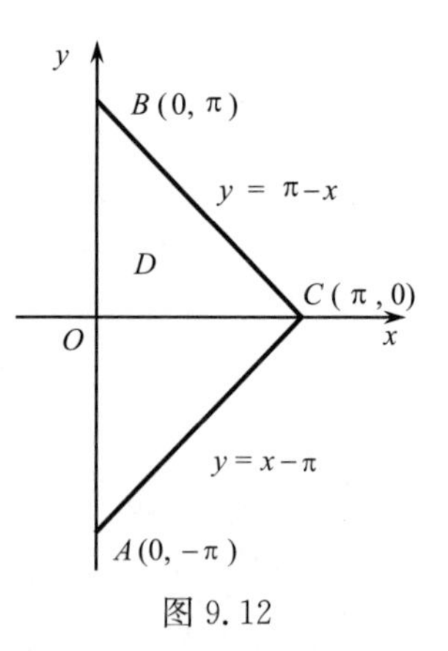

图 9.12

例 5 计算 $\iint\limits_D y\sin x d\sigma$，其中 D 是以 $A(0,-\pi)$，$B(0,\pi)$ 和 $C(\pi,0)$ 为顶点的三角形闭区域.

解 画出闭区域 D 的图形如图 9.12 所示. 闭区域 D 关于直线 $y=0$(x 轴) 对称. 可表示为

$$-(\pi-x)\leqslant y\leqslant\pi-x,\quad 0\leqslant x\leqslant\pi.$$

于是

$$\iint\limits_D y\sin x d\sigma=\int_0^{\pi}dx\int_{-(\pi-x)}^{\pi-x}y\sin x dy$$

$$=\int_0^{\pi}\frac{1}{2}(y^2\sin x)\Big|_{-(\pi-x)}^{\pi-x}dx=\int_0^{\pi}0dx=0.$$

回顾定积分的求法，常利用"对称性"来简化计算. 对于重积分(以及后面要介绍的第一类曲线积分和第一类曲面积分)也可以利用"对称性"来简化计算. 以二重积分为例，若 $f(x,y)$ 在 D 上连续，则 $I=\iint\limits_D f(x,y)d\sigma$ 存在，且

(1) 当 D 关于轴 $x=0$ 对称(图 9.13(a))，且被积函数关于 x 具有奇偶性，则

$$\iint_D f(x,y)\mathrm{d}\sigma = \begin{cases} 0, & f(-x,y) = -f(x,y), \\ 2\iint_{D_1} f(x,y)\mathrm{d}\sigma, & f(-x,y) = f(x,y). \end{cases}$$

这里 $D_1 = \{(x,y) \mid (x,y) \in D,\ x \geqslant 0\}$.

(2) 当 D 关于轴 $y=0$ 对称(图 9.13(b)),且被积函数关于 y 具有奇偶性,则

$$\iint_D f(x,y)\mathrm{d}\sigma = \begin{cases} 0, & f(x,-y) = -f(x,y), \\ 2\iint_{D_2} f(x,y)\mathrm{d}\sigma, & f(x,-y) = f(x,y). \end{cases}$$

这里 $D_2 = \{(x,y) \mid (x,y) \in D,\ y \geqslant 0\}$.

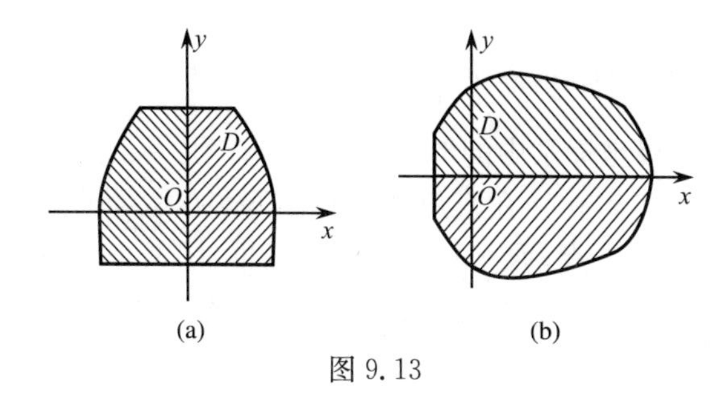

图 9.13

当 D 关于原点 O 对称,且 $f(x,y)$ 关于 x 或 y 具有奇偶性时,也有类似结论,请读者自行讨论.

还要提醒大家注意的是:在运用对称性时必须兼顾被积函数与积分区域两个方面.

例 6　求椭圆柱面 $x^2+4y^2=1$ 与平面 $z=1-x$ 及 $z=0$ 所围成的空间立体的体积.

解　画出该空间立体的图形,如图 9.14 所示.这是一个曲顶柱体.其顶为 $z=1-x$,底为

$$D = \{(x,y) \mid x^2+4y^2 \leqslant 1\}$$
$$= \left\{(x,y) \mid -\sqrt{1-4y^2} \leqslant x \leqslant \sqrt{1-4y^2},\ -\frac{1}{2} \leqslant y \leqslant \frac{1}{2}\right\},$$

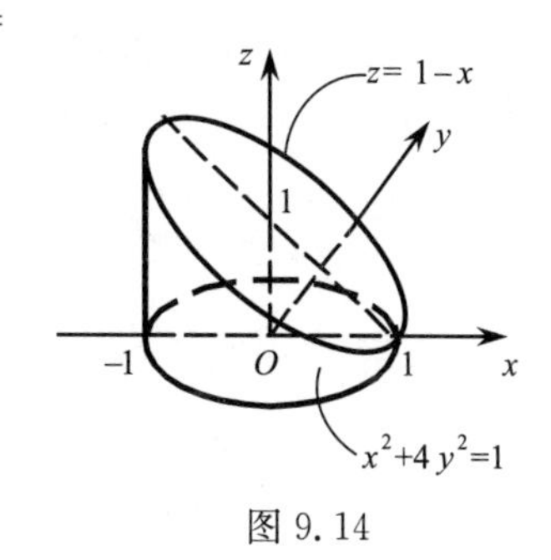

图 9.14

于是所求体积为

$$V = \iint_D (1-x)\mathrm{d}\sigma = \iint_D \mathrm{d}\sigma - \iint_D x\,\mathrm{d}\sigma,$$

由对称性可知上面后一个积分

$$\iint\limits_D x\,\mathrm{d}\sigma = 0,$$

而积分$\iint\limits_D \mathrm{d}\sigma$数值上等于区域$D$的面积$\frac{\pi}{2}$,故

$$V = \frac{\pi}{2}.$$

二、极坐标系下二重积分的计算

对于有些二重积分,其积分区域用极坐标方程表示比较方便,且其被积函数用极坐标变量ρ, θ表示比较简单,这时就可以考虑利用极坐标来计算该二重积分.

二重积分定义为黎曼和的极限:

$$\iint\limits_D f(x,y)\mathrm{d}\sigma = \lim_{\lambda\to 0}\sum_{i=1}^{n} f(\xi_i,\eta_i)\Delta\sigma_i.$$

下面研究这个极限在极坐标系中的形式.

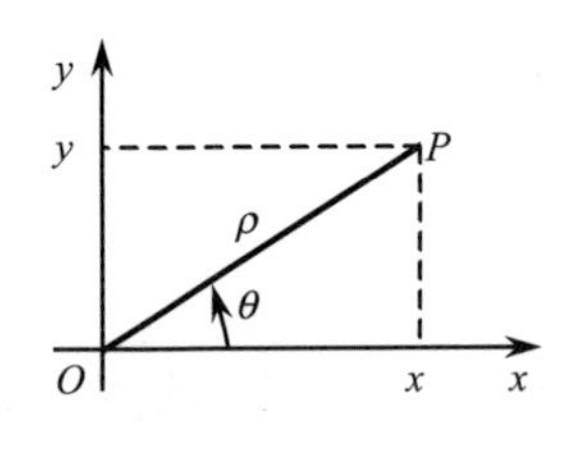

图 9.15

在直角坐标系 xOy 中,取原点作为极坐标系的极点,取 x 轴正半轴为极轴(图 9.15),则点 P 的直角坐标(x,y)与极坐标(ρ,θ)之间有关系式

$$\begin{cases} x = \rho\cos\theta, \\ y = \rho\sin\theta, \end{cases} \qquad \begin{cases} \rho = \sqrt{x^2+y^2}, \\ \tan\theta = \dfrac{y}{x}. \end{cases}$$

在极坐标系下计算二重积分,需将被积函数 $f(x,y)$,积分区域 D,以及面积元素 $\mathrm{d}\sigma$ 都用极坐标来表示. 为了得到极坐标形式的面积元素 $\mathrm{d}\sigma$,我们用如下的坐标曲线网去分割积分区域 D,即用 $\rho=$ 常数(以 O 为圆心的一族同心圆)和 $\theta=$ 常数(从 O 出发的一族射线)去分割 D. 设 ΔD_i 是介于ρ_i与$\rho_i+\Delta\rho_i$以及θ_i与$\theta_i+\Delta\theta_i$之间的小闭区域(图 9.16). 易知其面积为

$$\begin{aligned}\Delta\sigma_i &= \frac{1}{2}(\rho_i+\Delta\rho_i)^2\Delta\theta_i - \frac{1}{2}\rho_i^2\Delta\theta_i \\ &= \frac{1}{2}(2\rho_i+\Delta\rho_i)\Delta\rho_i\Delta\theta_i \\ &= \frac{\rho_i+(\rho_i+\Delta\rho_i)}{2}\cdot\Delta\rho_i\cdot\Delta\theta_i \\ &= \bar{\rho}_i\cdot\Delta\rho_i\cdot\Delta\theta_i,\end{aligned}$$

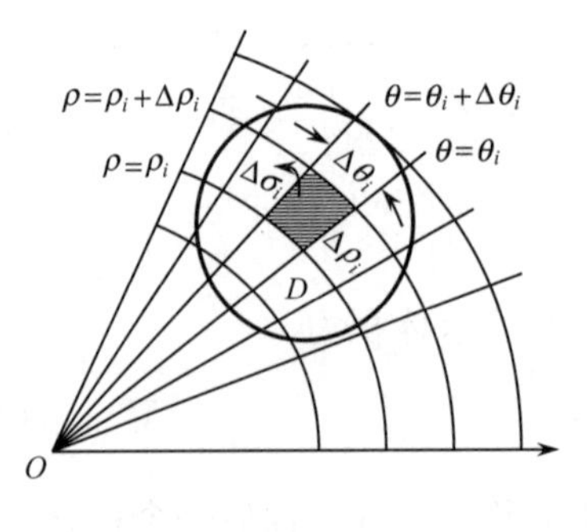

图 9.16

其中$\bar{\rho}_i$表示相邻两圆弧的半径的平均值. 在这小闭区域内取圆周$\rho=\bar{\rho}_i$上的一点$(\bar{\rho}_i,\bar{\theta}_i)$,该点的直角坐标设为$(\xi_i,\eta_i)$,则由直角坐标与极坐标的关系有$\xi_i=\bar{\rho}_i\cos\bar{\theta}_i$, $\eta_i=\bar{\rho}_i\sin\bar{\theta}_i$. 于是

$$\lim_{\lambda\to 0}\sum_{i=1}^{n} f(\xi_i,\eta_i)\Delta\sigma_i=\lim_{\lambda\to 0}\sum_{i=1}^{n} f(\bar{\rho}_i\cos\bar{\theta}_i,\bar{\rho}_i\sin\bar{\theta}_i)\bar{\rho}_i\cdot\Delta\rho_i\cdot\Delta\theta_i,$$

即

$$\iint_D f(x,y)\mathrm{d}\sigma=\iint_D f(\rho\cos\theta,\rho\sin\theta)\rho\mathrm{d}\rho\mathrm{d}\theta.$$

由于在直角坐标系中，$\iint\limits_D f(x,y)\mathrm{d}\sigma$ 也常记作 $\iint\limits_D f(x,y)\mathrm{d}x\mathrm{d}y$，所以上式又可写成

$$\iint_D f(x,y)\mathrm{d}x\mathrm{d}y=\iint_D f(\rho\cos\theta,\rho\sin\theta)\rho\mathrm{d}\rho\mathrm{d}\theta. \tag{9.10}$$

这就是从直角坐标到极坐标的二重积分换元公式，其中 $\rho\mathrm{d}\rho\mathrm{d}\theta$ 就是极坐标系下的面积元素.

极坐标系中的二重积分，同样可以化为二次积分来计算. 分三种情形来讨论.

(1) 当积分区域 D 由连续曲线 $\rho=\varphi_1(\theta)$，$\rho=\varphi_2(\theta)$ 以及射线 $\theta=\alpha$，$\theta=\beta$ 围成，极点 O 不在积分区域 D 内部(图 9.17)，并且从极点出发穿过闭区域 D 的射线与 D 的边界相交不多于两点时，有公式

$$\iint_D f(\rho\cos\theta,\rho\sin\theta)\rho\mathrm{d}\rho\mathrm{d}\theta=\int_\alpha^\beta\left[\int_{\varphi_1(\theta)}^{\varphi_2(\theta)} f(\rho\cos\theta,\rho\sin\theta)\rho\mathrm{d}\rho\right]\mathrm{d}\theta, \tag{9.11}$$

即

$$\iint_D f(\rho\cos\theta,\rho\sin\theta)\rho\mathrm{d}\rho\mathrm{d}\theta=\int_\alpha^\beta \mathrm{d}\theta\int_{\varphi_1(\theta)}^{\varphi_2(\theta)} f(\rho\cos\theta,\rho\sin\theta)\rho\mathrm{d}\rho. \tag{9.11$'$}$$

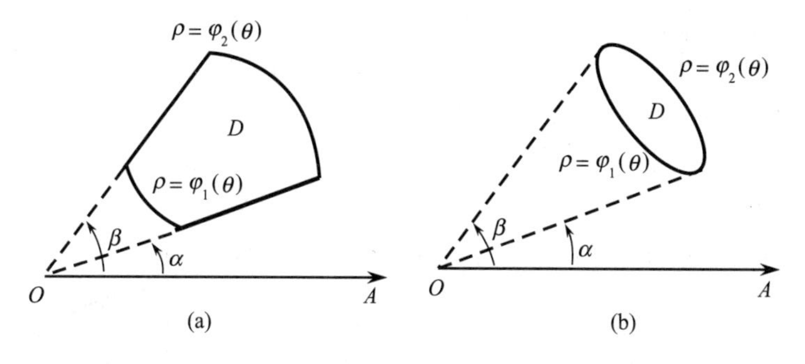

图 9.17

事实上，在区间 $[\alpha,\beta]$ 上任意取定一个 θ 值，由极点出发引一条极角为 θ 的射线. 射线上位于 D 内的点的极径的变化范围为 $\varphi_1(\theta)\leqslant\rho\leqslant\varphi_2(\theta)$(图 9.18)，于是闭区域 D 可用极坐标变量表示为

$$\varphi_1(\theta)\leqslant\rho\leqslant\varphi_2(\theta),\quad \alpha\leqslant\theta\leqslant\beta.$$

从而,极坐标系中的二重积分$\iint\limits_D f(\rho\cos\theta,\rho\sin\theta)\rho\mathrm{d}\rho\mathrm{d}\theta$便可化为先对$\rho$积分后对$\theta$积分的二次积分,即公式(9.11′).

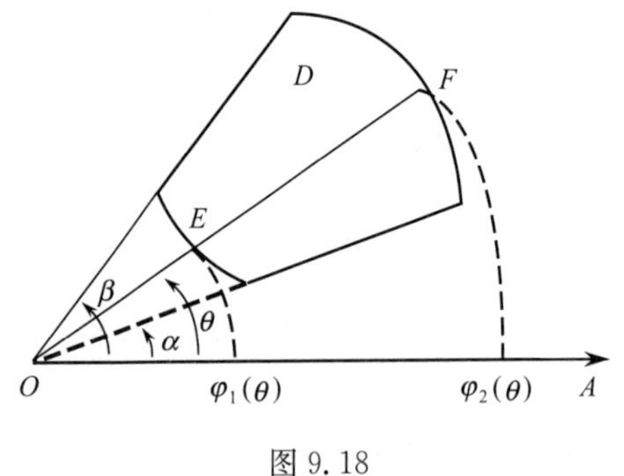

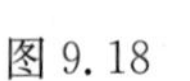
图 9.18

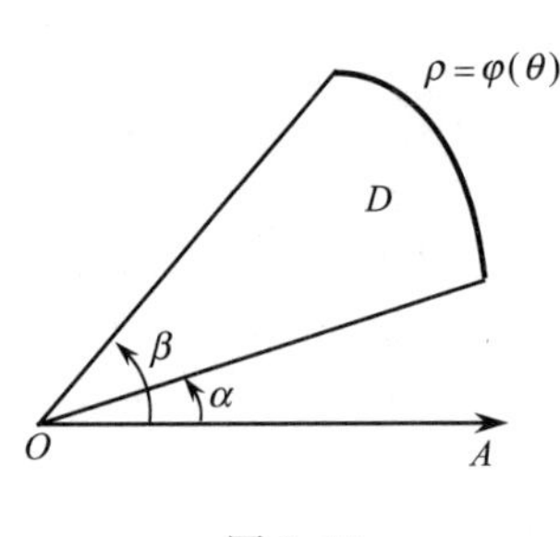

图 9.19

(2) 当积分区域D是图 9.19 所示的曲边扇形时,可以把它看作图 9.17(a) 中$\varphi_1(\theta)=0$, $\varphi_2(\theta)=\varphi(\theta)$的特例. 这时闭区域$D$可表示为

$$0\leqslant\rho\leqslant\varphi(\theta),\quad \alpha\leqslant\theta\leqslant\beta.$$

因而公式(9.11′) 成为

$$\iint\limits_D f(\rho\cos\theta,\rho\sin\theta)\rho\mathrm{d}\rho\mathrm{d}\theta=\int_\alpha^\beta\mathrm{d}\theta\int_0^{\varphi(\theta)}f(\rho\cos\theta,\rho\sin\theta)\rho\mathrm{d}\rho.$$

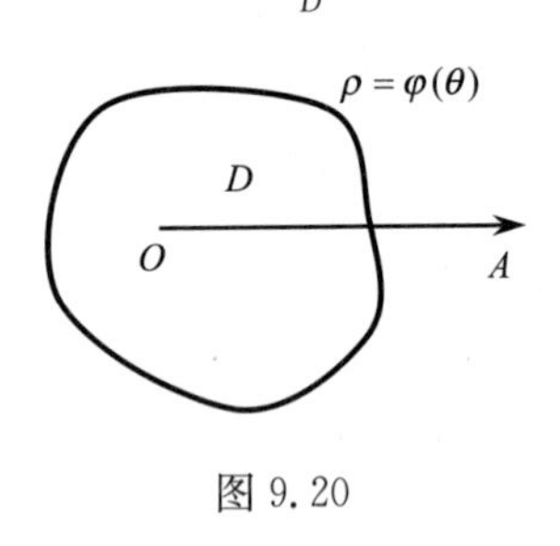

图 9.20

(3) 当积分区域D如图 9.20 所示,极点在D的内部时,可以把它看作图 9.19 中$\alpha=0$, $\beta=2\pi$的特例. 这时,闭区域D可以表示为

$$0\leqslant\rho\leqslant\varphi(\theta),\quad 0\leqslant\theta\leqslant 2\pi,$$

因而公式(9.11′) 成为

$$\iint\limits_D f(\rho\cos\theta,\rho\sin\theta)\rho\mathrm{d}\rho\mathrm{d}\theta=\int_0^{2\pi}\mathrm{d}\theta\int_0^{\varphi(\theta)}f(\rho\cos\theta,\rho\sin\theta)\rho\mathrm{d}\rho.$$

例 7　计算$\iint\limits_D\ln(1+\sqrt{x^2+y^2})\mathrm{d}x\mathrm{d}y$,其中$D$为闭区域:$\{(x,y)\mid 1\leqslant x^2+y^2\leqslant 4,x\geqslant 0,y\geqslant 0\}$(图 9.21).

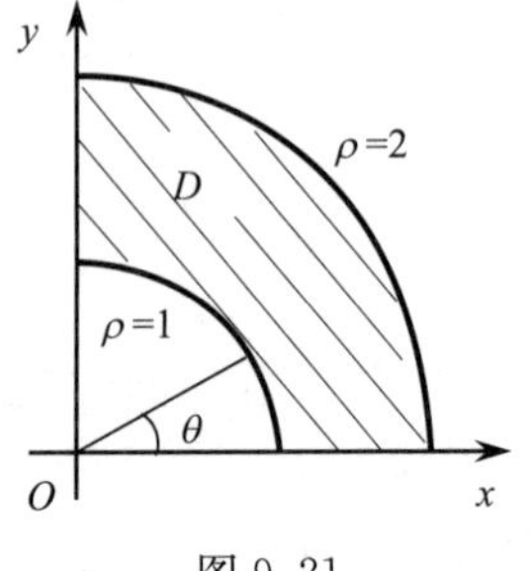

图 9.21

解　闭区域D在极坐标系下可表示为

$$\left\{(\rho,\theta)\mid 1\leqslant\rho\leqslant 2,\ 0\leqslant\theta\leqslant\frac{\pi}{2}\right\}.$$

因此由公式(9.11′) 有

$$\iint\limits_D\ln(1+\sqrt{x^2+y^2})\mathrm{d}x\mathrm{d}y$$

$$=\iint_D \ln(1+\rho)\rho \mathrm{d}\rho \mathrm{d}\theta=\int_0^{\frac{\pi}{2}} \mathrm{d}\theta \int_1^2 \ln(1+\rho)\rho \mathrm{d}\rho$$

$$=\int_0^{\frac{\pi}{2}}\left[\frac{\rho^2}{2}\ln(1+\rho)-\frac{\rho^2}{4}+\frac{\rho}{2}-\frac{1}{2}\ln(1+\rho)\right]\Big|_1^2 \mathrm{d}\theta$$

$$=\int_0^{\frac{\pi}{2}} \frac{1}{2}\left(\ln 27-\frac{1}{2}\right)\mathrm{d}\theta=\frac{\pi}{4}\left(\ln 27-\frac{1}{2}\right).$$

例 8 计算二重积分 $\iint_D \mathrm{e}^{-x^2-y^2}\mathrm{d}x\mathrm{d}y$，其中 D 是四分之一圆域：$\{(x,y)\mid x^2+y^2\leqslant a^2,\ x\geqslant 0, y\geqslant 0\}$(图 9.22). 并由此计算概率积分 $\int_0^{+\infty}\mathrm{e}^{-x^2}\mathrm{d}x$.

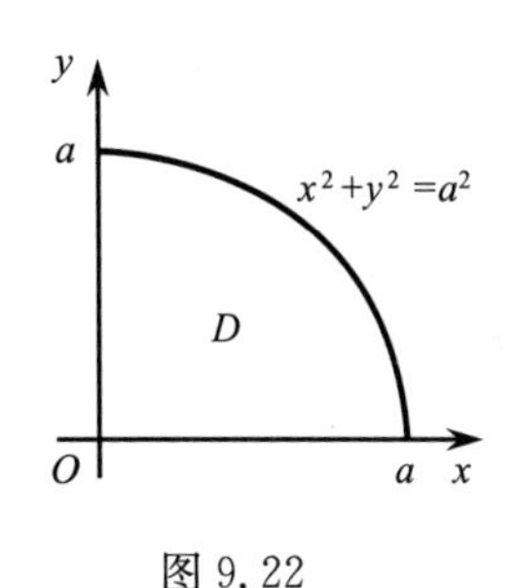

图 9.22

解 闭区域 D 在极坐标系下可表示为

$$0\leqslant\rho\leqslant a,\quad 0\leqslant\theta\leqslant\frac{\pi}{2}.$$

因此由公式(9.11′)有

$$\iint_D \mathrm{e}^{-x^2-y^2}\mathrm{d}x\mathrm{d}y=\iint_D \mathrm{e}^{-\rho^2}\rho \mathrm{d}\rho \mathrm{d}\theta$$

$$=\int_0^{\frac{\pi}{2}}\mathrm{d}\theta\int_0^a \mathrm{e}^{-\rho^2}\rho \mathrm{d}\rho=\int_0^{\frac{\pi}{2}}\left[-\frac{1}{2}\mathrm{e}^{-\rho^2}\right]\Big|_0^a \mathrm{d}\theta$$

$$=\frac{1}{2}(1-\mathrm{e}^{-a^2})\int_0^{\frac{\pi}{2}}\mathrm{d}\theta=\frac{\pi}{4}(1-\mathrm{e}^{-a^2}).$$

由于不定积分 $\int \mathrm{e}^{-x^2}\mathrm{d}x$ 不能用初等函数表示，所以在第五章中，广义积分 $\int_0^{+\infty}\mathrm{e}^{-x^2}\mathrm{d}x$ 无法直接求得. 但利用上面的结果，就可以求出这一在概率论中有重要用途的广义积分的值了.

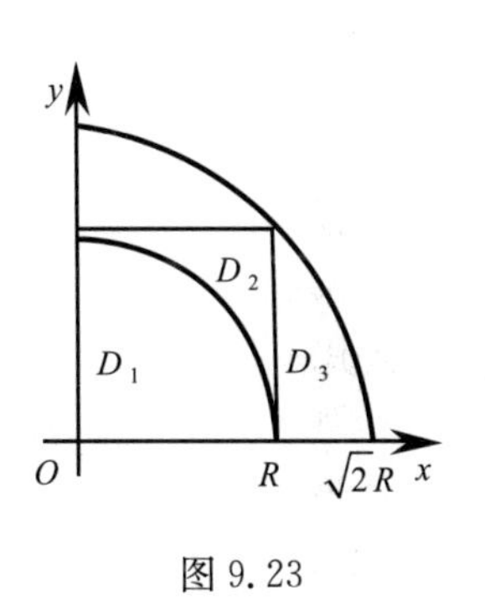

图 9.23

为此，作如图 9.23 所示的积分区域 D_1, D_2, D_3，其中

$$D_1=\{(x,y)\mid x^2+y^2\leqslant R^2,\ x\geqslant 0, y\geqslant 0)\},$$
$$D_2=\{(x,y)\mid 0\leqslant x\leqslant R,\ 0\leqslant y\leqslant R\},$$
$$D_3=\{(x,y)\mid x^2+y^2\leqslant 2R^2,\ x\geqslant 0, y\geqslant 0\}.$$

显然 $D_1\subset D_2\subset D_3$，由于 $\mathrm{e}^{-x^2-y^2}>0$，所以

$$\iint_{D_1}\mathrm{e}^{-x^2-y^2}\mathrm{d}x\mathrm{d}y\leqslant\iint_{D_2}\mathrm{e}^{-x^2-y^2}\mathrm{d}x\mathrm{d}y\leqslant\iint_{D_3}\mathrm{e}^{-x^2-y^2}\mathrm{d}x\mathrm{d}y.$$

利用上面的结果，便有

$$\iint_{D_1} e^{-x^2-y^2}\,dxdy = \frac{\pi}{4}(1-e^{-R^2}),$$

$$\iint_{D_3} e^{-x^2-y^2}\,dxdy = \frac{\pi}{4}(1-e^{-2R^2}).$$

又

$$\begin{aligned}\iint_{D_2} e^{-x^2-y^2}\,dxdy &= \int_0^R\left[\int_0^R e^{-x^2}e^{-y^2}\,dx\right]dy \\ &= \int_0^R e^{-y^2}\left[\int_0^R e^{-x^2}\,dx\right]dy = \int_0^R e^{-x^2}\,dx \cdot \int_0^R e^{-y^2}\,dy \\ &= \left(\int_0^R e^{-x^2}\,dx\right)^2.\end{aligned}$$

所以

$$\frac{\pi}{4}(1-e^{-R^2}) \leqslant \left(\int_0^R e^{-x^2}\,dx\right)^2 \leqslant \frac{\pi}{4}(1-e^{-2R^2}),$$

令 $R \to +\infty$,上式两端趋于同一数值 $\frac{\pi}{4}$,从而

$$\int_0^{+\infty} e^{-x^2}\,dx = \frac{\sqrt{\pi}}{2}.$$

例 9 求球体 $x^2+y^2+z^2 \leqslant 4a^2$ 被圆柱面 $x^2+y^2=2ax\,(a>0)$ 所截得的(含在圆柱面内的部分)立体的体积.

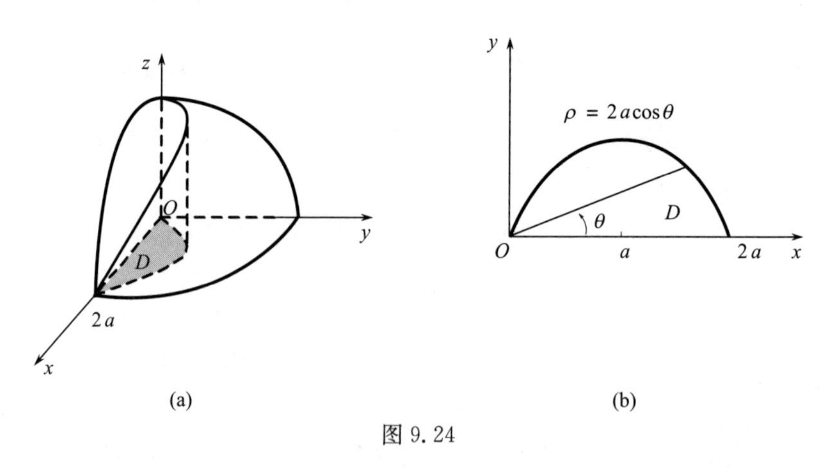

图 9.24

解 由对称性,所求体积是立体位于第一卦限部分(图 9.24(a))的体积的 4 倍,即

$$V = 4\iint_D \sqrt{4a^2-x^2-y^2}\,dxdy,$$

其中,D 由半圆 $y=\sqrt{2ax-x^2}$ 与 x 轴围成(图 9.24(b)).闭区域 D 在极坐标系下可表示为

$$0 \leqslant \rho \leqslant 2a\cos\theta, \quad 0 \leqslant \theta \leqslant \frac{\pi}{2}.$$

所以

$$\begin{aligned} V &= 4\iint_D \sqrt{4a^2-x^2-y^2}\,\mathrm{d}x\mathrm{d}y = 4\iint_D \sqrt{4a^2-\rho^2}\,\rho\mathrm{d}\rho\mathrm{d}\theta \\ &= 4\int_0^{\frac{\pi}{2}}\mathrm{d}\theta\int_0^{2a\cos\theta}\sqrt{4a^2-\rho^2}\,\rho\mathrm{d}\rho = \int_0^{\frac{\pi}{2}}\left[-\frac{4}{3}(4a^2-\rho^2)^{\frac{3}{2}}\right]\Bigg|_0^{2a\cos\theta}\mathrm{d}\theta. \\ &= \frac{32}{3}a^3\int_0^{\frac{\pi}{2}}(1-\sin^3\theta)\mathrm{d}\theta = \frac{32}{3}a^3\left(\frac{\pi}{2}-\frac{2}{3}\right). \end{aligned}$$

对于二重积分,当被积函数用极坐标变量 ρ,θ 表示简单,积分区域为圆形,圆环形,扇形,环扇形域或积分区域的边界在极坐标系下的表达形式简单时,可利用极坐标计算该二重积分.

* 三、二重积分的换元法

在定积分的计算中,通过换元,可使被积函数得到简化,从而使该定积分变得简单易求.在二重积分的计算中,引入了极坐标之后,大大简化了某些二重积分的计算.那里得到的二重积分的变量从直角坐标变换为极坐标的变换公式,是二重积分换元法的一种特殊情形.在那里,对平面上同一个点 M,既用直角坐标(x,y) 表示,又用极坐标(ρ,θ) 表示,两者的关系为

$$\begin{cases} x=\rho\cos\theta, \\ y=\rho\sin\theta. \end{cases} \tag{9.12}$$

也就是说,由式(9.12) 联系的点(x,y) 和点(ρ,θ) 看成是同一个平面上的同一个点,只是采用不同的坐标罢了.但对式(9.12) 也可以用另一种观点来加以解释,即把它看成是从极坐标平面 $\rho O\theta$ 到直角坐标平面 xOy 的一种变换:对于 $\rho O\theta$ 平面上的一点 $M'(\rho,\theta)$,通过变换(9.12),变成 xOy 平面上的一点 $M(x,y)$.下面就采用这种观点来讨论二重积分换元法的一般情形.

对二重积分 $\iint\limits_D f(x,y)\mathrm{d}\sigma$ 作变换,令

$$\begin{cases} x=x(u,v), \\ y=y(u,v), \end{cases} \tag{9.13}$$

则被积函数 $f(x,y)$ 变成 $f[x(u,v),y(u,v)]$, xOy 平面上的积分域 D 变换为 $uO'v$ 平面上相应的区域 D',但 xOy 平面上域 D 中的面积元素 $\mathrm{d}\sigma$ 与对应的 $uO'v$ 平面上闭区域 D' 中的面积元素 $\mathrm{d}\sigma^*$ 有什么关系呢,这是主要要考虑的问题.

定理 9.1 设 $f(x,y)$ 在 xOy 平面上的闭区域 D 上连续，如果变换

$$T: x = x(u,v), \quad y = y(u,v)$$

将 $uO'v$ 平面上的闭区域 D' 变为 xOy 平面上的闭区域 D，且满足

(1) $x(u,v)$，$y(u,v)$ 在 D' 上具有一阶连续偏导数；

(2) 在 D' 上雅可比行列式

$$J(u,v) = \frac{\partial(x,y)}{\partial(u,v)} \neq 0;$$

(3) 变换 T 是 D' 与 D 之间的一个一一对应，则有

$$\iint_D f(x,y)\mathrm{d}x\mathrm{d}y = \iint_{D'} f[x(u,v),y(u,v)] \mid J(u,v) \mid \mathrm{d}u\mathrm{d}v. \tag{9.14}$$

(9.14) 式称为二重积分的换元公式.

对于定理 9.1，我们不作详细证明，仅采用几何直观的方法导出公式(9.14).

用 $uO'v$ 平面上平行于 u 轴和 v 轴的直线将闭区域 D' 任意分割为一些子区域，任取其中一个矩形子区域，设它的四个顶点依次为 $P'_1(u,v)$，$P'_2(u+\Delta u,v)$，$P'_3(u+\Delta u,v+\Delta v)$，$P'_4(u,v+\Delta v)$(图 9.25(a))，它的面积为

$$\Delta\sigma' = \Delta u \Delta v.$$

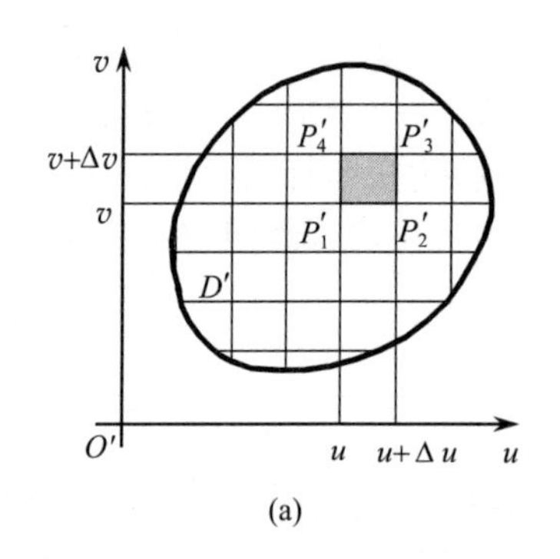

(a)

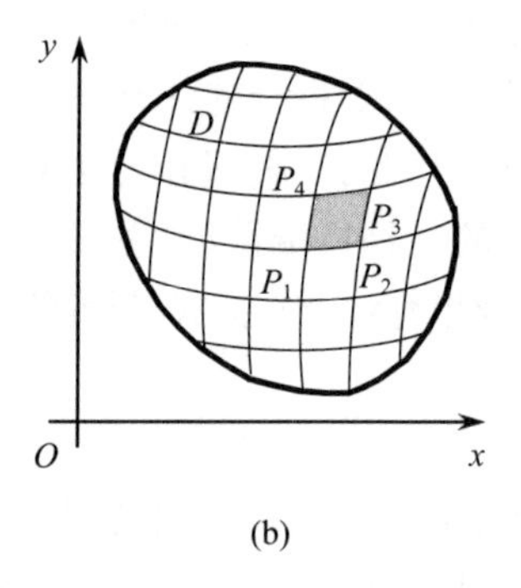

(b)

图 9.25

在变换(9.13)之下，这个矩形 $P'_1P'_2P'_3P'_4$ 被变为 xOy 平面上的曲边四边形 $P_1P_2P_3P_4$，它的面积为 $\Delta\sigma$，其中

$$P_1[x(u,v),y(u,v)], \quad P_2(x(u+\Delta u,v),y(u+\Delta u,v)],$$
$$P_3[x(u+\Delta u,v+\Delta v),y(u+\Delta u,v+\Delta v)],$$
$$P_4[x(u,v+\Delta v),y(u,v+\Delta v)],$$

是曲边四边形的四个顶点.

因为 $x(u,v)$ 及 $y(u,v)$ 在 D' 上有连续的一阶偏导数，所以在 Δu，Δv 充分小(即分割充分细) 的情况下，可以用二元函数 $x(u,v)$，$y(u,v)$ 的全微分代替其增

量,则 P_1,P_2,P_3,P_4 诸点可近似为

$$P_1(x,y),\quad P_2(x+x_u\Delta u,y+y_u\Delta u),$$
$$P_3(x+x_u\Delta u+x_v\Delta v,y+y_u\Delta u+y_v\Delta v),$$
$$P_4(x+x_v\Delta v,y+y_v\Delta v),$$

其中 $x=x(u,v)$, $y=y(u,v)$,并且所有的偏导数均取在点(u,v)处.由于

$$\overrightarrow{P_1P_2}=(x_u\Delta u,y_u\Delta u)=\overrightarrow{P_4P_3},$$

故直边四边形 $P_1P_2P_3P_4$ 可近似看作平行四边形,用直边四边形 $P_1P_2P_3P_4$ 的面积近似代替曲边四边形 $P_1P_2P_3P_4$ 的面积 $\Delta\sigma$,于是有

$$\Delta\sigma\approx|\overrightarrow{P_1P_2}\times\overrightarrow{P_1P_4}|,$$

而

$$\begin{aligned}\overrightarrow{P_1P_2}\times\overrightarrow{P_1P_4}&=\begin{vmatrix}\boldsymbol{i}&\boldsymbol{j}&\boldsymbol{k}\\x_u\Delta u&y_u\Delta u&0\\x_v\Delta v&y_v\Delta v&0\end{vmatrix}\\&=\begin{vmatrix}x_u\Delta u&y_u\Delta u\\x_v\Delta v&y_v\Delta v\end{vmatrix}\boldsymbol{k}=\begin{vmatrix}x_u&y_u\\x_v&y_v\end{vmatrix}\Delta u\Delta v\boldsymbol{k}\\&=\frac{\partial(x,y)}{\partial(u,v)}\Delta u\Delta v\boldsymbol{k},\end{aligned}$$

所以

$$\begin{aligned}\Delta\sigma&\approx\left|\frac{\partial(x,y)}{\partial(u,v)}\Delta u\Delta v\boldsymbol{k}\right|=\left|\frac{\partial(x,y)}{\partial(u,v)}\right|\Delta u\Delta v\\&=|J(u,v)|\Delta\sigma'.\end{aligned}\tag{9.15}$$

将上述结果(9.15)式应用到分割 D' 所得到的每个矩形 $D_i'(i=1,2,\cdots,n)$ 及在变换(9.13)之下与 D_i' 相应的曲边四边形 $D_i(i=1,2,\cdots,n)$ 上,就有

$$\Delta\sigma_i\approx|J(u,v)|_{(u_i,v_i)}\Delta\sigma_i',$$

其中 $\Delta\sigma_i$ 与 $\Delta\sigma_i'$ 分别表示 D_i 与 D_i' 的面积.忽略靠近边界的不规则子区域,于是黎曼和

$$\sum_{i=1}^n f(x_i,y_i)\Delta\sigma_i\approx\sum_{i=1}^n f[x(u_i,v_i),y(u_i,v_i)]|J(u,v)|_{(u_i,v_i)}\Delta\sigma_i'.$$

这里 $x_i=x(u_i,v_i)$, $y_i=y(u_i,v_i)$.令各子区域直径的最大值 $\lambda\to0$(此时 $\lambda'\to0$),对上式取极限,即可得到

$$\iint\limits_D f(x,y)\mathrm{d}x\mathrm{d}y=\iint\limits_D f[x(u,v),y(u,v)]|J(u,v)|\mathrm{d}u\mathrm{d}v.$$

这就是定理 9.1 中的二重积分换元公式.

由上面得到的式(9.15)还可以看出雅可比行列式 $|J(u,v)|$ 的几何意义.事实上,由式(9.15)可得

$$\frac{\Delta\sigma}{\Delta\sigma'} = |J(u,v)|,$$

这说明,变换(9.13)的雅可比行列式的绝对值,可看作是变换前后的区域面积的伸缩率.

作为二重积分换元公式的特例,极坐标变换

$$x = \rho\cos\theta, \quad y = \rho\sin\theta$$

的雅可比行列式为

$$J = \begin{vmatrix} \cos\theta & \sin\theta \\ -\rho\sin\theta & \rho\cos\theta \end{vmatrix} = \rho,$$

因而由定理 9.1 也可得到二重积分在极坐标系中的表达式

$$\iint_D f(x,y)\mathrm{d}x\mathrm{d}y = \iint_{D'} f(\rho\cos\theta, \rho\sin\theta)\rho\mathrm{d}\rho\mathrm{d}\theta.$$

这与前面导出的公式(9.10)是完全相同的.

如果雅可比行列式 $J(u,v)$ 只在 D' 内个别点上,或一条曲线上为零,而在其他点上不为零,那么换元公式(9.14)仍然成立.

在利用换元法计算二重积分时,究竟选择怎样的变换才能简化二重积分的计算呢?一般遵循两个原则:

(1) 所选的变换要能够使被积函数尽可能简化,以便容易积分;

(2) 所选的变换要使积分区域用新变量表示简单,从而使积分限容易确定.

例 10　求由抛物线 $y^2 = px$, $y^2 = qx$ $(q > p > 0)$,与双曲线 $xy = a$, $xy = b$ $(b > a > 0)$ 所围成的平面区域 D(图 9.26(a))的面积.

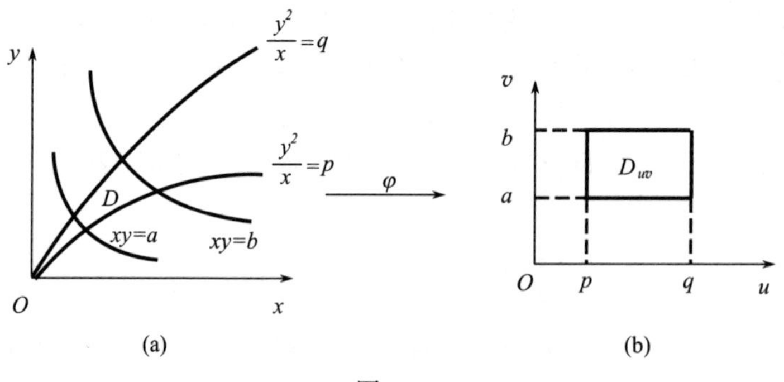

图 9.26

解　作变换

$$\begin{cases} u = \dfrac{y^2}{x} & (0 < p \leqslant u \leqslant q), \\ v = xy & (0 < a \leqslant v \leqslant b). \end{cases}$$

即

$$\begin{cases} x = \sqrt[3]{\dfrac{v^2}{u}}, \\ y = \sqrt[3]{uv}. \end{cases}$$

由于

$$J(u,v) = \frac{\partial(x,y)}{\partial(u,v)} = -\frac{1}{3u} \neq 0,$$

在此变换下，与 D 对应的 D_{uv} 为矩形（图 9.26(b)），于是平面区域 D 的面积为

$$A = \iint_D \mathrm{d}x\mathrm{d}y = \iint_{D_{uv}} |J(u,v)| \mathrm{d}u\mathrm{d}v = \iint_{D_{uv}} \frac{1}{3u}\mathrm{d}u\mathrm{d}v$$

$$= \int_a^b \mathrm{d}v \int_p^q \frac{1}{3u}\mathrm{d}u = \frac{1}{3}(b-a)\ln\frac{q}{p}.$$

例 11　求椭球面 $\dfrac{x^2}{a^2}+\dfrac{y^2}{b^2}+\dfrac{z^2}{c^2}=1$ 围成的椭球体之体积.

解　上半椭球面方程为

$$z = c\sqrt{1-\frac{x^2}{a^2}-\frac{y^2}{b^2}},$$

椭球体之体积 V 为

$$V = 8\iint_D c\sqrt{1-\frac{x^2}{a^2}-\frac{y^2}{b^2}}\,\mathrm{d}x\mathrm{d}y,$$

其中 $D=\left\{(x,y)\,\middle|\,\dfrac{x^2}{a^2}+\dfrac{y^2}{b^2}\leqslant 1,\ x\geqslant 0, y\geqslant 0\right\}$（图 9.27(a)）.

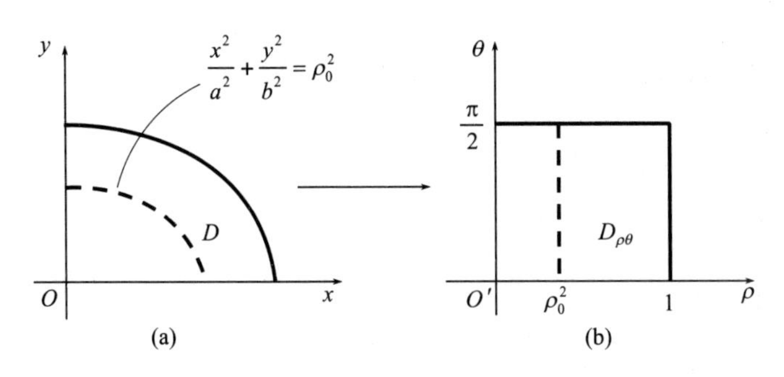

图 9.27

作广义极坐标变换

$$\begin{cases} x = a\rho\cos\theta, \\ y = b\rho\sin\theta, \end{cases}$$

则 xOy 平面上的域 D 变为 $\rho O'\theta$ 平面上的 $D_{\rho\theta}$（图 9.27(b)）：

$$D_{\rho\theta}=\left\{(\rho,\theta)\mid 0\leqslant\rho\leqslant 1,\ 0\leqslant\theta\leqslant\frac{\pi}{2}\right\}.$$

这个变换的雅可比行列式

$$J(\rho,\theta)=\begin{vmatrix} a\cos\theta & -a\rho\sin\theta \\ b\sin\theta & b\rho\cos\theta \end{vmatrix}=ab\rho\,.$$

于是原来的二重积分经过上述变换后,就变为

$$V=8\iint\limits_{D_{\rho\theta}} c\sqrt{1-\rho^2}(ab\rho)\,\mathrm{d}\rho\mathrm{d}\theta=8abc\int_0^{\frac{\pi}{2}}\mathrm{d}\theta\int_0^1\rho\sqrt{1-\rho^2}\,\mathrm{d}\rho$$

$$=8abc\frac{\pi}{2}\left(-\frac{1}{3}(1-\rho^2)^{\frac{3}{2}}\right)\Big|_0^1=\frac{4}{3}\pi abc.$$

习题 9-2

1. 分别用两种不同的次序,将二重积分$\iint\limits_D f(x,y)\mathrm{d}\sigma$化为二次积分,其中积分区域 D 是

(1) 以 $A(1,0),B(3,0),C(3,4),D(1,4)$ 为顶点的矩形;

(2) 以 $O(0,0),A(1,2),B(0,2)$ 为顶点的三角形;

(3) 由 $x+y=1,\ y-x=1,\ y=0$ 围成;

(4) 由曲线 $y=\ln x$,直线 $x=2$ 及 x 轴围成;

(5) 由抛物线 $y=x^2$ 及直线 $x+y=2$ 围成;

(6) 以 $O(0,0),A(2a,0),B(3a,a),C(a,a)$ 为顶点的平行四边形.

2. 改换下列二次积分的积分次序:

(1) $\int_0^1\mathrm{d}y\int_y^1 f(x,y)\mathrm{d}x$;　　(2) $\int_0^2\mathrm{d}y\int_{y^2}^{2y} f(x,y)\mathrm{d}x$;

(3) $\int_{-1}^1\mathrm{d}x\int_{x^2-1}^{1-x^2} f(x,y)\mathrm{d}y$;　　(4) $\int_1^2\mathrm{d}x\int_{\frac{1}{x}}^{x} f(x,y)\mathrm{d}y$;

*(5) $\int_0^1\mathrm{d}x\int_{2\sqrt{1-x}}^{\sqrt{4-x^2}} f(x,y)\mathrm{d}y+\int_1^2\mathrm{d}x\int_0^{\sqrt{4-x^2}} f(x,y)\mathrm{d}y$;

*(6) $\int_0^1\mathrm{d}x\int_0^{\sqrt{2x-x^2}} f(x,y)\mathrm{d}y+\int_1^2\mathrm{d}x\int_0^{2-x} f(x,y)\mathrm{d}y$.

3. 计算下列二重积分:

(1) $\iint\limits_D(x^3+3x^2y+y^3)\mathrm{d}\sigma$,其中 $D=\{(x,y)\mid 0\leqslant x\leqslant 1,0\leqslant y\leqslant 1\}$;

(2) $\iint\limits_D\frac{1}{x+y}\mathrm{d}\sigma$,其中 $D=\{(x,y)\mid 0\leqslant x\leqslant 1,1\leqslant x+y\leqslant 2\}$;

(3) $\iint\limits_D\sin(x+y)\mathrm{d}\sigma$,其中 D 是由直线 $x=0,\ y=\pi$ 与 $y=x$ 围成的闭区域;

(4) $\iint\limits_D xy^2\mathrm{d}x\mathrm{d}y$,其中 $D=\{(x,y)\mid 4x\geqslant y^2,x\leqslant 1\}$;

(5) $\iint\limits_D (x^2+y^2-x)\mathrm{d}x\mathrm{d}y$,其中 D 是由直线 $y=x$, $y=2x$, $y=2$ 所围成的闭区域;

(6) $\iint\limits_D y\mathrm{e}^{xy}\mathrm{d}x\mathrm{d}y$,其中 D 是由 $x=2$, $y=2$ 及 $xy=1$ 所围闭区域.

4. 如果二重积分 $\iint\limits_D f(x,y)\mathrm{d}x\mathrm{d}y$ 的被积函数 $f(x,y)$ 是两个函数 $f_1(x)$ 及 $f_2(y)$ 的乘积,即 $f(x,y)=f_1(x)\cdot f_2(y)$,积分区域 D 是矩形 $\{(x,y)\mid a\leqslant x\leqslant b, c\leqslant y\leqslant d\}$,证明这个二重积分等于两个定积分的乘积,即

$$\iint\limits_D f_1(x)\cdot f_2(y)\mathrm{d}x\mathrm{d}y=\left[\int_a^b f_1(x)\mathrm{d}x\right]\cdot\left[\int_c^d f_2(y)\mathrm{d}y\right].$$

5. 利用"对称性"计算下列二重积分:

(1) $\iint\limits_D x^3\cos(x^2+y^2)\mathrm{d}\sigma$,其中 $D=\{(x,y)\mid x^2+y^2\leqslant 2y\}$;

(2) $\iint\limits_D (|x|+|y|)\mathrm{d}\sigma$,其中 $D=\{(x,y)\mid |x|+|y|\leqslant 1\}$.

6. 计算 $I=\iint\limits_D |y-x^2|\mathrm{d}x\mathrm{d}y$,其中 $D=\{(x,y)\mid 0\leqslant x\leqslant 1, 0\leqslant y\leqslant 1\}$.

7. 通过交换积分次序计算下列二次积分:

(1) $\int_0^{\sqrt{\pi}} x\mathrm{d}x\int_{x^2}^{\pi}\frac{\sin y}{y}\mathrm{d}y$;　　(2) $\int_0^1\mathrm{d}y\int_{\sqrt{y}}^1 \mathrm{e}^{\frac{y}{x}}\mathrm{d}x$;

(3) $\int_0^{\frac{1}{2}}\mathrm{d}x\int_x^{2x}\mathrm{e}^{y^2}\mathrm{d}y+\int_{\frac{1}{2}}^1\mathrm{d}x\int_x^1\mathrm{e}^{y^2}\mathrm{d}y$.

8. 画出积分区域,把积分 $\iint\limits_D f(x,y)\mathrm{d}x\mathrm{d}y$ 表示为极坐标形式的二次积分,其中积分区域 D 是:

(1) $\{(x,y)\mid a^2\leqslant x^2+y^2\leqslant b^2\}$;　　(2) $\{(x,y)\mid x^2+y^2\leqslant ax, a>0\}$;

(3) $\{(x,y)\mid x^2+y^2\leqslant by, b>0\}$;　　(4) $\{(x,y)\mid 0\leqslant y\leqslant 1-x, 0\leqslant x\leqslant 1\}$;

*(5) $\{(x,y)\mid x^2+y^2\leqslant 2x$ 和 $x^2+y^2\leqslant 2y$ 之公共部分$\}$.

9. 化下列二次积分为极坐标形式的二次积分:

(1) $\int_0^1\mathrm{d}y\int_0^1 f(x,y)\mathrm{d}x$;　　(2) $\int_0^1\mathrm{d}x\int_x^{\sqrt{3}x} f\left(\frac{y}{x}\right)\mathrm{d}y$;

(3) $\int_0^1\mathrm{d}x\int_0^{\sqrt{1-x^2}} f(x^2+y^2)\mathrm{d}y$;　　(4) $\int_0^1\mathrm{d}x\int_{x^2}^{x} f(x,y)\mathrm{d}y$.

10. 利用极坐标计算下列二重积分或二次积分:

(1) $\iint\limits_D \mathrm{e}^{x^2+y^2}\mathrm{d}\sigma$,其中 $D=\{(x,y)\mid x^2+y^2\leqslant 4\}$;

(2) $\iint\limits_D \sin(x^2+y^2)\mathrm{d}\sigma$,其中 $D=\{(x,y)\mid \pi^2\leqslant x^2+y^2\leqslant 4\pi^2\}$;

(3) $\iint\limits_D \arctan\frac{y}{x}\mathrm{d}\sigma$,其中 $D=\{(x,y)\mid x^2+y^2\leqslant R^2\}$;

*(4) $\iint\limits_D \frac{x+y}{x^2+y^2}\mathrm{d}\sigma$,其中 $D=\{(x,y)\mid x+y>1, x^2+y^2\leqslant 1\}$;

(5) $\int_0^{2a}\mathrm{d}x\int_0^{\sqrt{2ax-x^2}}(x^2+y^2)\mathrm{d}y$.

11. 计算二重积分$\iint\limits_D|x^2+y^2-2|\mathrm{d}x\mathrm{d}y$,其中 D 为圆域 $x^2+y^2\leqslant 3$.

12. 选用适当的坐标计算下列各题:

(1) $\iint\limits_D xy\mathrm{d}x\mathrm{d}y$,其中 D 是由 $y=x-4$, $y^2=2x$ 围成的平面区域;

(2) $\iint\limits_D(x+y)\mathrm{d}\sigma$,其中 $D=\{(x,y)\mid x^2+y^2-2Rx\leqslant 0\}$;

(3) $\iint\limits_D\dfrac{y^2}{x^2}\mathrm{d}x\mathrm{d}y$,其中 D 是由直线 $x=2$, $y=x$ 与双曲线 $xy=1$ 所围成的区域;

(4) $\iint\limits_D(x^2+y^2)\mathrm{d}x\mathrm{d}y$, 其中 $D=\{(x,y)\mid\sqrt{2x-x^2}\leqslant y\leqslant\sqrt{4-x^2},y\geqslant 0\}$.

*13. 将下列方程变换为极坐标方程,并计算曲线所围图形的面积:

(1) 双纽线$(x^2+y^2)^2=2a^2(x^2-y^2)$与圆 $x^2+y^2=a^2$ 所围图形(圆外部分)的面积($a>0$);

(2) 心脏线 $\rho=a(1+\cos\theta)$ 与圆 $x^2+y^2=\sqrt{3}ay$ 所围图形(心脏线内部分)的面积($a>0$).

第三节 三重积分的计算

与二重积分的计算方法类似,三重积分$\iiint\limits_\Omega f(x,y,z)\mathrm{d}v$要化为三次积分来计算.本节将讨论在三种不同的坐标系下化三重积分为三次积分的方法,并且仅限于对方法的叙述,而不作证明.

一、直角坐标系下三重积分的计算

在直角坐标系中,如果用分别平行于三个坐标平面的平面族来分割 Ω,则得到的小闭区域的体积 $\Delta V_i=\Delta x_i\Delta y_i\Delta z_i(i=1,2,\cdots,n)$. 所以在直角坐标系中,也把体积元素 $\mathrm{d}v$ 记作 $\mathrm{d}x\mathrm{d}y\mathrm{d}z$,从而三重积分可以写为

$$\iiint\limits_\Omega f(x,y,z)\mathrm{d}x\mathrm{d}y\mathrm{d}z.$$

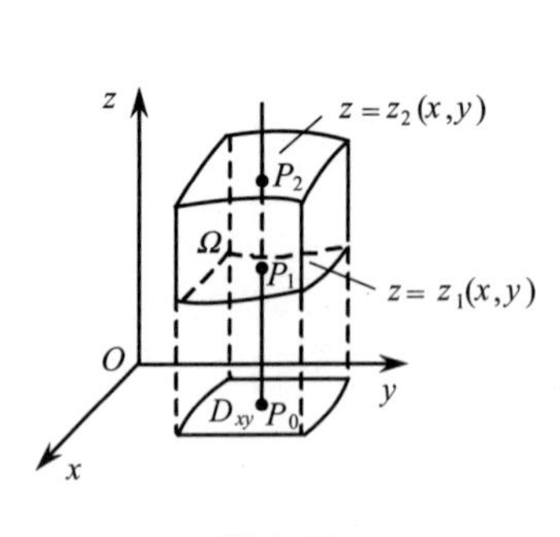

图 9.28

为了化三重积分为三次积分,先要写出闭区域 Ω 的不等式表示.

假设平行于 z 轴且穿过闭区域 Ω 内部的直线与闭区域 Ω 的边界曲面的交点不多于两点,Ω 在 xOy 平面上的投影区域为 D_{xy}(图 9.28). 以 D_{xy} 的边界曲线为准线作母线平行于 z 轴的柱面,这柱面与空间闭区域 Ω 的边界曲面 S 相交,并将 S 分

成上、下两部分 S_2 和 S_1，它们的方程分别为

$$S_1: z = z_1(x,y),$$

$$S_2: z = z_2(x,y),$$

其中 $z_1(x,y)$ 与 $z_2(x,y)$ 都是 D_{xy} 上的连续函数，且 $z_1(x,y) \leqslant z_2(x,y)$. 于是，积分区域 Ω 可表示为

$$\Omega = \{(x,y,z) \mid z_1(x,y) \leqslant z \leqslant z_2(x,y),\ (x,y) \in D_{xy}\}.$$

将 x,y 看作定值，对 z 作定积分

$$\int_{z_1(x,y)}^{z_2(x,y)} f(x,y,z)\mathrm{d}z,$$

积分的结果是 x,y 的二元函数，记为 $F(x,y)$，即

$$F(x,y) = \int_{z_1(x,y)}^{z_2(x,y)} f(x,y,z)\mathrm{d}z.$$

然后再计算 $F(x,y)$ 在闭区域 D_{xy} 上的二重积分

$$\iint\limits_{D_{xy}} F(x,y)\mathrm{d}\sigma = \iint\limits_{D_{xy}} \left[\int_{z_1(x,y)}^{z_2(x,y)} f(x,y,z)\mathrm{d}z\right]\mathrm{d}\sigma. \tag{9.16}$$

若闭区域 D_{xy} 可表示为

$$D_{xy} = \{(x,y) \mid y_1(x) \leqslant y \leqslant y_2(x),\ a \leqslant x \leqslant b\},$$

把这个二重积分化为二次积分，便可得到三重积分化为先对 z，次对 y，最后对 x 的三次积分公式：

$$\iiint\limits_{\Omega} f(x,y,z)\mathrm{d}v = \int_a^b \mathrm{d}x \int_{y_1(x)}^{y_2(x)} \mathrm{d}y \int_{z_1(x,y)}^{z_2(x,y)} f(x,y,z)\mathrm{d}z. \tag{9.17}$$

依次计算三个定积分，便得到三重积分的结果.

当然，也可以根据闭区域 Ω 和被积函数的特点，把三重积分化为其他顺序的三次积分.

例 1　计算三重积分 $\iiint\limits_{\Omega} y\,\mathrm{d}x\mathrm{d}y\mathrm{d}z$，其中 Ω 是由三个坐标面及平面 $x+y+2z=2$ 所围成的闭区域.

解　Ω 的图形如图 9.29 所示.

将 Ω 投影到 xOy 面上，得投影区域 D_{xy} 为三角形闭区域 OAB. 直线 OA，AB 及 BO 的方程依次为 $y=0$，$x+y=2$ 及 $x=0$，所以

$$D_{xy} = \{(x,y) \mid 0 \leqslant y \leqslant 2-x, 0 \leqslant x \leqslant 2\}.$$

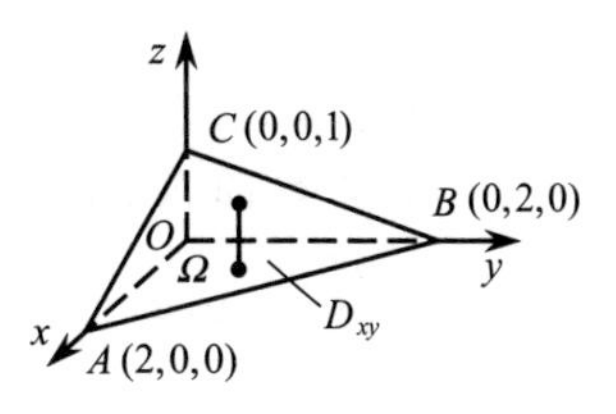

图 9.29

在 D_{xy} 内任取一点 (x,y)，过该点作平行于 z 轴的直线，直线上位于 Ω 内的点的竖坐标满足 $0 \leqslant z \leqslant 1-\frac{1}{2}(x+y)$，所以区域 Ω 可表示为

$$\Omega=\{(x,y,z)\mid 0\leqslant z\leqslant 1-\frac{1}{2}(x+y),\ 0\leqslant y\leqslant 2-x,0\leqslant x\leqslant 2\}.$$

于是由公式(9.17)得

$$\begin{aligned}\iiint\limits_{\Omega}y\,\mathrm{d}x\mathrm{d}y\mathrm{d}z&=\int_0^2\mathrm{d}x\int_0^{2-x}\mathrm{d}y\int_0^{1-\frac{1}{2}(x+y)}y\mathrm{d}z=\int_0^2\mathrm{d}x\int_0^{2-x}[yz]\Big|_0^{1-\frac{1}{2}(x+y)}\mathrm{d}y\\&=\int_0^2\mathrm{d}x\int_0^{2-x}\Big[y-\frac{1}{2}(xy+y^2)\Big]\mathrm{d}y=\frac{1}{12}\int_0^2(2-x)^3\mathrm{d}x=\frac{1}{3}.\end{aligned}$$

计算三重积分时,除了可用公式(9.16)先求定积分再求二重积分外,有时也可先求二重积分再求定积分(即先二后一法).

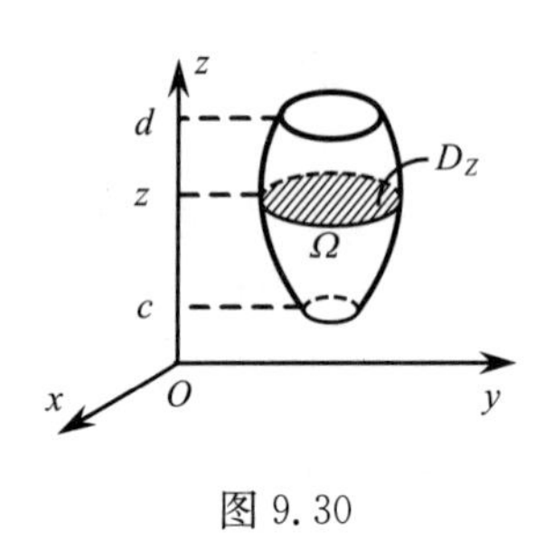

图 9.30

设空间闭区域Ω夹在两平行平面$z=c$及$z=d$之间,过z轴上区间$[c,d]$内任一点z作垂直于z轴的平面,该平面截Ω得平面闭区域D_z(图9.30),即空间闭区域Ω可表示为

$$\Omega=\{(x,y,z)\mid (x,y)\in D_z,\ c\leqslant z\leqslant d\},$$

则有

$$\iiint\limits_{\Omega}f(x,y,z)\mathrm{d}v=\int_c^d\mathrm{d}z\iint\limits_{D_z}f(x,y,z)\mathrm{d}x\mathrm{d}y. \tag{9.18}$$

例 2 计算$\iiint\limits_{\Omega}(y+z)\mathrm{d}v$,其中

$$\Omega=\left\{(x,y,z)\left|\frac{x^2}{a^2}+\frac{y^2}{b^2}+\frac{z^2}{c^2}\leqslant 1,z\geqslant 0\right.\right\}.$$

解

$$\iiint\limits_{\Omega}(y+z)\mathrm{d}v=\iiint\limits_{\Omega}y\mathrm{d}v+\iiint\limits_{\Omega}z\mathrm{d}v.$$

由于Ω(上半椭球体)关于$y=0$平面(zOx坐标面)对称(图9.31),而被积函数$f(x,y,z)=y$关于y是奇函数,所以

$$\iiint\limits_{\Omega}y\mathrm{d}v=0.$$

空间闭区域Ω夹在$z=0$平面与$z=c$平面之间,过z轴上区间$[0,c]$内任一点z作垂直于z轴的平面截Ω得闭区域D_z:

$$D_z=\left\{(x,y,z)\left|\frac{x^2}{a^2}+\frac{y^2}{b^2}\leqslant 1-\frac{z^2}{c^2}\right.\right\}.$$

于是

$$\iiint\limits_{\Omega}z\mathrm{d}v=\int_0^c\mathrm{d}z\iint\limits_{D_z}z\mathrm{d}x\mathrm{d}y=\int_0^c z\mathrm{d}z\iint\limits_{D_z}\mathrm{d}x\mathrm{d}y.$$

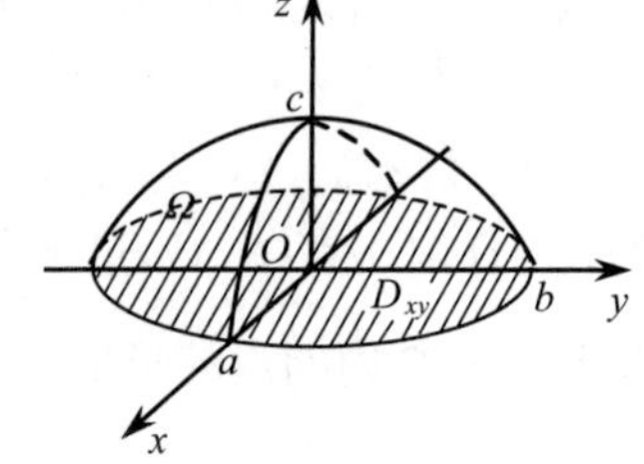

图 9.31

而二重积分$\iint\limits_{D_z}\mathrm{d}x\mathrm{d}y$的值等于平面闭区域$D_z$的面积. D_z是椭圆$\dfrac{x^2}{a^2\left(1-\dfrac{z^2}{c^2}\right)}+\dfrac{y^2}{b^2\left(1-\dfrac{z^2}{c^2}\right)}\leqslant 1$,其面积为

$$\pi\sqrt{a^2\left(1-\frac{z^2}{c^2}\right)}\sqrt{b^2\left(1-\frac{z^2}{c^2}\right)}=\pi ab\left(1-\frac{z^2}{c^2}\right).$$

从而

$$\iiint\limits_{\Omega}z\,\mathrm{d}v=\int_0^c z\pi ab\left(1-\frac{z^2}{c^2}\right)\mathrm{d}z=\frac{\pi}{4}abc^2.$$

二、柱面坐标系下三重积分的计算

空间的点,除了用直角坐标(x,y,z)表示外,还常用柱面坐标和球面坐标表示.

柱面坐标可看作由xOy面中的极坐标与直角坐标系中的z坐标相结合而成的坐标.

设空间点$M(x,y,z)$在xOy面上的投影P的极坐标为(ρ,θ),则这样的数组(ρ,θ,z)就称为**点 M 的柱面坐标**(图 9.32).

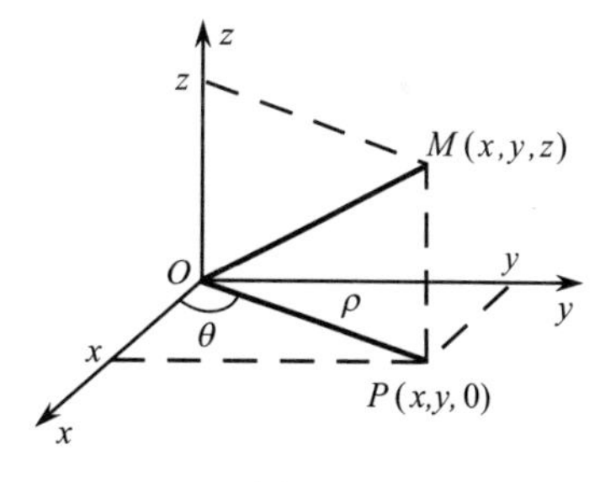

图 9.32

显然,空间点M的柱面坐标(ρ,θ,z)与其直角坐标(x,y,z)的关系为

$$x=\rho\cos\theta,\quad y=\rho\sin\theta,\quad z=z,$$

其中:$0\leqslant\rho<+\infty$, $0\leqslant\theta\leqslant 2\pi$, $-\infty<z<+\infty$.

由此可见,柱面坐标系的坐标面是:

(1) $\rho=$ 常数,表示对称轴为z轴,半径为ρ,母线平行于z轴的圆柱面;

(2) $\theta=$ 常数,表示过z轴的半平面;

(3) $z=$ 常数,表示平行于xOy面的平面.

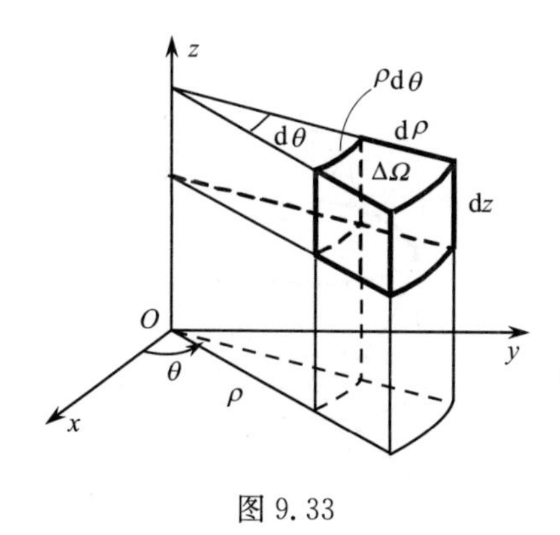

图 9.33

在柱面坐标系下计算三重积分,需将被积函数$f(x,y,z)$,积分区域Ω,以及体积元素$\mathrm{d}v$都用柱面坐标来表示. 为了得到柱面坐标系下的体积元素$\mathrm{d}v$,用柱面坐标系的三组坐标面去分割积分区域Ω. 设$\Delta\Omega$是半径为ρ和$\rho+\mathrm{d}\rho$的圆柱面与极角为θ和$\theta+\mathrm{d}\theta$的半平面,以及高度为z和$z+\mathrm{d}z$的平面所围成的小柱体. 其高为$\mathrm{d}z$,其底面积可近似看成以$\mathrm{d}\rho$和$\rho\mathrm{d}\theta$为邻边的小矩形的面积(图 9.33),因此体

积元素为

$$dv = \rho d\rho d\theta dz,$$

这就是柱面坐标系下的体积元素，而三重积分则可化为

$$\iiint_{\Omega} f(x,y,z)dv = \iiint_{\Omega} f(\rho\cos\theta,\rho\sin\theta,z)\rho d\rho d\theta dz, \tag{9.19}$$

其中等式右端的 Ω 应当用柱面坐标来表示. 式(9.19) 右端的三重积分也可化为三次积分来计算. 化为三次积分时，积分限是根据 ρ,θ,z 在积分区域 Ω 中的变化范围来确定的，下面通过例子来说明.

例 3 利用柱面坐标计算三重积分 $\iiint\limits_{\Omega}(z-\sqrt{x^2+y^2})dv$，其中 Ω 是由圆柱面 $x^2+y^2=1$，平面 $z=0$ 和 $z=2$ 围成的圆柱体.

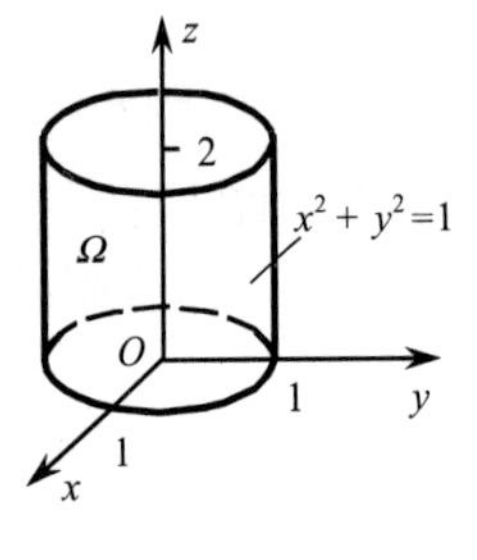

图 9.34

解 画出闭区域 Ω 如图 9.34 所示. 将 Ω 投影到 xOy 面上，得半径为 1 的圆形闭区域 $D_{xy}=\{(\rho,\theta)\mid 0\leqslant\rho\leqslant 1, 0\leqslant\theta\leqslant 2\pi\}$，在 D_{xy} 内任取一点 (ρ,θ)，过此点作平行于 z 轴的直线，直线上位于 Ω 内的点的 z 坐标满足 $0\leqslant z\leqslant 2$. 因此，闭区域 Ω 可表示为

$$\Omega=\{(\rho,\theta,z)\mid 0\leqslant z\leqslant 2, 0\leqslant\rho\leqslant 1, 0\leqslant\theta\leqslant 2\pi\}.$$

于是

$$\begin{aligned}
&\iiint_{\Omega}(z-\sqrt{x^2+y^2})dv \\
&= \iiint_{\Omega}(z-\rho)\rho d\rho d\theta dz \\
&= \int_0^{2\pi}d\theta\int_0^1 d\rho\int_0^2(z-\rho)\rho dz \\
&= \int_0^{2\pi}d\theta\int_0^1 2(\rho-\rho^2)d\rho \\
&= \int_0^{2\pi}\frac{1}{3}d\theta = \frac{2}{3}\pi.
\end{aligned}$$

例 4 计算三重积分 $\iiint\limits_{\Omega} z\sqrt{x^2+y^2}dv$，其中 Ω 由上半球面 $z=\sqrt{2-x^2-y^2}$ 与抛物面 $z=x^2+y^2$ 围成.

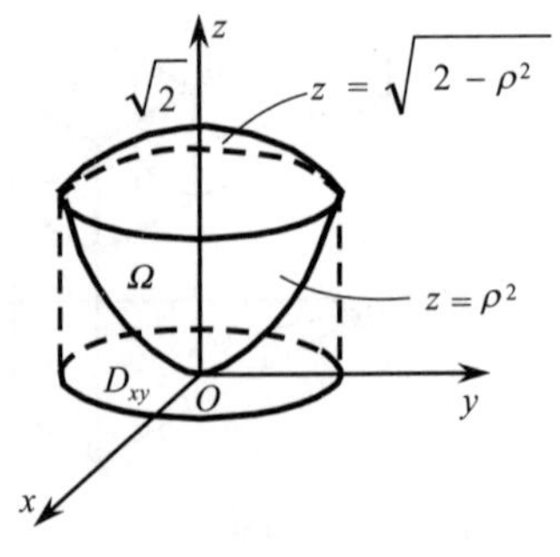

图 9.35

解 积分区域 Ω 如图 9.35 所示. 显然，上半球面 $z=\sqrt{2-x^2-y^2}$ 的柱面坐标方程为 $z=\sqrt{2-\rho^2}$，抛物面 $z=x^2+y^2$ 的柱面坐标方程为 $z=\rho^2$. 为了求出空间闭区域 Ω 在 xOy 面上的投影

区域 D_{xy}，由方程组

$$\begin{cases} z=\sqrt{2-\rho^2}, \\ z=\rho^2, \end{cases}$$

消去 z，得 $\rho=1$，则 $\begin{cases}\rho=1, \\ z=0\end{cases}$ 就是 D_{xy} 的边界曲线的方程，D_{xy} 是一个圆域. 因此 $\Omega=\{(\rho,\theta,z)\mid \rho^2\leqslant z\leqslant\sqrt{2-\rho^2}, 0\leqslant\rho\leqslant 1, 0\leqslant\theta\leqslant 2\pi\}$.

$$\iiint\limits_{\Omega} z\sqrt{x^2+y^2}\,\mathrm{d}v=\iiint\limits_{\Omega} z\rho^2\,\mathrm{d}\rho\mathrm{d}\theta\mathrm{d}z=\int_0^{2\pi}\mathrm{d}\theta\int_0^1\rho^2\,\mathrm{d}\rho\int_{\rho^2}^{\sqrt{2-\rho^2}} z\mathrm{d}z$$

$$=\int_0^{2\pi}\mathrm{d}\theta\int_0^1\frac{1}{2}(2-\rho^2-\rho^4)\rho^2\,\mathrm{d}\rho=\frac{34}{105}\pi.$$

三、球面坐标系下三重积分的计算

空间点 $M(x,y,z)$ 也可以用三元有序数组 (r,φ,θ) 来确定，其中 r 是向径 $\overrightarrow{OM}$ 的模，φ 是正 z 轴与 $\overrightarrow{OM}$ 的夹角，设 $\overrightarrow{OM}$ 在 xOy 面上的投影向量为 $\overrightarrow{OP}$，则从正 x 轴按逆时针方向转到 $\overrightarrow{OP}$ 的角度为 θ（图 9.36）. 这样的三个数 r,φ,θ 称为**点 M 的球面坐标**，这里 r，φ，θ 的变化范围为

$$0\leqslant r<+\infty,\quad 0\leqslant\varphi\leqslant\pi,\quad 0\leqslant\theta\leqslant 2\pi.$$

点 M 的直角坐标 (x,y,z) 与球面坐标 (r,φ,θ) 之间有关系式

$$\begin{cases} x=r\sin\varphi\cos\theta, \\ y=r\sin\varphi\sin\theta, \\ z=r\cos\varphi, \end{cases}\qquad \begin{cases} r=\sqrt{x^2+y^2+z^2}, \\ \tan\theta=\dfrac{y}{x}, \\ \cos\varphi=\dfrac{z}{\sqrt{x^2+y^2+z^2}}. \end{cases}$$

由图 9.36，读者不难证明上述关系式.

球面坐标系的坐标面是：

(1) $r=$ 常数，表示球心在原点的球面；

(2) $\theta=$ 常数，表示过 z 轴的半平面；

(3) $\varphi=$ 常数，表示顶点在原点，对称轴为 z 轴的圆锥面. $0\leqslant\varphi<\dfrac{\pi}{2}$ 时，圆锥的半顶角为 φ，圆锥的开口向上；$\varphi>\dfrac{\pi}{2}$ 时，圆锥的半顶角为 $\pi-\varphi$，圆锥的开口向下；$\varphi=\dfrac{\pi}{2}$ 时为 xOy 坐标面.

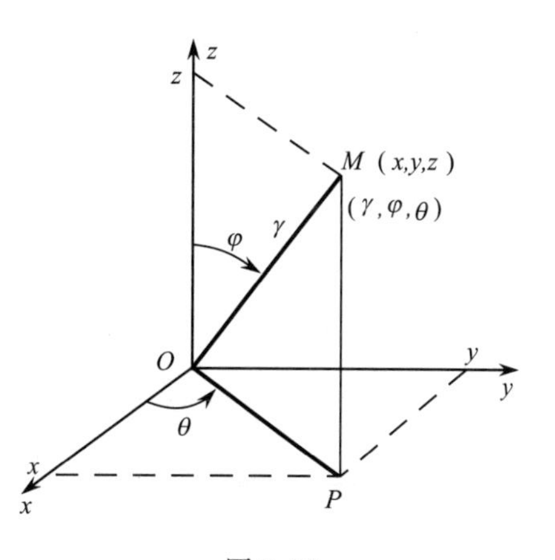

图 9.36

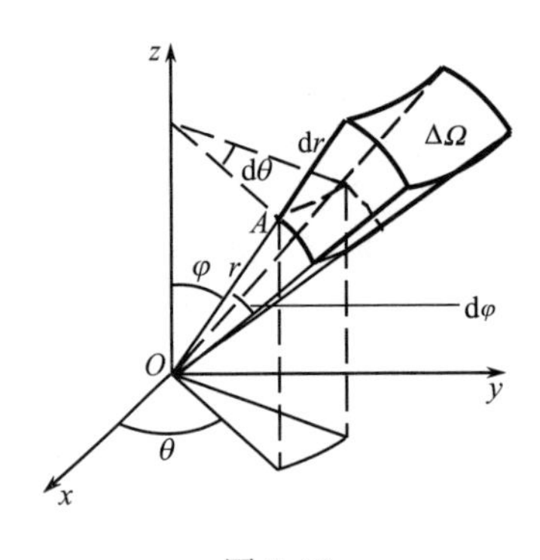

图 9.37

在球面坐标系下计算三重积分，同样需将被积函数 $f(x,y,z)$，积分区域 Ω，以及体积元素 $\mathrm{d}v$ 都用球面坐标来表示. 为了得到球面坐标系下的体积元素 $\mathrm{d}v$ 的表达式，用球面坐标系的三组坐标面来分割积分区域 Ω. 设 $\Delta\Omega$ 是由半径为 r 和 $r+\mathrm{d}r$ 且球心在原点的球面，与过 z 轴，极角为 θ 和 $\theta+\mathrm{d}\theta$ 的半平面，以及顶点在原点，半顶角为 φ 和 $\varphi+\mathrm{d}\varphi$ 的圆锥面所围成的小六面体(图 9.37). 其中以顶点 A 为共同端点的三条边的长度分别为 $\mathrm{d}r$, $r\sin\varphi\mathrm{d}\theta$, $r\mathrm{d}\varphi$. 当分割充分细密时，这个小六面体可近似看作一个小长方体，因此体积元素为

$$\mathrm{d}v=(\mathrm{d}r)(r\sin\varphi\mathrm{d}\theta)(r\mathrm{d}\varphi)=r^2\sin\varphi\mathrm{d}r\mathrm{d}\varphi\mathrm{d}\theta.$$

这就是球面坐标系下的体积元素. 而三重积分则可化为

$$\iiint\limits_{\Omega}f(x,y,z)\mathrm{d}v=\iiint\limits_{\Omega}f(r\sin\varphi\cos\theta,r\sin\varphi\sin\theta,r\cos\varphi)r^2\sin\varphi\mathrm{d}r\mathrm{d}\varphi\mathrm{d}\theta,\qquad(9.20)$$

其中等式右端的 Ω 应当用球面坐标表示出来. 式(9.20)右端的三重积分也可化为三次积分来计算. 化为三次积分时，积分限是根据 r,φ,θ 在积分区域 Ω 中的变化范围来确定的，下面通过例子来说明.

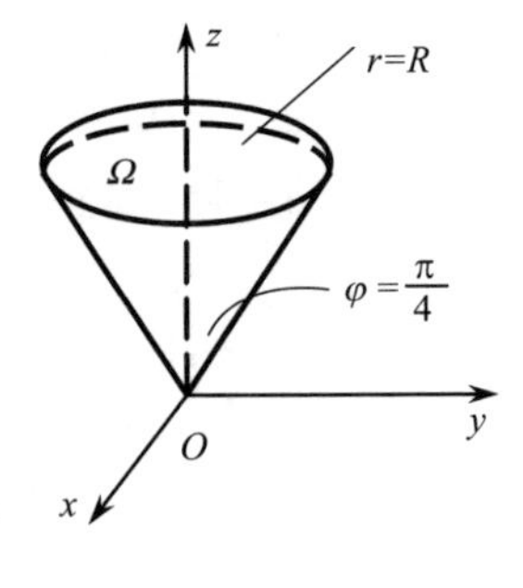

图 9.38

例 5　计算三重积分

$$\iiint\limits_{\Omega}(x^2+y^2+z^2)\mathrm{d}v,$$

其中闭区域 Ω 由圆锥面 $x^2+y^2=z^2$ 与上半球面 $x^2+y^2+z^2=R^2(z\geqslant 0)$ 所围成(图 9.38).

解　球面 $x^2+y^2+z^2=R^2$ 的球面坐标方程为 $r^2=R^2$ 即 $r=R$. 锥面 $x^2+y^2=z^2$ 的球面坐标方程为 $r^2\sin^2\varphi=r^2\cos^2\varphi$，即 $\varphi=\dfrac{\pi}{4}$.

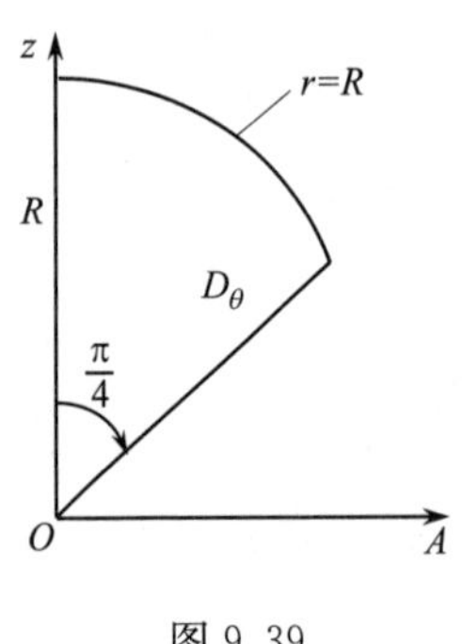

图 9.39

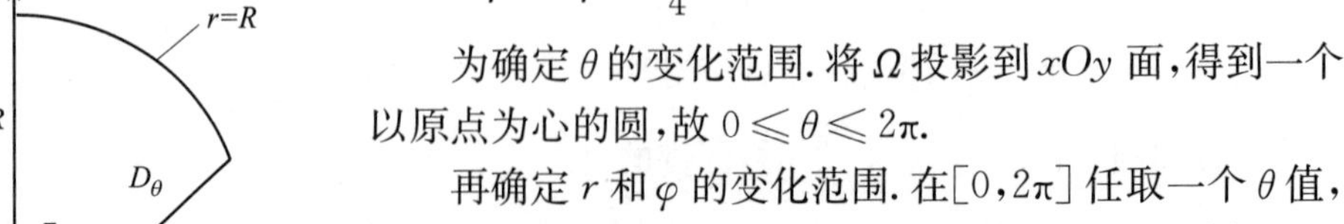

为确定 θ 的变化范围. 将 Ω 投影到 xOy 面，得到一个以原点为心的圆，故 $0\leqslant\theta\leqslant 2\pi$.

再确定 r 和 φ 的变化范围. 在$[0,2\pi]$任取一个 θ 值，过 z 轴，作极角为 θ 的半平面去截 Ω，得一剖面 D_θ(图 9.39)，由此可得 r,φ 的变化范围为

$$0\leqslant r\leqslant R,\quad 0\leqslant\varphi\leqslant\frac{\pi}{4}.$$

因此在球面坐标系下，Ω 可表示为

$$\Omega=\left\{(r,\varphi,\theta)\mid 0\leqslant r\leqslant R,\ 0\leqslant\varphi\leqslant\frac{\pi}{4},0\leqslant\theta\leqslant 2\pi\right\}.$$

从而

$$\iiint\limits_{\Omega}(x^2+y^2+z^2)\mathrm{d}v=\int_0^{2\pi}\mathrm{d}\theta\int_0^{\frac{\pi}{4}}\mathrm{d}\varphi\int_0^R r^2\cdot r^2\sin\varphi\mathrm{d}r$$

$$=\int_0^{2\pi}\mathrm{d}\theta\int_0^{\frac{\pi}{4}}\sin\varphi\mathrm{d}\varphi\int_0^R r^4\mathrm{d}r=\frac{2-\sqrt{2}}{5}\pi R^5.$$

例 6　计算三重积分 $\iiint\limits_{\Omega}z^2\mathrm{d}v$,其中 $\Omega=\{(x,y,z)\mid x^2+y^2+z^2\leqslant 2z\}$.

解　球面 $x^2+y^2+z^2=2z$ 在球面坐标系下可表示为 $r=2\cos\varphi$. 画出域 Ω 的图形如图 9.40(a) 所示. Ω 在 xOy 面上的投影是圆心在原点的圆,故 θ 的变化范围是 $0\leqslant\theta\leqslant 2\pi$. 在$[0,2\pi]$任取一个 θ 值,过 z 轴作极角为 θ 的半平面去截 Ω,得一剖面 D_θ(图 9.40(b)),由图可得 r,φ 的变化范围为

$$0\leqslant r\leqslant 2\cos\varphi,\quad 0\leqslant\varphi\leqslant\frac{\pi}{2}.$$

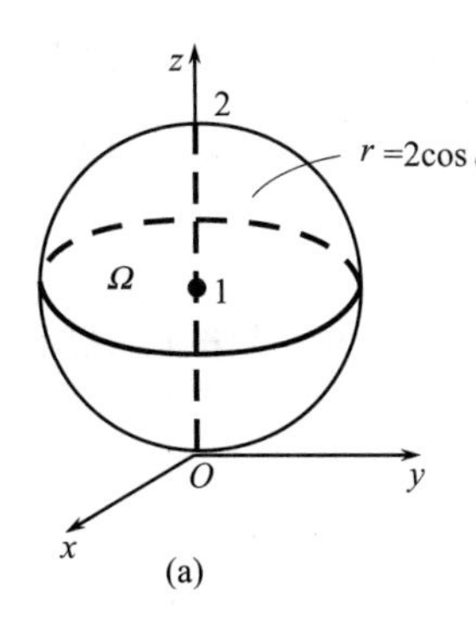

(a)

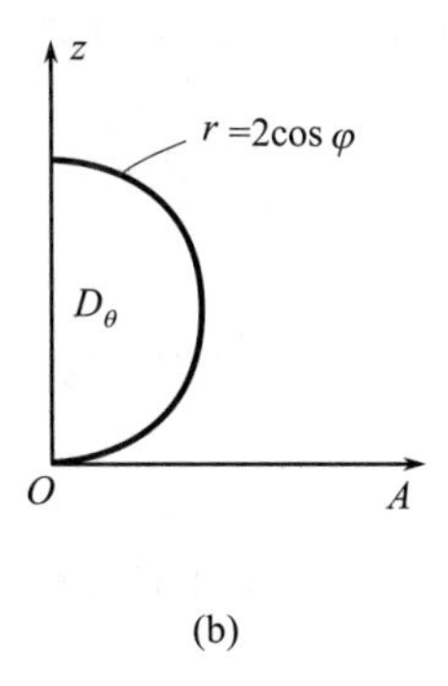

(b)

图 9.40

因此在球面坐标系下 Ω 可表示为

$$\Omega=\left\{(r,\varphi,\theta)\mid 0\leqslant r\leqslant 2\cos\varphi,0\leqslant\varphi\leqslant\frac{\pi}{2},0\leqslant\theta\leqslant 2\pi\right\}.$$

从而

$$\iiint\limits_{\Omega}z^2\mathrm{d}v=\int_0^{2\pi}\mathrm{d}\theta\int_0^{\frac{\pi}{2}}\mathrm{d}\varphi\int_0^{2\cos\varphi}r^2\cos^2\varphi\cdot r^2\sin\varphi\mathrm{d}r$$

$$=\int_0^{2\pi}\mathrm{d}\theta\int_0^{\frac{\pi}{2}}\frac{32}{5}\cos^7\varphi\sin\varphi\mathrm{d}\varphi=\frac{8}{5}\pi.$$

习题 9-3

1. 化三重积分 $I=\iiint\limits_{\Omega}f(x,y,z)\mathrm{d}x\mathrm{d}y\mathrm{d}z$ 为直角坐标系中的三次积分，其中积分区域 Ω 分别是：

(1) $\Omega=\{(x,y,z)\mid 0\leqslant x\leqslant 2,\ 1\leqslant y\leqslant 3,\ 0\leqslant z\leqslant 2\}$；

(2) 由锥面 $z=\sqrt{x^2+y^2}$ 与平面 $z=1$ 围成的闭区域；

(3) 由双曲抛物面 $z=xy$ 及平面 $x+y=1, z=0$ 围成的闭区域；

*(4) 由曲面 $z=x^2+2y^2$ 及 $z=2-x^2$ 围成的闭区域.

2. 如果三重积分 $\iiint\limits_{\Omega}f(x,y,z)\mathrm{d}v$ 的被积函数 $f(x,y,z)$ 是三个函数 $f_1(x)$，$f_2(y)$，$f_3(z)$ 的乘积，即 $f(x,y,z)=f_1(x)\cdot f_2(y)\cdot f_3(z)$，积分区域 Ω 是长方体：$\Omega=\{(x,y,z)\mid a\leqslant x\leqslant b, c\leqslant y\leqslant d, l\leqslant z\leqslant m\}$，证明这个三重积分等于三个定积分的乘积，即

$$\iiint\limits_{\Omega}f_1(x)f_2(y)f_3(z)\mathrm{d}x\mathrm{d}y\mathrm{d}z=\int_a^b f_1(x)\mathrm{d}x\cdot\int_c^d f_2(y)\mathrm{d}y\cdot\int_l^m f_3(z)\mathrm{d}z.$$

3. 计算下列三重积分：

(1) $\iiint\limits_{\Omega}xy\mathrm{d}x\mathrm{d}y\mathrm{d}z$，其中 Ω 是由曲面 $z=xy$，平面 $z=0, x+y=1$ 围成的闭区域；

(2) $\iiint\limits_{\Omega}\dfrac{\mathrm{d}v}{(1+x+y+z)^2}$，其中 Ω 是由平面 $x+y+z=1$ 和三个坐标面所围成的四面体；

(3) $\iiint\limits_{\Omega}xyz\mathrm{d}x\mathrm{d}y\mathrm{d}z$，其中 Ω 是由球面 $x^2+y^2+z^2=1$ 与三个坐标面所围成的在第一卦限内的闭区域；

*(4) $\iiint\limits_{\Omega}y\cos(x+z)\mathrm{d}v$，其中 Ω 是由抛物柱面 $y=\sqrt{x}$ 及平面 $y=0$，$z=0$ 和 $x+z=\dfrac{\pi}{2}$ 围成的闭区域；

(5) $\iiint\limits_{\Omega}z\mathrm{d}v$，其中 Ω 是由圆锥面 $z^2=\dfrac{h^2}{a^2}(x^2+y^2)$ 与平面 $z=h$ 围成的闭区域.

*4. 设积分区域 Ω 是由曲面 $z=\sqrt{4-x^2-y^2}$，$z=\sqrt{x^2+y^2}$ 与平面 $x=0$，$y=0$ 围成的位于第一卦限内的闭区域，试将三重积分 $\iiint\limits_{\Omega}f(x^2+y^2+z^2)\mathrm{d}v$ 分别表示为直角坐标，柱面坐标和球面坐标系中的三次积分.

5. 利用柱面坐标计算下列三重积分：

(1) $\iiint\limits_{\Omega}(x+y+z)\mathrm{d}v$，其中 Ω 是由圆锥面 $z=1-\sqrt{x^2+y^2}$ 与平面 $z=0$ 围成的闭区域；

(2) $\iiint\limits_{\Omega}z\sqrt{x^2+y^2}\mathrm{d}v$，其中 Ω 是由柱面 $y=\sqrt{2x-x^2}$ 与平面 $z=0$，$z=1$ 及 $y=0$ 围成的闭区域.

6. 利用球面坐标计算下列三重积分：

(1) $\iiint\limits_{\Omega}\frac{\mathrm{d}v}{\sqrt{x^2+y^2+z^2}}$,其中$\Omega$是由$x^2+y^2+z^2=2az$围成的闭区域$(a>0)$；

*(2) $\iiint\limits_{\Omega}\sin(x^2+y^2+z^2)^{\frac{3}{2}}\mathrm{d}v$,其中$\Omega$是由曲面$z=\sqrt{3(x^2+y^2)}$与$z=\sqrt{R^2-x^2-y^2}$所围闭区域.

7. 选用适当的方法或坐标计算下列三重积分：

(1) $\iiint\limits_{\Omega}xy^2z^3\mathrm{d}x\mathrm{d}y\mathrm{d}z$,其中$\Omega$是由曲面$z=xy$,与平面$y=x$, $x=1$, $z=0$围成的闭区域；

(2) $\iiint\limits_{\Omega}\frac{\mathrm{d}v}{1+x^2+y^2}$,其中$\Omega$是由圆锥面$x^2+y^2=z^2$与平面$z=1$围成的闭区域；

(3) $\iiint\limits_{\Omega}(x^2+y^2)\mathrm{d}v$,其中$\Omega=\{(x,y,z)\mid a^2\leqslant x^2+y^2+z^2\leqslant b^2,z\geqslant 0\}$；

*(4) $\iiint\limits_{\Omega}z^2\mathrm{d}x\mathrm{d}y\mathrm{d}z$,其中$\Omega$是由球面$x^2+y^2+z^2=R^2$与$x^2+y^2+z^2=2Rz(R>0)$围成的闭区域；

(5) $\iiint\limits_{\Omega}y\mathrm{d}v$,其中$\Omega$是由曲面$z=3-x^2-y^2$与$z=-5+x^2+y^2$以及平面$x=0$, $y=0$围成的位于第一及第五卦限的闭区域.

*(6) $\iiint\limits_{\Omega}z\mathrm{d}v$,其中$\Omega=\{(x,y,z)\mid x^2+y^2\leqslant z,1\leqslant z\leqslant 4\}$；

(7) $\iiint\limits_{\Omega}\sqrt{x^2+z^2}\mathrm{d}v$,其中$\Omega$是由曲面$y=x^2+z^2$与平面$y=4$围成的闭区域.

第四节　重积分的应用

本节将把定积分应用中的元素法推广到重积分,利用元素法来讨论重积分在几何、物理上的一些应用.

一、几何应用

1. 曲顶柱体的体积

由本章第一节的内容可知,当连续函数$f(x,y)\geqslant 0$时,以xOy面上的闭区域D为底,以曲面$z=f(x,y)$为顶的曲顶柱体的体积V可用二重积分表示为

$$V=\iint\limits_{D}f(x,y)\mathrm{d}\sigma. \tag{9.21}$$

2. 空间立体的体积

设物体占有空间有界闭区域Ω,则它的体积V可以用二重积分表示为

$$V=\iint_D (z_2(x,y)-z_1(x,y))\mathrm{d}\sigma. \tag{9.22}$$

这里 D 是 Ω 在 xOy 面上的投影区域. 以 D 的边界为准线,作母线平行于 z 轴的柱面,该柱面和 Ω 的边界曲面相交,并将曲面分成上、下两部分:$z_2(x,y)$ 和 $z_1(x,y)$($z_2(x,y)\geqslant z_1(x,y)$). 事实上,空间立体 Ω 的体积等于两个曲顶柱体的体积之差:以 D 为底,以 $z=z_2(x,y)$ 为顶的曲顶柱体的体积减去以 D 为底,以 $z=z_1(x,y)$ 为顶的曲顶柱体的体积所得的差.

另一方面,空间立体 Ω 的体积也可以用三重积分表示为

$$V=\iiint_\Omega \mathrm{d}v. \tag{9.23}$$

3. 曲面的面积

设曲面 S 的方程为

$$z=f(x,y).$$

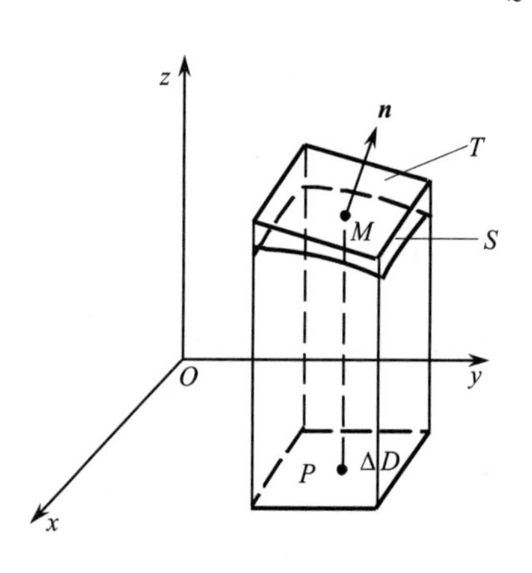

图 9.41

该曲面在 xOy 面上的投影区域为 D. 假设 $f(x,y)$ 在 D 上有连续的一阶偏导数,我们来讨论曲面 S 的面积的计算方法.

在闭区域 D 上任取一个直径很小的闭区域 ΔD,它的面积记作 $\mathrm{d}\sigma$. 在 ΔD 上任取一点 $P(x,y)$,曲面 S 上有对应的点 $M(x,y,f(x,y))$. 过点 M 作曲面 S 的切平面 T. 以 ΔD 的边界为准线,作母线平行于 z 轴的柱面,此柱面在曲面 S 和切平面 T 上各截下一小片曲面(图 9.41). 由于 ΔD 的直径很小,所以可以用切平面上的一小片平面的面积 $\mathrm{d}A$ 来近似代替相应的小片曲面的面积,即 $\mathrm{d}A$ 是曲面 S 的面积元素. 下面就来讨论面积元素 $\mathrm{d}A$ 的表达式.

曲面 S : $z=f(x,y)$ 上点 $M(x,y,f(x,y))$ 处的法向量是

$$\boldsymbol{n}=\pm(f_x(x,y),f_y(x,y),-1),$$

其中指向朝上的一个法向量是 $\boldsymbol{n}=(-f_x(x,y),-f_y(x,y),1)$. 假设 $\boldsymbol{n}$ 与 z 轴正向的夹角为 γ,则

$$\cos\gamma=\frac{1}{\sqrt{1+f_x^2(x,y)+f_y^2(x,y)}},$$

而小片切平面的面积满足关系式

$$dA = \frac{d\sigma}{\cos\gamma},$$ ①

所以

$$dA = \sqrt{1 + f_x^2(x,y) + f_y^2(x,y)}\,d\sigma.$$

这就是曲面S的面积元素.以它为被积表达式在闭区域D上积分,便可得到曲面的面积

$$A = \iint_D \sqrt{1 + f_x^2(x,y) + f_y^2(x,y)}\,d\sigma = \iint_D \sqrt{1 + \left(\frac{\partial z}{\partial x}\right)^2 + \left(\frac{\partial z}{\partial y}\right)^2}\,d\sigma. \tag{9.24}$$

当曲面S可以写成形式:$x = x(y,z)$或$y = y(z,x)$时,也可以把曲面S投影到yOz面或zOx面上,相应地有曲面面积公式

$$A = \iint_{D_{yz}} \sqrt{1 + \left(\frac{\partial x}{\partial y}\right)^2 + \left(\frac{\partial x}{\partial z}\right)^2}\,d\sigma$$

或

$$A = \iint_{D_{zx}} \sqrt{1 + \left(\frac{\partial y}{\partial z}\right)^2 + \left(\frac{\partial y}{\partial x}\right)^2}\,d\sigma.$$

---

① 先证明如下的结论:

若一底面为矩形的柱体被一平面所截,截面的法向量为$\boldsymbol{e}^0 = (\cos\alpha, \cos\beta, \cos\gamma)$,底面位于$xOy$面,则截面(平行四边形)的面积$A$与底面的面积$\sigma$有关系:$A = \frac{\sigma}{|\cos\gamma|}$.

设截面EPQR与底面ENOL的位置关系如图所示.E点的坐标为$(x_0, y_0, 0)$.由解析几何知,截面EPQR的点法式方程为

$$\cos\alpha(x - x_0) + \cos\beta(y - y_0) + \cos\gamma(z - 0) = 0.$$

P点在yOz面上,将P点的x,y坐标$x = 0$,$y = y_0$代入式中得$z = \frac{\cos\alpha}{\cos\gamma}x_0$,即点$P$的坐标为$\left(0, y_0, \frac{\cos\alpha}{\cos\gamma}x_0\right)$;点$R$在$zOx$面上,同理可得点$R$的坐标为$\left(x_0, 0, \frac{\cos\beta}{\cos\gamma}y_0\right)$,因而得

$$\overrightarrow{EP} = \left(-x_0, 0, \frac{\cos\alpha}{\cos\gamma}x_0\right) = x_0\left(-1, 0, \frac{\cos\alpha}{\cos\gamma}\right),$$

$$\overrightarrow{ER} = \left(0, -y_0, \frac{\cos\beta}{\cos\gamma}y_0\right) = y_0\left(0, -1, \frac{\cos\beta}{\cos\gamma}\right).$$

于是得截面的面积

$$A = |\overrightarrow{EP} \times \overrightarrow{ER}| = \left|\left(\frac{\cos\alpha}{\cos\gamma}, \frac{\cos\beta}{\cos\gamma}, 1\right)\right| |x_0 y_0|$$

$$= \frac{|x_0 y_0|}{|\cos\gamma|} = \frac{\sigma}{|\cos\gamma|}.$$

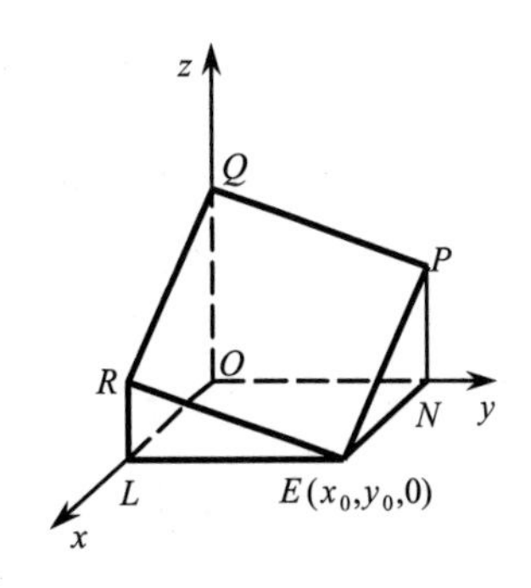

当取ΔD为矩形,且矩形的边分别平行于x轴和y轴时,对应的小块切平面与ΔD的位置关系就是图所示的关系,故有

$$dA = \frac{d\sigma}{|\cos\gamma|} = \frac{d\sigma}{\cos\gamma}.$$

例 1 证明:半径为 R 的球的体积为 $V=\frac{4}{3}\pi R^3$.

证 建立坐标系,使球心在原点,则在球面坐标系中,球体所占空间区域 Ω 为

$$\Omega=\{(r,\varphi,\theta)\mid 0\leqslant r\leqslant R,0\leqslant\varphi\leqslant\pi,0\leqslant\theta\leqslant 2\pi\}.$$

于是,球的体积

$$V=\iiint_{\Omega}\mathrm{d}v=\int_0^{2\pi}\mathrm{d}\theta\int_0^{\pi}\mathrm{d}\varphi\int_0^R r^2\sin\varphi\mathrm{d}r$$

$$=\int_0^{2\pi}\mathrm{d}\theta\int_0^{\pi}\frac{R^3}{3}\sin\varphi\mathrm{d}\varphi=\frac{4}{3}\pi R^3.$$

例 2 求球面 $x^2+y^2+z^2=R^2$ 被圆柱面 $x^2+y^2=Rx$ 所截得的(含在圆柱面内的部分)曲面的面积 A.

解 如图 9.42 所示,由曲面的对称性知,所求面积等于曲面在第一卦限部分的面积的 4 倍.

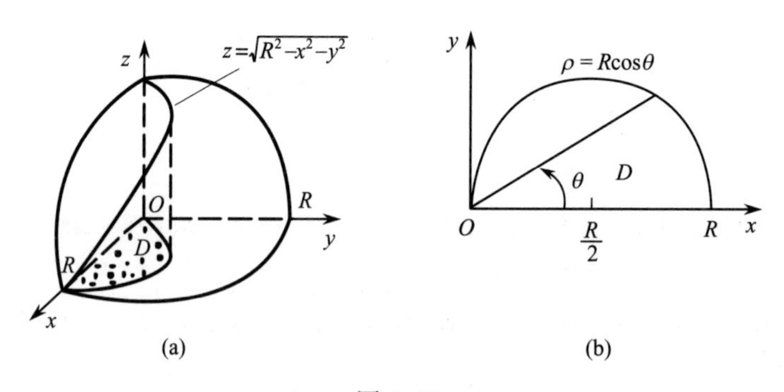

图 9.42

曲面在 xOy 面上的投影是闭区域 D:由 $y=\sqrt{Rx-x^2}$ 与 x 轴围成的半圆. 在极坐标系中可表示为

$$D=\left\{(\rho,\theta)\mid 0\leqslant\rho\leqslant R\cos\theta,0\leqslant\theta\leqslant\frac{\pi}{2}\right\}.$$

取曲面 $z=\sqrt{R^2-x^2-y^2}$,则

$$\frac{\partial z}{\partial x}=\frac{-x}{\sqrt{R^2-x^2-y^2}},\quad \frac{\partial z}{\partial y}=\frac{-y}{\sqrt{R^2-x^2-y^2}},$$

于是

$$\sqrt{1+\left(\frac{\partial z}{\partial x}\right)^2+\left(\frac{\partial z}{\partial y}\right)^2}\mathrm{d}x\mathrm{d}y=\frac{R\mathrm{d}x\mathrm{d}y}{\sqrt{R^2-x^2-y^2}}.$$

曲面面积

$$A = 4\iint_D \sqrt{1+\left(\frac{\partial z}{\partial x}\right)^2+\left(\frac{\partial z}{\partial y}\right)^2}\,\mathrm{d}x\mathrm{d}y$$

$$= 4\iint_D \frac{R}{\sqrt{R^2-x^2-y^2}}\mathrm{d}x\mathrm{d}y = 4\iint_D \frac{R}{\sqrt{R^2-\rho^2}}\rho\mathrm{d}\rho\mathrm{d}\theta$$

$$= 4\int_0^{\frac{\pi}{2}}\mathrm{d}\theta\int_0^{R\cos\theta}\frac{R}{\sqrt{R^2-\rho^2}}\rho\mathrm{d}\rho = 2R^2(\pi-2).$$

***例 3**　设有一高度为 $h(t)$（t 为时间）的雪堆在融化过程中，其侧面满足方程 $z = h(t) - \frac{2(x^2+y^2)}{h(t)}$（设长度单位为厘米，时间单位为小时），已知体积减少的速率与侧面积成正比（比例系数 0.9），问高度为 130（厘米）的雪堆全部融化需多少小时？

解　依题意，首先应求出雪堆的体积 V 与侧面积 S. 雪堆是曲顶柱体，上顶曲面的方程为

$$z = h(t) - \frac{2(x^2+y^2)}{h(t)}.$$

令 $z=0$，可得曲顶柱体的底是 xOy 面上的圆域

$$D = \left\{(x,y) \mid x^2+y^2 \leqslant \frac{h^2(t)}{2}\right\} = \left\{(\rho,\theta) \mid \rho \leqslant \frac{h(t)}{\sqrt{2}}\right\}.$$

于是其体积

$$V = \iint_D \left[h(t) - \frac{2(x^2+y^2)}{h(t)}\right]\mathrm{d}x\mathrm{d}y = \iint_D \left[h(t) - \frac{2\rho^2}{h(t)}\right]\rho\mathrm{d}\rho\mathrm{d}\theta$$

$$= \int_0^{2\pi}\mathrm{d}\theta\int_0^{\frac{h(t)}{\sqrt{2}}}\left[h(t) - \frac{2\rho^2}{h(t)}\right]\rho\mathrm{d}\rho$$

$$= \int_0^{2\pi}\left[\frac{h(t)}{2}\rho^2 - \frac{2}{4h(t)}\rho^4\right]\Bigg|_0^{\frac{h(t)}{\sqrt{2}}}\mathrm{d}\theta$$

$$= \frac{\pi}{4}h^3(t).$$

雪堆的侧面积

$$S = \iint_D \sqrt{1+\left(\frac{\partial z}{\partial x}\right)^2+\left(\frac{\partial z}{\partial y}\right)^2}\,\mathrm{d}x\mathrm{d}y = \iint_D \sqrt{1+\frac{16(x^2+y^2)}{h^2(t)}}\,\mathrm{d}x\mathrm{d}y$$

$$= \frac{1}{h(t)}\int_0^{2\pi}\mathrm{d}\theta\int_0^{\frac{h(t)}{\sqrt{2}}}\sqrt{h^2(t)+16\rho^2}\,\rho\mathrm{d}\rho$$

$$= \frac{1}{32h(t)}\int_0^{2\pi}\frac{2}{3}(h^2(t)+16\rho^2)^{\frac{3}{2}}\Bigg|_0^{\frac{h(t)}{\sqrt{2}}}\mathrm{d}\theta$$

$$= \frac{13\pi}{12}h^2(t).$$

据题意知

$$\frac{\mathrm{d}V}{\mathrm{d}t}=-0.9S,$$

即

$$\frac{\mathrm{d}}{\mathrm{d}t}\left[\frac{\pi}{4}h^3(t)\right]=-0.9\cdot\frac{13\pi}{12}h^2(t),$$

求导得

$$\frac{\mathrm{d}h(t)}{\mathrm{d}t}=-\frac{13}{10},$$

因此

$$h(t)=-\frac{13}{10}t+C.$$

由 $h(0)=130$,得 $C=130$,故 $h(t)=-\frac{13}{10}t+130$.

因为雪堆全部融化之时,也就是 $h(t)=0$ 之时,令 $h(t)=0$,可得 $t=100$(小时).因此高度为 130 厘米的雪堆全部融化所需时间为 100 小时.

二、物理应用

1. 平面薄板、空间物体的质量

由第一节可知,平面薄板的质量 M 是它的面密度函数 $\mu(x,y)$ 在薄板所占区域 D 上的二重积分,即

$$M=\iint_D\mu(x,y)\mathrm{d}\sigma.$$

空间物体 Ω 的质量 M 是它的体密度函数 $\mu(x,y,z)$ 在 Ω 上的三重积分,即

$$M=\iiint_\Omega\mu(x,y,z)\mathrm{d}v.$$

2. 平面薄板、空间物体的质心

设一块平面薄板的质量分布不均匀,其面密度为 $\mu(x,y)$,其边界曲线围成的平面闭区域记作 D.用元素法来写出薄板的质心公式.

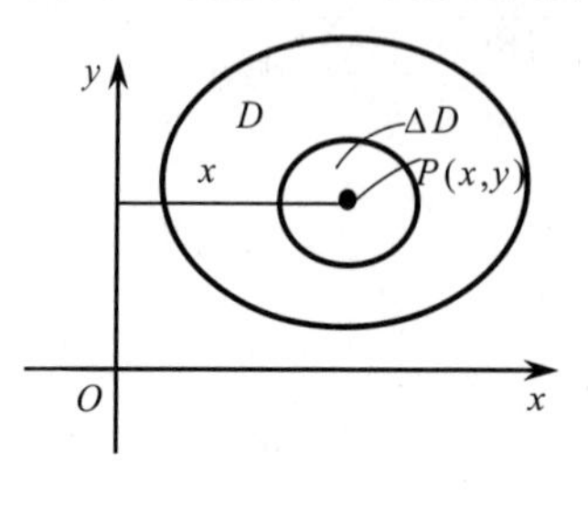

图 9.43

在闭区域 D 上任取一直径很小的闭区域 ΔD,设 $P(x,y)$ 是 ΔD 中一点(图 9.43),ΔD 的面积为 $\mathrm{d}\sigma$,则当 $\mu(x,y)$ 在 D 上连续时,小块薄板的质量近似等于 $\mu(x,y)\mathrm{d}\sigma$,它对 y 轴的静力矩近似等于 $x\mu(x,y)\mathrm{d}\sigma$,这就是平面薄板对 y 轴的静力矩元素 $\mathrm{d}M_y$,即

$$\mathrm{d}M_y=x\mu(x,y)\mathrm{d}\sigma.$$

以静力矩元素为被积表达式，在闭区域 D 上积分，便得平面薄板对 y 轴的静力矩

$$M_y = \iint_D x\mu(x,y)\mathrm{d}\sigma.$$

同理，平面薄板对 x 轴的静力矩为

$$M_x = \iint_D y\mu(x,y)\mathrm{d}\sigma.$$

设薄板的质心为$(\bar{x},\bar{y})$，质量为 M. 则由静力矩定律知，薄板对某坐标轴的静力矩，等于位于质心$(\bar{x},\bar{y})$，质量为 M 的质点对该坐标轴的静力矩，即

$$\begin{cases} M_y = M\bar{x}, \\ M_x = M\bar{y}, \end{cases}$$

故

$$\begin{cases} \bar{x} = \dfrac{M_y}{M} = \dfrac{\iint\limits_D x\mu(x,y)\mathrm{d}\sigma}{\iint\limits_D \mu(x,y)\mathrm{d}\sigma}, \\ \bar{y} = \dfrac{M_x}{M} = \dfrac{\iint\limits_D y\mu(x,y)\mathrm{d}\sigma}{\iint\limits_D \mu(x,y)\mathrm{d}\sigma}. \end{cases}$$

当薄板是均匀的，即面密度为常量 μ，则它的质心坐标为

$$\bar{x} = \frac{\iint\limits_D x\mu\mathrm{d}\sigma}{\iint\limits_D \mu\mathrm{d}\sigma} = \frac{\mu\iint\limits_D x\mathrm{d}\sigma}{\mu\iint\limits_D \mathrm{d}\sigma} = \frac{\iint\limits_D x\mathrm{d}\sigma}{\iint\limits_D \mathrm{d}\sigma} = \frac{1}{A}\iint_D x\mathrm{d}\sigma.$$

同理

$$\bar{y} = \frac{1}{A}\iint_D y\mathrm{d}\sigma,$$

其中 $A = \iint\limits_D \mathrm{d}\sigma$ 为闭区域 D 的面积. 这时，薄板的质心完全由闭区域 D 的形状决定，因而该质心称为这平面薄板所占的平面图形的**形心**. 因此，平面图形的形心公式为

$$\bar{x} = \frac{1}{A}\iint_D x\mathrm{d}\sigma, \quad \bar{y} = \frac{1}{A}\iint_D y\mathrm{d}\sigma.$$

对于空间物体，求质心的方法与平面薄板的情况是类似的，只需把对坐标轴的静力矩改为对坐标平面的静力矩.

设空间物体的质量分布不均匀，其体密度为 $\mu(x,y,z)$，其边界曲面围成的空间闭区域记作 Ω，于是物体对三个坐标面的静力矩为

$$\begin{cases} M_{xy} = \iiint\limits_{\Omega} z\mu(x,y,z)\mathrm{d}v, \\ M_{yz} = \iiint\limits_{\Omega} x\mu(x,y,z)\mathrm{d}v, \\ M_{zx} = \iiint\limits_{\Omega} y\mu(x,y,z)\mathrm{d}v. \end{cases}$$

物体的质心坐标为

$$\begin{cases} \bar{x} = \dfrac{\iiint\limits_{\Omega} x\mu(x,y,z)\mathrm{d}v}{\iiint\limits_{\Omega} \mu(x,y,z)\mathrm{d}v}, \\ \bar{y} = \dfrac{\iiint\limits_{\Omega} y\mu(x,y,z)\mathrm{d}v}{\iiint\limits_{\Omega} \mu(x,y,z)\mathrm{d}v}, \\ \bar{z} = \dfrac{\iiint\limits_{\Omega} z\mu(x,y,z)\mathrm{d}v}{\iiint\limits_{\Omega} \mu(x,y,z)\mathrm{d}v}. \end{cases}$$

例 4 求由直线 $2x+y=6$ 与两坐标轴所围三角形均匀薄片的形心.

解 因薄片是均匀的,故其形心为

$$\bar{x} = \frac{1}{A}\iint\limits_{D} x\,\mathrm{d}\sigma, \quad \bar{y} = \frac{1}{A}\iint\limits_{D} y\,\mathrm{d}\sigma.$$

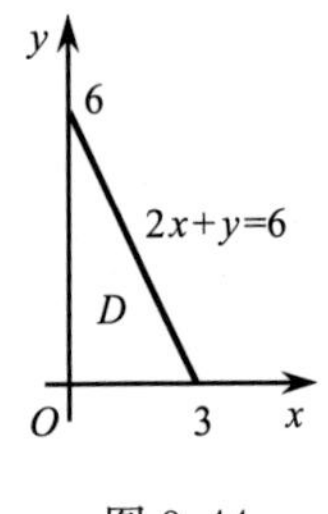

图 9.44

而三角形薄片的面积(图 9.44).

$$A = \frac{1}{2}\cdot 3\cdot 6 = 9.$$

故

$$\bar{x} = \frac{1}{9}\iint\limits_{D} x\,\mathrm{d}\sigma = \frac{1}{9}\int_0^3 \mathrm{d}x\int_0^{6-2x} x\,\mathrm{d}y = \frac{1}{9}\int_0^3 (6x-2x^2)\mathrm{d}x = 1.$$

$$\bar{y} = \frac{1}{9}\iint\limits_{D} y\,\mathrm{d}\sigma = \frac{1}{9}\int_0^3 \mathrm{d}x\int_0^{6-2x} y\,\mathrm{d}y = \frac{1}{9}\int_0^3 2(3-x)^2\mathrm{d}x = 2.$$

形心位于点(1,2).

例 5 已知球体 $x^2+y^2+z^2 \leqslant 2Rz$,其上任一点的密度在数值上等于该点到原点距离的平方. 求球体的质心(图 9.45).

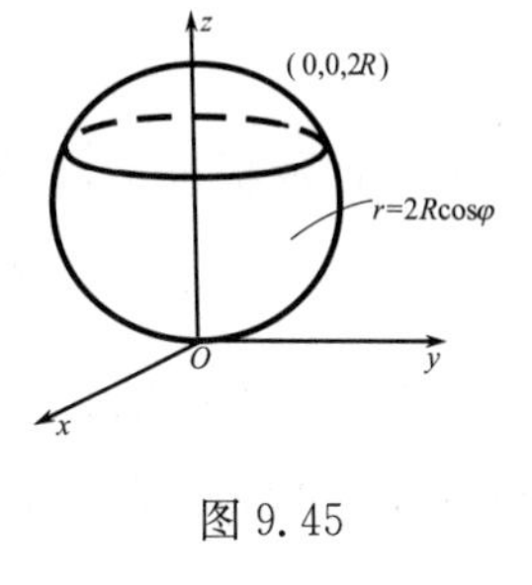

图 9.45

解　由题意,密度函数

$$\mu(x,y,z)=x^2+y^2+z^2.$$

空间物体及密度函数都关于 z 轴对称,所以质心坐标为$(0,0,\bar{z})$. 球体的质量

$$\begin{aligned}M&=\iiint\limits_{\Omega}\mu(x,y,z)\mathrm{d}v=\iiint\limits_{\Omega}(x^2+y^2+z^2)\mathrm{d}v\\&=\int_0^{2\pi}\mathrm{d}\theta\int_0^{\frac{\pi}{2}}\mathrm{d}\varphi\int_0^{2R\cos\varphi}r^2\cdot r^2\sin\varphi\mathrm{d}r\\&=2\pi\int_0^{\frac{\pi}{2}}\frac{1}{5}(2R\cos\varphi)^5\sin\varphi\mathrm{d}\varphi=\frac{32}{15}\pi R^5.\end{aligned}$$

故

$$\begin{aligned}\bar{z}&=\frac{1}{M}\iiint\limits_{\Omega}z\mu(x,y,z)\mathrm{d}v=\frac{1}{M}\iiint\limits_{\Omega}z(x^2+y^2+z^2)\mathrm{d}v\\&=\frac{15}{32\pi R^5}\int_0^{2\pi}\mathrm{d}\theta\int_0^{\frac{\pi}{2}}\mathrm{d}\varphi\int_0^{2R\cos\varphi}r\cos\varphi\cdot r^2\cdot r^2\sin\varphi\mathrm{d}r\\&=\frac{15}{32\pi R^5}\cdot 2\pi\cdot\int_0^{\frac{\pi}{2}}\cos\varphi\cdot\sin\varphi\cdot\frac{(2R\cos\varphi)^6}{6}\mathrm{d}\varphi\\&=\frac{15}{32\pi R^5}\cdot\frac{8\pi R^6}{3}=\frac{5}{4}R.\end{aligned}$$

从而质心为 $\left(0,0,\frac{5}{4}R\right)$.

3. 转动惯量

位于 xOy 平面上点 $P(x,y)$ 处的质量为 M 的质点绕 x 轴、y 轴转动的转动惯量分别为

$$I_x=My^2,\quad I_y=Mx^2.$$

用元素法来导出平面薄板绕 x 轴、y 轴转动的转动惯量.

设平面薄板的面密度为 $\mu(x,y)$,其边界曲线围成的平面闭区域记作 D. 在 D 内任取一直径很小的闭区域 ΔD,设 $P(x,y)$ 是 ΔD 中一点(图 9.46),ΔD 的面积为 $\mathrm{d}\sigma$,则当 $\mu(x,y)$ 在 D 上连续时,小块薄板的质量近似等于 $\mu(x,y)\mathrm{d}\sigma$,它绕 y 轴转动的转动惯量近似等于 $x^2\mu(x,y)\mathrm{d}\sigma$,这就是平面薄板绕 y 轴转动的转动惯量元素 $\mathrm{d}I_y$,即

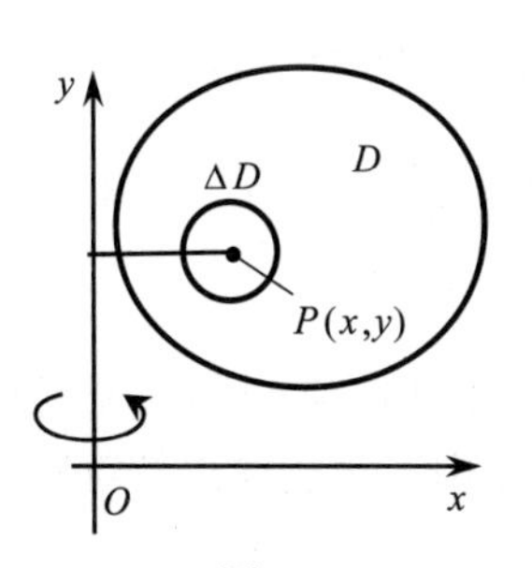

图 9.46

$$\mathrm{d}I_y=x^2\mu(x,y)\mathrm{d}\sigma.$$

以转动惯量元素为被积表达式,在闭区域 D 上积分,便得平面薄板绕 y 轴转动的转动惯量

$$I_y = \iint_D x^2 \mu(x,y)\mathrm{d}\sigma.$$

同理,平面薄板绕 x 轴、原点转动的转动惯量分别为

$$I_x = \iint_D y^2 \mu(x,y)\mathrm{d}\sigma, \quad I_0 = \iint_D (x^2+y^2)\mu(x,y)\mathrm{d}\sigma.$$

对于空间物体,假设其密度为 $\mu(x,y,z)$,其边界曲面围成的空间闭区域记作 Ω,则该物体绕 x 轴、y 轴、z 轴、原点转动的转动惯量分别为

$$I_x = \iiint_\Omega (y^2+z^2)\mu(x,y,z)\mathrm{d}v,$$

$$I_y = \iiint_\Omega (z^2+x^2)\mu(x,y,z)\mathrm{d}v,$$

$$I_z = \iiint_\Omega (x^2+y^2)\mu(x,y,z)\mathrm{d}v,$$

$$I_0 = \iiint_\Omega (x^2+y^2+z^2)\mu(x,y,z)\mathrm{d}v.$$

例 6 均匀圆柱体(密度为常量 μ) 的底半径为 R,高为 H,求其对底的直径的转动惯量.

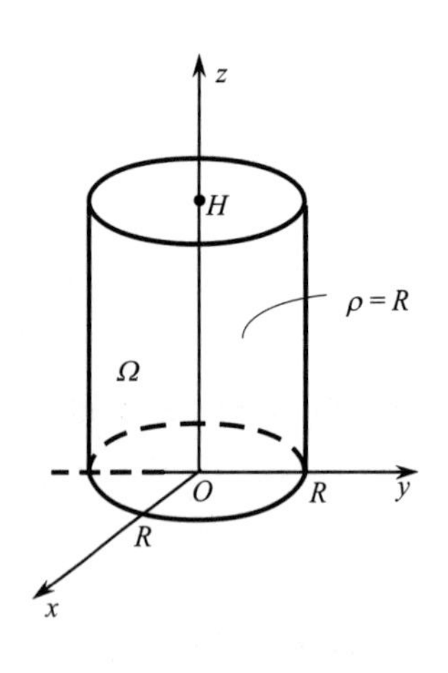

图 9.47

解 如图 9.47 所示建立坐标系. 则圆柱体所占空间闭区域

$$\Omega = \{(x,y,z) \mid x^2+y^2 \leqslant R^2, 0 \leqslant z \leqslant H\}.$$

所求转动惯量即圆柱体对于 x 轴(或 y 轴) 的转动惯量 I_x.

$$\begin{aligned} I_x &= \iiint_\Omega (y^2+z^2)\mu \mathrm{d}v \\ &= \mu\int_0^{2\pi}\mathrm{d}\theta\int_0^R \mathrm{d}\rho\int_0^H (\rho^2\sin^2\theta+z^2)\rho\mathrm{d}z \\ &= \mu\int_0^{2\pi}\mathrm{d}\theta\int_0^R \left(H\rho^3\sin^2\theta+\frac{H^3}{3}\rho\right)\mathrm{d}\rho \\ &= \mu\int_0^{2\pi}\left(\frac{H}{4}R^4\sin^2\theta+\frac{H^3}{6}R^2\right)\mathrm{d}\theta \\ &= \frac{\mu\pi}{4}HR^4+\frac{\mu\pi}{3}H^3R^2. \end{aligned}$$

4. 引力

设有一空间物体,其体密度为 $\mu(x,y,z)$,其边界曲面围成的空间闭区域记作 Ω,在 Ω 外一点 $P_0(x_0,y_0,z_0)$ 处有一质量为 m 的质点,下面用元素法导出 Ω 对质点的万有引力.

在闭区域 Ω 内任取一直径很小的闭区域 ΔV，设 $P(x,y,z)$ 是 ΔV 中一点（图9.48），ΔV 的体积为 $\mathrm{d}v$，则当 $\mu(x,y,z)$ 在 Ω 上连续时，小块立体的质量近似等于 $\mu(x,y,z)\mathrm{d}v$，把小块立体的质量近似看作集中在点 $P(x,y,z)$ 处，于是按两质点间的引力公式，可得这一小块物体对质点 P_0 的引力 $\mathrm{d}\boldsymbol{F}$ 在 z 轴方向分力的大小近似等于

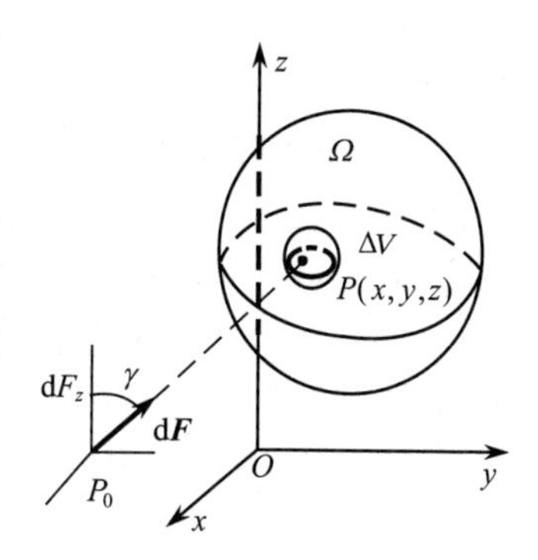

图 9.48

$$\mathrm{d}F_z=(\cos\gamma)\frac{km\mu(x,y,z)\mathrm{d}v}{r^2}$$

$$=km\frac{(z-z_0)\mu(x,y,z)}{[(x-x_0)^2+(y-y_0)^2+(z-z_0)^2]^{\frac{3}{2}}}\mathrm{d}v,$$

其中 k 为引力常数，r 为点 P 与 P_0 之间的距离：

$$r=\sqrt{(x-x_0)^2+(y-y_0)^2+(z-z_0)^2}.$$

$\mathrm{d}F_z$ 就是 z 轴方向的分力（大小）元素. 所以空间物体 Ω 对质点 P_0 的引力 $\boldsymbol{F}$ 在 z 轴方向分力的大小为

$$F_z=\iiint\limits_{\Omega}km\frac{(z-z_0)\mu(x,y,z)}{[(x-x_0)^2+(y-y_0)^2+(z-z_0)^2]^{\frac{3}{2}}}\mathrm{d}v.$$

同理，$\boldsymbol{F}$ 在 x 轴和 y 轴方向分力的大小 F_x 和 F_y 分别为

$$F_x=\iiint\limits_{\Omega}km\frac{(x-x_0)\mu(x,y,z)}{[(x-x_0)^2+(y-y_0)^2+(z-z_0)^2]^{\frac{3}{2}}}\mathrm{d}v,$$

$$F_y=\iiint\limits_{\Omega}km\frac{(y-y_0)\mu(x,y,z)}{[(x-x_0)^2+(y-y_0)^2+(z-z_0)^2]^{\frac{3}{2}}}\mathrm{d}v.$$

而引力 $\boldsymbol{F}$ 等于

$$\boldsymbol{F}=\left(km\iiint\limits_{\Omega}\frac{(x-x_0)\mu(x,y,z)}{[(x-x_0)^2+(y-y_0)^2+(z-z_0)^2]^{\frac{3}{2}}}\mathrm{d}v,\right.$$

$$km\iiint\limits_{\Omega}\frac{(y-y_0)\mu(x,y,z)}{[(x-x_0)^2+(y-y_0)^2+(z-z_0)^2]^{\frac{3}{2}}}\mathrm{d}v,$$

$$\left.km\iiint\limits_{\Omega}\frac{(z-z_0)\mu(x,y,z)}{[(x-x_0)^2+(y-y_0)^2+(z-z_0)^2]^{\frac{3}{2}}}\mathrm{d}v\right).$$

如果考虑平面薄板对薄板外一点 $P_0(x_0,y_0)$ 处的质量为 m 的质点的引力 $\boldsymbol{F}$，设平面薄板的面密度为 $\mu(x,y)$，它的边界曲线所围的闭区域为 D，则

$$\boldsymbol{F}=\left(km\iint\limits_{D}\frac{(x-x_0)\mu(x,y)}{[(x-x_0)^2+(y-y_0)^2]^{\frac{3}{2}}}\mathrm{d}\sigma,\right.$$

$$\left.km\iint\limits_{D}\frac{(y-y_0)\mu(x,y)}{[(x-x_0)^2+(y-y_0)^2]^{\frac{3}{2}}}\mathrm{d}\sigma\right).$$

例 7　设有一半径为 R 的均匀球体，其密度为常数 μ，求该球体对位于球面上某点处单位质量质点的引力.

解　首先建立坐标系，使球心位于坐标原点，使质点位于 z 轴上点 P_0 处. 则球面的方程为 $x^2+y^2+z^2=R^2$，P_0 的坐标为 $(0,0,R)$. 由于球体关于 z 轴对称，球体质量均匀分布，故而球体对 P_0 处单位质量质点的引力在 x 轴和 y 轴方向的分量 $F_x=F_y=0$. 只需计算引力在 z 轴方向的分量 F_z. 用先二后一法计算.

$$
\begin{aligned}
F_z &= \iiint_\Omega \mu k \frac{z-R}{[x^2+y^2+(z-R)^2]^{\frac{3}{2}}}\mathrm{d}v \\
&= \mu k\int_{-R}^{R}\mathrm{d}z \iint_{x^2+y^2\leqslant R^2-z^2} \frac{z-R}{[x^2+y^2+(z-R)^2]^{\frac{3}{2}}}\mathrm{d}x\mathrm{d}y \\
&= \mu k\int_{-R}^{R}(z-R)\mathrm{d}z\int_0^{2\pi}\mathrm{d}\theta\int_0^{\sqrt{R^2-z^2}} \frac{\rho\mathrm{d}\rho}{[\rho^2+(z-R)^2]^{\frac{3}{2}}} \\
&= \mu k\int_{-R}^{R}2\pi(z-R)\left(\frac{1}{\sqrt{(z-R)^2}}-\frac{1}{\sqrt{2R(R-z)}}\right)\mathrm{d}z \\
&= 2\pi\mu k\int_{-R}^{R}\left(\frac{z-R}{|z-R|}-\frac{z-R}{\sqrt{2R(R-z)}}\right)\mathrm{d}z \\
&= 2\pi\mu k\int_{-R}^{R}\left(-1+\frac{1}{\sqrt{2R}}\sqrt{R-z}\right)\mathrm{d}z \\
&= -\frac{4}{3}\pi\mu kR.
\end{aligned}
$$

改写 F_z 为

$$
F_z=-\frac{4}{3}\pi\mu kR=-k\cdot\frac{1\cdot\mu\frac{4}{3}\pi R^3}{R^2},
$$

可知这个结果的物理意义是：

当质点在球面上时，球体对质点的引力等效于将整个球体的质量 $\frac{4\pi\mu}{3}R^3$ 集中于球心时，球心对该质点的引力.

习题 9-4

1. 求由下列曲面所包围的空间体的体积：

(1) $z=6-x^2-y^2$，$z=\sqrt{x^2+y^2}$；

(2) $z=\sqrt{2a^2-x^2-y^2}$ 与 $z=\sqrt{x^2+y^2}$；

(3) $x^2+y^2=a^2$，$x^2+z^2=a^2(a>0,x\geqslant 0,y\geqslant 0,z\geqslant 0)$.

2. 计算由四个平面 $x=0$，$y=0$，$x=1$，$y=1$ 所围成的柱体被平面 $z=0$ 及 $2x+3y+z=6$ 截得的立体的体积.

3. 计算由平面 $x=0, y=0, 3x+2y=6$ 所围柱体被平面 $z=0$ 及抛物柱面 $z=3-\frac{x^2}{2}$ 截得的立体的体积.

4. 求球面 $x^2+y^2+z^2=25$ 被平面 $z=3$ 截得的上半部分曲面的面积.

5. 求柱面 $x^2+z^2=a^2$ 含在柱面 $x^2+y^2=a^2(a>0)$ 内的部分的面积.

6. 求锥面 $z=\sqrt{x^2+y^2}$ 被柱面 $z^2=2x$ 截得的有限部分的曲面面积.

7. 设平面薄板所占的闭区域 D 由直线 $x+y=2, y=x$ 和 x 轴所围成，它的面密度 $\mu(x,y)=x^2+y^2$，求该薄板的质量.

8. 设正方体

$$\Omega=\{(x,y,z) \mid 0\leqslant x\leqslant 1, 0\leqslant y\leqslant 1, 0\leqslant z\leqslant 1\},$$

它的密度 $\mu(x,y,z)=x+y+z$，求它的质量.

9. 已知密度 $\mu(x,y,z)=x^2+y^2+z^2$，求由曲面 $z=\sqrt{1-x^2-y^2}$，$z=\sqrt{x^2+y^2}$ 及 $z=4$ 所围立体的质量.

10. 求均匀薄板的质心，设薄板所占的闭区域 D 为：

(1) D 由 $y^2=4ax$ 与 $y=2a$ 及 y 轴围成；

(2) D 由 $y=1-x^2$ 与 $y=2x^2-5$ 围成；

(3) D 是介于两圆 $r=a\cos\theta$，$r=b\cos\theta(0<a<b)$ 之间的闭区域.

*11. 设有一块薄板，它的周界为心脏线

$$x^2+y^2=a(x+\sqrt{x^2+y^2}) \quad (a>0),$$

薄板的面密度为 $\mu=\frac{1}{a}\sqrt{x^2+y^2}$，求此薄板的质心坐标 $(\bar{x},\bar{y})$ 及它所占平面区域的形心坐标 (ξ,η).

12. 利用三重积分求下列曲面所包围的匀质物体的质心(设密度 $\mu=1$)：

(1) $z=\sqrt{3-x^2-y^2}$，$z=0$；　　(2) $x^2+y^2=2z$，$z=2$；

*(3) $x^2+y^2+z^2\geqslant 1$，$x^2+y^2+z^2\leqslant 16$ 及 $z\geqslant\sqrt{\frac{x^2+y^2}{3}}$.

13. 设球体占有闭区域 $\Omega=\{(x,y,z) \mid x^2+y^2+z^2\leqslant 4z\}$，已知其内任一点处的密度与该点到坐标原点的距离成正比，比例系数为 $k(k>0)$. 求这球体的质心.

14. 设均匀薄板所占闭区域 D 如下，求指定的转动惯量.

(1) 边长为 a 与 b 的矩形薄板对两条边的转动惯量；

(2) D 由抛物线 $y=1-x^2$ 与 x 轴围成，求 I_x, I_y 和 I_0；

*(3) $D=\left\{(x,y)\,\middle|\,\frac{x^2}{a^2}+\frac{y^2}{b^2}\leqslant 1\right\}$，求 I_y.

15. 求由抛物线 $y=x^2$ 及直线 $y=1$ 所围成的均匀薄片(面密度为常数 μ)对于直线 $y=-1$ 的转动惯量.

*16. 求半径为 a 的均匀球体(密度为 μ)对过球心的直线及对与球体相切的直线的转动惯量.

17. yOz 面内的曲线 $z=y^2$ 绕 z 轴旋转得一旋转曲面，这个曲面与平面 $z=2$ 所围立体上任一点处的密度为 $\mu(x,y,z)=\sqrt{x^2+y^2}$，求该立体绕 z 轴转动的转动惯量 I_z.

* 18. 求半径为 a，高为 h 的均匀圆柱体（密度为 1）对过中心且分别平行于母线及垂直于母线的直线的转动惯量.

* 19. 求面密度为 1 的均匀半圆形薄片 $0\leqslant y\leqslant \sqrt{a^2-x^2}$ 对位于点 $M_0(0,0,b)$ 处的单位质量质点的引力 $\boldsymbol{F}(b>0)$.

20. 设有一柱壳，由柱面 $x^2+y^2=4, x^2+y^2=9$ 和平面 $z=4, z=0$ 围成，密度均匀为 μ，求它对位于原点质量为 m 的质点的引力.

第九章总习题

1. 用重积分的几何意义计算下列积分并填空：

(1) 设 $D=\{(x,y)\mid x^2+y^2\leqslant R^2\}$，则 $\iint\limits_D \sqrt{R^2-x^2-y^2}\,\mathrm{d}\sigma=$ __________；

(2) 设 $\Omega=\{(x,y,z)\mid \sqrt{x^2+y^2}\leqslant z\leqslant H\}$，则 $\iiint\limits_\Omega \mathrm{d}v=$ __________；

(3) 设 $\Omega=\{(x,y,z)\mid 0\leqslant z\leqslant 1-x-y, 0\leqslant y\leqslant 1-x, 0\leqslant x\leqslant 1\}$，则 $\iiint\limits_\Omega \mathrm{d}v=$ __________.

2. 利用"对称性"完成下列单项选择题：

(1) 设 D 是圆域 $x^2+y^2\leqslant a^2(a>0)$，$D_1$ 是 D 在第一象限部分区域，则积分 $\iint\limits_D (x+y+1)\mathrm{d}\sigma$ 等于（　　）.

(A) $4\iint\limits_{D_1}(x+y+1)\mathrm{d}\sigma$；　　(B) $\iint\limits_{D_1}(x+y+1)\mathrm{d}\sigma$；

(C) πa^2；　　(D) 0.

(2) 设 D 是 xOy 平面上以 $(1,1)$，$(-1,1)$ 和 $(-1,-1)$ 为顶点的三角形区域，D_1 是 D 在第一象限的部分，则 $\iint\limits_D (xy+\cos x\sin y)\mathrm{d}x\mathrm{d}y$ 等于（　　）.

(A) $2\iint\limits_{D_1}\cos x\sin y\,\mathrm{d}x\mathrm{d}y$；　　(B) $2\iint\limits_{D_1}xy\,\mathrm{d}x\mathrm{d}y$；

(C) $4\iint\limits_{D_1}(xy+\cos x\sin y)\mathrm{d}x\mathrm{d}y$；　　(D) 0.

(3) 设有空间区域 $\Omega_1: x^2+y^2+z^2\leqslant R^2, z\geqslant 0$；及 $\Omega_2: x^2+y^2+z^2\leqslant R^2, x\geqslant 0, y\geqslant 0, z\geqslant 0$，则（　　）.

(A) $\iiint\limits_{\Omega_1}x\,\mathrm{d}v=4\iiint\limits_{\Omega_2}x\,\mathrm{d}v$；　　(B) $\iiint\limits_{\Omega_1}y\,\mathrm{d}v=4\iiint\limits_{\Omega_2}y\,\mathrm{d}v$；

(C) $\iiint\limits_{\Omega_1}z\,\mathrm{d}v=4\iiint\limits_{\Omega_2}z\,\mathrm{d}v$；　　(D) $\iiint\limits_{\Omega_1}xyz\,\mathrm{d}v=4\iiint\limits_{\Omega_2}xyz\,\mathrm{d}v$.

3. 把下列二次积分化为极坐标系下二次积分形式：

(1) $I=\int_0^2\mathrm{d}x\int_{\sqrt{2x-x^2}}^{\sqrt{4x-x^2}}f(x,y)\mathrm{d}y+\int_2^4\mathrm{d}x\int_0^{\sqrt{4x-x^2}}f(x,y)\mathrm{d}y$；

(2) $I=\int_{-1}^{0}\mathrm{d}x\int_{-x}^{1}f(x,y)\mathrm{d}y+\int_{0}^{1}\mathrm{d}x\int_{1-\sqrt{1-x^2}}^{1}f(x,y)\mathrm{d}y$.

4. 计算下列二重积分：

(1) $\iint\limits_{D}(x^2-2x+5y+9)\mathrm{d}\sigma$，其中 $D=\{(x,y)\mid x^2+y^2\leqslant R^2\}$；

(2) $\iint\limits_{D}y\mathrm{d}x\mathrm{d}y$，其中 D 是由直线 $x=-2,y=0,y=2$ 及曲线 $x=-\sqrt{2y-y^2}$ 所围成的闭区域.

5. 设 $D=\{(x,y)\mid x^2+y^2\leqslant t^2\}$，$F(t)=\iint\limits_{D}f(x^2+y^2)\mathrm{d}x\mathrm{d}y$，其中 f 为可微函数，$t>0$，试求 $F'(t)$.

6. 设 $D=\{(x,y)\mid x^2+y^2\leqslant x\}$，$f$ 是连续函数，试证：

$$\iint\limits_{D}f\left(\frac{y}{x}\right)\mathrm{d}x\mathrm{d}y=\frac{1}{2}\int_{-\frac{\pi}{2}}^{\frac{\pi}{2}}\cos^2\theta\cdot f(\tan\theta)\mathrm{d}\theta.$$

*7. 设 $f(x)>0$ 且连续，利用二重积分证明：

$$\int_a^b f(x)\mathrm{d}x\int_a^b\frac{1}{f(x)}\mathrm{d}x\geqslant(b-a)^2.$$

8. 设 $D=\{(x,y)\mid t^2\leqslant x^2+y^2\leqslant 1\}$. 求极限

$$\lim_{t\to0^+}\iint\limits_{D}\ln(x^2+y^2)\mathrm{d}x\mathrm{d}y.$$

9. 计算下列三重积分：

(1) $\iiint\limits_{\Omega}\frac{\ln(1+\sqrt{x^2+y^2})}{x^2+y^2}\mathrm{d}v$，其中 Ω 是由 $z=x^2+y^2$ 与 $z=\sqrt{x^2+y^2}$ 所围成的闭区域；

(2) $\iiint\limits_{\Omega}\frac{x\ln(x^2+y^2+z^2+1)}{x^2+y^2+z^2+1}\mathrm{d}v$，其中 Ω 是由球面 $x^2+y^2+z^2=1$ 所围成的闭区域；

*(3) $\iiint\limits_{\Omega}(x^2+y^2+z)\mathrm{d}v$，其中 Ω 是由曲线 $\begin{cases}y^2=2z,\\x=0\end{cases}$ 绕 z 轴旋转一周而成旋转面与平面 $z=4$ 所围成的闭区域.

10. 求椭圆抛物面 $z=\frac{x^2}{3}+\frac{y^2}{4}$ 与平面 $z=2$ 所围立体的体积.

11. 在底半径为 R，高为 H 的圆柱体上面，拼加一个相同半径的半球体，使整个立体的重心位于球心处，求 R 与 H 的关系(设立体的密度 $\mu=1$).

*12. 设有一半径为 R 的球体，P_0 是此球表面上的一个定点，球体上任一点的密度与该点到 P_0 距离的平方成正比(比例系数 $k>0$)，求球体的质心位置.

第十章　曲线积分与曲面积分

定积分、二重积分和三重积分的积分域分别是数轴上的闭区间、平面闭区域和空间闭区域. 本章要讨论的曲线积分和曲面积分的积分域,则分别是一段曲线和一片曲面. 它们和定积分、重积分的概念一样,都缘于解决实际问题的需要. 例如,为了求一段线材或一片薄壳的质量,引入了第一类曲线积分和第一类曲面积分的概念;为了求变力沿曲线所做的功和流体流经某曲面的流量,而引入了第二类曲线积分和第二类曲面积分的概念. 以下我们将逐一介绍这些积分.

第一节　第一类曲线积分

一、实例分析

1. 曲线形构件的质量

在工程中,由于梁上各点承受力量不同,因而各点处横截面的面积大小不同. 如果要计算这根梁的质量,可以把它抽象成一段曲线形状的构件,且构件上各点处的密度不同.

设今有一平面曲线形状的构件,将其放在 xOy 面上,它所占的位置是 xOy 面内的曲线 L(图 10.1). 我们来求它的质量.

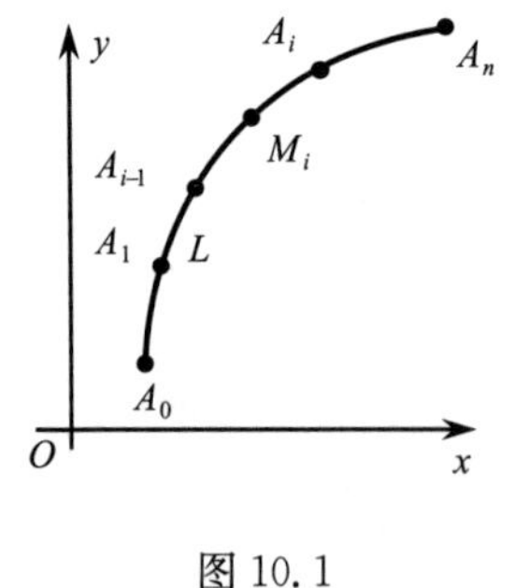

图 10.1

如果构件的质量分布是均匀的,即线密度(单位长度的质量)是常量,那么它的质量就等于线密度与构件长度的乘积. 然而当构件的质量分布不均匀,即线密度 $\mu(x,y)$ 不是常量,就不能用这种方法了. 我们还可以用类似前面分割、近似、求和、取极限的方法来求其质量.

第一步　分割　把曲线 L 任意分成 n 个小弧段,设分点为 $A_0,A_1,\cdots,A_n$. 各小弧段的弧长记作 Δs_i $(i=1,2,\cdots,n)$,记 $\lambda=\max\limits_{1\leqslant i\leqslant n}\{\Delta s_i\}$.

第二步　近似　在第 i 个小弧段 $\overparen{A_{i-1}A_i}$ 上任取一点 $M_i(\xi_i,\eta_i)$,当线密度 $\mu(x,y)$ 是 L 上的连续函数且分割充分细密时,可用曲线 L 在点 M_i 处的线密度 $\mu(\xi_i,\eta_i)$ 去近似代替这一小弧段上各点处的线密度,于是小弧段的质量

$$\Delta M_i\approx\mu(\xi_i,\eta_i)\Delta s_i\quad(i=1,2,\cdots,n).$$

第三步　求和　整个曲线形构件的质量

$$M=\sum_{i=1}^{n}\Delta M_i\approx\sum_{i=1}^{n}\mu(\xi_i,\eta_i)\Delta s_i.$$

第四步　取极限　令 $\lambda\to 0$，便可得到整个曲线形构件质量的精确值

$$M=\lim_{\lambda\to 0}\sum_{i=1}^{n}\mu(\xi_i,\eta_i)\Delta s_i.$$

2. 柱面的面积

设 Σ 是一张母线平行于 z 轴，准线为 xOy 面上曲线 L 的柱面的一部分(图 10.2)，其高 $h(x,y)\geqslant 0\ ((x,y)\in L)$ 是一个变量. 下面求 Σ 的面积.

如果 Σ 的高是常量，那么 Σ 的面积就等于它的高与其准线 L 的长度的乘积. 但现在它的高是变量 $h(x,y)$，因此就不能用这种方法了，我们仍可用分割、近似、求和、取极限的方法来求其面积.

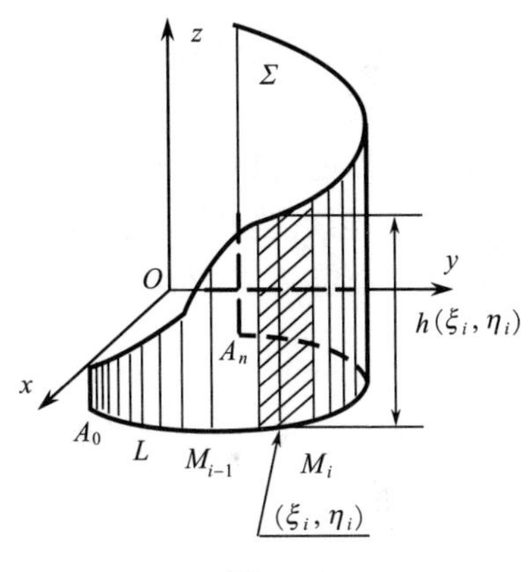

图 10.2

把曲线 L 任意分成 n 个小弧段，设分点为 $A_0,A_1,\cdots,A_n$，过每个分点作 z 轴的平行线，就把 Σ 分成 n 条小柱面. 各个小弧段的弧长记作 $\Delta s_i(i=1,2,\cdots,n)$，记 $\lambda=\max\limits_{1\leqslant i\leqslant n}\{\Delta s_i\}$，各条小柱面的面积记作 $\Delta A_i(i=1,2,\cdots,n)$. 在第 i 个小弧段上任取一点 $M_i(\xi_i,\eta_i)$，当高度函数 $h(x,y)$ 在 L 上连续且分割充分细密时，用 $h(\xi_i,\eta_i)$ 作为第 i 条小柱面的底边各点处的高，于是可得该小柱面的面积

$$\Delta A_i\approx h(\xi_i,\eta_i)\Delta s_i\quad(i=1,2,\cdots,n),$$

所求柱面的面积

$$A=\sum_{i=1}^{n}\Delta A_i\approx\sum_{i=1}^{n}h(\xi_i,\eta_i)\Delta s_i,$$

令 $\lambda\to 0$，便可得到所求柱面面积的精确值

$$A=\lim_{\lambda\to 0}\sum_{i=1}^{n}h(\xi_i,\eta_i)\Delta s_i.$$

二、第一类曲线积分的概念及性质

以上两个实际问题都归结为同一类和式的极限，这种形式的极限在研究其他问题时也会遇到，称为第一类曲线积分. 下面给出一般的定义.

定义 10.1 设函数 $f(x,y)$ 在 xOy 面内的分段光滑曲线弧[①] L 上有界. 将 L 任意分成 n 个小弧段, 设分点为 $A_0,A_1,\cdots,A_n$. 记第 i 个小弧段 $\overset{\frown}{A_{i-1}A_i}$ 的长度为 $\Delta s_i(i=1,2,\cdots,n)$, 记 $\lambda=\max\limits_{1\leqslant i\leqslant n}\{\Delta s_i\}$. 在小弧段 $\overset{\frown}{A_{i-1}A_i}$ 上任取一点 $M_i(\xi_i,\eta_i)$, 作乘积 $f(\xi_i,\eta_i)\Delta s_i(i=1,2,\cdots,n)$, 并作黎曼和 $\sum\limits_{i=1}^{n}f(\xi_i,\eta_i)\Delta s_i$. 令 $\lambda\to0$, 若此和式的极限总存在, 则称该极限为函数 $f(x,y)$ 在曲线 L 上的**第一类曲线积分**或**对弧长的曲线积分**, 记作 $\int_L f(x,y)\mathrm{d}s$, 即

$$\int_L f(x,y)\mathrm{d}s=\lim_{\lambda\to0}\sum_{i=1}^{n}f(\xi_i,\eta_i)\Delta s_i,\tag{10.1}$$

其中曲线 L 称为**积分弧段**, $f(x,y)$ 称为**被积函数**, $f(x,y)\mathrm{d}s$ 称为**被积表达式**, $\mathrm{d}s$ 称为**弧长元素**.

我们不加证明地给出: (10.1) 式的极限存在的一个充分条件是函数 $f(x,y)$ 在曲线 L 上连续. 当和式极限存在时, 我们也称函数 $f(x,y)$ 在曲线 L 上可积.

根据这个定义, 前述线密度为 $\mu(x,y)$ 的曲线形构件的质量 M 为

$$M=\int_L \mu(x,y)\mathrm{d}s,$$

而前述高为 $h(x,y)$ 的柱面的面积为

$$A=\int_L h(x,y)\mathrm{d}s.$$

当 $h(x,y)((x,y)\in L)$ 有正有负时, 曲线积分 $\int_L h(x,y)\mathrm{d}s$ 等于柱面面积的代数和.

当 L 为 $\begin{cases}a\leqslant x\leqslant b,\\ y=0\end{cases}$ 时, 即 L 是 x 轴上位于区间 $[a,b]$ 的直线段时, $\int_L h(x,0)\mathrm{d}s=\int_a^b h(x,0)\mathrm{d}x$ 是定积分.

上述定义可以类似地推广到积分弧段为空间曲线 Γ 的情形, 即函数 $f(x,y,z)$ 在曲线弧 Γ 上的第一类曲线积分:

$$\int_\Gamma f(x,y,z)\mathrm{d}s=\lim_{\lambda\to0}\sum_{i=1}^{n}f(\xi_i,\eta_i,\zeta_i)\Delta s_i.$$

当 Γ 是封闭曲线时, 常将函数 $f(x,y,z)$ 在曲线 Γ 上的第一类曲线积分记作 $\oint_\Gamma f(x,y,z)\mathrm{d}s$.

根据第一类曲线积分的概念, 容易写出空间曲线形构件 Γ 关于三个坐标平面

---

① 即由有限多条光滑曲线段组成的连续曲线.

的静力矩：

$$M_{yz}=\int_{\Gamma}x\mu(x,y,z)\mathrm{d}s,$$

$$M_{zx}=\int_{\Gamma}y\mu(x,y,z)\mathrm{d}s,$$

$$M_{xy}=\int_{\Gamma}z\mu(x,y,z)\mathrm{d}s.$$

这里 $\mu(x,y,z)$ 是曲线形构件的线密度. 于是空间曲线形构件 Γ 的质心坐标$(\bar{x},\bar{y},\bar{z})$ 为

$$\bar{x}=\frac{M_{yz}}{M},\quad \bar{y}=\frac{M_{zx}}{M},\quad \bar{z}=\frac{M_{xy}}{M}.$$

这里 $M=\int_{\Gamma}\mu(x,y,z)\mathrm{d}s$ 是空间曲线形构件的质量.

同样也容易得到空间曲线形构件 Γ 绕 z 轴转动的转动惯量

$$I_z=\int_{\Gamma}(x^2+y^2)\mu(x,y,z)\mathrm{d}s.$$

读者不难写出空间曲线形构件 Γ 分别绕 x 轴、y 轴及坐标原点转动的转动惯量.

由实例分析 2 可知，当 $f(x,y)>0$ 时，在平面曲线 L 上的第一类曲线积分 $\int_L f(x,y)\mathrm{d}s$ 的几何意义是：$\int_L f(x,y)\mathrm{d}s$ 表示一片以 xOy 面内的曲线 L 为准线，母线平行于 z 轴，高为 $f(x,y)$ 的柱面的面积.

当被积函数为常数 1 时，曲线积分 $\int_{\Gamma}1\mathrm{d}s=\int_{\Gamma}\mathrm{d}s$ 在数值上等于曲线 Γ 的长度.

由第一类曲线积分的定义可知其具有与定积分、重积分类似的性质，我们这里不一一列出，而只列出其中几个性质. 这里总假定函数在积分弧段上连续.

性质 1（线性性质）　$\forall\alpha,\beta\in\mathbf{R}^1$，

$$\int_L[\alpha f(x,y)+\beta g(x,y)]\mathrm{d}s=\alpha\int_L f(x,y)\mathrm{d}s+\beta\int_L g(x,y)\mathrm{d}s.$$

性质 2（关于积分弧段的可加性）　如果曲线 L 可分成 L_1 与 L_2 两段，则

$$\int_L f(x,y)\mathrm{d}s=\int_{L_1}f(x,y)\mathrm{d}s+\int_{L_2}f(x,y)\mathrm{d}s.$$

性质 3（保序性）　设在 L 上 $f(x,y)\leqslant g(x,y)$，则

$$\int_L f(x,y)\mathrm{d}s\leqslant\int_L g(x,y)\mathrm{d}s.$$

特别地，有

$$\left|\int_L f(x,y)\mathrm{d}s\right|\leqslant\int_L|f(x,y)|\mathrm{d}s.$$

三、第一类曲线积分的计算

为简单起见，本节主要讨论平面曲线的情形.

定理 10.1 设曲线 L 由参数方程

$$\begin{cases} x = \varphi(t), \\ y = \psi(t) \end{cases} \quad (\alpha \leqslant t \leqslant \beta)$$

给出，$\varphi(t)$，$\psi(t)$ 在区间$[\alpha,\beta]$上有连续的一阶导数，且$[\varphi'(t)]^2+[\psi'(t)]^2 \neq 0$. 函数 $f(x,y)$ 在 L 上连续，则曲线积分$\int_L f(x,y)\mathrm{d}s$ 存在，且

$$\int_L f(x,y)\mathrm{d}s = \int_\alpha^\beta f[\varphi(t),\psi(t)]\sqrt{[\varphi'(t)]^2+[\psi'(t)]^2}\,\mathrm{d}t. \tag{10.2}$$

在式(10.2)右端的定积分中，总是下限小于上限，即 $\alpha<\beta$.

证 作$[\alpha,\beta]$的分割：$\alpha = t_0 < t_1 < \cdots < t_n = \beta$. 记坐标为$(\varphi(t_i),\psi(t_i))$的点为$A_i$，于是$A_0,A_1,\cdots,A_n$把$L$分割为$n$个小弧段. 记小弧段$\widehat{A_{i-1}A_i}$的弧长为$\Delta s_i$，并记 $\Delta t_i = t_i - t_{i-1}$，则由弧长公式知

$$\Delta s_i = \int_{t_{i-1}}^{t_i} \sqrt{[\varphi'(t)]^2+[\psi'(t)]^2}\,\mathrm{d}t,$$

应用积分中值定理得

$$\Delta s_i = \sqrt{[\varphi'(\tau_i)]^2+[\psi'(\tau_i)]^2}\,\Delta t_i,$$

其中 $\tau_i \in [t_{i-1},t_i]$.

根据第一类曲线积分的定义，有

$$\int_L f(x,y)\mathrm{d}s = \lim_{\lambda\to 0}\sum_{i=1}^n f(\xi_i,\eta_i)\Delta s_i.$$

由 $f(x,y)$ 在 L 上连续知其在曲线L上可积，故可取$(\xi_i,\eta_i)=(\varphi(\tau_i),\psi(\tau_i))$，于是

$$\sum_{i=1}^n f(\xi_i,\eta_i)\Delta s_i = \sum_{i=1}^n f[\varphi(\tau_i),\psi(\tau_i)]\sqrt{[\varphi'(\tau_i)]^2+[\psi'(\tau_i)]^2}\,\Delta t_i.$$

记 $\mu = \max\limits_{1\leqslant i\leqslant n}\{\Delta t_i\}$，$\lambda = \max\limits_{1\leqslant i\leqslant n}\{\Delta s_i\}$，显然，当 $\lambda\to 0$ 时，$\mu\to 0$.

由定理条件知上式右端和的极限当 $\mu\to 0$ 时存在，就等于函数 $f[\varphi(t),\psi(t)]\cdot\sqrt{[\varphi'(t)]^2+[\psi'(t)]^2}$ 在区间$[\alpha,\beta]$上的定积分. 从而

$$\begin{aligned}\int_L f(x,y)\mathrm{d}s &= \lim_{\lambda\to 0}\sum_{i=1}^n f(\xi_i,\eta_i)\Delta s_i \\ &= \lim_{\mu\to 0}\sum_{i=1}^n f[\varphi(\tau_i),\psi(\tau_i)]\sqrt{[\varphi'(\tau_i)]^2+[\psi'(\tau_i)]^2}\,\Delta t_i \\ &= \int_\alpha^\beta f[\varphi(t),\psi(t)]\sqrt{[\varphi'(t)]^2+[\psi'(t)]^2}\,\mathrm{d}t.\end{aligned}$$

公式(10.2)表明，计算第一类曲线积分$\int_L f(x,y)\mathrm{d}s$ 时，只要把 $x,y,\mathrm{d}s$ 依次换为$\varphi(t),\psi(t),\sqrt{[\varphi'(t)]^2+[\psi'(t)]^2}\,\mathrm{d}t$，然后从$\alpha$到$\beta$作定积分就行了，且注意$\alpha<\beta$.

特别地,如果曲线 L 的方程为

$$y=\psi(x)\quad(a\leqslant x\leqslant b),$$

可以把这种情形看作是参数方程

$$\begin{cases}x=x,\\ y=\psi(x)\end{cases}\quad(a\leqslant x\leqslant b).$$

从而由公式(10.2)得出

$$\int_L f(x,y)\mathrm{d}s=\int_a^b f[x,\psi(x)]\sqrt{1+[\psi'(x)]^2}\mathrm{d}x.$$

类似地,如果曲线 L 的方程为

$$x=\varphi(y)\quad(c\leqslant y\leqslant d),$$

则有

$$\int_L f(x,y)\mathrm{d}s=\int_c^d f[\varphi(y),y]\sqrt{[\varphi'(y)]^2+1}\mathrm{d}y.$$

公式(10.2)可以很自然地推广到沿空间曲线 Γ 的第一类曲线积分中来.设 Γ 的参数方程为

$$x=\varphi(t),\quad y=\psi(t),\quad z=\omega(t)\quad(\alpha\leqslant t\leqslant\beta),$$

则有

$$\int_\Gamma f(x,y,z)\mathrm{d}s=\int_\alpha^\beta f[\varphi(t),\psi(t),\omega(t)]\sqrt{[\varphi'(t)]^2+[\psi'(t)]^2+[\omega'(t)]^2}\mathrm{d}t.$$

例 1　计算 $I=\oint_L \mathrm{e}^{\sqrt{x^2+y^2}}\mathrm{d}s$,其中 L 是由圆周 $x^2+y^2=a^2$,直线 $y=x$ 及 x 轴在第一象限所围图形的边界(图 10.3).

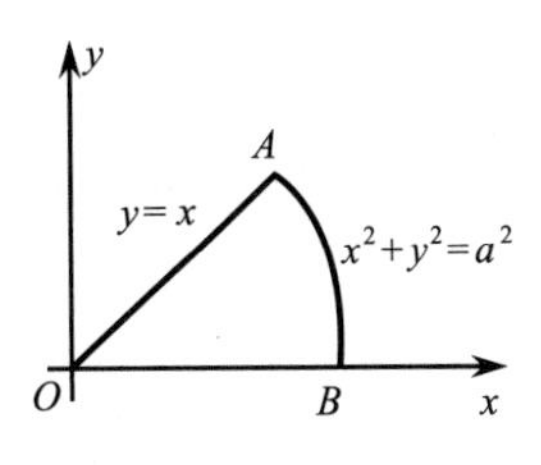

图 10.3

解　由积分的可加性,得

$$I=\int_{OA}\mathrm{e}^{\sqrt{x^2+y^2}}\mathrm{d}s+\int_{\widehat{AB}}\mathrm{e}^{\sqrt{x^2+y^2}}\mathrm{d}s+\int_{OB}\mathrm{e}^{\sqrt{x^2+y^2}}\mathrm{d}s.$$

线段 OA 的方程为

$$y=x,\quad 0\leqslant x\leqslant\frac{a}{\sqrt{2}},$$

所以

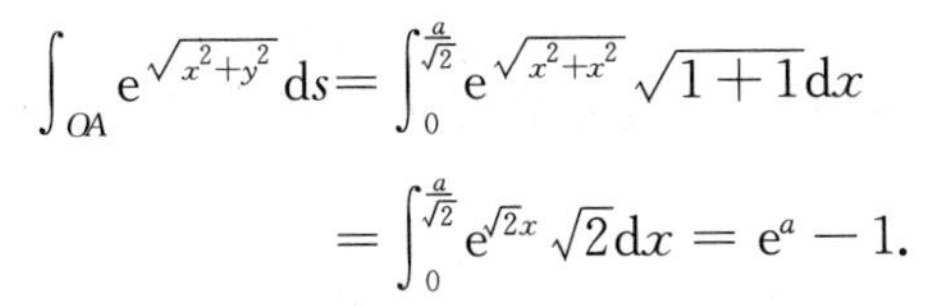

$$\int_{OA}\mathrm{e}^{\sqrt{x^2+y^2}}\mathrm{d}s=\int_0^{\frac{a}{\sqrt{2}}}\mathrm{e}^{\sqrt{x^2+x^2}}\sqrt{1+1}\mathrm{d}x$$

$$=\int_0^{\frac{a}{\sqrt{2}}}\mathrm{e}^{\sqrt{2}x}\sqrt{2}\mathrm{d}x=\mathrm{e}^a-1.$$

圆弧 $\widehat{AB}$ 的参数方程为

$$\begin{cases}x=a\cos\theta,\\ y=a\sin\theta\end{cases}\quad\left(0\leqslant\theta\leqslant\frac{\pi}{4}\right),$$

注意到在圆弧$\overset{\frown}{AB}$上有$\sqrt{x^2+y^2}=a$，所以

$$\int_{\overset{\frown}{AB}} e^{\sqrt{x^2+y^2}} ds = \int_0^{\frac{\pi}{4}} e^a \sqrt{[(a\cos\theta)']^2+[(a\sin\theta)']^2} d\theta$$

$$= \int_0^{\frac{\pi}{4}} a e^a d\theta = \frac{\pi}{4} a e^a.$$

线段 OB 的方程为

$$y=0,\quad 0 \leqslant x \leqslant a,$$

所以

$$\int_{OB} e^{\sqrt{x^2+y^2}} ds = \int_0^a e^{\sqrt{x^2+0^2}} \sqrt{1+0} dx = \int_0^a e^x dx = e^a - 1.$$

综上即得

$$I = 2(e^a-1)+\frac{\pi}{4} a e^a.$$

例 2　设 L 为椭圆 $\frac{x^2}{a^2}+\frac{y^2}{b^2}=1$，计算 $\oint_L |xy| ds$.

解　曲线 L 关于直线 $x=0$，$y=0$ 都对称，且被积函数 $f(x,y)=|xy|$ 关于 x,y 都是偶函数，因此，积分 $\oint_L |xy| ds$ 是积分 $\int_{L_1} |xy| ds$ 的 4 倍，其中 L_1 是 L 在第一象限的部分. L_1 的参数方程为

$$\begin{cases} x = a\cos t, \\ y = b\sin t \end{cases} \quad \left(0 \leqslant t \leqslant \frac{\pi}{2}\right),$$

所以

$$\oint_L |xy| ds = 4\int_{L_1} xy ds$$

$$= 4\int_0^{\frac{\pi}{2}} a\cos t \cdot b\sin t \cdot \sqrt{(-a\sin t)^2+(b\cos t)^2} dt$$

$$= 2ab\int_0^{\frac{\pi}{2}} \sqrt{b^2+(a^2-b^2)\sin^2 t} d(\sin^2 t)$$

$$= \frac{4ab(a^2+ab+b^2)}{3(a+b)}.$$

例 3　计算螺线 $x=\cos t$，$y=\sin t$，$z=t$ 对应于参数 $t=0$ 到 $t=2\pi$ 的一段弧 $\overset{\frown}{AB}$绕坐标原点旋转的转动惯量(假定螺线质量分布均匀，线密度 $\mu=1$).

解　转动惯量

$$I_0 = \int_{\overset{\frown}{AB}} (x^2+y^2+z^2) ds,$$

$$ds = \sqrt{(-\sin t)^2+\cos^2 t+1} dt = \sqrt{2} dt,$$

从而

$$I_0=\int_0^{2\pi}(\cos^2 t+\sin^2 t+t^2)\sqrt{2}\mathrm{d}t=\sqrt{2}\int_0^{2\pi}(1+t^2)\mathrm{d}t$$
$$=\frac{\sqrt{2}}{3}\pi(6+8\pi^2).$$

例 4　计算$\oint_L |y|\mathrm{d}s$，其中 L 为双纽线$(x^2+y^2)^2=a^2(x^2-y^2)$，$a>0$ 为常数.

解　双纽线用极坐标表示较为简单：

$$\rho^2=\mathrm{a}^2 cos2\theta.$$

而在极坐标系下，$\mathrm{d}s=\sqrt{\rho^2+(\rho')^2}\mathrm{d}\theta=\frac{a}{\sqrt{\cos2\theta}}\mathrm{d}\theta$，于是利用对称性有

$$\oint_L |y|\mathrm{d}s=4\int_0^{\frac{\pi}{4}}a\sqrt{\cos2\theta}\sin\theta\frac{a}{\sqrt{\cos2\theta}}\mathrm{d}\theta$$
$$=4a^2[-\cos\theta]\Big|_0^{\frac{\pi}{4}}=2(2-\sqrt{2})a^2.$$

习题 10-1

1. 计算下列第一类曲线积分：

(1) $\int_L y\mathrm{d}s$，其中 L 为摆线 $x=a(t-\sin t)$，$y=a(1-\cos t)$ 的第一拱$(0\leqslant t\leqslant 2\pi)$；

(2) $\int_L \sqrt{y}\mathrm{d}s$，其中 L 是抛物线 $y=x^2$ 上由原点$(0,0)$ 到点$(1,1)$ 之间的一段弧；

(3) $\int_L \mathrm{e}^{x+y}\mathrm{d}s$，其中 L 是以 $O(0,0)$，$A(\pi,0)$，$B(0,\pi)$ 为顶点的三角形的周界；

(4) $\int_L (x+y+1)\mathrm{d}s$，其中 L 是半圆周 $x=\sqrt{4-y^2}$ 上由点 $A(0,2)$ 到点 $B(0,-2)$ 之间的一段弧；

(5) $\int_L \sqrt{x^2+y^2}\mathrm{d}s$，其中 L 为圆周 $x^2+y^2=ax(a>0)$；

(6) $\int_\Gamma (x^2+y^2+z^2)\mathrm{d}s$，其中 Γ 是点 $A(1,-1,2)$ 到点 $B(2,1,3)$ 的直线段；

(7) $\int_\Gamma xyz\mathrm{d}s$，其中曲线 Γ 的参数方程为

$$x=t,\quad y=\frac{2}{3}\sqrt{2}t^{\frac{3}{2}},\quad z=\frac{1}{2}t^2\quad(0\leqslant t\leqslant 1);$$

*(8) $\int_L x\mathrm{d}s$，其中 L 为对数螺线 $\rho=a\mathrm{e}^{k\theta}(k>0,a>0)$ 在圆 $\rho=a$ 内的部分.

2. 求下列空间曲线的弧长：

(1) 曲线 $x=3t$，$y=3t^2$，$z=2t^3$ 上从点 $O(0,0,0)$ 到点 $A(3,3,2)$ 的一段弧；

(2) 曲线 $x=\mathrm{e}^{-t}\cos t$，$y=\mathrm{e}^{-t}\sin t$，$z=\mathrm{e}^{-t}(0\leqslant t<+\infty)$.

3. 曲线 $y=\ln x$ 的线密度 $\mu(x,y)=x^2$，试求曲线在 $x=\sqrt{3}$ 到 $x=\sqrt{15}$ 之间的质量.

*4. 设 L 是星形线 $x^{\frac{2}{3}}+y^{\frac{2}{3}}=a^{\frac{2}{3}}$ 位于第一象限的部分，求：

(1) L 的形心坐标;

(2) 当线密度 $\mu=1$ 时绕 x 轴和 y 轴转动的转动惯量.

第二节 第二类曲线积分

一、实例分析

第一类曲线积分是数量值函数在无向曲线上的积分,第二类曲线积分则是向量值函数沿有向曲线的积分.所谓有向曲线,就是规定了起点和终点的曲线,它的正方向是从起点到终点的方向.

变力沿曲线所做的功 设质点在 xOy 面内沿光滑曲线弧 $L:\boldsymbol{r}=\boldsymbol{r}(t)=(x(t),y(t))$ 由点 $A(x(\alpha),y(\alpha))$ 移动至点 $B(x(\beta),y(\beta))$(图 10.4),在移动过程中,这质点受到力

$$\boldsymbol{F}(x,y)=P(x,y)\boldsymbol{i}+Q(x,y)\boldsymbol{j}$$

的作用,其中函数 $P(x,y)$ 及 $Q(x,y)$ 在 L 上连续.那么在上述移动过程中变力 $\boldsymbol{F}(x,y)$ 所做的功该如何计算呢?

如果力 $\boldsymbol{F}$ 是常力,且质点沿直线段从 A 移动到 B,则力 $\boldsymbol{F}$ 所做的功 W 可表示为

$$W=\boldsymbol{F}\cdot\overrightarrow{AB}.$$

而现在 $\boldsymbol{F}=\boldsymbol{F}(x,y)$ 是变力,且质点移动的路径是曲线,故不能直接用上述方法来计算功 W.但是,我们可采用以直代曲,以不变代变的思想,用分割、近似、求和、取极限的方法来解决这个问题.

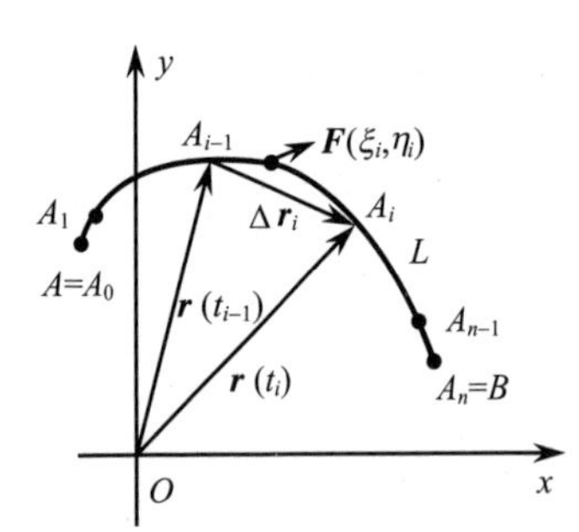

图 10.4

第一步 分割 用分点

$$A=A_0(x_0,y_0),A_1(x_1,y_1),\cdots,A_n(x_n,y_n)=B$$

将曲线 L 任意分成 n 个小段.其中 $x_i=x(t_i),y_i=y(t_i)$ $(i=0,1,2,\cdots,n)$.记

$$\Delta x_i=x_i-x_{i-1},$$
$$\Delta y_i=y_i-y_{i-1}\quad(i=1,2,\cdots,n).$$

第二步 近似 由于 $\overset{\frown}{A_{i-1}A_i}$ 光滑而且很短,可以用有向线段

$$\begin{aligned}\Delta\boldsymbol{r}_i=\boldsymbol{r}(t_i)-\boldsymbol{r}(t_{i-1})&=(x_i-x_{i-1})\boldsymbol{i}+(y_i-y_{i-1})\boldsymbol{j}\\&=\Delta x_i\boldsymbol{i}+\Delta y_i\boldsymbol{j}\quad(i=1,2,\cdots,n)\end{aligned}$$

来近似代替它.又由于函数 $P(x,y)$ 及 $Q(x,y)$ 在 L 上连续,因此可以用弧 $\overset{\frown}{A_{i-1}A_i}$ 上任意取定的一点 (ξ_i,η_i) 处的力

$$\boldsymbol{F}(\xi_i,\eta_i)=P(\xi_i,\eta_i)\boldsymbol{i}+Q(\xi_i,\eta_i)\boldsymbol{j}\quad(i=1,2,\cdots,n)$$

来近似代替这小弧段上各点处的力.于是变力 $\boldsymbol{F}(x,y)$ 沿小弧段 $\overset{\frown}{A_{i-1}A_i}$ 所做功

$$\Delta W_i\approx\boldsymbol{F}(\xi_i,\eta_i)\cdot\Delta\boldsymbol{r}_i=P(\xi_i,\eta_i)\Delta x_i+Q(\xi_i,\eta_i)\Delta y_i\quad(i=1,2,\cdots,n).$$

第三步　求和　质点由点 A 移动至点 B 时，力 $\boldsymbol{F}(x,y)$ 所做的总功

$$W=\sum_{i=1}^{n}\Delta W_i\approx\sum_{i=1}^{n}\boldsymbol{F}(\xi_i,\eta_i)\cdot\Delta\boldsymbol{r}_i=\sum_{i=1}^{n}[P(\xi_i,\eta_i)\Delta x_i+Q(\xi_i,\eta_i)\Delta y_i].$$

第四步　取极限　记 $\lambda=\max\limits_{1\leqslant i\leqslant n}\{|\Delta\boldsymbol{r}_i|\}$，令 $\lambda\to 0$，取上述和式的极限，所得极限值自然地被认作变力 $\boldsymbol{F}$ 沿有向曲线弧 $\overset{\frown}{AB}$ 所做的功，即

$$\begin{aligned}W&=\lim_{\lambda\to 0}\sum_{i=1}^{n}\boldsymbol{F}(\xi_i,\eta_i)\cdot\Delta\boldsymbol{r}_i\\&=\lim_{\lambda\to 0}\sum_{i=1}^{n}[P(\xi_i,\eta_i)\Delta x_i+Q(\xi_i,\eta_i)\Delta y_i].\end{aligned}$$

二、第二类曲线积分的概念及性质

上述和式的极限在研究其他问题时也会遇到，因而引入下面的定义.

定义 10.2　设 $L:\boldsymbol{r}(t)=(x(t),y(t))$ 为 xOy 面内从点 $A(x(\alpha),y(\alpha))$ 到点 $B(x(\beta),y(\beta))$ 的一条有向光滑曲线弧. 向量函数 $\boldsymbol{F}(x,y)=P(x,y)\boldsymbol{i}+Q(x,y)\boldsymbol{j}$ 在 L 上有界①. 用分点

$$A=A_0(x_0,y_0),A_1(x_1,y_1),\cdots,A_n(x_n,y_n)=B$$

将曲线 L 按照从 A 到 B 的方向任意分为 n 个有向小弧段 $\overset{\frown}{A_{i-1}A_i}$，这里 $A_i(x_i,y_i)=A_i(x(t_i),y(t_i))(i=0,1,2,\cdots,n)$，记 $\Delta x_i=x_i-x_{i-1}$，$\Delta y_i=y_i-y_{i-1}$，并在小弧段 $\overset{\frown}{A_{i-1}A_i}$ 上任取点 (ξ_i,η_i)，作和式

$$\sum_{i=1}^{n}\boldsymbol{F}(\xi_i,\eta_i)\cdot\Delta\boldsymbol{r}_i=\sum_{i=1}^{n}[P(\xi_i,\eta_i)\Delta x_i+Q(\xi_i,\eta_i)\Delta y_i],$$

其中 $\Delta\boldsymbol{r}_i=\boldsymbol{r}(t_i)-\boldsymbol{r}(t_{i-1})=\Delta x_i\boldsymbol{i}+\Delta y_i\boldsymbol{j}$，再记 $\lambda=\max\limits_{1\leqslant i\leqslant n}\{|\Delta\boldsymbol{r}_i|\}$，如果 $\lambda\to 0$ 时，此和式的极限总存在，则称此极限为向量值函数 $\boldsymbol{F}(x,y)$ 在有向曲线弧 L 上的**第二类曲线积分**，记作

$$\begin{aligned}\int_L\boldsymbol{F}(x,y)\cdot\mathrm{d}\boldsymbol{r}&=\int_L P(x,y)\mathrm{d}x+Q(x,y)\mathrm{d}y\\&=\lim_{\lambda\to 0}\sum_{i=1}^{n}[P(\xi_i,\eta_i)\Delta x_i+Q(\xi_i,\eta_i)\Delta y_i].\end{aligned}$$

有向曲线 L 称为**积分路径**.

称表达式

$$\int_L\boldsymbol{F}(x,y)\cdot\mathrm{d}\boldsymbol{r}$$

为第二类曲线积分的向量形式，而称表达式

① $\boldsymbol{F}(x,y)$ 在 L 上有界是指其模 $|\boldsymbol{F}(x,y)|$ 在 L 上有界. 容易证明 $\boldsymbol{F}(x,y)$ 在 L 上有界的充分必要条件是它的分量 $P(x,y)$，$Q(x,y)$ 均在 L 上有界.

$$\int_L P(x,y)\mathrm{d}x + Q(x,y)\mathrm{d}y$$

为第二类曲线积分的坐标形式，由此可知 $\mathrm{d}\boldsymbol{r} = (\mathrm{d}x, \mathrm{d}y)$，并常将上式记作

$$\int_L P(x,y)\mathrm{d}x + Q(x,y)\mathrm{d}y = \int_L P(x,y)\mathrm{d}x + \int_L Q(x,y)\mathrm{d}y.$$

特殊地，当 $Q(x,y) = 0$，即 $\boldsymbol{F}(x,y) = P(x,y)\boldsymbol{i}$ 时，

$$\int_L \boldsymbol{F}(x,y) \cdot \mathrm{d}\boldsymbol{r} = \int_L P(x,y)\mathrm{d}x = \lim_{\lambda\to 0}\sum_{i=1}^{n} P(\xi_i, \eta_i)\Delta x_i,$$

即单独的积分 $\int_L P(x,y)\mathrm{d}x$ 也是第二类曲线积分. 并称它为数量值函数 $P(x,y)$ 在有向曲线弧 L 上**对坐标 x 的曲线积分**.

同理，积分 $\int_L Q(x,y)\mathrm{d}y$ 也是第二类曲线积分，并称其为数量值函数 $Q(x,y)$ 在有向曲线弧 L 上**对坐标 y 的曲线积分**：

$$\int_L Q(x,y)\mathrm{d}y = \lim_{\lambda\to 0}\sum_{i=1}^{n} Q(\xi_i, \eta_i)\Delta y_i.$$

根据定义，变力 $\boldsymbol{F}(x,y)$ 沿曲线 L 从点 A 到点 B 对质点所做的功为

$$W = \int_L \boldsymbol{F}(x,y) \cdot \mathrm{d}\boldsymbol{r} = \int_L P(x,y)\mathrm{d}x + Q(x,y)\mathrm{d}y.$$

可以证明，当曲线 L 分段光滑，向量值函数 $\boldsymbol{F}(x,y) = P(x,y)\boldsymbol{i} + Q(x,y)\boldsymbol{j}$ 的各个分量函数 $P(x,y)$ 及 $Q(x,y)$ 在 L 上连续时，$\boldsymbol{F}(x,y)$ 在有向曲线弧 L 上的第二类曲线积分存在.

上面给出了二维向量值函数 $\boldsymbol{F}(x,y)$ 在平面有向曲线弧 L 上的第二类曲线积分的定义. 同样可以定义三维向量值函数 $\boldsymbol{F}(x,y,z) = P(x,y,z)\boldsymbol{i} + Q(x,y,z)\boldsymbol{j} + R(x,y,z)\boldsymbol{k}$ 在空间有向曲线弧 $\Gamma: \boldsymbol{r}(t) = (x(t), y(t), z(t))$ 上由点 $A(x(\alpha), y(\alpha), z(\alpha))$ 到点 $B(x(\beta), y(\beta), z(\beta))$ 的第二类曲线积分：

$$\begin{aligned}\int_\Gamma \boldsymbol{F}(x,y,z) \cdot \mathrm{d}\boldsymbol{r} &= \int_\Gamma P(x,y,z)\mathrm{d}x + Q(x,y,z)\mathrm{d}y + R(x,y,z)\mathrm{d}z \\ &= \lim_{\lambda\to 0}\sum_{i=1}^{n}[P(\xi_i,\eta_i,\zeta_i)\Delta x_i + Q(\xi_i,\eta_i,\zeta_i)\Delta y_i \\ &\quad + R(\xi_i,\eta_i,\zeta_i)\Delta z_i],\end{aligned}$$

并且可以表示为

$$\begin{aligned}&\int_\Gamma P(x,y,z)\mathrm{d}x + Q(x,y,z)\mathrm{d}y + R(x,y,z)\mathrm{d}z \\ &= \int_\Gamma P(x,y,z)\mathrm{d}x + \int_\Gamma Q(x,y,z)\mathrm{d}y + \int_\Gamma R(x,y,z)\mathrm{d}z.\end{aligned}$$

第二类曲线积分具有以下一些性质.

性质 1（线性性质） $\forall \alpha, \beta \in \mathbf{R}^1$，

$$\int_L [\alpha \boldsymbol{F}_1(x,y)+\beta \boldsymbol{F}_2(x,y)]\cdot \mathrm{d}\boldsymbol{r}=\alpha\int_L \boldsymbol{F}_1(x,y)\cdot \mathrm{d}\boldsymbol{r}+\beta\int_L \boldsymbol{F}_2(x,y)\cdot \mathrm{d}\boldsymbol{r}.$$

性质 2（关于积分弧段的可加性）　如果有向曲线弧 L 可分成 L_1 和 L_2 两段，则

$$\int_L \boldsymbol{F}(x,y)\cdot \mathrm{d}\boldsymbol{r}=\int_{L_1} \boldsymbol{F}(x,y)\cdot \mathrm{d}\boldsymbol{r}+\int_{L_2} \boldsymbol{F}(x,y)\cdot \mathrm{d}\boldsymbol{r}.$$

性质 3（积分路径的有向性）　设 L 是有向光滑曲线弧，起点为 A，终点为 B. L^- 是 L 的反向曲线弧，则

$$\int_{L^-} \boldsymbol{F}(x,y)\cdot \mathrm{d}\boldsymbol{r}=-\int_L \boldsymbol{F}(x,y)\cdot \mathrm{d}\boldsymbol{r}.$$

这是因为

$$\begin{aligned}\int_{L^-} \boldsymbol{F}(x,y)\cdot \mathrm{d}\boldsymbol{r}&=\int_{\widehat{BA}} \boldsymbol{F}(x,y)\cdot \mathrm{d}\boldsymbol{r}=\lim_{\lambda\to 0}\sum_{i=1}^{n}\boldsymbol{F}(\xi_i,\eta_i)\cdot \overrightarrow{A_iA_{i-1}}\\&=\lim_{\lambda\to 0}\sum_{i=1}^{n}\boldsymbol{F}(\xi_i,\eta_i)\cdot (-\overrightarrow{A_{i-1}A_i})\\&=-\lim_{\lambda\to 0}\sum_{i=1}^{n}\boldsymbol{F}(\xi_i,\eta_i)\cdot \overrightarrow{A_{i-1}A_i}\\&=-\int_{\widehat{AB}} \boldsymbol{F}(x,y)\cdot \mathrm{d}\boldsymbol{r}=-\int_L \boldsymbol{F}(x,y)\cdot \mathrm{d}\boldsymbol{r}.\end{aligned}$$

从物理意义上看，若$\int_L \boldsymbol{F}(x,y)\cdot \mathrm{d}\boldsymbol{r}$ 是质点沿曲线 L 从点 A 移动到点 B 时力 $\boldsymbol{F}(x,y)$ 对质点所做的功，则$\int_{L^-} \boldsymbol{F}(x,y)\cdot \mathrm{d}\boldsymbol{r}$表示质点沿曲线$L^-$ 从点 B 移动到点A 时力 $\boldsymbol{F}(x,y)$ 对质点所做的功，它们恰好差一负号.

性质 3 表示，当积分弧段的方向改变时，第二类曲线积分要改变符号，这是它与第一类曲线积分的一个重要不同之处.

当积分路径 L 为封闭曲线时，规定逆时针方向为正方向. 并且将沿封闭有向曲线 L 的第二类曲线积分记作

$$\oint_L \boldsymbol{F}(x,y)\cdot \mathrm{d}\boldsymbol{r}.$$

三、两类曲线积分之间的联系

设 L 是一条平面有向光滑曲线弧，其参数方程为

$$\begin{cases}x=\varphi(t),\\ y=\psi(t).\end{cases}$$

起点 A、终点 B 分别对应参数 a，b. 并设 $\varphi(t)$，$\psi(t)$ 在以 a，b 为端点的闭区间上具有一阶连续导数，且$[\varphi'(t)]^2+[\psi'(t)]^2\neq 0$.

曲线 L 上点 $M(\varphi(t),\psi(t))$ 处的切向量为

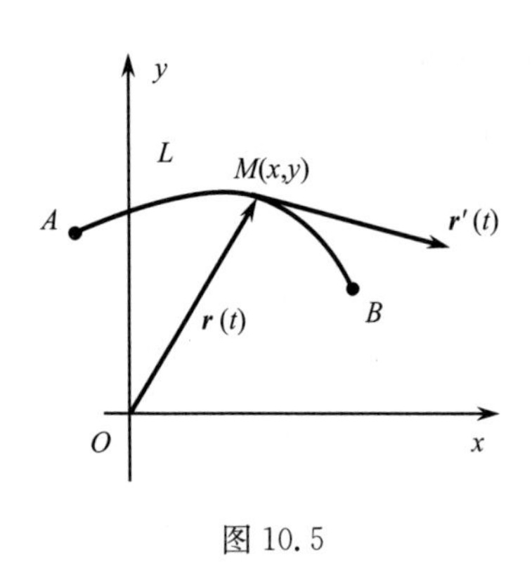

图 10.5

$$\boldsymbol{r}'(t)=(\varphi'(t),\psi'(t)).$$

它的指向与参数 t 增大时曲线上点的移动方向一致(图 10.5).

若用 $\boldsymbol{e}_L=(\cos\alpha,\cos\beta)$ 表示曲线 L 上点 $M(\varphi(t),\psi(t))$ 处指向与曲线 L 的正向一致的单位切向量,则显然有

当 $a<b$(即起点处的参数值小)时,$\boldsymbol{e}_L$ 与 $\boldsymbol{r}'(t)$ 同向;

当 $a>b$(即起点处的参数值大)时,$\boldsymbol{e}_L$ 与 $\boldsymbol{r}'(t)$ 反向.

现在来考察 $\mathrm{d}\boldsymbol{r}$ 的大小. 对于曲线 $L: x=\varphi(t), y=\psi(t)$($t$ 由 a 变化到 b)来说,其弧微分为

$$\mathrm{d}s=\sqrt{[\varphi'(t)]^2+[\psi'(t)]^2}\,\mathrm{d}t=\sqrt{(\mathrm{d}x)^2+(\mathrm{d}y)^2},$$

由此可知,$\mathrm{d}\boldsymbol{r}=(\mathrm{d}x,\mathrm{d}y)$ 的大小等于弧微分 $\mathrm{d}s$,即 $|\mathrm{d}\boldsymbol{r}|=\mathrm{d}s$.

再考察 $\mathrm{d}\boldsymbol{r}$ 的方向. 在曲线 L 上,

$$\mathrm{d}\boldsymbol{r}=(\mathrm{d}x,\mathrm{d}y)=(\varphi'(t)\mathrm{d}t,\psi'(t)\mathrm{d}t)=(\varphi'(t),\psi'(t))\mathrm{d}t=\boldsymbol{r}'(t)\mathrm{d}t,$$

故

当 $a<b$ 时,由 $\mathrm{d}t>0$ 可知 $\mathrm{d}\boldsymbol{r}$ 与 $\boldsymbol{r}'(t)$ 同向,从而与 $\boldsymbol{e}_L$ 同向;

当 $a>b$ 时,由 $\mathrm{d}t<0$ 可知 $\mathrm{d}\boldsymbol{r}$ 与 $\boldsymbol{r}'(t)$ 反向,从而也与 $\boldsymbol{e}_L$ 同向.

于是 $\mathrm{d}\boldsymbol{r}=\boldsymbol{e}_L\mathrm{d}s=(\cos\alpha,\cos\beta)\mathrm{d}s$,

$$\int_L\boldsymbol{F}(x,y)\cdot\mathrm{d}\boldsymbol{r}=\int_L\boldsymbol{F}(x,y)\cdot\boldsymbol{e}_L\mathrm{d}s.$$

这就是两类曲线积分之间联系的向量表达式. 另一方面,

$$\begin{aligned}&\int_L P(x,y)\mathrm{d}x+Q(x,y)\mathrm{d}y\\=&\int_L\boldsymbol{F}(x,y)\cdot\mathrm{d}\boldsymbol{r}\\=&\int_L[P(x,y)\boldsymbol{i}+Q(x,y)\boldsymbol{j}]\cdot[\cos\alpha\boldsymbol{i}+\cos\beta\boldsymbol{j}]\mathrm{d}s\\=&\int_L[P(x,y)\cos\alpha+Q(x,y)\cos\beta]\mathrm{d}s.\end{aligned}$$

这就是两类曲线积分之间联系的坐标表达式.

类似可得空间曲线弧 Γ 上的两类曲线积分之间的联系:

$$\begin{aligned}&\int_\Gamma P(x,y,z)\mathrm{d}x+Q(x,y,z)\mathrm{d}y+R(x,y,z)\mathrm{d}z\\=&\int_\Gamma[P(x,y,z)\cos\alpha+Q(x,y,z)\cos\beta+R(x,y,z)\cos\gamma]\mathrm{d}s,\end{aligned}$$

其中 $\cos\alpha=\cos\alpha(x,y,z)$，$\cos\beta=\cos\beta(x,y,z)$，$\cos\gamma=\cos\gamma(x,y,z)$ 为有向曲线弧 Γ 在点 (x,y,z) 处的与曲线正向一致的切向量的方向余弦.

四、第二类曲线积分的计算

定理 10.2　设 L 是一条平面有向光滑曲线弧,其参数方程为

$$\begin{cases}x=\varphi(t),\\ y=\psi(t).\end{cases}$$

当参数 t 单调地由 a 变到 b 时,点 $M(x,y)$ 从 L 的起点 A 沿 L 移动到点 B. 函数 $P(x,y)$,$Q(x,y)$ 在曲线 L 上连续,$\varphi(t)$, $\psi(t)$ 在以 a 及 b 为端点的闭区间上具有一阶连续导数,并且 $[\varphi'(t)]^2+[\psi'(t)]^2\neq 0$,则有

$$\begin{aligned}&\int_L P(x,y)\mathrm{d}x+Q(x,y)\mathrm{d}y\\ &=\int_a^b\{P[\varphi(t),\psi(t)]\varphi'(t)+Q[\varphi(t),\psi(t)]\psi'(t)\}\mathrm{d}t.\end{aligned}\tag{10.3}$$

需要强调的是:右端定积分的下限 a 一定是 L 的起点处的参数值,上限 b 一定是 L 的终点处的参数值.

证　当 $a<b$ 时,曲线上点 (x,y) 处的指向与 L 的正方向一致的单位切向量

$$\boldsymbol{e}_L=\left(\frac{\varphi'(t)}{\sqrt{[\varphi'(t)]^2+[\psi'(t)]^2}},\frac{\psi'(t)}{\sqrt{[\varphi'(t)]^2+[\psi'(t)]^2}}\right).$$

因此

$$\cos\alpha=\frac{\varphi'(t)}{\sqrt{[\varphi'(t)]^2+[\psi'(t)]^2}},$$

于是根据第一类曲线积分的计算法,就有

$$\begin{aligned}&\int_L P(x,y)\mathrm{d}x\\ &=\int_L P(x,y)\cos\alpha\mathrm{d}s\\ &=\int_a^b P[\varphi(t),\psi(t)]\frac{\varphi'(t)}{\sqrt{[\varphi'(t)]^2+[\psi'(t)]^2}}\sqrt{[\varphi'(t)]^2+[\psi'(t)]^2}\mathrm{d}t\\ &=\int_a^b P[\varphi(t),\psi(t)]\varphi'(t)\mathrm{d}t;\end{aligned}$$

当 $a>b$ 时,

$$\boldsymbol{e}_L=-\left(\frac{\varphi'(t)}{\sqrt{[\varphi'(t)]^2+[\psi'(t)]^2}},\frac{\psi'(t)}{\sqrt{[\varphi'(t)]^2+[\psi'(t)]^2}}\right),$$

$$\cos\alpha=-\frac{\varphi'(t)}{\sqrt{[\varphi'(t)]^2+[\psi'(t)]^2}},$$

这时有

$$\begin{aligned}
&\int_L P(x,y)\mathrm{d}x \\
&=\int_L P(x,y)\cos\alpha\mathrm{d}s \\
&=\int_b^a P[\varphi(t),\psi(t)]\left(-\frac{\varphi'(t)}{\sqrt{[\varphi'(t)]^2+[\psi'(t)]^2}}\right)\sqrt{[\varphi'(t)]^2+[\psi'(t)]^2}\mathrm{d}t \\
&=\int_b^a P[\varphi(t),\psi(t)]\,[-\varphi'(t)]\mathrm{d}t=\int_a^b P[\varphi(t),\psi(t)]\varphi'(t)\mathrm{d}t,
\end{aligned}$$

即无论 $a<b$,还是 $a>b$,都有

$$\int_L P(x,y)\mathrm{d}x=\int_a^b P[\varphi(t),\psi(t)]\varphi'(t)\mathrm{d}t,$$

其中下限 a 是 L 的起点处的参数值,上限 b 是 L 的终点处的参数值. 类似地有

$$\begin{aligned}
\int_L Q(x,y)\mathrm{d}y&=\int_L Q(x,y)\cos\beta\mathrm{d}s \\
&=\int_a^b Q[\varphi(t),\psi(t)]\psi'(t)\mathrm{d}t.
\end{aligned}$$

这就证明了公式(10.3).

公式(10.3)表明,计算对坐标的曲线积分

$$\int_L P(x,y)\mathrm{d}x+Q(x,y)\mathrm{d}y$$

时,只要把被积函数中的变量 x,y 分别换成 $\varphi(t),\psi(t)$,把 $\mathrm{d}x$, $\mathrm{d}y$ 按微分公式分别换成 $\varphi'(t)\mathrm{d}t,\psi'(t)\mathrm{d}t$,然后从 L 的起点所对应的参数值 a 到 L 的终点所对应的参数值 b 作定积分即可. 这里的**下限 a 不一定小于上限 b**.

由公式(10.3)可知,当积分路径 L 是垂直于 x 轴的直线段时,$\int_L P(x,y)\mathrm{d}x\equiv 0$;当 L 是垂直于 y 轴的直线段时,$\int_L Q(x,y)\mathrm{d}y\equiv 0$.

如果平面有向曲线 L 由直角坐标方程 $y=\psi(x)$ 给出,L 起点处的横坐标是 a,终点处的横坐标是 b,则可把它看作参数方程 $x=x,\ y=\psi(x)$,于是就有

$$\begin{aligned}
&\int_L P(x,y)\mathrm{d}x+Q(x,y)\mathrm{d}y \\
&=\int_a^b\{P[x,\psi(x)]+Q[x,\psi(x)]\psi'(x)\}\mathrm{d}x.
\end{aligned}$$

公式(10.3)可以推广到空间曲线 Γ 由参数方程

$$x=\varphi(t),\quad y=\psi(t),\quad z=\omega(t)$$

给出的情形,即有

$$\int_{\Gamma} P(x,y,z)\mathrm{d}x + Q(x,y,z)\mathrm{d}y + R(x,y,z)\mathrm{d}z$$
$$= \int_{a}^{b} \{P[\varphi(t),\psi(t),\omega(t)]\varphi'(t) + Q[\varphi(t),\psi(t),\omega(t)]\psi'(t) \quad (10.4)$$
$$+ R[\varphi(t),\psi(t),\omega(t)]\omega'(t)\}\mathrm{d}t,$$

这里下限 a 是曲线 Γ 的起点处的参数值，上限 b 是曲线 Γ 终点处的参数值.

例 1　计算 $\int_L (x+y)\mathrm{d}x - (x-y)\mathrm{d}y$，其中 L 为椭圆 $\frac{x^2}{a^2}+\frac{y^2}{b^2}=1$ 的上半部分（$y\geqslant 0$）自点 $A(-a,0)$ 到点 $B(a,0)$ 的弧段（图 10.6）.

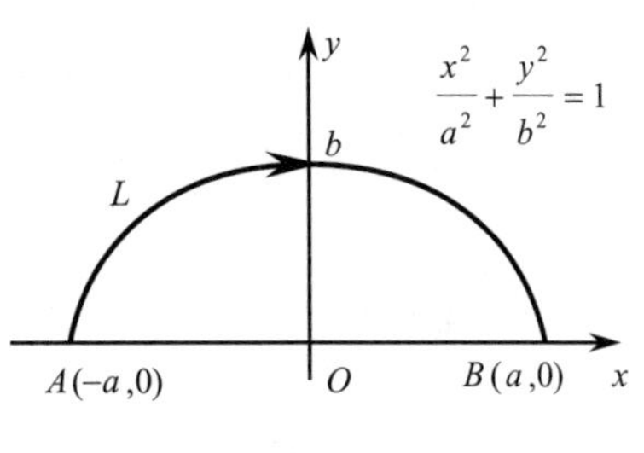

图 10.6

解　L 的参数方程是

$$x = a\cos t, \quad y = b\sin t,$$

参数 t 由 π 变到 0. 故

$$\int_L (x+y)\mathrm{d}x - (x-y)\mathrm{d}y$$
$$= \int_{\pi}^{0} [(a\cos t + b\sin t)(-a\sin t) - (a\cos t - b\sin t)b\cos t]\mathrm{d}t$$
$$= \int_{\pi}^{0} [(b^2-a^2)\sin t\cos t - ab]\mathrm{d}t$$
$$= \left[\frac{b^2-a^2}{2}\sin^2 t - abt\right]\Big|_{\pi}^{0} = ab\pi.$$

例 2　计算 $\int_L xy\mathrm{d}y$，其中 L 为抛物线 $y=x^2$ 上从点 $A(-1,1)$ 到点 $B(1,1)$ 的一段弧（图 10.7）.

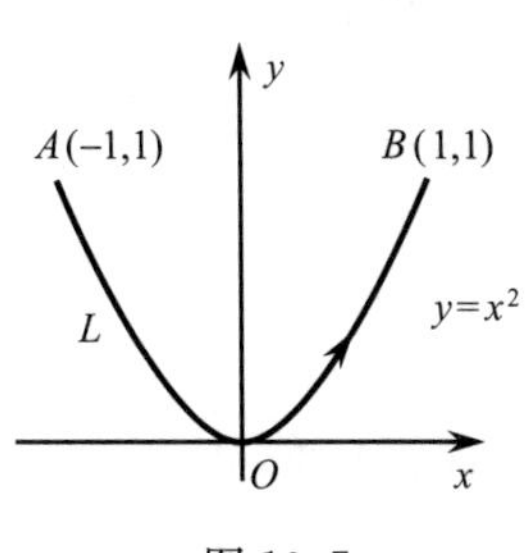

图 10.7

解　方法一　将所给积分化为对 x 的定积分来计算. 曲线 $L: y=x^2$，x 由 -1 变到 1，所以

$$\int_L xy\mathrm{d}y = \int_{-1}^{1} x\cdot x^2\cdot 2x\mathrm{d}x = 2\int_{-1}^{1} x^4\mathrm{d}x$$
$$= 4\int_0^1 x^4\mathrm{d}x = \frac{4}{5}.$$

方法二　将所给积分化为对 y 的定积分来计算. 由于 $x=\pm\sqrt{y}$ 不是单值函数，所以要分段计算. 把 L 分为 $\widehat{AO}$ 和 $\widehat{OB}$ 两段. $\widehat{AO}$ 的方程 $x=-\sqrt{y}$，y 由 1 变到 0；$\widehat{OB}$ 的方程 $x=\sqrt{y}$，y 由 0 变到 1. 因此

$$\int_L xy\mathrm{d}y = \int_{\widehat{AO}} xy\mathrm{d}y + \int_{\widehat{OB}} xy\mathrm{d}y$$

$$=\int_1^0(-\sqrt{y})\cdot y\mathrm{d}y+\int_0^1\sqrt{y}\cdot y\mathrm{d}y=2\int_0^1 y^{\frac{3}{2}}\mathrm{d}y=\frac{4}{5}.$$

显然,方法二比方法一要复杂一些.这就提示我们在计算第二类曲线积分时要注意积分变量的选取.

例3　计算$\int_L\frac{\mathrm{d}x+\mathrm{d}y}{|x|+|y|}$,其中$L$为由点$A(0,-1)$到点$B(1,0)$,再到点$C(0,1)$的折线段.

解　积分曲线L如图10.8所示.

AB的方程为$y=x-1$, x由0变化到1;BC的方程为$y=1-x$, x由1变化到0.

因为L的方程亦可写为$|x|+|y|=1(x\geqslant 0)$,所以

$$\int_L\frac{\mathrm{d}x+\mathrm{d}y}{|x|+|y|}=\int_L\mathrm{d}x+\mathrm{d}y=\int_{AB}\mathrm{d}x+\mathrm{d}y+\int_{BC}\mathrm{d}x+\mathrm{d}y$$
$$=\int_0^1(1+1)\mathrm{d}x+\int_1^0(1+(-1))\mathrm{d}x=2+0=2.$$

在计算此例时,是首先利用曲线方程将被积函数化简,然后再计算的.如果不这样,计算将会比较烦琐,读者不妨一试.

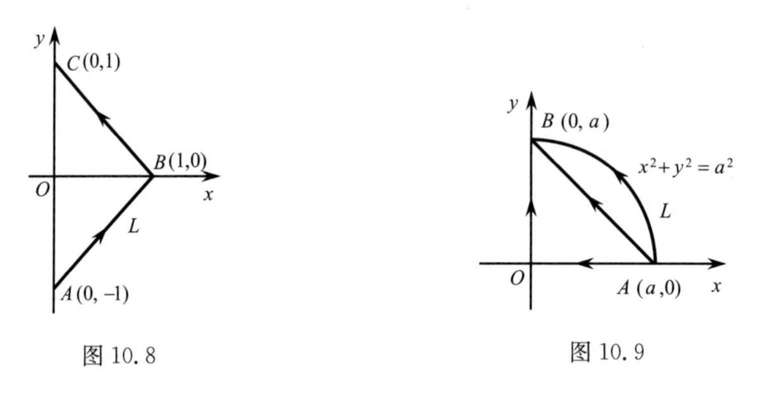

图10.8　　　　图10.9

例4　计算$\int_L y\mathrm{d}x+x\mathrm{d}y$.其中$L$为(图10.9):

(1) 圆弧$x^2+y^2=a^2(a>0)$上由点$A(a,0)$到点$B(0,a)$的一段弧;

(2) 直线段AB;

(3) 由点$A(a,0)$到点$O(0,0)$,再由点$O(0,0)$到点$B(0,a)$的折线段.

解　(1) 圆弧$\widehat{AB}$的参数方程是

$$x=a\cos\theta,\quad y=a\sin\theta,$$

θ由0变化到$\frac{\pi}{2}$,因此

$$\int_L y\mathrm{d}x + x\mathrm{d}y = \int_0^{\frac{\pi}{2}} [(a\sin\theta)(-a\sin\theta) + (a\cos\theta)(a\cos\theta)]\mathrm{d}\theta$$

$$= a^2\int_0^{\frac{\pi}{2}} (\cos^2\theta - \sin^2\theta)\mathrm{d}\theta = 0.$$

(2) 直线段 AB 的方程为 $y = a - x$，x 由 a 变化到 0，因此，

$$\int_L y\mathrm{d}x + x\mathrm{d}y = \int_a^0 [(a-x) + x\cdot(-1)]\mathrm{d}x = \int_a^0 [a-2x]\mathrm{d}x = 0.$$

(3) 直线段 AO 的方程为 $y = 0$，x 由 a 变化到 0；直线段 OB 的方程为 $x = 0$，y 由 0 变化到 a，并注意到在 AO 上，$\mathrm{d}y = 0$；在 OB 上，$\mathrm{d}x = 0$；因此有

$$\int_L y\mathrm{d}x + x\mathrm{d}y = \int_{AO} y\mathrm{d}x + x\mathrm{d}y + \int_{OB} y\mathrm{d}x + x\mathrm{d}y$$

$$= \int_{AO} y\mathrm{d}x + \int_{OB} x\mathrm{d}y = \int_a^0 0\mathrm{d}x + \int_0^a 0\mathrm{d}y = 0.$$

读者可能会注意到，沿三条不同的积分路径从 A 到 B 的曲线积分值相等. 以后将看到这并不是偶然的.

习题 10-2

1. 计算下列对坐标的曲线积分：

(1) $\int_L (x+y)\mathrm{d}x + (y-x)\mathrm{d}y$，其中 L 是曲线 $x = 2t^2 + t + 1$，$y = t^2 + 1$ 上从点(1,1) 到点(4,2) 的一段弧；

(2) $\int_L x\mathrm{e}^y\mathrm{d}x + \frac{\sin x}{x}\mathrm{d}y$，其中 L 是抛物线 $y = x^2$ 上自点 $A(0,0)$ 至点 $B(1,1)$ 的一段弧；

(3) $\oint_L \cos y\mathrm{d}x + \cos x\mathrm{d}y$，其中 L 是由直线 $y = x$，$x = \pi$ 和 x 轴所围三角形的正向边界；

(4) $\int_L (1+2xy)\mathrm{d}x + x^2\mathrm{d}y$，其中 L 为从点(1,0) 到点(−1,0) 的上半椭圆周 $x^2 + 2y^2 = 1$ $(y \geqslant 0)$；

(5) $\int_L (x^2+y^2)\mathrm{d}x + (x^2-y^2)\mathrm{d}y$，其中 L 为自点 $A(0,0)$ 至点 $B(1,1)$，再到点 $C(2,0)$ 的折线段；

(6) $\oint_L \frac{(x+y)\mathrm{d}x - (x-y)\mathrm{d}y}{x^2+y^2}$，其中 L 为依逆时针方向沿圆 $x^2 + y^2 = a^2$ 绕行一周的路径；

(7) $\int_\Gamma \frac{x\mathrm{d}y - y\mathrm{d}x}{x^2+y^2} + b\mathrm{d}z$，其中 Γ 为螺旋线 $x = a\cos t$，$y = a\sin t$，$z = bt$ 上由参数 $t = 0$ 到 $t = 2\pi$ 的一段有向弧；

(8) $\oint_\Gamma (z-y)\mathrm{d}x + (x-z)\mathrm{d}y + (x-y)\mathrm{d}z$，$\Gamma$ 为椭圆周 $\begin{cases} x^2 + y^2 = 1, \\ x - y + z = 2, \end{cases}$ 且从 z 轴正方向看去，Γ 取顺时针方向.

2. 计算$\int_L xy\mathrm{d}x+(y-x)\mathrm{d}y$,其中 L 是由点 $O(0,0)$ 到点 $A(1,1)$ 的下列四条不同路径:

(1) 直线 $L_1: y=x$;

(2) 抛物线 $L_2: y=x^2$;

(3) 抛物线 $L_3: x=y^2$;

(4) 立方抛物线 $L_4: y=x^3$.

3. 计算$\oint_L \boldsymbol{F}\cdot\mathrm{d}\boldsymbol{r}$,其中

(1) $\boldsymbol{F}=-y\boldsymbol{i}+x\boldsymbol{j}$, L 是由 $y=x$, $x=1$ 及 $y=0$ 围成的三角形闭路,逆时针方向;

(2) $\boldsymbol{F}=\dfrac{y\boldsymbol{i}-x\boldsymbol{j}}{x^2+y^2}$, L 是圆周 $x^2+y^2=a^2(a>0)$,顺时针方向.

*4. 今有一平面力场 $\boldsymbol{F}$,大小等于点(x,y) 到原点的距离,方向指向原点.

(1) 试计算单位质量的质点 P 沿椭圆$\dfrac{x^2}{a^2}+\dfrac{y^2}{b^2}=1$在第一象限中的弧段从点$(a,0)$ 移动至点$(0,b)$ 时,力 $\boldsymbol{F}$ 所做的功;

(2) 试计算质点 P 沿上述椭圆逆时针绕行一圈时,力 $\boldsymbol{F}$ 所做的功.

*5. 一力场其力的大小与作用点到 z 轴的距离成反比(比例系数为 k),方向垂直 z 轴且指向 z 轴. 一质点沿圆周 $x=\cos t$, $y=1$, $z=\sin t$ 由点 $M(1,1,0)$ 经四分之一圆弧至点 $N(0,1,1)$,求该力场对质点所做的功.

6. 一力场其力的大小等于质点到坐标原点的距离,方向指向原点,试求当质点沿圆柱螺旋线 $x=a\cos t$, $y=a\sin t$, $z=kt$ 从 $t=0$ 移动到 $t=2\pi$ 的一段弧时,该力场对质点所做的功.

*7. 把对坐标的曲线积分$\int_L P(x,y)\mathrm{d}x+Q(x,y)\mathrm{d}y$ 化成对弧长的曲线积分,其中 L 为:

(1) 在 xOy 面内沿直线从点$(0,0)$ 到点$(1,1)$;

(2) 在 xOy 面内沿抛物线 $y=x^2$ 从点$(0,0)$ 到点$(1,1)$.

*8. 将对坐标的曲线积分$\int_\Gamma P(x,y,z)\mathrm{d}x+Q(x,y,z)\mathrm{d}y+R(x,y,z)\mathrm{d}z$ 化为对弧长的曲线积分,其中 Γ 为圆柱螺线 $x=a\cos t$, $y=a\sin t$, $z=bt$ $(0\leqslant t\leqslant 2\pi)$ 从点 $A(a,0,0)$ 到点 $B(a,0,2\pi b)$ 的一段弧.

第三节 格 林 公 式

一元函数积分学中介绍了牛顿-莱布尼茨公式

$$\int_a^b F'(x)\mathrm{d}x=F(b)-F(a).$$

公式给出了 $F'(x)$ 在区间$[a,b]$上的定积分与它的原函数 $F(x)$ 在区间$[a,b]$端点(即线段的边界点)处的值的关系.

本节要介绍的格林[①]公式则揭示了二元函数在平面闭区域 D 上的二重积分与沿 D 的边界曲线 ∂D 的曲线积分之间的关系，这种关系是牛顿-莱布尼茨公式在二维空间的一个推广.

一、格林公式

在介绍格林公式之前，先介绍平面单连通区域和区域的正向边界的概念.

设 D 为平面区域，如果 D 内任一闭曲线所围的部分都属于 D，则称 D 为平面**单连通区域**(图 10.11)，否则称为**复连通区域**(图 10.13). 通俗地说，单连通区域就是不含有“洞”(包括“点洞”) 的区域，复连通区域是含有“洞”(包括“点洞”) 的区域. 例如，右半平面 $\{(x,y)\mid x>0\}$ 和圆形区域 $\{(x,y)\mid x^2+y^2<1\}$ 都是单连通区域；而圆环形区域 $\{(x,y)\mid 1<x^2+y^2<4\}$ 和 $\{(x,y)\mid 0<x^2+y^2<4\}$ 都是复连通区域.

对于平面闭区域 D，规定其边界曲线 ∂D 的正向如下：当观察者沿 ∂D 的这个方向行进时，D 内在他近旁的部分总位于他的左侧. 为了明确起见，D 的正方向的边界记作 ∂D^+，并称为 D 的**正向边界曲线**. 例如，设 D_1 是闭区域 $\{(x,y)\mid x^2+y^2\leqslant 1\}$，那么 ∂D_1^+ 是逆时针方向的单位圆周 $\{(x,y)\mid x^2+y^2=1\}$；若 D_2 是闭区域 $\{(x,y)\mid x^2+y^2\geqslant 1\}$，则 ∂D_2^+ 是顺时针方向的单位圆周；又如圆环形闭区域 $D=\{(x,y)\mid 1\leqslant x^2+y^2\leqslant 4\}$ 的正向边界由逆时针方向的外圆周 $\{(x,y)\mid x^2+y^2=4\}$ 和顺时针方向的内圆周 $\{(x,y)\mid x^2+y^2=1\}$ 共同组成.

定理 10.3(Green 公式)　设平面闭区域 D 的正向边界曲线 ∂D^+ 是分段光滑的，函数 $P(x,y)$，$Q(x,y)$ 在 D 上具有一阶连续偏导数，则

$$\iint_D\left(\frac{\partial Q}{\partial x}-\frac{\partial P}{\partial y}\right)\mathrm{d}x\mathrm{d}y=\oint_{\partial D^+}P\mathrm{d}x+Q\mathrm{d}y \tag{10.5}$$

或

$$\iint_D\left(\frac{\partial Q}{\partial x}-\frac{\partial P}{\partial y}\right)\mathrm{d}x\mathrm{d}y=\oint_{\partial D}(P\cos\alpha+Q\cos\beta)\mathrm{d}s, \tag{10.5$'$}$$

其中 ∂D^+ 表示区域 D 的正向边界曲线，$\cos\alpha,\cos\beta$ 是 ∂D^+ 上点 (x,y) 处与曲线正方向一致的切向量的方向余弦. 公式(10.5) 及公式(10.5$'$) 都叫格林公式. 为便于记忆，格林公式也可用二阶行列式表示为

$$\iint_D\begin{vmatrix}\dfrac{\partial}{\partial x} & \dfrac{\partial}{\partial y}\\ P & Q\end{vmatrix}\mathrm{d}x\mathrm{d}y=\oint_{\partial D^+}P\mathrm{d}x+Q\mathrm{d}y,$$

这里，应当把 $\dfrac{\partial}{\partial x}$ 与 Q 的“积”理解为 $\dfrac{\partial Q}{\partial x}$，把 $\dfrac{\partial}{\partial y}$ 与 P 的“积”理解为 $\dfrac{\partial P}{\partial y}$.

---

① 格林(G. Green，1793 ～ 1841)，英国数学家、物理学家.

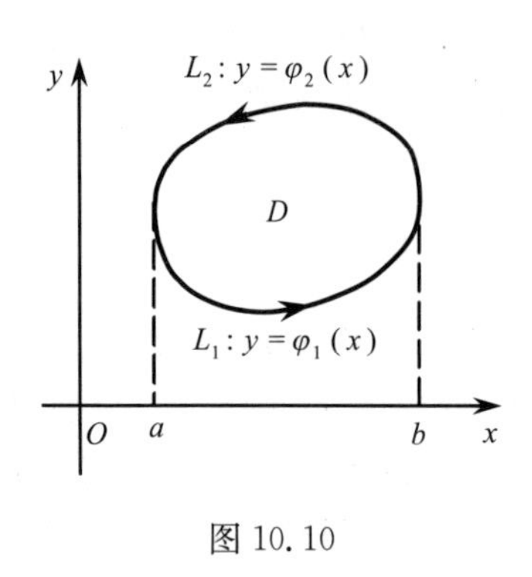

图 10.10

证　为证明本定理,我们分三种情形进行讨论.

(1) 首先假设 D 既是 X 型区域,又是 Y 型区域(图 10.10).

由 D 是 X 型区域,可将 D 表为

$$D=\{(x,y)\mid \varphi_1(x)\leqslant y\leqslant \varphi_2(x),a\leqslant x\leqslant b\}.$$

因为 $\frac{\partial P}{\partial y}$ 连续,由二重积分计算法有

$$\iint_D \frac{\partial P}{\partial y}\mathrm{d}x\mathrm{d}y=\int_a^b \mathrm{d}x\int_{\varphi_1(x)}^{\varphi_2(x)}\frac{\partial P}{\partial y}\mathrm{d}y=\int_a^b P(x,y)\Big|_{\varphi_1(x)}^{\varphi_2(x)}\mathrm{d}x$$
$$=\int_a^b\{P[x,\varphi_2(x)]-P[x,\varphi_1(x)]\}\mathrm{d}x.$$

另一方面,由对坐标的曲线积分的性质及计算法有

$$\oint_{\partial D^+}P\mathrm{d}x=\int_{L_1}P\mathrm{d}x+\int_{L_2}P\mathrm{d}x$$
$$=\int_a^b P[x,\varphi_1(x)]\mathrm{d}x+\int_b^a P[x,\varphi_2(x)]\mathrm{d}x$$
$$=-\int_a^b\{P[x,\varphi_2(x)]-P[x,\varphi_1(x)]\}\mathrm{d}x.$$

因此有

$$-\iint_D \frac{\partial P}{\partial y}\mathrm{d}x\mathrm{d}y=\oint_{\partial D^+}P\mathrm{d}x. \tag{10.6}$$

由 D 又是 Y 型的区域,类似地可证

$$\iint_D \frac{\partial Q}{\partial x}\mathrm{d}x\mathrm{d}y=\oint_{\partial D^+}Q\mathrm{d}y. \tag{10.7}$$

由于 D 既是 X 型的,又是 Y 型的,故(10.6)式及(10.7)式两式同时成立,将两式相加即得

$$\iint_D\left(\frac{\partial Q}{\partial x}-\frac{\partial P}{\partial y}\right)\mathrm{d}x\mathrm{d}y=\oint_{\partial D^+}P\mathrm{d}x+Q\mathrm{d}y.$$

(2) 设 D 是单连通区域,于是可将其表示为有限个既是 X 型又是 Y 型的子区域 D_k 的并集,而不同的子区域 D_i 和 D_j 没有公共内点. 例如图 10.11 所示区域,平行于坐标轴的直线与区域 D 的边界曲线的交点多于两个. 此时可用辅助曲线将 D 划分为三个子区域 D_1,D_2,D_3,使每个子区域都既是 X 型,又是 Y 型,于是,公式(10.5) 在每个子区域上均成立,即有

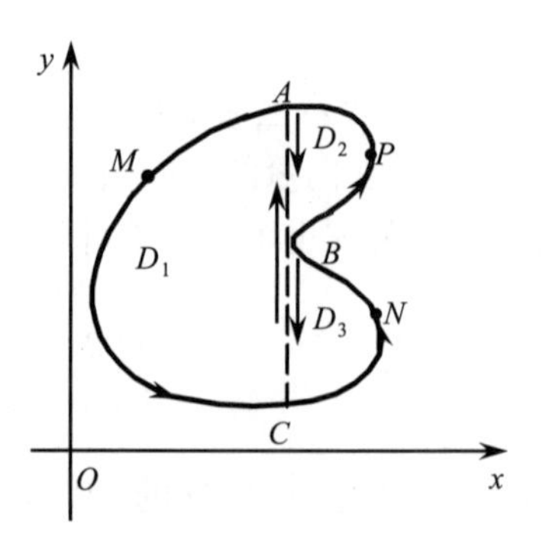

图 10.11

$$\iint_{D_1}\left(\frac{\partial Q}{\partial x}-\frac{\partial P}{\partial y}\right)\mathrm{d}x\mathrm{d}y=\oint_{\widehat{AMCBA}}P\,\mathrm{d}x+Q\mathrm{d}y,$$

$$\iint_{D_2}\left(\frac{\partial Q}{\partial x}-\frac{\partial P}{\partial y}\right)\mathrm{d}x\mathrm{d}y=\oint_{\widehat{ABPA}}P\,\mathrm{d}x+Q\mathrm{d}y,$$

$$\iint_{D_3}\left(\frac{\partial Q}{\partial x}-\frac{\partial P}{\partial y}\right)\mathrm{d}x\mathrm{d}y=\oint_{\widehat{BCNB}}P\,\mathrm{d}x+Q\mathrm{d}y.$$

将上述三个等式相加，并注意到在各子区域的公共边界（即辅助线）上，沿正反方向各积分一次，其值抵消，因此可得

$$\iint_{D}\left(\frac{\partial Q}{\partial x}-\frac{\partial P}{\partial y}\right)\mathrm{d}x\mathrm{d}y=\oint_{\partial D^+}P\mathrm{d}x+Q\mathrm{d}y.$$

(3) 设D是复连通区域，且可用若干条曲线(或直线) 把 D 分割为符合条件(2) 的有限个单连通子区域之并集，而这些子区域没有公共内点. 例如，图 10.12 所示区域，可作辅助线AB，于是以L_1+BA+L_2+AB为正向边界的区域D就是一个单连通区域，这里L_1取逆时针方向，L_2取顺时针方向，按上面讨论的结果，有

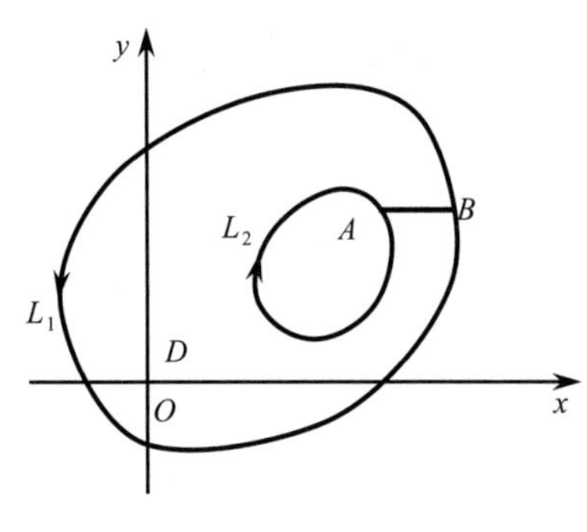

图 10.12

$$\iint_{D}\left(\frac{\partial Q}{\partial x}-\frac{\partial P}{\partial y}\right)\mathrm{d}x\mathrm{d}y=\oint_{L_1+BA+L_2+AB}P\,\mathrm{d}x+Q\mathrm{d}y.$$

注意到$\int_{BA+AB}P\,\mathrm{d}x+Q\mathrm{d}y=0$，而$L_1+L_2=\partial D^+$，故

$$\iint_{D}\left(\frac{\partial Q}{\partial x}-\frac{\partial P}{\partial y}\right)\mathrm{d}x\mathrm{d}y=\oint_{\partial D^+}P\,\mathrm{d}x+Q\mathrm{d}y.$$

最后指出，对于由分段光滑闭曲线围成的平面闭区域D，格林公式都是成立的. 并且由两类曲线积分的关系可知公式(10.5′) 也是成立的.

例 1　计算$\oint_L\dfrac{x\mathrm{d}y-y\mathrm{d}x}{x^2+y^2}$，其中$L$为任意一条分段光滑且不经过原点的闭曲线，$L$取正方向.

解　令$P=\dfrac{-y}{x^2+y^2}$，$Q=\dfrac{x}{x^2+y^2}$，则当$x^2+y^2\neq0$时，有

$$\frac{\partial Q}{\partial x}=\frac{y^2-x^2}{(x^2+y^2)^2}=\frac{\partial P}{\partial y}.$$

记L所围成的闭区域为D. 当$(0,0)\notin D$时，由公式(10.5) 便得

$$\oint_L\frac{x\mathrm{d}y-y\mathrm{d}x}{x^2+y^2}=\iint_D0\mathrm{d}x\mathrm{d}y=0.$$

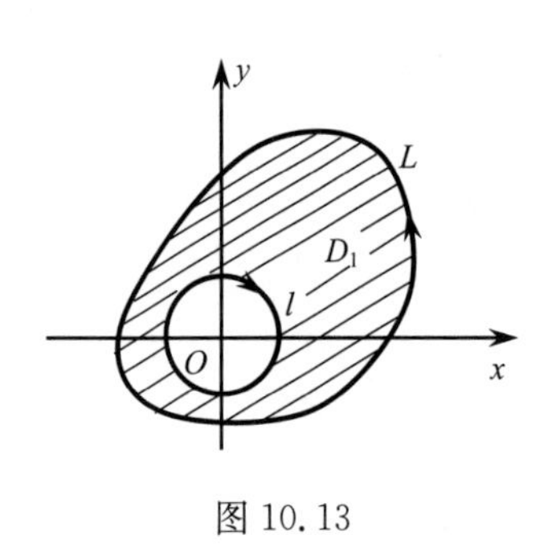

图 10.13

当$(0,0)\in D$时，由于P,Q在D上不连续，所以不能使用格林公式. 为解决这个问题，取足够小的正数r，作完全位于D内的圆周l：$\begin{cases}x=r\cos\theta,\\ y=r\sin\theta,\end{cases}$且取顺时针方向. 记由$L$和$l$围成的闭区域为$D_1$，则$D_1$不包含原点(图 10.13)，$P$与$Q$在$D_1$内有连续的一阶偏导数. 对复连通域$D_1$用格林公式，得

$$\oint_{L+l}\frac{x\mathrm{d}y-y\mathrm{d}x}{x^2+y^2}=\iint_{D_1}0\mathrm{d}x\mathrm{d}y=0.$$

于是

$$\begin{aligned}\oint_{L}\frac{x\mathrm{d}y-y\mathrm{d}x}{x^2+y^2}&=\oint_{L+l}\frac{x\mathrm{d}y-y\mathrm{d}x}{x^2+y^2}-\oint_{l}\frac{x\mathrm{d}y-y\mathrm{d}x}{x^2+y^2}\\&=0-\oint_{l}\frac{x\mathrm{d}y-y\mathrm{d}x}{x^2+y^2}\\&=-\int_{2\pi}^{0}\frac{r^2\cos^2\theta+r^2\sin^2\theta}{r^2}\mathrm{d}\theta=2\pi.\end{aligned}$$

例 2　计算$\iint\limits_{D}\mathrm{e}^{-y^2}\mathrm{d}x\mathrm{d}y$，其中$D$是以$O(0,0)$，$A(1,1)$，$B(0,1)$为顶点的三角形闭区域.

解　作出闭区域的图形如图 10.14 所示. 根据被积函数的特点，这个二重积分可以化为先对x后对y的二次积分来计算. 不过在这里利用格林公式把它化为曲线积分来计算. 为此，令$P=0$，$Q=x\mathrm{e}^{-y^2}$，则

$$\frac{\partial Q}{\partial x}-\frac{\partial P}{\partial y}=\mathrm{e}^{-y^2}.$$

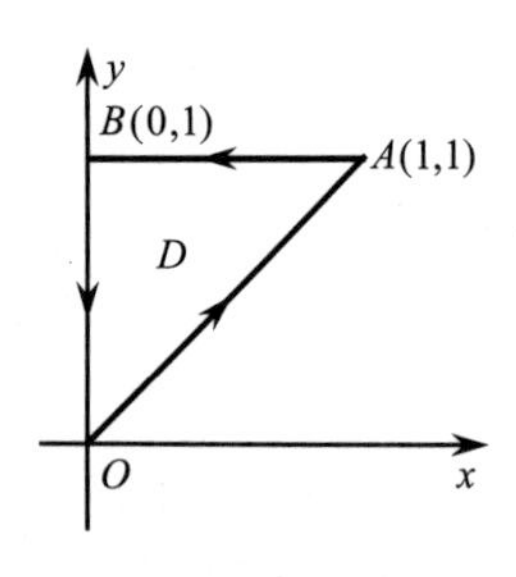

图 10.14

因此，由格林公式有

$$\iint\limits_{D}\mathrm{e}^{-y^2}\mathrm{d}x\mathrm{d}y=\oint_{\partial D^+}x\mathrm{e}^{-y^2}\mathrm{d}y,$$

其中$\partial D^+=OA+AB+BO$. 注意到沿直线段AB，$\mathrm{d}y=0$；在直线段BO上，$x=0$，故

$$\int_{AB}x\mathrm{e}^{-y^2}\mathrm{d}y=0,\quad \int_{BO}x\mathrm{e}^{-y^2}\mathrm{d}y=0,$$

从而

$$\iint\limits_{D}\mathrm{e}^{-y^2}\mathrm{d}x\mathrm{d}y=\oint_{\partial D^+}x\mathrm{e}^{-y^2}\mathrm{d}y=\int_{OA}x\mathrm{e}^{-y^2}\mathrm{d}y=\int_0^1x\mathrm{e}^{-x^2}\mathrm{d}x=\frac{1}{2}\left(1-\frac{1}{\mathrm{e}}\right).$$

例 3　计算第二类曲线积分

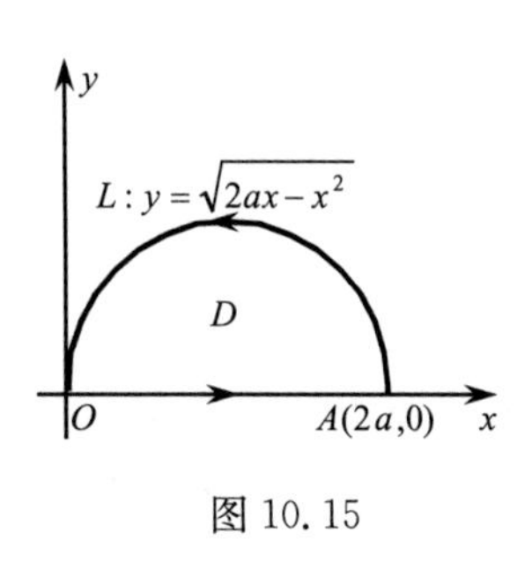

图 10.15

$$\int_L (e^x \sin y - my)dx + (e^x \cos y - m)dy,$$

其中 L 为圆 $(x-a)^2+y^2=a^2(a>0)$ 上从点 $A(2a,0)$ 沿上半圆周到原点 $O(0,0)$ 的部分.

解　若将 L 用参数方程表示,然后化为定积分求解,显然计算有困难. 现考虑使用格林公式来简化计算. 作自 O 至 A 的有向线段 OA,则 $L+OA$ 构成一条有向闭曲线,记该闭曲线所围闭区域为 D(图 10.15),利用格林公式可得

$$\begin{aligned}
&\int_L (e^x \sin y - my)dx + (e^x \cos y - m)dy \\
&= \oint_{L+OA} (e^x \sin y - my)dx + (e^x \cos y - m)dy \\
&\quad - \int_{OA} (e^x \sin y - my)dx + (e^x \cos y - m)dy \\
&= \iint_D \left[\frac{\partial}{\partial x}(e^x \cos y - m) - \frac{\partial}{\partial y}(e^x \sin y - my)\right]dxdy \\
&\quad - \int_{OA} (e^x \sin y - my)dx + (e^x \cos y - m)dy \\
&= m\iint_D dxdy - \int_{OA} (e^x \sin y - my)dx + (e^x \cos y - m)dy.
\end{aligned}$$

而 $\iint_D dxdy$ 等于 D 的面积 $\frac{1}{2}\pi a^2$, OA 的表达式为 $y=0$, x 由 0 变化到 $2a$,故

$$\int_{OA} (e^x \sin y - my)dx + (e^x \cos y - m)dy = \int_0^{2a} 0dx = 0.$$

从而,

$$\int_L (e^x \sin y - my)dx + (e^x \cos y - m)dy = \frac{m\pi a^2}{2}.$$

由此例可以看到,在计算某些第二类曲线积分时,添上适当的辅助曲线,再利用格林公式,就有可能简化计算.

我们已经学了用定积分或二重积分来计算某些平面图形的面积,下面我们将会看到,还可以用第二类曲线积分来计算某些平面图形的面积. 因为利用格林公式很容易得到如下几个公式:

$$\oint_{\partial D^+} xdy = \iint_D dxdy = A, \tag{10.8}$$

$$-\oint_{\partial D^+} ydx = \iint_D dxdy = A \tag{10.9}$$

及

$$\frac{1}{2}\oint_{\partial D^+}(x\mathrm{d}y-y\mathrm{d}x)=\iint_D \mathrm{d}x\mathrm{d}y=A, \tag{10.10}$$

其中 A 代表闭区域 D 的面积.

二、平面曲线积分与路径无关的几个等价条件

在物理、力学中要研究所谓势场,就是要研究场力所做的功与路径无关的情形.在什么条件下场力所做的功与路径无关?这个问题在数学上就是要研究曲线积分与路径无关的条件.为了研究这个问题,先要明确什么是曲线积分 $\int_L P\mathrm{d}x+Q\mathrm{d}y$ 与路径无关.

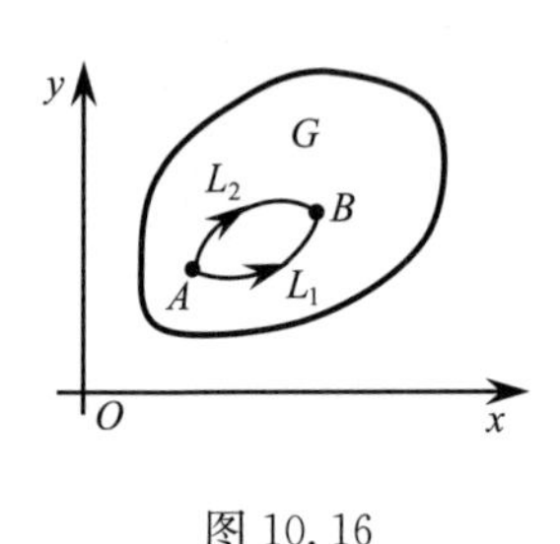

图 10.16

设 G 是一个区域,$P(x,y)$ 以及 $Q(x,y)$ 在区域 G 内具有一阶连续偏导数.如果对于 G 内任意指定的两个点 A、B 以及 G 内从 A 到 B 的任意两条曲线 L_1,L_2(图 10.16),等式

$$\int_{L_1} P\mathrm{d}x+Q\mathrm{d}y=\int_{L_2} P\mathrm{d}x+Q\mathrm{d}y$$

恒成立,就称**曲线积分** $\int_L P\mathrm{d}x+Q\mathrm{d}y$ **在 G 内与路径无关**,否则便说**与路径有关**.

下面给出平面曲线积分与路径无关的几个等价条件.

定理 10.4　设 G 是平面单连通区域,$\boldsymbol{F}(x,y)=(P(x,y),Q(x,y))\in C^{(1)}(G)$,则下面四个条件互相等价:

(1) 曲线积分 $\int_L P(x,y)\mathrm{d}x+Q(x,y)\mathrm{d}y$ 在 G 内与路径无关;

(2) 微分式 $P(x,y)\mathrm{d}x+Q(x,y)\mathrm{d}y$ 在 G 内是某个二元函数 $u(x,y)$ 的全微分,即

$$\mathrm{d}u=P(x,y)\mathrm{d}x+Q(x,y)\mathrm{d}y;$$

(3) $\dfrac{\partial Q}{\partial x}=\dfrac{\partial P}{\partial y}$ 在 G 内处处成立;

(4) 对 G 内的任意一条分段光滑的闭曲线 L,

$$\oint_L P(x,y)\mathrm{d}x+Q(x,y)\mathrm{d}y=0.$$

证　(1)⇒(2).

设点 $M_0(x_0,y_0)$ 为 G 内一定点,$M(x,y)$ 为 G 内任一点.由(1)知曲线积分 $\int_{\widehat{M_0M}} P\mathrm{d}x+Q\mathrm{d}y$ 与路径无关,因而积分值只依赖于终点 $M(x,y)$,即该积分是点 $M(x,y)$ 的函数,将其记作

$$u(x,y)=\int_{(x_0,y_0)}^{(x,y)}P(x,y)\mathrm{d}x+Q(x,y)\mathrm{d}y.$$

可以证明

$$\frac{\partial u}{\partial x}=P(x,y),\quad \frac{\partial u}{\partial y}=Q(x,y),$$

即二元函数 $u(x,y)$ 的全微分正是表达式 $P(x,y)\mathrm{d}x+Q(x,y)\mathrm{d}y$.

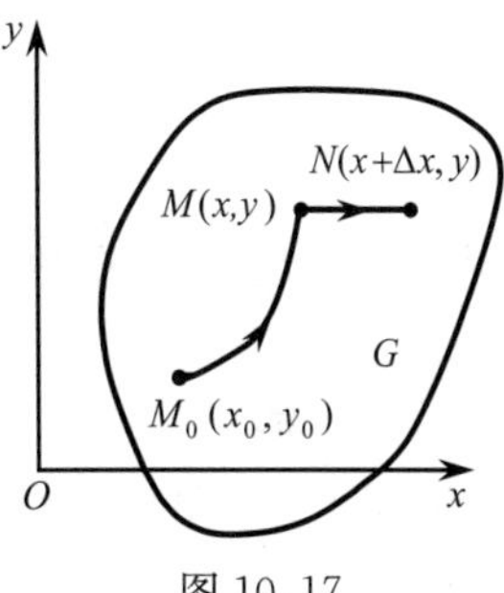

图 10.17

事实上,在点 $M(x,y)$ 邻近取一点 $N(x+\Delta x,y)$,并使 MN 在 G 内(图 10.17),于是

$$u(x+\Delta x,y)=\int_{(x_0,y_0)}^{(x+\Delta x,y)}P(x,y)\mathrm{d}x+Q(x,y)\mathrm{d}y.$$

因积分与路径无关,所以上式右端的积分可以选取路径为先从 $M_0(x_0,y_0)$ 到 $M(x,y)$,再沿平行于 x 轴的直线段从 M 到 $N(x+\Delta x,y)$ 的路径 $\widehat{M_0MN}$,从而

$$\begin{aligned}&u(x+\Delta x,y)-u(x,y)\\&=\left(\int_{\widehat{M_0M}}P\mathrm{d}x+Q\mathrm{d}y+\int_{MN}P\mathrm{d}x+Q\mathrm{d}y\right)-\int_{\widehat{M_0M}}P\mathrm{d}x+Q\mathrm{d}y\\&=\int_{MN}P\mathrm{d}x+Q\mathrm{d}y=\int_{(x,y)}^{(x+\Delta x,y)}P\mathrm{d}x+Q\mathrm{d}y.\end{aligned}$$

由于在直线段 MN 上,$y\equiv$ 常数,$\mathrm{d}y=0$,因此

$$u(x+\Delta x,y)-u(x,y)=\int_x^{x+\Delta x}P(x,y)\mathrm{d}x.$$

由积分中值定理得

$$\int_x^{x+\Delta x}P(x,y)\mathrm{d}x=P(\xi,y)\Delta x,$$

其中 ξ 在以 x 和 $x+\Delta x$ 为端点的闭区间上. 从而

$$\frac{u(x+\Delta x,y)-u(x,y)}{\Delta x}=\frac{P(\xi,y)\Delta x}{\Delta x}=P(\xi,y).$$

令 $\Delta x\to 0$,则 $\xi\to x$,于是由 $P(x,y)$ 的连续性知

$$\frac{\partial u}{\partial x}=\lim_{\Delta x\to 0}\frac{u(x+\Delta x,y)-u(x,y)}{\Delta x}=\lim_{\xi\to x}P(\xi,y)=P(x,y).$$

同理可证 $\frac{\partial u}{\partial y}=Q(x,y)$.

由 $P(x,y)$ 及 $Q(x,y)$ 在 G 内连续知 $\frac{\partial u}{\partial x}$ 及 $\frac{\partial u}{\partial y}$ 在 G 内连续,因此函数 $u(x,y)$ 在 G 内可微,且

$$\mathrm{d}u=\frac{\partial u}{\partial x}\mathrm{d}x+\frac{\partial u}{\partial y}\mathrm{d}y=P(x,y)\mathrm{d}x+Q(x,y)\mathrm{d}y.$$

这就证明了(1) 是(2) 的充分条件.

(2)⇒(3).

根据(2),微分式 $P(x,y)\mathrm{d}x+Q(x,y)\mathrm{d}y$ 是某函数 $u(x,y)$ 的全微分,即

$$\frac{\partial u}{\partial x}=P(x,y),\quad \frac{\partial u}{\partial y}=Q(x,y).$$

由上面两式得

$$\frac{\partial^2 u}{\partial x\partial y}=\frac{\partial P}{\partial y},\quad \frac{\partial^2 u}{\partial y\partial x}=\frac{\partial Q}{\partial x},$$

并由于$\dfrac{\partial P}{\partial y}$与$\dfrac{\partial Q}{\partial x}$连续,即得$\dfrac{\partial^2 u}{\partial x\partial y}$与$\dfrac{\partial^2 u}{\partial y\partial x}$连续,故有$\dfrac{\partial^2 u}{\partial x\partial y}=\dfrac{\partial^2 u}{\partial y\partial x}$,从而

$$\frac{\partial Q}{\partial x}=\frac{\partial P}{\partial y}.$$

这就证明了(2) 是(3) 的充分条件.

(3)⇒(4).

设 L 为 G 内任意一条分段光滑的有向闭曲线,它所包围的区域记作 D,根据(3) 及 G 是单连通区域知在 D 内每点(x,y),有$\dfrac{\partial Q}{\partial x}=\dfrac{\partial P}{\partial y}$,由格林公式

$$\oint_L P(x,y)\mathrm{d}x+Q(x,y)\mathrm{d}y=\iint_D\left(\frac{\partial Q}{\partial x}-\frac{\partial P}{\partial y}\right)\mathrm{d}x\mathrm{d}y=0.$$

这就证明了(3) 是(4) 的充分条件.

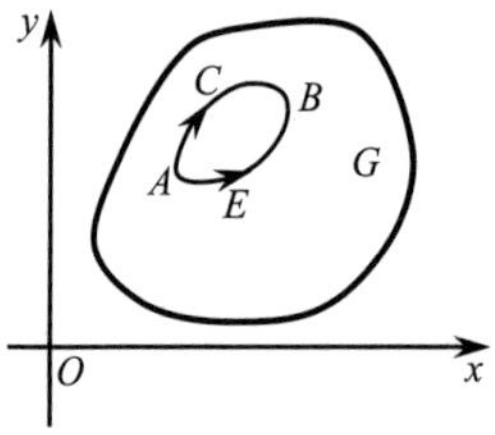

(4)⇒(1).

设 A,B 是 G 内任意两点,$\overset{\frown}{ACB}$ 与$\overset{\frown}{AEB}$ 为区域 G 内从点 A 到点 B 的任意两条路径(图 10.18),则$\overset{\frown}{ACBEA}$为 G 内闭曲线,于是由(4) 知

$$\begin{aligned}0&=\oint_{\overset{\frown}{ACBEA}}P\mathrm{d}x+Q\mathrm{d}y\\&=\int_{\overset{\frown}{ACB}}P\mathrm{d}x+Q\mathrm{d}y+\int_{\overset{\frown}{BEA}}P\mathrm{d}x+Q\mathrm{d}y\\&=\int_{\overset{\frown}{ACB}}P\mathrm{d}x+Q\mathrm{d}y-\int_{\overset{\frown}{AEB}}P\mathrm{d}x+Q\mathrm{d}y,\end{aligned}$$

图 10.18

故得

$$\int_{\overset{\frown}{ACB}}P\mathrm{d}x+Q\mathrm{d}y=\int_{\overset{\frown}{AEB}}P\mathrm{d}x+Q\mathrm{d}y.$$

这说明曲线积分在 G 内与路径无关. 也说明了(4)是(1)的充分条件.

这样便证明了四个条件的等价性.

在第二节例 4 中看到,起点与终点相同的两个曲线积分$\int_L y\mathrm{d}x+x\mathrm{d}y$ 相等,由

定理 10.4 来看,这不是偶然的,因为这里$\frac{\partial Q}{\partial x}=\frac{\partial P}{\partial y}=1$在整个 xOy 面内恒成立,而整个 xOy 面是单连通域,因此曲线积分$\int_L y\mathrm{d}x+x\mathrm{d}y$与路径无关.

在定理 10.4 中,要求区域 G 是单连通区域,且函数 $P(x,y)$,$Q(x,y)$在 G 内具有一阶连续偏导数. 如果这两个条件之一不能满足,那么定理的结论不能保证成立. 例如,在例 2 中已经看到,当 L 所围成的区域含有原点时,虽然除去原点外,恒有$\frac{\partial Q}{\partial x}=\frac{\partial P}{\partial y}$,但沿闭曲线的积分$\oint_L P\mathrm{d}x+Q\mathrm{d}y\neq 0$,其原因在于区域内含有破坏函数 P,Q 及$\frac{\partial Q}{\partial x}$,$\frac{\partial P}{\partial y}$连续性条件的点 O,这种点通常称为**奇点**.

例 4　计算曲线积分

$$I=\int_L(x+\mathrm{e}^y)\mathrm{d}x+(y+x\mathrm{e}^y)\mathrm{d}y,$$

其中 L 为圆周 $x^2+y^2=2x$ 上从原点 $O(0,0)$到点 $A(1,1)$的一段有向弧.

解　若写出 L 的参数方程,化为定积分求解,计算困难. 这里利用曲线积分与路径无关,另选一条简单路径积分.

记 $P=x+\mathrm{e}^y$, $Q=y+x\mathrm{e}^y$,则 P、Q 在整个 xOy 面上有一阶连续偏导数,且

$$\frac{\partial Q}{\partial x}=\mathrm{e}^y=\frac{\partial P}{\partial y},$$

故曲线积分与路径无关. 现选取 L_1 为从 $O(0,0)$经 $B(1,0)$到 $A(1,1)$的有向折线段(图 10.19),并注意到

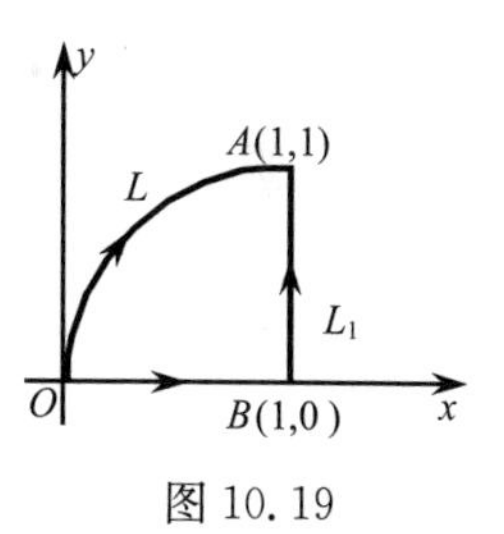

图 10.19

在 OB 上:$y=0$, $\mathrm{d}y=0$, x 由 0 变化到 1;

在 BA 上:$x=1$, $\mathrm{d}x=0$, y 由 0 变化到 1.

因此

$$\begin{aligned}I&=\int_L(x+\mathrm{e}^y)\mathrm{d}x+(y+x\mathrm{e}^y)\mathrm{d}y\\&=\int_{OB}(x+\mathrm{e}^y)\mathrm{d}x+(y+x\mathrm{e}^y)\mathrm{d}y+\int_{BA}(x+\mathrm{e}^y)\mathrm{d}x+(y+x\mathrm{e}^y)\mathrm{d}y\\&=\int_0^1(x+1)\mathrm{d}x+\int_0^1(y+\mathrm{e}^y)\mathrm{d}y\\&=\left(\frac{1}{2}x^2+x\right)\Big|_0^1+\left(\frac{1}{2}y^2+\mathrm{e}^y\right)\Big|_0^1=\mathrm{e}+1.\end{aligned}$$

三、平面曲线积分基本定理

设 $P(x,y)$, $Q(x,y)$ 在平面单连通区域 G 内有连续的一阶偏导数,如果存在可微函数 $u(x,y)$,使

$$du(x,y)=P(x,y)dx+Q(x,y)dy,\quad (x,y)\in G,$$

则称 $u(x,y)$ 是微分式 $Pdx+Qdy$ 的一个**原函数**.

利用原函数,可得到类似于微积分基本定理的**曲线积分基本定理**.

定理 10.5　若 $u(x,y)$ 是 $P(x,y)dx+Q(x,y)dy$ 在单连通域 G 上的一个原函数,则第二类曲线积分

$$\begin{aligned}&\int_{(x_1,y_1)}^{(x_2,y_2)}P(x,y)dx+Q(x,y)dy\\&=u(x,y)\Big|_{(x_1,y_1)}^{(x_2,y_2)}=u(x_2,y_2)-u(x_1,y_1).\end{aligned}\tag{10.11}$$

证　若 $u(x,y)$ 是 $P(x,y)dx+Q(x,y)dy$ 在单连通域 G 上的原函数,由定理 10.4(1)⇒(2) 的证明中,知 $u(x,y)$ 可表为

$$u(x,y)=\int_{(x_0,y_0)}^{(x,y)}P(x,y)dx+Q(x,y)dy,$$

其中 (x_0,y_0) 是 G 内一定点,(x,y) 是 G 内任一点,且曲线积分 $\int_L Pdx+Qdy$ 在 G 内与路径无关,于是

$$\begin{aligned}&\int_{(x_1,y_1)}^{(x_2,y_2)}P(x,y)dx+Q(x,y)dy\\&=\int_{(x_1,y_1)}^{(x_0,y_0)}P(x,y)dx+Q(x,y)dy+\int_{(x_0,y_0)}^{(x_2,y_2)}P(x,y)dx+Q(x,y)dy\\&=-\int_{(x_0,y_0)}^{(x_1,y_1)}P(x,y)dx+Q(x,y)dy+u(x_2,y_2)\\&=-u(x_1,y_1)+u(x_2,y_2)=u(x_2,y_2)-u(x_1,y_1).\end{aligned}$$

公式(10.11)为某些曲线积分的计算提供了比较简便的方法:如果被积表达式 $Pdx+Qdy$ 是某个函数 $u(x,y)$ 的全微分,即

$$Pdx+Qdy=du,$$

则函数 $u(x,y)$ 在积分路径终点与起点处函数值的差,就是该曲线积分的值. 这与牛顿 - 莱布尼茨公式很类似.

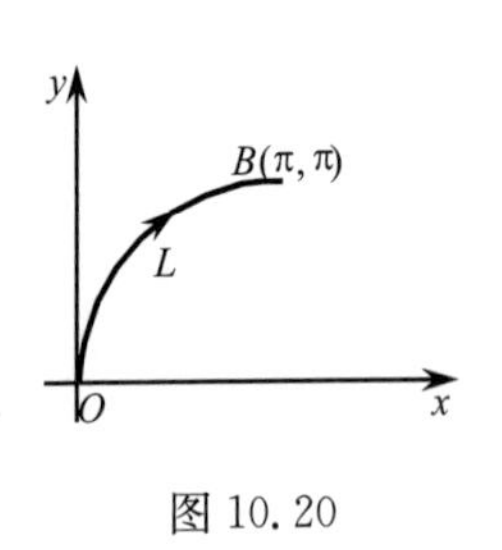

图 10.20

例 5　计算曲线积分 $I=\int_L(e^y+\sin x)dx+(xe^y-\cos y)dy$,其中 L 是沿圆弧 $(x-\pi)^2+y^2=\pi^2$ 由坐标原点 $O(0,0)$ 到点 $B(\pi,\pi)$ 较短的一段弧.

解　如图 10.20. 因为 $\frac{\partial P}{\partial y}=e^y=\frac{\partial Q}{\partial x}$ 在全平面成立,所以被积表达式 $(e^y+\sin x)dx+(xe^y-\cos y)dy$ 是某个函数 $u(x,y)$ 的全微分. 在这里,不难由微分运算得到

$(e^y+\sin x)dx+(xe^y-\cos y)dy$

$$= (e^y dx + xe^y dy) + \sin x dx - \cos y dy$$
$$= d(xe^y) - d\cos x - d\sin y$$
$$= d(xe^y - \cos x - \sin y).$$

因此

$$u(x,y) = xe^y - \cos x - \sin y.$$

于是由公式(10.11)便有

$$\int_L (e^y + \sin x)dx + (xe^y - \cos y)dy$$
$$= \int_{(0,0)}^{(\pi,\pi)} d(xe^y - \cos x - \sin y)$$
$$= (xe^y - \cos x - \sin y)\Big|_{(0,0)}^{(\pi,\pi)} = \pi e^\pi + 2.$$

在许多情况下，当曲线积分与路径无关时，被积表达式 $Pdx+Qdy$ 的原函数不是很容易就能观察出来的，这时，需要通过求曲线积分

$$u(x,y) = \int_{(x_0,y_0)}^{(x,y)} Pdx + Qdy$$

来得到. 并且，为了计算简单，通常取有向折线路径，但要求该路径包含在单连通区域 G 内.

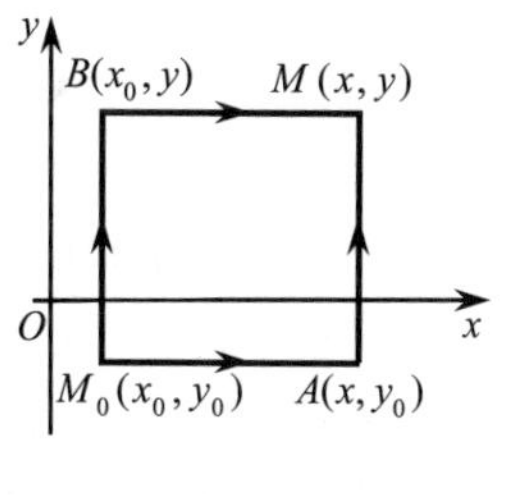

图 10.21

以折线段 $\widehat{M_0AM}$(图 10.21) 为例推出 $u(x,y)$ 的表达式. 在单连通区域内任意取定点 $M_0(x_0,y_0)$(为计算方便，通常取 M_0 为原点或坐标轴上的点)，设 $M(x,y)$ 为该区域内任一点，则 A 点坐标为 $A(x,y_0)$；M_0A 的方程为 $y=y_0$，x 由 x_0 变化到 x，沿 M_0A 有 $dy=0$；AM 的方程为 $x=x$，y 由 y_0 变化到 y，沿 AM 有 $dx=0$. 于是

$$u(x,y)=\int_{(x_0,y_0)}^{(x,y)} P(x,y)dx + Q(x,y)dy$$
$$= \int_{M_0A} P(x,y)dx + Q(x,y)dy + \int_{AM} P(x,y)dx + Q(x,y)dy$$
$$= \int_{x_0}^{x} P(x,y_0)dx + \int_{y_0}^{y} Q(x,y)dy. \tag{10.12}$$

如果取折线段为 $\widehat{M_0BM}$(图 10.21)，类似地推导可得

$$u(x,y) = \int_{y_0}^{y} Q(x_0,y)dy + \int_{x_0}^{x} P(x,y)dx. \tag{10.13}$$

习题 10-3

1. 计算下列曲线积分，并验证格林公式的正确性.

(1) $\oint_L (1-x^2)ydx + x(1+y^2)dy$，其中 L 是沿圆周 $x^2+y^2=R^2$，逆时针方向；

* (2) $\oint_L (x^3-3y)\mathrm{d}x+(x+\sin y)\mathrm{d}y$,其中$L$是以点$O(0,0)$,$A(1,0)$,$B(0,2)$为顶点的三角形区域的正向边界.

2. 利用格林公式计算下列曲线积分：

(1) $\oint_L (x+y)\mathrm{d}x+(x-y)\mathrm{d}y$,其中$L$是由方程$|x|+|y|=1$所确定的正向闭路；

(2) $\oint_L (x^2+y)\mathrm{d}x-(x-y^2)\mathrm{d}y$, L是椭圆$\frac{x^2}{a^2}+\frac{y^2}{b^2}=1$的正向闭路；

* (3) $\oint_L \mathrm{e}^x[(1-\cos y)\mathrm{d}x-(y-\sin y)\mathrm{d}y]$,其中$L$是域

$$D=\{(x,y)\mid 0\leqslant x\leqslant \pi,\ 0\leqslant y\leqslant \sin x\}$$

的正向边界；

(4) $\int_L (\mathrm{e}^x\sin y+8y)\mathrm{d}x+(\mathrm{e}^x\cos y-7x)\mathrm{d}y$,其中$L$是从$O(0,0)$沿上半圆周$x^2+y^2=6x(y\geqslant 0)$到$A(6,0)$的弧段；

(5) $\int_L (2x-4-y)\mathrm{d}x+(5y+3x-6)\mathrm{d}y$,其中$L$是从点$O(0,0)$到点$A(3,2)$再到点$B(4,0)$的折线段.

* 3. 计算曲线积分$\oint_L \frac{y\mathrm{d}x-x\mathrm{d}y}{x^2+y^2}$,其中$L$为

(1) 圆周$(x-1)^2+(y-1)^2=1$的正向；

(2) 椭圆$x^2+4y^2=4$的正向.

4. 利用第二类曲线积分,求下列曲线所围成的图形的面积：

(1) 曲线$x=\cos^3 t$, $y=\sin^3 t$;

* (2) 双纽线$\rho=a\sqrt{\cos 2\theta}$;

(3) 椭圆$9x^2+16y^2=144$.

5. 证明下列曲线积分在整个xOy平面内与路径无关,并计算积分值：

(1) $\int_{(0,1)}^{(1,3)} (x^2+2xy^2)\mathrm{d}x-(y^3-2x^2y)\mathrm{d}y$;

(2) $\int_{(0,0)}^{(2,2)} (1+x\mathrm{e}^{2y})\mathrm{d}x+(x^2\mathrm{e}^{2y}-y)\mathrm{d}y$;

* (3) $\int_{(0,0)}^{(a,b)} \frac{\mathrm{d}x+\mathrm{d}y}{1+(x+y)^2}$.

6. 验证下列$P(x,y)\mathrm{d}x+Q(x,y)\mathrm{d}y$在整个$xOy$平面内是某一函数$u(x,y)$的全微分,并求一个这样的$u(x,y)$.

(1) $(6xy+2y^2)\mathrm{d}x+(3x^2+4xy)\mathrm{d}y$;

(2) $(2xy^3-y^2\cos x)\mathrm{d}x+(1-2y\sin x+3x^2y^2)\mathrm{d}y$;

* (3) $\frac{2x(1-\mathrm{e}^y)}{(1+x^2)^2}\mathrm{d}x+\frac{\mathrm{e}^y}{1+x^2}\mathrm{d}y$.

* 7. 计算曲线积分

$$I=\int_L \frac{(x-y)\mathrm{d}x+(x+y)\mathrm{d}y}{x^2+y^2},$$

其中 L 为 $y=2(1-x^2)$ 上从点 $(-1,0)$ 到点 $(1,0)$ 的一段弧.

第四节　第一类曲面积分

一、实例分析

曲面形构件的质量　设有一分片光滑的物质曲面 Σ,其上质量分布不均匀,面密度函数为连续函数 $\mu(x,y,z)$, $(x,y,z)\in\Sigma$. 为求 Σ 的质量,可将曲面 Σ 任意分成 n 个小块,第 i 小 块曲面 $\Delta\Sigma_i$ 的面积记作 ΔS_i. 在 $\Delta\Sigma_i$ 上任取点 $P_i(\xi_i,\eta_i,\zeta_i)$,用 $\mu(\xi_i,\eta_i,\zeta_i)$ 近似表示整个小曲面 $\Delta\Sigma_i$ 的面密度,于是小曲面的质量

$$\Delta M_i\approx\mu(\xi_i,\eta_i,\zeta_i)\Delta S_i\quad(i=1,2,\cdots,n),$$

求和得曲面 Σ 的质量

$$M=\sum_{i=1}^{n}\Delta M_i\approx\sum_{i=1}^{n}\mu(\xi_i,\eta_i,\zeta_i)\Delta S_i,$$

用 λ 表示各小块曲面直径的最大值,令 $\lambda\to0$ 即得曲面 Σ 质量的精确值:

$$M=\lim_{\lambda\to0}\sum_{i=1}^{n}\mu(\xi_i,\eta_i,\zeta_i)\Delta S_i.$$

这种形式的极限在研究其他问题时也会遇到,称为第一类曲面积分. 下面给出一般的定义.

二、第一类曲面积分的概念及性质

定义 10.3　设函数 $f(x,y,z)$ 在分片光滑的曲面 Σ 上有界. 将 Σ 任意分成 n 小块,记第 i 小块曲面 $\Delta\Sigma_i$ 的面积为 ΔS_i,在第 i 小块曲面 $\Delta\Sigma_i$ 上任取一点 $M_i(\xi_i,\eta_i,\zeta_i)$,作乘积 $f(\xi_i,\eta_i,\zeta_i)\Delta S_i(i=1,2,\cdots,n)$,并作黎曼和 $\sum\limits_{i=1}^{n}f(\xi_i,\eta_i,\zeta_i)\Delta S_i$. 如果当各小块曲面直径的最大值 $\lambda\to0$ 时,这和式的极限总存在,则称该极限为函数 $f(x,y,z)$ 在曲面 Σ 上的**第一类曲面积分**或**对面积的曲面积分**,记作 $\iint\limits_{\Sigma}f(x,y,z)\mathrm{d}S$,即

$$\iint\limits_{\Sigma}f(x,y,z)\mathrm{d}S=\lim_{\lambda\to0}\sum_{i=1}^{n}f(\xi_i,\eta_i,\zeta_i)\Delta S_i,\tag{10.14}$$

其中曲面 Σ 称为**积分曲面**, $f(x,y,z)$ 称为**被积函数**, $f(x,y,z)\mathrm{d}S$ 称为**被积表达式**, $\mathrm{d}S$ 称为**面积元素**.

式(10.14)中的和式极限存在的一个充分条件是 $f(x,y,z)$ 在曲面 Σ 上连续. 这时也称函数 $f(x,y,z)$ 在曲面 Σ 上的第一类曲面积分存在.

由此可知,当面密度函数 $\mu(x,y,z)$ 在曲面 Σ 上连续时,物质曲面 Σ 的质量 M 为

$$M=\iint\limits_{\Sigma}\mu(x,y,z)\mathrm{d}S.$$

物质曲面的质心坐标$(\bar{x},\bar{y},\bar{z})$为

$$\bar{x}=\frac{1}{M}\iint_{\Sigma}x\mu(x,y,z)\mathrm{d}S,$$

$$\bar{y}=\frac{1}{M}\iint_{\Sigma}y\mu(x,y,z)\mathrm{d}S,$$

$$\bar{z}=\frac{1}{M}\iint_{\Sigma}z\mu(x,y,z)\mathrm{d}S.$$

读者可以仿此写出该物质曲面对三个坐标轴及原点的转动惯量积分表达式或对位于曲面外某点处的质点的引力的积分表达式.

当Σ是封闭曲面时,常将函数$f(x,y,z)$在曲面Σ上的第一类曲面积分记作$\oiint_{\Sigma}f(x,y,z)\mathrm{d}S$.

当被积函数为常数1时,曲面积分$\iint_{\Sigma}1\mathrm{d}S=\iint_{\Sigma}\mathrm{d}S$在数值上等于曲面$\Sigma$的面积.

当将曲面Σ分为Σ_1和Σ_2两块时(记作$\Sigma=\Sigma_1+\Sigma_2$),则有

$$\iint_{\Sigma}f(x,y,z)\mathrm{d}S=\iint_{\Sigma_1}f(x,y,z)\mathrm{d}S+\iint_{\Sigma_2}f(x,y,z)\mathrm{d}S.$$

第一类曲面积分还有与重积分类似的其他性质,这里不再详述.

三、第一类曲面积分的计算

定理 10.6 设光滑曲面Σ由方程

$$z=z(x,y),\quad (x,y)\in D_{xy}$$

给出,其中D_{xy}是曲面Σ在xOy面上的投影.函数$z=z(x,y)$在D_{xy}上具有连续偏导数,被积函数$f(x,y,z)$在Σ上连续,则有计算公式

$$\iint_{\Sigma}f(x,y,z)\mathrm{d}S=\iint_{D_{xy}}f[x,y,z(x,y)]\sqrt{1+z_x^2(x,y)+z_y^2(x,y)}\mathrm{d}x\mathrm{d}y.\qquad(10.15)$$

证 将曲面Σ任意分成n小块$\Delta\Sigma_i(i=1,2,\cdots,n)$,$\Delta\Sigma_i$的面积记作$\Delta S_i$,$\Delta\Sigma_i$在$xOy$面的投影区域为$(\Delta D_i)_{xy}$,$(\Delta D_i)_{xy}$的面积记作$(\Delta\sigma_i)_{xy}$.则小曲面$\Delta\Sigma_i$的面积$\Delta S_i$可表示为二重积分

$$\Delta S_i=\iint_{(\Delta D_i)_{xy}}\sqrt{1+z_x^2(x,y)+z_y^2(x,y)}\mathrm{d}x\mathrm{d}y,$$

应用二重积分的中值定理可得

$$\Delta S_i=\sqrt{1+z_x^2(\xi_i,\eta_i)+z_y^2(\xi_i,\eta_i)}(\Delta\sigma_i)_{xy},$$

其中(ξ_i,η_i)是小闭区域$(\Delta D_i)_{xy}$上的一点.

根据第一类曲面积分的定义，有

$$\iint_{\Sigma} f(x,y,z)\mathrm{d}S = \lim_{\lambda\to 0}\sum_{i=1}^{n} f(\xi_i',\eta_i',\zeta_i')\Delta S_i,$$

因为$(\xi_i',\eta_i',\zeta_i')$是曲面$\Sigma$上的点，所以$\zeta_i' = z(\xi_i',\eta_i')$. 且$(\xi_i',\eta_i',\zeta_i')$在$xOy$面上的投影$(\xi_i',\eta_i',0)$是小闭区域$(\Delta D_i)_{xy}$上的点. 根据$f(x,y,z)$在$\Sigma$上连续知其在曲面$\Sigma$上的第一类曲面积分存在，故可取$(\xi_i',\eta_i',\zeta_i') = (\xi_i,\eta_i,z(\xi_i,\eta_i))$，于是

$$\begin{aligned}&\sum_{i=1}^{n} f(\xi_i',\eta_i',\zeta_i')\Delta S_i\\ &= \sum_{i=1}^{n} f[\xi_i,\eta_i,z(\xi_i,\eta_i)]\sqrt{1+z_x^2(\xi_i,\eta_i)+z_y^2(\xi_i,\eta_i)}(\Delta\sigma_i)_{xy}.\end{aligned}$$

记μ为n个平面小闭区域$(\Delta D_i)_{xy}$直径中的最大值，显然当$\lambda\to 0$时，$\mu\to 0$.

由定理条件知，上式右端和的极限当$\mu\to 0$时存在，就等于函数$f[x,y,z(x,y)]\sqrt{1+z_x^2(x,y)+z_y^2(x,y)}$在平面闭区域$D_{xy}$上的二重积分：

$$\iint_{D_{xy}} f[x,y,z(x,y)]\sqrt{1+z_x^2(x,y)+z_y^2(x,y)}\mathrm{d}x\mathrm{d}y.$$

因此

$$\begin{aligned}\iint_{\Sigma} f(x,y,z)\mathrm{d}S &= \lim_{\lambda\to 0}\sum_{i=1}^{n} f(\xi_i',\eta_i',\zeta_i')\Delta S_i\\ &=\lim_{\mu\to 0}\sum_{i=1}^{n} f[\xi_i,\eta_i,z(\xi_i,\eta_i)]\sqrt{1+z_x^2(\xi_i,\eta_i)+z_y^2(\xi_i,\eta_i)}(\Delta\sigma_i)_{xy}\\ &=\iint_{D_{xy}} f[x,y,z(x,y)]\sqrt{1+z_x^2(x,y)+z_y^2(x,y)}\mathrm{d}x\mathrm{d}y.\end{aligned}$$

公式(10.15)表明，计算第一类曲面积分$\iint\limits_{\Sigma} f(x,y,z)\mathrm{d}S$时，只要把变量$z$换为$z(x,y)$，把面积元素$\mathrm{d}S$换为$\sqrt{1+z_x^2(x,y)+z_y^2(x,y)}\mathrm{d}x\mathrm{d}y$，再确定$\Sigma$在$xOy$面上的投影区域$D_{xy}$，然后在$D_{xy}$上作二重积分就行了.

当曲面Σ的方程为$x = x(y,z)$，$(y,z)\in D_{yz}$或$y = y(z,x)$，$(z,x)\in D_{zx}$时，也可类似地把第一类曲面积分化为相应的在yOz面上或在zOx面上的二重积分：

$$\iint_{\Sigma} f(x,y,z)\mathrm{d}S = \iint_{D_{yz}} f[x(y,z),y,z]\sqrt{1+x_y^2(y,z)+x_z^2(y,z)}\mathrm{d}y\mathrm{d}z,$$

$$\iint_{\Sigma} f(x,y,z)\mathrm{d}S = \iint_{D_{zx}} f[x,y(x,z),z]\sqrt{1+y_x^2(x,z)+y_z^2(x,z)}\mathrm{d}z\mathrm{d}x.$$

例 1　计算$\iint\limits_{\Sigma}\sqrt{1+4z}\mathrm{d}S$，其中$\Sigma$为旋转抛物面$z = x^2+y^2$上$z\leqslant 1$的部分

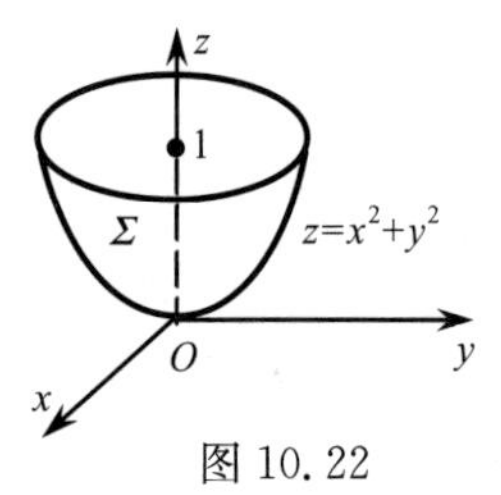

图 10.22

(图 10.22).

解　曲面 Σ 在 xOy 面上的投影区域 D_{xy} 为

$$D_{xy}=\{(x,y)\mid x^2+y^2\leqslant 1\}.$$

曲面 Σ 的面积元素

$$\mathrm{d}S=\sqrt{1+z_x^2(x,y)+z_y^2(x,y)}\,\mathrm{d}x\mathrm{d}y=\sqrt{1+4(x^2+y^2)}\,\mathrm{d}x\mathrm{d}y.$$

于是

$$\begin{aligned}\iint_{\Sigma}\sqrt{1+4z}\,\mathrm{d}S&=\iint_{D_{xy}}\sqrt{1+4(x^2+y^2)}\cdot\sqrt{1+4(x^2+y^2)}\,\mathrm{d}x\mathrm{d}y\\&=\iint_{D_{xy}}[1+4(x^2+y^2)]\,\mathrm{d}x\mathrm{d}y\\&=\int_0^{2\pi}\mathrm{d}\theta\int_0^1(1+4\rho^2)\rho\,\mathrm{d}\rho\\&=2\pi\left[\frac{\rho^2}{2}+\rho^4\right]\bigg|_0^1=3\pi.\end{aligned}$$

例 2　计算曲面积分 $I=\iint_{\Sigma}x^2\,\mathrm{d}S$，其中 Σ 为圆柱面 $x^2+y^2=a^2$ 介于 $z=0$ 与 $z=h$ 之间的部分.

解　由于曲面 Σ 是母线平行于 z 轴的柱面，所以不能向 xOy 面投影. 但可向 yOz 面(或 zOx 面) 投影. 从曲面 Σ 的方程中解出 x，得 $x=\pm\sqrt{R^2-y^2}$，这不是单值函数，因此需将曲面 Σ 划分为前后两部分 Σ_1 和 Σ_2，其中 $\Sigma_1: x=\sqrt{R^2-y^2}$ 位于 yOz 面前方，而 $\Sigma_2: x=-\sqrt{R^2-y^2}$ 位于 yOz 面后方. 它们在 yOz 面上的投影区域是同一个矩形区域：

$$D_{yz}=\{(y,z)\mid -a\leqslant y\leqslant a,0\leqslant z\leqslant h\}.$$

并且面积元素 $\mathrm{d}S$ 同为

$$\mathrm{d}S=\sqrt{1+x_y^2(y,z)+x_z^2(y,z)}\,\mathrm{d}y\mathrm{d}z=\frac{a}{\sqrt{a^2-y^2}}\mathrm{d}y\mathrm{d}z.$$

因此

$$\begin{aligned}I&=\iint_{\Sigma}x^2\,\mathrm{d}S=\iint_{\Sigma_1}x^2\,\mathrm{d}S+\iint_{\Sigma_2}x^2\,\mathrm{d}S\\&=\iint_{D_{yz}}(a^2-y^2)\cdot\frac{a}{\sqrt{a^2-y^2}}\mathrm{d}y\mathrm{d}z+\iint_{D_{yz}}(a^2-y^2)\cdot\frac{a}{\sqrt{a^2-y^2}}\mathrm{d}y\mathrm{d}z\end{aligned}$$

$$= 2a\int_0^h \mathrm{d}z\int_{-a}^{a}\sqrt{a^2-y^2}\,\mathrm{d}y = 4ah\int_0^a\sqrt{a^2-y^2}\,\mathrm{d}y$$

$$\xlongequal{y=a\sin t} 4a^3h\int_0^{\frac{\pi}{2}}\cos^2 t\,\mathrm{d}t = 4a^3h\cdot\frac{1}{2}\cdot\frac{\pi}{2} = \pi a^3 h.$$

四、五类积分的统一表述及其共性

回顾学过的定积分、二重积分、三重积分、第一类曲线积分、第一类曲面积分便会发现这五类积分从定义形式、性质及物理应用、计算方法等方面都具有某些共性：

这五类积分都是针对数量值函数来定义的，这些数量值函数均定义在有界的几何形体上(直线段、平面区域、空间区域、曲线段、曲面等). 并且定义积分的步骤相同：都是采取了“分割、近似、求和、取极限”的步骤. 最后给出的定义的表达式也类似：均为黎曼和的极限.

前面曾给出定积分、二重积分定义的统一表述(式(9.6))，此式可推广到这五类积分上来，现在就将这五类积分概念的统一表述详述如下：

定义 10.4　设 J 是 $\mathbf{R}^m$ 中一个有界的几何形体(它可以是直线段、或是平面闭区域、或是空间闭区域、或是曲线段、或是曲面)，$f(\boldsymbol{x})$ 是在 J 上有定义并且有界的数量值函数. 将 J 任意分割为 n 个“子块”：$\Delta J_1,\Delta J_2,\cdots,\Delta J_n$，并将 ΔJ_i 的度量(长度、面积、体积) 记作 $\Delta I_i(i=1,2,\cdots,n)$，记 $\lambda=\max\limits_{1\leqslant i\leqslant n}\{\Delta I_i$ 的直径$\}$(几何形体的直径可统一定义为该几何形体中任何两点之间距离的最大值). 在每个 ΔJ_i 上任取一点 $\boldsymbol{x}_i$，作乘积 $f(\boldsymbol{x}_i)\Delta I_i(i=1,2,\cdots,n)$，并作黎曼和

$$\sum_{i=1}^{n} f(\boldsymbol{x}_i)\Delta I_i,$$

如果当 $\lambda\to 0$ 时，黎曼和的极限总存在，则称此极限为**函数 $f(\boldsymbol{x})$ 在几何形体 J 上的积分**，记作 $\int_J f(\boldsymbol{x})\mathrm{d}I$，即

$$\int_J f(\boldsymbol{x})\mathrm{d}I = \lim_{\lambda\to 0}\sum_{i=1}^{n} f(\boldsymbol{x}_i)\Delta I_i.$$

其中，J 称为**积分区域**，$f(\boldsymbol{x})$ 称为**被积函数**，$f(\boldsymbol{x})\mathrm{d}I$ 称为**被积表达式**.

根据此定义，当 J 分别是闭区间$[a,b]$，平面闭区域 D、空间闭区域 Ω、曲线 Γ 或曲面 Σ 时，$\int_J f(\boldsymbol{x})\mathrm{d}I$ 分别表示为

$$\int_a^b f(x)\mathrm{d}x,\quad \iint_D f(x,y)\mathrm{d}\sigma,\quad \iiint_\Omega f(x,y,z)\mathrm{d}v,$$

$$\int_\Gamma f(x,y,z)\mathrm{d}s,\quad \iint_\Sigma f(x,y,z)\mathrm{d}S.$$

由这五类积分的统一表述可知它们具有类似的性质,这点在讲二重积分性质时已给出过(见第九章第一节). 并且当 $f(\boldsymbol{x})$ 在 J 上连续时,积分 $\int_J f(\boldsymbol{x})\mathrm{d}I$ 存在.

这五类积分具有共同的物理意义. 即当 $\mu(\boldsymbol{x})$ 表示 J 上点 $\boldsymbol{x}$ 处的密度时,积分 $\int_J \mu(\boldsymbol{x})\mathrm{d}I$ 就表示几何形体 J 的质量:

$$M = \int_J \mu(\boldsymbol{x})\mathrm{d}I.$$

特别地,当 $\mu(\boldsymbol{x}) = 1$ 时,积分 $\int_J \mathrm{d}I$ 在数值上等于几何形体的度量. 具体地讲,

$\int_a^b \mathrm{d}x = b - a$:在数值上等于区间 $[a,b]$ 的长度;

$\iint\limits_D \mathrm{d}\sigma = A$:在数值上等于平面闭区域 D 的面积;

$\iiint\limits_\Omega \mathrm{d}v = V$:在数值上等于空间闭区域 Ω 的体积;

$\int_\Gamma \mathrm{d}s = s$:在数值上等于曲线段 Γ 的弧长;

$\iint\limits_\Sigma \mathrm{d}S = A$:在数值上等于曲面 Σ 的面积.

设 J 是 $\mathbf{R}^3$ 中一个可度量的物质几何形体(立体、曲线或曲面),J 的质心 $\bar{\boldsymbol{x}}(\bar{x},\bar{y},\bar{z})$ 坐标为

$$\bar{x} = \frac{\int_J x\mu\mathrm{d}I}{\int_J \mu\mathrm{d}I},\quad \bar{y} = \frac{\int_J y\mu\mathrm{d}I}{\int_J \mu\mathrm{d}I},\quad \bar{z} = \frac{\int_J z\mu\mathrm{d}I}{\int_J \mu\mathrm{d}I}.$$

J 关于 x 轴,y 轴,z 轴,坐标原点的转动惯量为

$$I_x = \int_J (y^2 + z^2)\mu\mathrm{d}I,\quad I_y = \int_J (z^2 + x^2)\mu\mathrm{d}I,$$

$$I_z = \int_J (x^2 + y^2)\mu\mathrm{d}I,\quad I_0 = \int_J (x^2 + y^2 + z^2)\mu\mathrm{d}I.$$

J 对于 J 外一点 $\boldsymbol{x}_0(x_0,y_0,z_0)$ 处的单位质量质点的引力 $\boldsymbol{F}$ 的三个分量是

$$F_x = \int_J \frac{k(x - x_0)\mu}{r^3}\mathrm{d}I,\quad F_y = \int_J \frac{k(y - y_0)\mu}{r^3}\mathrm{d}I,$$

$$F_z = \int_J \frac{k(z - z_0)\mu}{r^3}\mathrm{d}I.$$

其中 k 为引力常数,$r = \sqrt{(x - x_0)^2 + (y - y_0)^2 + (z - z_0)^2}$.

在计算这五类积分时,都可利用所谓“对称性”简化计算. 例如:

当 J 关于 $x = 0$(若 J 是区间,则 $x = 0$ 是原点;若 J 是平面闭区域或平面曲线,

则 $x=0$ 是 y 轴；若 J 是空间闭区域或空间曲线或曲面，则 $x=0$ 是 yOz 平面）对称，则有

$$\int_J f(\boldsymbol{x})\mathrm{d}I=\begin{cases}0, & f(\boldsymbol{x}) \text{ 关于 } x \text{ 是奇函数}, \\ 2\int_{J_1} f(\boldsymbol{x})\mathrm{d}I, & f(\boldsymbol{x}) \text{ 关于 } x \text{ 是偶函数}.\end{cases}$$

这里 J_1 是 J 内 $x\geqslant 0$ 的部分.

J 关于 $y=0$ 及 $z=0$ 的对称性计算可类似推出.

需要提醒大家注意的是：这里所说的利用对称性简化积分计算的方法并不适用于第二类曲线积分的计算及下一节要介绍的第二类曲面积分的计算.

例 3　求面密度 $\mu=1$ 的上半球面 $x^2+y^2+z^2=a^2(z\geqslant 0)$ 绕 z 轴旋转的转动惯量 $I_z(a>0)$.

解　$I_z=\iint\limits_{\Sigma}(x^2+y^2)\mathrm{d}S$，曲面 Σ 的方程为

$$z=\sqrt{a^2-x^2-y^2},$$

Σ 在 xOy 面的投影区域为

$$D_{xy}=\{(x,y)\mid x^2+y^2\leqslant a^2\},$$

$$\mathrm{d}S=\sqrt{1+z_x^2(x,y)+z_y^2(x,y)}\mathrm{d}x\mathrm{d}y=\frac{a}{\sqrt{a^2-x^2-y^2}}\mathrm{d}x\mathrm{d}y,$$

故

$$\begin{aligned}I_z&=\iint\limits_{D_{xy}}\frac{a(x^2+y^2)}{\sqrt{a^2-x^2-y^2}}\mathrm{d}x\mathrm{d}y\\&=a\int_0^{2\pi}\mathrm{d}\theta\int_0^a\frac{\rho^3}{\sqrt{a^2-\rho^2}}\mathrm{d}\rho=2\pi a\int_0^{\frac{\pi}{2}}a^3\sin^3 t\mathrm{d}t\\&=\frac{4}{3}\pi a^4.\end{aligned}$$

例 4　求锥面 $z=\sqrt{x^2+y^2}$ 被圆柱面 $x^2+y^2=2ax$ $(a>0)$ 所截部分的面积及圆柱面被锥面和 xOy 坐标面所截部分的面积(图 10.23).

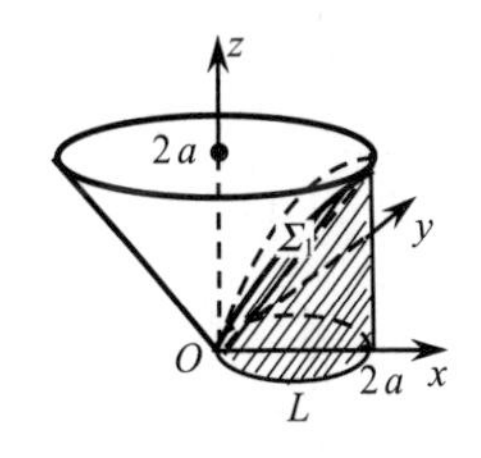

图 10.23

解　(1) 锥面的面积元素

$$\mathrm{d}S=\sqrt{1+z_x^2(x,y)+z_y^2(x,y)}\mathrm{d}x\mathrm{d}y=\sqrt{2}\mathrm{d}x\mathrm{d}y,$$

锥面被柱面所截部分记作 Σ_1，Σ_1 在 xOy 面上的投影区域是圆域：

$$D_{xy}=\{(x,y)\mid (x-a)^2+y^2\leqslant a^2\},$$

所以，Σ_1 的面积 A_1 为

$$A_1 = \iint_{\Sigma_1} \mathrm{d}S = \iint_{D_{xy}} \sqrt{2}\,\mathrm{d}x\mathrm{d}y = \sqrt{2}\pi a^2.$$

（2）圆柱面被锥面和 xOy 坐标面所截部分的面积若用第一类曲面积分计算则较繁，而用第一类曲线积分计算则比较简便. 因为所求面积是以 xOy 面内的圆周 $L: (x-a)^2+y^2=a^2$ 为准线，高为 $z=\sqrt{x^2+y^2}$，母线平行于 z 轴的柱面面积，因此

$$A_2 = \int_L \sqrt{x^2+y^2}\,\mathrm{d}s.$$

写出 L 的参数方程

$$\begin{cases} x-a = a\cos\theta, \\ y = a\sin\theta \end{cases} \quad (0 \leqslant \theta \leqslant 2\pi),$$

弧长元素 $\mathrm{d}s = a\mathrm{d}\theta$，于是

$$\begin{aligned} A_2 &= \int_0^{2\pi} \sqrt{(a+a\cos\theta)^2 + a^2\sin^2\theta}\,a\,\mathrm{d}\theta \\ &= \int_0^{2\pi} 2a^2 \left|\cos\frac{\theta}{2}\right| \mathrm{d}\theta = 8a^2. \end{aligned}$$

习题 10-4

1. 当 Σ 是 xOy 面内的一个有界闭区域时，曲面积分 $\iint\limits_{\Sigma} f(x,y,z)\mathrm{d}S$ 与二重积分有什么关系？

2. 计算曲面积分 $\iint\limits_{\Sigma} f(x,y,z)\mathrm{d}S$，$\Sigma$ 为旋转抛物面 $z=2-(x^2+y^2)$ 位于 xOy 面上方的部分，$f(x,y,z)$ 分别为

（1）$f(x,y,z)=1$；

（2）$f(x,y,z)=x^2+y^2$；

*（3）$f(x,y,z)=3z$.

3. 计算下列曲面积分：

（1）$\iint\limits_{\Sigma}\left(2x+\frac{4}{3}y+z\right)\mathrm{d}S$，其中 Σ 是平面 $\frac{x}{2}+\frac{y}{3}+\frac{z}{4}=1$ 位于第一卦限的部分；

*（2）$\oiint\limits_{\Sigma} \frac{1}{(1+x+y)^2}\mathrm{d}S$，其中 Σ 为四面体 $x+y+z\leqslant 1, x\geqslant 0, y\geqslant 0, z\geqslant 0$ 的整个边界曲面；

（3）$\oiint\limits_{\Sigma}(x^2+y^2)\mathrm{d}S$，其中 Σ 为柱面 $x^2+y^2=9$ 及平面 $z=0, z=3$ 所围成的区域的整个边界曲面；

（4）$\iint\limits_{\Sigma}(x^2+y^2+z)\mathrm{d}S$，其中 Σ 为锥面 $z=\sqrt{x^2+y^2}$ 在 $0\leqslant z\leqslant 1$ 的部分；

（5）$\iint\limits_{\Sigma}(x+y+z)\mathrm{d}S$，其中 Σ 为球面 $x^2+y^2+z^2=a^2$ 上 $z\geqslant h(0<h<a)$ 的部分；

(6) $\iint\limits_{\Sigma} \sqrt{1+x^2+y^2}\,\mathrm{d}S$,其中 Σ 为双曲抛物面 $z=xy$ 被柱面 $x^2+y^2=R^2$ 所截得的第一卦限部分;

(7) $\iint\limits_{\Sigma} \dfrac{1}{\sqrt{1+4x^2+4y^2}}\mathrm{d}S$,其中 Σ 为曲面 $z=x^2+y^2$ 夹在平面 $z=1$ 及 $z=2$ 之间的部分.

4. 求曲面 Σ 的面积,其中 Σ 为锥面 $z=2\sqrt{x^2+y^2}$ 被柱面 $x^2+y^2-2ax=0(a>0)$ 截下的有限曲面.

5. 求抛物面壳 $z=\dfrac{x^2+y^2}{2}(0\leqslant z\leqslant 1)$ 的质量,此壳面密度 $\mu(x,y,z)=z$.

*6. 求密度为常数 μ 的均匀半球壳 $z=\sqrt{a^2-x^2-y^2}$ 的质心坐标.

第五节　第二类曲面积分

一、曲面的侧与有向曲面

与第一类曲面积分不同,第二类曲面积分是向量值函数沿有向曲面的积分.故先对有向曲面作一说明.

首先,曲面有双侧与单侧之分,我们常遇到的曲面都是双侧的.如一张纸有正、反两面,一个气球有里、外两面.这类曲面就是常说的双侧曲面.给双侧曲面涂颜色时,若不超过曲面的边界(如果有边界的话),就只能给它的一侧刷上颜色.

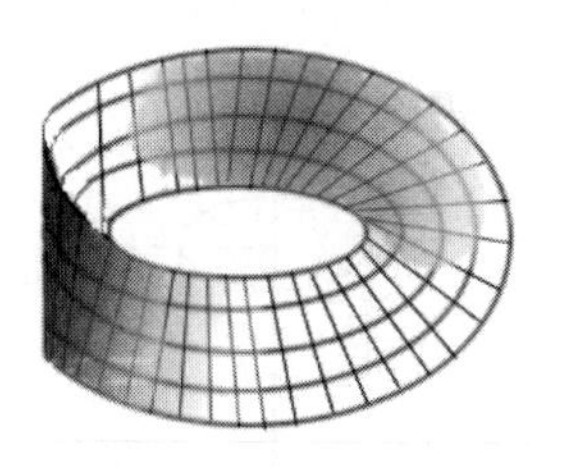

图 10.24

客观世界中确实存在单侧曲面,这就是有名的麦比乌斯(Mobius) 带(图 10.24).给单侧曲面涂颜色时,不用越过边界就可以给它全部刷上颜色.

本章讨论的都是双侧曲面.在数学上可以这样来描述它:

设 Σ 为一光滑曲面,M 为 Σ 上任意一点,曲面 Σ 在点 M 处的法向量有两个指向,取定一个指向,记作 $\boldsymbol{n}$(图 10.25).当 M 在 Σ 上任意连续移动而不越过 Σ 的边界,最后又回到原位置时,法向量 $\boldsymbol{n}$ 的指向不改变,则称 Σ 为**双侧曲面**,否则称为**单侧曲面**.这就是说,对于双侧曲面 Σ,我们可以用其法向量的指向来定出曲面的侧.例如,对于曲面 $z=z(x,y)$,如果取它的法向量 $\boldsymbol{n}$ 的指向朝上,就等于取定了曲面的上侧;又如,对于封闭曲面,如果取它的法向量 $\boldsymbol{n}$ 的指向朝外,就等于取定了曲面的外侧.这种取定了法向量亦即选定了侧的曲面,就称为**有向曲面**.

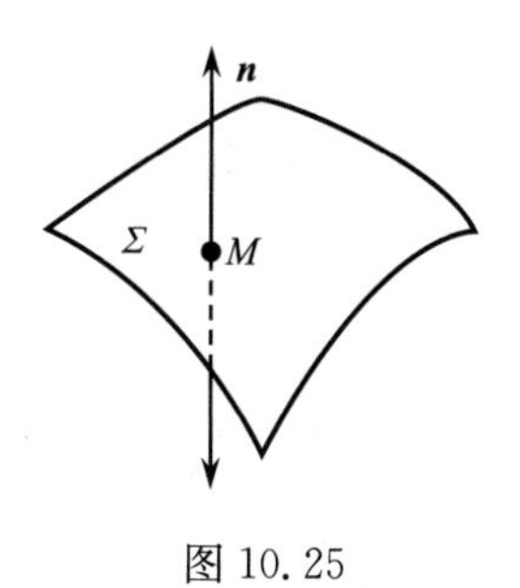

图 10.25

二、实例分析

流向曲面一侧的流量　在物理学中，流量是指单位时间内从曲面 Σ 的一侧流向另一侧的流体的质量.

设有一不可压缩的流体（假定密度为 1）的稳定流速场（即流体的密度与速度均不随时间而变化）

$$\boldsymbol{v}(x,y,z)=P(x,y,z)\boldsymbol{i}+Q(x,y,z)\boldsymbol{j}+R(x,y,z)\boldsymbol{k}.$$

Σ 是流速场中的一片有向曲面，函数 $P(x,y,z)$，$Q(x,y,z)$，$R(x,y,z)$ 均在 Σ 上连续. 下面计算流向曲面 Σ 指定侧的流量.

如果曲面 Σ 为一平面闭区域，其面积为 A，且流速 $\boldsymbol{v}(x,y,z)$ 在该闭区域上各点都相同，即 $\boldsymbol{v}(x,y,z)=\boldsymbol{v}$ 是一个常向量，那么流量容易计算：单位时间内流过该闭区域的流体的质量在数值上等于底面积为 A、斜高为 $|\boldsymbol{v}|$ 的斜柱体（图 10.26）的体积.

设 $\boldsymbol{e}_n$ 为该平面的单位法向量，则当 $(\widehat{\boldsymbol{v},\boldsymbol{e}_n})=\theta<\frac{\pi}{2}$ 时，斜柱体的体积为

$$A\,|\boldsymbol{v}|\cos\theta=(\boldsymbol{v}\cdot\boldsymbol{e}_n)A,$$

于是，流体通过闭区域 A 流向 $\boldsymbol{e}_n$ 所指一侧的流量 $\Phi=(\boldsymbol{v}\cdot\boldsymbol{e}_n)A$.

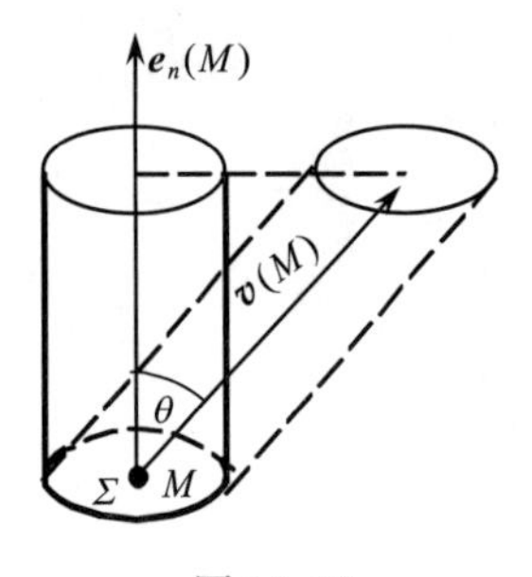

图 10.26

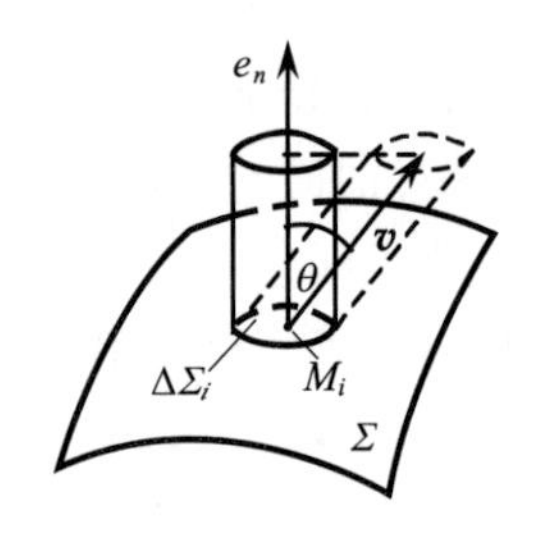

图 10.27

当 $(\widehat{\boldsymbol{v},\boldsymbol{e}_n})=\frac{\pi}{2}$ 时，显然流体通过闭区域 A 流向 $\boldsymbol{e}_n$ 所指一侧的流量 Φ 为零，而 $(\boldsymbol{v}\cdot\boldsymbol{e}_n)A=0$，故流量仍可表为 $\Phi=(\boldsymbol{v}\cdot\boldsymbol{e}_n)A$.

当 $(\widehat{\boldsymbol{v},\boldsymbol{e}_n})>\frac{\pi}{2}$ 时，$(\boldsymbol{v}\cdot\boldsymbol{e}_n)A<0$，这时我们仍把 $\Phi=(\boldsymbol{v}\cdot\boldsymbol{e}_n)A$ 称为流体通过闭区域 A 流向 $\boldsymbol{e}_n$ 所指一侧的流量. 这时流量为负值，表示流体实际上是通过闭区域 A 流向 $-\boldsymbol{e}_n$ 所指一侧，流量的大小是 $-(\boldsymbol{v}\cdot\boldsymbol{e}_n)A$.

因此，流体通过平面闭区域 A 流向 $\boldsymbol{e}_n$ 所指一侧的流量为 $\Phi=(\boldsymbol{v}\cdot\boldsymbol{e}_n)A$.

当流速 $\boldsymbol{v}(x,y,z)$ 不是常向量，Σ 也不是平面，而是曲面时. 为了求流量，可以用前面多次使用过的分划、近似、求和、取极限的方法.

将曲面 Σ 任意分成 n 小块.

$$\Delta\Sigma_1,\quad \Delta\Sigma_2,\quad \cdots,\quad \Sigma_n.$$

小块曲面 $\Delta\Sigma_i$ 的面积记作 $\Delta S_i(i=1,2,\cdots,n)$(图 10.27). 在 $\Delta\Sigma_i$ 上任取一点 $M_i(\xi_i,\eta_i,\zeta_i)$,该点处曲面的单位法向量为 $\boldsymbol{e}_n(\xi_i,\eta_i,\zeta_i)$. 在 Σ 是光滑曲面和 $\boldsymbol{v}(x,y,z)$ 为连续函数的前提下,只要分划充分细密,就可将 $\Delta\Sigma_i$ 近似看作平面,因此 $\Delta\Sigma_i$ 上各点处的单位法向量都可看作 $\boldsymbol{e}_n(\xi_i,\eta_i,\zeta_i)$,并且可以用$(\xi_i,\eta_i,\zeta_i)$ 点处的流速 $\boldsymbol{v}(\xi_i,\eta_i,\zeta_i)$ 代替 $\Delta\Sigma_i$ 上其他各点处的流速. 从而得到通过 $\Delta\Sigma_i$ 流向指定侧的流量

$$\Delta\Phi_i\approx \boldsymbol{v}(\xi_i,\eta_i,\zeta_i)\cdot\boldsymbol{e}_n(\xi_i,\eta_i,\zeta_i)\Delta S_i\quad(i=1,2,\cdots,n),$$

通过曲面 Σ 流向指定侧的流量

$$\Phi=\sum_{i=1}^{n}\Delta\Phi_i\approx\sum_{i=1}^{n}\boldsymbol{v}(\xi_i,\eta_i,\zeta_i)\cdot\boldsymbol{e}_n(\xi_i,\eta_i,\zeta_i)\Delta S_i,$$

令各小块曲面 $\Delta\Sigma_i$ 直径的最大值 $\lambda\to 0$,得到

$$\Phi=\lim_{\lambda\to 0}\sum_{i=1}^{n}\boldsymbol{v}(\xi_i,\eta_i,\zeta_i)\cdot\boldsymbol{e}_n(\xi_i,\eta_i,\zeta_i)\Delta S_i.$$

上式右端恰是数量值函数 $\boldsymbol{v}(x,y,z)\cdot\boldsymbol{e}_n(x,y,z)$ 在 Σ 上的第一类曲面积分,即

$$\Phi=\iint_{\Sigma}[\boldsymbol{v}(x,y,z)\cdot\boldsymbol{e}_n(x,y,z)]\mathrm{d}S.$$

除了流量以外,电场强度 $\boldsymbol{E}(x,y,z)$ 通过有向曲面 Σ 的电通量 Φ 也可表为同一类型的极限

$$\begin{aligned}\Phi&=\lim_{\lambda\to 0}\sum_{i=1}^{n}[\boldsymbol{E}(\xi_i,\eta_i,\zeta_i)\cdot\boldsymbol{e}_n(\xi_i,\eta_i,\zeta_i)]\Delta S_i\\&=\iint_{\Sigma}[\boldsymbol{E}(x,y,z)\cdot\boldsymbol{e}_n(x,y,z)]\mathrm{d}S.\end{aligned}$$

抽去其具体含义,可引入向量值函数在有向曲面上的积分的概念.

三、第二类曲面积分的概念及性质

定义 10.5　设 Σ 是分片光滑的有向曲面,向量值函数

$$\boldsymbol{F}(x,y,z)=P(x,y,z)\boldsymbol{i}+Q(x,y,z)\boldsymbol{j}+R(x,y,z)\boldsymbol{k}$$

在 Σ 上有界,$\boldsymbol{e}_n(x,y,z)$ 是有向曲面 Σ 上点(x,y,z) 处的单位法向量,如果积分

$$\iint_{\Sigma}[\boldsymbol{F}(x,y,z)\cdot\boldsymbol{e}_n(x,y,z)]\mathrm{d}S$$

存在,则称此积分为向量值函数 $\boldsymbol{F}(x,y,z)$ 在有向曲面 Σ 上沿指定侧的**积分**,记为 $\iint\limits_{\Sigma}\boldsymbol{F}(x,y,z)\cdot\mathrm{d}\boldsymbol{S}$,即

$$\iint_{\Sigma}\boldsymbol{F}(x,y,z)\cdot\mathrm{d}\boldsymbol{S}=\iint_{\Sigma}[\boldsymbol{F}(x,y,z)\cdot\boldsymbol{e}_n(x,y,z)]\mathrm{d}S.\qquad(10.16)$$

Σ 称为**积分曲面**，$\mathrm{d}\boldsymbol{S}$ 称为**有向曲面元**.

向量值函数在有向曲面 Σ 上，沿指定侧的积分也称为**第二类曲面积分**.

若 $\boldsymbol{e}_n(x,y,z)=\cos\alpha\boldsymbol{i}+\cos\beta\boldsymbol{j}+\cos\gamma\boldsymbol{k}$，则由式(10.16)得

$$\mathrm{d}\boldsymbol{S}=\boldsymbol{e}_n(x,y,z)\mathrm{d}S=(\cos\alpha\mathrm{d}S,\cos\beta\mathrm{d}S,\cos\gamma\mathrm{d}S).$$

引入记号

$$\mathrm{d}y\mathrm{d}z=\cos\alpha\mathrm{d}S,\quad \mathrm{d}z\mathrm{d}x=\cos\beta\mathrm{d}S,\quad \mathrm{d}x\mathrm{d}y=\cos\gamma\mathrm{d}S,$$

则第二类曲面积分又可表为

$$\begin{aligned}\iint_{\Sigma}\boldsymbol{F}(x,y,z)\cdot\mathrm{d}\boldsymbol{S}&=\iint_{\Sigma}[P(x,y,z)\cos\alpha+Q(x,y,z)\cos\beta+R(x,y,z)\cos\gamma]\mathrm{d}S\\&=\iint_{\Sigma}P(x,y,z)\cos\alpha\mathrm{d}S+\iint_{\Sigma}Q(x,y,z)\cos\beta\mathrm{d}S\\&\quad+\iint_{\Sigma}R(x,y,z)\cos\gamma\mathrm{d}S\\&=\iint_{\Sigma}P(x,y,z)\mathrm{d}y\mathrm{d}z+\iint_{\Sigma}Q(x,y,z)\mathrm{d}z\mathrm{d}x+\iint_{\Sigma}R(x,y,z)\mathrm{d}x\mathrm{d}y.\end{aligned}\tag{10.17}$$

并分别称积分 $\iint_{\Sigma}P(x,y,z)\mathrm{d}y\mathrm{d}z$ 为函数 $P(x,y,z)$ 在有向曲面 Σ 上**对坐标 y,z 的曲面积分**，称积分 $\iint_{\Sigma}Q(x,y,z)\mathrm{d}z\mathrm{d}x$ 为函数 $Q(x,y,z)$ 在有向曲面 Σ 上**对坐标 z,x 的曲面积分**，称积分 $\iint_{\Sigma}R(x,y,z)\mathrm{d}x\mathrm{d}y$ 为函数 $R(x,y,z)$ 在有向曲面 Σ 上**对坐标 x,y 的曲面积分**.

为简便起见，常将表达式

$$\iint_{\Sigma}P(x,y,z)\mathrm{d}y\mathrm{d}z+\iint_{\Sigma}Q(x,y,z)\mathrm{d}z\mathrm{d}x+\iint_{\Sigma}R(x,y,z)\mathrm{d}x\mathrm{d}y$$

写作

$$\iint_{\Sigma}P(x,y,z)\mathrm{d}y\mathrm{d}z+Q(x,y,z)\mathrm{d}z\mathrm{d}x+R(x,y,z)\mathrm{d}x\mathrm{d}y.$$

当 $\boldsymbol{F}(x,y,z)$ 在分片光滑的有向曲面 Σ 上连续时，积分 $\iint_{\Sigma}\boldsymbol{F}(x,y,z)\cdot\mathrm{d}\boldsymbol{S}$ 存在.

易知，前面所述流速场 $\boldsymbol{v}(x,y,z)$ 流向曲面 Σ 指定侧的流量 Φ 为

$$\begin{aligned}\Phi&=\iint_{\Sigma}\boldsymbol{v}(x,y,z)\cdot\mathrm{d}\boldsymbol{S}\\&=\iint_{\Sigma}P(x,y,z)\mathrm{d}y\mathrm{d}z+Q(x,y,z)\mathrm{d}z\mathrm{d}x+R(x,y,z)\mathrm{d}x\mathrm{d}y.\end{aligned}$$

第二类曲面积分有与第二类曲线积分类似的性质.

性质 1（线性性质）　$\forall \alpha,\beta \in \mathbf{R}^1$,

$$\iint_{\Sigma}[\alpha \boldsymbol{F}_1+\beta \boldsymbol{F}_2]\cdot \mathrm{d}\boldsymbol{S}=\alpha\iint_{\Sigma}\boldsymbol{F}_1\cdot \mathrm{d}\boldsymbol{S}+\beta\iint_{\Sigma}\boldsymbol{F}_2\cdot \mathrm{d}\boldsymbol{S}.$$

性质 2（关于积分曲面的可加性）　若将Σ分成Σ_1与Σ_2两块，并且Σ,Σ_1,Σ_2的侧一致，则

$$\iint_{\Sigma}\boldsymbol{F}\cdot \mathrm{d}\boldsymbol{S}=\iint_{\Sigma_1}\boldsymbol{F}\cdot \mathrm{d}\boldsymbol{S}+\iint_{\Sigma_2}\boldsymbol{F}\cdot \mathrm{d}\boldsymbol{S}.$$

性质 3（积分曲面的有向性）　设Σ是有向曲面，Σ^-表示与Σ取相反侧的有向曲面，则

$$\iint_{\Sigma^-}\boldsymbol{F}\cdot \mathrm{d}\boldsymbol{S}=-\iint_{\Sigma}\boldsymbol{F}\cdot \mathrm{d}\boldsymbol{S}.$$

性质 3 表示，当积分曲面改变为相反侧时，第二类曲面积分要改变符号. 因此在研究第二类曲面积分时，必须注意积分曲面所取的侧.

四、两类曲面积分之间的联系

由式(10.17)可得

$$\begin{aligned}&\iint_{\Sigma}P(x,y,z)\mathrm{d}y\mathrm{d}z+Q(x,y,z)\mathrm{d}z\mathrm{d}x+R(x,y,z)\mathrm{d}x\mathrm{d}y\\&=\iint_{\Sigma}[P(x,y,z)\cos\alpha+Q(x,y,z)\cos\beta+R(x,y,z)\cos\gamma]\mathrm{d}S.\end{aligned}\tag{10.18}$$

由 式(10.16) 可得

$$\iint_{\Sigma}\boldsymbol{F}\cdot \mathrm{d}\boldsymbol{S}=\iint_{\Sigma}\boldsymbol{F}\cdot \boldsymbol{e}_n\mathrm{d}S.\tag{10.19}$$

式(10.18) 及式(10.19) 揭示了两类曲面积分之间的联系：左端是向量值函数$\boldsymbol{F}(x,y,z)=P(x,y,z)\boldsymbol{i}+Q(x,y,z)\boldsymbol{j}+R(x,y,z)\boldsymbol{k}$在有向曲面$\Sigma$的第二类曲面积分，而右端则是数量值函数$\boldsymbol{F}\cdot\boldsymbol{e}_n=P(x,y,z)\cos\alpha+Q(x,y,z)\cos\beta+R(x,y,z)\cos\gamma$在曲面$\Sigma$上的第一类曲面积分，其中$\boldsymbol{e}_n=(\cos\alpha(x,y,z),\cos\beta(x,y,z),\cos\gamma(x,y,z))$是有向曲面$\Sigma$上点$(x,y,z)$处的单位法向量.

反之，利用关系式

$$\mathrm{d}S=\frac{\mathrm{d}y\mathrm{d}z}{\cos\alpha}=\frac{\mathrm{d}z\mathrm{d}x}{\cos\beta}=\frac{\mathrm{d}x\mathrm{d}y}{\cos\gamma},$$

也可以把第一类曲面积分化为第二类曲面积分. 例如：

$$\iint_{\Sigma}f(x,y,z)\mathrm{d}S=\iint_{\Sigma}f(x,y,z)\,\frac{1}{\cos\gamma}\mathrm{d}x\mathrm{d}y,$$

此时，右端有向曲面Σ的侧是$\boldsymbol{e}_n=(\cos\alpha,\cos\beta,\cos\gamma)$所指的一侧.

五、第二类曲面积分的计算

先介绍对坐标 x,y 的曲面积分 $\iint\limits_{\Sigma}R(x,y,z)\mathrm{d}x\mathrm{d}y$ 的计算法.

设曲面 Σ 的方程为 $z=z(x,y)$, $(x,y)\in D_{xy}$，其中 D_{xy} 是 Σ 在 xOy 面上的投影区域. 又设函数 $z=z(x,y)$ 在 D_{xy} 上具有一阶连续偏导数，被积函数 $R(x,y,z)$ 在 Σ 上连续，则由式(10.17)可得

$$\iint\limits_{\Sigma}R(x,y,z)\mathrm{d}x\mathrm{d}y=\iint\limits_{\Sigma}R(x,y,z)\cos\gamma\mathrm{d}S. \tag{10.20}$$

曲面 $z=z(x,y)$, $(x,y)\in D_{xy}$ 的单位法向量为

$$\boldsymbol{e}_n=\pm\left(\frac{-z_x}{\sqrt{1+z_x^2+z_y^2}},\frac{-z_y}{\sqrt{1+z_x^2+z_y^2}},\frac{1}{\sqrt{1+z_x^2+z_y^2}}\right).$$

故

$$\cos\gamma=\pm\frac{1}{\sqrt{1+z_x^2+z_y^2}}.$$

当式(10.20)左端积分 $\iint\limits_{\Sigma}R(x,y,z)\mathrm{d}x\mathrm{d}y$ 中的有向曲面 Σ 取上侧时，

$$\cos\gamma=\frac{1}{\sqrt{1+z_x^2+z_y^2}},$$

将它代入式(10.20)右端并根据第一类曲面积分的计算法，就得

$$\begin{aligned}\iint\limits_{\Sigma}R(x,y,z)\mathrm{d}x\mathrm{d}y&=\iint\limits_{\Sigma}R(x,y,z)\cos\gamma\mathrm{d}S\\&=\iint\limits_{D_{xy}}R[x,y,z(x,y)]\cdot\frac{1}{\sqrt{1+z_x^2+z_y^2}}\cdot\sqrt{1+z_x^2+z_y^2}\mathrm{d}x\mathrm{d}y\\&=\iint\limits_{D_{xy}}R[x,y,z(x,y)]\mathrm{d}x\mathrm{d}y.\end{aligned}$$

当式(10.20)左端积分 $\iint\limits_{\Sigma}R(x,y,z)\mathrm{d}x\mathrm{d}y$ 中的有向曲面 Σ 取下侧时，类似推导可得

$$\iint\limits_{\Sigma}R(x,y,z)\mathrm{d}x\mathrm{d}y=-\iint\limits_{D_{xy}}R[x,y,z(x,y)]\mathrm{d}x\mathrm{d}y.$$

于是得到对坐标 x,y 的曲面积分 $\iint\limits_{\Sigma}R(x,y,z)\mathrm{d}x\mathrm{d}y$ 的计算公式

$$\iint\limits_{\Sigma}R(x,y,z)\mathrm{d}x\mathrm{d}y=\pm\iint\limits_{D_{xy}}R[x,y,z(x,y)]\mathrm{d}x\mathrm{d}y. \tag{10.21}$$

对于积分号前的符号，当 Σ 取上侧时为正，当 Σ 取下侧时为负.

公式(10.21)表明，计算积分$\iint\limits_{\Sigma}R(x,y,z)\mathrm{d}x\mathrm{d}y$时，只要把其中的变量$z$换为表示曲面$\Sigma$的函数$z=z(x,y)$，然后在$\Sigma$的投影区域$D_{xy}$上计算二重积分就行了.

类似地，求对坐标y,z的曲面积分$\iint\limits_{\Sigma}P(x,y,z)\mathrm{d}y\mathrm{d}z$与对坐标$z,x$的曲面积分$\iint\limits_{\Sigma}Q(x,y,z)\mathrm{d}z\mathrm{d}x$时，将$\Sigma$分别用方程$x=x(y,z)$与$y=y(z,x)$表示，则有

$$\iint\limits_{\Sigma}P(x,y,z)\mathrm{d}y\mathrm{d}z=\pm\iint\limits_{D_{yz}}P[x(y,z),y,z]\mathrm{d}y\mathrm{d}z, \tag{10.22}$$

其中等式右端的符号这样确定：当Σ取前侧时为正，当Σ取后侧时为负.

$$\iint\limits_{\Sigma}Q(x,y,z)\mathrm{d}z\mathrm{d}x=\pm\iint\limits_{D_{zx}}Q[x,y(z,x),z]\mathrm{d}z\mathrm{d}x, \tag{10.23}$$

其中等式右端的符号当Σ取右侧时为正，当Σ取左侧时为负.

例 1　计算$\oiint\limits_{\Sigma}y^2z\mathrm{d}x\mathrm{d}y$，其中闭曲面$\Sigma$为旋转抛物面$z=x^2+y^2$与平面$z=1$所围空间立体的表面外侧.

解　曲面Σ如图10.28所示. 记$\Sigma_1: z=x^2+y^2$ $(0\leqslant z\leqslant 1)$的下侧，$\Sigma_2: z=1(x^2+y^2\leqslant 1)$的上侧，则

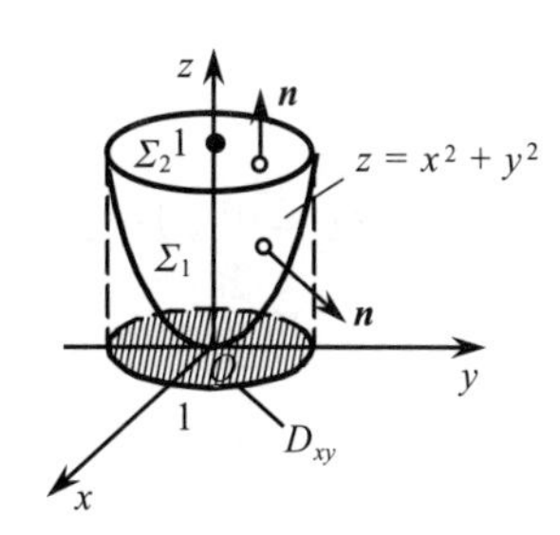

图 10.28

$$\oiint\limits_{\Sigma}y^2z\mathrm{d}x\mathrm{d}y=\iint\limits_{\Sigma_1}y^2z\mathrm{d}x\mathrm{d}y+\iint\limits_{\Sigma_2}y^2z\mathrm{d}x\mathrm{d}y.$$

在Σ_1上，各点法向量$\boldsymbol{n}$与z轴正向夹角γ均大于$\frac{\pi}{2}$；在Σ_2上，各点法向量$\boldsymbol{n}$与z轴正向夹角均为零. Σ_1与Σ_2在xOy面上的投影都是

$$D_{xy}=\{(x,y)\mid x^2+y^2\leqslant 1\}.$$

于是

$$\begin{aligned}\iint\limits_{\Sigma_1}y^2z\mathrm{d}x\mathrm{d}y&=-\iint\limits_{D_{xy}}y^2(x^2+y^2)\mathrm{d}x\mathrm{d}y\\&=-\int_0^{2\pi}\mathrm{d}\theta\int_0^1(\rho^2\sin^2\theta)\rho^2\cdot\rho\mathrm{d}\rho\\&=-\frac{1}{6}\int_0^{2\pi}\sin^2\theta\mathrm{d}\theta=-\frac{\pi}{6}.\end{aligned}$$

$$\iint\limits_{\Sigma_2}y^2z\mathrm{d}x\mathrm{d}y=\iint\limits_{D_{xy}}y^2\mathrm{d}x\mathrm{d}y=\int_0^{2\pi}\mathrm{d}\theta\int_0^1(\rho^2\sin^2\theta)\cdot\rho\mathrm{d}\rho$$

$$= \frac{1}{4}\int_0^{2\pi} \sin^2\theta \mathrm{d}\theta = \frac{\pi}{4}.$$

故

$$\oiint_{\Sigma} y^2 z \mathrm{d}x\mathrm{d}y = -\frac{\pi}{6} + \frac{\pi}{4} = \frac{\pi}{12}.$$

例 2 计算$\iint\limits_{\Sigma} y\mathrm{d}z\mathrm{d}x + z\mathrm{d}x\mathrm{d}y$，其中$\Sigma$为圆柱面$x^2+y^2=1$的前半个柱面界于平面$z=0$及$z=3$之间的部分，取后侧.

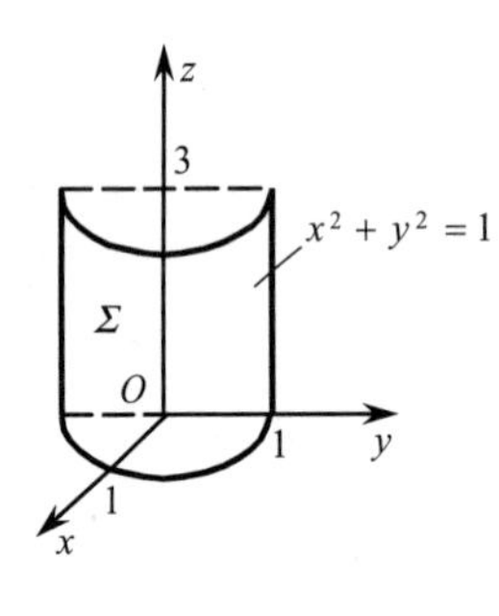

图 10.29

解 曲面Σ如图 10.29 所示.

$$\iint\limits_{\Sigma} y\mathrm{d}z\mathrm{d}x + z\mathrm{d}x\mathrm{d}y = \iint\limits_{\Sigma} y\mathrm{d}z\mathrm{d}x + \iint\limits_{\Sigma} z\mathrm{d}x\mathrm{d}y.$$

为计算$\iint\limits_{\Sigma} y\mathrm{d}z\mathrm{d}x$，需将曲面$\Sigma$表示为$y=\pm\sqrt{1-x^2}$，这不是单值函数，因此需将曲面$\Sigma$划分为左、右两部分$\Sigma_1$和$\Sigma_2$，其中$\Sigma_1: y=-\sqrt{1-x^2}$，取右侧；$\Sigma_2: y=\sqrt{1-x^2}$，取左侧，它们在$zOx$面上的投影区域是同一个区域：

$$D_{zx} = \{(z,x) \mid 0 \leqslant x \leqslant 1, 0 \leqslant z \leqslant 3\}.$$

因此

$$\begin{aligned}
\iint\limits_{\Sigma} y\mathrm{d}z\mathrm{d}x &= \iint\limits_{\Sigma_1} y\mathrm{d}z\mathrm{d}x + \iint\limits_{\Sigma_2} y\mathrm{d}z\mathrm{d}x \\
&= \iint\limits_{D_{zx}} -\sqrt{1-x^2}\mathrm{d}z\mathrm{d}x - \iint\limits_{D_{zx}} \sqrt{1-x^2}\mathrm{d}z\mathrm{d}x = -2\iint\limits_{D_{zx}} \sqrt{1-x^2}\mathrm{d}z\mathrm{d}x \\
&= -2\int_0^1 \sqrt{1-x^2}\mathrm{d}x \cdot \int_0^3 \mathrm{d}z = -6\int_0^1 \sqrt{1-x^2}\mathrm{d}x \\
&= -6\int_0^{\frac{\pi}{2}} \cos^2 t\mathrm{d}t = -\frac{3}{2}\pi.
\end{aligned}$$

曲面Σ是母线平行于z轴的柱面$x^2+y^2=1(x\geqslant 0)$，曲面上任意一点处的法向量与z轴正向的夹角γ都是$\frac{\pi}{2}$，于是$\cos\gamma=0$，因此

$$\iint\limits_{\Sigma} z\mathrm{d}x\mathrm{d}y = \iint\limits_{\Sigma} z\cos\gamma\mathrm{d}S = 0.$$

从而

$$\iint\limits_{\Sigma} y\mathrm{d}z\mathrm{d}x + z\mathrm{d}x\mathrm{d}y = -\frac{3}{2}\pi.$$

一般地，在计算第二类曲面积分时，当Σ是垂直于xOy面的柱面时，由于其单位法向量的第三个分量$\cos\gamma=0$，故

$$\iint_{\Sigma} R(x,y,z)\mathrm{d}x\mathrm{d}y = \iint_{\Sigma} R(x,y,z)\cos\gamma \mathrm{d}S = \iint_{\Sigma} 0\mathrm{d}S = 0.$$

类似地，当 Σ 垂直于 yOz 面时，$\iint\limits_{\Sigma} P(x,y,z)\mathrm{d}y\mathrm{d}z = 0$；当 Σ 垂直于 zOx 面时，$\iint\limits_{\Sigma} Q(x,y,z)\mathrm{d}z\mathrm{d}x = 0$.

例 3　计算曲面积分 $\iint\limits_{\Sigma} x^2\mathrm{d}y\mathrm{d}z + \mathrm{d}z\mathrm{d}x + \dfrac{\mathrm{e}^z}{\sqrt{x^2+y^2}}\mathrm{d}x\mathrm{d}y$，其中 Σ 是锥面 $z = \sqrt{x^2+y^2}$ 位于第一卦限 $1 \leqslant z \leqslant 2$ 部分的下侧.

解　由两类曲面积分的联系，

$$\iint_{\Sigma} x^2\mathrm{d}y\mathrm{d}z = \iint_{\Sigma} x^2\cos\alpha\mathrm{d}S = \iint_{\Sigma} x^2\frac{\cos\alpha}{\cos\gamma}\cos\gamma\mathrm{d}S = \iint_{\Sigma} x^2\frac{\cos\alpha}{\cos\gamma}\mathrm{d}x\mathrm{d}y,$$

$$\iint_{\Sigma}\mathrm{d}z\mathrm{d}x = \iint_{\Sigma}\cos\beta\mathrm{d}S = \iint_{\Sigma}\frac{\cos\beta}{\cos\gamma}\mathrm{d}x\mathrm{d}y.$$

在曲面 Σ 上，有

$$\cos\alpha = \frac{x}{\sqrt{2(x^2+y^2)}},\quad \cos\beta = \frac{y}{\sqrt{2(x^2+y^2)}},\quad \cos\gamma = -\frac{1}{\sqrt{2}},$$

故

$$\begin{aligned}
&\iint_{\Sigma} x^2\mathrm{d}y\mathrm{d}z + \mathrm{d}z\mathrm{d}x + \frac{\mathrm{e}^z}{\sqrt{x^2+y^2}}\mathrm{d}x\mathrm{d}y \\
&= \iint_{\Sigma}\left(-\frac{x^3}{\sqrt{x^2+y^2}} - \frac{y}{\sqrt{x^2+y^2}} + \frac{\mathrm{e}^z}{\sqrt{x^2+y^2}}\right)\mathrm{d}x\mathrm{d}y \\
&= -\iint_{D_{xy}}\frac{1}{\sqrt{x^2+y^2}}\left(-x^3 - y + \mathrm{e}^{\sqrt{x^2+y^2}}\right)\mathrm{d}x\mathrm{d}y \\
&= \int_0^{\frac{\pi}{2}}\mathrm{d}\theta\int_1^2(\rho^3\cos^3\theta + \rho\sin\theta - \mathrm{e}^{\rho})\mathrm{d}\rho \\
&= \int_0^{\frac{\pi}{2}}\left[\frac{15}{4}\cos^3\theta + \frac{3}{2}\sin\theta - (\mathrm{e}^2 - \mathrm{e})\right]\mathrm{d}\theta \\
&= \frac{5}{2} + \frac{3}{2} - \frac{\pi}{2}(\mathrm{e}^2 - \mathrm{e}) = 4 - \frac{\pi}{2}(\mathrm{e}^2 - \mathrm{e}).
\end{aligned}$$

这个积分中含有三种不同类型的积分项：对坐标 y,z 的曲面积分，对坐标 z,x 的曲面积分和对坐标 x,y 的曲面积分. 如果不用两类曲面积分间的联系将其转化为同一种类型的积分项的话，则计算起来比较烦琐. 因为对不同类型的积分项必须将曲面用不同的方程表示，然后转化为不同坐标面上的二重积分来计算. 因此，利用两类曲面积分间的联系，将不同类型的积分项化为同一类型的积分项是一种不错的方法.

习题 10-5

1. 当有向曲面 Σ 与 xOy 面内的有界闭区域 D 重合时，第二类曲面积分 $\iint\limits_{\Sigma} R(x,y,z)\mathrm{d}x\mathrm{d}y$ 与二重积分有什么关系？

2. 设 Σ 是球面 $x^2+y^2+(z-a)^2=a^2$ 的外侧，计算：

(1) $\oiint\limits_{\Sigma} \mathrm{d}x\mathrm{d}y$；　(2) $\oiint\limits_{\Sigma} z\mathrm{d}x\mathrm{d}y$；　(3) $\oiint\limits_{\Sigma} z^2\mathrm{d}x\mathrm{d}y$.

3. 设 Σ 是由平面 $x+y+z=1$，$x=0$，$y=0$，$z=0$ 所围四面体的表面外侧，计算

(1) $\oiint\limits_{\Sigma} z\mathrm{d}x\mathrm{d}y$；　(2) $\oiint\limits_{\Sigma} x^2\mathrm{d}y\mathrm{d}z$；　(3) $\iint\limits_{\Sigma} y^3\mathrm{d}z\mathrm{d}x$.

4. 计算下列第二类曲面积分：

(1) $\iint\limits_{\Sigma} xyz\mathrm{d}y\mathrm{d}z$，$\Sigma$ 是球面 $x^2+y^2+z^2=R^2$ 位于第一卦限的部分，取下侧；

(2) $\oiint\limits_{\Sigma} x\mathrm{d}y\mathrm{d}z$，$\Sigma$ 为旋转抛物面 $z=x^2+y^2$ 与平面 $z=1$ 所围空间体的表面外侧；

(3) $\iint\limits_{\Sigma}(x^2+y^2)\mathrm{d}z\mathrm{d}x+z\mathrm{d}x\mathrm{d}y$，$\Sigma$ 为锥面 $z=\sqrt{x^2+y^2}$ 上满足 $x\geqslant 0$，$y\geqslant 0$，$z\leqslant 1$ 的那一部分的下侧；

(4) $\iint\limits_{\Sigma} z\mathrm{d}x\mathrm{d}y+x\mathrm{d}y\mathrm{d}z+y\mathrm{d}z\mathrm{d}x$，$\Sigma$ 是柱面 $x^2+y^2=1$ 被平面 $z=0$ 及 $z=3$ 所截得的在第一卦限内的部分的前侧；

*(5) $\iint\limits_{\Sigma}[f(x,y,z)+x]\mathrm{d}y\mathrm{d}z+[2f(x,y,z)+y]\mathrm{d}z\mathrm{d}x+[f(x,y,z)+z]\mathrm{d}x\mathrm{d}y$，其中 $f(x,y,z)$ 为连续函数，Σ 是平面 $x-y+z=1$ 在第四卦限部分的上侧.

*5. 把第二类曲面积分

$$\iint\limits_{\Sigma} P(x,y,z)\mathrm{d}y\mathrm{d}z+Q(x,y,z)\mathrm{d}z\mathrm{d}x+R(x,y,z)\mathrm{d}x\mathrm{d}y$$

化为第一类曲面积分，其中

(1) Σ 为平面 $3x+2y+z=1$ 位于第一卦限的部分，并取上侧；

(2) Σ 是抛物面 $z=8-(x^2+y^2)$ 在 xOy 面上方的部分的上侧.

*6. 已知流体速度 $\boldsymbol{v}=xy\boldsymbol{i}+yz\boldsymbol{j}+xz\boldsymbol{k}$，封闭曲面 Σ 是由平面 $x=0$，$y=0$，$z=1$ 及锥面 $z^2=x^2+y^2$ 所围立体在第一卦限部分的表面，试求由 Σ 的内部流向其外部的流量.

第六节 高斯公式 通量与散度

本章第三节中介绍了格林公式，格林公式反映了平面区域 D 上的二重积分与其边界曲线 ∂D^{+} 上的曲线积分之间的关系. 作为格林公式在三维空间的推广，下

面介绍的高斯[①]公式则反映了空间区域 Ω 上的三重积分与其边界曲面 $\partial\Omega^+$ 上的曲面积分之间的关系.

一、高斯公式

定理 10.7　设 Ω 是一空间有界闭区域,其边界曲面 $\partial\Omega$ 由分片光滑的曲面所组成,如果函数 $P(x,y,z)$, $Q(x,y,z)$, $R(x,y,z)$ 在 Ω 上具有一阶连续偏导数,那么

$$\iiint_{\Omega}\left(\frac{\partial P}{\partial x}+\frac{\partial Q}{\partial y}+\frac{\partial R}{\partial z}\right)\mathrm{d}v=\oint\!\!\oint_{\partial\Omega^+}P\mathrm{d}y\mathrm{d}z+Q\mathrm{d}z\mathrm{d}x+R\mathrm{d}x\mathrm{d}y \tag{10.24}$$

或

$$\iiint_{\Omega}\left(\frac{\partial P}{\partial x}+\frac{\partial Q}{\partial y}+\frac{\partial R}{\partial z}\right)\mathrm{d}v=\oint\!\!\oint_{\partial\Omega}(P\cos\alpha+Q\cos\beta+R\cos\gamma)\mathrm{d}S, \tag{10.24$'$}$$

其中 $\partial\Omega^+$ 表示 Ω 的边界曲面的外侧. $\cos\alpha$, $\cos\beta$, $\cos\gamma$ 是 $\partial\Omega^+$ 上点 (x,y,z) 处的法向量的方向余弦.

公式(10.24)或公式(10.24′)称为**高斯公式**.

证　先证明第三项

$$\iiint_{\Omega}\frac{\partial R}{\partial z}\mathrm{d}v=\iint_{\partial\Omega^+}R\mathrm{d}x\mathrm{d}y.$$

首先假设穿过区域 Ω 内部且平行于 z 轴的直线与 Ω 的边界曲面 $\partial\Omega^+$ 的交点只有两个,即 Ω 是 XY 型区域,如图 10.30 所示. 设 Ω 在 xOy 面上的投影区域为 D_{xy},这样,Σ 可看作由 Σ_1, Σ_2 和 Σ_3 三部分组成,其中 Σ_1,Σ_2 的方程分别为

$$\Sigma_1: z=z_1(x,y),\quad \text{取下侧},$$
$$\Sigma_2: z=z_2(x,y),\quad \text{取上侧}.$$

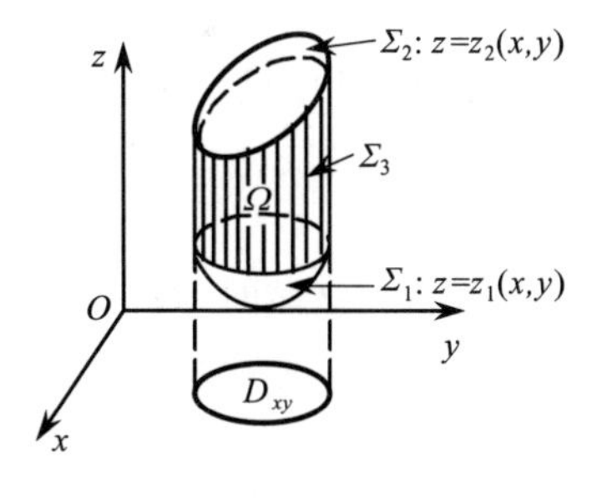

图 10.30

并且

$$z_1(x,y)\leqslant z_2(x,y).$$

而 Σ_3 是以 D_{xy} 的边界曲线为准线且母线平行于 z 轴的柱面的一部分,取外侧.

一方面,根据三重积分的计算法,有

$$\begin{aligned}\iiint_{\Omega}\frac{\partial R}{\partial z}\mathrm{d}v&=\iint_{D_{xy}}\mathrm{d}x\mathrm{d}y\int_{z_1(x,y)}^{z_2(x,y)}\frac{\partial R}{\partial z}\mathrm{d}z\\&=\iint_{D_{xy}}\{R[x,y,z_2(x,y)]-R[x,y,z_1(x,y)]\}\mathrm{d}x\mathrm{d}y;\end{aligned}$$

① 高斯(G. F. Gauss,1777 ～ 1855),德国数学家、物理学家、天文学家.

另一方面,根据第二类曲面积分的计算法,又有

$$\iint_{\Sigma_1} R(x,y,z)\mathrm{d}x\mathrm{d}y = -\iint_{D_{xy}} R[x,y,z_1(x,y)]\mathrm{d}x\mathrm{d}y,$$

$$\iint_{\Sigma_2} R(x,y,z)\mathrm{d}x\mathrm{d}y = \iint_{D_{xy}} R[x,y,z_2(x,y)]\mathrm{d}x\mathrm{d}y,$$

$$\iint_{\Sigma_3} R(x,y,z)\mathrm{d}x\mathrm{d}y = 0,$$

将上述三式相加,便有

$$\begin{aligned}\oiint_{\partial\Omega^+} R(x,y,z)\mathrm{d}x\mathrm{d}y &= \iint_{\Sigma_1} R(x,y,z)\mathrm{d}x\mathrm{d}y \\ &\quad + \iint_{\Sigma_2} R(x,y,z)\mathrm{d}x\mathrm{d}y + \iint_{\Sigma_3} R(x,y,z)\mathrm{d}x\mathrm{d}y \\ &= \iint_{D_{xy}} \{R[x,y,z_2(x,y)] - R[x,y,z_1(x,y)]\}\mathrm{d}x\mathrm{d}y,\end{aligned}$$

从而

$$\iiint_{\Omega} \frac{\partial R}{\partial z}\mathrm{d}v = \oiint_{\partial\Omega^+} R\mathrm{d}x\mathrm{d}y.$$

类似地,当 Ω 是 YZ 型区域时,有

$$\iiint_{\Omega} \frac{\partial P}{\partial x}\mathrm{d}v = \oiint_{\partial\Omega^+} P\mathrm{d}y\mathrm{d}z;$$

当 Ω 是 ZX 型区域时,有

$$\iiint_{\Omega} \frac{\partial Q}{\partial y}\mathrm{d}v = \oiint_{\partial\Omega^+} Q\mathrm{d}z\mathrm{d}x.$$

当 Ω 同时为这三种类型的区域时,上述三式同时成立,将这三式的两端分别相加即得式(10.24).

对于较为一般的空间有界闭区域 Ω,则可类似于格林公式证明中积分区域的分析方法来证明.例如,可用几张辅助曲面将 Ω 分成有限个小闭区域,每个小闭区域都满足条件:穿过该区域内部且平行于坐标轴的直线与小闭区域的边界曲面的交点恰好是两个,于是在每个小闭区域上,式(10.24)成立,然后将这些式子相加,注意到在辅助曲面上的积分要正反两侧各积分一次,相加时正好相互抵消,因此公式对于一般的空间有界闭区域仍然成立,这就证明了公式(10.24).

根据两类曲面积分的关系,可知公式(10.24′)也是对的.

特别地,令 $P=x$, $Q=y$, $R=z$,则$\frac{\partial P}{\partial x}+\frac{\partial Q}{\partial y}+\frac{\partial R}{\partial z}=3$,于是由高斯公式可得空间立体 Ω 的体积

$$V=\iiint\limits_{\Omega}\mathrm{d}v=\frac{1}{3}\iiint\limits_{\Omega}\left(\frac{\partial x}{\partial x}+\frac{\partial y}{\partial y}+\frac{\partial z}{\partial z}\right)\mathrm{d}v$$
$$=\frac{1}{3}\oiint\limits_{\partial\Omega^+}x\mathrm{d}y\mathrm{d}z+y\mathrm{d}z\mathrm{d}x+z\mathrm{d}x\mathrm{d}y.$$

如同格林公式给平面上某些第二类曲线积分的计算带来方便一样，高斯公式给第二类曲面积分的计算也能带来一定的方便.

例 1　计算曲面积分

$$\oiint\limits_{\partial\Omega^+}(x+y)\mathrm{d}y\mathrm{d}z+(y+z)\mathrm{d}z\mathrm{d}x+(z+x)\mathrm{d}x\mathrm{d}y,$$

其中 $\partial\Omega^+$ 是正方体 $\Omega=\{(x,y,z)\mid 0\leqslant x\leqslant a,0\leqslant y\leqslant a,0\leqslant z\leqslant a\}$ 的表面外侧.

解　由高斯公式

$$\oiint\limits_{\partial\Omega^+}(x+y)\mathrm{d}y\mathrm{d}z+(y+z)\mathrm{d}z\mathrm{d}x+(z+x)\mathrm{d}x\mathrm{d}y$$
$$=\iiint\limits_{\Omega}(1+1+1)\mathrm{d}v=3\iiint\limits_{\Omega}\mathrm{d}v=3a^3.$$

例 2　计算曲面积分

$$I=\iint\limits_{\Sigma}\sqrt{x^2+y^2+z^2}(x\mathrm{d}y\mathrm{d}z+y\mathrm{d}z\mathrm{d}x+z\mathrm{d}x\mathrm{d}y),$$

其中 Σ 为上半球面 $z=\sqrt{a^2-x^2-y^2}$ 的上侧.

解　因为在曲面 Σ 上 $\sqrt{x^2+y^2+z^2}=a$，所以原曲面积分可简化为

$$I=\iint\limits_{\Sigma}a(x\mathrm{d}y\mathrm{d}z+y\mathrm{d}z\mathrm{d}x+z\mathrm{d}x\mathrm{d}y).$$

所给曲面 Σ 不是封闭的，为利用高斯公式，应补一块曲面 $\Sigma_1=\{(x,y,z)\mid z=0,x^2+y^2\leqslant a^2\}$，$\Sigma_1$ 取下侧. 这样，有向曲面 $\Sigma+\Sigma_1$ 构成了半球体 Ω 的表面外侧，由高斯公式得

$$\oiint\limits_{\Sigma+\Sigma_1}a(x\mathrm{d}y\mathrm{d}z+y\mathrm{d}z\mathrm{d}x+z\mathrm{d}x\mathrm{d}y)$$
$$=a\iiint\limits_{\Omega}(1+1+1)\mathrm{d}v=3a\times\frac{2}{3}\pi a^3=2\pi a^4.$$

而

$$\iint\limits_{\Sigma_1}a(x\mathrm{d}y\mathrm{d}z+y\mathrm{d}z\mathrm{d}x+z\mathrm{d}x\mathrm{d}y)=\iint\limits_{\Sigma_1}az\,\mathrm{d}x\mathrm{d}y=\iint\limits_{\Sigma_1}0\mathrm{d}x\mathrm{d}y=0,$$

故

$$I=\iint_{\Sigma}\sqrt{x^2+y^2+z^2}(x\mathrm{d}y\mathrm{d}z+y\mathrm{d}z\mathrm{d}x+z\mathrm{d}x\mathrm{d}y)$$

$$=\left(\oiint_{\Sigma+\Sigma_1}-\iint_{\Sigma_1}\right)a(x\mathrm{d}y\mathrm{d}z+y\mathrm{d}z\mathrm{d}x+z\mathrm{d}x\mathrm{d}y)=2\pi a^4.$$

*二、哈密顿算符与拉普拉斯算符

哈密顿算符∇定义为

$$\nabla=\frac{\partial}{\partial x}\boldsymbol{i}+\frac{\partial}{\partial y}\boldsymbol{j}+\frac{\partial}{\partial z}\boldsymbol{k},$$

也称为**向量微分算子**.

这个算符可作用到数量值函数上,也可像通常的向量一样,与向量值函数作数量积或向量积,从而得出新的函数.其规定如下:

(1) 设 $u=u(x,y,z)$,则

$$\nabla u=\frac{\partial u}{\partial x}\boldsymbol{i}+\frac{\partial u}{\partial y}\boldsymbol{j}+\frac{\partial u}{\partial z}\boldsymbol{k},$$

因此

$$\nabla u=\mathbf{grad}u.$$

(2) 设 $\boldsymbol{F}=P(x,y,z)\boldsymbol{i}+Q(x,y,z)\boldsymbol{j}+R(x,y,z)\boldsymbol{k}$,则

$$\nabla\cdot\boldsymbol{F}=\left(\frac{\partial}{\partial x}\boldsymbol{i}+\frac{\partial}{\partial y}\boldsymbol{j}+\frac{\partial}{\partial z}\boldsymbol{k}\right)\cdot(P\boldsymbol{i}+Q\boldsymbol{j}+R\boldsymbol{k})$$

$$=\frac{\partial P}{\partial x}+\frac{\partial Q}{\partial y}+\frac{\partial R}{\partial z},$$

$$\nabla\times\boldsymbol{F}=\begin{vmatrix}\boldsymbol{i}&\boldsymbol{j}&\boldsymbol{k}\\\frac{\partial}{\partial x}&\frac{\partial}{\partial y}&\frac{\partial}{\partial z}\\P&Q&R\end{vmatrix}.$$

(三维)拉普拉斯算符Δ定义为

$$\Delta=\frac{\partial^2}{\partial x^2}+\frac{\partial^2}{\partial y^2}+\frac{\partial^2}{\partial z^2},$$

它作用于数量值函数 u 可得

$$\Delta u=\frac{\partial^2 u}{\partial x^2}+\frac{\partial^2 u}{\partial y^2}+\frac{\partial^2 u}{\partial z^2}.$$

于是

$$\nabla^2 u=\nabla\cdot\nabla u=\nabla\cdot\mathbf{grad}u=\frac{\partial^2 u}{\partial x^2}+\frac{\partial^2 u}{\partial y^2}+\frac{\partial^2 u}{\partial z^2}=\Delta u.$$

利用哈密顿算符,高斯公式可写成

$$\iiint_{\Omega}\nabla\cdot\boldsymbol{A}\mathrm{d}v=\oiint_{\Sigma}A_n\mathrm{d}S.$$

三、通量与散度

设函数 $P(x,y,z)$,$Q(x,y,z)$,$R(x,y,z)$ 具有一阶连续偏导数,向量场 $\boldsymbol{F}(x,y,z)=P(x,y,z)\boldsymbol{i}+Q(x,y,z)\boldsymbol{j}+R(x,y,z)\boldsymbol{k}$,称下述数量

$$\left.\frac{\partial P}{\partial x}+\frac{\partial Q}{\partial y}+\frac{\partial R}{\partial z}\right|_{(x,y,z)}$$

为向量场 $\boldsymbol{F}$ 在点 (x,y,z) 处的**散度**,记作 $\mathrm{div}\boldsymbol{F}$,即

$$\mathrm{div}\boldsymbol{F}=\frac{\partial P}{\partial x}+\frac{\partial Q}{\partial y}+\frac{\partial R}{\partial z}.$$

利用散度概念,高斯公式可以写成向量形式:

$$\iiint_{\Omega}\mathrm{div}\boldsymbol{F}\mathrm{d}v=\oiint_{\partial\Omega^{+}}\boldsymbol{F}\cdot\mathrm{d}\boldsymbol{S}.$$

根据第二类曲面积分定义的物理背景,可以用高斯公式来说明向量场 $\boldsymbol{F}$ 的散度 $\mathrm{div}\boldsymbol{F}$ 的物理意义.

设 $\boldsymbol{F}(x,y,z)$ 是稳定流动的不可压缩流体(假定密度为 1) 的速度场,称第二类曲面积分 $\iint_{\Sigma}\boldsymbol{F}\cdot\mathrm{d}\boldsymbol{S}$ 为流速场 $\boldsymbol{F}$ 通过曲面 Σ 的**流量**,也叫**通量**. 设 $M(x,y,z)$ 是场内取定的一点,任意作一张包围点 M 的封闭曲面 $\partial\Omega^{+}$,使 $\partial\Omega^{+}$ 所围的区域 Ω 也位于场内. 则积分 $\oiint_{\partial\Omega^{+}}\boldsymbol{F}\cdot\mathrm{d}\boldsymbol{S}$ 表示单位时间内通过 $\partial\Omega^{+}$ 流向 Ω 外部的流体的总质量. 通量与 Ω 的体积 V 之比 $\frac{1}{V}\oiint_{\partial\Omega^{+}}\boldsymbol{F}\cdot\mathrm{d}\boldsymbol{S}$ 则表示平均单位时间内从单位体积中通过 $\partial\Omega^{+}$ 流向 Ω 外部的流体的质量,称为流速场 $\boldsymbol{F}$ 在 Ω 内的**平均源强**. 利用高斯公式及三重积分中值定理,我们有

$$\frac{1}{V}\oiint_{\partial\Omega^{+}}\boldsymbol{F}\cdot\mathrm{d}\boldsymbol{S}=\frac{1}{V}\iiint_{\Omega}\mathrm{div}\boldsymbol{F}\mathrm{d}v=\mathrm{div}\boldsymbol{F}(M^{*}),$$

其中点 $M^{*}\in\Omega$,令 Ω 向点 M 处收缩,由上式得

$$\lim_{\Omega\to M}\frac{1}{V}\oiint_{\partial\Omega^{+}}\boldsymbol{F}\cdot\mathrm{d}\boldsymbol{S}=\lim_{\Omega\to M}\mathrm{div}\boldsymbol{F}(M^{*})=\mathrm{div}\boldsymbol{F}(M).\tag{10.25}$$

上述极限称为流速场 $\boldsymbol{F}$ 在点 M 处的**源头强度**. 由式(10.25) 可知向量场 $\boldsymbol{F}$ 的散度 $\mathrm{div}\boldsymbol{F}(M)$ 表示稳定流动的不可压缩流体的速度场 $\boldsymbol{F}$ 在点 M 处的源头强度. 当 $\mathrm{div}\boldsymbol{F}(M)>0$ 时,由式(10.25) 可知此时有流体从 M 点涌出向周围扩散,即 M 点是散发流体的"源";当 $\mathrm{div}\boldsymbol{F}(M)<0$ 时,表示有流体从周围向 M 点汇集,并在 M 点消失,即 M 点是吸收流体的"洞";当 $\mathrm{div}\boldsymbol{F}(M)=0$ 时,则 M 既非源又非洞. 数量 $|\mathrm{div}\boldsymbol{F}(M)|$ 则反映了 M 点处作为源或洞时的强度.

若向量场$\boldsymbol{F}(M)$在每一点M处的散度都存在,则散度构成一个新的数量场,称为**散度场**. 当 $\operatorname{div}\boldsymbol{F}(M)\equiv 0$ 时,则称 $\boldsymbol{F}(M)$ 为**无源场**.

由高斯公式的向量表示

$$\oiint_{\partial\Omega^+}\boldsymbol{F}\cdot \mathrm{d}\boldsymbol{S}=\iiint_{\Omega}\operatorname{div}\boldsymbol{F}\mathrm{d}v.$$

可知高斯公式的物理意义:对流速场 $\boldsymbol{F}(M)$ 来说,$\operatorname{div}\boldsymbol{F}(M)$ 是每一点的源头强度,源头强度在Ω上的三重积分$\iiint_{\Omega}\operatorname{div}\boldsymbol{F}\mathrm{d}v$是单位时间内$\Omega$中所产生的流体的总质量. 考虑到流体是不可压缩的,因此由质量守恒定律,该总质量等于单位时间内通过Ω的边界曲面流向外侧的总质量. 高斯公式恰好反映了这一等量关系.

例 3　设在原点处有点电荷 q,它所产生的静电场的电场强度为

$$\boldsymbol{E}=\frac{q}{r^3}(x\boldsymbol{i}+y\boldsymbol{j}+z\boldsymbol{k}),$$

其中 $r=\sqrt{x^2+y^2+z^2}\neq 0$,试求:通过包围原点并指向外侧的任何光滑闭曲面 Σ 的电通量.

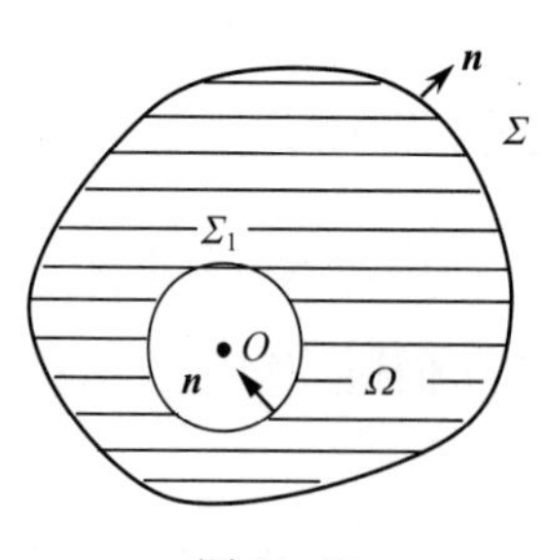

图 10.31

解　因为曲面 Σ 的方程没有给出,所以无法用公式$\oiint_{\Sigma}\boldsymbol{E}\cdot \mathrm{d}\boldsymbol{S}$求通量,并且因为曲面 Σ 内部有奇点 $O(0,0,0)$,也不能将通量表达式转化为三重积分计算.

作一个以原点为球心且完全含于 Σ 内的球面 Σ_1,记介于 Σ 和 Σ_1 间的区域为 Ω,令 Σ_1 的法向量指向原点,即指向 Ω 的外侧(图 10.31),由高斯公式

$$\begin{aligned}\oiint_{\Sigma+\Sigma_1}\boldsymbol{E}\cdot \boldsymbol{e}_n\mathrm{d}S&=\iiint_{\Omega}\operatorname{div}\boldsymbol{E}\mathrm{d}v\\&=\iiint_{\Omega}\left[\frac{\partial}{\partial x}\left(\frac{q}{r^3}x\right)+\frac{\partial}{\partial y}\left(\frac{q}{r^3}y\right)+\frac{\partial}{\partial z}\left(\frac{q}{r^3}z\right)\right]\mathrm{d}V=0.\end{aligned}$$

注意到 Σ_1 的法向量是指向球心的,其上任一点处的单位法向量为$\boldsymbol{e}_n=-\frac{1}{R}\cdot(x\boldsymbol{i}+y\boldsymbol{j}+z\boldsymbol{k})$,故

$$\begin{aligned}\Phi=\oiint_{\Sigma}\boldsymbol{E}\cdot \boldsymbol{e}_n\mathrm{d}S&=\left(\oiint_{\Sigma+\Sigma_1}-\oiint_{\Sigma_1}\right)\boldsymbol{E}\cdot \boldsymbol{e}_n\mathrm{d}S\\&=-\oiint_{\Sigma_1}\boldsymbol{E}\cdot \boldsymbol{e}_n\mathrm{d}S\end{aligned}$$

$$= \oiint_{\Sigma_1} \frac{q}{r^3}(x\boldsymbol{i} + y\boldsymbol{j} + z\boldsymbol{k}) \cdot \frac{1}{R}(x\boldsymbol{i} + y\boldsymbol{j} + z\boldsymbol{k})\mathrm{d}S$$

$$= \oiint_{\Sigma_1} \frac{q}{R^2}\mathrm{d}S = \frac{q}{R^2}\oiint_{\Sigma_1} \mathrm{d}S = \frac{q}{R^2} \times \Sigma_1 \text{ 的面积}$$

$$= 4\pi q.$$

习题 10-6

1. 利用高斯公式计算曲面积分：

(1) $\oiint\limits_{\Sigma} x^3\mathrm{d}y\mathrm{d}z + y^3\mathrm{d}z\mathrm{d}x + z^3\mathrm{d}x\mathrm{d}y$，其中 Σ 为球面 $x^2 + y^2 + z^2 = R^2$ 的内侧；

(2) $\oiint\limits_{\Sigma} (4xz + y^2)\mathrm{d}y\mathrm{d}z - y^2\mathrm{d}z\mathrm{d}x + (x+z)y\mathrm{d}x\mathrm{d}y$，其中 Σ 是平面 $x = 0, y = 0, z = 0, x = 1, y = 1, z = 1$ 所围成的正方体的表面外侧；

(3) $\oiint\limits_{\Sigma} (x-y)\mathrm{d}x\mathrm{d}y + (y-z)x\mathrm{d}y\mathrm{d}z$，其中 Σ 为柱面 $x^2 + y^2 = 1$ 及平面 $z = 0, z = 3$ 所围成的空间闭区域 Ω 的整个边界曲面的外侧；

(4) $\iint\limits_{\Sigma} x\mathrm{d}y\mathrm{d}z + y\mathrm{d}z\mathrm{d}x + z\mathrm{d}x\mathrm{d}y$，$\Sigma$ 是抛物面 $z = 1 - x^2 - y^2$ 在 $z \geqslant 0$ 部分的上侧；

*(5) $\iint\limits_{\Sigma} (x^2\cos\alpha + y^2\cos\beta + z^2\cos\gamma)\mathrm{d}S$，其中 Σ 为锥面 $x^2 + y^2 = z^2$ 介于平面 $z = 0$ 及 $z = h(h > 0)$ 之间的部分的上侧，$\cos\alpha, \cos\beta, \cos\gamma$ 是 Σ 在点 (x, y, z) 处的法向量的方向余弦；

*(6) $\iint\limits_{\Sigma} (x-y)\mathrm{d}y\mathrm{d}z + (y-z)\mathrm{d}z\mathrm{d}x + (z-x)\mathrm{d}x\mathrm{d}y$，其中 Σ 是旋转抛物面 $z = x^2 + y^2$ 被平面 $z = 1$ 截下的有限部分，法向量与 z 轴正向成钝角.

2. 求下列向量场 $\boldsymbol{A}$ 穿过曲面 Σ 流向指定侧的通量：

(1) $\boldsymbol{A} = (2x + 3z)\boldsymbol{i} - (xz + y)\boldsymbol{j} + (y^2 + 2z)\boldsymbol{k}$，$\Sigma$ 是以点 $(3, -1, 2)$ 为球心，半径 $R = 3$ 的球面，流向外侧；

(2) $\boldsymbol{A} = x(y - z)\boldsymbol{i} + y(z - x)\boldsymbol{j} + z(x - y)\boldsymbol{k}$，$\Sigma$ 为椭球面 $\frac{x^2}{a^2} + \frac{y^2}{b^2} + \frac{z^2}{c^2} = 1$，流向内侧；

*(3) $\boldsymbol{A} = x^2\boldsymbol{i} + y^2\boldsymbol{j} + z^2\boldsymbol{k}$，$\Sigma$ 为球面 $x^2 + y^2 + z^2 = a^2$ 位于第一卦限的那部分，流向凸的一侧.

3. 求下列向量场 $\boldsymbol{A}$ 的散度：

(1) $\boldsymbol{A} = \mathrm{e}^{xy}\boldsymbol{i} + \cos(xy)\boldsymbol{j} + \cos(xz^2)\boldsymbol{k}$；

(2) $\boldsymbol{A} = \mathbf{grad}r$，$r = \sqrt{x^2 + y^2 + z^2}$.

4. 求向量场 $\boldsymbol{A} = xyz\boldsymbol{r}$ 在点 $P(1, 3, 2)$ 处的散度，其中 $\boldsymbol{r} = x\boldsymbol{i} + y\boldsymbol{j} + z\boldsymbol{k}$.

*5. 证明：

$$\mathrm{div}(u\boldsymbol{A}) = u\mathrm{div}\boldsymbol{A} + \boldsymbol{A} \cdot \mathbf{grad}u,$$

其中 $u = u(x, y, z)$ 为数量值函数.

6. 设 $u = u(x, y, z)$，$v = v(x, y, z)$ 为数量值函数，求：

(1) $\mathrm{div}(u\,\mathbf{grad}u)$；

(2) $\mathrm{div}(u\,\mathbf{grad}\,v)$.

7. 设 $\boldsymbol{a}$ 是常向量，$\partial\Omega^+$ 为任意的分片光滑闭曲面的外侧，证明

$$\oiint_{\partial\Omega^+}(\boldsymbol{a}\cdot\boldsymbol{e}_n)\mathrm{d}S=0,$$

这里 $\boldsymbol{e}_n$ 是闭曲面 $\partial\Omega^+$ 上任一点处的单位法向量.

8. 计算 $\oiint_{\Sigma}\cos(\widehat{\boldsymbol{r},\boldsymbol{e}_n})\mathrm{d}S$，其中 $\boldsymbol{r}=(x,y,z)$，$\boldsymbol{e}_n$ 为球面 $\Sigma: x^2+y^2+z^2=R^2$ 外侧单位法向量.

第七节　斯托克斯公式　环量与旋度

本节要介绍的斯托克斯①公式揭示了第二类曲面积分与沿曲面的有向边界曲线的第二类曲线积分之间的内在联系，它可视作格林公式的一个自然推广.

一、斯托克斯公式

设 Σ 是以曲线 $\partial\Sigma$ 为边界的有向曲面，按右手规则来规定有向曲线 $\partial\Sigma$ 的正向：即当右手除拇指外的四指按 $\partial\Sigma$ 的正向弯曲时，竖起的拇指指向 Σ 的正向. 并称如此规定了正向的边界曲线 $\partial\Sigma$ 为**有向曲面 Σ 的正向边界曲线**，记作 $\partial\Sigma^+$. 例如，若 Σ 是抛物面 $z=1-x^2-y^2(0\leqslant z\leqslant 1)$ 的上侧，则 $\partial\Sigma^+$ 是 xOy 面上逆时针方向的单位圆 $x^2+y^2=1$.

定理 10.8　设 Σ 是分片光滑的有向曲面，Σ 的正向边界 $\partial\Sigma^+$ 为分段光滑的闭曲线. 如果函数 $P(x,y,z)$，$Q(x,y,z)$，$R(x,y,z)$ 在 Σ 及其边界 $\partial\Sigma^+$ 上具有一阶连续偏导数，则

$$\iint_{\Sigma}\left(\frac{\partial R}{\partial y}-\frac{\partial Q}{\partial z}\right)\mathrm{d}y\mathrm{d}z+\left(\frac{\partial P}{\partial z}-\frac{\partial R}{\partial x}\right)\mathrm{d}z\mathrm{d}x+\left(\frac{\partial Q}{\partial x}-\frac{\partial P}{\partial y}\right)\mathrm{d}x\mathrm{d}y$$
$$=\oint_{\partial\Sigma^+}P\mathrm{d}x+Q\mathrm{d}y+R\mathrm{d}z \tag{10.26}$$

或

$$\iint_{\Sigma}\left[\left(\frac{\partial R}{\partial y}-\frac{\partial Q}{\partial z}\right)\cos\alpha+\left(\frac{\partial P}{\partial z}-\frac{\partial R}{\partial x}\right)\cos\beta+\left(\frac{\partial Q}{\partial x}-\frac{\partial P}{\partial y}\right)\cos\gamma\right]\mathrm{d}S$$
$$=\oint_{\partial\Sigma^+}P\mathrm{d}x+Q\mathrm{d}y+R\mathrm{d}z. \tag{10.26'}$$

公式(10.26)或公式(10.26′)称为**斯托克斯公式**.

证　设曲面 Σ 的方程为 $z=z(x,y)$，取上侧. 平行于 z 轴的直线与曲面 Σ 的交

① 斯托克斯(S. G. Stokes，1819～1903)，英国数学家、物理学家.

点不多于一点，Σ 在 xOy 面上的投影域为 D_{xy}，Σ 的正向边界曲线 $\partial\Sigma^+$ 在 xOy 面上的投影曲线是平面区域 D_{xy} 的正向边界曲线 ∂D_{xy}^+.

先证明下面的式子成立：

$$\iint_{\Sigma}\frac{\partial P}{\partial z}\mathrm{d}z\mathrm{d}x-\frac{\partial P}{\partial y}\mathrm{d}x\mathrm{d}y=\oint_{\partial\Sigma^+}P(x,y,z)\mathrm{d}x. \tag{10.27}$$

证明的方法是将等式的左、右两端都化为二重积分，并进行比较.

首先，可以把右端沿空间曲线 $\partial\Sigma^+$ 的第二类曲线积分 $\oint_{\partial\Sigma^+}P(x,y,z)\mathrm{d}x$ 化为沿平面曲线 ∂D_{xy}^+ 的第二类曲线积分，即

$$\oint_{\partial\Sigma^+}P(x,y,z)\mathrm{d}x=\oint_{\partial D_{xy}^+}P[x,y,z(x,y)]\mathrm{d}x,$$ ①

再应用格林公式将上式右端化为二重积分，得

$$\begin{aligned}\oint_{\partial\Sigma^+}P(x,y,z)\mathrm{d}x&=\iint_{D_{xy}}-\frac{\partial}{\partial y}P[x,y,z(x,y)]\mathrm{d}\sigma\\&=\iint_{D_{xy}}\left(-\frac{\partial P}{\partial y}-\frac{\partial P}{\partial z}\frac{\partial z}{\partial y}\right)\mathrm{d}\sigma.\end{aligned}$$

现在把(10.27)式左端的第二类曲面积分也化为二重积分.

易得，曲面 Σ 的法向量的方向余弦为

$$\cos\alpha=-\frac{\dfrac{\partial z}{\partial x}}{\sqrt{1+\left(\dfrac{\partial z}{\partial x}\right)^2+\left(\dfrac{\partial z}{\partial y}\right)^2}},$$

$$\cos\beta=-\frac{\dfrac{\partial z}{\partial y}}{\sqrt{1+\left(\dfrac{\partial z}{\partial x}\right)^2+\left(\dfrac{\partial z}{\partial y}\right)^2}},$$

$$\cos\gamma=\frac{1}{\sqrt{1+\left(\dfrac{\partial z}{\partial x}\right)^2+\left(\dfrac{\partial z}{\partial y}\right)^2}}.$$

---

① 若曲线 ∂D_{xy}^+ 的方程为 $x=x(t)$，$y=y(t)$，t 由 a 变化到 b，则曲线 $\partial\Sigma^+$ 的方程为 $x=x(t)$，$y=y(t)$，$z=z[x(t),y(t)]$，t 由 a 变化到 b. 于是按第二类曲线积分的计算法有

$$\oint_{\partial\Sigma^+}P(x,y,z)\mathrm{d}x=\int_a^b P\{x(t),y(t),z[x(t),y(t)]\}x'(t)\mathrm{d}t$$

及

$$\oint_{\partial D_{xy}^+}P[x,y,z(x,y)]\mathrm{d}x=\int_a^b P\{x(t),y(t),z[x(t),y(t)]\}x'(t)\mathrm{d}t$$

故这一等式成立.

由两类曲面积分之间的联系，

$$\iint_{\Sigma}\frac{\partial P}{\partial z}\mathrm{d}z\mathrm{d}x=\iint_{\Sigma}\frac{\partial P}{\partial z}\cos\beta\mathrm{d}S=\iint_{\Sigma}\left(\frac{\partial P}{\partial z}\frac{\cos\beta}{\cos\gamma}\right)\cos\gamma\mathrm{d}S$$

$$=\iint_{\Sigma}\frac{\partial P}{\partial z}\left(-\frac{\partial z}{\partial y}\right)\mathrm{d}x\mathrm{d}y,$$

于是

$$\iint_{\Sigma}\frac{\partial P}{\partial z}\mathrm{d}z\mathrm{d}x-\frac{\partial P}{\partial y}\mathrm{d}x\mathrm{d}y=\iint_{\Sigma}\left(-\frac{\partial P}{\partial z}\cdot\frac{\partial z}{\partial y}-\frac{\partial P}{\partial y}\right)\mathrm{d}x\mathrm{d}y$$

$$=\iint_{D_{xy}}\left(-\frac{\partial P}{\partial y}-\frac{\partial P}{\partial z}\cdot\frac{\partial z}{\partial y}\right)\mathrm{d}\sigma.$$

比较可得

$$\iint_{\Sigma}\frac{\partial P}{\partial z}\mathrm{d}z\mathrm{d}x-\frac{\partial P}{\partial y}\mathrm{d}x\mathrm{d}y=\oint_{\partial\Sigma^{+}}P(x,y,z)\mathrm{d}x.$$

如果 Σ 取下侧，由于等式两边同时变号，故此式仍然成立.

同理可证

$$\iint_{\Sigma}\frac{\partial Q}{\partial x}\mathrm{d}x\mathrm{d}y-\frac{\partial Q}{\partial z}\mathrm{d}y\mathrm{d}z=\oint_{\partial\Sigma^{+}}Q(x,y,z)\mathrm{d}y,$$

$$\iint_{\Sigma}\frac{\partial R}{\partial y}\mathrm{d}y\mathrm{d}z-\frac{\partial R}{\partial x}\mathrm{d}z\mathrm{d}x=\oint_{\partial\Sigma^{+}}R(x,y,z)\mathrm{d}z.$$

联合以上三个式子即得斯托克斯公式 (10.26).

当曲面 Σ 与平行于 z 轴的直线的交点多于一个时，可作辅助曲线将曲面分成几部分，然后在每部分曲面上应用公式(10.26) 并相加，注意到沿辅助曲线而方向相反的两个曲线积分相加时正好抵消，所以对于这类曲面 Σ，公式(10.26) 仍成立.

容易看到，当 $R(x,y,z)\equiv 0$，且 Σ 位于 xOy 面并取上侧时，公式(10.26) 就是格林公式.

为便于记忆，借助于行列式的形式运算，斯托克斯公式又可表示为

$$\iint_{\Sigma}\begin{vmatrix}\mathrm{d}y\mathrm{d}z & \mathrm{d}z\mathrm{d}x & \mathrm{d}x\mathrm{d}y\\ \dfrac{\partial}{\partial x} & \dfrac{\partial}{\partial y} & \dfrac{\partial}{\partial z}\\ P & Q & R\end{vmatrix}=\oint_{\partial\Sigma^{+}}P\mathrm{d}x+Q\mathrm{d}y+R\mathrm{d}z$$

或

$$\iint_{\Sigma}\begin{vmatrix}\cos\alpha & \cos\beta & \cos\gamma\\ \dfrac{\partial}{\partial x} & \dfrac{\partial}{\partial y} & \dfrac{\partial}{\partial z}\\ P & Q & R\end{vmatrix}\mathrm{d}S=\oint_{\partial\Sigma^{+}}P\mathrm{d}x+Q\mathrm{d}y+R\mathrm{d}z.$$

将上面积分号里的行列式按第一行展开，并把$\frac{\partial}{\partial x}$与$Q$的积理解为$\frac{\partial Q}{\partial x}$等，就可得到公式(10.26)及(10.26′).

例1　计算$\oint_\Gamma \frac{x\mathrm{d}x+y\mathrm{d}y+z\mathrm{d}z}{x^2+y^2+z^2}$，其中$\Gamma$是球面$\Sigma$：$x^2+y^2+z^2=a^2$在第一卦限与坐标平面相交的圆弧$\overset{\frown}{AB}$、$\overset{\frown}{BC}$、$\overset{\frown}{CA}$连接而成的闭曲线，正方向如图10.32所示.

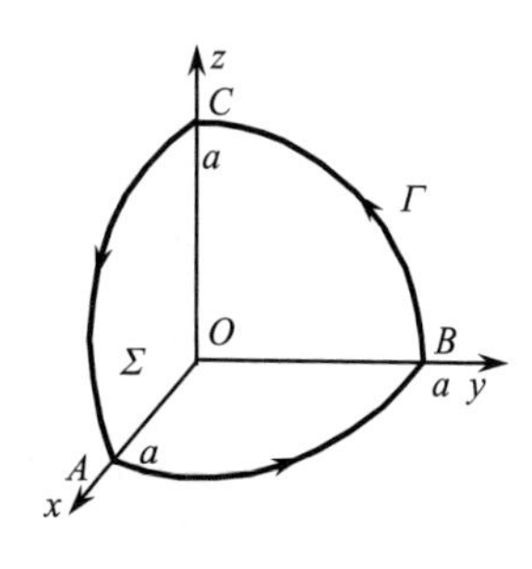

图 10.32

解　由于曲线Γ在球面上，$x^2+y^2+z^2=a^2$，于是

$$\oint_\Gamma \frac{x\mathrm{d}x+y\mathrm{d}y+z\mathrm{d}z}{x^2+y^2+z^2}=\frac{1}{a^2}\oint_\Gamma x\mathrm{d}x+y\mathrm{d}y+z\mathrm{d}z.$$

利用斯托克斯公式将这个曲线积分化为在球面第一卦限部分上侧Σ上的曲面积分，得

$$\begin{aligned}&\frac{1}{a^2}\oint_\Gamma x\mathrm{d}x+y\mathrm{d}y+z\mathrm{d}z\\ =&\frac{1}{a^2}\iint_\Sigma \begin{vmatrix}\mathrm{d}y\mathrm{d}z & \mathrm{d}z\mathrm{d}x & \mathrm{d}x\mathrm{d}y\\ \frac{\partial}{\partial x} & \frac{\partial}{\partial y} & \frac{\partial}{\partial z}\\ x & y & z\end{vmatrix}\\ =&\frac{1}{a^2}\iint_\Sigma 0\mathrm{d}y\mathrm{d}z+0\mathrm{d}z\mathrm{d}x+0\mathrm{d}x\mathrm{d}y=0.\end{aligned}$$

于是

$$\oint_\Gamma \frac{x\mathrm{d}x+y\mathrm{d}y+z\mathrm{d}z}{x^2+y^2+z^2}=0.$$

此题若直接化为定积分计算则要麻烦一些.

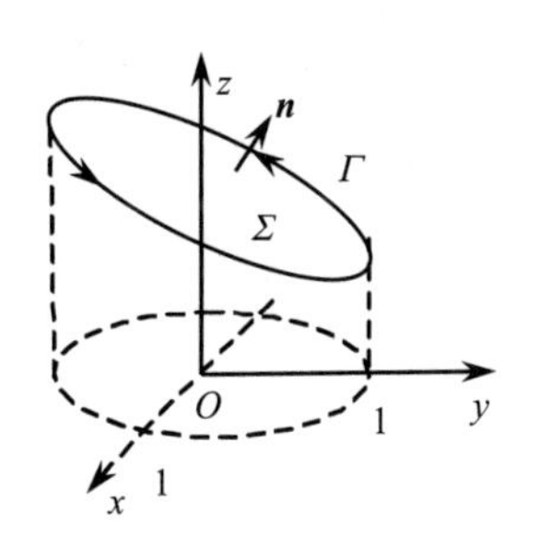

图 10.33

例2　计算第二类曲线积分

$$\oint_\Gamma 3z\mathrm{d}x+5x\mathrm{d}y-2y\mathrm{d}z,$$

其中Γ是平面$y+z=2$与圆柱面$x^2+y^2=1$的交线，从z轴的正方向看去，Γ是逆时针方向.

解　取Σ为平面$y+z=2$被圆柱面$x^2+y^2=1$截得的椭圆盘，法向量向上(图10.33).

易得，Σ的法向量

$$\boldsymbol{n}=(0,1,1),$$

故 $\cos\alpha = 0$，$\cos\beta = \frac{1}{\sqrt{2}}$，$\cos\gamma = \frac{1}{\sqrt{2}}$. 由斯托克斯公式(10.26′)得

$$\oint_\Gamma 3z\mathrm{d}x + 5x\mathrm{d}y - 2y\mathrm{d}z$$

$$= \iint_\Sigma \begin{vmatrix} \cos\alpha & \cos\beta & \cos\gamma \\ \frac{\partial}{\partial x} & \frac{\partial}{\partial y} & \frac{\partial}{\partial z} \\ 3z & 5x & -2y \end{vmatrix} \mathrm{d}S = \iint_\Sigma \begin{vmatrix} 0 & \frac{1}{\sqrt{2}} & \frac{1}{\sqrt{2}} \\ \frac{\partial}{\partial x} & \frac{\partial}{\partial y} & \frac{\partial}{\partial z} \\ 3z & 5x & -2y \end{vmatrix} \mathrm{d}S$$

$$= \iint_\Sigma 4\sqrt{2}\mathrm{d}S = 4\sqrt{2}\iint_\Sigma \mathrm{d}S.$$

因为曲面 Σ 可表示为 $z = 2 - y$，Σ 在 xOy 面的投影是圆域 $D_{xy} = \{(x,y) \mid x^2 + y^2 \leqslant 1\}$，故有

$$\iint_\Sigma \mathrm{d}S = \iint_{D_{xy}} \sqrt{1 + z_x^2 + z_y^2}\mathrm{d}x\mathrm{d}y = \sqrt{2}\iint_{D_{xy}} \mathrm{d}x\mathrm{d}y$$

$$= \sqrt{2} \cdot D_{xy} \text{ 的面积} = \sqrt{2}\pi,$$

从而

$$\oint_\Gamma 3z\mathrm{d}x + 5x\mathrm{d}y - 2y\mathrm{d}z = 4\sqrt{2} \cdot \sqrt{2}\pi = 8\pi.$$

二、环量与旋度

向量场 $\boldsymbol{F}(x,y,z) = P(x,y,z)\boldsymbol{i} + Q(x,y,z)\boldsymbol{j} + R(x,y,z)\boldsymbol{k}$ 沿有向闭曲线 Γ 的第二类曲线积分

$$\oint_\Gamma \boldsymbol{F} \cdot \mathrm{d}\boldsymbol{r} = \oint_\Gamma P\mathrm{d}x + Q\mathrm{d}y + R\mathrm{d}z$$

称为向量场 $\boldsymbol{F}$ 沿曲线 Γ 的**环量**(或**环流量**).

显然，改变 Γ 的方向时，环量要变号.

当函数 $P(x,y,z)$，$Q(x,y,z)$，$R(x,y,z)$ 具有一阶连续偏导数时，称向量

$$\left(\frac{\partial R}{\partial y} - \frac{\partial Q}{\partial z}\right)\boldsymbol{i} + \left(\frac{\partial P}{\partial z} - \frac{\partial R}{\partial x}\right)\boldsymbol{j} + \left(\frac{\partial Q}{\partial x} - \frac{\partial P}{\partial y}\right)\boldsymbol{k}$$

为向量场 $\boldsymbol{F}$ 的**旋度**，记为 $\mathbf{rot}\boldsymbol{F}$，即

$$\mathbf{rot}\boldsymbol{F} = \begin{vmatrix} \boldsymbol{i} & \boldsymbol{j} & \boldsymbol{k} \\ \frac{\partial}{\partial x} & \frac{\partial}{\partial y} & \frac{\partial}{\partial z} \\ P & Q & R \end{vmatrix}.$$

对于 $C^{(1)}$ 向量场 $\boldsymbol{F}$，总伴随着另一个向量场 $\mathbf{rot}\boldsymbol{F}$，当 $\mathbf{rot}\boldsymbol{F} \equiv \mathbf{0}$，称向量场 $\boldsymbol{F}$ 为**无旋场**.

利用旋度,可将斯托克斯公式写为

$$\iint_{\Sigma}\mathbf{rot}\boldsymbol{F}\cdot \mathrm{d}\boldsymbol{S}=\oint_{\partial\Sigma^{+}}\boldsymbol{F}\cdot \mathrm{d}\boldsymbol{r}.$$

例 3　设一刚体以匀角速度 $\boldsymbol{\omega}=(0,0,\omega)$ 绕 z 轴旋转(图 10.34). 刚体上每一点都具有线速度,于是构成一个线速度场 $\boldsymbol{v}$. 求线速度场的旋度.

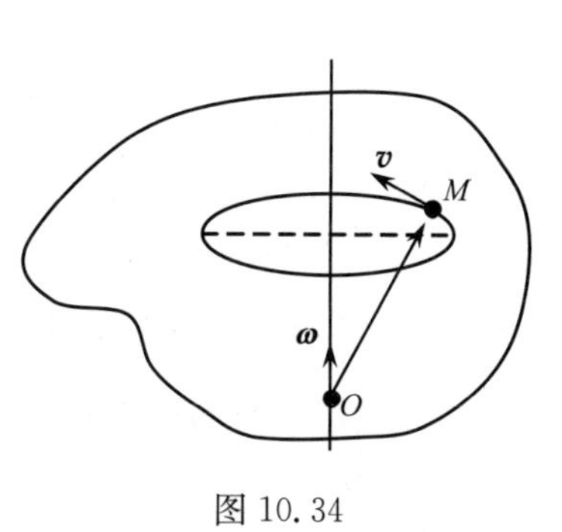

图 10.34

解　设 $M(x,y,z)$ 为刚体上任一点,M 点的向径 $\boldsymbol{r}=(x,y,z)$,由运动学知,M 点的线速度为

$$\boldsymbol{v}=\boldsymbol{\omega}\times\boldsymbol{r}=\begin{vmatrix}\boldsymbol{i}&\boldsymbol{j}&\boldsymbol{k}\\0&0&\omega\\x&y&z\end{vmatrix}=(-\omega y,\omega x,0),$$

于是

$$\mathbf{rot}\boldsymbol{v}=\begin{vmatrix}\boldsymbol{i}&\boldsymbol{j}&\boldsymbol{k}\\\dfrac{\partial}{\partial x}&\dfrac{\partial}{\partial y}&\dfrac{\partial}{\partial z}\\-\omega y&\omega x&0\end{vmatrix}=(0,0,2\omega)=2\boldsymbol{\omega},$$

即 $\mathbf{rot}\boldsymbol{v}$ 是角速度 $\boldsymbol{\omega}$ 的两倍. 这就是说,在刚体绕固定轴旋转的线速度场中任一点处的旋度,恰好等于刚体旋转角速度的常数倍. “旋度”的名称即由此得来.

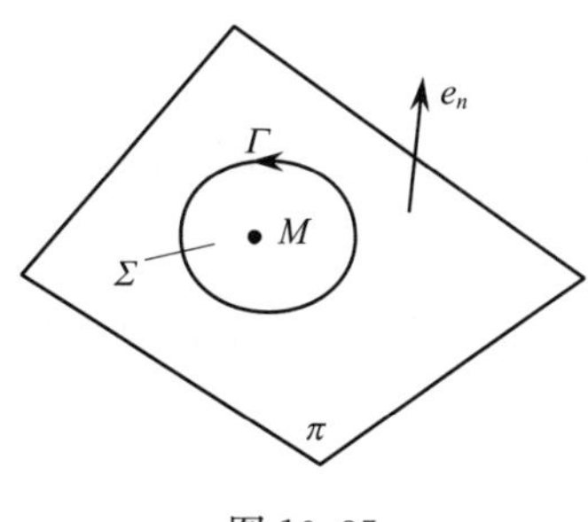

图 10.35

下面用斯托克斯公式来说明向量场 $\boldsymbol{F}$ 的旋度 $\mathbf{rot}\boldsymbol{F}$ 的物理意义.

设向量场 $\boldsymbol{F}$ 定义在区域 Ω 内,M 为 Ω 内一点,在点 M 处任意取定一个单位向量 $\boldsymbol{e}_n$,过点 M 作一以 $\boldsymbol{e}_n$ 为法向量的有向平面 π,在 π 上任取一条包围点 M 的光滑闭曲线 Γ,记有向平面上 Γ 所围的部分为 Σ,Γ 的正向与 Σ 的侧符合右手规则(图 10.35). 曲面 Σ 的面积记作 A ,根据斯托克斯公式及曲面积分中值定理,有

$$\begin{aligned}\frac{1}{A}\oint_{\Gamma}\boldsymbol{F}\cdot \mathrm{d}\boldsymbol{r}&=\frac{1}{A}\iint_{\Sigma}\mathbf{rot}\boldsymbol{F}\cdot \mathrm{d}\boldsymbol{S}=\frac{1}{A}\iint_{\Sigma}(\mathbf{rot}\boldsymbol{F}\cdot\boldsymbol{e}_n)\mathrm{d}S\\&=[\mathbf{rot}\boldsymbol{F}\cdot\boldsymbol{e}_n]_{M^*},\end{aligned}$$

其中点 $M^*\in\Sigma$. 令 Σ 向点 M 处收缩,由上式得

$$\lim_{\Sigma\to M}\frac{1}{A}\oint_{\Gamma}\boldsymbol{F}\cdot \mathrm{d}\boldsymbol{r}=\lim_{\Sigma\to M}[\mathbf{rot}\boldsymbol{F}\cdot\boldsymbol{e}_n]_{M^*}=[\mathbf{rot}\boldsymbol{F}\cdot\boldsymbol{e}_n]_{M}. \tag{10.28}$$

物理学中称上式左端环量对面积的变化率 $\lim\limits_{\Sigma\to M}\frac{1}{A}\oint_{\Gamma}\boldsymbol{F}\cdot\mathrm{d}\boldsymbol{r}$ 为向量场 $\boldsymbol{F}$ 在点 M 处沿方向 $\boldsymbol{e}_n$ 的**方向旋量**(或**环量面密度**). 由式(10.28)可知,方向旋量是一个与方向 $\boldsymbol{e}_n$ 有关的量,并且当 $\boldsymbol{e}_n$ 与该点的旋度 $\mathbf{rot}\boldsymbol{F}(M)$ 方向相同时,方向旋量取最大值:

$$[\mathbf{rot}\boldsymbol{F}\cdot\boldsymbol{e}_n]_M=|\mathbf{rot}\boldsymbol{F}||\boldsymbol{e}_n|\cos(\widehat{\mathbf{rot}\,\boldsymbol{F},\boldsymbol{e}_n})=|\mathbf{rot}\boldsymbol{F}|.$$

换一句话说,向量场 $\boldsymbol{F}(x,y,z)=P(x,y,z)\boldsymbol{i}+Q(x,y,z)\boldsymbol{j}+R(x,y,z)\boldsymbol{k}$ 在点 $M(x,y,z)$ 处的旋度是一个向量,此向量的方向是使方向旋量取最大值的方向,此向量的模正是该点处最大方向旋量的值.

*三、空间曲线积分与路径无关的条件

下面利用旋度概念给出空间曲线积分与路径无关的条件,它的证明与平面情形时类似,这里从略.

定理 10.9　设空间闭区域 G 是一个一维单连通区域①,函数 $P(x,y,z),Q(x,y,z),R(x,y,z)$ 在 G 内具有一阶连续偏导数.

$$\boldsymbol{F}(x,y,z)=P(x,y,z)\boldsymbol{i}+Q(x,y,z)\boldsymbol{j}+R(x,y,z)\boldsymbol{k},$$

则 $\boldsymbol{F}(x,y,z)$ 沿 G 内有向曲线的积分与路径无关的充分必要条件是

$$\mathbf{rot}\boldsymbol{F}=\mathbf{0}.$$

物理学中称具有下面性质的向量场 $\boldsymbol{F}$ 为**保守场**:

向量场 $\boldsymbol{F}$ 在区域 G 内沿任意曲线 $\widehat{AB}$ 的积分 $\int_{\widehat{AB}}\boldsymbol{F}\cdot\mathrm{d}\boldsymbol{r}$ 只与 A、B 两点的位置有关,而与从 A 到 B 的路径无关.

定理 10.9 说明,若 $\boldsymbol{F}$ 在 G 内是无旋场,即 $\mathbf{rot}\boldsymbol{F}=\mathbf{0}$,则 $\boldsymbol{F}$ 在 G 内是保守场.

例 4　证明静电场 $\boldsymbol{E}=\frac{q}{4\pi\varepsilon_0}\frac{\boldsymbol{r}}{r^3}$ 是保守场.

证　只需证 $\mathbf{rot}\boldsymbol{E}=\mathbf{0}$.

为简单计,记 $\frac{q}{4\pi\varepsilon_0}=\lambda$,则 $\boldsymbol{E}=\lambda\left(\frac{x}{r^3},\frac{y}{r^3},\frac{z}{r^3}\right)$,这里 $r=\sqrt{x^2+y^2+z^2}$,于是

$$\mathbf{rot}\boldsymbol{E}=\lambda\begin{vmatrix}\boldsymbol{i} & \boldsymbol{j} & \boldsymbol{k}\\ \frac{\partial}{\partial x} & \frac{\partial}{\partial y} & \frac{\partial}{\partial z}\\ \frac{x}{r^3} & \frac{y}{r^3} & \frac{z}{r^3}\end{vmatrix}$$

$$=\lambda\left[-\frac{3yz}{r^5}-\left(-\frac{3yz}{r^5}\right)\right]\boldsymbol{i}+\lambda\left[-\frac{3xz}{r^5}-\left(-\frac{3xz}{r^5}\right)\right]\boldsymbol{j}$$

① 如果在 G 内的任一闭曲线上总可以张一片完全含于 G 内的曲面,则称 G 为空间一维单连通区域.

$$+\lambda\left[-\frac{3xy}{r^5}-\left(-\frac{3xy}{r^5}\right)\right]\boldsymbol{k}=\boldsymbol{0}.$$

最后指出,本章的几个主要公式都是微积分基本公式在二维和三维空间中的推广. 把这些公式集中在一起列出,便会发现它们的共性:等式的一端都是某种形式的“导数”在一个区域上的积分,而等式的另一端则只与该“导数”的“原函数”在该区域的边界上的值有关.

(1) 微积分基本公式

$$\int_a^b F'(x)\mathrm{d}x=F(b)-F(a);$$

(2) 格林公式

$$\iint_D\left(\frac{\partial Q}{\partial x}-\frac{\partial P}{\partial y}\right)\mathrm{d}\sigma=\oint_{\partial D^+}P\mathrm{d}x+Q\mathrm{d}y;$$

(3) 斯托克斯公式

$$\iint_\Sigma \mathbf{rot}\boldsymbol{F}\cdot\mathrm{d}\boldsymbol{S}=\oint_{\partial\Sigma^+}\boldsymbol{F}\cdot\mathrm{d}\boldsymbol{r};$$

(4) 高斯公式

$$\iiint_\Omega \mathrm{div}\boldsymbol{F}\mathrm{d}v=\oint\!\!\!\oint_{\partial\Omega^+}\boldsymbol{F}\cdot\mathrm{d}\boldsymbol{S}.$$

上述 4 个公式既然有着如此的内在统一性,这就启发我们作这样的思考:能否将它们统一成一个基本公式呢?这确实是可以做到的. 为此先要引进一种新的代数运算“外微分”,并定义一些新的数学对象. 由此得到的微积分基本公式不仅包含了以上 4 个式子,还适用于更高维的空间. 限于篇幅,这方面的讨论就不再进行了,有兴趣的读者可阅读内容更深入一些的微积分教程.

习题 10-7

1. 利用斯托克斯公式计算下列曲线积分:

(1) $\oint_\Gamma(y-z)\mathrm{d}x+(z-x)\mathrm{d}y+(x-y)\mathrm{d}z$, 其中 Γ 为椭圆 $x^2+y^2=a^2$, $\frac{x}{a}+\frac{z}{b}=1(a,b>0)$,从 z 轴的正向看去,Γ 是逆时针方向;

(2) $\oint_\Gamma xy\mathrm{d}x+yz\mathrm{d}y+zx\mathrm{d}z$, 其中 Γ 是以点 $(1,0,0)$, $(0,3,0)$, $(0,0,3)$ 为顶点的三角形的周界,从 x 轴的正向看去 Γ 是顺时针方向;

*(3) $\oint_\Gamma(y^2-z^2)\mathrm{d}x+(z^2-x^2)\mathrm{d}y+(x^2-y^2)\mathrm{d}z$, 其中 Γ 是用平面 $x+y+z=\frac{3}{2}$ 截立方体 $\{(x,y,z)\mid 0\leqslant x\leqslant 1,\ 0\leqslant y\leqslant 1,\ 0\leqslant z\leqslant 1\}$ 的表面所得的截痕,从 x 轴的正向看去取逆时针方向;

(4) $\oint_\Gamma 3y\mathrm{d}x-xz\mathrm{d}y+yz^2\mathrm{d}z$,其中 Γ 是圆周 $x^2+y^2=2z,z=2$,从 z 轴正向看去,Γ 是顺时针方向;

*(5) $\oint_{\Gamma} z^3\mathrm{d}x + x^3\mathrm{d}y + y^3\mathrm{d}z$,其中 Γ 是圆周 $z=2(x^2+y^2)$,$z=3-x^2-y^2$,从 z 轴的正向看去 Γ 是逆时针方向.

*2. 求下列向量场 $\boldsymbol{A}$ 沿闭曲线 Γ 的环流量:

(1) $\boldsymbol{A}=(x-z)\boldsymbol{i}+(x^3+yz)\boldsymbol{j}-3xy^2\boldsymbol{k}$,$\Gamma$ 为圆周 $z=2-\sqrt{x^2+y^2}$, $z=0$,从 z 轴正向看 Γ 依逆时针方向;

(2) $\boldsymbol{A}=-y\boldsymbol{i}+x\boldsymbol{j}+c\boldsymbol{k}$($c$ 为常数),Γ 为圆周 $(x-2)^2+y^2=R^2$, $z=0$,从 z 轴正向看 Γ 为逆时针方向;

(3) $\boldsymbol{A}=3y\boldsymbol{i}-xz\boldsymbol{j}+yz^2\boldsymbol{k}$, Γ 为圆周 $y^2+z^2=4$, $x=1$,从 x 轴正向看去,Γ 取逆时针方向.

3. 求下列向量场 $\boldsymbol{A}$ 的旋度:

(1) $\boldsymbol{A}=P(x)\boldsymbol{i}+Q(y)\boldsymbol{j}+R(z)\boldsymbol{k}$;

(2) $\boldsymbol{A}=(z+\sin y)\boldsymbol{i}-(z-x\cos y)\boldsymbol{j}$;

*(3) $\boldsymbol{A}=\nabla u$, $u=u(x,y,z)$ 具有二阶连续偏导数.

*4. 设函数 $P(x,y,z)$,$Q(x,y,z)$,$R(x,y,z)$ 具有连续的二阶偏导数,$\boldsymbol{A}=P(x,y,z)\boldsymbol{i}+Q(x,y,z)\boldsymbol{j}+R(x,y,z)\boldsymbol{k}$,证明:

(1) $\mathrm{div}(\mathbf{rot}\boldsymbol{A})=0$,即旋度场一定是无源场;

(2) $\mathbf{rot}(\mathbf{grad}P)=\mathbf{0}$,即梯度场是无旋场.

*5. 设 $\boldsymbol{r}=x\boldsymbol{i}+y\boldsymbol{j}+z\boldsymbol{k}$, $r=|\boldsymbol{r}|$, f 为可微函数,求:

(1) $\mathbf{rot}\boldsymbol{r}$;　　　　(2) $\mathbf{rot}[f(r)\boldsymbol{r}]$.

*6. 利用斯托克斯公式把第二类曲面积分 $\iint_{\Sigma}\mathbf{rot}\boldsymbol{A}\cdot\mathrm{d}\boldsymbol{S}$ 化为曲线积分,并计算积分值,其中 $\boldsymbol{A}$ 与 Σ 分别为

(1) $\boldsymbol{A}=xyz\boldsymbol{i}+x\boldsymbol{j}+\mathrm{e}^{xy}\boldsymbol{k}$, Σ 为上半球面 $z=\sqrt{1-x^2-y^2}$ 的上侧;

(2) $\boldsymbol{A}=(y-z)\boldsymbol{i}+yz\boldsymbol{j}-xz\boldsymbol{k}$, Σ 为立方体 $\{(x,y,z)\mid 0\leqslant x\leqslant 2,0\leqslant y\leqslant 2,0\leqslant z\leqslant 2\}$ 的表面外侧去掉 xOy 面上的那个底面.

*7. 验证下列空间曲线积分与路径无关,并计算积分值:

(1) $\int_{(0,0,0)}^{(a,b,c)} x^2\mathrm{d}x+y^2\mathrm{d}y+z^2\mathrm{d}z$;

(2) $\int_{(0,0,0)}^{(1,2,1)}(y+z)\mathrm{d}x+(z+x)\mathrm{d}y+(x+y)\mathrm{d}z$;

(3) $\int_{(1,-1,1)}^{(1,1,-1)} y^2z\mathrm{d}x+2xyz\mathrm{d}y+xy^2\mathrm{d}z$.

第十章总习题

1. 填空题:

(1) 设平面曲线 L 为下半圆 $y=-\sqrt{1-x^2}$,则曲线积分 $\int_L(x^2+y^2)\mathrm{d}s=$ ________;

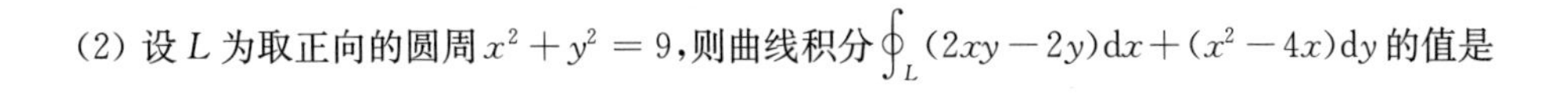

(2) 设 L 为取正向的圆周 $x^2+y^2=9$，则曲线积分 $\oint_L(2xy-2y)\mathrm{d}x+(x^2-4x)\mathrm{d}y$ 的值是

__________；

*(3) 设数量场 $u=\ln\sqrt{x^2+y^2+z^2}$，则 $\operatorname{div}(\mathbf{grad}u)=$ __________.

2. 单项选择题：

(1) 若 Σ 是 xOy 面上方的抛物面 $z=2-(x^2+y^2)$；且 $f(x,y,z)$ 等于 x^2+y^2，则曲面积分 $\iint\limits_{\Sigma}f(x,y,z)\mathrm{d}S$ 的物理意义为(　　).

(A) 表示面密度为 1 的曲面 Σ 的质量；

(B) 表示面密度为 1 的曲面 Σ 对 z 轴的转动惯量；

(C) 表示面密度为 x^2+y^2 的曲面 Σ 对 z 轴的转动惯量；

(D) 表示密度为 1 的流体通过曲面 Σ 指定侧的流量.

(2) 设曲面 $S: x^2+y^2+z^2=a^2(z\geqslant 0)$，$S_1$ 为 S 在第一卦限中的部分，则有(　　).

(A) $\iint\limits_{S}x\mathrm{d}S=4\iint\limits_{S_1}x\mathrm{d}S$；　　(B) $\iint\limits_{S}y\mathrm{d}S=4\iint\limits_{S_1}y\mathrm{d}S$；

(C) $\iint\limits_{S}z\mathrm{d}S=4\iint\limits_{S_1}x\mathrm{d}S$；　　(D) $\iint\limits_{S}xyz\mathrm{d}S=4\iint\limits_{S_1}xyz\mathrm{d}S$.

*(3) 若 S 为球面 $x^2+y^2+z^2=1$ 的外侧，S_1 为 S 在第一卦限部分的外侧，则积分 $\oiint\limits_{S}x^2\mathrm{d}y\mathrm{d}z+y^2\mathrm{d}z\mathrm{d}x+z^2\mathrm{d}x\mathrm{d}y$ 等于(　　).

(A) $8\iint\limits_{S_1}x^2\mathrm{d}y\mathrm{d}z+y^2\mathrm{d}z\mathrm{d}x+z^2\mathrm{d}x\mathrm{d}y$；　　(B) $4\iint\limits_{S_1}x^2\mathrm{d}y\mathrm{d}z+y^2\mathrm{d}z\mathrm{d}x+z^2\mathrm{d}x\mathrm{d}y$；

(C) $2\iint\limits_{S_1}x^2\mathrm{d}y\mathrm{d}z+y^2\mathrm{d}z\mathrm{d}x+z^2\mathrm{d}x\mathrm{d}y$；　　(D) 0.

3. 计算下列曲线积分：

(1) $\oint_L(x^2+y^2)^{n/2}\mathrm{d}s$，其中 L 为圆周

$$x=a\cos\theta,\quad y=a\sin\theta,\quad 0\leqslant\theta\leqslant 2\pi,$$

而 n 为正整数；

*(2) 计算 $\int_L(x^2-2y)\mathrm{d}x+(3x+ye^y)\mathrm{d}y$，其中 L 是由直线 $x+2y=2$ 上从 $A(2,0)$ 到 $B(0,1)$ 的一段及圆弧 $x=-\sqrt{1-y^2}$ 上从 $B(0,1)$ 到 $C(-1,0)$ 的一段连接而成的有向曲线；

(3) $\int_L(2xy+3x\sin x)\mathrm{d}x+(x^2-ye^y)\mathrm{d}y$，其中 L 是从点 $O(0,0)$ 经摆线 $x=a(t-\sin t)$，$y=a(1-\cos t)$ 到点 $A(\pi a,2a)$ 的一段弧；

(4) $\int_L\boldsymbol{F}\cdot\mathrm{d}\boldsymbol{r}$，其中 $\boldsymbol{F}=(x+y,x-y)$，L 为曲线 $\dfrac{x^2}{a^2}+\dfrac{y^2}{b^2}=1$ 沿逆时针一周.

4. 计算 $\int_L\dfrac{(x+y)\mathrm{d}x-(x-y)\mathrm{d}y}{x^2+y^2}$，其中 L 为

(1) 域 $D=\{(x,y)\mid a^2\leqslant x^2+y^2\leqslant b^2\}$ 的正向边界$(a>0,b>0)$；

(2) 圆周 $x^2+y^2=a^2$ 的正向$(a>0)$；

*(3) 正方形 $|x|+|y|=1$ 的正向；

*(4) 曲线 $y=\pi\cos x$ 上从点 $A(-\pi,-\pi)$ 到点 $B(\pi,-\pi)$ 的一段弧.

5. 计算下列曲面积分：

(1) $\iint\limits_{\Sigma}\frac{\mathrm{d}S}{x^2+y^2+z^2}$，其中 Σ 是界于平面 $z=0$ 及 $z=H$ 之间的圆柱面 $x^2+y^2=R^2$；

(2) $\oiint\limits_{\Sigma}2xz\mathrm{d}y\mathrm{d}z+yz\mathrm{d}z\mathrm{d}x-z^2\mathrm{d}x\mathrm{d}y$，其中 Σ 是由锥面 $z=\sqrt{x^2+y^2}$ 与半球面 $z=\sqrt{2-x^2-y^2}$ 所围成的区域的边界曲面的外侧；

(3) $\iint\limits_{\Sigma}2(1-x^2)\mathrm{d}y\mathrm{d}z+8xy\mathrm{d}z\mathrm{d}x-4xz\mathrm{d}x\mathrm{d}y$，其中 Σ 是由 xOy 面上的弧段 $x=\mathrm{e}^y(0\leqslant y\leqslant a)$ 绕 x 轴旋转所成的旋转面的凸的一侧；

*(4) $\iint\limits_{\Sigma}\frac{x\mathrm{d}y\mathrm{d}z+y\mathrm{d}z\mathrm{d}x+z\mathrm{d}x\mathrm{d}y}{\sqrt{(x^2+y^2+z^2)^3}}$，其中 Σ 为曲面 $1-\frac{z}{5}=\frac{(x-2)^2}{16}+\frac{(y-1)^2}{9}$ $(z\geqslant 0)$ 的上侧；

*(5) $\oiint\limits_{\Sigma}yz\mathrm{d}y\mathrm{d}z+y^2\mathrm{d}z\mathrm{d}x+x^2y\mathrm{d}x\mathrm{d}y$，其中 Σ 为柱面 $x^2+y^2=9$ 与平面 $z=0$，$z=y-3$ 所围成的区域的边界曲面的外侧.

*6. 已知曲线 L 的方程为 $y=\frac{2}{3}x^{\frac{3}{2}}$，且曲线上任一点的线密度与该点到原点的一段曲线的弧长成正比(比例系数为 k)，求曲线上位于原点 O 与点 $P(3,2\sqrt{3})$ 之间的一段弧的质量.

*7. 设 D 是以分段光滑曲线 L 为边界的平面有界闭区域，$P(x,y)$，$Q(x,y)$ 在 D 上有一阶连续的偏导数，则有关系式

$$\oint_{\partial D^+}[P\cos(n,x)+Q\cos(n,y)]\mathrm{d}s=\iint\limits_{D}\left(\frac{\partial P}{\partial x}+\frac{\partial Q}{\partial y}\right)\mathrm{d}\sigma,$$

其中 $\cos(n,x)$，$\cos(n,y)$ 为曲线 L 的外法线向量的方向余弦. 这个公式是格林公式的另一表达形式.

*8. 设在半平面 $x>0$ 内有力 $\boldsymbol{F}=-\frac{k}{\rho^3}(x\boldsymbol{i}+y\boldsymbol{j})$ 构成力场，其中 k 为常数，$\rho=\sqrt{x^2+y^2}$. 证明此力场 $\boldsymbol{F}$ 为保守力场，即在此力场中场力所做的功与路径无关.

9. 求圆柱面 $x^2+y^2=a^2$ 介于曲面 $z=a+\frac{x^2}{a}$ 与 $z=0$ 之间的面积$(a>0)$.

*10. 计算 $\iint\limits_{\Sigma}\boldsymbol{A}\cdot\mathrm{d}\boldsymbol{S}$，其中 $\boldsymbol{A}=\frac{x\boldsymbol{i}+y\boldsymbol{j}+z\boldsymbol{k}}{\sqrt{x^2+y^2+z^2}}$，$\Sigma$ 是上半球面 $z=\sqrt{R^2-x^2-y^2}$ 的下侧.

11. 求向量场 $\boldsymbol{r}=\{x,y,z\}$ 的通量：

(1) 穿过锥体 $\{(x,y,z)\mid\sqrt{x^2+y^2}\leqslant z\leqslant h\}$ 的侧表面(由里向外)；

(2) 穿过该锥体的底面(由里向外)；

(3) 穿过该锥体的全表面(由里向外).

*12. 设 $f(u)$ 在 $(-\infty,+\infty)$ 内有连续导数，L 为 xOy 平面内任意一条光滑的闭曲线，证明：

$$\oint_L f(xy)(y\mathrm{d}x+x\mathrm{d}y)=0.$$

*13. 计算 $\oint_{\Gamma}(y^2-z^2)\mathrm{d}x+(2z^2-x^2)\mathrm{d}y+(3x^2-y^2)\mathrm{d}z$，其中 Γ 是平面 $x+y+z=2$ 与柱面 $|x|+|y|=1$ 的交线，从 z 轴正向看去，Γ 为逆时针方向.

第十一章　无穷级数

无穷级数是高等数学的重要组成部分，也是函数逼近理论的重要内容. 它是表示函数、研究函数的性质以及进行数值计算的有力工具. 无穷级数在自然科学、工程技术和数学的许多分支中都有着广泛的应用.

本章首先介绍常数项级数，包括常数项级数的基本概念、性质以及敛散性的判别法. 再讨论两种特殊的函数项级数：幂级数和傅里叶级数. 着重介绍幂级数的基本性质以及将函数展开成幂级数与傅里叶级数的问题.

第一节　常数项级数的基本概念和性质

一、常数项级数的概念

历史上，无穷级数是由于实际计算的需要伴随着极限问题而产生的. 为了计算一个较复杂的量，而先计算一列较简单的数值之和，并将其作为所求量的近似值是常用的方法. 如果还要求不断提高计算的精确程度，那就要求无穷多项的“和”，这就引出了所谓**无穷级数问题**. 例如，利用泰勒公式可以将具有足够阶导数的函数用多项式函数近似表达，并且通过提高多项式的幂次而提高计算精度. 这样，求函数的值就等同于求无穷多个数之“和”的计算. 再如，我国魏晋时代刘徽的“割圆术”也是利用无穷级数来近似计算圆面积的例子.

无穷级数的思想也蕴含在无限循环小数的概念之中. 例如，$\frac{1}{3}$ 化为小数时，有 $\frac{1}{3}=0.33\cdots=0.\dot{3}$，且

$$0.3=\frac{3}{10},$$

$$0.33=0.3+0.03=\frac{3}{10}+\frac{3}{10^2},$$

$$0.333=0.3+0.03+0.003=\frac{3}{10}+\frac{3}{10^2}+\frac{3}{10^3},$$

一般地，有

$$0.\underbrace{33\cdots3}_{n\text{个}}=\frac{3}{10}+\frac{3}{10^2}+\cdots+\frac{3}{10^n},$$

于是

$$\frac{1}{3}=\frac{3}{10}+\frac{3}{10^2}+\cdots+\frac{3}{10^n}+\cdots$$

这就将$\frac{1}{3}$表示成了无穷多个分数之和.

再看极限$\lim\limits_{n\to\infty}(1+a+a^2+\cdots+a^n)$ $(|a|<1)$,求此极限就相当于求表达式$1+a+a^2+\cdots+a^n+\cdots$的和.

以上这些例子都涉及无穷多个数相加的问题,即无穷级数问题.

一般地,可以给出无穷级数的定义如下.

定义 11.1 如果给定数列$\{u_n\}$:$u_1,u_2,\cdots,u_n,\cdots$,则由这数列构成的表达式

$$u_1+u_2+\cdots+u_n+\cdots \tag{11.1}$$

称为**(常数项)无穷级数**,简称**(常数项)级数**,记为$\sum\limits_{n=1}^{\infty}u_n$,即

$$\sum_{n=1}^{\infty}u_n=u_1+u_2+\cdots+u_n+\cdots$$

其中第n项u_n称为级数的**一般项**.

易知前两例中级数的一般项分别为$\frac{3}{10^n}$和a^{n-1}.

以上级数的定义只是一个形式上的定义,还没有运算上的意义,因为无穷多项逐项相加是无法实现的.那么怎样理解无穷多个数相加呢?可以从有限项和着手,研究它们的变化趋势.

级数(11.1)的前n项的和

$$S_n=u_1+u_2+\cdots+u_n$$

称为级数(11.1)的前n项**部分和**.这样,级数(11.1)对应着一个**部分和数列**$\{S_n\}$:

$$S_1=u_1,\ S_2=u_1+u_2,\cdots,\ S_n=u_1+u_2+\cdots+u_n,\cdots,$$

随着n的增加,这个新数列的一般项S_n就"发展"成为级数(11.1).根据这个数列是否有极限,引入级数(11.1)收敛与发散的概念.

定义 11.2 如果级数$\sum\limits_{n=1}^{\infty}u_n$的部分和数列$\{S_n\}$有极限,

$$\lim_{n\to\infty}S_n=S,$$

则称**级数**$\sum\limits_{n=1}^{\infty}u_n$**收敛**,并称其极限$S$为级数(11.1)的和,记为

$$S=\sum_{n=1}^{\infty}u_n=u_1+u_2+\cdots+u_n+\cdots.$$

如果其部分和数列$\{S_n\}$没有极限,则称**级数**$\sum\limits_{n=1}^{\infty}u_n$**发散**.

由定义可见，只有收敛的级数才有和. 当级数收敛时，其部分和 S_n 是级数和 S 的近似值，它们之间的差值

$$r_n = S - S_n = u_{n+1} + u_{n+2} + \cdots$$

称为**级数**(11.1) **的余项**. 用近似值 S_n 代替和 S 所产生的误差是这个余项的绝对值，即误差是 $|r_n|$.

例 1　判断级数

$$\sum_{n=1}^{\infty} \frac{1}{n(n+1)} = \frac{1}{1 \cdot 2} + \frac{1}{2 \cdot 3} + \cdots + \frac{1}{n(n+1)} + \cdots$$

的敛散性.

解　因为 $u_n = \dfrac{1}{n(n+1)} = \dfrac{1}{n} - \dfrac{1}{n+1}$，所以，部分和

$$\begin{aligned} S_n &= \frac{1}{1 \cdot 2} + \frac{1}{2 \cdot 3} + \cdots + \frac{1}{n(n+1)} \\ &= \left(1 - \frac{1}{2}\right) + \left(\frac{1}{2} - \frac{1}{3}\right) + \cdots + \left(\frac{1}{n} - \frac{1}{n+1}\right) = 1 - \frac{1}{n+1}, \end{aligned}$$

于是

$$\lim_{n \to \infty} S_n = \lim_{n \to \infty}\left(1 - \frac{1}{n+1}\right) = 1.$$

故所给级数收敛，其和为 1，即 $\sum\limits_{n=1}^{\infty} \dfrac{1}{n(n+1)} = 1$.

例 2　证明**等比级数(几何级数)**

$$\sum_{n=0}^{\infty} ar^n = a + ar + ar^2 + \cdots + ar^{n-1} + \cdots \quad (a \neq 0), \tag{11.2}$$

当 $|r| < 1$ 时收敛；当 $|r| \geqslant 1$ 时发散.

证　当公比 $r \neq 1$ 时，级数的部分和

$$S_n = a + ar + \cdots + ar^{n-1} = a \cdot \frac{1 - r^n}{1 - r}.$$

(1) 若 $|r| < 1$，则由 $\lim\limits_{n \to \infty} r^n = 0$，得 $\lim\limits_{n \to \infty} S_n = \dfrac{a}{1 - r}$. 此时，等比级数(11.2) 收敛，其和为 $\dfrac{a}{1 - r}$；

(2) 若 $|r| > 1$，则由 $\lim\limits_{n \to \infty} r^n = \infty$ 知，$\lim\limits_{n \to \infty} S_n = \infty$，此时等比级数(11.2) 发散；

(3) 当公比 $r = 1$ 时，由 $\lim\limits_{n \to \infty} S_n = \lim\limits_{n \to \infty} n\,a = \infty$ 知，等比级数(11.2) 也发散.

当 $r = -1$ 时，级数(11.2) 成为

$$a - a + a - a + \cdots,$$

容易看出 S_n 随着 n 为奇数或偶数而分别等于 a 或零，从而 S_n 的极限不存在，级数(11.2) 发散.

综上,等比级数 $\sum\limits_{n=0}^{\infty} ar^n$ 当 $|r|<1$ 时收敛于 $\frac{a}{1-r}$;当 $|r|\geqslant 1$ 时发散.

例 3　证明调和级数

$$\sum_{n=1}^{\infty}\frac{1}{n}=1+\frac{1}{2}+\frac{1}{3}+\cdots+\frac{1}{n}+\cdots \tag{11.3}$$

发散.

证　部分和 $S_n=1+\frac{1}{2}+\frac{1}{3}+\cdots+\frac{1}{n}$.

利用不等式 $x>\ln(1+x)(x>0)$,得

$$\begin{aligned}S_n&=1+\frac{1}{2}+\cdots+\frac{1}{n}\\&>\ln(1+1)+\ln\left(1+\frac{1}{2}\right)+\cdots+\ln\left(1+\frac{1}{n}\right)\\&=\ln 2+(\ln 3-\ln 2)+\cdots+[\ln(n+1)-\ln n]\\&=\ln(n+1).\end{aligned}$$

而 $\lim\limits_{n\to\infty}\ln(n+1)=+\infty$,故 $\lim\limits_{n\to\infty}S_n=+\infty$,说明调和级数发散.

判断级数收敛或发散是级数理论中的重要问题,这是因为我们所关注的级数的和仅对收敛的级数才有意义.当级数收敛时,即使难以求得其和 S,也可以取充分多项的部分和 S_n 作为和 S 的足够好的近似值.但若级数发散,则无和可谈.

定义 11.2 表明,级数是否收敛与其部分和数列是否有极限是等价的.通过部分和数列的极限来判定无穷级数的敛散性是最基本的方法,但却常常是困难的,有时是不可行的.因此,需要寻找简便易行的判别方法,这是后面几节要讨论的问题.下面先介绍收敛级数的一些基本性质.

二、收敛级数的性质

性质 1　如果级数 $\sum\limits_{n=1}^{\infty}u_n$、$\sum\limits_{n=1}^{\infty}v_n$ 分别收敛于和 S,σ,则级数 $\sum\limits_{n=1}^{\infty}(u_n\pm v_n)$ 也收敛,且其和为 $S\pm\sigma$,即有

$$\sum_{n=1}^{\infty}(u_n\pm v_n)=\sum_{n=1}^{\infty}u_n\pm\sum_{n=1}^{\infty}v_n=S\pm\sigma.$$

性质 2　如果级数 $\sum\limits_{n=1}^{\infty}u_n$ 收敛于和 S,则对任一常数 k,级数 $\sum\limits_{n=1}^{\infty}ku_n$ 收敛,其和为 kS,即有

$$\sum_{n=1}^{\infty}ku_n=k\sum_{n=1}^{\infty}u_n=kS.$$

利用极限运算的性质容易证明收敛级数的运算性质 1 和性质 2.

性质 1 表明,两个收敛级数可以逐项相加(减).

性质 2 表明,常数因子可以提到收敛级数的和号外面去.

由性质 2 知,当 $k \neq 0$ 时,如果级数 $\sum_{n=1}^{\infty} ku_n$ 收敛,则它的每项乘以 $\frac{1}{k}$ 后,级数 $\sum_{n=1}^{\infty} u_n$ 也收敛. 于是有如下推论:

推论　若 $k \neq 0$,则级数 $\sum_{n=1}^{\infty} u_n$ 与 $\sum_{n=1}^{\infty} ku_n$ 具有相同的敛散性.

性质 3　在级数中去掉(或加上,或改变)有限项,级数的敛散性不变.

证　假设在级数 $\sum_{n=1}^{\infty} u_n$ 中去掉 l 项:

$$u_{i_1}, u_{i_2}, \cdots, u_{i_l} \quad (i_1 < i_2 < \cdots < i_l),$$

得到新级数 $\sum_{n=1}^{\infty} \hat{u}_n$.

设 $a = u_{i_1} + u_{i_2} + \cdots + u_{i_l}$, S_n 与 $\hat{S}_n$ 分别为这两个级数的部分和. 显然,当 $n + l > i_l$ 时,有

$$S_{n+l} = \hat{S}_n + (u_{i_1} + u_{i_2} + \cdots + u_{i_l}) = \hat{S}_n + a.$$

由此可见,级数 $\sum_{n=1}^{\infty} u_n$ 与 $\sum_{n=1}^{\infty} \hat{u}_n$ 的敛散性一致. 但是当 $\sum_{n=1}^{\infty} u_n = S$ 时, $\sum_{n=1}^{\infty} \hat{u}_n = S - a$.

类似可证给级数加上有限项其敛散性不变.

改变有限项相当于去掉这些项,再于原位置上增加有限项,因此级数的敛散性不变,但其和会改变,所以结论是正确的.

性质 4　对收敛级数 $\sum_{n=1}^{\infty} u_n$ 的项任意加括号后所成的级数

$$(u_1 + \cdots + u_{n_1}) + (u_{n_1+1} + \cdots + u_{n_2}) + \cdots + (u_{n_{k-1}+1} + \cdots + u_{n_k}) + \cdots$$

$(1 \leqslant n_1 < n_2 < \cdots < n_{k-1} < n_k < \cdots)$ 仍收敛,且其和不变.

证　设收敛级数

$$\sum_{n=1}^{\infty} u_n = u_1 + u_2 + \cdots + u_n + \cdots$$

的项按某种方式加括号后所得的级数为

$$(u_1 + u_2 + \cdots + u_{n_1}) + (u_{n_1+1} + u_{n_1+2} + \cdots + u_{n_2}) + \cdots,$$

用 $\hat{S}_k$ 表示加括号后的级数的前 k 项部分和,则数列 $\{\hat{S}_k\}$ 是原级数部分和数列 $\{S_n\}$ 的子数列. 因此,当数列 $\{S_n\}$ 收敛时,子数列 $\{\hat{S}_k\}$ 也收敛,且两者极限值相同. 再由级数收敛的定义知加括号后的级数也收敛到原级数的和.

应当注意,当加括号后所成的级数收敛时,原级数未必收敛,也就是说,性质 4 的逆命题是不成立的. 例如,加括号后所成级数

$$(1-1)+(1-1)+\cdots$$

收敛于零,但原级数

$$1-1+1-1+\cdots$$

却是发散的.

使用起来更方便的是性质 4 的直接推论(逆否命题):

推论　如果加括号后所成的级数发散,则原级数发散.

性质 5(级数收敛的必要条件)　如果级数 $\sum\limits_{n=1}^{\infty}u_n$ 收敛,则必有

$$\lim_{n\to\infty}u_n=0,$$

即收敛级数的一般项必趋于零.

证　设收敛级数 $S=\sum\limits_{n=1}^{\infty}u_n$ 的部分和为 S_n. 于是, $\lim\limits_{n\to\infty}S_n=S$. 又 $u_n=S_n-S_{n-1}$,故有

$$\lim_{n\to\infty}u_n=\lim_{n\to\infty}(S_n-S_{n-1})=\lim_{n\to\infty}S_n-\lim_{n\to\infty}S_{n-1}=S-S=0.$$

性质 5 的逆否命题如下.

推论　如果当 $n\to\infty$ 时,一般项 u_n 不以零为极限,则该级数是发散的.

此结论可用来判定级数发散. 只要极限 $\lim\limits_{n\to\infty}u_n$ 不存在或 $\lim\limits_{n\to\infty}u_n\neq 0$,则级数 $\sum\limits_{n=1}^{\infty}u_n$ 必发散. 例如,级数 $\sum\limits_{n=1}^{\infty}(-1)^n n$,它的一般项 $(-1)^n n$ 当 $n\to\infty$ 时极限不存在,因此,该级数是发散的. 又级数 $\sum\limits_{n=0}^{\infty}\dfrac{n}{n+1}$ 的一般项的极限 $\lim\limits_{n\to\infty}\dfrac{n}{n+1}=1\neq 0$,因此,该级数也是发散的.

但是一般项趋于零只是级数收敛的必要条件,而不是充分条件. 事实上,有些一般项趋于零的级数却是发散的,调和级数 $\sum\limits_{n=1}^{\infty}\dfrac{1}{n}$ 就是一例.

习题 11-1

1. 写出下列级数的一般项 u_n:

(1) $\dfrac{1}{1\cdot 3}+\dfrac{1}{3\cdot 5}+\dfrac{1}{5\cdot 7}+\cdots$;　　(2) $\dfrac{a^2}{2}-\dfrac{a^3}{5}+\dfrac{a^4}{8}-\dfrac{a^5}{11}+\cdots$;

(3) $\dfrac{\sqrt{x}}{2}+\dfrac{x}{2\cdot 4}+\dfrac{x\sqrt{x}}{2\cdot 4\cdot 6}+\dfrac{x^2}{2\cdot 4\cdot 6\cdot 8}+\cdots$;　　(4) $\dfrac{1}{3}-\dfrac{4}{9}+\dfrac{9}{27}-\dfrac{16}{81}+\cdots$.

2. 根据级数收敛与发散的定义判定下列级数的收敛性. 对收敛级数,求出其和:

(1) $\sum\limits_{n=1}^{\infty}\dfrac{1}{(5n-4)(5n+1)}$;　　(2) $\sum\limits_{n=2}^{\infty}\ln\dfrac{n-1}{n}$;

(3) $\frac{5}{6}+\frac{13}{36}+\cdots+\frac{2^n+3^n}{6^n}+\cdots$；　　(4) $\sum_{n=1}^{\infty}(\sqrt{n+2}-2\sqrt{n+1}+\sqrt{n})$.

3. 判别下列级数的敛散性，并求出其中收敛级数的和：

(1) $\frac{1}{2}+\frac{1}{4}+\frac{1}{6}+\cdots+\frac{1}{2n}+\cdots$；　　(2) $\sum_{n=1}^{\infty}\cos\frac{\pi}{n}$；

(3) $-\frac{4}{5}+\frac{4^2}{5^2}-\frac{4^3}{5^3}+\cdots+(-1)^n\frac{4^n}{5^n}+\cdots$；　　(4) $\sum_{n=1}^{\infty}\frac{3+(-1)^n}{2^n}$；

(5) $\frac{1}{2}+\frac{1}{\sqrt{2}}+\frac{1}{\sqrt[3]{2}}+\cdots+\frac{1}{\sqrt[n]{2}}+\cdots$；

(6) $\left(\frac{1}{2}-\frac{1}{3}\right)+\left(\frac{1}{2^2}-\frac{1}{3^2}\right)+\cdots+\left(\frac{1}{2^n}-\frac{1}{3^n}\right)+\cdots$；

(7) $\frac{1}{1+1}-\frac{1}{\left(1+\frac{1}{2}\right)^2}+\frac{1}{\left(1+\frac{1}{3}\right)^3}-\cdots+(-1)^{n-1}\frac{1}{\left(1+\frac{1}{n}\right)^n}+\cdots$；

(8) $1+\frac{1}{2}+\frac{1}{2}+\frac{1}{2^2}+\frac{1}{3}+\frac{1}{2^3}+\cdots+\frac{1}{n}+\frac{1}{2^n}+\cdots$.

4. 如果级数 $\sum_{n=1}^{\infty}u_n$ 与 $\sum_{n=1}^{\infty}v_n$ 中有一个收敛，另一个发散，证明级数 $\sum_{n=1}^{\infty}(u_n+v_n)$ 必发散. 如果所给两个级数均发散，那么级数 $\sum_{n=1}^{\infty}(u_n+v_n)$ 是否必发散？

第二节　正项级数及其审敛法

如果级数 $\sum_{n=1}^{\infty}u_n$ 的每一项都是非负的实数，即 $u_n\geqslant 0\ (n=1,2,\cdots)$，则称其为**正项级数**[①]. 这种级数特别重要，许多级数的收敛性问题往往可以归结为正项级数的收敛性问题.

一、正项级数收敛的充分必要条件

设有正项级数 $\sum_{n=1}^{\infty}u_n(u_n\geqslant 0,\ n=1,2,\cdots)$，由于正项级数的部分和数列 $\{S_n\}$ 满足关系：

$$S_n-S_{n-1}=u_n\geqslant 0,$$

即部分和数列 S_n 是单调增加的数列：

$$S_1\leqslant S_2\leqslant\cdots\leqslant S_{n-1}\leqslant S_n\leqslant\cdots,$$

所以，若数列 $\{S_n\}$ 有上界，则它必有极限，从而级数 $\sum_{n=1}^{\infty}u_n$ 收敛；若数列 $\{S_n\}$ 无上

① 更确切地应称为非负项级数，但约定俗成仍称为正项级数.

界,则极限$\lim\limits_{n\to\infty} S_n = +\infty$,从而级数$\sum\limits_{n=1}^{\infty} u_n$必发散.由此得到正项级数收敛的**基本定理**.

定理 11.1　正项级数收敛的充分必要条件是:它的部分和数列$\{S_n\}$有上界.

判定正项级数收敛或发散,需要说明其部分和数列$\{S_n\}$是否有上界,但S_n的表达式常常不易合并后寻找上界.为了解决这个问题,常将级数的一般项适当放大,使放大后所得正项级数的部分和σ_n易于求上界.

例 1　判定正项级数$\sum\limits_{n=1}^{\infty} \dfrac{1}{2^n+3}$的敛散性.

解　由于$0 \leqslant \dfrac{1}{2^n+3} < \dfrac{1}{2^n}$,于是,原级数的部分和$S_n$小于级数$\sum\limits_{n=1}^{\infty} \dfrac{1}{2^n}$的部分和$\sigma_n$:

$$S_n = \frac{1}{2+3} + \frac{1}{2^2+3} + \cdots + \frac{1}{2^n+3} < \frac{1}{2} + \frac{1}{2^2} + \cdots + \frac{1}{2^n} = \sigma_n.$$

而等比级数$\sum\limits_{n=1}^{\infty} \dfrac{1}{2^n}$是收敛的,其部分和$\sigma_n = 1 - \dfrac{1}{2^n} < 1$,即$\sigma_n$有上界1,从而$S_n$亦以1为上界.由基本定理11.1知,此正项级数收敛.

基本定理11.1很少直接用来判定正项级数的收敛性,但是它有着较高的理论价值,正项级数收敛性的许多审敛法都是以它为基础推导出来的.

下面给出常用的正项级数的审敛法.

二、比较审敛法

由例1可见,判定一个正项级数的敛散性,可以通过与另一个敛散性已知的正项级数进行比较来实现.

定理 11.2(比较审敛法)　设$\sum\limits_{n=1}^{\infty} u_n$和$\sum\limits_{n=1}^{\infty} v_n$都是正项级数,

(1) 如果级数$\sum\limits_{n=1}^{\infty} v_n$收敛,且$u_n \leqslant v_n (n = 1, 2, \cdots)$,则级数$\sum\limits_{n=1}^{\infty} u_n$收敛;

(2) 如果级数$\sum\limits_{n=1}^{\infty} v_n$发散,且$u_n \geqslant v_n (n = 1, 2, \cdots)$,则级数$\sum\limits_{n=1}^{\infty} u_n$发散.

证　(1) 设级数$\sum\limits_{n=1}^{\infty} v_n$收敛于$\sigma$,且$0 \leqslant u_n \leqslant v_n$,于是级数$\sum\limits_{n=1}^{\infty} u_n$的部分和数列$S_n$满足:

$$S_n = u_1 + u_2 + \cdots + u_n \leqslant v_1 + v_2 + \cdots + v_n \leqslant \sigma,$$

即部分和数列$\{S_n\}$有上界,由定理11.1知正项级数$\sum\limits_{n=1}^{\infty} u_n$收敛.

(2) 设正项级数$\sum\limits_{n=1}^{\infty} v_n$发散，且$u_n \geqslant v_n$. 此时，级数$\sum\limits_{n=1}^{\infty} u_n$必发散. 若不然，级数$\sum\limits_{n=1}^{\infty} u_n$收敛，又$0 \leqslant v_n \leqslant u_n$，则由(1) 知$\sum\limits_{n=1}^{\infty} v_n$收敛，这与所设条件$\sum\limits_{n=1}^{\infty} v_n$发散矛盾.

由于级数的各项同乘以非零常数k以及去掉级数前有限项均不改变级数的收敛性，于是有如下推论.

推论　设$\sum\limits_{n=1}^{\infty} u_n$和$\sum\limits_{n=1}^{\infty} v_n$都是正项级数，

(1) 如果级数$\sum\limits_{n=1}^{\infty} v_n$收敛，且$u_n \leqslant k v_n (k > 0, n = N, N+1, \cdots)$，则级数$\sum\limits_{n=1}^{\infty} u_n$收敛；

(2) 如果级数$\sum\limits_{n=1}^{\infty} v_n$发散，且$u_n \geqslant k v_n (k > 0, n = N, N+1, \cdots)$，则级数$\sum\limits_{n=1}^{\infty} u_n$发散.

例 2　判定正项级数$\sum\limits_{n=1}^{\infty} \dfrac{1}{\sqrt{n(n+2)}}$的敛散性.

解　由$n(n+2) \leqslant (n+2)^2$，得$u_n = \dfrac{1}{\sqrt{n(n+2)}} > \dfrac{1}{n+2}$，而级数

$$\sum_{n=1}^{\infty} \frac{1}{n+2} = \frac{1}{3} + \frac{1}{4} + \cdots + \frac{1}{n+2} + \cdots$$

是发散的，利用比较审敛法可知所给级数也是发散的.

例 3　讨论 $\boldsymbol{p}$ 级数

$$\sum_{n=1}^{\infty} \frac{1}{n^p} = 1 + \frac{1}{2^p} + \frac{1}{3^p} + \cdots + \frac{1}{n^p} + \cdots \tag{11.4}$$

的收敛性，其中常数$p > 0$.

解　当$p = 1$时，p级数为调和级数$\sum\limits_{n=1}^{\infty} \dfrac{1}{n}$，它是发散的.

当$p < 1$时，由于

$$\frac{1}{n^p} \geqslant \frac{1}{n} \quad (n = 1, 2, \cdots),$$

而级数$\sum\limits_{n=1}^{\infty} \dfrac{1}{n}$发散，利用比较审敛法知，当$p < 1$时，$p$级数$\sum\limits_{n=1}^{\infty} \dfrac{1}{n^p}$也发散.

当$p > 1$时，对于$k - 1 < x \leqslant k$，有$\dfrac{1}{k^p} \leqslant \dfrac{1}{x^p}$，所以

$$\frac{1}{k^p} = \int_{k-1}^{k} \frac{1}{k^p} \mathrm{d}x \leqslant \int_{k-1}^{k} \frac{1}{x^p} \mathrm{d}x \quad (k = 2, 3, \cdots).$$

从而p级数(11.4) 的部分和

$$S_n = 1 + \sum_{k=2}^{n} \frac{1}{k^p} \leqslant 1 + \sum_{k=2}^{n} \int_{k-1}^{k} \frac{1}{x^p} dx = 1 + \int_1^n \frac{1}{x^p} dx,$$
$$= 1 + \frac{1}{p-1}\left(1 - \frac{1}{n^{p-1}}\right) < 1 + \frac{1}{p-1} \quad (n = 2, 3, \cdots),$$

即部分和数列 $\{S_n\}$ 有上界，故当 $p > 1$ 时，p 级数 $\sum_{n=1}^{\infty} \frac{1}{n^p}$ 收敛.

综上所述，p 级数 $\sum_{n=1}^{\infty} \frac{1}{n^p}$ 当 $p > 1$ 时收敛，当 $p \leqslant 1$ 时发散.

利用比较审敛法判断正项级数的收敛性时，需要将级数与另一个敛散性已知的级数(称为**基本级数**) 进行比较. 常用的基本级数有**等比级数** $\sum_{n=0}^{\infty} ar^n$ 及 **p 级数** $\sum_{n=1}^{\infty} \frac{1}{n^p}$ $\left(\text{特别是} \sum_{n=1}^{\infty} \frac{1}{n}, \sum_{n=1}^{\infty} \frac{1}{n^2}\right)$ 等.

例 4　判定下列级数的敛散性：

(1) $\sum_{n=1}^{\infty} \frac{1}{\sqrt[3]{n(n+1)}}$；　　(2) $\sum_{n=1}^{\infty} 2^n \sin \frac{\pi}{3^n}$.

解　(1) 因为

$$\frac{1}{\sqrt[3]{n(n+1)}} \geqslant \frac{1}{(n+1)^{\frac{2}{3}}} \quad (n = 1, 2, \cdots),$$

而级数 $\sum_{n=1}^{\infty} \frac{1}{(n+1)^{\frac{2}{3}}} = \sum_{n=2}^{\infty} \frac{1}{n^{\frac{2}{3}}} \left(p = \frac{2}{3} < 1\right)$ 发散，由比较审敛法知，级数 $\sum_{n=1}^{\infty} \frac{1}{\sqrt[3]{n(n+1)}}$ 发散.

(2) 因为 $\sin x < x \left(0 < x < \frac{\pi}{2}\right)$，所以

$$0 \leqslant 2^n \sin \frac{\pi}{3^n} \leqslant 2^n \cdot \frac{\pi}{3^n} = \pi \left(\frac{2}{3}\right)^n,$$

而等比级数 $\sum_{n=1}^{\infty} \pi \left(\frac{2}{3}\right)^n \left(r = \frac{2}{3} < 1\right)$ 收敛，由比较审敛法知，级数 $\sum_{n=1}^{\infty} 2^n \sin \frac{\pi}{3^n}$ 收敛.

由比较审敛法可以导出下面的定理，在使用时常常更为方便.

定理 11.3(极限形式的比较审敛法)　设 $\sum_{n=1}^{\infty} u_n$ 与 $\sum_{n=1}^{\infty} v_n$ 都是正项级数，如果极限

$$\lim_{n \to \infty} \frac{u_n}{v_n} = l \quad (0 \leqslant l \leqslant +\infty),$$

则

(1) 当 $0<l<+\infty$ 时，$\sum\limits_{n=1}^{\infty}u_n$ 与 $\sum\limits_{n=1}^{\infty}v_n$ 具有相同的敛散性；

(2) 当 $l=0$ 时，若 $\sum\limits_{n=1}^{\infty}v_n$ 收敛，则 $\sum\limits_{n=1}^{\infty}u_n$ 收敛；

(3) 当 $l=+\infty$ 时，若 $\sum\limits_{n=1}^{\infty}v_n$ 发散，则 $\sum\limits_{n=1}^{\infty}u_n$ 发散.

证　(1) 当 $0<l<+\infty$ 时，由极限 $\lim\limits_{n\to\infty}\dfrac{u_n}{v_n}=l$ 的定义知，对于 $\varepsilon_0=\dfrac{l}{2}>0$，存在自然数 N，当 $n>N$ 时，恒有

$$\left|\frac{u_n}{v_n}-l\right|<\frac{l}{2},$$

即

$$\frac{l}{2}v_n<u_n<\frac{3l}{2}v_n\quad(n>N).\tag{11.5}$$

由比较审敛法可得，若 $\sum\limits_{n=1}^{\infty}v_n$ 收敛，则由式(11.5)右端不等式知 $\sum\limits_{n=1}^{\infty}u_n$ 也收敛.若 $\sum\limits_{n=1}^{\infty}v_n$ 发散，则由式(11.5)左端不等式知 $\sum\limits_{n=1}^{\infty}u_n$ 也发散.于是级数 $\sum\limits_{n=1}^{\infty}u_n$ 与 $\sum\limits_{n=1}^{\infty}v_n$ 敛散性相同.

(2)、(3)的证明请读者自己完成.

例 5　判定下列级数的敛散性：

(1) $\sum\limits_{n=1}^{\infty}\ln\left(1+\dfrac{1}{\sqrt{n}}\right)$；　(2) $\sum\limits_{n=1}^{\infty}\dfrac{1}{3^n-2^n}$；　(3) $\sum\limits_{n=1}^{\infty}\dfrac{\ln n}{n^3}$.

解　(1) 由于当 $x\to 0$ 时，$\ln(1+x)$ 与 x 是等价无穷小，即 $\ln(1+x)\sim x$，于是

$$\lim_{n\to\infty}\frac{\ln\left(1+\dfrac{1}{\sqrt{n}}\right)}{\dfrac{1}{\sqrt{n}}}=1,$$

而 p 级数 $\sum\limits_{n=1}^{\infty}\dfrac{1}{\sqrt{n}}\left(p=\dfrac{1}{2}<1\right)$ 发散，由定理 11.3 知，级数 $\sum\limits_{n=1}^{\infty}\ln\left(1+\dfrac{1}{\sqrt{n}}\right)$ 发散.

(2) 由于 $u_n=\dfrac{1}{3^n-2^n}=\dfrac{1}{3^n}\cdot\dfrac{1}{1-\left(\dfrac{2}{3}\right)^n}\sim\dfrac{1}{3^n}\ (n\to\infty)$，即 u_n 与 $\dfrac{1}{3^n}$ 是等价无穷小，因此取 $v_n=\dfrac{1}{3^n}$，则有

$$\lim_{n\to\infty}\frac{u_n}{v_n}=\lim_{n\to\infty}\frac{\frac{1}{3^n-2^n}}{\frac{1}{3^n}}=\lim_{n\to\infty}\frac{1}{1-\left(\frac{2}{3}\right)^n}=1.$$

而级数$\sum_{n=1}^{\infty}\frac{1}{3^n}$收敛,由定理 11.3 知,级数$\sum_{n=1}^{\infty}\frac{1}{3^n-2^n}$收敛.

(3) 由$\lim_{n\to\infty}\frac{\ln n}{n}=0$及$u_n=\frac{\ln n}{n^3}=\frac{\ln n}{n}\cdot\frac{1}{n^2}$可知,若取$v_n=\frac{1}{n^2}$,有

$$\lim_{n\to\infty}\frac{u_n}{v_n}=\lim_{n\to\infty}\frac{\frac{\ln n}{n^3}}{\frac{1}{n^2}}=\lim_{n\to\infty}\frac{\ln n}{n}=0,$$

即当$n\to\infty$时,u_n是v_n的高阶无穷小. 而$\sum_{n=1}^{\infty}\frac{1}{n^2}$收敛,由极限形式的比较审敛法知,级数$\sum_{n=1}^{\infty}\frac{\ln n}{n^3}$收敛.

前面例 4 中的级数用定理 11.3 来讨论更为方便,请读者自行考虑.

在两个正项级数的一般项都趋于零即为无穷小的情况下,**极限形式的比较审敛法的实质**是比较它们阶的高低. 如果u_n是与v_n同阶或是比v_n高阶的无穷小,而级数$\sum_{n=1}^{\infty}v_n$收敛,则级数$\sum_{n=1}^{\infty}u_n$收敛;如果u_n是与v_n同阶或是比v_n低阶的无穷小,而级数$\sum_{n=1}^{\infty}v_n$发散,则级数$\sum_{n=1}^{\infty}u_n$发散. 特别地,当u_n与v_n是等价无穷小时,两级数具有相同的敛散性.

在使用比较审敛法时,要寻找一个敛散性已知的基本级数与所给的级数进行比较. 由于我们掌握的基本级数很有限,加之方法本身技巧性较强,因此,能用比较审敛法判别敛散性的正项级数有限. 下面再介绍两个正项级数的审敛法 —— 比值审敛法与根值审敛法.

它们的特点是利用级数本身具有的特性确定其敛散性. 这两个审敛法都是以等比级数为基本级数,通过比较审敛法导出的.

三、比值审敛法和根值审敛法

定理 11.4(比值审敛法(达朗贝尔[①]审敛法))　设$\sum_{n=1}^{\infty}u_n$是正项级数,如果

$$\lim_{n\to\infty}\frac{u_{n+1}}{u_n}=\rho\quad(\text{常数或}+\infty),$$

① 达朗贝尔(D'Alembert,1717 ~ 1783),法国数学家、力学家、哲学家.

则当 $\rho<1$ 时级数收敛，当 $\rho>1$（包括 $\rho=+\infty$）时级数发散；当 $\rho=1$ 时审敛法失效.

证　当 ρ 为有限数时，由极限 $\lim\limits_{n\to\infty}\dfrac{u_{n+1}}{u_n}=\rho$ 可知，对于任意的 $\varepsilon>0$，存在正整数 N，当 $n>N$ 时，有

$$\left|\frac{u_{n+1}}{u_n}-\rho\right|<\varepsilon,$$

即

$$\rho-\varepsilon<\frac{u_{n+1}}{u_n}<\rho+\varepsilon\quad(n>N). \tag{11.6}$$

（1）当 $\rho<1$ 时，取正数 $\varepsilon<1-\rho$，则 $0<\rho+\varepsilon=r<1$. 于是由式(11.6)右端不等式得

$$u_{N+2}<ru_{N+1},\quad u_{N+3}<ru_{N+2}<r^2u_{N+1},$$
$$u_{N+4}<ru_{N+3}<r^3u_{N+1},\cdots,$$

而等比级数 $\sum\limits_{m=2}^{\infty}r^{m-1}u_{N+1}(r<1)$ 收敛，由比较审敛法知级数 $\sum\limits_{m=2}^{\infty}u_{N+m}=\sum\limits_{n=N+2}^{\infty}u_n$ 收敛，从而级数 $\sum\limits_{n=1}^{\infty}u_n$ 收敛.

（2）当 $\rho>1$ 时，取正数 $\varepsilon<\rho-1$，则 $\rho-\varepsilon>1$. 当 $n>N$ 时，由式(11.6)左端不等式得

$$u_{n+1}>(\rho-\varepsilon)u_n>u_n,$$

即级数的一般项 u_n 逐渐增大. 从而当 $n\to\infty$ 时，一般项 u_n 不趋于 0，故级数发散.

（3）$\rho=1$ 时，级数可能收敛，也可能发散. 例如级数 $\sum\limits_{n=1}^{\infty}\dfrac{1}{n^2}$ 收敛，级数 $\sum\limits_{n=1}^{\infty}\dfrac{1}{n}$ 发散，但极限 $\rho=\lim\limits_{n\to\infty}\dfrac{u_{n+1}}{u_n}$ 都等于 1.

当 $\rho=+\infty$ 时，证法同 $\rho>1$ 情形，请读者自己完成.

例 6　判定下列级数的敛散性：

（1）$\sum\limits_{n=1}^{\infty}\dfrac{a^n}{n}(a>0)$；　　（2）$\sum\limits_{n=1}^{\infty}\dfrac{n!}{5^n}$；　　（3）$\sum\limits_{n=1}^{\infty}\dfrac{n!}{n^n}$.

解　（1）因为

$$\lim_{n\to\infty}\frac{u_{n+1}}{u_n}=\lim_{n\to\infty}\frac{a^{n+1}}{n+1}\cdot\frac{n}{a^n}=\lim_{n\to\infty}\frac{n}{n+1}\cdot a=a,$$

所以，由比值审敛法知，当 $0<a<1$ 时，级数收敛；当 $a>1$ 时，级数发散；当 $a=1$ 时，级数是调和级数，仍发散.

（2）由于

$$\lim_{n\to\infty}\frac{u_{n+1}}{u_n}=\lim_{n\to\infty}\frac{(n+1)!}{5^{n+1}}\cdot\frac{5^n}{n!}=\lim_{n\to\infty}\frac{n+1}{5}=+\infty,$$

根据比值审敛法知,级数$\sum\limits_{n=1}^{\infty}\frac{n!}{5^n}$发散.

(3) 由于

$$\begin{aligned}\lim_{n\to\infty}\frac{u_{n+1}}{u_n}&=\lim_{n\to\infty}\frac{(n+1)!}{(n+1)^{n+1}}\cdot\frac{n^n}{n!}\\&=\lim_{n\to\infty}\left(\frac{n}{n+1}\right)^n=\lim_{n\to\infty}\frac{1}{\left(1+\frac{1}{n}\right)^n}=\frac{1}{\mathrm{e}}<1,\end{aligned}$$

利用比值审敛法知,级数$\sum\limits_{n=1}^{\infty}\frac{n!}{n^n}$收敛.

定理 11.5(根值审敛法(柯西审敛法))　设$\sum\limits_{n=1}^{\infty}u_n$是正项级数,如果

$$\lim_{n\to\infty}\sqrt[n]{u_n}=\rho\quad(常数或+\infty),$$

则当$\rho<1$时级数收敛;当$\rho>1$(或$\lim\limits_{n\to\infty}\sqrt[n]{u_n}=+\infty$)时级数发散;当$\rho=1$时审敛法失效.

根值审敛法的证明与比值审敛法相仿,请读者自己完成.

例 7　判定下列级数的敛散性:

(1) $\sum\limits_{n=2}^{\infty}\frac{1}{(\ln n)^n}$;　　(2) $\sum\limits_{n=1}^{\infty}\frac{3+(-1)^n}{3^n}$.

解　(1) 因为

$$\lim_{n\to\infty}\sqrt[n]{u_n}=\lim_{n\to\infty}\frac{1}{\ln n}=0<1,$$

根据根值审敛法知,级数$\sum\limits_{n=2}^{\infty}\frac{1}{(\ln n)^n}$收敛.

(2) 由于

$$\lim_{n\to\infty}\sqrt[n]{u_n}=\lim_{n\to\infty}\frac{1}{3}\sqrt[n]{3+(-1)^n}=\frac{1}{3}<1,$$

利用根值审敛法知,级数$\sum\limits_{n=1}^{\infty}\frac{3+(-1)^n}{3^n}$收敛.

由定理 11.4 和定理 11.5 的证明可以看出,利用比值审敛法或根值审敛法判断正项级数发散的情形,即$\rho>1$情形,总有$\lim\limits_{n\to\infty}u_n\neq0$.

习题 11-2

1. 利用比较审敛法或极限形式的比较审敛法判定下列级数的敛散性:

(1) $\sum_{n=1}^{\infty}\frac{5}{n^2-n+3}$；　(2) $\sum_{n=1}^{\infty}\frac{4n}{(n+1)(n+2)}$；

(3) $\sum_{n=1}^{\infty}\tan\frac{\pi}{2^n}$；　(4) $\sum_{n=1}^{\infty}\frac{3}{\sqrt[3]{n}}$；

(5) $\sum_{n=1}^{\infty}\frac{1}{n^2\cdot\sqrt[n]{n}}$；　(6) $\sum_{n=1}^{\infty}(\sqrt{n^3+1}-\sqrt{n^3})$；

*(7) $\sum_{n=1}^{\infty}\frac{a^n}{1+a^{2n}}$　（常数 $a>0$）.

2. 利用比值审敛法判定下列级数的敛散性：

(1) $\sum_{n=1}^{\infty}\frac{n^3}{2^n}$；　(2) $\sum_{n=1}^{\infty}\frac{2^n n!}{n^n}$；

(3) $\sum_{n=1}^{\infty}\frac{3^n}{(2n+1)!}$；　(4) $\sum_{n=1}^{\infty}n\sin\frac{\pi}{3^{n+1}}$；

(5) $\sum_{n=1}^{\infty}\frac{2\cdot 5\cdot\cdots\cdot(3n-1)}{1\cdot 5\cdot\cdots\cdot(4n-3)}$；　(6) $\sum_{n=1}^{\infty}\frac{x^{2n}}{n^2}$　$(x>0)$.

3. 利用根值审敛法判定下列级数的敛散性：

(1) $\sum_{n=1}^{\infty}(\sqrt[n]{2}-1)^n$；　(2) $\sum_{n=1}^{\infty}\frac{2^n}{\sqrt{n^n}}$；

(3) $\frac{4}{1\cdot 3}+\frac{4^2}{2\cdot 3^2}+\frac{4^3}{3\cdot 3^3}+\cdots$；

(4) $\sum_{n=0}^{\infty}\left(\frac{b}{a_n}\right)^n$，其中 $\lim_{n\to\infty}a_n=a$，两正数 $a\neq b$.

4. 利用适当方法判定下列级数的敛散性：

(1) $\sum_{n=1}^{\infty}\frac{1}{n}(\sqrt{n+1}-\sqrt{n})$；　(2) $\sum_{n=1}^{\infty}\frac{n^p}{n!}$；

(3) $\sum_{n=1}^{\infty}n^2\left(1-\cos\frac{\pi}{n^2}\right)$；　(4) $\sum_{n=1}^{\infty}\frac{n\cos^2\frac{\pi n}{3}}{2^n}$；

*(5) $\sum_{n=1}^{\infty}a^n\sin\frac{\pi}{b^n}$　（a,b 均为正数）；　(6) $\sum_{n=1}^{\infty}\frac{1}{1+a^n}$　（常数 $a>0$）.

5. 利用收敛级数的性质证明：

(1) $\lim_{n\to\infty}\frac{n^n}{(2n)!}=0$；　(2) $\lim_{n\to\infty}\frac{a^n}{n!}=0$　（常数 $a>1$）.

6. (1) 若正项级数 $\sum_{n=1}^{\infty}u_n$ 收敛，证明 $\sum_{n=1}^{\infty}u_n^2$ 收敛，并说明反之不成立；

(2) 若正项级数 $\sum_{n=1}^{\infty}u_n$，$\sum_{n=1}^{\infty}v_n$ 均收敛，证明 $\sum_{n=1}^{\infty}\sqrt{u_n v_n}$，$\sum_{n=1}^{\infty}\frac{\sqrt{v_n}}{n}$ 均收敛.

7. 下列命题是否正确?若正确，给予证明；若不正确，试举出反例.

(1) 若级数 $\sum_{n=1}^{\infty}v_n$ 收敛，且 $u_n\leqslant v_n(n=1,2,\cdots)$，则级数 $\sum_{n=1}^{\infty}u_n$ 收敛；

(2) 若正项级数 $\sum_{n=1}^{\infty}u_n$ 收敛，则必有 $\lim_{n\to\infty}\frac{u_{n+1}}{u_n}=l$，且 $l<1$.

第三节 任意项级数的审敛法

上一节针对正项级数,给出了四个收敛性判别法.本节讨论**任意项级数**(即各项取任意实数的级数)的敛散性判定方法.

先介绍一种特殊的任意项级数——交错级数.

一、交错级数及其审敛法

如果一个级数的各项是正负交错的:

$$u_1 - u_2 + u_3 - u_4 + \cdots + (-1)^{n-1}u_n + \cdots \tag{11.7}$$

或

$$-u_1 + u_2 - u_3 + u_4 - \cdots + (-1)^n u_n + \cdots \tag{11.8}$$

其中 $u_n > 0\ (n = 1,2,\cdots)$,则称此级数为**交错级数**.

关于交错级数,有下面的定理:

定理 11.6(莱布尼茨审敛法) 如果交错级数

$$\sum_{n=1}^{\infty}(-1)^{n-1}u_n \quad (u_n > 0)$$

的一般项满足下列条件:

(1) $u_n \geqslant u_{n+1}(n = 1,2,\cdots)$; (2) $\lim\limits_{n\to\infty}u_n = 0$,

则级数 $\sum\limits_{n=1}^{\infty}(-1)^{n-1}u_n$ 收敛,且其和 $S \leqslant u_1$,余项 r_n 的绝对值 $|r_n| \leqslant u_{n+1}$.

证 先证级数 $\sum\limits_{n=1}^{\infty}(-1)^{n-1}u_n$ 的前 $2n$ 项部分和数列 $\{S_{2n}\}$ 的极限存在.

因为数列 $\{u_n\}$ 单调减少,所以 $u_{n-1} - u_n \geqslant 0$,于是

$$S_{2n} = S_{2n-2} + (u_{2n-1} - u_{2n}) \geqslant S_{2n-2},$$

又

$$S_{2n} = u_1 - (u_2 - u_3) - (u_4 - u_5) - \cdots - (u_{2n-2} - u_{2n-1}) - u_{2n} \leqslant u_1.$$

故 $\{S_{2n}\}$ 单调增加且有上界,从而数列 $\{S_{2n}\}$ 必有极限 S,且 $S \leqslant u_1$.

再证级数 $\sum\limits_{n=1}^{\infty}(-1)^{n-1}u_n$ 的前 $2n+1$ 项部分和数列 $\{S_{2n+1}\}$ 的极限存在.

由 $S_{2n+1} = S_{2n} + u_{2n+1}$ 及 $\lim\limits_{n\to\infty}u_{2n+1} = 0$,得

$$\lim_{n\to\infty}S_{2n+1} = \lim_{n\to\infty}S_{2n} = S \leqslant u_1,$$

由于级数 $\sum\limits_{n=1}^{\infty}(-1)^{n-1}u_n$ 的部分和数列 $\{S_n\}$ 的奇数项所成子数列与偶数项所成子数列收敛于同一极限 S,因此

$$\lim_{n\to\infty} S_n = S,$$

即证得级数$\sum_{n=1}^{\infty}(-1)^{n-1}u_n$收敛，且其和$S \leqslant u_1$.

此时交错级数的余项$r_n = \sum_{k=n+1}^{\infty}(-1)^{k-1}u_k$仍满足莱布尼茨审敛法的条件，从而收敛，且有

$$|r_n| = u_{n+1} - u_{n+2} + \cdots \leqslant u_{n+1}.$$

例 1　证明级数

$$\sum_{n=1}^{\infty}(-1)^{n-1}\frac{1}{n^p} \quad (p > 0)$$

收敛，并估计其余项.

证　级数为交错级数. 又

$$u_n = \frac{1}{n^p} \to 0 \quad (n \to \infty),$$

且

$$u_n = \frac{1}{n^p} \geqslant \frac{1}{(n+1)^p} = u_{n+1},$$

根据莱布尼茨审敛法知级数收敛，且$|r_n| \leqslant u_{n+1} = \dfrac{1}{(n+1)^p}$.

在上例中取$p = 1$，得到收敛级数

$$\sum_{n=1}^{\infty}\frac{(-1)^{n-1}}{n} = 1 - \frac{1}{2} + \frac{1}{3} - \frac{1}{4} + \cdots + (-1)^{n-1}\frac{1}{n} + \cdots,$$

在后面的第五节的例 5 中可看到此级数收敛于 ln2，即

$$\sum_{n=1}^{\infty}\frac{(-1)^{n-1}}{n} = \ln 2.$$

二、绝对收敛与条件收敛

对于任意项级数$\sum_{n=1}^{\infty}u_n$，如果级数的每一项取绝对值后组成的级数$\sum_{n=1}^{\infty}|u_n|$收敛，则称级数$\sum_{n=1}^{\infty}u_n$**绝对收敛**；如果级数$\sum_{n=1}^{\infty}|u_n|$发散，而级数$\sum_{n=1}^{\infty}u_n$收敛，则称级数$\sum_{n=1}^{\infty}u_n$**条件收敛**.

易知收敛的正项级数是绝对收敛的. 级数$\sum_{n=1}^{\infty}(-1)^{n-1}\dfrac{1}{n}$是条件收敛的，这因为$\sum_{n=1}^{\infty}(-1)^{n-1}\dfrac{1}{n}$收敛，但$\sum_{n=1}^{\infty}\left|(-1)^{n-1}\dfrac{1}{n}\right| = \sum_{n=1}^{\infty}\dfrac{1}{n}$发散. 可见，一个收敛的级数

未必是绝对收敛的. 一般地,级数的收敛性与绝对收敛性之间有如下关系.

定理 11.7　如果级数 $\sum_{n=1}^{\infty} u_n$ 绝对收敛,则该级数必收敛.

证　令 $v_n = \frac{|u_n| - u_n}{2}$,则有

$$0 \leqslant v_n = \frac{|u_n| - u_n}{2} \leqslant |u_n|,$$

根据比较审敛法,由级数 $\sum_{n=1}^{\infty} |u_n|$ 收敛可以推出级数 $\sum_{n=1}^{\infty} v_n$ 收敛. 而 $u_n = |u_n| - 2v_n$,由收敛级数的基本性质可知

$$\sum_{n=1}^{\infty} u_n = \sum_{n=1}^{\infty} |u_n| - \sum_{n=1}^{\infty} 2v_n$$

为收敛级数.

以上证明中涉及的级数 $\sum_{n=1}^{\infty} v_n$ 是把原级数 $\sum_{n=1}^{\infty} u_n$ 中的全体负项取绝对值,全体正项取零所构成的级数(称其为 $\boldsymbol{\sum_{n=1}^{\infty} u_n}$ **的负部**),其一般项为

$$v_n = \frac{1}{2}(|u_n| - u_n) = \begin{cases} 0, & u_n > 0, \\ -u_n, & u_n \leqslant 0. \end{cases}$$

类似地,将级数 $\sum_{n=1}^{\infty} u_n$ 中的负项换成零得级数 $\sum_{n=1}^{\infty} w_n$(称其为 $\boldsymbol{\sum_{n=1}^{\infty} u_n}$ **的正部**),其一般项为

$$w_n = \frac{1}{2}(|u_n| + u_n) = \begin{cases} u_n, & u_n > 0, \\ 0, & u_n \leqslant 0. \end{cases}$$

易知,$\sum_{n=1}^{\infty} u_n$ 的正部 $\sum_{n=1}^{\infty} w_n$ 及负部 $\sum_{n=1}^{\infty} v_n$ 均为正项级数,它们与级数 $\sum_{n=1}^{\infty} u_n$ 的敛散性之间有如下关系.

* **定理 11.8**　(1) 任意项级数绝对收敛的充分必要条件是其正部级数和负部级数均收敛;

(2) 如果任意项级数条件收敛,则其正部级数和负部级数均发散.

定理 11.7 表明,对于任意项级数 $\sum_{n=1}^{\infty} u_n$,若利用正项级数的审敛法判定级数 $\sum_{n=1}^{\infty} |u_n|$ 收敛,则可推得原级数收敛. 这是将任意项级数敛散性判定问题转化为正项级数敛散性判定问题.

一般地,由级数 $\sum_{n=1}^{\infty} |u_n|$ 发散,不能推得级数 $\sum_{n=1}^{\infty} u_n$ 也发散. 但是,如果我们用

比值(或根值)审敛法判定级数$\sum_{n=1}^{\infty}|u_n|$是发散的,则级数$\sum_{n=1}^{\infty}u_n$必发散,即有如下定理.

定理 11.9　设任意项级数$\sum_{n=1}^{\infty}u_n$,如果

$$\lim_{n\to\infty}\left|\frac{u_{n+1}}{u_n}\right|=\rho>1\quad\left(\text{或}\lim_{n\to\infty}\sqrt[n]{|u_n|}=\rho>1\right),$$

其中包括$\rho=+\infty$情形,则级数$\sum_{n=1}^{\infty}|u_n|$发散,且$\sum_{n=1}^{\infty}u_n$发散.

证　由条件$\lim_{n\to\infty}\left|\frac{u_{n+1}}{u_n}\right|=\rho>1$和定理 11.4(或定理 11.5)的证明可知正项级数$\sum_{n=1}^{\infty}|u_n|$的一般项$|u_n|$满足$\lim_{n\to\infty}|u_n|\neq 0$,从而$\lim_{n\to\infty}u_n\neq 0$,故级数$\sum_{n=1}^{\infty}u_n$是发散的.

例 2　判定下列级数的敛散性,对收敛级数需指明是条件收敛还是绝对收敛:

(1) $\sum_{n=1}^{\infty}\frac{\cos nx}{n^p}\ (p>1)$;　　(2) $\sum_{n=1}^{\infty}\frac{(-n)^n}{n!}$.

解　(1) 由于

$$\left|\frac{\cos nx}{n^p}\right|\leqslant\frac{1}{n^p},$$

又知当$p>1$时,p级数$\sum_{n=1}^{\infty}\frac{1}{n^p}$收敛,故级数$\sum_{n=1}^{\infty}\left|\frac{\cos nx}{n^p}\right|$收敛,从而级数$\sum_{n=1}^{\infty}\frac{\cos nx}{n^p}$绝对收敛.

(2) 因为

$$\sum_{n=1}^{\infty}\left|\frac{(-n)^n}{n!}\right|=\sum_{n=1}^{\infty}\frac{n^n}{n!},$$

又

$$\lim_{n\to\infty}\left|\frac{u_{n+1}}{u_n}\right|=\lim_{n\to\infty}\frac{(n+1)^{n+1}}{(n+1)!}\cdot\frac{n!}{n^n}=\lim_{n\to\infty}\left(1+\frac{1}{n}\right)^n=\mathrm{e}>1,$$

根据定理 11.9 知级数$\sum_{n=1}^{\infty}\frac{(-n)^n}{n!}$发散.

例 3　判定级数$\sum_{n=1}^{\infty}(-1)^n\sin\frac{x}{n}\ (x>0)$的敛散性.

解　由于

$$|u_n|=\left|(-1)^n\sin\frac{x}{n}\right|=\sin\frac{x}{n}\quad(n\text{ 足够大时}),$$

当$n\to\infty$时,$\sin\frac{x}{n}$是与$\frac{x}{n}$等价的无穷小,而级数$\sum_{n=1}^{\infty}\frac{x}{n}$发散,根据比较审敛法知级数$\sum_{n=1}^{\infty}|u_n|$发散,故原级数非绝对收敛.

又

$$\sin\frac{x}{n}>\sin\frac{x}{n+1}\quad\left(n>\frac{2x}{\pi}\text{时}\right),$$

且

$$\lim_{n\to\infty}\sin\frac{x}{n}=0,$$

所以级数$\sum_{n=1}^{\infty}(-1)^n\sin\frac{x}{n}$在$n>\frac{2x}{\pi}$的部分是满足莱布尼茨收敛定理条件的交错级数,由级数的性质说明$\sum_{n=1}^{\infty}(-1)^n\sin\frac{x}{n}$收敛,从而是条件收敛的.

条件收敛级数与绝对收敛级数各自具有重要性质(定理 11.8),使得它们之间有着明显区别,大体可描述为:几乎一切有限和的运算性质都适用于绝对收敛级数,而条件收敛级数则不一定具备.

下面给出绝对收敛级数的两条性质(不予证明):

* **性质 1**(交换律)　如果级数$\sum_{n=1}^{\infty}u_n$绝对收敛,则任意交换此级数中项的位置,所得新级数(称为**更序级数**)仍为绝对收敛级数,且其和不变.

绝对收敛级数的这个性质可以看成是有限多个数加法交换律的推广,条件收敛级数不具有此性质. 对于条件收敛级数,改变项的位置后所得的级数不一定收敛,即使收敛,其和也可能改变. 例如,交错级数$\sum_{n=1}^{\infty}\frac{(-1)^{n-1}}{n}$为条件收敛级数,记其和为$S$. 即

$$S=1-\frac{1}{2}+\frac{1}{3}-\frac{1}{4}+\frac{1}{5}-\frac{1}{6}+\frac{1}{7}-\frac{1}{8}+\frac{1}{9}-\frac{1}{10}+\cdots,$$

上式两边乘以$\frac{1}{2}$,得

$$\frac{S}{2}=\frac{1}{2}-\frac{1}{4}+\frac{1}{6}-\frac{1}{8}+\frac{1}{10}-\cdots,$$

即

$$\frac{S}{2}=0+\frac{1}{2}+0-\frac{1}{4}+0+\frac{1}{6}+0-\frac{1}{8}+0+\frac{1}{10}+\cdots,$$

此级数与第一个级数逐项相加得

$$\frac{3}{2}S=1+0+\frac{1}{3}-\frac{1}{2}+\frac{1}{5}+0+\frac{1}{7}-\frac{1}{4}+\frac{1}{9}+0+\cdots,$$

即

$$\frac{3}{2}S=1+\frac{1}{3}-\frac{1}{2}+\frac{1}{5}+\frac{1}{7}-\frac{1}{4}+\frac{1}{9}+\frac{1}{11}-\frac{1}{6}+\cdots.$$

上式右端级数恰是第一个级数的更序级数,虽然两级数均收敛,但它们的和却不相同. 由本章第五节的例 5 知前者的和为 ln2,后者的和为$\frac{3}{2}\ln 2$.

下面给出绝对收敛级数的另一性质.

* **性质 2**(分配律)　如果级数$\sum\limits_{n=1}^{\infty}u_n$, $\sum\limits_{n=1}^{\infty}v_n$都绝对收敛,它们的和分别为$S$和$\sigma$,则它们逐项相乘后,依下列顺序排列的级数

$$\begin{aligned}&u_1v_1+(u_1v_2+u_2v_1)+(u_1v_3+u_2v_2+u_3v_1)+\cdots\\&+(u_1v_n+u_2v_{n-1}+\cdots+u_{n-1}v_2+u_nv_1)+\cdots\end{aligned}\tag{11.9}$$

(记$w_n=u_1v_n+u_2v_{n-1}+\cdots+u_nv_1$,称级数$\sum\limits_{n=1}^{\infty}w_n$为级数$\sum\limits_{n=1}^{\infty}u_n$与$\sum\limits_{n=1}^{\infty}v_n$的**柯西乘积**)也绝对收敛,且其和为$S\sigma$,即

$$\left(\sum_{n=1}^{\infty}u_n\right)\left(\sum_{n=1}^{\infty}v_n\right)=\sum_{n=1}^{\infty}(u_1v_n+u_2v_{n-1}+\cdots+u_nv_1)=S\cdot\sigma.$$

更进一步可以证明,两级数各项之积$u_iv_j(i,j=1,2,3,\cdots)$按照任何方式排列成的级数也绝对收敛于$S\sigma$.

事实上,级数(11.9)(柯西乘积)是将级数$\sum\limits_{n=1}^{\infty}u_n$, $\sum\limits_{n=1}^{\infty}v_n$的项所有可能的乘积$u_iv_j(i,j=1,2,\cdots)$按**对角线法**(图 11.1)排列而成的级数.

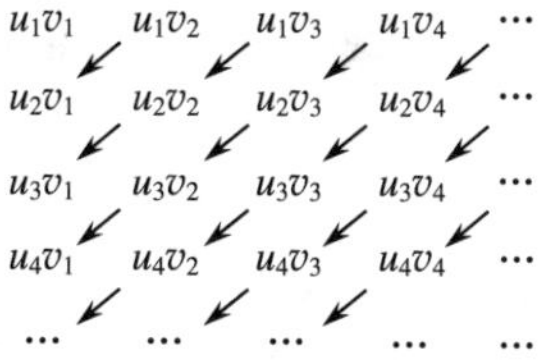

$$\begin{array}{ccccc}u_1v_1 & u_1v_2 & u_1v_3 & u_1v_4 & \cdots\\ u_2v_1 & u_2v_2 & u_2v_3 & u_2v_4 & \cdots\\ u_3v_1 & u_3v_2 & u_3v_3 & u_3v_4 & \cdots\\ u_4v_1 & u_4v_2 & u_4v_3 & u_4v_4 & \cdots\\ \cdots & \cdots & \cdots & \cdots & \cdots\end{array}$$

图 11.1

习题 11-3

1. 判定下列级数是否收敛,如果收敛,是条件收敛还是绝对收敛?

(1) $1-\frac{1}{3^2}+\frac{1}{5^2}-\frac{1}{7^2}+\cdots$;

(2) $\frac{1}{\ln 2}-\frac{1}{\ln 3}+\frac{1}{\ln 4}-\frac{1}{\ln 5}+\cdots$;

(3) $\sum\limits_{n=2}^{\infty}\frac{\sqrt{n}\cos n\pi}{n-1}$;

(4) $\sum\limits_{n=1}^{\infty}(-1)^{\frac{n(n-1)}{2}}\frac{n^{10}}{2^n}$;

(5) $\sum\limits_{n=1}^{\infty}(-1)^{n+1}\frac{2^{n^2}}{n!}$;

(6) $\sum\limits_{n=1}^{\infty}\frac{(-1)^n}{n-\ln n}$;

(7) $\frac{1}{\pi^2}\sin\frac{\pi}{2}-\frac{1}{\pi^3}\sin\frac{\pi}{3}+\frac{1}{\pi^4}\sin\frac{\pi}{4}-\cdots$;

(8) $\frac{1}{\sqrt{2}-1}-\frac{1}{\sqrt{2}+1}+\frac{1}{\sqrt{3}-1}-\frac{1}{\sqrt{3}+1}+\cdots+\frac{1}{\sqrt{n}-1}-\frac{1}{\sqrt{n}+1}+\cdots$;

(9) $\frac{1}{a+b}-\frac{1}{2a+b}+\frac{1}{3a+b}-\frac{1}{4a+b}+\cdots \quad (a>0,\ b>0)$；

*(10) $\sum_{n=2}^{\infty}(-1)^{n-1}\frac{1\cdot 3\cdots(2n-3)}{2\cdot 4\cdots(2n)}$；　　*(11) $\sum_{n=1}^{\infty}(-1)^{n}\frac{1\cdot 3\cdots(2n-1)}{2\cdot 4\cdots(2n)}$；

(12) $\sum_{n=2}^{\infty}\frac{(-1)^{n}}{\sqrt{n}+(-1)^{n}}$；　　(13) $\sum_{n=1}^{\infty}(-1)^{n}(\sqrt{n+1}-\sqrt{n})$.

2. 设 $a_n<c_n<b_n$，且级数 $\sum_{n=1}^{\infty}a_n$ 与 $\sum_{n=1}^{\infty}b_n$ 均收敛，证明 $\sum_{n=1}^{\infty}c_n$ 收敛.

第四节　幂　级　数

前几节讨论的是常数项级数，从本节开始将介绍函数项级数，它在理论和应用上都非常重要. 幂级数是函数项级数中简单而又具有良好性质的一类级数，本节主要介绍幂级数的基本概念和性质.

一、函数项级数的一般概念

给定一个定义在区间 I 上的函数列

$$u_1(x),\quad u_2(x),\cdots,\quad u_n(x),\cdots,$$

由这个函数列构成的表达式

$$\sum_{n=1}^{\infty}u_n(x)=u_1(x)+u_2(x)+\cdots+u_n(x)+\cdots, \tag{11.10}$$

称为定义在区间 I 上的**函数项无穷级数**，简称**函数项级数**.

对于给定的 $x_0\in I$，函数项级数(11.10)成为常数项级数.

$$\sum_{n=1}^{\infty}u(x_0)=u_1(x_0)+u_2(x_0)+\cdots+u_n(x_0)+\cdots, \tag{11.11}$$

如果级数(11.11)收敛，则称 x_0 为函数项级数(11.10)的**收敛点**；若级数(11.11)发散，则称 x_0 为函数项级数(11.10)的**发散点**. 称收敛点的全体构成的数集为函数项级数的**收敛域**，发散点的全体构成的数集为其**发散域**.

对于收敛域 D 中的每一个 x 值，函数项级数成为收敛的常数项级数，因而有确定的和 S. 于是，在收敛域上，函数项级数的和是 x 的函数 $S(x)$，称 $S(x)$ 为**函数项级数的和函数**，和函数 $S(x)$ 的定义域就是函数项级数的收敛域. 即有

$$S(x)=\sum_{n=1}^{\infty}u_n(x)=u_1(x)+u_2(x)+\cdots+u_n(x)+\cdots \quad (x\in D).$$

可见函数项级数在其收敛域内确定了一个函数(即和函数)，这类函数是用无穷级数表示的. 将函数项级数(11.10)的前 n 项部分和记作 $S_n(x)$，则在收敛域 D 上有

$$\lim_{n\to\infty}S_n(x)=S(x).$$

称 $r_n(x)=S(x)-S_n(x)$ 为函数项级数(11.10)的**余项**，当且仅当 $\lim\limits_{n\to\infty}r_n(x)=0(x\in D)$ 时，$\lim\limits_{n\to\infty}S_n(x)=S(x)(x\in D)$.

下面讨论各项都是幂函数的函数项级数，即幂级数.

二、幂级数及其收敛性

形如

$$\sum_{n=0}^{\infty}a_n(x-x_0)^n=a_0+a_1(x-x_0)+a_2(x-x_0)^2+\cdots+a_n(x-x_0)^n+\cdots \tag{11.12}$$

的函数项级数称为 $x-x_0$ 的幂级数，简称**幂级数**，其中 $a_n(n=0,1,2,\cdots)$ 称为幂级数的系数. 定点 $x_0=0$ 时，就得到 x 的幂级数

$$\sum_{n=0}^{\infty}a_nx^n=a_0+a_1x+a_2x^2+\cdots+a_nx^n+\cdots. \tag{11.13}$$

本节着重讨论幂级数(11.13)的收敛性问题，因为幂级数(11.12)可通过变换 $t=x-x_0$ 化为(11.13)的形式.

1. 幂级数收敛域的结构

对于幂级数(11.13)，其收敛域会是怎样的呢?先看一个具体的例子. 大家知道，幂级数

$$\sum_{n=0}^{\infty}x^n=1+x+x^2+\cdots+x^n+\cdots\quad(公比为\ x),$$

当 $|x|<1$ 时收敛于和 $\dfrac{1}{1-x}$，当 $|x|\geqslant1$ 时发散. 因此，这个幂级数的收敛域为开区间 $(-1,1)$.

此例表明，这个幂级数的收敛域是一个区间. 事实上，这个结论对于一般的幂级数也成立.

定理 11.10(阿贝尔[①]定理)　如果幂级数 $\sum\limits_{n=0}^{\infty}a_nx^n$ 在点 $x=x_0(x_0\neq0)$ 处收敛，则对满足不等式 $|x|<|x_0|$ 的一切 x，该幂级数绝对收敛. 反之，如果幂级数 $\sum\limits_{n=0}^{\infty}a_nx^n$ 在点 $x=x_1$ 处发散，则对满足不等式 $|x|>|x_1|$ 的一切 x，该幂级数发散.

证　(1) 设在点 $x=x_0$ 处幂级数 $\sum\limits_{n=0}^{\infty}a_nx_0^n$ 收敛. 根据级数收敛的必要条件知

$$\lim_{n\to\infty}a_nx_0^n=0.$$

---

① 阿贝尔(N. H. Abel，1802～1829)，挪威数学家.

由于收敛的数列必有界，于是存在正数 M，使得

$$|a_n x_0^n| \leqslant M \quad (n=0,1,2,\cdots).$$

作正项级数

$$\sum_{n=0}^{\infty} |a_n x^n| = |a_0| + |a_1 x| + |a_2 x^2| + \cdots + |a_n x^n| + \cdots, \quad |x| < |x_0|.$$

由于 $x_0 \neq 0$，故

$$|a_n x^n| = |a_n x_0^n| \left|\frac{x^n}{x_0^n}\right| \leqslant M \left|\frac{x}{x_0}\right|^n,$$

当 $|x| < |x_0|$ 时，等比级数 $\sum\limits_{n=0}^{\infty} M\left|\frac{x}{x_0}\right|^n \left(\left|\frac{x}{x_0}\right| < 1\right)$ 收敛. 由比较审敛法知，级数 $\sum\limits_{n=0}^{\infty} |a_n x^n|$ 收敛，即幂级数 $\sum\limits_{n=0}^{\infty} a_n x^n$ 在开区间 $(-|x_0|, |x_0|)$ 内任一点处都绝对收敛.

(2) 用反证法. 假设有点 x_2，满足 $|x_2| > |x_1|$，且使级数 $\sum\limits_{n=0}^{\infty} a_n x_2^n$ 收敛，那么由(1)知，幂级数 $\sum\limits_{n=0}^{\infty} a_n x^n$ 必在点 x_1 处收敛，这与题设条件幂级数 $\sum\limits_{n=0}^{\infty} a_n x^n$ 在 $x = x_1$ 处发散矛盾.

阿贝尔定理表明，如果幂级数 $\sum\limits_{n=0}^{\infty} a_n x^n$ 在点 $x_0 (\neq 0)$ 处收敛，则它在开区间 $(-|x_0|, |x_0|)$ 内处处绝对收敛；如果幂级数在点 x_1 处发散，则它在 $(-\infty, -|x_1|) \cup (|x_1|, +\infty)$ 内处处发散. 从几何角度描述，设幂级数 $\sum\limits_{n=0}^{\infty} a_n x^n$ 既有非零的收敛点又有发散点，则当从原点沿数轴向右行走时，最初仅遇到收敛点，某时刻后仅遇到发散点. 收敛点与发散点之间的分界点可能是收敛点也可能是发散点. 从原点沿数轴向左行走时情况类似. 由阿贝尔定理知，两个分界点 P 与 P'(图 11.2) 关于原点对称. 于是，我们有下面的结论.

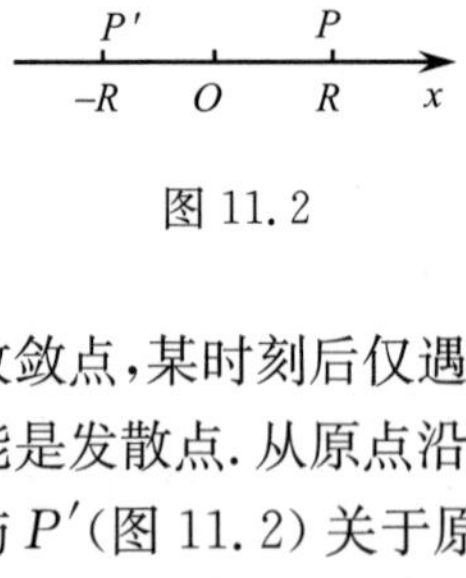

图 11.2

幂级数 $\sum\limits_{n=0}^{\infty} a_n x^n$ 的收敛性分三种情形：

(1) 存在常数 $R > 0$，当 $|x| < R$ 时，幂级数绝对收敛，当 $|x| > R$ 时，幂级数发散；

(2) 幂级数在 $(-\infty, +\infty)$ 内处处绝对收敛；

(3) 除 $x = 0$ 点外，幂级数处处发散.

情形(1) 中的正数 R 称为幂级数的**收敛半径**. 开区间 $(-R, R)$ 称为幂级数的**收敛区间**. 再由幂级数在 $x = \pm R$ 处的收敛性就可以决定其收敛域是 $(-R, R)$，$[-R,$

$R)$，$(-R,R]$ 或 $[-R,R]$ 这四个区间中的一个. 情形(2)、(3) 中幂级数的收敛域分别为 $(-\infty,+\infty)$ 和 $\{0\}$. 为了方便起见，规定这两种情形的收敛半径分别为 $R=+\infty$ 和 $R=0$.

由以上讨论可见，任何一个幂级数都存在收敛半径 R，其收敛域（如果它不是单点集）总是一个区间（此区间或开或闭，或半开半闭，或为全体实数），并且在这个区间的任意内点处幂级数都是绝对收敛的.

为求幂级数 $\sum\limits_{n=0}^{\infty} a_n x^n$ 的收敛域，需先设法求出收敛半径 R，再判定 $x=\pm R$ 处幂级数的收敛性，方可写出其收敛域.

2. 收敛半径的求法

定理 11.11　设幂级数为 $\sum\limits_{n=0}^{\infty} a_n x^n$，如果极眼

$$R=\lim_{n\to\infty}\left|\frac{a_n}{a_{n+1}}\right| \quad (\text{或 } R=\lim_{n\to\infty}\frac{1}{\sqrt[n]{|a_n|}})$$

存在或为 $+\infty$，则幂级数的收敛半径为 R.

证　考虑幂级数 $\sum\limits_{n=0}^{\infty} |a_n x^n|$.

当 $0<R<+\infty$ 时，

$$\lim_{n\to\infty}\frac{|a_{n+1}x^{n+1}|}{|a_n x^n|}=\lim_{n\to\infty}\left|\frac{a_{n+1}}{a_n}\right||x|=\frac{|x|}{R}.$$

当 $\frac{|x|}{R}<1$，即 $|x|<R$ 时，由正项级数的比值审敛法知级数 $\sum\limits_{n=0}^{\infty} |a_n x^n|$ 收敛，从而级数 $\sum\limits_{n=0}^{\infty} a_n x^n$ 绝对收敛.

当 $\frac{|x|}{k}>1$，即 $|x|>R$ 时，由第三节定理 11.9 知级数 $\sum\limits_{n=1}^{\infty} |a_n x^n|$ 发散，且级数 $\sum\limits_{n=0}^{\infty} a_n x^n$ 发散，因此，收敛半经为 R.

（$R=0$ 或 $+\infty$ 情形留给读者证明.）

例 1　求下列幂级数的收敛半径与收敛域：

(1) $\sum\limits_{n=1}^{\infty} \frac{x^n}{3^n \cdot n}$；　(2) $\sum\limits_{n=1}^{\infty} \frac{x^n}{n!}$.

解　(1) 收敛半径为

$$R=\lim_{n\to\infty}\left|\frac{a_n}{a_{n+1}}\right|=\lim_{n\to\infty}\frac{1}{3^n\cdot n}\cdot\frac{3^{n+1}(n+1)}{1}=\lim_{n\to\infty}\frac{3(n+1)}{n}=3.$$

在端点 $x=-3$ 处，$\sum\limits_{n=1}^{\infty}\frac{(-1)^n}{n}$ 为收敛的交错级数.

在端点 $x=3$ 处，$\sum_{n=1}^{\infty}\frac{1}{n}$ 为发散的调和级数.

因此，幂级数 $\sum_{n=1}^{\infty}\frac{x^n}{3^n\cdot n}$ 的收敛域为 $[-3,3)$.

(2) 收敛半径为

$$R=\lim_{n\to\infty}\left|\frac{a_n}{a_{n+1}}\right|=\lim_{n\to\infty}\frac{\frac{1}{n!}}{\frac{1}{(n+1)!}}=\lim_{n\to\infty}(n+1)=+\infty.$$

所以，幂级数 $\sum_{n=1}^{\infty}\frac{x^n}{n!}$ 的收敛域为 $(-\infty,+\infty)$.

例 2　求幂级数 $\sum_{n=1}^{\infty}(-1)^n\frac{(x-1)^n}{n}$ 的收敛域.

解　收敛半径为

$$R=\lim_{n\to\infty}\left|\frac{a_n}{a_{n+1}}\right|=\lim_{n\to\infty}\frac{1}{n}\cdot\frac{n+1}{1}=1$$

当 $x-1=-1$，即 $x=0$ 时，$\sum_{n=1}^{\infty}\frac{1}{n}$ 为发散的调和级数.

当 $x-1=1$，即 $x=2$ 时，$\sum_{n=1}^{\infty}\frac{(-1)^n}{n}$ 为收敛的交错级数.

因此，幂级数 $\sum_{n=1}^{\infty}(-1)^n\frac{(x-1)^n}{n}$ 的收敛域为 $(0,2]$.

例 3　求幂级数 $\sum_{n=0}^{\infty}\frac{n}{2^n}x^{2n+1}$ 的收敛域.

解　这是缺项级数(不含 x 的偶数次项)，所以不能使用定理 11.11 的公式求收敛半径. 根据正项级数的比值审敛法，

$$\lim_{n\to\infty}\left|\frac{u_{n+1}(x)}{u_n(x)}\right|=\lim_{n\to\infty}\left|\frac{\frac{(n+1)x^{2n+3}}{2^{n+1}}}{\frac{nx^{2n+1}}{2^n}}\right|=\frac{x^2}{2}.$$

当 $\frac{x^2}{2}<1$，即 $|x|<\sqrt{2}$ 时，幂级数收敛.

当 $\frac{x^2}{2}>1$，即 $|x|>\sqrt{2}$ 时，(由定理 11.9) 级数 $\sum_{n=0}^{\infty}\left|\frac{x^{2n+1}}{2^n}\right|$ 发散，且级数 $\sum_{n=0}^{\infty}\frac{x^{2n+1}}{2^n}$ 发散. 于是收敛半径 $R=\sqrt{2}$.

当 $x=\pm\sqrt{2}$ 时，级数成为 $\pm\sum_{n=0}^{\infty}\sqrt{2}$，这级数发散，因此幂级数的收敛域为 $(-\sqrt{2},\sqrt{2})$.

三、幂级数的运算性质

1. 幂级数的四则运算性质

设幂级数$\sum\limits_{n=0}^{\infty}a_nx^n$及$\sum\limits_{n=0}^{\infty}b_nx^n$的收敛半径分别是$R_1$与$R_2$，记$R=\min\{R_1,R_2\}$，则两个幂级数在区间$(-R,R)$内均绝对收敛. 由于收敛的级数可逐项相加(减)以及绝对收敛级数的柯西乘积也绝对收敛，所以有如下的幂级数的加法、减法、乘法运算法则：

(1) 加减法：$\sum\limits_{n=0}^{\infty}a_nx^n\pm\sum\limits_{n=0}^{\infty}b_nx^n=\sum\limits_{n=0}^{\infty}(a_n\pm b_n)x^n$，且和(差)级数在$(-R,R)$内绝对收敛；

(2) 乘法：$\left(\sum\limits_{n=0}^{\infty}a_nx^n\right)\left(\sum\limits_{n=0}^{\infty}b_nx^n\right)=\sum\limits_{n=0}^{\infty}(a_0b_n+a_1b_{n-1}+\cdots+a_nb_0)x^n$，且乘积级数在$(-R,R)$内绝对收敛.

关于幂级数的除法，简介如下：

设

$$\frac{\sum\limits_{n=0}^{\infty}a_nx^n}{\sum\limits_{n=0}^{\infty}b_nx^n}=\sum_{n=0}^{\infty}c_nx^n\quad(b_0\neq 0),$$

为确定系数$c_0,c_1,\cdots,c_n,\cdots$，可以将级数$\sum\limits_{n=0}^{\infty}b_nx^n$与$\sum\limits_{n=0}^{\infty}c_nx^n$相乘，并比较乘积级数与级数$\sum\limits_{n=0}^{\infty}a_nx^n$中同次幂的系数. 即令

$$\begin{aligned}\sum_{n=0}^{\infty}a_nx^n&=\sum_{n=0}^{\infty}b_nx^n\cdot\sum_{n=0}^{\infty}c_nx^n,\\&=\sum_{n=0}^{\infty}(b_0c_n+b_1c_{n-1}+\cdots+b_nc_0)x^n.\end{aligned}$$

比较两端同次幂的系数得

$$\begin{aligned}a_0&=b_0c_0,\\a_1&=b_0c_1+b_1c_0,\\a_2&=b_0c_2+b_1c_1+b_2c_0,\\&\cdots\cdots\end{aligned}$$

由这组方程可以顺序地求出$c_0,c_1,\cdots,c_n,\cdots$.

级数$\sum\limits_{n=0}^{\infty}c_nx^n$的收敛域可能比$(-R,R)=(-R_1,R_1)\cap(-R_2,R_2)$小得多.

2. 幂级数的分析运算性质

关于幂级数的和函数的连续性、可导性、可积性以及幂级数怎样求导数、求积分，有下列重要结论(证明从略).

性质 1　幂级数 $\sum_{n=0}^{\infty} a_n x^n$ 的和函数 $S(x)$ 在其收敛域 D 上连续.

性质 2　幂级数 $\sum_{n=0}^{\infty} a_n x^n$ 的和函数 $S(x)$ 在其收敛域 D 上可积，且有逐项积分公式

$$\int_0^x S(x)\mathrm{d}x = \int_0^x \left[\sum_{n=0}^{\infty} a_n x^n\right]\mathrm{d}x = \sum_{n=0}^{\infty}\int_0^x a_n x^n \mathrm{d}x = \sum_{n=0}^{\infty} \frac{a_n}{n+1} x^{n+1} \quad (|x| < R),$$

逐项积分后所得幂级数和原级数有相同的收敛半径，但在收敛区间的端点处，敛散性可能发生变化.

性质 3　幂级数 $\sum_{n=0}^{\infty} a_n x^n$ 的和函数 $S(x)$ 在其收敛区间 $(-R,R)$ 内可导，且有逐项求导公式

$$S'(x) = \left(\sum_{n=0}^{\infty} a_n x^n\right)' = \sum_{n=0}^{\infty} (a_n x^n)' = \sum_{n=1}^{\infty} n\, a_n x^{n-1} \quad (|x| < R).$$

逐项求导后所得幂级数与原幂级数有相同的收敛半径，但在收敛区间的端点处，敛散性可能发生变化.

由性质 3 可知，幂级数的和函数在其收敛区间内具有任意阶导数.

例 4　求幂级数 $\sum_{n=0}^{\infty} (n+1)x^n$ 的和函数 $S(x)$.

解　收敛半径

$$R = \lim_{n\to\infty}\left|\frac{a_n}{a_{n+1}}\right| = \lim_{n\to\infty}\left|\frac{n+1}{n+2}\right| = 1,$$

在 $x=\pm 1$ 处幂级数发散，因此收敛域为 $(-1,1)$.

对 $S(x) = \sum_{n=0}^{\infty} (n+1)x^n$ 两端积分，得

$$\int_0^x S(x)\mathrm{d}x = \sum_{n=0}^{\infty}\int_0^x (n+1)x^n \mathrm{d}x = \sum_{n=0}^{\infty} x^{n+1}$$

$$= x\sum_{n=0}^{\infty} x^n = \frac{x}{1-x} \quad (|x| < 1).$$

上式两端求导，得和函数

$$S(x) = \left(\frac{x}{1-x}\right)' = \frac{1}{(1-x)^2} \quad (|x| < 1).$$

以上例子通过先积分，求和，再求导得到和函数. 这样的计算过程可以简化为

$$S(x)=\sum_{n=0}^{\infty}(n+1)x^n=\sum_{n=0}^{\infty}(x^{n+1})'=\left(\sum_{n=0}^{\infty}x^{n+1}\right)'$$
$$=\left(\frac{x}{1-x}\right)'=\frac{1}{(1-x)^2}\quad(|x|<1).$$

这个计算利用了公式 $\frac{1}{1-x}=\sum_{n=0}^{\infty}x^n(|x|<1)$，以及幂级数经逐项求导收敛半径不变的性质.

例 5　求幂级数 $\sum_{n=0}^{\infty}\frac{1}{2n+1}x^{2n}$ 的和函数 $S(x)$.

解　令 $t=x^2$，得到 t 的幂级数 $\sum_{n=0}^{\infty}\frac{1}{2n+1}t^n$. 因为收敛半经

$$R=\lim_{n\to\infty}\left|\frac{a_n}{a_{n+1}}\right|=\lim_{n\to\infty}\left|\frac{1}{2n+1}\cdot\frac{2n+3}{1}\right|=1$$

级数 $\sum_{n=0}^{\infty}\frac{1}{2n+1}t^n$ 在 $t=x^2\in(-1,1)$ 内收敛，从而级数 $\sum_{n=0}^{\infty}\frac{1}{2n+1}x^{2n}$ 在 $x\in(-1,1)$ 内收敛. 在 $x=\pm1$ 处原级数成为 $\sum_{n=0}^{\infty}\frac{1}{2n+1}$，发散. 因此原级数的收敛域为 $(-1,1)$.

设

$$S(x)=\sum_{n=0}^{\infty}\frac{1}{2n+1}x^{2n},$$

则

$$xS(x)=\sum_{n=0}^{\infty}\frac{1}{2n+1}x^{2n+1}.$$

逐项求导，得

$$(xS(x))'=\sum_{n=0}^{\infty}\left(\frac{1}{2n+1}x^{2n+1}\right)'=\sum_{n=0}^{\infty}x^{2n}=\frac{1}{1-x^2}\quad(|x|<1),$$

对上式从 0 到 x 积分，得

$$xS(x)=xS(x)\big|_0^x=\int_0^x(xS(x))'\mathrm{d}x=\int_0^x\frac{1}{1-x^2}\mathrm{d}x=\frac{1}{2}\ln\left|\frac{1+x}{1-x}\right|\quad(|x|<1),$$

于是，当 $x\neq0$ 时，$S(x)=\frac{1}{2x}\ln\left|\frac{1+x}{1-x}\right|$，在 $x=0$ 处，原级数和为 1，故和函数

$$S(x)=\begin{cases}\frac{1}{2x}\ln\left|\frac{1+x}{1-x}\right|, & 0<|x|<1,\\ 1, & x=0.\end{cases}$$

习题 11-4

1. 求下列幂级数的收敛半径和收敛域：

(1) $\sum_{n=1}^{\infty}\frac{2^n}{n^2+1}x^n$；　(2) $\sum_{n=1}^{\infty}\frac{x^n}{3^n+n}$；

*(3) $\sum_{n=1}^{\infty}\frac{\ln n}{n}x^n$；　(4) $\sum_{n=0}^{\infty}\frac{2n+1}{n!}x^{2n+1}$；

*(5) $\sum_{n=1}^{\infty}(-1)^n\frac{x^{2n+1}}{2n+1}$；　(6) $\sum_{n=1}^{\infty}\frac{2^n+3^n}{n}x^n$；

(7) $x-\frac{x^2}{2}+\frac{x^3}{3}+\cdots+(-1)^{n-1}\frac{x^n}{n}+\cdots$；

(8) $x+2^2x^2+3^3x^3+\cdots+n^nx^n+\cdots$；

(9) $\frac{1}{2}+\frac{3}{4}x^2+\frac{5}{8}x^6+\cdots+\frac{2n-1}{2^n}x^{2n-2}+\cdots$；

(10) $\sum_{n=1}^{\infty}\frac{(x-1)^n}{2^n\cdot n}$；　(11) $\sum_{n=0}^{\infty}\frac{1}{4^n}(x-3)^{2n}$；

*(12) $\sum_{n=1}^{\infty}\frac{(x-1)^n}{n^p}$　$(p>0)$.

2. 求幂级数$\sum_{n=1}^{\infty}\frac{(2n)!}{(n!)^2}x^{2n-1}$的收敛半径.

3. 利用逐项求导或逐项积分运算求下列级数的和函数：

(1) $\sum_{n=1}^{\infty}(-1)^{n-1}\frac{x^n}{n}$；　(2) $\sum_{n=1}^{\infty}nx^n$；

(3) $\sum_{n=1}^{\infty}\frac{n(n+1)}{2}x^{n-1}$；　(4) $\sum_{n=2}^{\infty}\frac{x^n}{n(n-1)}$.

4. 求幂级数$\sum_{n=1}^{\infty}\frac{x^{2n-1}}{2n-1}$的和函数,并求级数$\sum_{n=1}^{\infty}\frac{1}{(2n-1)2^n}$的和.

5. 求级数$\sum_{n=1}^{\infty}\frac{n(n+1)}{2^n}$的和.

第五节　函数展开成幂级数

随着计算机技术的发展,幂级数的研究有助于改进近似计算方法.幂级数不仅形式简单,而且在其收敛区间内具有与多项式类似的运算性质.因此,将一个函数展开成幂级数,对于研究函数的性质、利用多项式逼近函数具有重要的意义.

函数 $f(x)$ 在某个区间内能展开成 $x-x_0$ 的幂级数,是指存在一个幂级数$\sum_{n=0}^{\infty}a_n(x-x_0)^n$,它在该区间内收敛,且以 $f(x)$ 为和函数,即

$$f(x)=\sum_{n=0}^{\infty}a_n(x-x_0)^n. \tag{11.14}$$

关于函数 $f(x)$ 展开成幂级数(11.14)有三个问题要讨论:

(1) $f(x)$ 在什么条件下才能展开成幂级数(11.15)?

(2) 如果 $f(x)$ 可以展开成幂级数,其系数 $a_n(n=0,1,2,\cdots)$ 应如何确定?

(3) 展开式是否唯一?

下面讨论这些问题.

一、函数的幂级数展开式 —— 泰勒级数

首先讨论如果函数 $f(x)$ 能展开成幂级数 $\sum_{n=0}^{\infty}a_n(x-x_0)^n$,其系数 $a_n(n=0,1,2,\cdots)$ 是怎样的,以及展开式是否唯一.

定理 11.12　如果函数 $f(x)$ 在点 x_0 的某邻域 $U(x_0,r)$ 内具有各阶导数,且在该邻域内函数 $f(x)$ 能展开成 $(x-x_0)$ 的幂级数,即

$$f(x)=\sum_{n=0}^{\infty}a_n(x-x_0)^n,$$

则其系数

$$a_n=\frac{1}{n!}f^{(n)}(x_0)\quad(n=0,1,2,\cdots),$$

且展开式是唯一的.

证　因为级数在邻域 $U(x_0,r)$ 内收敛于 $f(x)$,即

$$f(x)=a_0+a_1(x-x_0)+a_2(x-x_0)^2+\cdots+a_n(x-x_0)^n+\cdots\quad(|x-x_0|<r).$$

根据幂级数的分析运算性质,有

$$f'(x)=a_1+2a_2(x-x_0)+\cdots+na_n(x-x_0)^{n-1}+\cdots,$$

$$f''(x)=2!a_2+3\cdot 2a_3+\cdots+n(n-1)a_n(x-x_0)^{n-2}+\cdots,$$

……

$$f^{(n)}(x)=n!a_n+(n+1)!a_{n+1}(x-x_0)+\frac{(n+2)!}{2!}a_{n+2}(x-x_0)^2+\cdots,$$

……

在以上各式中,令 $x=x_0$,可得

$$f^{(n)}(x_0)=n!a_n,$$

即

$$a_n=\frac{1}{n!}f^{(n)}(x_0)\quad(n=0,1,2,\cdots),$$

其中当 $n=0$ 时,$a_0=f(x_0)$. 并且 $f(x)$ 的幂级数展开式是唯一的.

定义 11.3　如果函数 $f(x)$ 在点 x_0 处具有各阶导数,则幂级数

$$\sum_{n=0}^{\infty}\frac{f^{(n)}(x_0)}{n!}(x-x_0)^n \tag{11.15}$$

称为函数 $f(x)$ 在点 x_0 处的**泰勒级数**. 其系数$\frac{f^{(n)}(x_0)}{n!}$ $(n=0,1,\cdots)$ 称为**泰勒系数**.

当 $x_0=0$ 时,幂级数$\sum_{n=0}^{\infty}\frac{f^{(n)}(0)}{n!}x^n$ 称为函数 $f(x)$ 的**麦克劳林级数**.

定理 11.12 表明,当函数 $f(x)$ 能展开成幂级数$\sum_{n=0}^{\infty}a_n(x-x_0)^n$ 时,此级数的系数必为泰勒系数. 也就是说,此级数必是 $f(x)$ 在点 x_0 处的泰勒级数.

现在,还剩下最后一个问题要解决,即 $f(x)$ 满足什么条件才能展开成幂级数.

二、函数展开成幂级数的充分必要条件

定理 11.13 设函数 $f(x)$ 在点 x_0 的某邻域 $U(x_0,r)$ 内具有各阶导数,则 $f(x)$ 在该邻域内可展开成$(x-x_0)$的泰勒级数的充分必要条件是 $f(x)$ 的泰勒公式中的余项

$$R_n(x)=\frac{f^{(n+1)}(\xi)}{(n+1)!}(x-x_0)^{n+1} \quad (\xi \text{ 在 } x_0,x \text{ 之间}) \tag{11.16}$$

满足

$$\lim_{n\to\infty}R_n(x)=0 \quad (x\in U(x_0,r)).$$

证 必要性. 设 $f(x)$ 在邻域 $U(x_0,r)$ 内能展开为泰勒级数,

$$f(x)=f(x_0)+f'(x_0)(x-x_0)+\frac{f''(x_0)}{2!}(x-x_0)^2+\cdots+\frac{f^{(n)}(x_0)}{n!}(x-x_0)^n+\cdots$$

又 $f(x)$ 的泰勒公式为

$$f(x)=f(x_0)+f'(x_0)(x-x_0)+\cdots+\frac{f^{(n)}(x_0)}{n!}(x-x_0)^n+R_n(x),$$

其中 $R_n(x)$ 由式(11.16)确定. 所以

$$R_n(x)=f(x)-S_{n+1}(x),$$

其中 $S_{n+1}(x)$ 为泰勒级数(11.15)的前 $n+1$ 项之和. 再由函数 $f(x)$ 在 $U(x_0,r)$ 内可展开成泰勒级数,故有$\lim_{n\to\infty}S_{n+1}(x)=f(x)$,于是

$$\lim_{n\to\infty}R_n(x)=\lim_{n\to\infty}[f(x)-S_{n+1}(x)]=f(x)-f(x)=0 \quad (x\in U(x_0,r)).$$

充分性. 设$\lim_{n\to\infty}R_n(x)=0$ $(x\in U(x_0,r))$. 由泰勒公式得

$$S_{n+1}(x)=f(x)-R_n(x),$$

于是

$$\lim_{n\to\infty}S_{n+1}(x)=\lim_{n\to\infty}[f(x)-R_n(x)]=f(x) \quad (x\in U(x_0,r)),$$

即 $f(x)$ 的泰勒级数(11.15) 在 $U(x_0,r)$ 内收敛且和函数为 $f(x)$.

三、函数展开成幂级数的方法

1. 直接展开法(也称泰勒级数法)

这里将给出把函数 $f(x)$ 展开成 x 的幂级数的方法,并对几个常见的函数进行具体的展开.

定理11.13说明:在点 x_0 的某邻域内,若函数 $f(x)$ 具有各阶导数,且其泰勒公式中的余项 $R_n(x)$ 趋于零(当 $n\to\infty$ 时),则 $f(x)$ 可展开成泰勒级数,而当$x_0=0$ 时,所展开的级数就是 $f(x)$ 的麦克劳林级数.据此,将函数 $f(x)$ 展为 x 的幂级数的**直接展开法**可按如下步骤进行.

第一步　求 $f(x)$ 的各阶导数 $f'(x),f''(x),\cdots,f^{(n)}(x),\cdots$;

第二步　计算 $f(0),f'(0),\cdots,f^{(n)}(0),\cdots$;

第三步　写出幂级数

$$\sum_{n=0}^{\infty}\frac{f^{(n)}(0)}{n!}x^n=f(0)+f'(0)x+\frac{f''(0)}{2!}x^2+\cdots+\frac{f^{(n)}(0)}{n!}x^n+\cdots,$$

并确定其收敛域 D;

第四步　考察在收敛域 D 内,$f(x)$ 的麦克劳林公式中的拉格朗日型余项的极限

$$\lim_{n\to\infty}R_n(x)=\lim_{n\to\infty}\frac{f^{(n+1)}(\xi)}{(n+1)!}x^{n+1}\quad(\xi\text{ 在 }0\text{ 与 }x\text{ 之间})$$

是否为零.如果为零,则有幂级数展开式

$$f(x)=\sum_{n=0}^{\infty}\frac{f^{(n)}(0)}{n!}x^n\quad(x\in D).$$

例 1　将函数 $f(x)=\mathrm{e}^x$ 展开成 x 的幂级数(即麦克劳林级数).

解　由于 $f^{(n)}(x)=\mathrm{e}^x$,于是 $f^{(n)}(0)=1(n=0,1,2,\cdots)$.从而得幂级数

$$1+x+\frac{1}{2!}x^2+\cdots+\frac{1}{n!}x^n+\cdots$$

因为

$$R=\lim_{n\to\infty}\left|\frac{a_n}{a_{n+1}}\right|=\lim_{n\to\infty}\frac{n!}{(n-1)!}=+\infty,$$

故收敛半经收敛域为$(-\infty,+\infty)$.

对于 $x\in(-\infty,+\infty)$,余项的绝对值

$$|R_n(x)|=\left|\frac{\mathrm{e}^{\xi}}{(n+1)!}x^{n+1}\right|\leqslant \mathrm{e}^{|x|}\frac{|x|^{n+1}}{(n+1)!}\quad(|\xi|<|x|),$$

对固定的 x, $\mathrm{e}^{|x|}$ 是一个有限值,而$\dfrac{|x|^{n+1}}{(n+1)!}$是收敛级数$\displaystyle\sum_{n=0}^{\infty}\frac{|x|^{n+1}}{(n+1)!}$的一般项,故

当 $n\to\infty$ 时，$\dfrac{e^{|x|}\,|x|^{n+1}}{(n+1)!}\to 0$，即 $\lim\limits_{n\to\infty}R_n(x)=0$，于是有展开式

$$e^x=\sum_{n=0}^{\infty}\frac{x^n}{n!}=1+x+\frac{x^2}{2!}+\cdots+\frac{x^n}{n!}+\cdots\quad(-\infty<x<+\infty).$$

例 2　将函数 $f(x)=\sin x$ 展开成 x 的幂级数.

解　由于 $f^{(n)}(x)=\sin\left(x+\dfrac{n\pi}{2}\right)$ $(n=0,1,2,\cdots)$. 于是 $f(0)=0$, $f'(0)=1$, $f''(0)=0$, $f'''(0)=-1$, $\cdots$,顺次循环地取 $0, 1, 0, -1, \cdots$ $(n=0,1,2,\cdots)$. 从而得幂级数

$$x-\frac{x^3}{3!}+\frac{x^5}{5!}-\cdots+(-1)^{n-1}\frac{x^{2n-1}}{(2n-1)!}+\cdots,$$

易得它的收敛半径 $R=+\infty$,故收敛域为$(-\infty,+\infty)$.

对收敛域$(-\infty,+\infty)$ 内任一点 x,有

$$|R_n(x)|=\left|\frac{f^{(n+1)}(\xi)}{(n+1)!}x^{n+1}\right|=\left|\sin\left[\xi+(n+1)\frac{\pi}{2}\right]\right|\frac{|x|^{n+1}}{(n+1)!}$$
$$\leqslant\frac{|x|^{n+1}}{(n+1)!}\to 0\quad(\text{当 } n\to\infty \text{ 时}),$$

从而得展开式

$$\sin x=\sum_{n=0}^{\infty}(-1)^n\frac{x^{2n+1}}{(2n+1)!}=x-\frac{x^3}{3!}+\frac{x^5}{5!}+\cdots+(-1)^n\frac{x^{2n+1}}{(2n+1)!}+\cdots$$
$$(-\infty<x<+\infty).$$

例 3　将函数 $f(x)=(1+x)^m$ 展开为 x 的幂级数,其中 m 是任一实数.

解　函数 $f(x)$ 的各阶导数为

$$f'(x)=m(1+x)^{m-1},$$
$$f''(x)=m(m-1)(1+x)^{m-2},$$
$$\cdots\cdots\cdots\cdots$$
$$f^{(n)}(x)=m(m-1)(m-2)\cdots(m-n+1)(1+x)^{m-n},$$
$$\cdots\cdots\cdots\cdots$$

所以

$$f(0)=1,\ f'(0)=m,\ f''(0)=m(m-1),\ \cdots,$$
$$f^{(n)}(0)=m(m-1)(m-2)\cdots(m-n+1),\cdots,$$

于是得幂级数

$$1+mx+\frac{m(m-1)}{2!}x^2+\cdots+\frac{m(m-1)\cdots(m-n+1)}{n!}x^n+\cdots.$$

因为收敛半经

$$R=\lim_{n\to\infty}\left|\frac{a_n}{a_{n+1}}\right|=\lim_{n\to\infty}\left|\frac{n+1}{m-n}\right|=1,$$

所以对于任意常数 m，收敛区间为$(-1,1)$.

为了避免直接研究余项，设这级数的和函数为 $F(x)$，即

$$F(x)=1+mx+\frac{m(m-1)}{2!}x^2+\cdots+\frac{m(m-1)\cdots(m-n+1)}{n!}x^n+\cdots$$
$$(-1<x<1).$$

下面证明 $F(x)=(1+x)^m(-1<x<1)$，先导出 $F(x)$ 满足的关系式. 为此对 $F(x)$ 的幂级数展开式逐项求导得

$$F'(x)=m\left[1+(m-1)x+\cdots+\frac{(m-1)\cdots(m-n+1)}{(n-1)!}x^{n-1}\right.$$
$$\left.+\frac{(m-1)\cdots(m-n)}{n!}x^n+\cdots\right],$$

两边同乘以$(1+x)$ 后，注意到等式右端方括号内 x^n 的系数为

$$\frac{(m-1)\cdots(m-n+1)}{(n-1)!}+\frac{(m-1)\cdots(m-n)}{n!}$$
$$=\frac{m(m-1)\cdots(m-n+1)}{n!}\quad(n=1,2,\cdots),$$

于是有

$$(1+x)F'(x)=m\left[1+mx+\frac{m(m-1)}{2!}x^2+\cdots+\frac{m(m-1)\cdots(m-n+1)}{n!}x^n+\cdots\right]$$
$$=mF(x)\quad(-1<x<1).\tag{11.17}$$

令 $\varphi(x)=\dfrac{F(x)}{(1+x)^m}$，则有 $\varphi(0)=F(0)=1$. 下面证明 $\varphi(x)\equiv 1$.

由于

$$\varphi'(x)=\frac{(1+x)^mF'(x)-m(1+x)^{m-1}F(x)}{(1+x)^{2m}}=\frac{(1+x)F'(x)-mF(x)}{(1+x)^{m+1}},$$

利用式(11.17) 得 $\varphi'(x)=0$，于是 $\varphi(x)\equiv C$. 又 $\varphi(0)=1$，从而 $\varphi(x)=1$，即 $F(x)=(1+x)^m$，于是有展开式

$$(1+x)^m=1+\sum_{n=1}^{\infty}\frac{m(m-1)\cdots(m-n+1)}{n!}x^n$$
$$=1+mx+\frac{m(m-1)}{2!}x^2+\cdots+\frac{m(m-1)\cdots(m-n+1)}{n!}x^n+\cdots,$$

此展开式称为**牛顿二项展开式**. 引用组合符号，

$$C_n^k=\binom{n}{k}=\frac{n(n-1)\cdots(n-k+1)}{k!},$$

展开式可写成

$$(1+x)^m=1+\sum_{n=1}^{\infty}\binom{m}{n}x^n\quad(-1<x<1).\tag{11.18}$$

在区间的端点,展开式是否成立与 m 的取值有关.

当 m 为正整数时,幂级数式(11.18)便成为 x 的 m 次多项式,即代数学中的牛顿二项式.

当 $m=\frac{1}{2},-\frac{1}{2}$ 时,依次有

$$\sqrt{1+x}=1+\frac{1}{2}x-\frac{1}{2\cdot 4}x^2+\frac{1\cdot 3}{2\cdot 4\cdot 6}x^3-\cdots$$

$$=1+\frac{1}{2}x+\sum_{n=2}^{\infty}\frac{(-1)^{n-1}(2n-3)!!}{(2n)!!}x^n\quad(-1\leqslant x\leqslant 1).\qquad(11.19)$$

$$\frac{1}{\sqrt{1+x}}=1-\frac{1}{2}x+\frac{1\cdot 3}{2\cdot 4}x^2-\frac{1\cdot 3\cdot 5}{2\cdot 4\cdot 6}x^3+\cdots$$

$$=1+\sum_{n=1}^{\infty}\frac{(-1)^n(2n-1)!!}{(2n)!!}x^n\quad(-1<x\leqslant 1).\text{①}\qquad(11.20)$$

2. *间接展开法*

利用直接展开法将函数展开成幂级数,需要求函数的各阶导数,并且要讨论拉格朗日型余项 $R_n(x)$ 是否趋于零,一般计算量大,甚至是困难的. 下面介绍的**间接展开法**是一种行之有效的展开方法. 展开时,可利用已有的幂级数展开式 $\left(\text{如}\frac{1}{1-x},e^x,\sin x,(1+x)^m\text{等的展开式}\right)$,依据函数幂级数展开式的唯一性及幂级数的运算性质,运用变量代换、四则运算、恒等变形、逐项求导和逐项积分等方法来求得函数的幂级数展开式.

例 4　将函数 $f(x)=\cos x$ 展开成 x 的幂级数.

解　由于 $\cos x=(\sin x)'$,利用展开式

$$\sin x=\sum_{n=0}^{\infty}(-1)^n\frac{1}{(2n+1)!}x^{2n+1}\quad(-\infty<x<+\infty).$$

逐项求导得

$$\cos x=\sum_{n=0}^{\infty}(-1)^n\frac{x^{2n}}{(2n)!}=1-\frac{x^2}{2!}+\frac{x^4}{4!}-\cdots+(-1)^n\frac{x^{2n}}{(2n)!}+\cdots$$

$$(-\infty<x<+\infty).$$

例 5　将函数 $f(x)=\ln(1+x)$ 展开成 x 的幂级数.

解　因为$(\ln(1+x))'=\frac{1}{1+x}$,而

$$\frac{1}{1+x}=1-x+x^2-\cdots+(-1)^nx^n+\cdots\quad(-1<x<1),$$

① 式(11.19)在端点 $x=\pm 1$ 处的收敛性以及式(11.20)在 $x=1$ 处的收敛性由习题 11-3 第 1 题的(10)、(11)可得.

从 0 到 x 逐项积分，得

$$\ln(1+x)=\sum_{n=1}^{\infty}(-1)^{n-1}\frac{x^n}{n}=x-\frac{x^2}{2}+\frac{x^3}{3}-\cdots+(-1)^{n-1}\frac{x^n}{n}+\cdots$$
$$(-1<x\leqslant 1).$$

以上展开式对 $x=1$ 也成立. 这是因为右端级数在 $x=1$ 处收敛，而左端函数 $\ln(1+x)$ 在 $x=1$ 处连续的缘故. 取 $x=1$，得到

$$\ln 2=1-\frac{1}{2}+\frac{1}{3}-\cdots+(-1)^{n-1}\frac{1}{n}+\cdots.$$

例 6　将函数 $\sin x$ 展开成 $\left(x-\frac{\pi}{4}\right)$ 的幂级数.

解　由于

$$\begin{aligned}\sin x&=\sin\left[\left(x-\frac{\pi}{4}\right)+\frac{\pi}{4}\right]=\sin\left(x-\frac{\pi}{4}\right)\cos\frac{\pi}{4}+\cos\left(x-\frac{\pi}{4}\right)\sin\frac{\pi}{4}\\&=\frac{\sqrt{2}}{2}\left[\sin\left(x-\frac{\pi}{4}\right)+\cos\left(x-\frac{\pi}{4}\right)\right],\end{aligned}$$

而

$$\sin\left(x-\frac{\pi}{4}\right)=\left(x-\frac{\pi}{4}\right)-\frac{1}{3!}\left(x-\frac{\pi}{4}\right)^3+\frac{1}{5!}\left(x-\frac{\pi}{4}\right)^5-\cdots\quad(-\infty<x<+\infty),$$

$$\cos\left(x-\frac{\pi}{4}\right)=1-\frac{1}{2!}\left(x-\frac{\pi}{4}\right)^2+\frac{1}{4!}\left(x-\frac{\pi}{4}\right)^4-\cdots\quad(-\infty<x<+\infty),$$

所以

$$\sin x=\frac{\sqrt{2}}{2}\left[1+\left(x-\frac{\pi}{4}\right)-\frac{1}{2!}\left(x-\frac{\pi}{4}\right)^2-\frac{1}{3!}\left(x-\frac{\pi}{4}\right)^3+\cdots\right]$$
$$(-\infty<x<+\infty).$$

例 7　将函数 $f(x)=\dfrac{1}{x^2+3x+2}$ 在 $x=-4$ 处展开成泰勒级数(即展开成 $(x+4)$ 的幂级数).

解　由于

$$\begin{aligned}f(x)&=\frac{1}{x^2+3x+2}=\frac{1}{(x+1)(x+2)}=\frac{1}{x+1}-\frac{1}{x+2}\\&=\frac{1}{-3+(x+4)}-\frac{1}{-2+(x+4)}\\&=-\frac{1}{3\left(1-\frac{x+4}{3}\right)}+\frac{1}{2\left(1-\frac{x+4}{2}\right)},\end{aligned}$$

利用变量代换 $\dfrac{x+4}{3}=t\left(\text{或}\dfrac{x+4}{2}=t\right)$ 及 $\dfrac{1}{1-t}$ 的展开式，便得

$$\frac{1}{3\left(1-\frac{x+4}{3}\right)}=\frac{1}{3}\sum_{n=0}^{\infty}\left(\frac{x+4}{3}\right)^n \quad (-7<x<-1),$$

$$\frac{1}{2\left(1-\frac{x+4}{2}\right)}=\frac{1}{2}\sum_{n=0}^{\infty}\left(\frac{x+4}{2}\right)^n \quad (-6<x<-2),$$

所以

$$f(x)=\frac{1}{x^2+3x+2}=\sum_{n=0}^{\infty}\left(\frac{1}{2^{n+1}}-\frac{1}{3^{n+1}}\right)(x+4)^n \quad (-6<x<-2).$$

从函数逼近的角度看，当 $f(x)$ 在邻域 $U(x_0,r)$ 内可展开成幂级数时，不但可以用 $f(x)$ 的泰勒多项式近似 $f(x)$，而且可以通过不断提高多项式的幂次，无限地逼近 $f(x)$. 但是另一方面，这种逼近方法对函数 $f(x)$ 的要求相当苛刻：$f(x)$ 既要具有各阶导数，并且其泰勒公式的余项还要收敛于零. 不仅如此，在许多情形中，函数 $f(x)$ 的泰勒级数的收敛域还相当小，即这种逼近局部性较强. 究其原因主要是一般项 $a_n(x-x_0)^n$ 中，当 $|x-x_0|\geqslant 1$ 时，随着 n 的无限增大，$|x-x_0|^n$ 迅速增大. 为保证幂级数的收敛性，要求系数 $a_n=\frac{1}{n!}f^{(n)}(x_0)$ 趋于零更快. 为了避免这种逼近的局部性，函数项级数的项 $u_n(x)$ 可取为有界性更好的函数. 例如正弦或余弦类函数. 下一节讨论以正弦函数或余弦函数为一般项的三角级数.

习题 11-5

1. 将下列函数展开成 x 的幂级数：

(1) $a^x \quad (a>0)$；　　(2) $\frac{1}{a-x} \quad (a\neq 0)$；

(3) $\sin\left(x+\frac{\pi}{4}\right)$；　　(4) $\ln(a+x)$；

(5) $\mathrm{sh}x=\frac{\mathrm{e}^x-\mathrm{e}^{-x}}{2}$；　　*(6) $\frac{1}{\sqrt{4-x^2}}$；

(7) $\frac{1}{x^2-3x+2}$；　　(8) $\sin^2 x$；

(9) $\frac{1}{(1+x)^2}$；　　*(10) $\int_0^x \frac{\sin x}{x}\mathrm{d}x$.

2. 将 $\frac{\mathrm{d}}{\mathrm{d}x}\left(\frac{\mathrm{e}^x-1}{x}\right)$ 展开成 x 的幂级数，并推出：

$$1=\sum_{n=1}^{\infty}\frac{n}{(n+1)!}.$$

3. 将下列函数在指定点处展开成 $(x-x_0)$ 的幂级数：

(1) $\ln x,\ x_0=1$；　　(2) $\frac{1}{x},\ x_0=3$；

(3) $\cos x,\ x_0=-\frac{\pi}{3}$；　　(4) $\frac{1}{x^2-4x+3},\ x_0=-1$；

(5) $\frac{1}{x^2}$, $x_0=1$;　　* (6) $\ln(x+\sqrt{1+x^2})$, $x_0=0$.

* 4. 设函数 $f(x)=\sum_{n=0}^{\infty}a_nx^n(-R<x<R)$,试证:

(1) 当 $f(x)$ 为奇函数时,必有 $a_{2k}=0(k=0,1,2,\cdots)$;

(2) 当 $f(x)$ 为偶函数时,必有 $a_{2k+1}=0(k=0,1,2,\cdots)$.

* 5. 利用幂级数展开式的唯一性,求函数 $f(x)=\mathrm{e}^{-x^2}$ 在 $x=0$ 处的 n 阶导数.

第六节　傅里叶级数

从本节开始讨论由三角函数组成的函数项级数,即所谓的三角级数.由于三角函数具有周期性,所以这样的级数对于研究那些具有周期性的物理现象是十分有用的.本节着重探讨如何将函数展开成三角级数.

一、三角级数　三角函数系的正交性

在自然界和人类的生产实践中,周而复始的现象,即周期性的运动是司空见惯的.例如,行星的运转,飞轮的旋转,蒸汽机活塞的往复运动,人体心肺的运动,物体的振动以及声、光、电的波动等.这些周期性的过程可以用周期函数来描述.其中最简单的周期函数是正弦函数,如用来描述**简谐振动**的函数

$$y=A\sin(\omega t+\varphi),$$

其周期为$\frac{2\pi}{\omega}$,其中 t 表示时间,y 表示质点在振动中的位移,常数 A, ω, φ 分别表示简谐振动的振幅、角频率和初相.

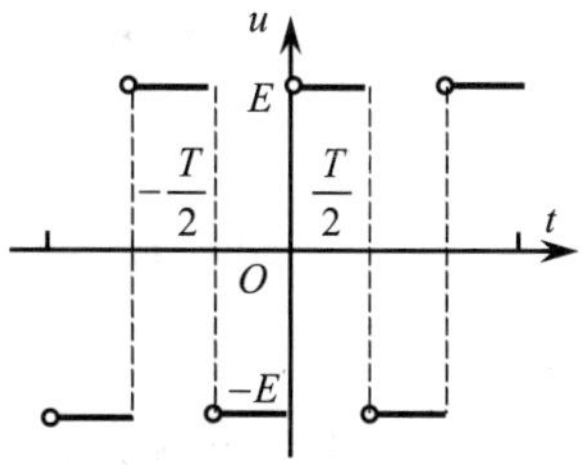

图 11.3

除了正弦函数之外,还会经常遇到一些非正弦的周期函数,如电子技术中的矩形波(图 11.3),就是一个非正弦周期函数的例子.图中的矩形波可用函数表示为

$$f(t)=\begin{cases}-E, & t\in\left(\left(k-\frac{1}{2}\right)T,\ kT\right],\\ E, & t\in\left(kT,\ \left(k+\frac{1}{2}\right)T\right],\end{cases}\quad k\in\mathbf{Z}.$$

可以看到,周期函数 $f(t)$ 是由无穷多段构成的分段函数,其分析性质不好,它在很多点处不连续,不可导.因此提出这样的问题:能否用一些处处可导的周期函数去表示函数 $f(t)$ 呢?也就是说,对于一般的周期函数 $f(t)$,能否用一系列正弦函数 $A_n\sin(n\omega t+\varphi_n)$ 之和来表示它呢?即将 $f(t)$ 表示成

$$A_0+\sum_{n=1}^{\infty}A_n\sin(n\omega t+\varphi_n)\tag{11.21}$$

的形式,其中 $\omega = \dfrac{2\pi}{T}$, A_0, A_n, $\varphi_n(n = 1,2,\cdots)$ 都是常数.

为方便讨论,利用三角公式

$$\sin(n\,\omega t + \varphi_n) = \sin\varphi_n \cos n\,\omega t + \cos\varphi_n \sin n\,\omega t,$$

并令 $a_0 = 2A_0$, $a_n = A_n\sin\varphi_n$, $b_n = A_n\cos\varphi_n$, $\omega\, t = x$,则式(11.21) 变为

$$\frac{a_0}{2} + \sum_{n=1}^{\infty}(a_n\cos nx + b_n\sin nx). \tag{11.22}$$

此级数称为**三角级数**. 于是,要讨论的问题便是:周期为 T 的函数 $f(x)$ 满足什么条件才能展开成三角级数(11.22),即级数(11.22) 不仅收敛并且收敛到 $f(x)$?此时,系数 a_0,a_n,b_n 又是怎样的?为解决这些问题,先介绍三角函数系的一个很好的性质 —— 正交性.

所谓**三角函数系**

$$1,\ \cos x,\ \sin x,\ \cos 2x,\ \sin 2x,\ \cdots,\ \cos nx,\ \sin nx,\ \cdots$$

在区间$[-\pi,\pi]$上**正交**,是指其中任意两个不同函数的乘积在区间$[-\pi,\pi]$上的积分等于零,即

$$\int_{-\pi}^{\pi}\sin nx\,dx = \int_{-\pi}^{\pi}\cos nx\,dx = 0,\quad \int_{-\pi}^{\pi}\sin mx\cos nx\,dx = 0,$$

$$\int_{-\pi}^{\pi}\sin mx\sin nx\,dx = 0 \quad (m \neq n),$$

$$\int_{-\pi}^{\pi}\cos mx\cos nx\,dx = 0 \quad (m \neq n),$$

其中 m,n 为正整数.

而在上述三角函数系中,函数自身的平方在区间$[-\pi,\pi]$上的积分却不等于零,即

$$\int_{-\pi}^{\pi}1^2\,dx = 2\pi,\quad \int_{-\pi}^{\pi}\sin^2 nx\,dx = \pi,\quad \int_{-\pi}^{\pi}\cos^2 nx\,dx = \pi,$$

其中 $n = 1,2,3,\cdots$. 以上等式请读者自行验证.

二、以 2π 为周期的函数的傅里叶级数

设函数 $f(x)$ 以 2π 为周期,且能展开成三角级数,即

$$f(x) = \frac{a_0}{2} + \sum_{k=1}^{\infty}(a_k\cos kx + b_k\sin kx), \tag{11.23}$$

下面来确定系数 a_0,a_n,b_n. 为此,假设级数(11.23) 可以逐项积分.

先求 a_0. 对式(11.23) 两端在区间$[-\pi,\pi]$上积分,

$$\int_{-\pi}^{\pi}f(x)\,dx = \int_{-\pi}^{\pi}\frac{a_0}{2}\,dx + \sum_{k=1}^{\infty}\left(a_k\int_{-\pi}^{\pi}\cos kx\,dx + b_k\int_{-\pi}^{\pi}\sin kx\,dx\right).$$

根据三角函数系的正交性,上式右端除第一项外全为零,于是

$$\int_{-\pi}^{\pi} f(x)\mathrm{d}x = a_0\pi,$$

从而

$$a_0 = \frac{1}{\pi}\int_{-\pi}^{\pi} f(x)\mathrm{d}x.$$

再求 a_n. 将式(11.23)两端同乘以 $\cos nx$，在区间$[-\pi,\pi]$上积分，得

$$\int_{-\pi}^{\pi} f(x)\cos nx\,\mathrm{d}x = \int_{-\pi}^{\pi}\frac{a_0}{2}\cos nx\,\mathrm{d}x + \sum_{k=1}^{\infty}\left(a_k\int_{-\pi}^{\pi}\cos kx\cos nx\,\mathrm{d}x + b_k\int_{-\pi}^{\pi}\sin kx\cos nx\,\mathrm{d}x\right),$$

由三角函数系的正交性知，上式右端除 $k=n$ 的一项之外，其余各项全为零. 因而

$$\int_{-\pi}^{\pi} f(x)\cos nx\,\mathrm{d}x = a_n\int_{-\pi}^{\pi}\cos^2 nx\,\mathrm{d}x = a_n\pi,$$

所以

$$a_n = \frac{1}{\pi}\int_{-\pi}^{\pi} f(x)\cos nx\,\mathrm{d}x \quad (n=1,2,\cdots).$$

为求 b_n，可将式(11.23)两端同乘以 $\sin nx$ 并积分可得

$$b_n = \frac{1}{\pi}\int_{-\pi}^{\pi} f(x)\sin nx\,\mathrm{d}x \quad (n=1,2,\cdots).$$

容易看出，在 a_n 的表达式中取 $n=0$ 恰是 a_0 的表达式. 因此，公式统一写成

$$\begin{cases} a_n = \dfrac{1}{\pi}\displaystyle\int_{-\pi}^{\pi} f(x)\cos nx\,\mathrm{d}x \quad (n=0,1,2,\cdots), \\ b_n = \dfrac{1}{\pi}\displaystyle\int_{-\pi}^{\pi} f(x)\sin nx\,\mathrm{d}x \quad (n=1,2,\cdots), \end{cases}$$

称 a_n，b_n 为函数 $f(x)$ 的**傅里叶系数**①. 由这些系数确定的三角级数(11.22)

$$\frac{a_0}{2} + \sum_{n=1}^{\infty}(a_n\cos nx + b_n\sin nx)$$

称为函数 $f(x)$ 的**傅里叶级数**，记为

$$f(x) \sim \frac{a_0}{2} + \sum_{n=1}^{\infty}(a_n\cos nx + b_n\sin nx).$$

应当注意，函数 $f(x)$ 的傅里叶级数是否收敛以及收敛时是否收敛到 $f(x)$ 都有待讨论，仅当收敛且收敛到 $f(x)$ 时才能将符号"～"换为"＝". 以下收敛定理给出了有关的重要结论(不予证明).

定理 11.14(狄利克雷收敛定理)　如果以 2π 为周期的函数 $f(x)$ 在一个周期内满足狄利克雷②条件：

---

① 傅里叶(J. B. J. Fourier，1768 ～ 1830)，法国数学家、物理学家.

② 狄利克雷(Dirichlet，1805 ～ 1859)，德国数学家.

(1) 连续,或只有有限个第一类间断点;

(2) 至多只有有限个极值点.

则 $f(x)$ 的傅里叶级数处处收敛,并且

$$\frac{a_0}{2}+\sum_{n=1}^{\infty}(a_n\cos nx+b_n\sin nx)$$

$$=\begin{cases}f(x), & x\text{ 为 }f(x)\text{ 的连续点},\\ \frac{1}{2}[f(x^-)+f(x^+)], & x\text{ 为 }f(x)\text{ 的不连续点}.\end{cases}$$

收敛定理表明,满足狄利克雷条件(在$[-\pi,\pi]$上至多有有限个第一类间断点,且不做无限次振荡)的周期函数 $f(x)$ 的傅里叶级数,在 $f(x)$ 的连续点处都收敛到 $f(x)$;在间断点处则收敛到 $f(x)$ 在该点处左右极限的算术平均值. 可见,将函数展开成傅里叶级数的条件远比展开成幂级数的条件弱,这是傅里叶级数被广泛应用于工程技术中的原因之一.

例 1　设函数 $f(x)$ 以 2π 为周期,在区间$(-\pi,\pi]$上的表达式为

$$f(x)=\begin{cases}x, & -\pi<x\leqslant 0,\\ 0, & 0<x\leqslant\pi.\end{cases}$$

将 $f(x)$ 展开成傅里叶级数.

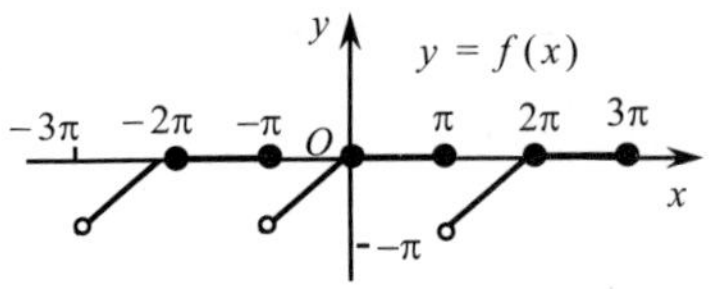

图 11.4

解　由于函数 $f(x)$ 满足狄利克雷条件(图 11.4),所以可展开成傅里叶级数. 首先计算傅里叶系数:

$$a_0=\frac{1}{\pi}\int_{-\pi}^{\pi}f(x)\mathrm{d}x=\frac{1}{\pi}\int_{-\pi}^{0}x\mathrm{d}x=-\frac{\pi}{2},$$

$$\begin{aligned}a_n&=\frac{1}{\pi}\int_{-\pi}^{\pi}f(x)\cos nx\,\mathrm{d}x=\frac{1}{\pi}\int_{-\pi}^{0}x\cos nx\,\mathrm{d}x\\&=\frac{1}{\pi}\left(\frac{x\sin nx}{n}+\frac{\cos nx}{n^2}\right)\Big|_{-\pi}^{0}=\frac{1}{\pi n^2}(1-\cos n\pi)\\&=\frac{1}{\pi n^2}[1-(-1)^n]\quad(n=1,2,\cdots),\end{aligned}$$

$$\begin{aligned}b_n&=\frac{1}{\pi}\int_{-\pi}^{\pi}f(x)\sin nx\,\mathrm{d}x=\frac{1}{\pi}\int_{-\pi}^{0}x\sin nx\,\mathrm{d}x\\&=\frac{1}{\pi}\left[-\frac{x\cos nx}{n}+\frac{\sin nx}{n^2}\right]_{-\pi}^{0}=-\frac{\cos n\pi}{n}=\frac{(-1)^{n+1}}{n}\quad(n=1,2,\cdots),\end{aligned}$$

故 $f(x)$ 的傅里叶级数为

$$-\frac{\pi}{4}+\sum_{n=1}^{\infty}\left[\frac{1-(-1)^n}{\pi n^2}\cos nx+\frac{(-1)^{n+1}}{n}\sin nx\right].$$

根据收敛定理,有

$$f(x)=-\frac{\pi}{4}+\sum_{n=1}^{\infty}\left[\frac{1-(-1)^n}{\pi n^2}\cos nx+\frac{(-1)^{n+1}}{n}\sin nx\right]$$

$$(-\infty<x<+\infty,\ x\neq(2k-1)\pi,\ k=0,\pm1,\cdots),$$

当 $x=(2k-1)\pi$ 时,傅里叶级数收敛到$\frac{-\pi+0}{2}=-\frac{\pi}{2}$.

例 2　设 $f(x)$ 是周期为 2π 的周期函数,它在$(-\pi,\pi]$上的表达式为

$$f(x)=\begin{cases}-E, & -\pi<x\leqslant 0,\\ E, & 0<x\leqslant\pi,\end{cases}$$

其中常数 $E>0$,将 $f(x)$ 展开成傅里叶级数.

解　函数 $f(x)$ 满足狄利克雷条件,周期为 $T=2\pi$(图 11.3),故可展开成傅里叶级数.

先计算傅里叶系数. 由于只需修改 $f(x)$ 在点 $x=0$ 处的值,便可使 $f(x)$ 在$(-\pi,\pi)$上为奇函数,于是

$$a_n=\frac{1}{\pi}\int_{-\pi}^{\pi}f(x)\cos nx\,\mathrm{d}x=0\quad(n=0,1,2,\cdots),$$

$$\begin{aligned}b_n&=\frac{1}{\pi}\int_{-\pi}^{\pi}f(x)\sin nx\,\mathrm{d}x=\frac{2E}{\pi}\int_{0}^{\pi}\sin nx\,\mathrm{d}x\\&=-\frac{2E}{\pi}\frac{\cos nx}{n}\Bigg|_0^{\pi}=\frac{2E}{n\pi}(1-\cos n\pi)\\&=\frac{2E}{n\pi}[1-(-1)^n]=\begin{cases}\dfrac{4E}{n\pi}, & n=1,3,5,\cdots,\\ 0, & n=2,4,6,\cdots.\end{cases}\end{aligned}$$

故 $f(x)$ 的傅里叶级数为

$$\begin{aligned}&\frac{4E}{\pi}\sum_{n=1}^{\infty}\frac{1}{2n-1}\sin(2n-1)x\\&=\frac{4E}{\pi}\left(\sin x+\frac{1}{3}\sin 3x+\frac{1}{5}\sin 5x+\cdots\right),\end{aligned}$$

利用收敛定理有

$$f(x)=\frac{4E}{\pi}\sum_{n=1}^{\infty}\frac{1}{2n-1}\sin(2n-1)x$$

$$(-\infty<x<+\infty,\ x\neq k\pi,\ k=0,\pm1,\cdots).$$

当 $x=k\pi$ 时,傅里叶级数收敛到$\frac{-E+E}{2}=0$.

可见,电子技术中的矩形波可以看成是无穷多个简谐波的叠加.

三、正弦级数和余弦级数

一个函数的傅里叶级数一般既含有正弦项,也含有余弦项(如例 1). 但是,也

有这样的函数,它的傅里叶级数只含有正弦项(如例 2),或者只含有常数项和余弦项.

称只含有正弦项的傅里叶级数为**正弦级数**. 称只含有常数项和余弦项的傅里叶级数为**余弦级数**.

利用奇(偶)函数的积分性质容易得到以下结论.

(1) 以 2π 为周期的奇函数 $f(x)$ 的傅里叶系数为

$$\begin{cases} a_n = 0, & n = 0,1,2,\cdots, \\ b_n = \dfrac{2}{\pi}\displaystyle\int_0^{\pi} f(x)\sin nx\,\mathrm{d}x, & n = 1,2,\cdots, \end{cases}$$

$f(x)$ 的傅里叶级数为 $\sum\limits_{n=1}^{\infty} b_n \sin nx$;

(2) 以 2π 为周期的偶函数 $f(x)$ 的傅里叶系数为

$$\begin{cases} a_n = \dfrac{2}{\pi}\displaystyle\int_0^{\pi} f(x)\cos nx\,\mathrm{d}x, & n = 0,1,2,\cdots, \\ b_n = 0, & n = 1,2,\cdots, \end{cases}$$

$f(x)$ 的傅里叶级数为 $\dfrac{a_0}{2} + \sum\limits_{n=1}^{\infty} a_n \cos nx$.

以上结论表明,奇(偶)函数的傅里叶级数为正(余)弦级数. 因此可以利用函数的奇偶性简化函数展开成傅里叶级数的运算.

例 3 设函数 $f(x)$ 以 2π 为周期,在区间 $(-\pi,\pi]$ 上 $f(x)$ 的表达式为

$$f(x) = \begin{cases} -x, & -\pi < x \leqslant 0, \\ x, & 0 < x \leqslant \pi. \end{cases}$$

试将 $f(x)$ 展开成傅里叶级数.

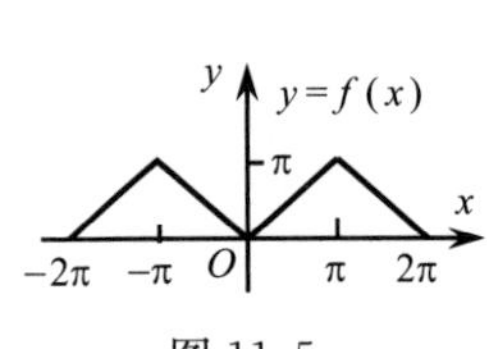

图 11.5

解 因为 $f(x)$ 是连续的偶函数,所以,它的傅里叶级数为余弦级数,且处处收敛于 $f(x)$(图11.5).

$$b_n = 0, \quad n = 1,2,\cdots,$$

$$a_0 = \frac{2}{\pi}\int_0^{\pi} f(x)\,\mathrm{d}x = \frac{2}{\pi}\int_0^{\pi} x\,\mathrm{d}x = \pi,$$

$$\begin{aligned} a_n &= \frac{2}{\pi}\int_0^{\pi} f(x)\cos nx\,\mathrm{d}x = \frac{2}{\pi}\int_0^{\pi} x\cos nx\,\mathrm{d}x \\ &= \frac{2}{\pi}\left[\frac{x\sin nx}{n} + \frac{\cos nx}{n^2}\right]_0^{\pi} = \frac{2}{\pi n^2}[(-1)^n - 1] \\ &= \begin{cases} -\dfrac{4}{\pi n^2}, & n = 1,3,5,\cdots, \\ 0, & n = 2,4,6,\cdots, \end{cases} \end{aligned}$$

故它的傅里叶级数展开式为

$$f(x)=\frac{\pi}{2}-\frac{4}{\pi}\sum_{n=1}^{\infty}\frac{1}{(2n-1)^2}\cos(2n-1)x$$
$$=\frac{\pi}{2}-\frac{4}{\pi}\left(\cos x+\frac{1}{3^2}\cos 3x+\frac{1}{5^2}\cos 5x+\cdots\right)\quad(-\infty<x<+\infty).$$

利用这个展开式,可以得到几个特殊的常数项级数的和. 当 $x=0$ 时,$f(0)=0$,由以上展开式得

$$\frac{\pi^2}{8}=1+\frac{1}{3^2}+\frac{1}{5^2}+\cdots.$$

记

$$\sigma=1+\frac{1}{2^2}+\frac{1}{3^2}+\frac{1}{4^2}+\cdots,$$
$$\sigma_1=1+\frac{1}{3^2}+\frac{1}{5^2}+\cdots\left(=\frac{\pi^2}{8}\right),$$
$$\sigma_2=\frac{1}{2^2}+\frac{1}{4^2}+\frac{1}{6^2}+\cdots,$$
$$\sigma_3=1-\frac{1}{2^2}+\frac{1}{3^2}-\frac{1}{4^2}+\cdots.$$

因为 $\sigma_2=\frac{\sigma}{4}=\frac{\sigma_1+\sigma_2}{4}$,所以

$$\sigma_2=\frac{\sigma_1}{3}=\frac{\pi^2}{24},$$
$$\sigma=\sigma_1+\sigma_2=\frac{\pi^2}{8}+\frac{\pi^2}{24}=\frac{\pi^2}{6},$$
$$\sigma_3=\sigma_1-\sigma_2=\frac{\pi^2}{8}-\frac{\pi^2}{24}=\frac{\pi^2}{12}.$$

顺便指出,此例中的展开式

$$f(x)=\frac{\pi}{2}-\frac{4}{\pi}\sum_{n=1}^{\infty}\frac{\cos(2n-1)x}{(2n-1)^2},$$

两边求导,得

$$f'(x)=\frac{4}{\pi}\sum_{n=1}^{\infty}\frac{\sin(2n-1)x}{2n-1},$$

这正是例2中当 $E=1$ 时的傅里叶级数. 这种可逐项求导的性质涉及函数项级数的一致收敛性,有关内容可参考数学分析教材.

习题 11-6

1. 将下列以 2π 为周期的函数(已给出函数在一个周期内的表达式)展开成傅里叶级数:

(1) $f(x)=2x+1\quad(-\pi<x\leqslant\pi)$;　(2) $f(x)=e^x+1\quad(-\pi<x\leqslant\pi)$;

(3) $f(x)=\begin{cases} bx, & -\pi < x \leqslant 0, \\ ax, & 0 < x \leqslant \pi \end{cases}$ (常数 a,b: $a>b>0$).

2. 设下列函数 $f(x)$ 是周期为 2π 的周期函数,它们在$(-\pi,\pi]$上的表达式分别为:

(1) $f(x)=\begin{cases} \dfrac{2x}{\pi}+1, & -\pi < x \leqslant 0, \\ -\dfrac{2x}{\pi}+1, & 0 < x \leqslant \pi; \end{cases}$　(2) $f(x)=\begin{cases} -\dfrac{\pi}{2}, & -\pi < x \leqslant -\dfrac{\pi}{2}, \\ x, & -\dfrac{\pi}{2} < x \leqslant \dfrac{\pi}{2}, \\ \dfrac{\pi}{2}, & \dfrac{\pi}{2} < x \leqslant \pi. \end{cases}$

试将 $f(x)$ 展开成傅里叶级数.

*3. 设函数 $f(x)$ 以 2π 为周期,证明 $f(x)$ 的傅里叶系数为

$$a_n=\frac{1}{\pi}\int_0^{2\pi} f(x)\cos nx\,\mathrm{d}x \quad (n=0,1,2,\cdots),$$

$$b_n=\frac{1}{\pi}\int_0^{2\pi} f(x)\sin nx\,\mathrm{d}x \quad (n=1,2,\cdots).$$

*4. 设函数 $f(x)$ 以 2π 为周期,证明:

(1) 如果 $f(x-\pi)=-f(x)$,则 $f(x)$ 的傅里叶系数 $a_0=0$, $a_{2k}=0$, $b_{2k}=0(k=1,2,\cdots)$;

(2) 如果 $f(x-\pi)=f(x)$,则 $f(x)$ 的傅里叶系数 $a_{2k+1}=0$, $b_{2k+1}=0(k=0,1,2,\cdots)$.

5. 证明下列等式(m, n 均为自然数):

(1) $\int_{-\pi}^{\pi}\cos nx\cos mx\,\mathrm{d}x=0 \quad (m\neq n)$;　(2) $\int_{-\pi}^{\pi}\cos nx\sin mx\,\mathrm{d}x=0$;

(3) $\int_{-\pi}^{\pi}\sin^2 nx\,\mathrm{d}x=\pi$.

第七节　一般周期函数的傅里叶级数

一、周期为 $2l$ 的函数展开成傅里叶级数

上节介绍以 2π 为周期的函数的傅里叶级数,现在讨论周期为 $2l$ 的周期函数的傅里叶级数.它的傅里叶级数可以利用前面的结果,通过变量代换得到.

定理 11.15　设以 $2l$ 为周期的函数 $f(x)$ 满足收敛定理的狄利克雷条件,则 $f(x)$ 的傅里叶级数展开式为

$$f(x)=\frac{a_0}{2}+\sum_{n=1}^{\infty}\left(a_n\cos\frac{n\pi x}{l}+b_n\sin\frac{n\pi x}{l}\right) \quad (x\in C),$$

其中

$$\begin{cases} a_n=\dfrac{1}{l}\displaystyle\int_{-l}^{l} f(x)\cos\frac{n\pi x}{l}\mathrm{d}x \quad (n=0,1,2,\cdots), \\ b_n=\dfrac{1}{l}\displaystyle\int_{-l}^{l} f(x)\sin\frac{n\pi x}{l}\mathrm{d}x \quad (n=1,2,\cdots), \end{cases} \tag{11.24}$$

集合 C 由 $f(x)$ 的所有连续点及使 $\dfrac{f(x^-)+f(x^+)}{2}=f(x)$ 式成立的间断点组成.

当 $f(x)$ 为奇函数时，

$$f(x)=\sum_{n=1}^{\infty}b_n\sin\frac{n\pi x}{l}\quad(x\in C),$$

其中

$$b_n=\frac{2}{l}\int_0^l f(x)\sin\frac{n\pi x}{l}\mathrm{d}x\quad(n=1,2,\cdots);$$

当 $f(x)$ 为偶函数时，

$$f(x)=\frac{a_0}{2}+\sum_{n=1}^{\infty}a_n\cos\frac{nx\pi}{l}\quad(x\in C),$$

其中

$$a_n=\frac{2}{l}\int_0^l f(x)\cos\frac{n\pi x}{l}\mathrm{d}x\quad(n=0,1,2,\cdots).$$

证　设 $f(x)$ 是以 $2l(l>0)$ 为周期的函数. 作变量代换 $t=\frac{\pi}{l}x$. 当 $-l\leqslant x\leqslant l$ 时，$-\pi\leqslant t\leqslant\pi$. 函数 $f(x)$ 化为关于 t 的以 2π 为周期的函数 $F(t)$：

$$f(x)=f\left(\frac{l}{\pi}t\right)=F(t).$$

且 $F(t)$ 满足狄利克雷条件，将 $F(t)$ 展开成傅里叶级数

$$F(t)=\frac{a_0}{2}+\sum_{n=1}^{\infty}(a_n\cos nt+b_n\sin nt),$$

其中

$$a_n=\frac{1}{\pi}\int_{-\pi}^{\pi}F(t)\cos nt\,\mathrm{d}t,$$

$$b_n=\frac{1}{\pi}\int_{-\pi}^{\pi}F(t)\sin nt\,\mathrm{d}t.$$

在以上式子中将 $t=\frac{\pi x}{l}$ 代入，并利用 $F(t)=f(x)$，便得到 $f(x)$ 的傅里叶级数展开式

$$f(x)=\frac{a_0}{2}+\sum_{n=1}^{\infty}\left(a_n\cos\frac{n\pi x}{l}+b_n\sin\frac{n\pi x}{l}\right)\quad(x\in C),$$

其中

$$a_n=\frac{1}{l}\int_{-l}^{l}f(x)\cos\frac{n\pi x}{l}\mathrm{d}x\quad(n=0,1,2,\cdots),$$

$$b_n=\frac{1}{l}\int_{-l}^{l}f(x)\sin\frac{n\pi x}{l}\mathrm{d}x\quad(n=1,2,\cdots).$$

定理的其余部分留给读者自己证明.

例 1　设函数 $f(x)$ 以 6 为周期，它在 $(-3,3]$ 上的表达式为

$$f(x)=\begin{cases}0, & -3<x\leqslant 0,\\ E, & 0<x\leqslant 3\end{cases}\quad (\text{常数 } E>0).$$

试将 $f(x)$ 展开成傅里叶级数.

解　这里 $l=3$. 利用公式(11.24) 计算傅里叶系数,

$$a_0=\frac{1}{3}\int_{-3}^{3}f(x)\mathrm{d}x=\frac{E}{3}\int_{0}^{3}\mathrm{d}x=E,$$

$$a_n=\frac{1}{3}\int_{-3}^{3}f(x)\cos\frac{n\pi x}{3}\mathrm{d}x=\frac{1}{3}\int_{0}^{3}E\cos\frac{n\pi x}{3}\mathrm{d}x=0\quad(n=1,2,\cdots),$$

$$b_n=\frac{1}{3}\int_{-3}^{3}f(x)\sin\frac{n\pi x}{3}\mathrm{d}x=\frac{1}{3}\int_{0}^{3}E\sin\frac{n\pi x}{3}\mathrm{d}x$$

$$=\frac{E}{n\pi}(1-\cos n\pi)=\begin{cases}\dfrac{2E}{n\pi}, & n=1,3,5,\cdots,\\ 0, & n=2,4,6,\cdots.\end{cases}$$

由于 $f(x)$ 满足狄利克雷条件,故 $f(x)$ 的傅里叶级数展开式为

$$f(x)=\frac{E}{2}+\frac{2E}{\pi}\left(\sin\frac{\pi x}{3}+\frac{1}{3}\sin\frac{3\pi x}{3}+\frac{1}{5}\sin\frac{5\pi x}{3}+\cdots\right)$$

$$(-\infty<x<+\infty,\ x\neq 3k,\ k=0,\pm 1,\cdots).$$

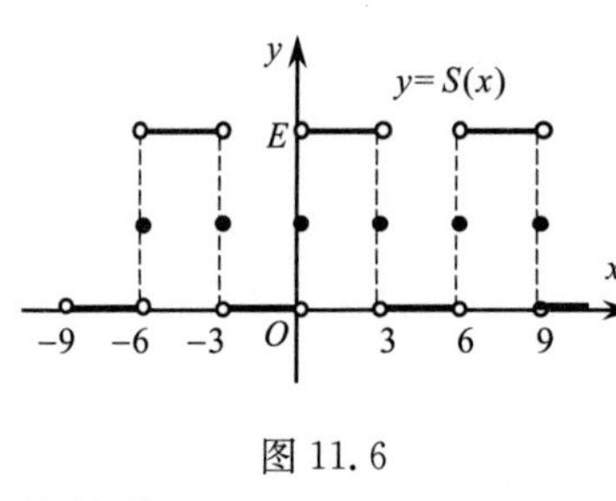

图 11.6

当 $x=3k$ 时,傅里叶级数收敛到 $\dfrac{0+E}{2}=\dfrac{E}{2}$. 和函数 $S(x)$ 的图形如图 11.6 所示.

例 1 中的函数 $f(x)$ 与上节例 2 中的函数(记为 $g(x)$) 有如下关系:$f(x)=\dfrac{E}{2}+\dfrac{1}{2}g\left(\dfrac{\pi x}{3}\right)$. 因此其傅里叶级数也可由上节例 2 直接得到:

$$f(x)=\frac{E}{2}+\frac{1}{2}g\left(\frac{\pi x}{3}\right)=\frac{E}{2}+\frac{1}{2}\left[\frac{4E}{\pi}\sum_{n=1}^{\infty}\frac{1}{2n-1}\sin(2n-1)\frac{\pi x}{3}\right]$$

$$=\frac{E}{2}+\frac{2E}{\pi}\sum_{n=1}^{\infty}\frac{1}{2n-1}\sin\frac{(2n-1)\pi x}{3}.$$

例 2　设函数 $f(x)$ 的周期为 10,且当 $-5<x\leqslant 5$ 时,$f(x)=x$,将 $f(x)$ 展开成傅立叶级数.

解　这里 $l=5$, $f(x)$ 为奇函数,于是傅里叶系数

$$a_n=0\quad(n=0,1,2,\cdots),$$

$$b_n=\frac{2}{l}\int_{0}^{l}f(x)\sin\frac{n\pi x}{l}\mathrm{d}x=\frac{2}{5}\int_{0}^{5}x\sin\frac{n\pi x}{5}\mathrm{d}x$$

$$=-\frac{2}{n\pi}\left(x\cos\frac{n\pi x}{5}-\frac{5}{n\pi}\sin\frac{n\pi x}{5}\right)\Bigg|_{0}^{5}$$

$$= (-1)^{n+1}\frac{10}{n\pi} \quad (n=1,2,\cdots).$$

因为 $f(x)$ 满足狄利克雷条件,故有 $f(x)$ 的傅里叶级数展开式

$$f(x)=\frac{10}{\pi}\left(\sin\frac{\pi x}{5}-\frac{1}{2}\sin\frac{2\pi x}{5}+\frac{1}{3}\sin\frac{3\pi x}{5}-\cdots\right)$$

$$(-\infty<x<+\infty,\ x\neq 10k-5,\ k=0,\pm 1,\pm 2,\cdots),$$

当 $x=10k-5$ 时,傅里叶级数收敛到 $\dfrac{5+(-5)}{2}=0$.

二、定义在$[-l,l]$和$[0,l]$区间上的函数展开成傅里叶级数

1. 将区间$[-l,l]$上的函数展开成傅里叶级数

如果函数 $f(x)$ 在区间$[-l,l]$上满足狄利克雷条件,也可以将 $f(x)$ 展开成傅里叶级数.事实上,先在区间$[-l,l)$(或$(-l,l]$)以外补充函数 $f(x)$ 的定义,将其拓广成$(-\infty,+\infty)$上的以 $2l$ 为周期的函数 $F(x)$(称这样的拓广过程为**周期延拓**).再将$F(x)$展开成傅里叶级数,然后限制x在区间$(-l,l)$内,有 $f(x)=F(x)$,于是得到 $f(x)$ 的傅里叶级数展开式.最后,根据收敛定理知,傅里叶级数在区间端点 $x=\pm l$ 处收敛到

$$\frac{f(-l^+)+f(l^-)}{2}.$$

例 3　将函数 $f(x)=\mathrm{e}^x$ 在$[-\pi,\pi]$上展开成傅里叶级数.

解　所给函数在区间$[-\pi,\pi]$上连续且满足狄利克雷条件,因此,周期延拓后的函数的傅里叶级数在$(-\pi,\pi)$上收敛于 $f(x)$.下面计算傅里叶系数.

$$a_0=\frac{1}{\pi}\int_{-\pi}^{\pi}\mathrm{e}^x\mathrm{d}x=\frac{1}{\pi}\mathrm{e}^x\Big|_{-\pi}^{\pi}=\frac{1}{\pi}(\mathrm{e}^{\pi}-\mathrm{e}^{-\pi}),$$

$$a_n=\frac{1}{\pi}\int_{-\pi}^{\pi}\mathrm{e}^x\cos nx\,\mathrm{d}x=\frac{1}{\pi}\left[\frac{\mathrm{e}^x}{1+n^2}(n\sin nx+\cos nx)\right]\Big|_{-\pi}^{\pi}$$

$$=\frac{(-1)^n(\mathrm{e}^{\pi}-\mathrm{e}^{-\pi})}{\pi(1+n^2)},$$

$$b_n=\frac{1}{\pi}\int_{-\pi}^{\pi}\mathrm{e}^x\sin nx\,\mathrm{d}x=\frac{1}{\pi}\left[\frac{\mathrm{e}^x}{1+n^2}(\sin nx-n\cos nx)\right]\Big|_{-\pi}^{\pi}$$

$$=\frac{(-1)^{n+1}}{\pi(1+n^2)}n(\mathrm{e}^{\pi}-\mathrm{e}^{-\pi}).$$

故 $f(x)$ 的傅里叶级数展开式为

$$f(x)=\frac{1}{\pi}(\mathrm{e}^{\pi}-\mathrm{e}^{-\pi})\left[\frac{1}{2}+\sum_{n=1}^{\infty}\frac{(-1)^n}{1+n^2}(\cos nx-n\sin nx)\right]\quad(-\pi<x<\pi).$$

在 $x=\pm\pi$ 处,傅里叶级数收敛到

$$\frac{1}{2}(f(-\pi^+)+f(\pi^-))=\frac{1}{2}(\mathrm{e}^{-\pi}+\mathrm{e}^{\pi}).$$

2. 将区间$[0,l]$上的函数展开成正弦级数或余弦级数

在一些物理问题(如波动问题,热传导、热扩散问题)中,需要把区间$[0,l]$上的函数$f(x)$展开成正弦级数或余弦级数.根据前面的讨论,这类展开可按以下方法进行.

设区间$[0,l]$上的函数$f(x)$满足狄利克雷条件,先在$(-l,0)$内补充函数$f(x)$的定义,得到定义在$(-l,l]$上的函数$F(x)$,使它在$(-l,l)$上成为奇函数①(偶函数)(称此拓广过程为**奇延拓(偶延拓)**).再将奇延拓(偶延拓)后的函数展开成傅里叶级数,得到正弦级数(余弦级数).然后将x限制在$(0,l)$内,此时$F(x)=f(x)$,便得到$f(x)$的正弦级数(余弦级数)展开式.

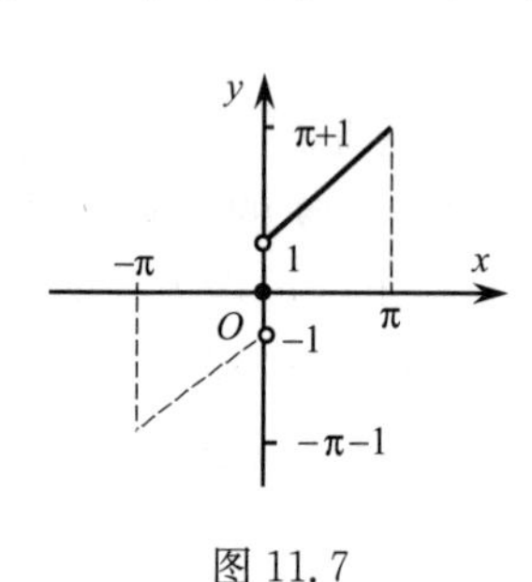

图 11.7

对于展开成正弦级数的函数,其傅里叶级数在$x=0$和$x=l$处均收敛于零.对于展开成余弦级数的函数,其傅里叶级数在$x=0$和$x=l$处分别收敛到函数值$f(0)$和$f(l)$.

例 4　将函数$f(x)=x+1(0\leqslant x\leqslant \pi)$分别展开成正弦级数和余弦级数.

解　(1)先展开成正弦级数.对函数$f(x)$作奇延拓及周期延拓(图 11.7),则其傅里叶系数

$$a_n=0\quad(n=0,1,2,\cdots),$$

$$\begin{aligned}b_n&=\frac{2}{\pi}\int_0^{\pi}f(x)\sin nx\,\mathrm{d}x=\frac{2}{\pi}\int_0^{\pi}(x+1)\sin nx\,\mathrm{d}x\\&=\frac{2}{\pi}\left[-\frac{(x+1)\cos nx}{n}+\frac{\sin nx}{n^2}\right]\Bigg|_0^{\pi}\\&=\frac{2}{n\pi}[1-(\pi+1)\cos n\pi]\\&=\frac{2}{n\pi}[1+(-1)^{n+1}(\pi+1)]\quad(n=1,2,\cdots).\end{aligned}$$

故有$f(x)$的正弦级数展开式

$$x+1=\frac{2}{\pi}\sum_{n=1}^{\infty}\frac{1}{n}[1+(-1)^{n+1}(\pi+1)]\sin nx\quad(0<x<\pi).$$

当$x=0$或π时,傅里叶级数均收敛到零.

(2)再展开成余弦级数.对函数$f(x)$作偶延拓及周期延拓(图 11.8),则其傅里叶系数

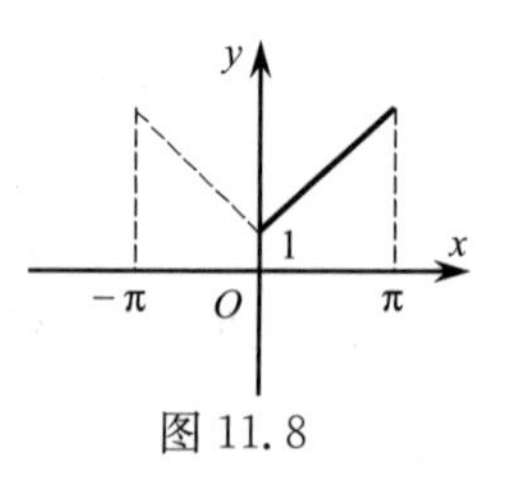

图 11.8

$$b_n=0\quad(n=1,2,\cdots),$$

① 若$f(0)\neq 0$,则规定$F(0)=0$.

$$a_0=\frac{2}{\pi}\int_0^{\pi}(x+1)\mathrm{d}x=\frac{2}{\pi}\left[\frac{x^2}{2}+x\right]\Big|_0^{\pi}=\pi+2,$$

$$\begin{aligned}a_n&=\frac{2}{\pi}\int_0^{\pi}(x+1)\cos nx\,\mathrm{d}x\\&=\frac{2}{\pi}\left[\frac{(x+1)\sin nx}{n}+\frac{\cos nx}{n^2}\right]\Big|_0^{\pi}\\&=\frac{2}{n^2\pi}(\cos n\pi-1)\\&=\begin{cases}-\dfrac{4}{n^2\pi}, & n=1,3,5,\cdots,\\0, & n=2,4,6,\cdots,\end{cases}\end{aligned}$$

故 $f(x)$ 的余弦级数展开式为

$$x+1=\frac{\pi}{2}+1-\frac{4}{\pi}\sum_{k=1}^{\infty}\frac{1}{(2k-1)^2}\cos(2k-1)x\quad(0\leqslant x\leqslant\pi).$$

例 5　将函数

$$f(x)=\begin{cases}\dfrac{px}{2}, & 0\leqslant x<\dfrac{l}{2},\\\dfrac{p(l-x)}{2}, & \dfrac{l}{2}\leqslant x\leqslant l\end{cases}$$

展开成正弦级数.

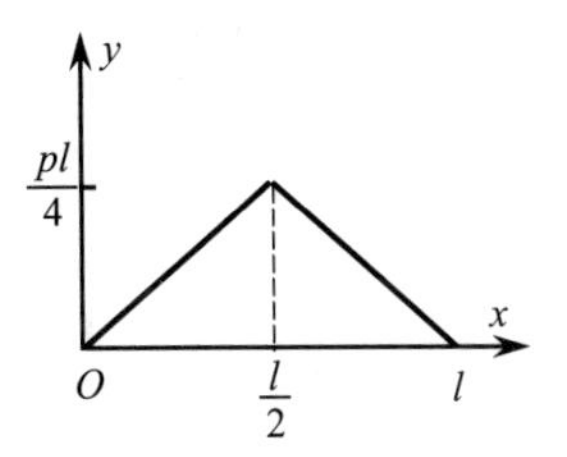

图 11.9

解　$f(x)$ 定义在$[0,l]$上(图 11.9),作奇延拓及周期延拓,则其傅里叶系数

$$a_n=0\quad(n=0,1,2,\cdots),$$

$$\begin{aligned}b_n&=\frac{2}{l}\int_0^l f(x)\sin\frac{n\pi x}{l}\mathrm{d}x\\&=\frac{2}{l}\left[\int_0^{\frac{l}{2}}\frac{px}{2}\sin\frac{n\pi x}{l}\mathrm{d}x+\int_{\frac{l}{2}}^{l}\frac{p(l-x)}{2}\sin\frac{n\pi x}{l}\mathrm{d}x\right].\end{aligned}$$

对上式右端的第二项,令 $u=l-x$,得

$$\begin{aligned}\int_{\frac{l}{2}}^{l}\frac{p(l-x)}{2}\sin\frac{n\pi x}{l}\mathrm{d}x&=\int_{\frac{l}{2}}^{0}\frac{pu}{2}\sin\frac{n\pi(l-u)}{l}(-\mathrm{d}u)\\&=(-1)^{n+1}\int_0^{\frac{l}{2}}\frac{pu}{2}\sin\frac{n\pi u}{l}\mathrm{d}u,\end{aligned}$$

从而

$$b_n=\frac{2}{l}[1+(-1)^{n+1}]\int_0^{\frac{l}{2}}\frac{px}{2}\sin\frac{n\pi x}{l}\mathrm{d}x.$$

当 $n=2,4,6,\cdots$ 时,$b_n=0$;当 $n=1,3,5,\cdots$ 时,

$$b_n=\frac{2p}{l}\int_0^{\frac{l}{2}}x\sin\frac{n\pi x}{l}\mathrm{d}x=\frac{2pl}{n^2\pi^2}\sin\frac{n\pi}{2}.$$

故 $f(x)$ 的正弦级数展开式为

$$f(x)=\frac{2pl}{\pi^2}\sum_{k=1}^{\infty}\frac{(-1)^{k-1}}{(2k-1)^2}\sin\frac{(2k-1)\pi}{l}x \quad (0\leqslant x\leqslant l),$$

其中,当 $x=0$ 及 l 时,傅里叶级数均收敛于零,恰与函数值 $f(0)=f(l)=0$ 相等.

习题 11-7

1. 将下列各周期函数展开成傅里叶级数(下面给出函数在一个周期内的表达式):

(1) $f(x)=x^2 \quad (-1<x\leqslant 1)$; (2) $f(x)=\begin{cases}2x+1, & -3<x\leqslant 0,\\ 1, & 0<x\leqslant 3;\end{cases}$

*(3) $f(x)=|\sin x| \left(\frac{-\pi}{2}<x\leqslant\frac{\pi}{2}\right)$.

2. 将下列函数展开成傅里叶级数:

(1) $f(x)=2\sin\frac{x}{3}\ (-\pi\leqslant x\leqslant\pi)$; *(2) $f(x)=1-x^2 \quad \left(-\frac{1}{2}\leqslant x\leqslant\frac{1}{2}\right)$;

(3) $f(x)=\cos\frac{x}{2} \quad (-\pi\leqslant x\leqslant\pi)$.

3. 将函数 $f(x)=\frac{\pi-x}{2}\ (0\leqslant x\leqslant\pi)$ 展开成正弦级数.

4. 将函数

$$f(x)=\begin{cases}1, & 0<x\leqslant\frac{l}{2},\\ -1, & \frac{l}{2}<x\leqslant l\end{cases}$$

展开为余弦级数.

*5. 将函数

$$f(x)=\begin{cases}x, & 0\leqslant x<\frac{l}{2},\\ l-x, & \frac{l}{2}\leqslant x\leqslant l\end{cases}$$

分别展开成正弦级数和余弦级数.

*第八节 级数的应用

一、近似计算

利用函数的幂级数展开式,可以在展开式成立的区间内计算函数的近似值,或求出某些定积分的近似值,并使达到指定的精度要求.

1. 函数值的近似计算

例 1 计算 ln2 的近似值,要求精确到小数点后第四位(即误差不超过 10^{-4}).

解 利用展开式

$$\ln(1+x)=x-\frac{x^2}{2}+\frac{x^3}{3}-\cdots+(-1)^{n-1}\frac{x^n}{n}+\cdots \quad (-1<x\leqslant 1), \tag{11.25}$$

取 $x=1$ 得

$$\ln 2=1-\frac{1}{2}+\frac{1}{3}-\cdots+(-1)^{n-1}\frac{1}{n}+\cdots,$$

这是一个莱布尼茨型交错级数. 取前 n 项和作为其近似值,

$$\ln 2\approx 1-\frac{1}{2}+\frac{1}{3}-\cdots+(-1)^{n-1}\frac{1}{n},$$

其截断误差

$$|r_n|<\frac{1}{n+1}.$$

要使 $|r_n|<0.0001$,只要 $n+1>10000$,可取 $n=10000$. 看来这个级数收敛速度太慢,计算量过大. 而且项数过多会造成舍入误差累积,而影响近似值的精确度. 下面设法再找一个收敛速度较快的幂级数来计算 ln2.

将式(11.25) 中的 x 换成 $-x$,得

$$\ln(1-x)=-x-\frac{x^2}{2}-\cdots-\frac{x^n}{n}-\cdots \quad (-1\leqslant x<1). \tag{11.26}$$

式(11.25)与式(11.26)相减,得到

$$\ln\frac{1+x}{1-x}=2\left(x+\frac{x^3}{3}+\frac{x^5}{5}+\cdots\right) \quad (-1<x<1).$$

令 $\frac{1+x}{1-x}=2$,解得 $x=\frac{1}{3}$. 代入上式得

$$\ln 2=2\left(\frac{1}{3}+\frac{1}{3}\cdot\frac{1}{3^3}+\frac{1}{5}\cdot\frac{1}{3^5}+\frac{1}{7}\cdot\frac{1}{3^7}+\cdots\right).$$

如果取前四项和作为 ln2 的近似值,则误差为

$$\begin{aligned}|r_4|&=2\left(\frac{1}{9}\cdot\frac{1}{3^9}+\frac{1}{11}\cdot\frac{1}{3^{11}}+\frac{1}{13}\cdot\frac{1}{3^{13}}+\cdots\right)\\&<\frac{2}{3^{11}}\left[1+\frac{1}{9}+\left(\frac{1}{9}\right)^2+\cdots\right]\\&=\frac{2}{3^{11}}\cdot\frac{1}{1-\frac{1}{9}}=\frac{1}{4\cdot 3^9}<\frac{1}{70000}<0.0001,\end{aligned}$$

于是取 $n=4$,有

$$\ln 2\approx 2\left(\frac{1}{3}+\frac{1}{3\cdot 3^3}+\frac{1}{5\cdot 3^5}+\frac{1}{7\cdot 3^7}\right).$$

考虑到舍入误差,每项计算到小数点后五位.

$$\frac{1}{3}\approx 0.33333,\qquad \frac{1}{3\cdot 3^3}\approx 0.01235,$$

$$\frac{1}{5\cdot 3^5}\approx 0.00082,\quad \frac{1}{7\cdot 3^7}\approx 0.00007.$$

由此得

$$\ln 2\approx 0.6931.$$

2. *定积分的近似计算*

有些初等函数$\left(如\ e^{-x^2},\ \frac{\sin x}{x},\sqrt{1+x^3},\ \cos x^2\ 等\right)$的原函数不能用初等函数表示，因此，其定积分就不能用牛顿－莱布尼茨公式计算. 但如果被积函数在积分区间上能展开成幂级数，则可以将这个幂级数逐项积分，利用积分后的级数就可计算定积分的近似值.

例 2　计算定积分$\int_0^{0.2} e^{-x^2}\,dx$ 的近似值，要求精确到小数点后第六位(即误差不超过 10^{-6}).

解　利用幂级数展开式

$$e^x=1+x+\frac{x^2}{2!}+\cdots+\frac{x^n}{n!}+\cdots\quad(-\infty<x+\infty),$$

以 $-x^2$ 替换 x，得到被积函数的幂级数展开式

$$e^{-x^2}=1-x^2+\frac{x^4}{2!}-\frac{x^6}{3!}+\cdots=\sum_{n=0}^{\infty}(-1)^n\frac{x^{2n}}{n!}\quad(-\infty<x<+\infty).$$

根据幂级数的逐项积分性质，得

$$\begin{aligned}\int_0^{0.2} e^{-x^2}\,dx&=\int_0^{0.2}\left[\sum_{n=0}^{\infty}\frac{(-1)^n}{n!}x^{2n}\right]dx\\&=\sum_{n=0}^{\infty}\frac{(-1)^n}{n!}\int_0^{0.2}x^{2n}\,dx=\sum_{n=0}^{\infty}\frac{(-1)^n}{n!}\frac{x^{2n+1}}{2n+1}\Bigg|_0^{0.2}\\&=0.2-\frac{1}{3}(0.2)^3+\frac{1}{2!\cdot 5}(0.2)^5-\frac{1}{3!\cdot 7}(0.2)^7+\cdots.\end{aligned}$$

这是满足莱布尼茨定理条件的交错级数，取前三项的和作为其近似值，则误差为

$$|r_3|<\frac{1}{3!\cdot 7}(0.2)^7=\frac{1}{3281250}<10^{-6}.$$

所以

$$\begin{aligned}\int_0^{0.2} e^{-x^2}\,dx&\approx 0.2-\frac{1}{3}(0.2)^3+\frac{1}{2!\cdot 5}(0.2)^5\\&\approx 0.2-0.0026667+0.0000320,\end{aligned}$$

于是

$$\int_0^{0.2} e^{-x^2}\,dx\approx 0.197365.$$

二、欧拉公式

作为幂级数的应用，下面介绍一个常用的公式——欧拉公式①.

设由复数所构成的**复数项级数**为

$$(a_1+\mathrm{i}b_1)+(a_2+\mathrm{i}b_2)+\cdots+(a_n+\mathrm{i}b_n)+\cdots, \tag{11.27}$$

其中 a_n, $b_n(n=1,2,\cdots)$ 为实常数. 如果实部所成级数 $\sum_{n=1}^{\infty}a_n$ 和虚部所成级数 $\sum_{n=1}^{\infty}b_n$ 分别收敛于 a 和 b. 就称复数项级数(11.27) 收敛，且其和为 $a+\mathrm{i}b$. 由 e^x 的幂级数展开式可以定义 $\mathrm{e}^{\mathrm{i}x}$ 的展开式为：

$$\begin{aligned}
\mathrm{e}^{\mathrm{i}x}&=1+(\mathrm{i}x)+\frac{1}{2!}(\mathrm{i}x)^2+\cdots+\frac{1}{n!}(\mathrm{i}x)^n+\cdots\\
&=\left(1-\frac{1}{2!}x^2+\cdots+(-1)^n\frac{1}{(2n)!}x^{2n}+\cdots\right)\\
&\quad+\mathrm{i}\left(x-\frac{1}{3!}x^3+\cdots+(-1)^n\frac{1}{(2n+1)!}x^{2n+1}+\cdots\right)\\
&=\cos x+\mathrm{i}\sin x,
\end{aligned}$$

即

$$\mathrm{e}^{\mathrm{i}x}=\cos x+\mathrm{i}\sin x,$$

这个式子称为**欧拉公式**. 以 $-x$ 换 x，得 $\mathrm{e}^{-\mathrm{i}x}=\cos x-\mathrm{i}\sin x$，于是

$$\cos x=\frac{\mathrm{e}^{\mathrm{i}x}+\mathrm{e}^{-\mathrm{i}x}}{2},\quad \sin x=\frac{\mathrm{e}^{\mathrm{i}x}-\mathrm{e}^{-\mathrm{i}x}}{2\mathrm{i}}.$$

以上两式也称**欧拉公式**. 欧拉公式揭示了三角函数与复变数指数函数之间的内在联系.

习题 11-8

*1. 利用函数的幂级数展开式，求以下各数的近似值：

(1) $\ln 3$(误差不超过 10^{-4})；

(2) $\dfrac{1}{\sqrt[5]{36}}$(误差不超过 10^{-5})；

(3) $\sin 3^{\circ}$(误差不超过 10^{-5})；

(4) $\sqrt{\mathrm{e}}$(误差不超过 10^{-3}).

*2. 利用函数的幂级数展开式，求下列定积分的近似值：

(1) $\int_0^1\dfrac{\sin x}{x}\mathrm{d}x$(误差不超过 10^{-4})；

(2) $\int_0^{\frac{1}{2}}\dfrac{1}{1+x^4}\mathrm{d}x$(误差不超过 10^{-4}).

---

① 欧拉(L. Euler，1707～1783)，瑞士数学家、物理学家.

*3. 设 $f(x)$ 是以 2 为周期的函数,它在 $(-1,1]$ 上的表达式为 $f(x)=\mathrm{e}^{-x}$. 试将 $f(x)$ 展开成复数形式的傅里叶级数.

第十一章总习题

1. 填空题:

(1) $\lim\limits_{n\to\infty}u_n=0$ 是级数 $\sum\limits_{n=1}^{\infty}u_n$ 收敛的________条件,而不是________条件;

(2) 若级数 $\sum\limits_{n=1}^{\infty}u_n$ 绝对收敛,则级数 $\sum\limits_{n=1}^{\infty}u_n$ 必定________;若级数 $\sum\limits_{n=1}^{\infty}u_n$ 条件收敛,则级数 $\sum\limits_{n=1}^{\infty}|u_n|$ 必定________;

(3) 级数 $\sum\limits_{n=1}^{\infty}u_n$ 按某一方式经添加括号后所得的级数收敛是级数 $\sum\limits_{n=1}^{\infty}u_n$ 收敛的________条件.

2. 单项选择题:

(1) 下列命题中正确的是(　　).

(A) 若级数 $\sum\limits_{n=1}^{\infty}u_n$ 收敛,则级数 $\sum\limits_{n=1}^{\infty}u_n^2$ 必收敛;

(B) 若级数 $\sum\limits_{n=1}^{\infty}u_n$, $\sum\limits_{n=1}^{\infty}v_n$ 均发散,则级数 $\sum\limits_{n=1}^{\infty}(u_n+v_n)$ 必发散;

(C) 若级数 $\sum\limits_{n=1}^{\infty}(u_{2n-1}+u_{2n})$ 发散,则级数 $\sum\limits_{n=1}^{\infty}u_n$ 必发散;

(D) 若 $\lim\limits_{n\to\infty}u_n=0$,但 u_n 非单调数列,则交错级数 $\sum\limits_{n=1}^{\infty}(-1)^n u_n$ 必发散.

(2) 若 $\sum\limits_{n=1}^{\infty}a_n(x-1)^n$ 在 $x=-1$ 处收敛,则此幂级数在 $x=2$ 处(　　).

(A) 条件收敛;　　(B) 绝对收敛;

(C) 发散;　　(D) 收敛性不能确定.

(3) 设 $u_n=(-1)^n\ln\left(1+\dfrac{1}{\sqrt{n}}\right)$,则级数 $\sum\limits_{n=1}^{\infty}u_n$ 与 $\sum\limits_{n=1}^{\infty}u_n^2$ 的敛散性依次为(　　).

(A) 收敛,发散;　　(B) 发散,收敛;

(C) 收敛,收敛;　　(D) 发散,发散.

3. 判断下列级数的敛散性:

(1) $\sum\limits_{n=1}^{\infty}\dfrac{(2+(-1)^n)n^2}{5^n}$;　　(2) $\sum\limits_{n=1}^{\infty}\left(2n\sin\dfrac{1}{n}\right)^{\frac{n}{2}}$;

*(3) $\sum\limits_{n=1}^{\infty}\dfrac{1+a^n}{1+b^n}\ (a>0,b>0)$;　　(4) $\sum\limits_{n=1}^{\infty}\dfrac{a^n}{n^s}\ (a>0,s>0)$.

4. 讨论下列级数的绝对收敛性与条件收敛性:

(1) $\sum_{n=1}^{\infty}(-1)^n \frac{\cos\frac{n^2}{2}}{\pi^n}$；　　(2) $\sum_{n=1}^{\infty}(-1)^n\left(\frac{n}{n+1}\right)^n$；

(3) $\sum_{n=1}^{\infty}(-1)^{n-1}\frac{1}{n^p}$；　　(4) $\sum_{n=1}^{\infty}(-1)^n\frac{(n+1)!}{n^{n+1}}$；

*(5) $\sum_{n=1}^{\infty}\left[(-1)^n\frac{n}{n^2+1}+\frac{n}{3^n}\right]$.

*5. 求极限$\lim\limits_{n\to\infty}[2^{\frac{1}{3}}\cdot 4^{\frac{1}{9}}\cdot 8^{\frac{1}{27}}\cdot\cdots\cdot(2^n)^{\frac{1}{3^n}}]$.

6. (1) 设级数$\sum_{n=1}^{\infty}u_n$收敛，且$\lim\limits_{n\to\infty}\frac{v_n}{u_n}=1$，问级数$\sum_{n=1}^{\infty}v_n$是否一定收敛？试说明理由.

(2) 设级数$\sum_{n=1}^{\infty}u_n$与$\sum_{n=1}^{\infty}v_n$都收敛，问级数$\sum_{n=1}^{\infty}u_nv_n$是否一定收敛？试说明理由.

*7. 设函数$f(x)$在$x=0$的某邻域内二阶导数连续，且$f(0)=0$，$f'(0)=0$，证明级数$\sum_{n=1}^{\infty}f\left(\frac{1}{n}\right)$绝对收敛.

8. 求下列幂级数的和函数：

(1) $\sum_{n=1}^{\infty}\frac{2n-1}{2^n}x^{2(n-1)}$；　　(2) $\sum_{n=1}^{\infty}\frac{x^n}{n+1}$；

(3) $\sum_{n=0}^{\infty}\frac{n^2+1}{3^n n!}x^n$；　　*(4) $\sum_{n=0}^{\infty}\frac{(x+1)^n}{(n+2)!}$.

9. 求下列数项级数的和：

(1) $\sum_{n=2}^{\infty}\frac{(n+1)(n-1)}{n!}$；　　(2) $\sum_{n=1}^{\infty}\frac{3n+5}{3^n}$；

*(3) $\sum_{n=0}^{\infty}(-1)^n\frac{n+1}{(2n+1)!}$.

10. 将下列函数展开成x的幂级数：

*(1) $\ln(1+x+x^2)$；　　(2) $\arctan\frac{1+x}{1-x}$.

11. 设$f(x)=x-1(0\leqslant x\leqslant 2)$.

(1) 将$f(x)$展开成以2为周期的傅里叶级数；

*(2) 将$f(x)$展开成以4为周期的余弦级数，并求该级数的和函数$S(x)$在$x=\frac{7}{2}$处的值.

*12. 证明：

$$\sum_{n=1}^{\infty}(-1)^{n-1}\frac{\cos nx}{n^2}=\frac{\pi^2-3x^2}{12}\quad(-\pi\leqslant x\leqslant\pi).$$

第十二章　微 分 方 程

为解决自然科学与工程技术中的问题,需要寻找与问题有关的变量之间的函数关系.在许多情况下,很难直接找出所需的函数关系.但可以根据已知条件及一些规律、法则,找出未知函数的导数满足的关系式,即**微分方程**.再利用数学方法求出满足方程的未知函数,即求解微分方程,便得到所需的函数关系.建立微分方程,求解微分方程,已成为认识客观世界的一个重要手段.本章介绍微分方程的一些基本概念,几种常见的微分方程的解法以及一些微分方程应用模型.

第一节　微分方程的基本概念

下面通过两个例子来阐明微分方程的基本概念.

例 1　一条平面曲线通过坐标原点,且该曲线上任一点 $M(x,y)$ 处切线的斜率等于该点横坐标的平方,求这曲线的方程.

解　根据导数的几何意义,所求曲线 $y=y(x)$ 应满足方程

$$\frac{\mathrm{d}y}{\mathrm{d}x}=x^2. \tag{12.1}$$

此外,未知函数 $y=y(x)$ 还应满足条件

$$x=0\text{ 时}, y=0. \tag{12.2}$$

将方程(12.1)两端积分,得 $y=\int x^2\mathrm{d}x$, 即

$$y=\frac{x^3}{3}+C, \tag{12.3}$$

其中 C 是任意常数.

把条件(12.2)代入式(12.3),得 $C=0$.将 $C=0$ 代入式(12.3),即得所求曲线的方程

$$y=\frac{x^3}{3}.$$

例 2　质量为 m 的物体,只受重力的作用,从静止开始作自由落体运动,求物体的运动规律.

解　首先建立坐标系(图 12.1).设物体在 t 时刻的位置为 $s(t)$,则当 $t=0$ 时,$s=0$, $\frac{\mathrm{d}s}{\mathrm{d}t}=0$.由二阶导数的物理意义知,$\frac{\mathrm{d}^2s}{\mathrm{d}t^2}$ 是物体在时刻 t 的加速度,物体所受

外力为重力 mg. 根据牛顿第二定律得 $m\frac{d^2s}{dt^2}=mg$，即

$$\frac{d^2s}{dt^2}=g. \tag{12.4}$$

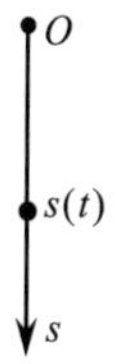

两端积分得 $\frac{ds}{dt}=gt+C_1$，再积分一次得 $s=\frac{gt^2}{2}+C_1t+C_2$，其中 C_1，C_2 都是任意常数.

图 12.1

将条件 $t=0$ 时，$s=0$，$\frac{ds}{dt}=0$ 代入上面两式，得 $C_1=C_2=0$. 故物体运动规律为

$$s=\frac{1}{2}gt^2.$$

从以上两例可以看出用含有未知函数导数的方程解决实际问题的过程：首先建立含有待求函数及其导数的方程，再根据问题确定初始条件，最后通过数学方法求出函数的一般表达式及适合条件的具体函数.

两例中方程(12.1)和方程(12.4)称为微分方程. 一般地，有以下定义.

定义 12.1　含有未知函数的导数(或微分)的方程，称为**微分方程**.

未知函数是一元函数的微分方程称为**常微分方程**，如方程 $\frac{dy}{dx}=x^2$，$\frac{d^2s}{dt^2}=g$；未知函数是多元函数的微分方程称为**偏微分方程**，如 $\frac{\partial^2u}{\partial x^2}+\frac{\partial^2u}{\partial y^2}+\frac{\partial^2u}{\partial z^2}=0$，这里未知函数 u 是三个自变量 x，y，z 的函数. 本章只讨论常微分方程，简称微分方程.

微分方程中出现的未知函数导数的最高阶数称为**微分方程的阶**. 如方程 $\frac{dy}{dx}=x^2$ 为一阶微分方程，方程 $\frac{d^2s}{dt^2}=g$ 为二阶微分方程，方程 $y^{(4)}+2y'''-y=\cos3x$ 是四阶微分方程.

一般地，***n* 阶微分方程**的形式为

$$F(x,y,y',\cdots,y^{(n-1)},y^{(n)})=0, \tag{12.5}$$

其中 $x,y,y',\cdots,y^{(n-1)}$ 等变量可以不出现，但 $y^{(n)}$ 必须出现.

定义 12.2　若定义在某区间上的函数 $y=\varphi(x)$ 满足微分方程(12.5)，即有

$$F(x,\varphi(x),\varphi'(x),\cdots,\varphi^{(n-1)}(x),\varphi^{(n)}(x))\equiv0,$$

则称函数 $y=\varphi(x)$ 是**微分方程的解**.

例如，$y=\frac{x^3}{3}+C$ 和 $y=\frac{x^3}{3}$ 都是微分方程 $\frac{dy}{dx}=x^2$ 的解；$s=\frac{gt^2}{2}+C_1t+C_2$ 和 $s=\frac{1}{2}gt^2$ 都是微分方程 $\frac{d^2s}{dt^2}=g$ 的解.

如果微分方程的解中含有任意常数①,且任意常数的个数与微分方程的阶数相同,这样的解称为**微分方程的通解**. 例如,$y=\frac{x^3}{3}+C$, $s=\frac{gt^2}{2}+C_1t+C_2$ 分别是微分方程(12.1) 和(12.4) 的通解.

如果确定了微分方程通解中的任意常数,则称这种解为**微分方程的特解**. 例如,在微分方程$\frac{\mathrm{d}^2 s}{\mathrm{d}t^2}=g$ 的通解 $s=\frac{1}{2}gt^2+C_1t+C_2$ 中确定了 $C_1=0$, $C_2=0$ 后,则得特解 $s=\frac{1}{2}gt^2$.

用来确定通解中任意常数的条件,称为**初始条件**. 一般地,n 阶微分方程(12.5) 的初始条件为

$$y\big|_{x=x_0}=y_0,\ y'\big|_{x=x_0}=y_0',\ \cdots,\ y^{(n-1)}\big|_{x=x_0}=y_0^{(n-1)}, \tag{12.6}$$

其中 x_0, y_0, y_0',…,$y_0^{(n-1)}$ 是已知常数.

求微分方程(12.5) 满足初始条件(12.6) 的特解这一问题,称为微分方程的**初值问题**. 记为

$$\begin{cases}F(x,y,y',\cdots,y^{(n)})=0,\\ y\big|_{x=x_0}=y_0,\ y'\big|_{x=x_0}=y_0',\cdots,y^{(n-1)}\big|_{x=x_0}=y_0^{(n-1)}.\end{cases}$$

微分方程通解的图形是一族曲线,称为**微分方程的积分曲线族**,其特解的图形是根据初始条件而确定的积分曲线族中的某一条曲线,即某条**积分曲线**. 例如,一阶微分方程的初值问题

$$\begin{cases}y'=f(x,y),\\ y\big|_{x=x_0}=y_0,\end{cases}$$

其解的几何意义是该微分方程通过点(x_0,y_0)的那条积分曲线;

二阶微分方程的初值问题

$$\begin{cases}y''=f(x,y,y'),\\ y\big|_{x=x_0}=y_0,\ y'\big|_{x=x_0}=y_0',\end{cases}$$

其解的几何意义是该微分方程通过点(x_0,y_0),且在该点处切线斜率为 y_0' 的那条积分曲线.

习题 12-1

1. 指出下列微分方程中哪些是常微分方程?哪些是偏微分方程?并指明常微分方程的阶.

(1) $\frac{\mathrm{d}^3 x}{\mathrm{d}t^3}+a^2\sin x=0$;　　(2) $\frac{\partial^2 u}{\partial x^2}=a\frac{\partial^2 u}{\partial t^2}$;

① 这里所说的任意常数是相互独立的,是指不能通过合并而减少常数的个数(参见本章第六节中关于函数的线性相关性).

(3) $(x^2-y^2)\mathrm{d}x+(x^2+y^2)\mathrm{d}y=0$；　　(4) $y^{(3)}+3y''-2y=0$；

(5) $L\dfrac{\mathrm{d}^2Q}{\mathrm{d}t^2}+R\dfrac{\mathrm{d}Q}{\mathrm{d}t}+\dfrac{Q}{C}=0$；　　(6) $(y')^2+y=0$.

2. 指出下列各题中的函数是否为所给微分方程的解，若为解，则指明是否为通解.

(1) $xy'=y\left(1+\ln\dfrac{y}{x}\right)$，$y=x$；

(2) $(x+y)\mathrm{d}x+x\mathrm{d}y=0$，$y=\dfrac{C^2-x^2}{2x}$；

(3) $y''-4y'+3y=0$，$y=\mathrm{e}^x+C\mathrm{e}^{3x}$；

(4) $\dfrac{\mathrm{d}y}{\mathrm{d}x}-2y=0$，$y=\sin x$；

(5) $y''-2y'+y=0$，$y=C_1\mathrm{e}^x+C_2x\mathrm{e}^x$；

(6) $y''+4y=0$，$y=C_1\sin 2x+C_2\sin x\cos x$.

3. 验证 $y=Cx+\dfrac{1}{C}$ 是微分方程 $x\left(\dfrac{\mathrm{d}y}{\mathrm{d}x}\right)^2-y\dfrac{\mathrm{d}y}{\mathrm{d}x}+1=0$ 的通解（其中任意常数 $C\neq 0$），并求满足初始条件 $y|_{x=0}=2$ 的特解.

4. 验证 $y=\mathrm{e}^{Cx}$ 是微分方程 $xy'-y\ln y=0$ 的通解，并求过下列各点的积分曲线.

(1) $(1,\mathrm{e})$；　(2) $\left(\dfrac{1}{2},\mathrm{e}\right)$；　(3) $(2,\mathrm{e})$.

*5. 已知曲线上点 $P(x,y)$ 处的法线与 x 轴的交点为 Q，且线段 PQ 被 y 轴平分，试建立曲线所满足的微分方程.

第二节　可分离变量的微分方程与一阶线性微分方程

一阶微分方程的一般形式为

$$F(x,y,y')=0.$$

如果从中可以解出导数 y'，即方程可写成

$$y'=f(x,y)$$

的形式，则这种方程又可以表达成对称的微分形式

$$P(x,y)\mathrm{d}x+Q(x,y)\mathrm{d}y=0.$$

下面介绍两种可通过积分运算求解的一阶微分方程.

一、可分离变量的微分方程

如果一阶微分方程 $\dfrac{\mathrm{d}y}{\mathrm{d}x}=f(x,y)$ 可以写成

$$\frac{\mathrm{d}y}{\mathrm{d}x}=h(x)g(y) \tag{12.7}$$

的形式，则称原方程为**可分离变量的微分方程**.

假设微分方程(12.7)中的函数 $h(x)$，$g(y)$ 均连续，且 $g(y)\neq 0$，则可将微分

方程(12.7)进行变量分离,即将方程中的两个变量 x 和 y 分离在方程的两端,写为

$$\frac{\mathrm{d}y}{g(y)}=h(x)\mathrm{d}x. \tag{12.8}$$

设 $y=\varphi(x)$ 是微分方程(12.8)的解,下面求这个解所满足的关系式.

将 $y=\varphi(x)$ 代入式(12.8),得

$$\frac{\mathrm{d}\varphi(x)}{g[\varphi(x)]}=h(x)\mathrm{d}x,$$

两端关于 x 积分,并由 $y=\varphi(x)$ 引进变量 y,得

$$\int\frac{\mathrm{d}y}{g(y)}=\int h(x)\mathrm{d}x,$$

设 $G(y)$, $H(x)$ 分别为 $\frac{1}{g(y)}$, $h(x)$ 的原函数,得

$$G(y)=H(x)+C, \tag{12.9}$$

即微分方程(12.8)的解 $y=\varphi(x)$ 总满足关系式(12.9).

反之,如果 $y=\psi(x)$ 是由关系式(12.9)确定的隐函数,则 $y=\psi(x)$ 是方程(12.8)的解.事实上,由隐函数求导法,有

$$\psi'(x)=\frac{\mathrm{d}y}{\mathrm{d}x}=\frac{H'(x)}{G'(y)}=h(x)g(y),$$

即函数 $y=\psi(x)$ 满足方程(12.8).

总之,如果函数 $h(x)$, $g(y)$ 均连续,且 $g(y)\neq 0$,则可分离变量方程(12.7)的以隐函数(12.9)方式给出的解,可通过对分离变量后的方程(12.8)两边积分得到.由于这隐式解含有一个任意常数,因此,式(12.9)所确定的隐函数就是微分方程(12.7)的通解,称为**隐式通解**.

由初始条件 $y|_{x=x_0}=y_0$ 可确定式(12.9)中的常数 $C=G(y_0)-H(x_0)$,于是,初值问题

$$\begin{cases}\dfrac{\mathrm{d}y}{\mathrm{d}x}=h(x)g(y),\\ y|_{x=x_0}=y_0\end{cases}$$

的解为

$$G(y)=H(x)+G(y_0)-H(x_0).$$

另外,当 $g(y)=0$ 有实根 $y=a$ 时,则函数 $y=a$ 显然是原微分方程 $\frac{\mathrm{d}y}{\mathrm{d}x}=h(x)g(y)$ 的一个解.此时,方程的全部解为 $y=a$ 及通解

$$G(y)=H(x)+C.$$

但若只需求通解,则不必讨论 $g(y)=0$ 的情形.

例 1　求微分方程 $\frac{\mathrm{d}y}{\mathrm{d}x}=y\cos x$ 的通解.

解　这是可分离变量的方程. 变量分离得

$$\frac{\mathrm{d}y}{y}=\cos x\mathrm{d}x.$$

两边积分

$$\int\frac{\mathrm{d}y}{y}=\int\cos x\mathrm{d}x,$$

得

$$\ln|y|=\sin x+C_1.$$

从而

$$y=\pm e^{\sin x+C_1}=\pm e^{C_1}\cdot e^{\sin x}=C_2e^{\sin x},$$

其中 $C_2=\pm e^{C_1}$ 为任意的非零常数. 此外,由于 $y=0$ 也是方程的解,因此,所给方程的通解为

$$y=Ce^{\sin x},$$

其中 C 为任意常数.

有时,可以简化解题过程. 例如,由

$$\int\frac{\mathrm{d}y}{y}=\int\cos x\mathrm{d}x,$$

得

$$\ln|y|=\sin x+\ln|C|,$$

故方程的通解为

$$y=Ce^{\sin x}.$$

例 2(镭的衰变规律)　镭是一种放射性物质,它不断有原子放射出微粒子而变成其他元素,使镭的质量逐渐减少. 这种现象称为**衰变**. 实验表明,镭的衰变速度与未衰变的镭的质量成正比,已知 $t=0$ 时镭的质量为 M_0. 求在衰变过程中镭的质量 $M(t)$ 随时间 t 变化的规律.

解　镭的衰变速度是质量 $M(t)$ 对时间 t 的导数 $\frac{\mathrm{d}M}{\mathrm{d}t}$. 由于镭的衰变速度与其质量成正比,故有微分方程

$$\frac{\mathrm{d}M}{\mathrm{d}t}=-\lambda M, \tag{12.10}$$

其中 λ 为取正值的常数,称为**衰变系数**. 式(12.10)右端的负号表示 M 随 t 的增加而减少,即 $\frac{\mathrm{d}M}{\mathrm{d}t}<0$. 由题意,初始条件为

$$M|_{t=0}=M_0.$$

方程(12.10)是可分离变量的方程. 变量分离得

$$\frac{\mathrm{d}M}{M}=-\lambda\mathrm{d}t,$$

两边积分得

$$\ln|M| = -\lambda t + \ln|C|,$$

故方程(12.10)的通解为

$$M = Ce^{-\lambda t}.$$

再利用初始条件 $M|_{t=0} = M_0$，得 $C = M_0$．故所求镭的衰变规律为

$$M = M_0 e^{-\lambda t}. \tag{12.11}$$

这反映了镭的质量随时间的增加而按指数规律衰减(图 12.2)．利用式(12.11)可以预报放射性镭的寿命．例如，可以用来求镭的半衰期 τ(即镭质量等于初始质量的一半所需的时间)．将 $M(\tau) = \frac{1}{2}M_0$ 代入式(12.11)得

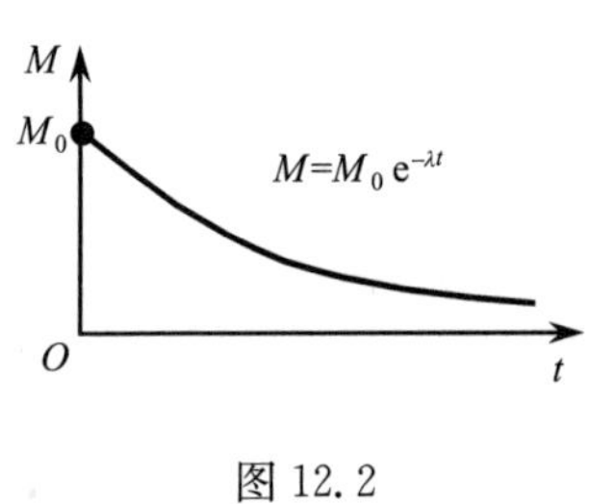

图 12.2

$$\frac{1}{2}M_0 = M_0 e^{-\lambda\tau},$$

故半衰期为

$$\tau = \frac{1}{\lambda}\ln 2.$$

例 3　求微分方程 $xe^y dx + (1+x^2)ydy = 0$ 满足初始条件 $y|_{x=0} = 0$ 的特解.

解　这是可分离变量的方程，分离变量得

$$ye^{-y}dy = -\frac{x}{1+x^2}dx,$$

两边积分得

$$-ye^{-y} - e^{-y} = -\frac{1}{2}\ln(1+x^2) - \frac{C}{2},$$

即

$$2(y+1)e^{-y} - \ln(1+x^2) = C,$$

代入初始条件 $y|_{x=0} = 0$，得 $C = 2$．故所求特解为

$$2(y+1)e^{-y} - \ln(1+x^2) = 2.$$

二、一阶线性微分方程

形如

$$\frac{dy}{dx} + P(x)y = Q(x) \tag{12.12}$$

的方程称为**一阶线性微分方程**．它的特征是：该方程中未知函数及其导数都是线性的(即一次的)，其中 $P(x)$，$Q(x)$ 均为 x 的已知函数.

如果 $Q(x) \equiv 0$，则方程(12.12)为

$$\frac{\mathrm{d}y}{\mathrm{d}x}+P(x)y=0, \tag{12.13}$$

称方程(12.13)为**一阶齐次线性微分方程**. 如果 $Q(x)\neq 0$,则称方程(12.12) 为**一阶非齐次线性微分方程**.

先求解齐次线性微分方程(12.13). 显然,此方程是可分离变量的微分方程,分离变量后得

$$\frac{\mathrm{d}y}{y}=-P(x)\mathrm{d}x,$$

两端积分得

$$\ln|y|=-\int P(x)\mathrm{d}x+\ln|C|.$$

故齐次线性微分方程(12.13) 的通解为

$$y=C\mathrm{e}^{-\int P(x)\mathrm{d}x}, \tag{12.14}$$

其中 C 为任意常数.

下面利用所谓的**常数变易法**来推导出非齐次线性微分方程(12.12) 的通解. 这个方法是设想非齐次方程(12.12) 有与对应齐次方程(12.13) 同样形式的解(12.14),但其中的 C 不是常数,而是 x 的待定函数 $C(x)$,即设方程(12.12) 的解具有如下形式:[①]

$$y=C(x)\mathrm{e}^{-\int P(x)\mathrm{d}x}. \tag{12.15}$$

为确定待定函数 $C(x)$,对式(12.15) 两端关于 x 求导数,得

$$\frac{\mathrm{d}y}{\mathrm{d}x}=C'(x)\mathrm{e}^{-\int P(x)\mathrm{d}x}+C(x)(-P(x))\mathrm{e}^{-\int P(x)\mathrm{d}x},$$

将上式代入方程(12.12),

$$\left[C'(x)\mathrm{e}^{-\int P(x)\mathrm{d}x}-P(x)C(x)\mathrm{e}^{-\int P(x)\mathrm{d}x}\right]+P(x)C(x)\mathrm{e}^{-\int P(x)\mathrm{d}x}=Q(x),$$

化简为

$$C'(x)=Q(x)\mathrm{e}^{\int P(x)\mathrm{d}x}.$$

积分得

$$C(x)=\int Q(x)\mathrm{e}^{\int P(x)\mathrm{d}x}\mathrm{d}x+C.$$

---

① 设方程(12.12)的解为 $y=\varphi(x)$,代入方程(12.12) 得 $\frac{\mathrm{d}\varphi(x)}{\varphi(x)}=-P(x)\mathrm{d}x+\frac{Q(x)}{\varphi(x)}\mathrm{d}x$. 两端积分得 $\ln|\varphi(x)|=-\int P(x)\mathrm{d}x+\int\frac{Q(x)}{\varphi(x)}\mathrm{d}x$,所以 $\varphi(x)=\pm\mathrm{e}^{\int\frac{Q(x)}{\varphi(x)}\mathrm{d}x}\cdot\mathrm{e}^{-\int P(x)\mathrm{d}x}$,记 $C(x)=\pm\mathrm{e}^{\int\frac{Q(x)}{\varphi(x)}\mathrm{d}x}$,则方程(12.12) 具有如下形式的解:$y=\varphi(x)=C(x)\mathrm{e}^{-\int P(x)\mathrm{d}x}$,其中 $C(x)$ 为待定函数.

代入式(12.15),得**一阶非齐次线性微分方程(12.12)的通解**

$$y=\mathrm{e}^{-\int P(x)\mathrm{d}x}\left(\int Q(x)\mathrm{e}^{\int P(x)\mathrm{d}x}\mathrm{d}x+C\right), \tag{12.16}$$

即

$$y=C\mathrm{e}^{-\int P(x)\mathrm{d}x}+\mathrm{e}^{-\int P(x)\mathrm{d}x}\int Q(x)\mathrm{e}^{\int P(x)\mathrm{d}x}\mathrm{d}x, \tag{12.17}$$

其中 C 是任意常数.

从通解式(12.17)可以看出,非齐次线性微分方程的通解是两项之和,一项为对应齐次线性微分方程的通解,另一项为非齐次微分方程的通解中常数 C 取零时的特解,即**一阶非齐次线性微分方程的通解等于对应的齐次方程的通解与非齐次方程本身的一个特解之和.**

此结论反映了一阶非齐次线性微分方程通解的结构. 在第六节将会看到,二阶非齐次线性微分方程的通解也有类似的结构,这是线性微分方程共有的特性.

另外,通解公式(12.16)中的积分

$$\int P(x)\mathrm{d}x,\quad \int Q(x)\mathrm{e}^{\int P(x)\mathrm{d}x}\mathrm{d}x$$

均理解为一个原函数,在对具体的 $P(x)$, $Q(x)$ 求相应不定积分时,都只需找一个原函数,而不必再加任意常数.

初值问题

$$\begin{cases}\dfrac{\mathrm{d}y}{\mathrm{d}x}+P(x)y=Q(x),\\ y\big|_{x=x_0}=y_0\end{cases}$$

的解可以写成

$$y=\mathrm{e}^{-\int_{x_0}^{x}P(x)\mathrm{d}x}\left(\int_{x_0}^{x}Q(x)\mathrm{e}^{\int_{x_0}^{x}P(x)\mathrm{d}x}\mathrm{d}x+y_0\right).$$

例 4 求微分方程 $\sin x\dfrac{\mathrm{d}y}{\mathrm{d}x}+y\cos x=5\sin x\mathrm{e}^{\cos x}$ 的通解.

解 将方程化为标准形式

$$\frac{\mathrm{d}y}{\mathrm{d}x}+y\cot x=5\mathrm{e}^{\cos x},$$

则

$$P(x)=\cot x,\quad Q(x)=5\mathrm{e}^{\cos x}.$$

利用公式(12.16)得通解

$$\begin{aligned}y&=\mathrm{e}^{-\int P(x)\mathrm{d}x}\left(\int Q(x)\mathrm{e}^{\int P(x)\mathrm{d}x}\mathrm{d}x+C\right)\\&=\mathrm{e}^{-\int\cot x\mathrm{d}x}\left(\int 5\mathrm{e}^{\cos x}\mathrm{e}^{\int\cot x\mathrm{d}x}\mathrm{d}x+C\right)\\&=\mathrm{e}^{-\ln|\sin x|}\left(5\int\mathrm{e}^{\cos x}\mathrm{e}^{\ln|\sin x|}\mathrm{d}x+C\right)\end{aligned}$$

$$= \frac{1}{|\sin x|}\left(5\int e^{\cos x} |\sin x| dx + C\right)$$

$$= \frac{1}{\sin x}\left(5\int e^{\cos x} \sin x dx + C\right)$$

$$= \frac{1}{\sin x}(-5e^{\cos x} + C).$$

例 5　求微分方程 $y dx + x dy = \sin y dy$ 的通解.

解　视 x 为函数,y 为自变量,将方程改写成

$$\frac{dx}{dy} + \frac{1}{y}x = \frac{\sin y}{y}.$$

这是一阶非齐次线性微分方程,$P(y) = \frac{1}{y}$, $Q(y) = \frac{\sin y}{y}$. 于是通解为

$$x = e^{-\int P(y)dy}\left(\int Q(y) e^{\int P(y)dy} dy + C\right)$$

$$= e^{-\int \frac{dy}{y}}\left(\int \frac{\sin y}{y} e^{\int \frac{dy}{y}} dy + C\right)$$

$$= \frac{1}{|y|}\left(\int \frac{\sin y}{y} |y| dy + C\right)$$

$$= \frac{1}{y}\left(\int \frac{\sin y}{y} \cdot y dy + C\right)$$

$$= \frac{1}{y}(-\cos y + C).$$

例 6(降落伞的运动规律)　设降落伞及跳伞者的总质量为 m,降落伞从跳伞塔顶下落时($t = 0$) 速度为零. 下落过程中,所受空气阻力与速度成正比,求降落伞下落速度与时间的函数关系.

解　设降落伞下落速度为 $v(t)$,速度的正向指向地面. 降落伞下落过程中受到重力 P 和阻力 R 的作用(图 12.3). 重力的大小为 mg,其方向与速度方向一致,阻力的大小为 kv(k 为阻力系数,大于零),其方向与速度方向相反. 因此,降落伞所受外力为$F = mg - kv$.

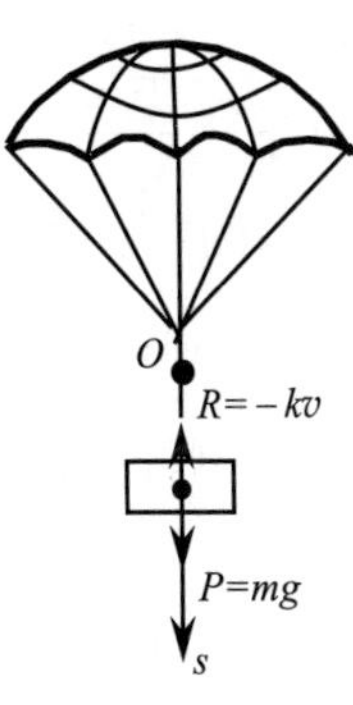

图 12.3

利用牛顿第二定律,得

$$m\frac{dv}{dt} = mg - kv,$$

即

$$\frac{dv}{dt} + \frac{k}{m}v = g.$$

依题意,初始条件为 $v|_{t=0} = 0$.

上述方程是一阶非齐次线性微分方程. 由通解公式(12.16) 得

$$v = \mathrm{e}^{-\int \frac{k}{m}\mathrm{d}t}\left(\int g\mathrm{e}^{\int \frac{k}{m}\mathrm{d}t}\mathrm{d}t + C\right)$$
$$= \mathrm{e}^{-\frac{k}{m}t}\left(g\int \mathrm{e}^{\frac{k}{m}t}\mathrm{d}t + C\right)$$
$$= \mathrm{e}^{-\frac{k}{m}t}\left(\frac{mg}{k}\mathrm{e}^{\frac{k}{m}t} + C\right),$$

即

$$v(t) = \frac{mg}{k} + C\mathrm{e}^{-\frac{k}{m}t}.$$

将初始条件 $v\big|_{t=0} = 0$ 代入上式,得

$$C = -\frac{mg}{k},$$

故所求特解为

$$v(t) = \frac{mg}{k}(1 - \mathrm{e}^{-\frac{k}{m}t}).$$

由于 $\lim\limits_{t\to+\infty} v(t) = \frac{mg}{k}$,这表明随着时间的增大,速度 v 的大小逐渐接近于常数 $\frac{mg}{k}$. 于是可以根据质量 m 及可承受的落地速度 v 来确定阻力系数 $k = \frac{mg}{v}$,以设计降落伞,确保跳伞者的安全.

习题 12-2

1. 求下列微分方程的通解:

(1) $(1+x^2)y\mathrm{d}y - x(1+y^2)\mathrm{d}x = 0$;　(2) $y' = ax(y^2 + y')\ (a \neq 0)$;

(3) $\frac{\mathrm{d}y}{\mathrm{d}x} + \frac{\mathrm{e}^{y^2+3x}}{y} = 0$;　(4) $\cos x\sin y\mathrm{d}x + \sin x\cos y\mathrm{d}y = 0$;

(5) $(\mathrm{e}^{x+y} - \mathrm{e}^x)\mathrm{d}x + (\mathrm{e}^{x+y} + \mathrm{e}^y)\mathrm{d}y = 0$;　(6) $y^2\mathrm{d}x + y\mathrm{d}y = x^2y\mathrm{d}y - \mathrm{d}x$;

(7) $x\sec y\mathrm{d}x + (x+1)\mathrm{d}y = 0$;　*(8) $y' = \frac{1+y^2}{xy + x^3y}$.

2. 求下列微分方程满足所给初始条件的特解:

(1) $y'(x^2 - 4) = 2xy$, $y\big|_{x=1} = 1$;

(2) $(x+1)\frac{\mathrm{d}y}{\mathrm{d}x} + 1 = 2\mathrm{e}^{-y}$, $y\big|_{x=1} = 0$;

(3) $\cos y\mathrm{d}x + (1 + \mathrm{e}^{-x})\sin y\mathrm{d}y = 0$, $y\big|_{x=0} = \frac{\pi}{4}$;

*(4) $(1+x^2)y' = \arctan x$, $y\big|_{x=0} = 0$.

3. 判断下列方程哪些是线性微分方程:

(1) $xy' + y\sin x = 0$;　(2) $yy' + y = \mathrm{e}^x$;

(3) $t^2\dfrac{dx}{dt}+x=1$；　(4) $y'+y^2=x$；

(5) $u'+u\cos x=x$；　(6) $\dfrac{dy}{dx}=\dfrac{1}{x+y^3}$；

(7) $(y')^2+x=1$；　*(8) $ydx+(xy-3)dy=0$.

4. 求下列微分方程的通解：

(1) $3y'+2y=6x$；　(2) $xy'+y=e^x$；

(3) $xy'-y=\dfrac{x}{\ln x}$；　(4) $y'+2xy=2xe^{-x^2}$；

(5) $\dfrac{dx}{dt}-x=\sin t$；　(6) $y'-y\tan x=\sec x$；

(7) $(y^2-6x)y'+2y=0$；　*(8) $\dfrac{dy}{dx}=\dfrac{1}{2x-y^2}$.

5. 求下列微分方程满足所给初始条件的特解：

(1) $y'-2xy=e^{x^2}\cos x$，$y|_{x=0}=1$；

(2) $y'+y\cos x=\sin x\cos x$，$y|_{x=0}=1$；

(3) $xy'+y=\dfrac{\ln x}{x}$，$y|_{x=1}=\dfrac{1}{2}$；

(4) $y'-y=2xe^{2x}$，$y|_{x=0}=1$.

6. 一平面曲线经过点(2,3)，它在两坐标轴间的任意切线线段均被切点所平分，求曲线方程.

*7. 一个物体在冷却过程中，其温度变化速度与它本身的温度和环境的温度之差成正比. 今有一温度为50℃的物体，放入温度为20℃的房间里(房间的温度看作不变)，试求物体温度随时间变化的规律.

*8. 求解积分方程

$$\int_0^x[\varphi(t)-te^t]dt=-\varphi(x),$$

其中 $\varphi(t)$ 为可导的未知函数.

第三节　可利用变量代换法求解的一阶微分方程

利用变量代换，把所给微分方程化为熟知的类型，这是解微分方程常用的方法.

一、齐次方程

若微分方程$\dfrac{dy}{dx}=f(x,y)$可化为

$$\frac{dy}{dx}=F\left(\frac{y}{x}\right) \tag{12.18}$$

的形式，则称原方程为**齐次方程**.

例如，$\frac{\mathrm{d}y}{\mathrm{d}x}=\frac{xy-3y^2}{x^2+2xy}$，$xy'=y+x\tan\frac{y}{x}$，$(x^2+y^2)\mathrm{d}y=\left(x^2+y^2\sin\frac{y}{x}\right)\mathrm{d}x$ 等都是齐次方程. 它们分别可以化为

$$\frac{\mathrm{d}y}{\mathrm{d}x}=\frac{\frac{y}{x}-3\left(\frac{y}{x}\right)^2}{1+2\frac{y}{x}},\quad y'=\frac{y}{x}+\tan\frac{y}{x},\quad \frac{\mathrm{d}y}{\mathrm{d}x}=\frac{\left[1+\left(\frac{y}{x}\right)^2\sin\frac{y}{x}\right]}{1+\left(\frac{y}{x}\right)^2}.$$

对于齐次方程(12.18)，作变量代换 $u=\frac{y}{x}$，便可将其化为可分离变量的微分方程. 这是因为，由 $u(x)=\frac{y(x)}{x}$，得 $y(x)=xu(x)$. 两端分别对 x 求导数，得

$$\frac{\mathrm{d}y}{\mathrm{d}x}=u+x\frac{\mathrm{d}u}{\mathrm{d}x}.$$

代入方程

$$\frac{\mathrm{d}y}{\mathrm{d}x}=F\left(\frac{y}{x}\right),$$

得

$$u+x\frac{\mathrm{d}u}{\mathrm{d}x}=F(u),$$

即

$$\frac{\mathrm{d}u}{\mathrm{d}x}=\frac{F(u)-u}{x}.$$

这是可分离变量的微分方程，变量分离得

$$\frac{\mathrm{d}u}{F(u)-u}=\frac{\mathrm{d}x}{x},$$

两端分别积分，并记 $\Phi(u)$ 为 $\frac{1}{F(u)-u}$ 的一个原函数，可得函数 u 的隐式表达式

$$\Phi(u)=\ln|x|+C,$$

再将 $u=\frac{y}{x}$ 代入，便得所给齐次方程的通解为

$$\Phi\left(\frac{y}{x}\right)=\ln|x|+C.$$

例 1 求微分方程

$$\frac{\mathrm{d}y}{\mathrm{d}x}=\frac{y+\sqrt{x^2+y^2}}{x}\quad(x>0)$$

的通解.

解 此方程可化为

$$\frac{\mathrm{d}y}{\mathrm{d}x}=\frac{y}{x}+\sqrt{1+\left(\frac{y}{x}\right)^2},\tag{12.19}$$

这是齐次方程. 设 $u=\frac{y}{x}$,则 $y=xu$, $\frac{\mathrm{d}y}{\mathrm{d}x}=u+x\frac{\mathrm{d}u}{\mathrm{d}x}$. 代入微分方程(12.19)得

$$u+x\frac{\mathrm{d}u}{\mathrm{d}x}=u+\sqrt{1+u^2},$$

变量分离

$$\frac{\mathrm{d}u}{\sqrt{1+u^2}}=\frac{\mathrm{d}x}{x},$$

两端积分,得

$$\ln|u+\sqrt{1+u^2}|=\ln|x|+\ln|C|,$$

即

$$u+\sqrt{1+u^2}=Cx,$$

将 $u=\frac{y}{x}$ 代入上式,得

$$\frac{y}{x}+\sqrt{1+\left(\frac{y}{x}\right)^2}=Cx,$$

所给微分方程的通解为

$$y+\sqrt{1+y^2}=Cx^2.$$

例 2　求微分方程

$$\frac{\mathrm{d}y}{\mathrm{d}x}=\frac{xy}{x^2-y^2}$$

的通解.

解　易知所给方程是齐次方程. 令 $u=\frac{y}{x}$,则 $y=xu$, $\frac{\mathrm{d}y}{\mathrm{d}x}=u+x\frac{\mathrm{d}u}{\mathrm{d}x}$,代入原方程,得

$$u+x\frac{\mathrm{d}u}{\mathrm{d}x}=\frac{u}{1-u^2},$$

即

$$x\frac{\mathrm{d}u}{\mathrm{d}x}=\frac{u^3}{1-u^2}.$$

变量分离,并积分

$$\int\frac{1-u^2}{u^3}\mathrm{d}u=\int\frac{\mathrm{d}x}{x}\quad(u\neq 0),$$

得

$$-\frac{1}{2u^2}-\ln|u|=\ln|x|-\ln|C|,$$

即

$$xu = Ce^{-\frac{1}{2u^2}},$$

将 $u=\frac{y}{x}$ 代入上式,得所给方程的通解为

$$y = Ce^{-\frac{x^2}{2y^2}}.$$

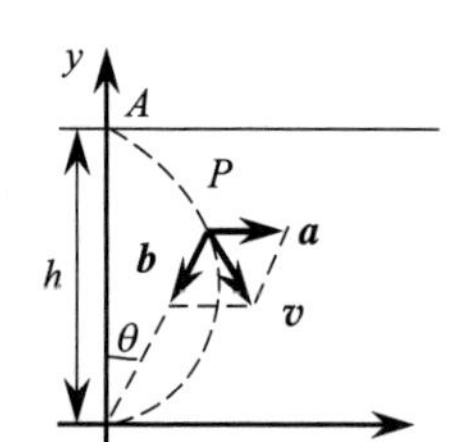

图 12.4

例 3(渡船的航迹)　设河宽为 h,水的流速为 a,有一渡船由 A 点出发,要划向正对岸的 O 点,渡船航行方向始终朝向 O 点,它在静水中的航速为 $b(b>a)$,求渡船的航迹.

解　建立坐标系(图 12.4). 设在 t 时刻渡船位于点 $P(x,y)$,其行驶方向总指向 O 点,所以速度 $\boldsymbol{b}$ 是指向原点的,又设渡船位置 P 与 O 点的连线与 y 轴正向的夹角为 θ,则

$$\cos\theta = \frac{y}{\sqrt{x^2+y^2}},\quad \sin\theta = \frac{x}{\sqrt{x^2+y^2}}.$$

渡船在河水中的航行速度 $\boldsymbol{v}$ 沿 x, y 轴的分量分别为

$$\frac{\mathrm{d}x}{\mathrm{d}t} = a - b\sin\theta = a - b\frac{x}{\sqrt{x^2+y^2}},$$

$$\frac{\mathrm{d}y}{\mathrm{d}t} = -b\cos\theta = -b\frac{y}{\sqrt{x^2+y^2}}.$$

以上两式相除,消去 $\mathrm{d}t$,得

$$\frac{\mathrm{d}x}{\mathrm{d}y} = \frac{x}{y} - \frac{a}{b}\sqrt{1+\left(\frac{x}{y}\right)^2}\quad (y>0). \tag{12.20}$$

这就是未知函数 $x=x(y)$ 所满足的微分方程,它是一个齐次微分方程. 令 $u=\frac{x}{y}$,则 $x(y)=yu(y)$, $\frac{\mathrm{d}x}{\mathrm{d}y} = u + y\frac{\mathrm{d}u}{\mathrm{d}y}$,代入方程(12.20)得

$$y\frac{\mathrm{d}u}{\mathrm{d}y} = -\frac{a}{b}\sqrt{1+u^2},$$

变量分离,得

$$\frac{\mathrm{d}u}{\sqrt{1+u^2}} = -\frac{a}{by}\mathrm{d}y.$$

积分得

$$\mathrm{arcsh}u = -\frac{a}{b}(\ln y + \ln C),$$

即

$$u=\operatorname{sh}\ln(Cy)^{-\frac{a}{b}}=\frac{1}{2}\left[(Cy)^{-\frac{a}{b}}-(Cy)^{\frac{a}{b}}\right].$$

于是

$$x=\frac{y}{2}\left[(Cy)^{-\frac{a}{b}}-(Cy)^{\frac{a}{b}}\right]=\frac{1}{2C}\left[(Cy)^{1-\frac{a}{b}}-(Cy)^{1+\frac{a}{b}}\right],$$

代入初始条件 $y\big|_{x=0}=h$，得 $C=\dfrac{1}{h}$. 故渡船的航迹为

$$x=\frac{h}{2}\left[\left(\frac{y}{h}\right)^{1-\frac{a}{b}}-\left(\frac{y}{h}\right)^{1+\frac{a}{b}}\right]\quad(0\leqslant y\leqslant h).$$

二、伯努利方程

形如

$$\frac{\mathrm{d}y}{\mathrm{d}x}+P(x)y=Q(x)y^{\alpha}\quad(\alpha\neq 0,1)\tag{12.21}$$

的微分方程称为**伯努利方程**①.

当 $\alpha=0$ 或 1 时，方程(12.21) 为线性微分方程. 当 $\alpha\neq 0$ 或 1 时，方程(12.21) 为非线性的微分方程，可通过变量代换将其化为线性微分方程.

将微分方程(12.21) 两边同除以 y^{α}，得

$$y^{-\alpha}\frac{\mathrm{d}y}{\mathrm{d}x}+P(x)y^{1-\alpha}=Q(x).$$

可以看出 $y^{-\alpha}\dfrac{\mathrm{d}y}{\mathrm{d}x}$ 恰为微分方程中函数 $y^{1-\alpha}$ 的导数的$\dfrac{1}{1-\alpha}$倍，即有

$$\frac{1}{1-\alpha}\frac{\mathrm{d}y^{1-\alpha}}{\mathrm{d}x}+P(x)y^{1-\alpha}=Q(x).$$

因此，引入变量代换 $z=y^{1-\alpha}$，于是

$$\frac{1}{1-\alpha}\frac{\mathrm{d}z}{\mathrm{d}x}+P(x)z=Q(x),$$

即

$$\frac{\mathrm{d}z}{\mathrm{d}x}+(1-\alpha)P(x)z=(1-\alpha)Q(x).$$

这是一阶非齐次线性微分方程，求出其通解后，再将 $z=y^{1-\alpha}$ 代入，即得伯努利方程(12.21) 的通解.

综上，求解伯努利方程，只需作变量代换 $z=y^{1-\alpha}$ 便可将方程化为一阶线性微分方程求解.

例 4　求微分方程

---

① 伯努利(J. Bernoulli，1654～1705)，瑞士数学家.

$$\frac{dy}{dx}-\frac{y}{x}+\frac{\cos x}{x}y^2=0$$

的通解.

解　方程可改写成

$$\frac{dy}{dx}-\frac{1}{x}y=-\frac{\cos x}{x}y^2, \tag{12.22}$$

这是伯努利方程($\alpha=2$).

令 $z=y^{1-\alpha}=y^{-1}$,则$\frac{dz}{dx}=-y^{-2}\frac{dy}{dx}$,代入微分方程(12.22),整理得线性微分方程

$$\frac{dz}{dx}+\frac{1}{x}z=\frac{\cos x}{x},$$

其通解为

$$\begin{aligned} z&=e^{-\int\frac{1}{x}dx}\left(\int\frac{\cos x}{x}e^{\int\frac{1}{x}dx}dx+C\right)\\ &=\frac{1}{|x|}\left(\int\frac{\cos x}{x}|x|dx+C\right)\\ &=\frac{1}{x}\left(\int\cos x dx+C\right)\\ &=\frac{1}{x}(\sin x+C). \end{aligned}$$

将 $z=y^{-1}$ 代入,得所给微分方程的通解为

$$\frac{1}{y}=\frac{1}{x}(\sin x+C).$$

例 5　求微分方程

$$\frac{dy}{dx}=\frac{1}{xy+x^3y}$$

的通解.

解　原方程不是线性微分方程,也不是齐次方程,但若将方程改写成形式

$$\frac{dx}{dy}=yx+yx^3 \quad 即 \quad \frac{dx}{dy}-yx=yx^3, \tag{12.23}$$

便是一个以 y 为自变量,以 x 为未知函数的伯努利方程($\alpha=3$).令

$$z=x^{1-\alpha}=x^{-2},$$

则$\frac{dz}{dy}=-2x^{-3}\frac{dx}{dy}$.代入微分方程(12.23),得线性微分方程

$$\frac{dz}{dy}+2yz=-2y,$$

其通解为

$$z = e^{-2\int y\mathrm{d}y}\left(\int -2ye^{2\int y\mathrm{d}y}\mathrm{d}y + C\right) = Ce^{-y^2} - 1.$$

将 $z = x^{-2}$ 代入即得所给方程的通解为

$$\frac{1}{x^2} = Ce^{-y^2} - 1.$$

三、可利用变量代换法求解的其他一阶微分方程

一阶微分方程中最基本的类型是可分离变量的微分方程和一阶线性微分方程. 而齐次方程是通过变量代换 $u = \frac{y}{x}$ 化为可分离变量微分方程求解的，伯努利方程是通过变量代换 $z = y^{1-\alpha}$ 化为一阶线性微分方程求解的. 还有些一阶微分方程不属于这四种类型，但可设法选择适当的变量代换化为以上四种类型.

例 6　求微分方程

$$xy' + x = \cos(x + y)$$

的通解.

解　此方程不属于前面所讲四类方程. 这主要由方程右端二元函数 $\cos(x + y)$ 引起. 为使方程右端成为一元函数，可设 $u = x + y$，则 $\frac{\mathrm{d}u}{\mathrm{d}x} = 1 + \frac{\mathrm{d}y}{\mathrm{d}x}$，代入所给方程，得

$$x\frac{\mathrm{d}u}{\mathrm{d}x} = \cos u,$$

这是可分离变量的方程. 分离变量，并积分，

$$\int \frac{\mathrm{d}u}{\cos u} = \int \frac{\mathrm{d}x}{x},$$

得

$$\ln|\sec u + \tan u| = \ln|x| + \ln|C|,$$

即

$$\sec u + \tan u = Cx,$$

以 $x + y$ 替代 u 即得所给微分方程的通解为

$$\sec(x + y) + \tan(x + y) = Cx.$$

例 7　求微分方程

$$xy'\cos y - 3\sin y = x^2$$

的通解.

解　此微分方程也不属于前面介绍的四种类型. 注意到 $y'\cos y$ 是 $\sin y$ 对 x 的导数，即 $\frac{\mathrm{d}\sin y}{\mathrm{d}x} = \cos y\frac{\mathrm{d}y}{\mathrm{d}x}$，于是令 $z = \sin y$，则方程化为一阶线性微分方程

$$x\frac{dz}{dx}-3z=x^2,$$

即

$$\frac{dz}{dx}-\frac{3}{x}z=x.$$

其通解为

$$z=e^{\int\frac{3}{x}dx}\left(\int xe^{-\int\frac{3}{x}dx}dx+C\right)$$

$$=x^3\left(\int x\frac{1}{x^3}dx+C\right)=-x^2+Cx^3.$$

以 $\sin y$ 替换 z，即得所给微分方程的通解为

$$\sin y=Cx^3-x^2.$$

习题 12-3

1. 求下列微分方程的通解：

(1) $xy'-y=xe^{\frac{y}{x}}$；　(2) $x\frac{dy}{dx}=y(\ln|y|-\ln|x|)$；

*(3) $xy'-y=\sqrt{x^2+y^2}$；　(4) $(x^2+y^2)dx-2xydy=0$；

(5) $2x^3y'=y(2x^2-y^2)$；　(6) $\left(x+y\cos\frac{y}{x}\right)dx-x\cos\frac{y}{x}dy=0$；

(7) $(x^3+y^3)dx-3xy^2dy=0$；　(8) $xy'=y+x\tan\frac{y}{x}$.

2. 求下列微分方程满足所给初始条件的特解：

(1) $xy'=y+\frac{x^2}{y}$, $y(1)=2$；

*(2) $(y^2-3x^2)dy+2xydx=0$, $y(0)=1$；

*(3) $(x^2+2xy-y^2)dx+(y^2+2xy-x^2)dy=0$, $y(1)=1$；

(4) $y-xy'=2(x+yy')$, $y(1)=1$.

3. 求下列微分方程的通解：

(1) $y'+y=(\cos x-\sin x)y^2$；　(2) $y'-\frac{4y}{x}=x\sqrt{y}$；

(3) $y'-y+2xy^{-1}=0$；　(4) $\frac{dy}{dx}+\frac{y}{x}=a\ln|x|\cdot y^2$；

*(5) $(y-x^2)dy+2xydx=0$.

4. 用适当的变换，求下列微分方程的通解：

*(1) $xy'+y=y\ln|xy|$；　(2) $(x+y)^2y'=a^2$；

*(3) $2y\frac{dy}{dx}=\frac{y^2}{x}+\tan\frac{y^2}{x}$；　(4) $\frac{dy}{dx}=\frac{1}{(x-y)^4}+1$.

第四节　全微分方程

若一阶微分方程

$$P(x,y)\mathrm{d}x+Q(x,y)\mathrm{d}y=0 \tag{12.24}$$

的左端恰好是某函数 $u=u(x,y)$ 的全微分，即

$$\mathrm{d}u=P(x,y)\mathrm{d}x+Q(x,y)\mathrm{d}y,$$

则称方程(12.24) 为**全微分方程**. 这里，

$$\frac{\partial u}{\partial x}=P(x,y),\quad \frac{\partial u}{\partial y}=Q(x,y).$$

全微分方程(12.24) 的隐式通解为

$$u(x,y)=C. \tag{12.25}$$

事实上，全微分方程(12.24)可写成

$$\mathrm{d}u=0. \tag{12.26}$$

若 $y=y(x)$ 是全微分方程(12.24) 的解，也即方程(12.26) 的解，则 $y=y(x)$ 满足该方程，即有

$$\mathrm{d}u[x,y(x)]\equiv 0,$$

一元函数 $u[x,y(x)]$ 的微分为零，从而此函数为常数

$$u[x,y(x)]\equiv C.$$

这说明，微分方程(12.24) 的解 $y=y(x)$ 是由方程 $u(x,y)=C$ 确定的隐函数.

反之，若 $y=\varphi(x)$ 满足方程 $u(x,y)=C$，即有 $u[x,\varphi(x)]\equiv C$，则由常数的微分为零，可得

$$\mathrm{d}u[x,\varphi(x)]\equiv 0.$$

这表示由方程 $u(x,y)=C$ 所确定的隐函数是全微分方程(12.24) 的解，又含有一个任意常数. 因此，方程 $u(x,y)=C$ 确定的隐函数是微分方程(12.24) 的通解.

根据第十章第三节可知，当 $P(x,y)$，$Q(x,y)$ 在单连通区域 G 内具有一阶连续偏导数时，方程(12.24) 是全微分方程的充分必要条件是

$$\frac{\partial P}{\partial y}=\frac{\partial Q}{\partial x} \tag{12.27}$$

在区域 G 内恒成立. 当此条件满足时，全微分方程(12.24) 的通解为

$$u(x,y)=C,$$

这里 C 是任意常数，且

$$\begin{aligned} u(x,y)&=\int_{(x_0,y_0)}^{(x,y)}P(x,y)\mathrm{d}x+Q(x,y)\mathrm{d}y \\ &=\int_{x_0}^{x}P(x,y_0)\mathrm{d}x+\int_{y_0}^{y}Q(x,y)\mathrm{d}y \end{aligned} \tag{12.28}$$

或

$$u(x,y)=\int_{x_0}^{x}P(x,y)\mathrm{d}x+\int_{y_0}^{y}Q(x_0,y)\mathrm{d}y,$$

其中 x_0，y_0 为区域 G 内定点 $M_0(x_0,y_0)$ 的坐标.

例 1　求微分方程 $(x-y)\mathrm{d}x-(x+y^2)\mathrm{d}y=0$ 的通解.

解　$P(x,y)=x-y$, $Q(x,y)=-x-y^2$,

$$\frac{\partial P}{\partial y}=-1=\frac{\partial Q}{\partial x},$$

所以原方程是全微分方程.

取 $(x_0,y_0)=(0,0)$，根据公式(12.28)，有

$$\begin{aligned}u(x,y)&=\int_{(0,0)}^{(x,y)}(x-y)\mathrm{d}x-(x+y^2)\mathrm{d}y\\&=\int_0^x x\mathrm{d}x-\int_0^y(x+y^2)\mathrm{d}y\\&=\frac{x^2}{2}-xy-\frac{y^3}{3},\end{aligned}$$

所以，方程的通解为

$$\frac{x^2}{2}-xy-\frac{y^3}{3}=C.$$

例 2　求微分方程 $(\cos x-y)\mathrm{d}x-(x-4y^3)\mathrm{d}y=0$ 的通解.

解　因为

$$\frac{\partial P}{\partial y}=-1=\frac{\partial Q}{\partial x},$$

所以这是全微分方程. 将方程左端重新分项组合，

$$\cos x\mathrm{d}x+4y^3\mathrm{d}y-(x\mathrm{d}y+y\mathrm{d}x)=0,$$

即

$$\mathrm{d}(\sin x)+\mathrm{d}(y^4)-\mathrm{d}(xy)=0,$$
$$\mathrm{d}(\sin x+y^4-xy)=0,$$

故微分方程的通解为

$$\sin x+y^4-xy=C.$$

当条件 $\dfrac{\partial P}{\partial y}=\dfrac{\partial Q}{\partial x}$ 不能满足时，方程(12.24)不是全微分方程. 但如果存在函数 $\mu(x,y)$，使得方程

$$\mu P(x,y)\mathrm{d}x+\mu Q(x,y)\mathrm{d}y=0$$

是全微分方程，则称函数 $\mu(x,y)$ 为方程 $P(x,y)\mathrm{d}x+Q(x,y)\mathrm{d}y=0$ 的**积分因子**.

一般地，求积分因子并不容易. 但在较简单的情况下，可以通过观察得到.

例如方程 $x\mathrm{d}y-y\mathrm{d}x=0$ 不是全微分方程，但由

$$d\left(\frac{y}{x}\right)=\frac{xdy-ydx}{x^2},$$

可知$\frac{1}{x^2}$是一个积分因子，方程两边乘以$\frac{1}{x^2}$，可得

$$\frac{xdy-ydx}{x^2}=0,\quad 即\quad d\left(\frac{y}{x}\right)=0,$$

故方程的通解为$\frac{y}{x}=C$.

易知$\frac{1}{xy}$和$\frac{1}{y^2}$也是方程$xdy-ydx=0$的积分因子.

例 3　求微分方程$(x-y^2)dx+2xydy=0$的通解.

解　由于

$$\frac{\partial P}{\partial y}=-2y,\quad \frac{\partial Q}{\partial x}=2y,\quad \frac{\partial Q}{\partial x}\neq\frac{\partial P}{\partial y},$$

所以这不是全微分方程. 将方程左端重新分项组合，方程化为

$$xdx+(2xydy-y^2dx)=0,$$

即

$$xdx+(xdy^2-y^2dx)=0,$$

观察得积分因子$\mu(x,y)=\frac{1}{x^2}$，故上式两端同乘以$\frac{1}{x^2}$，有

$$\frac{dx}{x}+\frac{xdy^2-y^2dx}{x^2}=0,$$

即

$$d(\ln|x|)+d\left(\frac{y^2}{x}\right)=0,$$

$$d\left(\ln|x|+\frac{y^2}{x}\right)=0,$$

故微分方程的通解为

$$\ln|x|+\frac{y^2}{x}=C.$$

习题 12-4

1. 判断下列方程中哪些是全微分方程，并求全微分方程的通解：

(1) $(x+y+1)dx+(x-y^2+3)dy=0$；

(2) $(\cos x-y^2)dx+(2-2xy)dy=0$；

(3) $\frac{2x}{y^3}dx+\frac{y^2-3x^2}{y^4}dy=0$；

(4) $(3x^2+2e^{2x}y)dx+e^{2x}dy=0$；

(5) $dx+\left(\dfrac{x}{y}-\sin y\right)dy=0$；

(6) $\left(y\cos x+\dfrac{1}{y}\right)dx+\left(\sin x-\dfrac{x}{y^2}\right)dy=0$；

(7) $ydx-(2x+\sin y)dy=0$.

2. 利用观察法求出下列微分方程的积分因子，并求其通解：

(1) $xdy-ydx-x^2\sin ydy=0$；

(2) $dx-dy=(x-y)(dx+2ydy)$；

(3) $ydx-xdy=2xydx-x^2dy$；

*(4) $(1+xy)ydx+(1-xy)xdy=0$；

*(5) $(x^2+y^2+2x)dx+2ydy=0$.

*3. 验证$\dfrac{1}{x^2}f\left(\dfrac{y}{x}\right)$是微分方程$xdy-ydx=0$的一个积分因子.

第五节　可降阶的高阶微分方程

二阶或二阶以上的微分方程称为**高阶微分方程**. 对于有些二阶微分方程，我们可以通过适当的变量代换，把它们化为一阶微分方程求解，这种类型的方程称为**可降阶的方程**，相应的求解方法称为降阶法. 本节讨论三种可降阶的高阶微分方程的求解方法.

一、$y^{(n)}=f(x)$ 型的微分方程

微分方程

$$y^{(n)}=f(x) \tag{12.29}$$

的右端为自变量 x 的函数. 将方程改写成

$$\frac{d}{dx}y^{(n-1)}=f(x),$$

两边积分，得到 $n-1$ 阶微分方程

$$y^{(n-1)}=\int f(x)dx+C_1,$$

类似地，

$$y^{(n-2)}=\int\left(\int f(x)dx+C_1\right)dx+C_2,$$

依次进行下去，连续积分 n 次，每积分一次便降阶一次，并出现一个任意常数，最后得到方程(12.29) 的含有 n 个任意常数的通解.

例 1　求微分方程

$$y''=\frac{1}{1+x^2}$$

满足初始条件 $y|_{x=0}=1$，$y'|_{x=0}=2$ 的特解.

解　对微分方程两端积分，得

$$y'=\int\frac{1}{1+x^2}\mathrm{d}x+C_1=\arctan x+C_1,$$

由条件 $y'|_{x=0}=2$ 得，$C_1=2$. 所以

$$y'=\arctan x+2.$$

两端再积分，得

$$\begin{aligned}y&=\int(\arctan x+2)\mathrm{d}x+C_2\\&=x\arctan x-\frac{1}{2}\ln|1+x^2|+2x+C_2,\end{aligned}$$

将初始条件 $y|_{x=0}=1$ 代入，得 $C_2=1$. 故所求特解为

$$y=x\arctan x-\frac{1}{2}\ln|1+x^2|+2x+1.$$

二、$y''=f(x,y')$ 型的微分方程

微分方程

$$y''=f(x,y') \tag{12.30}$$

不显含未知函数 y. 为了降低该微分方程的阶数，令 $y'=p$，则 $y''=\frac{\mathrm{d}p}{\mathrm{d}x}$. 代入微分方程(12.30)，得到关于变量 p 与 x 的一阶微分方程

$$\frac{\mathrm{d}p}{\mathrm{d}x}=f(x,p).$$

设其通解为

$$p=\varphi(x,C_1),$$

即

$$\frac{\mathrm{d}y}{\mathrm{d}x}=\varphi(x,C_1),$$

这也是一阶微分方程. 两端积分，便得微分方程 (12.30) 的通解

$$y=\int\varphi(x,C_1)\mathrm{d}x+C_2.$$

例 2　求微分方程

$$y''\tan x=y'+5$$

的通解.

解　方程不显含未知函数 y，属于 $y''=f(x,y')$ 型.

令 $y'=p$，则 $y''=\dfrac{\mathrm{d}p}{\mathrm{d}x}$. 代入原微分方程得一阶线性方程

$$\frac{\mathrm{d}p}{\mathrm{d}x}\tan x = p+5,$$

即

$$\frac{\mathrm{d}p}{\mathrm{d}x}-p\cot x=5\cot x.$$

那么

$$p=\mathrm{e}^{\int\cot x\mathrm{d}x}\left(\int 5\cot x\mathrm{e}^{-\int\cot x\mathrm{d}x}+C_1\right)=C_1\sin x-5,$$

即

$$\frac{\mathrm{d}y}{\mathrm{d}x}=C_1\sin x-5.$$

故所给微分方程的通解为

$$y=-C_1\cos x-5x+C_2.$$

例 3 求微分方程

$$y''+2x(y')^2=0$$

满足初始条件 $y|_{x=0}=1$，$y'|_{x=0}=-\dfrac{1}{2}$ 的特解.

解 原微分方程不显含未知函数 y. 令 $y'=p$，则 $y''=p'$，代入原方程，得

$$p'+2xp^2=0.$$

变量分离并积分

$$-\int\frac{\mathrm{d}p}{p^2}=2x\mathrm{d}x\quad(p\neq 0),$$

得

$$\frac{1}{p}=x^2+C_1.$$

由条件 $y'|_{x=0}=-\dfrac{1}{2}$，得 $C_1=-2$. 于是

$$y'=\frac{1}{x^2-2},$$

$$y=\int\frac{\mathrm{d}x}{x^2-2}=\frac{1}{2\sqrt{2}}\ln\left|\frac{x-\sqrt{2}}{x+\sqrt{2}}\right|+C_2.$$

再由条件 $y|_{x=0}=1$，得 $C_2=1$. 故所求特解为

$$y=\frac{1}{2\sqrt{2}}\ln\left|\frac{x-\sqrt{2}}{x+\sqrt{2}}\right|+1.$$

在求可降阶微分方程初值问题的解时，应在求得已降阶微分方程的通解后，及

时利用初始条件确定任意常数 C_1,以便使随后的低阶方程的求解比较方便.

例 4(悬链线)　设有一质量均匀的柔软绳索,两端固定,仅受重力的作用而下垂,求绳索在平衡状态下所呈曲线的方程.

解　建立坐标系(图 12.5),使绳索的最低点 A 在 y 轴上,且 $|OA|$ 等于某定值.

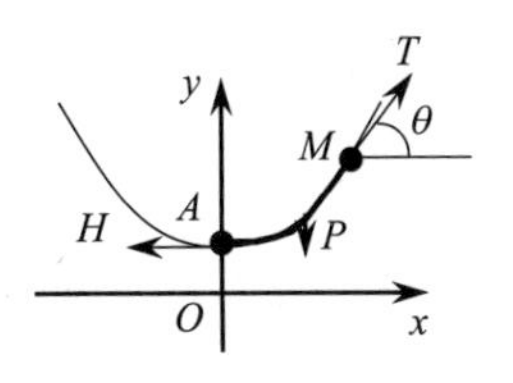

图 12.5

设所求曲线的方程为 $y=f(x)$,单位长度绳索的重量为 ρ. 对绳索上点 A 到点 $M(x,y)$ 间的弧段 $\widehat{AM}$ 作受力分析. 作用在该弧段上有三个力:由于绳索是柔软的,所以最低点 A 处的张力沿水平的切线方向,它是一个常力,其大小为 H;点 M 处的张力沿该点处的切线方向,与水平线成 θ 角,其大小为 T;还有重力,铅直向下,其大小为 $P=\rho s$,其中 s 为弧 $\widehat{AM}$ 的长度.

因绳索处于平衡状态,故有

$$T\cos\theta = H,\quad T\sin\theta = \rho s.$$

两式相除,得

$$\tan\theta = \frac{1}{a}s \quad \left(a=\frac{H}{\rho}\right),$$

即

$$\frac{\mathrm{d}y}{\mathrm{d}x} = \frac{1}{a}s,$$

为了消去弧长 s,上式两边对 x 求导数,并利用 $\frac{\mathrm{d}s}{\mathrm{d}x}=\sqrt{1+\left(\frac{\mathrm{d}y}{\mathrm{d}x}\right)^2}$,得到 $y=y(x)$ 应满足的微分方程为

$$\frac{\mathrm{d}^2y}{\mathrm{d}x^2} = \frac{1}{a}\sqrt{1+\left(\frac{\mathrm{d}y}{\mathrm{d}x}\right)^2}. \tag{12.31}$$

现取原点 O 到点 A 的距离为定值 a,那么初始条件为

$$y\,|_{x=0}=a,\quad \left.\frac{\mathrm{d}y}{\mathrm{d}x}\right|_{x=0}=0.$$

下面求解方程(12.31). 它属于不显含未知函数 y 的可降阶类型 $y''=f(x,y')$. 设 $\frac{\mathrm{d}y}{\mathrm{d}x}=p$,那么 $\frac{\mathrm{d}^2y}{\mathrm{d}x^2}=\frac{\mathrm{d}p}{\mathrm{d}x}$. 代入方程(12.31)得

$$\frac{\mathrm{d}p}{\mathrm{d}x} = \frac{1}{a}\sqrt{1+p^2},$$

即

$$\frac{\mathrm{d}p}{\sqrt{1+p^2}} = \frac{1}{a}\mathrm{d}x,$$

两边积分,得

$$\mathrm{arcsh}\,p = \frac{x}{a}+C_1,$$

由条件 $\left.\frac{\mathrm{d}y}{\mathrm{d}x}\right|_{x=0} = p\,|_{x=0} = 0$,可得 $C_1 = 0$,故有

$$\frac{\mathrm{d}y}{\mathrm{d}x} = p = \mathrm{sh}\,\frac{x}{a}.$$

两边再积分可得

$$y = a\mathrm{ch}\,\frac{x}{a} + C_2.$$

由条件 $y\,|_{x=0} = a$,得 $C_2 = 0$. 故得**悬链线方程**为

$$y = a\mathrm{ch}\,\frac{x}{a} = \frac{a}{2}(\mathrm{e}^{\frac{x}{a}} + \mathrm{e}^{-\frac{x}{a}}).$$

以上对不显含未知函数 y 的二阶微分方程的降阶方法可以推广到 n 阶微分方程的情形.

一般地,若 n 阶微分方程

$$F(x, y^{(k)}, y^{(k+1)}, \cdots, y^{(n)}) = 0 \quad (\text{自然数 } k < n) \tag{12.32}$$

不显含 $y, y', \cdots, y^{(k-1)}$,则令 $y^{(k)} = p$,便可将 n 阶微分方程(12.32)化为 $n-k$ 阶微分方程

$$F(x, p, p', \cdots, p^{(n-k)}) = 0$$

求解.

例如,对微分方程 $y''' = xy^{(4)}$,令 $y''' = p$,则方程化为 $p = xp'$,解得 $p = C_1 x$,即 $y''' = C_1 x$,连续积分三次,便得通解 $y = \frac{C_1 x^4}{24} + C_2 x^2 + C_3 x + C_4$.

三、$y'' = f(y, y')$ 型的微分方程

微分方程 $y'' = f(y, y')$ 不显含自变量 x. 设 $\frac{\mathrm{d}y}{\mathrm{d}x} = p$,利用复合函数求导法则,

$$\frac{\mathrm{d}^2 y}{\mathrm{d}x^2} = \frac{\mathrm{d}p}{\mathrm{d}x} = \frac{\mathrm{d}p}{\mathrm{d}y}\frac{\mathrm{d}y}{\mathrm{d}x} = p\frac{\mathrm{d}p}{\mathrm{d}y}.$$

从而方程化为

$$p\frac{\mathrm{d}p}{\mathrm{d}y} = f(y, p),$$

这是关于变量 y, p 的一阶微分方程. 若能求得其通解

$$\frac{\mathrm{d}y}{\mathrm{d}x} = p = \varphi(y, C_1),$$

再分离变量,并积分可得所给微分方程的通解

$$\int \frac{\mathrm{d}y}{\varphi(y, C_1)} = x + C_2.$$

例 5 求微分方程

$$1+yy''+y'^2=0$$

的通解.

解 此方程不显含自变量 x. 令 $\frac{dy}{dx}=p$，又 $\frac{d^2y}{dx^2}=p\frac{dp}{dy}$，代入方程得

$$1+yp\frac{dp}{dy}+p^2=0,$$

分离变量并积分

$$\int\frac{pdp}{1+p^2}=-\int\frac{dy}{y},$$

得

$$\frac{1}{2}\ln(1+p^2)=-\ln|y|+\frac{1}{2}\ln|C_1|,$$

$$(1+p^2)y^2=C_1,$$

即

$$\frac{dy}{dx}=p=\pm\frac{\sqrt{C_1-y^2}}{y}.$$

分离变量

$$\pm\frac{ydy}{\sqrt{C_1-y^2}}=dx,$$

两边积分，得

$$\mp\sqrt{C_1-y^2}=x+C_2.$$

故所给方程的通解为

$$(x+C_2)^2+y^2=C_1.$$

例 6 求微分方程

$$y''=(y')^3+y'$$

的通解.

解 此方程属于 $y''=f(y,y')$ 型微分方程，设 $\frac{dy}{dx}=p$，又 $\frac{d^2y}{dx^2}=p\frac{dp}{dy}$，所给微分方程化为

$$p\frac{dp}{dy}=p^3+p,$$

$p=0$ 时，$y=C$；$p\neq 0$ 时，$\frac{dp}{dy}=p^2+1$. 分离变量并积分 $\int\frac{dp}{p^2+1}=\int dy$ 得

$$\arctan p=y+C_1,$$

$$\frac{dy}{dx}=p=\tan(y+C_1).$$

再分离变量

$$\cot(y+C_1)\mathrm{d}y = \mathrm{d}x,$$

积分得所给方程的通解

$$\ln|\sin(y+C_1)| = x + \ln|C_2|,$$

即

$$\sin(y+C_1) = C_2 \mathrm{e}^x.$$

例 6 中微分方程既不显含 x，也不显含 y. 故既属于 $y'' = f(x,y')$ 型微分方程，也属于 $y'' = f(y,y')$ 型方程.

若看成 $y'' = f(x,y')$ 型方程，设 $\frac{\mathrm{d}y}{\mathrm{d}x} = p$，又 $\frac{\mathrm{d}^2 y}{\mathrm{d}x^2} = \frac{\mathrm{d}p}{\mathrm{d}x}$，方程化为

$$\frac{\mathrm{d}p}{\mathrm{d}x} = p^3 + p.$$

分离变量，并积分 $\int \frac{\mathrm{d}p}{p(p^2+1)} = \int \mathrm{d}x$ 得

$$\ln\left|\frac{p}{\sqrt{p^2+1}}\right| = x + \ln|C|, \quad \frac{p}{\sqrt{p^2+1}} = C\mathrm{e}^x,$$

即

$$\frac{y'}{\sqrt{y'^2+1}} = C\mathrm{e}^x.$$

解此一阶微分方程较困难.

例 7　一平面曲线经过原点 O，其上任一点 M 处的切线与横轴交于点 T，由点 M 向横轴作垂线，垂足为 P，已知三角形 MTP 的面积与曲边三角形 OMP 的面积成正比 $\left(\text{比例系数 } k > \frac{1}{2}\right)$，求此曲线的方程.

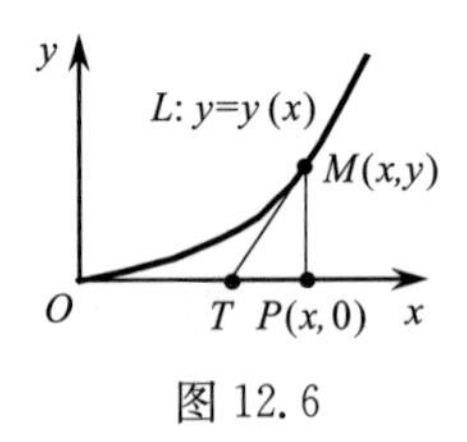

图 12.6

解　设所求曲线 L 的方程为 $y = y(x)$（图 12.6）. 那么，$y(0) = 0$，且曲线 L 上任一点 $M(x,y)$ 处的切线 MT 的方程为

$$Y - y = y'(x)(X - x).$$

令 $Y = 0$，得到切线与 x 轴交点 T 的横坐标

$$X = x - \frac{y}{y'}.$$

因此，点 T 的坐标为 $\left(x - \frac{y}{y'}, 0\right)$.

依题意，三角形 MTP 的面积是曲边三角形 OMP 面积的 k 倍，即

$$\frac{1}{2}\left[x - \left(x - \frac{y}{y'}\right)\right]y = k\int_0^x y(t)\mathrm{d}t,$$

$$\frac{y^2}{2y'} = k\int_0^x y(t)\mathrm{d}t.$$

方程两端对 x 求导数，得

$$\frac{2yy'^2 - y^2y''}{2(y')^2} = ky,$$

消去 y（$y=0$ 不合题意），整理即得所求曲线满足的微分方程

$$(2-2k)y'^2 = yy''. \tag{12.33}$$

这是 $y''=f(y,y')$ 型的可降阶的微分方程，令 $\frac{\mathrm{d}y}{\mathrm{d}x}=p$，则 $\frac{\mathrm{d}^2y}{\mathrm{d}x^2}=p\frac{\mathrm{d}p}{\mathrm{d}y}$，代入微分方程(12.33)，得

$$(2-2k)p^2 = yp\frac{\mathrm{d}p}{\mathrm{d}y},$$

消去 $p\left(p=\frac{\mathrm{d}y}{\mathrm{d}x}=0\text{ 不合题意}\right)$，分离变量并积分

$$(2-2k)\int\frac{\mathrm{d}y}{y} = \int\frac{\mathrm{d}p}{p},$$

得

$$(2-2k)\ln|y| = \ln|p| - \ln|C|.$$

$$\frac{\mathrm{d}y}{\mathrm{d}x} = p = Cy^{2-2k},$$

于是

$$y^{2k-2}\mathrm{d}y = C\mathrm{d}x,$$

$$y^{2k-1} = C_1x + C_2 \quad (\text{其中 } C_1 = (2k-1)C).$$

由条件 $y(0)=0$，得 $C_2=0$，故所求曲线的方程为

$$y^{2k-1} = C_1x \quad \left(k>\frac{1}{2}\right).$$

习题 12-5

1. 求下列微分方程的通解：

(1) $y''=\cos 2x$；　(2) $y'''=x+\mathrm{e}^{2x}$；

(3) $(1+x^2)y''+(y')^2+1=0$；　(4) $xy''=y'(\ln y'-\ln x)$；

(5) $y''(\mathrm{e}^x+1)+y'=0$；　*(6) $y''=(1+y'^2)^{\frac{3}{2}}$；

(7) $1+(y')^2=2yy''$；　(8) $y''+y'^2=2\mathrm{e}^{-y}$.

2. 求下列微分方程满足所给初始条件的特解：

(1) $xy''-y'=x^2$，$y|_{x=1}=1$，$y'|_{x=1}=0$；

(2) $2(y')^2=y''(y-1)$，$y|_{x=1}=2$，$y'|_{x=1}=-1$；

*(3) $xy''+x(y')^2-y'=0$，$y|_{x=2}=2$，$y'|_{x=2}=1$；

(4) $y^3y''+1=0$，$y|_{x=1}=1$，$y'|_{x=1}=0$；

*(5) $y''=e^{2y}$，$y|_{x=0}=y'|_{x=0}=0$.

3. 已知某曲线 $y=f(x)$ 满足微分方程

$$yy''+(y')^2=1,$$

并且与另一曲线 $y=e^{-x}$ 相切于点(0,1)，求此曲线的方程.

*4. 求曲率半径为 R 的曲线方程.

*5. 在地面上以初速度 v_0 铅直向上射出一物体，设地球引力与物体到地心的距离平方成反比，求物体可能达到的最大高度(不计空气阻力，地球半径 $R=6370$ km).

第六节 线性微分方程解的结构

在实际问题中，常遇到高阶线性微分方程，即关于未知函数及其各阶导数均为一次的方程. ***n* 阶线性微分方程**的一般形式是

$$y^{(n)}+p_1(x)y^{(n-1)}+\cdots+p_n(x)y=f(x). \tag{12.34}$$

当 $f(x)\equiv 0$ 时，称方程(12.34)为**齐次线性微分方程**，当 $f(x)\not\equiv 0$ 时，称其为**非齐次线性微分方程**. 在本节和下节的讨论中将以二阶线性微分方程为主，介绍微分方程解的性质、结构及一些特殊的线性方程的解法.

一、二阶线性微分方程举例

例(弹簧振动方程) 设一弹簧上端固定，下端挂一质量为 m 的物体. 当物体处于静止状态时，物体所受的重力和弹簧对它的拉力大小相等，方向相反. 此时物体所处的位置就是平衡位置，将其取为坐标原点，并取 x 轴铅直向下(图 12.7).

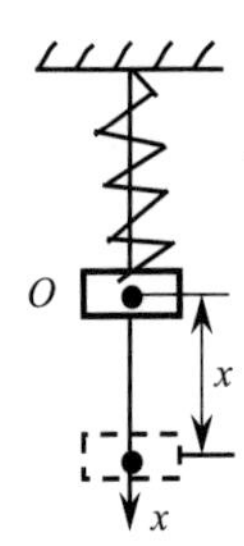

图 12.7

若使物体具有一个初速度 $v_0\neq 0$，那么物体就会偏离平衡位置，上下振动. 设 t 时刻物体所在位置为 x，即 $x=x(t)$. 并假设物体在运动过程中受到阻尼介质(如空气、油)的阻力 R 的作用. 试求物体运动所满足的微分方程.

物体所受外力由两部分组成，一是弹簧的弹性恢复力 f，再就是阻力 R. 由胡克定律，弹性恢复力与弹簧的形变成正比，即与物体离开平衡位置的位移 x 成正比：

$$f=-cx \quad (c>0),$$

其中 c 为弹簧的弹性系数，负号表示弹性恢复力的方向和物体位移的方向相反.

另外，实验表明，当物体运动速度不大时，所受的阻力与速度成正比：

$$R=-\mu\frac{dx}{dt} \quad (\mu>0),$$

这里 μ 为阻尼系数,取负号是因为阻力的方向总与物体运动速度的方向相反.

根据牛顿第二定律有

$$m\frac{\mathrm{d}^2x}{\mathrm{d}t^2}=-cx-\mu\frac{\mathrm{d}x}{\mathrm{d}t},$$

即

$$\frac{\mathrm{d}^2x}{\mathrm{d}t^2}+\frac{\mu}{m}\frac{\mathrm{d}x}{\mathrm{d}t}+\frac{c}{m}x=0. \tag{12.35}$$

这就是在有阻尼的情况下,物体的**有阻尼自由振动微分方程**.

如果物体在振动过程中,还受到铅直方向的干扰力

$$F=H\sin pt$$

的作用,则可得物体的**有阻尼强迫振动微分方程**:

$$\frac{\mathrm{d}^2x}{\mathrm{d}t^2}+\frac{\mu}{m}\frac{\mathrm{d}x}{\mathrm{d}t}+\frac{c}{m}x=\frac{H}{m}\sin pt. \tag{12.36}$$

方程(12.36)更一般的形式为

$$y''+p(x)y'+q(x)y=f(x), \tag{12.37}$$

称其为**二阶线性微分方程**.当方程右端 $f(x)\equiv 0$ 时,方程称为**齐次**的,当 $f(x)\not\equiv 0$ 时,方程称为**非齐次**的.那么,方程(12.36)是二阶非齐次线性微分方程,方程(12.35)是二阶齐次线性微分方程.要进一步讨论本例中的振动问题,就需要求解二阶线性微分方程.为此,先来讨论二阶线性微分方程解的性质.

二、齐次线性微分方程解的结构

二阶齐次线性微分方程的一般形式为

$$y''+p(x)y'+q(x)y=0, \tag{12.38}$$

它的解有如下重要的性质.

定理 12.1 　如果 $y_1(x)$, $y_2(x)$ 是二阶齐次线性微分方程(12.38)的两个解,则它们的线性组合

$$y=C_1y_1(x)+C_2y_2(x)$$

也是齐次线性微分方程(12.38)的解,其中 C_1, C_2 为任意常数.

证

$$y_1''+p(x)y_1'+q(x)y_1=0,$$
$$y_2''+p(x)y_2'+q(x)y_2=0,$$

将这两式的两端分别乘以 C_1, C_2,再相加得

$$(C_1y_1+C_2y_2)''+p(x)(C_1y_1+C_2y_2)'+q(x)(C_1y_1+C_2y_2)=0,$$

即 $y=C_1y_1+C_2y_2$ 是齐次线性微分方程(12.38)的解.

这一性质表明,二次齐次线性微分方程的解符合线性叠加原理.对于 n 阶齐次线性微分方程,这个定理也成立.

定理 12.1 表明,由二阶齐次线性微分方程(12.38)的两个特解 $y_1(x)$ 和

$y_2(x)$,可以构造出无穷多个新的解

$$y = C_1 y_1(x) + C_2 y_2(x).$$

此式从形式上来看含有两个任意常数,但它不一定是方程(12.38)的通解.例如,设 $y_1(x)$ 是(12.38)的解,则 $y_2(x) = 5y_1(x)$ 也是(12.38)的解,这时 $y = C_1 y_1(x) + C_2 y_2(x)$ 是微分方程(12.38)的解,但不是通解.因此可以将 y 改写为

$$\begin{aligned} y &= C_1 y_1(x) + C_2 y_2(x) = C_1 y_1(x) + 5C_2 y_1(x) \\ &= (C_1 + 5C_2) y_1(x) = C y_1(x). \end{aligned}$$

由 C_1 及 C_2 的任意性知 C 是任意常数,但此解中只含一个独立的任意常数,故 y 不是(12.38)的通解.

要解决微分方程(12.38)的通解问题.需要引入函数的线性相关与线性无关的概念.

定义 12.3　设函数 $y_1(x), y_2(x), \cdots, y_n(x)$ 均在区间 I 上有定义.若存在 n 个不全为零的常数 $k_1, k_2, \cdots, k_n$,使得在该区间内恒有

$$k_1 y_1 + k_2 y_2 + \cdots + k_n y_n \equiv 0$$

成立,那么称函数 $y_1(x), y_2(x), \cdots, y_n(x)$ 在区间 I 上**线性相关**,否则称为**线性无关**.

例如,函数组 $1, \cos 2x, \sin^2 x$ 在整个数轴上线性相关,因为取常数 $k_1 = 1, k_2 = -1, k_3 = -2$,有恒等式

$$1 - \cos 2x - 2\sin^2 x \equiv 0.$$

又如函数 $1, x, x^2, \cdots, x^n$ 在任意区间内线性无关.事实上,如果 $k_0, k_1, \cdots, k_n$ 不全为零,那么在该区间内 n 次多项式

$$k_0 + k_1 x + \cdots + k_n x^n$$

最多有 n 个零点,而要使上式恒等于零,必须 $k_0 = k_1 = \cdots = k_n = 0$.

对于两个函数 $y_1(x)$, $y_2(x)$,若 $\dfrac{y_1(x)}{y_2(x)} = k$($k$ 为常数),那么,函数 $y_1(x)$, $y_2(x)$ 线性相关;若 $\dfrac{y_1(x)}{y_2(x)} \neq k$,即一个函数不是另一个函数的常数倍,那么,$y_1(x)$, $y_2(x)$ 线性无关.当 $y_1(x)$, $y_2(x)$ 线性无关,并且都是微分方程(12.38)的解时,便可用 $y_1(x)$, $y_2(x)$ 来构造方程的通解.

定理 12.2　如果函数 $y_1(x)$ 和 $y_2(x)$ 是二阶齐次线性微分方程(12.38)的两个线性无关的特解,则 $y = C_1 y_1(x) + C_2 y_2(x)$ 是方程(12.38)的通解(C_1, C_2 为任意常数).

容易验证,$y_1 = e^x$, $y_2 = e^{2x}$ 是微分方程 $y'' - 3y' + 2y = 0$ 的两个特解,又 $\dfrac{y_2(x)}{y_1(x)} = e^x \neq$ 常数,所以函数

$$y = C_1 e^x + C_2 e^{2x}$$

是方程 $y'' - 3y' + 2y = 0$ 的通解.

定理 12.2 可以推广到 n 阶齐次线性微分方程的情形：

如果 $y_1(x), y_2(x), \cdots, y_n(x)$ 是齐次线性微分方程

$$y^{(n)} + p_1(x)y^{(n-1)} + \cdots + p_{n-1}(x)y' + p_n(x)y = 0$$

的 n 个线性无关的特解，则

$$y = C_1 y_1(x) + C_2 y_2(x) + \cdots + C_n y_n(x)$$

是此方程的通解.

下面讨论非齐次线性微分方程解的结构.

三、非齐次线性微分方程解的结构

在第二节中已经看到，一阶非齐次线性微分方程的通解由两部分组成，一部分是对应齐次方程的通解，另一部分是非齐次方程本身的一个特解. 通解的这一结构不仅适用于一阶方程，也适用于二阶或更高阶的非齐次线性微分方程.

定理 12.3　设 $y^*(x)$ 是二阶非齐次线性微分方程(12.37)

$$y'' + p(x)y' + q(x)y = f(x)$$

的一个特解，$Y(x)$ 是对应的齐次方程(12.38) 的通解，则

$$y = Y(x) + y^*(x)$$

是二阶非齐次线性微分方程(12.37) 的通解.

证　由条件知

$$y^{*\prime\prime} + p(x)y^{*\prime} + q(x)y^* = f(x),$$
$$Y'' + p(x)Y' + q(x)Y = 0,$$

两式相加，得

$$(Y + y^*)'' + p(x)(Y + y^*)' + q(x)(Y + y^*) = f(x),$$

即 $y = Y + y^*$ 是方程(12.37) 的解.

又 $Y = C_1 y_1 + C_2 y_2$ 是对应齐次方程的通解，含有两个相互独立的任意常数. 因此，$y = Y + y^*$ 中也含有两个相互独立的任意常数，从而它是二阶非齐次线性微分方程(12.37) 的通解.

例如，对于二阶非齐次线性微分方程 $y'' - 3y' + 2y = e^{3x}$，已知对应的齐次方程 $y'' - 3y' + 2y = 0$ 的通解为 $Y = C_1 e^x + C_2 e^{2x}$，又容易验证 $y^* = \frac{1}{2}e^{3x}$ 是所给方程的一个特解，故

$$y = C_1 e^x + C_2 e^{2x} + \frac{1}{2}e^{3x}$$

是所给方程的通解.

定理 12.3 的结论可以推广到 n 阶非齐次线性微分方程中去.

求非齐次线性微分方程的特解有时要用到以下定理.

定理 12.4　设非齐次线性微分方程(12.37)的右端函数 $f(x)$ 是 n 个函数之和,即

$$y''+p(x)y'+q(x)y=f_1(x)+f_2(x)+\cdots+f_n(x), \tag{12.39}$$

而 y_k^* 是方程

$$y''+p(x)y'+q(x)y=f_k(x)\quad (k=1,2,\cdots,n)$$

的特解,则 $y^*=y_1^*+y_2^*+\cdots+y_n^*$ 是方程(12.39)的特解.

这个定理也称为非齐次线性微分方程**解的叠加原理**.其证明是容易的,此处略.

由以上二阶线性微分方程通解结构的讨论可以看出,求非齐次方程(12.37)的通解可归结为求对应齐次方程中的两个线性无关的解 y_1,y_2,以及原非齐次方程的一个解 y^*.一般地说,没有通用的方法求 y_1, y_2 及 y^*.在下一节中,将对特殊的 $p(x),q(x)$ 及 $f(x)$ 介绍求 y_1, y_2 及 y^* 的方法.

当已知二阶齐次线性微分方程(12.38)的一个非零解 $y_1(x)$,要求与 $y_1(x)$ 线性无关的另一解 $y_2(x)$ 时,只需令 $y_2(x)=u(x)y_1(x)$ $\left(因\dfrac{y_2(x)}{y_1(x)}\neq 常数\right)$,再将 $y_2(x)$ 代入方程 $y''+p(x)y'+q(x)y=0$,得到待定函数 $u(x)$ 满足的微分方程,解出 $u(x)$,便得与 $y_1(x)$ 线性无关的另一解 $y_2(x)$,从而求得其通解 $y=C_1y_1(x)+C_2y_2(x)$.

习题 12-6

1. 判断下列函数组在其定义区间内是线性相关的还是线性无关的:

(1) e^x, e^{x+1};　　(2) e^{ax}, $e^{bx}\ (a\neq b)$;

(3) $\sin^2 x$, $\cos^2 x$;　　(4) $\sin 2x$, $\sin x\cos x$;

(5) x, $\ln x$;　　(6) e^{x^2}, $x^2e^{x^2}$;

(7) $e^x\cos 2x$, $e^x\sin 2x$.

2. 验证 $y_1=e^{x^2}$ 及 $y_2=xe^{x^2}$ 都是微分方程 $y''-4xy'+(4x^2-2)y=0$ 的解,并写出该方程的通解.

3. 验证下列函数都是所给方程的解,指出哪些是通解:

(1) $y''+5y'+4y=3-2x$, $y=C_1e^{-x}+C_2e^{-4x}+\dfrac{11}{8}-\dfrac{x}{2}$;

(2) $y''-4y=4$, $y=C_1e^{2x}+C_2e^{2x-1}-1$;

(3) $x^2y''-2xy'+2y=0$, $y=x(C_1+C_2x)$;

(4) $y''+16y=0$, $y=C_1\sin 4x+C_2\sin 2x\cos 2x$;

*(5) $xy''+2y'-xy=e^x$, $y=\dfrac{1}{x}(C_1e^x+C_2e^{-x})+\dfrac{e^x}{2}$.

4. 已知二阶非齐次线性微分方程的两个特解为

$$y_1^*=1+x+x^3,\quad y_2^*=2-x+x^3,$$

相应的齐次方程的一个特解为 $y_1=x$,求该方程满足初始条件 $y(0)=5$, $y'(0)=-2$ 的特解.

*5. 设二阶齐次线性方程 $y''+p(x)y'+q(x)y=0$,其中 $p(x)$, $q(x)$ 为连续函数,求证:

(1) 如果 $p(x)+xq(x)=0$,则 $y=x$ 为二阶齐次线性方程的特解;

(2) 如果存在常数 α,使 $\alpha^2+\alpha p(x)+q(x)=0$,则 $y=e^{\alpha x}$ 为二阶齐次线性方程的特解.

*6. 已知 $y_1(x)=x$ 是齐次线性微分方程

$$(x^2+4)y''-2xy'+2y=0$$

的一个解,求此方程的通解.

第七节　二阶常系数齐次线性微分方程

如果方程(12.34)中的 $p_1,p_2,\cdots,p_n$ 都是常数,即方程成为

$$y^{(n)}+p_1y^{(n-1)}+\cdots+p_{n-1}y'+p_ny=f(x)$$

称为 ***n* 阶常系数线性微分方程**.求这种方程对应的齐次方程的通解,不需要进行积分,只要利用代数方法即可求解.我们以二阶常系数齐次线性方程为例说明其解法.

二阶常系数齐次线性微分方程的一般形式为

$$y''+py'+qy=0,\tag{12.40}$$

其中 p, q 为常数.由解的结构定理知,只要求出方程(12.40)的两个线性无关的解 y_1 与 y_2,就可得到其通解 $y=C_1y_1+C_2y_2$.那么,怎样求出微分方程(12.40)的两个线性无关的解呢?

可以设想此方程有指数函数形式的解 $y=e^{rx}$.这是因为指数函数 $y=e^{rx}$ 求导后仍为指数函数,代入方程左端后成为同一指数函数的线性组合,容易选择适当的 r,使 $y=e^{rx}$ 满足方程.

下面讨论如何选取 r,使 $y=e^{rx}$ 是方程(12.40)的解.

将 $y=e^{rx}$, $y'=re^{rx}$, $y''=r^2e^{rx}$ 代入方程(12.40)得

$$(r^2+pr+q)e^{rx}=0,$$

由于 $e^{rx}\neq 0$,所以有

$$r^2+pr+q=0.\tag{12.41}$$

这说明,只要 r 是代数方程(12.41)的根,则函数 $y=e^{rx}$ 就是微分方程(12.40)的解.于是,微分方程(12.40)的求解问题,就转化为代数方程(12.41)的求解问题.称代数方程(12.41)为微分方程(12.40)的**特征方程**.我们注意到,特征方程恰好是将微分方程(12.40)中的 y'', y', y 依次换成 r^2, r, 1 后所得到的代数方程,特征

方程的根

$$r_{1,2}=\frac{-p\pm\sqrt{p^2-4q}}{2},$$

称为**特征根**.

下面对于特征根的三种情形,分别加以讨论.

情形 1　特征方程有两个不相等的实根:$r_1\neq r_2(p^2-4q>0)$. 这时 e^{r_1x}, e^{r_2x} 是微分方程(12.40)的两个特解,并且$\frac{e^{r_1x}}{e^{r_2x}}=e^{(r_1-r_2)x}$不为常数,即它们是线性无关的,故微分方程(12.40)的通解为

$$y=C_1e^{r_1x}+C_2e^{r_2x}.$$

情形 2　特征方程有两个相等的实根:$r_1=r_2=\frac{-p}{2}$ $(p^2-4q=0)$. 此时,只得到微分方程(12.40)的一个特解 $y_1=e^{r_1x}$. 为了得到方程的通解,还需求一个与 y_1 线性无关的特解 y_2.

设 $y_2=u(x)y_1=u(x)e^{r_1x}$,其中 $u(x)$ 为待定函数. 将

$$y_2=ue^{r_1x},\quad y_2'=(u'+r_1u)e^{r_1x},\quad y_2''=(u''+2r_1u'+r_1^2u)e^{r_1x}$$

代入微分方程(12.40),整理得

$$e^{r_1x}[u''+(2r_1+p)u'+(r_1^2+pr_1+q)u]=0.$$

因 r_1 是特征方程的二重根,故 $r_1^2+pr_1+q=0$ 且 $2r_1+p=0$,于是得

$$u''=0,$$

因为只需求出一个不为常数的解,所以不妨取 $u=x$. 由此得到微分方程(12.40)的另一个特解

$$y_2=xe^{r_1x}.$$

那么,微分方程(12.40)的通解为

$$y=(C_1+C_2x)e^{r_1x}.$$

情形 3　特征方程有一对共轭复根:$r_{1,2}=\alpha\pm i\beta(p^2-4q<0)$. 此时,方程有两个线性无关的特解 $y_1=e^{(\alpha+i\beta)x}$ 和 $y_2=e^{(\alpha-i\beta)x}$. 但它们是复数形式的,为了得到实数解,利用欧拉公式(第十一章第八节)

$$e^{i\theta}=\cos\theta+i\sin\theta,$$

将 y_1, y_2 改写成

$$y_1=e^{(\alpha+i\beta)x}=e^{\alpha x}(\cos\beta x+i\sin\beta x),$$
$$y_2=e^{(\alpha-i\beta)x}=e^{\alpha x}(\cos\beta x-i\sin\beta x).$$

由上节定理 12.1 知,

$$Y_1=\frac{1}{2}(y_1+y_2)=e^{\alpha x}\cos\beta x,$$

$$Y_2=\frac{1}{2i}(y_1-y_2)=e^{\alpha x}\sin\beta x$$

也是微分方程(12.40)的解，且$\frac{Y_2}{Y_1}=\tan\beta x$不是常数，所以，微分方程(12.40)的通解为

$$y=e^{\alpha x}(C_1\cos\beta x+C_2\sin\beta x).$$

综上所述，求二阶常系数齐次线性微分方程

$$y''+py'+qy=0$$

通解的步骤为

第一步　写出微分方程的特征方程

$$r^2+pr+q=0;$$

第二步　求出特征方程的两个根 r_1，r_2；

第三步　根据两个特征根的不同情形，按照下表写出微分方程(12.40)的通解.

特征方程 $r^2+pr+q=0$ 的两个根 r_1,r_2	微分方程 $y''+py'+qy=0$ 的通解
(1) 两个不相等的实根 $r_1\neq r_2$	$y=C_1e^{r_1x}+C_2e^{r_2x}$
(2) 两个相等的实根 $r_1=r_2$	$y=(C_1+C_2x)e^{r_1x}$
(3) 一对共轭复根 $r_{1,2}=\alpha\pm i\beta(\beta\neq 0)$	$y=e^{\alpha x}(C_1\cos\beta x+C_2\sin\beta x)$

例 1　求微分方程 $y''+y'-2y=0$ 的通解.

解　所给微分方程的特征方程为

$$r^2+r-2=0.$$

特征根 $r_1=-2$，$r_2=1$ 为两个不相同的实根，所以方程的通解为

$$y=C_1e^{-2x}+C_2e^x.$$

例 2　求微分方程 $y''+25y=0$ 满足初始条件 $y|_{x=0}=2$，$y'|_{x=0}=5$ 的特解.

解　特征方程为 $r^2+25=0$，特征根 $r_{1,2}=\pm 5i$ 为一对共轭复根，故所给方程的通解为

$$y=C_1\cos 5x+C_2\sin 5x.$$

由 $y|_{x=0}=2$ 得 $C_1=2$. 而

$$y'=-5C_1\sin 5x+5C_2\cos 5x.$$

再由 $y'|_{x=0}=5$，得 $C_2=1$，故所求特解为

$$y=2\cos 5x+\sin 5x.$$

例 3　求微分方程

$$\frac{d^2x}{dt^2}+\lambda x=0\quad(\lambda\text{ 为常数})$$

的通解.

解 特征方程为 $r^2+\lambda=0$，特征根 $r_{1,2}=\pm\sqrt{-\lambda}$. 下面分三种情况讨论.

(1) 若 $\lambda<0$，则 $r_{1,2}=\pm\sqrt{-\lambda}$ 为两个不相等的实根，因此，方程的通解为

$$x=C_1\mathrm{e}^{\sqrt{-\lambda}t}+C_2\mathrm{e}^{-\sqrt{-\lambda}t}.$$

(2) 若 $\lambda=0$，则 $r=0$ 为二重实根，方程的通解为

$$x=C_1+C_2t.$$

(3) 若 $\lambda>0$，则 $r_{1,2}=\pm\sqrt{\lambda}\mathrm{i}$ 为一对共轭复根，故方程的通解为

$$x=C_1\cos\sqrt{\lambda}t+C_2\sin\sqrt{\lambda}t.$$

对于高阶常系数齐次线性微分方程，也可用特征根法求其通解.

n 阶常系数齐次线性微分方程的一般形式为

$$y^{(n)}+p_1y^{(n-1)}+\cdots+p_{n-1}y'+p_ny=0, \tag{12.42}$$

其中 $p_1,p_2,\cdots,p_n$ 都是常数. 求此方程的解的步骤为

第一步 写出特征方程

$$r^n+p_1r^{n-1}+\cdots+p_{n-1}r+p_n=0;$$

第二步 求出 n 个特征根 $r_1,r_2,\cdots,r_n$；

第三步 根据下表写出通解中的对应项.

特征方程的根	微分方程通解中的对应项
(1) 单实根 r	1 项：$C\mathrm{e}^{rx}$
(2) k 重实根 r	k 项：$\mathrm{e}^{rx}(C_1+C_2x+\cdots+C_kx^{k-1})$
(3) 一对单复根 $r_{1,2}=\alpha\pm\mathrm{i}\beta$	两项：$\mathrm{e}^{\alpha x}(C_1\cos\beta x+C_2\sin\beta x)$
(4) 一对 k 重复根 $r_{1,2}=\alpha\pm\mathrm{i}\beta$	$2k$ 项：$\mathrm{e}^{\alpha x}[(C_1+C_2x+\cdots+C_kx^{k-1})\cos\beta x+(D_1+D_2x+\cdots+D_kx^{k-1})\sin\beta x]$

由代数学知，一元 n 次代数方程在复数范围内有 n 个根，而特征方程的每个根都对应着通解中的一项，且每项各含有一个任意常数. 这样就得到 n 阶常系数齐次线性微分方程(12.42) 的通解：

$$y=C_1y_1+C_2y_2+\cdots+C_ny_n.$$

例 4 求微分方程 $y^{(5)}-4y^{(4)}+5y^{(3)}=0$ 的通解.

解 特征方程为

$$r^5-4r^4+5r^3=0,$$

即

$$r^3(r^2-4r+5)=0.$$

特征根为 $r_1=r_2=r_3=0$(三重根)，$r_{4,5}=2\pm\mathrm{i}$. 故所给方程的通解为

$$y=C_1+C_2x+C_3x^2+\mathrm{e}^{2x}(C_4\cos x+C_5\sin x).$$

例 5(有阻尼自由振动)　在第六节例 1(图 12.8) 中,设物体受弹性恢复力 f 和阻力 R 的作用. 试求物体的运动规律.

解　由第六节例 1 知物体的有阻尼自由振动微分方程为

$$\frac{\mathrm{d}^2 x}{\mathrm{d}t^2} + 2n\frac{\mathrm{d}x}{\mathrm{d}t} + k^2 x = 0, \tag{12.43}$$

其中

$$2n = \frac{\mu}{m}, \quad k^2 = \frac{c}{m}.$$

其特征方程

$$r^2 + 2nr + k^2 = 0$$

的根为

$$r_{1,2} = -n \pm \sqrt{n^2 - k^2}.$$

下面分三种情况讨论:

(1) **小阻尼情形**: $n < k$.

特征方程的根 $r_{1,2} = -n \pm \mathrm{i}\sqrt{k^2 - n^2}$ 是一对共轭复数,故方程(12.43) 的通解为

$$\begin{aligned} X &= \mathrm{e}^{-nt}(C_1 \cos\sqrt{k^2 - n^2}\,t + C_2 \sin\sqrt{k^2 - n^2}\,t) \\ &= A\mathrm{e}^{-nt}\sin(\omega t + \varphi), \end{aligned} \tag{12.44}$$

其中 $A = \sqrt{C_1^2 + C_2^2}$, $\varphi = \arctan\dfrac{C_1}{C_2}$, $\omega = \sqrt{k^2 - n^2}$.

由式(12.44) 可见,小阻尼情形,物体运动是周期 $T = \dfrac{2\pi}{\omega}$ 的振动. 但与简谐振动不同的是,它的振幅 $A\mathrm{e}^{-nt}$ 随时间 t 的增大而逐渐减小为零. 物体在振动过程中最终趋于平衡位置,即小阻尼情形**物体作衰减振荡运动**(图 12.8(a)).

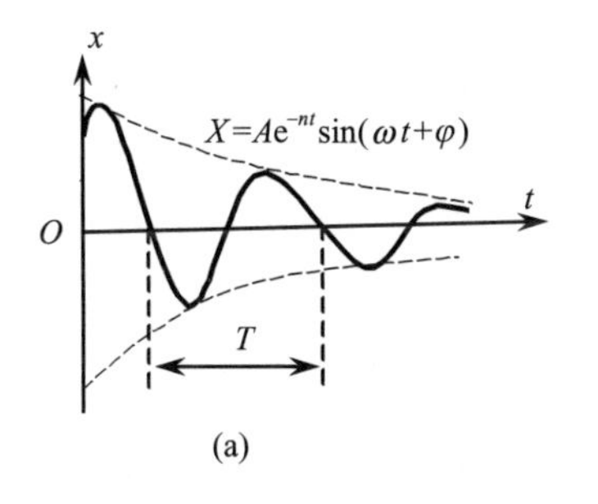

(a)

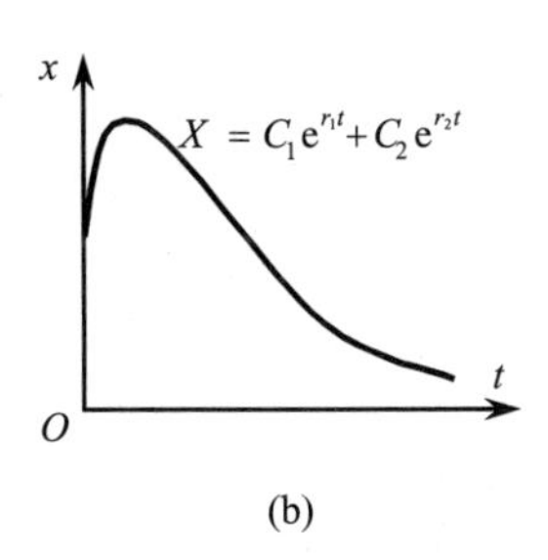

(b)

图 12.8

(2) **大阻尼情形**:$n>k$(如:油中的振动系统).

特征方程的根

$$r_1=-n-\sqrt{n^2-k^2},\quad r_2=-n+\sqrt{n^2-k^2}$$

为两个不相等的负实数根 $r_1\neq r_2$. 此时,方程(12.43)的通解为

$$X=C_1\mathrm{e}^{r_1t}+C_2\mathrm{e}^{r_2t}, \tag{12.45}$$

其中任意常数 C_1, C_2 可由初始条件确定.

由式(12.45)可见,使 $X=0$ 的 t 值最多只有一个,且 $\lim\limits_{t\to+\infty}X(t)=0$. 即大阻尼情形物体最多越过平衡位置一次就逐渐趋近其平衡位置,不再有振动发生(图12.9(b)).

(3) **临界阻尼情形**:$n=k$.

特征方程的根 $r_1=r_2=-n$ 是两个相等的实根,方程(12.43)的通解为

$$X=\mathrm{e}^{-nt}(C_1+C_2t).$$

由 $\lim\limits_{t\to+\infty}t\mathrm{e}^{-nt}=\lim\limits_{t\to+\infty}\dfrac{t}{\mathrm{e}^{nt}}=\lim\limits_{t\to+\infty}\dfrac{1}{n\mathrm{e}^{nt}}=0$,可知,当 $t\to+\infty$ 时,$X\to0$. 在临界阻尼情形,物体运动随着时间的推移而趋于平衡位置,也没有振动发生.

总之,对于有阻尼的自由振动,不论是小阻尼、大阻尼,还是临界阻尼情形,物体都随时间 t 的增大而趋于平衡位置.

以上介绍的自由振动系统属于**弹簧振动系统**,它是一个理想模型. 许多实际的振动问题,如琴弦的振动,钟摆的振动,梁的振动,交流电路中电流或电压的振荡等,其具体意义与弹簧振动系统不同,但基本规律都可以用二阶常系数齐次线性微分方程

$$\frac{\mathrm{d}^2x}{\mathrm{d}t^2}+2n\frac{\mathrm{d}x}{\mathrm{d}t}+k^2x=0$$

来刻画.

习题 12-7

1. 求下列微分方程的通解:

(1) $y''+2y'-3y=0$;　　(2) $\dfrac{\mathrm{d}^2x}{\mathrm{d}t^2}+\dfrac{\mathrm{d}x}{\mathrm{d}t}=0$;

(3) $y''+4y=0$;　　(4) $y''-6y'+9y=0$;

(5) $y''+2y'+5y=0$;　　*(6) $y''+2ay'+b^2y=0\quad(b>a>0)$;

*(7) $y'''-3y''+9y'+13y=0$;　　(8) $y^{(4)}-y=0$;

*(9) $y^{(5)}+3y^{(4)}+3y'''+y''=0$;　　*(10) $y^{(4)}+2y''+y=0$.

2. 求下列微分方程初值问题的解:

(1) $y''-y=0,\ y|_{x=0}=0,\ y'|_{x=0}=1$;

(2) $y''+4y'+13y=0$，$y|_{x=0}=0$，$y'|_{x=0}=3$；

(3) $y''+4y'+4y=0$，$y|_{x=0}=1$，$y'|_{x=0}=1$；

(4) $y'''+9y'=0$，$y|_{x=0}=1$，$y'|_{x=0}=0$，$y''|_{x=0}=0$；

*(5) $y^{(4)}-a^4y=0\quad(a>0)$. $y|_{x=0}=1$，$y'|_{x=0}=0$，$y''|_{x=0}=-a^2$，$y'''|_{x=0}=0$.

第八节　二阶常系数非齐次线性微分方程

一、二阶常系数非齐次线性微分方程

二阶常系数非齐次线性微分方程的一般形式为

$$y''+py'+qy=f(x),\tag{12.46}$$

其中 p,q 为常数，$f(x)$ 为方程(12.46)的非齐次项.

由线性微分方程解的结构定理12.3，微分方程(12.46)的通解 y 是对应的齐次方程(12.40)

$$y''+py'+qy=0$$

的通解 Y 与方程(12.46)本身的一个特解 y^* 之和. 即

$$y=Y+y^*.$$

由于齐次方程(12.40)通解的求法已讲过，故只需讨论求非齐次方程(12.46)的特解 y^* 的方法.

这里只对方程(12.46)的非齐次项 $f(x)$ 为两种常见形式时，给出求特解 y^* 的**待定系数法**.

(1) $f(x)=P_m(x)e^{\lambda x}$；

(2) $f(x)=e^{\lambda x}[P_l(x)\cos\omega x+P_n(x)\sin\omega x]$，

其中 $P_m(x)$，$P_l(x)$，$P_n(x)$ 分别为 x 的 m，l，n 次多项式，λ，ω 为常数.

待定系数法的特点是不需要通过积分即可求出特解 y^*. 此方法主要是利用多项式、指数函数及正弦(余弦)函数，它们的导数仍具有同一类型的函数形式，并结合特征根与非齐次项 $f(x)$ 的具体情况，先确定出特解 y^* 的形式，再把 y^* 代入方程求出 y^* 中的待定常数.

下面分别介绍 $f(x)$ 为上述两种形式时 y^* 的求法.

1. $f(x)=P_m(x)e^{\lambda x}$

$P_m(x)$ 代表 m 次多项式. 由于多项式与指数函数乘积的导数仍为多项式与指数函数的乘积，所以，设想

$$y^*=Q(x)e^{\lambda x}\quad(Q(x)\text{ 是待定多项式})$$

是方程(12.46)的特解. 下面将 y^*，$y^{*\prime}$，$y^{*\prime\prime}$ 代入方程，再选择适当的 $Q(x)$，使 $y^*=Q(x)e^{\lambda x}$ 满足方程(12.46). 为此，将

$$y^{*}=Q(x)e^{\lambda x},$$
$$y^{*\prime}=[Q'(x)+\lambda Q(x)]e^{\lambda x},$$
$$y^{*\prime\prime}=[Q''(x)+2\lambda Q'(x)+\lambda^2 Q(x)]e^{\lambda x},$$

代入方程(12.46),并消去 $e^{\lambda x}$,得

$$Q''(x)+(2\lambda+p)Q'(x)+(\lambda^2+p\lambda+q)Q(x)=P_m(x). \tag{12.47}$$

(1) 如果 $\lambda^2+p\lambda+q\neq 0$,即 λ 不是特征方程 $r^2+pr+q=0$ 的根,由于右端 $P_m(x)$ 是 m 次多项式,要使式(12.47) 成立,可令 $Q(x)$ 为另一个 m 次多项式

$$Q(x)=Q_m(x)=a_0x^m+a_1x^{m-1}+\cdots+a_{m-1}x+a_m,$$

其中 $a_0,a_1,\cdots,a_m$ 为待定常数. 可通过代入方程(12.46) 后,比较两端同次幂的系数来确定.

(2) 如果 $\lambda^2+p\lambda+q=0$,但 $2\lambda+p\neq 0$,即 λ 是特征方程 $r^2+pr+q=0$ 的单根. 要使式(12.47) 左端为 m 次多项式,那么,$Q'(x)$ 必须是 m 次多项式. 故可令

$$Q(x)=xQ_m(x)=x(a_0x^m+a_1x^{m-1}+\cdots+a_{m-1}x+a_m),$$

并用与(1) 同样的方法确定 $Q_m(x)$ 的系数 $a_0,a_1,\cdots,a_m$.

(3) 如果 $\lambda^2+p\lambda+q=0$,且 $2\lambda+p=0$,即 λ 是特征方程 $r^2+pr+q=0$ 的二重根,要使(12.47) 左端为 m 次多项式,那么,$Q''(x)$ 必须是 m 次多项式. 故可令

$$Q(x)=x^2Q_m(x)=x^2(a_0x^m+a_1x^{m-1}+\cdots+a_m),$$

同样可确定 $Q_m(x)$ 的系数.

总之,当非齐次项 $f(x)=P_m(x)e^{\lambda x}$ 时,方程 $y''+py'+qy=f(x)$ 的**特解形式**为

$$y^{*}=x^kQ_m(x)e^{\lambda x},$$

其中,k 取 0,1 或 2,视 λ 不是特征方程的根、单根或二重根而定,$Q_m(x)$ 是与 $P_m(x)$ 同次(m 次) 的多项式.

例 1　微分方程 $y''-4y'+4y=f(x)$ 的特解 y^{*} 具有什么形式? 其中非齐次项 $f(x)$ 为

(1) $f(x)=x$;　　(2) $f(x)=e^{2x}$;

(3) $f(x)=x^2e^x$.

解　所给方程对应的齐次方程为 $y''-4y'+4y=0$,特征方程 $r^2-4r+4=0$ 的根为 $r_1=r_2=2$.

(1) $f(x)=x$ 属于 $f(x)=P_m(x)e^{\lambda x}$ 型,$m=1$, $\lambda=0$. 由于 $\lambda=0$ 不是特征根,故取 $k=0$,方程的特解 y^{*} 具有形式:

$$y^{*}=x^0(Ax+B)e^{0x}=Ax+B.$$

(2) $f(x)=e^{2x}$ 属于 $f(x)=P_m(x)e^{\lambda x}$ 型,$m=0$, $\lambda=2$. 由于 $\lambda=2$ 是特征方程的二重根,故取 $k=2$. 方程的特解 y^{*} 具有形式:

$$y^{*}=x^2Ae^{2x}.$$

(3) $f(x)=x^2\mathrm{e}^x$ 属于 $f(x)=P_m(x)\mathrm{e}^{\lambda x}$ 型，$m=2$，$\lambda=1$. 由于 $\lambda=1$ 不是特征根，取 $k=0$，方程的特解 y^* 具有形式：

$$y^*=x^0(Ax^2+Bx+C)\mathrm{e}^x=(Ax^2+Bx+C)\mathrm{e}^x.$$

例 2　求微分方程

$$y''-y'=2x+1$$

的特解 y^*.

解　方程的非齐次项 $f(x)=2x+1$，属于 $f(x)=P_m(x)\mathrm{e}^{\lambda x}$ 型，$m=1$，$\lambda=0$.

由于特征方程 $r^2-r=0$ 的根为 $r_1=0$，$r_2=1$.

故设特解 $y^*=x(Ax+B)$ ($\lambda=0$ 为单根，取 $k=1$)，求导数

$$y^{*\prime}=2Ax+B,\quad y^{*\prime\prime}=2A.$$

代入方程得

$$2A-(2Ax+B)=2x+1,$$

比较系数，得

$$\begin{cases}-2A=2,\\2A-B=1.\end{cases}$$

解得 $A=-1$，$B=-3$. 从而特解为

$$y^*=-x^2-3x.$$

例 3　求微分方程

$$y''+a^2y=\mathrm{e}^x\quad(a\neq 0)$$

的通解.

解　先求对应齐次方程 $y''+a^2y=0$ 的通解. 其特征方程 $r^2+a^2=0$ 的根为 $r_{1,2}=\pm a\mathrm{i}$. 故对应齐次方程的通解为

$$Y=C_1\cos ax+C_2\sin ax.$$

设非齐次方程的特解为

$$y^*=x^0A\mathrm{e}^x=A\mathrm{e}^x\quad(\lambda=1\text{ 非特征根，故取 }k=0),$$

那么，$y^{*\prime}=y^{*\prime\prime}=A\mathrm{e}^x$，代入方程得

$$A\mathrm{e}^x+a^2A\mathrm{e}^x=\mathrm{e}^x.$$

即

$$A+a^2A=1,\quad A=\frac{1}{1+a^2}.$$

于是，特解 $y^*=\frac{1}{1+a^2}\mathrm{e}^x$. 从而非齐次方程的通解为

$$y=C_1\cos ax+C_2\sin ax+\frac{1}{1+a^2}\mathrm{e}^x.$$

2. $f(x) = e^{\lambda x}[P_l(x)\cos\omega x + P_n(x)\sin\omega x]$

利用欧拉公式,将三角函数表示为复指数函数的形式,有

$$\begin{aligned} f(x) &= e^{\lambda x}[P_l(x)\cos\omega x + P_n(x)\sin\omega x] \\ &= e^{\lambda x}\left[P_l(x)\frac{e^{i\omega x}+e^{-i\omega x}}{2} + P_n(x)\frac{e^{i\omega x}-e^{-i\omega x}}{2i}\right] \\ &= \left[\frac{P_l(x)}{2} + \frac{P_n(x)}{2i}\right]e^{(\lambda+i\omega)x} + \left[\frac{P_l(x)}{2} - \frac{P_n(x)}{2i}\right]e^{(\lambda-i\omega)x} \\ &= P(x)e^{(\lambda+i\omega)x} + \bar{P}(x)e^{(\lambda-i\omega)x}, \end{aligned}$$

其中

$$P(x) = \frac{P_l(x)}{2} + \frac{P_n(x)}{2i} = \frac{P_l(x)}{2} - i\frac{P_n(x)}{2},$$

$$\bar{P}(x) = \frac{P_l(x)}{2} - \frac{P_n(x)}{2i} = \frac{P_l(x)}{2} + i\frac{P_n(x)}{2}$$

是互为共轭的 m 次复系数多项式(即它们对应项的系数是共轭复数),而 $m = \max\{l,n\}$.

记 $f_1(x) = P(x)e^{(\lambda+i\omega)x}$, $f_2(x) = \bar{P}(x)e^{(\lambda-i\omega)x}$,则

$$f(x) = f_1(x) + f_2(x).$$

为求方程(12.46)的特解 y^*,只需分别求出方程 $y'' + py' + qy = f_1(x)$ 及 $y'' + py' + qy = f_2(x)$ 的特解 y_1^* 及 y_2^*,则 $y^* = y_1^* + y_2^*$.

根据以上情形 1 的结论,并注意到 $f_2(x) = \overline{f_1}(x)$,可知方程(12.46)的特解为

$$\begin{aligned} y^* &= y_1^* + y_2^* \\ &= x^k Q_m(x)e^{(\lambda+i\omega)x} + x^k\bar{Q}_m(x)e^{(\lambda-i\omega)x} \\ &= x^k e^{\lambda x}[Q_m(x)e^{i\omega x} + \bar{Q}_m(x)e^{-i\omega x}] \\ &= x^k e^{\lambda x}[Q_m(x)(\cos\omega x + i\sin\omega x) + \bar{Q}_m(x)(\cos\omega x - i\sin\omega x)]. \end{aligned}$$

由于括号内的两项是互为共轭的,相加后即无虚部,所以可以写成实函数的形式

$$y^* = x^k e^{\lambda x}[R_m^{(1)}(x)\cos\omega x + R_m^{(2)}(x)\sin\omega x].$$

综上所述,当非齐次项 $f(x) = e^{\lambda x}[P_l(x)\cos\omega x + P_n(x)\sin\omega x]$ 时,方程 $y'' + py' + qy = f(x)$ 的**特解形式**为

$$y^* = x^k e^{\lambda x}[R_m^{(1)}(x)\cos\omega x + R_m^{(2)}(x)\sin\omega x],$$

其中 $R_m^{(1)}(x)$, $R_m^{(2)}(x)$ 均为 m 次多项式,$m = \max\{l,n\}$,而 k 按 $\lambda + i\omega$ 不是特征方程的根,或是特征方程的单根依次取 0 或 1.

以上关于常系数非齐次线性方程特解所具有的形式的结论可以推广到 n 阶常系数非齐次线性微分方程,但要注意特解形式中的 k 是特征方程中含根 $\lambda + i\omega$(或 $\lambda - i\omega$)的重复次数.

例 4　求微分方程

$$y''-2y'+5y=e^x\sin x$$

的通解.

解　对应齐次方程 $y''-2y'+5y=0$ 的特征方程为 $r^2-2r+5=0$. 特征根为 $r_{1,2}=1\pm 2i$. 故对应齐次方程的通解为 $Y=e^x(C_1\cos 2x+C_2\sin 2x)$.

又 $\lambda+i\omega=1+i$ 不是特征方程的根,故可设

$$y^*=x^0e^x(D_1\cos x+D_2\sin x)$$

为所给方程的一个特解. 求得

$$y^{*\prime}=e^x(D_1+D_2)\cos x+e^x(D_2-D_1)\sin x,$$

$$y^{*\prime\prime}=e^x2D_2\cos x-e^x2D_1\sin x,$$

代入所给方程,消去 e^x,并整理得,

$$3D_1\cos x+3D_2\sin x=\sin x,$$

比较系数,得

$$\begin{cases}3D_1=0,\\3D_2=1,\end{cases}\quad\begin{cases}D_1=0,\\D_2=\dfrac{1}{3}.\end{cases}$$

于是,特解 $y^*=\dfrac{e^x}{3}\sin x$. 从而,所给方程的通解为

$$y=e^x(C_1\cos 2x+C_2\sin 2x)+\frac{e^x}{3}\sin x.$$

*二、欧拉方程

一般的变系数线性微分方程不易求解,但对一些特殊的变系数线性微分方程,可以通过变量代换化为常系数线性微分方程,欧拉方程就是较常见的一种.

欧拉方程是指形如

$$x^ny^{(n)}+p_1x^{n-1}y^{(n-1)}+\cdots+p_{n-1}xy'+p_ny=f(x)\tag{12.48}$$

的微分方程,其中 $p_1,p_2,\cdots,p_n$ 为常数.

作变量代换 $x=e^t$ 即 $t=\ln x$,将 y 看成 t 的函数,则有

$$\frac{dy}{dx}=\frac{dy}{dt}\frac{dt}{dx}=\frac{1}{x}\frac{dy}{dt},$$

$$\frac{d^2y}{dx^2}=\frac{d}{dx}\left(\frac{1}{x}\frac{dy}{dt}\right)=-\frac{1}{x^2}\frac{dy}{dt}+\frac{1}{x}\frac{d^2y}{dt^2}\frac{dt}{dx}=\frac{1}{x^2}\left(\frac{d^2y}{dt^2}-\frac{dy}{dt}\right),$$

$$\frac{d^3y}{dx^3}=\frac{d}{dx}\left[\frac{1}{x^2}\left(\frac{d^2y}{dt^2}-\frac{dy}{dt}\right)\right]$$

$$=-\frac{2}{x^3}\left(\frac{d^2y}{dt^2}-\frac{dy}{dt}\right)+\frac{1}{x^2}\left(\frac{d^3y}{dt^3}\frac{1}{x}-\frac{d^2y}{dt^2}\frac{1}{x}\right)$$

$$= \frac{1}{x^3}\left(\frac{d^3y}{dt^3} - 3\frac{d^2y}{dt^2} + 2\frac{dy}{dt}\right).$$

引入记号 $D = \frac{d}{dt}$，表示对 t 求导数的运算，则有

$$x\frac{dy}{dx} = Dy,$$

$$x^2\frac{d^2y}{dx^2} = (D^2 - D)y = D(D-1)y,$$

$$x^3\frac{d^3y}{dx^3} = (D^3 - 3D^2 + 2D)y = D(D-1)(D-2)y.$$

一般地，有 $x^k\frac{d^ky}{dx^k} = D(D-1)\cdots(D-k+1)y$，将其代入欧拉方程(12.48)，便得到以 t 为自变量的常系数线性微分方程. 求出此方程的解，再将 $t = \ln x$ 代入，即得欧拉方程(12.48) 的解.

例 5　求欧拉方程

$$x^3y''' + 2xy' - 2y = 3x \tag{12.49}$$

的通解.

解　作变换 $x = e^t$，则 $t = \ln x$. 代入方程(12.49) 可得

$$D(D-1)(D-2)y + 2Dy - 2y = 3e^t,$$

即

$$D^3y - 3D^2y + 4Dy - 2y = 3e^t,$$

或

$$\frac{d^3y}{dt^3} - 3\frac{d^2y}{dt^2} + 4\frac{dy}{dt} - 2y = 3e^t.$$

此常系数线性微分方程对应的齐次方程为 $\frac{d^2y}{dt^3} - 3\frac{d^2y}{dt^2} + 4\frac{dy}{dt} - 2y = 0$，其特征方程为

$$r^3 - 3r^2 + 4r - 2 = 0,$$

特征根为 $r_1 = 1$，$r_{2,3} = 1 \pm \mathrm{i}$. 于是，对应齐次方程的通解为

$$\begin{aligned} Y &= C_1e^t + e^t(C_2\cos t + C_3\sin t) \\ &= C_1x + x(C_2\cos\ln x + C_3\sin\ln x). \end{aligned}$$

设特解 $y^* = tAe^t = Ax\ln x$，代入所给方程，求得 $A = 3$，于是特解

$$y^* = 3x\ln x.$$

所给欧拉方程的通解为

$$y = C_1x + x(C_2\cos\ln x + C_3\sin\ln x) + 3x\ln x.$$

习题 12-8

1. 写出微分方程 $y''-y'-2y=f(x)$ 的待定特解形式 y^*，其中非齐次项 $f(x)$ 为

(1) $f(x)=x^2$；　　(2) $f(x)=e^{2x}$；

(3) $f(x)=\sin x$；　　(4) $f(x)=1+xe^{-x}$.

2. 求下列微分方程的特解：

(1) $y''+2y'=4e^{3x}$；　　(2) $y''-3y'=-6x+2$；

*(3) $y''-4y=\cos^2 x$；　　(4) $2y''-3y'-2y=e^x+e^{-x}$.

3. 求下列微分方程的通解：

(1) $2y''+y'-y=2e^x$；　　(2) $y''+4y=2\sin 2x$；

(3) $y''+5y'+4y=3-2x$；　　*(4) $y''-2y'+y=2xe^x$；

*(5) $y''+y=e^x+\cos x$.

4. 求下列微分方程初值问题的解：

(1) $y''+y=\frac{1}{2}\cos 2x$，$y|_{x=0}=1$，$y'|_{x=0}=1$；

*(2) $y''+y'-2y=6e^{-2x}$，$y|_{x=0}=0$，$y'(0)=1$；

(3) $y''-3y'+2y=5$，$y|_{x=0}=1$，$y'|_{x=0}=2$.

*5. 一根弹簧上端固定，悬挂 5kg 的物体使该弹簧伸长了 50cm，若把该物体拉到平衡位置以下 20cm 处，然后松手，求物体的运动规律.

*6. 设函数 $y(x)$ 具有二阶连续的导数，$y'(0)=\frac{3}{2}$. 试求由方程

$$y(x)=-\frac{1}{2}\int_0^x (y''(t)+y(t)-\cos t)\mathrm{d}t$$

确定的函数 $y(x)$.

*7. 求下列微分方程的通解：

(1) $x^2y''-xy'=x^3$；　　(2) $x^3y'''+x^2y''-4xy'=3x^2$；

(3) $x^3y'''+3x^2y''+xy'=24x^2$；　　(4) $xy''+2y'=12\ln x$.

第九节　微分方程应用模型举例

设法列出相应的微分方程，并且求解方程，人们可以预测在已知条件下，物质运动过程将怎样进行，或者为了实现人们所希望的某种运动(如星际航行)去努力设计相应的装置. 微分方程是在诸多自然科学领域中表述基本定律和问题的有力工具之一.

怎样寻找问题中的未知函数，我们有时是通过反复实践不断摸索来求得适合于实验数据的函数，有时又采取某些理论化的方法，建立微分方程，其解就是我们所需要的函数.

应用微分方程解决实际问题通常经过以下两个步骤：

第一步　由实际问题建立相应的数学模型——微分方程；

第二步　解微分方程，得到精确解或者近似解，并用来解释实际问题，从而预见某些自然现象甚至社会现象的特定性质，以便达到能动地改造世界，解决实际问题的目的.

应用微分方程解决实际问题的关键是怎样建立微分方程. 本节将通过几何、物理、经济等方面的实例，介绍如何利用数学、物理、力学及经济学等学科中的定律和规律，建立微分方程.

在建立微分方程时，应注意几个要素，如坐标系的建立，自变量，未知函数的选取，必要的参数与常数的使用等.

一、几何应用

这类问题要解决求平面曲线或空间曲面方程的问题. 所给条件是几何的或容易化为几何的条件. 求解时应注意将导数理解为曲线切线的斜率.

例 1（探照灯镜面设计）　假设由旋转轴上 O 点发出的光线经旋转曲面形状的凹镜反射后都与旋转轴平行，求这旋转曲面的方程.

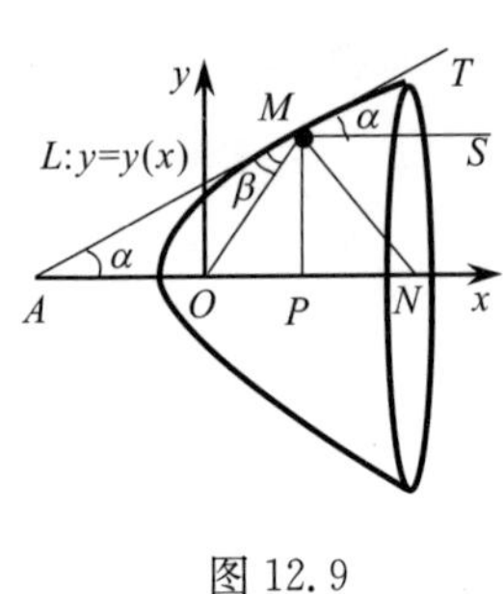

图 12.9

解　设凹镜曲面 Σ 由平面曲线 $L: y=y(x)$ 绕 x 轴旋转而成，光源之处 O 点位于原点（图 12.9）. 由曲线 L 的对称性，我们可以在 $y>0$ 范围内求 L 的方程.

设由点 O 处发出的光线 OM 经曲线 L 上点 $M(x, y)$ 反射后得到与 x 轴平行的光线 MS. 点 M 处的切线 MT 与 x 轴的夹角为 α，则由题意，$\angle TMS=\alpha$. 又设 $\angle AMO=\beta$，则由光的反射定律推知

$$\alpha=\beta,$$

从而

$$|AO|=|OM|.$$

又

$$|AO|=|AP|-|OP|=\frac{|PM|}{\tan\alpha}-|OP|=\frac{y}{y'}-x,$$

$$|OM|=\sqrt{x^2+y^2},$$

于是得曲线 L 满足的微分方程

$$\frac{y}{y'}-x=\sqrt{x^2+y^2},$$

即

$$y' = \frac{y}{x+\sqrt{x^2+y^2}} \quad (y>0).$$

这是一阶齐次微分方程. 为了求解简便,我们取 y 为自变量,x 为未知函数. 于是方程化为

$$\frac{\mathrm{d}x}{\mathrm{d}y} = \frac{x}{y} + \sqrt{1+\left(\frac{x}{y}\right)^2}. \tag{12.50}$$

令 $v=\frac{x}{y}$,则$\frac{\mathrm{d}x}{\mathrm{d}y}=v+y\frac{\mathrm{d}v}{\mathrm{d}y}$,代入(12.50),分离变量得

$$\frac{\mathrm{d}v}{\sqrt{1+v^2}} = \frac{\mathrm{d}y}{y},$$

两边积分并整理得

$$v+\sqrt{1+v^2} = \frac{y}{C},$$

解得

$$\frac{y^2}{C^2} - \frac{2yv}{C} = 1.$$

将 $x=yv$ 代入上式得

$$y^2 = 2C\left(x+\frac{C}{2}\right).$$

这就是曲线 L 的方程,它是以 x 轴为对称轴,焦点在原点的抛物线. 此曲线绕 x 轴旋转所得旋转曲面的方程为

$$y^2+z^2 = 2C\left(x+\frac{C}{2}\right).$$

如果凹镜底面的直径为 d,从顶点到底面的距离为 h,则以 $x+\frac{C}{2}=h$ 及 $y=\frac{d}{2}$ 代入

$$y^2 = 2C\left(x+\frac{C}{2}\right)$$

得 $C=\frac{\mathrm{d}^2}{8h}$,此时,凹镜曲面 Σ 的方程为

$$y^2+z^2 = \frac{\mathrm{d}^2}{4h}\left(x+\frac{\mathrm{d}^2}{16h}\right).$$

二、物理应用

这类问题是利用物理学中的一些定律及实验规律,建立微分方程,并求解方程. 常用的定律有:牛顿第二定律、胡克定律、万有引力定律、基尔霍夫电流及电压定律等. 所建立的微分方程中的未知函数是科学中要探求的函数关系.

例 2(仪器的下沉) 从船上向海中沉放某种探测仪器,按探测要求,需确定仪器的下沉深度 y(从海平面算起)与下沉速度 v 之间的关系. 设仪器在重力作用下,从海平面由静止开始铅直下沉,在下沉过程中还要受到阻力和浮力的作用. 设仪器的质量为 m,体积为 B,海水的比重为 ρ,仪器所受阻力与下沉速度成正比,比例系数为 $k(k>0)$. 试建立 y 与 v 所满足的微分方程,并求出函数关系 $y=y(v)$.

解 取沉放点为坐标原点 O, Oy 轴的正向铅直向下,仪器受到重力 $P=mg$,浮力 $f=-\rho B$ 和阻力 $R=-k\frac{\mathrm{d}y}{\mathrm{d}t}$ 的作用,根据牛顿第二定律得微分方程

$$m\frac{\mathrm{d}^2y}{\mathrm{d}t^2}=mg-\rho B-k\frac{\mathrm{d}y}{\mathrm{d}t}. \tag{12.51}$$

此二阶方程既不显含自变量 t,又不显含未知函数 y. 一般设 $v=\frac{\mathrm{d}y}{\mathrm{d}t}$,则 $v'=\frac{\mathrm{d}^2y}{\mathrm{d}t^2}$,得 v 的一阶线性方程,解得 $v=v(t)$. 但此题要求 y 与 v 的关系,可设 $v=\frac{\mathrm{d}y}{\mathrm{d}t}$,则

$$\frac{\mathrm{d}^2y}{\mathrm{d}t^2}=\frac{\mathrm{d}v}{\mathrm{d}t}=v\frac{\mathrm{d}v}{\mathrm{d}y},$$

方程(12.51) 可改写成

$$mv\frac{\mathrm{d}v}{\mathrm{d}y}=mg-\rho B-kv.$$

分离变量得

$$\mathrm{d}y=\frac{mv}{mg-\rho B-kv}\mathrm{d}v,$$

积分得

$$y=-\frac{m}{k}v+\frac{m(\rho B-mg)}{k^2}\ln|mg-\rho B-kv|+C.$$

由初始条件 $v|_{y=0}=0$,定出

$$C=-\frac{m(\rho B-mg)}{k^2}\ln|mg-\rho B|.$$

故所求关系式为

$$y=-\frac{m}{k}v+\frac{m(\rho B-mg)}{k^2}\ln\left|\frac{mg-\rho B-kv}{mg-\rho B}\right|.$$

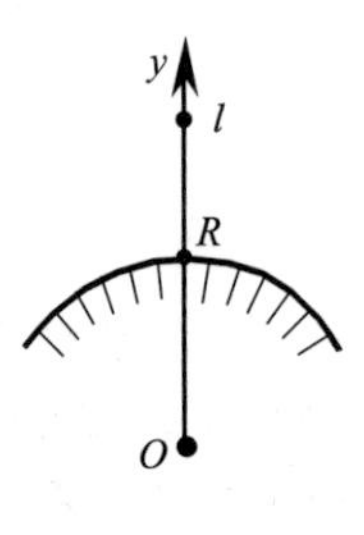

图 12.10

例 3(自由落体的速度) 某一个离地面距离很高的物体,受地球引力的作用由静止开始落向地面,求它落到地面时的速度和所需时间(不计空气阻力).

解 取地球中心为原点 O,连结 O 点与物体的直线所在位置为 y 轴,方向铅直向上(图 12.10).

设物体的质量为 m,物体开始下落时与地球中心的距离为

l,地球的半径为 R,在时刻 t 物体所在位置为 $y=y(t)$.

根据万有引力定律,得微分方程

$$m\frac{\mathrm{d}^2y}{\mathrm{d}t^2}=-\frac{kmM}{y^2},$$

即

$$\frac{\mathrm{d}^2y}{\mathrm{d}t^2}=\frac{-kM}{y^2},\tag{12.52}$$

其中 M 为地球质量,k 为引力常数.

因为当 $y=R$ 时,加速度 $\frac{\mathrm{d}^2y}{\mathrm{d}t^2}=-g$(这里负号表示物体加速度的方向与 y 轴的正向相反),所以 $k=\frac{gR^2}{M}$. 于是微分方程(12.52) 成为

$$\frac{\mathrm{d}^2y}{\mathrm{d}t^2}=-\frac{gR^2}{y^2}.\tag{12.53}$$

初始条件为 $y|_{t=0}=l,\ y'|_{t=0}=0$.

先求物体落地时的速度. 由于

$$\frac{\mathrm{d}^2y}{\mathrm{d}t^2}=\frac{\mathrm{d}v}{\mathrm{d}t}=\frac{\mathrm{d}v}{\mathrm{d}y}\frac{\mathrm{d}y}{\mathrm{d}t}=v\frac{\mathrm{d}v}{\mathrm{d}y},$$

代入微分方程(12.53),并分离变量得

$$v\mathrm{d}v=-\frac{gR^2}{y^2}\mathrm{d}y.$$

积分得

$$v^2=\frac{2gR^2}{y}+C_1.$$

由初始条件 $y|_{t=0}=l,\ y'|_{t=0}=0$,定出 $C_1=-\frac{2gR^2}{l}$,所以

$$v^2=2gR^2\left(\frac{1}{y}-\frac{1}{l}\right),\quad v=-R\sqrt{2g\left(\frac{1}{y}-\frac{1}{l}\right)}.\tag{12.54}$$

令 $y=R$,得到物体落地时的速度为

$$v_1=-\sqrt{\frac{2gR(l-R)}{l}}.$$

再求落地所需的时间. 由(12.54),

$$\frac{\mathrm{d}y}{\mathrm{d}t}=v=-R\sqrt{2g\left(\frac{1}{y}-\frac{1}{l}\right)},$$

分离变量得

$$\mathrm{d}t=-\frac{1}{R}\sqrt{\frac{l}{2g}}\sqrt{\frac{y}{l-y}}\mathrm{d}y.$$

积分之,并对右边积分应用三角代换 $y=l\cos^2u$,得

$$t=\frac{1}{R}\sqrt{\frac{l}{2g}}(l\sin u\cos u+lu)+C_2,$$

即

$$t=\frac{1}{R}\sqrt{\frac{l}{2g}}\left(\sqrt{ly-y^2}+l\arccos\sqrt{\frac{y}{l}}\right)+C_2.$$

由 $y|_{t=0}=l$,得 $C_2=0$.

令 $y=R$,就得物体落地所需的时间为

$$t_1=\frac{1}{R}\sqrt{\frac{l}{2g}}\left(\sqrt{lR-R^2}+l\arccos\sqrt{\frac{R}{l}}\right).$$

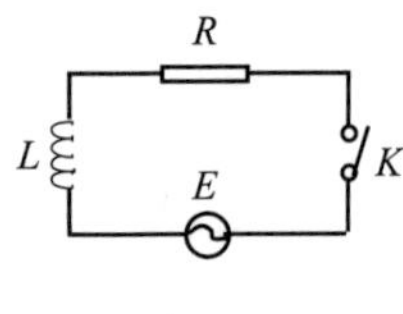

图 12.11

例 4(*R-L* 电路)　有一个 *R-L* 串联电路(图 12.11),其中电源电动势为 $E=E_m\sin\omega t$(E_m,ω 均为常数).电阻 R 和电感 L 都是常数,在 $t=0$ 时接通电路,求电流 $i(t)$ 的变化规律.

解　由电学知识,当电流变化时,L 上有感应电动势 $-L\frac{\mathrm{d}i}{\mathrm{d}t}$.利用回路电压定律

$$E-L\frac{\mathrm{d}i}{\mathrm{d}t}-iR=0,$$

将 $E=E_m\sin\omega t$ 代入,整理得电流函数 $i(t)$ 满足的方程

$$\frac{\mathrm{d}i}{\mathrm{d}t}+\frac{R}{L}i=\frac{E_m}{L}\sin\omega t.\tag{12.55}$$

由于开关 K 闭合时刻为 $t=0$,则 $i(t)$ 还应满足初始条件 $i|_{t=0}=0$.

方程(12.55)为一阶非齐次线性方程,其通解为

$$i(t)=C\mathrm{e}^{-\frac{R}{L}t}+\frac{E_m}{R^2+\omega^2L^2}(R\sin\omega t-\omega L\cos\omega t),$$

将初始条件 $i|_{t=0}=0$ 代入上式,得

$$C=\frac{\omega LE_m}{R^2+\omega^2L^2},$$

因此,所求函数 $i(t)$ 为

$$i(t)=\frac{\omega LE_m}{R^2+\omega^2L^2}\mathrm{e}^{-\frac{R}{L}t}+\frac{E_m}{R^2+\omega^2L^2}(R\sin\omega t-\omega L\cos\omega t).\tag{12.56}$$

为将第二项的形式稍加改变,以利于反映物理现象,令

$$\cos\varphi=\frac{R}{\sqrt{R^2+\omega^2L^2}},\quad \sin\varphi=\frac{\omega L}{\sqrt{R^2+\omega^2L^2}},$$

于是,式(12.56)可写成

$$i(t)=\frac{\omega LE_m}{R^2+\omega^2L^2}\mathrm{e}^{-\frac{R}{L}t}+\frac{E_m}{\sqrt{R^2+\omega^2L^2}}\sin(\omega t-\varphi),$$

其中 $\varphi = \arctan\frac{\omega L}{R}$.

当 t 增大时,$i(t)$ 表达式中第一项(称为**暂态电流**) 呈负指数衰减而趋于零,第二项(称为**稳态电流**) 是正弦函数,其周期与电动势的周期相同,而相角落后 φ.

电流方程(12.55) 与小振幅的质点振动方程(12.36) 描述的都是振动问题. 实际上,弹簧的振动、电路中的电磁振荡、钟摆的往复摆动、乐器弦线的振动、机床主轴的振动等,都属于振动问题.

三、其他应用举例

有时利用**微元法**建立微分方程,这种方法实际上是寻求某些微元之间的关系式. 在建立这些关系式时也要用到已知的规律和定律. 但与前述方法不同的是,这里不是直接对未知函数应用定律得到关系式,而是对一些微元应用规律.

例 5(盐溶液的浓度)　一容器内盛有 100L 盐水,其中含盐 10kg. 今用每分钟 2L 的均匀速度把净水注入容器(假定净水与盐水立即调和),又以同样速度使盐水流出. 试求容器内盐量随时间变化的规律.

解　设 t 时刻溶液内的含盐量为 $Q(t)$. 现利用微分元素法建立未知函数 $Q(t)$ 满足的微分方程.

设在微小时间间隔 $[t,t+\mathrm{d}t]$ 内,溶液内含盐量由 Q 降至 $Q+\mathrm{d}Q(\mathrm{d}Q<0)$.

在这一时段内,从容器内流出的溶液量为 $2\mathrm{d}t$(单位:L),盐水浓度视为 t 时刻浓度$\frac{Q(t)}{100}$(单位:kg/L). 因此,含盐量的改变量

$$\mathrm{d}Q = -\frac{Q}{100}2\mathrm{d}t < 0. \tag{12.57}$$

此即未知函数 $Q=Q(t)$ 应满足的微分方程.

由于 $t=0$ 时溶液内含盐量为 10kg,那么,初始条件为

$$Q\big|_{t=0} = 10.$$

方程(12.57) 的通解为

$$Q = C\mathrm{e}^{-\frac{t}{50}},$$

由 $Q\big|_{t=0}=10$ 得 $C=10$,故容器内含盐量随时间变化的规律为

$$Q(t) = 10\mathrm{e}^{-\frac{t}{50}}.$$

由上例可以看出,用微元法建立微分方程的思想方法:考虑自变量的微小改变量 $\mathrm{d}x$. 由于 $\mathrm{d}x$ 很小,可将对应的变化过程视为均匀的,因而,可以用未知函数的微分 $\mathrm{d}y$ 去近似代替函数 y 的改变量,然后再根据有关的规律、定律去建立微分方程.

例 6(逻辑斯谛(Logistic) 方程)　在一个动物群体中,平均的个体生长率是平均出生率与平均死亡率之差. 设某群体的平均出生率为常数 $a(a>0)$,由于拥挤以

及对食物的竞争加剧等原因，平均的个体死亡率与群体的大小成正比，比例系数为 $b(b>0)$. 若用 $P(t)$ 表示 t 时刻的群体总量，$P(0)=P_0$，试写出描述群体总量的函数 $P(t)$ 所满足的微分方程，并解方程.

解　由于群体的生长率为$\frac{\mathrm{d}P}{\mathrm{d}t}$，平均的个体生长率为$\frac{1}{P}\frac{\mathrm{d}P}{\mathrm{d}t}$，再由题设条件知，个体的平均死亡率为 bP，从而平均的个体生长率为 $a-bP$，则

$$\frac{1}{P}\frac{\mathrm{d}P}{\mathrm{d}t}=a-bP,$$

即

$$\frac{\mathrm{d}P}{\mathrm{d}t}=P(a-bP).$$

称此微分方程为**逻辑斯谛方程**，它与条件 $P(0)=P_0$ 构成初值问题，其解描述了某群体生长规律. 下面求解此方程. 由逻辑斯谛方程得

$$\frac{\mathrm{d}P}{P(a-bP)}=\mathrm{d}t,\quad \int\frac{\mathrm{d}P}{P(a-bP)}=t+C_1.$$

而

$$\int\frac{\mathrm{d}P}{P(a-bP)}=\frac{1}{a}\int\left(\frac{1}{P}+\frac{b}{a-bP}\right)\mathrm{d}P$$

$$=\frac{1}{a}\ln P-\frac{1}{a}\ln(a-bP)+C_2=\ln\left(\frac{P}{a-bP}\right)^{\frac{1}{a}}+C_2,$$

于是

$$\ln\left(\frac{P}{a-bP}\right)^{\frac{1}{a}}=t+\ln C\quad(\text{其中 }\ln C=C_1-C_2).$$

即

$$\left(\frac{P}{a-bP}\right)^{\frac{1}{a}}=C\mathrm{e}^{t},$$

$$\frac{P}{a-bP}=C^{a}\mathrm{e}^{at},$$

由初始条件 $P(0)=P_0$，得 $C^{a}=\frac{P_0}{a-bP_0}$，故该群体生长规律为

$$P(t)=\frac{a}{b+\left(\frac{a}{P_0}-b\right)\mathrm{e}^{-at}}.$$

例 7(目标的跟踪)　设位于坐标原点的甲舰向位于 x 轴上点 $A(1,0)$ 处的乙舰发射制导导弹，导弹头始终对准乙舰. 如果乙舰以最大的速度 v_0(v_0 是常数) 沿平行于 y 轴的直线行驶，导弹的速度是 $5v_0$，求导弹运行的曲线方程. 又问乙舰行驶多远时，它将被导弹击中?

解　设导弹的轨迹曲线为 $y=y(x)$，经时间 t，导弹位于点 $P(x,y)$，乙舰位于点 $Q(1,v_0t)$（图 12.12）。由于导弹头始终对准乙舰，故直线PQ是导弹轨迹曲线弧$\widehat{OP}$在点 P 处的切线，故斜率

$$\frac{\mathrm{d}y}{\mathrm{d}x}=\frac{v_0t-y}{1-x},$$

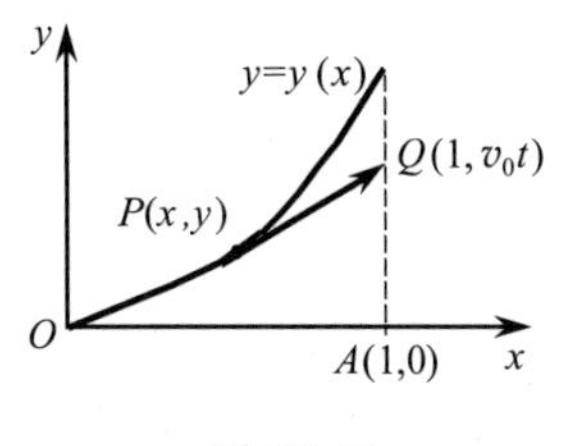

图 12.12

即

$$v_0t=(1-x)\frac{\mathrm{d}y}{\mathrm{d}x}+y. \tag{12.58}$$

又根据题意，弧$\widehat{OP}$的长度为 $|AQ|$ 的 5 倍，即

$$\int_0^x\sqrt{1+\left(\frac{\mathrm{d}y}{\mathrm{d}x}\right)^2}\mathrm{d}x=5v_0t, \tag{12.59}$$

由式(12.58)和式(12.59)消去 v_0t，得

$$(1-x)y'+y=\frac{1}{5}\int_0^x\sqrt{1+y'^2}\mathrm{d}x.$$

这是一类含有未知函数以及变上限积分的方程（称为**积分方程**），两端对 x 求导，得

$$(1-x)y''=\frac{1}{5}\sqrt{1+y'^2}. \tag{12.60}$$

此方程为不显含未知函数 y 的二阶微分方程，并有初始值条件：

$$y\big|_{x=0}=0,\quad y'\big|_{x=0}=0.$$

方程(12.60)属于 $y''=f(x,y')$ 型，令 $y'=p$，则 $y''=p'$，方程(12.60)化为可分离变量方程

$$(1-x)p'=\frac{1}{5}\sqrt{1+p^2},$$

解得 $\ln\left|p+\sqrt{1+p^2}\right|=-\frac{1}{5}\ln|1-x|+C_1$. 由 $y'\big|_{x=0}=p\big|_{x=0}=0$，得 $C_1=0$，于是

$$p+\sqrt{1+p^2}=(1-x)^{-\frac{1}{5}},$$

即

$$y'+\sqrt{1+y'^2}=(1-x)^{-\frac{1}{5}}.$$

有理化并整理得

$$y'-\sqrt{1+y'^2}=-(1-x)^{\frac{1}{5}},$$

解得

$$y'=\frac{1}{2}\left[(1-x)^{-\frac{1}{5}}-(1-x)^{\frac{1}{5}}\right].$$

再积分，得

$$y=-\frac{5}{8}(1-x)^{\frac{4}{5}}+\frac{5}{12}(1-x)^{\frac{6}{5}}+C_2.$$

由 $y\big|_{x=0}=0$ 得 $C_2=\frac{5}{24}$. 故有导弹运行曲线方程

$$y=-\frac{5}{8}(1-x)^{\frac{4}{5}}+\frac{5}{12}(1-x)^{\frac{6}{5}}+\frac{5}{24}.$$

例 8(雪球融化问题)　假定一个雪球是半径为 r 的球，其融化时体积 V 的变化率与雪球的表面积成正比，比例常数为 $k>0$(k 与空气温度等有关). 已知两小时内融化了其体积的四分之一. 问其余部分在多长时间内全部融化?

解　由于雪球体积的变化正比于其表面积，

$$\frac{\mathrm{d}V}{\mathrm{d}t}=-k4\pi r^2 \tag{12.61}$$

$\left(\text{等式右端加负号是因为体积是单调减少函数}, \frac{\mathrm{d}V}{\mathrm{d}t}<0\right)$.

将 $V=\frac{4}{3}\pi r^3$ 代入式(12.61)，得

$$4\pi r^2\frac{\mathrm{d}r}{\mathrm{d}t}=-4k\pi r^2,\qquad \frac{\mathrm{d}r}{\mathrm{d}t}=-k,$$

解得 $r=-kt+C$.

记 $r\big|_{t=0}=r_0$，得雪球半径随时间变化的规律为

$$r=r_0-kt. \tag{12.62}$$

又 $t=2(\mathrm{h})$ 时，$r=r_0-2k$. 由题设：两小时内雪球体积减少了四分之一，于是

$$\frac{4}{3}\pi(r_0-2k)^3=\frac{3}{4}\,\frac{4}{3}\pi r_0^3,$$

解得

$$k=\frac{1}{2}\left(1-\sqrt[3]{\frac{3}{4}}\right)r_0. \tag{12.63}$$

在式(12.62)中令 $r=0$，并利用式(12.63)，得雪球全部融化所需时间

$$t=\frac{r_0}{k}=\frac{2}{1-\sqrt[3]{\frac{3}{4}}}\approx 22(\mathrm{h}).$$

由于雪球全部融化约需 22 小时，故余下部分大约需 20 小时才能全部融化.

习题 12-9

*1. 设曲线 L 位于 xOy 平面的第一象限内，L 上任一点 M 处的切线与 y 轴相交，其交点记为 A，如果点 A 和点 O 与点 M 始终等距，且 L 通过点 $\left(\frac{3}{2},\frac{3}{2}\right)$，试求 L 的方程.

2. 质量为 1g 的质点受外力作用做直线运动，外力与时间成正比. 在 $t=10$s 时，速率为 50cm/s，外力为 4g · cm/s^2. 问从运动开始经过一分钟后的速度是多少？

3. 一质点由原点开始($t=0$)沿直线运动，已知在时刻 t 的加速度为 t^2-1，而在 $t=1$ 时，速度为 1/3，求位移 x 与时间 t 的函数关系.

4. 一架重 4.5T 的歼击机，着陆速度为 600km/h，在减速伞的作用下，滑跑 500m 后，速度减为 100km/h，设减速伞阻力与飞机的速度成正比，不计飞机所受其他外力，求减速伞的阻力系数.

*5. 容器内有 100L 的盐水，含 10kg 的盐. 现在以 3L/min 的均匀速率往容器内注入净水(假定净水与盐水立即调和)，又以 2L/min 的均匀速率从容器中抽出盐水，问 60min 后容器内盐水中盐的含量是多少？

6. 没有前进速度的潜水艇，在下沉力 P(包括重力) 的作用下向海底下沉，水的阻力与下沉速度 v 成正比(比例系数为 $k>0$)，如果时间 $t=0$ 时，$v=0$，求 v 与 t 的关系.

7. 设平面曲线上各点的法线都通过坐标原点，证明此曲线为圆心在圆点的圆.

*8. 设一平面曲线的曲率处处为 1，求曲线方程.

*9. 一链条悬挂在一钉子上，起动时一端离开钉子 8m，另一端离开钉子 12m，分别在以下两种情况下求链条滑下来所需要的时间：

(1) 若不计钉子对链条所产生的摩擦力；

(2) 若摩擦力为链条 1m 长的重量.

10. 一根弹簧上端固定，悬挂 5kg 的物体使该弹簧伸长了 50cm，若把该物体拉到平衡位置以下 20cm 处，然后松手，求物体的运动规律.

*11. **药丸的溶解** 高血压病人服用的一种球形药丸在胃里溶解时，直径的变化率与表面积成正比. 药丸最初的直径是 0.50cm. 在实验室里做试验时测得：药丸进入人胃 2min 后的直径是 0.36cm，多长时间后药丸的直径小于 0.02cm？(此时认为药丸已基本溶解.)

*12. **自由落体的速度与位移的关系** 设质量为 m 的物体在某种介质内受重力 G 的作用自由下落，物体还受到介质的浮力 B(常数) 与阻力 R 的作用，已知阻力 R 与下落的速度 v 成正比，比例系数为 λ，试求该落体的速度与位移的函数关系.

第十二章总习题

1. 填空题：

(1) $x(y''')^2+(y'')^2=1$ 是__________阶微分方程.

(2) 在“通解”、“特解”和“解，但既不是通解，也不是特解”三者中选择一个正确的填入下列空格内：

(i) $y=Ce^{-3x}+\frac{2}{3}$ 是微分方程 $\frac{dy}{dx}+3y=2$ 的__________；

(ii) $y=C\sin x$ 是微分方程 $y''+y=0$ 的__________；

(iii) $y=1-\frac{5}{4}x$ 是微分方程 $y''-4y'=5$ 的__________.

(3) 若 $P(x,y)dx+Q(x,y)dy=0$ 是全微分方程，则函数 P,Q 应满足条件__________.

(4) 设 y_1，y_2 是一阶非齐次线性微分方程 $y'+P(x)y=Q(x)$ 的两个解，且 $\frac{y_2}{y_1}\neq$ 常数，则这方程的通解为________.

(5) 以 $y=3e^x\sin 2x$ 为一个特解的二阶常系数齐次线性微分方程为________.

2. 单项选择题：

(1) 微分方程 $y''-2y'+2y=e^x\cos x$ 的一特解应具有形式(　　).

(A) $ax^2e^x\cos x+bx^2e^x\sin x$；　　(B) $axe^x\cos x$；

(C) $axe^x\cos x+bxe^x\sin x$；　　(D) $ae^x\cos x$.

(2) 已知 $y=1, y=x, y=x^2$ 是某二阶非齐次线性微分方程的三个解，则该方程的通解为(　　).

(A) $y=C_1x+C_2x^2+1$；　　(B) $y=C_1(x-1)+C_2(x^2-1)+1$；

(C) $y=C_1(x^2-x)+C_2(x-1)$；　　(D) $y=C_1+C_2x+x^2$.

3. 指出下列一阶微分方程的类型：

(1) $y^2+x^2\frac{dy}{dx}=xy\frac{dy}{dx}$；　　(2) $\frac{dy}{dx}=\frac{1+y^2}{y+x^2y}$；

(3) $xdy+ydx=\sin xdx$；　　(4) $(y^2-6x)\frac{dy}{dx}+2y=0$；

*(5) $dx-xdy=x^5ydy$.

4. 求下列微分方程的通解：

(1) $(x-y)\frac{dy}{dx}=x+y$；　　(2) $y'-y\tan x+y^2\cos x=0$；

(3) $xy'\ln x+y=x(1+\ln x)$；　　(4) $xdx+ydy+\frac{ydx-xdy}{x^2+y^2}=0$；

(5) $\frac{dy}{dx}=\frac{1}{2x-y^2}$；　　(6) $(y'')^2-y'=0$；

*(7) $(xy+x^2y^3)dy=dx$；　　*(8) $y''+a^2y=\sin x\quad(a>0)$；

*(9) $y''+2y'+ay=0$.

5. 求下列微分方程满足所给初始条件的特解：

(1) $y''-2yy'=0$，$y|_{x=0}=1$，$y'|_{x=0}=1$；

*(2) $y''+y=x+\cos x$，$y|_{x=0}=1$，$y'|_{x=0}=1$；

*(3) $y^3dx+2(x^2-xy^2)dy=0$，$y|_{x=1}=1$.

*6. 设函数 $f(x)$ 连续，且满足

$$f(x)=e^x+\int_0^x tf(t)dt-x\int_0^x f(t)dt,$$

求 $f(x)$.

*7. 设函数 $u=f(r)$，$r=\sqrt{x^2+y^2+z^2}$ 在 $r>0$ 内满足拉普拉斯方程

$$\frac{\partial^2u}{\partial x^2}+\frac{\partial^2u}{\partial y^2}+\frac{\partial^2u}{\partial z^2}=0,$$

其中 $f(r)$ 二阶可导，且 $f(1)=f'(1)=1$. 试将拉普拉斯方程化为以 r 为自变量的常微分方程，并求 $f(r)$.

8. 设 $y=f(x)$ 满足微分方程 $y''-3y'+2y=2e^x$，且图形在(0,1)处的切线与曲线 $y=x^2-x+1$ 在该点处的切线重合，求 $y=f(x)$.

9. 设曲线上任一点处切线的斜率等于原点与该切点的连线斜率的 3 倍，且曲线过点(−1，1)，试求此曲线的方程.

10. 假定空气的阻力与速度的平方成正比，且当 $t\to+\infty$ 时速度以 75m/s 为极限，求初速度为 0 的落体的运动规律.

*11. 一炮弹以初速度 v_0 且与水平面成 θ 角射出. 若它在运动中所受阻力只与运动速度成正比，求弹道方程(图 12.13).

*12. 有一盛满水的圆锥形漏斗，高为 10cm，顶角 $\alpha=60°$，漏斗下端处有一面积为 0.5cm^2 的小孔，打开小孔阀门，让水流出漏斗，求漏斗内水面高度的变化规律，并求水流完所需的时间.

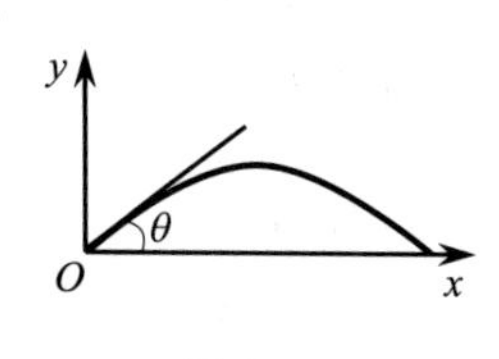

图 12.13

下册部分习题答案与提示

第八章

习题 8-1

1. (1) 开集,无界集. 导集: $\mathbf{R}^2$. 边界: $\{(x,y) \mid x=0 \text{ 和 } y=0\}$;

   (2) 开集,区域,无界集. 导集: $\{(x,y) \mid x \geqslant y^2-1\}$. 边界: $\{(x,y) \mid x=y^2-1\}$;

   (3) 既非开集,又非闭集,有界集. 导集: $\{(x,y) \mid 1 \leqslant x^2+y^2 \leqslant 5\}$.

   边界: $\{(x,y) \mid x^2+y^2=1\} \cup \{(x,y) \mid x^2+y^2=5\}$;

   (4) 闭集,有界集. 导集:集合本身.

   边界: $\{(x,y) \mid (x-1)^2+y^2=1\} \cup \{(x,y) \mid (x-2)^2+y^2=4\}$.

2. (1) $\frac{\pi}{3}h(l^2-h^2)$; (2) $xy\sqrt{4-x^2-y^2}$; (3) $8cxy\sqrt{1-\frac{x^2}{a^2}-\frac{y^2}{b^2}}$.

3. (1) $\{(x,y) \mid |x|+|y|<1\}$; (2) $\{(x,y) \mid x^2+y^2 \leqslant 4 \text{ 且 } x \neq y\}$;

   (3) $\{(x,y) \mid x \in R, |y| \leqslant 1\}$; (4) $\{(x,y,z) \mid |z| \leqslant \sqrt{x^2+y^2}, \text{且 } x^2+y^2 \neq 0\}$.

4. $(xy)^{(x+y)}+(x+y)^{xy}$.

5. $f(x,y)=\begin{cases} \frac{1-y}{1+y}x^2, & y \neq -1, \\ 0, & y=-1. \end{cases}$

7. (1) 是, $k=0$; (2) 不是.

8. (1) 1; (2) 1; (3) $\frac{1}{2}$; (4) 2; (5) 0; (6) 0.

10. (1) $\{(x,y) \mid x^3+y^3=0\}$; (2) $\{(x,y) \mid x^2+y^2=1\}$.

习题 8-2

1. (1) $z_x=2axy+ay^2$, $z_y=ax^2+2axy$;

   (2) $z_x=4x\tan(x^2+y^2)\sec^2(x^2+y^2)$, $z_y=4y\tan(x^2+y^2)\sec^2(x^2+y^2)$;

   (3) $z_x=\frac{1}{y}-\frac{y}{x^2}$, $z_y=-\frac{x}{y^2}+\frac{1}{x}$;

   (4) $z_x=\frac{y^2}{x^2+y^4}$, $z_y=\frac{-2xy}{x^2+y^4}$;

   (5) $z_x=\frac{1}{\sqrt{x^2-y^2}}$, $z_y=-\frac{y}{x\sqrt{x^2-y^2}+x^2-y^2}$;

   (6) $z_x=\mathrm{e}^{-y}-y\mathrm{e}^{-x}$, $z_y=-x\mathrm{e}^{-y}+\mathrm{e}^{-x}$;

   (7) $u_x=\frac{1}{x+2^{yz}}$, $u_y=\frac{z2^{yz}\ln 2}{x+2^{yz}}$, $u_z=\frac{y2^{yz}\ln 2}{x+2^{yz}}$;

(8) $z_x = y^2(1+xy)^{y-1}$，$z_y = (1+xy)^y\left[\ln(1+xy)+\dfrac{xy}{1+xy}\right]$.

2. (1) $f_x(x,1)=1$； (2) $f_x(1,0)=2$，$f_y(1,0)=1$.

3. $\dfrac{\pi}{4}$.

4. $f_x(0,0)=0$，$f_y(0,0)=0$.

5. (1) $z_{xx}=-2a^2\cos2(ax-by)$，$z_{xy}=z_{yx}=2ab\cos2(ax-by)$，

$z_{yy}=-2b^2\cos2(ax-by)$；

(2) $z_{xx}=\alpha^2 e^{-\alpha x}\sin\beta y$，$z_{xy}=z_{yx}=-\alpha\beta e^{-\alpha x}\cos\beta y$，$z_{yy}=-\beta^2 e^{-\alpha x}\sin\beta y$；

(3) $z_{xx}=(-2y+xy^2)e^{-xy}$，$z_{xy}=z_{yx}=(-2x+x^2y)e^{-xy}$，$z_{yy}=x^3e^{-xy}$；

(4) $z_{xx}=y^x\ln^2 y$，$z_{xy}=z_{yx}=y^{x-1}(1+x\ln y)$，$z_{yy}=x(x-1)y^{x-2}$.

6. (1) $z_{xxy}=0$，$z_{xyy}=-\dfrac{1}{y^2}$；

(2) $abc(b-1)(c-1)(c-2)x^{a-1}y^{b-2}z^{c-3}$；

(3) $f_{xz}(1,0,2)=2$，$f_{yz}(0,-1,0)=0$.

习题 8-3

1. (1) $\dfrac{2}{(x+y)^2}(y\mathrm{d}x-x\mathrm{d}y)$； (2) $\dfrac{e^{xy}}{1+e^{2xy}}(y\mathrm{d}x+x\mathrm{d}y)$；

(3) $\dfrac{1}{x^2+y^2+z^2}(x\mathrm{d}x+y\mathrm{d}y+z\mathrm{d}z)$；

(4) $yzx^{yz-1}\mathrm{d}x+zx^{yz}\ln x\mathrm{d}y+yx^{yz}\ln x\mathrm{d}z$.

2. (1) (0,0) 点为 0，(1,1) 点为 $-4(\mathrm{d}x+\mathrm{d}y)$；

(2) (0,0) 点为 0，$\left(\dfrac{\pi}{4},\dfrac{\pi}{4}\right)$点为 $\mathrm{d}x$.

3. $\Delta z\approx-0.119$，$\mathrm{d}z=-0.125$.

5. 不可微.

习题 8-4

1. (1) $\dfrac{e^x}{\ln x}\left(1-\dfrac{1}{x\ln x}\right)$； (2) $\dfrac{3(1-t^2)}{\sqrt{1-(3t-t^3)^2}}$；

(3) $e^x(1+x+\sin x+\cos x)$； (4) $e^{4t}(2\sin t+9\cos t)$.

2. (1) $z_x=\dfrac{1}{x^2y}(x^4-y^4+2x^3y)e^{\frac{x^2+y^2}{xy}}$， $z_y=\dfrac{1}{xy^2}(y^4-x^4+2xy^3)e^{\frac{x^2+y^2}{xy}}$；

(2) $z_s=\dfrac{2s}{t^2}\ln(3s-2t)+\dfrac{3s^2}{(3s-2t)t^2}$， $z_t=-\dfrac{2s^2}{t^3}\ln(3s-2t)-\dfrac{2s^2}{(3s-2t)t^2}$；

(3) $z_s=\dfrac{t^4e^t}{1+t^4s^2e^{2t}}$，$z_t=2t\left(\arctan(t^2se^t)+\dfrac{t^2se^t}{1+t^4s^2e^{2t}}\right)+\dfrac{t^4se^t}{1+t^4s^2e^{2t}}$.

3. (1) $z_x=2xf_1'+ye^{xy}f_2'$，$z_y=-2yf_1'+xe^{xy}f_2'$；

(2) $z_x=f_1'+f_2'+f_3'$，$z_y=f_2'-f_3'$；

(3) $z_x=y-\dfrac{y}{x^2}f(xy)+\dfrac{y^2}{x}f'(xy)$，$z_y=x+\dfrac{1}{x}f(xy)+yf'(xy)$；

(4) $u_x=f_1'+yf_2'+yzf_3'$，$u_y=xf_2'+xzf_3'$，$u_z=xyf_3'$.

4. (1) $z_{xx}=a^2f''_{11}$, $z_{xy}=abf''_{12}$;

(2) $u_{xx}=2f'+4x^2f''$, $u_{xyz}=8xyzf'''$;

(3) $u_{yy}=2xf'_1+4x^2y^2f''_{11}+4xyz^2f''_{12}+z^4f''_{22}$,

$u_{yz}=4xy^2zf''_{12}+2yz^3f''_{22}+2zf'_2$;

(4) $z_{xx}=\dfrac{1}{x}f'_1+(\ln x+1)^2f''_{11}+4(\ln x+1)f''_{12}+4f''_{22}$,

$z_{xy}=-(\ln x+1)f''_{12}-2f''_{22}$.

7. $z=f(xy)$,其中 f 为任意可微函数.

8. (1) $\mathrm{d}z=f'(x+y)(\mathrm{d}x+\mathrm{d}y)$;　(2) $\mathrm{d}z=\cos(2x+\mathrm{e}^y)(2\mathrm{d}x+\mathrm{e}^y\mathrm{d}y)$.

习题 8-5

1. (1) $\dfrac{y^2}{1-xy}$;　(2) $\dfrac{x+y}{x-y}$.

2. (1) $\dfrac{\partial z}{\partial x}=\dfrac{\partial z}{\partial y}=-1$;　(2) $\dfrac{\partial z}{\partial x}=\dfrac{z}{x+z}$; $\dfrac{\partial z}{\partial y}=\dfrac{z^2}{y(x+z)}$.

3. y.

6. (1) $\dfrac{z(z^2-2z+2)}{x^2(1-z)^3}$;　(2) $\dfrac{2z}{(x+y)^2}$;　(3) $\dfrac{-z}{(1+z)^3}\mathrm{e}^{-(x^2+y^2)}$.

7. $\dfrac{(f'_3-f'_1)\mathrm{d}x+(f'_1-f'_2)\mathrm{d}y}{f'_3-f'_2}$.

8. (1) $\dfrac{\mathrm{d}x}{\mathrm{d}z}=\dfrac{z+2y}{2(x-y)}$, $\dfrac{\mathrm{d}y}{\mathrm{d}z}=\dfrac{z+2x}{2(y-x)}$;

(2) $\left.\dfrac{\mathrm{d}u}{\mathrm{d}t}\right|_{\substack{t=0\\x=1\\y=-1}}=\dfrac{5}{3}\mathrm{e}^4$,　或$\left.\dfrac{\mathrm{d}u}{\mathrm{d}t}\right|_{\substack{t=0\\x=-2\\y=-4}}=\dfrac{1}{3}\mathrm{e}^{-2}$;

(3) $u_x=-\dfrac{xu+yv}{x^2+y^2}$, $u_y=\dfrac{xv-yu}{x^2+y^2}$, $\dfrac{\partial v}{\partial x}=\dfrac{yu-xv}{x^2+y^2}$, $\dfrac{\partial v}{\partial y}=-\dfrac{xu+yv}{x^2+y^2}$;

(4) $\left.\dfrac{\partial u}{\partial x}\right|_{\substack{x=1\\y=1}}=\dfrac{5}{2}$, $\left.\dfrac{\partial v}{\partial x}\right|_{\substack{x=1\\y=1}}=\dfrac{1}{2}$,或$\left.\dfrac{\partial u}{\partial x}\right|_{\substack{x=1\\y=1}}=-\dfrac{1}{2}$, $\left.\dfrac{\partial v}{\partial x}\right|_{\substack{x=1\\y=1}}=-\dfrac{5}{2}$.

9. $\mathrm{d}u=\dfrac{(\sin v+x\cos v)\mathrm{d}x-(\sin u-x\cos v)\mathrm{d}y}{x\cos v+y\cos u}$,

$\mathrm{d}v=\dfrac{(y\cos u-\sin v)\mathrm{d}x+(\sin u+y\cos u)\mathrm{d}y}{x\cos v+y\cos u}$.

10. $z_x=-3uv$, $z_y=\dfrac{3}{2}(u+v)$.

11. -2.

习题 8-6

1. (1) $\dfrac{x-\frac{a}{2}}{a}=\dfrac{y-\frac{b}{2}}{0}=\dfrac{z-\frac{c}{2}}{-c}$, $ax-cz-\dfrac{a^2}{2}+\dfrac{c^2}{2}=0$;

(2) $\dfrac{x-1}{1}=\dfrac{y-1}{1}=\dfrac{z-1}{2}$, $x+y+2z-4=0$;

(3) $\dfrac{x-1}{-1}=\dfrac{y+2}{0}=\dfrac{z-1}{1}$, $x-z=0$.

2. (1) $x+2y-z+5=0$, $\frac{x-2}{1}=\frac{y+3}{2}=\frac{z-1}{-1}$;

   (2) $y_0x+x_0y=2z_0z$, $\frac{x-x_0}{y_0}=\frac{y-y_0}{x_0}=\frac{z-z_0}{-2z_0}$.

3. $(-1,1,-1)$ 及 $\left(-\frac{1}{3},\frac{1}{9},-\frac{1}{27}\right)$.

4. $x+4y+6z=\pm 21$.

5. $\pm\frac{1}{\sqrt{a^2+b^2+c^2}}(a^2,b^2,c^2)$.

*8. (1) 1.08; (2) 0.5023.

*9. 减少 94.25cm³.

*10. 减少 0.167m.

*11. 0.124cm.

习题 8-7

1. (1) $\frac{1}{5}$; (2) $\sqrt{3}$.

2. $\frac{\sqrt{2}}{3}$.

*3. $\frac{327}{13}$.

5. $\frac{6}{7}\sqrt{14}$.

*6. $x_0+y_0+z_0$.

7. $\mathbf{grad}\,u=(3x^2-3yz,3y^2-3xz,3z^2-3xy)$,(1) 曲面 $z^2=xy$ 上的点;

   (2) 曲线 $\begin{cases}x^2=yz,\\ y^2=xz\end{cases}$ 上的点;(3) 直线 $x=y=z$ 上的点.

8. 最大值 $\sqrt{14}$,方向 $\boldsymbol{l}=(1,2,3)$;最小值 $-\sqrt{14}$,方向 $-\boldsymbol{l}=(-1,-2,-3)$;方向导数为 0 的方向为垂直于 $\boldsymbol{l}$ 的方向.

* 习题 8-8

1. $f(x,y)=5+2(x-1)^2-(x-1)(y+2)-(y+2)^2$.

2. $\sum_{m=0}^{\infty}\sum_{n=0}^{\infty}\frac{(x-1)^m(y+1)^n}{m!n!}$.

3. $y+\frac{1}{2!}(2xy-y^2)+\frac{1}{3!}(3x^2y-3xy^2+2y^3)+R_3$,其中

$$R_3=\frac{e^{\theta x}}{24}\left[x^4\ln(1+\theta y)+\frac{4x^3y}{1+\theta y}-\frac{6x^2y^2}{(1+\theta y)^2}+\frac{8xy^3}{(1+\theta y)^3}-\frac{6y^4}{(1+\theta y)^4}\right]$$

$(0<\theta<1)$.

习题 8-9

1. (1) 极大值 $f(3,2)=36$; (2) 极小值 $f\left(\frac{1}{2},-1\right)=-\frac{e}{2}$.

2. (1) 极小值 $z\left(\frac{ab^2}{a^2+b^2},\frac{a^2b}{a^2+b^2}\right)=\frac{a^2b^2}{a^2+b^2}$;

(2) 极小值 $u\left(-\frac{1}{3},\frac{2}{3},-\frac{2}{3}\right)=-3$,极大值 $u\left(\frac{1}{3},-\frac{2}{3},\frac{2}{3}\right)=3$;

(3) 极小值 $u\left(\frac{1}{4},\frac{1}{4},\frac{-1}{2}\right)=\frac{3}{8}$.

*3. (1) 最大值 11,最小值 2; (2) 最大值 4,最小值 -1.

4. 当两直角边都为$\frac{l}{\sqrt{2}}$时,可得最大的周长.

5. 距离最短的点$\left(\frac{4}{\sqrt{5}},\frac{1}{\sqrt{5}}\right)$,距离最长的点$\left(-\frac{4}{\sqrt{5}},-\frac{1}{\sqrt{5}}\right)$.

*6. 长$\frac{2p}{3}$,宽$\frac{p}{3}$,矩形绕短边旋转.

7. $\frac{\sqrt{3}}{6}$.

8. 长方体的长、宽、高都是$\frac{2a}{\sqrt{3}}$时,体积最大.

9. $\sqrt{3}$.

*10. 梯形的底边为 8cm,腰与该底边所夹锐角为 60° 时,断面的面积最大.

11. 28188 元.

第八章总习题

1. (1) $f(x)=x^2-x,\ z=x^2+2y^2+2xy-y$; (2) $dx-\sqrt{2}dy$;

*(3) $\frac{1}{\sqrt{5}}(0,\sqrt{2},\sqrt{3})$.

2. (1) (A); *(2) (C).

3. (1) 连续; (2) 不可微.

*5. $f_{xy}(0,0)=0,\ f_{yx}(0,0)=1$.

*6. $f_y(x,x^2)=-\frac{1}{2}$.

9. $xe^{2y}f''_{11}+e^yf''_{13}+xe^yf''_{21}+f''_{23}+e^yf'_1$.

11. $-2e^{-x^2y^2}$.

14. $\frac{1}{ab}\sqrt{2(a^2+b^2)}$.

*15. (1) $-\boldsymbol{i}+4\boldsymbol{j}$; (2) $\boldsymbol{i}-4\boldsymbol{j}$;

(3) 上升速率 $\sqrt{272}$,下降速率 $-\sqrt{272}$; (4) $4\boldsymbol{i}+\boldsymbol{j}$ 或 $-4\boldsymbol{i}-\boldsymbol{j}$.

*17. 最大体积为$\frac{1}{2}abh$.

第九章

习题 9-1

1. $\iint\limits_D \mu(x,y)d\sigma$.

2. $\frac{2}{3}\pi R^3$.

3. (1) $\iint\limits_D \ln(x+y)\mathrm{d}\sigma \leqslant \iint\limits_D [\ln(x+y)]^2\mathrm{d}\sigma$;

(2) $\iiint\limits_\Omega (x+y+z)\mathrm{d}v \geqslant \iiint\limits_\Omega (x+y+z)^2\mathrm{d}v$.

4. (1) $1\leqslant I\leqslant \mathrm{e}^2$； (2) $36\pi\leqslant I\leqslant 100\pi$； (3) $\frac{8}{\ln 2}\leqslant I\leqslant \frac{16}{\ln 2}$；

(4) $8\leqslant I\leqslant 8\sqrt{2}$.

习题 9-2

1. (1) $\int_1^3\mathrm{d}x\int_0^4 f(x,y)\mathrm{d}y$ 或 $\int_0^4\mathrm{d}y\int_1^3 f(x,y)\mathrm{d}x$；

(2) $\int_0^1\mathrm{d}x\int_{2x}^2 f(x,y)\mathrm{d}y$ 或 $\int_0^2\mathrm{d}y\int_0^{\frac{y}{2}} f(x,y)\mathrm{d}x$；

(3) $\int_{-1}^0\mathrm{d}x\int_0^{1+x} f(x,y)\mathrm{d}y+\int_0^1\mathrm{d}x\int_0^{1-x} f(x,y)\mathrm{d}y$ 或 $\int_0^1\mathrm{d}y\int_{y-1}^{1-y} f(x,y)\mathrm{d}x$；

(4) $\int_1^2\mathrm{d}x\int_0^{\ln x} f(x,y)\mathrm{d}y$ 或 $\int_0^{\ln 2}\mathrm{d}y\int_{\mathrm{e}^y}^2 f(x,y)\mathrm{d}x$；

*(5) $\int_{-2}^1\mathrm{d}x\int_{x^2}^{2-x} f(x,y)\mathrm{d}y$ 或 $\int_0^1\mathrm{d}y\int_{-\sqrt{y}}^{\sqrt{y}} f(x,y)\mathrm{d}x+\int_1^4\mathrm{d}y\int_{-\sqrt{y}}^{2-y} f(x,y)\mathrm{d}x$；

*(6) $\int_0^a\mathrm{d}x\int_0^x f(x,y)\mathrm{d}y+\int_a^{2a}\mathrm{d}x\int_0^a f(x,y)\mathrm{d}y+\int_{2a}^{3a}\mathrm{d}x\int_{x-2a}^a f(x,y)\mathrm{d}y$

或 $\int_0^a\mathrm{d}y\int_y^{y+2a} f(x,y)\mathrm{d}x$.

2. (1) $\int_0^1\mathrm{d}x\int_0^x f(x,y)\mathrm{d}y$；

(2) $\int_0^4\mathrm{d}x\int_{\frac{x}{2}}^{\sqrt{x}} f(x,y)\mathrm{d}y$；

(3) $\int_{-1}^0\mathrm{d}y\int_{-\sqrt{y+1}}^{\sqrt{y+1}} f(x,y)\mathrm{d}x+\int_0^1\mathrm{d}y\int_{-\sqrt{1-y}}^{\sqrt{1-y}} f(x,y)\mathrm{d}x$；

(4) $\int_{\frac{1}{2}}^1\mathrm{d}y\int_{\frac{1}{y}}^2 f(x,y)\mathrm{d}x+\int_1^2\mathrm{d}y\int_y^2 f(x,y)\mathrm{d}x$；

(5) $\int_0^2\mathrm{d}y\int_{1-\frac{y^2}{4}}^{\sqrt{4-y^2}} f(x,y)\mathrm{d}x$；

(6) $\int_0^1\mathrm{d}y\int_{1-\sqrt{1-y^2}}^{2-y} f(x,y)\mathrm{d}x$.

3. (1) 1； (2) ln2； (3) 0； (4) $\frac{32}{21}$； (5) $\frac{13}{6}$； (6) $\frac{1}{2}\mathrm{e}^4-2\mathrm{e}$.

5. (1) 0； (2) $\frac{4}{3}$.

6. $\frac{11}{30}$.

7. (1) 1； (2) $\frac{1}{2}$； (3) $\frac{1}{4}(\mathrm{e}-1)$.

8. (1) $\int_0^{2\pi} d\theta \int_a^b f(\rho\cos\theta, \rho\sin\theta)\rho d\rho$;

(2) $\int_{-\frac{\pi}{2}}^{\frac{\pi}{2}} d\theta \int_0^{a\cos\theta} f(\rho\cos\theta, \rho\sin\theta)\rho d\rho$;

(3) $\int_0^{\pi} d\theta \int_0^{b\sin\theta} f(\rho\cos\theta, \rho\sin\theta)\rho d\rho$;

(4) $\int_0^{\frac{\pi}{2}} d\theta \int_0^{\frac{1}{\sin\theta+\cos\theta}} f(\rho\cos\theta, \rho\sin\theta)\rho d\rho$;

*(5) $\int_0^{\frac{\pi}{4}} d\theta \int_0^{2\sin\theta} f(\rho\cos\theta, \rho\sin\theta)\rho d\rho + \int_{\frac{\pi}{4}}^{\frac{\pi}{2}} d\theta \int_0^{2\cos\theta} f(\rho\cos\theta, \rho\sin\theta)\rho d\rho$.

9. (1) $\int_0^{\frac{\pi}{4}} d\theta \int_0^{\frac{1}{\cos\theta}} f(\rho\cos\theta, \rho\sin\theta)\rho d\rho + \int_{\frac{\pi}{4}}^{\frac{\pi}{2}} d\theta \int_0^{\frac{1}{\sin\theta}} f(\rho\cos\theta, \rho\sin\theta)\rho d\rho$;

(2) $\int_{\frac{\pi}{4}}^{\frac{\pi}{3}} d\theta \int_0^{\frac{1}{\cos\theta}} f(\tan\theta)\rho d\rho$;

(3) $\int_0^{\frac{\pi}{2}} d\theta \int_0^1 f(\rho^2)\rho d\rho$;

(4) $\int_0^{\frac{\pi}{4}} d\theta \int_0^{\tan\theta\sec\theta} f(\rho\cos\theta, \rho\sin\theta)\rho d\rho$.

10. (1) $\pi(e^4-1)$;　(2) $\pi(\cos\pi^2-\cos4\pi^2)$;　(3) 0;　*(4) $2-\frac{\pi}{2}$;　(5) $\frac{3}{4}\pi a^4$.

11. $\frac{5}{2}\pi$.

12. (1) 90;　(2) πR^3;　(3) $\frac{27}{64}$;　(4) $3\frac{1}{4}\pi$.

*13. (1) $\frac{3\sqrt{3}-\pi}{3}a^2$;　(2) $\frac{3}{4}(\pi-\sqrt{3})a^2$.

习题 9-3

1. (1) $\int_0^2 dx \int_1^3 dy \int_0^2 f(x,y,z)dz$;

(2) $\int_{-1}^1 dx \int_{-\sqrt{1-x^2}}^{\sqrt{1-x^2}} dy \int_{\sqrt{x^2+y^2}}^1 f(x,y,z)dz$;

(3) $\int_0^1 dx \int_0^{1-x} dy \int_0^{xy} f(x,y,z)dz$;

*(4) $\int_{-1}^1 dx \int_{-\sqrt{1-x^2}}^{\sqrt{1-x^2}} dy \int_{x^2+2y^2}^{2-x^2} f(x,y,z)dz$.

3. (1) $\frac{1}{180}$;　(2) $\frac{3}{4}-\ln2$;　(3) $\frac{1}{48}$;　*(4) $\frac{\pi^2}{16}-\frac{1}{2}$;　(5) $\frac{\pi}{4}a^2h^2$.

*4. $\int_0^{\sqrt{2}} dx \int_0^{\sqrt{2-x^2}} dy \int_{\sqrt{x^2+y^2}}^{\sqrt{4-x^2-y^2}} f(x^2+y^2+z^2)dz$, $\int_0^{\frac{\pi}{2}} d\theta \int_0^{\sqrt{2}} d\rho \int_\rho^{\sqrt{4-\rho^2}} f(\rho^2+z^2)\rho dz$,

$\int_0^{\frac{\pi}{2}} d\theta \int_0^{\frac{\pi}{4}} d\varphi \int_0^2 f(r^2)r^2\sin\varphi dr$.

5. (1) $\frac{\pi}{12}$;　(2) $\frac{8}{9}$.

6. (1) $\frac{4}{3}\pi a^2$； *(2) $\frac{\pi}{3}(2-\sqrt{3})(1-\cos R^3)$.

7. (1) $\frac{1}{364}$； (2) $\pi\left(\ln 2-2+\frac{\pi}{2}\right)$； (3) $\frac{4}{15}\pi(b^5-a^5)$；

*(4) $\frac{59}{480}\pi R^5$； (5) $\frac{128}{15}$； (6) 21π； (7) $\frac{128}{15}\pi$.

习题 9-4

1. (1) $\frac{32}{3}\pi$； (2) $\frac{4}{3}(\sqrt{2}-1)\pi a^3$； (3) $\frac{2}{3}a^3$.

2. $\frac{7}{2}$.

3. 8.

4. 20π.

5. $8a^2$.

6. $\sqrt{2}\pi$.

7. $\frac{4}{3}$.

8. $\frac{3}{2}$.

9. $\left(\frac{1534}{5}+\frac{\sqrt{2}}{5}\right)\pi$.

10. (1) $\left(\frac{3}{10}a,\frac{3}{2}a\right)$； (2) $\left(0,-\frac{9}{5}\right)$； (3) $\left(\frac{a^2+ab+b^2}{2(a+b)},0\right)$.

*11. 质心坐标为$\left(\frac{21}{20}a,0\right)$,形心坐标为$\left(\frac{5}{6}a,0\right)$.

12. (1) $\left(0,0,\frac{3\sqrt{3}}{8}\right)$； (2) $\left(0,0,\frac{4}{3}\right)$； *(3) $\left(0,0,\frac{255}{112}\right)$.

13. $\left(0,0,\frac{16}{7}\right)$.

14. (1) $I_a=\frac{1}{3}\mu ab^3$, $I_b=\frac{1}{3}\mu a^3 b$;

(2) $I_x=\frac{32}{105}\mu$, $I_y=\frac{4}{15}\mu$, $I_0=\frac{4}{7}\mu$; *(3) $I_y=\frac{\pi}{4}\mu a^3 b$.

15. $\frac{368}{105}\mu$.

*16. 依次为$\frac{8}{15}\pi\mu a^5$与$\frac{28}{15}\pi\mu a^5$.

17. $\frac{32}{35}\sqrt{2}\pi$.

*18. 依次为$\frac{\pi}{2}ha^4$与$\frac{\pi}{12}ha^2(3a^2+h^2)$.

*19. $\boldsymbol{F}=\left(0,2k\left(\ln\frac{a+\sqrt{a^2+b^2}}{b}-\frac{a}{\sqrt{a^2+b^2}}\right),\pi kb\left(\frac{1}{\sqrt{a^2+b^2}}-\frac{1}{b}\right)\right)$,

其中 k 为引力 常数.

20. $\boldsymbol{F}=\{0,0,4\pi k\mu m(\sqrt{5}-2)\}$.

第九章总习题

1. (1) $\frac{2}{3}\pi R^3$； (2) $\frac{1}{3}\pi H^3$； (3) $\frac{1}{6}$.

2. (1) (C)； (2) (A)； (3) (C).

3. (1) $\int_0^{\frac{\pi}{2}}d\theta\int_{2\cos\theta}^{4\cos\theta}f(\rho\cos\theta,\rho\sin\theta)\rho d\rho$;

   (2) $\int_0^{\frac{\pi}{4}}d\theta\int_0^{2\sin\theta}f(\rho\cos\theta,\rho\sin\theta)\rho d\rho+\int_{\frac{\pi}{4}}^{\frac{3\pi}{4}}d\theta\int_0^{\frac{1}{\sin\theta}}f(\rho\cos\theta,\rho\sin\theta)\rho d\rho$.

4. (1) $\frac{\pi}{4}R^4+9\pi R^2$； (2) $4-\frac{\pi}{2}$.

5. $2\pi tf(t^2)$.

8. $-\pi$.

9. (1) $\pi\left(4\ln 2-\frac{5}{2}\right)$； (2) 0； (3) $\frac{256}{3}\pi$.

10. $4\sqrt{3}\pi$.

11. $R=\sqrt{2}H$.

*12. 建立坐标系使 P_0 在原点,球心在 $(0,0,R)$ 则质心为 $\left(0,0,\frac{5}{4}R\right)$；

   若建立坐标系使球心在原点,P_0 在 $(0,0,R)$,则质心为 $\left(0,0,-\frac{R}{4}\right)$.

第十章

习题 10-1

1. (1) $\frac{32}{3}a^2$； (2) $\frac{1}{12}(5\sqrt{5}-1)$； (3) $(2+\sqrt{2}\pi)e^{\pi}-2$； (4) $2(\pi+4)$；

   (5) $2a^2$； (6) $9\sqrt{6}$； (7) $\frac{16}{143}\sqrt{2}$； *(8) $\frac{2ka^2\sqrt{1+k^2}}{1+4k^2}$.

2. (1) 5； (2) $\sqrt{3}$.

3. $\frac{56}{3}$.

*4. (1) $\left(\frac{2}{5}a,\frac{2}{5}a\right)$； (2) $I_x=I_y=\frac{3}{8}a^3$.

习题 10-2

1. (1) $\frac{32}{3}$； (2) $\frac{1}{2}(e-1)+2(1-\cos 1)$； (3) 0； (4) -2；

   (5) $\frac{4}{3}$； (6) -2π； (7) $2\pi(1+b^2)$； (8) -2π.

2. (1) $\frac{1}{3}$； (2) $\frac{1}{12}$； (3) $\frac{17}{30}$； (4) $-\frac{1}{20}$.

3. (1) 1； (2) 2π.

*4. (1) $\frac{a^2-b^2}{2}$； (2) 0.

*5. $\frac{k}{2}\ln 2$.

6. $-2k^2\pi^2$.

*7. (1) $\int_L \frac{1}{\sqrt{2}}[P(x,y)+Q(x,y)]\mathrm{d}s$； (2) $\int_L \frac{1}{\sqrt{1+4x^2}}[P(x,y)+2xQ(x,y)]\mathrm{d}s$.

*8. $\int_\Gamma \frac{1}{\sqrt{a^2+b^2}}[-yP(x,y,z)+xQ(x,y,z)+bR(x,y,z)]\mathrm{d}s$.

习题 10-3

1. (1) $\frac{\pi}{2}R^4$； *(2) 4.

2. (1) 0； (2) $-2\pi ab$； *(3) $\frac{1-e^\pi}{5}$； (4) $\frac{135}{2}\pi$； (5) -16.

*3. (1) 0； (2) -2π.

4. (1) $\frac{3}{8}\pi$； *(2) a^2； (3) 12π.

5. (1) $-\frac{32}{3}$； (2) $2e^4$； *(3) $\arctan(a+b)$.

6. (1) $3x^2y+2xy^2$； (2) $y-y^2\sin x+x^2y^3$； (3) $\frac{e^y-1}{1+x^2}$.

*7. $-\pi$.

习题 10-4

1. $\iint\limits_\Sigma f(x,y,z)\mathrm{d}S=\iint\limits_\Sigma f(x,y,0)\mathrm{d}x\mathrm{d}y$.

2. (1) $\frac{13}{3}\pi$； (2) $\frac{149}{30}\pi$； *(3) $\frac{111}{10}\pi$.

3. (1) $4\sqrt{61}$； *(2) $\frac{3-\sqrt{3}}{2}+(\sqrt{3}-1)\ln 2$； (3) 243π；

(4) $\frac{7}{6}\sqrt{2}\pi$； (5) $a\pi(a^2-h^2)$； (6) $\frac{\pi}{8}R^2(2+R^2)$； (7) π.

4. $\sqrt{5}\pi a^2$.

5. $\frac{2\pi}{15}(6\sqrt{3}+1)$.

6. $\left(0,0,\frac{a}{2}\right)$.

习题 10-5

1. $\iint\limits_\Sigma R(x,y,z)\mathrm{d}x\mathrm{d}y=\pm\iint\limits_D R(x,y,0)\mathrm{d}x\mathrm{d}y$,

其中右端的正、负号分别对应于等式左端 Σ 的上侧与下侧.

2. (1) 0； (2) $\frac{4}{3}\pi a^3$； (3) $\frac{8}{3}\pi a^4$.

3. (1) $\frac{1}{6}$； (2) $\frac{1}{12}$； (3) $\frac{1}{20}$.

4. (1) $-\frac{R^5}{15}$； (2) $\frac{\pi}{2}$； (3) $\frac{1}{4}-\frac{\pi}{6}$； (4) $\frac{3}{2}\pi$； (5) $\frac{1}{2}$.

5. (1) $\frac{1}{\sqrt{14}}\iint\limits_{\Sigma}[3P(x,y,z)+2Q(x,y,z)+R(x,y,z)]\mathrm{d}S$；

(2) $\iint\limits_{\Sigma}\frac{2xP(x,y,z)+2yQ(x,y,z)+R(x,y,z)}{\sqrt{1+4x^2+4y^2}}\mathrm{d}S$.

*6. $\frac{1}{6}+\frac{\pi}{16}$.

习题 10-6

1. (1) $-\frac{12}{5}\pi R^5$； (2) $\frac{3}{2}$； (3) $-\frac{9}{2}\pi$； (4) $\frac{3}{2}\pi$； *(5) $\frac{1}{2}\pi h^4$； *(6) $\frac{\pi}{2}$.

2. (1) 108π； (2) 0； *(3) $\frac{3}{8}\pi a^4$.

3. (1) $\mathrm{div}\boldsymbol{A}=y\mathrm{e}^{xy}-x\sin(xy)-2xz\sin(xz^2)$； (2) $\frac{2}{r}$.

4. 36.

6. (1) $\nabla u\cdot\nabla u+u\Delta u$； (2) $\nabla u\cdot\nabla v+u\Delta v$.

8. $4\pi R^2$.

习题 10-7

1. (1) $-2\pi a(a+b)$； (2) $\frac{13}{2}$； *(3) $-\frac{9}{2}$； (4) 20π； *(5) $\frac{3}{4}\pi$.

*2. (1) 12π； (2) $2\pi R^2$； (3) 8π.

3. (1) $\mathbf{0}$； (2) $\boldsymbol{i}+\boldsymbol{j}$； *(3) $\mathbf{0}$.

*5. (1) $\mathbf{0}$； (2) $\mathbf{0}$.

*6. (1) π； (2) -4.

*7. (1) $\frac{1}{3}(a^3+b^3+c^3)$； (2) 5； (3) -2.

第十章总习题

1. (1) π； (2) -18π； *(3) $\frac{1}{x^2+y^2+z^2}$.

2. (1) (B)； (2) (C)； *(3) (D).

3. (1) $2\pi a^{n+1}$； *(2) $\frac{5}{4}\pi+2$； (3) $2\pi^2a^3-3(\pi a\cos\pi a-\sin\pi a)-(2a\mathrm{e}^{2a}-\mathrm{e}^{2a}+1)$； (4) 0.

4. (1) 0； (2) -2π； *(3) -2π； *(4) $\frac{3}{2}\pi$.

5. (1) $2\pi\arctan\frac{H}{R}$； (2) $\frac{\pi}{2}$； (3) $2\pi a^2(\mathrm{e}^{2a}-1)$； *(4) 2π； *(5) $-\frac{81}{2}\pi$.

*6. $\frac{98}{9}k$.

9. $3\pi a^2$.

*10. $-2\pi R^2$.

11. (1) 0； (2) πh^3； (3) πh^3.

*13. -24.

第十一章

习题 11-1

1. (1) $\frac{1}{(2n-1)(2n+1)}$； (2) $\frac{(-1)^{n+1}a^{n+1}}{3n-1}$； (3) $\frac{x^{\frac{n}{2}}}{2^n n!}$； (4) $\frac{(-1)^{n+1}n^2}{3^n}$.

2. (1) 收敛于$\frac{1}{5}$； (2) 发散； (3) 收敛于$\frac{3}{2}$； (4) 收敛于 $1-\sqrt{2}$.

3. (1) 发散； (2) 发散； (3) 收敛于$-\frac{4}{9}$； (4) 收敛于$\frac{8}{3}$；

   (5) 发散； (6) 收敛于$\frac{1}{2}$； (7) 发散；

   (8) 发散. 提示:因加括号级数$\sum\limits_{n=1}^{\infty}\left(\frac{1}{n}+\frac{1}{2^n}\right)$发散.

4. 不一定发散. 反例:$\sum\limits_{n=1}^{\infty}u_n=\sum\limits_{n=1}^{\infty}(-1)^n$，$\sum\limits_{n=1}^{\infty}v_n=\sum\limits_{n=1}^{\infty}(-1)^{n+1}$ 均发散，

   但$\sum\limits_{n=1}^{\infty}(u_n+v_n)=\sum\limits_{n=1}^{\infty}0$ 收敛.

习题 11-2

1. (1) 收敛； (2) 发散； (3) 收敛； (4) 发散； (5) 收敛；

   (6) 收敛； *(7) $0<a<1$ 及 $1<a$ 时收敛，$a=1$ 时发散.

2. (1) 收敛； (2) 收敛； (3) 收敛； (4) 收敛； (5) 收敛；

   (6) 当 $0<x\leqslant 1$ 时收敛，当 $x>1$ 时发散.

3. (1) 收敛； (2) 收敛； (3) 发散； (4) $a>b$ 时收敛，$a<b$ 时发散.

4. (1) 收敛； (2) 收敛； (3) 收敛； (4) 收敛；

   *(5) 1°. 当 $b>1$ 且$\begin{cases}0<a<b\text{ 时收敛},\\ a\geqslant b\text{ 时发散};\end{cases}$ 2°. 当$\begin{cases}b=1\\ a>0\end{cases}$时收敛；

   3°. 当 $0<b<1$ 且$\begin{cases}0<a<1\text{ 时收敛},\\ a\geqslant 1\text{ 时发散}.\end{cases}$

   (6) $0<a\leqslant 1$ 时发散，$a>1$ 时收敛.

5. 提示:先证级数收敛.

7. (1) 不正确. 反例:$\sum\limits_{n=1}^{\infty}v_n=\sum\limits_{n=1}^{\infty}\frac{1}{n^2}$ 收敛，

   $u_n\triangleq-\frac{1}{n}<v_n\triangleq\frac{1}{n^2}$，但$\sum\limits_{n=1}^{\infty}u_n=\sum\limits_{n=1}^{\infty}\frac{1}{-n}$ 发散.

   (2) 不正确. 反例:$\sum\limits_{n=1}^{\infty}\frac{1}{n^2}$ 收敛，但 $l=\lim\limits_{n\to\infty}\frac{u_{n+1}}{u_n}=1$. 再如$\sum\limits_{n=1}^{\infty}\frac{1+(-1)^n}{2^n}$ 收敛，

   但极限 $l=\lim\limits_{n\to\infty}\frac{u_{n+1}}{u_n}=\lim\limits_{n\to\infty}\frac{1+(-1)^{n+1}}{2^{n+1}}\cdot\frac{2^n}{1+(-1)^n}$ 不存在.

习题 11-3

1. (1) 绝对收敛； (2) 条件收敛； (3) 条件收敛； (4) 绝对收敛；

(5) 发散； (6) 条件收敛； (7) 绝对收敛； (8) 发散； (9) 条件收敛；

*(10) 绝对收敛；

提示：$a_n \triangleq |u_n| = \dfrac{1\cdot 3\cdots(2n-3)}{2\cdot 4\cdots(2n)}$，由 $\dfrac{a}{b} < \dfrac{a+1}{b+1}(0<a<b)$ 得，

$$a_n < \frac{2}{3}\times\frac{4}{5}\times\cdots\times\frac{2n-2}{2n-1}\times\frac{1}{2n}\times\frac{2n}{2n} = \frac{1}{a_n}\cdot\frac{1}{4n^2(2n-1)},$$

$0 < a_n \leqslant \dfrac{1}{2n\sqrt{2n-1}}(n\geqslant 2)$，而 $\sum\limits_{n=2}^{\infty}\dfrac{1}{2n\sqrt{2n-1}}$ 收敛，故原级数绝对收敛.

*(11) 条件收敛；

提示：$a_n \triangleq |u_n| = \dfrac{1\cdot 3\cdots(2n-1)}{2\cdot 4\cdots(2n)}$，$a_n > \dfrac{1}{2n}(n\geqslant 2)$，而 $\sum\limits_{n=1}^{\infty}\dfrac{1}{2n}$ 发散，所以 $\sum\limits_{n=1}^{\infty}|u_n|$ 发散. 又因 $a_n \geqslant a_{n+1}$，再由 $\dfrac{a}{b} < \dfrac{a+1}{b+1}(0<a<b)$ 得

$$a_n = \frac{1}{2}\times\frac{3}{4}\times\cdots\times\frac{2n-1}{2n} < \frac{2}{3}\times\frac{4}{5}\times\cdots\times\frac{2n}{2n+1} = \frac{1}{a_n}\cdot\frac{1}{2n+1},$$

所以 $0 < a_n < \dfrac{1}{\sqrt{2n+1}} \to 0(n\to\infty)$，故由莱布尼茨判别法知原级数收敛，从而条件收敛.

(12) 发散； (13) 条件收敛.

习题 11-4

1. (1) $R=\dfrac{1}{2}, \left[-\dfrac{1}{2},\dfrac{1}{2}\right]$； (2) $R=3, (-3,3)$； *(3) $R=1$, $[-1,1)$；

(4) $R=+\infty, (-\infty,+\infty)$； *(5) $R=1$, $[-1,1]$； (6) $R=\dfrac{1}{3}$, $\left[-\dfrac{1}{3},\dfrac{1}{3}\right)$；

(7) $R=1$, $(-1,1]$； (8) $R=0$, $\{0\}$； (9) $R=\sqrt{2}$, $(-\sqrt{2},\sqrt{2})$；

(10) $R=2$, $[-1,3)$； (11) $R=2$, $(1,5)$；

*(12) $R=1$. 当 $0<p\leqslant 1$ 时，$[0,2)$，当 $p>1$ 时，$[0,2]$.

2. $R=\dfrac{1}{2}$.

3. (1) $\ln(1+x)$ $(-1<x\leqslant 1)$； (2) $\dfrac{x}{(1-x)^2}$ $(-1<x<1)$；

(3) $\dfrac{1}{(1-x)^3}$ $(-1<x<1)$； (4) $\begin{cases} x+(1-x)\ln(1-x), & -1\leqslant x<1, \\ 1, & x=1. \end{cases}$

4. $\dfrac{1}{2}\ln\left(\dfrac{1+x}{1-x}\right)$ $(-1<x<1)$； $\dfrac{\sqrt{2}}{2}\ln(1+\sqrt{2})$.

5. 8. 提示：考虑 $\sum\limits_{n=1}^{\infty} n(n+1)x^{n-1}$.

习题 11-5

1. (1) $\sum\limits_{n=0}^{\infty}\frac{\ln^n a}{n!}x^n \quad (-\infty<x<+\infty)$;

(2) $\sum\limits_{n=0}^{\infty}\frac{1}{a^{n+1}}x^n \quad (-|a|<x<|a|)$;

(3) $\frac{\sqrt{2}}{2}\sum\limits_{n=0}^{\infty}(-1)^n\left[\frac{x^{2n}}{(2n)!}+\frac{x^{2n+1}}{(2n+1)!}\right] \quad (-\infty<x<+\infty)$;

(4) $\ln a+\sum\limits_{n=1}^{\infty}(-1)^{n-1}\frac{1}{n}\left(\frac{x}{a}\right)^n \quad (-a<x\leqslant a)$;

(5) $x+\frac{1}{3!}x^3+\cdots+\frac{1}{(2n+1)!}x^{2n+1}+\cdots \quad (-\infty<x<+\infty)$;

*(6) $\frac{1}{2}+\sum\limits_{n=1}^{\infty}\frac{(2n-1)!!}{(2n)!!2^{2n+1}}x^{2n} \quad (-2<x<2)$;

(7) $\frac{1}{2}+\frac{3}{4}x+\frac{7}{8}x^2+\cdots+\frac{2^{n+1}-1}{2^{n+1}}x^n+\cdots \quad (-1<x<1)$;

(8) $\sum\limits_{n=1}^{\infty}(-1)^{n-1}\frac{(2x)^{2n}}{2\cdot(2n)!} \quad (-\infty<x<+\infty)$;

(9) $\sum\limits_{n=0}^{\infty}(-1)^n(n+1)x^n \quad (-1<x<1)$;

*(10) $\sum\limits_{n=0}^{\infty}(-1)^n\frac{x^{2n+1}}{(2n+1)!(2n+1)} \quad (-\infty<x<+\infty)$.

2. $\frac{xe^x-e^x+1}{x^2}=\frac{d}{dx}\left(\frac{e^x-1}{x}\right)=\sum\limits_{n=1}^{\infty}\frac{n}{(n+1)!}x^{n-1} \quad (x\neq 0)$.

3. (1) $\sum\limits_{n=1}^{\infty}(-1)^{n-1}\frac{1}{n}(x-1)^n \quad (0<x\leqslant 2)$;

(2) $\frac{1}{3}\sum\limits_{n=0}^{\infty}(-1)^n\frac{1}{3^n}(x-3)^n \quad (0<x<6)$;

(3) $\frac{1}{2}\sum\limits_{n=0}^{\infty}(-1)^n\left[\frac{1}{(2n)!}\left(x+\frac{\pi}{3}\right)^{2n}+\frac{\sqrt{3}}{(2n+1)!}\left(x+\frac{\pi}{3}\right)^{2n+1}\right] \quad (-\infty<x<+\infty)$;

(4) $\sum\limits_{n=0}^{\infty}\left(\frac{1}{2^{n+2}}-\frac{1}{2^{2n+3}}\right)(x+1)^n \quad (-3<x<1)$;

(5) $\sum\limits_{n=0}^{\infty}(-1)^n(n+1)(x-1)^n \quad (0<x<2)$;

*(6) $\int_0^x\frac{dx}{\sqrt{1+x^2}}=x+\sum\limits_{n=1}^{\infty}(-1)^n\frac{(2n-1)!!}{(2n)!!(2n+1)}x^{2n+1} \quad (-1\leqslant x\leqslant 1)$.

提示:端点 $x=\pm 1$ 处级数为莱布尼茨型交错级数,收敛.

*5. $f^{(n)}(0)=n!a_n=\begin{cases}0, & n=1,3,5,\cdots,\\ \dfrac{(-1)^{\frac{n}{2}}n!}{\left(\frac{n}{2}\right)!}, & n=0,2,4,\cdots.\end{cases}$

习题 11-6

1. (1) $f(x)=1+4\sum_{n=1}^{\infty}\frac{(-1)^{n+1}}{n}\sin nx \quad (x\neq(2k+1)\pi, k=0,\pm1,\pm2,\cdots)$;

(2) $f(x)=\frac{1}{2\pi}[e^{\pi}-e^{-\pi}+2\pi]+\frac{e^{\pi}-e^{-\pi}}{\pi}\sum_{n=1}^{\infty}\frac{(-1)^n}{1+n^2}[\cos nx-n\sin nx]$

$(x\neq(2k+1)\pi, k=0,\pm1,\pm2,\cdots)$;

(3) $f(x)=\frac{a-b}{4}\pi+\sum_{n=1}^{\infty}\left\{\frac{[1-(-1)^n](b-a)}{n^2\pi}\cos nx+\frac{(-1)^{n-1}(a+b)}{n}\sin nx\right\}$

$(x\neq(2k+1)\pi, k=0,\pm1,\pm2,\cdots)$;

2. (1) $f(x)=\frac{8}{\pi^2}\sum_{k=1}^{\infty}\frac{1}{(2k-1)^2}\cos(2k-1)x \quad (-\infty<x<+\infty)$;

(2) $f(x)=\frac{2}{\pi}\sum_{n=1}^{\infty}\left[\frac{1}{n^2}\sin\frac{n\pi}{2}+(-1)^{n+1}\frac{\pi}{2n}\right]\sin nx$

$(x\neq(2k+1)\pi, k=0,\pm1,\pm2,\cdots)$.

习题 11-7

1. (1) $f(x)=\frac{1}{3}+\frac{4}{\pi^2}\sum_{n=1}^{\infty}(-1)^n\frac{1}{n^2}\cos n\pi x \quad (-\infty<x<+\infty)$;

(2) $f(x)=-\frac{1}{2}+\sum_{n=1}^{\infty}\left\{\frac{6}{n^2\pi^2}[1-(-1)^n]\cos\frac{n\pi x}{3}+\frac{6}{n\pi}(-1)^{n+1}\sin\frac{n\pi x}{3}\right\}$

$(x\neq 3(2k+1), k=0,\pm1,\pm2,\cdots)$;

*(3) $f(x)=\frac{2}{\pi}-\frac{4}{\pi}\sum_{n=1}^{\infty}\frac{1}{4n^2-1}\cos 2nx \quad (-\infty<x<+\infty)$.

2. (1) $2\sin\frac{x}{3}=\frac{18\sqrt{3}}{\pi}\sum_{n=1}^{\infty}(-1)^{n-1}\frac{n\sin nx}{9n^2-1} \quad (-\pi<x<\pi)$;

(2) $1-x^2=\frac{11}{12}+\frac{1}{\pi^2}\sum_{n=1}^{\infty}\frac{(-1)^{n+1}}{n^2}\cos 2n\pi x \quad \left(-\frac{1}{2}\leqslant x\leqslant\frac{1}{2}\right)$;

(3) $\cos\frac{x}{2}=\frac{2}{\pi}+\frac{4}{\pi}\sum_{n=1}^{\infty}\frac{(-1)^{n-1}}{4n^2-1}\cos nx \quad (-\pi\leqslant x\leqslant\pi)$.

3. $\frac{\pi-x}{2}=\sum_{n=1}^{\infty}\frac{1}{n}\sin nx \quad (0<x\leqslant\pi)$.

4. $f(x)=\frac{4}{\pi}\sum_{n=1}^{\infty}\frac{(-1)^{n+1}}{2n-1}\cos\frac{(2n-1)\pi}{l}x \quad \left(0\leqslant x<\frac{l}{2},\frac{l}{2}<x\leqslant l\right)$.

*5. $f(x)=\frac{4l}{\pi^2}\sum_{k=1}^{\infty}\frac{(-1)^{k-1}}{(2k-1)^2}\sin\frac{(2k-1)\pi x}{l} \quad (0\leqslant x\leqslant l)$;

$f(x)=\frac{l}{4}-\frac{2l}{\pi^2}\sum_{k=1}^{\infty}\frac{1}{(2k-1)^2}\cos\frac{2(2k-1)\pi x}{l} \quad (0\leqslant x\leqslant l)$.

习题 11-8

*1. (1) 1.0986； (2) 0.48836； (3) 0.05234； (4) 1.648.

*2. (1) 0.9461； (2) 0.4940.

*3. $f(x)=\operatorname{sh}1\sum_{n=-\infty}^{+\infty}\frac{(-1)^n(1-\mathrm{i}n\pi)}{1+(n\pi)^2}\mathrm{e}^{\mathrm{i}n\pi x}\quad(x\neq\pm1,\pm3,\cdots)$.

第十一章总习题

1. (1) 必要,充分； (2) 收敛,发散； (3) 必要.

2. (1) (C)； (2) (B)； (3) (A).

3. (1) 收敛； (2) 发散； *(3) $0<a<b$,且 $b>1$ 时收敛,其余发散；

(4) $0<a<1$ 时收敛;$a>1$ 时发散;$a=1$, $s>1$ 时收敛,$a=1$, $s\leqslant1$ 时发散.

4. (1) 绝对收敛； (2) 发散；

(3) $p>1$ 时绝对收敛;$0<p\leqslant1$ 时条件收敛,$p\leqslant0$ 时发散；

(4) 绝对收敛； *(5) 条件收敛.

*5. $\sqrt[4]{8}$. 提示:化为 $2^{\frac{1}{3}+\frac{1}{3^2}+\cdots+\frac{n}{3^n}+\cdots}$.

6. (1) 不一定. 考虑级数 $\sum_{n=1}^{\infty}(-1)^n\frac{1}{\sqrt{n}}$ 和 $\sum_{n=1}^{\infty}\left[(-1)^n\frac{1}{\sqrt{n}}+\frac{1}{n}\right]$；

(2) 不一定. 考虑级数 $\sum_{n=1}^{\infty}u_n=\sum_{n=1}^{\infty}v_n=\sum_{n=1}^{\infty}\frac{(-1)^n}{\sqrt{n}}$.

*7. 提示:利用二阶泰勒公式.

8. (1) $\frac{2+x^2}{(2-x^2)^2}\quad(-\sqrt{2}<x<\sqrt{2})$；

(2) $\begin{cases}-1-\frac{\ln(1-x)}{x}, & -1\leqslant x<0 \text{ 或 } 0<x<1,\\ 0, & x=0;\end{cases}$

(3) $\mathrm{e}^{\frac{x}{3}}\left[\frac{x^2}{9}+\frac{x}{3}+1\right]\quad(-\infty<x<+\infty)$；

*(4) $\begin{cases}\frac{\mathrm{e}^{x+1}-x-2}{(x+1)^2}, & x\neq-1,\\ \frac{1}{2}, & x=-1.\end{cases}$

9. (1) $\mathrm{e}+1$； (2) $\frac{19}{4}$；

*(3) $\frac{1}{2}(\cos1+\sin1)$. 提示:利用 $\sin1$ 和 $\cos1$ 的展开式.

10. (1) $\sum_{n=1}^{\infty}\frac{x^n}{n}-\sum_{n=1}^{\infty}\frac{x^{3n}}{n}\quad(-1\leqslant x<1)$. 提示:$\ln(1+x+x^2)=\ln(1-x^3)-\ln(1-x)$.

(2) $\frac{\pi}{4}+\sum_{n=0}^{\infty}\frac{(-1)^n}{2n+1}x^{2n+1}\quad(-1<x<1)$. 提示:$f'(x)=\frac{1}{1+x^2}$.

11. (1) $f(x)=-\frac{2}{\pi}\sum_{n=1}^{\infty}\frac{1}{n}\sin n\pi x\quad(0<x<2)$；

*(2) $f(x)=-\frac{8}{\pi^2}\sum_{n=1}^{\infty}\frac{1}{(2n-1)^2}\cos\frac{(2n-1)\pi x}{2}\quad(0\leqslant x\leqslant2)$. $S\left(\frac{7}{2}\right)=-\frac{1}{2}$.

第十二章

习题 12-1

1. (1) 三阶； (3) 一阶； (4) 三阶； (5) 二阶；
   (6) 一阶. 其中(2) 为偏微分方程,其余为常微分方程.
2. (1) 是解,非通解； (2) 是解,也是通解； (3) 是解,非通解；
   (4) 不是解,也不是通解； (5) 是解,也是通解； (6) 是解,非通解.
3. $y=\frac{x}{2}+2$.
4. (1) $y=e^{x}$； (2) $y=e^{2x}$； (3) $y=e^{\frac{x}{2}}$.

*5. $yy'+2x=0$.

习题 12-2

1. (1) $1+y^2=C(1+x^2)$； (2) $y=\frac{a}{ax+\ln|1-ax|+C}$；
   (3) $3e^{-y^2}-2e^{3x}=C$； (4) $\sin x\sin y=C$；
   (5) $(e^x+1)(e^y-1)=C$； (6) $y^2+1=C\left(\frac{x-1}{x+1}\right)$；
   (7) $\sin y=\ln|x+1|-x+C$； *(8) $(1+y^2)(1+x^2)=Cx^2$.
2. (1) $y=-\frac{1}{3}(x^2-4)$； (2) $(x+1)(2-e^y)=2$；
   (3) $e^x=2\sqrt{2}\cos y-1$； *(4) $y=\frac{1}{2}(\arctan x)^2$.
3. (1) 是； (2) 不是； (3) 是； (4) 不是； (5) 是；
   (6) 是关于 $x=x(y)$ 的线性微分方程； (7) 不是；
   *(8) 是关于 $x=x(y)$ 的线性微分方程.
4. (1) $y=Ce^{-\frac{2}{3}x}+3x-\frac{9}{2}$； (2) $y=\frac{C}{x}+\frac{e^x}{x}$；
   (3) $y=Cx+x\ln|\ln x|$； (4) $y=e^{-x^2}(x^2+C)$；
   (5) $x=Ce^t-\frac{1}{2}(\cos t+\sin t)$； (6) $y=(x+C)\sec x$；
   (7) $x=Cy^3+\frac{1}{2}y^2$； (8) $x=Ce^{2y}+\frac{1}{4}(2y^2+2y+1)$.

   提示:(7)、(8) 中视 y 为自变量.
5. (1) $y=e^{x^2}(\sin x+1)$； (2) $y=2e^{-\sin x}+\sin x-1$；
   (3) $y=\frac{1}{2x}[1+\ln^2|x|]$； (4) $y=3e^x+2(x-1)e^{2x}$.
6. $xy=6$.

*7. 温度 $T=20+30e^{-kt}$.

*8. $\varphi(x)=\frac{2x-1}{4}e^x+\frac{1}{4}e^{-x}$.

习题 12-3

1. (1) $e^{-\frac{y}{x}}+\ln|Cx|=0$； (2) $y=xe^{Cx+1}$；

 *(3) $y+\sqrt{x^2+y^2}=Cx^2$； (4) $y^2=x(x-C)$；

 (5) $x^2=y^2(\ln|x|+C)$； (6) $\sin\frac{y}{x}-\ln|x|=C$；

 (7) $x^3-2y^3=Cx$； (8) $\sin\frac{y}{x}=Cx$.

2. (1) $y^2=x^2(2\ln|x|+4)$； *(2) $y^3=y^2-x^2$；

 *(3) $x+y=x^2+y^2$； (4) $\arctan\frac{y}{x}=\ln\frac{2e^{\frac{\pi}{4}}}{x^2+y^2}$.

3. (1) $\frac{1}{y}=-\sin x+Ce^x$； (2) $y=x^4\left(C+\frac{1}{2}\ln|x|\right)^2$；

 (3) $y^2=Ce^{2x}+2x+1$； (4) $xy\left(C-\frac{a}{2}(\ln|x|)^2\right)=1$；

 *(5) $x^2=y(C-\ln|y|)$. 提示:视 x 为函数.

4. *(1) $u=xy$，$xy=e^{Cx}$； (2) $u=x+y$，$y=a\arctan\frac{x+y}{a}+C$；

 *(3) $u=\frac{y^2}{x}$，$\sin\frac{y^2}{x}=Cx$； (4) $u=x-y$，$(x-y)^5=-5x+C$.

习题 12-4

1. (1) $\frac{x^2}{2}+x+xy-\frac{y^3}{3}+3y=C$； (2) $\sin x+2y-xy^2=C$；

 (3) $-\frac{1}{y}+\frac{x^2}{y^3}=C$； (4) $x^3+e^{2x}y=C$；

 (5) 不是全微分方程； (6) $y\sin x+\frac{x}{y}=C$；

 (7) 不是全微分方程.

2. (1) $\frac{1}{x^2}$，$\frac{y}{x}+\cos y=C$； (2) $\frac{1}{x-y}$，$\ln|x-y|-x-y^2=C$；

 (3) $\frac{1}{y^2}$，$\frac{x-x^2}{y}=C$； *(4) $\frac{1}{x^2y^2}$，$\frac{-1}{xy}+\ln\left|\frac{x}{y}\right|=C$；

 *(5) $\frac{1}{x^2+y^2}$，$x+\ln(x^2+y^2)=C$.

习题 12-5

1. (1) $y=\frac{-1}{4}\cos 2x+C_1x+C_2$； (2) $y=\frac{x^4}{24}+\frac{e^{2x}}{8}+C_1x^2+C_2x+C_3$；

 (3) $y=\frac{1+C_1^2}{C_1^2}\ln|1+C_1x|-\frac{x}{C_1}+C_2$；

 (4) $y=\frac{1}{C_1}e^{C_1x+1}\left(x-\frac{1}{C_1}\right)+C_2$；

 (5) $y=C_1(x-e^{-x})+C_2$； *(6) $y=C_2-\sqrt{1-(x+C_1)^2}$；

(7) $4(C_1y-1)=C_1^2(x+C_2)^2$； (8) $e^y=x^2+C_1x+C_2$.

2. (1) $y=\frac{x^3}{3}-\frac{x^2}{2}+\frac{7}{6}$； (2) $x(y-1)=1$；

*(3) $y=2+2\ln\left|\frac{x}{2}\right|$； (4) $y=\sqrt{2x-x^2}$；

*(5) $y=\ln|\sec x|$.

3. $y=1-x$.

*4. $(x+C_1)^2+(y+C_2)^2=R^2$.

*5. $\frac{2gR^2}{2gR-v_0^2}$.

习题 12-6

1. (1),(4) 线性相关,其他线性无关.

2. $y=C_1e^{x^2}+C_2xe^{x^2}$.

3. (1) 通解； (2) 不是通解； (3) 通解； (4) 不是通解； *(5) 通解.

4. $y=5-2x+x^3$. 提示:$y_2=y_1^*-y_2^*=2x-1$ 为齐次方程的特解.

   非齐次方程的通解为 $y=C_1y_1+C_2y_2+y_1^*$.

*6. $y=C_1x+C_2(x^2-4)$. 提示:令与 y_1 线性无关的解 $y_2=u(x)y_1$. 代入方程确定 $u(x)$.

习题 12-7

1. (1) $y=C_1e^{-3x}+C_2e^x$； (2) $x=C_1+C_2e^{-t}$；

   (3) $y=C_1\cos 2x+C_2\sin 2x$； (4) $y=(C_1+C_2x)e^{3x}$；

   (5) $y=e^{-x}(C_1\cos 2x+C_2\sin 2x)$；

   *(6) $y=e^{-ax}(C_1\cos\sqrt{b^2-a^2}x+C_2\sin\sqrt{b^2-a^2}x)$；

   *(7) $y=C_1e^{-x}+e^{2x}(C_2\cos 3x+C_3\sin 3x)$；

   (8) $y=C_1e^x+C_2e^{-x}+C_3\cos x+C_4\sin x$；

   *(9) $y=C_1+C_2x+e^{-x}(C_3+C_4x+C_5x^2)$；

   (10) $y=(C_1+C_2x)\cos x+(C_3+C_4x)\sin x$.

2. (1) $y=\frac{1}{2}(e^x-e^{-x})$； (2) $y=e^{-2x}\sin 3x$；

   (3) $y=(1+3x)e^{-2x}$； (4) $y=1$； *(5) $y=\cos ax$.

习题 12-8

1. (1) $y^*=Ax^2+Bx+C$； (2) $y^*=x\cdot A\cdot e^{2x}$；

   (3) $y^*=A\cos x+B\sin x$； (4) $y^*=A+x(Bx+C)e^{-x}$.

2. (1) $y=\frac{4}{15}e^{3x}$； (2) $y=x^2$；

   *(3) $y=-\frac{1}{8}-\frac{1}{16}\cos 2x$； (4) $y=-\frac{1}{3}e^x+\frac{1}{3}e^{-x}$.

3. (1) $y=C_1e^{-x}+C_2e^{\frac{x}{2}}+e^x$； (2) $y=C_1\cos 2x+C_2\sin 2x-\frac{x}{2}\cos 2x$；

(3) $y = C_1 e^{-x} + C_2 e^{-4x} + \frac{11}{8} - \frac{1}{2}x$;

*(4) $y = (C_1 + C_2 x)e^x + \frac{x^3}{3}e^x$;

*(5) $y = C_1 \cos x + C_2 \sin x + \frac{e^x}{2} + \frac{x}{2}\sin x$.

4. (1) $y = \frac{7}{6}\cos x + \sin x - \frac{1}{6}\cos 2x$;

*(2) $y = e^x - (1 + 2x)e^{-2x}$;

(3) $y = -5e^x + \frac{7}{2}e^{2x} + \frac{5}{2}$.

*5. $x(t) = 20\cos\sqrt{\frac{g}{50}}t$.

*6. $y = xe^{-x} + \frac{1}{2}\sin x$.

*7. (1) $y = C_1 + C_2 x^2 + \frac{1}{3}x^3$; (2) $y = C_1 + \frac{C_2}{x} + C_3 x^3 - \frac{1}{2}x^2$;

(3) $y = 3x^2 + C_1 \ln^2 x + C_2 \ln x + C_3$;

(4) $y = C_1 + \frac{C_2}{x} + 3x(2\ln x - 3)$.

习题 12-9

*1. $y = \sqrt{3x - x^2}$.

2. 7.5 m/s.

3. $x = \frac{t^4}{12} - \frac{t^2}{2} + t$.

4. $k = 4.5 \times 10^6$ kg/h. 提示：$m\frac{dv}{dt} = -kv(t)$，$x|_{t=0} = 0$，$v|_{t=0} = 600$.

将$\frac{dv}{dt} = v\frac{dv}{dx}$代入方程求解.

*5. 6.25 kg.

6. $v = \frac{P}{k}(1 - e^{-\frac{k}{m}t})$.

*8. $(x + C_1)^2 + (y + C_2)^2 = 1$.

*9. (1) $t = \sqrt{\frac{10}{g}}\ln(5 + 2\sqrt{6})$; (2) $t = \sqrt{\frac{10}{g}}\ln\left(\frac{19 + 4\sqrt{22}}{3}\right)$.

10. $x = 20\cos\sqrt{\frac{g}{50}}t$.

*11. $t \approx 123$min. 提示：$\frac{dy}{dt} = -k\pi y^2$，$y|_{t=0} = 0.5$. $k \approx 0.1238$，$y(t) = \frac{1}{2 + 0.1238\pi t}$.

*12. $\frac{x}{m} = -\frac{v}{\lambda} - \frac{G - B}{\lambda^2}\ln\left(\frac{G - B - \lambda v}{G - B}\right)$.

提示：$m\frac{\mathrm{d}v}{\mathrm{d}t}=G-B-\lambda v$, $x|_{t=0}=0$, $v|_{t=0}=0$. 将$\frac{\mathrm{d}v}{\mathrm{d}t}=\frac{\mathrm{d}v}{\mathrm{d}x}v$代入解方程.

第十二章总习题

1. (1) 三阶.

(2) (i) 通解；(ii) 解，但既不是通解，也不是特解；(iii) 特解.

(3) $\frac{\partial Q}{\partial x}=\frac{\partial P}{\partial y}$；(4) $y=C(y_2-y_1)+y_1$；

(5) $y''-2y'+5y=0$.

2. (1) (C)；(2) (B).

3. (1) 齐次方程；

(2) 可分离变量的微分方程，全微分方程；

(3) 可分离变量的微分方程，伯努利方程；

(4) 全微分方程，一阶线性微分方程；

*(5) x 的一阶线性微分方程；(6) x 的伯努利方程.

4. (1) $\arctan\frac{y}{x}-\frac{1}{2}\ln(x^2+y^2)=C$；

(2) $y^{-1}=(x+C)\cos x$；(3) $y=x+\frac{C}{\ln x}$；

(4) $x^2+y^2-2\arctan\frac{y}{x}=C$；(5) $x=Ce^{2y}+\frac{1}{4}(2y^2+2y+1)$；

(6) $y=\frac{1}{12}(x+C_1)^3+C_2$；

*(7) $x^{-1}=Ce^{-\frac{1}{2}y^2}+2-y^2$. 提示：视 y 为自变量；

*(8) $y=\begin{cases}C_1\cos ax+C_2\sin ax+\frac{1}{a^2-1}\sin x, & a\neq 1,\\ C_1\cos x+C_2\sin x-\frac{1}{2}x\cos x, & a=1;\end{cases}$

*(9) 当 $a<1$ 时，$y=C_1e^{(-1+\sqrt{1-a})x}+C_2e^{(-1-\sqrt{1-a})x}$；

当 $a=1$ 时，$y=(C_1+C_2x)e^{-x}$；

当 $a>1$ 时，$y=e^{-x}(C_1\cos\sqrt{a-1}x+C_2\sin\sqrt{a-1}x)$.

5. (1) $y=\frac{1}{1-x}$；*(2) $y=\cos x+x+\frac{x}{2}\sin x$；

*(3) $x(1+2\ln y)-y^2=0$.

*6. $f(x)=\frac{1}{2}(\cos x+\sin x+e^x)$.

*7. $f''(r)+\frac{2}{r}f'(r)=0$, $f(r)=2-\frac{1}{r}$.

8. $y=(1-2x)e^x$.

9. $y=-x^3$.

10. $h=\frac{(75)^2}{g}\ln\operatorname{ch}\frac{g}{75}t$.

*11. 炮弹沿水平方向,铅直方向的分运动分别为

$$x=\frac{mv_0}{k}\cos\theta\left(1-\mathrm{e}^{-\frac{k}{m}t}\right),\ y=\frac{m}{k}\left(v_0\sin\theta+\frac{m}{k}g\right)\left(1-\mathrm{e}^{-\frac{k}{m}t}\right)-\frac{m}{k}gt,$$

其中 m 是炮弹质量,k 是空气阻力系数.

提示:$\begin{cases}m\dfrac{\mathrm{d}^2x}{\mathrm{d}t^2}=-k\dfrac{\mathrm{d}x}{\mathrm{d}t},\\ x\big|_{t=0}=0,\ \dfrac{\mathrm{d}x}{\mathrm{d}t}\Big|_{t=0}=v_0\cos\theta,\end{cases}$ $\begin{cases}m\dfrac{\mathrm{d}^2y}{\mathrm{d}t^2}=mg-k\dfrac{\mathrm{d}y}{\mathrm{d}t},\\ y\big|_{t=0}=0,\ \dfrac{\mathrm{d}y}{\mathrm{d}t}\Big|_{t=0}=v_0\sin\theta.\end{cases}$

*12. $t=\frac{40\pi}{93\sqrt{2g}}\left(10^{\frac{5}{2}}-h^{\frac{5}{2}}\right)$, 9.65s 后水流完.

高等数学同步学习软件